측량기능사
필기+실기
한권 완성

PREFACE | 머리말 |

측량(測量)은 원래 생명의 근원인 광대한 우주와 우리 삶의 터전인 지구를 관측하고, 그 이치를 헤아리는 측천양지(測天量地)의 기술과 원리를 다루는 지혜의 학문이다. 측량이란 측천양지를 줄인 말로서 하늘을 재고 땅을 헤아린다는 뜻이다. 즉, 별자리를 통해 땅의 위치를 정하고 그 정해진 위치에 따라 땅의 크기를 결정한다는 뜻이다.

측량학은 인간 활동이 미치는 모든 범위, 즉 지상·지하·해양·우주 등의 제점 상호 간의 위치를 결정하고, 그 특성을 해석하는 학문으로 최근 측량기기와 컴퓨터의 발달로 원격탐측, GPS, GSIS 등을 이용한 측량기술이 여러 분야에서 광범위하게 활용되고 있다.

이처럼 측량기기와 위성의 발달로 다양한 분야(위성측량, 해양측량, 항공사진측량, 지리정보 분야 등)에서 최신 측량기술이 활용됨으로써 측량 및 지형공간정보에 대한 관심이 증대되고 아울러 측량 및 지형공간정보 관련 자격증의 중요성이 부각되고 있다.

이에 필자는 20여 년간 측량실무 분야에 종사하면서 얻은 실무지식과 대학 강의 자료로 정리해둔 교안을 기초로 하여, 응용측량을 처음 접하는 모든 이들과 국가기술자격시험을 준비하는 수험생들이 좀 더 쉽게 내용을 이해할 수 있도록 책을 구성하였다. 각 단원별 꼭 알아야 할 핵심이론을 요약·정리하여 제시하고, 각 단원 끝에 출제예상문제를 실어 앞에서 숙지한 내용들을 다시 한 번 확인하고 이해할 수 있도록 하였다.

처음 공부하는 수험생들도 쉽게 이해할 수 있도록 하는 데 집필의 중점을 두면서, 기출문제 풀이를 통하여 학습능률을 최대한 높이고자 여러모로 애를 썼으나 미흡한 부분이 있으리라 생각된다. 이러한 부분은 독자들의 애정 어린 충고를 바탕으로 계속 수정·보완해나갈 것이다.

마지막으로 본서가 발간되기까지 도움을 주신 주위분들께 감사의 뜻을 전하고, 출판을 맡아주신 예문사 정용수 사장님, 장충상 전무님, 직원 여러분께도 진심으로 감사드린다.

저자 일동

CBT 전면시행에 따른
CBT 웹 체험 PREVIEW

※ 한국산업인력공단(http://www.q-net.or.kr/)과 주경야독(http://www.yadoc.co.kr/)에서는 자격검정 CBT 웹 체험을 제공하고 있습니다.

✱ 수험자 정보 확인

시험장 감독위원이 컴퓨터에 나온 수험자 정보와 신분증이 일치하는지를 확인하는 단계입니다. 수험번호, 성명, 주민등록번호, 응시종목, 좌석번호를 확인합니다.

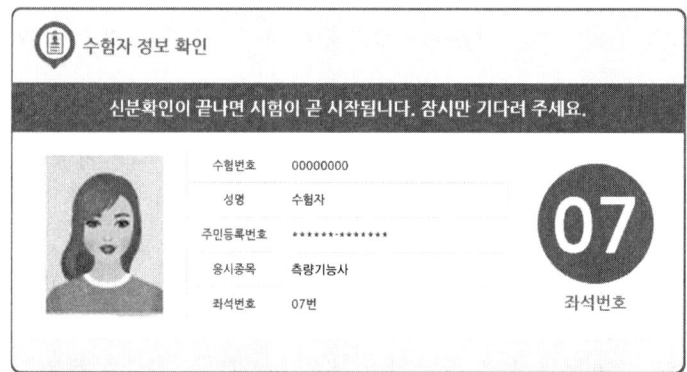

✱ 안내사항

시험에 관련된 안내사항이므로 꼼꼼히 읽어보시기 바랍니다.

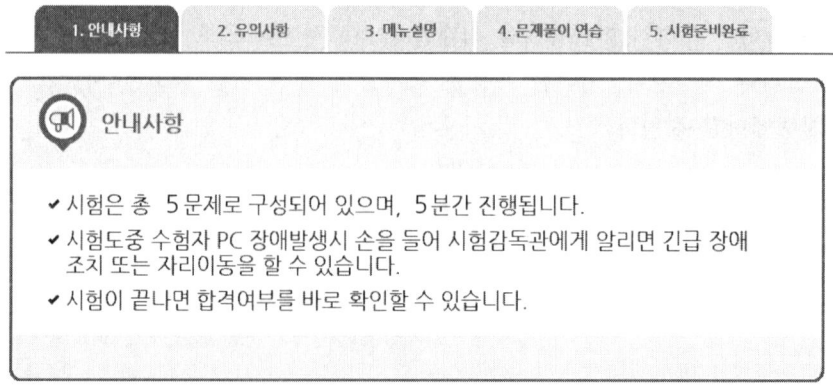

✱ 유의사항

부정행위는 절대 안 된다는 점, 잊지 마세요!

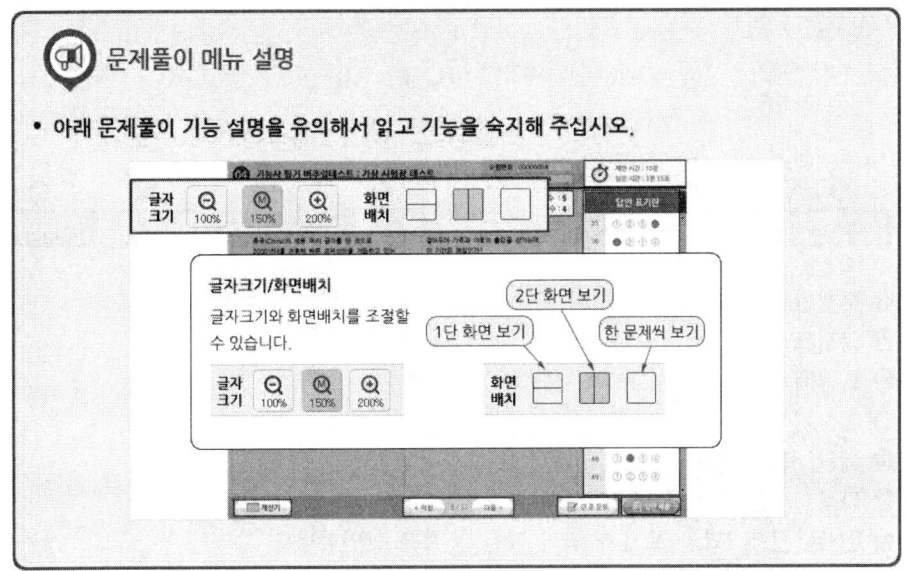

✱ 문제풀이 메뉴 설명

문제풀이 메뉴에 대한 주요 설명입니다. CBT에 익숙하지 않다면 꼼꼼한 확인이 필요합니다. (글자크기/화면배치, 전체/안 푼 문제 수 조회, 남은 시간 표시, 답안 표기 영역, 계산기 도구, 페이지 이동, 안 푼 문제 번호 보기/답안 제출)

* **시험준비 완료!**

이제 시험에 응시할 준비를 완료합니다.

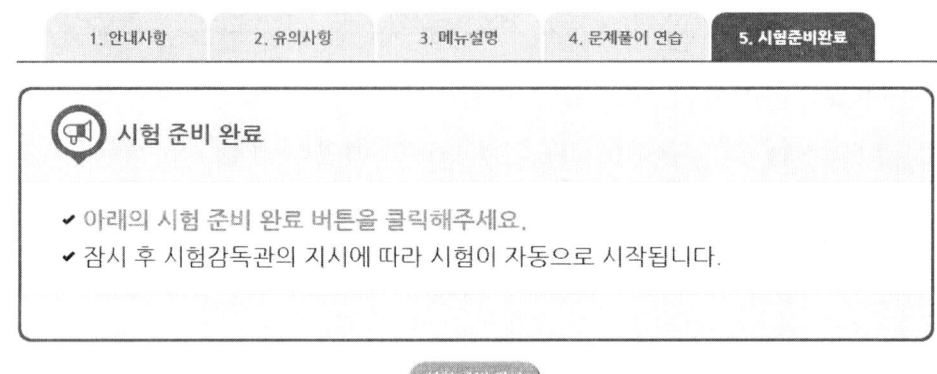

* **시험화면**

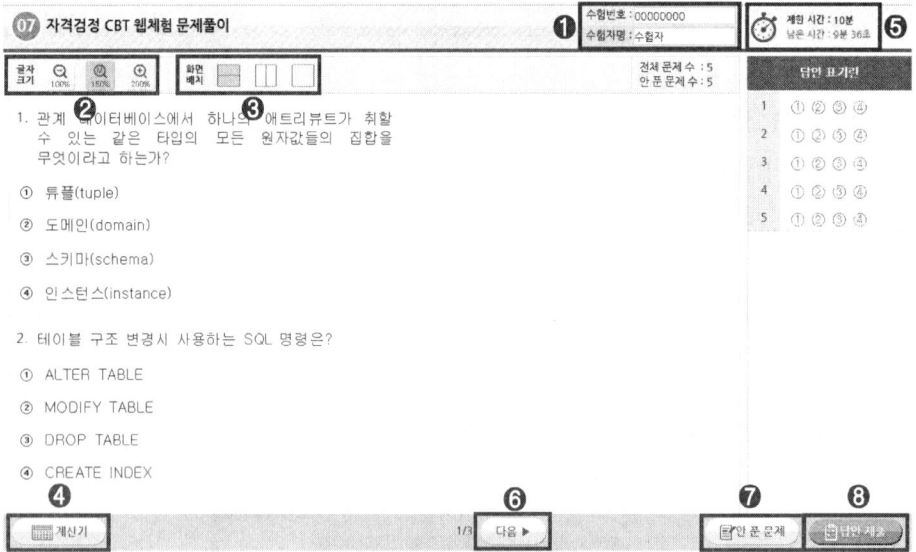

❶ 수험번호, 수험자명 : 본인이 맞는지 확인합니다.
❷ 글자크기 : 100%, 150%, 200%로 조정 가능합니다.
❸ 화면배치 : 2단 구성, 1단 구성으로 변경합니다.
❹ 계산기 : 계산이 필요할 경우 사용합니다.
❺ 제한 시간, 남은 시간 : 시험시간을 표시합니다.
❻ 다음 : 다음 페이지로 넘어갑니다.
❼ 안 푼 문제 : 답안 표기가 되지 않은 문제를 확인합니다.
❽ 답안 제출 : 최종답안을 제출합니다.

※ 답안 제출

문제를 다 푼 후 답안 제출을 클릭하면 다음과 같은 메시지가 출력됩니다.
여기서 '예'를 누르면 답안 제출이 완료되며 시험을 마칩니다.

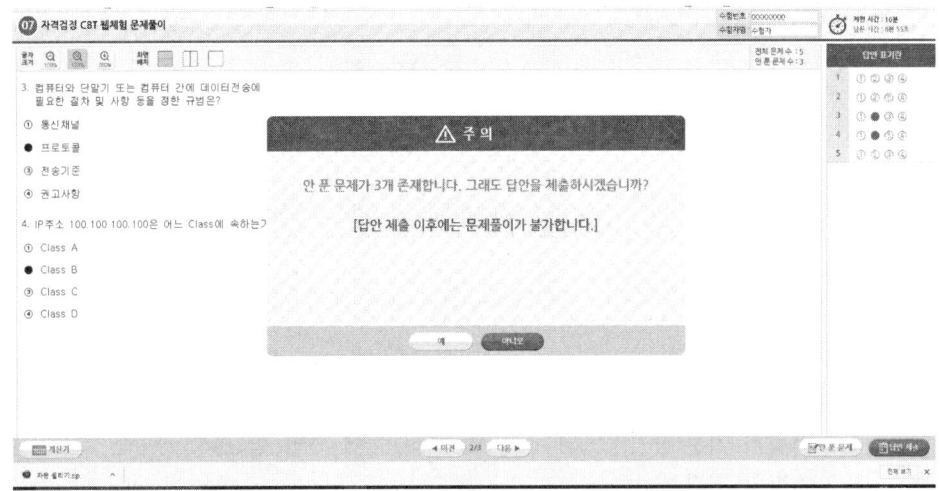

알고 가면 쉬운 CBT 4가지 팁

1. **시험에 집중하자.**
   기존 시험과 달리 CBT 시험에서는 같은 고사장이라도 각기 다른 시험에 응시할 수 있습니다. 옆 사람은 다른 시험을 응시하고 있으니, 자신의 시험에 집중하면 됩니다.

2. **필요하면 연습지를 요청하자.**
   응시자의 요청에 한해 시험장에서는 연습지를 제공하고 있습니다. 연습지는 시험이 종료되면 회수되므로 필요에 따라 요청하시기 바랍니다.

3. **이상이 있으면 주저하지 말고 손을 들자.**
   갑작스럽게 프로그램 문제가 발생할 수 있습니다. 이때는 주저하며 시간을 허비하지 말고, 즉시 손을 들어 감독관에게 문제점을 알려주시기 바랍니다.

4. **제출 전에 한 번 더 확인하자.**
   시험 종료 이전에는 언제든지 제출할 수 있지만, 한 번 제출하고 나면 수정할 수 없습니다. 맞게 표기하였는지 다시 확인해보시기 바랍니다.

CONTENTS | 목차 |

제1편 필기

제1장 총론 ·· 3
  1.1 측량의 정의 및 분류 ·· 3
  1.2 측지학 ·· 8
  1.3 지구의 형상 ··· 9
  1.4 경도와 위도 ··· 11
  1.5 구면삼각형과 구과량 ·· 13
  1.6 측량의 기준(공간정보의 구축 및 관리 등에 관한 법 제6조 측량기준) ··· 14
  1.7 측량의 원점 ··· 16
  1.8 좌표계 ·· 19
  1.9 측량기준점(제7조) ··· 20
  1.10 측량의 요소 및 국제단위계 ··· 22
    ◆ 예상 및 기출문제 ·· 25

제2장 거리측량 ··· 39
  2.1 거리측량의 정의 ·· 39
  2.2 거리측량의 분류 ·· 40
  2.3 거리측량의 방법 ·· 43
  2.4 거리측정의 오차 ·· 46
  2.5 부정오차 전파법칙 ·· 50
  2.6 실제거리, 도상거리, 축척, 면적의 관계 ··· 51
    ◆ 예상 및 기출문제 ·· 52

제3장 평판측량 ··· 73
  3.1 평판측량의 정의 ·· 73
  3.2 평판측량의 장단점 ·· 73
  3.3 평판측량에 사용되는 기구 ·· 73
  3.4 평판측량의 3요소 ··· 74
  3.5 평판측량방법 ··· 74

3.6 평판측량의 응용 ·· 77
3.7 평판측량의 오차 ·· 78
3.8 평판측량의 정밀도 및 오차의 조정 ·································· 79
◆ 예상 및 기출문제 ·· 80

제4장 수준측량 ·· 93
4.1 수준측량의 정의 및 용어 ··· 93
4.2 수준측량의 분류 ·· 95
4.3 직접 수준측량 ·· 96
4.4 간접 수준측량 ·· 100
4.5 레벨의 종류 ·· 101
4.6 레벨의 구조 ·· 103
4.7 수준측량의 오차와 정밀도 ··· 105
◆ 예상 및 기출문제 ·· 108

제5장 각측량 ·· 128
5.1 정의 ·· 128
5.2 각의 종류 ·· 128
5.3 각의 단위 ·· 129
5.4 트랜싯의 구조 ·· 131
5.5 트랜싯의 6조정 ·· 132
5.6 기계(정)오차의 원인과 처리방법 ··································· 133
5.7 수평각측정 방법 ·· 133
5.8 각관측의 오차 ·· 135
◆ 예상 및 기출문제 ·· 136

제6장 트래버스측량 ·· 150
6.1 트래버스 다각측량의 특징 ··· 150
6.2 트래버스의 종류 ·· 151
6.3 트래버스측량의 측각법 ··· 151
6.4 측각오차의 조정 ·· 152
6.5 방위각 및 방위 계산 ·· 154
6.6 위거 및 경거 계산 ·· 155
6.7 폐합오차와 폐합비 ·· 155
6.8 트래버스의 조정 ·· 156
6.9 합위거(X좌표) 및 합경거(Y좌표)의 계산 ····················· 157

6.10 면적계산 ··· 158
◆ 예상 및 기출문제 ·· 160

제7장 삼각측량 ·· 176
7.1 삼각측량의 정의 및 특징 ·· 176
7.2 삼각점 및 삼각망 ·· 177
7.3 삼각측량의 순서 ·· 178
7.4 편심(귀심) 계산 ··· 179
7.5 삼각측량의 조정 ·· 179
7.6 삼각측량의 오차 ·· 181
7.7 삼변측량(Trilateration) ·· 181
7.8 삼각 및 삼변측량의 특징 ·· 182
7.9 삼각측량의 성과표 ·· 182
◆ 예상 및 기출문제 ·· 183

제8장 지형측량 ·· 201
8.1 개요 ··· 201
8.2 지형의 표시법 ··· 202
8.3 등고선(Contour Line) ·· 204
8.4 등고선의 측정방법 및 지형도의 이용 ·· 208
8.5 등고선의 오차 ··· 209
◆ 예상 및 기출문제 ·· 210

제9장 노선측량 ·· 227
9.1 정의 ··· 227
9.2 분류 ··· 227
9.3 순서 ··· 228
9.4 노선측량 세부 작업과정 ··· 228
9.5 노선조건 ·· 229
9.6 노선측량 ·· 229
9.7 단곡선의 각부 명칭 및 공식 ·· 230
9.8 단곡선(Simple Curve) 설치방법 ··· 235
9.9 완화곡선(Transition Curve) ·· 238
9.10 클로소이드(Clothoid) 곡선 ··· 239
9.11 종단곡선(수직곡선) ··· 241
◆ 예상 및 기출문제 ·· 242

제10장 면적 및 체적측량 ··· 267
- 10.1 경계선이 직선으로 된 경우의 면적 계산 ··············· 267
- 10.2 경계선이 곡선으로 된 경우의 면적 계산 ··············· 268
- 10.3 구적기(Planimeter)에 의한 면적 계산 ··············· 269
- 10.4 축척과 단위면적의 관계 ······························· 269
- 10.5 면적 분할법 ··· 270
- 10.6 체적측량 ··· 271
- ◆ 예상 및 기출문제 ··· 273

제11장 Global Positioning System ··· 284
- 11.1 GPS의 개요 ·· 284
- 11.2 선점 및 측량 ··· 290
- 11.3 GPS의 오차 ·· 295
- 11.4 GPS의 활용 ·· 297
- 11.5 측량에 이용되는 위성측위시스템 ··············· 297
- ◆ 예상 및 기출문제 ··· 300

제2편 실기

제1장 수준측량 ··· 323
- 1.1 개요 ··· 323
- 1.2 관측 장비 소개 ··· 323
- 1.3 측량 순서도 ··· 324
- 1.4 세부 작업 요령 ··· 324

제2장 토털스테이션 측량 ····································· 338
- 2.1 개요 ··· 338
- 2.2 관측 장비 소개 ··· 338
- 2.3 측량 순서도 ··· 341
- 2.4 세부 작업 요령 ··· 341

제3편 필기 기출문제

2013년 1회 ··· 355
2013년 4회 ··· 373
2013년 5회 ··· 387
2014년 1회 ··· 402
2014년 4회 ··· 415
2014년 5회 ··· 429
2015년 1회 ··· 444
2015년 4회 ··· 460
2015년 5회 ··· 475
2016년 1회 ··· 488
2016년 4회 ··· 506

제4편 필기 CBT 모의고사

모의고사 1회 ·· 525
모의고사 2회 ·· 541
모의고사 3회 ·· 558
모의고사 4회 ·· 574
모의고사 5회 ·· 589
모의고사 6회 ·· 604
모의고사 7회 ·· 621
모의고사 8회 ·· 636
모의고사 9회 ·· 651
모의고사 10회 ··· 666

PART

1

필기

CHAPTER 01 총론
CHAPTER 02 거리측량
CHAPTER 03 평판측량
CHAPTER 04 수준측량
CHAPTER 05 각측량
CHAPTER 06 트래버스측량
CHAPTER 07 삼각측량
CHAPTER 08 지형측량
CHAPTER 09 노선측량
CHAPTER 10 면적 및 체적측량
CHAPTER 11 Global Positioning System

CHAPTER 01 총론

1.1 측량의 정의 및 분류

1.1.1 정의

측량은 원래 생명의 근원인 광대한 우주(宇宙)와 우리들 삶의 터전인 지구(地球)를 관측하고 그 이치를 헤아리는 측천양지(測天量地)의 기술과 원리를 다루는 지혜의 학문이다. 측량이란 측천양지의 준말로서 하늘을 재고 땅을 헤아린다는 뜻이다. 즉, 땅의 위치를 별자리에 의하여 정하고 그 정해진 위치에 의하여 땅의 크기를 결정한다는 뜻이다.

측량	측량법상 측량의 정의는 공간상에 존재하는 일정한 점들의 위치를 측정하고 그 특성을 조사하여 도면 및 수치로 표현하거나 도면상의 위치를 현지(現地)에 재현하는 것을 말하며, 측량용 사진의 촬영, 지도의 제작 및 각종 건설사업에서 요구하는 도면작성 등을 포함한다.
측량학	지구 및 우주공간에 존재하는 제점 간의 상호위치관계와 그 특성을 해석하는 것으로서 위치결정, 도면화와 도형해석, 생활공간의 개발과 유지관리에 필요한 자료제공, 정보체계의 정량화, 자연환경 친화를 위한 경관의 관측 및 평가 등을 통하여 쾌적한 생활 환경의 창출에 기여하는 학문이다.
측지학 (Geodesy)	지구 내부의 특성, 지구의 형상 및 운동을 결정하는 측량과 지구표면상에 있는 모든 점들 간의 상호위치관계를 산정하는 측량의 가장 기본적인 학문이다. 측지학에는 수평위치결정, 높이의 결정 등을 수행하는 기하학적 측지학, 지구의 형상해석, 중력, 지자기측량 등의 측량을 수행하는 물리학적 측지학으로 대별된다. 영어의 Geodesy의 Geo는 지구 또는 대지, Desy는 분할을 의미한다.
지적측량	"지적측량"이란 토지를 지적공부에 등록하거나 지적공부에 등록된 경계점을 지상에 복원하기 위하여 제21호에 따른 필지의 경계 또는 좌표와 면적을 정하는 측량을 말하며, 지적확정측량 및 지적재조사측량을 포함한다.(제21호 "필지"란 대통령령으로 정하는 바에 따라 구획되는 토지의 등록단위를 말한다.)

지적측량	1) "지적확정측량"이란 제86조 제1항(① 「도시개발법」에 따른 도시개발사업, 「농어촌정비법」에 따른 농어촌 정비사업, 그 밖에 대통령령으로 정하는 토지개발사업의 시행자는 대통령령으로 정하는 바에 따라 그 사업의 착수·변경 및 완료 사실을 지적소관청에 신고하여야 한다.)에 따른 사업이 끝나 토지의 표시를 새로 정하기 위하여 실시하는 지적측량을 말한다. 2) "지적재조사측량"이란 「지적재조사에 관한 특별법」에 따른 지적재조사사업에 따라 토지의 표시를 새로 정하기 위하여 실시하는 지적측량을 말한다.
수로측량	해양의 수심·지구자기(地球磁氣)·중력·지형·지질의 측량과 해안선 및 이에 딸린 토지의 측량을 말한다.〈삭제 2020.2.18〉
공간정보의 구축 및 관리 등에 관한 법률 목적	이 법은 측량의 기준 및 절차와 지적공부(地籍公簿)·부동산종합공부(不動産綜合公簿)의 작성 및 관리 등에 관한 사항을 규정함으로써 국토의 효율적 관리 및 국민의 소유권 보호에 기여함을 목적으로 한다.〈개정, 2020.2.18〉

1.1.2 측량의 분류

가. 공간정보의 구축 및 관리 등에 관한 법의 분류

기본측량	"기본측량"이란 모든 측량의 기초가 되는 공간정보를 제공하기 위하여 국토교통부장관이 실시한 측량을 말한다.
공공측량	① 국가, 지방자치단체, 그 밖의 대통령령으로 정하는 기관이 관계 법령에 따른 사업 등을 시행하기 위하여 기본측량을 기초로 실시하는 측량 ② ①목 외의 자가 시행하는 측량 중 공공의 이해 또는 안전과 밀접한 관련이 있는 측량으로서 대통령령으로 정하는 측량
지적측량	"지적측량"이란 토지를 지적공부에 등록하거나 지적공부에 등록된 경계점을 지상에 복원하기 위하여 제21호에 따른 필지의 경계 또는 좌표와 면적을 정하는 측량을 말하며, 지적확정측량 및 지적재조사측량을 포함한다.(제21호, "필지"란 대통령령으로 정하는 바에 따라 구획되는 토지의 등록단위를 말한다.) 1) "지적확정측량"이란 제86조 제1항(① 「도시개발법」에 다른 도시개발사업, 「농어촌정비법」에 따른 농어촌정비사업, 그 밖에 대통령령으로 정하는 토지개발사업의 시행자는 대통령령으로 정하는 바에 따라 그 사업의 착수·변경 및 완료 사실을 지적소광청에 신고하여야 한다.)에 따른 사업이 끝나 토지의 표시를 새로 정하기 위하여 실시하는 지적측량을 말한다.

지적측량	2) "지적재조사측량"이란 「지적재조사에 관한 특별법」에 따른 지적재조사사업에 따라 토지의 표시를 새로 정하기 위하여 실시하는 지적측량을 말한다.
수로측량	"수로측량"이란 해양의 수심·지구자기(地球磁氣)·중력·지형·지질의 측량과 해안선 및 이에 딸린 토지의 측량을 말한다.〈삭제 2020.2.18〉
일반측량	"일반측량"이란 기본측량, 공공측량, 지적측량 외의 측량을 말한다.

나. 측량구역의 면적에 따른 분류

측지측량 (Geodetic Surveying)	지구의 곡률을 고려하여 지표면을 곡면으로 보고 행하는 측량이며 범위는 100만분의 1의 허용 정밀도를 측량한 경우 반경 11km 이상 또는 면적 약 400km² 이상의 넓은 지역에 해당하는 정밀측량으로서 대지측량(Large Area Surveying)이라고도 한다.
평면측량 (Plane Surveying)	지구의 곡률을 고려하지 않는 측량으로 거리측량의 허용 정밀도가 100만분의 1 이하일 경우 반경 11km 이내의 지역을 평면으로 취급하여 소지측량(Small Area Surveying)이라고도 한다.

1) 평면측량의 한계

정도 $\left(\dfrac{\Delta l}{l}\right)$	$\dfrac{d-D}{D} = \dfrac{1}{12}\left(\dfrac{D}{R}\right)^2 = \dfrac{1}{m} = M$	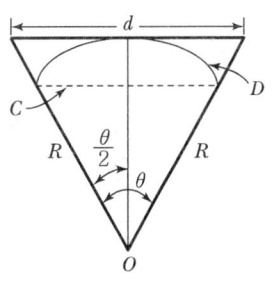
거리오차	$d - D = \dfrac{D^3}{12R^2}$	여기서, d : 지평선(평면거리) D : 수평선(구면거리) R : 지구의 반경 $\dfrac{1}{M}$: 정밀도 C : 현 길이
평면거리	$D = \sqrt{\dfrac{12 \cdot R^2}{m}}$	

지구의 반경 R=6,370km라 하고 거리의 허용오차가 $\frac{1}{10^6}$이면 반경 몇 km까지 평면으로 볼 수 있는가?

▶ $\dfrac{d-D}{D} = \dfrac{1}{12}\left(\dfrac{D}{R}\right)^2 = \dfrac{1}{10^6}$ 에서

1) 평면으로 볼 수 있는 거리
$$D = \sqrt{\dfrac{12R^2}{m}} = \sqrt{\dfrac{12 \times 6,370^2}{10^6}} = 22.1\,\text{km}$$

∴ 반경 $\left(\dfrac{D}{2}\right) = \dfrac{22.1}{2} ≒ 11\,\text{km}$ 이다.

2) 거리오차(d−D)
$$d-D = \dfrac{D^3}{12R^2} = \dfrac{22.1^3}{12 \times 6,370^2} = 0.000022\,\text{km} = 22\,\text{mm}$$

예를 들면 지구의 반경 R=6,370km, $\dfrac{d-D}{D}$에 의한 허용오차가 $\dfrac{1}{10^6}$이라 하면 정도 $\left(\dfrac{d-D}{D}\right) \leq \dfrac{1}{1,000,000}$이고 평면거리(D)=약 22km이다.

따라서 $\dfrac{1}{10^6}$ 정밀도의 측량을 할 때 직경 22km(반경 11km)에 대한 거리오차(d−D)의 제한은 약 22mm(2.2cm)이며 면적은 약 400km²의 범위를 평면으로 볼 수 있다.

다. 측량 목적에 따른 분류

노선 측량	도로, 철도, 운하 등의 교통로와 같이 폭이 좁고 길이가 긴 구역에서의 측량
지형 측량	지표면상의 자연적 및 인공적 지물과 지모의 3차원 위치를 측량하여 그 결과를 일정한 축척과 도식으로 나타낸 지형도를 작성하기 위한 측량
하천 측량	하천의 공사를 위하여 실시하는 측량으로 하천의 평면측량, 고저측량, 유량측량 등으로 구분
시가지 측량	건물, 도로, 철도, 하천 등의 위치나 크기를 측량하여 도시 지도를 작성하는 측량
농지 측량	논과 밭의 경계선 및 거리를 측량하여 도면을 만들고, 이 도면으로부터 면적으로 계산하여 경지 정리 및 배수 등의 공사를 하기 위한 측량

건축 측량	건축물의 계획이나 공사 실시에 관한 측량
항만 측량	항만을 대상으로 하는 측량으로, 일반적으로 항만 측량은 해안 측량에 포함됨
공항 측량	공항 건설에 있어서 가장 중요한 활주로의 방향을 자연 조건에 의해 배치하거나 기타 공항 시설물을 건설하기 위한 측량
터널 측량	교통로나 수로가 산악에 접할 때 이를 관통시키기 위한 일체 측량
천문 측량	천체(태양 및 별)의 고도, 방위각 및 시각을 관측하여 경도, 위도 및 방위각 등을 결정하기 위한 측량
지적 측량	"지적측량"이란 토지를 지적공부에 등록하거나 지적공부에 등록된 경계점을 지상에 복원하기 위하여 제21호에 따른 필지의 경계 또는 좌표와 면적을 정하는 측량을 말하며, 지적확정측량 및 지적재조사측량을 포함한다.(제21호, "필지"란 대통령령으로 정하는 바에 따라 구획되는 토지의 등록단위를 말한다.) 1) "지적확정측량"이란 제86조 제1항(① 「도시개발법」에 다른 도시개발사업, 「농어촌정비법」에 따른 농어촌정비사업, 그 밖에 대통령령으로 정하는 토지개발사업의 시행자는 대통령령으로 정하는 바에 따라 그 사업의 착수·변경 및 완료 사실을 지적소광청에 신고하여야 한다.)에 따른 사업이 끝나 토지의 표시를 새로 정하기 위하여 실시하는 지적측량을 말한다. 2) "지적재조사측량"이란 「지적재조사에 관한 특별법」에 따른 지적재조사사업에 따라 토지의 표시를 새로 정하기 위하여 실시하는 지적측량을 말한다.
광산 측량	광산에 관한 측량으로 터널 내 측량, 터널 외 측량, 터널 내외 연결 측량
지하 시설물 측량	상수도, 하수도, 가스, 통신, 전력, 송유관, 지역난방 등 지하 시설물을 효율적으로 관리하기 위하여 이들의 매설 위치와 깊이를 측정하고, 이를 도면화하는 측량
면적 측량	토지의 면적을 직접 현지에서 구하거나 도상에서 산정하는 측량
체적 측량	측량의 성과를 이용하여 건설 공사를 위해 토량이나 수량 등을 산출하는 측량

라. 측량 기계에 따른 분류

평판 측량	평판을 이용하여 지형의 평면도를 작성하는 측량
트랜싯 측량	트랜싯을 이용하여 주로 각과 거리를 결정하는 측량

레벨 측량	레벨을 이용하여 고저차를 결정하는 측량
스타디아 측량	망원경 내의 스타디아선을 이용하여 간접법으로 두 점간의 거리와 고저차를 결정하는 측량
테이프 측량	체인이나 테이프를 가지고 거리를 구하는 측량
전자파 거리 측량	전파나 광파에 의해 두 점간의 거리를 간접적으로 구하는 측량
육분의 측량	육분의를 이용하여 움직이면서 각을 관측하거나 움직이는 목표의 각을 관측하여 위치를 결정하는 측량으로 하천, 항만측량
토털스테이션 측량	토털스테이션은 관측된 데이터를 직접 저장하고 처리할 수 있으므로 3차원 지형정보 획득으로부터 데이터베이스 구축 및 지형도 제작까지 일괄적으로 처리할 수 있는 최신측량기계로 결정하는 측량이다.
사진 측량	촬영한 사진에 의해 대상물의 정량적, 정성적 해석을 하는 측량
GPS 측량	인공위성을 이용한 범세계적 위치 결정 체계로 정확히 위치를 알고 있는 위성에서 발사한 전파를 수신하여 관측점까지의 소요 시간에 따른 거리를 관측함으로써 관측점의 3차원 위치를 구하는 측량

마. 작업 순서에 따른 분류

기준점 측량	측량의 기준이 되는 점들의 위치를 구하는 측량으로 골조 측량이라고도 한다. 측량기준점은 국가기준점, 공공기준점, 지적기준점으로 구분한다. 기준점 측량에는 삼각 측량, 삼변 측량, 다각 측량, 수준 측량, GPS 측량 등이다.
세부 측량	각종 목적에 따라 상세한 도면이나 지형도를 만드는 측량으로 측량 방법은 기준점에 기초를 두고 행해지며, 지형, 지물의 세부 사항을 측량하여 이것을 지형도에 나타내는 것을 세부 측량이라 한다.

1.2 측지학

1.2.1 정의

지구 내부의 특성, 지구의 형상 및 운동을 결정하는 측량과 지구표면상에 있는 모든 점들 간의 상호위치관계를 산정하는 측량의 가장 기본적인 학문이다.

1.2.2 분류 암기 지시해서 결정지어라 면천위해사를 형극지열대양은 지중지탄이라.

기하학적 측지학	물리학적 측지학
지구 및 천체에 대한 점들의 상호위치관계를 조사	지구의 형상해석 및 지구의 내부특성을 조사
① 측지학적 3차원 위치결정(경도, 위도, 높이)	① 지구의 형형상 해석
② 길이 및 시간의 결정	② 지구의 극극운동과 자전운동
③ 수평위치 결정	③ 지각의 변동 및 균형
④ 높이 결정	④ 지구의 열 측정
⑤ 지도제작	⑤ 대륙의 부동
⑥ 면적·체적측량	⑥ 해양의 조류
⑦ 천문측량	⑦ 지구조석측량
⑧ 위성측량	⑧ 중력측량
⑨ 해양측량	⑨ 지자기측량
⑩ 사진측량	⑩ 탄성파측량

1.3 지구의 형상

지구의 형상은 물리적 지표면, 구, 타원체, 지오이드, 수학적 형상으로 대별되며 타원체는 회전, 지구, 준거, 국제타원체로 분류된다. 타원체는 지구를 표현하는 수학적 방법으로서 타원체면의 장축 또는 단축을 중심축으로 회전시켜 얻을 수 있는 모형이며 좌표를 표현하는 데 있어서 수학적 기준이 되는 모델이다.

1.3.1 타원체

가. 타원체의 종류 암기 회지준국

회전타원체	한 타원의 지축을 중심으로 회전하여 생기는 입체 타원체
지구타원체	부피와 모양이 실제의 지구와 가장 가까운 회전타원체를 지구의 형으로 규정한 타원체
준거타원체	어느 지역의 대지측량계의 기준이 되는 지구 타원체
국제타원체	전세계적으로 대지측량계의 통일을 위해 IUGG(International Association of Geodesy : 국제측지학 및 지구물리학연합)에서 제정한 지구타원체

나. 타원체의 특징 암기 가타굴매는 반면표부상경지요 타상중클우베라.
① ㉮하학적 ㉯원체이므로 ㉰곡이 없는 ㉱끈한 면이다.
② 지구의 ㉫경, ㉬적, ㉭면적, ㉮피, ㉯각측량, ㉰위도 결정, ㉱도제작 등의 기준
③ ㉲원체의 크기는 ㉳각측량 등의 실측이나 ㉴력측정값을 ㉵레로 정리로 이용
④ 지구타원체의 크기는 세계 각 나라별로 다르며 ㉶리나라에는 종래에는 ㉷essel의 타원체를 사용하였으나 최근 공간정보의 구축 및 관리 등에 관한 법 6조의 개정에 따라 GRS80 타원체로 그 값이 변경되었다.
⑤ 지구의 형태는 극을 연결하는 직경이 적도방향의 직경보다 약 42.6km가 짧은 회전타원체로 되어 있다.
⑥ 지구타원체는 지구를 표현하는 수학적 방법으로서 타원체면의 장축 또는 단축을 중심으로 회전시켜 얻을 수 있는 모형이다.

다. 제성질
① 편심률(이심률, e) = $\sqrt{\dfrac{a^2-b^2}{a^2}}$

② 편평률(P) = $\dfrac{a-b}{a}$ = $1-\sqrt{1-e^2}$

③ 자오선곡률반경(M) = $\dfrac{a(1-e^2)}{W^3}$

여기서, $W = \sqrt{1-e^2\sin^2\phi}$

④ 횡곡률반경(N) = $\dfrac{a}{W}$ = $\dfrac{a}{\sqrt{1-e^2\sin^2\phi}}$

⑤ 평균곡률반경(R) = $\sqrt{MN}$

1.3.2 지오이드

가. 정의

정지된 해수면을 육지까지 연장하여 지구 전체를 둘러쌌다고 가상한 곡면을 지오이드(Geoid)라 한다. 지구타원체는 기하학적으로 정의한 데 비하여 지오이드는 중력장 이론에 따라 물리학적으로 정의한다.

나. 특징 암기 지평대고해저면 고지면0측이요 연차내부중력타불이다.
① ㉯오이드면은 ㉰균해수면과 일치하는 등포텐셜면으로 일종의 수면이다.
② 지오이드면은 ㉱륙에서는 지각의 인력 때문에 지구타원체보다 높고(㉲) ㉳양에서는 낮다(㉴).
③ ㉵저측량은 ㉶오이드㉷을 표고 0으로 하여 관㉸한다.

④ 타원체의 법선과 지오이드 연직선의 불일치로 ㉤직선 편㉺가 생긴다.
⑤ 지형의 영향 또는 지각㉯㉷밀도의 불균일로 인하여 타원체에 비하여 다소의 기복이 있는 불규칙한 면이다.
⑥ 지오이드는 어느점에서나 표면을 통과하는 연직선은 ㉻㉼방향에 수직이다.
⑦ 지오이드는 ㉫원체면에 대하여 다소 기복이 있는 ㉾규칙한 면을 갖는다.
⑧ 높이가 0이므로 위치에너지도 0이다.

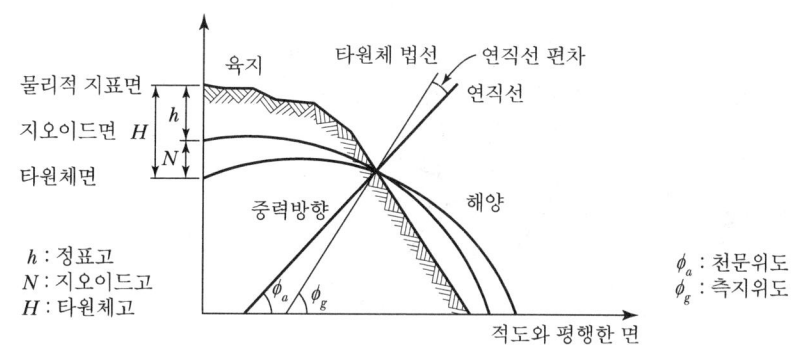

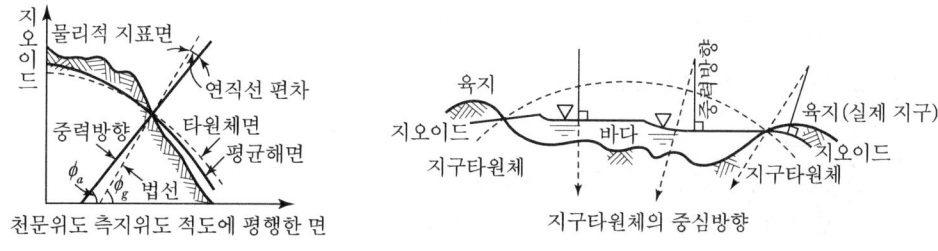

[타원체와 지오이드]

1.4 경도와 위도

1.4.1 경도

가. 정의

경도는 본초자오선과 적도의 교점을 원점(0, 0)으로 한다. 경도는 본초자오선으로부터 적도를 따라 그 지점의 자오선까지 잰 최소 각거리로 동서쪽으로 0°~180°까지 나타내며, 측지경도와 천문경도로 구분한다.

나. 종류 앙기 측천

측지경도	본초자오선과 타원체상의 임의 자오선이 이루는 적도상 각 거리를 말한다.
천문경도	본초자오선과 지오이드상의 임의 자오선이 이루는 적도상 각 거리를 말한다.

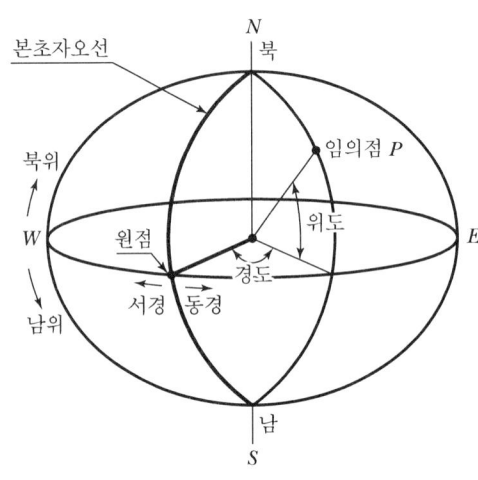

[경도와 위도]

1.4.2 위도 앙기 측천지화

가. 정의

위도(ϕ)란 지표면상의 한 점에서 세운 법선이 적도면을 0°로 하여 이루는 각으로서 남북위 0°~90°로 표시한다. 위도는 자오선을 따라 적도에서 어느 지점까지 관측한 최소 각거리로서 어느 지점의 연직선 또는 타원체의 법선이 적도면과 이루는 각으로 정의되고, 0°~90°까지 관측하며, 측지위도, 천문위도, 지심위도, 화성위도로 구분된다. 경도 1°에 대한 적도상 거리, 즉 위도 0°의 거리는 약 111km, 1′은 1.85km, 1″는 30.88m이다.

나. 종류

측지위도	지구상 한 점에서 회전타원체의 법선이 적도면 이루는 각으로 측지분야에서 많이 사용한다.
천문위도	지구상 한 점에서 지오이드의 연직선(중력방향선)이 적도면과 이루는 각을 말한다.
지심위도	지구상 한 점과 지구중심을 맺는 직선이 적도면과 이루는 각을 말한다.
화성위도	지구중심으로부터 장반경(a)을 반경으로 하는 원과 지구상 한 점을 지나는 종선의 연장선과 지구중심을 연결한 직선이 적도면과 이루는 각을 말한다.

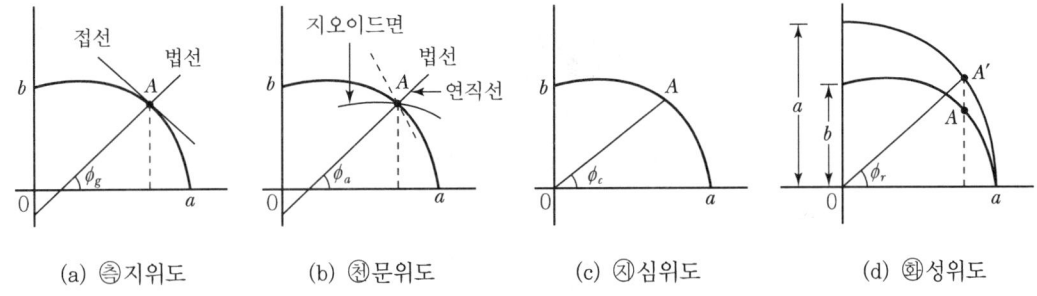

(a) ㉠지위도　　(b) ㉡문위도　　(c) ㉢심위도　　(d) ㉣성위도

[위도의 종류]

1.5 구면삼각형과 구과량

1.5.1 구면삼각형

가. 정의

세 변이 대원의 호로 된 삼각형을 구면삼각형이라 하고 구면삼각형의 내각의 합은 180°보다 크다.

나. 특징

① 대규모지역의 측량의 경우 곡면각의 성질이 필요하다.
② 세 변이 대원의 호로 된 삼각형을 구면삼각형이라 한다.
③ 구면삼각형의 세 변의 길이는 대원호의 중심각과 같은 각거리이다.

1.5.2 구과량

가. 정의

구면삼각형 내각의 합은 180°보다 크며 이를 구과량, 또는 구면과량이라 한다. 구면삼각형의 3변과 길이가 같은 평면삼각형을 가상하여 그 면적을 E라 하면 구과량(ε'')은 다음과 같다.

즉, $\varepsilon = (A + B + C) - 180°$

$$\varepsilon'' = \frac{F}{R^2}\rho''$$

여기서, ε : 구과량
F : 삼각형의 면적
R : 지구반경

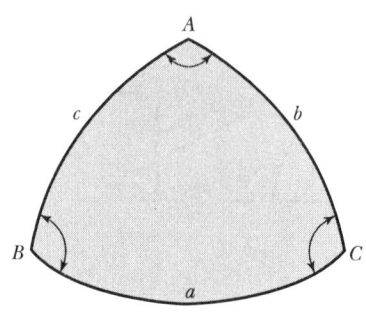

[구면삼각형]

나. 특징
① 구과량은 구면삼각형의 면적 F에 비례하고 구의 반경 R의 제곱에 반비례한다.
② 구면삼각형 한 정점을 지나는 변은 대원이다.
③ 일반측량에서 구과량은 미소하여 평면 삼각형 면적을 사용해도 지장이 없다.
④ 소규모 지역에서는 르장드르의 정리를, 대규모 지역에서는 슈라이버 정리를 이용한다.
⑤ 구과량 $\varepsilon = A + B + C - 180°$

1.6 측량의 기준(공간정보의 구축 및 관리 등에 관한 법 제6조 측량기준)

1.6.1 높이의 종류 얍기 물지타 정지타

표고(Elevation)	지오이드면, 즉 정지된 평균해수면과 물리적 지표면 사이의 고저차
정표고(Orthometric Height)	물리적 지표면에서 지오이드까지의 고저차
지오이드고(Geoidal Height)	타원체와 지오이드와 사이의 고저차를 말한다.
타원체고(Ellipsoidal Height)	준거 타원체상에서 물리적 지표면까지의 고저차를 말하며 지구를 이상적인 타원체로 가정한 타원체면으로부터 관측지점까지의 거리이며 실제 지구표면은 울퉁불퉁한 기복을 가지므로 실제높이(표고)는 타원체고가 아닌 평균해수면(지오이드)으로부터 연직선 거리이다.

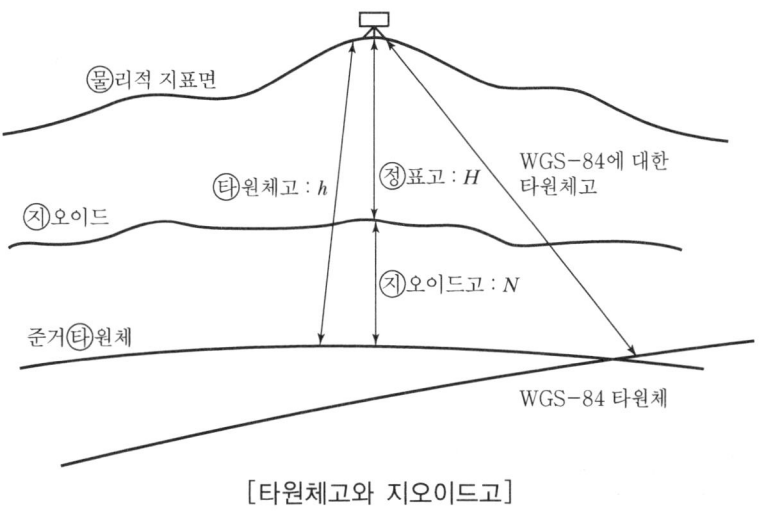

[타원체고와 지오이드고]

1.6.2 높이의 기준

위치	세계측지계(世界測地系)에 따라 측정한 지리학적 경위도와 높이(평균해면으로부터의 높이를 말한다. 이하 이 항에서 같다.)로 표시한다. 다만 지도제작 등을 위하여 필요한 경우에는 직각좌표와 높이, 극좌표와 높이, 지구중심 직교좌표 및 그 밖의 다른 좌표로 표시할 수 있다.
측량의 원점	대한민국 경위도원점(經緯度原點) 및 수준원점(水準原點)으로 한다. 다만, 섬 등 대통령령으로 정하는 지역에 대하여는 국토교통부장관이 따로 정하여 고시하는 원점을 사용할 수 있다(제주도, 울릉도, 독도).
간출지(干出地)의 높이와 수심	수로조사에서 간출지(干出地)의 높이와 수심은 기본수준면(일정 기간 조석을 관측하여 분석한 결과 가장 낮은 해수면)을 기준으로 측량한다.〈삭제 2020.2.18〉
해안선	해수면이 약최고고조면(略最高高潮面 : 일정 기간 조석을 관측하여 분석한 결과 가장 높은 해수면)에 이르렀을 때의 육지와 해수면과의 경계로 표시한다.〈삭제 2020.2.18〉

① 해양수산부장관은 수로조사와 관련된 평균해수면, 기본수준면 및 약최고고조면에 관한 사항을 정하여 고시하여야 한다.〈삭제 2020.2.18〉
② 제1항에 따른 세계측지계, 측량의 원점 값의 결정 및 직각좌표의 기준 등에 필요한 사항은 대통령령으로 정한다.

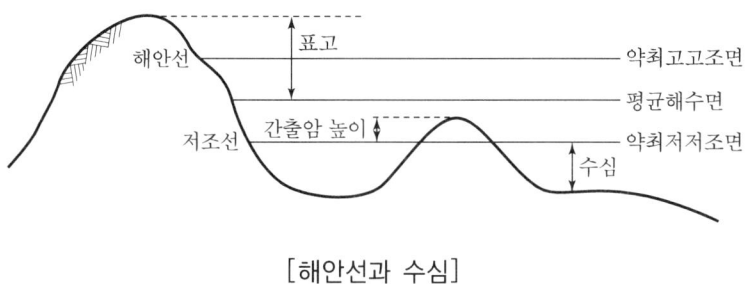

[해안선과 수심]

1.7 측량의 원점

1.7.1 경·위도 원점

① 1981~1985년까지 정밀천문측량 실시
② 1985년 12월 17일 발표
③ 수원국립지리원 구내 위치
④ 우리나라의 최근에 설치된 경위도 원점은 2002년 1월 1일 관측하여 2003년 1월 1일 고시하였으며 대한민국 경위도원점의 변경 전·후 성과는 아래 표와 같다.
⑤ 원 방위각은 진북을 기준하여 우회로 측정한 원방위 기준점에 이르는 방위각이다.

구분	동경	북위	원방위각	원방위각 위치
변경 전	127°03′05.1453″ ±0.0950″	37°16′31.9031″ ±0.063″	170°58′18.190″ ±0.148″	동학산 2등삼각점
현재	127°03′14″.8913	37°16′33″.3659	165°03′44.538″	원점으로부터 진북을 기준으로 오른쪽 방향으로 측정한 우주측지관측센터에 있는 위성기준점 안테나 참조점 중앙
원점 소재지	국토지리정보원내(수원시 팔달구 원천동 11번지)			

1.7.2 수준원점

① 높이의 기준으로 평균해수면을 알기 위하여 토지조사 당시 검조장 설치(1911년)
② 검조장 설치위치 : 청진, 원산, 목포, 진남포, 인천(5개소)
③ 1963년 일등수준점을 신설하여 현재 사용
④ 위치 : 인천광역시 남구 용현동 253번지(인하대학교 교정)
⑤ 표고 : 인천만의 평균해수면으로부터 26.6871m

1.7.3 평면직각좌표원점

① 지도상 제 점 간의 위치관계를 용이하게 결정
② 모든 삼각점 (x, y) 좌표의 기준
③ 원점은 1910년의 토지 조사령에 의거 실시한 토지조사사업에 의하여 설정된 것으로 실제 존재하지 않는 가상의 원점이다. 원점은 동해, 동부, 중부, 서부원점이 있으며 그 위치는 다음과 같다.

[별표 2]
직각좌표의 기준(제7조제3항 관련)

1. 직각좌표계 원점

명칭	원점의 경위도	투영원점의 가산(加算)수치	원점축척계수	적용 구역
서부좌표계	경도 : 동경 125°00′ 위도 : 북위 38°00′	X(N) 600,000m Y(E) 200,000m	1.0000	동경 124°~126°
중부좌표계	경도 : 동경 127°00′ 위도 : 북위 38°00′	X(N) 600,000m Y(E) 200,000m	1.0000	동경 126°~128°
동부좌표계	경도 : 동경 129°00′ 위도 : 북위 38°00′	X(N) 600,000m Y(E) 200,000m	1.0000	동경 128°~130°
동해좌표계	경도 : 동경 131°00′ 위도 : 북위 38°00′	X(N) 600,000m Y(E) 200,000m	1.0000	동경 130°~132°

〈비고〉
가. 각 좌표계에서의 직각좌표는 다음의 조건에 따라 T·M(Transverse Mercator, 횡단 머케이터) 방법으로 표시한다.
   1) X축은 좌표계 원점의 자오선에 일치하여야 하고, 진북방향을 정(+)으로 표시하며, Y축은 X축에 직교하는 축으로서 진동방향을 정(+)으로 한다.
   2) 세계측지계에 따르지 아니하는 지적측량의 경우에는 가우스상사이중투영법으로 표시하되, 직각좌표계 투영원점의 가산(加算)수치를 각각 X(N) 500,000미터(제주도 지역 550,000미터), Y(E) 200,000m로 하여 사용할 수 있다.
나. 국토교통부장관은 지리정보의 위치측정을 위하여 필요하다고 인정할 때에는 직각좌표의 기준을 따로 정할 수 있다. 이 경우 국토교통부장관은 그 내용을 고시하여야 한다.

2. 지적측량에 사용되는 구소삼각지역의 직각좌표계 원점 ㉭㉠ ㉮㉡㉰㉯㉱㉲㉳㉴㉵㉶㉷

명칭	원점의 경위도	
㉱산원점(間)	경도 : 동경 126°22′24″.596 위도 : 북위 37°43′07″.060	경기(강화)
㉮양원점(間)	경도 : 동경 126°42′49″.685 위도 : 북위 37°33′01″.124	경기(부천, 김포, 인천)
㉯본원점(m)	경도 : 동경 127°14′07″.397 위도 : 북위 37°26′35″.262	경기(성남, 광주)
㉰리원점(間)	경도 : 동경 126°51′59″.430 위도 : 북위 37°25′30″.532	경기(안양, 인천, 시흥)
㉱경원점(間)	경도 : 동경 126°51′32″.845 위도 : 북위 37°11′52″.885	경기(수원, 화성, 평택)
㉲초원점(m)	경도 : 동경 127°14′41″.585 위도 : 북위 37°09′03″.530	경기(용인, 안성)
㉳곡원점(m)	경도 : 동경 128°57′30″.916 위도 : 북위 35°57′21″.322	경북(영천, 경산)
㉴창원점(m)	경도 : 동경 128°46′03″.947 위도 : 북위 35°51′46″.967	경북(경산, 대구)
㉵암원점(間)	경도 : 동경 128°35′46″.186 위도 : 북위 35°51′30″.878	경북(대구, 달성)
㉶산원점(間)	경도 : 동경 128°17′26″.070 위도 : 북위 35°43′46″.532	경북(고령)
㉷라원점(m)	경도 : 동경 128°43′36″.841 위도 : 북위 35°39′58″.199	경북(청도)

〈비고〉
가. 조본원점·고초원점·율곡원점·현창원점 및 소라원점의 평면직각종횡선수치의 단위는 미터로 하고, 망산원점·계양원점·가리원점·등경원점·구암원점 및 금산원점의 평면직각종횡선수치의 단위는 간(間)으로 한다. 이 경우 각각의 원점에 대한 평면직각종횡선수치는 0으로 한다.
나. 특별소삼각측량지역[전주, 강경, 마산, 진주, 광주(光州), 나주(羅州), 목포, 군산, 울릉도 등]에 분포된 소삼각측량지역은 별도의 원점을 사용할 수 있다.

1.8 좌표계

1.8.1 지구좌표계

가. 경·위도좌표
 ① 지구상 절대적 위치를 표시하는 데 가장 널리 쓰인다.
 ② 경도(λ)와 위도(ϕ)에 의한 좌표(λ, ϕ)로 수평위치를 나타낸다.
 ③ 3차원 위치표시를 위해서는 타원체면으로부터의 높이, 즉 표고를 이용한다.
 ④ 경도는 동·서쪽으로 0~180°로 관측하며 천문경도와 측지경도로 구분한다.
 ⑤ 위도는 남·북쪽으로 0~90° 관측하며 천문위도, 측지위도, 지심위도, 화성위도로 구분된다.
 ⑥ 경도 1°에 대한 적도상 거리는 약 111km, 1′는 1.85km, 1″는 0.88m가 된다.

나. 평면직교좌표
 ① 측량범위가 크지 않은 일반측량에 사용된다.
 ② 직교좌표값(x, y)으로 표시된다.
 ③ 자오선을 X축, 동서방향을 Y축으로 한다.
 ④ 원점에서 동서로 멀어질수록 자오선과 원점을 지나는 Xn(진북)과 평행한 Xn(도북)이 서로 일치하지 않아 자오선수차(r)가 발생한다.

다. UTM좌표
 UTM좌표는 국제횡메르카토르 투영법에 의하여 표현되는 좌표계이다. 적도를 횡축, 자오선을 종축으로 한다. 투영방식, 좌표변환식은 TM과 동일하나 원점에서 축척계수를 0.9996으로 하여 적용범위를 넓혔다.

종대	① 지구 전체를 경도 6°씩 60개 구역으로 나누고, 각 종대의 중앙자오선과 적도의 교점을 원점으로 하여 원통도법인 횡메르카토르 투영법으로 등각투영한다. ② 각 종대는 180°W 자오선에서 동쪽으로 6°간격으로 1~60까지 번호를 붙인다. ③ 중앙자오선에서의 축척계수는 0.9996m이다. 　(축척계수 : $\dfrac{평면거리}{구면거리} = \dfrac{s}{S} = 0.9996$)
횡대	① 종대에서 위도는 남북 80°까지만 포함시킨다. ② 횡대는 8°씩 20개 구역으로 나누어 C(80°S~72°S)~X(72°N~80°N)까지(단 I, O는 제외) 20개의 알파벳 문자로 표현한다. ③ 결국 종대 및 횡대는 경도 6°×위도 8°의 구형구역으로 구분된다. ④ 경도의 원점은 중앙자오선, 위도의 원점은 적도상에 있다. ⑤ 길이의 단위는 m이다. ⑥ 우리나라는 51~52 종대, S~T 횡대에 속한다. 　$\begin{bmatrix} 51 : 120°\sim126°E(중앙자오선\ 123°E) \\ 51 : 126°\sim132°E(중앙자오선\ 129°E) \end{bmatrix}$　$\begin{bmatrix} S : 32°\sim40°N \\ T : 40°\sim48°N \end{bmatrix}$

라. UPS 좌표

① 위도 80° 이상의 양극지역의 좌표를 표시하는 데 이용한다.
② UPS 좌표는 극심입체투영법에 의한 것이며 UTM 좌표의 상사투영법과 같은 특징을 지닌다.
③ 특징
  ⊙ 양극을 원점으로 평면직각좌표계를 사용하며 거리좌표는 m로 표시한다.
  ⊙ 종축은 경도 0° 및 180°인 자오선, 횡축은 90°E인 자오선이다.
  ⊙ 원점의 좌표값은 (2,000,000mN, 2,000,000mN)이다.
  ⊙ 도북은 북극을 지나는 180° 자오선(남극에서는 0° 자오선)과 일치한다.

마. WGS 84 좌표

WGS 84는 여러 관측장비를 가지고 전 세계적으로 측정해온 중력측량으로 중력장과 지구형상을 근거로 만들어진 지심좌표계이다.

① 지구의 질량중심에 위치한 좌표원점과 X, Y, Z 축으로 정의되는 좌표계이다.
② Z축은 1984년 BIH(국제시보국)에서 채택한 지구자전축과 평행하다.
③ X축은 BIH에서 정의한 본초자오선과 평행한 평면이 지구 적도선과 교차하는 선이다.
④ Y축은 X축과 Z축이 이루는 평면에 동쪽으로 수직인 방향이다.
⑤ WGS 84 좌표계의 원점과 축은 WGS 84 타원체의 기하학적 중심과 X, Y, Z축으로 쓰인다.

1.9 측량기준점(제7조) 암기 우리가 위통이 심하면 중지를 모아 수영을 수삼

① 측량기준점은 다음 각 호의 구분에 따른다.

국가기준점	측량의 정확도를 확보하고 효율성을 높이기 위하여 국토교통부장관이 전국토를 대상으로 주요 지점마다 정한 측량의 기본이 되는 측량기준점
공공기준점	제17조제2항에 따른 공공측량시행자가 공공측량을 정확하고 효율적으로 시행하기 위하여 국가기준점을 기준으로 하여 따로 정하는 측량기준점
지적기준점	특별시장·광역시장·도지사 또는 특별자치도지사(이하 "시·도지사"라 한다)나 지적소관청이 지적측량을 정확하고 효율적으로 시행하기 위하여 국가기준점을 기준으로 하여 따로 정하는 측량기준점

② 제1항에 따른 측량기준점의 구분에 관한 세부 사항은 대통령령으로 정한다.

제8조 (측량기준점의 구분) ① 법 제7조제1항에 따른 측량기준점은 다음 각 호의 구분에 따른다.

국가기준점	㉴주측지 기준점	국가측지기준계를 정립하기 위하여 전 세계 초장기선간섭계와 연결하여 정한 기준점
	㉶성기준점	지리학적 경위도, 직각좌표 및 지구 중심 직교좌표의 측정 기준으로 사용하기 위하여 대한민국 경위도원점을 기초로 정한 기준점
	㉠합기준점	지리학적 경위도, 직각좌표, 지구중심 직교좌표, 높이 및 중력 측정의 기준으로 사용하기 위하여 위성기준점, 수준점 및 중력점을 기초로 정한 기준점
	㉰력점	중력 측정의 기준으로 사용하기 위하여 정한 기준점
	㉣자기점 (地磁氣點)	지구자기 측정의 기준으로 사용하기 위하여 정한 기준점
	㉠준점	높이 측정의 기준으로 사용하기 위하여 대한민국 수준원점을 기초로 정한 기준점
	㉶해기준점	우리나라의 영해를 획정(劃定)하기 위하여 정한 기준점 〈삭제 2021.2.19〉
	㉠로기준점	수로조사 시 해양에서의 수평위치와 높이, 수심 측정 및 해안선 결정 기준으로 사용하기 위하여 위성기준점과 법 제6조제1항제3호의 기본수준면을 기초로 정한 기준점으로서 수로측량기준점, 기본수준점, 해안선기준점으로 구분한다. 〈삭제 2021.2.19〉
	㉢각점	지리학적 경위도, 직각좌표 및 지구중심 직교좌표 측정의 기준으로 사용하기 위하여 위성기준점 및 통합기준점을 기초로 정한 기준점
공공기준점	공공삼각점	공공측량 시 수평위치의 기준으로 사용하기 위하여 국가기준점을 기초로 하여 정한 기준점
	공공수준점	공공측량 시 높이의 기준으로 사용하기 위하여 국가기준점을 기초로 하여 정한 기준점
지적기준점	지적삼각점 (地籍三角點)	지적측량 시 수평위치 측량의 기준으로 사용하기 위하여 국가기준점을 기준으로 하여 정한 기준점
	지적삼각 보조점	지적측량 시 수평위치 측량의 기준으로 사용하기 위하여 국가기준점과 지적삼각점을 기준으로 하여 정한 기준점
	지적도근점 (地籍圖根點)	지적측량 시 필지에 대한 수평위치 측량 기준으로 사용하기 위하여 국가기준점, 지적삼각점, 지적삼각보조점 및 다른 지적도근점을 기초로 하여 정한 기준점

1.10 측량의 요소 및 국제단위계

1.10.1 국제단위계

국제관측단위계(SI)는 일반적으로 미터법으로 불리며 과학기술계에서 MKSA단위라고 불리는 관측 단위체계의 최신 형태이다. 미터법 단위계는 1875년 파리에서 체결된 미터조약에 의하여 제정된 이래 전 세계에서 보급되어 제반 분야에서 널리 이용되고 있으며 측량 분야에서도 중요하게 사용된다.

가. 기본단위

1967년 온도의 단위가 캘빈(K)으로 바뀌고 1971년에 7번째 기본단위로서 물량단위인 몰(mole)이 추가되어 현재의 SI의 기초가 되었다.

구분	관측단위	기호
길이의 단위	미터(Meter)	m
질량의 단위	킬로그램(Kilogram)	kg
시간의 단위	초(Second)	s
전류의 단위	암페어(Ampere)	A
열 역학적 온도 단위	켈빈(Kelvin)	K
물량의 단위	몰(Mol)	mol
광도의 단위	칸델라(Candela)	cd

나. 보조단위

① 보조단위는 추가 단위라고도 하며, 평면각의 SI 단위인 라디안과 공간각의 SI 단위인 스테라디안이 있다.

② 평면각은 두 길이의 비율로, 공간각은 넓이와 길이의 제곱과의 비율로 표현되므로 두 가지 모두 기하학적이고 무차원량이다.

구분	라디안(평면 SI 단위계)	스테라디안(공간 SI 단위계)
표시	$1\text{rad} = \dfrac{1\text{m}(\text{호의 길이})}{1\text{m}(\text{반경})} = \dfrac{1\text{m}}{1\text{m}}$	$1\text{sr} = \dfrac{1\text{m}^2(\text{구의 일부표면적})}{1\text{m}^2(\text{구의 반경의 제곱})} = \dfrac{1\text{m}^2}{1\text{m}^2}$
이용분야	각속도(rad/s) 각 가속도(rad/s²)	복사휘도(ω/m^2) 광속도(cd/sr)

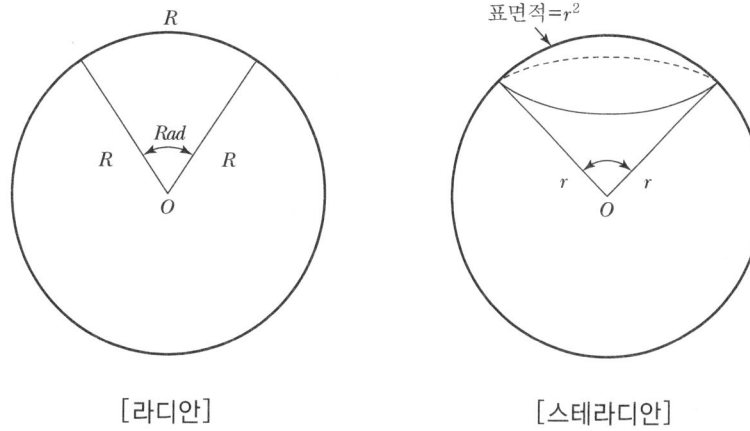

[라디안]　　　　　　[스테라디안]

- SI단위

구분	단위	이름	기호
기본단위	길이의 단위	미터(Meter)	m
	질량의 단위	킬로그램(Kilogram)	kg
	시간의 단위	초(Second)	s
	전류의 단위	암페어(Ampere)	A
	열 역학적 온도 단위	켈빈(Kelvin)	K
	물량의 단위	몰(Mol)	mol
	광도의 단위	칸델라(Candela)	cd
보조단위	평면각	라디안(Radian)	rad
	입체각	스테라디안(Steradian)	sr
유도단위	면적	제곱미터(Squaremeter)	m^2
	부피	세제곱미터(Cubic meter)	m^3
	속도·속력	매 초당 미터(Meter per sec)	m/s
	가속도	매 제곱 초당 미터(Meter per square second)	m/s^2
	밀도	매 세제곱 미터당 킬로미터(Kilogram per cubic meter)	kg/m^3

• 보조단위 접두어

이름	기호	크기	이름	기호	크기
yotta	Y	10^{24}	deci	d	10^{-1}
zetta	Z	10^{21}	centi	c	10^{-2}
exa	E	10^{18}	milli	m	10^{-3}
peta	P	10^{15}	micro	μ	10^{-6}
tera	T	10^{12}	nano	n	10^{-9}
giga	G	10^{9}	pico	p	10^{-12}
mega	M	10^{6}	femto	f	10^{-15}
kilo	k	10^{3}	atto	a	10^{-18}
hecto	h	10^{2}	zepto	z	10^{-21}
deca	da	10^{1}	yocto	y	10^{-24}

예상 및 기출문제

CHAPTER 01

1. 다음 중 측량의 목적에 따른 분류가 아닌 것은 어느 것인가?
   - ㉮ 천문측량
   - ㉯ 거리측량
   - ㉰ 수준측량
   - ㉱ 지적측량

   해설 ① 측량의 목적에 따른 분류 : 토지측량, 지형측량, 노선측량, 하해측량, 지적측량, 터널측량, 수준측량, 건축측량, 천체측량 등
   ② 측량기계에 따른 분류 : 거리측량, 평판측량, 컴퍼스측량, 트랜싯측량, 레벨측량, 사진측량 등

2. 다음 중 지적 관련 법률에 따른 측량기준에서 회전타원체의 편평률로 옳은 것은?(단, 긴반지름 : 6,377,397m, 단반경 : 6,356,079m)
   - ㉮ 약 $\dfrac{1}{6,378}$
   - ㉯ 약 $\dfrac{1}{2,500}$
   - ㉰ 약 $\dfrac{1}{500}$
   - ㉱ 약 $\dfrac{1}{299}$

   해설 지구의 편평률
   $$f = \dfrac{장반경(a) - 단반경(b)}{장반경(a)}$$
   $$= \dfrac{6,377.397 - 6,356.079}{6,377.397}$$
   $$= \dfrac{1}{299.15}$$

3. 다음의 사항 중 옳은 것은 어느 것인가?
   - ㉮ 우리나라의 수준면은 1911년 인천의 중등해수면값을 기준으로 하였다.
   - ㉯ 일반적인 측량에 많이 사용되는 좌표는 극좌표이다.
   - ㉰ 지각변동의 측정, 긴 하천 또는 항로의 측량은 평면측량으로 행한다.
   - ㉱ 위도는 어떤 지점에서 준거타원체의 법선이 적도면과 이루는 각으로 표시한다.

   해설 ① 중등해수면 → 평균해수면
   ② 극좌표 → 평면직각좌표
   ③ 평면측량 → 대지측량

해답 1. ㉯ 2. ㉱ 3. ㉱

4. 다음 중 측량 기준에 대한 설명으로 옳지 않은 것은?
   ㉮ 세계측지계에 따르지 아니하는 지적측량의 경우에는 가우스상사이중투영법으로 좌표를 표시한다.
   ㉯ 지적측량에서 거리와 면적은 지평면상의 값으로 한다.
   ㉰ 측량의 원점은 대한민국 경위도원점 및 수준원점으로 한다.
   ㉱ 위치는 세계측지계에 따라 측정한 지리학적 경위도와 평균해수면으로부터의 높이로 표시한다.

   해설 공간정보의 구축 및 관리 등에 관한 법률 제5조(측량기준에 관한 경과조치) ① 제6조제1항에도 불구하고 지도·측량용 사진 등을 이용하는 자의 편익을 위하여 종전의「측량법」(2001년 12월 19일 법률 제6532호로 개정되기 전의 것을 말한다)에 따른 측량기준을 사용하는 것이 불가피하다고 인정하여 국토교통부장관이 지정하여 고시한 경우에는 2009년 12월 31일까지 다음 각 호에 따른 종전의 측량기준을 사용할 수 있다.
   1. 지구의 형상과 크기는 베셀(Bessel)값에 따른다.
   2. 위치는 지리학상의 경도 및 위도와 평균해면으로부터의 높이로 표시한다. 다만, 필요한 경우에는 직각좌표 또는 극좌표로 표시할 수 있다.
   3. 거리와 면적은 수평면상의 값으로 표시한다.
   4. 측량의 원점은 대한민국 경위도원점 및 수준원점으로 한다.
   제6조(측량기준) ① 측량의 기준은 다음 각 호와 같다.
   1. 위치는 세계측지계(世界測地系)에 따라 측정한 지리학적 경위도와 높이(평균해수면으로부터의 높이를 말한다. 이하 이 항에서 같다)로 표시한다. 다만, 지도 제작 등을 위하여 필요한 경우에는 직각좌표와 높이, 극좌표와 높이, 지구중심 직교좌표 및 그 밖의 다른 좌표로 표시할 수 있다.
   2. 측량의 원점은 대한민국 경위도원점(經緯度原點) 및 수준원점(水準原點)으로 한다. 다만, 섬 등 대통령령으로 정하는 지역에 대하여는 국토교통부장관이 따로 정하여 고시하는 원점을 사용할 수 있다(제주도, 울릉도, 독도).
   3. 수로조사에서 간출지(干出地)의 높이와 수심은 기본수준면(일정 기간 조석을 관측하여 분석한 결과 가장 낮은 해수면)을 기준으로 측량한다.〈삭제 2020.2.18〉
   4. 해안선은 해수면이 약최고고조면(略最高高潮面 : 일정 기간 조석을 관측하여 분석한 결과 가장 높은 해수면)에 이르렀을 때의 육지와 해수면과의 경계로 표시한다.〈삭제 2020.2.18〉
   ② 해양수산부장관은 수로조사와 관련된 평균해수면, 기본수준면 및 약최고고조면에 관한 사항을 정하여 고시하여야 한다.〈삭제 2020.2.18〉
   ③ 제1항에 따른 세계측지계, 측량의 원점 값의 결정 및 직각좌표의 기준 등에 필요한 사항은 대통령령으로 정한다.
   [별표 2] 직각좌표의 기준(제7조제3항 관련)
   1. 직각좌표계 원점

명칭	원점의 경위도	투영원점의 가산(加算)수치	원점축척계수	적용 구역
서부 좌표계	경도 : 동경 125°00′ 위도 : 북위 38°00′	X(N) 600,000m Y(E) 200,000m	1.0000	동경 124°~126°
중부 좌표계	경도 : 동경 127°00′ 위도 : 북위 38°00′	X(N) 600,000m Y(E) 200,000m	1.0000	동경 126°~128°

해답 4. ㉯

동부 좌표계	경도 : 동경 129°00′ 위도 : 북위 38°00′	X(N) 600,000m Y(E) 200,000m	1.0000	동경 128°~130°
동해 좌표계	경도 : 동경 131°00′ 위도 : 북위 38°00′	X(N) 600,000m Y(E) 200,000m	1.0000	동경 130°~132°

[비고]
㉮ 각 좌표계에서의 직각좌표는 다음의 조건에 따라 T·M(Transverse Mercator, 횡단 머케이터) 방법으로 표시한다.
  1) X축은 좌표계 원점의 자오선에 일치하여야 하고, 진북방향을 정(+)으로 표시하며, Y축은 X축에 직교하는 축으로서 진동방향을 정(+)으로 한다.
  2) 세계측지계에 따르지 아니하는 지적측량의 경우에는 가우스상사이중투영법으로 표시하되, 직각좌표계 투영원점의 가산(加算)수치를 각각 X(N) 500,000미터(제주도지역 550,000미터), Y(E) 200,000m로 하여 사용할 수 있다.
㉯ 국토교통부장관은 지리정보의 위치측정을 위하여 필요하다고 인정할 때에는 직각좌표의 기준을 따로 정할 수 있다. 이 경우 국토교통부장관은 그 내용을 고시하여야 한다.

5. 지구곡률을 고려 시 대지측량을 해야 하는 범위는?
㉮ 반경 11km, 넓이 200km² 이상인 지역
㉯ 반경 11km, 넓이 300km² 이상인 지역
㉰ 반경 11km, 넓이 400km² 이상인 지역
㉱ 반경 11km, 넓이 500km² 이상인 지역

해설 $\dfrac{d-D}{D} = \dfrac{\Delta l}{l} = \dfrac{l^2}{12R^2}$ 에서

$\dfrac{1}{1,000,000} = \dfrac{l^2}{12 \times 6,370^2}$ 이므로

$l = 22\text{km}$

∴ 반경 : 11km
  면적 : 400km²

6. 지구의 곡률로부터 생기는 길이의 오차를 1/2,000,000까지 허용하면 반지름 몇 km 이내를 평면으로 보는 것이 옳은가?(단, 지구의 곡률반지름은 6,370km로 한다.)
㉮ 22.00km   ㉯ 7.80km
㉰ 10.20km   ㉱ 15.60km

해설 $\dfrac{d-D}{D} = \dfrac{\Delta l}{l} = \dfrac{l^2}{12R^2}$ 에서

$\dfrac{1}{2,000,000} = \dfrac{l^2}{12 \times 6,370^2}$ 이므로

$l = 15.60\text{km}$

∴ 반경 7.8km

7. 지구상의 50km 떨어진 두 점의 거리를 측량하면서 지구를 평면으로 간주하였다면 거리오차는 얼마인가?(단, 지구의 반경은 6,370km이다.)

㉮ 0.257m ㉯ 0.138m ㉰ 0.069m ㉱ 0.005m

해설 $\dfrac{d-D}{D} = \dfrac{\Delta l}{l} = \dfrac{l^2}{12R^2}$에서 $\Delta l = \dfrac{l^3}{12R^2}$이므로

$\Delta l = \dfrac{50^3}{12 \times 6,370^2} = 0.000257\text{km} = 0.257\text{m}$

8. 다음 관계 중 옳은 것은?(단, N : 지구의 횡곡률반경, M : 지구의 자오선곡률반경, a : 타원지구의 적도반경, b : 타원지구의 극반경)

㉮ 측량의 원점에서의 평균곡률반경은 $\dfrac{a+2b}{3}$이다.

㉯ 타원에 대한 지구의 곡률반경은 $\dfrac{a-b}{a}$로 표시된다.

㉰ 지구의 편평률은 $\sqrt{N \cdot M}$로 표시된다.

㉱ 지구의 편심률(이심률)은 $\sqrt{\dfrac{a^2-b^2}{a^2}}$으로 표시된다.

해설 ① 산술평균에 의한 평균반경 $(R) = \dfrac{2a+b}{3} = a\left(1-\dfrac{f}{3}\right)$

② 측량원점에서의 평균곡률반경 $(R) = \sqrt{M \cdot N}$
  M : 자오선곡률반경
  N : 묘유선곡률반경

③ 편평률 $(f) = \dfrac{a-b}{a} = 1 - \sqrt{1-e^2}$

9. 기하학적 측지학의 3차원 위치결정에 맞는 것은 어느 것인가?

㉮ 위도, 경도, 진북방위각   ㉯ 위도, 경도, 자오선수차
㉰ 위도, 경도, 높이   ㉱ 위도, 경도, 방향각

해설 측지학의 3차원 위치결정
위도, 경도, 높이

10. 지구의 기하학적 성질을 설명한 것 중 잘못된 것은?

㉮ 지구상의 자오선은 양극을 지나는 대원의 북극과 남극 사이의 절반이다.
㉯ 측지선은 지표상 두 점 간의 최단거리선이다.
㉰ 항정선은 자오선과 일정한 각도를 유지하며, 그 선 내각점에서 북으로 갈수록 방위각이 커진다.
㉱ 지표상 묘유선은 지구타원체상 한 점의 법선을 포함한다.

해답 7. ㉮ 8. ㉱ 9. ㉰ 10. ㉰

해설 항정선
자오선과 일정한 각도를 유지하며 그 선 내의 각 점에서 방위각이 일정한 곡선이 된다.

11. 다음 설명 중 잘못된 것은?
㉮ 측지선은 지표상 두 점 간의 최단거리의 선이다.
㉯ 항정선은 자오선과 항상 일정한 각도를 유지하는 지표의 선이다.
㉰ 라플라스점은 중력측정을 실시하기 위한 점이다.
㉱ 실제 지구와 가장 가까운 회전타원체를 지구타원체라 한다.

해설 라플라스점은 방위각과 경도를 측정하여 삼각망을 바로잡는 점이다.

12. 지구의 적도반경 6,378km, 극반경 6,356km라 할 때 지구타원체의 편평률(f)과 이심률(e)은 얼마인가?

㉮ $f = \dfrac{1}{289.9}$　　$e = 0.0069$　　㉯ $f = \dfrac{1}{289.9}$　　$e = 0.0830$

㉰ $f = \dfrac{1}{299.9}$　　$e = 0.0069$　　㉱ $f = \dfrac{1}{299.9}$　　$e = 0.0077$

해설 ① $f = \dfrac{a-b}{a} = \dfrac{6,378 - 6,356}{6,378} = \dfrac{1}{289.9}$

② $e = \sqrt{\dfrac{a^2 - b^2}{a^2}} = \sqrt{\dfrac{6,378^2 - 6,356^2}{6,378^2}} = 0.083$

13. 측지위도 38°에서 자오선의 곡률반경값으로 가장 가까운 것은?(단, 장반경=6,377,397.15m, 단반경=6,356,078.96m)
㉮ 6,358,479.3m　　㉯ 6,375,076.9m
㉰ 6,358,947.5m　　㉱ 6,354,373.4m

해설 $M = \dfrac{a(1-e^2)}{W^3}$ 에서

① 이심률$(e) = \sqrt{\dfrac{a^2 - b^2}{a^2}} = \sqrt{\dfrac{6,377,397.15^2 - 6,356,078.96^2}{6,377,397.15^2}} = 0.081696823$

② $W = \sqrt{1 - e^2 \sin^2 \phi} = \sqrt{1 - 0.081696823^2 \cdot \sin^2 38°} = 0.998734275$

∴ 자오선의 곡률반경 $(M) = \dfrac{a(1-e^2)}{W^3}$ 이므로 6,358,947.524m

14. 변의 길이가 40km인 정삼각형 ABC의 내각을 오차없이 실측하였을 때, 내각의 합은?(단, R=6,370km)
㉮ 180°−0.000034　　㉯ 180°−0.000017
㉰ 180°+0.000009　　㉱ 180°+0.000017

해답 11. ㉰　12. ㉯　13. ㉰　14. ㉱

해설 구과량 $\varepsilon'' = \dfrac{F}{R^2}\rho$ 에서

$$F = \dfrac{1}{2}ab\sin\theta = \dfrac{1}{2} \times 40 \times 40 \times \sin 60° = 692.82\text{km}^2$$

$$\therefore \varepsilon = \dfrac{692.82}{6,370^2}\rho'' = 0.000017 \cdot \rho'' \qquad \therefore \text{내각의 합} = 180° + 0.000017$$

15. 지구의 곡률반경이 6,370km이며 삼각형의 구과량이 2.0″일 때 구면삼각형의 면적은?

㉮ 193.4km² ㉯ 293.4km² ㉰ 393.4km² ㉱ 493.4km²

해설 $\varepsilon'' = \dfrac{F}{R^2}\rho''$ 에서

$$F = \dfrac{\varepsilon'' \cdot R^2}{\rho''} = \dfrac{2'' \times 6,370^2}{206,265''} = 393.44\text{km}^2$$

16. 지구의 경도 180°에서 경도를 6° 간격으로 동쪽을 행하여 구분하고 그 중앙의 경도와 적도의 교점을 원점으로 하는 좌표는?

㉮ 평면직각좌표 ㉯ 극좌표 ㉰ 적도좌표 ㉱ UTM좌표

해설 UTM좌표

좌표계의 간격은 경도 6°마다 60지대(1~60번 180°W 자오선부터 동쪽으로 시작), 위도 8°마다 20지대(C~X까지 알파벳으로 표시, 단 I, O 제외)로 나누고 각 지대의 중앙자오선에 대하여 횡메르카토르 도법으로 투영
① 경도의 원점은 중앙자오선이다.
② 위도의 원점은 적도상에 있다.
③ 길이의 단위는 m이다.
④ 중앙자오선에서의 축척계수는 0.9996m이다.
⑤ 우리나라는 51~52종대, S~T횡대에 속한다.

$\begin{bmatrix} 51 : 120°\sim 126°E(\text{중앙 } 123°E) \\ 51 : 126°\sim 132°E(\text{중앙 } 129°E) \end{bmatrix}$ $\begin{bmatrix} S : 32°\sim 40°N \\ T : 40°\sim 48°N \end{bmatrix}$

17. 우리나라에 설치된 수준점의 표고에 대한 설명으로 옳은 것은?

㉮ 평균 해수면으로부터의 높이를 나타낸다. ㉯ 도로의 시점을 기준으로 나타낸다.
㉰ 만조면으로부터의 높이를 나타낸다. ㉱ 삼각점으로부터의 높이를 나타낸다.

해설 높이의 종류와 높이의 기준

지구상의 위치는 지리학적 경도·위도 및 평균해면으로부터의 높이로 표시한다. 표고는 타원체고와 정표고 및 지오이드고로 구분할 수 있는데 점의 위치에서 평면위치는 기준면의 기준 타원체에 근거해 결정되고, 높이는 타원체를 근거하여 결정되는 것이 곤란하므로 종래 평균해수면을 기준으로 높이를 결정하였다.

1. 높이의 종류
   1) 표고(Elevation ; 標高) : 지오이드면, 즉 정지된 평균해수면과 물리적 지표면 사이의 고저차
   2) 정표고(Orthometric Height ; 正標高) : 물리적 지표면에서 지오이드까지의 고저차
   3) 지오이드고(Geoidal Height) : 타원체와 지오이드와 사이의 고저차를 말한다.
   4) 타원체고(Ellipsoidal Height ; 楕圓體高) : 준거 타원체상에서 물리적 지표면까지의 고저차를 말하며 지구를 이상적인 타원체로 가정한 타원체면으로부터 관측지점까지의 거리이며 실제 지구표면은 울퉁불퉁한 기복을 가지므로 실제높이(표고)는 타원체고가 아닌 평균해수면(지오이드)으로부터 연직선 거리이다.
2. 표고의 기준
   1) 육지표고기준 : 평균해수면(중등조위면, Mean Sea Level ; MSL)
   2) 해저수심, 간출암의 높이, 저조선 : 평균최저간조면(Mean Lowest Low Level ; MLLW)
   3) 해안선 : 해면이 평균 최고고조면(Mean Highest High Water Level ; MHHW)에 달하였을 때 육지와 해면의 경계로 표시한다.

18. 평탄한 표고 700.0m인 지역에 설치한 기선의 측정치가 800.0m였다. 이 기선의 평균해면상 거리는?(단, 지구의 반지름은 6370.0km로 가정)

㉮ 795.7m   ㉯ 799.9m
㉰ 803.3m   ㉱ 805.1m

해설 표고보정 $= -\dfrac{H}{R}L$

$= -\dfrac{700 \times 800}{6,370 \times 1,000} = 0.09\text{m}$

$≒ 0.1\text{m}$

∴ 평균해면상길이 $= 800 - 0.1 = 799.9\text{m}$

19. 지구 표면의 거리 100km까지를 평면으로 간주했다면 허용 정밀도는 약 얼마인가?(단, 지구의 반경은 6,370km이다.)

㉮ 1/50,000   ㉯ 1/100,000
㉰ 1/500,000   ㉱ 1/1,000,000

해설 $\dfrac{d-D}{D} = \dfrac{1}{12}\left(\dfrac{D}{R}\right)^2$ 에서

∴ $\dfrac{d-D}{D} = \dfrac{1}{48,692} ≒ \dfrac{1}{50,000}$

20. 지구상의 어떤 한 점에서 지오이드에 대한 연직선이 천구의 적도면과 이루는 각을 말하는 것은?

㉮ 지심위도   ㉯ 천문위도
㉰ 측지위도   ㉱ 화성위도

해답 18. ㉯ 19. ㉮ 20. ㉯

해설 위도(Latitude)

위도(ϕ)란 지표면상의 한 점에서 세운 법선이 적도면을 0°로 하여 이루는 각으로서 남북위 0°~90°로 표시한다. 위도는 자오선을 따라 적도에서 어느 지점까지 관측한 최소 각거리로서 어느 지점의 연직선 또는 타원체의 법선이 적도면이 이루는 각으로 정의되고, 0°~90°까지 관측하며, 천문위도, 측지위도, 지심위도, 화성위도로 구분된다. 경도 1°에 대한 적도상 거리, 즉 위도 0°의 거리는 약 111km, 1′은 1.85km, 1″는 30.88m이다.

① 측지위도(ϕg)
　지구상 한 점에서 회전타원체의 법선이 적도면과 이루는 각으로 측지분야에서 많이 사용한다.
② 천문위도(ϕa)
　지구상 한 점에서 지오이드의 연직선(중력방향선)이 적도면과 이루는 각을 말한다.
③ 지심위도(ϕc)
　지구상 한 점과 지구중심을 맺는 직선이 적도면과 이루는 각을 말한다.
④ 화성위도(ϕr)
　지구중심으로부터 장반경(a)을 반경으로 하는 원과 지구상 한점을 지나는 종선의 연장선과 지구중심을 연결한 직선이 적도면과 이루는 각을 말한다.

21. 넓은 지역의 지도제작 시 측량지역의 지오이드에 가장 가까운 타원체를 선정한다. 이때 그 지역의 측지계의 기준이 되는 지구 타원체는?

㉮ 준거타원체　　　　　　　　　　㉯ 회전타원체
㉰ 지구타원체　　　　　　　　　　㉱ 국제타원체

해설 타원체의 종류
① 회전타원체 : 한 타원의 지축을 중심으로 회전하여 생기는 입체 타원체
② 지구타원체 : 부피와 모양이 실제의 지구와 가장 가까운 회전타원체를 지구의 형으로 규정한 타원체
③ 준거타원체 : 어느 지역의 대지측량계의 기준이 되는 타원체
④ 국제타원체 : 전 세계적으로 대지측량계의 통일을 위해 IUGG에서 제정한 지구 타원체

22. 지구의 적도반경이 6,377km, 극반경이 6,356km일 때 타원체의 이심률은?

㉮ 0.910　　　　　　　　　　㉯ 0.191
㉰ 0.081　　　　　　　　　　㉱ 0.018

해설
$$e = \sqrt{\frac{a^2 - b^2}{a^2}}$$
$$= \sqrt{\frac{6,377^2 - 6,356^2}{6,377^2}}$$
$$= 0.081$$

예상 및 기출문제

23. 구면삼각형 ABC의 세 내각이 다음과 같을 때 면적은?(단, 지구반경은 6,370km임)

$$A = 50°20', \quad B = 66°75', \quad C = 64°35'$$

㉮ 1,222,663km² ㉯ 1,362,788km²
㉰ 1,433,456km² ㉱ 1,534,433km²

해설 구과량$(\varepsilon) = (A + B + C) - 180°$
$= 2°10' = 7,800''$
$A = \dfrac{r^2 \varepsilon}{\rho''} = \dfrac{6,370^2 \times 7,800''}{206,265''}$
$= 1,534,433 \text{km}^2$

24. 지구상의 어느 한 점에서 타원체의 법선과 지오이드의 법선은 일치하지 않게 되는데 이 두 법선의 차이를 무엇이라 하는가?

㉮ 중력편차 ㉯ 지오이드 편차
㉰ 중력이상 ㉱ 연직선 편차

해설 연직선편차란 지구타원체 상의 점 Q에 대한 수직선과 이를 통과하는 연직선사이의 각을 말한다. 수직선 편차와 연직선 편차의 차이는 실용상 무시할 수 있을 만큼 작다.

25. 평균 해수면(지오이드면)으로부터 어느 지점까지의 연직거리는?

㉮ 정표고(Orthometric Height) ㉯ 역표고(Dynamic Height)
㉰ 타원체고(Ellipsoidal Height) ㉱ 지오이드고(Geoidal Height)

해설 높이의 종류와 높이의 기준
지구상의 위치는 지리학적 경도・위도 및 평균해면으로부터의 높이로 표시한다. 표고는 타원체고와 정표고 및 지오이드고로 구분할 수 있는데 점의 위치에서 평면위치는 기준면의 기준 타원체에 근거해 결정되고, 높이는 타원체를 근거하여 결정되는 것이 곤란하므로 종래 평균해수면을 기준으로 높이를 결정하였다.

1. 높이의 종류
   1) 標高(Elevation ; 고도) : 지오이드면, 즉 정지된 평균해수면과 물리적 지표면 사이의 고저차
   2) 正標高(Orthometric Height ; 정표고) : 물리적 지표면에서 지오이드까지의 고저차
   3) 지오이드고(Geoidal Height) : 타원체와 지오이드와 사이의 고저차를 말한다.
   4) 楕圓體高(Ellipsoidal Height ; 타원체고) : 준거 타원체상에서 물리적 지표면까지의 고저차를 말하며 지구를 이상적인 타원체로 가정한 타원체면으로부터 관측지점까지의 거리이며 실제 지구표면은 울퉁불퉁한 기복을 가지므로 실제높이(표고)는 타원체고가 아닌 평균해수면(지오이드)으로부터의 연직선 거리이다.

26. 임의 지점에서 GPS 관측을 수행하여 WGS84 타원체고(h) 57.234m를 획득하였다. 그 지점의 지구중력장 모델로부터 산정한 지오이드고(N)가 25.578m라 한다면 정표고(H)는 얼마인가?

㉮ −31.656m ㉯ 25.578m ㉰ 31.656m ㉱ 82.812m

해설 정표고(H) = 타원체고(g) − 지오이드고(N)
= 57.234 − 25.578 = 31.656(m)

27. 높이를 표시하는 용어 중에서 타원체로부터 지오이드까지의 거리를 의미하는 것은?

㉮ 정규표고 ㉯ 타원체고 ㉰ 지오이드고 ㉱ 중력포텐셜계수

해설 25번 문제 해설 참조

28. 우리나라 평면좌표계 원점은 서부, 중부, 동부 원점을 사용하고 있다. 하지만, 울릉도는 예외의 원점을 사용한다. 이 원점은?

㉮ 38°N 131°E ㉯ 38°N 130°E ㉰ 38°N 129°E ㉱ 38°N 125°E

해설 평면직각좌표원점

명칭	경도	위도
동해원점	동경 131°00′00″	북위 38°
동부도원점	동경 129°00′00″	북위 38°
중부도원점	동경 127°00′00″	북위 38°
서부도원점	동경 125°00′00″	북위 38°

29. 연직선 편차란 무엇인가?

㉮ 타원체의 법선과 지오이드의 법선이 이루는 차이
㉯ 연직선과 지오이드면이 이루는 차이
㉰ 천문위도와 천문경도가 이루는 차이
㉱ 연직선과 중력이상이 이루는 차이

해설 연직선 편차(Deflection of plumb line)

지구상의 어느 한 점에서 타원체 법선과 지오이드 법선의 차이가 발생하는데 이를 타원체 기준으로 한 것을 연직선 편차라 하고 수직선 편차와 연직선 편차의 차이는 실용상 무시할 수 있을 만큼 작다.

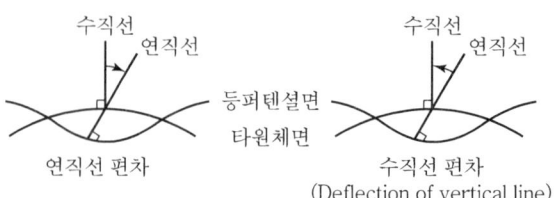

30. 지오이드에 대한 다음 설명 중 틀린 것은?

㉮ 평균해수면을 육지까지 연장하여 지구를 덮는 곡면을 상상하여 이 곡면이 이루는 모양을 지오이드라 한다.
㉯ 지오이드면은 등포텐셜면으로 항상 중력방향에 수직이다.
㉰ 지오이드면은 대체로 실제 지구형상과 지구 타원체 사이를 지닌다.
㉱ 지오이드면은 대륙에서는 지구타원체보다 낮으며 해양에서는 지구타원체보다 높다.

해설 지오이드의 특징
① 지오이드는 평균해수면과 일치하는 등포텐셜면으로 일종의 수면이다.
② 지오이드는 대륙에서는 지각의 인력 때문에 지구타원체보다 높고 해양에서는 낮다.
③ 고저측량은 지오이드면을 표고 0으로 하여 관측한다.

31. 다음 설명 중 옳지 않은 것은?

㉮ 측지학이란 지구내부의 특성, 지구의 형상 및 운동을 결정하는 특성과 지구표면상 점 간의 상호위치관계를 결정하는 학문이다.
㉯ 지각변동의 조사, 항로 등의 측량은 평면측량으로 실시한다.
㉰ 측지측량은 지구의 곡률을 고려한 정밀한 측량이다.
㉱ 측지학은 지구의 특성 결정을 위한 물리측지학과 위치결정을 위한 기하측지학으로 나눌 수 있다.

해설 ① 기하학적 측지학
지구 및 천체에 대한 제 점 간의 상호 위치 관계를 결정하는 것으로 그 대상은 다음과 같다. 측지학적 3차원 위치결정, 길이 및 시의 결정, 수평위치의 결정, 높이의 결정, 천문측량, 위성측량, 하해측량, 면적 및 체적의 산정, 도면화, 사진측량 등이다.
② 물리학적 측지학
지구 내부의 특성과 지구의 형태 및 지구 운동을 해석하는 것으로서 그 대상은 다음과 같다. 지구의 형상결정, 중력 측정, 지자기 측정, 탄성파 측정, 지구의 극운동과 자전운동, 지각변동 및 균형, 지구의 열, 대륙의 부동, 해양의 조류, 지구 조석 등이다.

32. 측지학에 대한 설명으로 옳지 않은 것은?

㉮ 지구곡률을 고려한 반경 11km 이상인 지역의 측량에는 측지학의 지식을 필요로 한다.
㉯ 지구표면상의 길이, 각 및 높이의 관측에 의한 3차원 좌표 결정을 위한 측량만을 의미한다.
㉰ 지구표면상의 상호 위치관계를 규명하는 것을 기하학적 측지학이라 한다.
㉱ 지구 내부의 특성, 형상 및 크기에 관한 것을 물리학적 측지학이라 한다.

해설 측지학은 지구 내부의 특성, 지구의 형상 및 운동을 결정하는 측량과 지구표면상에 있는 모든 점들 간의 상호위치관계를 산정하는 가장 기본적이 학문이다.

해답 30. ㉱ 31. ㉯ 32. ㉯

33. 지표면상 어느 한 지점에서 진북과 도북 간의 차이를 무엇이라 하는가?
  ㉮ 자오선 수차   ㉯ 구면수차   ㉰ 자침편차   ㉱ 연직선편차

  해설 어느 한 지점에서 진북과 도북간의 차를 자오선수차 또는 진북방향각이라 한다.

34. 전자파 거리 측량기를 전파거리측량기와 광파거리측량기로 구분할 때 다음 설명 중 틀린 것은?
  ㉮ 일반 건설 현장에서는 주로 광파거리측량기가 사용된다.
  ㉯ 광파거리측량기는 가시광선, 적외선, 레이저광 등을 이용한다.
  ㉰ 전파거리측량기는 안개나 구름에 의한 영향을 크게 받는다.
  ㉱ 전파거리측량기는 광파거리 측정기보다 주로 장거리 측정용으로 사용된다.

  해설 전파거리측량기는 광파거리측량기에 비해 기상의 영향을 받지 않는다.

35. 거리 200km를 직선으로 측정하였을 때 지구 곡률에 따른 오차는?(단, 지구의 반경은 6,370km 이다.)
  ㉮ 14.43m   ㉯ 15.43m   ㉰ 16.43m   ㉱ 17.43m

  해설 $\dfrac{d-D}{D} = \dfrac{1}{12}\left(\dfrac{D}{r}\right)^2$

  $d - D = \dfrac{D^3}{12r^2} = \dfrac{200^3}{12 \times 6{,}370^2} = 0.01643 \text{km} ≒ 16.43\text{m}$

36. 다음의 지오이드(Geoid)에 관한 설명 중 틀린 것은?
  ㉮ 중력장 이론에 의해 물리학적으로 정의한 것이다.
  ㉯ 평균해수면을 육지까지 연장하여 지구 전체를 둘러싼 곡면이다.
  ㉰ 지오이드면은 등포텐셜면으로 중력방향은 이면은 수직이다.
  ㉱ 지오이드면은 대륙에서는 지구타원체보다 낮고 해양에서는 높다.

  해설 지오이드는 육지에서는 회전타원체면 위에 존재하고, 바다에서는 회전타원체면 아래에 존재한다.

37. 평면측량(국지측량)에 대한 정의로 가장 적합한 것은?
  ㉮ 대지측량을 제외한 모든 측량
  ㉯ 측량법에 의하여 측량한 결과가 작성된 성과
  ㉰ 측량할 구역을 평면으로 간주할 수 있는 국지적 범위의 측량
  ㉱ 대지측량에 비하여 비교적 좁은 구역의 측량

  해설 평면측량(Plane Surveying)
  지구의 곡률을 고려하지 않은 평면 거리를 적용시켜 수행하는 측량을 말하며, 국지측량 또는 소지측량이라고도 한다.

해답 33. ㉮ 34. ㉰ 35. ㉰ 36. ㉱ 37. ㉰

예상 및 기출문제

38. 다음 설명 중 옳지 않은 것은?
㉮ UPS 좌표계는 UTM 좌표로 표시하지 못하는 두 개의 극 지방을 표시하기 위한 독립된 좌표계이다.
㉯ 가우스 이중투영은 타원체에서 구체로 등각투영하고, 이 구체로부터 평면으로 등각 횡원통 투영을 하는 방법이다.
㉰ UTM은 지구를 회전타원체로 보고 80°N~80°S의 투영 범위를 위도 6°, 경도 8°씩 나누어 투영한다.
㉱ 가우스-크뤼거도법은 회전타원체로부터 직접 평면으로 횡축 등각 원통도법에 의해 투영하는 방법이다.

해설 UTM 좌표(Universal Transverse Mercator Coordinate)
① 지구를 회전타원체로 보고 경도 6도씩 60개, 위도를 북위 80도~남위 80도까지 8도 간격으로 20개 지역으로 분할하여 나타낸 2차원 좌표계로 지형도, 인공위성 영상, 군사, GIS 분야에 적용된다.
② 경도 방향은 1에서부터 60으로 명칭을 붙이며, 위도 방향은 알파벳으로 명칭을 붙인다.
③ 이와 같은 UTM 좌표계는 제2차 세계대전 중 각국이 서로 다른 도법을 사용한 데 기인한 작전상의 불편을 경험하여 1950년대 초 북대서양조약기구(NATO)의 가맹국들 사이에 통일된 지도를 작성하기로 약속함으로써 이루어졌다.
④ 투영방식 및 좌표변환은 가우스크뤼거도법(TM)과 동일하나 원점에서 축척계수를 0.9996으로 하여 적용범위를 넓혔다.

39. 지구의 적도반지름이 6,370km이고 편평률이 1/299라고 하면 적도반지름과 극반지름의 차이는 얼마인가?
㉮ 21.3km ㉯ 31.0km ㉰ 40.0km ㉱ 42.6km

해설 $f = \dfrac{a-b}{a}$
$a - b = a \times f$
(장반경 - 단반경) = 편평률 TIMES 반경 = $\dfrac{1}{299} \times 6,370 = 21.3$km

40. 지구의 반경 R=6,370km이고 거리측정 정도를 $1/10^5$까지 허용하면 평면측량의 한계는 반경(km) 얼마인가?
㉮ 35km ㉯ 70km ㉰ 140km ㉱ 22km

해설 $\dfrac{d-D}{D} = \dfrac{1}{12}\left(\dfrac{D}{R}\right)^2 = \dfrac{1}{m}$
$\dfrac{1}{10^5} = \dfrac{1}{12}\left(\dfrac{D}{6,370}\right)^2$
$D = \sqrt{\dfrac{12R^2}{m}} = \sqrt{\dfrac{12 \times 6,370^2}{10^5}} = 69.77 ≒ 70$km ∴ 반경 = $\dfrac{70}{2} = 35$km

해답 38. ㉰ 39. ㉮ 40. ㉮

41. 1등 삼각망내 어떤 삼각형의 구과량이 10″일 때 그 구면삼각형의 대략적인 면적은 얼마인가? (단, 지구의 평균곡률반경은 6,370km임)

㉮ 1,000km² ㉯ 1,500km² ㉰ 2,000km² ㉱ 2,500km²

해설 $\varepsilon'' = \dfrac{A}{r^2}\rho''$ 에서

$$A = \dfrac{r^2 \varepsilon''}{\rho''} = \dfrac{6{,}370^2 \times 10''}{206{,}265''} = 1{,}967\,\text{km}^2 ≒ 2{,}000\,\text{km}^2$$

42. 지도 작성 측량 시 해안선의 기준이 되는 것은?

㉮ 측정 당시 수면 ㉯ 평균 해수면 ㉰ 최고 저조면 ㉱ 최고 고조면

해설 표고의 기준
① 육지표고기준 : 평균해수면(중등조위면, Mean Sea Level ; MSL)
② 해저수심(海底水深), 간출암(干出岩)의 높이, 저조선(低潮線) : 평균최저간조면(Mean Lowest Low Water Level ; MLLW)
③ 해안선(海岸線) : 해면이 평균 최고고조면(Mean Highest High Water Level ; MHHW)에 달하였을 때 육지와 해면의 경계로 표시한다.

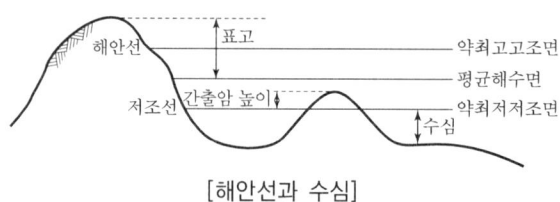

[해안선과 수심]

43. 다음 중 물리학적 측지학에 해당되지 않는 것은?

㉮ 중력 측정 ㉯ 천체의 고도 측정
㉰ 지자기 측정 ㉱ 조석 측정

해설

기하학적 측지학	물리학적 측지학
측㉆학적 3차원 위치결정(경도, 위도, 높이)	지구의 ㉗상 해석
길이 및 ㉂간의 결정	지구의 ㉃운동과 자전운동
수평위치 ㉅정	㉆각의 변동 및 균형
높이 결㉇	지구의 ㉈ 측정
㉆도제작	㉉류의 부동
㉊적·체적측량	해㉋의 조류
㉌문측량	㉍구조석측량
㉎성측량	㉏력측량
㉐양측량	㉑자기측량
㉒진측량	㉓성파측량

CHAPTER 02 거리측량

2.1 거리측량의 정의

거리측량은 두 점 간의 거리를 직접 또는 간접으로 측량하는 것을 말한다. 측량에서 사용되는 거리는 수평거리(D), 연직거리(H), 경사거리(L)로 구분된다. 일반적으로 측량에서 관측한 거리는 경사거리이므로 기준면(평균표고)에 대한 수평거리로 환산하여 사용한다.

2.1.1 경사거리를 수평거리로 환산하는 방법

경사면이 일정할 경우 거리를 측정하여 수평거리로 환산하는 방법이다.

$$D = L\cos\theta = L - \frac{H^2}{2L}$$

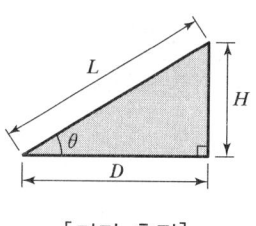

[거리 측정]

2.1.2 지도에 표현하기까지 거리 환산

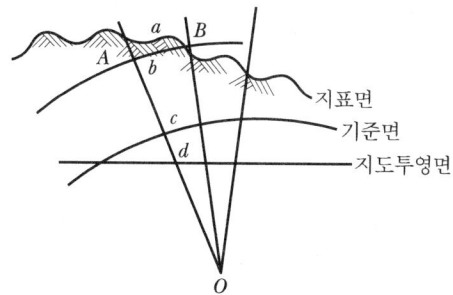

[거리의 환산]

경사거리	그림상의 (a)의 거리	
↓	• 경사보정 $C_g = -\dfrac{h^2}{2L}$ (고저차 관측시) $C_g = -2L\sin^2\dfrac{\theta}{2}$ (경사각 관측시) 　여기서, C_g : 경사보정량, h : 고저차 　　　　L : 경사거리, θ : 경사각	(실제길이, 정확한 길이) $L_o = L - C_g = L - \dfrac{h^2}{2L}$
수평거리	그림상의 (b)의 거리	
↓	• 표고보정 $C_n = -\dfrac{LH}{R}$ 　여기서, C_n : 표고보정량 　　　　H : 평균표고 　　　　R : 지구반경 　　　　L : 임의 지역의 수평거리	$L_o = L - C_n$
기준면상 거리	그림상의 (c)의 거리	
↓	• 축척계수 $s = \kappa S$ 　여기서, s : 투영면상거리(d), S : 기준면상거리(c) 　　　　κ : 선확대율(축척계수)	
지도투영면상 거리	그림상의 (d)의 거리	

2.2 거리측량의 분류

2.2.1 직접 거리측량

Chain, Tape, Invar tape 등을 사용하여 직접 거리를 측량하는 방법으로 삼각구분법, 수선구분법, 계선법 등이 있다.

2.2.2 간접 거리측량

가. EDM(전자기파 거리 측정기)

가시광선, 적외선, 레이저광선 및 극초단파 등의 전자기파를 이용하여 거리를 관측하는 방법이다.

1) Geodimeter와 Tellurrometer의 비교

구분	광파거리 측량기	전파거리 측량기
정의	측점에서 세운 기계로부터 빛을 발사하여 이것을 목표점의 반사경에 반사하여 돌아오는 반사파의 위상을 이용하여 거리를 구하는 기계	측점에 세운 주국에서 극초단파를 발사하고 목표점의 종국에서는 이를 수신하여 변조고주파로 반사하여 각각의 위상차이로 거리를 구하는 기계
정확도	±(5mm+5ppm)	±(15mm+5ppm)
대표기종	Geodimeter	Tellurometer
장점	① 정확도가 높다. ② 데오돌라이트나 트랜시트에 부착하여 사용 가능하며, 무게가 가볍고 조작이 간편하고 신속하다. ③ 움직이는 장애물의 영향을 받지 않는다.	① 안개, 비, 눈 등의 기상조건에 대한 영향을 받지 않는다. ② 장거리 측정에 적합하다.
단점	① 안개, 비, 눈 등의 기상조건에 대한 영향을 받는다.	① 단거리 관측시 정확도가 비교적 낮다. ② 움직이는 장애물, 지면의 반사파 등의 영향을 받는다.
최소조작인원	1명(목표점에 반사경을 설치했을 경우)	2명(주국, 종국 각 1명)
관측가능거리	• 단거리용 : 5km 이내 • 중거리용 : 60km 이내	장거리용 : 30~150km
조작시간	한변 10~20분	한변 20~30분

2) 전자파거리 측량기 오차

거리에 비례하는 오차	광속도의 오차, 광변조 주파수의 오차, 굴절률의 오차
거리에 비례하지 않는 오차	위상차 관측 오차, 기계정수 및 반사경 정수의 오차

나. VLBI(Very Long Base Interferometer, 초장기선간섭계)

지구상에서 1,000~10,000km 정도 떨어진 1조의 전파간섭계를 설치하여 전파원으로부터 나온 전파를 수신하여 2개의 간섭계에 도달한 시간차를 관측하여 거리를 측정한다. 시간차로 인한 오차는 30cm 이하이며, 10,000km 긴 기선의 경우는 관측소의 위치로 인한 오차 15cm 이내가 가능하다.

다. Total Station

Total Station은 관측된 데이터를 직접 휴대용 컴퓨터기기(전자평판)에 저장하고 처리할 수 있으며 3차원 지형정보 획득 및 데이터 베이스의 구축 및 지형도 제작까지 일괄적으로 처리할 수 있는 측량기계이다.

1) Total Station의 특징
   ① 거리, 수평각 및 연직각을 동시에 관측할 수 있다.
   ② 관측된 데이터가 전자평판에 자동 저장되고 직접처리가 가능하다.
   ③ 시간과 비용을 줄일 수 있고 정확도를 높일 수 있다.
   ④ 지형도 제작이 가능하다.
   ⑤ 수치데이터를 얻을 수 있으므로 관측자료 계산 및 다양한 분야에 활용할 수 있다.

2) Total Station의 사용상 주의사항
   ① 측량작업 전에는 항상 기계의 이상 여부를 점검한다.
   ② 이동 시 기계와 삼각대는 항상 분리하여 운반한다.
   ③ 큰 진동이나 충격으로 기계를 보호한다.
   ④ 전원 스위치를 내린 후 배터리를 본체로부터 분리시킨다.
   ⑤ 기계 본체가 지면에 직접 닿지 않도록 주의한다.
   ⑥ 망원경이 태양을 향하지 않도록 한다.
   ⑦ 우산 등을 이용하여 직사광선이나 비, 습기로부터 보호하여야 한다.

라. GPS(Global Positioning System, 범지구적 위치결정체계)

인공위성을 이용하여 정확하게 위치를 알고 있는 위성에서 발사한 전파를 수신하여 관측점 까지의 소요시간을 관측함으로써 정확한 위치를 결정하는 위치결정 시스템이다.

1) GPS의 특징

장점	단점
① 기후의 영향을 받지 않는다. ② 야간관측도 가능하다. ③ 고밀도측량이 가능하다. ④ 장거리측량에 이용된다. ⑤ 관측점 간의 시통이 필요치 않다. ⑥ GPS 관측은 수신기에서 전산처리되므로 관측이 용이하다.	① 위성의 궤도정보가 필요하다. ② 전리층 및 대류권의 영향에 대한 정보가 필요하다. ③ 좌표변환을 하여야 한다. ④ 전파를 수신받지 못하는 곳에서는 측량이 불가능하다.

마. 수평표척

수직표척의 눈금이 잘 보이지 않을 경우 또는 거리가 멀어지면 측각의 정밀도가 크게 떨어지므로 정밀 관측에서는 거의 사용하지 않는다.

$$\tan\frac{\theta}{2} = \frac{\frac{H}{2}}{D} \text{에서 } D = \frac{\frac{H}{2}}{\tan\frac{\theta}{2}}$$

$$\therefore D = \frac{H}{2} \cdot \cot\frac{\theta}{2}$$

여기서, D : 수평거리(m)
H : 수평표척의 길이(m)
θ : 양끝을 시준한 사이각(m)

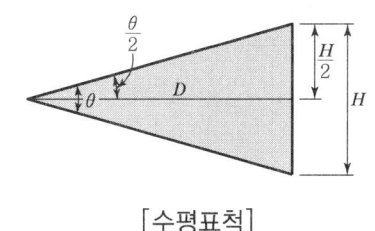

[수평표척]

1) 정밀도에 영향을 주는 인자
   ① 트랜싯의 각 관측의 정도
   ② 표척과 관측거리 방향의 직교성의 정도
   ③ 표척길이의 정도

2.3 거리측량의 방법

2.3.1 측량의 순서

계획 → 답사 → 선점 → 조표 → 골격측량 → 세부측량 → 계산

2.3.2 선점 시 주의사항

① 측점 간의 거리는 100m 이내가 적당하며 측점수는 되도록 적게 한다.
② 측점 간의 시준이 잘 되어야 한다.
③ 장애물이나 교통에 방해 받지 않아야 한다.
④ 세부측량에 가장 편리하게 이용되는 곳이 좋다.

2.3.3 골격측량

측점과 측점 사이의 관계위치를 정하는 작업

구분	특징	관측방법
방사법	측량 구역 내에 장애물이 없고 한 측점에서 각 측점의 위치를 결정하는 방법이며 좁은 지역의 측량에 이용	

구분	특징	관측방법
삼각구분법	측량 구역에 장애물이 없고 투시가 잘 되며 소규모지역에 이용	
수선구분법	측량구역의 경계선상에 장애물이 있을 때 이용하는 방법	
계선법 (전진법)	측량구역의 면적이 넓고 중앙에 장애물이 있을 때 적당하며 대각선 투시가 곤란할 때 이용하는 방법이다. 계선은 길수록 좋으며 각은 예각으로 삼각형은 되도록 정삼각형으로 한다.	

2.3.4 세부측량

가. 지거측량(Offesetting method)

측정하려고 하는 어떤 한 점에서 측선에 내린 수선의 길이를 지거(支距)라 한다.

① 지거는 되도록 짧아야 한다.
② 정밀을 요하는 경우는 사지거를 측정해 둔다.
③ 오차가 발생하므로 테이프보다 긴 지거는 좋지 않다.

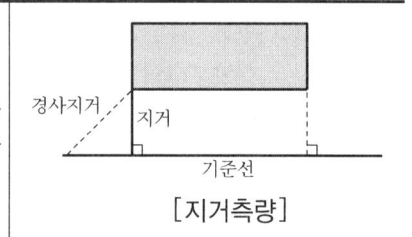

[지거측량]

2.3.5 장애물이 있는 경우의 측정방법

두 측점에 접근할 수 없는 경우	
$\triangle ABC \varpropto \triangle CDE$에서 $AB : DE = BC : CD$ $\therefore AB = \dfrac{BC}{CD} \times DE$ 또는 $AB : DE = AC : CE$ $\therefore AB = \dfrac{AC}{CE} \times DE$	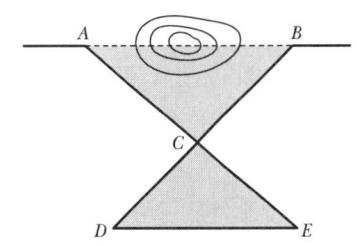

두 측점 중 한 측점에만 접근이 가능한 경우	
$\triangle ABC \varpropto \triangle CDE$에서 $AB : CD = BE : CE$ $\therefore AB = \dfrac{BE}{CE} \times CD$	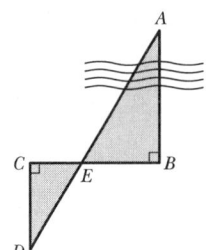
$\triangle ABC \varpropto \triangle BCD$이므로 또는 $AB : BC = BC : BD$ $\therefore AB = \dfrac{BC^2}{BD}$	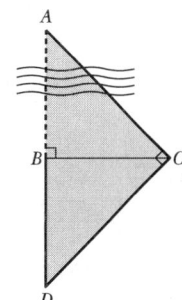

두 측점에 접근이 곤란한 경우	
$AB : CD = AP : CP$에서 $\therefore AB = \dfrac{AP}{CP} \times CD$ 또는 $AB : CD = BP : DP$이므로 $\therefore AB = \dfrac{BP}{DP} \times CD$	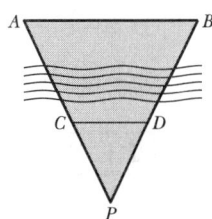

2.4 거리측정의 오차

2.4.1 오차의 종류

가. 정오차 또는 누차(Constant Error : 누적오차, 누차, 고정오차)
① 오차 발생 원인이 확실하여 일정한 크기와 일정한 방향으로 생기는 오차로서 부호는 항상 같다.
② 측량 후 조정이 가능하다.
③ 정오차는 측정횟수에 비례한다.

$$E_1 = n \cdot \delta \quad (E_1 : 정오차, \delta : 1회 측정 시 누적오차, n : 측정(관측)횟수)$$

나. 우연오차(Accidental Error : 부정오차, 상차, 우차)
① 오차의 발생 원인이 명확하지 않아 소거방법이 어렵다.
② 최소제곱법의 원리로 오차를 배분하며 오차론에서 다루는 오차를 우연오차라 한다.
③ 우연오차는 측정 횟수의 제곱근에 비례한다.

$$E_2 = \pm \delta \sqrt{n} \quad (E_2 : 우연오차, \delta : 1회 관측 시, n : 측정(관측)횟수)$$

다. 착오(Mistake : 과실)
① 관측자의 부주의에 의해서 발생하는 오차
② 예 : 기록 및 계산의 착오, 눈금 읽기의 잘못, 숙련부족 등

2.4.2 오차법칙

① 큰 오차가 생길 확률은 작은 오차가 생길 확률보다 매우 작다.
② 같은 크기의 정(+)오차와 부(-)오차가 생길 확률은 거의 같다.
③ 매우 큰 오차는 거의 발생하지 않는다.

2.4.3 폐합비(정밀도)

정밀도(폐합비) $R = \dfrac{폐합\ 오차(e)}{측선\ 전체의\ 길이(\sum l)}$

사용 기기	정밀도의 범위	사용 기기	정밀도의 범위
보측	$\dfrac{1}{50} \sim \dfrac{1}{200}$	대나무 자	$\dfrac{1}{3,000} \sim \dfrac{1}{10,000}$
시거측량	$\dfrac{1}{300} \sim \dfrac{1}{1,000}$	유리섬유 테이프	$\dfrac{1}{3,000} \sim \dfrac{1}{10,000}$
헝겊 테이프	$\dfrac{1}{500} \sim \dfrac{1}{2,000}$	강철 테이프	$\dfrac{1}{5,000} \sim \dfrac{1}{50,000}$

가. 측정 기기에 의한 정밀도

거리 측량의 허용 정밀도

① 평지 : $\dfrac{1}{2,500} \sim \dfrac{1}{5,000}$

② 산지 : $\dfrac{1}{500} \sim \dfrac{1}{1,000}$

③ 시가지 : $\dfrac{1}{5,000} \sim \dfrac{1}{10,000}$

2.4.4 정오차의 보정

정오차의 보정	보정량	정확한 길이 (실제길이)	기호 설명
줄자의 길이가 표준 길이와 다를 경우(테이프의 특성값)	$C_u = \pm L \times \dfrac{\Delta l}{l}$	$L_o = L \pm C_u$ $= L \pm \left(L \times \dfrac{\Delta l}{l}\right)$	L : 관측길이 l : Tape의 길이 Δl : Tape의 특성값 (Tape의 늘음(+)과 줄음(-)량)
온도에 대한 보정	$C_t = L \cdot a(t - t_o)$	$L_o = L \pm C_t$	L : 관측길이 a : Tape의 팽창계수 t_o : 표준온도(15℃) t : 관측시의 온도
경사에 대한 보정	$C_i = -\dfrac{h^2}{2L}$	$L_o = L \pm C_i$ $= L - \dfrac{h^2}{2L}$	L : 관측길이 h : 고저차
평균 해수면에 대한 보정(표고 보정)	$C_k = -\dfrac{L \cdot H}{R}$	$L_o = L - C_k$	R : 지구의 곡률반경 H : 표고 L : 관측길이
장력에 대한 보정	$C_p = \pm \dfrac{L}{A \cdot E}(P - P_o)$	$L_o = L \pm C_p$	L : 관측길이 A : 테이프단면적(cm²) P : 관측시의 장력 P_o : 표준장력(10kg) E : 탄성계수(kg/cm²)
처짐에 대한 보정	$C_s = -\dfrac{L}{24}\left(\dfrac{wl}{P}\right)^2$	$L_o = L - C_s$	L : 관측길이 W : 테이프의 자중(cm²) P : 장력(kg) l : 등간격 길이

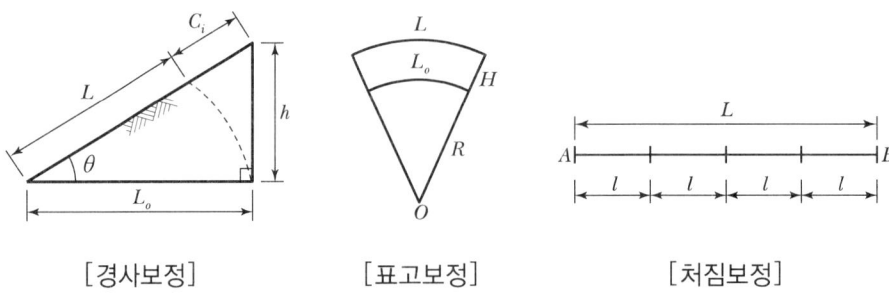

[경사보정]　　　[표고보정]　　　[처짐보정]

2.4.5 관측값 처리

가. 최확값

측량을 반복하여 참값(정확치)에 도달하는 값을 말한다.

나. 평균제곱근 오차(표준오차, 중등오차)

잔차의 제곱을 산술평균한 값의 제곱근을 평균제곱근 오차(R.M.S.E)라 하며 밀도함수 전체의 68.26%인 범위가 곧 평균제곱근 오차가 된다.

다. 확률오차(Porbable Error)

밀도함수 전체의 50% 범위를 나타내는 오차로서 표준오차의 승수가 0.6745인 오차이다. 즉, 확률오차는 표준오차의 67.45%를 나타낸다.

라. 경중률(무게 : P)

경중률이란 관측값의 신뢰정도를 표시하는 값으로 관측방법, 관측횟수, 관측거리 등에 따른 가중치를 말한다.

① 경중률은 관측횟수(n)에 비례한다.

$$(P_1 : P_2 : P_3 = n_1 : n_2 : n_3)$$

② 경중률은 평균제곱오차(m)의 제곱에 반비례한다.

$$\left(P_1 : P_2 : P_3 = \frac{1}{{m_1}^2} : \frac{1}{{m_2}^2} : \frac{1}{{m_3}^2}\right)$$

③ 경중률은 정밀도(R)의 제곱에 비례한다.

$$(P_1 : P_2 : P_3 = {R_1}^2 : {R_2}^2 : {R_3}^2)$$

④ 직접수준측량에서 오차는 노선거리(S)의 제곱근($\sqrt{S}$)에 비례한다.

$$(m_1 : m_2 : m_3 = \sqrt{S_1} : \sqrt{S_2} : \sqrt{S_3})$$

⑤ 직접수준측량에서 경중률은 노선거리(S)에 반비례한다.

$$\left(P_1 : P_2 : P_3 = \frac{1}{S_1} : \frac{1}{S_2} : \frac{1}{S_3}\right)$$

⑥ 간접수준측량에서 오차는 노선거리(S)에 비례한다.

$$(m_1 : m_2 : m_3 = S_1 : S_2 : S_3)$$

⑦ 간접수준측량에서 경중률은 노선거리(S)의 제곱에 반비례한다.

$$\left(P_1 : P_2 : P_3 = \frac{1}{S_1^{\ 2}} : \frac{1}{S_2^{\ 2}} : \frac{1}{S_3^{\ 2}}\right)$$

마. 최확값, 평균제곱근 오차, 확률오차, 정밀도 산정

구분 항목	경중률(P)이 일정한 경우 (경중률을 고려하지 않은 경우)	경중률(P)이 다른 경우 (경중률을 고려한 경우)
최확값(L_0)	$L_0 = \dfrac{l_1 + l_2 + \cdots + l_n}{n}$ $= \dfrac{[l]}{n}$	$L_0 = \dfrac{P_1 l_1 + P_2 l_2 + \cdots + P_n l_n}{P_1 + P_2 + \cdots + P_n}$ $= \dfrac{[Pl]}{[P]}$
평균제곱근오차, 중등(표준)오차(m_0)	① 1회 관측(개개의 관측값)에 대한 $m_0 = \pm\sqrt{\dfrac{VV}{n-1}}$ ② n개의 관측값(최확값)에 대한 $m_0 = \pm\sqrt{\dfrac{VV}{n(n-1)}}$	① 1회 관측(개개의 관측값)에 대한 $m_0 = \pm\sqrt{\dfrac{PVV}{n-1}}$ ② n개의 관측값(최확값)에 대한 $m_0 = \pm\sqrt{\dfrac{PVV}{[P](n-1)}}$
확률오차(r_0)	① 1회 관측(개개의 관측값)에 대한 $r_0 = \pm 0.6745 \cdot m_0$ ② n개의 관측값(최확값)에 대한 $r_0 = \pm 0.6745 \cdot m_0$	① 1회 관측(개개의 관측값)에 대한 $r_0 = \pm 0.6745 \cdot m_0$ ② n개의 관측값(최확값)에 대한 $r_0 = \pm 0.6745 \cdot m_0$
정밀도(R)	① 1회 관측(개개의 관측값)에 대한 $R = \dfrac{m_0}{l}$ or $\dfrac{r_0}{l}$ ② n개의 관측값(최확값)에 대한 $R = \dfrac{m_0}{L_0}$ or $\dfrac{r_0}{L_0}$	① 1회 관측(개개의 관측값)에 대한 $R = \dfrac{m_0}{l}$ or $\dfrac{r_0}{l}$ ② n개의 관측값(최확값)에 대한 $R = \dfrac{m_0}{L_0}$ or $\dfrac{r_0}{L_0}$

2.5 부정오차 전파법칙

2.5.1 각 구간거리가 다르고 평균제곱근 오차가 다른 경우

$l = l_1 + l_2 + l_3 + \cdots + l_n$
$M = \pm \sqrt{m_1^2 + m_2^2 + m_3^2 + \cdots + m_n^2}$

여기서, $l = l_1, l_2, l_3, \cdots l_n$: 구간 최확값
$m_1, m_2, m_3 \cdots m_n$: 구간 평균 제곱 오차
l : 전 구간 최확길이
M : 최확값의 평균제곱근 오차

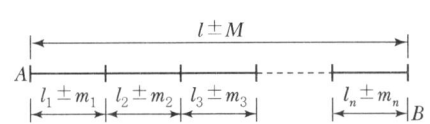

2.5.2 평균제곱근 오차가 일정한 경우

$M = \pm \sqrt{m_1^2 + m_2^2 + m_3^2 + \cdots + m_n^2}$
$\quad = \pm m \sqrt{n}$

여기서, m : 한 구간 평균제곱근 오차
n : 관측횟수

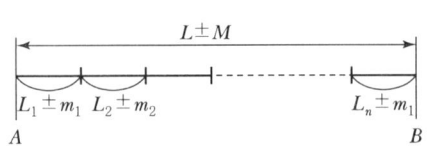

2.5.3 면적 관측시 최확치 및 평균제곱근 오차의 합

$A = x \cdot y$
$M = \pm \sqrt{(y \cdot m_1)^2 + (x \cdot m_2)^2}$

여기서, x, y : 구간 최확치
m_1, m_2 : 구간 평균제곱근 오차

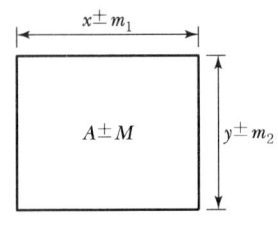

2.6 실제거리, 도상거리, 축척, 면적의 관계

축척과 거리와의 관계	$\dfrac{1}{M} = \dfrac{도상거리}{실제거리}$ 또는 $\dfrac{1}{M} = \dfrac{1}{L}$
축척과 면적과의 관계	$\left(\dfrac{1}{m}\right)^2 = \left(\dfrac{도상거리}{실제거리}\right)^2 = \dfrac{도상면적}{실제면적}$ $\therefore 도상면적 = \dfrac{실제면적}{m^2}$ $\therefore 실제면적 = 도상면적 \times m^2$
부정길이로 측정한 면적과 실제면적과의 관계	$실제면적 = \dfrac{(부정길이)^2}{(표준길이)^2} \times 관측면적$ $A_0 = \dfrac{(L+\Delta l)^2}{L^2} \times A$
면적이 줄었을 때	$실제면적 = 측정면적 \times (1+\varepsilon)^2$
면적이 늘었을 때	$실제면적 = 측정면적 \times (1-\varepsilon)^2$ 여기서, ε : 신축된 양

예상 및 기출문제

CHAPTER 02

1. 표준장 100m에 대하여 테이프(Tape)의 길이가 100m인 강제권척을 검사한 바 +0.052m였을 때, 이 테이프의 보정계수는 얼마인가?

㉮ 0.00052 ㉯ 0.99948 ㉰ 1.00052 ㉱ 1.99948

해설 100m의 강제권척을 검사한 결과 100.052가 나왔다.

보정계수는 $1 \pm \frac{\Delta l}{l} = 1 \pm \frac{0.052}{100} = 1.00052$

2. 지적측량을 위한 거리의 측정 시 동일거리를 2회 측정한 결과가 150.25m, 150.30m였을 때 거리측정의 정도는 약 얼마인가?

㉮ 1/1,500 ㉯ 1/2,000 ㉰ 1/2,500 ㉱ 1/3,000

해설 거리측정 정도 $= \frac{\text{거리측정오차}}{\text{평균거리}} = \frac{150.30 - 150.25}{\frac{150.30 + 150.25}{2}} = \frac{0.05}{150.275} = \frac{1}{3,005.5} \fallingdotseq \frac{1}{3,000}$

3. 아래 그림에서 ∠BAD=∠BCE=90도이고 AD=35m, AC=25m, CE=44m일 때 AB의 거리는 얼마인가?

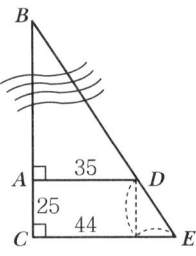

㉮ 65.50m ㉯ 75.50m ㉰ 87.20m ㉱ 97.20m

해설 $x : 35 = 25 : (44-35)$

$AB = \frac{AC \times AD}{CE - AD}$

$AB = \frac{25 \times 35}{44 - 35} = \frac{875}{9} = 97.222 \text{m}$ ∴ $AB = 97.20 \text{m}$

해답 1. ㉰ 2. ㉱ 3. ㉱

예상 및 기출문제

4. 표준치보다 0.075m가 짧은 60m짜리 줄자로 거리를 측정한 값이 140m였을 때 실제거리는?

㉮ 139.075m ㉯ 139.825m ㉰ 140.075m ㉱ 140.175m

해설 실제거리 = $\dfrac{부정거리}{실제거리} \times 관측거리 = \dfrac{(60-0.075)}{60} \times 140 = 139.825$m

[별해] $L_o = L \pm \left(L \times \dfrac{\Delta l}{l}\right) = 140 \pm \left(140 \times \dfrac{0.075}{60}\right) = 139.825$m

5. 점간거리 200m를 축척 1/500인 도상에 등록한 경우 점 간 거리의 도상길이는 얼마인가?

㉮ 20cm ㉯ 40cm ㉰ 50cm ㉱ 80cm

해설 축척 = $\dfrac{실거리}{도상거리}$

따라서, 도상거리 = $\dfrac{실거리}{축척} = \dfrac{200}{500} = 0.4$m = 40cm

6. 다음 그림과 같이 A점과 B점 사이에 장애물이 있을 때, AB의 거리는 얼마인가? (단, AC = 170m, CD = 25m, DE = 30m, AB∥DE)

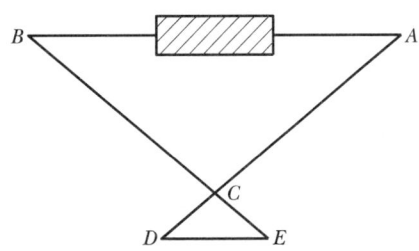

㉮ 102m ㉯ 120m ㉰ 204m ㉱ 360m

해설 비례식으로 DE : BA = DC : CA
30 : X = 25 : 170
$X = \dfrac{170 \times 30}{25} = 204$m

7. 30m용 줄자가 5cm 늘어난 상태로 두 점의 거리를 측정한 값이 75.45m일 때, 실제거리는 얼마인가?

㉮ 75.53m ㉯ 75.58m ㉰ 76.53m ㉱ 76.58m

해설 ① 75.45 ÷ 30 = 2.515, 2.515 × 0.05 = 0.12575m
신가축감에 의하여 75.45 + 0.12575 = 75.57575m

② $L_0 = L\left(1 + \dfrac{\Delta l}{l}\right) = 75.45\left(1 + \dfrac{0.05}{30}\right) = 75.57575$

③ 실제거리 = $\dfrac{부정거리}{표준거리} \times 관측거리 = \dfrac{30.05}{30} \times 75.45 = 75.57575$

해답 4. ㉯ 5. ㉯ 6. ㉰ 7. ㉯

8. AB 두 점 간의 사거리 30m에 대한 수평거리의 보정값이 −2mm였다면 두 점 간의 고저차는 얼마인가?
   ㉮ 0.06m   ㉯ 0.12m   ㉰ 0.25m   ㉱ 0.35m

   해설 $C_h = -\dfrac{h^2}{2L}$ 에서 $h^2 = 2 \times 30 \times 0.002 = 0.12$
   ∴ $h = 0.35\text{m}$

9. 기선의 길이 500m를 측정한 지반의 평균표고가 18.5m이다. 이 기선을 평균 해면상의 길이로 환산한 보정량은 얼마인가?(단, 지구의 곡률반경은 6,370km이다.)
   ㉮ +0.35cm   ㉯ −0.35cm   ㉰ +0.15cm   ㉱ −0.15cm

   해설 평균해수면 보정(C)
   $C = -\dfrac{L}{R}H$ 이므로 $-\dfrac{500}{6,370,000} \times 18.5 = -0.0015\text{m} = -0.15\text{cm}$

10. 강철테이프로 경사면 65m의 거리를 측정한 결과, 경사보정량이 1cm였다면 양끝의 고저차는 얼마인가?
    ㉮ 1.14m   ㉯ 1.27m   ㉰ 1.32m   ㉱ 1.58m

    해설 $C_h = \dfrac{h^2}{2L}$ 에서 $h^2 = 2L \cdot C_h$
    ∴ $h = \sqrt{2 \times 65 \times 0.01} = 1.14\text{m}$

11. 30m 테이프로 측정한 거리는 300m였다. 이때 테이프의 길이와 표준길이의 오차가 −2cm였을 경우 이 거리의 정확한 값은?
    ㉮ 299.80m   ㉯ 300.20m   ㉰ 330.20m   ㉱ 328.80m

    해설 ① 30 → 300 = 100회
    1회 측정시 → 2cm
    10회 측정시 → 20cm
    ∴ $L_0 = 300 - 0.2 = 299.8\text{m}$
    ② $L_0 = L\left(1 \pm \dfrac{\Delta l}{l}\right)$ 에서 $300\left(1 - \dfrac{0.02}{30}\right) = 299.8\text{m}$
    ③ 실제거리 = $\dfrac{\text{부정거리}}{\text{표준거리}} \times \text{관측거리} = \dfrac{29.98}{30} \times 300 = 299.8\text{m}$

12. 특성치가 50m + 0.005m인 쇠줄자를 사용하여 어떤 구간을 관측한 결과 200m를 얻었다. 이 구간의 고저차가 8m였다고 하면 표준척에 대한 보정과 경사보정을 한 거리는?
    ㉮ 200.18m   ㉯ 200.14m   ㉰ 199.86m   ㉱ 199.82m

해답 8. ㉱ 9. ㉱ 10. ㉮ 11. ㉮ 12. ㉰

해설 ① 표준척에 대한 보정
$$C_0 = L\frac{\Delta l}{l} = 200 \times \frac{0.005}{50} = 0.02\text{m}$$
② 경사보정
$$C_h = -\frac{h^2}{2L} = -\frac{8^2}{2 \times 200} = -0.16\text{m}$$
∴ $L_0 = 200 + 0.02 - 0.16 = 199.86\text{m}$

13. 거리를 측정할 때 정오차가 발생할 수 있는 원인으로 거리가 먼 것은?

㉮ 온도보정을 하지 않은 때   ㉯ 장력보정을 하지 않은 때
㉰ 처짐보정을 하지 않은 때   ㉱ 표고보정을 하지 않은 때

해설
- 권척을 수평으로 당기지 않고 측정했을 때
- 권척이 표준장보다 늘어났을 때
- 경사지를 측정하였을 때
- 온도가 기준온도보다 높을 때

14. 다음 중 표준줄자와 비교하여 3.4cm가 짧은 50m 줄자를 이용하여 측정한 거리가 355m인 경우 실제거리로 옳은 것은?

㉮ 354.76m   ㉯ 354.98m   ㉰ 355.12m   ㉱ 355.24m

해설 ① 실제거리 = 관측거리 × $\frac{\text{부정거리}}{\text{표준거리}}$

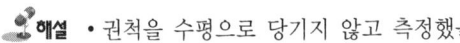

$$= 355 \times \frac{50 - 0.034}{50} = 354.7586\text{m}$$

② 측정횟수 = $\frac{\text{측정거리}}{\text{줄자길이}}$

$\frac{355\text{m}}{50\text{m}} = 7.1$회

7.1회 × 34mm = 241.4mm = 0.24m

신가축감에 의해 355m − 0.24m = 354.76m

③ $L_o = L\left(1 \pm \frac{\Delta l}{l}\right) = 355\left(1 - \frac{0.034}{50}\right) = 354.7586$

15. 30m 표준자보다 3cm가 짧은 자를 사용하여 측정한 값이 300m일 때 실제 거리는?

㉮ 303.0m   ㉯ 300.3m   ㉰ 297.0m   ㉱ 299.7m

해설 실제길이 = $\frac{\text{부정길이} \times \text{관측길이}}{\text{표준길이}}$

$= \frac{29.97 \times 300}{30} = 299.7\text{m}$

해답 13. ㉱ 14. ㉮ 15. ㉱

16. 거리측량에서 정밀도가 ±(5mm+3mm/km)인 전파거리측량기(EDM)로 3.8km의 거리를 측정할 때 예측되는 총 오차는?

㉮ ±10.25mm　　㉯ ±12.45mm　　㉰ ±14.75mm　　㉱ ±16.40mm

해설 $E = \pm\sqrt{5^2 + (3.8 \times 3)^2} = \pm 12.45\text{mm}$

17. 거리측정에서 줄자로 1회 측정시 확률오차가 ±0.03m이면 30m 줄자로 270m를 측정할 때 확률오차는?

㉮ ±0.03m　　㉯ ±0.09m　　㉰ ±0.27m　　㉱ ±0.30m

해설 $n = \dfrac{270}{30} = 9$회

$M = \pm m\sqrt{n} = \pm 0.03\sqrt{9} = \pm 0.09\text{m}$

18. 표준줄자와 비교하여 7.5mm가 긴 30m 줄자로 경사면을 잰 결과 150m였다. 경사 보정량이 1cm일 때 양 지점의 고저차는?

㉮ 2.01m　　㉯ 1.73m　　㉰ 1.84m　　㉱ 2.65m

해설 $C_i = -\dfrac{h^2}{2L}$에서

$h = \sqrt{C_i \times 2L} = \sqrt{0.01 \times 2 \times 149.963} = 1.73\text{m}$

※ $L = \Delta l \times$ 횟수 $= (30 - 0.0075) \times 5 ≒ 149.963\text{m}$

실제거리 $= \dfrac{\text{부정거리}}{\text{표준거리}} \times \text{관측거리} = \dfrac{30 - 0.0075}{30} \times 150 = 149.9625$

19. Steel Tape를 사용하여 경사면을 따라 50m의 거리를 측정한 경우 수평거리를 유지하기 위하여 실시한 보정량이 4cm일 때의 양단 고저차는?

㉮ 1.0m　　㉯ 1.40m　　㉰ 1.73m　　㉱ 2.00m

해설 $C_i = -\dfrac{h^2}{2L}$에서

$0.04 = -\dfrac{h^2}{2 \times 50}\text{m}$

$h = \sqrt{0.04 \times 2 \times 50}$

∴ $h = 2.0\text{m}$

20. 축척 1/25,000의 지형도상에서 A점의 표고가 22m, B점의 표고가 122m일 때 A, B 간의 도상거리가 10cm이면 AB의 경사도는 얼마인가?

㉮ $\dfrac{1}{25}$　　㉯ $\dfrac{1}{100}$　　㉰ $\dfrac{1}{144}$　　㉱ $\dfrac{1}{200}$

해답 16. ㉯　17. ㉯　18. ㉯　19. ㉱　20. ㉮

해설 경사도$(i) = \dfrac{H}{D} = \dfrac{100}{2,500} = \dfrac{1}{25}$

※ $H = 122 - 22 = 100\text{m}$
  $D = 25,000 \times 0.1 = 2,500\text{m}$

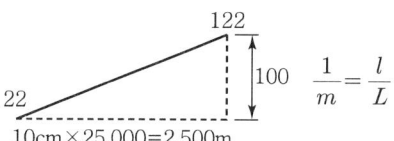

21. 방향각이 5″ 틀리는 위치오차에서 4km의 목표물을 시준할 때 위치오차는?

㉮ 8.1cm ㉯ 9.7cm ㉰ 11.5cm ㉱ 15.3cm

해설 $\dfrac{\Delta h}{D} = \dfrac{\theta''}{\rho''}$ 에서

$\Delta h = \dfrac{\theta'' D}{\rho''} = \dfrac{5'' \times 4,000}{206,265''} = 0.097\text{m} = 9.7\text{cm}$

22. 전 길이를 n구간으로 나누어 1구간 측정시 3mm의 정오차와 ±3mm의 우연오차가 발생했을 때 정오차와 우연오차를 고려한 전 길이의 오차는?

㉮ $3\sqrt{n}$ mm ㉯ $3\sqrt{n^2+n}$ mm ㉰ $3\sqrt{n^3}$ mm ㉱ $3n\sqrt{2}$ mm

해설 $M = \sqrt{(n\Delta l)^2 + (\pm m\sqrt{n})^2} = \sqrt{(3n)^2 + (\pm 3\sqrt{n})^2}$
$= \sqrt{9n^2 + 9n} = 3\sqrt{n^2+n}$ mm

23. 어떤 측선의 길이를 관측하여 다음과 같은 값을 얻었을 때 최확값은?

구 분	측정값(m)	측정횟수
A	150.186m	4
B	150.250m	3
C	150.224m	5

㉮ 150.118m ㉯ 150.218m ㉰ 150.228m ㉱ 150.238m

해설 $P_1 : P_2 : P_3 = 4 : 3 : 5$

$L_0 = \dfrac{P_1 l_1 + P_2 l_2 + P_3 l_3}{P_1 + P_2 + P_3} = 150 + \dfrac{0.186 \times 4 + 0.250 \times 3 + 0.224 \times 5}{4+3+5} = 150.218\text{m}$

24. 표고 h=326.42m인 지역에 설치한 기선의 길이가 500m일 때 평균 해면상의 길이로 보정한 값은?(단, R=6,367km임)

㉮ 499.854m ㉯ 499.974m ㉰ 500.256m ㉱ 500.456m

해설 $C_h = -\dfrac{HL}{R} = -\dfrac{326.42 \times 500}{6,367 \times 1,000} = -0.026\text{m}$

∴ 평균 해면상의 길이 = 500 - 0.026 = 499.974m

25. 보정전자파 에너지의 속도가 299,712.9km/sec, 변조주파수가 24.5MHz일 때 광파거리 측량기의 변조파장은?

㉮ 8.17449m ㉯ 12.23318m ㉰ 16.344898m ㉱ 24.46636m

해설 $\lambda = \dfrac{v}{f}$

(λ : 파장, v : 광속도, f : 주파수)에서
km/sec → m/sec, MHz → Hz 단위로 환산하여 계산하면

$\lambda = \dfrac{v}{f} = \dfrac{299,712.9 \times 10^3}{24.5 \times 10^6} = 12.23318$ m

26. 거리측량의 정확도가 $\dfrac{1}{n}$일 때 이에 따라 구해진 면적에 예상되는 정확도는?

㉮ $\dfrac{1}{n}$ ㉯ $\dfrac{1}{n^2}$ ㉰ $\dfrac{2}{n^2}$ ㉱ $\dfrac{2}{n}$

해설 $\dfrac{dA}{A} = \dfrac{dl_1}{l_1} + \dfrac{dl_2}{l_2}$ 에서 $\dfrac{dA}{A} = \dfrac{1}{n} + \dfrac{1}{n} = \dfrac{2}{n}$

27. 다음의 축척에 대한 도상거리 중 실거리가 가장 짧은 것은?

㉮ 축척이 1/500일 때의 도상거리 3cm
㉯ 축척이 1/200일 때의 도상거리 8cm
㉰ 축척이 1/1,000일 때의 도상거리 2cm
㉱ 축척이 1/300일 때의 도상거리 4cm

해설 $\dfrac{1}{m} = \dfrac{도상거리}{실제거리}$ 에서

실제거리 = m · 도상거리
㉮ 0.03 × 500 = 15m   ㉯ 0.08 × 200 = 16m
㉰ 0.02 × 1,000 = 20m   ㉱ 0.04 × 300 = 12m

28. 테이프로 거리측정 시 생기는 오차 중에서 정오차가 아닌 것은?

㉮ 테이프의 길이가 표준길이보다 길거나 짧았다.
㉯ 측점 간의 거리가 멀어서 테이프가 자중에 의해 처짐이 발생하였다.
㉰ 측정시 테이프에 가해진 장력이 표준 장력과 다르다.
㉱ 측정 중에 바람의 방향이 변화하였다.

해설 거리측량 시 발생하는 정오차의 종류
① 표준줄자보정 ② 경사보정
③ 표고보정 ④ 온도보정
⑤ 처짐보정 ⑥ 장력보정
⑦ 굴절보정

해답 25. ㉯ 26. ㉱ 27. ㉱ 28. ㉱

29. 전자파 거리 측량기에 대한 설명으로 옳지 않은 것은?

㉮ 전파거리 측량기는 광파거리 측량기보다 안개나 비 등의 기후에 비교적 영향을 받지 않는다.
㉯ 전파거리 측량기는 광파거리 측량기보다 장거리용으로 주로 사용된다.
㉰ 광파거리 측량기는 전파거리 측량기보다 1변 관측의 조작시간이 길다.
㉱ 전파거리 측량기의 최소 조작인원은 2명이며 광파거리측량기는 1명으로도 가능하다.

해설 광파거리 측량기와 전파거리 측량기의 비교

항목	광파거리 측량기	전파거리 측량기
정확도	±(5mm+5ppm)	±(15mm+5ppm)
최소 조작인원	1명(목표점에 반사경 설치)	2명(주국, 종국 각 1명)
기상조건	안개, 비, 눈 등 기후의 영향을 많이 받는다.	기후의 영향을 받지 않는다.
방해물	두 점 간의 시준만 되면 가능	장애물(송전선, 자동차, 고압선 부근은 좋지 않다.)
관측가능거리	짧다.(1m~4km)	길다.(100m~60km)
한변조작시간	10~20분	20~30분
대표 기종	Geodimeter	Tellurometer

30. 50m 줄자로 250m를 관측한 경우 줄자에 의한 거리관측 오차를 50m마다 ±1cm로 가정하면 전체길이의 거리측량에서 발생하는 오차는 얼마인가?

㉮ ±2.2cm   ㉯ ±3.8cm   ㉰ 1±4.8cm   ㉱ ±5.2cm

해설 부정오차

$$M = \pm m\sqrt{n}$$
$$= \pm 1\sqrt{5} = \pm 2.23\text{cm}$$
$n = 250\text{m} \div 50\text{m} = 5$

31. 축척 1 : 500 도면에서 구적기를 이용하여 면적을 측정하니 2,500m²였다. 도면이 종횡으로 각 1%씩 줄어 있었다면 실제면적은?

㉮ 2,450m²   ㉯ 2,480m²   ㉰ 2,550m²   ㉱ 2,580m²

해설 실제면적 $= A(1+\varepsilon)^2$
$= 2,500(1+0.01)^2 = 2,550\text{m}^2$

32. 표고 45.2m인 해변에서 눈높이 1.7m인 사람이 바라볼 수 있는 수평선까지의 거리는?(단, 지구 반지름 : 6,370km, 빛의 굴절계수 : 0.14)

㉮ 12.4km   ㉯ 26.4km   ㉰ 42.8km   ㉱ 62.4km

해설 $h = \dfrac{S^2}{2R}(1-k)$에서

$$S = \sqrt{\dfrac{2Rh}{1-k}} = \sqrt{\dfrac{2 \times 6,370 \times 1,000 \times (45.2+1.7)}{1-0.14}}$$
$$= 26,358.5\text{m} = 26.4\text{km}$$

33. 그림과 같이 $\triangle P_1P_2C$는 동일 평면상에서 $a_1 = 62°8'$, $a_2 = 56°27'$, $B = 95.00$m이고 연직각 $v_1 = 20°46'$일 때 C로부터 P까지의 높이 H는?

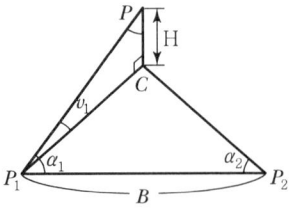

㉮ 30.014m ㉯ 31.940m ㉰ 33.904m ㉱ 34.189m

해설 ① $\overline{P_1C}$ 거리 계산

$$\dfrac{\overline{P_1C}}{\sin 56°27'} = \dfrac{95}{\sin(180-(62°8'+56°27'))}$$

$$\therefore \overline{P_1C} = \dfrac{\sin 56°27'}{\sin 61°25'} \times 95 = 90.16\text{m}$$

② H 계산

$$H = \overline{P_1C}\tan v_1 = 90.16 \times \tan 20°46'$$
$$= 34.189\text{m}$$

34. 어떤 측선의 길이를 3인(A, B, C)이 관측하여 아래와 같은 결과를 얻었을 때 최확값은?

- A : 100.287m(5회 관측)
- B : 100.376m(3회 관측)
- C : 100.432m(2회 관측)

㉮ 100.298m ㉯ 100.312m
㉰ 100.343m ㉱ 100.376m

해설 $L_o = \dfrac{p_1l_1 + p_2l_2 + p_3l_3}{p_1 + p_2 + p_3}$

$$= 100 + \dfrac{5 \times 0.287 + 3 \times 0.376 + 2 \times 0.432}{5+3+2}$$
$$= 100.343\text{m}$$

예상 및 기출문제

35. 직사각형의 두 변의 길이를 $\dfrac{1}{1,000}$ 정밀도로 관측하여 면적을 산출할 경우 산출된 면적의 정밀도는?

㉮ $\dfrac{1}{500}$　　㉯ $\dfrac{1}{1,000}$　　㉰ $\dfrac{1}{2,000}$　　㉱ $\dfrac{1}{3,000}$

해설 $\dfrac{dA}{A} = 2\dfrac{dl}{l} = 2 \times \dfrac{1}{1,000} = \dfrac{1}{500}$

36. 직사각형의 두 변 길이를 $\dfrac{1}{200}$ 정확도로 관측하여 면적을 산출할 때 산출된 면적의 정확도는?

㉮ $\dfrac{1}{50}$　　㉯ $\dfrac{1}{100}$　　㉰ $\dfrac{1}{200}$　　㉱ $\dfrac{1}{300}$

해설 $\dfrac{dA}{A} = 2\dfrac{dl}{l} = 2 \times \dfrac{1}{200} = \dfrac{1}{100}$

37. 한 변의 길이가 10m인 정방형 토지를 축척 1:600 도상에서 측정한 결과, 도상의 변측정오차가 0.2mm 발생하였다. 이때 실제 면적의 면적측정오차는 몇 %가 발생하는가?

㉮ 1.2%　　㉯ 2.4%　　㉰ 4.8%　　㉱ 6.0%

해설 ① $\dfrac{dA}{A} = 2\dfrac{dl}{l}$ 에서

$dA = \dfrac{A 2dl}{l} = \dfrac{100 \times 2 \times 0.0002}{10} = 0.004$

∴ $0.004 \times 600 = 2.4\%$

② $A = 10 \times 10 = 100$
$l = 10$
$dl = 0.0002\text{m}$

38. A, B, C, D 네 사람이 각각 거리 8km, 12.5km, 18km, 24.5km의 구간을 수준측량을 실시하여 왕복관측하여 폐합차를 7mm, 8mm, 10mm, 12mm 얻었다면 4명 중에서 가장 정확한 측량을 실시한 사람은?

㉮ A　　㉯ B　　㉰ C　　㉱ D

해설 $E = \delta\sqrt{L}$ 에서

$A : \delta = \dfrac{7}{\sqrt{8 \times 2}} = 1.75\text{mm}$　　$B : \delta = \dfrac{8}{\sqrt{12.5 \times 2}} = 1.6\text{mm}$

$C : \delta = \dfrac{10}{\sqrt{18 \times 2}} = 1.67\text{mm}$　　$A : \delta = \dfrac{12}{\sqrt{24.5 \times 2}} = 1.71\text{mm}$

∴ 작은 값이 정확도가 좋다. 그러므로 B가 가장 정확하게 측량을 실시하였다.

해답 35. ㉮　36. ㉯　37. ㉯　38. ㉯

39. 지표상 P점에서 5km 떨어진 Q점을 관측할 때 Q점에 세워야 할 측표의 최소 높이는 약 얼마인가?(단, 지구 반지름 R=6,370km이고, P, Q점은 수평면상에 존재한다.)

㉮ 4m ㉯ 2m ㉰ 1m ㉱ 0.5m

해설 구차$(h) = \dfrac{S^2}{2R} = \dfrac{5^2}{2 \times 6,370} = 0.00196 \text{km} = 2\text{m}$

40. 지구 표면의 거리 100km까지를 평면으로 간주했다면 허용정밀도는 약 얼마인가?(단, 지구의 반경은 6,370km이다.)

㉮ 1/50,000 ㉯ 1/100,000 ㉰ 1/500,000 ㉱ 1/1,000,000

해설 $R = \dfrac{d-D}{D} = \dfrac{D^2}{12R^2}$

$= \dfrac{100^2}{12 \times 6,370^2} = \dfrac{1}{48,692} = \dfrac{1}{50,000}$

41. 축척 1 : 25,000 지형도상에서 거리가 6.73cm인 두 점 사이의 거리를 다른 축척의 지형도에서 측정한 결과 11.21cm였다면 이 지형도의 축척은 약 얼마인가?

㉮ 1 : 20,000 ㉯ 1 : 18,000 ㉰ 1 : 15,000 ㉱ 1 : 13,000

해설 ① $\dfrac{1}{m} = \dfrac{\text{도상거리}}{\text{실제거리}}$

실제거리 = 도상거리 × m = 0.0673 × 25,000 = 1,682.5m

② $\dfrac{1}{m} = \dfrac{\text{도상거리}}{\text{실제거리}}$

$\dfrac{1}{m} = \dfrac{0.1121}{1,682.50} = \dfrac{1}{15,000}$

42. 측량지역의 대소에 의한 측량의 분류에 있어서 지구의 곡률로부터 거리오차에 따른 정확도를 $\dfrac{1}{10^7}$까지 허용한다면 반지름 몇 km 이내를 평면으로 간주하여 측량할 수 있는가?(단, 지구의 곡률반경은 6,370km이다.)

㉮ 3.5km ㉯ 7.0km ㉰ 11km ㉱ 22km

해설 정도 $= \dfrac{d-D}{D} = \dfrac{1}{12}\left(\dfrac{D^2}{R^2}\right) = \dfrac{1}{m}$

평면거리$(D) = \sqrt{\dfrac{12R^2}{m}}$

$= \sqrt{\dfrac{12 \times 6,370^2}{10^7}} = 7\text{km}$

∴ 반경은 $\dfrac{7}{2} = 3.5\text{km}$

해답 39. ㉯ 40. ㉮ 41. ㉰ 42. ㉮

예상 및 기출문제

43. 평균해발 732.22m인 곳에서 수평거리를 측정하였더니 17,690.819m였다. 지구반지름 6,372,160km의 구라고 가정할 때 평균 해면상의 수평거리는?

㉮ 17,554.688m ㉯ 17,677.880m
㉰ 17,688.786m ㉱ 17,770.688m

해설 $L_o = L + C_h = L + \left(-\dfrac{L}{R}H\right)$

$= 17,690.819 - \dfrac{17,690.819}{6,372,160} \times 732.22$

$= 17,688.786\text{m}$

44. 두 지점의 거리($\overline{AB}$)를 관측하는데, 갑은 4회 관측하고, 을은 5회 관측한 후 경중률을 고려하여 최확값을 계산할 때, 갑과 을의 경중률 비(갑 : 을)는?

㉮ 4 : 5 ㉯ 5 : 4 ㉰ 16 : 25 ㉱ 25 : 16

해설 경중률은 관측횟수에 비례한다.
$P_A : P_B = 4 : 5$
따라서 갑과 을의 경중률 비는 4 : 5이다.

45. 90m의 측선을 10m 줄자로 관측하였다. 이때 1회의 관측에 +5mm의 누적오차와 ±5mm의 우연오차가 있다면 실제거리로 옳은 것은?

㉮ 90.045±0.015m ㉯ 90.45±0.05m
㉰ 90±0.015m ㉱ 90±0.5m

해설 정오차 $= n\delta = \dfrac{90}{10} \times 0.005 = 0.045\text{m}$

우연오차 $= \pm \delta\sqrt{n} = \pm 0.005\sqrt{9} = 0.015\text{m}$

실제거리 $= 90.045 \pm 0.015\text{m}$

46. 30m에 대하여 3mm 늘어나 있는 줄자로써 정사각형의 지역을 측정한 결과 62,500m²였다면 실제의 면적은?

㉮ 62,512.5m² ㉯ 62,524.3m²
㉰ 62,535.5m² ㉱ 62,550.3m²

해설 면적의 정도

$\dfrac{dA}{A} = 2\dfrac{dl}{l}$ 에서

$dA = \dfrac{2dl}{l}A = \dfrac{2 \times 0.003}{30} \times 62,500 = 12.5$

∴ 실제면적(A) = 62,500 + 12.5 = 62,512.5m²

해답 43. ㉰ 44. ㉮ 45. ㉮ 46. ㉮

47. 경사가 일정한 두 지점을 앨리데이드와 줄자를 이용하여 관측할 경우, 경사각이 14.2눈금, 경사거리가 50.5m였다면 수평거리는?(단, 관측값의 오차는 없다고 가정한다.)

㉮ 50m ㉯ 48m ㉰ 46m ㉱ 44m

해설 $D : l = 100 : \sqrt{100^2 + n^2}$

$D = \dfrac{100l}{\sqrt{100^2+n^2}} = \dfrac{l}{\sqrt{1+\left(\dfrac{n}{100}\right)^2}}$

$= \dfrac{50.5}{\sqrt{1+\left(\dfrac{14.2}{100}\right)^2}} = 49.998 = 50\text{m}$

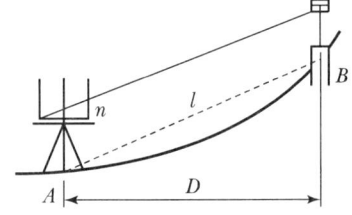

48. 표고가 200m인 평탄지에서 2.5km 거리를 평균 해수면상의 값으로 고치려고 한다. 표고에 의한 보정량은?(단, 지구의 곡률반지름은 6,370km로 가정한다.)

㉮ −78.5mm ㉯ −7.85mm
㉰ +7.85mm ㉱ +78.5mm

해설 표고보정량 $= -\dfrac{LH}{R} = -\dfrac{200 \times 2,500}{6,370 \times 10^3} = -0.0785\text{m} = -78.5\text{mm}$

49. 20m 줄자로 거리를 관측한 결과가 80m였다. 이때 1회 관측에 +5mm의 누적오차와 ±5mm의 우연오차가 발생하였다면 실제거리는?

㉮ 79.98 ±0.01m ㉯ 80.02 ±0.01m
㉰ 79.98 ±0.02m ㉱ 80.02 ±0.02m

해설 정오차 $= n\delta = \dfrac{80}{20} \times 0.005 = 0.02$

우연오차 $= \pm \delta\sqrt{n} = \pm 0.005\sqrt{4} = 0.01\text{m}$

실제거리 = 관측거리 + 정오차 ± 부정오차
$= 80 + (0.005 \times 4) \pm 0.005\sqrt{4} = 80.02 \pm 0.01\text{m}$

50. 거리관측의 정밀도와 각관측의 정밀도가 같다고 할 때 거리관측의 허용오차를 1/5,000로 하면 각관측의 허용오차는?

㉮ 41.05″ ㉯ 41.25″ ㉰ 82.15″ ㉱ 82.50″

해설 $\dfrac{\Delta l}{l} = \dfrac{\theta''}{\rho''}$

$\dfrac{1}{5,000} = \dfrac{\theta}{206,265''}$

$\therefore \theta'' = \dfrac{206,265''}{5,000} = 41.25''$

51. 근접할 수 없는 P, Q 두 점 간의 거리를 구하기 위하여 그림과 같이 관측하였을 때 PQ의 거리는?

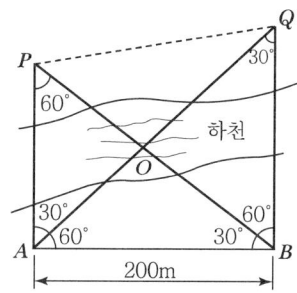

㉮ 150m   ㉯ 200m   ㉰ 250m   ㉱ 305m

해설 ① $\dfrac{AP}{\sin 30°} = \dfrac{200}{\sin 60°}$ 에서 $AP = 115.47$

② $\dfrac{AQ}{\sin 90°} = \dfrac{200}{\sin 30°}$ 에서 $AQ = 400$

③ $\overline{PQ}$

$$a^2 = b^2 + c^2 - 2bc \cdot \cos a$$
$$a = \sqrt{b^2 + c^2 - 2bc \cdot \cos a}$$
$$= \sqrt{115.47^2 + 400^2 - 2(115.47 \times 400 \times \cos 30°)} = 305\text{m}$$

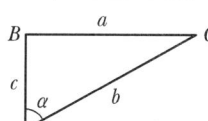

$\cos \angle A = \dfrac{b^2 + c^2 - a^2}{2bc}$

$a^2 = b^2 + c^2 - 2bc \cdot \cos a$

$a = \sqrt{b^2 + c^2 - 2bc \cdot \cos a}$

52. 한 변의 길이가 10m인 정방형 토지를 축척 1 : 600 도상에서 측정한 결과, 도상의 변측정오차가 0.2mm 발생하였다. 이때 실제 면적의 면적측정오차는 몇 %가 발생하는가?

㉮ 1.2%   ㉯ 2.4%   ㉰ 4.8%   ㉱ 6.0%

해설 ① $\dfrac{dA}{A} = 2\dfrac{dl}{l}$ 에서

$dA = \dfrac{A2dl}{l} = \dfrac{100 \times 2 \times 0.0002}{10} = 0.004$

∴ $0.004 \times 600 = 2.4\%$

② $A = 10 \times 10 = 100$
$l = 10$
$dl = 0.0002\text{m}$

53. 거리와 각을 동일한 정밀도로 관측하여 다각측량을 하려고 한다. 이때 각 측량기의 정밀도가 10″라면 거리측량기의 정밀도는 약 얼마 정도이어야 하는가?

㉮ $\dfrac{1}{15,000}$ ㉯ $\dfrac{1}{18,000}$ ㉰ $\dfrac{1}{21,000}$ ㉱ $\dfrac{1}{25,000}$

해답 51. ㉱ 52. ㉯ 53. ㉰

해설 정밀도$(R) = \dfrac{l}{D} = \dfrac{a''}{\rho''}$에서 $\dfrac{10}{206,265} = \dfrac{1}{20,626} ≒ \dfrac{1}{21,000}$

54. DEM에 대한 설명으로 옳지 않은 것은?

㉮ Digital Elevation Model(수치표고모델)의 약어이다.
㉯ 균일한 간격의 격자점(X, Y)에 대해 높이값 Z를 가지고 있는 데이터이다.
㉰ DEM을 이용하여 등고선을 제작하기도 한다.
㉱ DEM에는 건물의 3차원 모델이 포함된다.

해설 DEM : 수치도고(표고)모형
수치표고모형(Digital Elevation Model : DEM)은 표고데이터의 집합일 뿐만 아니라 임의의 위치에서 표고를 보간할 수 있는 모델을 말한다. 공간상에 나타난 불규칙한 지형의 변화를 수치적으로 표현하는 방법을 수치표고모형이라 한다. DEM은 DTM 중에서 표고를 특화한 모델이다.

55. 100m²의 정사각형 토지의 면적을 0.1m²까지 정확하게 구하기 위해 필요하고도 충분한 한 변의 측정거리 오차는?

㉮ 3mm ㉯ 4mm ㉰ 5mm ㉱ 6mm

해설 $\dfrac{dA}{A} = 2\dfrac{dl}{l}$에서

$dl = \dfrac{dA}{A} \times \dfrac{l}{2} = \dfrac{0.1}{100} \times \dfrac{10}{2} = 0.005\text{m} = 5\text{mm}$

$l = \sqrt{A} = \sqrt{100} = 10$

56. 어떤 거리를 같은 조건으로 5회 측정하여 다음과 같은 결과를 얻었다. 이 관측값의 최확값은 얼마인가?

[관측값] 121.573m, 121.575m, 121.572m, 121.574m, 121.571m

㉮ 121.572m ㉯ 121.573m ㉰ 121.574m ㉱ 121.575m

해설 $L_0 = 121.57 + \dfrac{0.003 + 0.005 + 0.002 + 0.004 + 0.001}{5} = 121.573\text{m}$

57. 직사각형 토지의 가로, 세로 길이를 측정하여 60.50m와 48.50m를 얻었다. 길이의 측정값에 ±1cm의 오차가 있었다면 면적에서의 오차는 얼마인가?

㉮ ±0.6m² ㉯ ±0.8m² ㉰ ±1.0m² ㉱ ±1.2m²

해설 $M = \pm\sqrt{(ym_1)^2 + (xm_2)^2}$에서
$M = \pm\sqrt{(48.5 \times 0.01)^2 + (60.5 \times 0.01)^2} = \pm 0.8\text{m}^2$

해답 54. ㉱ 55. ㉰ 56. ㉯ 57. ㉯

58. 그림과 같이 삼각점 A, B의 경사거리 L과 고저각 θ를 관측하여 다음과 같은 결과를 얻었다. $L = 2,000 \pm 5\text{cm}$, $\theta = 30° \pm 30$의 결과값을 이용하여 수평거리 L_0를 구할 경우의 오차는?

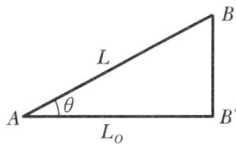

㉮ ±10cm
㉯ ±15cm
㉰ ±20cm
㉱ ±25cm

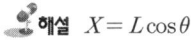 $X = L\cos\theta$

$$\triangle X = L\cos\theta = L(-\sin a)\frac{da}{\rho''}$$
$$= 2,000 \times (-\sin 30°) \times \frac{30''}{206,265''}$$
$$= \pm 0.015\text{m} = 15\text{cm}$$

59. 수평 및 수직 거리를 동일한 정확도로 관측하여 육면체의 체적을 2,000m³로 구하였다. 체적계산의 오차를 0.5m³ 이내로 하기 위해서는 수평 및 수직거리 관측의 최대 허용 정확도를 얼마로 해야 하는가?

㉮ $\dfrac{1}{12,000}$
㉯ $\dfrac{1}{8,000}$
㉰ $\dfrac{1}{110}$
㉱ $\dfrac{1}{35}$

해설 $\dfrac{dV}{V} = 3\dfrac{dl}{l}$

$$\dfrac{\Delta l}{l} = \dfrac{dV}{V} \times \dfrac{1}{3} = \dfrac{0.5}{2,000} \times \dfrac{1}{3} = \dfrac{1}{12,000}$$

60. 1,600m²의 정사각형 토지 면적을 0.5m²까지 정확하게 구하기 위해서 필요한 변 길이의 최대 허용오차는?

㉮ 6mm
㉯ 8mm
㉰ 10mm
㉱ 12mm

해설 $\dfrac{dA}{A} = 2\dfrac{dl}{l}$ $dl = \dfrac{dA}{A} \times \dfrac{l}{2} = \dfrac{0.5}{1,600} \times \dfrac{40}{2} = 0.006\text{m} = 6\text{mm}$

$l^2 = A$에서 $l = \sqrt{A} = \sqrt{1,600} = 40\text{m}$

해답 58. ㉯ 59. ㉮ 60. ㉮

61. 80m의 측선을 20m 줄자로 관측하였다. 만약 1회의 관측에 +4mm의 정오차와 ±3mm의 부정오차가 있었다면 이 측선의 거리는?

㉮ 80.006±0.006m ㉯ 80.006±0.016m
㉰ 80.016±0.006m ㉱ 80.016±0.016m

해설 ① 정오차 = $\delta \cdot n = 4 \times 4 = 16$mm
② 우연오차 = $\pm \delta \sqrt{n} = \pm 3\sqrt{4} = \pm 6$mm
③ 정확한 거리 = 80.016±0.006m

62. 범세계적 위치결정체계(GPS)에 대한 설명 중 옳지 않은 것은?

㉮ 기상에 관계없이 위치결정이 가능하다.
㉯ NNSS의 발전형으로 관측소요시간 및 정확도를 향상시킨 체계이다.
㉰ 우주부문, 제어부문, 사용자부문으로 구성되어 있다.
㉱ 사용되는 좌표계는 WGS72이다.

해설 GPS측량의 특징

위치측정원리	전파의 도달시간, 3차원 후방교회법
궤도방식	위도 60°의 6개 궤도면을 도는 37개 위성이 운행 중에 있으며, 궤도방식은 원궤도이다.
고도 및 주기	20,183km, 12시간(0.5항성일) 주기
신호	L_1파 : 1,575.422MHz L_2파 : 1,227.60MHz
궤도경사각	55°
사용좌표계	WGS84

63. 축척 1 : 1,000에서 면적을 측정하였더니 도상면적이 3cm²였다. 그런데 이 도면 전체가 가로, 세로 모두 1%씩 수축되어 있었다면 실제면적은 얼마인가?

㉮ 306m² ㉯ 294m²
㉰ 30.6m² ㉱ 29.4m²

해설 $\left(\dfrac{1}{m}\right)^2 = \dfrac{도상면적}{실제면적}$ 이므로
실제면적 = 도상면적 × m² = 3 × 1,000²
= 3,000,000 = 300m²
가로세로 1%씩 수축되어 있으므로
$A_0 = A(1+\varepsilon)^2 = 300(1+0.01)^2 = 306$m²

64. 전자파거리측량기로 거리를 관측할 때 발생하는 관측오차에 대한 설명으로 옳은 것은?

㉮ 모든 관측오차는 관측거리에 비례한다.
㉯ 관측거리에 비례하는 오차와 비례하지 않는 오차가 있다.
㉰ 모든 관측오차는 관측거리에 무관하다.
㉱ 관측거리가 어떤 길이 이상이 되면 관측오차가 상쇄되어 길이에 미치는 영향이 없어진다.

해설 EDM오차

거리에 비례하는 오차	거리에 반비례하는 오차
1. 광속도 오차 2. 광변조 주파수오차 3. 굴절률 오차	1. 위상차 관측오차 2. 영점오차 3. 편심오차

65. 거리측정에 생기는 오차 중 정오차가 아닌 것은?

㉮ 테이프의 처짐에 의한 오차
㉯ 표준장력과의 장력차로 생기는 오차
㉰ 테이프 길이와 표준길이의 차에 의한 오차
㉱ 눈금을 잘못 읽음으로 생기는 오차

해설 거리측량 시 우연오차의 원인
① 정확한 잣눈을 읽지 못하거나 위치를 정확하게 표시하지 못했을 때
② 측정 중 온도나 습도가 때때로 변했을 때
③ 측정 중 일정한 장력을 확보하기 곤란할 때
④ 한 잣눈의 끝수를 정확하게 읽기 곤란할 때

66. A, B, C 3명이 동일 조건에서 어떤 거리를 측정하여 다음의 결과를 얻었다면 최확값은 얼마인가?

[결과]
• A = 100.521m±0.030m
• B = 100.526m±0.015m
• C = 100.532m±0.045m

㉮ 100.521m ㉯ 100.526m
㉰ 100.531m ㉱ 100.533m

해설 ① 경중률 계산(동일조건에서 거리를 측정했을 때 경중률은 평균제곱오차의 자승에 반비례)

$$P_A : P_B : P_C = \frac{1}{0.030^2} : \frac{1}{0.015^2} : \frac{1}{0.045^2}$$
$$= 1,111 : 4,444 : 494$$

② 최확값
$$L_o = 100 + \frac{0.521 \times 1,111 + 0.526 \times 4,444 + 0.532 \times 494}{1,111 + 4,444 + 494} = 100 + 0.5256 = 100.526\text{m}$$

해답 64. ㉯ 65. ㉱ 66. ㉯

67. A점의 표고 118m, B점의 표고 145m, A점과 B점의 수평거리가 250m이며 등경사일 때 A점으로부터 130m 등고선이 통하는 점까지의 수평거리는?

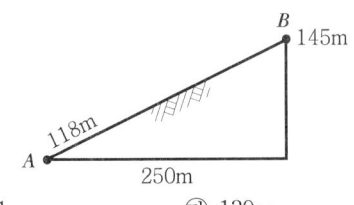

㉮ 19m ㉯ 111m ㉰ 139m ㉱ 311m

해설

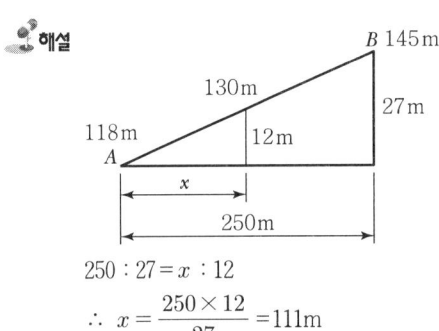

$250 : 27 = x : 12$

$\therefore x = \dfrac{250 \times 12}{27} = 111\text{m}$

68. 거리의 정확도 1/10,000을 요구하는 100m 거리측량에서 사거리를 측정해도 수평거리로 허용되는 두 점 간의 고저차 한계는 얼마인가?

㉮ 0.707m ㉯ 1.414m ㉰ 2.121m ㉱ 2.828m

해설 경사보정량 $C_g = -\dfrac{h^2}{2L}$

$h = \sqrt{2L \times C_g}$
$\quad = \sqrt{2 \times 100 \times 0.01} = 1.414\text{m}$

경사보정량 $= \dfrac{100}{10,000} = 0.01$

69. 50m에 대하여 35mm의 오차를 갖고 있는 줄자로 450.000m를 측량하였다. 450.000m에 대한 오차의 크기는 얼마인가?

㉮ 0.035m ㉯ 0.070m ㉰ 0.315m ㉱ 0.324m

해설 정오차 $= n \cdot \delta$ (정오차는 측정 횟수에 비례한다.)

$= 0.035 \times \dfrac{450}{50} = 0.315\text{m}$

해답 67. ㉯ 68. ㉯ 69. ㉰

70. 표고 500m인 평탄지에서의 거리 1,000m를 평균 해수면상의 값으로 환산할 때의 표고 보정값은?(단, 지구의 곡률반경은 6,370km로 가정한다.)

㉮ −0.078m ㉯ −0.0098m ㉰ 0.088m ㉱ 0.118m

해설 표고보정(C_h) $= -\dfrac{L}{R}H = -\dfrac{1,000}{6,370,000} \times 500 = -0.078\text{m}$

71. 기울기 25%의 도로면에서 경사거리가 20m일 때 수평거리는?

㉮ 197.79m ㉯ 194.87m ㉰ 19.40m ㉱ 4.85m

해설 ① $\tan\theta = \dfrac{25}{100}$

∴ $\theta = \tan^{-1}\dfrac{25}{100} = 14°2'10.5''$

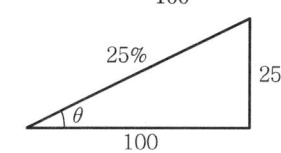

② 수평거리(D) $= 20 \times \cos 14°2'10.5'' = 19.40\text{m}$

72. 표준자보다 35mm가 짧은 50m 테이프로 측정한 거리가 450.000m일 때 실제거리는 얼마인가?

㉮ 449.685m ㉯ 449.895m ㉰ 450.105m ㉱ 450.315m

해설 $L_o = L\left(1 \pm \dfrac{\Delta l}{l}\right) = 450 \times \left(1 - \dfrac{0.035}{50}\right) = 449.685\text{m}$

[별해] 실제거리 $= \dfrac{부정거리}{표준거리} \times 관측거리 = \dfrac{49.965}{50} \times 450 = 449.685\text{m}$

73. 1,600m²의 정사각형 토지면적을 0.5m²까지 정확하게 구하기 위해서 필요한 변 길이의 최대 허용오차는?

㉮ 6mm ㉯ 8mm ㉰ 10mm ㉱ 12mm

해설 $\dfrac{dA}{A} = 2\dfrac{dl}{l}$ (면적의 정도는 거리 정도의 2배)에서

$dl = \dfrac{dA}{A} \times \dfrac{l}{2} = \dfrac{0.5}{1,600} \times \dfrac{40}{2}$

$dl = 0.00625\text{m} = 6\text{mm}$

74. 120m의 측선을 30m 줄자로 관측하였다. 1회 관측에 따른 정오차는 +3mm, 우연오차는 ±3mm였다면, 이 줄자를 이용한 관측거리는?

㉮ 120.000±0.006m ㉯ 120.006±0.006m
㉰ 120.012±0.006m ㉱ 120.012±0.012m

해설 ① 정오차 $= \delta \cdot n = 3 \times \dfrac{120}{30} = 12\text{mm} = 0.012\text{m}$

② 우연오차 $= \pm \delta \sqrt{n} = \pm 3\sqrt{4} = \pm 6\text{mm}$
$= \pm 0.006\text{m}$

③ 관측거리 = 120.012±0.006m

75. 표고가 500m인 관측점에서 표고가 700m인 목표점까지의 경사거리를 측정한 결과가 2,545m였다면 평균해면상의 거리는?(단, 지구의 곡선반지름=6,370km)

㉮ 2,537.14m ㉯ 2,466.26m
㉰ 2,466.06m ㉱ 2,536.94m

해설 ① 경사보정한 거리

$L_0 = L - \dfrac{h^2}{2L}$

$= 2,545 - \dfrac{(700-500)^2}{2 \times 2,545}$

$= 2,537.14\text{m}$

② 평균해면상의 거리

$L_o = L - \dfrac{LH}{R}$

$= 2,537.14 - \dfrac{2,537.14}{6,370,000} \times 500$

$= 2,536.94\text{m}$

76. 전 길이 n구간으로 나누어 1구간 측정 시 3mm의 정오차와 ±3mm의 우연오차가 있을 때 정오차와 우연오차를 고려한 전 길이의 확률오차는?

㉮ $3\sqrt{n}$ (mm) ㉯ $3\sqrt{n^3}$ (mm)
㉰ $3n\sqrt{2}$ (mm) ㉱ $3\sqrt{n^2+n}$ (mm)

해설 $e = \pm \sqrt{(\text{정오차})^2 + (\text{우연오차})^2}$
$= \pm \sqrt{(3n)^2 + (3\sqrt{n})^2}$
$= \sqrt{(9n^2 + 9n)} = \pm 3\sqrt{n^2+n}$

해답 74. ㉰ 75. ㉱ 76. ㉱

CHAPTER 03 평판측량

3.1 평판측량의 정의

평판측량(Plane table survey)은 평판측량기를 사용하여 현장에서 방향과 지물까지의 거리를 직접 측량하여 현황도를 작성하는 측량이다.

3.2 평판측량의 장단점

장점	단점
① 현장에서 직접 측량결과를 제도함으로써 필요한 사항을 결측하는 일이 없다. ② 내업이 적으므로 작업을 빠르게 할 수 있다. ③ 측량기구가 간단하여 측량방법 및 취급이 편리하다. ④ 오측 시 현장에서 발견이 용이하다.	① 외업이 많으므로 기후(비, 눈, 바람 등)의 영향을 많이 받는다. ② 기계의 부품이 많아 휴대하기 곤란하고 분실하기 쉽다. ③ 도지에 신축이 생기므로 정밀도에 영향이 크다. ④ 높은 정도를 기대할 수 없다.

3.3 평판측량에 사용되는 기구

3.3.1 도판(평판) : 두께 1.5~3cm 정도의 전나무나 베니어판

가. 종류

① 대형 평판 : 60×75(cm)
② 중형 평판 : 40×50(cm)
③ 소형 평판 : 30×40(cm)

[평판]

3.3.2 앨리데이드

가. 보통 앨리데이드

① 기포관의 곡률반지름 : 1.0~1.5m
② 전시준판 : 직경 0.2mm의 말총 시준사
③ 후시준판 : 직경 0.5mm의 시준공 상·중·하 3개
④ 전 시준판에는 시준판 간격의 $\frac{1}{100}$로 눈금이 새겨져 있다.

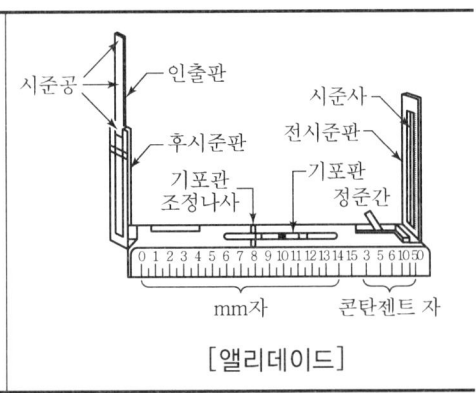

[앨리데이드]

3.4 평판측량의 3요소

정준(Leveling up)	평판을 수평으로 맞추는 작업(수평 맞추기)
구심(Centering)	평판 상의 측점과 지상의 측점을 일치시키는 작업(중심 맞추기)
표정(Orientation)	평판을 일정한 방향으로 고정시키는 작업으로 평판측량의 오차 중 가장 크다.(방향 맞추기)

3.5 평판측량방법

방사법(Method of Radiation : 사출법)	측량 구역 안에 장애물이 없고 비교적 좁은 구역에 적합하며 한 측점에 평판을 세워 그점 주위에 목표점의 방향과 거리를 측정하는 방법(60m 이내)	[방사법]
전진법(Method of Traversing : 도선법, 절측법)	측량구역에 장애물이 중앙에 있어 시준이 곤란할 때 사용하는 방법으로 측량구역이 길고 좁을 때 측점마다 평판을 세워가며 측량하는 방법	[전진법]

교회법(Method of intersection)	전방 교회법	전방에 장애물이 있어 직접 거리를 측정할 수 없을 때 편리하며, 알고 있는 기지점에 평판을 세워서 미지점을 구하는 방법	[전방 교회법]
	측방 교회법	기지의 두 점을 이용하여 미지의 한 점을 구하는 방법으로 도로 및 하천변의 여러 점의 위치를 측정할 때 편리하다.	[측방 교회법]
	후방 교회법	도면상에 기재되어 있지 않은 미지점에 평판을 세워 기지의 2점 또는 3점을 이용하여 현재 평판이 세워져 있는 평판의 위치(미지점)를 도면상에서 구하는 방법	[후방 교회법]

Help Tip

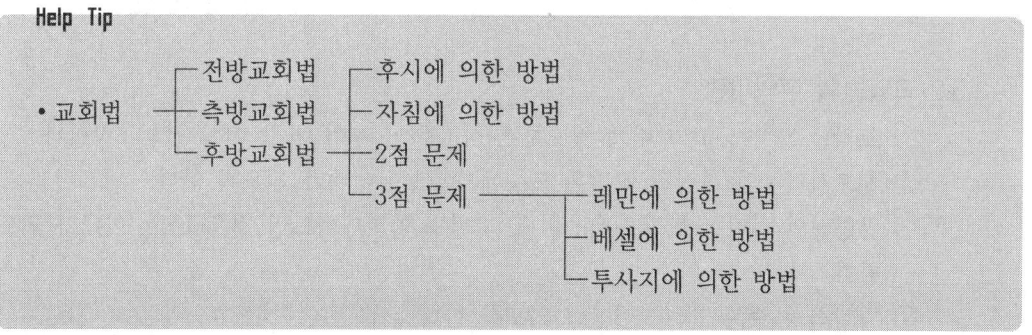

3.5.1 후방교회법에서 3점문제 처리방법

레만법	경험만 있으면 신속하게 작업할 수 있어서 많이 이용되는 방법 ① 구하려는 점이 △abc 내부에 있을 때 한 점의 위치는 시오삼각형 안에 있다.(1) ② 구하려는 점이 △abc 밖에 있고 a, b, c를 지나는 외접원 안에 있을 경우 그 점은 중앙 방향선을 기준으로 시오삼각형의 반대쪽에 있다.(2) ③ 구하려는 점이 외접원 밖에 있고 ∠mcm 안에 있을 경우 그 점은 중앙 방향선을 기준으로 시오삼각형의 반대쪽에 있다.(3) ④ 구하려는 점이 외접원 밖에 있고 삼각형의 한 변에 대할 때에는 그 점은 중앙 방향선을 기준으로 시오삼각형의 같은 쪽에 있다.(4) ⑤ 구하려는 점이 원주 위(외접원상)에 있을 때 평판의 표정 오차가 발생하여도 시오삼각형은 생기지 않는다.
베셀법	경험이 없어도 할 수 있으나 시간이 많이 걸리며 정확한 위치를 구할 수 있다.
투사지법	가장 간단한 방법으로 현장에서 주로 사용하며, 정도는 낮다.

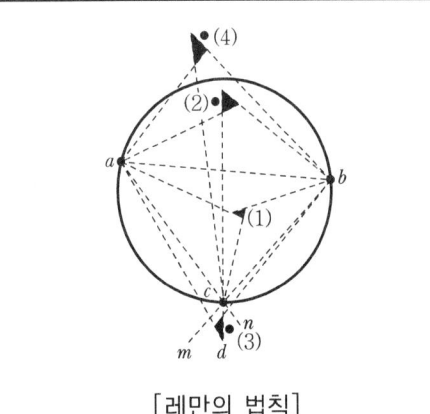

[레만의 법칙]

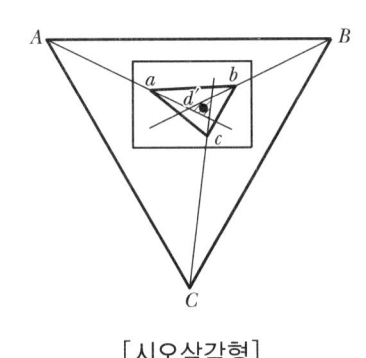

[시오삼각형]

3.5.2 교회법의 주의사항

① 교각은 30°~150° 사이에 있도록 한다.(90°일 때가 가장 이상적인 교각이다.)
② 시오삼각형의 내접원 직경은 도상에서 5mm 이내가 되도록 한다.
③ 방향선의 길이는 도상 10cm 이내, 망원경 앨리데이드인 경우 17cm 이내가 되도록 한다.
④ 방향선의 수는 3방향 이상이 되도록 한다.
⑤ 시오삼각형 내접원의 지름이 0.3~0.5mm(0.4mm)이면 그 중심이 정확한 위치(구점)가 된다.(시오삼각형 무시)

3.6 평판측량의 응용

3.6.1 수평거리의 관측

가. 시준판의 눈금과 폴의 높이를 측정했을 경우

$D : H = 100 : n$

$\therefore D = \dfrac{100}{n} \cdot H = \dfrac{100}{n_1 - n_2} \cdot H$

여기서, D : 수평거리
$n = n_1 - n_2$: 시준판의 눈금(경사분획수)
H : 상하측표의 간격(폴의 길이)

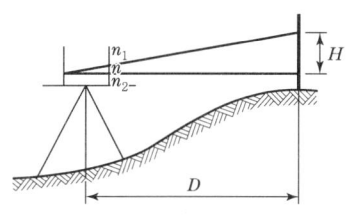

나. 경사거리 l을 재고 수평거리를 구하는 방법

$D : l = 100 : \sqrt{100^2 + n^2}$

$\therefore D = \dfrac{100l}{\sqrt{100^2 + n^2}} = \dfrac{1}{\sqrt{1 + \left(\dfrac{n}{100}\right)^2}} \times l$

여기서, D : 수평거리
l : 경사거리
n : 시준판의 눈금(경사분획수)

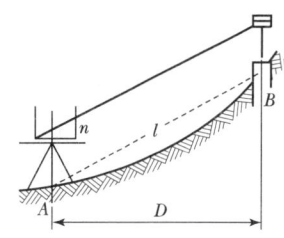

3.6.2 높이의 관측(고저측량)

가. 전시의 경우

$\therefore H_B = H_A + I + H - h$

여기서, H_A : A점의 표고
H_B : B점의 표고
I : 기계높이
$H : \dfrac{n}{100} D$ (평판, 수준측량)
n : 시준판의 눈금(경사분획수)
h : 시준고

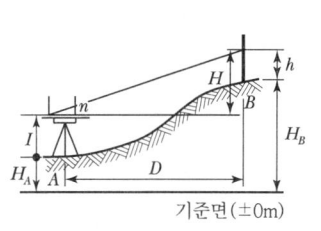

나. 후시의 경우

$\therefore H_B = H_A + h - H - I$

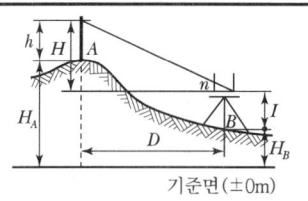

3.7 평판측량의 오차

3.7.1 기계오차

앨리데이드의 외심오차	앨리데이드의 시준공과 수평눈금 모서리(정규선)의 차이 때문에 발생하는 오차 $q = \dfrac{e}{M}$
앨리데이드의 시준오차	시준공의 크기와 시준사의 굵기 때문에 생기는 시준선의 방향 오차 $q = \dfrac{\sqrt{d^2+t^2}}{2l} \cdot L$
자침오차	자침의 바늘이 정확히 일치하지 않는 데서 생기는 오차 $q = \dfrac{0.2}{S} \cdot L$

여기서, q : 도상(제도)허용오차, M : 축척분모수, e : 외심오차, t : 시준사의 지름,
d : 시준공의 지름, l : 양 시준판의 간격, L : 방향선(도상)의 길이,
S : 자침의 중심에서 첨단까지의 길이(자침 길이의 $\dfrac{1}{2}$)

3.7.2 표정(정치)오차(평판을 세울 때의 오차)

평판의 경사 (기울기)에 의한 오차	평판을 세울 때 평판이 기울어지기 때문에 생긴 도면 위의 위치오차 ① $q = \dfrac{b}{r} \cdot \dfrac{n}{100} \cdot L$ ② 경사 = $\dfrac{b}{r}$
구심(치심) 오차	도상의 점과 측점이 동일연직선에 있지 않고 편위(偏位)되어 있는 경우의 오차 $q = \dfrac{2e}{M}$
표정오차	표정을 일정한 방향으로 고정할 때 생기는 오차로 다른 오차에 비해 그 영향이 가장 크다.

여기서, q : 도상(제도)허용오차, b : 기포의 이동량, r : 기포관의 곡률반경,
$\dfrac{n}{100}$: 평판의 경사, L : 방향선의 길이, e : 구심오차(치심오차),
M : 축척의 분모수, S : 자침의 중심에서 첨단까지 길이

3.7.3 측량오차

방사법에 의한 오차	$S = \pm \sqrt{m_1^2 + m_2^2} = \pm \sqrt{0.2^2 + 0.2^2} = \pm 0.3 \text{mm}$
전진법에 의한 오차	$S = \pm \sqrt{n(m_1^2 + m_2^2)} = \sqrt{n(0.2^2 + 0.2^2)} = \pm 0.3\sqrt{n} \text{ mm}$
교회법에 의한 오차	$S = \pm \sqrt{2} \cdot \dfrac{0.2}{\sin\theta} \text{mm}$

여기서, m_1 : 시준오차, m_2 : 거리 및 축척오차, n : 측선 수(변 수), θ : 교각
m_1, m_2를 0.2mm로 할 때

3.8 평판측량의 정밀도 및 오차의 조정

3.8.1 평판측량의 정도

폐합비	폐합비$(R) = \dfrac{E}{\Sigma L}$ 여기서, ΣL : 전 측선의 길이, E : 폐합오차
폐합비의 정도	① 평탄지 : $\dfrac{1}{1,000}$ 이하 ② 완경사지 : $\dfrac{1}{600} \sim \dfrac{1}{800}$ ③ 산지 또는 복잡한 지형 : $\dfrac{1}{300} \sim \dfrac{1}{500}$

3.8.2 폐합오차의 조정

① 허용 정도 이내일 경우에는 거리에 비례하여 분배한다.
② 허용 정도 이상일 경우에는 재측량을 한다.
③ 조정량(d) = $\dfrac{\text{폐합오차}(E)}{\text{측선길이의 총합}(\Sigma L)} \times$ 출발점에서 조정할 측점까지의 거리

$(l) = \dfrac{E}{\Sigma L} \cdot l$

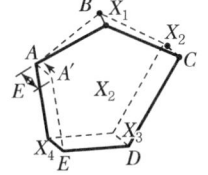 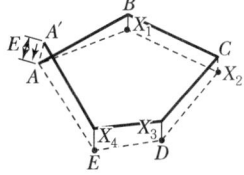 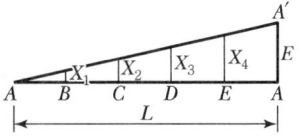

[폐합오차의 조정]

예상 및 기출문제

CHAPTER 03

1. 평판측량의 장점으로 옳지 않은 것은?
   ㉮ 내업이 적어 작업이 신속하다.
   ㉯ 고저 측량이 용이하게 이루어진다.
   ㉰ 측량장비가 간편하고 사용이 편리하다.
   ㉱ 측량 결과를 현장에서 즉시 작도(作圖)할 수 있다.

   해설 평판측량의 장점
   ① 현지에서 직접 측량결과를 제도하므로 필요한 사항을 관측하는 중에 빠뜨리는 일이 없다.
   ② 측량의 과실을 발견하기 쉽다.
   ③ 측량방법이 간단하며 계산이나 제도 등의 내업이 적으므로 작업이 신속히 행하여진다.

2. 평판측량의 장점으로 옳지 않은 것은?
   ㉮ 현장에서 직접 도면이 그려진다.
   ㉯ 기계 구조가 간단하여 작업이 빠르다.
   ㉰ 내업이 적어진다.
   ㉱ 일기 여하에 따라 도면 신축에 지장이 없다.

   해설 도지를 현장에서 직접 사용하므로 신축으로 인한 오차가 발생하기 쉽다.

3. 다음 중 평판측량방법에 따라 측정한 경사거리가 95m일 때 수평거리로 옳은 것은?(단, 조준의의 경사분획은 18이다.)
   ㉮ 92.45m   ㉯ 92.50m   ㉰ 93.45m   ㉱ 93.50m

   해설 $\theta = \tan^{-1}\theta = \tan^{-1}\dfrac{18}{100} = 10°12'14.31''$
   수평거리 $= 95 \times \cos 10°12'14.31'' = 93.497$
   [별해] $D = \dfrac{l}{\sqrt{1+\left(\dfrac{n}{100}\right)^2}} = \dfrac{95}{\sqrt{1+\left(\dfrac{18}{100}\right)^2}} = 93.497\text{m}$

해답 1. ㉯ 2. ㉱ 3. ㉱

4. 평판측량방법에 따라 측정한 경사거리가 23.6m이고, 조준의의 경사분획이 20이었다면 수평거리는 얼마인가?

㉮ 23.0m   ㉯ 23.1m   ㉰ 23.3m   ㉱ 23.5m

해설 $\theta = \tan^{-1}\dfrac{20}{100} = 11°18'36''$

수평거리 $=$ 거리$\times \cos\theta = 23.6 \times \cos 11°18'36'' = 23.1\text{m}$

[별해] 경사거리 l을 재고 수평거리를 구하는 방법

$$D = \dfrac{100l}{\sqrt{100^2+n^2}} = \dfrac{l}{\sqrt{1+\left(\dfrac{n}{100}\right)^2}} = \dfrac{23.6}{\sqrt{1+\left(\dfrac{20}{100}\right)^2}} = 23.1\text{m}$$

5. 기지점 A를 측점으로 하고 전방교회법의 요령으로 다른 기지에 의하여 측판을 표정하는 측량방법은?

㉮ 방향선법   ㉯ 원호교회법   ㉰ 후방교회법   ㉱ 측방교회법

해설 ㉯ 원호교회법 : 도상점의 지상위치를 결정하는 방법으로서 기지 3점과 구점과의 도상거리를 지상거리화하여 이를 반경으로 각 기지점(지상)을 중심으로 하여 지상에 원호를 그려 그들의 교회점을 지상위치로 하는 방법이다. 실지에서는 지상에 원호를 그리기가 곤란하므로 기지점에서 지상점이라고 인정되는 위치를 향하여 권척을 당겨 도상거리에 상응하는 점에 권척과 직각으로 표척을 놓으면 곧 원호의 일부로 간주할 수 있다. 원호의 교각 등은 교회법에 준한다.

㉰ 후방교회법 : 도상의 모든 점의 평면위치를 평판을 사용하여 방향선만으로 도해적으로 구하는 방법으로 구하려는 점에 평판을 거치하고 기지의 3점에서 방향선 1점에서 만나도록 한다. 방법으로는 베셀법, 레만법, 투사지법 등이 있다.

㉱ 측방교회법 : 측량의 한 방법으로 어떠한 측정점을 구하기 위하여 기준점에 대하여 지점의 위치를 모르는 곳에서 관측하는 측량의 한 방법으로 3개의 기지점 중의 1점과 미지점에 의하여 점의 위치를 구하는 측량방법

6. 한 측점에 평판을 세우고 그 점의 주위에 있는 목표점의 방향선과 거리를 측정하는 방법은 어느 것인가?

㉮ 후방 교회법   ㉯ 전진법   ㉰ 방사법   ㉱ 교회법

해설 장애물이 없고 투시가 좋은 경우에 사용하는 방법으로 방사법이다.

7. 평판 측량에서 기지점으로부터 미지점 또는 미지점으로부터 기지점의 방향을 앨리데이드로 시준하여 방향선을 교차시켜 도상에서 미지점의 위치를 도해적으로 구하는 방법은?

㉮ 방사법   ㉯ 교회법   ㉰ 전진법   ㉱ 편각법

해설 교회법

측량 구역 내에서 적당한 기지점을 두 점 이상 취하고, 기준점으로부터 미지점을 시준하여 방향선을 교차시켜 도면상에서 미지점의 위치를 결정하는 방법으로 거리를 측정할 필요가 없다.

8. 다음 중 평판 측량 방법이 아닌 것은?
   ㉮ 방사법   ㉯ 전진법   ㉰ 교회법   ㉱ 삼사법

   해설 평판 측량 방법은 방사법, 전진법, 교회법의 세 가지로 분류할 수 있다.

9. 장애물이 있어 직접 거리를 측정할 수 없을 때 사용하며, 두 측점에서 시준하여 얻어지는 방향선의 교점으로부터 도상의 위치를 정하는 평판 측량 방법은?
   ㉮ 후방 교회법   ㉯ 전진법   ㉰ 전방 교회법   ㉱ 방사 교회법

   해설 전방 교회법
   ① 기지점에서 미지점의 위치를 도면상에 결정하는 방법이다.
   ② 측량 지역이 넓고 장애물이 있어서 목표점까지 거리를 재기 곤란한 경우에 적당하다.
   ③ 교회각은 가능한 30~150° 범위를 벗어나지 않도록 하는 것이 바람직하다.

10. 다음 중 평판 측량 방법과 관계가 없는 것은?
    ㉮ 방사법   ㉯ 전진법   ㉰ 좌표법   ㉱ 교회법

    해설 좌표법은 면적 계산에서 수치계산법이다.

11. 평판측량방법에 따른 세부측량을 시행하는 경우 기지점을 기준으로 하여 지상경계선과 도상경계선의 부합 여부를 확인하는 방법에 해당하지 않는 것은?
    ㉮ 현형법
    ㉯ 도상원호교회법
    ㉰ 거리비교확인법
    ㉱ 방사법

    해설 경계점은 기지점을 기준으로 하여 지상경계선과 도상경계선의 부합 여부를 현형법(現形法)·도상원호(圖上圓弧)교회법·지상원호(地上圓弧)교회법 또는 거리비교확인법 등으로 확인하여 정할 것

12. 평판측량방법에 따라 조준의를 사용하여 측정한 경사거리가 100m이고, 경사분획이 15일 때 수평거리는 얼마인가?
    ㉮ 95.1m   ㉯ 98.9m   ㉰ 103.5m   ㉱ 120.7m

    해설 $\theta = \tan^{-1}\theta$

    $\tan^{-1}\dfrac{15}{100} = 8°31'50.76''$

    수평거리 : $100 \times \cos 8°31'50.76'' = 98.8936$

    [별해] $D = \dfrac{l}{\sqrt{1+\left(\dfrac{n}{100}\right)^2}} = \dfrac{100}{\sqrt{1+\left(\dfrac{15}{100}\right)^2}} = 98.8936$

해답 8. ㉱ 9. ㉰ 10. ㉰ 11. ㉱ 12. ㉯

13. 평판측량방법에 따라 조준의를 사용하여 경사거리를 측정한 결과가 다음과 같은 경우 수평거리로 옳은 것은?(단, 경사거리는 82.1m, 경사분획은 6.5이다.)

㉮ 79.9m ㉯ 80.9m ㉰ 81.9m ㉱ 82.9m

해설
① $\theta = \tan^{-1}$
$\theta = \tan^{-1} 6.5/100$
$\theta = 34°38'38''$
수평거리는 $82.1 \times \cos 34°38'38'' = 81.927$
② 공간정보의 구축 및 관리 등에 관한 법률 시행규칙
$$D = l \frac{1}{\sqrt{1+\left(\frac{n}{100}\right)^2}} = 82.1 \times \frac{1}{\sqrt{1+\left(\frac{6.5}{100}\right)^2}} = 81.9\text{m}$$
(D는 수평거리, l는 경사거리, n은 경사분획)

14. 그림과 같이 $n = 11.5$, $D = 40\text{m}$, $S = 1.50\text{m}$, $I = 1.10\text{m}$, $H_a = 25.85\text{m}$일 때 B점의 표고 H_b는?

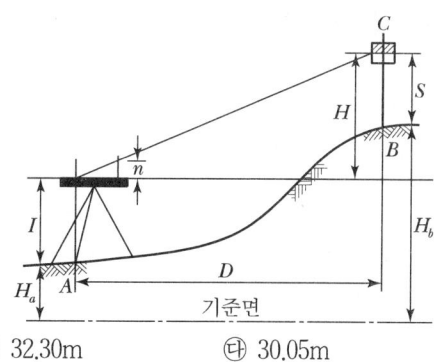

㉮ 31.20m ㉯ 32.30m ㉰ 30.05m ㉱ 31.05m

해설 $H_b = H_a + \frac{nD}{100} + I - S$
$= 25.85 + \frac{11.5 \times 40}{100} + 1.10 - 1.50 = 30.05\text{m}$
$D : H = 100 : n$
$H = \frac{nD}{100}$

15. 전후 시준판 간격이 240mm인 앨리데이드의 상하 눈금의 차가 4.5분획에 대한 실상은 몇 mm인가?

㉮ 8.6mm ㉯ 10.8mm ㉰ 9.2mm ㉱ 12.4mm

해설 $H = \frac{nD}{100} = \frac{4.5 \times 240}{100} = 10.8\text{mm}$

16. 평판 측량방법에 따라 조준의를 사용하여 측정한 경사거리가 75m일 때, 수평거리는 얼마인가?(단, 조준의의 경사분획은 22이다.)

㉮ 70.5m ㉯ 72.5m ㉰ 73.2m ㉱ 75.3m

해설 $\theta = \tan^{-1}\theta$
$\theta = 22/100 = 12°24'26.71''$
수평거리 : $75 \times \cos 12°24'26.71'' = 73.24$

17. 평판측량에 의해 축척 1/1,000의 도면을 작성할 때 중심 맞추기오차(편심거리)는 어느 정도까지 허용할 수 있는가?(단, 도상에서 허용제도오차는 0.2mm로 함)

㉮ 5cm 이내 ㉯ 10cm 이내 ㉰ 20cm 이내 ㉱ 50cm 이내

해설 $q = \dfrac{2e}{M}$ 에서
$e = \dfrac{q \cdot M}{2} = \dfrac{0.0002 \times 1,000}{2} = 0.1\text{m}$

18. 도상에서 제도 허용오차가 0.3mm일 때 중심 맞추기 오차(편심거리)를 300mm까지 허용할 수 있는 축척은?

㉮ 1/100 ㉯ 1/500 ㉰ 1/1,000 ㉱ 1/2,000

해설 구심오차 공식에서
$q = \dfrac{2e}{M}$
$\dfrac{1}{M} = \dfrac{q}{2 \cdot e} = \dfrac{0.3}{2 \times 300} = \dfrac{1}{2,000}$

19. 평판측량에서 전진법에 의한 변의 수가 25일 때 허용되는 최대 폐합오차는?(단, 하나의 측점에서 허용되는 오차는 ±0.3mm로 함)

㉮ ±0.3mm ㉯ ±0.9mm ㉰ ±1.2mm ㉱ ±1.5mm

해설 $M = \pm 0.3\sqrt{n} = 0.3\sqrt{25} = \pm 1.5\text{mm}$

20. 평판측량에서 축척 1/1,200의 도면을 작성할 때 도상의 점 위치의 허용 오차를 0.2mm라 하면 측점의 중심맞추기 허용오차는?

㉮ 120mm ㉯ 150mm ㉰ 200mm ㉱ 250mm

해설 $q = \dfrac{2e}{M}$
$e = \dfrac{qM}{2} = \dfrac{0.2 \times 1,200}{2} = 120\text{mm}$

해답 16. ㉰ 17. ㉯ 18. ㉱ 19. ㉱ 20. ㉮

21. 다음 중 평판측량에서의 오차원인으로 기계적인 오차에 해당되는 것은?
㉮ 구심에 의한 오차
㉯ 평판의 경사로 인한 오차
㉰ 방향선을 그을 때 생기는 오차
㉱ 시준선이 기울어져서 생기는 오차

해설 평판측량 오차
1. 기계오차
   ① 앨리데이드 외심오차
   ② 시준오차
2. 정치오차
   ① 평판의 기울기오차
   ② 구심오차
   ③ 자침오차

22. 평판측량에서 중심맞추기 오차(편심거리)를 30mm, 도상위치 오차를 0.2mm로 할 때 축척한계는?
㉮ 1/100 ㉯ 1/150 ㉰ 1/300 ㉱ 1/600

해설 $q = \dfrac{2e}{M}$

$\dfrac{1}{M} = \dfrac{q}{2e} = \dfrac{0.2}{2 \times 30} = \dfrac{1}{300}$

23. 평판측량에 관한 다음 사항 중 옳지 않은 것은?
㉮ 평판측량은 보통 방사법, 전진법, 교회법 등의 방법을 병용하는 것이 능률적이다.
㉯ 폐합오차의 허용 범위는 도면 위에서 $\pm 0.3\sqrt{n}$ mm 이내이다.(n : 트래버스변의 수)
㉰ 평판측량에서 결과에 가장 영향을 주는 오차는 중심맞추기 오차(구심오차)이다.
㉱ 오차는 거리에 비례하여 배분한다.

해설 평판측량에서 결과에 가장 영향을 주는 오차는 방향맞추기(표정)이다.

24. 평판측량에서 평판 세우기 오차 중 측량 결과에 가장 큰 영향을 주므로 특히 주의해야 할 것은?
㉮ 수평맞추기 오차
㉯ 중심맞추기 오차
㉰ 방향맞추기 오차
㉱ 앨리데이드의 수진기에 따른 오차

해설 평판측량의 3요소
1. 정준(Leveling up)
   평판을 수평으로 맞추는 작업(수평맞추기)
2. 구심, 치심(Centering)
   평판상(도상)의 측점과 지상의 측점을 일치시키는 작업(중심맞추기)
3. 표정(Orientation)
   평판을 일정한 방향으로 고정시키는 작업을 말하며, 평판측량의 오차 중 가장 큰 영향을 끼친다.

해답 21. ㉱ 22. ㉰ 23. ㉰ 24. ㉰

25. 평면 측량의 후방 교회법에서 시오 삼각형이 생기는 주된 이유는?
   ㉮ 여러 점의 높이가 서로 다르기 때문
   ㉯ 평판의 구심이 불완전하기 때문
   ㉰ 평판이 수평이 되어 있지 않기 때문
   ㉱ 평판의 표정이 정확하지 않기 때문

   해설 표정이 불완전하므로 시오 삼각형이 생긴다.

26. 평판 측량의 교회법에서 두 방향선이 만나는 각(교회각)은 얼마에 가까울수록 높은 정밀도를 얻을 수 있는가?
   ㉮ 30°   ㉯ 45°
   ㉰ 90°   ㉱ 120°

   해설 교각의 값은 90°일 때가 가장 좋고, 30~150°의 범위로 해야 한다.

27. 후방 교회법에 관한 설명 중 틀린 것은?
   ㉮ 미지점에 평판을 세워 기지점을 시준하고 미지점의 위치를 구하는 방법이다.
   ㉯ 기지점 3개에서 미지점을 구하는 것을 3점 문제라고 한다.
   ㉰ 기지점 2개에서 미지점을 구하는 것을 2점 문제라고 한다.
   ㉱ 3점 문제법에는 캔트지법과 베셀법이 있다.

   해설 ㉱ 3점 문제 : 투사지법, 레만법, 베셀법 등이 있다.

28. 평판 측량에서 3점 문제로 점의 위치를 구할 수 없는 방법은?
   ㉮ 투사지에 의한 방법   ㉯ 레만 방법
   ㉰ 베셀 방법   ㉱ 클라크 방법

   해설 3점 문제
   ① 투사지에 의한 방법
   ② 베셀 방법
   ③ 레만 방법

29. 다음의 평판 측량 방법 중 3점 문제라고 불리는 것은?
   ㉮ 전방 교회법   ㉯ 측량 교회법
   ㉰ 후방 교회법   ㉱ 방사법

   해설 후방 교회법에서 시오 삼각형의 소거 방법이다.

예상 및 기출문제

30. 교회법에서 높은 정밀도로 측정하기 위해서는 그 방향선의 교각이 90°에 가까울수록 좋지만 부득이한 경우 얼마의 범위로 해야 하는가?

㉮ 150~180° ㉯ 30~150°
㉰ 10~30° ㉱ 30~90°

> **해설** 교회법에서 교회각은 30~150°가 좋으나, 90°에 가까울수록 정밀도가 높다.

31. 평판측량에서 중심맞추기 오차가 6cm까지 허용된다면 이때의 도상축척의 한계는?(단, 도상오차는 0.2mm로 한다.)

㉮ $\dfrac{1}{200}$ ㉯ $\dfrac{1}{400}$
㉰ $\dfrac{1}{500}$ ㉱ $\dfrac{1}{600}$

> **해설** 구심오차$(e) = \dfrac{도상허용오차 \times 축척분모}{2} = \dfrac{qM}{2}$ 에서
> $M = \dfrac{2e}{q} = \dfrac{2 \times 60}{0.2} = 600$

32. 평판측량의 후방교회법을 설명한 것으로 옳은 것은?

㉮ 어느 한 점에서 출발하여 측점의 방향과 거리를 측정하고 다음 측점으로 평판을 옮겨 차례로 측정하는 방법
㉯ 임의의 지점에 평판을 세우고 방향과 거리를 측정하여 도상의 위치를 결정하는 방법
㉰ 2개 이상의 기지점에 평판을 세우고 방향선만으로 구하려고 하는 점의 도상 위치를 결정하는 방법
㉱ 구하려고 하는 점에 평판을 세워서 기지점을 시준하여 도상의 위치를 결정하는 방법

> **해설** 후방교회법이란 미지점에 평판을 세워 기지의 2점 또는 3점을 이용하여 현재 평판이 세워져 있는 평판의 위치(미지점)를 도면상에서 구하는 방법이다.

33. 축척 1:300으로 평판측량을 할 때 제도오차를 0.2mm로 한다면 허용되는 구심오차의 크기는?

㉮ 1.5cm ㉯ 3.0cm
㉰ 6.0cm ㉱ 10.0cm

> **해설** 구심오차$(e) = \dfrac{qM}{2}$ 이므로
> $e = \dfrac{0.2 \times 300}{2} = 30\text{mm} = 3\text{cm}$

해답 30. ㉯ 31. ㉱ 32. ㉱ 33. ㉯

34. 허용정밀도(폐합비)가 1 : 1,000인 평탄지에서 전진법으로 평판측량을 할 때 현장에서의 전체 측선길이의 합이 400m이었다. 이 경우 폐합오차는 최대 얼마 이내로 하여야 하는가?

㉮ 10cm ㉯ 20cm
㉰ 30cm ㉱ 40cm

해설 정밀도$(R) = \dfrac{E}{\Sigma L} = \dfrac{1}{m}$

$E = \dfrac{\Sigma L}{m} = \dfrac{400}{1,000} = 0.4\text{m} = 40\text{cm}$

35. 평판측량의 전진법으로 측점 A를 출발하여, B, C, D, E, F를 지나 A점에 폐합시켰을 때 도상오차가 0.7mm로 나타났다면 측점 E의 오차배분량은?(단, 측선의 거리는 AB=40m, BC=50m, CD=55m, DE=35m, EF=45m, FA=55m)

㉮ 0.45mm ㉯ 0.54mm
㉰ 0.64mm ㉱ 0.76mm

해설

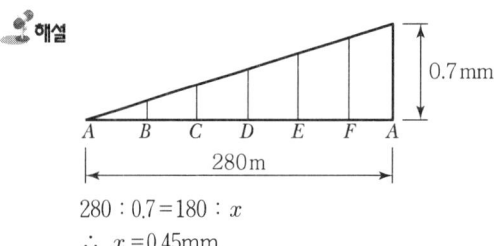

$280 : 0.7 = 180 : x$
∴ $x = 0.45\text{mm}$

36. 축척 1 : 1,000으로 평판측량을 할 때 도상에서 제도의 허용오차가 0.3mm라면, 중심맞추기 오차(편심거리)는 몇 cm까지 허용할 수 있는가?

㉮ 5cm ㉯ 10cm ㉰ 15cm ㉱ 20cm

해설 구심오차$(e) = \dfrac{q \cdot M}{2} = \dfrac{0.3 \times 1,000}{2}$
$= 150\text{mm} = 15\text{cm}$

37. 축척 1 : 600으로 평판측량할 때 앨리데이드의 외심 거리에 의하여 생기는 도상의 위치 오차는?(단, 외심거리는 24mm)

㉮ 0.04mm ㉯ 0.08mm
㉰ 0.4mm   ㉱ 0.8mm

해설 외심오차$(e) = q \cdot M$에서
$q = \dfrac{e}{M} = \dfrac{24}{600} = 0.04\text{mm}$

예상 및 기출문제

38. 평판측량에 있어서 평판상에 도시되어 있는 2~3개의 기지점에 평판을 세우고 방향선만으로 다른 미지점의 위치를 결정하는 방법은?

㉮ 전방교회법   ㉯ 도해전진법   ㉰ 후방교회법   ㉱ 측방전진법

해설 ㉮ 전방교회법 : 알고 있는 기지점에 평판을 세워서 미지점을 구하는 방법으로 전방에 장애물이 있어 직접 거리를 측정할 수 없을 때 편리하다.
㉰ 후방교회법 : 미지점에 평판을 세워 기지의 2점 또는 3점을 이용하여 현재 평판이 세워져 있는 평판의 위치(미지점)를 도면상에서 구하는 방법이다.
㉱ 측방전진법 : 기지의 두 점을 이용하여 미지의 한 점을 구하는 방법으로 도로 및 하천변의 여러 점의 위치를 측정할 때 편리한 방법이다.

39. 기지점 A에 평판을 세우고 B점에 수직으로 표척을 세워 시준하여 눈금 12.4와 9.3을 얻었다. 표척 실제의 상하 간격이 2m일 때 AB 두 지점의 거리는?

㉮ 32.2m   ㉯ 64.5m   ㉰ 96.8m   ㉱ 21.5m

해설 $D : H = 100 : (n_1 - n_2)$
$D = \dfrac{100H}{(n_1 - n_2)} = \dfrac{100 \times 2}{(12.4 - 9.3)} = 64.5\text{m}$

40. 축척 1 : 500의 평판측량에서 제도허용오차가 0.2mm일 때 중심맞추기 오차(편심거리)의 허용 범위에 대한 설명으로 옳은 것은?

㉮ 오차가 허용되지 않으므로 말뚝중앙에 정확히 맞추어야 한다.
㉯ 말뚝중앙에서 10cm까지 오차가 허용된다.
㉰ 말뚝중앙에서 5cm까지 오차가 허용된다.
㉱ 말뚝이 평판 밑에 있으면 된다.

해설 구심오차$(e) = \dfrac{q \cdot m}{2} = \dfrac{0.2 \times 500}{2} = 5\text{cm}$
∴ 말뚝중앙에서 5cm까지 오차가 허용된다.

41. 평판의 중심맞추기 오차(편심거리)가 30cm, 도상에서의 제도허용오차를 0.25mm라 할 때 이 중심맞추기 오차를 무시할 수 있는 축척의 한계는?

㉮ 1 : 1,200   ㉯ 1 : 2,400   ㉰ 1 : 3,600   ㉱ 1 : 4,800

해설 구심오차$(e) = \dfrac{q \cdot M}{2}$
$M = \dfrac{2 \cdot e}{q} = \dfrac{2 \times 300}{0.25} = 2,400$
∴ $\dfrac{1}{M} = \dfrac{1}{2,400}$

해답 38. ㉱ 39. ㉯ 40. ㉰ 41. ㉯

42. 외심오차가 0.2mm일 때 앨리데이드 자의 가장자리와 시준선 사이의 간격이 20mm이고 제도오차가 0.2mm 허용된다면 평판의 중심맞추기 오차(편심거리)는 최대 얼마까지 허용할 수 있는가?

㉮ 1cm　　㉯ 2cm　　㉰ 3cm　　㉱ 4cm

 ① 외심오차$(e) = q \cdot M$에서
　　$0.2 = 20 \times M$
　　$\therefore M = 100$
② 구심오차$(e) = \dfrac{q \cdot M}{2} = \dfrac{0.2 \times 100}{2}$
　　$= 10\text{mm} = 1\text{cm}$

43. A점에서 전진법에 의한 평판측량으로 측량한 결과 폐합오차가 도선상에 0.3mm의 결과를 얻었다. D점에서의 오차 조정량은 얼마인가?(단, 축척 1 : 1,000, 측선의 길이가 AB=76.7m, BC=87.3m, CD=69.5m, DA=79.5m)

㉮ 16cm　　㉯ 19cm　　㉰ 22cm　　㉱ 25cm

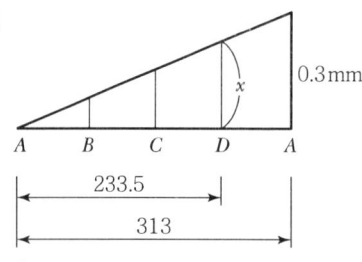

① $0.3 : 313 = x : 233.5$
　　$\therefore x = 0.22\text{mm}$
② 조정량
　　$d = 0.22 \times 1,000 = 220\text{mm} = 22\text{cm}$

[별해]
분배량 = $\dfrac{\text{출발점에서 조정할 측점까지의 거리}}{\text{측선길이의 총합}} \times$ 폐합오차

　　$= \dfrac{233.5}{313} \times (0.3 \times 1,000) = 223\text{mm} = 22.3\text{cm}$

44. 평판측량의 후방교회법을 옳게 설명한 것은?

㉮ 하나의 구하려고 하는 점에 평판을 세워 2개 이상의 기지점을 이용하여 그 점의 위치를 결정하는 방법
㉯ 하나의 기지점과 하나의 구하려고 하는 점에 평판을 세워 그 점의 위치를 결정하는 방법
㉰ 두 개의 기지점에 평판을 세워 하나의 구하려고 하는 점의 위치를 결정하는 방법
㉱ 세 개의 기지점에 평판을 세워 구하려고 하는 점의 위치를 결정하는 방법

해설 ① 전방교회법 : 알고 있는 기지점에 평판을 세워서 미지점을 구하는 방법으로 전방에 장애물이 있어 직접 거리를 측정할 수 없을 때 편리하다.
② 측방교회법 : 기지의 두 점을 이용하여 미지의 한 점을 구하는 방법으로 도로 및 하천변의 여러 점의 위치를 측정할 때 편리한 방법이다.
③ 후방교회법 : 미지점에 평판을 세워 기지의 2점 또는 3점을 이용하여 현재 평판이 세워져 있는 평판의 위치(미지점)를 도면상에서 구하는 방법이다.

45. 평판의 설치에 있어서 고려하지 않아도 되는 것은?
㉮ 수평맞추기   ㉯ 방향맞추기
㉰ 구심맞추기   ㉱ 외심맞추기

해설 평판의 3요소 ─ 정준(수평맞추기)
                    ├ 구심(중심맞추기)
                    └ 표정(방향맞추기)

46. 평판의 중심으로부터 측점까지의 사거리가 35m이고, 이때 읽은 앨리데이드의 경사분획이 15라고 한다면 두 점 간의 수평거리는?
㉮ 34.613m   ㉯ 33.613m
㉰ 32.613m   ㉱ 31.613m

해설 $D = \dfrac{l}{\sqrt{1+\left(\dfrac{n}{100}\right)^2}} = \dfrac{35}{\sqrt{1+\left(\dfrac{15}{100}\right)^2}} = 34.613\mathrm{m}$

47. 엘리데이드를 사용해서 전진법에 의한 트래버스 측정 시 완만한 경사 지역에서의 폐합비의 허용오차는?
㉮ $\dfrac{1}{1,000}$ 이하   ㉯ $\dfrac{1}{600} \sim \dfrac{1}{800}$
㉰ $\dfrac{1}{300} \sim \dfrac{1}{500}$ ㉱ $\dfrac{1}{100} \sim \dfrac{1}{300}$

해설 평판 측량의 정도
① 평탄지 : $\dfrac{1}{1,000}$
② 완경사지 : $\dfrac{1}{600} \sim \dfrac{1}{800}$
③ 산지 및 복잡한 지형 : $\dfrac{1}{300} \sim \dfrac{1}{500}$

해답 45. ㉱ 46. ㉮ 47. ㉯

48. 어떤 다각형의 전 측선 길이가 1,080m일 때 폐합비를 $\dfrac{1}{6,000}$로 하기 위하여 축척 $\dfrac{1}{600}$ 도면에 허용되는 폐합 오차는?

㉮ 0.1mm ㉯ 0.2mm
㉰ 0.3mm ㉱ 0.4mm

해설 ① $\dfrac{\text{폐합 오차}}{\text{전 길이}} = \dfrac{1}{6,000} = \dfrac{e}{1,080}$ 에서
∴ $e = 0.18\text{m} = 180\text{mm}$
② 허용 폐합 오차 $= 180 \times \dfrac{1}{600} = 0.3\text{mm}$

49. 전진법으로 폐합 트래버스를 측정할 때 산지의 경우 폐합 오차의 폐합비 허용 한도는?

㉮ $\dfrac{1}{1,000}$ ㉯ $\dfrac{1}{800} \sim \dfrac{1}{600}$
㉰ $\dfrac{1}{600} \sim \dfrac{1}{400}$ ㉱ $\dfrac{1}{500} \sim \dfrac{1}{300}$

해설 ㉮ 평지, ㉯ 완경사지, ㉱ 산지

50. 전진법에 의한 폐합 트래버스 A, B, C, D, E를 측정하였는데 폐합 오차가 3cm 발생하였다. 이 때 길이 AB=20m, BC=25m, CD=35m, DE=30m, EA=40m 였다면 C점의 폐합 오차조정량은?

㉮ 6mm ㉯ 9mm
㉰ 12mm ㉱ 14mm

해설 폐합 오차조정량 = 폐합 오차 $\times \dfrac{\text{그 해당 측선의 거리}}{\text{총 거리}}$
$= 0.03 \times \dfrac{20+25}{150} = 0.009\text{m} = 9\text{mm}$

CHAPTER 04 수준측량

4.1 수준측량의 정의 및 용어

4.1.1 정의

수준측량(Leveling)이란 지구상에 있는 여러 점들 사이의 고저차를 관측하는 것으로 고저측량이라고도 한다.

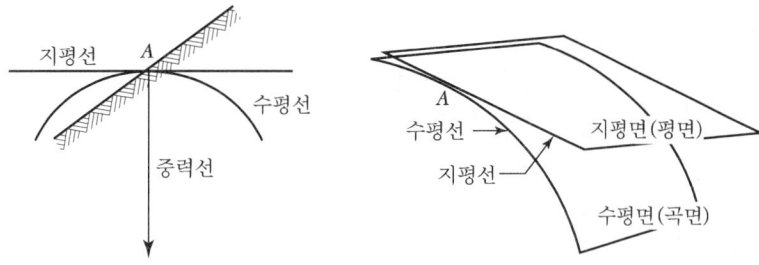

4.1.2 용어설명

용어	설명
수직선 (Vertical line)	지표 위 어느 점으로부터 지구의 중심에 이르는 선 즉, 타원체면에 수직한 선으로 삼각(트래버스)측량에 이용된다.
연직선 (Plumb line)	천체 측량에 의한 측지좌표의 결정은 지오이드면에 수직한 연직선을 기준으로 하여 얻어진다. 추를 실로 매어 늘어뜨릴 때 그 실이 이루는 선, 곧 지평선과 직각을 이루는 선
수평면 (Level surface)	모든 점에서 연직방향과 수직인 면으로 수평면은 곡면이며 회전타원체와 유사하다. 정지하고 있는 해수면 또는 지오이드면은 수평면의 좋은 예이다.
수평선(Level line)	수평면 안에 있는 하나의 선으로 곡선을 이룬다. 바다 위에 있어서 물과 하늘이 맞닿는 경계선(눈으로 보일 뿐 실제로 하늘과 만나는 것은 아니다), 수평선은 지구의 평균해수면과 나란한 선이다. 따라서 수평선은 무한대의 직선이 아니고 타원체이다.
지평면 (Horizontal plane)	어느 점에서 수평면에 접하는 평면 또는 연직선에 직교하는 평면

지평선 (Horizontal Line)	지평면 위에 있는 한 선을 말하며 지평선은 어느 한 점에서 수평선과 접하는 직선이며 연직선과 직교한다. 평평한 대지 끝과 하늘이 맞닿아 경계를 이루는 선(눈으로 보일뿐 실제로 하늘과 만나는 것은 아니다.) 지평선은 지구의 중심축과 직각으로 만나는 선분이다.
기준면(Datum)	표고의 기준이 되는 수평면을 기준면이라 하며 표고는 0으로 정한다. 기준면은 계산을 위한 가상면이며 평균해면을 기준면으로 한다.
평균해면 (Mean sea level)	여러 해 동안 관측한 해수면의 평균값
지오이드(Geoid)	평균해수면으로 전 지구를 덮었다고 가정한 곡면
수준원점(Original Bench Mark, OBM)	수준측량의 기준이 되는 기준면으로부터 정확한 높이를 측정하여 기준이 되는 점
수준점 (Bench Mark, BM)	수준원점을 기점으로 하여 전국 주요지점에 수준표석을 설치한 점 ① 1등 수준점 : 4km마다 설치 ② 2등 수준점 : 2km마다 설치
표고(Elevation)	국가 수준기준면으로부터 그 점까지의 연직거리
전시(Fore sight)	표고를 알고자 하는 점(미지점)에 세운 표척의 읽음 값
후시(Back sight)	표고를 알고 있는 점(기지점)에 세운 표척의 읽음 값
지반고(Ground level)	기준면으로부터 측점까지의 연직 거리
기계고 (Instrument height)	기준면에서 망원경 시준선까지의 높이
이기점(Turning point)	기계를 옮길 때 한 점에서 전시와 후시를 함께 취하는 점
중간점 (Intermediate point)	표척을 세운 점의 표고만을 구하고자 전시만 취하는 점

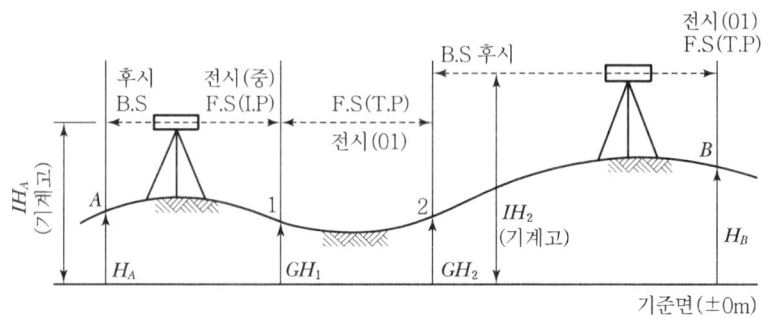

[직접수준측량의 원리 ①]

4.2 수준측량의 분류

4.2.1 측량방법에 의한 분류

직접수준측량(Direct leveling)		Level을 사용하여 두 점에 세운 표척의 눈금차로부터 직접고저차를 구하는 측량
간접수준측량 (Indirect leveling)	삼각수준측량 (Trigonometrical leveling)	두 점 간의 연직각과 수평거리 또는 경사거리를 측정하여 삼각법에 의하여 고저차를 구하는 측량
	스타디아수준측량 (Stadia leveling)	스타디아측량으로 고저차를 구하는 방법
	기압수준측량 (Barometric leveling)	기압계나 그 외의 물리적 방법으로 기압차에 따라 고저차를 구하는 방법
	공중사진수준측량 (Aerial photographic leveling)	공중사진의 실체시에 의하여 고저차를 구하는 방법
교호수준측량(Reciprocal leveling)		하천이나 장애물 등이 있을 때 두 점 간의 고저차를 직접 또는 간접으로 구하는 방법
약 수준측량(Approximate leveling)		간단한 기구로서 고저차를 구하는 방법

4.2.2 목적에 의한 분류

고저수준측량(Differential leveling)	두 점 간의 표고차를 직접 수준측량에 의하여 구한다.
종단수준측량(Profile leveling)	도로, 철도 등의 중심선 측량과 같이 노선의 중심에 따라 각 측점의 표고차를 측정하여 종단면에 대한 지형의 형태를 알고자 하는 측량
횡단수준측량(Cross leveling)	종단선의 직각 방향으로 고저차를 측량하여 횡단면도를 작성하기 위한 측량

가. 종단수준측량
① 철도, 도로, 하천 등과 같은 노선을 따라 각 측점의 고저차를 측정하는 측량을 말한다.
② 종단수준측량은 종단면도를 작성하기 위한 측량이다.
③ 종단수준측량은 중간점이 많아 기고식으로 작성하는 것이 편리하다.
④ 측량방법은 노선을 따라 20m마다 중심말뚝을 박고, 각 중심 말뚝 사이에 경사의 변환점이 있을 때에는 추가말뚝을 설치하여 고저차를 측정한다.

⑤ 부근에 BM(수준점)이 있으면 그 점과 출발점($N_0.0$) 사이를 수준측량하여 표고를 얻는다.
⑥ 종단수준측량은 정확하게 해야 하므로 최종측점도 수준점에 연결하여 측량의 오차를 검토할 수 있도록 한다.

나. 횡단수준측량
횡단수준측량은 종단수준측량의 중심말뚝 및 추가 말뚝의 지점에서 중심선에 직각 방향으로 지표면의 고저를 결정하는 측량이다.

횡단수준측량의 방법
① 레벨 또는 핸드레벨에 의한 측량 방법
② 테이프와 풀에 의한 측량 방법
③ 풀에 의한 방법

4.3 직접 수준측량

4.3.1 수준측량 방법

기계고(IH)	IH = GH + BS		
지반고(GH)	GH = IH − FS		
고저차(H)	고차식	$H = \Sigma BS - \Sigma FS$	
	기고식 승강식	$H = \Sigma BS - \Sigma TP$	

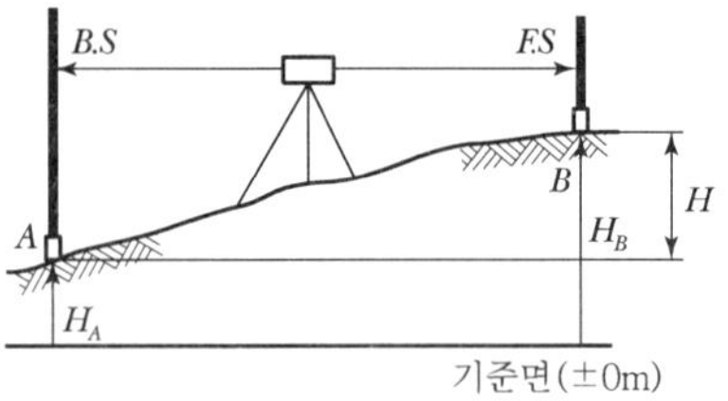

[직접수준측량의 원리 ②]

4.3.2 야장기입방법

고차식	가장 간단한 방법으로 BS와 FS만 있으면 된다.
기고식	가장 많이 사용하며, 중간점이 많을 경우 편리하나 완전한 검산을 할 수 없는 것이 결점이다.
승강식	완전한 검사로 정밀 측량에 적당하나, 중간점이 많으면 계산이 복잡하고, 시간과 비용이 많이 소요된다.

가. 고차식 야장기입법

이 야장기입법은 가장 간단한 것으로서 2단식이라고도 하며 후시(B.S)와 전시(F.S)의 난만 있으면 되기 때문에 고차 수준측량에 이용되며 측정이 끝난 다음에 후시의 합계와 전시의 합계의 차로서 고저차를 산출한다.

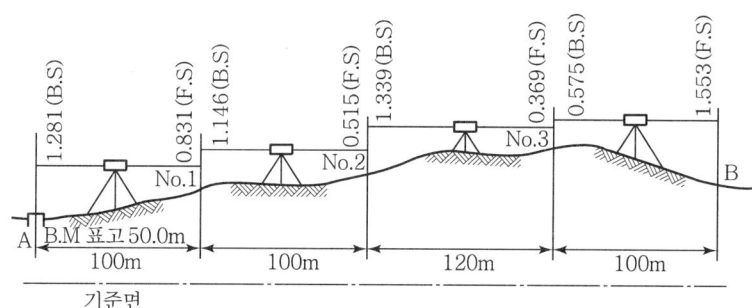

[고차식 야장기입법]

지반고 + 후시 = 기계고
기계고 − 전시 = 지반고

측점	후시(B.S)	전시(F.S)	지반고(G.H)	비고
A	1.281		50.000	
No.1	1.146	0.831	50.450	
No.2	1.339	0.515	51.081	
No.3	0.575	0.369	52.051	
B		1.553	51.073	
계	4.341	3.268		

[검산]

$\sum B.S - \sum F.S = $ 지반고차

$\Delta H = \sum B.S - \sum F.S = 4.341 - 3.268 = 1.073$

$\Delta H = 50.000 - 51.073 = 1.073$ ∴ O.K.

나. 기고식 야장기입법

이 방법은 기지점의 표고에 그 점의 후시(B.S)를 더한 기계고(I.H)를 얻고 여기에서 표고를 알고자 하는 점의 전시(F.S)를 빼서 그 점의 표고를 얻는다. 단, 수준측량과 같이 중간점이 많은 경우에 편리하다.

① 후시가 있으면 그 측점에 기계고가 있다.

② 이기점(T.P)이 있으면 그 측점에 후시(B.S)가 있다.
③ 기계고(I.H) = G.H + B.S
④ 지반고(G.H) = I.H - F.S

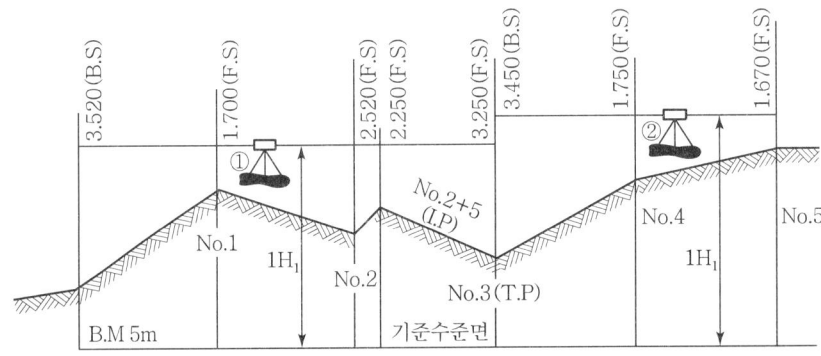

[기고식 야장기입법]

측점	거리 D(m)	후시 (B.S)	기계고 (I.H)	전시(F.S) T.P	전시(F.S) I.P	지반고 (G.H)	비고
BM.		3.520	8.520			5.000	B.M=5m
No.1	20				1.700	6.820	
No.2	20				2.520	6.000	
No.2+5	5				2.250	6.270	
No.3	15	3.450	8.720	3.250		5.270	
No.4	20				1.750	6.970	
No.5	20			1.670		7.050	
계	100	6.970		4.920			

[검산]

$\Sigma B.S - \Sigma F.S(T.P) = $ 지반고차

$\Delta H = 6.970 - 4.920 = 2.05$

$\Delta H = 5.000 - 7.050 = 2.05$ ∴ O.K.

다. 승강식 야장기입법

전시에서 후시를 뺀 값이 고저차가 되므로 승, 강의 난을 따로 만들어 B.S>F.S이면 +(승), B.S<F.S이면 -(강)난에 차를 기입한다.

승, 강의 총합을 구하면 전, 후시의 읽음수의 차와 비교하여 계산 결과를 검사할 수 있고 임의의 점의 표고를 구하기에 편리하나 중간점이 많을 때에는 계산이 복잡해진다.

측점	거리 D(m)	후시 (B.S)	전시 (F.S)	승	강	지반고 (G.H)	비고
BM.A	20	1.281				50.000	
No.1	20	1.146	0.831	0.450		50.450	
No.2	20	1.339	0.515	0.631		51.081	
No.3	20	0.575	0.369	0.970		52.051	
B	20		1.553		0.978	51.073	
계		4.341	3.268	2.051	0.978		

[검산]

$\Sigma B.S - \Sigma F.S(T.P) = $ 지반고차 $= 4.341 - 3.268 = 1.073$

Σ승$(T.P) - \Sigma$강 $=$ 지반고차 $= 2.051 - 0.978 = 1.073$ ∴ O.K.

4.3.3 전시와 후시의 거리를 같게 함으로써 제거되는 오차

① 레벨의 조정이 불완전(시준선이 기포관축과 평행하지 않을 때)할 때 발생하는 오차를 제거한다.(시준축오차 : 오차가 가장 크다.)
② 지구의 곡률오차(구차)와 빛의 굴절오차(기차)를 제거한다.
③ 초점나사를 움직이는 오차가 없으므로 그로 인해 생기는 오차를 제거한다.

4.3.4 직접수준측량의 주의사항

① 수준측량은 반드시 왕복측량을 원칙으로 하며, 노선은 다르게 한다.
② 정확도를 높이기 위하여 전시와 후시의 거리는 같게 한다.
③ 이기점(T.P)은 1mm까지 그 밖의 점에서는 5mm 또는 1cm 단위까지 읽는 것이 보통이다.
④ 직접수준측량의 시준거리
  ㉠ 적당한 시준거리 : 40~60m(60m가 표준)
  ㉡ 최단거리는 3m이며, 최장거리는 100~180m 정도이다.
⑤ 눈금오차(영점오차) 발생시 소거방법
  ㉠ 기계를 세운 표척이 짝수가 되도록 한다.
  ㉡ 이기점(T.P)이 홀수가 되도록 한다.
  ㉢ 출발점에 세운 표척을 도착점에 세운다.

4.4 간접 수준측량

4.4.1 앨리데이드에 의한 수준측량

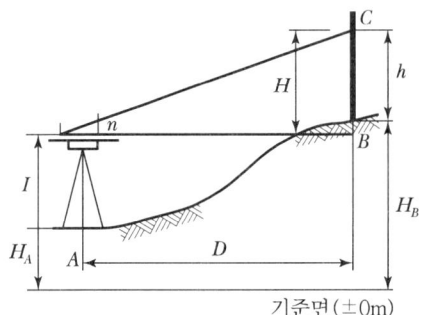

H_A : A점의 표고
H_B : B점의 표고
$H : \dfrac{n}{100}D$
I : 기계고
h : 시준고

[앨리데이드에 의한 수준측량]

① $H_B = H_A + I + H - h$ (전시인 경우)
② 두 지점의 고저차 $(H_B - H_A) = I + H - h$ (전시인 경우)

4.4.2 교호수준측량

전시와 후시를 같게 취하는 것이 원칙이나 2점 간에 강·호수·하천 등이 있으면 중앙에 기계를 세울 수 없을 때 양 지점에 세운 표척을 읽어 고저차를 2회 산출하여 평균하며 높은 정밀도를 필요로 할 경우에 이용된다.

가. 교호 수준측량을 할 경우 소거되는 오차

교호 수준측량을 할 경우 소거되는 오차	① 레벨의 기계오차(시준축 오차) ② 관측자의 읽기오차 ③ 지구의 곡률에 의한 오차(구차) ④ 광선의 굴절에 의한 오차(기차)

나. 두 점의 고저차

$$H = \dfrac{(a_1 - b_1) + (a_2 - b_2)}{2}$$
$$= \dfrac{(a_1 + a_2) - (b_1 + b_2)}{2}$$

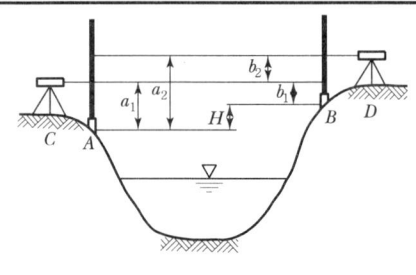

[교호수준측량]

다. 임의점(B점)의 지반고

$$H_B = H_A \pm H$$

4.5 레벨의 종류

수준측량에서 사용하는 레벨은 여러 가지의 종류가 있으나 망원경의 받침장치, 기포관, 수평축과 연직축의 형태 및 읽음 장치 등에 따라 덤피레벨(Dumpy Level), 경독레벨(Tilting Level), 자동레벨(Self-Leveling Level Or Auto Level), 디지털레벨(Electronic Digital Level) 등이 있다.

4.5.1 경독레벨(傾讀, tilting level)

경독레벨은 미동레벨이라고도 부른다. 경독레벨은 경독나사(Tilting Screw)에 의하여 연직축과는 독립적으로 경사를 조정할 수 있도록 되어 있다. 그러므로 연직축을 전혀 움직이지 않고 기포를 중앙에 오도록 할 수 있다.

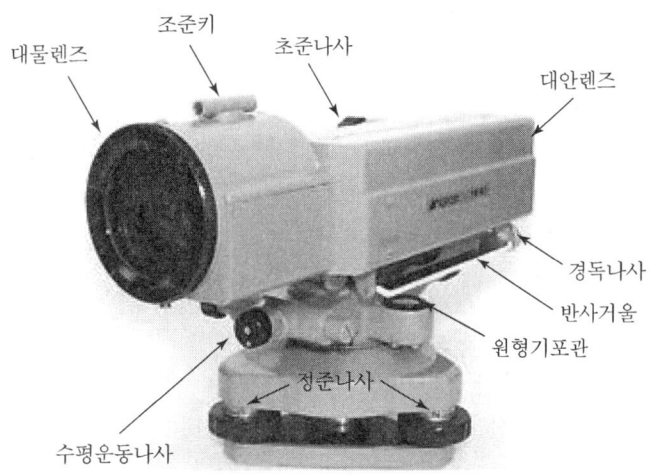

[경독식레벨(TOPCON TS-E1)]

4.5.2 자동레벨

덤피레벨과 경독레벨은 시준선의 방향맞추기에서 기포관을 사용하지만 자동레벨은 자동 콤펜세이트(Compensater)를 사용한다. 자동레벨에 부착된 작은 원형기포관을 사용하여 레벨을 개략적으로 수평으로 하면 망원경 속에 장치된 특별한 광학장치에 의하여 수평한 시준선을 자동으로 얻을 수 있기 때문이다. 이런 장치를 콤펜세이트(Compensater)라 한다.

[소끼아 B20자동레벨]

4.5.3 디지털레벨

디지털레벨(Electronic Digital Level)은 수준척의 읽음이 보통레벨에서의 같이 직접 눈으로 읽는 것이 아니라 레벨에 내장된 컴퓨터 영상분석장치(映像分析裝置)에 의하여 수준척의 눈금이 읽어지도록 고안 되었다. 그러나 디지털레벨에서도 망원경의 십자선을 이용하여 보통의 레벨에서와 같이 직접 수준척의 눈금을 읽을 수도 있으나 근본적으로 영상에 의하여 수치 처리가 이루어지도록 고안되었다.

4.5.4 레이저레벨

레이저(Laser)는 전자파의 방사각(퍼짐각)이 매우 좁아 강력한 전자파의 강도를 잃지 않고 직선으로 멀리 도달할 수 있는 특징이 있어 거리 측정 등에 많이 이용된다. 레이저를 사용하면 어느 주어진 직선이나 또는 일정한 높이의 수평면과 연직면 등을 쉽게 만들 수 있는 특징 때문에 시공측량 등에 많이 사용된다.

가. 단일 빔 레이저(Single Beam Laser)

레이저가 하나의 선을 따라 방출되며 방출된 레이저는 목표물 또는 반사경에 반사되어 쉽게 관측할 수 있으며 건축공사, 관로공사, 터널공사 등에서 수평 도는 수직선형을 얻고자 할 때 많이 사용된다.

나. 회전 빔 레이저(Rotating Beam Laser)

광학장치에 의하여 단일 빔 레이저를 360° 회전시키는 것이며 이때 회전된 레이저빔은 하나의 평면을 형성하게 된다. 선로측량이나 공항건설 또는 성토와 절토량을 조정하기 위한 말뚝박기 등에 매우 효과적으로 사용된다.

4.5.5 핸드레벨과 클로니미터

핸드레벨은 아주 간단한 수준측량 기구로서 휴대하기가 간편하고 사용하기가 편리하여 현장답사에 많이 사용된다.

클로니미터는 핸드레벨과 똑같은 형태로서 기포관이 위치하는 곳에 연직분도원이 장치되어 있어 경사각을 측정할 수 있도록 고안되었다.

4.6 레벨의 구조

4.6.1 망원경

대물렌즈	목표물의 상은 망원경 통속에 맺어야 하고, 합성렌즈를 사용하여 구면수차와 색수차를 제거 ① 구면수차 : 광선의 굴절 때문에 광선이 한 점에서 만나지 않아 상이 선명하게 되지 않는 현상 ② 색수차 : 조준할 때 조정에 따라 여러 색(청색, 적색)이 나타나는 현상
접안렌즈	십자선 위에 와 있는 물체의 상을 확대하여 측정자의 눈에 선명하게 보이게 하는 역할을 한다.
망원경 배율	배율(확대율) = $\dfrac{\text{대물렌즈의 초점거리}}{\text{접안렌즈의 초점거리}}$ (망원경의 배율은 20~30배)

4.6.2 기포관

기포관의 구조	알코올이나 에테르와 같은 액체를 넣어서 기포를 남기고 양단을 막은 것
기포관의 감도	감도란 기포 한 눈금(2mm)이 움직이는 데 대한 중심각을 말하며, 중심각이 작을수록 감도는 좋다.
기포관이 구비해야 할 조건	① 곡률반지름이 클 것 ② 관의 곡률이 일정해야 하고, 관의 내면이 매끈해야 함 ③ 액체의 점성 및 표면장력이 작을 것 ④ 기포의 길이가 클 것

가. 감도 측정

$$\theta'' = \frac{l}{nD}\rho''$$

$$l = \frac{\theta'' nD}{\rho''}$$

$$R = \frac{d}{\theta''}\rho''$$

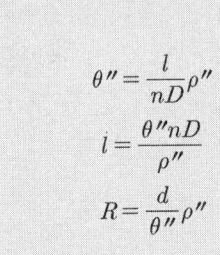

[기포관의 감도]

D : 수평거리 d : 기포 한 눈금의 크기(2mm) R : 기포관의 곡률반경
ρ'' : 1라디안초수(206265″) θ'' : 감도(측각오차) l : 위치오차($l_2 - l_1$)
n : 기포의 이동눈금수 m : 축척의 분모수

4.6.3 레벨의 조정

가. 가장 엄밀해야 할 것(가장 중요시해야 할 것)
① 기포관축//시준선
② 기포관축//시준선=시준축오차(전시와 후시의 거리를 같게 취함으로써 소거)

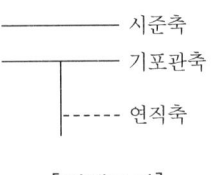

[레벨조건]

나. 기포관을 조정해야 하는 이유
기포관축을 연직축에 직각으로 할 것

다. 항정법(레벨의 조정량)
기포관이 중앙에 있을 때 시준선을 수평으로 하는 것(시준선//기포관축)

조정량(d)
$= \frac{D+e}{D}(a_1 - b_1) - (a_2 - b_2)$

정확한 읽음값
$= b_2 \pm d$

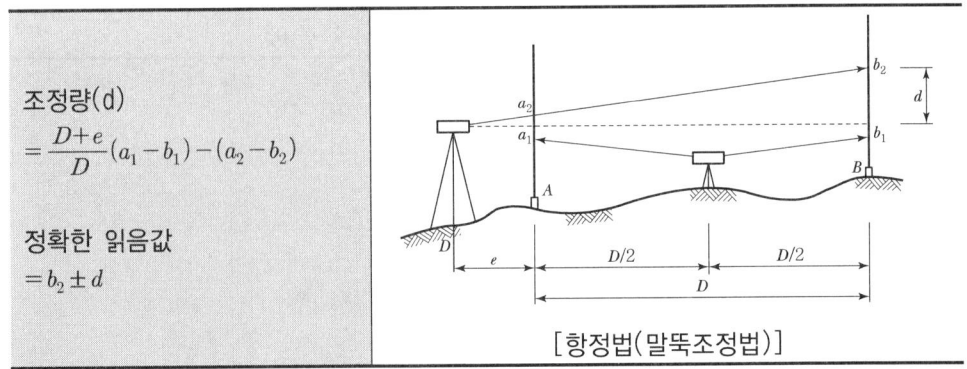

[항정법(말뚝조정법)]

4.7 수준측량의 오차와 정밀도

4.7.1 오차의 분류

가. 착오
① 표척을 정확히 빼 올리지 않았다.
② 표척의 밑바닥에 흙이 붙어 있었다.
③ 측정값의 오독이 있었다.
④ 기입사항을 누락 및 오기를 하였다.
⑤ 야장기입란을 바꾸어 기입하였다.
⑥ 십자선으로 읽지 않고 스타디아선으로 표척의 값을 읽었다.

나. 정오차
① 표척눈금부정에 의한 오차
② 지구곡률에 의한 오차(구차)
③ 광선굴절에 의한 오차(기차)
④ 레벨 및 표척의 침하에 의한 오차
⑤ 표척의 영눈금(0점) 오차
⑥ 온도 변화에 대한 표척의 신축
⑦ 표척의 기울기에 의한 오차

다. 부정오차
① 레벨 조정 불완전(표척의 읽음 오차)
② 시차에 의한 오차
③ 기상 변화에 의한 오차
④ 기포관의 둔감
⑤ 기포관의 곡률의 부등
⑥ 진동, 지진에 의한 오차
⑦ 대물경의 출입에 의한 오차

4.7.2 원인에 의한 분류

기계적 원인	① 기포의 감도가 낮다. ② 기포관 곡률이 균일하지 못하다. ③ 레벨의 조정이 불완전 하다. ④ 표척 눈금이 불완전 하다. ⑤ 표척 이음매 부분이 정확하지 않다. ⑥ 표척 바닥의 0 눈금이 맞지 않는다.
개인적 원인	① 조준의 불완전 즉 시차가 있다. ② 표척을 정확히 수직으로 세우지 않았다. ③ 시준할 때 기포가 정중앙에 있지 않았다.
자연적 원인	① 지구곡률 오차가 있다(구차). ② 지구굴절 오차가 있다(기차). ③ 기상변화에 의한 오차가 있다. ④ 관측중 레벨과 표척이 침하하였다.

4.7.3 우리나라 기본 수준측량의 오차 허용범위

구분	1등 수준측량	2등 수준측량	비고
왕복차	$2.5\text{mm}\sqrt{L}$	$5.0\text{mm}\sqrt{L}$	왕복했을 때 L은 노선거리(km)
환폐합차	$2.0\text{mm}\sqrt{L}$	$5.0\text{mm}\sqrt{L}$	

4.7.4 하천측량

4km에 대한 오차허용범위	유조부 : 10mm
	무조부 : 15mm
	급류부 : 20mm

4.7.5 정밀도

오차는 노선거리의 제곱근에 비례한다.

$$E = C\sqrt{L}$$

$$C = \frac{E}{\sqrt{L}}$$

여기서, E : 수준측량 오차의 합
C : 1km에 대한 오차
L : 노선거리(km)

4.7.6 직접수준측량의 오차조정

가. 동일 기지점의 왕복관측 또는 다른 표고기준점에 폐합한 경우

① 각 측점 간의 거리에 비례하여 배분한다.
② 각 측점의 조정량 :
$$= \frac{\text{조정할 측면까지의 추가거리}}{\text{총거리}(\Sigma L)} \times \text{폐합오차}$$
③ 각 측점의 최확값 = 각 측점의 관측값 ± 조정량

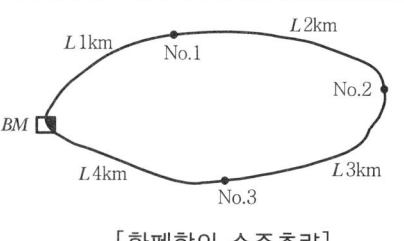

[환폐합의 수준측량]

나. 두 점 간의 직접수준측량의 오차조정 → 거리측량 참조

두 점 간의 거리를 2개 이상의 다른 노선을 따라 측량한 경우에는 경중률을 고려한 최확값을 산정한다.

① 경중률(P)은 노선거리에 반비례한다.

$$P_1 : P_2 : P_3 = \frac{1}{S_1} : \frac{1}{S_2} : \frac{1}{S_3}$$

② P점 표고의 최확값

$$(L_o) = \frac{P_1 H_1 + P_2 H_2 + P_3 H_3}{P_1 + P_2 + P_3} = \frac{\Sigma P \cdot H}{\Sigma P}$$

예상 및 기출문제

CHAPTER 04

1. A, B 두 지점 간 지반고의 차를 구하기 위하여 왕복 측정한 결과 그림과 같은 측정값을 얻었을 때 최확값은?

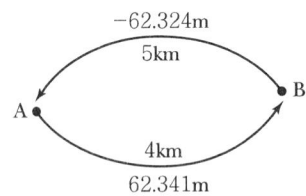

㉮ 62.324m ㉯ 62.330m ㉰ 62.333m ㉱ 62.341m

해설 $P_1 : P_2 = \dfrac{1}{S_1} : \dfrac{2}{S_2} = \dfrac{1}{5} : \dfrac{1}{4} = 4 : 5$

최확값(H_B) = $\dfrac{P_1 h_1 + P_2 h_2}{P_1 + P_2}$

$= \dfrac{4 \times 62.324 + 5 \times 62.341}{4 + 5} = 62.333\text{m}$

2. 다음 중 삼각점 사이의 고저차를 측정할 때 생기는 구차(球差)가 가장 큰 경우는?
 ㉮ 삼각점 간 거리가 1km 미만으로 가까울 때
 ㉯ 삼각점 간 거리가 약 4km 정도일 때
 ㉰ 삼각점 간 거리가 11km가 넘을 때
 ㉱ 삼각점 간 거리와 무관하게 오전에 관측할 때

해설 ① 구차 : 지구가 회전타원체인 것에 기인된 오차

구차 $E_C = +\dfrac{S^2}{2R}$

② 기차 : 지구공간에 대기가 지표면에 가까울수록 밀도가 커지므로 생기는 오차

기차 $E_R = -\dfrac{kS^2}{2R}$

③ 양차 : 구차와 기차의 합

양차 $K = \dfrac{(1-k)}{2R} S^2$

해답 1. ㉰ 2. ㉰

3. 수준측량에 사용되는 용어로 거리가 먼 것은?

㉮ 수준점   ㉯ 지반고   ㉰ 도근점   ㉱ 이기점

해설 도근점은 지적측량 시 기준점으로 사용하는 기준점이다.

4. 수준측량의 오차에 대한 설명으로 옳은 것은?

㉮ 정오차는 발생하나 부정오차는 발생하지 않는다.
㉯ 주로 기상의 영향으로 발생한다.
㉰ 오차는 노선거리의 제곱근에 비례한다.
㉱ 오차배분 시 경중률은 노선길이의 제곱근에 반비례한다.

해설 직접수준측량에서 오차는 노선거리(S)의 제곱근 $\sqrt{S}$에 비례한다. 직접수준측량에서 경중률은 노선거리(S)에 반비례한다.

5. 수준측량 시 레벨의 불완전 조정에 의한 오차를 제거하는 데 가장 적합한 방법은?

㉮ 왕복 2회 측정하여 평균을 취한다.
㉯ 시준거리를 짧게 한다.
㉰ 관측 시 기포가 항상 중앙에 오게 한다.
㉱ 전시와 후시의 거리를 같게 취한다.

해설 전시와 후시의 거리를 같게 함으로써 제거되는 오차
① 시준축오차 : 시준선이 기포관축과 평행하지 않을 때
② 구차 : 지구의 곡률오차
③ 기차 : 빛의 굴절오차
④ 초점나사를 움직이는 오차가 없음으로 인해 생기는 오차를 제거

6. 기포관의 감도가 20초인 레벨에서 기계로부터 50m 떨어진 곳에 세운 표척을 시준할 때 기포관에서 2눈금의 오차가 있었다면 수준오차는?

㉮ 1.2mm   ㉯ 2.4mm   ㉰ 4.8mm   ㉱ 9.7mm

해설 감도 $\theta'' = \dfrac{l}{nD} \times \rho''$

따라서 $l = \dfrac{n\theta''D}{\rho''}$ (여기서, l : 오차, n : 눈금수, D : 거리)

$l = \dfrac{2 \times 20'' \times 50}{206265''} ≒ 0.00969\text{m} = 9.7\text{mm}$

7. A, B 두 점의 표고가 각각 120m, 144m이고, 두 점 간의 경사가 1 : 2인 경우 표고가 130m 되는 지점을 C라 할 때, A점과 C점과의 경사거리는?

㉮ 20.38m   ㉯ 21.76m   ㉰ 22.36m   ㉱ 23.76m

해답 3. ㉰   4. ㉰   5. ㉱   6. ㉱   7. ㉰

해설 경사가 1 : 2이므로
144 − 120 = 24m
24m에 대한 수평거리는 48m
130 − 120 = 10m
10m에 대한 수평거리는 20m
따라서 AC의 경사거리는
$\sqrt{10^2 + 20^2} = 22.36$m

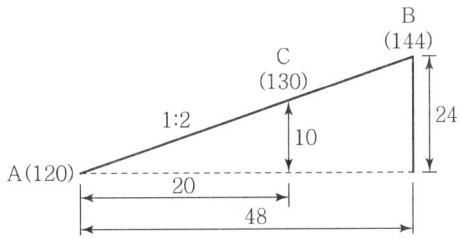

8. 수준측량에서 굴절오차와 거리의 관계를 설명한 것으로 옳은 것은?

㉮ 거리의 제곱근에 비례한다. ㉯ 거리의 제곱에 비례한다.
㉰ 거리의 제곱에 반비례한다. ㉱ 거리의 제곱근에 반비례한다.

해설 굴절오차
광선이 대기 중을 진행할 때는 밀도가 다른 공기층을 통과하면서 일종의 곡선을 그린다. 그러므로 물체는 이 곡선의 접선방향에 서서 보면 이 시준방향과 진방향과는 다소 다르게 되는 것을 알 수 있다. 이 차를 굴절오차라 말하며 굴절오차는 거리의 제곱에 비례한다.

9. 수준기의 감도가 30″인 레벨로 80m 전방의 표척을 시준하였더니 기포관의 눈금이 1개 이동되었다. 이때 생기는 위치 오차는?

㉮ 0.012m ㉯ 0.014m ㉰ 0.016m ㉱ 0.020m

해설 감도 $\theta'' = \dfrac{l}{nD} \times \rho''$

$l = \dfrac{n\theta''D}{\rho''}$ (여기서, l : 오차, n : 눈금수, D : 거리)

$l = \dfrac{1 \times 30'' \times 80}{206265''} ≒ 0.0116$m $= 0.012$m

10. 수준측량 시 등시준거리에 의해 소거되지 않는 것은?

㉮ 레벨 조정 불완전오차 ㉯ 지구의 곡률오차
㉰ 빛의 굴절오차 ㉱ 시차에 의한 오차

해설 전시와 후시의 거리를 같게 함으로써 제거되는 오차
① 레벨의 조정이 불완전(시준선이 기포관축과 평행하지 않을 때)할 때(시준축의 오차 : 오차가 가장 크다.)
② 지구의 곡률오차(구차)와 빛의 굴절오차(기차)를 제거

11. 수준측량 야장기입법 중 중간점이 많은 경우에 편리한 방법은?

㉮ 고차식 ㉯ 기고식
㉰ 승강식 ㉱ 약도식

해답 8. ㉯ 9. ㉮ 10. ㉱ 11. ㉯

해설 야장기입법
① 고차식 : 전시와 후시만 있는 경우에 사용하는 야장기입법으로 2점의 높이를 구하는 것이 목적이고 도중에 있는 측점의 지반고는 구할 필요가 없다.
② 기고식 : 중간점이 많을 때 사용하는 야장기입법으로 완전한 검산을 할 수 없는 단점이 있다.
③ 승강식 : 완전한 검산을 할 수 있어 정밀한 측량에 적합하나 중간점이 많을 때에는 불편한 단점이 있다.

12. 폭이 120m이고 양안의 고저차가 1.5m 정도인 하천을 횡단하여 정밀하게 고저측량을 실시할 때 양안의 고저차를 관측하는 방법으로 가장 적합한 것은?
㉮ 교호고저측량 ㉯ 직접고저측량
㉰ 간접고저측량 ㉱ 약고저측량

해설 교호수준측량은 강 또는 바다 등으로 인하여 접근이 곤란한 2점 간의 고저차를 직접 또는 간접수준측량에 의하여 구하는 방법으로 높은 정밀도를 필요로 할 경우에는 양안의 고저차를 관측한다.

13. 수준측량 용어로 이 점의 오차는 다른 점에 영향을 주지 않으며 이 점만의 표고를 관측하기 위한 관측점을 의미하는 것은?
㉮ 기준점 ㉯ 측점
㉰ 이기점 ㉱ 중간점

해설
① 수평면 : 정지된 해수면이나 해수면 위에서 중력방향에 수직한 곡면, 즉 지구표면이 물로 덮여 있을 때 만들어지는 형상의 표면
② 수평선 : 지구의 중심을 포함한 평평한 수평선이 교차하는 곡선, 즉 모든 점에서 중력방향에 직각이 되는 선
③ 지평면 : 수평면상의 한 점에서 접하는 평면
④ 지평선 : 수평선의 한 점에서 접하는 접선
⑤ 기준면 : 높이의 기준이 되는 수평면으로 일반적으로 평균해수면을 말하며 ±0으로 정한다.
⑥ 후시 : 표고를 알고 있는 점에 세운 표척의 읽음
⑦ 전시 : 구하려는 점에 세운 표척의 읽음
⑧ 기계고 : 기준면에서 시준선까지의 높이, 즉 지반고+측점의 후시측정값
⑨ 지반고 : 표척을 세운 점의 표고
⑩ 이기점 : 레벨 거치를 변경하기 위하여 전시, 후시를 함께 취하는 점으로서 이 점에 대한 관측오차는 이후의 측량 전체에 영향을 미치는 중요한 점이다.
⑪ 중간점 : 어느 점의 지반고만을 구하기 위해 전시만 측정한 표척의 읽음값으로 다른 점에 오차를 미치지 않는다.

14. 수준기의 감도가 5″인 레벨(Level)을 사용하여 50m 떨어진 표척을 시준할 때 발생하는 시준값의 차이는?
㉮ ±0.5mm ㉯ ±1.2mm
㉰ ±7.3mm ㉱ ±10.5mm

해답 12. ㉮ 13. ㉱ 14. ㉯

해설 감도 $\theta'' = \dfrac{l}{nD}\rho''$ 에서

$$l = \dfrac{\theta''nD}{\rho''} = \dfrac{5 \times 50}{206265} = 0.0012 = 1.2\text{mm}$$

15. 수준측량 오차 중 레벨(Level)을 양 표척의 중앙에 세우고 관측함으로써 그 영향을 줄일 수 있는 것은?

㉮ 레벨의 시준선 오차 ㉯ 레벨의 정치(整置) 불완전에 의한 오차
㉰ 지반침하에 의한 오차 ㉱ 표척의 경사로 인한 오차

해설 전·후시의 거리를 같게 하여 제거되는 오차
① 레벨의 조정이 불완전하여 시준선이 기포관축과 평행하지 않을 때 발생하는 오차를 제거
② 지구의 곡률오차와 빛의 굴절오차를 제거
③ 초점나사를 움직일 필요가 없으므로 그로 인해 생기는 오차를 제거

16. B점에 기계를 세우고 표고가 61.5m인 P점을 시준하여 0.85m를 관측하였을 때 표고 60m에 세운 A점을 시준한 표척의 관측값으로 옳은 것은?

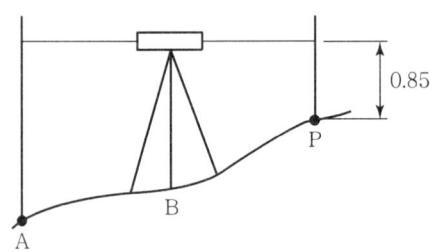

㉮ 1.53m ㉯ 1.75m ㉰ 2.35m ㉱ 2.53m

해설 A점의 관측값=A점의 지반고+전시-후시=61.5m
전시=60+전시-0.85=61.5m
전시=61.5+0.85-60=2.35m

17. 측량목적에 따라 수준측량을 분류한 것은?

㉮ 교호수준측량 ㉯ 공공수준측량
㉰ 정밀수준측량 ㉱ 단면수준측량

해설 1. 측량방법에 의한 분류
① 직접고저측량 ② 간접고저측량
③ 교호고저측량 ④ 약고저측량
2. 측량목적에 의한 분류
① 고저측량 ② 단면고저측량

18. 수준측량의 기고식과 관계있는 것은?

㉮ 기계적 고도수정   ㉯ 기압수준측량
㉰ 간접수준측량   ㉱ 야장기입계산

해설 야장기입법
① 고차식 야장기입법
  ㉠ 가장 간단한 것으로 2단식이라고도 하며, 후시와 전시 칸만 있으면 된다.
  ㉡ 측정이 끝난 다음 후시의 합계와 전시의 합계의 차로 고저차를 산출한다.
② 기고식 야장기입법
  ㉠ 기지점의 표고에 그 점의 후시를 더한 기계고를 얻고 표고를 알고자 하는 점의 전시를 빼서 표고를 얻는다.
  ㉡ 단, 수준측량과 같이 중간점이 많은 경우에 편리하다.
③ 승강식 야장기입법
  ㉠ 전시에서 후시를 뺀 값이 고저차가 되므로 승, 강의 난을 따로 만들어 후시가 크면(승), 전시가 크면 (강)란에 차를 기입한다.
  ㉡ 승, 강의 총합을 구하면 전, 후시의 읽음수의 차와 비교하여 계산 결과를 검사할 수 있다.
  ㉢ 임의의 점의 표고를 구하기에 편리하나 중간점이 많을 때에는 계산이 복잡하다.

19. 현장에서 수준측량을 정확하게 수행하기 위해서 고려해야 할 사항이 아닌 것은?

㉮ 전시와 후시의 거리를 동일하게 한다.
㉯ 기포가 중앙에 있을 때 읽는다.
㉰ 표척이 연직으로 세워졌는지 확인한다.
㉱ 레벨의 설치 횟수는 홀수회로 끝나도록 한다.

해설 표척을 세울 때 주의사항
① 연직방향으로 세울 것
② 조금씩 앞뒤로 움직여 가장 낮은 수준값을 읽음
③ 연약지반 조심, 밑바닥 흙먼지, 이음새로 인한 오차 주의

20. 레벨의 기포는 중앙에 있으며 수평방향으로 90m 떨어진 지점의 표척 읽음값이 2.894m이었고, 기포를 6눈금 이동한 때의 읽음값이 2.935m이었다. 이때 기포관의 1눈금 간격을 2mm라 하면 이 기포관의 곡률반경은 얼마가 되겠는가?

㉮ 24.7m   ㉯ 26.3m   ㉰ 28.1m   ㉱ 29.4m

해설 $R : d = D : l$ 에서

$$R = \frac{D \cdot d}{l} = \frac{90 \times (6 \times 0.002)}{2.935 - 2.894} = 26.341$$

$$R = \frac{n \times d \times L}{\Delta h} = \frac{6 \times 0.002 \times 90}{0.041} = 26.341$$

여기서, n : 눈금 이동수, d : 기포관 눈금길이,
L : 거리, Δh : 표척의 차(2.935 - 2.894 = 0.041m)

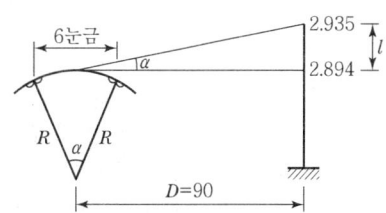

21. 수준측량에서 발생할 수 있는 정오차인 것은?

㉮ 전시와 후시를 바꿔 기입하는 오차
㉯ 관측자의 습관에 따른 수평 조정 오차
㉰ 표척 눈금이 정확하지 않을 때의 오차
㉱ 관측 중 기상상태 변화에 의한 오차

해설 수준측량에서의 정오차
① 표척의 눈금이 잘못되어 일어나는 오차
② 지구의 곡률에 의한 오차
③ 십자선의 굵기에 의한 오차

22. 삼각수준측량에서 연직각 α=15°, 두 점 사이의 수평거리가 D=500m, 기계높이 I=1.60m, 표척의 높이 Z=2.30m이면 두 점 간의 고저차는?(단, 대기오차와 지구곡률오차는 고려하지 않는다.)

㉮ 128.71m ㉯ 130.11m ㉰ 131.67m ㉱ 133.27m

해설 $D \times \tan\alpha + I - Z = 500 \times \tan15 + 1.60 - 2.30 = 133.2745$m

23. 수준측량 야장에서 측점 5의 기계고와 지반고는?(단, 표의 단위는 m이다.)

측점	B.S	F.S		I.H	G.H
		T.P	I.P		
A	1.14				80
1	2.41	1.16			
2	1.64	2.68			
3			0.11		
4			1.23		
5	0.33	0.40			
B		0.65			

㉮ 79.71m, 80.95m ㉯ 79.91m, 80.63m
㉰ 81.28m, 80.95m ㉱ 82.39m, 80.63m

해설
• 기계고=지반고+후시
• 지반고=기계고-전시
• A측점의 기계고=80+1.14=81.14m
• 1측점의 지반고=81.14-1.16=79.98m
• 1측점의 기계고=79.98+2.41=82.39m
• 2측점의 지반고=82.39-2.68=79.71m
• 2측점의 기계고=79.71+1.64=81.35m
• 3측점의 지반고=81.35-0.11=81.24m
• 4측점의 지반고=81.35-1.23=80.12m
• 5측점의 지반고=81.35-0.40=80.95m
• 5측점의 기계고=80.95+0.33=81.28m

예상 및 기출문제

24. 거리 80m 되는 곳에 표척을 세워 기포가 중앙에 있을 때와 기포관의 눈금이 5눈금 이동했을 때 표척 읽음값의 차이가 0.09m이었다면 이 기포관의 곡률반경은?(단, 기포관 한 눈금의 간격은 2mm이다.)

㉮ 8.97m ㉯ 9.07m ㉰ 9.37m ㉱ 9.57m

해설 $a'' = \dfrac{l}{n \cdot d} \rho'' = \dfrac{0.09}{5 \times 80} \times 206,265'' = 46''$

$R = d\dfrac{\rho''}{a''} = 2 \times \dfrac{206,265''}{46''} = 8,968\text{mm} = 8.97\text{m}$

25. Bm에서 출발하여 No.2까지 레벨 측량한 야장이 다음과 같다. No.2는 Bm보다 얼마나 높은가?

측점	후시(m)	전시(m)
Bm	0.760	
No.1	1.295	1.324
No.2		0.381

㉮ -1.462m ㉯ +1.462m ㉰ +0.35m ㉱ -0.35m

해설 고저차(h) = 후시(B.S)의 총합 - 전시(F.S)의 총합
= 2.055 - 1.705 = 0.35

26. 레벨(Level)의 중심에서 50m 떨어진 지점에 표척을 세우고 기포가 중앙에 있을 때 1.248m, 기포가 2눈금 움직였을 때 1.223m를 각각 읽은 경우 이 레벨의 기포관 곡률반지름은?(단, 기포관 1눈금 간격은 2mm이다.)

㉮ 8m ㉯ 12m ㉰ 16m ㉱ 20m

해설 $R = \dfrac{n \times d \times L}{\Delta h} = \dfrac{2 \times 0.002 \times 50}{0.025} = 8\text{m}$

여기서, n : 눈금 이동수, d : 기포관 눈금길이
L : 거리, Δh : 표척의 차
R : 기포이동량(d) = $D : l$

$R = \dfrac{D \cdot d}{l} = \dfrac{50 \times (2 \times 0.002)}{0.025} = 8\text{m}$

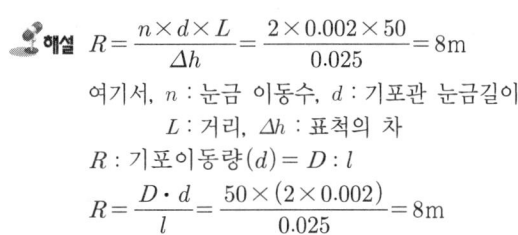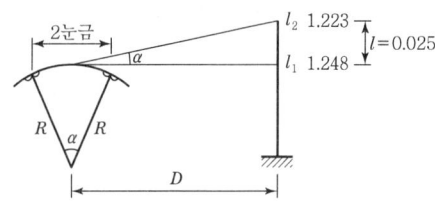

27. 수준측량의 용어 설명 중 틀린 것은?
㉮ 이기점 : 전시와 후시를 모두 관측하여 앞뒤 수준측량 결과를 연결시키는 점이다.
㉯ 중간점 : 후시만 취하는 점으로 표고를 알고 있는 점이다.
㉰ 지평선 : 연직선에 직교하는 직선이다.
㉱ 기준면 : 높이의 기준이 되는 면으로 평균해수면을 말한다.

해답 24. ㉮ 25. ㉰ 26. ㉮ 27. ㉯

해설 ① 수평면 : 정지된 해수면이나 해수면 위에서 중력방향에 수직한 곡면, 즉 지구표면이 물로 덮여 있을 때 만들어지는 형상의 표면
② 수평선 : 지구의 중심을 포함한 평평한 수평선이 교차하는 곡선, 즉 모든 점에서 중력방향에 직각이 되는 선
③ 지평면 : 수평면상의 한 점에서 접하는 평면
④ 지평선 : 수평선의 한 점에서 접하는 접선
⑤ 기준면 : 높이의 기준이 되는 수평면으로 일반적으로 평균해수면을 말하며 ±0으로 정한다.
⑥ 후시 : 표고를 알고 있는 점에 세운 표척의 읽음
⑦ 전시 : 구하려는 점에 세운 표척의 읽음
⑧ 기계고 : 기준면에서 시준선까지의 높이, 즉 지반고+측점의 후시측정값
⑨ 지반고 : 표척을 세운 점의 표고
⑩ 이기점 : 레벨 거치를 변경하기 위하여 전시, 후시를 함께 취하는 점으로서 이 점에 대한 관측 오차는 이후의 측량 전체에 영향을 미치는 중요한 점이다.
⑪ 중간점 : 어느 점의 지반고만을 구하기 위해 전시만 측정한 표척의 읽음값으로 다른 점에 오차를 미치지 않는다.

28. 각 점들이 중력방향에 직각으로 이루어진 곡면을 뜻하는 용어로 옳은 것은?

㉮ 지평면(Horizontal plane) ㉯ 수준면(Level surface)
㉰ 연직면(Plumb plane) ㉱ 특별기준면(Special datum plane)

해설 ㉮ 지평면 : 지구 위의 어떤 지점에서 연직선에 수직인 평면
㉯ 수준면 : 각 점들이 중력방향에 직각으로 이루어진 곡면
㉰ 연직면 : 수직면이라 하고 어떠한 평면이나 직선과 수직이 이루는 면
㉱ 특별기준 : 육지에서 멀리 떨어져 있는 섬에는 기준면을 연결할 수 없으므로 그 섬 특유의 기준면을 사용한다. 또 하천 및 항만공사는 전국의 기준면을 사용하는 것보다 그 하천 및 항만의 계획에 편리하도록 각자의 기준면을 가진 것도 있다. 이것을 특별기준면이라 한다.

29. A, B 두 개의 수준점에서 P점을 관측한 결과가 다음과 같을 때 P점의 최확값은?

- A → P 표고=80.158m, A → P 거리=4km
- B → P 표고=80.118m, B → P 거리=3km

㉮ 80.158m   ㉯ 80.118m   ㉰ 80.135m   ㉱ 80.038m

해설 경중률 = $\dfrac{1}{4} : \dfrac{1}{3}$ = 3 : 4

$$\dfrac{(80.158 \times 3) + (80.118 \times 4)}{3+4} = 80.135\text{m}$$

30. 지반고 55.16m인 기지점에서의 후시는 3.55m, 구하고자 하는 점의 전시는 2.35m를 읽었을 때 구하고자 하는 점의 지반고는?

㉮ 61.06m   ㉯ 58.26m   ㉰ 56.36m   ㉱ 53.96m

해설 한 점의 지반고+후시−전시=구하고자 하는 점의 지반고
55.16+3.55−2.35=56.36m

31. 레벨의 기포를 중앙에 오게 하고 수평방향으로부터 50m 떨어진 지점의 표척 관측값이 1.750m 이었다. 기포를 4눈금 이동한 때의 관측값이 1.789m이었다면 기포관 한 눈금이 2mm일 때 기포관의 감도는?

㉮ 20초   ㉯ 30초   ㉰ 40초   ㉱ 50초

해설 $\alpha'' = \dfrac{l}{nD} \cdot \rho'' = \dfrac{(1.789-1.750)}{4\times 50} \times 206,265'' = 40.22''$

32. 직접수준측량에 따른 오차 중 시준거리의 제곱에 비례하는 성질을 갖는 것은?

㉮ 기포관축과 시준선이 평행하지 않음으로 인한 오차
㉯ 표척의 길이가 표준길이와 다름으로 인한 오차
㉰ 지구의 곡률 및 대기 중 광선의 굴절로 인한 오차
㉱ 망원경의 시도 불명으로 인한 표척의 독취 오차

해설
- 구차 : $E_c = +\dfrac{S^2}{2R}$
- 기차 : $E_r = -\dfrac{KS^2}{2R}$
- 양차 : $\Delta E = \dfrac{(1-K)S^2}{2R}$

여기서, S : 수평거리, K : 굴절계수, R : 지구곡률반경

33. 교호수준측량의 장점으로 옳은 것은?

㉮ 작업속도가 더 빠르다.   ㉯ 전시, 후시의 거리차가 일정하다.
㉰ 소규모 측량의 경우에 경제적이다.   ㉱ 구차 및 기차의 오차를 제거할 수 있다.

해설 교호수준측량을 할 경우 소거되는 오차
- 레벨의 기계오차(시준축오차)
- 관측자의 읽기오차
- 지구곡률에 의한 오차(구차)
- 광선굴절에 의한 오차(기차)

34. 수준측량에서 사용하는 용어의 설명 중 틀린 것은?

㉮ I.P(중간점) : 어떤 지점의 표고를 알기 위해 표척을 세워 전시를 취한 점
㉯ B.S(후시) : 측량해 나가는 방향을 기준으로 기계의 후방을 시준한 값
㉰ T.P(이기점) : 기계를 옮기기 위해 어떤 점에서 전시와 후시를 취한 점
㉱ F.S(전시) : 표고를 알고자 하는 곳에 세운 표척의 시준값

해설 B.S(후시) : 알고 있는 점(기지점)에 표척을 세워 읽는 값

해답 31. ㉰   32. ㉰   33. ㉱   34. ㉯

35. 수준측량에서 시준거리를 일정하게 하여 동일 조건하에서 측량하면 그 오차는 이론적으로 무엇에 비례하게 되는가?

㉮ 관측횟수의 역수 ㉯ 관측점수의 제곱
㉰ 관측값의 2배수 ㉱ 관측거리의 제곱근

해설 오차는 관측횟수, 관측거리의 제곱근에 비례한다.
$$E = C\sqrt{L}$$
여기서, E : 수준측량 오차의 합, C : 1km에 대한 오차, L : 노선거리(km)

36. 출발점에 세운 표척과 도착점에 세운 표척을 같게 하는 이유는?

㉮ 표척의 상태(마모 등)로 인한 오차를 소거한다.
㉯ 정준의 불량으로 인한 오차를 소거한다.
㉰ 수직축의 기울어짐으로 인한 오차를 제거한다.
㉱ 기포관의 강도불량으로 인한 오차를 제거한다.

해설 표척의 영눈금 오차는 오랜 기간 동안 사용하였기 때문에 표척의 밑부분이 마모하여 제로선이 올바르게 제로로 표시하지 않으므로 관측결과에 의해 생기는 오차이다. 이 영눈금의 오차는 레벨의 거치를 짝수화하여 출발점에 세운 표척을 도착점에 세우면 소거할 수 있다.

37. 레벨의 중심에서 100m 떨어진 곳에 표척을 세워 1.921m를 관측하고 기포가 4눈금 이동 후에 1.995m를 관측하였다면 이 기포관의 1눈금 이동에 대한 경사각(감도)은?

㉮ 약 40″ ㉯ 약 30″ ㉰ 약 20″ ㉱ 약 10″

해설 $a'' = \dfrac{l}{nD}\rho'' = \dfrac{206265'' \times (1.995 - 1.921)}{4 \times 100} = 38.159''$

38. 간접 수준 측량으로 터널 천정에 설치된 AB 측점 간을 연직각 +5°로 관측하여 사거리가 50m, 후시(A점)의 관측값이 1.60m, 전시(B점)의 관측값이 1.50m이었다. AB 고저차는?

㉮ 3.55m ㉯ 3.75m ㉰ 4.26m ㉱ 4.45m

해설 고저차 = (사거리 × sin 연직각) + 전시 − 후시
$h = (50 \times \sin 5°) + 1.5 - 1.6 = 4.26\text{m}$

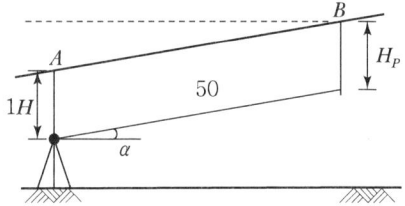

39. 수준측량에서 우리나라가 채택하고 있는 기준면으로 옳은 것은?

㉮ 평균해수면 ㉯ 평균고조면 ㉰ 최저조위면 ㉱ 최고조위면

해설 우리나라의 수준측량의 기준은 인천 앞바다의 평균해수면을 0으로 수준원점 26.6871m로 한다.

40. 간접수준측량에서 지구의 평균반경을 6,370km로 하고, 수평거리가 2km일 때 지구곡률오차는?

㉮ 0.314m   ㉯ 0.491m   ㉰ 0.981m   ㉱ 1.962m

해설 $\theta = \tan^{-1} \cdot \dfrac{2}{6,370} = 0°01'4.76''$

$X = \dfrac{6,370}{\cos 0°01'4.76''} = 6,370.000314$

지구의 곡률오차는 6,370.000314 − 6,370 = 0.000314km = 0.314m

[별해] 구차(h_1) = $\dfrac{s^2}{2R} = \dfrac{2^2}{2 \times 6,370}$ = 0.000314km = 0.314m

41. 기포관의 감도는 무엇으로 표시하는가?

㉮ 기포관의 길이에 대한 곡선의 중심각
㉯ 기포관의 눈금의 양단에 대한 곡선의 중심각
㉰ 기포관의 한 눈금에 대한 곡선의 중심각
㉱ 기포관의 반 눈금에 대한 곡선의 중심각

해설 기포관의 감도는 기포가 1눈금 움직일 때 수준기축이 경사되는 각도로서 기포관 한 눈금 사이에 낀 각을 말하며, 주로 수준기의 곡률반경에 좌우되고 곡률반경이 클수록 감도는 좋다.

42. 수준측량의 용어 설명 중 틀린 것은?

㉮ F.S(전시) : 표고를 구하려는 점에 세운 표척의 읽음값
㉯ B.S(후시) : 기지점에 세운 표척의 읽음값
㉰ T.P(이기점) : 전시와 후시를 같이 취할 수 있는 점
㉱ I.P(중간점) : 후시만을 취하는 점으로 오차가 발생하여도 측량결과에 전혀 영향을 주지 않는 점

해설 중간점
어느 점의 지반고만을 구하기 위해 전시만 측정한 표척의 읽음값으로 다른 점에 오차를 미치지 않는다.

43. 지오이드에서의 위치에너지값은 얼마인가?

㉮ 0   ㉯ 1   ㉰ 10   ㉱ 100

해설 지오이드의 특징
1. 지오이드면은 평균해수면을 나타낸다.
2. 고저측량은 지오이드면을 표고 0으로 하여 측정한다.
3. 지오이드면은 해발고도가 0m인 기준면으로 위치에너지가 0이다.

해답 40. ㉮ 41. ㉰ 42. ㉱ 43. ㉮

44. 고저차를 구하는 방법으로 사용하는 것이 아닌 것은?

㉮ 시거법(스타디아 측량) ㉯ 중력에 의한 방법
㉰ 평판의 앨리데이드에 의한 방법 ㉱ 수평표척에 의한 방법

해설 측량방법에 의한 분류
1. 직접수준측량 : 레벨과 표척을 사용하여 두 점 사이의 고저차를 구하는 방법
2. 간접수준측량 : 두 점 간의 연직각과 수평거리 또는 경사거리로서 삼각법에 의한 방법, 공중사진의 입체시에 의한 방법, 기압에 의한 방법, 스타디아수준측량에 의한 방법 등이 있다.
3. 교호수준측량 : 하천 등의 양쪽에 있는 2점 간의 고저차를 직접 또는 간접으로 구한다.
4. 평판의 앨리데이드에 의한 방법
5. 나반에 의한 방법
6. 기압수준측량
7. 중력에 의한 방법
8. 사진측정에 의한 방법
※ 수평표척에 의한 방법은 간접적으로 거리를 측정할 수 있는 방법이다.

45. 두 점 간의 거리가 2,100m이고 곡률반지름(R)이 6,370km, 빛의 굴절계수(k)가 0.14일 경우에 양차는?

㉮ 0.25m ㉯ 0.30m ㉰ 0.32m ㉱ 0.41m

해설 양차 $= \dfrac{s^2}{2R}(1-k)$

$= \dfrac{2.1^2}{2 \times 6,370} \times (1-0.14) = 0.0002977$

46. 다음 표는 갱 내에서 수준측량을 실시한 결과이다. A점의 지반고가 224.590m일 경우 D점의 지반고는?

(단위 : m)

측점	후시	전시	지반고
A	+1.815		224.590
B	+1.346	+0.408	
C	−0.642	−1.833	
D	+1.721	+0.614	
E	−0.942	−1.155	
F		+1.547	

㉮ 221.260m ㉯ 227.920m
㉰ 228.019m ㉱ 229.641m

해설 • A점의 지반고는 224.590m이며, 지반고=기계고(지반고+후시)−전시이다.
• B점의 지반고=224.590+1.815−0.408=225.997m

- C점의 지반고=225.997+1.346-(-1.833)=229.176m
- D점의 지반고=229.176+(-0.642)-0.614=227.920m
- E점의 지반고=227.920+1.721-(-1.155)=230.796m
- F점의 지반고=230.796+(-0.942)-1.547=228.307m

47. 수준측량에서 전·후시의 측량을 연결하기 위하여 전시, 후시를 함께 취하는 점은?

㉮ 중간점 ㉯ 수준점 ㉰ 이기점 ㉱ 기계점

해설 ① 중간점 : 어느 점의 지반고만을 구하기 위해 전시만 측정한 표척의 읽음값
② 후시 : 표고를 알고 있는 점에 세운 표척의 읽음값
③ 전시 : 구하려는 점에 세운 표척의 읽음값
④ 이기점(Turning Point) : 전시와 후시의 연결점

48. 우리나라의 고저기준점에 대한 설명으로 맞는 것은?

㉮ 해수면의 최고수위를 기준으로 높이를 구하여 놓은 점
㉯ 기준수준면으로부터의 높이를 구하여 놓은 점
㉰ 기준타원체면으로부터의 높이를 구하여 놓은 점
㉱ 지표면으로부터의 높이를 구하여 놓은 점

해설 고저의 기준점은 지오이드로 정지된 평균해수면을 육지까지 연장하여 지구 전체를 둘러싼다고 가상한 곡면으로 지오이드의 특징은 다음과 같다.
① 지오이드면은 평균해수면을 나타낸다.
② 어느 점에서나 표면을 통과하는 연직선은 중력의 방향이 같다.
③ 지각 내부의 밀도분포에 따라 굴곡을 달리한다.
④ 지각 밀도의 불균일로 타원체면에 대하여 다소의 기복이 있는 불규칙한 면이다.
⑤ 고저측량은 지오이드면을 표고 "0"으로 하여 측정한다.
⑥ 해발고도가 0m인 기준면으로 위치에너지가 0이다.
⑦ 지각의 인력으로 대륙에서 지구타원체보다 높으며 해양에서 지구타원체보다 낮다.
⑧ 타원체의 법선과 지오이드의 법선은 일치하지 않게 되며 두 법선의 차, 즉 연직선 편차가 생긴다.

49. 300m 떨어진 곳에 표척을 세우고 기포가 중앙에 있을 때와 기포가 4눈금 이동했을 때의 양쪽을 읽어 그의 차를 0.08m라 할 때 이 기포관의 감도는?

㉮ 12″ ㉯ 14″ ㉰ 16″ ㉱ 18″

해설 $a'' = \rho'' \times \dfrac{h}{nD}$ (ρ'' : 206.265″, h : 눈금차, n : 이동된 눈금 수, D : 거리)

$= \dfrac{0.08}{4 \times 300} \times 206.265'' = 0°0'13.75''$

해답 47. ㉰ 48. ㉯ 49. ㉯

50. 수준측량에서 전·후시 거리를 같게 함으로써 제거되지 않는 오차는?

㉮ 지구의 곡률오차
㉯ 표척눈금 부정에 의한 오차
㉰ 광선의 굴절오차
㉱ 시준축 오차

해설 표척의 눈금오차는 기계의 정치횟수를 짝수로 하면 제거할 수 있다.

전·후시 거리를 같게 하여 제거되는 오차
- 레벨의 조정이 불완전하여 시준선이 기포관축과 평행하지 않을 때 발생하는 오차 제거
- 지구의 곡률오차와 빛의 굴절오차를 제거
- 초점나사를 움직일 필요가 없으므로 그로 인해 생기는 오차 제거

51. 도로의 중심선을 따라 20m 간격의 종단측량을 하여 다음과 같은 결과를 얻었다. 측점 1과 측점 5의 지반고를 연결하여 도로계획선을 설정한다면 이 계획선의 경사는?

측점	지반고(m)	측점	지반고(m)
No.1	53.63	No.4	70.65
No.2	52.32	No.5	50.83
No.3	60.67		

㉮ −2.8%
㉯ −3.5%
㉰ +3.5%
㉱ +2.8%

해설 측점 1과 측점 5의 높이차(h)는 53.63−50.83=2.8m

$$경사 = \frac{높이}{수평거리} = \frac{2.8}{80} = 0.035$$

∴ 3.5%, 측점 1보다 측점 5 지반이 낮으므로 경사는 −3.5%

52. 수준측량에서 n회 기계를 설치하여 높이를 측정할 때 1회 기계 설치에 따른 표준오차가 δ_r이면 전체 높이에 대한 오차는?

㉮ $n\delta_r$
㉯ $\frac{\sqrt{\delta_r}}{n}$
㉰ δ_r
㉱ $\sqrt{n} \cdot \delta_r$

해설 $e = \pm \sigma_r \sqrt{n}$

53. 수준측량에서 전시(F.S)의 정의로 옳은 것은?

㉮ 측량 진행방향에 대한 표척의 읽음
㉯ 수준점에 세운 표척의 읽음
㉰ 지반고를 알고 있는 기지점에 세운 표척의 읽음
㉱ 지반고를 알기 위한 미지점에 세운 표척의 읽음

해설 ① 수준점 : 수준원점을 출발하여 국도 및 중요한 도로를 따라 적당한 간격으로 표석을 매설하여 놓은 점이다.

② 표고 : 기준면에서 그 점까지의 연직거리를 말한다.
③ 후시 : 표고를 알고 있는 점에 세운 표척의 읽음값을 말한다.
④ 전시 : 구하려는 점에 세운 표척의 읽음값을 말한다.
⑤ 기계고 : 기준면에서 시준선까지의 높이, 즉 지반고+측점의 후시측정값을 말한다.

54. 직접수준측량을 통해 중간점의 고저차에 대한 결과 없이 A점으로부터 2km 떨어진 B점의 표고차만을 구하려고 할 때 가장 적합한 야장기입방법은?

㉮ 종횡단식 야장　　　　　　　　　　㉯ 승강식 야장
㉰ 고차식 야장　　　　　　　　　　　㉱ 기고식 야장

해설 ① 고차식 : 이 야장기입법은 가장 간단한 것으로서 2단식이라고도 한다. 후시와 전시의 난만 있으면 되기 때문에 고저수준측량에 이용되며 측정이 끝난 다음에 후시의 합과 전시의 합의 차로서 고저차를 산출한다.
② 기고식 : 이 방법은 기지점의 표고에 그 점의 후시를 더한 기계고를 얻고 여기에서 표고를 알고자 하는 점의 전시를 빼서 그 점의 표고를 얻는다. 단, 수준측량과 같이 중간점이 많은 경우에 편리하다.

55. 측점 1에서 측점 5까지 직접 고저 횡단 측량을 실시하여 측점 1의 후시가 0.571m, 측점 5의 전시가 1.542m, 후시의 총합이 2.274m, 전시의 총합이 6.246m이었다면 측점 5의 표고는 측점 1에 비하여 어떤 위치에 있는가?

㉮ 0.971m 높다.　　　　　　　　　　㉯ 0.971m 낮다.
㉰ 3.972m 높다.　　　　　　　　　　㉱ 3.972m 낮다.

해설 고차식 야장기입법에 의해 전시의 총합 6.246m − 후시의 총합 2.274m = 3.972m이므로 전시의 합이 후시의 합보다 커 측점 5의 지반고는 그 차이만큼 낮아지게 된다.

56. 직접수준측량에서 2km를 왕복하는 데 오차가 4mm 발생하였다면 이와 같은 정밀도로 하여 4.5km를 왕복했을 때의 오차는?

㉮ 5.0mm　　　　㉯ 5.5mm　　　　㉰ 6.0mm　　　　㉱ 6.5mm

해설 $\sqrt{2\text{km}} : 4\text{mm} = \sqrt{4.5\text{km}} : x$ 에서 $x = 6\text{mm}$

57. 수준측량에서 기포관의 눈금이 3눈금 움직였을 때 60m 전방에 세운 표척의 읽음차가 2.5cm인 경우 기포관의 감도는?

㉮ 26″　　　　　㉯ 29″　　　　　㉰ 32″　　　　　㉱ 35″

해설 $\alpha'' = \dfrac{\rho'' l}{nD} = \dfrac{0.025 \times 206265''}{3 \times 60} = 0°0'28.65''$

여기서 α : 기포관의 감도, ρ : 206265″, n : 이동눈금수, D : 수평거리, l : 위치 오차

해답 54. ㉰　55. ㉱　56. ㉰　57. ㉯

58. 수준측량에서 시준거리를 일정하게 하여 동일 조건하에서 측량하면 그 오차는 이론적으로 무엇에 비례하게 되는가?
㉮ 관측횟수의 역수 ㉯ 관측점수의 제곱
㉰ 관측값의 2배수 ㉱ 관측거리의 제곱근

해설 수준측량에서 시준거리를 일정하게 하여 동일 조건하에서 측량하면 그 오차는 이론적으로 노선거리의 제곱근에 비례한다.
$E = C\sqrt{L}$

59. 두 점 간의 고저차를 구하는 방법에 해당하지 않는 것은?
㉮ 직접수준측량 ㉯ 기압수준측량
㉰ 항공사진측량 ㉱ 지거수준측량

해설 두 점 간의 고저차를 구하는 수준측량의 측량방법에는 직접수준측량, 간접수준측량, 교호수준측량, 약수준측량, 기압수준측량 등이 있으며, 항공사진을 이용하여 고저차를 구할 수 있다.

60. 레벨의 시준축이 기포관축과 평행하지 않으므로 인한 오차는 다음 중 어떤 방법으로 소거될 수 있는가?
㉮ 후시한 후 곧바로 전시한다.
㉯ 표척을 정확히 수직으로 세운다.
㉰ 전시와 후시의 거리를 같게 한다.
㉱ 표척을 시준선의 좌우로 약간 기울인다.

해설 레벨의 조정이 불완전하여 시준축이 기포관축과 평행하지 않아 발생하는 오차는 전시와 후시의 거리를 같게 함으로써 소거된다.

61. 수평각 관측에서 측각오차 중 망원경을 정·반으로 관측하여 소거할 수 있는 오차가 아닌 것은?
㉮ 시준축 오차 ㉯ 수평축 오차 ㉰ 연직축 오차 ㉱ 편심 오차

해설 망원경의 정·반 관측을 평균하여도 연직축 오차는 소거되지 않는다.

62. 직접수준측량 시 주의사항에 대한 설명으로 틀린 것은?
㉮ 작업 전에 기기 및 표척을 점검 및 조정한다.
㉯ 전후의 표척거리를 등거리로 하는 것이 좋다.
㉰ 표척을 세우고 나서는 표척을 움직여서는 안 된다.
㉱ 기포관의 기포는 똑바로 중앙에 오도록 한 후 관측을 한다.

해설 직접수준측량 시 표척은 기계수가 앞뒤 방향으로 천천히 움직여 주어야 하며, 움직임을 관측하여 가장 작은 눈금값을 읽어야 한다.

해답 58. ㉱ 59. ㉱ 60. ㉰ 61. ㉰ 62. ㉰

예상 및 기출문제

63. 레벨(Level) 수준의 기포관의 곡률반경을 알기 위하여 10m 떨어진 곳의 표척(Staff)을 수평으로 시준하고, 기포를 2눈금 이동시켜서 다시 표척을 시준하니 4cm의 이동이 있었다면 이때 기포관의 곡률반경은 얼마인가?(단, 기포관 1눈금=2mm)

㉮ 1.0m ㉯ 1.5m ㉰ 2.0m ㉱ 2.3m

해설 $R : S = D : L$
(R : 기포관의 곡률반경, D : 표척이동거리, L : 시준거리, S : 눈금이동거리)
$S = 2 \times 2 = 4\text{mm} = 0.004\text{m}$
$R = \dfrac{0.004 \times 10}{0.04} = 1\text{m}$

64. 직접 등고선 관측으로 표고 175.26m인 기준점에 표척을 세워 레벨로 측정한 값이 1.27m이다. 175m의 등고선을 측정하려 할 때 레벨이 시준해야 할 표척의 시준높이로 맞는 것은?

㉮ 1.35m ㉯ 1.45m ㉰ 1.49m ㉱ 1.53m

해설 기계고=지반고+후시, 지반고=기계고-전시
175.26+1.27=176.53m, 176.53-175=1.53m

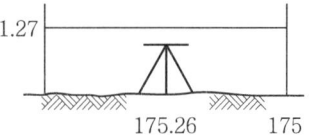

65. 다음 중 가장 정확한 표고 측정의 기준이 되는 점은 어느 것인가?

㉮ 삼각점 ㉯ 수준원점 ㉰ 중간점 ㉱ 이기점

해설 기준면으로부터 정확하게 표고를 측정해서 표시해 둔 점을 수준점(B.M)이라 한다. 기준이 되는 수준원점은 인하대학교 교정에 설치되어 있으며 높이는 26.6871m이다.

66. 장거리 고저차 측량에는 지구 곡률에 의한 구차가 적용되는데 이 구차에 대한 설명으로 맞는 것은?

㉮ 구차는 거리제곱에 반비례한다.
㉯ 구차는 곡률반경의 제곱에 비례한다.
㉰ 구차는 곡률반경에 비례한다.
㉱ 구차는 거리제곱에 비례한다.

해설 • 구차 : 지구표면은 구면이므로 지구표면과 연직면과의 교선, 즉 수평선은 원호라고 생각할 수가 있다. 따라서 넓은 지역에서는 수평면에 대한 높이와 지평면에 대한 높이의 차를 구차라고 하며, 식은 $\dfrac{S^2}{2R}$으로 표현되므로 거리제곱에 비례한다.
• 기차 : 지구공간의 대기가 지표면에 가까울수록 대기의 밀도가 커지면서 생기는 오차(굴절오차)를 말하며, 이 오차만큼 낮게 조정한다. $h_2 = \dfrac{kS^2}{2R}$

해답 63. ㉮ 64. ㉱ 65. ㉯ 66. ㉱

67. 다음 중 폭이 100m이고 양안(兩岸)의 고저차가 1m 되는 하천을 횡단하여 정밀히 수준측량을 실시할 때 양안의 고저차를 측정하는 방법으로 가장 적합한 것은?

㉮ 교호수준측량으로 구한다.
㉯ 시거측량으로 구한다.
㉰ 간접수준측량으로 구한다.
㉱ 양안의 수면으로부터의 높이로 구한다.

해설 교호수준측량은 강 또는 바다 등으로 인하여 접근이 곤란한 2점 간의 고저차를 직접 또는 간접수준측량에 의하여 구하는 방법으로 높은 정밀도를 필요로 할 경우에는 양안의 고저차를 관측한다.

68. 계산과정에서 완전한 검산을 할 수 있어 정밀한 측량에 이용되나 중간점이 많을 때는 계산이 복잡한 야장기입법은?

㉮ 고차식   ㉯ 기고식   ㉰ 횡단식   ㉱ 승강식

해설 야장기입법
① 고차식 : 전시와 후시만 있는 경우에 사용하는 야장기입법으로 2점의 높이를 구하는 것이 목적이고 도중에 있는 측점의 지반고는 구할 필요가 없다.
② 기고식 : 중간점이 많을 때 사용하는 야장기입법으로 완전한 검산을 할 수 없는 단점이 있다.
③ 승강식 : 완전한 검산을 할 수 있어 정밀한 측량에 적합하나 중간점이 많을 때에는 불편한 단점이 있다.

69. 수준측량의 오차 중 기계적 원인이 아닌 것은?

㉮ 레벨 조정의 불완전
㉯ 레벨기포관의 둔감
㉰ 망원경 조준시의 시차
㉱ 기포관 곡률의 불균일

해설 원인에 의한 분류

기계적 원인	① 기포의 감도가 낮다. ② 기포관 곡률이 균일하지 못하다. ③ 레벨의 조정이 불완전 하다. ④ 표척 눈금이 불완전 하다. ⑤ 표척 이음매 부분이 정확하지 않다. ⑥ 표척 바닥의 0 눈금이 맞지 않는다.
개인적 원인	① 조준의 불완전 즉 시차가 있다. ② 표척을 정확히 수직으로 세우지 않았다. ③ 시준할 때 기포가 정중앙에 있지 않았다.
자연적 원인	① 지구곡률 오차가 있다(구차). ② 지구굴절 오차가 있다(기차). ③ 기상변화에 의한 오차가 있다. ④ 관측중 레벨과 표척이 침하하였다.

해답 67. ㉮ 68. ㉱ 69. ㉰

착오	① 표척을 정확히 빼 올리지 않았다. ② 표척의 밑바닥에 흙이 붙어 있었다. ③ 측정값의 오독이 있었다. ④ 기입사항을 누락 및 오기를 하였다. ⑤ 야장기입란을 바꾸어 기입하였다. ⑥ 십자선으로 읽지 않고 스타디아선으로 표척의 값을 읽었다.

70. 교호 수준 측량을 하여 그림과 같은 성과를 얻었다. 이때 A점 과 B점의 표고차는?(단, a_1 = 1.745m, a_2 = 2.452m, b_1 = 1.423m, b_2 = 2.118m)

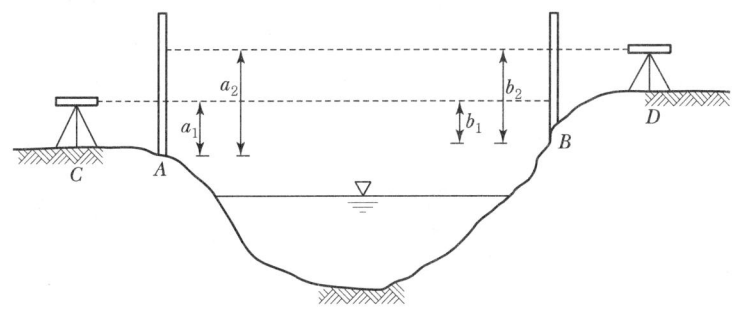

㉮ 0.251m ㉯ 0.289m ㉰ 0.328m ㉱ 0.354m

해설 $\Delta h = \dfrac{(a_1+a_2)-(b_1+b_2)}{2} = \dfrac{(1.745+2.452)-(1.423+2.118)}{2} = 0.328\text{m}$

71. 그림과 같이 교호수준측량을 실시하여 구한 B점의 표고는?(단, H_A = 20m이다.)

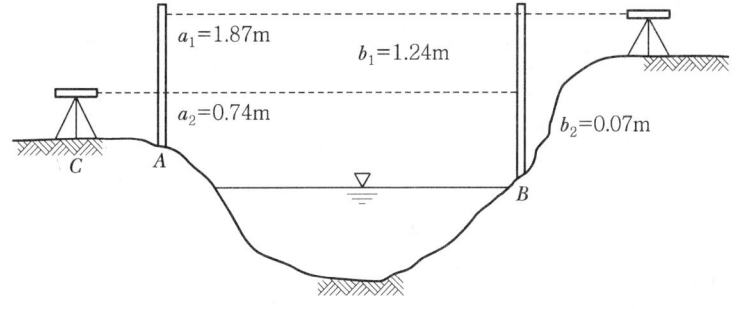

㉮ 19.34m ㉯ 20.65m ㉰ 20.67m ㉱ 20.75m

해설 $H_B = H_A + h$
$= 20 + \dfrac{(1.87+0.74)-(1.24+0.07)}{2}$
$= 20 + 0.65 = 20.65\text{m}$

CHAPTER 05 각측량

5.1 정의

각측량이란 어떤 점에서 시준한 두 방향선의 방향의 차이를 각이라 하며, 그 사이각을 여러 가지 방법으로 구하는 측량을 각측량이라 한다. 공간을 기준으로 할 때 평면각, 공간각, 곡면각으로 구분하고 면을 기준으로 할 때 수직각, 수평각으로 구분할 수 있다. 수평각 관측법에는 단각법, 배각법, 방향관측법, 조합각관측법이 있다.

5.2 각의 종류

평면각	넓지 않은 지역에서의 위치결정을 위한 평면측량에 널리 사용되며 평면삼각법을 기초로 함
곡면각	넓은 지역의 곡률을 고려한 각으로 지구를 구 또는 타원체로 가정할 때의 각
공간각	스테라디안을 사용하는 각으로 천문측량, 해양측량, 사진측량, 원격탐측에서 사용

5.2.1 평면각

중력방향과 직교하는 수평면 내에서 관측되는 수평각과 중력방향면 내에서 관측되는 연직각으로 구분된다.

수평각	교각	전 측선과 그 측선이 이루는 각
	편각	각 측선이 그 앞 측선의 연장선과 이루는 각
	방향각	도북방향을 기준으로 어느 측선까지 시계방향으로 잰 각
	방위각	① 자오선을 기준으로 어느 측선까지 시계방향으로 잰 각 ② 방위각도 일종의 방향각 ③ 자북방위각, 역방위각
	진북방향각 (자오선수차)	① 도북을 기준으로 한 도북과 자북의 사이각 ② 진북방향각은 삼각점의 원점으로부터 동쪽에 위치시(−), 서쪽에 위치시(+)를 나타낸다. ③ 좌표원점에서 동서로 멀어질수록 진북방향각이 커진다. ④ 방향각, 방위각, 진북방향각의 관계 방위각(α) = 방향각(T) − 자오선수차($\pm \Delta \alpha$)

연직각	천정각	연직선 위쪽을 기준으로 목표점까지 내려 잰 각
	고저각	수평선을 기준으로 목표점까지 올려서 잰 각을 상향각(앙각), 내려 잰 각을 하향각(부각) – 천문측량의 지평좌표계
	천저각	연직선 아래쪽을 기준으로 목표점까지 올려서 잰 각 – 항공사진측량

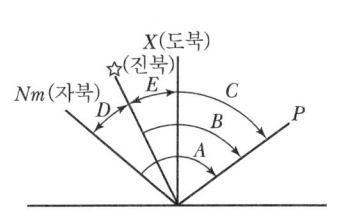

A : 자북방위각
B : (진북)방위각
C : 방향각
D : 자침편차
E : 진북방향각(자오선수차)

[수평각의 종류]

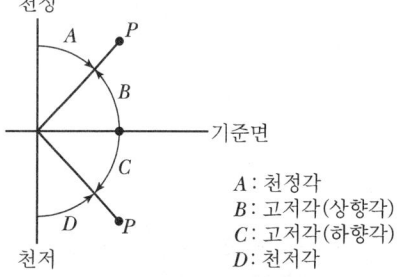

A : 천정각
B : 고저각(상향각)
C : 고저각(하향각)
D : 천저각

[연직각]

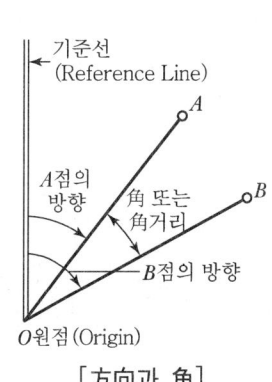

[方向과 角]

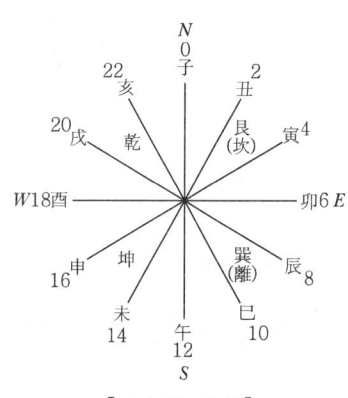

[方向의 표시]

5.3 각의 단위

5.3.1 각의 단위

60진법	원주를 360등분할 때 그 한 호에 대한 중심각을 1도라 하며, 도, 분, 초로 표시 1전원=360°, 1°=60′, 1′=60″
100진법 (그레이드법)	원주를 400등분할 때 그 한 호에 대한 중심각을 1그레이드(Grade)로 하며 그레이드, 센티그레이드, 센티센티그레이드(혹은 밀리곤)로 표시 • 1전원=400gon(또는 grade) • 1grade=100cgon(또는 cgrade) • 1cgrade=10mgon(또는 mgrade)

호도법 (라디안법)	원의 반경과 같은 호에 대한 중심각을 1라디안(Radian)으로 표시 • 1전원 $= 2\pi rad = 360° = 400 \text{grade}(g)$ • 1직각 $= \dfrac{\pi}{2} rad = 90° = 100 \text{grade}(g)$ • $1° = \dfrac{\pi}{180} rad = 1.74532925 \times 10^{-2} rad$ • $1 \text{grade} = \dfrac{\pi}{200} rad = 1.57079633 \times 10^{-2} rad$ 여기서, π는 원주율(3.1415926535…)(36만 자리) (3월 14일은 파이(π)의 날. π를 기념하기 위한 날)

5.3.2 각의 상호관계

가. 도와 그레이드(Grade)

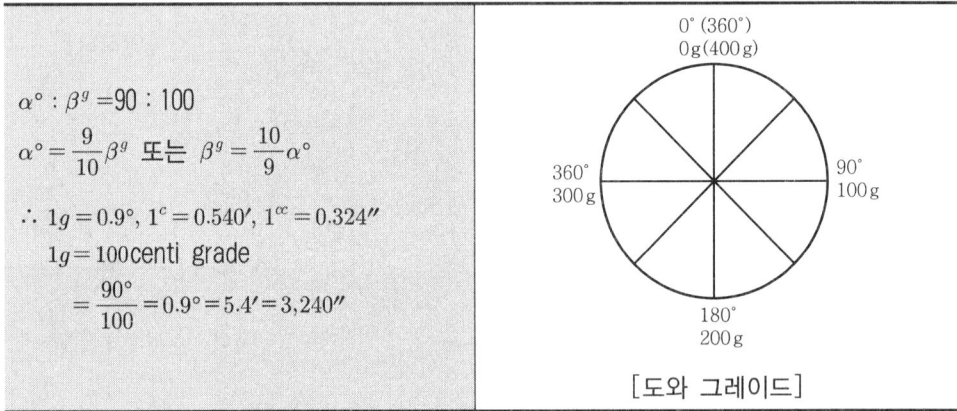

$\alpha° : \beta^g = 90 : 100$

$\alpha° = \dfrac{9}{10}\beta^g$ 또는 $\beta^g = \dfrac{10}{9}\alpha°$

$\therefore 1g = 0.9°,\ 1^c = 0.540',\ 1^{cc} = 0.324''$

$1g = 100 \text{centi grade}$
$= \dfrac{90°}{100} = 0.9° = 5.4' = 3,240''$

[도와 그레이드]

나. 호도와 각도

① 1개의 원에 있어서 중심각과 그것에 대한 호의 길이는 서로 비례하므로 반경 R과 같은 길이의 호 $\widehat{AB}$를 잡고 이것에 대한 중심각을 ρ로 잡으면 아래와 같이 ρ는 반경 R에 정수에 의해서만 결정되므로 이것을 각의 단위로 하여 라디안(호도)이라 부른다.

$\dfrac{R}{2\pi R} = \dfrac{\rho°}{360°} \quad \therefore \rho° = \dfrac{180°}{\pi}$

$\rho° = \dfrac{180°}{\pi} = 57.29578°$

$\rho' = 60' \times \rho° = 3,437.7468'$

$\rho'' = 60'' \times \rho' = 206,264.806''$

[호도와 각도]

② 반경 R인 원에 있어서 호의 길이 L에 대한 중심각 θ는

$\theta = \dfrac{L}{R}(\text{Radian})$ 이것을 도, 분, 초로 고치면

$\theta° = \dfrac{L}{R}\rho°,\ \theta' = \dfrac{L}{R}\rho',\ \theta'' = \dfrac{L}{R}\rho''$

∴ θ가 미소각인 경우에 L이 R에 비하여 현저하게 작아지므로

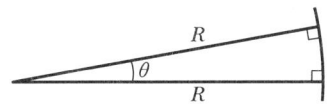 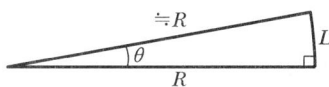

∴ $\theta'' = \dfrac{L}{R}\rho''$

여기서, R 대신 S, L 대신 ℓ, θ 대신 α로 하면 각오차를 구할 수 있다.

$\alpha'' = \dfrac{\ell}{S}\rho''$

여기서, a'' : 각오차, S : 수평거리, ℓ : 위치오차, ρ'' : 206265″

5.4 트랜싯의 구조

5.4.1 구조

수평축	수평축은 망원경의 중앙에서 직각으로 고정되어 지주 위에서 회전축의 구실을 하며 연직축과 수평축은 반드시 직교한다.
연직축	망원경은 연직축을 중심으로 회전한다.
분도원	트랜싯에는 연직축에 직각으로 장치된 수평각을 측정하는 수평분도원과 망원경의 수평축에 직각으로 장치된 연직각측정에 사용되는 연직분도원이 있다.
버니어(유표)	① 순아들자 : 어미자$(n-1)$ 눈금의 길이를 아들자로 n등분하는 것이며 보통기계에 사용된다. $(n-1)S = nV$ ∴ $V = \dfrac{n-1}{n} \cdot S$ ∴ $C = S - V = S - \dfrac{n-1}{n}S = \dfrac{1}{n} \cdot S$

버니어(유표)	여기서, S : 어미자 1눈금의 크기, V : 아들자 1눈금의 크기 n : 아들자의 등분수, C : S와 V의 차(최소눈금) ② 역아들자(역버니어) : 역아들자는 어미자(주척) $(n+1)$ 눈금을 n등분한 것이다. $(n+1)S = nV, \ V = \dfrac{n+1}{n} \cdot S$ $\therefore \ C = S - V = \left(1 - \dfrac{n+1}{n}\right)S = \dfrac{1}{n} \cdot S$

5.4.2 트랜싯의 조정(구비)조건

① 기포관축과 연직축은 직교해야 한다.($L \perp V$) : 1조정(연직축오차 : 평반기포관의 조정)
② 시준선과 수평축은 직교해야 한다.($C \perp H$) : 2조정(시준축오차 : 십자종선의 조정)
③ 수평축과 연직축은 직교해야 한다.($H \perp V$) : 3조정(수평축오차 : 수평축의 조정)
※ 트랜싯의 3축 : 연직축, 수평축, 시준축

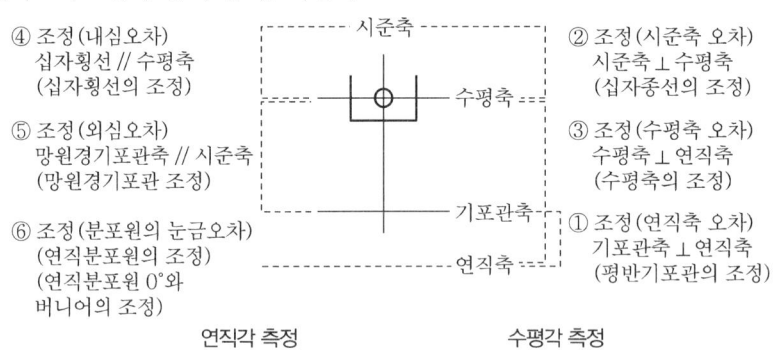

④ 조정(내심오차)
   십자횡선 // 수평축
   (십자횡선의 조정)
⑤ 조정(외심오차)
   망원경기포관축 // 시준축
   (망원경기포관 조정)
⑥ 조정(분포원의 눈금오차)
   (연직분포원의 조정)
   (연직분포원 0°와
   버니어의 조정)

② 조정(시준축 오차)
   시준축 ⊥ 수평축
   (십자종선의 조정)
③ 조정(수평축 오차)
   수평축 ⊥ 연직축
   (수평축의 조정)
① 조정(연직축 오차)
   기포관축 ⊥ 연직축
   (평반기포관의 조정)

연직각 측정   수평각 측정

5.5 트랜싯의 6조정

제1조정(평반기포관의 조정)	평반기포관축은 연직축에 직교해야 한다.
제2조정(십자종선의 조정)	십자종선은 수평축에 직교해야 한다.
제3조정(수평축의 조정)	수평축은 연직축에 직교해야 한다.
제4조정(십자횡선의 조정)	십자선의 교점은 정확하게 망원경의 중심(광축)과 일치하고 십자횡선은 수평축과 평행해야 한다.
제5조정(망원경기포관의 조정)	망원경에 장치된 기포관축과 시준선은 평행해야 한다.
제6조정(연직분도원 버니어 조정)	시준선은 수평(기포관의 기포가 중앙)일 때 연직분도원의 0°가 버니어의 0과 일치해야 한다.

① 수평각 측정시 필요한 조정 : 제1조정~제3조정
② 연직각 측정시 필요한 조정 : 제4조정~제6조정

5.6 기계(정)오차의 원인과 처리방법

5.6.1 조정이 완전하지 않기 때문에 생기는 오차

오차의 종류	원인	처리방법
시준축 오차	시준축과 수평축이 직교하지 않기 때문에 생기는 오차	망원경을 정·반위로 관측하여 평균을 취한다.
수평축 오차	수평축이 연직축에 직교하지 않기 때문에 생기는 오차	망원경을 정·반위로 관측하여 평균을 취한다.
연직축 오차	연직축이 연직되지 않기 때문에 생기는 오차	소거불능

5.6.2 기계의 구조상 결점에 따른 오차

오차의 종류	원인	처리방법
회전축의 편심오차 (내심오차)	기계의 수평회전축과 수평분도원의 중심이 불일치	180° 차이가 있는 2개(A, B)의 버니어의 읽음값을 평균한다.
시준선의 편심오차 (외심오차)	시준선이 기계의 중심을 통과하지 않기 때문에 생기는 오차	망원경을 정·반위로 관측하여 평균을 취한다.
분도원의 눈금오차	눈금 간격이 균일하지 않기 때문에 생기는 오차	버니어의 0의 위치를 $\dfrac{180°}{n}$씩 옮겨가면서 대회관측을 한다.

5.7 수평각측정 방법

단측법	1개의 각을 1회 관측하는 방법으로 수평각측정법 중 가장 간단하며 관측결과가 좋지 않다. ① 방법 　　$\angle AOB = \alpha_n - \alpha_0$ 　　여기서, α_n : 나중 읽음값 　　　　　α_0 : 처음 읽음값 ② 정확도 　　1방향 부정오차 $M = \pm \sqrt{\alpha^2 + \beta^2}$ 　　단각점부정오차 $M = \pm \sqrt{2(\alpha^2 + \beta^2)}$ 　　여기서, α : 시준오차, β : 읽음오차	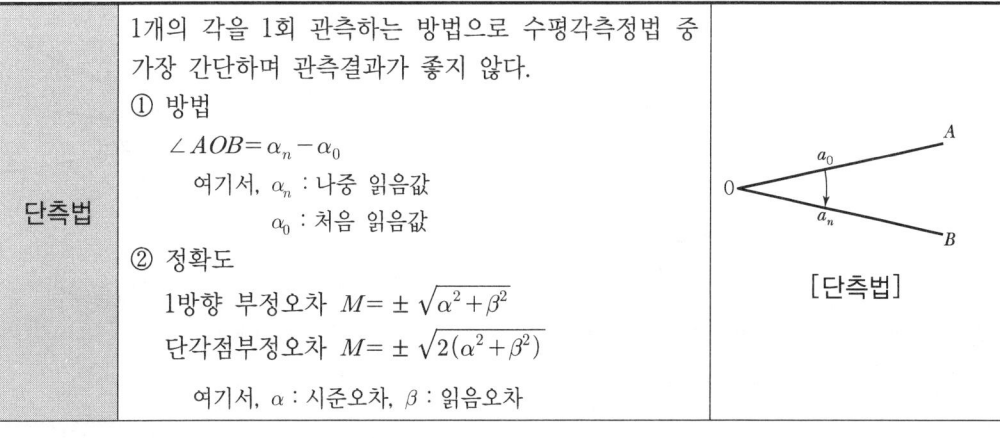 [단측법]

배각법	하나의 각을 2회 이상 반복 관측하여 누적된 값을 평균하는 방법으로 이중축을 가진 트랜싯의 연직축오차를 소거하는 데 좋고 아들자의 최소눈금 이하로 정밀하게 읽을 수 있다. 1) 방법 　1개의 각을 2회 이상 관측하여 관측횟수로 나누어 구한다. 　$\angle AOB = \dfrac{\alpha_n - \alpha_0}{n}$ 　여기서, α_n : 나중 읽음값 　　　　α_0 : 처음 읽음값 　　　　n : 관측횟수 2) 정확도 　① n배각의 관측에 있어서 1각에 포함되는 시준오차(m_1) 　　$m_1 = \pm \sqrt{\dfrac{2\alpha^2}{n}}$ 　② n배각의 관측에 있어서 1각에 포함되는 읽음오차(m_2) 　　$m_2 = \pm \sqrt{\dfrac{2\beta^2}{n}}$ 　여기서, a : 시준오차, β : 읽음오차 　③ 1각에 생기는 배각법의 오차(M) 　　$M = \pm \sqrt{m_1^2 + m_2^2} = \pm \sqrt{\dfrac{2}{n}\left(\alpha^2 + \dfrac{\beta^2}{n}\right)}$	[배각(반복)법]
방향각법	어떤 시준방향을 기준으로 하여 각 시준방향에 이르는 각을 차례로 관측하는 방법으로 배각법에 비해 시간이 절약되고 3등삼각측량에 이용된다. 1) 1점에서 많은 각을 잴 때 이용한다. 2) 각 관측의 정도 　① 1방향에 생기는 오차 $m_1 = \pm \sqrt{a^2 + \beta^2}$ 　② 각관측(2방향의 차)의 오차 　　$m_2 = \pm \sqrt{2(a^2 + \beta^2)}$ 　③ n회 관측한 평균값에 있어서의 오차 　　$m = \pm \sqrt{\dfrac{2}{n}(a^2 + \beta^2)}$ 　여기서, a : 시준오차, β : 읽음오차, n : 관측횟수	[방향각법]

조합각 관측법	수평각 관측방법 중 가장 정확한 방법으로 1등삼각측량에 이용된다. 1) 방법 　여러 개의 방향선의 각을 차례로 방향각법으로 관측하여 얻어진 여러 개의 각을 최소제곱법에 의해 최확값을 결정한다. 2) 측각 총수, 조건식 총수 　① 측각 총수 $=\frac{1}{2}N(N-1)$ 　② 조건식 총수 $=\frac{1}{2}(N-1)(N-2)$ 　　여기서, N : 방향수	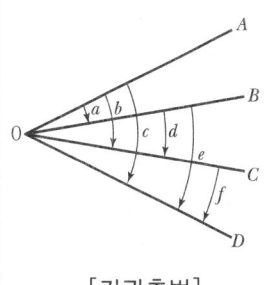 [각관측법]

5.8 각관측의 오차

5.8.1 일정한 각관측의 최확값(L_0)

관측횟수(N)를 같게 하였을 경우	$\therefore L_0 = \frac{[\alpha]}{n}$ 여기서, n : 측각횟수, $[\alpha] : \alpha_1 + \alpha_2 + \cdots \alpha_n$
관측횟수(N)를 다르게 하였을 경우	경중률은 관측횟수(N)에 비례한다. $P_1 : P_2 : P_3 = N_1 : N_2 : N_3$ $\therefore L_0 = \frac{P_1 l_1 + P_2 l_2 + P_3 l_3}{P_1 + P_2 + P_3}$

5.8.2 조건부관측의 최확값

관측횟수(N)를 같게 하였을 경우	$\angle a_1 + \angle a_2 = \angle a_3$가 되어야 하므로 조건부의 최확값이다. $[(a_1+a_2)-a_3 = \omega(각오차)]$ $\angle a_1 + \angle a_2 = \angle a_3$를 비교하여 큰 쪽에서 조정량($d$)만큼 빼($-$)주고 작은 쪽에는 더해($+$)주면 된다. $\therefore$ 조정량(d) $= \frac{\omega}{n} = \frac{\omega}{3}$
관측횟수(N)를 다르게 하였을 경우	경중률(P)은 관측횟수(N)에 반비례($\frac{1}{N}$)하므로 $P_1 : P_2 : P_3 = \frac{1}{N_1} : \frac{1}{N_2} : \frac{1}{N_3}$ $\therefore$ 조정량(d) $= \frac{오차}{경중률의 합} \times$ 조정할 각의 경중률

예상 및 기출문제

CHAPTER 05

1. 다음 중 데오돌라이트의 3축의 조건으로 옳지 않은 것은?

㉮ 시준축 = 수평축   ㉯ 수평축 ⊥ 수직축
㉰ 수직축 ⊥ 시준축   ㉱ 시준축 ⊥ 수평축

 해설
① 트랜싯 3축의 조건
  1조정 : 연직축 ⊥ 기포관축
  2조정 : 시준축 ⊥ 수평축
  3조정 : 수평축 ⊥ 연직축
② 레벨조건
  시준축 // 기포관축
  기포관축 ⊥ 연직축

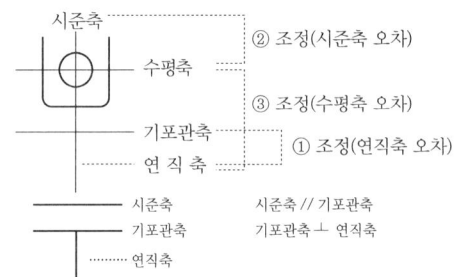

2. 90g(그레이드)는 몇 도(°)인가?

㉮ 81°   ㉯ 91°   ㉰ 100°   ㉱ 123°

해설 $1° : 1^g = 90 : 100$
$1^g = 0.9°$이므로
$1^g : 0.9° = 90^g : x°$
$x° = 81°$

3. 측선 AB의 방위가 N 50° E일 때 측선 BC의 방위는?(단, $\angle ABC = 120°$이다.)

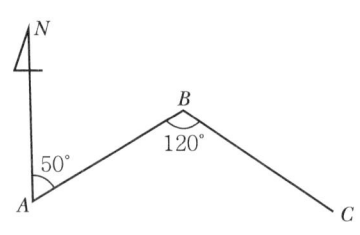

㉮ N 70° E   ㉯ S 70° E   ㉰ S 60° W   ㉱ N 60° W

해설 BC의 방위각은 $50° + 180° - 120° = 110°$
그러므로 BC의 방위는 2상한 $180° - 110° = $ S 70°E

해답 1. ㉮ 2. ㉮ 3. ㉯

4. 다음 중 데오돌라이트의 3축 조건으로 옳지 않은 것은?
   ㉮ 시준축 ⊥ 수평축   ㉯ 수평축 ⊥ 수직축
   ㉰ 수직축 ⊥ 기포관축   ㉱ 수평축 // 수직축

   해설 3축의 조건
   - 2조정 : 시준축⊥수평축
   - 3조정 : 수평축⊥연직축
   - 1조정 : 연직축⊥기포관축

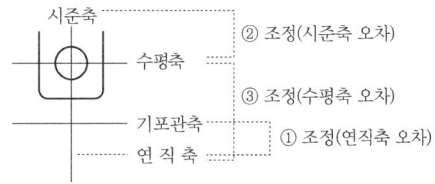

5. 다음 중 수평각을 정·반으로 관측하는 이유로 가장 타당한 것은?
   ㉮ 관측 시의 편리함을 위하여
   ㉯ 우연오차를 소거하기 위하여
   ㉰ 기계오차를 소거하기 위하여
   ㉱ 수평분도원의 눈금오차를 소거하기 위하여

   해설 ① 수평각을 정·반 관측으로 소거할 수 있는 오차는 시준축의 편심오차
   ② A, B 유표 평균으로 소거할 수 있는 오차는 분도원의 외심오차
   ③ 반복관측으로 소거할 수 있는 오차는 수평분도원의 눈금오차

	시준축오차	망원경을 정·반으로 취하여 평균값
	수평축오차	망원경을 정·반으로 취하여 평균값
	외심오차	망원경을 정·반으로 취하여 평균값
각오차 처리방법	연직축오차	연직축과 수평기포축과의 직교조정(정·반으로 불가)
	내심오차	180도의 차이가 있는 2개의 버니어를 읽어 평균
	분도원 눈금오차	분도원의 위치변화를 무수히 한다.
	측점 또는 시준축 편심에 의한 오차	편심 보정

6. A점에서 3km 떨어져 있는 B점을 측량하였더니 25″의 각관측 오차가 발생하였다면, B점의 위치에 얼마의 오차가 있는가?
   ㉮ 약 10cm   ㉯ 약 20cm   ㉰ 약 36cm   ㉱ 약 42cm

   해설 $e = \dfrac{l \cdot \theta''}{\rho''} = \dfrac{300{,}000 \times 25''}{206{,}265''} = 36.36\text{cm}$

7. 거리관측의 오차가 200m에 대하여 4mm인 경우, 이것에 상응하는 적당한 각관측의 오차는 얼마인가?
   ㉮ 10″   ㉯ 8″   ㉰ 1″   ㉱ 4″

해답 4. ㉱ 5. ㉰ 6. ㉰ 7. ㉱

해설 $\dfrac{\Delta l}{l} = \dfrac{\theta}{\rho}$ 에서

$\dfrac{0.004}{200} = \dfrac{\theta}{206.265''}$

$\theta = \dfrac{0.004}{200} \times 206.265'' = 4''$ ∴ $\theta = 4''$

8. 다각측량에서 측선 AB의 거리가 2,068m이고 A점에서 20″의 각관측오차가 생겼다고 할 때 B점에서의 거리오차는 얼마인가?

㉮ 0.1m ㉯ 0.2m ㉰ 0.3m ㉱ 0.4m

해설 $\dfrac{\Delta l}{l} = \dfrac{\theta''}{\rho''}$ 에서

$\dfrac{\Delta l}{2,068} = \dfrac{20''}{206,265''}$ ∴ $\Delta l = 0.2$m

9. 다음 그림에서 측선 CD의 방위가 옳은 것은?

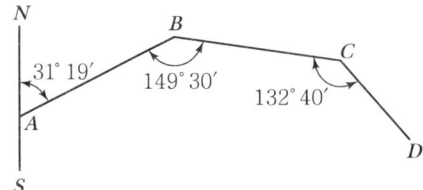

㉮ E 70°19′ S ㉯ S 70°51′ E ㉰ N 30°19′ W ㉱ W 70°41′ N

해설 AB 방위각 = 31°19′
BC 방위각 = 31°19′+180°−149°30′ = 61°49′
CD 방위각 = 61°49′+180°−132°40′ = 109°09′
따라서 180°−109°29′ = S 70°51′ E

10. 다음 그림에서 AP의 방위각(V_A^P)이 31°54′13″, ∠P(γ)가 58°34′46″일 때 BP의 방위각(V_B^P)은 얼마인가?

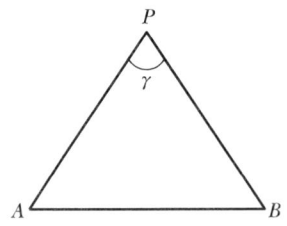

㉮ 333°19′27″ ㉯ 153°19′27″ ㉰ 211°54′13″ ㉱ 320°54′13″

138 **해답** 8. ㉯ 9. ㉯ 10. ㉮

해설 AP 방위각 = 31°54′13″
PB 방위각 = 31°54′13″ + 180° − 58°34′46″
= 153°19′27″
따라서 BP의 방위각은
= 153°19′27″ − 180° = −26°40′33″ (PB의 역방위각이므로 −180)
= −26°40′33″ + 360° = 333°19′27″ (−이므로 +360)

11. 수평각의 관측 시 윤곽도를 달리하여 망원경을 정·반으로 관측하는 이유로 가장 적합한 것은?

㉮ 기계 눈금 오차를 제거하기 위함이다.
㉯ 각 관측의 편의를 위함이다.
㉰ 과대오차를 제거하기 위함이다.
㉱ 관측값의 계산을 용이하게 하기 위함이다.

해설 수평각 관측 시 윤곽도를 달리하는 이유는 기계오차를 소거하기 위해서이다.

12. 측선의 방위각이 120°일 때, 다음 중 그 측선의 방위 표시로 옳은 것은?

㉮ S 60° E
㉯ N 60° E
㉰ N 60° W
㉱ S 60° W

해설 방위는 N과 S를 기준으로 나타낸다.
- 1상한 : θ
- 2상한 : $180 - \theta$
- 3상한 : $180 + \theta$
- 4상한 : $360 - \theta$

13. 각의 측량에 있어 A는 1회 관측으로 60°20′38″, B는 4회 관측으로 60°20′21″, C는 9회 관측으로 60°20′30″의 측정결과를 얻었을 때 최확값으로 옳은 것은?(단, 경중률이 일정한 경우이다.)

㉮ 60°20′20″
㉯ 60°20′24″
㉰ 60°20′28″
㉱ 60°20′32″

해설 ① 1회 관측으로 60°20′38″
4회 관측으로 60°20′21″
9회 관측으로 60°20′30″
$p_1 p_2 p_3 = N_1 N_2 N_3$

최확값 $= \dfrac{p_1 \alpha_1 + p_2 \alpha_2 + p_3 \alpha_3}{p_1 p_2 p_3}$

$= \dfrac{(38″ \times 1) + (21″ \times 4) + (30″ \times 9)}{1 + 4 + 9} = 00°00′28″$

② 경중률이 일정한 경우
$M = \dfrac{p_1 L_1 + p_2 L_2 + \cdots p_n L_n}{p_1 + p_2 + \cdots p_n} = \dfrac{(38″ \times 1) + (21″ \times 4) + (30″ \times 9)}{38 + 21 + 30} = 28″$

(M = 최확값, p = 경중률, n = 측정횟수, L = 측정값)

해답 11. ㉮ 12. ㉮ 13. ㉰

14. 두 점의 좌표가 아래와 같을 때 방위각 $V_A^{\ B}$의 크기는 얼마인가?

점명	종선좌표(m)	횡선좌표(m)
A	395,674.32	192,899.25
B	397,845.01	190,256.39

㉮ 50°36′08″ ㉯ 61°36′08″
㉰ 309°23′52″ ㉱ 328°23′52″

 해설 종선차$(\Delta X = X_b - X_a)$, 횡선차$(\Delta Y = Y_b - Y_a)$
종선차 397,845.01 − 395,674.32 = 2,170.69
횡선차 190,256.39 − 192,899.25 = −2,642.86
거리계산 : $\sqrt{\Delta X^2 + \Delta Y^2}$ = 3,420.029833
방위 : $\tan^{-1} \Delta Y / \Delta X$ = 50°36′8.37″
방위각 : 4상한이므로 360° − 50°36′8.37″ = 309°23′51.6″

15. 좌표의 종선차(Δ_x)의 부호가 (+), 횡선차의 부호(Δ_y)가 (−)일 때 방위각은 몇 상한에 위치하는가?

㉮ 1상한 ㉯ 2상한 ㉰ 3상한 ㉱ 4상한

 해설
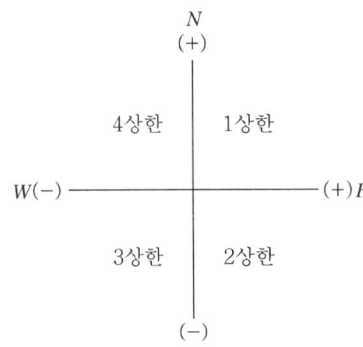

1상한($\Delta X=+$, $\Delta Y=+$), 2상한($\Delta X=-$, $\Delta Y=+$)
3상한($\Delta X=-$, $\Delta Y=-$), 4상한($\Delta X=+$, $\Delta Y=-$)

16. 트랜싯을 측점 A에 설치하여 거리 60m인 전방의 B점을 시준하였을 때 AB 측선에 대하여 각방향으로 1cm가 떨어져 있다. 이것에 의한 방향의 오차(θ'')는?

㉮ 28.4″ ㉯ 30.4″ ㉰ 32.4″ ㉱ 34.4″

해설 $\dfrac{\Delta l}{l} = \dfrac{\theta''}{\rho''}$

$\dfrac{0.01}{60} = \dfrac{\theta''}{206,265''}$

$\theta'' = 34.3''$

해답 14. ㉰ 15. ㉱ 16. ㉱

17. 거리와 방향을 측정하여 평면위치를 구하는 경우 700m의 거리측정에서 방향에 15″의 오차가 있다고 할 때 발생되는 위치오차는?

㉮ 0.051m ㉯ 0.049m ㉰ 0.038m ㉱ 0.027m

해설 $\dfrac{\Delta h}{D} = \dfrac{\theta''}{\rho''}$ 에서

$\Delta h = \dfrac{D\theta''}{\rho''} = \dfrac{700 \times 15''}{206,265} = 0.051\,\text{m}$

18. 트랜싯을 보정할 때 고려해야 할 사항이 아닌 것은?

㉮ 수준기축이 연직축에 수직이 되어야 한다.
㉯ 수평축과 연직축은 평행이 되어야 한다.
㉰ 시준선이 수평할 때 망원경 수준기의 기포가 중앙에 위치해야 한다.
㉱ 시준선이 수평하고, 망원경 수준기의 기초가 중앙에 있을 때 연직분도원의 유표가 0으로 표시되어야 한다.

해설 트랜싯 조정조건
① 기포관과 연직축은 직교해야 한다.(L⊥V)
② 시준선과 수평축은 직교해야 한다.(C⊥H)
③ 수평축과 연직축은 직교해야 한다.(H⊥V)

19. 수평각 관측에서 수평축과 시준축이 직교하지 않음으로써 일어나는 각 오차는 어떻게 소거하는가?

㉮ 정·반위관측 ㉯ 반복법관측
㉰ 방향각법 관측 ㉱ 조합각관측법

해설 망원경 정·반 관측 시 소거되는 오차
① 수평축오차
② 망원경 편심오차(외심오차)
③ 시준축오차

20. 동일한 정밀도로 각을 관측하여 $\alpha = 39°19'40''$, $\beta = 52°25'29''$, $\gamma = 91°45'00''$를 얻었다. γ의 최확치(γ)는?

㉮ 91°44′57″ ㉯ 91°44′59″
㉰ 91°45′01″ ㉱ 91°45′03″

해설 $\alpha + \beta = \gamma$ 조건에서 $(\alpha + \beta) - \gamma = 9''$

조정량 $= \dfrac{9''}{3} = 3''$

α, β에는 조정량만큼 (−) 해주고, γ에는 (+) 해준다.

∴ $\gamma = 91°45'00'' + 3'' = 91°45'03''$

해답 17. ㉮ 18. ㉯ 19. ㉮ 20. ㉱

21. 그림과 같이 0점에서 같은 정확도의 각 x_1, x_2, x_3를 관측하여 $x_3 - (x_1 + x_2) = +30''$의 결과를 얻었다면 보정값으로 옳은 것은?

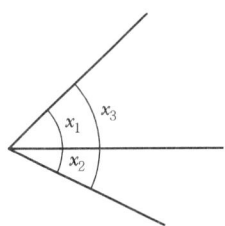

㉮ $x_1 = +10''$, $x_2 = +10''$, $x_3 = +10''$ ㉯ $x_1 = +10''$, $x_2 = +10''$, $x_3 = -10''$
㉰ $x_1 = -10''$, $x_2 = -10''$, $x_3 = +10''$ ㉱ $x_1 = -10''$, $x_2 = -10''$, $x_3 = -10''$

해설 ① $x_3 - (x_1 + x_2) = +30''$
② $x_1 = +10''$, $x_2 = +10''$, $x_3 = -10''$

22. 평면직교 좌표의 원점에서 동쪽에 있는 P1점에서 P2점 방향의 자북방위각을 관측한 결과 80°9′20″이었다. P1점에서 자오선 수차가 0°1′20″, 자침편차가 5°W일 때 진북방위각은?

㉮ 75°7′40″ ㉯ 75°9′20″
㉰ 85°7′40″ ㉱ 85°9′20″

해설 진북방위각 = 자북방위각 − 자침편차
= 80°9′20″ − 5°
= 75°09′20″

23. 두 측점 간의 위거와 경거의 차가 △위거 = −156.145m, △경거 = 449.152m일 경우 방위각은?

㉮ 9°10′11″ ㉯ 70°49′49″
㉰ 109°10′11″ ㉱ 289°10′11″

해설 방위(θ) = $\tan^{-1} \dfrac{449.152}{156.145}$ = 70°49′49.08″ (2상환)
방위각 = 180° − 70°49′49.08″ = 109°10′10.9″

24. 수평각관측법 중 가장 정확한 값을 얻을 수 있는 방법으로 1등 삼각측량에 이용되는 방법은?

㉮ 조합각관측법 ㉯ 방향각법
㉰ 배각법 ㉱ 단각법

해설 각관측법(조합각관측법)
여러 개의 방향선의 각을 차례로 방향각법으로 관측하는 방법으로 수평각관측법 중 가장 정확도가 높아 1등 삼각측량에 이용된다.

25. 수평각 관측방법에서 그림과 같이 각을 관측하는 방법은?

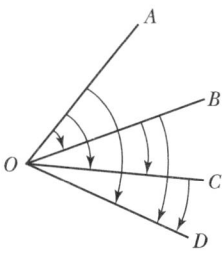

㉮ 방향각관측법 ㉯ 반복관측법
㉰ 배각관측법 ㉱ 조합각관측법

해설 각관측법(조합각관측법)
수평각 관측방법 중 가장 정확한 값을 얻을 수 있으며, 1등 삼각측량에 이용된다.

26. 어떤 1개의 각을 구하기 위하여 2개의 서로 다른 기계를 사용하여 다음과 같은 관측 결과를 얻었다면 최확값은?

• 갑 : 24°13′36″±3.0″	• 을 : 24°13′24″±12.0″

㉮ 24°13′24.7″ ㉯ 24°13′26.4″
㉰ 24°13′33.6″ ㉱ 24°13′35.3″

해설 $a_o = \dfrac{P_1 a_1 + P_2 a_2}{P_1 + P_2}$

① 경중률 계산
$$P_1 : P_2 = \dfrac{1}{3^2} : \dfrac{1}{12^2} = 16 : 1$$

② 최확값 계산
$$a_o = 24°13′ + \dfrac{16 \times 36 + 1 \times 24}{16 + 1} = 24°13′35.7″$$

27. 다음 중 $\overline{AB}$의 관측거리가 100m일 때, B점의 X(N) 좌표값이 가장 큰 것은?(단, A의 좌표 $X_A = 0\text{m}$, $Y_A = 0\text{m}$)

㉮ $\overline{AB}$의 방위각(a)=30° ㉯ $\overline{AB}$의 방위각(a)=60°
㉰ $\overline{AB}$의 방위각(a)=90° ㉱ $\overline{AB}$의 방위각(a)=120°

해설 ㉮ $X_B = 100 \times \cos 30° = +86.6\text{m}$ ㉯ $X_B = 100 \times \cos 60° = +50\text{m}$
㉰ $X_B = 100 \times \cos 90° = 0\text{m}$ ㉱ $X_B = 100 \times \cos 120° = -50\text{m}$
∴ $a = 30°$일 때 X_B가 가장 큰 값을 갖는다.

해답 25. ㉱ 26. ㉱ 27. ㉮

28. 4회 관측하여 최확값을 얻었다. 최확값의 정확도를 2배 높이려면 몇 회 관측하여야 하는가?

㉮ 32회　　㉯ 16회　　㉰ 8회　　㉱ 2회

　　해설　4회 관측하여 최확값을 얻은 경우 최확값의 정확도를 2배 높이려면 $4^2=16$배, 즉 16회 관측하여야 한다.

29. 삼각점에서 3점(1, 2, 3)의 사이각을 관측하여 $X_1 = X_2 + X_3 - 15''$의 결과가 나왔다. 이때 오차에 대한 보정값 배분으로 옳은 것은?

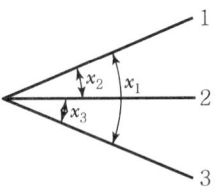

㉮ $X_1 = -5''$, $X_2 = -5''$, $X_3 = -5''$　　㉯ $X_1 = +5''$, $X_2 = -5''$, $X_3 = -5''$
㉰ $X_1 = -5''$, $X_2 = +5''$, $X_3 = +5''$　　㉱ $X_1 = +5''$, $X_2 = +5''$, $X_3 = +5''$

　　해설　각오차 $= X_1 = X_2 + X_3 - 15''$
　　　　조정량 $\dfrac{15}{3} = 5''$씩 보정
　　　　큰 각은 (−), 작은 각은 (+)
　　　　$X_1 = +5''$, $X_2 = -5''$, $X_3 = -5''$ 보정한다.

30. 직선 AB의 방위각이 128°30′30″이었다면 직선 BA의 방위각은?

㉮ 128°30′30″　　㉯ 51°29′30″
㉰ 308°30′30″　　㉱ 358°29′30″

　　해설　$\overline{BA}$ 방위각 $= 128°30′30″ + 180°$
　　　　　　　　　　$= 308°30′30″$

31. 각측량 시 방향각에 6″의 오차가 발생한다면 3km 떨어진 측점의 거리오차는 얼마인가?

㉮ 5.6cm　　㉯ 8.7cm
㉰ 10.8cm　　㉱ 12.6cm

　　해설　$\dfrac{l}{S} = \dfrac{a''}{\rho''}$ 에서
　　　　$l = \dfrac{a''}{\rho''} \times S = \dfrac{6}{206,265} \times 3,000$
　　　　　$= 0.087\text{m} = 8.7\text{cm}$

해답　28. ㉯　29. ㉯　30. ㉰　31. ㉯

32. 그림과 같은 측량 결과에서 $\overline{BC}$의 방위각은?

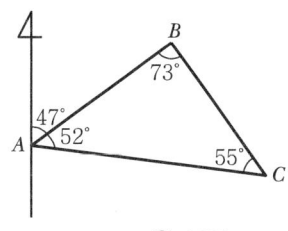

㉮ 154°   ㉯ 137°   ㉰ 128°   ㉱ 121°

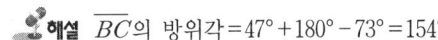
해설 $\overline{BC}$의 방위각 $= 47° + 180° - 73° = 154°$

33. 다음과 같은 관측값을 보정한 ∠AOC의 최확값은?

∠AOB = 23°45′30″(1회 관측)
∠BOC = 46°33′20″(2회 관측)
∠AOC = 70°19′11″(4회 관측)

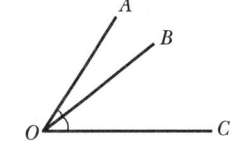

㉮ 70°19′04″   ㉯ 70°19′08″   ㉰ 70°19′11″   ㉱ 70°19′18″

해설 ① ∠AOB + ∠BOC = ∠AOC이므로
(23°45′30″ + 46°33′20″) − 70°19′11″
= −0°0′21″

② 오차배부 ∠AOC = $\dfrac{1}{4+2+1} \times 21 = -3″$

최확값 ∠AOC = 70°19′11″ − 3″
= 70°19′08″

34. 평면직각좌표에서 A점의 좌표 $x_A = 74.544$m, $y_A = 36.654$m이고, B점의 좌표 $x_B = -52.271$m, $y_B = -81.265$m일 때 AB선의 방위각은?

㉮ 42°55′06″   ㉯ 47°04′54″
㉰ 222°55′06″   ㉱ 227°04′54″

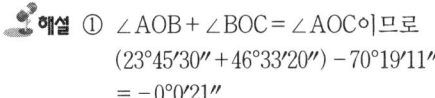
해설 AB 방위(θ) = $\tan^{-1}\left(\dfrac{-81.265 - 36.654}{-52.271 - 74.544}\right)$
= 42°55′06″(3상한)
∴ AB 방위각은
180° + 42°55′06″ = 222°55′06″

35. 거리와 각도의 조합을 통해 위치를 구하는 다각측량에서 거리의 정밀도가 1/10,000일 때, 이와 같은 정도의 정밀도를 위한 각관측 오차는 약 얼마인가?

㉮ 10″   ㉯ 21″   ㉰ 41″   ㉱ 100″

해설 정밀도 $= \dfrac{l}{S} = \dfrac{a''}{\rho''} = \dfrac{1}{m}$ 에서

$$a'' = \dfrac{1}{10,000} \times 206,265'' = 20.6 = 21''$$

36. 삼각형의 내각을 다른 경중률 P로써 관측하여 다음 결과를 얻었다. 각 A의 최확값은?

[결과]
- 관측값 : ∠A=40°31′25″, ∠B=72°15′36″, ∠C=67°13′23″
- 경중률 : $P_A : P_B : P_C = 0.5 : 1 : 0.2$

㉮ 40°31′17″ ㉯ 40°31′18″ ㉰ 48°31′22″ ㉱ 40°31′25″

해설 각오차
$= (40°31′25″ + 72°15′36″ + 67°13′23″) - 180° = 24''$

∠A의 조정량 $= \dfrac{오차}{경중률의 합} \times$ 그 각의 경중률

$= \dfrac{24}{0.5+1+0.2} \times 0.5 = 7''$

∴ ∠A의 최확값 $= 40°31′25″ - 7''$
$= 40°31′18″$

37. A, B, C 세 사람이 같은 조건에서 한 각을 측정하였다. A는 1회 측정에 45°20′37″, B는 4회 측정하여 평균 45°20′32″, C는 8회 측정하여 평균 45°20′33″를 얻었다. 이 각의 최확값은?

㉮ 45°20′38″ ㉯ 45°20′37″ ㉰ 45°20′33″ ㉱ 45°20′30″

해설 ① 경중률(P) = 1 : 4 : 8
② 최확값
$$L_o = 45°20' + \dfrac{1 \times 37'' + 4 \times 32'' + 8 \times 33''}{1+4+8}$$
$= 45°20' + 33'' = 45°20′33″$

38. 측량성과표에 측점 A의 진북방향각은 0°06′17″이고, 측점 A에서 측점 B에 대한 평균방향각은 263°38′26″로 되어 있을 때 측점 A에서 측점 B에 대한 역방위각은?

㉮ 83°32′09″ ㉯ 263°32′09″ ㉰ 83°44′43″ ㉱ 263°44′43″

해설 ① AB방위각 = 263°38′26″ + 0°06′17″
$= 263°44′43″$
② AB역방위각 = 263°44′43″ + 180°
$= 443°44′43″ - 360°$
$= 83°44′43″$

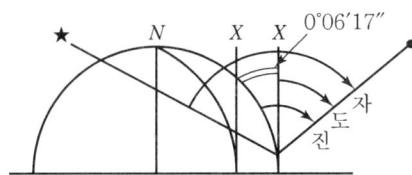

39. 배각법에 의한 각관측방법에 대한 설명 중 잘못된 것은?

㉮ 방향각법에 비해 읽기오차의 영향이 적다.
㉯ 많은 방향이 있는 경우에는 적합하지 않다.
㉰ 눈금의 불량에 의한 오차를 최소로 하기 위하여 n회의 반복결과가 360°에 가깝게 해야 한다.
㉱ 내축과 외축의 연직선에 대한 불일치에 의한 오차가 자동소거된다.

해설 배각법은 내축과 외축을 이용하므로 내축과 외축의 연직선에 대한 불일치에 의한 오차가 발생하는 경우가 있다.

40. 각측량 시 방향각에 6″의 오차가 발생한다면 3km 떨어진 측점의 거리오차는 얼마인가?

㉮ 5.6cm   ㉯ 8.7cm   ㉰ 10.8cm   ㉱ 12.6cm

해설 $a'' = \dfrac{l}{S}\rho''$ 에서

$l = \dfrac{a''}{\rho''}S = \dfrac{6''}{206,265''} \times 3,000$
$= 0.087\text{m} = 8.7\text{cm}$

41. 삼각형 ABC의 각을 동일한 정확도로 관측하여 다음과 같은 결과를 얻었다. ∠C의 보정각은?

∠A=41°37′44″	∠B=61°18′13″	∠C=77°03′53″

㉮ 77°03′51″   ㉯ 77°03′53″
㉰ 77°03′55″   ㉱ 77°03′57″

 ① 오차
$e = 180 - (41°37'44'' + 61°18'13'' + 77°03'53'') = 10''$
② 보정량 $= \dfrac{10''}{3} = 3.33''$
③ ∠C의 보정량
∠C = 77°03′53″ + 3.33″ = 77°03′56.33″

42. 각관측에서 시준오차가 ±10″이고 읽기오차가 ±5″인 경우 단각법에 의해 하나의 각을 관측하는 데 발생하는 각관측오차는 얼마인가?

㉮ ±11″   ㉯ ±15″   ㉰ ±16″   ㉱ ±23″

해설 $M = \pm\sqrt{2(\alpha^2 + \beta^2)} = \pm\sqrt{2(10^2 + 5^2)} = \pm 15.8''$

43. 수평각 측정 시 트랜싯의 조정 불완전에서 발생되는 오차를 줄일 수 있는 방법으로 가장 적합한 것은?

㉮ 반복 관측하여 최소값을 취한다.
㉯ 2회 관측하여 평균한다.
㉰ 방향 관측점으로 관측한다.
㉱ 망원경 정·반의 위치에서 관측하여 그 평균을 취한다.

해설 망원경 정·반 관측 시 소거가능 오차
① 시준축 오차 : 시준축과 수평축이 직교하지 않기 때문에 생기는 오차
② 수평축 오차 : 수평축이 연직축에 직교하지 않기 때문에 생기는 오차
③ 시준선 편심오차(외심오차) : 시준선이 기계의 중심을 통하지 않기 때문에 생기는 오차
※ 연직축 오차 : 연직축이 연직하지 않기 때문에 생기는 오차는 소거 불가능하다. 시준할 두 점의 고저차가 연직각으로 5° 이하일 때에는 큰 오차가 발생하지 않는다.

44. 그림과 같이 0점에서 같은 정확도로 각을 관측하여 오차를 계산한 결과 $X_3 - (X_1 + X_2) = +45''$의 식을 얻었을 때 관측값 X_1, X_2, X_3에 대한 보정값 V_1, V_2, V_3는 얼마인가?

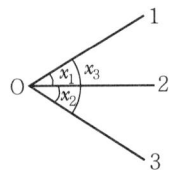

㉮ $V_1 = -22.5''$, $V_2 = -22.5''$, $V_3 = +22.5''$
㉯ $V_1 = -15''$, $V_2 = -15''$, $V_3 = +15''$
㉰ $V_1 = +22.5''$, $V_2 = +22.5''$, $V_3 = -22.5''$
㉱ $V_1 = +15''$, $V_2 = +15''$, $V_3 = -15''$

해설 $X_3 - (X_1 + X_2) = +45''$이므로 보정량 $\frac{45}{3} = 15''$ 큰 각에는 ⊖보정, 작은 각에는 ⊕보정을 한다.
∴ $V_1 = +15''$, $V_2 = +15''$, $V_3 = -15''$

45. 어느 각을 관측한 결과 다음과 같다. 최확값은?(단, 괄호 안의 숫자는 경중률을 표시함)

① 73°40′12″(2),	② 73°40′15″(3),	③ 73°40′09″(1),
④ 73°40′14″(4),	⑤ 73°40′10″(1),	⑥ 73°40′18″(1),
⑦ 73°40′16″(2),	⑧ 73°40′13″(3)	

㉮ 73°40′10.2″   ㉯ 73°40′11.6″
㉰ 73°40′13.7″   ㉱ 73°40′15.1″

해답 43. ㉱ 44. ㉱ 45. ㉰

해설 $L_0 = 73°40' + \dfrac{2\times 12'' + 3\times 15'' + 1\times 9'' + 4\times 14'' + 1\times 10'' + 1\times 18'' + 2\times 16'' + 3\times 13''}{2+3+1+4+1+1+2+3}$
   $= 73°40'13.7''$

46. 어느 측점에 데오돌라이트를 설치하여 A, B 두 지점을 2배각으로 관측한 결과, 정위 126°12′36″, 반위 126°12′12″를 얻었다면 두 지점의 내각은?

㉮ 126°12′24″
㉯ 63°06′12″
㉰ 42°04′08″
㉱ 31°33′06″

해설 정위각 $= \dfrac{126°12'36''}{2} = 63°06'18''$

반위각 $= \dfrac{126°12'12''}{2} = 63°06'06''$

최확값 $= \dfrac{63°06'18'' + 63°06'06''}{2} = 63°06'12''$

47. 수평각 관측법 중 가장 정확한 조합각관측법으로 측량하려고 한다. 한 점에서 관측할 방향의 수가 5라면 총 관측각 수와 조건식 수는?

㉮ 총 관측각 수 : 6, 조건식 수 : 4
㉯ 총 관측각 수 : 6, 조건식 수 : 6
㉰ 총 관측각 수 : 10, 조건식 수 : 4
㉱ 총 관측각 수 : 10, 조건식 수 : 6

해설 각의 총수 $= \dfrac{1}{2}S(S-1) = \dfrac{1}{2}\times 5(5-1) = 10$

조건식 총수 $= \dfrac{1}{2}(S-1)(S-2) = \dfrac{1}{2}\times(5-1)(5-2) = 6$

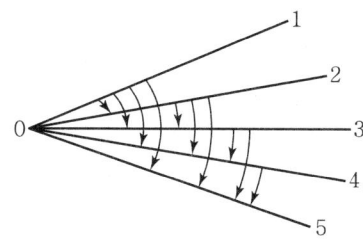

해답 46. ㉯ 47. ㉱

CHAPTER 06 트래버스측량

6.1 트래버스 다각측량의 특징

6.1.1 정의
여러 개의 측점을 연결하여 생긴 다각형의 각 변의 길이와 방위각을 순차로 측정하고, 그 결과에서 각 변의 위거, 경거를 계산하여 이 점들의 좌표를 결정하여 도상 기준점의 위치를 결정하는 측량을 말한다.

6.1.2 트래버스측량의 특징
① 삼각점이 멀리 배치되어 있어 좁은 지역에 세부측량의 기준이 되는 점을 추가 설치할 경우에 편리하다.
② 복잡한 시가지나 지형의 기복이 심하여 시준이 어려운 지역의 측량에 적합하다.
③ 선로(도로, 하천, 철도)와 같이 좁고 긴 곳의 측량에 적합하다.
④ 거리와 각을 관측하여 도식해법에 의하여 모든 점의 위치를 결정할 경우 편리하다.
⑤ 삼각측량과 같이 높은 정도를 요구하지 않는 골조측량에 이용한다.

6.1.3 선점 시 주의사항
① 시준이 편리하고 지반이 견고할 것
② 세부측량이 편리할 것
③ 측선거리는 되도록 동일하게 하고 큰 고저차가 없을 것
④ 측선거리는 될 수 있는 대로 길게 하고 측점 수는 적게 하는 것이 좋다.
⑤ 측선의 거리는 30~200m 정도로 한다.
⑥ 측점은 찾기 쉽고 안전하게 보존될 수 있는 장소로 한다.

6.1.4 트래버스 측량의 순서
① 외업
계획 → 답사 → 선점 → 조표 → 거리관측 → 각관측 → 거리와 각관측 정확도의 균형 → 계산 및 측점의 전개

② 내업
  방위각 계산 → 위거 및 경거 계산 → 결합오차 조정 → 좌표계산

6.2 트래버스의 종류

결합트래버스	기지점에서 출발하여 다른 기지점으로 결합시키는 방법으로 대규모 지역의 정확성을 요하는 측량에 이용한다.	
폐합트래버스	기지점에서 출발하여 원래의 기지점으로 폐합시키는 트래버스로 측량결과가 검토는 되나 결합다각형보다 정확도가 낮아 소규모 지역의 측량에 좋다.	
개방트래버스	임의의 점에서 임의의 점으로 끝나는 트래버스로 측량결과의 점검이 안 되어 노선측량의 답사에는 편리한 방법이다. 시작되는 점과 끝나는 점간의 아무런 조건이 없다.	

6.3 트래버스측량의 측각법

교각법	어떤 측선이 그 앞의 측선과 이루는 각을 관측하는 방법	[교각법]
편각법	각 측선이 그 앞 측선의 연장과 이루는 각을 관측하는 방법	[편각법]
방위각법 (전원법)	각 측선이 일정한 기준선인 자오선과 이루는 각을 우회로 관측하는 방법으로 반전법과 역방위법이 있다.	[방위각법(반전법)]　[역방위각법]

6.4 측각오차의 조정

6.4.1 폐합트래버스 경우

내각측정시	다각형의 내각의 합은 $180°(n-2)$이므로 $\therefore E=[a]-180(n-2)$
외각측정시	다각형에서 외각은 $(360°-$내각$)$이므로 외각의 합은 $(360°\times n-$내각의 합$)$ 즉, $360°\times n-180°(n-2)=180°(n+2)$이 된다. $\therefore E=[a]-180(n+2)$
편각측정시	편각은 $(180°-$내각$)$이므로 편각의 합은 $180°\times n-180°(n-2)=360°$ $\therefore E=[a]-360°$ 여기서, E : 폐합트래버스 오차 $[a]$: 각의 총합 n : 각의 수

[내각, 외각, 편각의 관계]

6.4.2 결합트래버스 경우

가. $E=W_a-W_b+[a]-180°(n+1)$

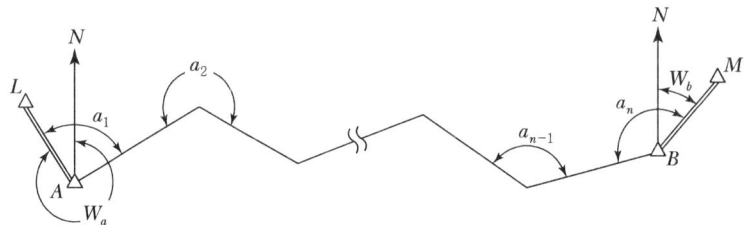

나. $E=W_a-W_b+[a]-180°(n-1)$

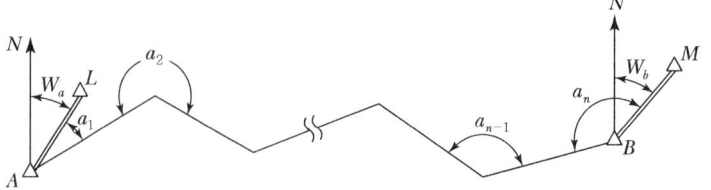

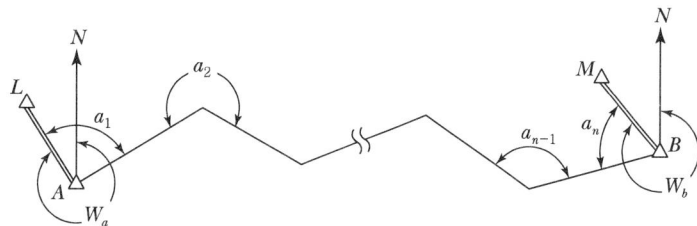

다. $E = W_a - W_b + [a] - 180°(n-3)$

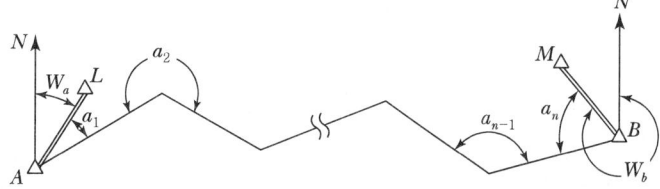

6.4.3 측각오차의 허용범위

임야지 또는 복잡한 경사지	$1.5\sqrt{n}\,(분) = 90''\sqrt{n}\,(초)$
완만한 경사지 또는 평탄지	$0.5\sqrt{n} \sim 1\sqrt{n}\,(분) = 30''\sqrt{n} \sim 60''\sqrt{n}\,(초)$
시가지	$0.3\sqrt{n} \sim 0.5\sqrt{n}\,(분) = 20''\sqrt{n} \sim 30''\sqrt{n}\,(초)$ 여기서 n : 트래버스의 변의 수

6.4.4 측각오차의 조정

$$E_a = \pm \varepsilon_a \sqrt{n}$$

여기서, E_a : n개 각의 각 오차
ε_a : 1개 각의 각 오차
n : 측각 수

6.4.5 각관측값의 오차 배분

각관측 결과 기하학적 조건과 비교하여 허용오차 이내일 경우 다음과 같이 오차를 배분한다.

① 각관측의 정확도가 같을 때는 오차를 각의 대소(大小)에 관계없이 등분하여 배분한다.

② 각관측의 경중률(輕重率)이 다를 경우에는 그 오차를 경중률에 비례하여 그 각각의 각에 배분한다.
③ 변길이의 역수에 비례하여 각각(各角)에 배분한다.
④ 각관측값의 오차가 허용범위 이내인 경우에는 기하학적인 조건에 만족되도록 그 오차를 조정한다.
⑤ 오차가 허용오차보다 클 경우에는 다시 각관측을 하여야 한다.

6.5 방위각 및 방위 계산

6.5.1 방위각 계산

가. 교각법에 의한 방위각 계산

교각을 시계방향으로 측정할 때 (진행방향의 우측각)	방위각 = 하나 앞 측선의 방위각 + 180° - 그 측선의 교각 ∴ $V = \alpha + 180° - a_2$
교각을 반시계방향으로 측정할 때 (진행방향의 좌측각)	방위각 = 하나 앞 측선의 방위각 + 180° + 그 측선의 교각 ∴ $V = \alpha + 180° + a_2$

나. 편각을 측정한 경우의 방위각 계산

방위각 = 하나 앞 측선의 방위각 ± 그 측선의 편각[우편각(+), 좌편각(-)]

다. 역방위각 계산

역방위각 = 방위각 + 180°

6.5.2 방위 계산

상환	방위	방위각	위거	경거
I	$N \theta_1 E$	$a = \theta_1$	+	+
II	$S \theta_2 E$	$a = 180° - \theta_2$	-	+
III	$S \theta_3 W$	$a = 180° + \theta_3$	-	-
IV	$N \theta_4 W$	$a = 360° - \theta_4$	+	-

6.6 위거 및 경거 계산

위거(Latitude)	측선에서 NS선의 차이 $L_{AB} = l \cdot \cos\theta$	
경거(Departure)	측선에서 EW선의 차이 $D_{AB} = l \cdot \sin\theta$	
AB의 거리	$AB = \sqrt{(X_{B}-X_{A})^2 + (Y_B - Y_A)^2}$	
방위	$\tan\theta = \dfrac{\Delta Y}{\Delta X} = \dfrac{Y_B - Y_A}{X_B - X_A}$ $\theta = \tan^{-1}\dfrac{\Delta Y}{\Delta X}$ (? 상환)	
방위각	1상환	$a = \theta_1$
	2상환	$a = 180° - \theta_2$
	3상환	$a = 180° + \theta_3$
	4상환	$a = 360° - \theta_4$

6.7 폐합오차와 폐합비

6.7.1 폐합트래버스의 폐합오차

폐합오차(E)는 다각측량에서 거리와 각을 관측하여 출발점에 돌아왔을 때 거리와 각의 오차로 위거의 대수합(ΣL)과 경거의 대수합(ΣD)이 0이 안 된다. 이때 오차를 말한다.

폐합오차	$E = \sqrt{(\Delta L)^2 + (\Delta D)^2}$
폐합비(정도)	$\dfrac{1}{M} = \dfrac{\text{폐합오차}}{\text{총길이}}$ $= \dfrac{\sqrt{(\Delta L)^2 + (\Delta D)^2}}{\Sigma l}$ 여기서, Δl : 위거오차 ΔD : 경거오차

[폐합오차]

6.7.2 결합트래버스의 폐합오차

시점 A의 좌표가 (X_A, Y_A), 종점 B의 좌표가 (X_B, Y_B)라 할 때 위거·경거의 오차는 다음 식으로 구한다.

위거오차 경거오차	$\Delta l = (X_A + \Sigma L) - X_B$ $\Delta d = (Y_A + \Sigma D) - Y_B$ 여기서, Δl : 위거의 오차 Δd : 경거의 오차 ΣL : 위거의 합 ΣD : 경거의 합	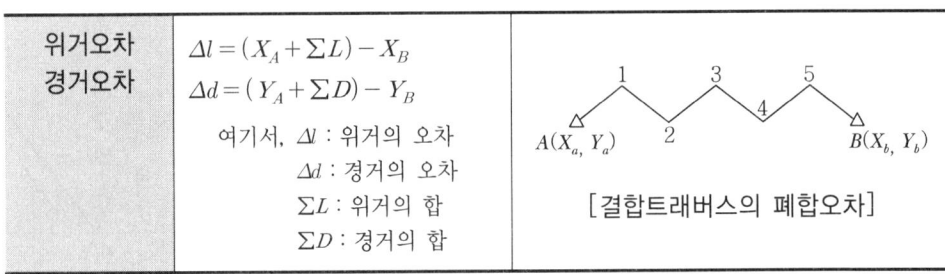 [결합트래버스의 폐합오차]

6.7.3 폐합비의 허용범위

시가지	$\dfrac{1}{5,000} \sim \dfrac{1}{10,000}$
평지	$\dfrac{1}{1,000} \sim \dfrac{1}{2,000}$
산지 및 임야지	$\dfrac{1}{500} \sim \dfrac{1}{1,000}$
산악지 및 복잡한 지형	$\dfrac{1}{300} \sim \dfrac{1}{1,000}$

6.8 트래버스의 조정

6.8.1 폐합오차의 조정

폐합오차를 합리적으로 배분하여 트래버스를 폐합시키는 오차의 배분방법에는 다음 두 가지가 있다.

가. 컴퍼스법칙

각관측과 거리관측의 정밀도가 같을 때 조정하는 방법으로 각측선길이에 비례하여 폐합오차를 배분한다.

나. 트랜싯법칙

각관측의 정밀도가 거리관측의 정밀도보다 높을 때 조정하는 방법으로 위거, 경거의 크기에 비례하여 폐합오차를 배분한다.

컴퍼스법칙	위거조정량=$\dfrac{\text{그 측선거리}}{\text{전 측선거리}}\times\text{위거오차}=\dfrac{L}{\sum L}\times E_L$	
	경거조정량=$\dfrac{\text{그 측선거리}}{\text{전 측선거리}}\times\text{경거오차}=\dfrac{D}{\sum L}\times E_D$	
트랜싯법칙	위거조정량=$\dfrac{\text{그 측선의 위거}}{|\text{위거절대치의 합}|}\times\text{위거오차}=\dfrac{L}{\sum |L|}\times E_L$	
	경거조정량=$\dfrac{\text{그 측선의 경거}}{|\text{경거절대치의 합}|}\times\text{경거오차}=\dfrac{D}{\sum |D|}\times E_D$	

6.9 합위거(X좌표) 및 합경거(Y좌표)의 계산

트래버스측량의 좌표는 합위거 및 합경거를 의미하며 트래버스 측량의 목적은 점(X, Y)좌표를 구하는 데 있다. 이때 위거는 X, 경거는 Y를 의미한다.

좌표계산	① 최초의 측점을 원점으로 한다.
	② 임의 측선의 합위(경)거=앞 측선의 합위(경)거+그 측선의 조정 위(경)거
	③ 마지막 측선의 합위(경)거=그 측선의 조정 위(경)거와 같고 부호가 반대

A점 좌표	$x_A = x_a$ $y_A = y_a$
B점 좌표	$x_B = x_a + L_1$ $y_B = y_a + D_1$
C점 좌표	$x_C = x_a + L_1 + L_2$ $y_C = y_a + D_1 + D_2$

6.10 면적계산

6.10.1 횡거

어떤 측선의 중심에서 어떤 시준선에 내린 수선의 길이를 횡거라 한다.

횡거	$\overline{NN'} = \overline{N'P} + \overline{PQ} + \overline{QN}$ $= \overline{MM'} + \frac{1}{2}\overline{BB'} + \frac{1}{2}\overline{CC''}$ 여기서, NN' : 측선 BC의 횡거 　　　　MM' : 측선 AB의 횡거 　　　　BB' : 측선 AB의 횡거 　　　　CC'' : 측선 BC의 경거	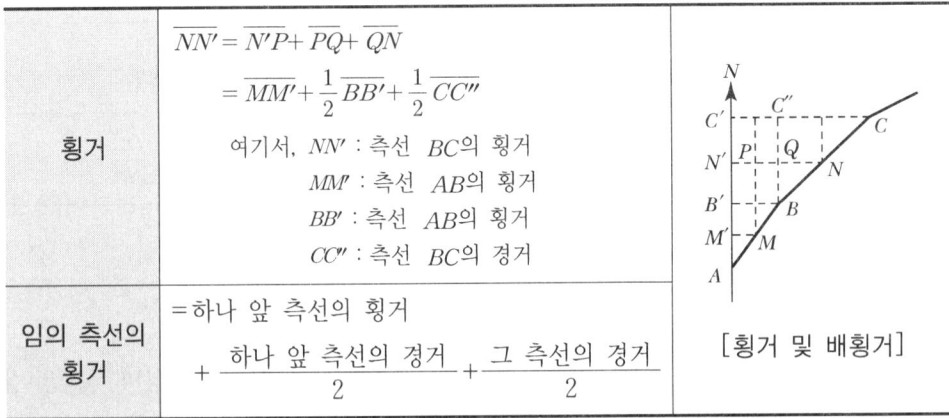 [횡거 및 배횡거]
임의 측선의 횡거	= 하나 앞 측선의 횡거 　+ $\dfrac{\text{하나 앞 측선의 경거}}{2}$ + $\dfrac{\text{그 측선의 경거}}{2}$	

6.10.2 배횡거

면적을 계산할 때 횡거를 그대로 사용하면 분수가 생겨서 불편하므로 계산의 편리상 횡거를 2배 하는데, 이를 배횡거라 한다.

제1측선의 배횡거	그 측선의 경거
임의 측선의 배횡거	앞 측선의 배횡거 + 앞 측선의 경거 + 그 측선의 경거
마지막 측선의 배횡거	그 측선의 경거(부호는 반대)

6.10.3 면적

① 배면적 = 배횡거 × 위거　　② 면적 = $\dfrac{\text{배면적}}{2}$

6.10.4 좌표법에 의한 면적계산

$$A = \frac{1}{2}\{y_1(x_n - x_2) + y_2(x_1 - x_3) + y_3(x_2 - x_4) + \cdots$$
$$y_n(x_{n-1} - x_1)\}$$
$$= \frac{1}{2}\{y_n(x_{n-1} - x_{n+1})\}$$

$$A = \frac{1}{2}\{x_1(y_n - y_2) + x_2(y_1 - y_3) + x_3(y_2 - y_4) + \cdots$$
$$y_x(y_{n-1} - y_1)\}$$
$$= \frac{1}{2}\{x_n(y_{n-1} - y_{n+1})\}$$

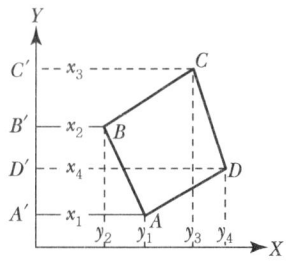

[좌표법에 의한 면적계산]

예제

A, B, C, D의 좌표값을 가지고 사각형의 면적을 구하여라.

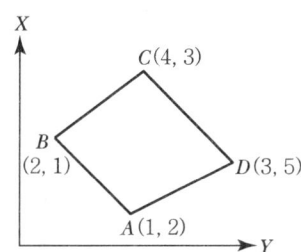

	A	B	C	D	E
X좌표	1	2	4	3	1
X좌표	2	1	3	5	2

$\sum \searrow = (1 \times 1) + (2 \times 3) + (4 \times 5) + (3 \times 2) = 33$

$\sum \swarrow = (2 \times 2) + (4 \times 1) + (3 \times 3) + (1 \times 5) = 22$

∴ $33 - 22 = 11 \text{m}^2$ (배면적)

면적 $= \dfrac{11}{2} = 5.5 \text{m}^2$

예상 및 기출문제

CHAPTER 06

1. 다음 중 전체 측선의 길이가 900m인 다각망의 정밀도를 1/2,600으로 하기 위한 위거 및 경거의 폐합오차로 알맞은 것은?

㉮ 위거오차 : 0.24m, 경거오차 : 0.25m ㉯ 위거오차 : 0.26m, 경거오차 : 0.27m
㉰ 위거오차 : 0.28m, 경거오차 : 0.29m ㉱ 위거오차 : 0.30m, 경거오차 : 0.30m

해설 폐합오차$(E) = \sqrt{(위거오차)^2 + (경거오차)^2}$
$= \sqrt{(\triangle l)^2 + (\triangle d)^2}$
$= \sqrt{0.24^2 + 0.25^2} = 0.347$

폐합비$(R) = \dfrac{E}{\Sigma L}$

$\dfrac{1}{2,600} = \dfrac{E}{900}$

$\therefore E = \dfrac{900}{2,600} = 0.346\text{m}$

2. 두 측점 간의 위거와 경거의 차가 △위거 = -156.145m, △경거 = 449.152m일 경우 방위각은?

㉮ 9°10′11″ ㉯ 70°49′49″
㉰ 109°10′11″ ㉱ 289°10′11″

해설 방위$(\theta) = \tan^{-1}\dfrac{449.152}{156.145} = 70°49′49.08″(2상환)$
방위각 $= 180° - 70°49′49.08″ = 109°10′10.9″$

3. 트래버스측량에서 거리관측의 허용오차를 1/10,000으로 할 때, 이와 같은 정확도로 각 관측에 허용되는 오차는?

㉮ 5″ ㉯ 10″ ㉰ 20″ ㉱ 30″

해설 $\dfrac{\triangle l}{l} = \dfrac{\theta''}{\rho''}$에서

$\dfrac{1}{10,000} = \dfrac{\theta''}{206,265''}$

$\theta'' = \dfrac{206,265}{10,000} = 20.6″$

해답 1. ㉮ 2. ㉰ 3. ㉰

예상 및 기출문제

4. 4km의 노선에서 결합트래버스 측량을 했을 때 폐합비가 1/6,250이었다면 실제 지형상의 폐합오차는?
   ㉮ 0.76m ㉯ 0.64m
   ㉰ 0.52m ㉱ 0.48m

   해설 폐합비 $= \dfrac{1}{m} = \dfrac{E}{\Sigma L}$
   $= \dfrac{1}{6,250} = \dfrac{E}{4,000}$
   $E = \dfrac{4,000}{6,250} = 0.64m$

5. 측선길이가 100m, 방위각이 240°일 때 위거와 경거는?
   ㉮ 위거 : 80.6m, 경거 : 50.0m
   ㉯ 위거 : 50.0m, 경거 : 86.6m
   ㉰ 위거 : -86.6m, 경거 : -50.5m
   ㉱ 위거 : -50.0m, 경거 : -86.6m

   해설 ① 위거 = 거리 × $\cos\alpha$ = 100 × $\cos 240°$ = -50m
   ② 경거 = 거리 × $\sin\alpha$ = 100 × $\sin 240°$ = -86.6m

6. 폐합트래버스의 경·위거 계산에서 CD측선의 배횡거는?

측선	위거	경거
AB	+65.39	+83.57
BC	-34.57	+19.68
CD	-65.43	-40.60
DA	+34.61	-62.65

   ㉮ 62.65m ㉯ 103.25m
   ㉰ 125.30m ㉱ 165.90m

   해설

측선	위거	경거	배횡거
AB	+65.39	+83.57	83.57
BC	-34.57	+19.68	83.57 + 83.57 + 19.68 = 186.82
CD	-65.43	-40.60	186.82 + 19.68 - 40.60 = 165.9
DA	+34.61	-62.65	165.9 - 40.60 - 62.65 = 62.65

   해답 4. ㉯ 5. ㉱ 6. ㉱

7. 산지에서 동일한 각관측의 정확도로 폐합트래버스를 관측한 결과 관측점 수가 11개이고, 측각 오차는 1′15″였다면 어떻게 처리해야 하는가?

㉮ 오차가 1′ 이상이므로 재측해야 한다.
㉯ 각 측점 간 거리에 반비례하여 배분한다.
㉰ 각 측점 간 거리에 비례하여 배분한다.
㉱ 각 관측점의 각에 등분하여 배분한다.

해설 산지에서의 측각오차의 허용범위 : $90\sqrt{n}$ 초 허용범위 = $90\sqrt{11} = 298″ > 75″$ 따라서 허용범위 이내이므로 각 관측점의 각에 등분하여 배분한다.

8. 결합트래버스에서 지점 A와 종점 B의 위치가 확정되었다. A점의 좌표 X_A = 75.13m, Y_A = 128.37m, B점의 좌표 X_B = 160.27m, Y_B = 642.15m, A에서 B까지의 합위거가 +84.82m, 합경거가 +513.62m일 때의 결합오차는?

㉮ 0.36m ㉯ 0.40m ㉰ 0.42m ㉱ 0.44m

해설 ① 합위거의 차 = $X_B - X_A$ = 160.27 - 75.13 = 85.14m
② 합경거의 차 = $Y_B - Y_A$ = 642.15 - 128.37 = 513.78m
③ 결합오차 = $\sqrt{(\triangle X)^2 + (\triangle Y)^2}$
= $\sqrt{(85.14-84.82)^2 + (513.78-513.62)^2}$ = 0.36

9. 다음 중 폐합트래버스 측량에서 편각을 측정했을 때 측각오차를 구하는 식은?(단, n : 변수, $[a]$: 측정교각의 합)

㉮ $[a] - 180°(n+2)$ ㉯ $[a] - 180°(n-2)$
㉰ $[a] - 90°(n+4)$ ㉱ $[a] - 360°$

해설 ① 내각 관측시 = $[a] - 180°(n-2)$
② 외각 관측시 = $[a] - 180°(n+2)$
③ 편각 관측시 = $[a] - 360°$

10. 다각측량을 하여 3점의 성과를 얻었다. 이 3점으로 이루어진 다각형의 면적은?

측점	합위거(m)	합경거(m)
A	0	0
B	23.29	38.82
C	-31.05	15.53

㉮ 693.2m²   ㉯ 783.5m²
㉰ 1,386.3m²   ㉱ 1,567.1m²

해답 7. ㉱ 8. ㉮ 9. ㉱ 10. ㉯

측점	합위거(m)	합경거(m)	$(X_{i-1}-X_{i+1})Y_i$
A	0	0	$(-31.05-23.29)\times 0=0$
B	23.29	38.82	$(0+31.05)\times 38.82=1,205.36$
C	-31.05	15.53	$(23.29-0)\times 15.53=361.69$

$2A=1,567.05\text{m}^2$

$\therefore A=783.5\text{m}^2$

11. 트래버스의 전체 연장이 1.7km이고 위거오차가 +0.40m, 경거오차가 -0.34m였다면 폐합비는?

㉮ $\dfrac{1}{3,186}$ ㉯ $\dfrac{1}{4,156}$ ㉰ $\dfrac{1}{3,238}$ ㉱ $\dfrac{1}{6,168}$

 폐합비

$$\dfrac{E}{\sum l}=\dfrac{\sqrt{(\Delta l)^2+(\Delta d)^2}}{\sum L}=\dfrac{\sqrt{0.4^2+0.34^2}}{1,700}$$

$$=\dfrac{1}{3,238}$$

12. 트래버스 측량의 종류 중 가장 정확도가 높은 방법은?
㉮ 폐합트래버스   ㉯ 개방트래버스
㉰ 결합트래버스   ㉱ 정확도는 모두 같다.

 ① 폐합트래버스
   기지점에서 출발하여 원래의 기지점으로 폐합시키는 트래버스로 측량결과가 검토는 되나 결합다각형보다 정확도가 낮아 소규모 지역의 측량에 좋다.
② 개방트래버스
   임의의 점에서 임의의 점으로 끝나는 트래버스로 측량결과의 점검이 안 되어 노선측량의 답사에는 편리한 방법이다. 시작되는 점과 끝나는 점 간의 아무런 조건이 없다.
③ 결합트래버스
   기지점에서 출발하여 다른 기지점으로 결합시키는 방법으로 대규모 지역의 정확성을 요하는 측량에 이용한다.

13. 수평각 관측법 중 트래버스 측량과 같이 한 측점에서 1개의 각을 높은 정밀도로 측정할 때 사용하며, 시준할 때의 오차를 줄일 수 있고 최소눈금 미만의 정밀한 관측값을 얻을 수 있는 것은?
㉮ 단측법   ㉯ 배각법
㉰ 방향각법   ㉱ 조합각 관측법

해설 수평각의 관측
① 단측법 : 1개의 각을 1회 관측하는 방법으로 수평각 측정법 중 가장 간단한 관측방법인데 관측결과는 좋지 않다.
② 배각법(반복법) : 1개의 각을 2회 이상 관측하여 관측횟수로 나누어서 구하는 방법이다. 배각법은 방향각법과 비교하여 읽기오차의 영향을 작게 받는다.
③ 방향각법 : 어떤 시준방향을 기준으로 한 측점 주위에 여러 개의 각이 있을 때 측정하는 방법. 반복법에 비하여 시간이 절약되며 3등 이하의 삼각측량에 이용된다.
④ 각관측법 : 수평각 관측방법 중 가장 정확한 값을 얻을 수 있으며, 1등 삼각측량에 이용된다.

14. 시가지에서 5개의 측점으로 폐합트래버스를 구성하여 내각을 측정한 결과, 각관측오차가 30″이었다. 각관측의 경중률이 동일할 때 각오차의 처리방법은?

㉮ 재측량한다. ㉯ 각의 크기에 관계없이 등배분한다.
㉰ 각의 크기에 비례하여 배분한다. ㉱ 각의 크기에 반비례하여 배분한다.

해설 시가지 허용오차

$= 20''\sqrt{n} \sim 30''\sqrt{n} = 20''\sqrt{5} \sim 30''\sqrt{5} = 44.7'' \sim 67.08''$
각관측오차가 30″ 허용오차이내이므로 각의 크기에 관계 없이 등배분한다.

15. 트래버스 측점 A의 좌표 x, y가 (200m, 200m)이고 AB측선의 길이가 100m일 때 B점의 좌표는?(단, AB측선의 방위각은 195°이다.)

㉮ (98.5m, 106.7m) ㉯ (103.4m, 174.1m)
㉰ (−86.1m, 145.8m) ㉱ (92.4m, −108.9m)

해설 $X_B = X_A + l\cos\theta = X_A + AB$의 위거
$= 200 + 100 \times \cos 195° = 103.4\text{m}$
$Y_B = Y_A + l\sin\theta = Y_A + AB$의 경거
$= 200 + 100 \times \sin 195° = 174.1\text{m}$

16. 그림과 같은 트래버스에서 AL의 방위각이 19°48′26″, BM의 방위각이 310°36′43″, 관측한 교각의 총합이 1,190°47′22″일 때 측각오차의 크기는?

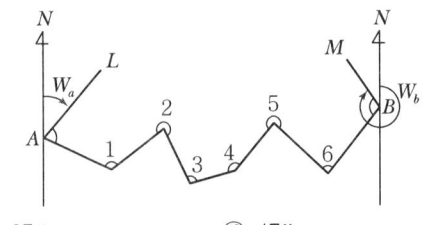

㉮ 15″ ㉯ 25″ ㉰ 47″ ㉱ 55″

해설 $E = W_a - W_b + [a] - 180(n-3)$
$= 19°48′26″ - 310°36′43″ + 1,190°47′22″ - 180(8-3) = -55″$

예상 및 기출문제

17. 기지점 A로부터 기지점 B에 결합하는 트래버스 측량을 실시하였다. X좌표의 결합차 +0.15m, Y좌표의 결합차 +0.20m를 얻었다면 이 측량의 결합비는?(단, 전체 노선 거리는 2,750m이다.)

㉮ 1/11,000　　㉯ 1/14,000　　㉰ 1/16,000　　㉱ 1/18,000

해설 ① 폐합오차(E) = $\sqrt{0.15^2+0.20^2} = 0.25$m

② 폐합비 = $\dfrac{1}{m} = \dfrac{\sqrt{(\Delta l)^2+(\Delta d)^2}}{\sum L}$

　　　　 = $\dfrac{\sqrt{0.15^2+0.2^2}}{2,750} = \dfrac{1}{11,000}$

18. 트래버스(Traverse) 측량 결과에서 결측된 BC의 거리를 구한 값은?(단, 오차는 없는 것으로 가정한다.)

측선	위거(m)		경거(m)	
	+	−	+	−
AB	65.4		83.8	
BC				
CD		50.3		40.5
DA	33.9			62.1

㉮ 26.68m　　㉯ 35.58m　　㉰ 43.58m　　㉱ 52.48m

해설 BC의 위거 = 50.3 − (65.4+33.9) = −49.0
BC의 경거 = (40.5+62.1) − 83.8 = +18.8
$\overline{BC} = \sqrt{L^2+D^2}$
　　　 = $\sqrt{(-49)^2+18.8^2} = 52.48$m

19. 다각측량의 폐합오차 조정방법 중 트랜싯법칙에 대한 설명으로 옳은 것은?

㉮ 각과 거리의 정밀도가 비슷할 때 실시하는 방법이다.
㉯ 각 측선의 길이에 비례하여 폐합오차를 배분한다.
㉰ 각 측선의 길이에 반비례하여 폐합오차를 배분한다.
㉱ 거리보다는 각의 정밀도가 높을 때 활용하는 방법이다.

해설 다각측량에서 폐합오차 조정방법
① 컴퍼스법칙 : 각관측과 거리관측의 정밀도가 같을 때 조정하는 방법으로 각 측선 길이에 비례하여 폐합오차를 배분한다.
② 트랜싯법칙 : 각관측의 정밀도가 거리관측의 정밀도보다 높을 때 조정하는 방법으로 위거, 경거의 크기에 비례하여 폐합오차를 배분한다.

해답　17. ㉮　18. ㉱　19. ㉱

165

20. 결합트래버스 측량에서 그림과 같은 형태의 각관측 시 각관측 오차(E_a) 식은?(단, W_a, W_b는 A, B에서의 방위각, $[a]$는 교각의 합, n은 관측한 교각의 수)

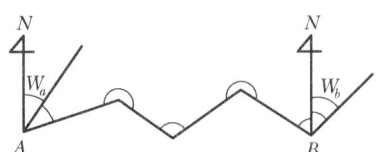

㉮ $E_a = W_a - W_b + [a] - 180(n+3)$ ㉯ $E_a = W_a - W_b + [a] - 180(n-3)$

㉰ $E_a = W_a - W_b + [a] - 180(n+1)$ ㉱ $E_a = W_a - W_b + [a] - 180(n-1)$

해설 결합트래버스

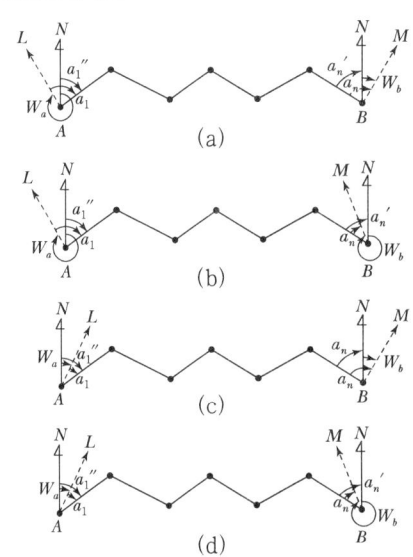

(a)의 경우
$E_a = W_a - W_b[a] - 180°(n+1)$

(b), (c)의 경우
$E_a = W_a - W_b[a] - 180°(n-1)$

(d)의 경우
$E_a = W_a - W_b[a] - 180°(n-3)$

21. 그림과 같은 결합측량 결과에서 측각오차는?(단, $A_1 = 293°12'35''$, $a_1 = 130°14'06''$, $a_2 = 261°01'33''$, $a_3 = 138°03'54''$, $a_4 = 114°20'23''$, $A_n = 36°52'11''$)

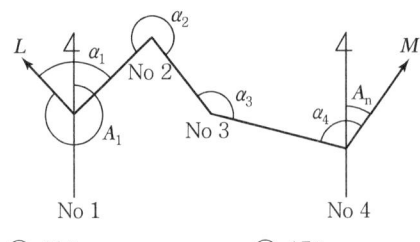

㉮ 5″   ㉯ 10″   ㉰ 15″   ㉱ 20″

해설 $E = A_1 - A_n + \sum a - 180(n+1)$
$= 293°12'35'' - 36°52'11'' + 643°39'56'' - 180(4+1) = 20''$

22. 트래버스측량에서 선점 시 주의하여야 할 사항이 아닌 것은?

㉮ 트래버스의 노선은 가능한 폐합 또는 결합이 되게 한다.
㉯ 결합트래버스의 출발점과 결합점 간의 거리는 가능한 단거리로 한다.
㉰ 거리측량과 각측량의 정확도가 균형을 이루게 한다.
㉱ 측점 간 거리는 다양하게 선점하여 부정오차를 소거한다.

해설 측점 간 거리는 같을수록 좋고 측점수는 되도록 적게 한다.

23. 트래버스측량에 의해 다음과 같은 결과를 얻었다. 측선 34의 횡거는?

측선	위거(m)	경거(m)	배횡거
12	123.50	61.44	61.44
23	−118.66	66.38	
34	34.21	−51.26	

㉮ 102.19m ㉯ 189.26m
㉰ 204.38m ㉱ 361.850m

해설 ① 임의의 측선의 배횡거=전측선의 배횡거+전측선의 경거+그 측선의 경거
② $\overline{23}$ 배횡거=61.44+61.44+66.38=189.26m
③ $\overline{34}$ 배횡거=189.26+66.38−51.26=204.38m
∴ 횡거 = $\frac{배횡거}{2}$ = $\frac{204.38}{2}$ = 102.19m

24. 폐합트래버스 측량의 내업을 하기 위하여 각 측선의 경거, 위거를 계산한 결과 측선 34의 자료가 없었다. 측선 34의 방위각은?(단, 폐합오차는 없는 것으로 가정한다.)

측선	위거(m)		경거(m)	
	N	S	E	W
12		2.33		8.55
23	17.87			7.03
34				
41		20.19	5.97	

㉮ 64°10′44″ ㉯ 15°49′14″
㉰ 244°10′44″ ㉱ 115°49′14″

해답 22. ㉱ 23. ㉮ 24. ㉮

해설

측선	위거(m)		경거(m)	
	N	S	E	W
12		2.33		8.55
23	17.87			7.03
34	(①)		(②)	
41		20.19	5.97	

① $\sum S - \sum N = (2.33 + 20.19) - 17.87 = 4.65$
② $\sum W - \sum E = (8.55 - 7.03) - 5.97 = 9.61$
(위거, 경거의 합이 0이 되어야 오차가 없다)
③ $\overline{34}$ 방위각
$$\theta = \tan^{-1}\left(\frac{경거}{위거}\right) = \tan^{-1}\left(\frac{9.61}{4.65}\right)$$
$$= 64°10'44''(1상환)$$

25. 총 측점수가 18개인 폐합트래버스의 외각을 측정한 경우 총합은?

㉮ 2,700°   ㉯ 2,880°
㉰ 3,420°   ㉱ 3,600°

해설 ① 외각의 총합 = 180(n+2)
= 180(18+2) = 3,600°
② 내각의 총합 = 180(n-2)

26. 다음 중 A좌표가 $X_A = 520,425.865$m, $Y_A = 231,494.018$m, AB의 길이는 60m, AB의 방위각은 86°4'22''일 때 B점의 좌표는?

㉮ $X_B = 520,430.974$m $Y_B = 231,553.877$m
㉯ $X_B = 520,430.974$m $Y_B = 231,498.127$m
㉰ $X_B = 520,486.724$m $Y_B = 231,553.877$m
㉱ $X_B = 520,486.724$m $Y_B = 231,498.127$m

해설 ① $X_B = X_A + l\cos\alpha$
$= 520,425.865 + 60 \times \cos 86°4'22''$
$= 520,430.974$m
② $Y_B = Y_A + l\sin\alpha$
$= 231,494.018 + 60 \times \sin 86°4'22''$
$= 231,553.877$m

27. 폐합트래버스에서 위거오차가 −0.35m이고, 경거오차가 +0.45m이며, 전측선거리의 합이 456m일 때 폐합비는 얼마인가?

㉮ $\dfrac{1}{204}$ ㉯ $\dfrac{1}{456}$ ㉰ $\dfrac{1}{800}$ ㉱ $\dfrac{1}{1,600}$

 폐합비 $= \dfrac{1}{m} = \dfrac{E}{\Sigma L}$

$= \dfrac{\sqrt{(\triangle l)^2 + (\triangle d)^2}}{\Sigma l}$

$= \dfrac{\sqrt{0.35^2 + 0.45^2}}{456} = \dfrac{1}{800}$

28. 그림과 같이 다각측량으로 터널의 중심선측량을 실시할 경우 측선 AB의 길이는 얼마인가?

측선	방위각	거리
A1	45°00′00″	30m
12	90°00′00″	20m
2B	135°00′00″	10m

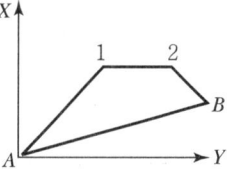

㉮ AB=36.95m ㉯ AB=44.33m
㉰ AB=45.95m ㉱ AB=50.31m

해설

측선	방위각	거리	위거	경거
A1	45°00′00″	30m	21.21	21.21
12	90°00′00″	20m	0	20.00
2B	135°00′00″	10m	−7.07	7.07
BA			14.14	48.28

$\therefore \overline{BA} = \sqrt{(\triangle l)^2 + (\triangle d)^2}$
$= \sqrt{14.14^2 + 48.28^2} = 50.31\text{m}$

29. 폐합 트래버스측량에서 전체 측선길이의 합이 900m일 때 폐합비를 1/5,000로 하기 위해서는 축척 1/600의 도면에서 폐합오차는 얼마까지 허용되는가?

㉮ 0.2mm ㉯ 0.25mm
㉰ 0.3mm ㉱ 0.35mm

해설 ① 정도(R) $= \dfrac{E}{\Sigma L}$ 에서 $\dfrac{1}{5,000} = \dfrac{E}{900}$
$\therefore E = 0.18\text{m} = 180\text{mm}$

② $\dfrac{1}{m} = \dfrac{도상거리}{실제거리}$ 에서 $\dfrac{1}{600} = \dfrac{x}{180}$
$\therefore x = 0.3\text{mm}$

해답 27. ㉰ 28. ㉱ 29. ㉰

30. A점에서 관측을 시작하여 A점으로 폐합시킨 폐합트래버스 측량에서 다음과 같은 측량 결과를 얻었다. 이때 측선 BC의 배횡거는?

측선	위거(m)	경거(m)
AB	15.5	25.6
BC	−35.8	32.2
CA	20.3	−57.8

㉮ 0m ㉯ 25.6m ㉰ 57.8m ㉱ 83.4m

해설

측선	위거(m)	경거(m)	배횡거
AB	15.5	25.6	25.6
BC	−35.8	32.2	25.6+25.6+32.2=83.4
CA	20.3	−57.8	83.4+32.2−57.8=57.8

임의측선의 배횡거=전 측선의 배횡거+전 측선의 경거+그 측선의 경거

31. 폐합다각측량에서 트랜싯과 광파기에 의한 관측을 통해 거리관측보다 각관측 정밀도가 높을 때 오차를 배분하는 방법으로 옳은 것은?

㉮ 해당 측선길이에 비례하여 배분한다.
㉯ 해당 측선길이에 반비례하여 배분한다.
㉰ 해당 측선의 위·경거의 크기에 비례하여 배분한다.
㉱ 해당 측선의 위·경거의 크기에 반비례하여 배분한다.

해설 거리의 정밀도보다 각의 정밀도가 높을 때 트랜싯법칙을 이용한다.

① 위거조정량 = $\dfrac{각 측선의 위거}{|위거의 절대치 합|} \times 위거오차$

② 경거조정량 = $\dfrac{각 측선의 경거}{|경거의 절대치 합|} \times 경거오차$

32. 다음 측선 $\overline{12}$의 방위각은?(단, A(50m, 50m), B(250m, 250m), ∠A=72°13′48″, ∠1=112° 09′ 12″이다.)

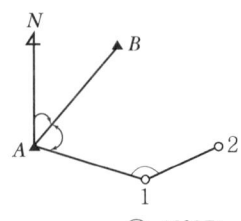

㉮ 47°37′ ㉯ 43°23′ ㉰ 46°37′ ㉱ 49°23′

해설 $\theta = \tan^{-1}\dfrac{\Delta y}{\Delta x} = \tan^{-1}\dfrac{200}{200} = 45°$ (1상환)

AB의 방위각 $= 45°$

① $\overline{A1}$ 방위각 $= 45° + 72°13'48'' = 117°13'48''$

② $\overline{12}$ 방위각 $= 117°13'48'' - 180° + 112°09'12'' = 49°23'$

33. 다각측량에서 200m에 대한 거리관측의 오차가 ±2mm였을 때 이와 같은 정밀도의 각관측 오차는?

㉮ ±2″   ㉯ ±4″   ㉰ ±6″   ㉱ ±8″

해설 $\dfrac{\Delta l}{l} = \dfrac{a''}{\rho''}$ 에서

$a'' = \dfrac{\Delta l}{l} \times \rho'' = \dfrac{0.002}{200} \times 206,265'' = \pm 2''$

34. 다각측량을 한 결과가 다음과 같을 때 다각형의 면적은?

측점	합위거(m)	합경거(m)
A	0.00	0.00
B	20.31	40.36
C	-14.51	20.57

㉮ 약 467m²   ㉯ 약 494m²   ㉰ 약 502m²   ㉱ 약 536m²

해설

측점	X	Y	$(X_{i-1} - X_{i+1}) \times Y_i =$ 배면적
A	-0.00	0.00	$(-14.51 - 20.31) \times 0 = 0$
B	-20.31	40.36	$(0 - (-14.51)) \times 40.36 = 585.62$
C	14.51	20.57	$(20.31 - 0) \times 20.57 = 417.78$
합계			1,003.4

면적(A) $= \dfrac{\text{배면적}}{2} = \dfrac{1,003.4}{2} = 501.7\text{m}^2$

35. 다음 표는 폐합트래버스 위거, 경거의 계산 결과이다. 면적을 구하기 위한 CD 측선의 배횡거는 얼마인가?

측선	위거(m)	경거(m)	측선	위거(m)	경거(m)
AB	+67.21	+89.35	CD	-69.11	-45.22
BC	-42.12	+23.45	DA	+44.02	-67.58

㉮ 180.38m   ㉯ 202.15m   ㉰ 311.23m   ㉱ 360.15m

해답 33. ㉮ 34. ㉰ 35. ㉮

해설 ① AB 측선의 배횡거=89.35m
② BC 측선의 배횡거=89.35+89.35+23.45
=202.15m
③ CD 측선의 배횡거=202.5+23.45−45.22
=180.38m
배횡거=하나 앞 측선의 배횡거+하나 앞 측선의 경거+그 측선의 경거

36. 한 점 A에서 다각측량을 실시하여 A점에 돌아왔더니 위거오차 30cm, 경거오차 40cm였다. 다각측량의 전 길이가 500m일 때 이 다각형의 폐합오차와 폐합비는?

㉮ 폐합오차 0.05m, 폐합비 1/100
㉯ 폐합오차 0.5m, 폐합비 1/1,000
㉰ 폐합오차 0.05m, 폐합비 1/1,000
㉱ 폐합오차 0.5m, 폐합비 1/100

해설 ① 폐합오차(E)
$$E = \sqrt{위거오차^2 + 경거오차^2}$$
$$= \sqrt{0.3^2 + 0.4^2} = 0.5\text{m}$$
② 폐합비
$$\frac{1}{m} = \frac{E}{\sum l} = \frac{0.5}{500} = \frac{1}{1,000}$$

37. 다각측량을 수행하여 다음과 같은 결과를 얻었다. D점의 합경거는 얼마인가?

측선	거리(m)	방위각	경거(m) +	경거(m) −	측점	합경거(m)
OA		00°00′			A	100
AB	63.58	330°00′		31.79	B	
BC	100.00	60°00′	86.60		C	
CD	98.42	315°00′		69.59	D	

㉮ 148.50m　　㉯ 150.75m
㉰ 85.22m　　㉱ 80.32m

해설 ① A점 합경거=100m
② B점 합경거=100−31.79=68.21m
③ C점 합경거=68.21+86.60=154.81m
④ D점 합경거=154.81−69.59=85.22m

38. 그림과 같은 트래버스에서 AL의 방위각이 29°40′15″, BM의 방위각이 320°27′12″, 내각 총합이 1,190°47′32″일 때 각측각 오차는?

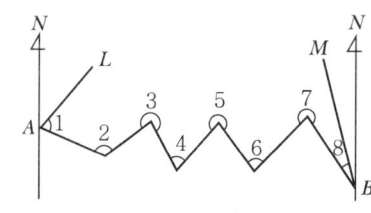

㉮ 45″ ㉯ 35″ ㉰ 25″ ㉱ 15″

해설 $E = AL + \sum a - 180(n-3) - BM$
$= 29°40′15″ + 1,190°47′32″ - 180(8-3) - 320°27′12″$
$= 35″$

39. 다음 그림에서 $\overline{DC}$의 방위는?

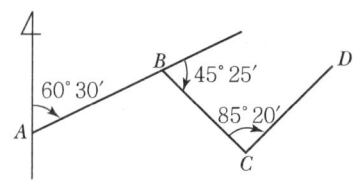

㉮ N11°15′E ㉯ S11°15′W ㉰ N20°35′E ㉱ S20°35′W

 ① $\overline{AB}$방위각 = 60°30′
② $\overline{BC}$방위각 = 60°30′ + 45°25′ = 105°55′
③ $\overline{CD}$방위각 = 105°55′ - 180° + 85°20′ = 11°15′
④ $\overline{DC}$방위각 = 11°15′ + 180° = 191°15′
∴ 3상환이므로 방위 S11°15′W

40. 다음 그림과 같은 결합트래버스에서 A점 및 B점에서 각각 AL 및 BM의 방위각이 기지일 때 측각오차를 표시하는 식은 어느 것인가?

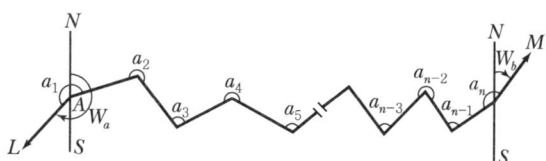

㉮ $\Delta a = W_a + \sum a - 180°(n-3) - W_b$
㉯ $\Delta a = W_a + \sum a - 180°(n+2) - W_b$
㉰ $\Delta a = W_a + \sum a - 180°(n+1) - W_b$
㉱ $\Delta a = W_a + \sum a - 180°(n-1) - W_b$

해설 측각오차(Δa) = $W_a + \sum a - 180°(n+1) - W_b$

41. 다음은 다각측량 결과 얻어진 좌표의 값이다. 합위거, 합경거의 방법으로 면적을 계산하면 얼마인가?(단, 단위는 m임)

측점	합위거(m)	합경거(m)
1	0.000	0.000
2	21.267	16.498
3	6.168	36.720
4	−19.694	36.537
5	−23.678	12.315

㉮ 441.23m² ㉯ 882.46m²
㉰ 1125.14m² ㉱ 2250.28m²

해설

측점	합위거(m)	합경거(m)	배면적 = $(X_{i-1} - X_{i+1}) \times Y$
1	0.000	0.000	$(-23.678 - 21.267) \times 0 = 0$
2	21.267	16.498	$(0 - 6.168) \times 16.498 = -101.76$
3	6.168	36.720	$(21.267 - (-19.694)) \times 36.720 = 1504.09$
4	−19.694	36.537	$(6.168 - (-23.678)) \times 36.537 = 1090.48$
5	−23.678	12.315	$(-19.694 - 0) \times 12.315 = -242.53$
			배면적 = 2250.28 면적 = $\dfrac{배면적}{2} = \dfrac{2250.28}{2} = 1,125.14 \text{m}^2$

42. 트래버스측량에서 측선의 전장=2,500m, 위거의 오차=0.30m, 경거의 오차=0.40m일 때에 폐합비는?

㉮ 1/4,500 ㉯ 1/5,000
㉰ 1/5,500 ㉱ 1/6,000

해설 폐합오차 = $\sqrt{(\Delta l)^2 + (\Delta d)^2}$
$= \sqrt{0.3^2 + 0.4^2} = 0.5$
폐합비(R) = $\dfrac{E}{\sum L} = \dfrac{0.5}{2,500} = \dfrac{1}{5,000}$

43. 그림과 같은 결합 트래버스에서 AC와 BD의 방위각이 W_a, W_b이고 A에서 순서대로 교각이 $a_1, a_2, \cdots a_n$ 이면 측각오차를 구하는 식으로 맞는 것은?

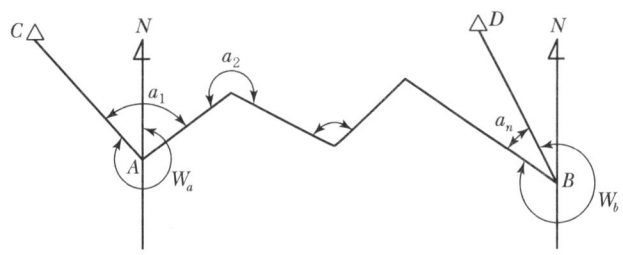

㉮ $\Delta a = W_a + \sum a - (n+1)180° - W_b$
㉯ $\Delta a = W_a + \sum a - (n-1)180° - W_b$
㉰ $\Delta a = W_a + \sum a - (n-2)180° - W_b$
㉱ $\Delta a = W_a + \sum a - (n-3)180° - W_b$

해설	
$E = W_a - W_b + [a] - 180°(n+1)$	
$E = W_a - W_b + [a] - 180°(n-1)$	
$E = W_a - W_b + [a] - 180°(n-3)$	

해답 43. ㉯

CHAPTER 07 삼각측량

7.1 삼각측량의 정의 및 특징

7.1.1 정의

삼각측량은 측량지역을 삼각형으로 된 망의 형태로 만들고 삼각형의 꼭짓점에서 내각과 한 변의 길이를 정밀하게 측정하여 나머지 변의 길이는 삼각함수(sin 법칙)에 의하여 계산하고 각 점의 위치를 정하게 된다. 이때 삼각형의 꼭짓점을 삼각점(Triangulation station), 삼각형들로 만들어진 형태를 삼각망(Triangulation net), 직접 측정한 변을 기선(Base line)이라 하며, 삼각형의 길이를 계산해 나가다가 그 계산값이 실제의 길이와 일치하는가를 검사하기 위하여 보통 15~20개의 삼각형마다 그중 한 변을 실측하는데 이 변을 검기선(Check base)이라 한다.

7.1.2 삼각측량의 구분

측지 삼각측량 (Geodetic triangulation)	지구의 곡률을 고려하여 지상 삼각측량과 천체 관측에 의하여 위도, 경도를 구하고 지구 표면의 여러 점 사이의 지리적 위치와 지구의 형상 및 크기 등을 계산하는 데 이용된다.
평면 삼각측량 (Plane triangulation)	지구의 표면을 평면으로 간주하고 실시하는 측량으로 거리측량의 정밀도를 100만분의 1로 할 때 면적 400km²(반경 약 11km) 이내의 측량이다.

7.1.3 삼각측량의 원리

한 변(a)과 세 각을 알고 sin법칙을 이용하면 다음과 같다.

$$\frac{a}{\sin\alpha} = \frac{b}{\sin\beta} = \frac{c}{\sin\gamma}$$

$$b = \frac{\sin\beta}{\sin\alpha} \cdot a \quad c = \frac{\sin\gamma}{\sin\alpha} \cdot a$$

- $\log b = \log a + \log\sin\beta - \log\sin\alpha$
  $= \log a + \log\sin\beta + \text{colog}\sin\alpha$
- $\log c = \log a + \log\sin\gamma - \log\sin\alpha$
  $= \log a + \log\sin\gamma + \text{colog}\sin\alpha$

기선(a)

[삼각측량의 원리]

7.2 삼각점 및 삼각망

7.2.1 삼각점(측량 정도의 높은 순서를 정하기 위해)

삼각점	평균변장	내각
대삼각본점(1등 삼각점)	30km	약 60°
대삼각보점(2등 삼각점)	10km	30~120°
소삼각 1등점(3등 삼각점)	5km	25~130°
소삼각 2등점(4등 삼각점)	2.5km	15° 이상

7.2.2 삼각망의 종류

단열 삼각쇄(망) (Single chain of triangles)	① 폭이 좁고 길이가 긴 지역에 적합하다. ② 노선·하천·터널 측량 등에 이용한다. ③ 거리에 비해 관측 수가 적다. ④ 측량이 신속하고 경비가 적게 든다. ⑤ 조건식의 수가 적어 정도가 낮다.	[단열 삼각망]
유심 삼각쇄(망) (Chain of central points)	① 동일 측점에 비해 포함면적이 가장 넓다. ② 넓은 지역에 적합하다. ③ 농지측량 및 평탄한 지역에 사용된다. ④ 정도는 단열삼각망보다 좋으나 사변형보다 적다.	[유심 삼각망]
사변형 삼각쇄(망) (Chain of quadrilaterals)	① 조건식의 수가 가장 많아 정밀도가 가장 높다. ② 기선삼각망에 이용된다. ③ 삼각점 수가 많아 측량시간이 많이 소요되며 계산과 조정이 복잡하다.	[사변형 삼각망]

7.3 삼각측량의 순서

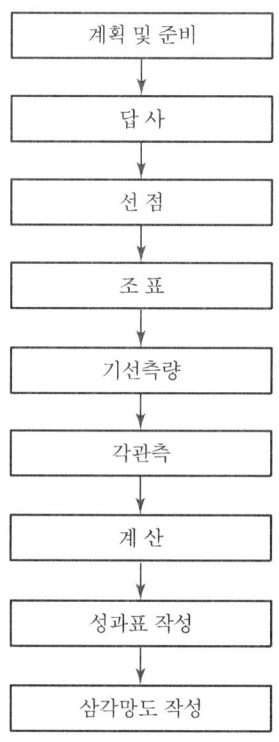

⟨기선 및 삼각점 선점 시 유의사항⟩

기선	① 되도록 평탄한 장소를 택할 것 그렇지 않으면 경사가 $\frac{1}{25}$ 이하이어야 한다. ② 기선의 양끝이 서로 잘 보이고 기선위의 모든 점이 잘 보일 것 ③ 부근의 삼각점에 연결하는데 편리할 것 ④ 기선장은 평균 변장의 $\frac{1}{10}$ 정도로 한다. ⑤ 기선의 길이는 삼각망의 변장과 거의 같아야 하므로 만일 이러한 길이를 쉽게 얻을 수 없는 경우는 기선을 증대시키는데 적당할 것 ⑥ 기선의 1회 확대는 기선길이의 3배 이내, 2회는 8배 이내이고 10배 이상 되지 않도록 하여 확대 횟수도 3회 이내로 한다. ⑦ 오차를 검사하기 위하여 삼각망의 다른 끝이나 삼각형 수의 15~20개마다 기선을 설치한다. 이것을 검기선이라 한다. ⑧ 우리나라는 1등 삼각망의 검기선을 200km마다 설치한다.

삼각점	① 각 점이 서로 잘 보일 것 ② 삼각형의 내각은 60°에 가깝게 하는 것이 좋으나 1개의 내각은 30~120° 이내로 한다. ③ 표지와 기계가 움직이지 않을 견고한 지점일 것 ④ 가능한 측점수가 적고 세부측량에 이용가치가 커야 한다. ⑤ 벌목을 많이 하거나 높은 시준탑을 세우지 않아도 관측할 수 있는 점일 것

7.4 편심(귀심) 계산

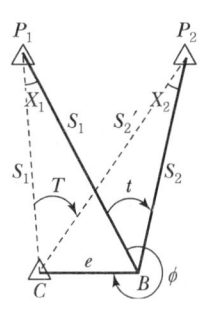

[편심관측]

$\triangle P_1 CB$에서 sin법칙

$$\frac{e}{\sin x_1} = \frac{S_1'}{\sin(360-\phi)}$$

$$\therefore x_1 = \frac{e}{S_1'} \sin(360-\phi)\rho''$$

$\triangle P_2 CB$에서 sin법칙

$$\frac{e}{\sin x_2} = \frac{S_2'}{\sin(360-\phi+t)}$$

$$\therefore x_2 = \frac{e}{S_2'} \sin(360-\phi+t)\rho''$$

$$\therefore T + x_1 = t + x_2$$
$$T = t + x_2 - x_1$$

※ 편심요소 : 편심거리, 편심(귀심)각

7.5 삼각측량의 조정

7.5.1 관측각의 조정

각조건	삼각형의 내각의 합은 180°가 되어야 한다. 즉, 다각형의 내각의 합은 180°(n-2)이어야 한다.
점조건	한 측점 주위에 있는 모든 각의 합은 반드시 360°가 되어야 한다.
변조건	삼각망 중에서 임의의 한 변의 길이는 계산 순서에 관계없이 항상 일정하여야 한다.

7.5.2 조건식의 수

각 조건식	$S-P+1$
변 조건식	$B+S-2P+2$
점 조건식	$w-l+1$
조건식의 총수	$B+a-2P+3$

여기서, w : 한 점 주위의 각 수 l : 한 측점에서 나간 변의 수
 a : 관측각의 총수 B : 기선 수
 S : 변의 총수 P : 삼각점의 수

Help Tip

각조건	$S-P+1$ $6-4+1=3$	$S-P+1$ $6-4+1=3$	$S-P+1$ $8-5+1=4$
변조건	$B+S-2P+2$ $1+6-2\times4+2=1$	$2+6-2\times4+2=2$	$1+8-2\times5+2=1$
점조건	$W-S'+1=0$	0	$4-4+1=1$
총조건	$a-2P+3+B$ $8-2\times4+3+1=4$	5	6

ex)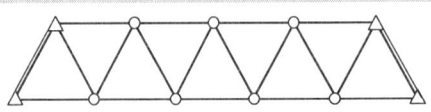

각 : $S-P+1=19-11+1=9$
변 : $B+S-2P+2=2+19-2\times11+2=1$
점 : 0
총 : $a-2P+3+B=27-2\times11+3+2=10$

여기서, S : 변의 총수 P : 삼각점수
 B : 기선수(단, 경계선은 제외) W : 한 점주위의 각수
 a : 관측각 총수 w : 한 점주위의 각수
 S' : 한 측점에서 나간 변의 수

7.6 삼각측량의 오차

구차(h_1, 곡률오차, error of carvature)	지구표면은 구상 표면에 있다. 그러므로 이것과 연직면과의 교선, 즉 수평선은 원호로 보게 된다. 그러므로 대지역에 있어서는 수평면에 대한 고도와 지평면에 대한 고도는 다소 다르다. 이차를 지구의 곡률에 의한 오차라 하며 이 오차만큼 높게 조정 한다.	$h_1 = +\dfrac{S^2}{2R}$
기차(h_2, 굴절오차, error of refraction)	지구공간의 대기가 지표면에 가까울수록 대기의 밀도가 커지면서 생기는 오차(굴절오차)를 말하며, 이 오차만큼 낮게 조정한다.	$h_2 = -\dfrac{SD^2}{2R}$
양차	구차와 기차의 합을 말하며 연직각 관측값에서 이 양차를 보정하여 연직각을 구한다.	양차$=\dfrac{S^2}{2R}+\left(-\dfrac{KS^2}{2R}\right)$ $=\dfrac{S^2}{2R}(1-K)$

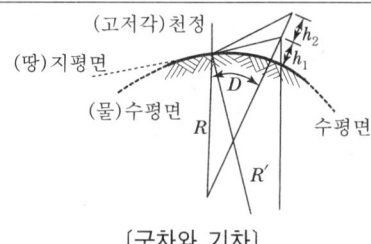

〔구차와 기차〕

여기서, R : 지구의 곡률반경
S : 수평거리
K : 굴절계수(0.12~0.14)

7.7 삼변측량(Trilateration)

7.7.1 정의

삼각측량은 삼각형의 세 각을 측정하고 측정된 각을 사용하여 세 변의 길이를 구하지만 삼변측량은 세 변을 먼저 측정하고 세 각은 코사인 제2법칙 또는 반각법칙에 의해 삼각점의 위치를 결정하는 측량방법이다.

7.7.2 수평각의 계산

코사인 제2법칙	$\cos A = \dfrac{b^2 + C^2 - a^2}{2bc}$, $\quad \cos B = \dfrac{c^2 - a^2 - b^2}{2ca}$ $\cos C = \dfrac{a^2 + b^2 + c^2}{2ab}$	
반각 공식	$\sin \dfrac{A}{2} = \sqrt{\dfrac{(s-b)(s-c)}{bc}}$ $\cos \dfrac{A}{2} = \sqrt{\dfrac{s(s-a)}{bc}}$ $\tan \dfrac{A}{2} = \sqrt{\dfrac{(s-b)(s-c)}{s(s-a)}}$	[삼변측량]
면적 조건	$\sin A = \dfrac{2}{bc} \sqrt{s(s-a)(s-b)(s-c)}$ 단, $s = \dfrac{1}{2}(a+b+c)$	

7.8 삼각 및 삼변측량의 특징

삼각측량	삼변측량
① 넓은 지역에 동일한 정확도로 기준점을 배치하는 것이 편리하다. ② 삼각측량은 넓은 지역의 측량에 적합하다. ③ 삼각점은 서로 시통이 잘되어야 한다. ④ 조건식이 많아 계산 및 조정방법이 복잡하다. ⑤ 각 단계에서 정밀도를 점검할 수 있다.	① 삼변을 측정해서 삼각점의 위치를 결정한다. ② 기선장을 실측하므로 기선확대가 필요 없다. ③ 관측 값에 비하여 조건식이 적은 것이 단점이다. ④ 좌표계산이 편리하다. ⑤ 조정방법은 조건방정식에 의한 조정과 관측방정식에 의한 조정이 있다.

7.9 삼각측량의 성과표

삼각측량 성과표의 내용은 다음과 같다.

① 삼각점의 등급과 내용
② 방위각
③ 평균거리의 대수
④ 측점 및 시준점의 명칭
⑤ 자북 방향각
⑥ 평면 직각좌표
⑦ 위도, 경도
⑧ 삼각점의 표고

예상 및 기출문제

CHAPTER 07

1. 삼각측량을 위한 삼각점의 위치선정에 있어서 피해야 할 장소로 가장 거리가 먼 것은?
㉮ 나무의 벌목면적이 큰 곳
㉯ 습지 또는 하상인 곳
㉰ 측표를 높게 설치해야 되는 곳
㉱ 편심관측을 해야 되는 곳

해설 삼각점 선점
① 되도록 측점 수가 적고 세부측량에 이용가치가 커야 한다.
② 삼각형은 정삼각형에 가까울수록 좋으나 1개의 내각은 30°~120° 이내로 한다.
③ 삼각점의 위치는 다른 삼각점과 시준이 잘 되어야 한다.
④ 많은 나무의 벌채를 요하거나 높은 측표를 요하는 기점을 가능한 피한다.
⑤ 미지점은 최소 3개, 최대 5개의 기지점에서 정·반 양방향으로 시통이 되도록 한다.
⑥ 지반이 견고하여 이동이나 침하가 되지 않는 곳
편심관측을 해야 되는 곳은 편심관측을 하면 되므로 삼각점 위치 선정에 있어 피해야 할 장소와 가장 거리가 멀다.

2. 삼각측량을 위한 삼각망 중에서 유심다각망에 대한 설명으로 틀린 것은?
㉮ 농지측량에 많이 사용된다.
㉯ 삼각망 중에서 정확도가 가장 높다.
㉰ 방대한 지역의 측량에 적합하다.
㉱ 동일측점 수에 비하여 포함면적이 가장 넓다.

해설 삼각망의 종류
① 단열삼각망 : 폭이 좁고 먼 거리의 두 점간 위치 결정 또는 하천 측량이나 노선측량에 적당하나, 조건수가 적어 정도가 낮다.
② 유심삼각망 : 넓은 지역(농지측량)에 적당. 동일 측점 수에 비해 표면적이 넓고, 단열 삼각망보다는 정도가 높으나 사변형보다는 낮다.
③ 사변형망 : 기선삼각망과 시가지와 같은 정밀성을 요하는 골격 측량에 사용. 조정이 복잡하고 포함면적이 적으며, 시간과 비용이 많이 든다. 정밀도가 가장 높다.

3. 삼각망의 조정계산에 있어 조건에 따른 설명이 틀린 것은?
㉮ 어느 한 측점 주위에 형성된 모든 각의 합은 360°이어야 한다.
㉯ 삼각망의 각 삼각형의 내각의 합은 180°이어야 한다.
㉰ 한 측점에서 측정한 여러 각의 합은 그 전체를 한 각으로 관측한 각과 같다.

해답 1. ㉱ 2. ㉯ 3. ㉱

㉣ 한 개 이상의 독립된 다른 경로에 따라 계산된 삼각형의 어느 한 변의 길이는 그 계산경로에 따라 달라야 한다.

해설 삼각망 중에서 임의 한 변의 길이는 계산 순서에 관계없이 동일해야 한다.

4. 조정이 복잡하고 포괄면적이 적으며 시간과 비용이 많이 요하는 것이 결점이나 정도가 가장 높은 삼각망은?

㉮ 단열 삼각망 ㉯ 유심 삼각망
㉰ 사변형 삼각망 ㉱ 결합 삼각망

해설 삼각망의 종류
① 단열삼각망 : 폭이 좁고 거리가 먼 지역에 적합, 조건수가 적어 정도가 낮다.
② 유심삼각망 : 동일 측점 수에 비해 표면적이 넓고, 단열보다는 정도가 높으나 사변형보다는 낮다.
③ 사변형 삼각망 : 기선삼각망에 이용, 조정이 복잡하고 포함 면적이 적으며, 시간과 비용이 많이 든다.

5. 삼각점의 선정시 주의하여야 할 사항으로 옳지 않은 것은?

㉮ 견고한 지반에 설치하여 이동, 침하 등이 없도록 한다.
㉯ 삼각점 상호 간에 시준이 잘 되어야 한다.
㉰ 삼각형은 가능한 정삼각형에 가깝도록 하는 것이 좋다.
㉱ 가능한 한 측점 수를 많게 하여 후속 측량의 활용도를 높인다.

해설 가능한 한 측점 수가 적고, 세부측량에 이용가치가 커야 한다.

6. 삼각측량에서 인접한 변의 길이가 32km, 28km이고 사이각이 42°50′20″일 때 구과량은?(단, 지구 곡률반경은 6,370km)

㉮ 1.3″ ㉯ 1.5″ ㉰ 1.7″ ㉱ 1.9″

해설 $\varepsilon'' = \dfrac{A}{\gamma^2}\rho''$

$A = \dfrac{1}{2}ab\sin\alpha$

$= \dfrac{1}{2} \times 32,000 \times 28,000 \times \sin 42°50′20″$

$= 304,612,743.2$

$\varepsilon'' = \dfrac{304,612,743.2}{6,370,000^2} \times 206,265''$

$= 1.5''$

7. 비교적 폭이 좁고 거리가 긴 지역에 적합하여 하천측량, 노선측량, 터널측량 등에 이용되는 삼각망은?
   ㉮ 단열삼각망
   ㉯ 유심다각망
   ㉰ 사변형망
   ㉱ 격자삼각망

   ◈해설 단열삼각망은 폭이 좁고 거리가 먼 지역에 적합하다. 또한 선형지역(하천, 노선) 측량의 골조측량에 주로 활용된다.

8. 평탄한 지형의 A점에서 10km 떨어진 B점을 삼각측량하려고 할 때 B점에 설치할 표척의 최소 높이는?(단, A점의 기계고, 표고 및 기차는 무시하며, 지구곡률반경은 6,370km이다.)
   ㉮ 1.36m
   ㉯ 4.38m
   ㉰ 7.85m
   ㉱ 10.62m

   ◈해설 구차 $= \dfrac{S^2}{2R} = \dfrac{10^2}{2 \times 6{,}370} = 0.007849\text{km} = 7.85\text{m}$

9. 1등 삼각측량을 하고자 할 때에 어떤 측각법이 가장 적당한가?
   ㉮ 조합각 관측법
   ㉯ 방향각법
   ㉰ 배각법
   ㉱ 단각법

   ◈해설 삼각측량의 각 관측방법 중 가장 정도가 높은 관측법은 최소제곱법을 이용한 각관측방법(조합각 관측방법)이다.

10. 다음의 삼변측량에 관한 설명 중 옳지 않은 것은?
    ㉮ 삼각점의 위치를 변장측량법을 이용하면 대삼각망의 기선장을 간접측량하기 때문에 기선삼각망의 확대가 필수적이다.
    ㉯ 변장만을 측정하여 삼각망(삼변측량)을 구성할 수 있다.
    ㉰ 수평각을 대신하여 삼각형의 변장을 직접 관측하여 삼각점의 위치를 정하는 측량이다.
    ㉱ 관측요소가 변장뿐이므로 수학적 계산으로 변으로부터 각을 구하고, 이 각과 변에 의해 수평위치를 구한다.

    ◈해설 기선길이를 직접 측정하므로 기선망의 확대를 할 필요가 없다.

11. 삼각수준측량의 관측값에서 대기의 굴절오차(기차)와 지구의 곡률오차(구차)의 조정방법 중 옳은 것은?
    ㉮ 기차는 높게, 구차는 낮게 조정한다.
    ㉯ 기차는 낮게, 구차는 높게 조정한다.
    ㉰ 기차와 구차를 함께 높게 조정한다.
    ㉱ 기차와 구차를 함께 낮게 조정한다.

해답 7. ㉮ 8. ㉰ 9. ㉮ 10. ㉮ 11. ㉯

해설 구차=$\dfrac{S^2}{2R}$, 기차=$-\dfrac{KS^2}{2R}$

양차=구차+기차
$$=\dfrac{S^2}{2R}-\dfrac{KS^2}{2R}=\dfrac{S^2(1-K)}{2R}$$

12. 평지에서 8km 떨어진 두 삼각점 사이를 관측하기 위하여 세워야 되는 측표의 최소높이는? (단, 지구의 반경=6,370km)

㉮ 2.1m   ㉯ 5.1m   ㉰ 7.1m   ㉱ 9.1m

해설 구차=$\dfrac{S^2}{2R}=\dfrac{8^2}{2\times 6,370}=0.00502\text{km}$
$=5.02\text{m}$

13. 지구의 곡률로 인하여 발생하는 오차는?

㉮ 구차   ㉯ 기차   ㉰ 양차   ㉱ 우차

해설 ㉮ 구차 : 지구가 회전타원체인 것에 기인된 오차
㉯ 기차 : 지구공간에 대기가 지표면에 가까울수록 밀도가 커지므로 생기는 오차
㉰ 양차 : 구차와 기차의 합

14. 양차 0.01m가 되기 위한 수평거리는 얼마인가?(단, k=0.14, 지구곡률반지름(R)=6,370km)

㉮ 400m   ㉯ 395m   ㉰ 390m   ㉱ 385m

해설 $h=\dfrac{(1-k)S^2}{2R}$ 에서
$$S=\sqrt{\dfrac{2Rk}{1-K}}=\sqrt{\dfrac{2\times 6,370\times 1,000\times 0.01}{1-0.14}}=385\text{m}$$

15. 기차 및 구차에 대한 설명 중 옳지 않은 것은?

㉮ 삼각형 상호간의 고저차를 구하고자 할 때와 같이 거리가 상당히 떨어져 있을 때 지구의 표면이 구상이므로 일어나는 오차를 구차라 한다.
㉯ 구차는 시준거리의 제곱에 비례한다.
㉰ 공기의 온도, 기압 등에 의하여 시준선에 생기는 오차를 기차라 하며 대략 구차의 1/7정도 이다.
㉱ 기차=$\dfrac{L^2}{2R}$, 구차=$K\dfrac{L^2}{2R}$의 식으로 구할 수 있다.(여기서 L : 2점 간의 거리, R : 지구의 반경(6,370km), K : 굴절계수)

해설 ① 구차 $= \dfrac{L^2}{2R}$

② 기차 $= -\dfrac{KL^2}{2R}$

16. 각이 A, B, C이고 대응변이 a, b, c인 삼각형에서 ∠A=22°00′56″, ∠C=80°21′54″, b=310.95m일 때 변 a의 길이는?

㉮ 119.34m ㉯ 310.95m
㉰ 313.86m ㉱ 526.09m

해설 ∠B = 180° − ∠A + ∠C
  = 180° − 102°22′50″
  = 77°37′10″

$\dfrac{a}{\sin 22°00′56″} = \dfrac{310.95}{\sin 77°37′10″}$

$a = \dfrac{310.95 \times \sin 22°00′56″}{\sin 77°37′10″} ≒ 119.34\text{m}$

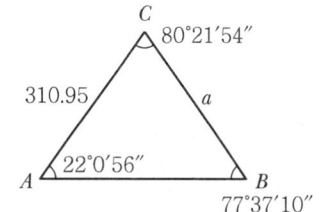

17. 삼각망에 대한 특징을 잘못 설명한 것은?
㉮ 단열삼각망은 같은 거리에 대하여 측점 수가 가장 적으므로 측량은 간단하여 경제적이나 조건식의 수가 적어서 정밀도가 낮다.
㉯ 사변형삼각망은 조건식의 수가 많아서 다른 삼각망에 비해 정밀도가 높다.
㉰ 유심삼각망은 면적이 넓고 광대한 지역의 측량에 좋다.
㉱ 사변형삼각망은 폭이 좁고 길이가 긴 도로, 하천, 철도 등의 측량을 시행할 경우에 주로 사용된다.

해설 사변형 삼각망
 ① 기선 삼각망에 이용
 ② 조건식의 수가 많아 정밀도가 가장 높다.
 ③ 조정이 복잡하고 포함면적이 적다.
 ④ 시간과 비용이 많이 든다.

18. 삼각측량에서 대표적인 삼각망의 종류가 아닌 것은?
㉮ 단열삼각망 ㉯ 귀심삼각망
㉰ 사변형삼각망 ㉱ 유심삼각망

해설 삼각망의 종류
 ① 사변형삼각망
 ② 유심삼각망
 ③ 단열삼각망

해답 16. ㉮ 17. ㉱ 18. ㉯

19. ∠CAB를 측정함에 있어, B점의 중심을 시준하지 못하여 B'점을 시준한 때에 수평각 점표귀심을 계산하기 위한 시준점의 편심관측 보정량(x)은?(단, BE=1.5m, D=2km)

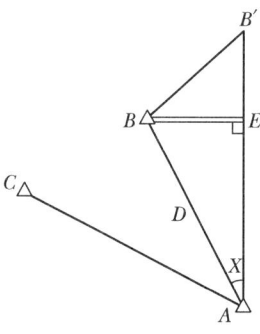

㉮ 1′10″　　㉯ 2′35″　　㉰ 3′58″　　㉱ 4′40″

해설 $\dfrac{BE}{\sin x} = \dfrac{D}{\sin 90}$ 에서

$\sin x = \dfrac{BE \times \sin 90}{D}$

$x = \sin^{-1} \dfrac{1.5}{2,000} \times \sin 90° = 0°02′34.7″$

20. 그림과 같은 단열삼각망의 조정각이 $\alpha_1=40°$, $\beta_1=60°$, $\gamma_1=80°$, $\alpha_2=50°$, $\beta_2=30°$, $\gamma_2=100°$ 일 때 $\overline{CD}$의 길이는?(단, $\overline{AB}$기선 길이는 500m임)

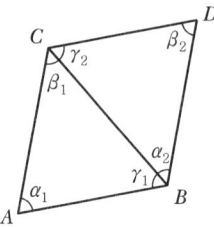

㉮ 212.5m　　㉯ 323.4m　　㉰ 400.7m　　㉱ 568.6m

해설 ① $\dfrac{500}{\sin 60°} = \dfrac{CB}{\sin 40°}$　　∴ $CB = 371.11$m

② $\dfrac{371.11}{\sin 30°} = \dfrac{CD}{\sin 50°}$　　∴ $CD = 568.6$m

21. 삼변측량에서 변의 길이로부터 각을 계산하는 식은?

㉮ $\cos B = \dfrac{a^2+b^2+c^2}{2ca}$　　㉯ $\cos B = \dfrac{a^2+b^2-c^2}{2ca}$

㉰ $\cos B = \dfrac{b^2-c^2-a^2}{2ca}$　　㉱ $\cos B = \dfrac{c^2+a^2-b^2}{2ca}$

> **해설** cosine 제2법칙
> $$\cos B = \frac{c^2 + a^2 - b^2}{2ca}$$

22. 다음 중 삼각망 조정에서 조정 조건에 대한 설명으로 옳지 않은 것은?
㉮ 1점 주위에 있는 각의 합은 180°이다.
㉯ 검기선의 측정한 방위각과 계산된 방위각이 동일하다.
㉰ 임의 한 변의 길이는 계산 경로가 달라도 일치한다.
㉱ 검기선의 측정한 길이와 계산된 길이가 동일하다.

> **해설** 각 관측 3조건
> ① 각 조건 : 삼각망 중 3각형의 내각의 합은 180°가 될 것
> ② 변 조건 : 삼각망 중 한 변의 길이는 계산 순서에 관계없이 동일해야 한다.
> ③ 측점조건 : 한 측점의 둘레에 있는 모든 각을 합한 것은 360°이다.

23. 삼각수준측량 거리가 10km일 때 지구곡률로 인한 오차는?(단, 지구 반지름은 6,370km이다.)
㉮ 4.5m ㉯ 5.8m
㉰ 6.5m ㉱ 7.8m

> **해설** 구차 $= \frac{S^2}{2R} = \frac{10^2}{2 \times 6,370}$
> $= 7.8 \times 10^{-3}$ km $= 7.8$ m

24. 삼각망을 조정한 결과 다음과 같은 결과를 얻었다면 B점의 좌표는?

∠A=60°20′20″,	∠B=59°40′30″
∠C=59°59′10″,	AC측선의 거리=120.730m
AB측선의 방위각=30,	A점의 좌표(1,000m, 100m)

㉮ (1,104.886m, 1,060.556m)   ㉯ (1,060.556m, 1,104.886m)
㉰ (1,104.225m, 1,040.175m)   ㉱ (1,060.175m, 1,104.225m)

> **해설**
>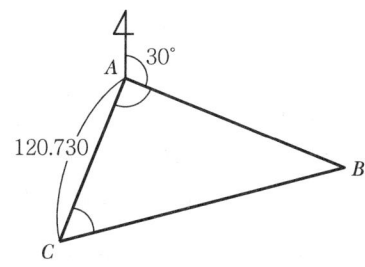

해답 22. ㉮ 23. ㉱ 24. ㉮

$$\overline{AB} = \frac{\sin 59°59'10''}{\sin 59°40'30''} \times 120.73 = 121.11\text{m}$$

① $Xb = Xa + \overline{AB}\cos 30° = 1,000 + 121.11\cos 30°$
$= 1,104.886$

② $Yb = Ya + \overline{AB}\sin 30° = 1,000 + 121.11\sin 30°$
$= 1,060.556$

25. 다음 그림과 같은 편심조정계산에서 T값은?(단, $\phi = 300°$, $S_1 = 3\text{km}$, $S_2 = 2\text{km}$, $e = 0.5\text{m}$, $t = 45°30'$, $S_1 \fallingdotseq S_1'$, $S_2 \fallingdotseq S_2'$로 가정할 수 있음)

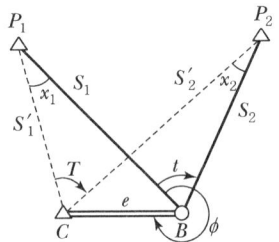

㉮ 45°29'40'' ㉯ 45°30'05''
㉰ 45°30'20'' ㉱ 45°31'05''

해설 $T = t + x_2 - x_1$ 에서

$$\frac{e}{\sin x_1} = \frac{S_1 \fallingdotseq S_1'}{\sin(360° - \phi)}$$

① x_1 계산
$$x_1 = \frac{e}{S_1}\sin(360° - \phi)\rho'' = 30''$$

② x_2 계산
$$\frac{e}{\sin x_2} = \frac{S_2}{\sin(360° - \phi + t)}$$
$$x_2 = \frac{e}{S_2}\sin(360° - \phi + t)\rho'' = 50''$$

③ T 계산
$T = 45°30' + 50'' - 30'' = 45°30'20''$

26. 삼각측량에 대한 설명 중 옳지 않은 것은?

㉮ 정밀도가 큰 것이 1등 삼각망이다.
㉯ 조건식이 많아 계산 및 조정 방법이 복잡하다.
㉰ 삼각망 계산에서 기준이 되는 최초의 변장은 검기선이다.
㉱ 삼각점을 선정할 때 계속해서 연결되는 작업에 편리하도록 선점에 고려해야 한다.

해설 삼각망 계산에서 기준이 되는 최초의 변장은 검기선이 아니고 기선이다.

예상 및 기출문제

27. 삼각측량에서 삼각망을 구성하는 형상으로 가장 이상적인 것은?
㉮ 직각삼각형 ㉯ 이등변삼각형
㉰ 정삼각형   ㉱ 둔각삼각형

해설 삼각측량에서 삼각망을 구성하는 형상으로 가장 이상적인 것은 정삼각형이다.

28. 삼각망 조정에 관한 설명 중 잘못된 것은?
㉮ 1점 주위에 있는 각의 합은 360°이다.
㉯ 삼각형의 내각의 합은 180°이다.
㉰ 임의 한 변의 길이는 계산 경로가 달라지면 일치하지 않는다.
㉱ 검기선은 측정한 길이와 계산된 길이가 동일하다.

해설 ① 각 조건 : 삼각망 중 3각형의 내각의 합은 180°가 될 것
② 변 조건 : 삼각망 중 한 변의 길이는 계산 순서에 관계없이 동일할 것
③ 측점 조건 : 한 측점의 둘레에 있는 모든 각을 합한 것은 360°일 것

29. 삼변측량에 대한 설명으로 잘못된 것은?
㉮ 전자파거리측량기(E.D.M)의 출현으로 그 이용이 활성화되었다.
㉯ 관측값의 수에 비해 조건식이 많은 것이 장점이다.
㉰ 코사인 제2법칙과 반각공식을 이용하여 각을 구한다.
㉱ 조정방법에는 조건방정식에 의한 조정과 관측방정식에 의한 조정방법이 있다.

해설 삼변측량은 관측값의 수에 비해 조건식이 적고 관측값의 기상보정이 난해하다.

30. 삼각점 간의 평균거리가 약 2km의 삼각측량을 하였을 때 관측한 수평각의 평균을 ±0.1″까지 구한다면 관측점 및 시준점의 편심을 고려하지 않아도 되는 한도는?
㉮ ±5.8cm ㉯ ±4.2cm ㉰ ±3.1cm ㉱ ±1.2cm

해설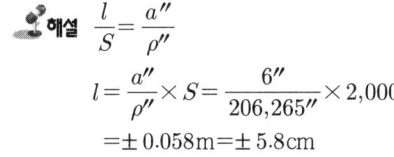

$$\frac{l}{S} = \frac{a''}{\rho''}$$

$$l = \frac{a''}{\rho''} \times S = \frac{6''}{206,265''} \times 2,000$$

$$= \pm 0.058m = \pm 5.8cm$$

31. 삼각측량의 주된 목적은 무엇인가?
㉮ 삼각점의 위치 결정 ㉯ 변장의 산출
㉰ 삼각점의 면적 결정 ㉱ 각 관측 오차 점검

해설 삼각측량의 주된 목적은 각종 측량의 골격이 되는 삼각점의 위치를 결정하기 위해서이다.

해답 27. ㉰ 28. ㉰ 29. ㉯ 30. ㉮ 31. ㉮

32. 그림과 같은 4변형 삼각망에서 조건식의 총수(K_1), 각조건식의 수(K_2), 변조건식의 수(K_3)로 옳은 것은?

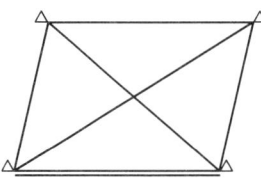

㉮ $K_1=8$, $K_2=4$, $K_3=4$ ㉯ $K_1=8$, $K_2=2$, $K_3=6$
㉰ $K_1=4$, $K_2=3$, $K_3=1$ ㉱ $K_1=4$, $K_2=2$, $K_3=2$

 ① 각조건 수=S−P+1=6−4+1=3개
② 변조건 수=B+S−2P+2=1+6−2×4+2=1개
③ 조건식 총수=B+a−2P+3=1+8−2×4+3=4개

33. 기지의 삼각점을 이용하여 새로운 삼각점들을 부설하고자 할 때 삼각측량의 순서로 옳은 것은?

① 도상계획	② 답사 및 선점
③ 조표	④ 기선 측량
⑤ 각 관측	⑥ 계산 및 성과표 작성

㉮ ①→②→③→④→⑤→⑥ ㉯ ①→③→②→⑤→④→⑥
㉰ ①→②→④→③→⑤→⑥ ㉱ ①→③→⑤→②→④→⑥

해설 삼각측량의 순서
도상계획 → 답사 및 선점 → 조표 → 기선관측 → 각관측 → 계산 및 성과표 작성

34. 지표상 P점에서 5km 떨어진 Q점을 관측할 때 Q점에 세워야 할 측표의 최소 높이는 약 얼마인가?(단, 지구 반지름 $R=6,370$km이고, P, Q점은 수평면상에 존재한다.)

㉮ 4m ㉯ 2m ㉰ 1m ㉱ 0.5m

해설 구차(h) = $\dfrac{S^2}{2R}$

= $\dfrac{5^2}{2 \times 6,370}$ = 0.00196km ≒ 2m

35. 삼각망의 조정에서 하나의 삼각형 3점에서 같은 정밀도로 측량하여 생긴 폐합오차는 어떻게 처리 하는가?

㉮ 각의 크기에 관계없이 등배분한다. ㉯ 대변의 크기에 비례하여 배분한다.
㉰ 각의 크기에 반비례하여 배분한다. ㉱ 각의 크기에 비례하여 배분한다.

해설 각관측의 정도가 같을 때는 오차를 각의 크기에 관계없이 동일하게 배분한다.

36. 삼각측량의 특징에 대한 설명으로 옳지 않은 것은?

㉮ 넓은 면적의 측량에 적합하다.
㉯ 각 단계에서 정확도를 점검할 수 있다.
㉰ 삼각점 간의 거리를 비교적 길게 취할 수 있다.
㉱ 산지 등 기복이 많은 곳보다는 평야지대와 산림지역에 적합하다.

해설 삼각측량은 산림지역에는 부적합하다.

37. 삼각측량 시 노선측량, 하천측량, 철도측량 등에 많이 사용하며 동일한 도달거리에 대하여 측점 수가 가장 적으므로 측량이 간단하고 경제적이나 정확도가 낮은 삼각망은?

㉮ 사변형 삼각망   ㉯ 유심 삼각망
㉰ 기선 삼각망   ㉱ 단열 삼각망

해설 삼각망의 종류
① 단열 삼각망 : 폭이 좁고 먼 거리의 두 점 간 위치 결정 또는 하천측량이나 노선측량에 적당하나, 조건수가 적어 정도가 낮다.
② 유심 삼각망 : 넓은 지역(농지측량)에 적당. 동일 측점 수에 비해 표면적이 넓고, 단열 삼각망보다는 정도가 높으나 사변형보다는 낮다.
③ 사변형 삼각망 : 기선삼각망에 이용, 시가지와 같은 정밀을 요하는 골격측량에 사용. 조정이 복잡하고 포함면적이 적으며, 시간과 비용이 많이 든다. 정밀도가 가장 높다.

38. 일반적으로 단열 삼각망으로 구성하기에 가장 적합한 것은?

㉮ 시가지와 같이 정밀을 요하는 골조측량   ㉯ 복잡한 지형의 골조측량
㉰ 광대한 지역의 지형측량   ㉱ 하천조사를 위한 골조측량

해설 단열 삼각망
① 폭이 좁고 긴 지역에 적합하다.
② 노선, 하천, 터널측량 등에 이용된다.
③ 조건식의 수가 적어 정도가 낮다.
④ 측량이 신속하고 경비가 적게 든다.
⑤ 거리에 비해 관측 수가 적다.

39. 표고 45.2m인 해변에서 눈높이 1.7m인 사람이 바라볼 수 있는 수평선까지의 거리는?(단, 지구 반지름 : 6,370km, 빛의 굴절계수 : 0.14)

㉮ 12.4km   ㉯ 26.4km   ㉰ 42.8km   ㉱ 62.4km

해설 $h = \dfrac{S^2}{2R}(1-k)$ 에서

$S = \sqrt{\dfrac{2Rh}{1-k}} = \sqrt{\dfrac{2 \times 6,370 \times 1,000 \times (45.2+1.7)}{1-0.14}}$
$= 26,358.5\text{m} = 26.4\text{km}$

40. 삼각형 내각을 관측할 때에 1각의 표준오차가 ±10″인 데오돌라이트를 사용한다면 삼각형 내각합의 표준오차는 얼마인가?

㉮ ±10.3″ ㉯ ±12.6″ ㉰ ±15.4″ ㉱ ±17.3″

해설 $M = \pm\sqrt{m_1^2 + m_2^2 + m_3^2}$
$= \pm\sqrt{10^2 + 10^2 + 10^2}$
$= \pm 17.3″$

41. 그림과 같은 유심삼각망에서 만족하여야 할 조건식이 아닌 것은?

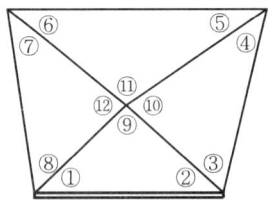

㉮ ①+②+⑨−180°=0
㉯ [①+②]−[⑤+⑥]=0
㉰ ⑨+⑩+⑪+⑫−360°=0
㉱ ①+②+③+④+⑤+⑥+⑦+⑧−360°=0

해설 ㉮ 각조건 → ①+②+⑨−180°=0
㉰ 점조건 → ⑨+⑩+⑪+⑫−360°=0
㉱ 각조건 → ①+②+③+④+⑤+⑥+⑦+⑧−360°=0
㉯ 사변형의 변조건 → [①+②]−[⑤+⑥]=0

42. 기선 $D=20$m, 수평각 $\alpha=80°$, $\beta=70°$, 연직각, $V=40°$를 측정하였다. 높이 H는?(단, A, B, C점은 동일한 평면이다.)

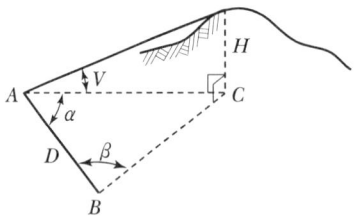

㉮ 31.54m ㉯ 32.42m ㉰ 32.63m ㉱ 33.05m

해설 ① $\overline{AC}$ 거리
$\dfrac{D}{\sin C} = \dfrac{AC}{\sin\beta}$
$AC = \dfrac{\sin 70°}{\sin 30°} \times 20$
∴ $\overline{AC} = 37.59$m
② $H = \overline{AC}\tan V = 37.59 \times \tan 40° = 31.54$m

43. 측선 AB를 기선으로 삼각측량을 실시하였다. 측선 AC의 방위각은?(단, A의 좌표(200m, 224.210m), B의 좌표(100m, 100m), ∠A=37°51′41″, ∠B=41°41′38″, ∠C=100°26′41″)

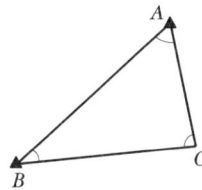

㉮ 0°58′33″　　　　　　　　　　　㉯ 76°41′55″
㉰ 180°58′33″　　　　　　　　　　㉱ 193°18′05″

해설 ① AB측선의 방위각
$$\theta = \tan^{-1}\frac{Y_B - Y_A}{X_B - X_A} = \tan^{-1}\frac{100 - 224.210}{100 - 200}$$
∴ $\theta = 51°9′46″$(3상한)
∴ $\overline{AB}$ 방위각 = 231°9′46″
② $\overline{AC}$ 방위각 = 231°9′46″ − 37°51′41″
　　　　　　　= 193°18′05″

44. 삼각측량과 삼변측량에 대한 설명으로 틀린 것은?

㉮ 삼변측량은 변 길이를 관측하여 삼각점의 위치를 구하는 측량이다.
㉯ 삼각측량의 삼각망 중 가장 정확도가 높은 망은 사변형 삼각망이다.
㉰ 삼각점의 선점 시 기계나 측표가 동요할 수 있는 습지나 하상은 피한다.
㉱ 삼각점의 등급을 정하는 주된 목적은 표석 설치를 편리하게 하기 위함이다.

해설 삼각점의 등급을 정하는 목적은 정밀도의 순서에 따라 정해진다.

45. 키가 1.80m인 사람이 바닷가의 해수면 상에서 해수면을 바라볼 수 있는 수평선의 거리는 약 얼마인가?(단, 지구의 곡률반경=6,370 km, 공기의 굴절계수=0.14)

㉮ 3,160m　　　　　　　　　　　㉯ 5,160m
㉰ 7,160m　　　　　　　　　　　㉱ 9,160m

해설 $h = \dfrac{S^2}{2R}(1-K)$
$$S = \sqrt{\frac{2R \cdot h}{(1-K)}}$$
$$= \sqrt{\frac{2 \times 6,370,000 \times 1.8}{1 - 0.14}} = 5,160\text{m}$$

해답　43. ㉱　44. ㉱　45. ㉯

46. 우리나라 기본측량에 있어서 삼각 및 삼변측량을 실시하는 최종 목적은 무엇인가?

㉮ 각 변의 길이를 산출하기 위한 것이다.
㉯ 삼각형의 면적을 산출하기 위한 것이다.
㉰ 기준점의 위치를 결정하기 위한 것이다.
㉱ 삼각형의 내각을 산출하기 위한 것이다.

해설 삼각 및 삼변 측량을 실시하는 목적은 기지점을 이용하여 기준점의 위치를 결정하기 위함이다.

47. 유심다각망 조정에서 고려해야 할 조정조건이 아닌 것은?

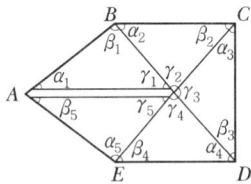

㉮ $a_2 + \beta_2 + \gamma_2 = 180°$

㉯ $\dfrac{\alpha_2 + \beta_2}{\alpha_3 + \beta_3} = 1$

㉰ $\gamma_1 + \gamma_2 + \gamma_3 + \gamma_4 + \gamma_5 = 360°$

㉱ $\dfrac{\sin a_1 \cdot \sin a_2 \cdot \sin a_3 \cdot \sin a_4 \cdot \sin a_5}{\sin \beta_1 \cdot \sin \beta_2 \cdot \sin \beta_3 \cdot \sin \beta_4 \cdot \sin \beta_5} = 1$

해설 ① $a_2 + \beta_2 + \gamma_2 = 180°$ → 각조건식
② $\gamma_1 + \gamma_2 + \gamma_3 + \gamma_4 + \gamma_5 = 360°$ → 점조건식
③ $\dfrac{\sin a_1 \cdot \sin a_2 \cdot \sin a_3 \cdot \sin a_4 \cdot \sin a_5}{\sin \beta_1 \cdot \sin \beta_2 \cdot \sin \beta_3 \cdot \sin \beta_4 \cdot \sin \beta_5} = 1$ → 변조건식

48. 그림과 같이 삼각점 A에 기계를 설치하여 삼각점 B가 시준되지 않아 점 P를 관측하여 T'= 60°32′15″를 얻었다면 각 T는?(단, $\overline{AP}$ =1.3km, e =5m, ϕ =315°)

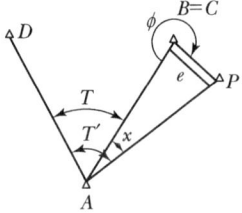

㉮ 60°32′23″   ㉯ 60°22′54″
㉰ 60°21′09″   ㉱ 60°17′09″

해답 46. ㉰ 47. ㉯ 48. ㉯

해설 $T = T' - x$
$\quad\quad = 60°32'15'' - 0°9'20.97''$
$\quad\quad = 60°22'54''$

$$\frac{e}{\sin x} = \frac{S}{\sin(360° - \phi)}$$

$$\sin x = \frac{e}{S}\sin(360° - 315°)$$

$$x = \sin^{-1}\left(\frac{5 \times \sin(360° - 315°)}{1{,}300}\right)$$
$\quad\quad = 0°9'20.97''$

49. 삼각측량 성과표에 나타나는 삼각점 간의 거리는?
㉮ 기준 회전타원체면상에 투영한 거리
㉯ 지표면을 따라 측정한 거리
㉰ 2점 간의 직선거리
㉱ 2점의 위도차에 상응하는 자오선상의 거리

해설 삼각점 성과표에 등록되는 삼각점 간의 거리는 기준 회전타원체면상에 투영한 거리이다.

50. 삼각측량을 하여 $\alpha = 54°25'32''$, $\beta = 68°43'23''$, $\gamma = 56°51'14''$를 얻었다. β 각의 각조건에 의한 조정량은 몇 초인가?
㉮ $-4''$ ㉯ $-3''$ ㉰ $+4''$ ㉱ $+3''$

해설 ① 각조정
   오차 = $(\alpha + \beta + \gamma) - 180° = 09''$
② 조정량$(e) = -\frac{9}{3} = -3''$

51. 삼각측량에서 내각을 60°에 가깝도록 정하는 것을 원칙으로 하는 이유로 가장 타당한 것은?
㉮ 시각적으로 보기 좋게 배열하기 위하여
㉯ 각 점이 잘 보이도록 하기 위해
㉰ 측각의 오차가 변장에 미치는 영향을 최소화하기 위하여
㉱ 선점 작업의 효율성을 위하여

해설 삼각측량에서 내각을 60°에 가깝도록 정하는 것은 측각의 갖는 오차가 변장에 미치는 영향을 최소화하기 위해서이다.

52. 삼각측량에서 B점의 좌표 $X_B = 50.000$m, $Y_B = 200.000$m, BC의 길이 25.478m, BC의 방위각 77°11'56''일 때 C점의 좌표는?
㉮ $X_C = 26.165$m, $Y_C = 205.645$m
㉯ $X_C = 55.645$m, $Y_C = 224.845$m
㉰ $X_C = 74.165$m, $Y_C = 194.355$m
㉱ $X_C = 74.845$m, $Y_C = 205.645$m

해답 49. ㉮ 50. ㉯ 51. ㉰ 52. ㉯

해설 $X_C = X_A + l\cos\theta$
$= 50 + 25.478 \times \cos 77°11'56'' = 55.645\text{m}$
$Y_C = Y_A + l\sin\theta$
$= 200 + 25.478 \times \sin 77°11'56'' = 224.845\text{m}$

53. 삼각점 C에 기계를 세울 수 없어서 2.5m 편심하여 B에 기계를 설치하고 T'=31°15'40''를 얻었다. 이때 T는?(단, $p=300°20'$, $S_1=2\text{km}$, $S_2=3\text{km}$)

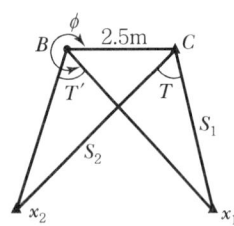

㉮ 31°14'49'' ㉯ 31°15'18'' ㉰ 31°15'29'' ㉱ 31°15'41''

해설 $T + x_1 = T' + x_2$ 에서
① x_1 계산
$$\frac{2.5}{\sin x_1} = \frac{2,000}{\sin(360° - 300°20')}$$
$$x_1 = \sin^{-1}\frac{\sin(360° - 300°20') \times 2.5}{2,000}$$
$$x_1 = 0°3'42.53''$$
② x_2 계산
$$\frac{2.5}{\sin x_2} = \frac{3,000}{\sin(360 - 300°20' + 31°15'40'')}$$
$$x_2 = \sin^{-1}\frac{2.5 \times \sin 90°55'40''}{3,000}$$
$$x_2 = 0°2'51.86''$$
∴ $T = T' + x_2 - x_1$
$= 31°15'40'' + 0°2'51.86'' - 0°3'42.53'' = 31°14'49''$

54. 다음은 삼변측량에 대한 설명이다. 틀린 것은?

㉮ 삼각측량에서 수평각을 관측하는 대신에 세 변의 길이를 관측하여 삼각점의 위치를 구하는 측량이다.
㉯ 삼각측량에 비하여 조건식 수가 적다.
㉰ 전자파, 광파를 이용한 거리측량기의 발달로 높은 정밀도의 장거리를 측량할 수 있게 됨으로써 세 변 측량법이 발달되었다.
㉱ 삼변측량에서 변장 측정값에는 오차가 없는 것으로 가정한다.

해설 삼변측량의 특징

삼각측량은 삼각형의 변과 각을 측정하여 삼각법의 이론에 의하여 제점의 평면위치를 결정하는 측량이며, 삼변측량은 수평각을 관측하는 대신 3변의 길이를 관측하여 삼각점의 위치를 결정하는 측량으로 최근에는 거리 측정기기가 발달하여 높은 정밀도의 삼변측량이 많이 이용되고 있다.
① 대삼각망의 기선장을 기선삼각망에 의한 기선확대 없이 직접 관측한다.
② 각과 변장을 관측하여 삼각망을 형성한다.
③ 변장만으로 삼각망을 형성한다.

55. 삼각측량의 각 삼각점에 있어 모든 각의 관측 시 만족되어야 하는 조건이 아닌 것은?

㉮ 하나의 측점을 둘러싸고 있는 각의 합은 360°가 되도록 한다.
㉯ 삼각망 중에서 임의의 한 변의 길이는 계산의 순서에 관계없이 동일하도록 한다.
㉰ 삼각망 중 각각 삼각형 내각의 합은 180°가 되도록 한다.
㉱ 모든 삼각점의 포함면적은 각각 일정해야 한다.

해설 삼각망 조정 시 조건
① 각조건 : 삼각망 중 각각 삼각형 내각의 합은 180°가 되도록 한다.
② 점조건 : 하나의 측점을 둘러싸고 있는 각의 합은 360°가 되도록 한다.
③ 변조건 : 삼각망 중에서 임의의 한 변의 길이는 계산의 순서에 관계없이 동일하도록 한다.

56. 삼변을 측정하여 값 a, b, c를 구했다. a변의 대응각 A를 반각공식으로 구하여야 할 때 $\sin\frac{A}{2}$의 값은?

㉮ $\sqrt{\dfrac{(S-b)(S-c)}{bc}}$

㉯ $\sqrt{\dfrac{(S-b)(S-c)}{S(S-a)}}$

㉰ $\sqrt{\dfrac{S(S-A)}{bc}}$

㉱ $\sqrt{S(S-a)(S-b)(S-c)}$

해설 수평각의 계산

코사인 제2법칙	$\cos A = \dfrac{b^2 + C^2 - a^2}{2bc}$ $\cos B = \dfrac{c^2 - a^2 - b^2}{2ca}$ $\cos C = \dfrac{a^2 + b^2 + c^2}{2ab}$
반각공식	$\sin\dfrac{A}{2} = \sqrt{\dfrac{(s-b)(s-c)}{bc}}$ $\cos\dfrac{A}{2} = \sqrt{\dfrac{s(s-a)}{bc}}$ $\tan\dfrac{A}{2} = \sqrt{\dfrac{(s-b)(s-c)}{s(s-a)}}$

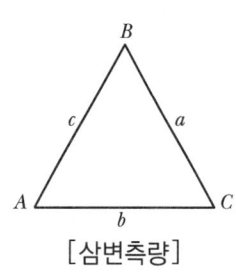

[삼변측량]

57. 삼각측량에서 표차의 합이 198.45이고 $\sum \log \sin A - \sum \log \sin B = 500$일 때 보정값은 얼마인가?

㉮ 2.5″　　　　　　　　　　　㉯ 4.6″
㉰ 5.2″　　　　　　　　　　　㉱ 6.4″

해설 보정량 $= \dfrac{\sum \log \sin A - \log \sin B}{\text{표차의 합}}$

$= \dfrac{500}{198.45} = \pm 2.5″$

58. 사변형 삼각망에서 변조건 조정을 하기 위하여 $\sum \log \sin A = 39.2962211$, $\sum \log \sin B = 39.2961535$ 이고 표차의 합이 198.45일 때 변조건 조정량은?

㉮ 3.4″　　　　　　　　　　　㉯ 4.6″
㉰ 5.2″　　　　　　　　　　　㉱ 6.4″

해설 보정량 $= \dfrac{\sum \log \sin A - \log \sin B}{\text{표차의 합}}$

$= \dfrac{39.2962211 - 39.2961535}{198.45} = \dfrac{676}{198.45} = 3.4″$

CHAPTER 08 지형측량

8.1 개요

8.1.1 정의

지형측량(Topographic Surverying)은 지표면상의 자연 및 인공적인 지물·지모의 형태와 수평, 수직의 위치관계를 측정하여 일정한 축척과 도식으로 표현한 지도를 지형도(Topographic map)라 하며 지형도를 작성하기 위한 측량을 말한다.

8.1.2 지형의 구분

지물(地物)	지표면 위의 인공적인 시설물. 즉, 교량, 도로, 철도, 하천, 호수, 건축물 등
지모(地貌)	지표면 위의 자연적인 토지의 기복상태. 즉, 산정, 구릉, 계곡, 평야 등

8.1.3 지도의 종류

일반도 (General map)	인문·자연·사회 사항을 정확하고 상세하게 표현한 지도 ① 국토기본도 : 1/5,000, 1/10,000, 1/25,000, 1/50,000 　우리나라의 대표적인 국토기본도는 1/50,000(위도차 15′, 경도차 15′) ② 토지이용도 : 1/25,000 ③ 지세도 : 1/250,000 ④ 대한민국전도 : 1/1,000,000
주제도 (Thematic map)	① 어느 특정한 주제를 강조하여 표현한 지도로서 일반도를 기초로 한다. ② 도시계획도, 토지이용도, 지질도, 토양도, 산림도, 관광도, 교통도, 통계도, 국토개발 계획도 등이 있다.
특수도 (Specifc map)	특수한 목적에 사용되는 지도 ① 지도표현 방법에 의한 분류 : 사진지도, 입체모형지도, 지적도, 대권항법도, 항공도, 해도, 천기도 등이 있다. ② 지도 제작 방법에 따른 분류 : 실측도, 편집도, 집성도로 구분

암기 토지도 국토도 지하수산 자생지 관풍재행 토임토식

> **Help Tip**
> 공간정보의 구축 및 관리 등에 관한 법률 제2조 및 시행령 제4조

지도 (地圖)	측량 결과에 따라 공간상의 위치와 지형 및 지명 등 여러 공간정보를 일정한 축척에 따라 기호나 문자 등으로 표시한 것을 말한다. 정보처리시스템을 이용하여 분석, 편집 및 입력·출력할 수 있도록 제작된 수치지형도[항공기나 인공위성 등을 통하여 얻은 영상정보를 이용하여 제작하는 정사영상지도(正射映像地圖)를 포함한다]와 이를 이용하여 특정한 주제에 관하여 제작된 지하시설물도·토지이용현황도 등 대통령령으로 정하는 수치주제도(數値主題圖)를 포함한다.
수치주제도 (數値主題圖)	㊏지이용현황도 ㊗하시설물도 ㊂시계획도 ㊁토이용계획도 ㊏지적도 ㊂로망도 ㊗하수맥도 ㊊천현황도 ㊊계도 ㊚림이용기본도 ㊏연공원현황도 ㊚태·자연도 ㊗질도 ㊌광지도 ㊩수해보험관리지도 ㊣해지도 ㊣정구역도 ㊏양도 ㊏상도 ㊏지피복지도 ㊚생도 제1호부터 제21호까지에 규정된 것과 유사한 수치주제도 중 관련 법령상 정보유통 및 활용을 위하여 정확도의 확보가 필수적이거나 공공목적상 정확도의 확보가 필수적인 것으로서 국토교통부장관이 정하여 고시하는 수치주제도

8.2 지형의 표시법

8.2.1 지형도에 의한 지형표시법

자연적 도법	영선법 (우모법, Hachuring)	"게바"라 하는 단선상(短線上)의 선으로 지표의 기본을 나타내는 것으로 게바의 사이, 굵기, 방향 등에 의하여 지표를 표시하는 방법
	음영법 (명암법, Shading)	태양광선이 서북쪽에서 45°로 비친다고 가정하여 지표의 기복을 도상에서 2~3색 이상으로 채색하여 지형을 표시하는 방법으로 지형의 입체감이 가장 잘 나타남

부호적 도법	점고법 (Spot height system)	지표면상의 표고 또는 수심을 숫자에 의하여 지표를 나타내는 방법으로 하천, 항만, 해양 등에 주로 이용
	등고선법 (Contour System)	동일표고의 점을 연결한 것으로 등고선에 의하여 지표를 표시하는 방법으로 토목공사용으로 가장 널리 사용
	채색법 (Layer System)	같은 등고선의 지대를 같은 색으로 채색하여 높을수록 진하게 낮을수록 연하게 칠하여 높이의 변화를 나타내며 지리관계의 지도에 주로 사용

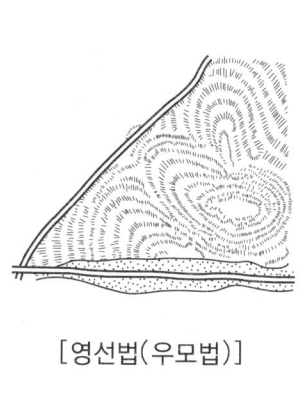

[영선법(우모법)]

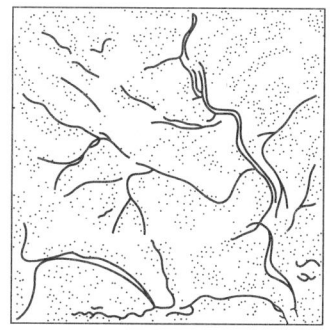

[음영법(명암법)]

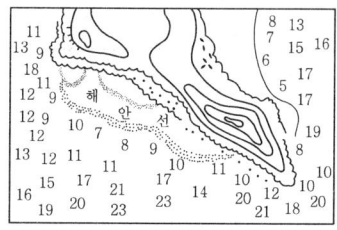

[점고법]

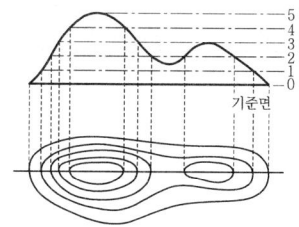

[등고선법]

8.3 등고선(Contour Line)

8.3.1 등고선의 종류와 성질

가. 등고선의 종류

주곡선	지형을 표시하는 데 가장 기본이 되는 곡선으로 가는 실선으로 표시
간곡선	주곡선 간격의 $\frac{1}{2}$ 간격으로 그리는 곡선으로 완경사지나 주곡선만으로 지모를 명시하기 곤란한 장소에 가는 파선으로 표시
조곡선	간곡선 간격의 $\frac{1}{2}$ 간격으로 그리는 곡선으로 불규칙한 지형을 표시 (주곡선 간격의 $\frac{1}{4}$ 간격으로 그리는 곡선)
계곡선	주곡선 5개마다 1개씩 그리는 곡선으로 표고의 읽음을 쉽게 하고 지모의 상태를 명시하기 위해 굵은 실선으로 표시

나. 등고선의 간격 앞기 주간조계

축척 등고선 종류	기호	1/5,000	1/10,000	1/25,000	1/50,000
㉰곡선	가는 실선	5	5	10	20
㉮곡선	가는 파선	2.5	2.5	5	10
㉯곡선 (보조곡선)	가는 점선	1.25	1.25	2.5	5
㉱곡선	굵은 실선	25	25	50	100

8.3.2 등고선의 성질

① 동일 등고선상에 있는 모든 점은 같은 높이이다.
② 등고선은 반드시 도면 안이나 밖에서 서로 폐합한다.[그림 (a)]
③ 지도의 도면 내에서 폐합되면 가장 가운데 부분이 산꼭대기(산정) 또는 凹지(요지)가 된다.[그림 (b)]
④ 등고선은 도중에 없어지거나, 엇갈리거나[그림 (c)], 합쳐지거나[그림 (d)], 갈라지지 않는다.[그림 (e)]
⑤ 높이가 다른 두 등고선은 동굴이나 절벽의 지형이 아닌 곳에서는 교차하지 않는다.
⑥ 등고선은 경사가 급한 곳에서는 간격이 좁고 완만한 경사에서는 넓다.[그림 (g)]
⑦ 최대경사의 방향은 등고선과 직각으로 교차한다.[그림 (h)]
⑧ 분수선(능선)과 곡선(유하선)은 등고선과 직각으로 만난다.

⑨ 2쌍의 등고선의 볼록부가 상대할 때는 볼록부를 나타낸다.
⑩ 동등한 경사의 지표에서 양 등고선의 수평거리는 같다.
⑪ 같은 경사의 평면일 때는 나란한 직선이 된다.
⑫ 등고선이 능선을 직각방향으로 횡단한 다음 능선 다른 쪽을 따라 거슬러 올라간다.
⑬ 등고선의 수평거리는 산꼭대기 및 산 밑에서는 크고 산중턱에서는 작다.

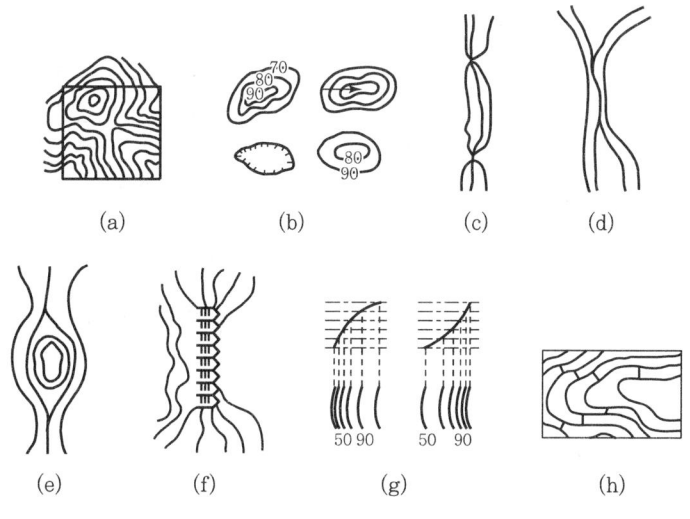

[등고선의 성질]

8.3.3 등고선도의 이용
① 노선의 도상 선정
② 성토, 절토의 범위 결정
③ 집수면적의 측정
④ 댐의 유수량 측정
⑤ 지형의 경사 결정

8.3.4 지성선(Topographical Line)
지표는 많은 凸선, 凹선, 경사변환선, 최대경사선으로 이루어졌다고 생각할 때 이 평면의 접합부, 즉 접선을 말하며 지세선이라고도 한다.

능선(凸선), 분수선	지표면의 높은 곳을 연결한 선으로 빗물이 이것을 경계로 좌우로 흐르게 되므로 분수선 또는 능선이라 한다.
계곡선(凹선), 합수선	지표면이 낮거나 움푹 패인 점을 연결한 선으로 합수선 또는 합곡선이라 한다.

경사변환선	동일 방향의 경사면에서 경사의 크기가 다른 두 면의 접합선을 경사변환선이라 한다.(등고선 수평간격이 뚜렷하게 달라지는 경계선)
최대경사선(유하선)	지표의 임의의 한 점에 있어서 그 경사가 최대로 되는 방향을 표시한 선으로 등고선에 직각으로 교차하며 물이 흐르는 방향이라는 의미에서 유하선이라고도 한다.

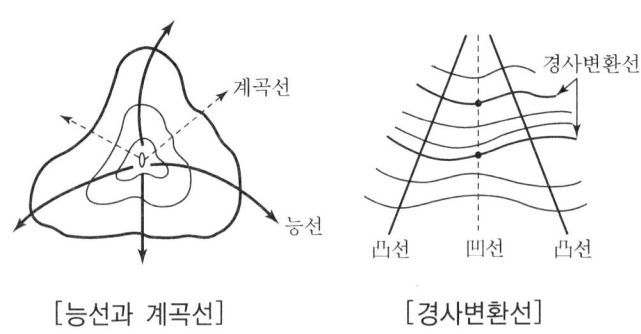

[능선과 계곡선]　　　　　[경사변환선]

8.3.5 등고선에 의한 지형도 식별

산배(山背)·산능(山稜)	산꼭대기와 산꼭대기 사이의 제일 높은 점을 이은 선으로 미근(尾根)이라 한다.
안부(鞍部)	서로 인접한 두 개의 산꼭대기가 서로 만나는 곳으로 좋은 교통로가 되는 고개부분을 말한다.
계곡(溪谷)	계곡은 凹(요)선(곡선)으로 표시되며 계곡의 종단면은 상류가 급하고 하류가 완만하게 되므로 상류가 좁고 하류가 넓게 된다.
凹(요)지와 산정(山頂)	최대경사선의 방향에 화살표를 붙여서 표시한다.
대지(臺地)	대지에서 산꼭대기는 평탄하고 사면의 경사는 급하게 되므로 등고선 간격은 상부에서는 넓고 하부에선 좁다.
선상지(扇狀地)	산간부로부터 흐른 아래의 하천이 평지에 나타나면 급한 하천경사가 완만하게 되며 그곳에 모래를 많이 쌓아두며 원추상(圓錐狀)의 경사지(傾斜地), 즉 삼각주를 구성하는 것을 말한다.
산급(山級)	산꼭대기 부근이나 凸선(능선)상에서 표시한 바와 같이 대지상(臺地狀)으로 되어 있는 것을 말하며 산급은 지형상의 요소로 기준선을 설치하기에 적당하다.
단구(段丘)	하안단구, 해안단구와 같이 계단상을 이룬 좁은 평지의 부분에서는 등고선 간격이 크게 된다. 단구는 여러 단으로 되어 있으나 급경사면과의 경계를 밝혀 식별되도록 등고선을 그린다.

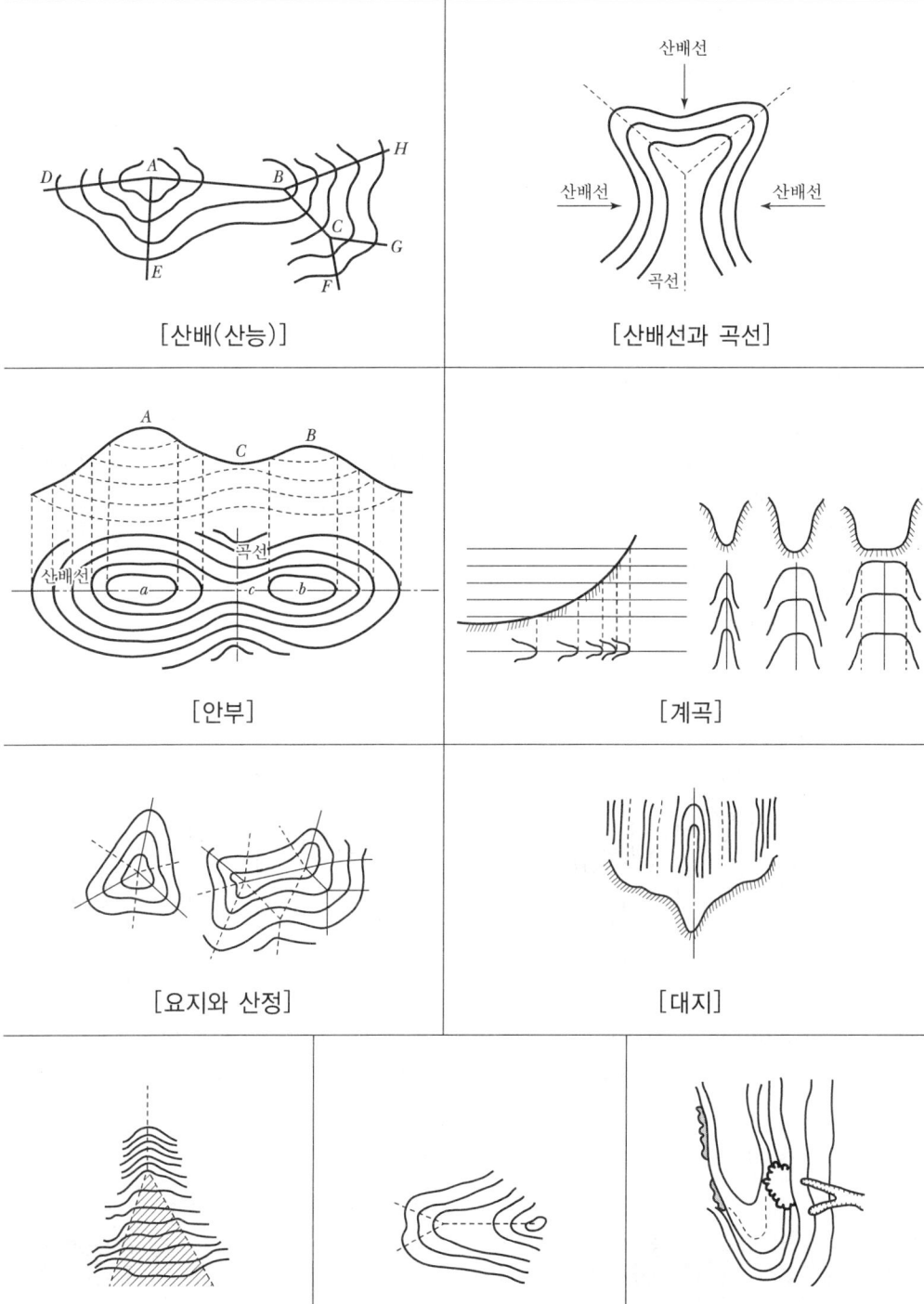

8.4 등고선의 측정방법 및 지형도의 이용

8.4.1 지형측량의 작업순서

측량계획 → 답사 및 선점 → 기준점(골조) 측량 → 세부측량 → 측량원도 작성 → 지도편집

8.4.2 측량계획, 답사 및 선점시 유의사항

① 측량범위, 축척, 도식 등을 결정한다.
② 지형도 작성을 위해서 가능한 자료를 수집한다.
③ 작업의 용이성, 시간, 비용, 정밀도 등을 고려하여 선점한다.
④ 날씨 등의 외적 조건의 변화를 고려하여 여유 있는 작업 일지를 취한다.
⑤ 측량의 순서, 측량 지역의 배분 및 연결방법 등에 대해 작업원 상호의 사전조정을 한다.
⑥ 가능한 한 초기에 오차를 발견할 수 있는 작업방법과 계산방법을 택한다.

8.4.3 등고선의 측정방법

가. 기지점의 표고를 이용한 계산법

기지점의 표고를 이용한 계산법	$D : H = d_1 : h_1$ $\therefore d_1 = \dfrac{D}{H} \times h_1$ $D : H = d_2 : h_2$ $\therefore d_2 = \dfrac{D}{H} \times h_2$ $D : H = d_3 : h_3$ $\therefore d_3 = \dfrac{D}{H} \times h_3$
목측에 의한 방법	현장에서 목측에 의해 점의 위치를 대충 결정하여 그리는 방법으로, 1/10,000 이하의 소축척의 지형 측량에 이용되며 많은 경험이 필요하다.
방안법 (좌표점고법)	각 교점의 표고를 측정하고 그 결과로부터 등고선을 그리는 방법으로, 지형이 복잡한 곳에 이용한다.
종단점법	지형상 중요한 지성선 위의 여러 개의 측선에 대하여 거리와 표고를 측정하여 등고선을 그리는 방법으로, 비교적 소축척의 산지 등의 측량에 이용한다.
횡단점법	노선측량의 평면도에 등고선을 삽입할 경우에 이용되며 횡단측량의 결과를 이용하여 등고선을 그리는 방법이다.

8.4.4 지형도의 이용 암기 방위경거단면체

① 방향 결정
② 위치 결정
③ 경사 결정(구배계산)

   ㉠ 경사$(i) = \dfrac{H}{D} \times 100\,(\%)$

   ㉡ 경사각$(\theta) = \tan^{-1} \dfrac{H}{D}$

④ 거리 결정
⑤ 단면도제작
⑥ 면적 계산
⑦ 체적계산(토공량 산정)

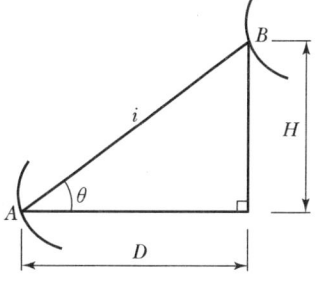

[등경사선의 계산]

8.5 등고선의 오차

최대수직위치오차	$\Delta H = dh + dl \cdot \tan\theta$
최대수평위치오차	$\Delta D = dh \cdot \cot\theta + dl$

[등고선의 오차]

8.5.1 적당한 등고선 간격

거리(dl) 및 높이(dh) 오차가 클 경우 인접하는 등고선이 서로 겹치게 되므로 이를 방지하기 위하여 도상에서 관측한 표고오차의 최대값은 등고선 간격의 1/2을 초과하지 않도록 규정한다.

적당한 등고선 간격	$H \geq 2(dh + dl \cdot \tan\theta)$ 여기서, dh : 높이관측오차 dl : 수평위치오차(도상위치오차×m) θ : 토지의 경사
등고선의 최소간격	$d = 0.25M\,(\text{mm})$

예상 및 기출문제

CHAPTER 08

1. 축척 1/50,000 지형도에서 등고선 간격을 20m로 할 때 도상에서 표시될 수 있는 최소 간격을 0.45mm로 할 경우 등고선으로 표현할 수 있는 최대 경사각은?

㉮ 40.1° ㉯ 41.6° ㉰ 44.6° ㉱ 46.1°

해설 실제거리 $= 50,000 \times 0.00045 = 22.5m$

경사각 $= \tan^{-1} \dfrac{20}{22.5} = 41.6°$

2. 우리나라 1 : 50,000 지형도의 간곡선 간격으로 옳은 것은?

㉮ 5m ㉯ 10m ㉰ 20m ㉱ 25m

해설

구분	1 : 10,000	1 : 25,000	1 : 50,000
주곡선	5m	10m	20m
간곡선	2.5m	5m	10m
조곡선	1.25m	2.5m	5m
계곡선	25m	50m	100m

3. 지형의 표시방법 중 태양 광선이 서북쪽에서 경사 45도의 각도로 비춘다고 가정하여 지표의 기복에 대하여 그 명암을 2~3색 이상으로 도면에 채색해 기복의 모양을 표시하는 방법은?

㉮ 음영법 ㉯ 점고법 ㉰ 등고선법 ㉱ 채색법

해설 지형의 표시법

자연적 도법	영선법(우모법) (Hachuring)	"게바"라 하는 단선상(短線上)의 선으로 지표의 기본을 나타내는 것으로 게바의 사이, 굵기, 방향 등에 의하여 지표를 표시하는 방법
	음영법(명암법) (Shading)	태양광선이 서북쪽에서 45°로 비친다고 가정하여 지표의 기복을 도상에서 2~3색 이상으로 채색하여 지형을 표시하는 방법으로 지형의 입체감이 가장 잘 나타남

해답 1. ㉯ 2. ㉯ 3. ㉮

부호적 도법	점고법 (Spot height system)	지표면 상의 표고 또는 수심을 숫자에 의하여 지표를 나타내는 방법으로 하천, 항만, 해양 등에 주로 이용
	등고선법 (Contour System)	동일 표고의 점을 연결한 것으로 등고선에 의하여 지표를 표시하는 방법으로 토목공사용으로 가장 널리 사용
	채색법 (Layer System)	같은 등고선의 지대를 같은 색으로 채색하여 높을수록 진하게 낮을수록 연하게 칠하여 높이의 변화를 나타내며 지리관계의 지도에 주로 사용

4. 다음 중 지형측량의 지성선에 해당되지 않는 것은?

㉮ 계곡선(합수선)　　　　　　　㉯ 능선(분수선)
㉰ 경사변환선　　　　　　　　　㉱ 주곡선

해설 지성선은 지표면이 다수의 평면으로 이루어졌다고 생각할 때 이 평면의 접합부, 즉 접선을 말하며 지세선이라고도 한다. 능선(분수선), 합수선(합곡선), 경사변환선, 최대경사선으로 나뉘며 최대경사선(유하선)은 지표의 임의의 한 점에 있어서 그 경사가 최대로 되는 방향을 표시한 선을 말하며, 등고선에 직각으로 교차한다.

5. 지형을 표시하는 일반적인 방법으로 옳지 않은 것은?

㉮ 음영법　　　㉯ 영선법　　　㉰ 등고선법　　　㉱ 조감도법

해설 지형의 표시방법
① 자연도법 : 영선법(형선법), 음영법
② 부호적 도법 : 점고법, 등고선법, 채색법
③ 등고선의 간접측량방법에는 종단점법, 횡단점법, 정방형 분할법, 지형상 주요한 점을 취하는 방법이 있다.
　㉠ 종단점법 : 기지점으로부터 몇 개의 측선을 설정하고 그 선상의 지반고와 거리를 재고 등고선을 삽입하는 방법
　㉡ 횡단점법 : 노선측량에서 많이 사용되는 방법으로 중심선을 설치하고 이를 기준으로 좌우에 직각방향으로 측정하여 등고선을 삽입하는 방법
　㉢ 방안법 : 한 측정구역을 정방형 또는 구형으로 나누어 각 교점의 위치를 결정하고 등고선을 삽입하는 방법
　㉣ 방사절측법 : 트랜싯을 사용하여 경사가 변화하는 점을 측정하고 그 사이에 등간격으로 등고선을 삽입하는 방법
　㉤ 목측법 : 지성선을 이용하여 등고선의 성질에 의해 2점 간의 등고선이 지나는 위치를 목측에 의해 정하고 이를 연결하여 등고선을 삽입하는 방법. 1/10000 이하의 소축척의 측량에 많이 이용된다.

6. 지형의 표시방법에 해당되지 않는 것은?

㉮ 영선법　　　㉯ 등고선법　　　㉰ 독립모델법　　　㉱ 점고법

해설 5번 문제 해설 참조

해답 4. ㉱　5. ㉱　6. ㉰

7. 그림과 같은 지형표시법을 무엇이라고 하는가?

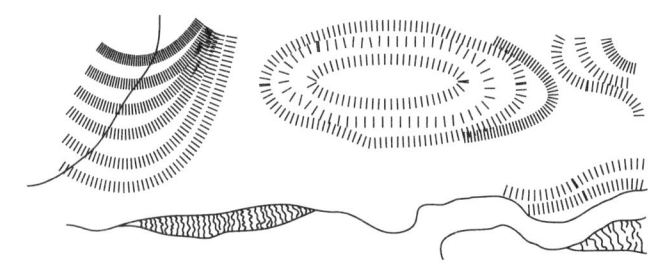

㉮ 영선법   ㉯ 음영법   ㉰ 채색법   ㉱ 등고선법

해설 지형의 표시방법
① 자연적인 도법
  ㉠ 영선법(게바법 : 우모법) : 게바라고 하는 선을 이용하여 지표의 기복을 표시하는 방법으로 기복의 판별은 좋으나 정확도가 낮다.
  ㉡ 음영법(명암법)
    • 태양광선이 서북쪽에서 경사 45°로 비춘다고 가정하여 지표의 기복을 도상에 2~3색 이상으로 지형의 기복을 표시하는 방법
    • 지형의 입체감이 가장 잘 나타나는 방법
    • 고저차가 크고 경사가 급한 곳에 주로 사용한다.
② 부호적인 도법
  ㉠ 점고법 : 지표면상에 있는 임의의 점의 표고를 도상에 숫자로 표시해 지표를 나타내는 방법. 하천, 항만, 해양 등의 심천을 나타내는 경우에 주로 사용한다.
  ㉡ 등고선법 : 등고선은 동일 표고의 점을 연결한 것으로 등고선에 의하여 지표를 표시. 정확성을 요하는 지도에 사용함을 원칙으로 하며 토목공사용으로 가장 널리 사용한다.
  ㉢ 채색법 : 같은 등고선의 지대를 같은 색으로 칠하여 표시하는 방법이다. 지리관계의 지도나 소축척의 지형도에 사용되며 높을수록 진하게 낮을수록 연하게 칠한다.

8. 지형의 표시방법과 등고선에 관한 설명으로 옳지 않은 것은?
  ㉮ 등고선간격이 20m라 함은 수직방향 거리를 의미한다.
  ㉯ 지형표시 방법에는 음영법, 영선법, 등고선법 등이 있다.
  ㉰ 등고선은 폐합되지 않는다.
  ㉱ 동일 등고선상의 모든 점은 높이가 같다.

해설 등고선은 한 도곽 내에서 반드시 폐합한다.

9. 등고선의 간격이 2m인 지형도에서 100m 등고선상의 a점과 140m 등고선상의 B점 간을 일정 기울기 7%의 도로로 만들면 AB 간 도로의 실제 경사거리는?
  ㉮ 572.83m   ㉯ 515.53m
  ㉰ 472.83m   ㉱ 415.53m

해답 7. ㉮   8. ㉰   9. ㉮

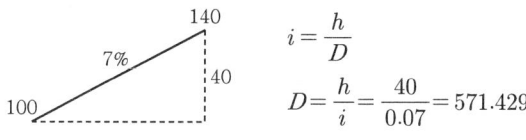

해설

고저차 $=140-100=40$

수평거리 $\Rightarrow \dfrac{7}{100}=\dfrac{40}{\text{수평거리}}=\dfrac{100}{7}\times 40=571.429$

경사거리 $=\sqrt{571.429^2+40^2}=572.83\text{m}$

$i=\dfrac{h}{D}$

$D=\dfrac{h}{i}=\dfrac{40}{0.07}=571.429$

10. 축척이 1/5000인 지형도에서 경사가 10%일 때 도상 등고선 간 수평거리는 얼마인가?(단, 등고선 간격은 5m이다.)

㉮ 1cm ㉯ 2cm
㉰ 5cm ㉱ 10cm

해설 구배 $=\dfrac{\text{높이}}{\text{수평거리}}$

$D=\dfrac{h}{i}=\dfrac{5}{0.1}=50\text{m}$

따라서 도상거리 $=\dfrac{50\times 1,000}{5,000}=10\text{mm}=1\text{cm}$

[별해] 경사도(구배) $=\dfrac{\text{높이}(H)}{\text{거리}(D)}=\dfrac{10\%}{100}=\dfrac{1}{10}$

∴ $D=10\times H$

여기서, $H=5\text{m}$이므로 실제거리는 $10\times 5=50\text{m}$

도상거리는 $\dfrac{1}{m}=\dfrac{\text{도상거리}}{\text{실제거리}}$

$\dfrac{1}{5,000}=\dfrac{x}{50}$

$x=\dfrac{50}{5,000}=0.01\text{m}=1\text{cm}$

11. 몇 개의 등고선이 저위부에 밀집하고 고위부에서 떨어지는 경우의 지형은?

㉮ 등경사면 ㉯ 凹형 사면
㉰ 凸형 사면 ㉱ 계단상 사면

해설 사면의 5가지 유형
① 등경사면 : 등고선 상호의 거리가 같은 사면
② 철형(凸)사면 : 상부에서는 등고선 간의 거리가 넓고 하부에서는 좁은 사면
③ 요형(凹)사면 : 상부에서는 등고선 간의 거리가 좁고 하부에서는 넓은 사면
④ 요철사면 : 등고선 상호거리에 광협이 있는 사면경사변환점
⑤ 계단상 사면 : 그 형상이 계단상인 사면·평탄부의 상황을 표시하기 위해 필요에 따라서 간곡선, 조곡선 등을 사용하며 하안단구 등에서 볼 수 있는 지형

해답 10. ㉮ 11. ㉰

12. 경사거리가 500m이고 고저차가 100m인 지표상 두 점을 축척 1/25,000 지형도에 제도하려면 이 두 점 간의 도상거리는 약 얼마인가?

㉮ 1cm ㉯ 2cm
㉰ 3cm ㉱ 4cm

해설

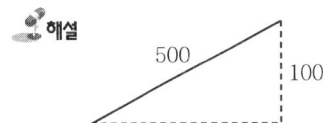

수평거리 $D = \sqrt{L^2 - h^2} = \sqrt{500^2 - 100^2} = 489.89 ≒ 490$

도상거리 $= \dfrac{L}{m} = \dfrac{490}{25,000} = 0.0196\text{m} = 2\text{cm}$

13. 지형도상에 등고선을 기입하는 방법이 아닌 것은?

㉮ 종단점법 ㉯ 방안법 ㉰ 횡단측량법 ㉱ 영선법

해설 지형의 표시방법
① 자연도법 : 영선법(형선법), 음영법
② 부호적 도법 : 점고법, 등고선법, 채색법
③ 등고선의 간접측량방법에는 종단점법, 횡단점법, 정방형 분할법, 지형상 주요한 점을 취하는 방법이 있다
  ㉠ 종단점법 : 기지점으로부터 몇 개의 측선을 설정하고 그 선상의 지반고와 거리를 재고 등고선을 삽입하는 방법
  ㉡ 횡단점법 : 노선측량에서 많이 사용되는 방법으로 중심선을 설치하고 이를 기준으로 좌우에 직각방향으로 측정하여 등고선을 삽입하는 방법
  ㉢ 방안법 : 한 측정구역을 정방형 또는 구형으로 나누어 각 교점의 위치를 결정하고 등고선을 삽입하는 방법
  ㉣ 방사절측법 : 트랜싯을 사용하여 경사가 변화하는 점을 측정하고 그 사이에 등간격으로 등고선을 삽입하는 방법
  ㉤ 목측법 : 지성선을 이용하여 등고선의 성질에 의해 2점 간의 등고선이 지나는 위치를 목측에 의해 정하고 이를 연결하여 등고선을 삽입하는 방법. 1/10000 이하의 소축척의 측량에 많이 이용된다.

14. 1/25,000의 지형도에서 등고선으로 나타낼 수 있는 최대의 경사각은 얼마인가?(단, 등고선의 위치오차는 0.25mm이고 등고선 간격은 10m이다.)

㉮ 57°59′41″ ㉯ 43°30′41″
㉰ 38°39′41″ ㉱ 24°30′41″

해설 먼저 수평거리를 구하면 실제거리=축척×도상거리=25,000×0.0025=6.25m

경사각은 $\theta = \tan^{-1}\dfrac{10}{6.25} = 57°59′40.62″$

15. A점의 표고가 128m, B점의 표고가 155m인 등경사지형에서 A점으로부터 표고 130m 등고선까지의 거리는?(단, AB의 거리는 250m이다.)

㉮ 2.00m   ㉯ 18.52m   ㉰ 111.11m   ㉱ 203.70m

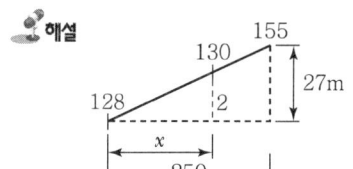

A점 표고 = 128m
B점 표고 = 155m
B점 표고 − A점의 표고 = 27m
A점으로부터의 130 등고선의 표고 = 130m − 128m = 2m
비례식으로 풀면 27 : 250 = 2 : x
$x = \dfrac{250 \times 2}{27} = 18.518\text{m}$

16. 지형도의 도식과 기호가 만족하여야 할 조건에 대한 설명으로 옳지 않은 것은?

㉮ 간단하면서도 그리기 용이해야 한다.
㉯ 지물의 종류가 기호로써 명확히 판별될 수 있어야 한다.
㉰ 지도가 깨끗이 만들어지며 도식의 의미를 잘 알 수 있어야 한다.
㉱ 지도의 사용목적과 축척의 크기에 관계없이 모두 동일한 모양과 크기로 빠짐 없이 표시하여야 한다.

① 지형도 : 지면상의 자연 및 인공적인 지물, 지모 등을 일정한 축척과 도식으로 표현한 지도를 말한다.
② 도식 : 지도를 제작하는 데 있어서 모든 지형지물의 표시를 위한 기호 및 규정 등 일체를 통틀어서 도식이라 하고, 이 도식을 규정화한 것이 도식규정이다.

17. 우리나라의 1/25,000 지형도에서 계곡선의 간격은?

㉮ 10m   ㉯ 20m   ㉰ 50m   ㉱ 100m

등고선의 종류	등고선 간격		
	1/10,000	1/25,000	1/50,000
계곡선	25m	50m	100m
주곡선	5m	10m	20m
간곡선	2.5m	5m	10m
조곡선	1.25m	2.5m	5m

18. 태양광선이 서북쪽에서 비친다고 가정하고, 지표의 기복에 대해 명암으로 입체감을 주는 지형표시방법은?

㉮ 음영법   ㉯ 단채법   ㉰ 점고법   ㉱ 등고선법

해설 음영법
① 태양광선이 서북쪽에서 경사 45°로 비친다고 가정하여 지표의 기복을 도상에 2~3색 이상으로 지형의 기복을 표시하는 방법
② 지형의 입체감이 가장 잘 나타나는 방법
③ 고저차가 크고 경사가 급한 곳에 주로 사용

19. 지형측량에서 산지의 형상, 토지의 기복 등 지형을 표시하는 방법이 아닌 것은?
㉮ 등고선법   ㉯ 방사법   ㉰ 음영법   ㉱ 영선법

해설 지형의 표시방법
① 자연적인 도법
  ㉠ 영선법(게바법 : 우모법) : 게바라고 하는 선을 이용하여 지표의 기복을 표시하는 방법으로 기복의 판별은 좋으나 정확도가 낮다.
  ㉡ 음영법(명암법)
    • 태양광선이 서북쪽에서 경사 45°로 비친다고 가정하여 지표의 기복을 도상에 2~3색 이상으로 지형의 기복을 표시하는 방법
    • 지형의 입체감이 가장 잘 나타나는 방법
    • 고저차가 크고 경사가 급한 곳에 주로 사용한다.
② 부호적인 도법
  ㉠ 점고법 : 지표면상에 있는 임의의 점의 표고를 도상에 숫자로 표시해 지표를 나타내는 방법. 하천, 항만, 해양 등의 심천을 나타내는 경우에 주로 사용
  ㉡ 등고선법 : 등고선은 동일 표고의 점을 연결한 것으로 등고선에 의하여 지표를 표시. 정확성을 요하는 지도에 사용함을 원칙으로 하며 토목공사용으로 가장 널리 사용
  ㉢ 채색법 : 같은 등고선의 지대를 같은 색으로 칠하여 표시하는 방법이다. 지리관계의 지도나 소축척의 지형도에 사용되며 높을수록 진하게 낮을수록 연하게 칠한다.

20. 지형도의 이용과 가장 거리가 먼 것은?
㉮ 종단면도 및 횡단면도의 작성
㉯ 도로, 철도, 수로 등의 도상 선정
㉰ 집수면적의 측정
㉱ 간접적인 지적도 작성

해설 지형도의 이용
① 종단면도 및 횡단면도 작성 : 지형도를 이용하여 기준점이 되는 종단점을 정하여 종단면도를 만들고 종단면도에 의해 횡단면도를 작업하여 토량산정에 의해 절토, 성토량을 구하여 공사에 필요한 자료를 근사적으로 얻을 수 있다.
② 저수량의 결정
③ 하천의 유역면적 산정
④ 토공량 산정(성토 및 절토 범위 관측)
⑤ 노선의 도상 선정

21. 축척 1 : 5,000 지형도에 등재하는 등고선 중 조곡선의 간격은?
㉮ 10m   ㉯ 5m   ㉰ 2.5m   ㉱ 1.25m

구분	1:5,000	1:10,000	1:25,000	1:50,000
주곡선	5	5	10	20
간곡선	2.5	2.5	5	10
조곡선	1.25	1.25	2.5	5
계곡선	25	25	50	100

22. 지형도에서 A점은 200m 등고선 위에 있고 B점은 220m 등고선 위에 있다. 두 점 사이의 경사가 20%이면 두 점 사이의 수평거리는?

㉮ 100m ㉯ 120m ㉰ 150m ㉱ 200m

해설 비례식에 의하여 $100:20=x:20$

$$x = \frac{100}{20} \times 20 = 100\text{m}$$

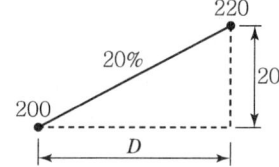

$D = \dfrac{h}{i} = \dfrac{20}{0.2} = 100\text{m}$

23. 하천, 호수, 항만 등의 수심을 나타내기에 가장 적합한 지형표시방법은?

㉮ 단채법   ㉯ 점고법
㉰ 영선법   ㉱ 등고선법

해설 ① 영선법
- 지면의 최대 경사방향에 단선상의 선을 그어 급경사는 굵고 짧게, 완경사는 가늘고 길게 표시하는 방법
- 수치적인 고저를 표시할 경우나 제도 등이 곤란

② 음영법
- 태양광선이 서북쪽에서 경사 45도의 각도로 비친다고 가정하고 지표의 기복에 대하여 그 명암을 채색하여 표시하는 방법
- 지리학, 지질학 등에 널리 사용되며 등고선과 영선법을 병용하는 경우도 있다

③ 채색법 : 등고선 간 대상의 부분을 색으로 채색하여 높이의 변화를 나타낸다.

④ 점고법 : 지표면 또는 수면상에 일정한 간격으로 점의 표고 또는 수심을 도상에 숫자로 기입하는 방법
- 하천, 항만 등에 사용

⑤ 등고선법
- 등고선은 지표면에서 동일한 같은 높이의 점을 연결한 선을 말하며 수평곡선이라고도 한다.
- 고저차뿐 아니라 지표경사의 완급 및 임의 방향의 경사를 구하기가 용이하므로 토목공사용으로 많이 사용된다.

해답 22. ㉮ 23. ㉯

24. 지상의 A 점의 표고가 300m, B점의 표고가 800m이며, AB의 경사가 25%일 때 두 지점의 1 : 50,000 지형도상 거리는?

㉮ 2cm ㉯ 4cm ㉰ 6cm ㉱ 8cm

해설

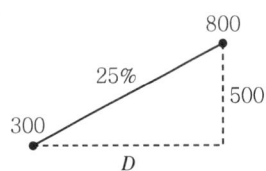

경사 = $\dfrac{\text{고저차}}{\text{수평거리}}$ 이므로,

$i = \dfrac{h}{D}$ 에서 $D = \dfrac{h}{i} = \dfrac{500}{0.25} = 2,000$

$\dfrac{1}{m} = \dfrac{l}{L}$ 에서 $l = \dfrac{L}{m} = \dfrac{2,000}{50,000} = 0.04\text{m} = 4\text{cm}$

25. 짧은 선의 간격, 굵기, 길이 및 방향 등으로 지표의 기복을 나타내는 것으로 우모법이라고도 하는 지형 표시 방법은?

㉮ 점고법 ㉯ 등고선법 ㉰ 영선법 ㉱ 채색법

해설 지형의 표시방법

1. 자연도법
   - 영선법 : 급경사는 선이 굵고, 완만하면 선이 가늘며 길게 된 새털모양으로 표시한다.
   - 음영법 : 태양광선이 서북쪽에서 경사 45도의 각도로 비친다고 가정하고 지표의 기복에 대하여 그 명암을 채색하여 표시하는 방법
2. 부호적 도법
   - 점고법 : 지표면상의 어떠한 점들의 표고를 도면상에 숫자로 표시하는 방법으로, 해도, 하천, 항만 등에 이용
   - 등고선법 : 동일한 높이의 점을 곡선으로 연결하여 표시하는 방법. 등고선에 의하여 지표를 표시하므로 비교적 정확한 지표의 표현방법이다.
   - 채색법 : 지표의 기복에 대해 그 명암을 도상에 2~3색 이상으로 채색하여 지형을 표시하는 방법

26. 지형도에 표시하는 주곡선의 기호로 옳은 것은?

㉮ 굵은 실선 ㉯ 가는 실선 ㉰ 가는 파선 ㉱ 가는 점선

해설 등고선의 종류
- 주곡선 : 기본선으로 가는 실선으로 표현
- 간곡선 : 가는 파선으로 표현
- 조곡선 : 가는 점선으로 표현
- 계곡선 : 주곡선 5개마다 굵은 실선으로 표현

27. 축척 1 : 3,000의 지형도 편찬을 하는데 축척 1 : 500 지형도를 이용하였다면 1 : 3,000 지형도의 1도면에 1 : 500 지형도가 몇 매 필요한가?

㉮ 36매 ㉯ 25매 ㉰ 6매 ㉱ 5매

해설 축척비=3,000/500=6매, 면적비=6×6=36매

예상 및 기출문제

28. 지형도를 활용하여 작성할 수 있는 자료와 가장 거리가 먼 것은?
   ㉮ 등경사선의 관측
   ㉯ 토지경계의 결정
   ㉰ 성토 범위의 결정
   ㉱ 유역면적의 계산

   해설 지형도 이용
   ① 방향 결정   ② 위치 결정   ③ 경사 결정   ④ 거리 결정
   ⑤ 단면도 작성   ⑥ 면적 계산   ⑦ 체적 계산

29. 지형측량을 하려면 기본삼각점 만으로는 기준점이 부족하므로 삼각점을 기준으로 하여 지형측량에 필요한 측점을 설치하는데 이 점을 무엇이라고 하는가?
   ㉮ 이기점   ㉯ 방향변환점   ㉰ 도근점   ㉱ 경사변환점

   해설
   · 도근점 : 지형도를 만들 때 필요한 측량을 하기 위한 측점
   · 경사변환점 : 경사변환선과 분수선과 합수선의 교점

30. 건설현장 중 부지의 정지 작업을 위한 토량 산정 또는 저수지의 용량 등을 측정하는데 주로 사용되는 방법은?
   ㉮ 영선법   ㉯ 음영법   ㉰ 채색법   ㉱ 등고선법

   해설 ① 영선법
   · 지면의 최대 경사방향에 단선상의 선을 그어 급경사는 굵고 짧게, 완경사는 가늘고 길게 표시하는 방법
   · 수치적인 고저를 표시할 경우나 제도 등이 곤란
   ② 음영법
   · 태양광선이 서북쪽에서 경사 45도의 각도로 비친다고 가정하고 지표의 기복에 대하여 그 명암을 채색하여 표시하는 방법
   · 지리학, 지질학 등에 널리 사용되며 등고선과 영선법을 병용하는 경우도 있다.
   ③ 채색법 : 등고선 간 대상의 부분을 색으로 채색하여 높이의 변화를 나타낸다.
   ④ 점고법 : 지표면 또는 수면상에 일정한 간격으로 점의 표고 또는 수심을 도상에 숫자로 기입하는 방법
   · 하천, 항만 등에 사용
   ⑤ 등고선법
   · 등고선은 지표면에서 동일한 같은 높이의 점을 연결한 선을 말하며 수평곡선이라고도 한다.
   · 고저차뿐 아니라 지표경사의 완급 및 임의 방향의 경사를 구하기가 용이하므로 토목공사용으로 많이 사용된다.

31. 축척 1 : 2,500, 등고선 간격 2m, 경사 5%일 때 등고선 간의 수평거리 L의 도상길이는?
   ㉮ 1.4cm   ㉯ 1.6cm   ㉰ 1.8cm   ㉱ 2.0cm

해답 28. ㉯   29. ㉰   30. ㉱   31. ㉯

해설 $i = \dfrac{h}{D}$, $D = \dfrac{h}{i} = \dfrac{2}{0.05} = 40\text{m}$

32. 축척 1 : 500 지형도를 기초로 하여 같은 크기의 축척 1 : 2,500의 지형도를 작성하려 한다. 1 : 2,500 지형도의 한 도면을 작성하기 위해서 필요한 1 : 500 지형도의 매수는?

㉮ 5매　　㉯ 10매　　㉰ 15매　　㉱ 25매

해설 축척비=2,500/500=5배, 면적비=가로×세로=5×5=25매

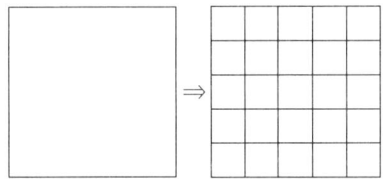

∴ 총 25매가 필요하다.

33. 지성선 중에서 빗물이 이것을 따라 좌우로 흐르게 되는 선으로 지표면이 높은 곳의 꼭대기 점을 연결한 선은?

㉮ 합수선(계곡선)　　㉯ 분수선(능선)
㉰ 경사변환선　　㉱ 최대경사선

해설 지성선 중 합수선은 계곡선으로 지표면이 낮거나 움푹 패인 점을 연결한 선으로 합수선, 곡선 또는 합곡선이라고 한다.
- 계곡선 : 등고선을 읽기 쉽게 일정한 수의 등고선(주곡선)에 1개씩 굵게 나타낸 선
- 경사변환선 : 지표경사가 바뀌는 경계선
- 최대경사선 : 산비탈에서 경사각이 최대가 되는 선

34. 지형도의 지형 표시방법과 거리가 먼 것은?

㉮ 모형도법　　㉯ 영선법
㉰ 채색법　　㉱ 점고법

해설 자연도법
1. 영선법
   - 지면의 최대 경사방향에 단선상의 선을 그어 급경사는 굵고 짧게, 완경사는 가늘고 길게 표시하는 방법
   - 경사가 급하면 선이 굵고 완만하면 선이 가늘며 길게 된 새털모양으로 표시
2. 음영법(명암법)
   - 고저차가 크고 경사가 급한 곳에 주로 사용
   - 빛이 지표에 비치면 지표기복의 형상에 따라서 명암이 생기는 원리를 이용한 것

부호적 도법
1. 점고법
   • 하천, 항만, 해양 등의 심천을 나타내는 경우에 사용
   • 지표면 또는 수면상에 일정한 간격으로 점의 표고 또는 수심을 도상에 숫자로 기입하는 방법
2. 등고선법 : 등고선에 의하여 지표를 표시하는 방법

35. 1 : 25,000 지형도에서 산 정상으로부터 산 밑까지의 도상 수평거리가 6cm일 때, 산 정상의 표고가 928m, 산 밑의 표고가 628m라 하면, 사면의 경사는?

㉮ 1/3   ㉯ 1/5   ㉰ 1/7   ㉱ 1/9

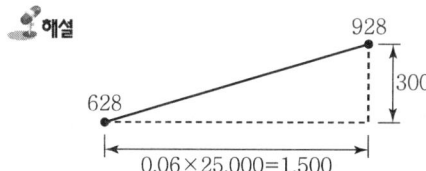

실거리=6cm×25,000=150,000=1,500m
높이차=928−628=300
∴ 300/1,500

36. A점의 지반고가 15.4m, B점의 지반고가 18.9m일 때 A점으로부터 지반고가 17m인 지점까지의 수평거리는?(단, AB 간의 수평거리는 40m이고, 등경사 지형이다.)

㉮ 20.3m   ㉯ 19.3m   ㉰ 18.3m   ㉱ 17.3m

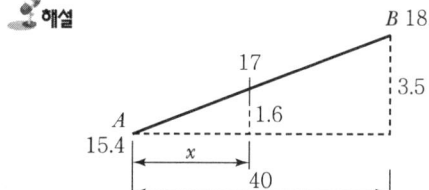

$H=18.9-15.4=3.5$
$H=17.0-15.4=1.6$
그러므로 $40 : 3.5 = x : 1.6$
$x = 40/3.5 \times 1.6 = 18.3m$

37. 지형의 표시 방법 중 자연적 도법에 해당되는 것으로 우모법이라고도 하는 것은?

㉮ 영선법   ㉯ 등고선법   ㉰ 점고법   ㉱ 채색법

해설 게바라고 하는 선을 이용하여 지표의 기복을 표시하는 방법으로 기복의 판별은 좋으나 정확도가 낮다.

38. 다음 중 1/50,000 지형도에서 등고선의 간격이 5m로 표시되는 것은?

㉮ 조곡선   ㉯ 간곡선   ㉰ 계곡선   ㉱ 주곡선

구분	$\frac{1}{10,000}$	$\frac{1}{25,000}$	$\frac{1}{50,000}$
주곡선	5m	10m	20m
간곡선	2.5	5	10
조곡선	1.25	2.5	5
계곡선	25	50	100

해답 35. ㉯ 36. ㉰ 37. ㉮ 38. ㉮

39. 우리나라 1 : 5,000 지형도에서 1,001m과 1,101m 사이에 계곡선은 몇 개 들어 있는가?
　㉮ 2　　　　　㉯ 4　　　　　㉰ 10　　　　　㉱ 20

　해설

등고선의 간격	1/10,000	1/25,000	1/50,000
주곡선	5(m)	10(m)	20(m)
간곡선	2.5	5	10
조곡선	1.25	2.5	5
계곡선	25	50	100

$\dfrac{1,100-1,025}{25}+1=4$개

40. 지성선 중 지표면이 낮거나 움푹 패인 점을 연결한 선으로 합수선이라고도 하는 것은?
　㉮ 능선　　　　　　　　　　㉯ 계곡선
　㉰ 경사변환선　　　　　　　㉱ 최대경사선

　해설　① 계곡선은 지표가 낮거나 움푹 패인 점을 연결한 선으로 합수선이라고도 한다.
　　　　② 경사변환선은 같은 방향으로 비탈지고 있으나 경사가 틀린 두 면의 접합선이다.

41. 지형도로서 활용할 수 없는 것은?
　㉮ 면적의 계산　　　　　　　㉯ 토량의 계산
　㉰ 토지의 기복상태의 조사　　㉱ 지적도의 복원

　해설　지형측량이란 지구표면상의 자연 및 인위적인 지물·모양, 즉 도로, 철도, 하천 또는 산정, 구릉, 계곡, 평야의 상호 관계위치를 측정하여 일정한 축척과 도식에 의하여 지형도를 작성하는 것

42. 등고선의 간접 측량방법이 아닌 것은?
　㉮ 사각형 분할법(좌표점법)　　　㉯ 기준점법(종단점법)
　㉰ 원곡선법　　　　　　　　　　㉱ 횡단점법

　해설　지형측량에서 등고선의 측정방법에는 직접측정방법과 간접측정방법이 있다. 직접측정방법에는 레벨 또는 핸드레벨에 의한 방법과 평판에 의한 방법이 있으며, 간접측정방법에서는 방사절측법, 목측에 의한 방법, 방안법(좌표점고법, 모눈종이법), 기준점법(종단점법), 횡단점법이 있다.

43. 축척 1 : 25,000인 지형도에서 A점의 표고는 80m이고, B점의 표고는 140m이며 두 점 간의 거리가 도상에서 15.7cm일 때 경사는?
　㉮ 1/63.2　　　　　　　　　㉯ 1/65.0
　㉰ 1/65.2　　　　　　　　　㉱ 1/65.4

해답 39. ㉯　40. ㉯　41. ㉱　42. ㉰　43. ㉱

해설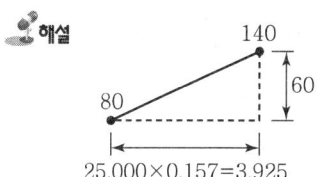

먼저 수평거리를 구하면 실제거리
=축척×도상거리=25,000×0.157=3,925m이므로
경사는 높이/수평거리=60/3,925=0.01529=1/65.4

44. 지형도에 표현되는 지형을 지모와 지물로 구분할 때 지물에 해당되는 것은?

㉮ 도로 ㉯ 계곡 ㉰ 평야 ㉱ 산정

해설 지형측량에서 지물은 도로, 철도, 시가지, 촌락, 하천, 해안을 말한다.

45. 지상 1km²의 면적이 지도상에서 16cm²로 표시되는 축척으로 옳은 것은?

㉮ 1/20,000 ㉯ 1/25,000 ㉰ 1/50,000 ㉱ 1/100,000

해설 축척=16cm²/1km²
=4cm×4cm/1,000×1,000=0.04/1,000=1/25,000

46. 우리나라 1 : 5,000 기본도에 사용하는 지형(높이)의 표시방법은?

㉮ 음영법 ㉯ 영선법 ㉰ 단채법 ㉱ 등고선법

해설 지형표시방법
① 영선법
   • 지면의 최대 경사방향에 단선상의 선을 그어 급경사는 굵고 짧게 완경사는 가늘고 길게 표시하는 방법
   • 수치적인 고저를 표시할 경우나 제도 등이 곤란
② 음영법
   • 태양광선이 서북쪽에서 경사 45°의 각도로 비친다고 가정하고 지표의 기복에 대하여 그 명암을 채색하여 표시하는 방법
   • 지리학, 지질학 등에 널리 사용되며 등고선과 영선법을 병용하는 경우도 있다.
③ 단채법 : 등고선 간 대상의 부분을 색으로 채색하여 높이의 변화를 나타낸다.
④ 점고법
   • 지표면 또는 수면상에 일정한 간격으로 점의 표고 또는 수심을 도상에 숫자로 기입하는 방법
   • 하천, 항만 등에 사용
⑤ 등고선법
   • 등고선은 지표면에서 동일한 같은 높이의 점을 연결한 선을 말하며 수평곡선이라고도 한다.
   • 고저차뿐 아니라 지표경사의 완급 및 임의 방향의 경사를 구하기 용기하므로 토목공사용으로 많이 사용된다.

47. 지도의 사용목적별 분류가 아닌 것은?

㉮ 일반도 ㉯ 주제도 ㉰ 특수도 ㉱ 편집도

해설 지도의 사용목적별 분류 : 일반도, 주제도(특수도)

해답 44. ㉮ 45. ㉯ 46. ㉱ 47. ㉱

48. 비교적 소축척으로 산지 등의 측량에 이용되는 등고선 측정방법으로 지성선 간의 중요점의 위치와 표고를 측정하고 이 점으로부터 등고선을 삽입하는 방법은?

㉮ 점고법
㉯ 방안법(사각형분할법)
㉰ 횡단점법
㉱ 종단점법(기준점법)

해설 ㉮ 점고법 : 하천·항만·해양 등의 심천을 나타내는 데 측점에 숫자로 기입하여 고저를 표시하는 방법이다.
㉯ 방안법 : 각 교점의 표고를 관측하고 그 결과로부터 등고선을 그리는 방법. 지형이 복잡한 곳에 이용한다.
㉰ 횡단점법 : 수준측량, 노선측량에서 중심 말뚝의 표고와 횡단측량결과를 이용하여 등고선을 그리는 방법이며, 노선측량의 평면도에 등고선을 삽입할 경우에 이용한다.
㉱ 종단점법 : 지성선 상의 중요점의 위치와 표고를 측정하여, 이 점들을 기준으로 하여 등고선을 삽입하는 등고선 측정방법으로 비교적 소축척으로 산지 등의 측량에 이용되며 지성선 간의 중요점의 위치와 표고를 측정하고 이 점으로부터 등고선을 삽입하는 방법이다.

49. 다음 중 지성선에 대한 설명으로 옳지 않은 것은?

㉮ 능선은 지표면의 가장 높은 곳을 연결한 선으로 분수선이라고도 한다.
㉯ 합수선은 지표면의 가장 낮은 곳을 연결한 선으로 계곡선이라고도 한다.
㉰ 경사변환선은 동일 방향의 경사면에서 경사의 크기가 다른 두 면의 교선을 말한다.
㉱ 최대경사선은 지표상 임의의 한 점에 있어서 그 경사가 최대로 되는 방향을 표시한 선을 말하며 등고선과 수평을 유지한다.

해설 지성선은 지표면이 다수의 평면으로 이루어졌다고 생각할 때 이 평면의 접합부, 즉 접선을 말하며 지세선이라고도 한다. 능선(분수선), 합수선(합곡선), 경사변환선, 최대경사선으로 나뉘며 최대경사선(유하선)은 지표의 임의의 한 점에 있어서 그 경사가 최대로 되는 방향을 표시한 선을 말하며, 등고선에 직각으로 교차한다.

50. 축척 1 : 50,000 지형도로 표시되어 있는 해당지역을 축척 1 : 5,000의 지형도로 확대 제작할 경우 몇 매가 필요한가?

㉮ 10매
㉯ 20매
㉰ 50매
㉱ 100매

해설 축척비율이 10배이므로 가로 10×세로 10=100매의 지형도가 필요하다.

51. 지형의 조합 중 지물만으로 짝지어진 것은?

㉮ 산정, 도로, 평야
㉯ 철도, 하천, 촌락
㉰ 구릉, 계곡, 하천
㉱ 철도, 경지, 산정

해설 지형측량의 지물 : 도로, 철도, 시가지, 촌락, 하천, 해안

해답 48. ㉱ 49. ㉱ 50. ㉱ 51. ㉯

52. 지형도를 이용하여 작성할 수 있는 자료에 해당되지 않는 것은?
㉮ 종·횡단면도 작성　　㉯ 표고에 의한 평균유속 측정
㉰ 절토 및 성토범위의 결정　　㉱ 등고선에 의한 체적 계산

해설 표고에 의한 평균유속 측정은 지형도를 이용하여 작성할 수 없다.

53. 1/25,000 지형도상에서 두 점 간의 거리를 측정하니 4cm였다. 축척이 다른 지형도의 동일한 두 점 간의 거리가 10cm일 때 이 지형도의 축척은?
㉮ 1/5,000　　㉯ 1/10,000
㉰ 1/15,000　　㉱ 1/30,000

해설 먼저 1/25,000에서의 실제거리를 구하면
$$\frac{1}{축척(M)} = \frac{도상거리}{지상의\ 거리} \Rightarrow 지상의\ 거리 = 축척 \times 도상거리 = 1,000\text{m}$$
$$\therefore \frac{0.1}{1,000} = 1/10,000$$

54. 축척 1/10,000 지형도상에서 계곡으로 표현된 지역에서 등고선 간의 최소거리는 그 지표면의 무엇을 표시하는 것인가?
㉮ 최소 경사방향　　㉯ 최대 경사방향
㉰ 상향 경사방향　　㉱ 하향 경사방향

해설 등고선의 간격은 등고선 사이의 연직(수직)거리로 경사가 지표의 임의의 1점에서 최대가 되는 방향을 나타내고, 등고선에 직각으로 교차하는 선을 최대 경사선이라 하며, 등고선의 간격이 좁은 곳은 경사가 급한 곳이다.

55. 지형도를 이용하여 작성할 수 있는 자료에 해당되지 않는 것은?
㉮ 종·횡단면도 작성
㉯ 표고에 의한 평균유속 측정
㉰ 절토 및 성토범위의 결정
㉱ 등고선에 의한 체적 계산

해설 표고에 의한 평균유속 측정은 지형도를 이용하여 작성할 수 없다.
　　지형도의 이용
　　① 저수량, 토공량 산정
　　② 노선의 도면상 선정
　　③ 면적의 도상 측정
　　④ 연직단면의 작성

56. 1:50,000 지형도에서 산 정상과 산 밑의 도상거리가 40mm이고 산정상의 표고가 442m, 산 밑의 표고가 42m일 때 이 비탈면의 경사는?

㉮ $\dfrac{1}{2}$ ㉯ $\dfrac{1}{3}$ ㉰ $\dfrac{1}{4}$ ㉱ $\dfrac{1}{5}$

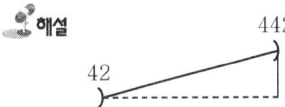

실제거리 = 50,000 × 0.04 = 2,000m

경사 = $\dfrac{H}{D} = \dfrac{442-42}{2,000} = \dfrac{400}{2,000} = \dfrac{1}{5}$

57. 축척 1:50,000 지형도의 도면에서 표고 395m와 205m 사이에 주곡선 간격의 등고선은 몇 개가 들어가는가?

㉮ 9개   ㉯ 10개   ㉰ 19개   ㉱ 20개

 등고선의 간격

등고선 종류 \ 축척	기호	1/5,000	1/10,000	1/25,000	1/50,000
주곡선	가는 실선	5	5	10	20
간곡선	가는 파선	2.5	2.5	5	10
조곡선 (보조곡선)	가는 점선	1.25	1.25	2.5	5
계곡선	굵은 실선	25	25	50	100

1:50,000의 지형도에서 주곡선 간격은 20m이므로 9개
20의 배수인 220m~380m의 높이에 주곡선을 가는 실선으로 넣는다.
계산 : $\dfrac{(380-220)}{20} + 1 = 9$

해답 56. ㉰ 57. ㉮

CHAPTER 09 노선측량

9.1 정의

도로, 철도, 운하 등의 교통로의 측량, 수력발전의 도수로 측량, 상하수도의 도수관의 부설에 따른 측량 등 폭이 좁고 길이가 긴 구역의 측량을 말한다. 그러므로 노선의 목적과 종류에 따라 측량도 약간 다르게 된다. 삼각측량 또는 다각측량에 의하여 골조를 정하고 이를 기본으로 지형도를 작성하고 종횡단면도 작성, 토량 등도 계산하게 되는 것이다.

9.2 분류

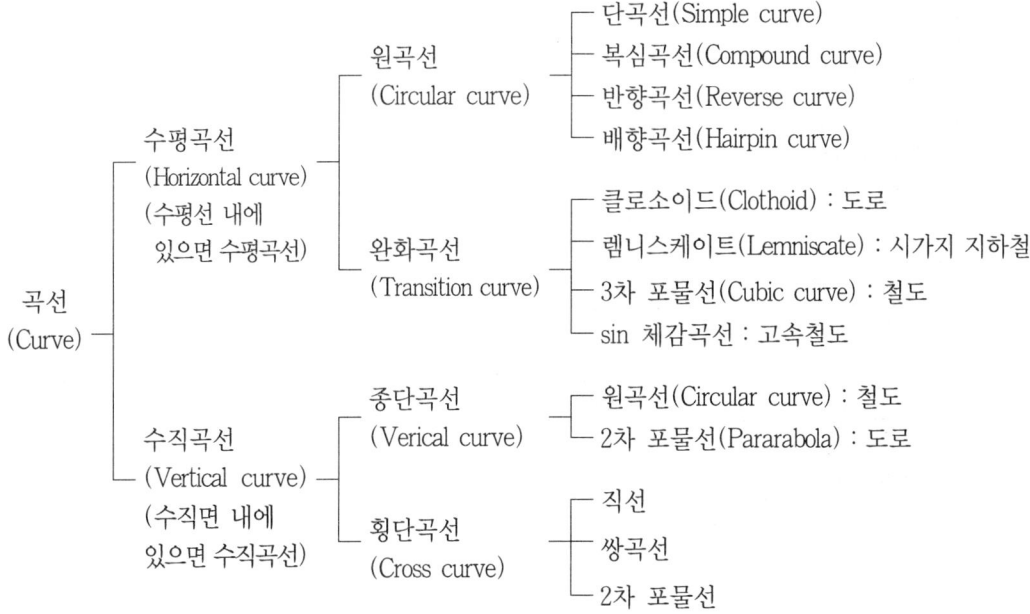

9.3 순서

도상계획	지형도상에서 한 두 개의 계획노선을 선정한다.
현장답사	도상계획노선에 따라 현장 답사를 한다.
예측	답사에 의하여 유망한 노선이 결정되면 그 노선을 더욱 자세히 조사하기 위하여 트래버스측량과 주변에 대한 측량을 실시한다.
도상선정	예측이 끝나면 노선의 기울기, 곡선, 토공량, 터널과 같은 구조물의 위치와 크기, 공사비 등을 고려하여 가장 바람직한 노선을 지형도 위에 기입하는 단계이다.
현장실측	도상에서 선정된 최적노선을 지상에 측설하는 것이다.

9.4 노선측량 세부 작업과정

노선선정 (路線選定)	도상선정	
	종단면도 작성	
	현지답사	
계획조사측량 (計劃調査測量)	지형도 작성	
	비교노선의 선정	
	종단면도 작성	
	횡단면도 작성	
	개략노선의 결정	
실시설계측량 (實施設計測量)	지형도 작성	
	중심선의 선정	
	중심선 설치(도상)	
	다각측량	
	중심선설치(현지)	
	고저측량	고저측량
		종단면도 작성
세부측량 (細部測量)	구조물의 장소에 대해서, 지형도(축척 종 1/500~1/100)와 종횡단면도(축척 종 1/100, 횡 1/500~1/100)를 작성한다.	
용지측량 (用地測量)	횡단면도에 계획단면을 기입하여 용지 폭을 정하고, 축척 1/500 또는 1/600로 용지도를 작성한다.	
공사측량 (工事測量)	기준점 확인·중심선 검측·검사관측	
	인조점 확인 및 복원·가인조점 등의 설치	

9.5 노선조건

① 가능한 직선으로 할 것
② 가능한 한 경사가 완만할 것
③ 토공량이 적고 절토와 성토가 짧은 구간에서 균형을 이룰 것
④ 절토의 운반거리가 짧을 것
⑤ 배수가 완전할 것

9.6 노선측량

9.6.1 종단측량

종단측량은 중심선에 설치된 관측점 및 변화점에 박은 중심말뚝, 추가말뚝 및 보조말뚝을 기준으로 하여 중심선의 지반고를 측량하고 연직으로 토지를 절단하여 종단면도를 만드는 측량이다.

가. 종단면도 작성

외업이 끝나면 종단면도를 작성한다. 수직축척은 일반적으로 수평축척보다 크게 잡으며 고저차를 명확히 알아볼 수 있도록 한다.

나. 종단면도 기재사항
① 관측점 위치
② 관측점 간의 수평거리
③ 각 관측점의 기점에서의 누가거리
④ 각 관측점의 지반고 및 고저기준점(BM)의 높이
⑤ 관측점에서의 계획고
⑥ 지반고와 계획고의 차(성토·절토별)
⑦ 계획선의 경사

9.6.2 횡단측량

횡단측량에서는 중심말뚝이 설치되어 있는 지점에서 중심선의 접선에 대하여 직각방향(법선방향)으로 지표면을 절단한 면을 얻어야 하는데, 이때 중심말뚝을 기준으로 하여 좌우의 지반고가 변화하고 있는 점의 고저 및 중심말뚝에서의 거리를 관측하는 측량이 횡단측량이다.

9.7 단곡선의 각부 명칭 및 공식

9.7.1 단곡선의 각부 명칭

기호	명칭
B.C	곡선시점(Biginning of curve)
E.C	곡선종점(End of curve)
S.P	곡선중점(Secant Point)
I.P	교점(Intersection Point)
I	교각(Intersetion angle)
∠AOB	중심각(Central angl) : I
R	곡선반경(Radius of curve)
$\widehat{AB}$	곡선장(Curve length) : C.L
AB	현장(Long chord) : C
T.L	접선장(Tangent length) : AD, BD
M	중앙종거(Middle ordinate)
E	외할(External secant)
δ	편각(Deflection angle) : ∠VAG

[단곡선의 명칭]

9.7.2 공식

접선장 (Tangent length)	$\tan\dfrac{I}{2} = \dfrac{TL}{R}$ 에서 $TL = R \cdot \tan\dfrac{I}{2}$	
곡선장 (Curve length)	• 원둘레 : $2\pi R$ • 중심각 1°에 대한 원둘레의 길이 : $\dfrac{2\pi R}{360°}$ • $2\pi R : CL = 360° : I$ ∴ $CL = \dfrac{\pi}{180°} \cdot R \cdot I$ $= 0.01745 RI$	

외할 (External secant)	$\sec\dfrac{I}{2}=\dfrac{l}{R}$ 에서 $l=R\cdot\sec\dfrac{I}{2}$ $E=l-R$ $\quad=R\cdot\sec\dfrac{I}{2}-R$ $\quad=R\left(\sec\dfrac{I}{2}-1\right)$	
중앙종거 (Middle ordinate)	$\cos\dfrac{I}{2}=\dfrac{x}{R}$ 에서 $x=R\cdot\cos\dfrac{I}{2}$ $M=R-x$ $\quad=R-R\cdot\cos\dfrac{I}{2}$ $\quad=R\left(1-\cos\dfrac{I}{2}\right)$	
현장 (Long chord)	$\sin\dfrac{I}{2}=\dfrac{\frac{C}{2}}{R}=\dfrac{C}{2R}$ $\therefore\ C=2R\cdot\sin\dfrac{I}{2}$	
편각 (Deflection angle)	$\delta=\dfrac{l}{2R}\times\dfrac{180°}{\pi}=\dfrac{l}{R}\times\dfrac{90°}{\pi}=\dfrac{l}{R}\times 1,718.87'$	
곡선시점	$B.C=I.P-T.L$	
곡선종점	$E.C=B.C+C.L$	
시단현	$l_1=B.C$ 점부터 $B.C$ 다음 말뚝까지의 거리	
종단현	$l_2=E.C$ 점부터 $E.C$ 바로 앞 말뚝까지의 거리	
호길이(L)와 현길이(l)의 차	$l=L-\dfrac{L^3}{24R^2},\quad L-l=\dfrac{L^3}{24R^2}$	
중앙종거와 곡률반경의 관계	$R^2-\left(\dfrac{L}{2}\right)^2=(R-M)^2$ $R=\dfrac{L^2}{8M}+\dfrac{M}{2}$ (여기서, $\dfrac{M}{2}$은 M의 값이 L의 값에 비해 작으면 미세하여 무시해도 됨)	

반경 150m인 원곡선을 설치하려고 한다. 도로의 시점으로부터 740.25m에 있는 교점 *IP*점에 장애물이 있어 그림과 같이 ∠*A*, ∠*B*를 관측하였을 때 다음 요소들을 계산하시오.

1) 교각
2) *TL*(접선장)
3) *CL*(곡선장)
4) *C*(장현)
5) *M*(중앙종거)
6) *BC*의 측점번호, *EC*의 측점번호
7) 시단현, 종단현 길이
8) 시단현 편각, 종단현 편각

▶ 1) 교각
   ① $\angle A = 180 - 157°10' = 22°50'$
   ② $\angle B = 180 - 145°20' = 34°40'$
   ③ 교각(I) = $22°50' + 34°40' = 57°30'$

2) $TL = R \cdot \tan\dfrac{I}{2} = 150 \cdot \tan\dfrac{57°30'}{2} = 82.3\text{m}$

3) $CL = 0.01745R \cdot I = 0.01745 \times 150 \times 57°30' = 150.51\text{m}$

4) $C = 2R \cdot \sin\dfrac{I}{2} = 2 \times 150 \times \sin\dfrac{57°30'}{2} = 144.30\text{m}$

5) $M = R\left(1 - \cos\dfrac{I}{2}\right) = 150\left(1 - \cos\dfrac{57°30'}{2}\right) = 18.49\text{m}$

6) *BC*의 측점번호, *EC*의 측점번호
   $BC = IP - TL = 740.25 - 82.3 = 657.95\text{m}$
   NO32 + 17.95 = 17.95
   $EC = BC + CL = 657.95 + 150.51 = 808.46\text{m}$
   NO40 + 8.46 = 8.46m

7) 시단현, 종단현 길이
   $L_1 = 660 - 657.95 = 2.05\text{m}$
   $L_2 = 808.46 - 800 = 8.46\text{m}$

8) 시단현 편각, 종단현 편각
   ① 20m에 대한 편각
   $$\delta = 1718.87' \times \dfrac{20}{150} = 3°49'11''$$
   ② 시단현에 대한 편각
   $$\delta_1 = 1718.87' \times \dfrac{2.05}{150} = 0°23'29.47''$$
   ③ 종단현에 대한 편각
   $$\delta_2 = 1718.87' \times \dfrac{8.46}{150} = 1°36'56.66''$$

다음과 같은 단곡선에서 AC 및 BD 사이의 거리를 편각법을 설치하고자 한다. 그러나 중간에 장애물이 있어 CD의 거리 및 α, β를 측정하여 $CD=200\text{m}$, $\alpha=50°$, $\beta=40°$를 얻었다. C점의 위치가 도로 시점(No.0)으로부터 150.40m이고 C를 곡선의 시점으로 할 때 다음 요소들을 구하시오(단, 거리는 소수 첫째 자리, 각은 1″단위 계산)

1) 접선장(TL) 2) 곡선반경(R)
3) 곡선장(CL) 4) 중앙종거(M)
5) 외할(E)
6) 도로시점(BC)에서 곡선종점까지 추가거리
7) 시단현, 종단현 길이 8) 편각(δ_1, δ_2)

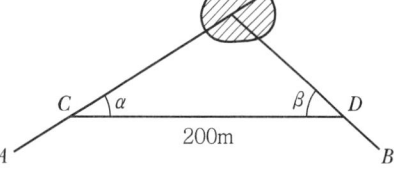

▶ 1) 접선장(TL)

$$TL = \frac{TL}{\sin 40} = \frac{200}{\sin 90}$$

$$TL = \frac{\sin 40 \times 200}{\sin 90} = 128.56 = 128.6\text{m}$$

2) 곡선반경(R)

$$TL = R \cdot \tan \frac{I}{2}$$

$$128.6 = R \cdot \tan \frac{90°}{2}$$

$$R = 128.6\text{m}$$

3) 곡선장(CL)

$$CL = 0.01745 R \cdot I = 0.01745 \times 128.6 \times 90° = 202.0$$

4) 중앙종거(M)

$$M = R\left(1 - \cos \frac{I}{2}\right) = 128.6\left(1 - \cos \frac{90°}{2}\right) = 37.7\text{m}$$

5) 외할(E)

$$E = R\left(\sec \frac{I}{2} - 1\right) = 128.6\left(\sec \frac{90°}{2} - 1\right) = 53.3\text{m}$$

6) 도로시점(BC)에서 곡선종점까지 추가거리

$$EC = BC + CL = 150.40 + 202.0 = 352.4\text{m}$$

7) 시단현, 종단현 길이

① $l_1 = 160 - 150.40 = 9.6\text{m}$

② $l_2 = 352.4 - 340 = 12.4\text{m}$

8) 시단현 편각(δ_1), 종단현 편각(δ_2) 길이

① $\delta_1 = 1718.87' \frac{l_1}{R} = 1718.87' \times \frac{9.6}{128.6} = 2°8'18''$

② $\delta_2 = 1718.87' \frac{l_2}{R} = 1718.87' \times \frac{12.4}{128.6} = 2°45'44''$

예제 3

다음의 그림과 같이 A와 B노선 사이에 노선을 계획할 때 P점에 장애물이 있어 C와 D점에서 $\angle C$, $\angle D$ 및 CD의 거리를 측정하여 아래의 조건으로 단곡선을 설치하고자 한다. 다음 요소들을 계산하시오.(곡선반경 R=100m, $\overline{CD}$=100m, $\angle C$=30°, $\angle D$=80°, $\overline{AC}$의 거리는 453.02m이고 중심말뚝 간격은 20m 소수 첫째 자리, 각은 초단위)

1) 접선장(TL)
2) 곡선반경(R)
3) 곡선장(CL)
4) 중앙종거(M)
5) 외할(E)
6) 도로시점(BC)에서 곡선종점까지 추가거리
7) 시단현, 종단현 길이
8) 편각(δ_1, δ_2)

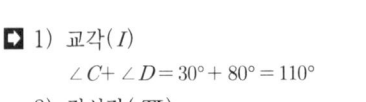

▶ 1) 교각(I)

$\angle C + \angle D = 30° + 80° = 110°$

2) 접선장(TL)

$$TL = R \cdot \tan\frac{I}{2} = 100 \cdot \tan\frac{110°}{2} = 142.8\text{m}$$

3) 곡선장(CL)

$CL = 0.01745R \cdot I = 0.01745 \times 100 \times 110° = 192.0\text{m}$

4) 곡선부시점(BC) 곡선부 종점(EC)

① $\overline{CP}$ 거리 $= \dfrac{100}{\sin \angle P} = \dfrac{\overline{CP}}{\sin \angle D}$

$\overline{CP} = \dfrac{100 \times \sin 80°}{\sin 70°} = 104.80\text{m}$

② BC계산

총거리 $- TL = (453.02 + 104.80) - 142.8 = 415.02\text{m}$

(NO20 + 15.02m)

③ EC계산

$BC + CL = 415.02 + 192.0 = 607.02\text{m}$

(NO30 + 7.02m)

5) 시단현, 종단현 길이

$L_1 = 20 - 15.02 = 4.98\text{m}$

$L_2 = (\text{NO}30)600 + 7.02 = 7.02\text{m}$

6) 시단편각, 종단편각

① 시단현에 대한 편각 : $\delta_1 = 1,718.87' \times \dfrac{4.98}{100} = 1°25'35.98''$

② 종단현에 대한 편각 : $\delta_2 = 1,718.87' \times \dfrac{7.02}{100} = 2°0'40''$

7) 20m에 대한 편각

$\delta = 1,718.87' \times \dfrac{20}{100} = 5°43'46''$

9.8 단곡선(Simple Curve) 설치방법

9.8.1 단곡선 설치과정

단곡선 설치과정은 방법에 따라 차이가 있으나 전반적인 설치과정을 서술하면 다음과 같다.

① 단곡선의 반경, 접선(2방향), 교선점(D), 교각(I)
② 단곡선의 반경(R)과 교각(I)으로부터 접선길이(TL), 곡선길이(CL), 외할(E) 등을 계산하여 단곡선시점(BC), 곡선중점(SP)의 위치를 결정한다.
③ 시단현과 종단현의 길이를 구하고 중심말뚝의 위치를 정한다.

이상의 순서에 따라 계산하여 교선점(IP)말뚝, 역말뚝, 중심말뚝을 설치하면 된다.

9.8.2 편각 설치법

철도, 도로 등의 곡선 설치에 가장 일반적인 방법이며, 다른 방법에 비해 정확하나 반경이 적을 때 오차가 많이 발생한다.

시단현 편각 $\delta_1 = \dfrac{l_1}{R} \times \dfrac{90°}{\pi} = 1718.87' \times \dfrac{l_1}{R}$	
종단현 편각 $\delta_2 = \dfrac{l_2}{R} \times \dfrac{90°}{\pi} = 1718.87' \times \dfrac{l_2}{R}$	
말뚝간격에 대한 편각 $\delta = \dfrac{l}{R} \times \dfrac{90°}{\pi} = 1718.87' \times \dfrac{l}{R}$	

[편각법에 의한 곡선 설치]

9.8.3 중앙종거법

곡선반경이 작은 도심지 곡선설치에 유리하며 기설곡선의 검사나 정정에 편리하다. 일반적으로 1/4법이라고도 한다.

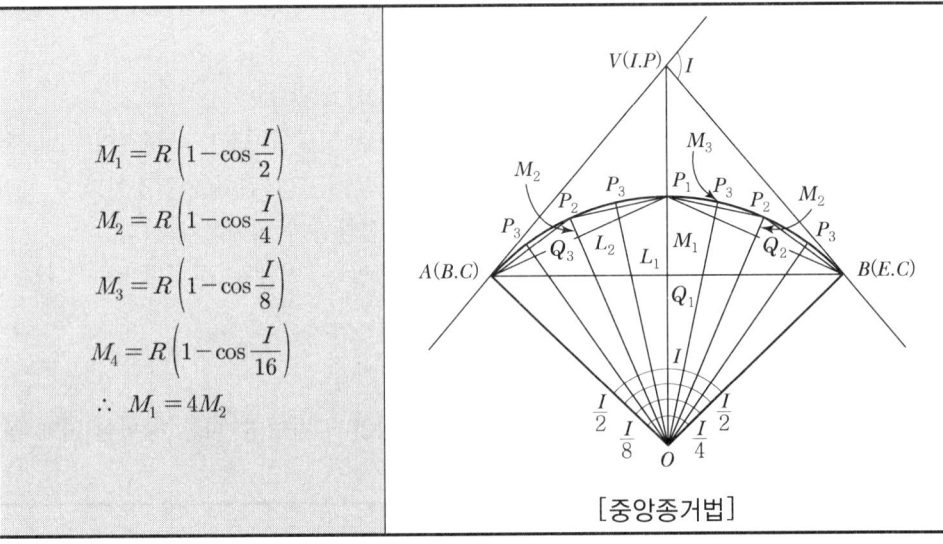

$$M_1 = R\left(1-\cos\frac{I}{2}\right)$$
$$M_2 = R\left(1-\cos\frac{I}{4}\right)$$
$$M_3 = R\left(1-\cos\frac{I}{8}\right)$$
$$M_4 = R\left(1-\cos\frac{I}{16}\right)$$
$$\therefore\ M_1 = 4M_2$$

[중앙종거법]

9.8.4 접선편거 및 현편거법

트랜싯을 사용하지 못할 때 폴과 테이프로 설치하는 방법으로 지방도로에 이용되며 정밀도는 다른 방법에 비해 낮다.

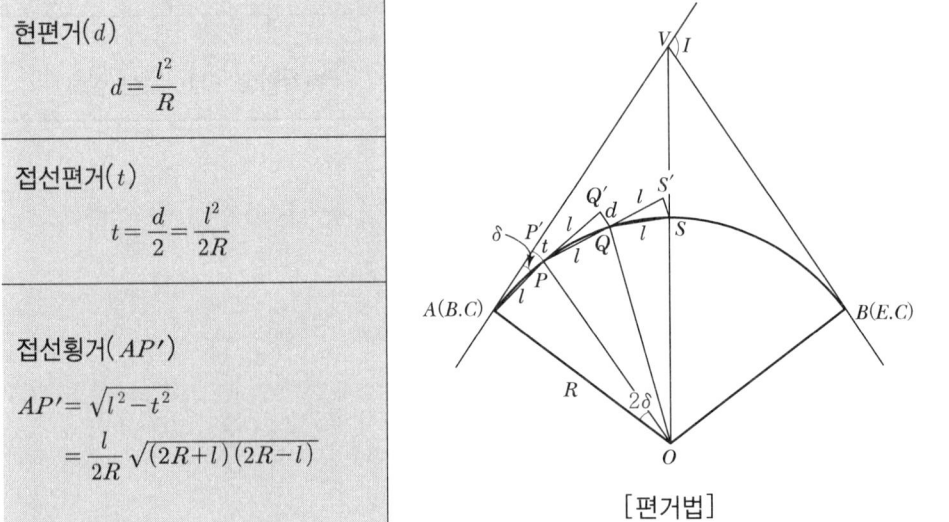

현편거(d)
$d = \dfrac{l^2}{R}$

접선편거(t)
$t = \dfrac{d}{2} = \dfrac{l^2}{2R}$

접선횡거(AP')
$AP' = \sqrt{l^2 - t^2}$ $= \dfrac{l}{2R}\sqrt{(2R+l)(2R-l)}$

[편거법]

9.8.5 접선에서 지거를 이용하는 방법

양접선에 지거를 내려 곡선을 설치하는 방법으로 터널 내의 곡선설치와 산림지에서 벌채량을 줄일 경우에 적당한 방법이다.

① 편각 $\delta = \dfrac{l}{R} \times \dfrac{90°}{\pi} = 1718.87' \times \dfrac{l}{R}$

② 현장 $l = 2R\sin\delta (\fallingdotseq$ 호장 $l)$

③ $x = l\cos\delta = 2R\sin\delta\cos\delta = R\sin2\delta$

④ $y = l\sin\delta = 2R\sin^2\delta = R(1-\cos2\delta)$

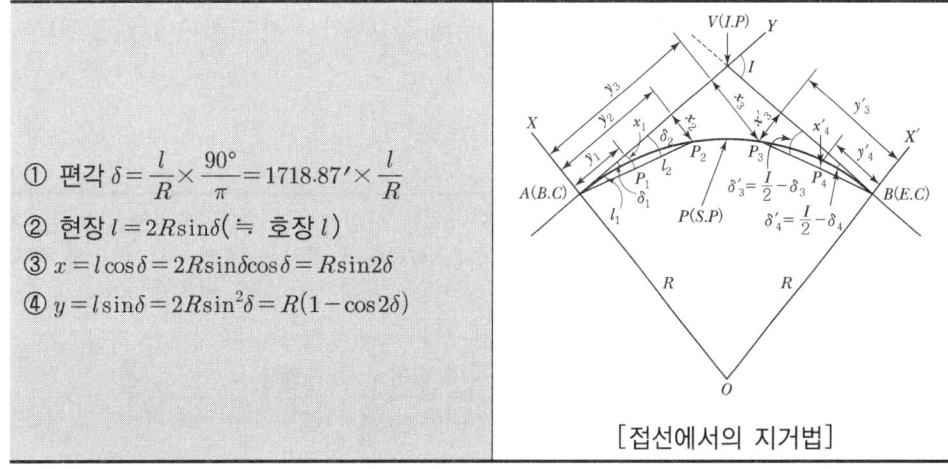

[접선에서의 지거법]

9.8.6 복심곡선 및 반향곡선 · 배향곡선

복심곡선 (Compound curve)	반경이 다른 2개의 원곡선이 1개의 공통접선을 갖고 접선의 같은 쪽에서 연결하는 곡선을 말한다. 복심곡선을 사용하면 그 접속점에서 곡률이 급격히 변화하므로 될 수 있는 한 피하는 것이 좋다.
반향곡선 (Reverse curve)	반경이 같지 않은 2개의 원곡선이 1개의 공통접선의 양쪽에 서로 곡선중심을 가지고 연결한 곡선이다. 반향곡선을 사용하면 접속점에서 핸들의 급격한 회전이 생기므로 가급적 피하는 것이 좋다.
배향곡선 (Hairpin curve)	반향곡선을 연속시켜 머리핀 같은 형태의 곡선으로 된 것을 말한다. 산지에서 기울기를 낮추기 위해 쓰이므로 철도에서 Switch Back에 적합하여 산허리를 누비듯이 나아가는 노선에 적용한다.

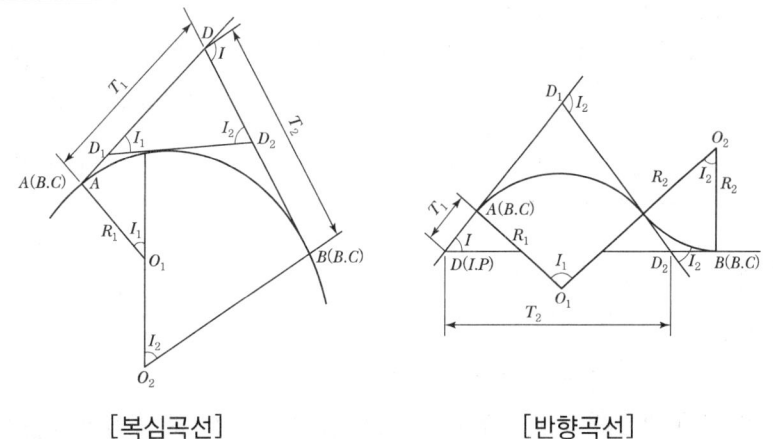

[복심곡선]　　　　　　[반향곡선]

9.9 완화곡선(Transition Curve)

완화곡선(Transition Curve)은 차량의 급격한 회전시 원심력에 의한 횡방향 힘의 작용으로 인해 발생하는 차량운행의 불안정과 승객의 불쾌감을 줄이는 목적으로 곡률을 0에서 조금씩 증가시켜 일정한 값에 이르게 하기 위해 직선부와 곡선부 사이에 넣는 매끄러운 곡선을 말한다.

9.9.1 완화곡선의 성질

완화곡선의 특징	① 곡선반경은 완화곡선의 시점에서 무한대, 종점에서 원곡선 R로 된다. ② 완화곡선의 접선은 시점에서 직선에, 종점에서 원호에 접한다. ③ 완화곡선에 연한 곡선반경의 감소율은 캔트의 증가율과 같다. ④ 완화곡선 종점의 캔트와 원곡선 시점의 캔트는 같다. ⑤ 완화곡선은 이정의 중앙을 통과한다.
완화곡선의 길이	$L = \dfrac{N}{1,000} \cdot C = \dfrac{N}{1,000} \cdot \dfrac{SV^2}{gR}$ 여기서, C : Cant $\quad g$: 중력가속도 $\qquad\quad S$: 궤간 거리 $\quad N$: 완화곡선과 캔트의 비 $\qquad\quad V$: 열차의 속도
이정(f)	$f = \dfrac{L^2}{24R}$
완화곡선의 접선길이	$TL = \dfrac{L}{2} + (R+f)\tan\dfrac{I}{2}$
완화곡선의 종류	① 클로소이드 : 고속도로에 많이 사용된다. ② 렘니스케이트 : 시가지 철도에 많이 사용된다. ③ 3차 포물선 : 철도에 많이 사용된다. ④ 반파장 sine 체감곡선 : 고속철도에 많이 사용된다.

[완화곡선의 종류]

9.9.2 캔트(Cant)와 확폭(Slack)

가. 캔트

곡선부를 통과하는 차량이 원심력이 발생하여 접선 방향으로 탈선하려는 것을 방지하기 위해 바깥쪽 노면을 안쪽 노면보다 높이는 정도를 말하며 편경사라고 한다.

나. 슬랙

차량과 레일이 꼭 끼어서 서로 힘을 입게 되면 때로는 탈선의 위험도 생긴다. 이러한 위험을 막기 위해서 레일 안쪽을 움직여 곡선부에서는 궤간을 넓힐 필요가 있다. 이 넓힌 치수를 말한다. 확폭이라고도 한다.

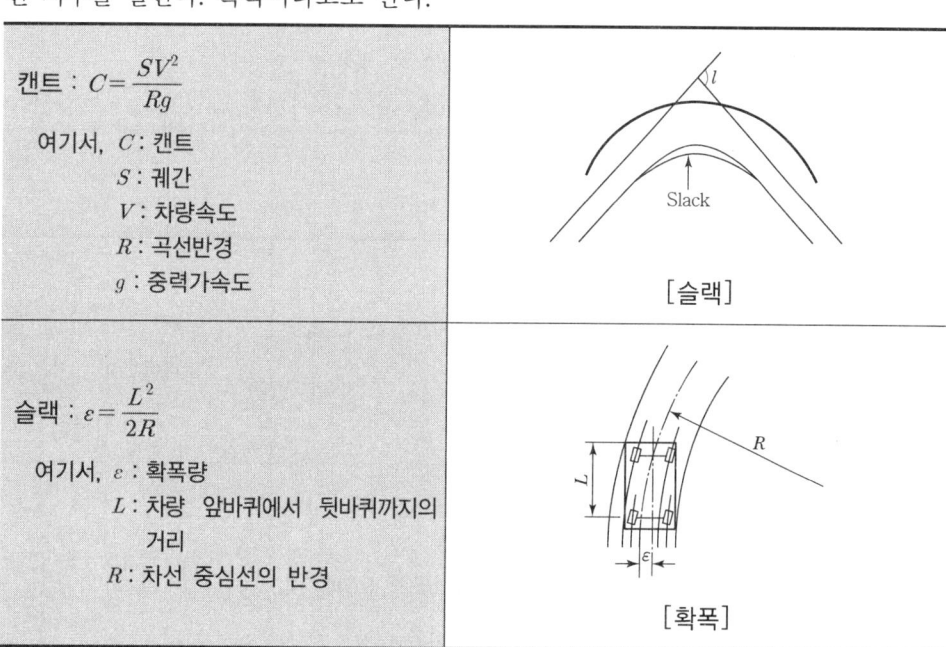

캔트 : $C = \dfrac{SV^2}{Rg}$

여기서, C : 캔트
S : 궤간
V : 차량속도
R : 곡선반경
g : 중력가속도

[슬랙]

슬랙 : $\varepsilon = \dfrac{L^2}{2R}$

여기서, ε : 확폭량
L : 차량 앞바퀴에서 뒷바퀴까지의 거리
R : 차선 중심선의 반경

[확폭]

9.10 클로소이드(Clothoid) 곡선

곡률이 곡선장에 비례하는 곡선을 클로소이드 곡선이라 한다.

9.10.1 클로소이드 공식

매개변수(A)	$A = \sqrt{RL} = l \cdot R = L \cdot r = \dfrac{L}{\sqrt{2\tau}} = \sqrt{2\tau} \cdot R,\ A^2 = RL = \dfrac{L^2}{2\tau} = 2\tau R^2$
곡률반경(R)	$R = \dfrac{A^2}{L} = \dfrac{A}{l} = \dfrac{L}{2\tau} = \dfrac{A}{2\tau}$
곡선장(L)	$L = \dfrac{A^2}{R} = \dfrac{A}{r} = 2\tau R = A\sqrt{2\tau}$
접선각(τ)	$\tau = \dfrac{L}{2R} = \dfrac{L^2}{2A^2} = \dfrac{A^2}{2R^2}$

9.10.2 클로소이드 성질

클로소이드 성질	① 클로소이드는 나선의 일종이다. ② 모든 클로소이드는 닮은꼴이다.(상사성이다.) ③ 단위가 있는 것도 있고 없는 것도 있다. ④ τ는 30°가 적당하다. ⑤ 확대율을 가지고 있다. ⑥ τ는 라디안으로 구한다.

9.10.3 클로소이드 형식

기본형	직선, 클로소이드, 원곡선 순으로 나란히 설치되어 있는 것	[기본형]
S형	반향곡선의 사이에 클로소이드를 삽입한 것	[난형]
난형	복심곡선의 사이에 클로소이드를 삽입한 것	[S형]
凸형	같은 방향으로 구부러진 2개 이상의 클로소이드를 직선적으로 삽입한 것	[凸형]
복합형	같은 방향으로 구부러진 2개 이상의 클로소이드를 이은 것으로 모든 접합부에서 곡률은 같다.	[복합형]

9.10.4 클로소이드 설치법

클로소이드 설치법	직각좌표에 의한 방법	• 주접선에서 직각좌표에 의한 설치법 • 현에서 직각좌표에 의한 설치법 • 접선으로부터 직각좌표에 의한 설치법
	극좌표에 의한 방법	• 극각 동경법에 의한 설치법 • 극각 현장법에 의한 설치법 • 현각 현장법에 의한 설치법
	기타에 의한 방법	• 2/8법에 의한 설치법 • 현다각으로부터의 설치법

9.11 종단곡선(수직곡선)

노선의 종단구배가 변하는 곳에 충격을 완화하고 충분한 시거를 확보해 줄 목적으로 적당한 곡선을 설치하여 차량이 원활하게 주행할 수 있도록 설치한 곡선을 말한다.

9.11.1 원곡선 및 2차 포물선에 의한 종단곡선

곡선길이 (L)	도로		$L = \dfrac{(m-n)}{360} V^2$
	철도	원곡선	$L = \dfrac{R}{2}(m-n) = \dfrac{R}{2}\left(\dfrac{m}{1,000} - \dfrac{n}{1,000}\right)$
		포물선	$L = 4(m-n) = 4\left(\dfrac{m}{1,000} - \dfrac{n}{1,000}\right)$
종거 (y)	도로		$y = \dfrac{(m-(-n))}{2L} x^2$
	철도		$y = \dfrac{x^2}{2R}$
구배선 계획고(H')			$H' = H_o + \dfrac{m}{100} \cdot xZ$
종곡선 계획고(H)			$H = H' - y = H_o + \left(\dfrac{M}{100} \cdot x\right) - y$

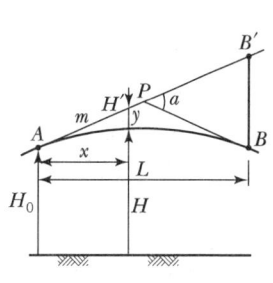

여기서, L: 종곡선길이, R: 곡선반경, m과 n: 구배(상향+, 하향−)
y: 종거 길이, x: 곡선시점에서 종거까지의 거리, H': 구배선 계획고
H: 종곡선 계획고, H_o: A점의 표고, V: 속도(km/h)

예상 및 기출문제

CHAPTER 09

1. 도로에 사용되는 곡선 중 수평곡선에 사용되지 않는 것은?

㉮ 단곡선   ㉯ 복심곡선   ㉰ 반향곡선   ㉱ 2차 포물선

해설
곡선 ─┬─ 수평곡선 ─┬─ 원곡선(단곡선, 복심곡선, 반향곡선, 배향곡선)
　　　│　　　　　　└─ 완화곡선(클로소이드, 렘니스케이트, 3차 포물선, 사인체감곡선)
　　　└─ 종곡선(원곡선, 2차 포물선)

2. 원곡선에서 교각 I=60°, 곡선반지름 R=200m, 곡선시점 B.C=No.8+15m일 때 노선기점에서부터 곡선종점 E.C까지의 거리는?(단, 중심말뚝 간격은 20m이다.)

㉮ 209.4m   ㉯ 275.4m   ㉰ 309.4m   ㉱ 384.4m

해설 곡선종점 E.C까지의 거리=곡선종점의 위치(B.C의 추가거리)+(C.L)
중심말뚝 간격이 20m이므로 B.C=175m+C.L
$$= 175 + (0.01745 \times 200 \times 60°)$$
$$= 384.4\text{m}$$

3. 중앙종거법에 의해 곡선을 설치하고자 한다. 장현(L)에 대한 중앙종거를 M_1이라 할 때, M_4의 값은?(단, 교각은 56°20′이고, 곡선반지름은 500m이다.)

㉮ 0.794m   ㉯ 0.845m   ㉰ 0.897m   ㉱ 0.944m

해설 중앙종거에 의한 방법(일명 1/4법)
곡선의 반경 또는 곡선의 길이가 작은 시가지의 곡선설치와 철도, 도로 등의 기설 곡선의 검사 또는 개정 시 편리하다.

$$M_1 = R\left(1 - \cos\frac{I}{2}\right) \qquad M_2 = R\left(1 - \cos\frac{I}{4}\right)$$

$$M_3 = R\left(1 - \cos\frac{I}{8}\right) \qquad M_4 = R\left(1 - \cos\frac{I}{16}\right)$$

따라서 $M_4 = 500\left(1 - \cos\dfrac{56°20'}{16}\right) = 0.944\text{m}$

해답 1. ㉱   2. ㉱   3. ㉱

예상 및 기출문제

4. 곡선반지름 R=80m, 클로소이드 곡선길이 L=20m일 때 클로소이드의 파라미터 A의 값은?
㉮ 1600m　　㉯ 120m　　㉰ 80m　　㉱ 40m

해설 $A = \sqrt{R \cdot L}$
$= \sqrt{80 \times 20} = 40$m

5. 철도, 도로 등의 단곡선 설치에서 접선과 현이 이루는 각을 이용하여 곡선을 설치하는 방법은?
㉮ 편각법　　㉯ 중앙종거법　　㉰ 접선편거법　　㉱ 접선지거법

해설 단곡선 설치방법
① 편각법 : 가장 널리 이용. 다른 방법에 비해 정밀하므로 도로 및 철도에 사용
② 중앙종거법 : 1/4법, 반경이 작은 도심지곡선 설치 및 기설 곡선 검정에 이용
③ 지거법 : 터널 내의 곡선설치 및 산림지역의 채벌량을 줄일 경우 적당
④ 접선편거 및 현편거 : 신속·간편하나 정도가 낮다. 폴과 줄자만으로 곡선 설치, 지방도 및 수로, 농로의 곡선 설치에 이용

6. 캔트를 계산하여 C를 얻었다. 같은 조건에서 곡선반지름을 4배로 할 때 변화된 캔트(C′)는?
㉮ C/4　　㉯ C/2　　㉰ 2C　　㉱ 4C

해설 완화곡선에서 곡선반경의 증가율은 캔트의 감소율과 동률(다른 부호)이므로 반지름이 4배가 되면 캔트는 1/4배가 된다.

$$C = \frac{SV^2}{gR} \qquad E = \frac{L^2}{2R}$$

여기서, S : 궤간, V : 차량속도, R : 곡선반경, g : 중력가속도,
L : 차량 앞바퀴에서 뒷바퀴까지의 거리, C : 캔트, E : 확폭

7. 고속차량이 직선부에서 곡선부로 주행할 경우, 안전하고 원활히 통과할 수 있게 설치하는 것은?
㉮ 단곡선　　㉯ 접선　　㉰ 절선　　㉱ 완화곡선

해설 곡률이 무한대인 직선과 곡률이 작은 곡선 사이에 완충작용을 하도록 삽입하는 곡선으로 3차포물선, 렘니스케이트, 클로소이드 등이 사용된다.

8. 곡선의 반지름이 200m, 교각 80도 20분의 원곡선을 설치하려고 한다. 시단현에 대한 편각이 2도 10분이라면 시단현의 길이는?
㉮ 13.96m　　㉯ 15.13m　　㉰ 16.29m　　㉱ 17.76m

해설 • 시단현의 편각$(\sigma) = 1,718.87' \frac{l}{R} = 1,718.87' \frac{l}{200} = 2°10'00''$

• 시단현의 길이$(l) = \frac{200 \times 2°10'00''}{1,718.87'} = 15.126$m $= 15.13$m

해답 4. ㉱　5. ㉮　6. ㉮　7. ㉱　8. ㉯

9.
축척 1/50,000의 지형도에서 A의 표고가 235m이고, B의 표고가 563m일 때 지형도상에 주곡선의 간격으로 등고선을 몇 개 삽입할 수 있는가?

㉮ 13   ㉯ 15   ㉰ 17   ㉱ 19

해설 등고선의 간격 중 축척 1/50,000, 주곡선 간격은 20m이므로 두 점의 표고차는

$\dfrac{560-240}{20}+1 = 17$개

10.
곡선반지름 R=2500m, 캔트(Cant) 80mm인 철도 선로를 설계할 때, 적합한 설계 속도는 약 몇 m/s인가?(단, 레일 간격은 1m로 가정한다.)

㉮ 44   ㉯ 50   ㉰ 55   ㉱ 60

해설
$c = \dfrac{S \cdot V^2}{g \cdot R}$

$V = \sqrt{\dfrac{c \cdot g \cdot R}{S}}$

$= \sqrt{\dfrac{0.08 \times 9.8 \times 2,500}{1}} = 44\text{m/sec}$

11.
다음 중 원곡선의 종류가 아닌 것은?

㉮ 반향곡선   ㉯ 단곡선
㉰ 렘니스케이트 곡선   ㉱ 복심곡선

해설
① 복심곡선 : 반경이 다른 2개의 단곡선이 그 접속점에서 공통 접선을 갖고 곡선의 중심이 공통 접선과 같은 방향에 있을 때 이것을 복곡선이라 한다.
② 반향곡선 : 반경이 같지 않은 2개의 단곡선이 공통 접선을 갖고 곡선의 중심이 공통 곡선의 반대쪽에 있는 곡선
③ 곡선의 종류
  ㉠ 원곡선 : 단곡선, 복심곡선, 반향곡선, 배향곡선
  ㉡ 완화곡선 : 클로소이드, 3차 포물선, 렘니스케이트, sine체감곡선
  ㉢ 수직곡선 : 종곡선(원곡선, 2차 포물선), 횡단곡선

12.
완화곡선에 대한 설명으로 틀린 것은?

㉮ 반지름은 그 시작점에서 무한대이고, 종점에서는 원곡선의 반지름과 같다.
㉯ 접선은 시점에서는 직선에, 종점에서는 원호에 접한다.
㉰ 완화곡선 중 클로소이드 곡선은 철도에 주로 이용된다.
㉱ 완화곡선에 연한 곡선반지름의 감소율은 캔트의 증가율과 같다.

해설 완화곡선의 특징
① 곡선반경은 완화곡선의 시점에서 무한대, 종점에서 원곡선의 반지름과 같다.
② 완화곡선의 접선은 시점에서 직선에, 종점에서 원호에 접한다.
③ 완화곡선에 연한 곡선반경의 감소율은 캔트의 증가율과 같다.
④ 완화곡선의 종점의 캔트와 원곡선 시점의 캔트는 같다.

곡선 (Curve)	수평곡선 (Horizontal curve)	원곡선 (Circular curve)	• 단곡선(Simple curve) • 복심곡선(Compound curve) • 반향곡선(Reverse curve) • 배향곡선(Hairpin curve)
		완화곡선 (Transition curve)	• 클로소이드(Clothoid) : 도로 • 렘니스케이트(Lemniscate) : 시가지 지하철 • 3차 포물선(Cubic curve) : 철도 • sin 체감곡선 : 고속철도
	종곡선 (Vertical curve)	• 원곡선(Circular curve) : 철도 • 2차 포물선(Parabola) : 도로	

13. 등고선의 종류에 대한 설명으로 옳지 않은 것은?
㉮ 지형을 표시하는 데 기본이 되는 곡선을 주곡선이라 한다.
㉯ 간곡선은 주곡선 간격의 1/2의 간격으로 표시한다.
㉰ 조곡선은 간곡선 간격의 1/2의 간격으로 표시한다.
㉱ 계곡선은 주곡선 간격의 1/2의 간격으로 표시한다.

해설 축척별 등고선의 간격   (단위 : m)

등고선 간격 기호	1/10,000	1/25,000	1/50,000
주곡선 - 가는 실선	5	10	20
간곡선 - 가는 파선	2.5	5	10
조곡선 - 가는 점선	1.25	2.5	5
계곡선 - 굵은 실선	25	50	100

14. 노선측량의 일반적인 작업순서로 옳은 것은?

(1) 지형측량	(2) 중심선측량	(3) 공사측량	(4) 노선선정

㉮ (4)→(1)→(2)→(3)　　　㉯ (1)→(3)→(2)→(4)
㉰ (4)→(3)→(2)→(1)　　　㉱ (2)→(1)→(3)→(4)

해설 노선측량의 순서
노선선정 - 지형측량 - 중심선측량 - 공사측량

해답 13. ㉱　14. ㉮

15. 단곡선에서 교각 I = 36°20′, 반지름 R = 500m 노선의 기점에서 교점(IP)까지의 거리는 6,500m 이다. 20m 간격으로 중심말뚝을 설치할 때 종단현의 길이(l_2)는?

㉮ 7m   ㉯ 10m   ㉰ 13m   ㉱ 16m

해설 노선측량에서 곡선종점(E.C)까지의 거리는 곡선시점(B.C)+곡선길이(C.L)이고,
곡선시점(B.C) = 교점(I.P) − 접선장(T.L)이므로, 먼저 B.C를 구하기 위해서는 T.L을 알아야 한다.

$T.L = R\tan\dfrac{I}{2} = 500 \times \tan 18°10′ = 164.06\text{m}$

∴ $B.C = 6{,}500 - 164 = 6{,}336\text{m}$

다음으로 곡선길이(C.L)를 구하면
$C.L = 0.01745RI = 0.01745 \times 500 \times 36°20′ = 317\text{m}$
$E.C = 6336 + 317 = 6653\text{m}$

∴ 노선출발점에서 곡선종점까지의 체인당 거리는
$E.C = 6653 \div 20 = \text{No.}332 + 13$

∴ 종단현의 길이(l_2) = 13m

16. 등고선의 성질에 대한 설명으로 옳지 않은 것은?

㉮ 동일 등고선상의 모든 점들은 같은 높이에 있다.
㉯ 경사가 급하면 간격이 넓고 경사가 완만하면 간격이 좁다.
㉰ 능선 또는 계곡선과 직각으로 만난다.
㉱ 도면 내외에서 폐합하는 폐곡선이다.

해설 등고선의 성질
① 동일 등고선상에 있는 모든 점은 같은 높이다.
② 등고선은 도면 내, 외에서 폐합하는 폐곡선이다.
③ 지도의 도면 내에서 폐합하는 경우 등고선의 내부에 산정 또는 분지가 있다.
④ 두 쌍의 등고선의 볼록부가 상대할 때는 볼록부를 나타낸다.
⑤ 높이가 다른 두 등고선은 동굴이나 절벽의 지형이 아닌 곳에서는 교차하지 않으며, 동굴이나 절벽은 반드시 두 점에서 교차한다.
⑥ 등고선은 경사가 급한 곳에서는 등고선의 간격이 좁아지고 완만한 곳에서는 넓어진다.

17. 완화곡선의 성질에 대한 설명으로 옳지 않은 것은?

㉮ 완화곡선의 반지름은 시점에서 무한대이다.
㉯ 완화곡선의 반지름은 종점에서 원곡선의 반지름과 같다.
㉰ 완화곡선의 접선은 시점과 종점에서 직선에 접한다.
㉱ 곡선반경의 감소율은 캔트의 증가율과 같다.

해설 완화곡선의 특징
① 곡선반경은 완화곡선의 시점에서 무한대, 종점에서 원곡선의 반지름과 같다.
② 완화곡선의 접선은 시점에서 직선에, 종점에서 원호에 접한다.
③ 완화곡선에 연한 곡선반경의 감소율은 캔트의 증가율과 같다.
④ 완화곡선의 종점의 캔트와 원곡선 시점의 캔트는 같다.

18. 그림과 같이 2개의 산꼭대기가 서로 만나는 곳으로 좋은 교통로가 되는 고개부분을 무엇이라 하는가?

㉮ 요지
㉯ 능선
㉰ 안부
㉱ 경사변환점

해설 안부란 산악능선이 낮아져서 말안장 모양으로 된 곳을 말하며 곡두침식이 양쪽에서 일어나 능선이 낮아진 데서 생긴다. 산을 넘는 교통로는 대체로 이 부분을 이용하며 "고개"라고 부른다.

19. 노선측량에서 단곡선의 설치방법 중 접선과 현이 이루는 각을 이용하여 곡선을 설치하는 방법은?

㉮ 편각법   ㉯ 중앙종거법   ㉰ 장현지거법   ㉱ 좌표에 의한 설치법

해설 편각의 성질
① 단곡선에서 접선과 현이 이루는 각이다.
② 도로 및 철도에 널리 사용한다.
③ 곡선반경이 작으면 오차가 따른다.

20. 그림과 같이 단곡선을 설치할 경우 곡률반지름을 R, 교각을 I라고 할 때 장현의 길이 AB를 계산하는 식으로 옳은 것은?

㉮ $AB = 2R \cdot \cos \frac{I}{2}$

㉯ $AB = R \cdot \sin \frac{I}{2}$

㉰ $AB = 2R \cdot \tan \frac{I}{2}$

㉱ $AB = 2R \cdot \sin \frac{I}{2}$

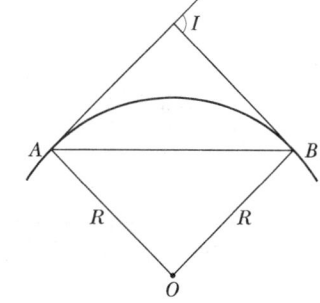

해설
• 곡선장 : $C.L = R \cdot I(\text{rad}) = R \cdot I \cdot \frac{\pi}{180°} = 0.01745RI$
• 장현 : $L = 2R \cdot \sin \frac{I}{2}$
• 중앙종거 : $M = R\left(1 - \cos \frac{I}{2}\right)$

21. 완화곡선(緩和曲線)에 대한 설명으로 옳지 않은 것은?

㉮ 완화곡선의 반지름은 무한대부터 시작하여 점차 감소하여 원의 반지름이 된다.
㉯ 우리나라 도로에서는 완화곡선으로 클로소이드 곡선을 주로 사용한다.
㉰ 완화곡선의 곡률은 일정한 값부터 점차 감소하여 0이 된다.
㉱ 완화곡선의 접선은 시점에서 직선에 접한다.

해답 18. ㉰ 19. ㉮ 20. ㉱ 21. ㉰

해설 완화곡선의 특징
① 곡선반경은 완화곡선의 시점에서 무한대, 종점에서 원곡선의 반지름과 같다.
② 완화곡선의 접선은 시점에서 직선에, 종점에서 원호에 접한다.
③ 완화곡선에 연한 곡선반경의 감소율은 캔트의 증가율과 같다.
④ 완화곡선의 종점의 캔트와 원곡선 시점의 캔트는 같다.

22. 원곡선에서 교각(I)이 90°일 때, 외할(E)이 25m라고 하면 곡선반지름은?

㉮ 35.6m ㉯ 46.2m ㉰ 60.4m ㉱ 93.7m

해설 $E = R\left(\sec\frac{I}{2} - 1\right)$ 에서

$$R = \frac{E}{\sec\frac{I}{2} - 1} = \frac{25}{\sec 45° - 1}$$

$$= \frac{25}{\frac{1}{\cos 45°} - 1} = 60.38 \text{m}$$

$$\sin A = \frac{1}{\operatorname{cosec} A},\ \cos A = \frac{1}{\sec A},\ \tan A = \frac{1}{\cot A}$$

23. 등고선에 대한 설명으로 옳지 않은 것은?

㉮ 계곡선 간격이 100m이면 주곡선 간격은 20m이다.
㉯ 계곡선은 주곡선보다 굵은 실선으로 그린다.
㉰ 주곡선 간격이 10m이면 1 : 10000 지형도이다.
㉱ 간곡선 간격이 2.5m이면 주곡선 간격은 5m이다.

해설 1. 축척별 등고선의 간격 (단위 : m)

등고선	기호	1/10,000	1/25,000	1/50,000
주곡선	가는 실선	5	10	20
간곡선	가는 파선	2.5	5	10
조곡선	가는 점선	1.25	2.5	5
계곡선	굵은 실선	25	50	100

2. 등고선의 성질
① 동일 등고선상에 있는 모든 점은 같은 높이이다.
② 등고선은 도면 내, 외에서 폐합하는 폐곡선이다.
③ 지도의 도면 내에서 폐합하는 경우 등고선의 내부에 산정 또는 분지가 있다.
④ 두 쌍의 등고선의 볼록부가 상대할 때는 볼록부를 나타낸다.
⑤ 높이가 다른 두 등고선은 동굴이나 절벽의 지형이 아닌 곳에서는 교차하지 않으며, 동굴이나 절벽은 반드시 두 점에서 교차한다.

24. 교각 I=80°, 곡선반지름 R=140m인 단곡선의 교점(I.P.)의 추가거리가 1427.25m일 때 곡선 시점(B.C.)의 추가거리는?

㉮ 633.27m ㉯ 982.87m ㉰ 1309.78m ㉱ 1567.25m

해설 $B.C = I.P - T.L = 1{,}427.25 - 140 \times \tan\dfrac{80°}{2} = 1{,}309.78\text{m}$

25. 곡선반지름 150m인 원곡선의 현장 20m에 대한 편각은?

㉮ 3°37′51″ ㉯ 3°39′11″ ㉰ 3°47′51″ ㉱ 3°49′11″

해설 $\delta = 1{,}718.9' \dfrac{l}{R} = 1{,}718.9' \dfrac{20}{150} \fallingdotseq 3°49'10.96''$

26. 축척이 m인 지형도에서 주곡선의 간격을 L이라 할 때, 간곡선의 간격은?

㉮ L/2 ㉯ 2L ㉰ m/4 ㉱ 2m

해설 23번 문제 해설 참조

27. 상향경사 2%, 하향경사 2%인 종단곡선 길이(l) 50m인 종단곡선상에서 종단곡선 끝단의 종거(y)는?(단, 종거 $y = \dfrac{i}{2l}x^2$)

㉮ 0.5m ㉯ 1m ㉰ 1.5m ㉱ 2m

해설 $y = \dfrac{(m-n)}{200l}x^2 = \dfrac{2-(-2)}{200 \times 50} \times 50^2 = 1\text{m}$

[별해] $= \dfrac{\left(\dfrac{2}{100}\right) - \left(-\dfrac{2}{100}\right)}{2 \times 50} \times 50^2 = 1\text{m}$

28. 노선측량에서 종단면도에 기입되는 사항이 아닌 것은?

㉮ 관측점에서의 계획고 ㉯ 절토, 성토량
㉰ 계획선의 경사 ㉱ 추가거리와 지반고

해설 종단면도 기재사항으로는 거리, 지반고, 곡선, 구배, 절토고, 성토고 등이 있다.

29. 상향기울기 7.5/1,000와 하향기울기 45/1,000가 반지름 2,500m의 곡선 중에서 만날 경우에 곡선시점에서 25m 떨어져 있는 점의 종거 y값은 약 얼마인가?

㉮ 0.1 ㉯ 0.3 ㉰ 0.4 ㉱ 0.5

해답 24. ㉰ 25. ㉱ 26. ㉮ 27. ㉯ 28. ㉯ 29. ㉮

해설 곡선시점에서 x만큼 떨어져 있을 때

종거(y)의 계산 = $\dfrac{x^2}{2R} = \dfrac{25^2}{2 \times 2500} = 0.125 ≒ 0.1$

30. 단곡선 설치에서 교각 $I=60°$, 반지름 $R=100$m일 때 중앙종거법에 의한 원곡선을 측정할 때 8등분점의 중앙종거는?

㉮ 0.86   ㉯ 1.71   ㉰ 2.71   ㉱ 3.27

해설 $M_n = R\left(1 - \cos \dfrac{I}{2^n}\right)$에서 종거는 곡선을 2등분하면 M_1, 4등분하면 M_2, 8등분하면 M_3가 된다.

$M_3 = R\left(1 - \cos \dfrac{I}{2^3}\right) = 100\left(1 - \cos \dfrac{60}{8}\right) ≒ 0.8555$

31. 노선측량에서 중심선을 선정하고 설치(도상 및 현지)하는 단계의 측량은?

㉮ 계획조사측량   ㉯ 실시설계측량
㉰ 세부측량   ㉱ 노선설정

해설 노선측량의 순서 및 방법
① 노선선정
　㉠ 도상선정
　㉡ 현지답사
② 계획조사측량
　㉠ 지형도 작성
　㉡ 비교선의 선정
　㉢ 종단면도 작성
　㉣ 횡단면도 작성
　㉤ 개략적 노선의 결정
③ 실시설계측량 : 지형도 작성, 중심선 선정, 중심선 설치(도상), 다각측량, 중심선 설치(현장), 고저측량 순서에 의한다.
④ 용지측량 : 횡단면도에 계획단면을 기입하여 용지 폭 결정 후 용지도 작성
⑤ 공사측량 : 현지에 고저기준점과 중심말뚝의 검측을 실시 후 측량진행

32. 편각법에 의하여 단곡선을 설치하고자 할 때 편각 δ값을 구하는 공식으로 옳은 것은?

㉮ $1718.87' \times \dfrac{l}{2R}$ ㉯ $1718.87' \times \dfrac{l}{R}$

㉰ $1718.87'' \times \dfrac{l}{2R}$ ㉱ $1718.87'' \times \dfrac{l}{R}$

해설 $2\delta = \dfrac{l}{R}$, $\delta = \dfrac{l}{2R}$ 라디안, 따라서 $1718.9' \dfrac{l}{R}$

편각 $\delta = \dfrac{l}{R} \times \dfrac{90°}{\pi} = 1718.87' \dfrac{l}{R}$

해답 30. ㉮ 31. ㉯ 32. ㉯

예상 및 기출문제

33. 원곡선에서 교각 I=40°, 반지름 R=150m, 곡선시점 B.C=No.32+4.0m일 때, 도로 기점으로부터 곡선종점 E.C까지의 거리는?(단, 중심말뚝 간격은 20m)

㉮ 104.7m ㉯ 138.2m ㉰ 744.7m ㉱ 748.7m

해설 C.L = 0.01745×R×I
 = 0.01745×150×40°
 = 104.7
따라서 E.C = B.C+C.L
 32×20+4 = 644
 644+104.7 = 748.7

34. 캔트 계산에 있어서 속도와 곡선 반경을 각각 4배로 하면 캔트는 몇 배로 되는가?

㉮ 2배 ㉯ 3배 ㉰ 4배 ㉱ 16배

해설 캔트$(c) = \dfrac{Sv^2}{gR}$, 슬랙$(\varepsilon) = \dfrac{L^2}{2R}$

여기서, S : 궤간, R : 곡선반경, v : 차량속도, g : 중력가속도
 L : 차량 앞바퀴에서 뒷바퀴까지 거리

35. 클로소이드 곡선에 대한 설명으로 옳지 않은 것은?

㉮ 클로소이드 형식에는 기본형, 복합형, S형 등이 있다.
㉯ 단위 클로소이드란 클로소이드의 매개변수 A에 있어서 A=1, 즉 R·L=1의 관계에 있는 것을 말한다.
㉰ 클로소이드 곡선이란 곡률이 곡선 길이에 반비례하는 것을 말한다.
㉱ 클로소이드 곡선 설치법에는 주접선에서 직교좌표에 의해 설치하는 방법이 있다.

해설 ① 클로소이드는 곡률이 곡선의 길이에 비례한다.
② 모든 클로소이드는 닮은꼴이다.
③ 클로소이드의 요소에는 길이의 단위를 갖는 것과 단위가 없는 것이 있다.
④ 매개변수(A)에 의해 클로소이드의 크기가 정해진다.
⑤ 캔트와 확폭의 연결부분을 합리적으로 할 수 있다.

36. 원심력에 의한 곡선부와 차량탈선을 방지하기 위하여 곡선부의 횡단 노면 외측부를 높여주는 것은?

㉮ 확폭 ㉯ 캔트 ㉰ 종거 ㉱ 완화구간

해설 ① 캔트 : 곡선부를 통과하는 차량이 원심력의 발생으로 접선 방향으로 탈선하려는 것을 방지하기 위해 바깥쪽 노면을 안쪽 노면보다 높이는 정도를 말하며 편경사라고도 한다.
② 슬랙 : 곡선부분에서 차의 앞바퀴와 뒷바퀴가 항상 안쪽을 지나므로 내측을 넓게 하는 것을 슬랙이라고 하며 확폭이라고도 한다.

해답 33. ㉱ 34. ㉰ 35. ㉰ 36. ㉯

37. 복곡선에 대한 설명으로 옳지 않은 것은?

㉮ 반지름이 다른 2개의 단곡선이 그 접속점에서 공통접선을 갖는다.
㉯ 철도 및 도로에서 복곡선 사용은 승객에게 불쾌감을 줄 수 있다.
㉰ 반지름의 중심은 공통접선과 서로 다른 방향에 있다.
㉱ 산지의 특수한 도로나 산길 등에서 설치하는 경우가 많다.

해설 ① 복심곡선 : 반경이 다른 2개의 단곡선이 그 접속점에서 공통 접선을 갖고 곡선의 중심이 공통 접선과 같은 방향에 있을 때 이것을 복곡선이라 한다.
② 반향곡선 : 반경이 같지 않은 2개의 단곡선이 공통 접선을 갖고 곡선의 중심이 공통 곡선의 반대쪽에 있는 곡선
③ 곡선의 종류
 ㉠ 원곡선 : 단곡선, 복심곡선, 반향곡선, 배향곡선
 ㉡ 완화곡선 : 클로소이드, 3차 포물선, 렘니스케이트, sine체감곡선
 ㉢ 수직곡선 : 종곡선(원곡선, 2차 포물선), 횡단곡선

38. 원곡선 설치 시 교각이 60°, 반지름이 100m, B.C=No.5+8m일 때 곡선의 E.C까지의 거리는? (단, 중심 말뚝간격은 20m이다.)

㉮ 152.7mm ㉯ 162.7mm
㉰ 212.7mm ㉱ 272.5mm

해설 C.L=0.01745×R×I
  =0.01745×100×60°=104.7m
 E.C=B.C+C.L=108+104.7=212.7m

39. 다음 중 완화곡선에 대한 설명으로 옳지 않은 것은?

㉮ 곡선반지름은 완화곡선의 시점에서 무한대, 종점에서 원곡선의 반지름으로 된다.
㉯ 완화곡선의 접선은 시점에서 원호에, 종점에서 직선에 접한다.
㉰ 완화곡선에 연한 곡선반지름의 감소율은 캔트의 증가율과 동률로 된다.
㉱ 종점에 있는 캔트는 원곡선의 캔트와 같게 된다.

해설 완화곡선
차량의 급격한 회전 시 원심력에 의한 횡방향 힘의 작용으로 인해 발생하는 차량운행의 불안정과 승객의 불쾌감을 줄이는 목적으로 곡률을 0에서 조금씩 증가시켜 일정한 값에 이르게 하기 위해 직선부와 곡선부 사이에 넣는 매끄러운 곡선을 말한다.
① 완화곡선의 특징
 ㉠ 곡선반경은 완화곡선의 시점에서 무한대, 종점에서 원곡선의 반지름과 같다.
 ㉡ 완화곡선의 접선은 시점에서 직선에, 종점에서 원호에 접한다.
 ㉢ 완화곡선에 연한 곡선반경의 감소율은 캔트의 증가율과 같다.
 ㉣ 완화곡선의 종점의 캔트와 원곡선 시점의 캔트는 같다.

40. 교각(I)과 반지름(R)을 알고 있는 원곡선의 외선장(E)을 구하는 공식은?

㉮ $E = R \times \tan \dfrac{I}{2}$ ㉯ $E = 2R \times \sin \dfrac{I}{2}$

㉰ $E = R\left(1 - \cos \dfrac{I}{2}\right)$ ㉱ $E = R\left(\sec \dfrac{I}{2} - 1\right)$

해설
- 곡선장 : $C.L = R \cdot I(\text{rad})$
- 현장 : $L = 2R \cdot \sin \dfrac{I}{2}$
- 중앙종거 : $M = R\left(1 - \cos \dfrac{I}{2}\right)$

41. 반지름(R) 130m인 원곡선을 편각법으로 설치하려 할 때 중심말뚝 간격 20m에 대한 편각(δ)은?

㉮ 4°24′26″   ㉯ 5°18′26″
㉰ 8°48′26″   ㉱ 9°36′26″

해설 $\delta = 1{,}718.9' \dfrac{l}{R} = 1{,}718.9' \dfrac{20}{130}$
$\fallingdotseq 4°24'26.77''$

42. 도로에 사용하는 클로소이드(Clothoid)곡선에 대한 설명으로 틀린 것은?

㉮ 완화곡선의 일종이다.
㉯ 일종의 유선형 곡선으로 종단곡선에 주로 사용된다.
㉰ 곡선길이에 반비례하여 곡률반지름이 감소하는 곡선이다.
㉱ 차가 일정한 속도로 달리고 그 앞바퀴의 회전속도를 일정하게 유지할 경우의 운동궤적과 같다.

해설 클로소이드의 성질
① 원점부터 곡선장 임의의 점에 이르는 현장이 그 점에서의 곡률반경에 반비례하는 곡선
② 곡률이 곡선장에 비례하는 곡선
③ 클로소이드는 완화곡선의 일종이다.
④ 고속도로의 곡선 설계에 적합하다.
⑤ 매개변수 A가 정해지면 클로소이드의 크기가 정해진다.
⑥ 모든 클로소이드는 닮은꼴이다.
⑦ 클로소이드의 요소에는 길이의 단위를 갖는 것과 단위가 없는 것이 있다.

43. 곡선반경 500m 되는 원곡선상을 60km/h로 주행하려면 편경사는?(단, 궤간은 1,067m이다.)

㉮ 6.05mm   ㉯ 7.84mm
㉰ 60.5mm   ㉱ 78.4mm

해답 40. ㉱   41. ㉮   42. ㉯   43. ㉰

해설 $C = \dfrac{SV^2}{gR}$ 여기서, C : 캔트, S : 노선의 폭(철도의 궤간), V : 주행속도,
g : 중력가속도(9.81m/sec), R : 곡률반경

$V = \dfrac{60,000}{3,600} = 16.67 \text{m/sec}$

$C = \dfrac{1.067 \times 16.67^2}{9.81 \times 500} = 0.060450 \text{m} ≒ 60.5 \text{mm}$

44. 노선측량의 완화곡선 중 차가 일정 속도로 달리고, 그 앞바퀴의 회전 속도를 일정하게 유지할 경우, 이 차가 그리는 주행 궤적을 의미하는 완화곡선으로 고속도로의 곡선설치에 많이 이용되는 곡선은?

㉮ 3차포물선   ㉯ sin체감곡선   ㉰ 클로소이드   ㉱ 렘니스케이트

해설 차량이 직선부에서 곡선부분으로 방향을 바꾸면 반지름이 달라지기 때문에 완화곡선을 설치하게 되며, 클로소이드 곡선은 곡률이 곡선장에 비례하는 곡선으로 특히 고속도로 등 차가 일정한 속도로 달리고 그 앞바퀴의 회전속도를 일정하게 유지할 경우 이 차가 그리는 운동궤적은 클로소이드가 된다.

45. 노선에서 기본적인 횡단기울기를 설치하는 가장 큰 목적은?

㉮ 차량의 회전을 원활히 하기 위하여
㉯ 노면배수가 잘 되도록 하기 위하여
㉰ 급격한 노선변화에 대비하기 위하여
㉱ 주행에 따른 노면 침하를 사전에 방지하기 위하여

해설 횡단경사
직선부에서는 노면의 배수를 위하여 중심선에 대칭되도록 횡단경사를 주며 곡선부에서는 편경사를 적용한다.

46. 완화곡선의 성질에 대한 설명으로 옳은 것은?

㉮ 완화곡선의 반지름은 종점에서 무한대가 된다.
㉯ 완화곡선은 원곡선이 연속되는 경우에 설치되는 것으로 원곡선과 원곡선 사이에 설치하는 곡선이다.
㉰ 완화곡선의 접선은 종점에서 직선에 접한다.
㉱ 완화곡선의 종점에 있는 캔트는 원곡선의 캔트와 같게 된다.

해설 완화곡선의 특징
① 곡선반경은 완화곡선의 시점에서 무한대, 종점에서 원곡선의 반지름과 같다.
② 완화곡선의 접선은 시점에서 직선에, 종점에서 원호에 접한다.
③ 완화곡선에 연한 곡선반경의 감소율은 캔트의 증가율과 같다.
④ 완화곡선의 종점의 캔트와 원곡선 시점의 캔트는 같다.

해답 44. ㉰   45. ㉯   46. ㉱

47. 등고선의 성질에 대한 설명으로 옳은 것은?

㉮ 등고선상에 있는 모든 점은 각각의 다른 표고를 갖고 있다.
㉯ 동굴과 낭떠러지에서는 교차한다.
㉰ 등고선은 한 도곽 내에서 반드시 폐합한다.
㉱ 등고선은 경사가 급한 곳에서는 간격이 넓다.

해설 높이가 다른 경우 등고선은 절벽이나 동굴을 제외하고는 교차하지 않는다.

48. 단곡선에서 반지름 R=200m, 교각 I=60°일 때, 곡선길이(C.L.)는 얼마인가?

㉮ 200.10m ㉯ 205.44m
㉰ 209.44m ㉱ 211.55m

해설
$C.L = 0.01745RI$
$= 0.01745 \times 200 \times 60°$
$= 209.4m$

49. 터널 내의 곡선설치 방법으로 적합하지 않은 것은?

㉮ 현편거법 ㉯ 내접 다각형법
㉰ 외접 다각형법 ㉱ 중앙종거법

해설 터널 내의 곡선설치법은 현편거법, 내접 다각형법, 외접 다각형법이 있다.

50. 곡선반지름이 3km인 종단곡선을 설치함에 있어 상향기울기 5/1000, 하향기울기 35/1,000일 때 종단곡선 길이(L)은?

㉮ 30m ㉯ 60m
㉰ 90m ㉱ 120m

해설
• 접선길이 $(l) = \dfrac{R}{2}(m-n) = \dfrac{3,000}{2}\left[\dfrac{5}{1,000} - \left(-\dfrac{35}{1,000}\right)\right] = 60m$

• 종곡선길이 $(L) = R(m-n) = 3,000\left[\dfrac{5}{1,000} - \left(-\dfrac{35}{1,000}\right)\right] = 120m$

51. 클로소이드의 일반적인 특성에 대한 설명으로 틀린 것은?(단, 클로소이드의 반지름 : R, 곡선길이 : L, 매개변수 : A)

㉮ 클로소이드는 나선의 일종이다.
㉯ 모든 클로소이드는 닮은꼴이다.
㉰ R=L=A인 특성점에서 접선각 τ는 45°가 된다.
㉱ 클로소이드의 요소에는 단위가 있는 것도 있고, 단위가 없는 것도 있다.

해설 ① 클로소이드는 나선의 일종이다.
② 모든 클로소이드는 닮은꼴이다.(상사성이다.)
③ 단위가 있는 것도 있고 없는 것도 있다.
④ 클로소이드 특성점의 접선각 $\tau=30°$가 적당하다.(클로소이드로 $R=L=A$인 점은 클로소이드의 특성점이라 하며 $\tau=30°$이다.)
⑤ 도로에서 특성점은 $\tau=45°$ 이하가 되게 한다.
⑥ 곡선 길이가 일정할 때 곡률반경이 크면 접선각은 작아진다.
⑦ 원점부터 곡선장 임의의 점에 이르는 현장이 그 점에서의 곡률반경에 반비례하는 곡선

52. 축척 1 : 25000 지형도상의 표고 368m인 A점과 표고 282m인 B점 사이의 주곡선 간격의 등고선 개수는?

㉮ 3개   ㉯ 4개   ㉰ 7개   ㉱ 8개

해설
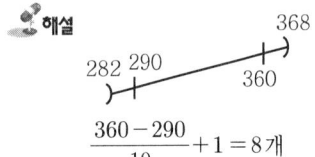

$$\frac{360-290}{10}+1=8개$$

53. 중앙종거법으로 곡선설치를 하려고 한다. 현의 길이 40.00m, 중앙종거 1.0m일 때 원곡선의 반지름은?

㉮ 40.10m   ㉯ 80.50m   ㉰ 160.10m   ㉱ 200.50m

해설 원곡선반경 $R=\dfrac{C^2}{8M}+\dfrac{M}{2}=\dfrac{40^2}{8\times1}+\dfrac{1}{2}=200.5m$

54. 노선측량에서 철도를 개설하기 위한 측량의 순서로 옳은 것은?

㉮ 노선선정 – 실측 – 예측 – 세부측량 – 공사측량
㉯ 노선선정 – 예측 – 실측 – 세부측량 – 공사측량
㉰ 노선선정 – 실측 – 세부측량 – 예측 – 공사측량
㉱ 노선선정 – 예측 – 공사측량 – 실측 – 세부측량

해설 노선측량은 크게 나누어 답사, 예측, 실측의 순서로 행한다.
① 답사 : 노선통과 예정지 실지 현장에서 조사 – 종합적으로 검토하여 조사
② 예측 : 가장 좋은 노선을 결정
③ 실측 : 각 측점마다 중심항을 설치, 중심선이 변화는 곳은 곡선설치, 종단면도, 횡단면도 작성
④ 노선선정 – 계획조사측량 – 실시설계측량 – 세부측량 – 용지측량 – 공사측량

55. 다음 중 완화곡선에 해당하는 것은?

㉮ 반향곡선   ㉯ 머리핀곡선   ㉰ 단곡선   ㉱ 렘니스케이트

해답 52. ㉱ 53. ㉱ 54. ㉯ 55. ㉱

해설 완화곡선
곡률이 무한대인 직선과 곡률이 작은 곡선 사이에 완충작용을 하도록 삽입하는 곡선으로 3차 포물선, 렘니스케이트, 클로소이드 등이 사용된다.

56. 곡선반경 300m의 단곡선을 시속 80km/h로 주행할 때, 캔트는 얼마로 해야 하는가?(단, 궤도 간격=1.067m, g=9.8m/sec²)

㉮ 12cm ㉯ 15cm ㉰ 18cm ㉱ 21cm

해설 $C = bV^2/gR$ (C: 캔트, b: 차도간격, V: 주행속도, g: 중력가속도, R: 곡률반경)
$V = 80,000/3600 = 22.22$m/sec
$C = \dfrac{1.067 \times 22.22^2}{9.8 \times 300} = 0.179186\text{m} = 17.9\text{cm}$

57. 다음 노선측량의 작업과정 중 몇 개의 후보노선 가운데서 가장 좋은 1개의 노선을 결정하고 공사비를 개산(槪算)할 목적으로 실시하는 것은?

㉮ 답사 ㉯ 예측 ㉰ 실측 ㉱ 공사측량

해설
- 답사: 노선통과 예정지를 실지 현장에서 조사하는 것
- 예측: 노선이 통과하는 지형을 결정하고 가장 좋은 노선을 결정하기 위한 자료취득이 목적이며, 예정된 노선이 2~3개일 경우 이들 노선을 비교 검토하여 가장 좋은 노선을 결정해야 한다.
- 실측: 예측에서 선정한 노선에 대하여 각 측점마다 중심항을 설치하고 노선의 중심선이 변화되는 곳에서 삽입해야 한다. 또한 각 측점마다 고저차를 측정하여 종단면도를 작성하고 중심선의 양 직각 방향에 횡단면도를 작성한다.

58. 철도, 도로 등의 단곡선 설치에서 접선과 현이 이루는 각을 이용하여 곡선을 설치하는 방법은?

㉮ 편각법 ㉯ 중앙종거법
㉰ 접선편거법 ㉱ 접선지거법

해설 편각의 성질
- 단곡선에서 접선과 현이 이루는 각이다.
- 도로 및 철도에 널리 사용한다.
- 곡선반경이 작으면 오차가 따른다.

59. "완화곡선의 접선은 시점에서는 (A)에, 종점에서는 (B)에 접한다."에서 (A, B)로 알맞은 것은?

㉮ 원호, 직선 ㉯ 원호, 원호 ㉰ 직선, 원호 ㉱ 직선, 직선

해설 완화곡선의 접선은 시점에서 직선에, 종점에서는 원호에 접한다.

해답 56. ㉰ 57. ㉯ 58. ㉮ 59. ㉰

60. 원곡선에서 곡선길이가 150.39m이고 곡선반경이 200m일 때 교각은?

㉮ 30°12′ ㉯ 43°05′ ㉰ 45°25′ ㉱ 53°35′

해설 곡선장 $CL = RI\dfrac{\pi}{180}$

$150.39 = 200 \times I \times 0.01745$

$I = \dfrac{150.39}{200 \times 0.01745} = 43°5'30.09''$

61. 곡선 반지름 100m인 원곡선을 편각법에 의하여 설치할 때 노선의 중심말뚝 간격을 40m라 하면 이에 대한 편각은?

㉮ 5°44′ ㉯ 10°20′ ㉰ 11°28′ ㉱ 13°44′

해설 편각 $= 1718.87' \times \dfrac{l}{R}$

$= 1718.87' \times \dfrac{40}{100} = 11°27'32.88''$

62. 클로소이드의 형식 중 반향곡선 사이에 2개의 클로소이드를 삽입하는 것은?

㉮ 복합형 ㉯ S형 ㉰ 철형 ㉱ 난형

해설 클로소이드의 형식
- 기본형 : 직선 – 클로소이드 – 원곡선
- S형 : 반향곡선 사이에 2개의 클로소이드 삽입
- 난형 : 복심곡선 사이에 클로소이드 삽입
- 철형 : 같은 방향으로 구부러진 2개의 클로소이드를 직선적으로 삽입
- 복합형 : 같은 방향으로 구부러진 2개의 클로소이드를 이은 것

63. 노선 측량에서 곡선시점에 대한 접선길이(T.L)가 50m, 교각이 40°일 때 원곡선의 곡선길이는?

㉮ 41.600m ㉯ 95.905m ㉰ 102.578m ㉱ 137.374m

해설 R이 없으므로 곡률반경을 먼저 구해야 한다.

접선길이$(T.L) = R \times \tan\dfrac{I}{2}$

$50 = R \times \dfrac{\tan 40°}{2}$

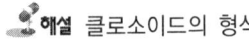

$R = \dfrac{50}{\tan 20°}$

$R = 137.373871$

곡선길이는 $CL = RI 0.01745 (\pi/180)$

$CL = 137.373871 \times 40 \times 0.017453292$

$CL = 95.905$

해답 60. ㉯ 61. ㉰ 62. ㉯ 63. ㉱

64. 원곡선에서 교각 I=38°20′이고, 곡선 반지름이 300m인 원곡선을 편각법으로 설치할 경우 시단현의 편각은?(단, 노선의 기점으로부터 교점까지의 거리는 500m이고, 중심말뚝 간격은 20m이다.)

㉮ 0°12′15″ ㉯ 0°24′29″
㉰ 1°00′15″ ㉱ 1°30′06″

해설 $BC = IP - TL = 500 - R\tan\dfrac{I}{2}$

$= 500 - 300 \times \tan\dfrac{38°20′}{2} = 395.72$

$l_1 = 400 - 395.72 = 4.3$

$\delta_1 = \dfrac{l_1}{R} \times \dfrac{90}{\pi} = \dfrac{4.3}{300} \times \dfrac{90}{\pi} = 0°24′29″$

65. 노선 중 완화곡선을 넣는 장소는?

㉮ 직선과 직선 사이 ㉯ 원곡선과 직선 사이
㉰ 반향곡선과 원곡선 사이 ㉱ 종단곡선과 직선 사이

해설 노선의 직선부와 원곡선부 사이

66. 단곡선 설치에 있어서 접선과 현이 이루는 각을 이용하여 곡선을 설치하는 방법으로 가장 널리 사용되는 방법은?

㉮ 편각설치법 ㉯ 지거설치법
㉰ 중앙종거법 ㉱ 현편거법

해설 노선측량의 단곡선 설치에서 가장 일반적으로 이용되고 있는 방법은 편각설치법이다. 이는 장애물로 인하여 접선과 현이 만드는 각을 이용하여 곡선을 설치하는 방법이다.

67. 도로의 시작점부터 1234.30m 지점에 교점(I.P)이 있고 반경(R)은 150m, 교각(I)은 60°일 경우 접선장(T.L)과 곡선장(C.L)은?

㉮ T.L=157.08m, C.L=86.60m ㉯ T.L=157.08m, C.L=157.08m
㉰ T.L=86.60m, C.L=157.08m ㉱ T.L=86.60m, C.L=86.60m

해설 T.L= $R\tan I/2$
   =150tan60°/2
   =86.6025
C.L=0.01745× $R \times I$
   =0.01745×150×60°
   =157.08

해답 64. ㉯ 65. ㉯ 66. ㉮ 67. ㉰

68. 곡률반경이 현의 길이에 반비례하는 곡선으로 시가지철도 및 지하철 등에 주로 사용되는 완화곡선은?

㉮ 3차 포물선   ㉯ 반파장 체감곡선
㉰ 렘니스케이트   ㉱ 클로소이드

> **해설**
> - 3차 포물선 : 일반적으로 철도 및 도로에 널리 이용
> - 클로소이드 : 고속도로에 주로 이용
> - 렘니스케이트 : 시가지 도로 및 시가지 철도에 많이 이용

69. 클로소이드 곡선에 대한 설명으로 옳지 않은 것은?

㉮ 클로소이드 형식에는 기본형, S형, 나선형, 복합형 등이 있다.
㉯ 모든 클로소이드는 닮은꼴이다.
㉰ 단위 클로소이드의 모든 요소들은 단위가 없다.
㉱ 매개변수(A)에 의해 클로소이드의 크기가 정해진다.

> **해설**
> - 클로소이드는 곡률이 곡선의 길이에 비례한다.
> - 모든 클로소이드는 닮은꼴이다.
> - 클로소이드의 요소에는 길이의 단위를 갖는 것과 단위가 없는 것이 있다.
> - 매개변수(A)에 의해 클로소이드의 크기가 정해진다.
> - 캔트와 확폭의 연결부분을 합리적으로 할 수 있다.

70. 도로의 직선부와 원곡선을 원활하게 연결하기 위하여 설치하는 곡선은?

㉮ 완화곡선   ㉯ 증감곡선   ㉰ 반향곡선   ㉱ 복심곡선

> **해설** 도로의 직선부와 원곡선을 원활하게 연결하기 위하여 설치하는 곡선은 완화곡선이다.
> 완화곡선 : 클로소이드, 3차 포물선, 렘니스케이트 곡선, Sine체감곡선

71. 등고선에 관한 설명 중 틀린 것은?

㉮ 주곡선은 등고선 간격의 기준이 되는 선이다.
㉯ 간곡선은 주곡선 간격의 1/2마다 표시한다.
㉰ 조곡선은 간곡선 간격의 1/4마다 표시한다.
㉱ 계곡선은 주곡선 5개마다 굵게 표시한다.

> **해설** 조곡선은 간곡선 간격의 1/2마다 표시한다.

등고선 간격 기호	1/10,000	1/25,000	1/50,000
주곡선 – 가는 실선	5	10	20
간곡선 – 가는 파선	2.5	5	10
조곡선 – 가는 점선	1.25	2.5	5
계곡선 – 굵은 실선	25	50	100

72. 토적곡선(Mass Curve)을 작성하는 목적과 거리가 먼 것은?
   ㉮ 시공 방법 결정   ㉯ 토공기계의 선정
   ㉰ 토량의 운반거리 산출   ㉱ 노선의 교통량 산정

   해설 노선의 교통량 산정은 기종점 조사를 통해 노선의 적합성을 검토하는 단계이며, 교통량의 해소를 위해 노선이 선정된다.
   토적곡선은 유토곡선이라고도 하며, 토량 이동에 따른 공사방법 및 순서 결정, 평균 운반거리 산출, 운반거리에 의한 토공 기계를 선정, 토량 배분을 위해 작성된다.

73. 노선측량에 사용되는 노선 중 주요 용도가 다른 것은?
   ㉮ 클로소이드 곡선   ㉯ 2차 곡선
   ㉰ 3차 포물선   ㉱ 렘니스케이트 곡선

   해설 완화곡선
   곡률이 무한대인 직선과 곡률이 작은 곡선 사이에 완충작용을 하도록 삽입하는 곡선으로 sin체감곡선, 3차 포물선, 렘니스케이트, 클로소이드 등이 사용된다.

74. 캔트의 계산에 있어서 곡선반지름을 반으로 줄이면 캔트는 어떻게 되는가?
   ㉮ 1/2   ㉯ 1배   ㉰ 2배   ㉱ 4배

   해설 캔트 $c = \dfrac{sv^2}{gr}$
   캔트는 곡선반지름에 반비례하므로 R(반경)을 $\dfrac{1}{2}$ 배로 하면 c(캔트)는 2배가 된다.

75. 교각(I) 32°15′, 곡선반지름(R) 600m, 노선의 기점으로부터 교점(I.P)까지 거리가 895.205m 경우에 시단현의 편각은?(단, 중심말뚝은 20m 단위로 설치한다.)
   ㉮ 0°0′00″   ㉯ 0°52′25″   ㉰ 0°57′18″   ㉱ 1°49′36″

   해설 $BC = IP - TL = 895.20 - R\tan\dfrac{I}{2}$
   $= 895.20 - 600 \times \tan\dfrac{32°15′}{2} = 721.7$
   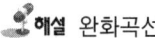 $l_1 = 740 - 721.7 = 18.3$
   $\delta_1 = \dfrac{l_1}{R} \times \dfrac{90°}{\pi} = \dfrac{18.3}{600} \times \dfrac{90°}{\pi} = 0°52′25″$

76. 1.5km 노선 길이의 결합 트래버스 측량에서 폐합비의 제한을 1/3000로 하고자 할 때 최대 폐합오차는?
   ㉮ 0.3m   ㉯ 0.4m   ㉰ 0.5m   ㉱ 0.6m

해답 72. ㉱ 73. ㉯ 74. ㉰ 75. ㉯ 76. ㉰

해설 폐합비(정도)

$$\frac{1}{M} = \frac{폐합비오차}{총길이}$$

폐합오차 $= \frac{총길이}{M} = \frac{1,500}{3,000} = 0.5\text{m}$

77. 완화곡선의 설치 시 캔트(Cant)의 계산과 관계없는 것은?

㉮ 주행속도　　㉯ 곡률반경　　㉰ 교각　　㉱ 궤간

해설 캔트(c) $= \frac{SV^2}{gR}$

여기서, V : 주행속도, R : 곡률반경, S : 궤간, g : 중력가속도

78. 노선측량에서 단곡선을 설치할 때 교각(I)=49°31′, 반지름=130m인 경우 옳은 것은?

㉮ 접선길이=57.95m　　㉯ 중앙종거=11.95m
㉰ 곡선길이=114.33m　　㉱ 장현길이=109.89m

해설 노선측량에서
- 접선길이(TL) $= R\tan I/2 = 130\tan 24°45′30″ = 59.95\text{m}$
- 곡선길이(CL) $= 0.01745RI = 0.01745 \times 130 \times 49°31′ = 112.33\text{m}$
- 중앙종거(M) $= R(1-\cos I/2) = 130(1-\cos 24°45′30) = 11.95\text{m}$

79. 편각법으로 원곡선을 설치할 때 기점으로부터 교점까지의 거리=123.45, 교각(I)=40°20′, 곡선반경(R)=100m일 때 시단현의 길이는?(단, 중심 말뚝의 간격은 20m이다.)

㉮ 13.28m　　㉯ 15.28m　　㉰ 9.72m　　㉱ 6.72m

해설 노선측량에서 TL $= R\tan I/2 = 100\tan 20°10′ = 36.73$
노선출발점에서 곡선시점까지의 거리는 BC = IP − TL = 123.45 − 36.73 = 86.72m
∴ 노선출발점에서 곡선시점까지의 Chain당 거리는 BC = 86.72÷20 = No.4+6.72m
시단현의 길이(l) 1Chain당 거리 − 6.72m = 13.28m

80. 곡률반지름 R인 원곡선의 곡선거리 l에 대한 편각은?(단, 단위 : 라디안)

㉮ $l/2R$　　㉯ $2l/R$　　㉰ $l^2/2R$　　㉱ $2l/R^2$

해설 원곡선에서 곡선거리에 대한 편각은 $l/2R$이다.

81. 노선의 곡률반경 R=230m, 곡선장 L=18m일 때 클로소이드의 매개변수 A의 값은?

㉮ 12.78m　　㉯ 25.56m　　㉰ 51.12m　　㉱ 64.34m

해설 클로소이드 파라미터(매개변수) $A = \sqrt{RL} = \sqrt{230 \times 18} = 64.34$

82. 다음 중 노선공사의 시공측량에 포함되지 않는 것은?
㉮ 용지 측량 ㉯ 중요한 점의 인조점 측량
㉰ 시공 기준틀 설치공사 ㉱ 준공검사 측량

해설 노선측량 순서
① 노선선정 – 계획조사측량 – 실시설계측량 – 세부측량 – 용지측량 – 공사측량
② 공사측량(시공측량)에 해당되는 것은 중심말뚝의 검측, 가인조점 등의 설치, 주요말뚝의 외측에 인조점을 설치, 토공의 기준틀, 콘크리트 구조물의 형간 위치측량, 준공검사측량 등이 있다.

83. 곡선설치법 중 1/4법이라고도 하며, 이미 설치된 중심 말뚝 사이에 다시 세밀하게 설치하는데 편리하다. 시가지에서의 곡선 설치나 보도 설치 및 기설 곡선의 검사 또는 수정에 주로 사용되는 방법은?
㉮ 중앙종거법 ㉯ 접선편거법 ㉰ 접선지거법 ㉱ 편각현장법

해설 노선측량에서 중앙종거(M)는 곡선을 설치하는 방법이며, 곡선의 반경 또는 곡선 길이가 작은 시가지의 곡선설치나 철도, 도로 등의 기설 곡선의 검사 또는 개정에 편리한 방법으로 근사적으로 1/4이 되기 때문에 일명 1/4법이라 한다.

84. 축척 1 : 50,000 지형도에서 810m와 910m 사이에 표시되는 주곡선 수는?
㉮ 10개 ㉯ 9개 ㉰ 5개 ㉱ 2개

해설 등고선의 간격 중 축척 1/50,000 주곡선 간격은 20m이므로 두 점의 표고차는 910m-810m= 100m이다. 표고의 간격이 100m인 주곡선으로부터 910m의 주곡선까지 5개가 삽입된다.

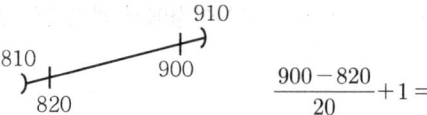

$$\frac{900-820}{20}+1=5개$$

85. 종단곡선에서 상향기울기 $\frac{4.5}{1,000}$, 하향기울기 $\frac{35}{1,000}$인 두 노선이 반지름 2,000m의 원곡선상에서 교차할 때 곡선길이(L)는?
㉮ 49.5m ㉯ 44.5m ㉰ 39.5m ㉱ 34.5m

해설 $L = \frac{R}{2}\left(\frac{m}{1,000} - \frac{n}{1,000}\right) = \frac{2,000}{2}\left(\frac{4.5}{1,000} - \frac{-35}{1,000}\right) = 39.5$

86. 노선측량에서 고속도로에 많이 사용되는 완화곡선은?
㉮ 3차포물선 ㉯ 2차포물선
㉰ 렘니스케이트 곡선 ㉱ 클로소이드 곡선

해설 우리나라 고속도로에는 클로소이드 곡선이 완화곡선으로 주로 사용된다.

해답 82. ㉮ 83. ㉮ 84. ㉰ 85. ㉰ 86. ㉱

87. 철도, 도로, 수로 등과 같이 폭이 좁고 길이가 긴 시설물을 현지에 설치하기 위한 노선측량에서 원곡선을 설치할 때에 대한 설명으로 옳지 않은 것은?

㉮ 철도, 도로 등에는 차량의 운전에 편리하도록 단곡선보다는 복심곡선을 많이 설치하는 것이 좋다.

㉯ 교통안전상의 관점에서 반향곡선은 가능하면 사용하지 않는 것이 좋고 불가피한 경우에는 양곡선 간에 충분한 길이의 완화곡선을 설치한다.

㉰ 두 원의 중심이 같은 쪽에 있고 반지름이 각기 다른 두 개의 원곡선을 설치하는 경우에는 완화곡선을 넣어 곡선이 점차로 변하도록 해야 한다.

㉱ 고속주행하는 차량의 통과를 위하여 직선부와 원곡선 사이나 큰 원과 작은 원 사이에는 곡률반경이 점차 변화하는 곡선부를 설치하는 것이 좋다.

해설 철도, 도로 등에는 차량의 운전에 편리하도록 단곡선을 많이 설치하는 것이 좋다.

88. 교각 60°, 곡선반지름 100m인 원곡선의 시점을 움직이지 않고 교각을 90°로 할 경우 교점까지의 접선길이와 곡선시점(B, C)이 동일한 새로운 원곡선의 반지름은?

㉮ 57.7m ㉯ 73.2m ㉰ 100.00m ㉱ 173.2m

해설 접선길이 $T.L = R\tan\dfrac{I}{2}$ 에서

$T.L = 100 \times \tan 30° = 57.735\text{m}$

$R = \dfrac{57.735}{\tan 45°} ≒ 57.7\text{m}$

89. 클로소이드 완화곡선의 매개 변수를 2배 늘리면 동일 곡선반경에서 완화곡선 길이는 몇 배가 되는가?

㉮ 4 ㉯ 2.5 ㉰ 2 ㉱ 1.5

해설 클로소이드 완화곡선의 매개 변수를 2배 늘리면 동일 곡선반경에서 완화곡선 길이는 4배가 된다.
$A^2 = R \cdot L$

90. 원곡선에 있어서 교각(I)이 60°, 반지름(R)이 200m, B.C=No.5+5m일 때 곡선의 종점(E.C)의 기점에서부터의 추가거리는?(단, 중심말뚝의 간격은 20m이다.)

㉮ 214.4m ㉯ 309.4m ㉰ 209.4m ㉱ 314.4m

해설 1. $C.L = 0.01745RI = 0.01745 \times 200 \times 60° = 209.4\text{m}$, $B.C = (20 \times 5) + 5\text{m} = 105\text{m}$
2. 곡선종점(E.C)까지의 거리=B.C+C.L=105m+209.4m=314.4m

91. 등고선의 간격이 가장 큰 것부터 바르게 연결된 것은?

㉮ 주곡선-조곡선-간곡선-계곡선 ㉯ 계곡선-주곡선-조곡선-간곡선
㉰ 주곡선-간곡선-조곡선-계곡선 ㉱ 계곡선-주곡선-간곡선-조곡선

해설 등고선은 계곡선-주곡선-간곡선-조곡선 순서로 간격이 크다.

92. 클로소이드 설치방법이 아닌 것은?
㉮ 직각좌표에 의한 방법   ㉯ 극좌표에 의한 방법
㉰ 2/8법에 의한 방법   ㉱ 편각에 의한 방법

해설 클로소이드 설치방법
① 직각좌표에 의한 방법
② 극좌표에 의한 중간점 설치법
③ 2/8법에 의한 방법
④ 현다각으로부터의 설치방법

93. 반경이 다른 2개의 단곡선이 그 접속점에서 공통접선을 갖고 그것들의 중심이 공통접선과 같은 방향에 있는 곡선은?
㉮ 반향곡선   ㉯ 머리핀곡선
㉰ 복심곡선   ㉱ 종단곡선

해설 원곡선에는 단곡선, 복심곡선, 반향곡선, 머리핀곡선이 있다. 여기서 복심곡선은 반경이 다른 2개의 원곡선이 1개의 공통접선을 갖고 접선의 같은 쪽에서 연결하는 곡선을 말한다.

94. 원곡선에서 현의 길이가 45m이고 중앙종거가 5m이면 곡률반경은 약 얼마인가?
㉮ 43m   ㉯ 45m   ㉰ 53m   ㉱ 55m

해설 곡률반경$(R) = \dfrac{C^2}{8M} + \dfrac{M}{2} = \dfrac{45^2}{8 \times 5} + \dfrac{5}{2} = 53.125\text{m}$

95. 등고선 측량방법 중 표고를 알고 있는 기지점에서 중요한 지성선을 따라 측선을 설치하고, 측선을 따라 여러 점의 표고와 거리를 측량하여 등고선을 측량하는 방법은?
㉮ 방안법   ㉯ 횡단점법
㉰ 반향곡선   ㉱ 종단점법

해설 ① 방안법 : 측량구역을 정사각 또는 직사각으로 나누어 각 교점의 표고를 관측하고, 그 결과로부터 등고선을 구하는 것으로 지형이 복잡한 곳은 세분하면 좋고, 표고는 직접 레벨 등으로 관측한다.
② 종단점법 : 지성선의 방향이나 주요한 방향의 여러 개의 관측선에 대하여 기준점으로부터 필요한 점까지의 거리와 높이를 관측하여 등고선을 그리는 방법으로 비교적 소축척으로 산지 등의 측량에도 이용된다.
③ 횡단측량의 결과를 이용하는 경우 : 노선측량이나 고저측량에서 중심말뚝의 표고와 횡단선상의 횡단측량 결과를 이용하여 등고선을 그리는 방법으로 노선측량의 평면도에 등고선을 삽입할 경우 자주 이용된다.

해답 92. ㉱ 93. ㉰ 94. ㉰ 95. ㉱

96. 다음 중앙 종거법에 의한 곡선 설치 방법에서 M_3의 값은?(단, 곡선반지름 R＝300m, 교각 I＝70°)

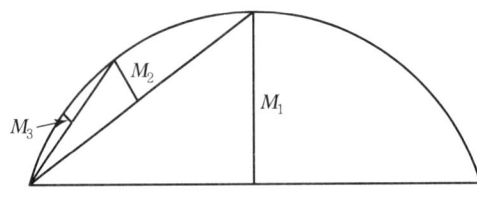

㉮ 2.51m ㉯ 3.49m ㉰ 5.02m ㉱ 6.98m

해설 $M_1 = R\left(1 - \cos\dfrac{I°}{2}\right)$

$M_2 = R\left(1 - \cos\dfrac{I°}{4}\right)$

$M_3 = R\left(1 - \cos\dfrac{I°}{8}\right) = 300 \times \left(1 - \cos\dfrac{70°}{8}\right) = 3.49\text{m}$

해답 96. ㉯

CHAPTER 10 면적 및 체적측량

10.1 경계선이 직선으로 된 경우의 면적 계산

방법	설명	공식	그림
삼사법	밑변과 높이를 관측하여 면적을 구하는 방법	$A = \dfrac{1}{2}ah$	
이변법	두 변의 길이와 그 사잇각(협각)을 관측하여 면적을 구하는 방법	$A = \dfrac{1}{2}ab\sin\gamma$ $= \dfrac{1}{2}ac\sin\beta$ $= \dfrac{1}{2}bc\sin\alpha$	
삼변법	삼각변의 3변 a, b, c를 관측하여 면적을 구하는 방법	$A = \sqrt{S(S-a)(S-b)(S-c)}$ $S = \dfrac{1}{2}(a+b+c)$	

좌표법

합위거(X)	합경거(Y)	$(X_{i+1}-x_{i-1}) \times y$	배면적
X_1	Y_1	$(x_2-x_4) \times y_1 =$	
X_2	Y_2	$(x_3-x_1) \times y_2 =$	
X_3	Y_3	$(x_4-x_2) \times y_3 =$	
X_4	Y_4	$(x_1-x_3) \times y_4 =$	

$$A = \dfrac{1}{2}\sum y_i(x_{i+1}-x_{i-1}) = \dfrac{1}{2}\sum x_i(y_{i+1}-y_{i-1})$$

[좌표에 의한 방법]

10.2 경계선이 곡선으로 된 경우의 면적 계산

심프슨 제1법칙	① 지거간격을 2개씩 1개조로 하여 경계선을 2차 포물선으로 간주 ② $A = $ 사다리꼴(ABDE) + 포물선(BCD) $\quad = \dfrac{d}{3}\{y_0 + y_n + 4(y_1 + y_3 + \cdots + y_{n-1})$ $\quad\quad + 2(y_2 + y_4 + \cdots + y_{n-2})\}$ $\quad = \dfrac{d}{3}\{y_0 + y_n + 4(\Sigma_y 홀수) + 2(\Sigma_y 짝수)\}$ $\quad = \dfrac{d}{3}\{y_1 + y_n + 4(\Sigma_y 짝수) + 2(\Sigma_y 홀수)\}$ ③ n(지거의 수)은 짝수여야 하며, 홀수인 경우 끝의 것은 사다리꼴 공식으로 계산하여 합산	[심프슨 제1법칙]
심프슨 제2법칙	① 지거간격을 3개씩 1개조로 하여 경계선을 3차 포물선으로 간주 ② $= \dfrac{3}{8}d\{y_0 + y_n + 3(y_1 + y_2 + y_4 + y_5 + \cdots + y_{n-2} + y_{n-1}) + 2(y_3 + y_6 + \cdots + y_{n-3})\}$ $\quad = \dfrac{3}{8}d\{y_0 + y_n + 2\Sigma y_3 \text{의 배수}$ $\quad\quad + 3\Sigma y \text{ 나머지 수}\}$ ③ $n-1$이 3배수여야 하며, 3배수를 넘을 때에는 나머지는 사다리꼴 공식으로 계산하여 합산	[심프슨 제2법칙]
지거법	① 경계선을 직선으로 간주 $A = d_1\left(\dfrac{y_1 + y_2}{2}\right) + d_2\left(\dfrac{y_2 + y_3}{2}\right) + \cdots$ $\quad + d_{n-1}\left(\dfrac{y_{n-1} + y_n}{2}\right)$ $\therefore\ A = d\left[\dfrac{y_0 + y_n}{2} + y_1 + y_2 + y_3 + \cdots + y_{n-1}\right]$	[지거법]

10.3 구적기(Planimeter)에 의한 면적 계산

등고선과 같이 경계선이 매우 불규칙한 도형의 면적을 신속하고, 간단하게 구할 수 있어 건설공사에 매우 활용도가 높으며 극식과 무극식이 있다.

도면의 종(M_1)·횡(M_2) 축척이 같을 경우 ($M_1 = M_2$)	$A = \left(\dfrac{M}{m}\right)^2 \cdot C \cdot n$	여기서, M : 도면의 축척 분모수 m : 구적기의 축척 분모수 C : 구적기의 계수 n : 회전 눈금수(시계방향 : 제2읽기 – 제1읽기, 반시계방향 : 제1읽기 – 제2읽기) n_0 : 영원(Zero circle)의 면적
도면의 종(M_1)·횡(M_2) 축척이 다른 경우 ($M_1 \neq M_2$)	$A = \left(\dfrac{M_1 \times M_2}{m^2}\right) \cdot C \cdot n$	
도면의 축척과 구적기의 축척이 같은 경우 ($M = m$)	$A = C \cdot n = C(a_1 - a_2)$	

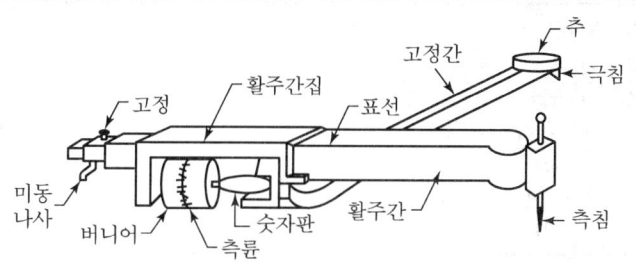

[플래니미터의 구조(극식)]

10.4 축척과 단위면적의 관계

$m_1^2 : a_1 = m_2^2 : a_2 \quad \therefore \; a_2 = \left(\dfrac{m_2}{m_1}\right)^2 a_1$	$a = \dfrac{m^2}{1,000} d\pi l \quad \therefore \; l = \dfrac{1,000 \cdot a}{m^2 d\pi}$
여기서, a_1 : 주어진 단위면적 a_2 : 구하는 단위면적 m_1 : 주어진 단위면적의 축척분모 m_2 : 구하려고 하는 단위면적의 축척분모	여기서, a : 축척 $\dfrac{1}{m}$ 인 경우의 단위면적 d : 측륜의 직경 l : 측간의 길이 $\dfrac{d\pi}{1,000}$: 측륜 한 눈금의 크기

10.5 면적 분할법

10.5.1 한 변에 평행한 직선에 따른 분할

$\triangle ADE : DBCE = m : n$ 으로 분할

$\dfrac{\triangle ADE}{\triangle ABC} = \dfrac{m}{m+n} = \left(\dfrac{DE}{BC}\right)^2 = \left(\dfrac{AD}{AB}\right)^2 = \left(\dfrac{AE}{AC}\right)^2$

$\therefore AD = AB\sqrt{\dfrac{m}{m+n}}$

$\therefore AE = AC\sqrt{\dfrac{m}{m+n}}$

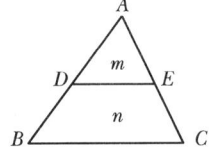

10.5.2 변 상의 정점을 통하는 분할

$\triangle ABC : \triangle ADP = (m+n) : m$ 으로 분할

$\dfrac{\triangle ADP}{\triangle ABC} = \dfrac{m}{m+n} = \dfrac{AP \times AD}{AB \times AC}$

$\therefore AD = \dfrac{AB \times AC}{AP} \cdot \dfrac{m}{m+n}$

$\therefore AP = \dfrac{AB \times AC}{AD} \cdot \dfrac{m}{m+n}$

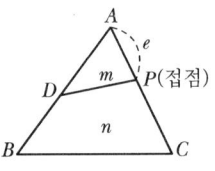

10.5.3 삼각형이 정점(꼭짓점)을 통하는 분할

$\triangle ABC : \triangle ABP = (m+n) : m$ 으로 분할

① $\dfrac{\triangle ABP}{\triangle ABC} = \dfrac{m}{m+n} = \dfrac{BP}{BC}$

$\therefore BP = \dfrac{m}{m+n} \cdot BC$

② $\dfrac{\triangle APC}{\triangle ABC} = \dfrac{n}{m+n} = \dfrac{PC}{BC}$

$\therefore PC = \dfrac{n}{m+n} \cdot BC$

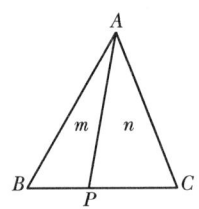

10.5.4 사변형의 분할(밑변의 평행 분할)

$S_1 : S_2 : S_3 = (AD)^2 : (EF)^2 : (BC)^2$

$\dfrac{S_1}{(AD)^2} = \dfrac{S_2}{(EF)^2} = \dfrac{S_3}{(BC)^2} = K$

$(S_1 = (AD)^2 K,\ S_2 = (EF)^2 K,\ S_3 = (BC)^2 K)$

$A_1 = S_1 - S_2 = K[(AD)^2 - (EF)^2]$

$A_2 = S_2 - S_3 = K[(EF)^2 - (BC)^2]$

$A_1 : A_2 = n : m = (AD)^2 - (EF)^2 : (EF)^2 - (BC)^2$

$m[(AD)^2 - (EF)^2] = n[(EF)^2 - (BC)^2]$

$m(AD)^2 - m(EF)^2 = n(EF)^2 - n(BC)^2$

$m(AD)^2 + n(BC)^2 = (n+m)(EF)^2$

$\therefore EF = \dfrac{\sqrt{mAD^2 + nBC^2}}{m+n}$

$AE : R = AB : L$

$\therefore AE = AB \cdot \dfrac{AD - EF}{AD - BC}$

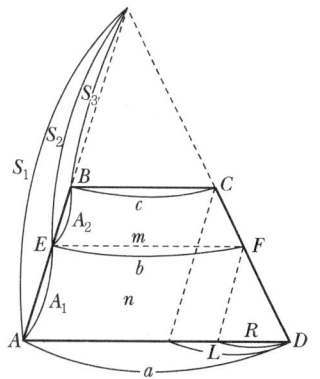

10.6 체적측량

10.6.1 단면법

철도, 도로, 수로 등과 같이 긴 노선의 성토량, 절토량을 계산할 경우에 이용되는 방법으로 양단면평균법, 중앙단면법, 각주공식에 의한 방법이 있다.

양단면평균법 (End area formula)	$V = \dfrac{1}{2}(A_1 + A_2) \cdot l$ 여기서, $A_1 \cdot A_2$: 양끝 단면적 A_m : 중앙단면적 l : A_1에서 A_2까지의 길이	
중앙단면법 (Middle area formula)	$V = A_m \cdot l$	[단면법]
각주공식 (Prismoidal formula)	$V = \dfrac{l}{6}(A_1 + 4A_m + A_2)$	

10.6.2 점고법

넓은 지역이나 택지조성 등의 정지작업을 위한 토공량을 계산하는데 사용되는 방법으로 전구역을 직사각형이나 삼각형으로 나누어서 토량을 계산하는 방법이다.

직사각형으로 분할하는 경우	① 토량 $V = \dfrac{A}{4}(\sum h_1 + 2\sum h_2 + 3\sum h_3 + 4\sum h_4)$ (단, $A = a \times b$) ② 계획고 $h = \dfrac{V_0}{nA}$ (단, n : 사각형의 분할개수)	[점고법(직사각형)]
삼각형으로 분할하는 경우	① 토량 $V_0 = \dfrac{A}{3}(\sum h_1 + 2\sum h_2 + 3\sum h_3 + 4\sum h_4 + 5\sum h_5 + 6\sum h_6 + 7\sum h_7 + 8\sum h_8)$ (단, $A = \dfrac{1}{2}a \times b$) ② 계획고 $h = \dfrac{V_0}{nA}$	[점고법(삼각형)]

10.6.3 등고선법

부지의 정지작업에 필요한 토량 산정, Dam과 저수지의 저수량 산정하는데 이용되는 방법으로 체적을 근사적으로 구하는 경우에 편리한 방법이다.

$$V_0 = \dfrac{h}{3}\{A_0 + A_n + 4(A_1 + A_3) + 2(A_2 + A_4)\}$$

여기서, $A_0 \cdot A_1 \cdot A_2 \cdots$: 각 등고선 높이에 따른 면적
n : 등고선 간격

[등고선법]

CHAPTER 10

예상 및 기출문제

1. 도면의 축척이 1/600인 지역을 1/1,200으로 잘못 판단하여 면적을 측정한 결과가 900m²이었을 때, 올바른 면적은 얼마인가?

   ㉮ 225m²   ㉯ 450m²   ㉰ 1,800m²   ㉱ 3,600m²

   해설 $a_1 : m_1^2 = a_2 : m_2^2$
   $$a_1 = \left(\frac{m_1}{m_2}\right)^2 \times a_2$$
   $$a_1 = \left(\frac{600}{1,200}\right)^2 \times 900 = 225\text{m}^2$$

2. 그림과 같은 △ABC의 두 변과 협각을 측정하였다. △ABC의 넓이는?

   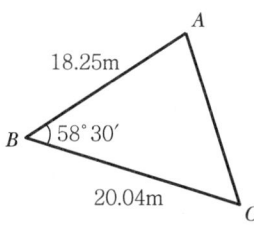

   ㉮ 128.688m²   ㉯ 182.865m²   ㉰ 155.918m²   ㉱ 158.865m²

   해설 두 변과 사이각을 알 때(이변법)
   $$A = \frac{1}{2}ab\sin a = \frac{1}{2} \times 18.25 \times 20.04 \times \sin 58°30' = 155.918\text{m}^2$$

3. 다음 그림과 같은 토지의 면적을 구하면?

   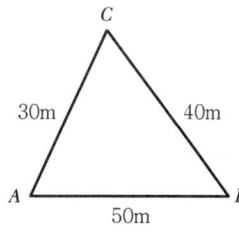

   ㉮ 300m²   ㉯ 400m²   ㉰ 500m²   ㉱ 600m²

해답 1. ㉮ 2. ㉰ 3. ㉱

해설 ① $s = \frac{1}{2}(a+b+c) = \frac{1}{2} \times (30+40+50) = 60\text{m}$

② $A = \sqrt{s(s-a)(s-b)(s-c)} = \sqrt{60(60-30)(60-40)(60-50)} = 600\text{m}^2$

4. 토공량을 구하기 위하여 그림과 같은 결과를 얻었다. 이 지형의 토공량은 얼마인가?

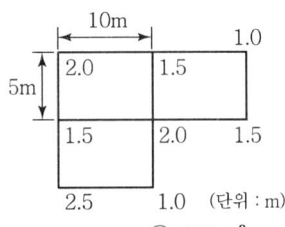

㉮ 230m³   ㉯ 250m³   ㉰ 270m³   ㉱ 290m³

해설 $V = \frac{a \times b}{4}(\Sigma h_1 + 2\Sigma h_2 + 3\Sigma h_3 + 4\Sigma h_4)$

$= \frac{10 \times 5}{4}\{(2.0+1.0+1.5+1.0+2.5) + 2(1.5+1.5) + 3(2.0)\} = 250\text{m}^3$

5. 그림과 같은 측량 결과를 얻었다. 이 지형의 토공량을 구한 값은?

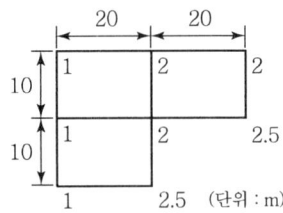

㉮ 525m³   ㉯ 950m³   ㉰ 1,050m³   ㉱ 1,525m³

해설 $V = \frac{a \times b}{4}(\Sigma h_1 + 2\Sigma h_2 + 3\Sigma h_3 + 4\Sigma h_4)$

$= \frac{10 \times 20}{4}\{(1+2+2.5+2.5+1) + 2(2+1) + 3(2)\} = 1,050\text{m}^3$

6. 삼각형의 각 변이 길이가 각각 30m, 40m, 50m일 때 이 삼각형의 면적으로 옳은 것은?

㉮ 600m²   ㉯ 756m²   ㉰ 1,000m²   ㉱ 1,200m²

해설 삼변법에 의한 계산

$S = \frac{1}{2}(30+40+50) = 60$

$S = \sqrt{S(S-a)(S-b)(S-c)}$
$= \sqrt{60(60-30)(60-40)(60-50)}$
$= 600\text{m}^2$

해답 4. ㉯ 5. ㉰ 6. ㉮

7. 삼각형의 세 변의 길이가 아래와 같을 때, ∠BAC의 값은?

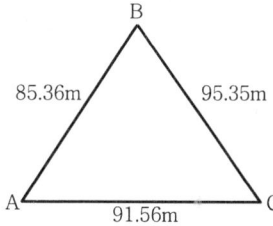

㉮ 96°50′41″ ㉯ 86°50′41″ ㉰ 65°06′48″ ㉱ 22°40′21″

해설 $\angle BAC = \cos^{-1}\dfrac{c^2+b^2-a^2}{2cb}$

$\angle BAC = \cos^{-1}\dfrac{85.36^2+91.56^2-95.35^2}{2\times 85.36\times 91.56} = 65°06′48.33″$

8. 다음 중 지상 500m²를 도면상에 5cm²로 나타낼 수 있는 도면의 축척은 얼마인가?

㉮ 1/500 ㉯ 1/600 ㉰ 1/10,000 ㉱ 1/1,200

해설 축척 = $\dfrac{\text{실거리}}{\text{도상거리}} = \dfrac{500}{0.05} = \dfrac{1}{10,000}$

9. 다음 그림의 경계선 정정에서 CF의 길이는?(단, AC=40m, BC=25m, ∠ACB=30°, ∠BCF=80°)

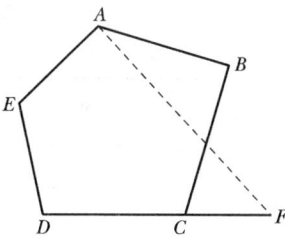

㉮ 13.3m ㉯ 16.5m ㉰ 21.7m ㉱ 31.9m

해설 △ABC의 면적 = $\dfrac{1}{2}\times 40\times 25\times \sin 30° = 250\text{m}^2$

△ACF의 면적 = $\dfrac{1}{2}\times 40\times x\times \sin 110°$
$= 18.79x = 250\text{m}^2$

△ABC의 면적과 △ACF의 면적이 같아야 하므로 $x=13.3$m

[별해] △ABC의 면적 = $\dfrac{1}{2}\times AC\times 25\times \sin 30° = 6.25\times AC$ ········①

△ABC의 면적 = $\dfrac{1}{2}\times AC\times CF\times \sin 110°$ ········②

①=②
$6.25\times AC = 0.4698\times AC\times CF$ 따라서 CF = 13.3m

해답 7. ㉰ 8. ㉰ 9. ㉮

10. 실제 지상거리가 24m이고 이를 도상에 나타낸 거리가 2cm인 도면의 축척으로 옳은 것은?

㉮ 1/600
㉯ 1/1,000
㉰ 1/1200
㉱ 1/6,000

해설 $M = \dfrac{1}{m} = \dfrac{l}{L}$에서 $\dfrac{1}{m} = \dfrac{0.02}{24} = \dfrac{1}{1,200}$

[참고] • 도상거리=실제거리/축척
　　　• 실제거리=축척×도상거리

11. 두 변의 길이가 각각 65.26m, 57.45m이고, 끼인각의 크기가 62°36′40″인 삼각형의 면적은 얼마인가?

㉮ 1,445.5m²
㉯ 1,554.5m²
㉰ 1,664.5m²
㉱ 1,775.5m²

해설 두 변의 길이를 알고 끼인각을 알면 공식은 $\dfrac{1}{2} \times a \times b \times \sin\alpha$

따라서, $\dfrac{1}{2} \times 65.26 \times 57.45 \times \sin 62°36'40'' = 1,664.46\text{m}^2$

12. 다음 삼각형의 축척 $\dfrac{1}{300}$로 작도한 도면을 측정한 길이이다. 실제 면적은?

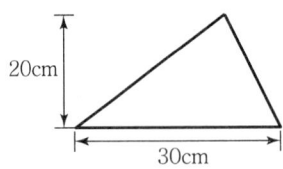

㉮ 900m²
㉯ 270m²
㉰ 90m²
㉱ 2,700m²

해설 $A = \dfrac{1}{2} a \cdot b \cdot M^2 = \dfrac{1}{2} \times (0.20 \times 0.30) \times 300^2 = 2,700\text{m}^2$

$\left(\dfrac{1}{m}\right)^2 = \dfrac{도상면적}{실제면적}$

실제면적 $= m^2 \times$ 도상면적

13. 그림과 같은 삼각형에서 두 각이 98°와 42°이고, 한 변의 길이가 40m일 때 삼각형의 면적은 얼마인가?

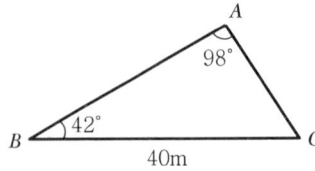

㉮ 338.5m²   ㉯ 347.5m²
㉰ 368.5m²   ㉱ 374.5m²

해설 $\dfrac{\overline{AB}}{\sin\angle C}=\dfrac{\overline{BC}}{\sin\angle A}$ 에서

$\overline{AB}=\dfrac{\overline{BC}}{\sin\angle A}\times\sin\angle C$ m

$=\dfrac{40}{\sin 98°}\times\sin\{180-(42°+98°)\}=25.964\text{m}$

∴ 면적 $A=\dfrac{1}{2}bc\sin\angle B$

$=\dfrac{1}{2}\times 25.964\times 40\times\sin 42°=347.5\text{m}^2$

14. 1 : 5,000 축척의 지적도상에서 16cm²로 나타나 있는 정방형 토지의 실제 면적은?

㉮ 80,000m²   ㉯ 40,000m²
㉰ 8,000m²   ㉱ 4,000m²

해설 $\left(\dfrac{1}{m}\right)^2=\dfrac{도상면적}{실제면적}$

$\left(\dfrac{1}{5,000}\right)^2=\dfrac{16}{실제면적}$

∴ 실제면적 $=5,000^2\times 16$
$=400,000,000\text{cm}^2=40,000\text{m}^2$

15. 다음 중 두 점 간의 실거리 300m를 도상에 6mm로 표시한 도면의 축척은 얼마인가?

㉮ $\dfrac{1}{20,000}$ ㉯ $\dfrac{1}{25,000}$
㉰ $\dfrac{1}{50,000}$ ㉱ $\dfrac{1}{100,000}$

해설 $\dfrac{1}{m}=\dfrac{l}{L}=\dfrac{0.006}{300}=\dfrac{1}{50,000}$

16. 축척이 1/500인 도면 1매의 면적이 1,000m²이라면, 도면의 축척을 1/1,000으로 하였을 때 도면 1매의 면적은 얼마인가?

㉮ 2,000m²   ㉯ 3,000m²
㉰ 4,000m²   ㉱ 5,000m²

해설 비례식으로 풀면 $500^2:1,000^2=1,000\text{m}^2:x$
$x=1,000^2\times 1,000/500^2=4,000\text{m}^2$

해답 14. ㉯ 15. ㉰ 16. ㉰

17. 점간거리 200m를 축척 1/500인 도상에 등록한 경우 점간거리의 도상길이는 얼마인가?

㉮ 20cm ㉯ 40cm ㉰ 50cm ㉱ 80cm

해설 $\dfrac{1}{m} = \dfrac{l}{L}$

$l = \dfrac{1}{m} = \dfrac{200}{500} = 0.4\text{m} = 40\text{cm}$

18. 2,000m³의 체적을 산출할 때 수평 및 수직거리를 동일한 정확도로 관측하여 체적산정 오차를 0.3m³ 이내에 들게 하려면 거리관측의 허용 정확도는?

㉮ 1/15,000 ㉯ 1/20,000 ㉰ 1/25,000 ㉱ 1/30,000

해설 체적의 정도 $\left(\dfrac{dV}{V}\right) = 3 \cdot \dfrac{dl}{l}$ 에서

$\dfrac{dl}{l} = \dfrac{1}{3} \cdot \dfrac{dV}{V} = \dfrac{1}{3} \times \dfrac{0.3}{2,000} = \dfrac{1}{20,000}$

19. 2500m²의 면적을 0.1m²까지 정확하게 구하려면 거리관측의 최소단위를 얼마까지 읽어야 하는가?

㉮ 0.1mm ㉯ 0.5mm ㉰ 1mm ㉱ 5mm

해설 ① 한 변의 길이(l) 계산

$l \times l = A \quad l^2 = A \quad l = \sqrt{A} = \sqrt{2,500} = 50\text{m}$

② 면적의 정밀도(면적의 정도는 거리정도의 2배이므로)

$\dfrac{dA}{A} = 2 \cdot \dfrac{dl}{l}$ 에서

$dl = \dfrac{dA}{A} \cdot \dfrac{l}{2} = \dfrac{0.1}{2,500} \times \dfrac{50}{2} = 0.001\text{m} = 1\text{mm}$

20. 그림과 같은 토지의 한변 BC에 평행으로 $m : n = 1 : 3$의 비율로 분할하려면 AB=50m일 때 AX는 얼마인가?

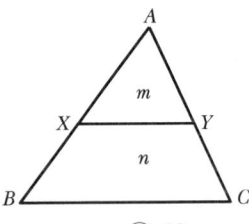

㉮ 10m ㉯ 15m ㉰ 20m ㉱ 25m

해설 $AB^2 : AX^2 = m+n : m$

$AX = \sqrt{\dfrac{m}{m+n}} \times AB = \sqrt{\dfrac{1}{1+3}} \times 50 = 25\text{m}$

21. 그림과 같은 삼각형 △ABC의 토지를 BC에 평행한 직선 DE로 △ADE : □BCED = 2 : 3의 비율로 면적을 분할하려면 AD의 길이는?

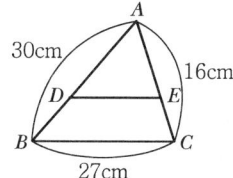

㉮ 12.96　　㉯ 15.96　　㉰ 18.97　　㉱ 19.95

해설 $AD = AB \times \sqrt{\dfrac{m}{m+n}} = 30 \times \sqrt{\dfrac{2}{2+3}} = 18.97m$

22. △ABC에서 $\overline{BC}$상에 P, Q를 잡아 △ABP : △APQ : △AQC = 2 : 4 : 3으로 분할일 때 $\overline{PQ}$의 거리는?(단, $\overline{BC}$ = 37.8m)

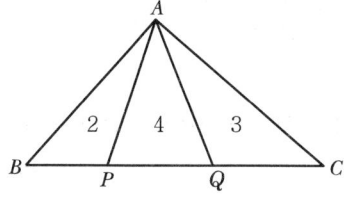

㉮ 14.8m　　㉯ 15.8m　　㉰ 16.8m　　㉱ 17.8m

해설 $\overline{PQ} = \dfrac{b}{a+b+c} \times \overline{BC} = \dfrac{4}{2+4+3} \times 37.8 = 16.8$

$\overline{QC} = \dfrac{c}{a+b+c} \times \overline{BC} = \dfrac{3}{2+4+3} \times 37.8 = 12.6$

23. 같은 삼각형 ABC의 토지를 변 BC에 평행한 선분 DE로서 면적 $m : n$이 2 : 3이 되고자 한다. 이때 선분 AD의 길이는?

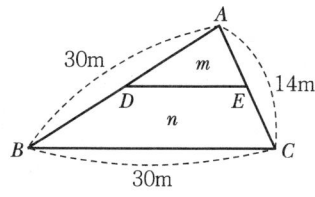

㉮ 19.254　　㉯ 18.974　　㉰ 20.000　　㉱ 18.520

해설 DE∥BC이므로

△ADE : △ABC = $AD^2 : AB^2 = m : (m+n) = AD^2 : 30^2 = 2 : (2+3) = 2 : 5$

∴ $AD = AB\sqrt{\dfrac{m}{m+n}} = 30 \times \sqrt{\dfrac{2}{5}} = 18.974m$

해답 21. ㉰　22. ㉰　23. ㉯

24. 축척 1/1,000일 때 단위면적이 10m²의 측간의 위치에서 축척 1/100의 면적을 측정하고자 한다. 단위면적은?

㉮ 0.1m²　　㉯ 0.2m²　　㉰ 0.3m²　　㉱ 0.4m²

해설 $m_1^2 : a_1 = m_2^2 : a_2$

$a_2 = \left(\dfrac{m_2}{m_1}\right)^2 \cdot a_1 = \left(\dfrac{100}{1,000}\right)^2 \times 10 = 0.1\text{m}^2$

25. 축척 1/1,500 도면상의 면적을 축척 1/1,000으로 잘못 측정하여 24,000m²를 얻었을 때 실제의 면적은?

㉮ 36,000m²　　㉯ 10,600m²
㉰ 54,000m²　　㉱ 37,500m²

해설 $m_1^2 : a_1 = m_2^2 : a_2$

$a_1 = \left(\dfrac{m_1}{m_2}\right)^2 \cdot a_2 = \left(\dfrac{1,500}{1,000}\right)^2 \times 24,000 = 54,000\text{m}^2$

26. 축척 1/5,000 도상에서의 면적이 40.52cm²이었다. 실제 면적은?

㉮ 0.01km²　　㉯ 0.1km²
㉰ 1.0km²　　㉱ 10.0km²

해설 $(\text{축척})^2 = \left(\dfrac{1}{m}\right)^2 = \dfrac{\text{도상면적}}{\text{실제면적}}$

$= \left(\dfrac{1}{5,000}\right)^2 = \dfrac{40.52}{\text{실제면적}}$

∴ 실제면적 $= 40.52 \times 5,000^2 = 1,013,000,000\text{cm}^2 = 101,300\text{m}^2 = 0.1\text{km}^2$

27. 직육면체인 저수탱크의 용적을 구하고자 한다. 밑변 a, b와 높이 h에 대한 측정결과가 다음과 같을 때 부피오차는?

• a = 40.00±0.05m	• b = 20.00±0.03m	• h = 15.00±0.02m

㉮ ±10m³　　㉯ ±21m³
㉰ ±28m³　　㉱ ±34m³

해설 $V = abh$

오차전파법칙에 의해

$\Delta V = \pm \sqrt{(bh)^2 \cdot m_1^2 + (ah)^2 \cdot m_2^2 + (ab)^2 \cdot m_3^2}$

$= \pm \sqrt{(20 \times 15)^2 \times 0.05^2 + (40 \times 15)^2 \times 0.03^2 + (40 \times 20)^2 \times 0.02^2}$

$= 28.37\text{m}^3$

28. 30m에 대하여 6mm가 늘어나 있는 줄자로 정방형의 지역을 측량한 결과 62,500m²였다. 실제 면적은?

㉮ 62,525m² ㉯ 62,500m² ㉰ 62,475m² ㉱ 62,550m²

해설 실제면적 = $\dfrac{(부정길이)^2 \times 관측면적}{(표준길이)^2}$

$= \dfrac{(30.006)^2 \times 62,500}{30^2} = 62,525\text{m}^2$

29. 축척 $\dfrac{1}{5,000}$인 지형도(도면)의 면적을 측정하여 4.8cm² 결과를 얻었다. 이때 도면의 모든 점이 1.5%가 수축되어 있었다면 실제면적은 얼마인가?

㉮ 11,643m² ㉯ 11,820m² ㉰ 12,183m² ㉱ 12,360m²

해설 축척² = $\left(\dfrac{1}{m}\right)^2 = \dfrac{도상면적}{실제면적}$

$\left(\dfrac{1}{5,000}\right)^2 = \dfrac{4.8}{A'}$

실제면적 $A' = 12,000\text{m}^2$

$\dfrac{dA}{A} = 2 \cdot \dfrac{dl}{l} = 2 \times \dfrac{1.5}{100} = 0.03$

잘못된 면적 차이량
$12,000\text{m}^2 \times 0.03 = 360\text{m}^2$
∴ 실제면적 = 12,000 + 360 = 12,360m²

[별해] 실제면적 = $A(1+\varepsilon)^2 = 12,000(1+0.015)^2 = 12,362.7\text{m}^2$

30. 도상에서 세 변의 길이를 관측한 결과 각각 21.5cm, 30.3cm, 28.0cm이었다면 실제면적은?(단, 지형도의 축척=1/500)

㉮ 7,325m² ㉯ 7,424m² ㉰ 7,124m² ㉱ 7,240m²

해설 $S = \dfrac{1}{2}(a+b+d)$

$= \dfrac{1}{2}(21.5 + 30.3 + 28) = 39.9$

$A = \sqrt{s(s-a)(s-b)(s-c)}$
$= \sqrt{39.9(39.9-21.5)(39.9-30.3)(39.9-28)} = 289.60\text{cm}^2$

축척² = $\left(\dfrac{1}{m}\right)^2 = \dfrac{도상면적}{실제면적}$

$\left(\dfrac{1}{500}\right)^2 = \dfrac{289.60}{실제면적}$

∴ 실제면적 = $\dfrac{289.60 \times 500^2}{100 \times 100} = 7,240\text{m}^2$

해답 28. ㉮ 29. ㉱ 30. ㉱

31. 어느 도면상에서 면적을 측정하였더니 400m²이었다. 이 도면이 가로, 세로 1%씩 축소되었다면 이때 발생된 면적오차는 얼마인가?

㉮ 4m² ㉯ 6m²
㉰ 8m² ㉱ 12m²

해설 $\dfrac{\Delta A}{A} = 2\dfrac{\Delta l}{l}$ 에서

$$\dfrac{\Delta A}{A} = 2 \times \dfrac{1}{100} = \dfrac{1}{50}$$

면적오차 = 400 ÷ 50 = 8m²

$$dA = \dfrac{A}{50} = \dfrac{400}{50} = 8\text{m}^2$$

32. 그림과 같은 면적을 심프슨 제2법칙을 이용하여 구한 값은?(단, 단위는 m임)

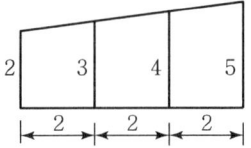

㉮ 12m² ㉯ 18m²
㉰ 21m² ㉱ 28m²

해설 $A = \dfrac{3d}{8}(y_0 + 3y_1 + 3y_2 + y_3) = \dfrac{3 \times 2}{8}(2 + 3 \times 3 + 3 \times 4 + 5) = 21\text{m}^2$

[별해] $A = \dfrac{3d}{8}(y_0 + y_n + 3\sum y$ 나머지 수 $+ 2\sum y_3$의 배수)

$= \dfrac{6}{8}\{2 + 5 + 3(3+4)\} = 21\text{m}^2$

33. 그림과 같이 댐의 저수면의 높이를 120m로 할 경우 저수량은?(단, 80m선 $A_1 = 40\text{m}^2$, 90m선 $A_2 = 300\text{m}^2$, 100선 $A_3 = 540\text{m}^2$, 110m선 $A_4 = 950\text{m}^2$, 120m선 $A_5 = 1,530\text{m}^2$)

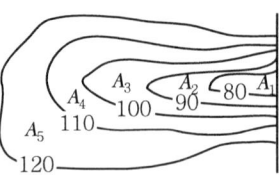

㉮ 25,000m² ㉯ 25,500m²
㉰ 25,550m² ㉱ 26,500m²

해설 $V = \dfrac{h}{3}\{A_1 + A_5 + 2A_3 + 4(A_2 + A_4)\}$

$= \dfrac{10}{3}\{40 + 1,530 + 2 \times 540 + 4(300 + 950)\} = 25,500\text{m}^3$

34. 다음 그림과 같은 각주의 양 단면적 $A_1 = 2.4\text{m}^2$, $A_2 = 2.0\text{m}^2$, 중앙 단면적 $A_m = 2.2\text{m}^2$이고 길이 $L = 12\text{m}$일 때 각주 공식에 의한 체적(V)은?

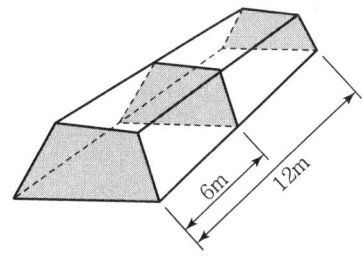

㉮ $V = 20.7\text{m}^3$
㉯ $V = 22.6\text{m}^3$
㉰ $V = 24.8\text{m}^3$
㉱ $V = 26.4\text{m}^3$

해설 $V = \dfrac{L}{6}(A_1 + 4A_m + A_2)$

$= \dfrac{12}{6}(2.4 + 4 \times 2.2 + 2.0) = 26.4\text{m}^3$

35. 그림과 같은 지역을 점고법으로 구한 토량은?

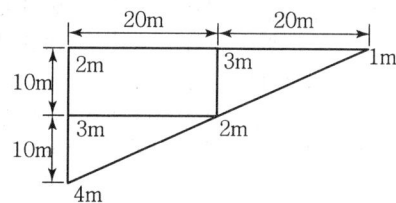

㉮ $1,000\text{m}^3$
㉯ $1,250\text{m}^3$
㉰ $1,500\text{m}^3$
㉱ $2,000\text{m}^3$

해설 1. 사각형 체적(V_1) $= \dfrac{A}{4}(\Sigma h_1 + 2\Sigma h_2) = \dfrac{10 \times 20}{4}(2+3+2+3) = 500\text{m}^3$

2. 삼각형 체적(V_2) $= \dfrac{A}{3}(\Sigma h_1 + 2\Sigma h_2) = \dfrac{\dfrac{10 \times 20}{2}}{3}(4+3+2) = 300\text{m}^3$

3. 삼각형 체적(V_3) $= \dfrac{A}{3}(\Sigma h_1) = \dfrac{\dfrac{200}{2}}{3}(3+2+1) = 200\text{m}^3$

∴ $V = V_1 + V_2 + V_3 = 1,000\text{m}^3$

해답 34. ㉱ 35. ㉮

CHAPTER 11 Global Positioning System

11.1 GPS의 개요

11.1.1 GPS의 정의

GPS는 인공위성을 이용한 범세계적 위치결정체계로 정확한 위치를 알고 있는 위성에서 발사한 전파를 수신하여 관측점까지의 소요시간을 관측함으로써 관측점의 위치를 구하는 체계이다. 즉, GPS측량은 위치가 알려진 다수의 위성을 기지점으로 하여 수신기를 설치한 미지점의 위치를 결정하는 후방교회법(Resection methoid)에 의한 측량방법이다.

11.1.2 GPS의 특징

장점	단점
① 장거리를 신속하게 측량할 수 있다. ② 관측점간의 시통이 필요하지 않다. ③ 측량기법에 따라 고정밀 측량이 가능하다. ④ 기상조건에 관계없이 위치결정이 가능하다. ⑤ 하루 24시간 어느 시간에서나(야간) 관측이 가능하다. ⑥ 동적측정이 가능하다. ⑦ X. Y. Z(3차원) 측정이 가능하다. ⑧ 지구상 어느 곳에서나 이용할 수 있다.	① 위성의 궤도정보가 필요하다 ② 대류권 및 전리층에 관한 정보를 필요로 한다. ③ 세계측지기준계(WGS84)좌표계를 사용하므로 우리나라 좌표계에 맞게 변환하여야 한다.

11.1.3 GPS의 구성

구성요소		특징
우주부문	구성	31개의 GPS위성
	기능	측위용전파 상시 방송, 위성궤도정보, 시각신호 등 측위계산에 필요한 정보 방송 ① 궤도형상 : 원궤도 ② 궤도면수 : 6개면 ③ 위성수 : 1궤도면에 4개 위성(24개+보조위성 7개)=31개 ④ 궤도경사각 : 55° ⑤ 궤도고도 : 20,183km

우주부문	기능	⑥ 사용좌표계 : WGS84 ⑦ 회전주기 : 11시간 58분(0.5 항성일) : 1항성일은 23시간 56분 4초 ⑧ 궤도간이격 : 60도 ⑨ 기준발진기 : 10.23MHz : 세슘원자시계 2대 : 류비듐원자시계 2대
제어부문	구성	1개의 주제어국, 5개의 추적국 및 3개의 지상안테나(Up Link 안테나 : 전송국)

	기능	주제어국 : 추적국에서 전송된 정보를 사용하여 궤도요소를 분석한 후 신규궤도요소, 시계보정, 항법메시지 및 컨트롤명령정보, 전리층 및 대류층의 주기적 모형화 등을 지상안테나를 통해 위성으로 전송함
		추적국 : GPS위성의 신호를 수신하고 위성의 추적 및 작동상태를 감독하여 위성에 대한 정보를 주제어국으로 전송함
		전송국 : 주관제소에서 계산된 결과치로서 시각보정값, 궤도보정치를 사용자에게 전달할 메시지 등을 위성에 송신하는 역할
		① 주제어국 : 콜로라도 스프링스(Colorado Springs) - 미국 콜로라도주
		② 추적국 : 어세션(Ascension Is) - 대서양
		    : 디에고 가르시아(Diego Garcia) - 인도양
		    : 쿠에제린(Kwajalein Is) - 태평양
		    : 하와이(Hawaii) - 태평양
		③ 3개의 지상안테나(전송국) : 갱신자료 송신

사용자부문	구성	GPS수신기 및 자료처리 S/W

	기능	위성으로부터 전파를 수신하여 수신점의 좌표나 수신점 간의 상대적인 위치관계를 구한다.
		사용자부문은 위성으로부터 전송되는 신호정보를 수신할 수 있는 GPS수신기와 자료처리를 위한 소프트웨어로서 위성으로부터 전송되는 시간과 위치정보를 처리하여 정확한 위치와 속도를 구한다.
		① GPS 수신기
		  위성으로부터 수신한 항법데이터를 사용하여 사용자 위치/속도를 계산한다.
		② 수신기에 연결되는 GPS안테나
		  GPS위성신호를 추적하며 하나의 위성신호만 추적하고 그 위성으로부터 다른 위성들의 상대적인 위치에 관한 정보를 얻을 수 있다.

- 1태양일 : 지구가 태양을 중심으로 한 번 자전하는 시간 24시간
- 1항성일 : 지구가 항성을 중심으로 한 번 자전하는 시간 23시간 56분 4초

우주부문(Space Segment)
- 연속적 다중위치 결정체계
- GPS는 55° 궤도 경사각, 위도 60°의 6개 궤도
- 고도 20,183km 고도와 약 12시간 주기로 운행
- 3차원 후방 교회법으로 위치 결정

제어부문(Control Segment)
- 궤도와 시각 결정을 위한 위성의 추척
- 전리층 및 대류층의 주기적 모형화(방송궤도력)
- 위성시간의 동일화
- 위성으로의 자료전송

사용자부문(User Segment)
- 위성으로부터 보내진 전파를 수신해 원하는 위치 또는 두 점 사이의 거리를 계산

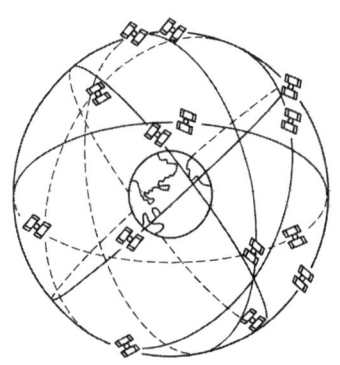

- 궤도 : 대략 원궤도
- 궤도수 : 6개
- 위성수 : 24개
- 궤도경사각 : 55°
- 높이 : 20,000km
- 사용좌표계 : WGS-84

[GPS 위성궤도]

11.1.4 GPS 신호

GPS 신호는 C/A코드, P코드 및 항법메시지 등의 측위 계산용 신호가 각기 다른 주파수를 가진 L_1 및 L_2 파의 2개 전파에 실려 지상으로 방송이 되며 L_1/L_2 파는 코드신호 및 항법메시지를 운반한다고 하여 반송파(Carrier Wave)라 한다.

신호	구분	내용
반송파 (Carrier)	L_1	• 주파수 1,575.42MHz(154×10.23MHz), 파장 19cm • C/A code와 P code 변조 가능
	L_2	• 주파수 1,227.60MHz(120×10.23MHz), 파장 24cm • P code만 변조 가능
코드 (Code)	P code	• 반복주기 7일인 PRN code(Pseudo Random Noise code) • 주파수 10.23MHz, 파장 30m(29.3m)
	C/A code	• 반복주기 : 1ms(milli-second)로 1.023Mbps로 구성된 PPN code • 주파수 1.023MHz, 파장 300m(293m)
Navigation Message		GPS 위성의 궤도, 시간, 기타 System Parameter들을 포함하는 Data bit

		• 측위계산에 필요한 정보
		  - 위성탑재 원자시계 및 전리층보정을 위한 Parameter 값
		  - 위성궤도정보
		  - 타위성의 항법메시지 등을 포함

		• 위성궤도정보에는 평균근점각, 이심률, 궤도장반경, 승교점적경, 궤도경사각, 근지점인수 등 기본적 인량 및 보정항이 포함

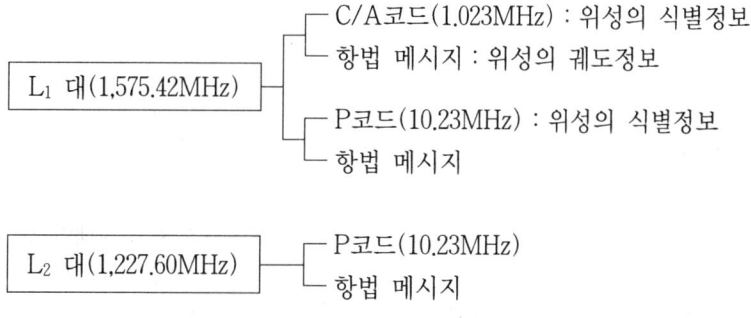

가. GPS 위성의 코드형태와 항법 메시지 정리

구분 \ 코드	C/A	P(Y)	항법데이터
전송률	1.023Mbps	10.23Mbps	50bps
펄스당 길이	293m	29.3m	5,950km
반복	1ms	1주	N/A
코드의 형태	Gold	Pseudo random	N/A
반송파	L_1	L_1, L_2	L_1, L_2
특징	포착하기가 용이함	정확한 위치추적, 고장률이 적음	시간, 위치 추산표

11.1.5 GPS 측위 원리

GPS를 이용한 측위방법에는 코드신호 측정방식과 반송파신호 측정방식이 있다. 코드신호에 의한 방법은 위성과 수신기 간의 전파 도달 시간차를 이용하여 위성과 수신기 간의 거리를 구하며, 반송파 신호에 의한 방법은 위성으로부터 수신기에 도달되는 전파의 위상을 측정하는 간섭법을 이용하여 거리를 구한다.

구분		특징
코드신호 측정방식	의의	위성에서 발사한 코드와 수신기에서 미리 복사된 코드를 비교하여 두코드가 완전히 일치할 때까지 걸리는 시간을 관측하여 여기에 전파속도를 곱하여 거리를 구하는 데 이때 시간에 오차가 포함되어 있으므로 의사거리(Pseudo range)라 한다.
	공식	$R = [(X_R - X_S)^2 + (Y_R - Y_S)^2 + (Z_R - Z_S)^2]^{1/2} + \delta t \cdot c$ 여기서, R : 위성과 수신기 사이의 거리 X, Y, Z : 위성의 좌표값 X_R, X_R, Z_R : 수신기의 좌표값 δt : GPS와 수신기 간의 시각 동기오차 C : 전파속도
	특징	① 동시에 4개 이상의 위성신호를 수신해야 함 ② 단독측위(1점측위, 절대측위)에 사용되며, 이때 허용오차는 5~15m ③ 2대 이상의 GPS를 사용하는 상대측위 중 코드 신호만을 해석하여 측정하는 DGPS(Differential GPS) 측위시 사용되며 허용오차는 약 1m 내외임

제11장 Global Positioning System

반송파신호 측정방식	의의	위성에서 보낸 파장과 지상에서 수신된 파장의 위상차를 관측하여 거리를 계산한다.
	공식	$R = \left(N + \dfrac{\phi}{2\pi}\right) \cdot \lambda + C(dT + dt)$ 여기서, R : 위성과 수신기 사이의 거리 　　　　λ : 반송파의 파장 　　　　N : 위성과 수신기 간의 반송파의 개수 　　　　ϕ : 위상각 　　　　C : 전파속도 　　　　$dT + dt$: 위성과 수신기의 시계오차
	특징	① 반송파신호측정방식은 일명 간섭측위라 하여 전파의 위상차를 관측하는 방식인데 수신기에 마지막으로 수신되는 파장의 위상을 정확히 알 수 없으므로 이를 모호정수(Ambiguity) 또는 정수치편기(Bias)라고 한다. ② 본 방식은 위상차를 정확히 계산하는 방법이 매우 중요한데 그 방법으로 1중차, 2중차, 3중차의 단계를 거친다. ③ 일반적으로 수신기 1대만으로는 정확한 Ambiguity를 결정할 수 없으며 최소 2대 이상의 수신기로부터 정확한 위상차를 관측한다. ④ 후처리용 정밀기준점 측량 및 RTK법과 같은 실시간이동측량에 사용된다.

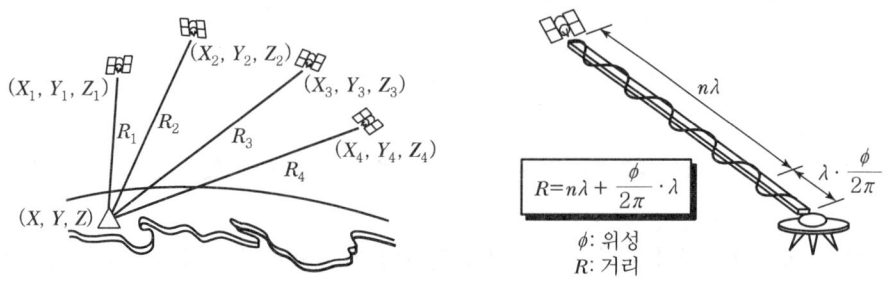

[의사거리를 이용한 위치해석 방법]　　[반송파에 의한 위성과 수신기 간 거리측정]

11.2 선점 및 측량

11.2.1 선점 및 관측

가. 소구점 선점

소구점은 인위적인 전파장애, 지형·지물 등의 영향을 받지 않도록 다음 각 호의 장소를 피하여 선점하여야 한다.
① 건물 내부, 산림 속, 고층건물이 밀집한 시가지, 교량 아래 등 상공시계 확보가 어려운 곳
② 초고압송전선, 고속철도 등의 전차경로 등 전기불꽃의 영향을 받는 곳
③ 레이더안테나, TV탑, 방송국, 우주통신국 등 강력한 전파의 영향을 받는 곳
④ 관측망은 기지점과 소구점이 폐합다각형이 되도록 구성하여야 한다.

나. 관측시 위성의 조건과 주의사항

위성의 조건	주의사항
① 관측점으로부터 위성에 대한 고도각이 15° 이상에 위치할 것 ② 위성의 작동상태가 정상일 것 ③ 관측점에서 동시에 수신 가능한 위성수는 정지측량에 의하는 경우에는 4개 이상, 이동측량에 의하는 경우에는 5개 이상일 것	① 안테나 주위의 10미터 이내에는 자동차 등의 접근을 피할 것 ② 관측 중에는 무전기 등 전파발신기의 사용을 금한다. 다만, 부득이한 경우에는 안테나로부터 100미터 이상의 거리에서 사용할 것 ③ 발전기를 사용하는 경우에는 안테나로부터 20미터 이상 떨어진 곳에서 사용할 것 ④ 관측 중에는 수신기 표시장치 등을 통하여 관측상태를 수시로 확인하고 이상 발생시에는 재관측을 실시할 것

11.2.2 측량방법

가. 정지측량

GPS 측량기를 사용하여 기초측량 또는 세부측량을 하고자 하는 때에는 정지측량(Static) 방법에 의한다.

정지측량방법은 2개 이상의 수신기를 각 측점에 고정하고 양측점에서 동시에 4개 이상의 위성으로부터 신호를 30분 이상 수신하는 방식이다.

관측 시 기준은 다음과 같다.
① 기지점과 소구점에 GPS측량기를 동시에 설치하여 세션단위로 실시할 것
② 관측성과의 점검을 위하여 다른 세션에 속하는 관측망과 1변 이상이 중복되게 관측할 것

③ 관측시간

구분	지적삼각측량	지적삼각보조측량	지적도근측량	세부측량
기지점과의 거리	10km 미만	5km 미만	2km 미만	1km 미만
세션 관측시간	60분 이상	30분 이상	10분 이상	5분 이상
데이터 취득간격	30초 이하	30초 이하	15초 이하	15초 이하

나. 이동측량

GPS 측량기를 사용하여 이동측량(Kinematic)방법에 의하여 지적도근측량 또는 세부측량을 하고자 하는 경우의 관측은 다음의 기준에 의한다.

① 기지점(지적측량기준점)에 기준국을 설치하고 측량성과를 구하고자 하는 지적도근점 등에 GPS측량기를 순차적으로 이동하며 관측을 실시할 것
② 이동 및 관측은 GPS측량기의 초기화 작업을 한 후 실시하며, 이동 중에 전파수신의 단절 등이 된 때에는 다시 초기화 작업을 한 후 실시할 것
③ 관측시간

지적측량기준점과 지상경계점의 거리 제한	관측시간	데이터 취득 간격
5km 이내	60초 이상	5초 이내
2km 이내	30초 이상	5초 이내

실시간이동측량(Real Time Kinematic)시에는 위의 규정 외에 다음 사항을 고려하여야 한다.

① 후처리에 의한 성과산출 및 점검을 위하여 관측신호를 기록할 수 있도록 GPS측량기에 기능을 설정할 것
② 기준국과 이동관측점 간의 무선데이터 송수신이 원활하도록 설정하고, 관측 중 송수신 상황을 수시로 점검할 것
③ 이동 관측점의 지적좌표를 구하여야 할 경우에는 제11조 제2항의 규정에 의한 좌표변환계산방법을 적용할 것

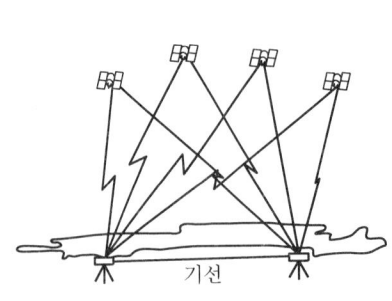

[스태틱관측방법]

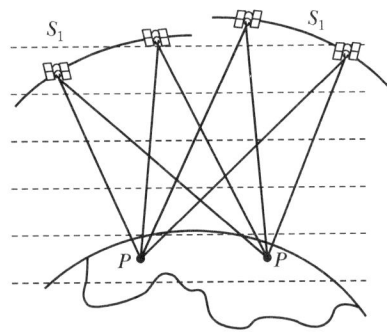

[키네테마틱관측방법]

11.2.3 성과계산

가. 기선해석

지적위성측량에 의한 기선벡터의 산출(이하 "기선해석"이라 한다)은 다음의 기준에 의한다.

① 당해 관측지역의 가장 가까운 지적위성기준점 또는 지적위성좌표를 이미 알고 있는 지적측량기준점을 기점으로 하여 인접하는 소구점을 순차적으로 해석할 것
② GPS위성의 위치는 기지점과 소구점간의 거리가 50킬로미터를 초과하는 경우에는 정밀궤도력에 의하고 기타는 방송궤도력에 의할 것
③ 기선해석의 방법은 세션별로 실시하되 단일기선해석방법에 의할 것
④ 기선해석시에 사용되는 단위는 미터단위로 하고 계산은 소수점 이하 셋째자리까지 할 것
⑤ 2주파 관측데이터를 이용하여 처리할 경우에는 전리층 보정을 할 것
⑥ 기선해석의 결과를 기초로 기선해석계산부를 작성할 것

나. 기선해석의 점검

① 서로 다른 세션에 속하는 중복기선으로 최소변수의 폐합다각형을 구성하여 기선벡터 각 성분($\triangle X, \triangle Y, \triangle Z$)의 폐합차를 계산한다.
② 제1항에 의한 폐합차의 허용범위는 다음 표에 의하며, 그 기준을 초과하는 경우에는 다시 관측을 하여야 한다.

폐합기선장의 총합	$\triangle X, \triangle Y, \triangle Z$의 폐합차	비고
10km 미만	3cm 이내	
10km 이상	2cm+1ppm×D 이내	D : 기선장(km)

다. 지적위성좌표의 산출

관측점의 지적위성좌표는 제8조의 규정에 의한 기선해석성과를 기준으로 조정계산에 의해 결정하되, 조정계산은 다음의 기준에 의한다.

① 고정점은 지적위성기준점 또는 정확한 지적위성좌표를 알고 있는 지적측량기준점으로 할 것

② 계산방법은 기선해석에 사용하는 소프트웨어에서 정한 방법에 의할 것

라. 지적좌표의 계산

지적위성좌표를 지적좌표로 변환하는 때에는 좌표변환계산방법 또는 조정계산방법에 의한다.

1) 좌표변환계산방법

① 당해 관측지역에서 측정한 모든 기지점을 점검하여 변환계수 산출에 사용할 3점 이상의 양호한 점을 결정할 것

② 제1호의 규정에 의한 기지점의 지적좌표와 그 기지점을 좌표변환계산에 의하여 산출한 지적좌표 간의 수평성분교차($\triangle X$, $\triangle Y$)의 허용범위는 다음 표에 의하며, 그 기준을 초과하는 경우에는 조정계산에 의할 것

측량 범위	수평성분교차	비고
2km×2km 이내	6cm+2cm×$\sqrt{N}$ 이내	N은 점수
5km×5km 이내	10cm+4cm×$\sqrt{N}$ 이내	
10km×10km 이내	15cm+4cm×$\sqrt{N}$ 이내	

③ 제1호의 규정에 의하여 결정한 기지점을 이용하여 변환계수를 산출하고 이를 모든 관측점에 적용하여 지적좌표를 산출할 것. 다만, 좌표변환계수가 결정되어 있는 지역에는 그 값을 적용할 것

④ 좌표변환계산의 단위 및 자릿수는 다음 표에 의한다.

구분	단위	자릿수
평면직각 종·횡선수치	m	소수점 이하 3자리
경위도	도, 분, 초	소수점 이하 3자리
표고	m	소수점 이하 2자리

2) 조정계산방법

① 당해 관측지역에서 측정한 모든 기지점을 대상으로 기지점 성과를 점검하고 조정계산에 사용할 2점 이상의 고정점을 결정한다.

② 제1호의 규정에 의하여 결정한 고정점을 이용하여 지적좌표를 산출한다.

11.2.4 표고의 계산

지적위성기준점의 표고 결정은 직접수준측량에 의하여야 하며, 그 밖의 지적측량기준점은 직접·간접수준측량 또는 지적위성측량에 의한다.

가. 지적위성측량에 의한 표고결정 기준

① 2점 이상의 표고점의 지오이드고를 내삽하여 소구점의 지오이드고를 산출하여 그 값과 타원체고와의 차이를 표고로 하며, 다음 산식에 의하여 계산할 것

소구점표고 = 소구점타원체고 - 소구점지오이드고

② 소구점으로부터 2킬로미터 이내에 표고점이 있는 경우에는 소구점과 표고점 간의 타원체고의 차이를 표고차로 하며, 다음 산식에 의하여 계산할 것

소구점표고 = 표고점표고 + (표고점타원체고 - 소구점타원체고)

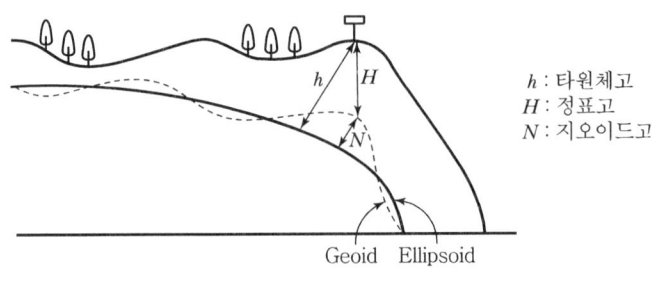

[GPS Levelling]

11.2.5 성과작성

지적위성측량의 성과 및 측량기록은 관측데이터파일, 지적위성측량부, 지적위성측량성과검사부 등에 정리한다.

11.2.6 성과검사

지적위성측량의 성과검사는 다음의 방법에 의한다.

① 지적위성측량관측표, 지적위성측량관측망도 등에 근거하여 관측환경, 세션 및 관측망 구성 등이 적합한지를 검사할 것

② 지적위성측량관측기록부 등에 근거하여 위성측량기의 설치 및 입력 요소 등의 설정이 적합한지를 검사할 것

③ 기선해석계산부, 기선벡터점검계산부, 기선벡터점검계산망도 등에 근거하여 제8조 및 제9조의 기준에 의거 기선해석이 되었는지 검사할 것

④ 좌표변환계산부, 점간거리계산부 등에 의해 기지점 좌표의 부합 등을 확인하고 제11조에 의한 지적좌표의 산출이 이루어졌는지 검사할 것
⑤ 지적위성측량성과표의 기재사항과 관측데이터의 관리 상태를 점검할 것
⑥ 지적위성측량성과의 결정은 지적법시행규칙 제54조의 규정에 의할 것

11.3 GPS의 오차

11.3.1 구조적인 오차

종류	특징
위성시계오차	GPS위성에 내장되어 있는 시계의 부정확성으로 인해 발생
위성궤도오차	위성궤도정보의 부정확성으로 인해 발생
대기권전파지연	위성신호의 전리층, 대류권 통과시 전파지연오차(약 2m)
전파적 잡음	수신기 자체에서 발생하며 PRN코드잡음과 수신기 잡음이 합쳐저서 발생
다중경로 (Multipath)	다중경로오차는 GPS위성으로 직접 수신된 전파 이외에 부가적으로 주위의 지형, 지물에 의한 반사된 전파로 인해 발생하는 오차로서 측위에 영향을 미친다. ① 다중경로는 금속제건물·구조물과 같은 커다란 반사적 표면이 있을 때 일어난다. ② 다중경로의 결과로서 수신된 GPS신호는 처리될 때 GPS 위치의 부정확성을 제공 ③ 다중경로가 일어나는 경우를 최소화하기 위하여 미션설정, 수신기, 안테나 설계시에 고려한다면 다중경로의 영향을 최소화할 수 있다. ④ GPS신호시간의 기간을 평균하는 것도 다중경로의 영향을 감소시킨다. ⑤ 가장 이상적인 방법은 다중경로의 원인이 되는 장애물에서 멀리 떨어져서 관측하는 방법이다.

11.3.2 위성의 배치상태에 따른 오차

가. 정밀도저하율(DOP ; Dilution of Precision)

GPS관측지역의 상공을 지나는 위성의 기하학적 배치상태에 따라 측위의 정확도가 달라지는데 이를 DOP(Dilution of Precision)라 한다.

종류	특징
① GDOP : 기하학적 정밀도 저하율 ② PDOP : 위치 정밀도 저하율 ③ HDOP : 수평 정밀도 저하율 ④ VDOP : 수직 정밀도 저하율 ⑤ RDOP : 상대 정밀도 저하율 ⑥ TDOP : 시간 정밀도 저하율	① 3차원 위치의 정확도는 PDOP에 따라 달라지는데 PDOP은 4개의 관측위성들이 이루는 사면체의 체적이 최대일 때 가장 정확도가 좋으며 이때는 관측자의 머리 위에 다른 3개의 위성이 각각 120°를 이룰 때이다. ② DOP은 값이 작을수록 정확한데 1이 가장 정확하고 5까지는 실용상 지장이 없다.

11.3.3 선택적 가용성에 따른 오차(SA ; Selective Abailability / AS ; Anti-Spoofing)

미국방성의 정책적 판단에 의해 인위적으로 GPS 측량의 정확도를 저하시키기 위한 조치로 위성의 시각정보 및 궤도정보 등에 임의의 오차를 부여하거나 송신, 신호형태를 임의 변경하는 것을 SA라 하며, 군사적 목적으로 P코드를 암호하는 것을 AS라 한다.

SA의 해제	2000년 5월 1일 해제
AS(Anti Spoofing : 코드의 암호화, 신호차단)	군사목적의 P코드를 적의교란으로부터 방지하기 위하여 암호화 시키는 기법

11.3.4 Cycle Slip

사이클슬립은 GPS반송파위상 추적회로에서 반송파위상치의 값을 순간적으로 놓침으로 인해 발생하는 오차, 사이클슬립은 반송파 위상데이터를 사용하는 정밀위치측정분야에서는 매우 큰 영향을 미칠 수 있으므로 사이클슬립의 검출은 매우 중요하다.

원인	처리
① GPS안테나 주위의 지형지물에 의한 신호단절 ② 높은 신호 잡음 ③ 낮은 신호 강도 ④ 낮은 위성의 고도각 ⑤ 사이클슬립은 이동측량에서 많이 발생	① 수신회로의 특성에 의해 파장의 정수배만큼 점프하는 특성 ② 데이터 전처리 단계에서 사이클슬립을 발견, 편집가능 ③ 기선해석 소프트웨어에서 자동처리

11.4 GPS의 활용

① 측지측량분야
② 해상측량분야
③ 교통분야
④ 지도제작분야(GPS-VAN)
⑤ 항공분야
⑥ 우주분야
⑦ 레저스포츠분야
⑧ 군사용
⑨ GSIS의 DB 구축
⑩ 기타 : 구조물 변위 계측, GPS를 시각동기장치로 이용 등

11.5 측량에 이용되는 위성측위시스템

11.5.1 위성항법시스템의 종류

가. 전지구위성항법시스템(GNSS ; Global Navigation Satellite System)

지구 전체를 서비스 대상 범위로 하는 위성항법시스템으로 중궤도(2만 km 내외)를 선회하는 20~30기의 항법 위성이 필요
① 미국의 GPS(Global Positioning System)
② EU의 Galileo
③ 러시아의 GLONASS(GLObal Navigation Satellite System)

나. 지역위성항법시스템(RNSS ; Regional Navigation Satellite System)

특정지역을 서비스 대상으로 하는 위성항법시스템
① 중국의 북두(COMPASS/Beidou)
② 일본의 준춘정위성(QZSS ; Quasi-Zenith Satellite System)
③ 인도의 IRNSS(Indian Regional Navigation Satellite System)

11.5.2 위성항법시스템 구축 현황

가. 전세계 위성항법시스템 현황

소유국	시스템 명	목적	운용 연도	운용궤도	위성수
미국	GPS	전지구위성항법	1995	중궤도	31기 운용 중
러시아	GLONASS	전지구위성항법	2011	중궤도	24

EU	Galileo	전지구위성항법	2012	중궤도	30
중국	COMPASS (Beidou)	전지구위성항법 (중국 지역위성항법)	2011	중궤도 정지궤도	30 5
일본	QZSS	일본주변 지역위성항법	2010	고타원궤도	3
인도	IRNSS	인도주변 지역위성항법	2010	정지궤도 고타원궤도	3 4

11.5.3 보강시스템 구축 현황

가. 위성기반 보강시스템(SBAS, Satellite-Based Augmentation System)

항공항법용 보정정보 제공을 주된 목적으로 미국, 유럽 등 다수 국가가 구축·운용

〈국가별 위성기반 보강시스템 구축·운용 현황〉

국가	구축 시스템	용도 및 제공정보	구축비용	운용연도
미국	WAAS(Wide Area Augmentation System)	항공항법용 GPS 보정정보 방송	약 2조원	2007
EU	EGNOS(European Geostationary Navigation Overlay Service)	항공항법용 GPS, GLONASS 보정정보 방송	미공개	2008
일본	MSAS(Multi-functional Satellite-based Augmentation System)	항공항법용 GPS 보정정보 방송	약 2조원	2005
인도	GAGAN(GPS and Geo Aug-mented Navigation system)	항공항법용 GPS 보정정보 방송	미공개	2010
캐나다	CWAAS(Canada Wide Area Augmentation System)	항공항법용 GPS 보정정보 방송	미공개	미정

나. 지상기반 보강시스템(GBAS, Ground-Based Augmentation System)

① 해양용 보강시스템 : 국제해사기구(IMO: International Maritime Organization)의 해상항법 권고에 따라 GPS 보정정보를 제공하는 시스템으로서, 현재 40여 개국 이상이 구축·운용

② 항공용 보강시스템 : 국제민간항공기구(ICAO: International Civil Aviation Organization) 의 권고로 각 국이 항공용 항로비행(GRAS) 및 이착륙(GBAS)을 위한 보강시스템 개발 중

- GRAS : Ground-based Regional Augmentation System
- GBAS : Ground Based Augmentation System

Help Tip

용어정리

1. 지적위성측량
GPS측량기를 사용하여 실시하는 지적측량을 말한다.

2. 지적위성좌표계
국제적으로 정한 회전타원체의 수치, 좌표의 원점, 좌표축 등으로 정의된 것으로서 지적위성측량에 사용하는 세계좌표계를 말한다.

3. 지적좌표계
지적측량에 사용하고 있는 우리나라의 좌표계를 말한다.

4. 지적위성기준점
국토교통부장관이 설치한 GPS상시관측시설의 안테나의 참조점을 말한다.

5. 고정점
조정계산시 이용하는 경·위도좌표, 평면직각종횡선좌표 및 높이의 기지점을 말한다.

6. 표고점
수준점으로부터 직접 또는 간접수준측량에 의하여 표고를 결정하여 지적위성측량시 표고의 기지점으로 사용할 수 있는 점을 말한다.

7. 세션
당해 측량을 위하여 일정한 관측간격을 두고 동시에 지적위성측량을 실시하는 작업단위를 말한다.

예상 및 기출문제

CHAPTER 11

1. GPS 측량의 특성에 대한 설명으로 옳지 않은 것은?
   ㉮ 측점 간 시통이 요구된다.
   ㉯ 야간관측이 가능하다.
   ㉰ 날씨에 영향을 거의 받지 않는다.
   ㉱ 전리층 영향에 대한 보정이 필요하다.

   해설 GPS의 장점
   ① 주·야간 및 기상상태와 관계없이 관측이 가능하다.
   ② 기준점 간 시통이 되지 않는 장거리 측량이 가능하다.
   ③ 측량의 소요시간이 기존 방법보다 효율적이다.
   ④ 관측의 정밀도가 높다.

2. GPS의 특징에 해당되지 않는 것은?
   ㉮ 야간에도 관측이 가능하다.
   ㉯ 날씨의 영향을 거의 받지 않는다.
   ㉰ 고압선 등의 전파에 대한 영향을 받지 않는다.
   ㉱ 측점 간 시통에 무관하다.

   해설 1번 문제 해설 참조

3. GPS의 특징을 설명한 것 중 틀린 것은?
   ㉮ 고정밀도의 측량이 가능하다.
   ㉯ 측점 간의 상호 시통이 필요하지 않다.
   ㉰ 측점에서 모든 데이터 취득이 가능하다.
   ㉱ 날씨에 영향을 많이 받으며 야간관측이 어렵다.

   해설 GPS 측량 시스템은 인공위성을 이용한 범지구위치측정시스템으로 정확한 위치를 알고 있는 위성에서 발사한 전파를 수신하고 관측점까지 소요시간을 측정하여 위치를 구한다. GPS의 특징은 다음과 같다.
   ① 기상상태와 시간적 제약에 관계없이 관측의 수행이 가능하다.
   ② 지형여건과 관계 없으며, 또한 측점 간 상호시통이 되지 않아도 관계없다.
   ③ 관측작업이 신속하게 이루어진다.
   ④ 측점에서 모든 데이터 취득이 가능해진다.
   ⑤ 1인 측량이 가능하여 인력이 적게 소요되고, 측정작업이 간단하다.

해답 1. ㉮ 2. ㉰ 3. ㉱

예상 및 기출문제

4. GPS에서 위도, 경도, 고도, 시간에 대한 차분해(Differential Solution)를 얻기 위해서는 최소 몇 개의 위성이 필요한가?

㉮ 1　　　　　㉯ 2　　　　　㉰ 4　　　　　㉱ 8

해설 차량용 내비게이션은 단일측위이므로 1개의 위성, 측량용으로 사용하려면 최소 4개 이상 위성이 필요하다.

5. GPS 위성의 궤도 주기로 옳은 것은?

㉮ 약 6시간　　　　　㉯ 약 10시간
㉰ 약 12시간　　　　　㉱ 약 18시간

해설 공전주기를 11시간 58분으로 하여 위성이 하루에 지구를 두 번씩 돌도록 하여 지상의 어느 위치에서나 항상 동시에 5개에서 최대 8개까지 위성을 볼 수 있도록 하기 위해 배치되어 있다.

6. 정확한 위치에 기준국을 두고 GPS 위성 신호를 받아 기준국 주위에서 움직이는 사용자에게 위성신호를 넘겨주어 정확한 위치를 계산하는 방법은?

㉮ DOP　　　　　㉯ DGPS　　　　　㉰ SPS　　　　　㉱ S/A

해설 DGPS는 이미 알고 있는 기지점 좌표를 이용하여 오차를 최대한 줄여서 이용하기 위한 상대측위 방식의 위치결정방식으로 기지점에 기준국용 GPS 수신기를 설치하고 위성을 관측하여 각 위성의 의사거리 보정값을 구한 뒤 이를 이용하여 이동국용 GPS 수신기의 위치결정 오차를 개선하는 위치결정형태이다.

7. GPS 측량에서 의사거리 결정에 영향을 주는 오차의 원인으로 거리가 먼 것은?

㉮ 위성의 궤도 오차　　　　　㉯ 위성의 시계 오차
㉰ 안테나의 구심 오차　　　　　㉱ 지상의 기상 오차

해설
1. GPS 측량의 오차는 위성의 시계 오차, 위성의 궤도 오차, 대기조건에 의한 오차, 수신기 오차 순으로 그 중요성이 요구된다.
2. GPS의 구조적인 오차
    ① 대기층 지연 오차
    ② 위성의 궤도 오차
    ③ 위성의 시계 오차
    ④ 전파적 잡음, 다중경로 오차

8. 지적삼각점의 신설을 위한 가장 적합한 GPS 측량방법은?

㉮ 정지측량방식(Static)　　　　　㉯ DGPS(Differential GPS)
㉰ Stop & Go 방식　　　　　㉱ RTK(Real Time Kinematic)

해답 4. ㉰　5. ㉰　6. ㉯　7. ㉱　8. ㉮

해설 정지측량(Static Survey)
① 가장 일반적인 방법으로 하나의 GPS 기선을 두 개의 수신기로 측정하는 방법이다.
② 측점 간의 좌표차이는 WGS84 지심좌표계에 기초한 3차원 X, Y, Z를 사용하여 계산되며, 지역 좌표계에 맞추기 위하여 변환하여야 한다.
③ 수신기 중 한 대는 기지점에 설치, 나머지 한 대는 미지점에 설치하여 위성신호를 동시에 수신하여야 하는데 관측시간은 관측조건과 요구 정밀도에 달려 있다.
④ 관측시간이 최저 45분 이상 소요되고 10km±2ppm 정도의 측량정밀도를 가지고 있으며 적어도 4개 이상의 관측위성이 동시에 관측될 수 있어야 한다.
⑤ 장거리 기선장의 정밀측량 및 기준점 측량에 주로 이용된다.
⑥ 정지측량에서는 반송파의 위상을 이용하여 관측점 간의 기선벡터를 계산한다.
⑦ 장시간의 관측을 하여야 하며 장거리 정밀측정에 정확도가 높고 효과적이다.

9. GPS를 이용하여 위치를 결정할 때 보정계산에 필요한 데이터와 거리가 먼 것은?
㉮ 측지좌표변환 파라미터
㉯ 대류권 데이터
㉰ 전파성 데이터
㉱ 전리층 데이터

해설 보정계산에 필요한 데이터는 위성시계, 위성궤도, 전리층, 대류권, 측지좌표 파라미터 등이다.

10. GPS 측량에서 구조적 요인에 의한 오차에 해당하지 않는 것은?
㉮ 전리층 오차
㉯ 대류층 오차
㉰ S/A 오차
㉱ 위성궤도오차 및 시계오차

해설 GPS 구조적 원인에 의한 오차
① 위성시계오차
　㉠ 위성에 장착된 정밀한 원자시계의 미세한 오차
　㉡ 위성시계오차로서 잘못된 시간에 신호를 송신함으로써 오차 발생
② 위성궤도오차
　㉠ 항법메시지에 의한 예상궤도, 실제궤도의 불일치
　㉡ 위성의 예상위치를 사용하는 실시간 위치결정에 의한 영향
③ 전리층과 대류권의 전파지연
　㉠ 전리층 : 지표면에서 70~1,000km 사이의 충전된 입자들이 포함된 층
　㉡ 대류권 : 지표면상 10km까지 이르는 것으로 지구의 기후형태에 의한 층
　㉢ 전리층, 대류권에서 위성신호의 전파속도지연과 경로의 굴절오차
④ 수신기에서 발생하는 오차
　㉠ 전파적 잡음이 한정되어 있는 시간 차이를 측정하는 GPS 수신기의 능력과 관련된 다양한 오차를 포함한다.
　㉡ 다중경로오차 : GPS 위성으로부터 직접 수신된 전파 이외에 부가적으로 주위의 지형, 지물에 의해 반사된 전파로 인해 발생하는 오차
　　• 다중경로는 보통 금속제 건물, 구조물과 같은 커다란 반사적 표면이 있을 때 일어난다.
　　• 다중경로의 결과로서 수신된 GPS의 신호는 처리될 때 GPS 위치의 부정확성을 제공한다.

11. 위성신호를 연속적으로 받지 못하는 것으로 신호의 점프 또는 신호의 단절이라 하는 것은?
㉮ Selective Availability ㉯ Dilution of Precision
㉰ Anti Spoofing ㉱ Cycle Slip

해설 ① Cycle Slip의 원인
  ㉠ GPS 안테나 주위의 지형, 지물에 의한 신호차단으로 발생
  ㉡ 비행기의 커브 회전 시 동체에 의한 위성시야의 차단
  ㉢ 높은 신호잡음
  ㉣ 낮은 신호강도(Signal Strength)
  ㉤ 낮은 위성의 고도각
  ㉥ 사이클 슬립은 이동측량에서 많이 발생
② Cycle Slip의 처리
  ㉠ 수신회로의 특성에 의해 파장의 정수배만큼 점프하는 특성
  ㉡ 데이터의 전 처리 단계에서 사이클 슬립을 발견, 편집기능
  ㉢ 기선해석 소프트웨어에서 자동처리
  ㉣ 사이클 슬립을 소거하기 위한 방법은 원자시계 레이저 고도계, 관성항행장치(INS)와 같은 보호 장치의 활용이다.

12. GPS의 자료 교환에 사용되는 표준형식으로 서로 다른 기종 간의 기선해석이 가능하도록 한 것은?
㉮ RINEX ㉯ SDTS ㉰ DXF ㉱ IGES

해설 GPS로 관측된 자료의 처리 S/W는 장비사마다 다르므로 이를 호환하여 사용이 가능하도록 Rinex라는 명칭의 프로그램이 개발되었다.

13. GPS 스태틱 측량을 실시한 결과 거리오차의 크기가 0.05m이고 PDOP이 4일 경우 측위오차의 크기는?
㉮ 0.2m ㉯ 0.5m ㉰ 1.0m ㉱ 1.5m

해설 측위오차=거리오차(Range Error)×PDOP(Position Dilution of Precision)
0.2m=0.05m×4
측위 시 이용되는 위성들의 배치상황에 따라 오차는 증가하게 된다. 이는 육상에서 독도법으로 위치를 측정할 때와 마찬가지로 적당한 간격의 물표를 선택하여 독도법을 실시하면 오차삼각형이 작아져 위치가 정확해지고, 몰려 있는 물표를 이용하는 경우 오차삼각형이 커져서 위치가 부정확해진다. 마찬가지로 위성 역시 적당히 배치되어 있는 경우에 위치의 오차가 작아진다.

14. GPS의 구성요소 중 위성을 추적하여 위성의 궤도와 정밀시간을 유지하고 관련 정보를 송신하는 역할을 담당하는 부문은?
㉮ 우주부문 ㉯ 제어부문
㉰ 수신부문 ㉱ 사용자부문

해답 11. ㉱ 12. ㉮ 13. ㉮ 14. ㉯

해설 제어부문은 궤도와 시각결정을 위한 위성의 추척, 전리층 및 대류층의 주기적 모형화, 위성시간의 동일화 및 위성으로의 자료전송 등을 주 임무로 한다.

15. GPS 관측에 대한 설명으로 옳지 않은 것은?
㉮ C/A코드 및 P코드로 의사거리를 측정하여 관측점의 위치를 계산한다.
㉯ L_1주파의 위상(L_1 Carrier Phase) 측정 자료로 이용, 정수파수의 정수치(Integer Number)를 구함으로써 mm 또는 cm 정도의 정밀한 기선벡터를 계산할 수 있다.
㉰ L_1주파의 위상(L_1 Carrier Phase)측정자료만으로 전리층 오차를 보정할 수 있다.
㉱ L_1, L_2 2주파의 위상측정자료를 이용하면 L_1 1주파만 이용할 때보다 정수파수의 정수치(Integer Number)를 정확히 얻을 수 있다.

해설 2개의 주파수로 방송되는 이유는 위성궤도와 지표면 중간에 있는 전리층의 영향을 보정하기 위함이다.

16. GPS에서 PDOP와 가장 밀접한 관계가 있는 것은?
㉮ 위성의 배치　　　　　　　　㉯ 지상 수신기
㉰ 선택적 이용성　　　　　　　㉱ 전리층 영향

해설 DOP(정밀도 저하율)의 종류
① GDOP : 기하학적 정밀도 저하율
② PDOP : 위치정밀도 저하율
③ HDOP : 수평정밀도 저하율
④ VDOP : 수직정밀도 저하율
⑤ RDOP : 상대정밀도 저하율
⑥ TDOP : 시간정밀도 저하율

17. 다음의 GPS 오차원인 중 L_1 신호와 L_2 신호의 굴절 비율의 상이함을 이용하여 L_1/L_2의 선형 조합을 통해 보정이 가능한 것은?
㉮ 전리층 지연오차　　　　　　㉯ 위성시계오차
㉰ GPS 안테나의 구심오차　　　㉱ 다중전파경로(멀티패스)

해설 1. 전리층 지연
① 전리층은 지상 100km 정도부터 1,000km 정도 사이에 존재하는 층으로서 GPS 전파에 영향을 미치는 곳은 지상 200km 이상에 있는 F2층이라는 부분이다.
② 전리층 중 200km에서 250km 부근에서 전리층 전자밀도로 정하는 플라즈마 주파수(Plasma Frequency)의 양을 의미하는 fp가 최대가 된다. 그 지역을 F2층 임계주파수라 하며 모든 전리층은 각각의 임계주파수를 가지고 있다.
③ 전리층에서는 태양 자외선에 의해 대기분자가 전자와 이온으로 분리된다.
④ GPS 전파는 전리층을 지나면서 Code 신호는 느려지고 반송파는 빨라지는 등 속도가 변화하므로 측량오차를 일으키게 된다.

해답 15. ㉰　16. ㉮　17. ㉮

2. 대류권 지연
   ① 대류권은 지표면에서 지상 80km 정도까지의 영역이다.
   ② 대류권의 건조공기는 안정된 분포를 보이기 때문에 보정이 비교적 용이하지만 수증기는 기상조건에 따라 분포가 달라져 보정이 어렵다.
   ③ 대류권 굴절오차는 중성자로 구성된 대기의 영향에 따라 위성신호가 굴절하여 야기되는 오차를 말한다.
   ④ 일반적으로 GPS 측량에서는 표준기상을 가정하여 계산된 대류권 지연량을 이용하여 보정한다.
   ⑤ 대부분의 기선해석 소프트웨어는 관측점에 대한 온도, 기압, 습도를 입력하여 대류권지연을 계산한다.
3. 다중경로(Multi-path) 오차
   ① 일반적으로 GPS 신호가 수신기 주변에 있는 바다 표면이나 고층빌딩 같은 지형지물에 의해 반사되어 들어옴으로써 발생한다.
   ② 수신기에 도달되는 신호가 실제적인 신호와 사선방향신호 그리고 반사파가 동시에 도달하기 때문에 다중경로라 한다.
   ③ 적절한 수신기 위치선정이 중요하며 일정기간 동안 취득한 데이터를 평균하는 것도 다중경로오차를 줄이는 방법이다.

18. GPS 측량에 의한 위치결정 시 최소 4대 이상의 위성에서 동시 관측해야 하는 이유로 옳은 것은?

㉮ 수신기 위치와 궤도오차를 구하기 위하여
㉯ 수신기 위치와 다중경로오차를 구하기 위하여
㉰ 수신기 위치와 시계오차를 구하기 위하여
㉱ 수신기 위치와 전리층오차를 구하기 위하여

해설 GPS 측량은 위성에서 발사한 코드와 수신기에서 미리 복사된 코드를 비교하여 두 코드가 완전히 일치할 때까지 걸리는 시간을 관측하여 여기에 전파속도를 곱하여 거리를 구한다. 여기에는 시간오차가 포함되어 있으므로 4개 이상의 위성을 관측하여 원하는 수신기의 위치와 시각동기오차를 결정하고 항법, 근사적인 위치결정, 실시간 위치결정 등에 이용된다.

19. GPS의 우주부문에 대한 설명으로 옳지 않은 것은?

㉮ 각 궤도에는 4개의 위성과 예비 위성으로 운영되고 있다.
㉯ 위성은 0.5항성일 주기로 지구 주위를 돌고 있다.
㉰ 위성은 모두 6개의 궤도로 구성되어 있다.
㉱ 위성은 고도 약 1,000km의 상공에 있다.

해설 우주부문은 24개의 위성과 3개의 예비위성으로 구성되어 전파신호를 보내는 역할을 담당한다. GPS위성은 적도면과 55°의 궤도경사를 이루는 6개의 궤도면으로 이루어져 있으며 궤도 간 이격은 60°이다. 고도는 약 20,200km(장반경 26,000km)에서 궤도면에 4개의 위성이 배치하고 있다. 공전주기를 11시간 58분으로 하여 위성이 하루에 지구를 두 번씩 돌도록 하여 지상의 어느 위치에서나 항상 동시에 5개에서 최대 8개까지 위성을 볼 수 있도록 하기 위해 배치되어 있다.

해답 18. ㉰ 19. ㉱

20. GPS 측량에서 사이클 슬립(Cycle Slip)의 주된 원인은?

㉮ 높은 위성의 고도 ㉯ 높은 신호강도
㉰ 낮은 신호잡음 ㉱ 지형·지물에 의한 신호단절

> **해설** ① Cycle Slip의 원인
> ㉠ GPS 안테나 주위의 지형, 지물에 의한 신호차단으로 발생
> ㉡ 비행기의 커브 회전 시 동체에 의한 위성시야의 차단
> ㉢ 높은 신호잡음
> ㉣ 낮은 신호강도(Signal Strength)
> ㉤ 낮은 위성의 고도각
> ㉥ 사이클 슬립은 이동측량에서 많이 발생
> ② Cycle Slip의 처리
> ㉠ 수신회로의 특성에 의해 파장의 정수배만큼 점프하는 특성
> ㉡ 데이터의 전 처리 단계에서 사이클 슬립을 발견, 편집기능
> ㉢ 기선해석 소프트웨어에서 자동처리
> ㉣ 사이클 슬립을 소거하기 위한 방법은 원자시계 레이저 고도계, 관성항행장치(INS)와 같은 보호 장치의 활용이다.

21. GPS 시스템 오차의 종류가 아닌 것은?

㉮ 위성시계 오차 ㉯ 대류권 굴절 오차
㉰ 위성궤도 오차 ㉱ 영상표정 오차

> **해설** GPS 시스템 오차의 종류
> 구조적 원인에 의한 오차로 위성궤도 오차, 전리층 및 대류권 오차, 위성시계 오차, 다중경로 오차, 전파적 잡음 오차가 있다.

22. GPS 측량에서 사용되는 좌표계는 무엇인가?

㉮ UTM 좌표계 ㉯ WGS-84 좌표계
㉰ TM 좌표계 ㉱ WGS-80 좌표계

> **해설** GPS 측량에서 사용되는 좌표계는 WGS-84좌표계이다.

23. GPS 측량 정확도의 영향을 표시하는 DOP의 설명으로 옳지 않은 것은?

㉮ SDOP : 상대 정밀도 ㉯ GDOP : 기하학적 정밀도
㉰ PDOP : 위치 정밀도 ㉱ VDOP : 수직 정밀도

> **해설** 기하학적(위성의 배치상황) 원인에 의한 오차
> 후방교회법에 있어서 기준점의 배치가 정확도에 영향을 주는 것과 마찬가지로 GPS의 오차는 수신기, 위성들 간의 기하학적 배치에 따라 영향을 받는데, 이때 측량정확도의 영향을 표시하는 계수로 DOP(Dilution of precision : 정밀도 저하율)가 사용된다.

① DOP의 종류
　㉠ Geometric DOP : 기하학적 정밀도 저하율
　㉡ Positon DOP : 위치정밀도 저하율(위도, 경도, 높이)
　㉢ Horizontal DOP : 수평정밀도 저하율(위도, 경도)
　㉣ Vertical DOP : 수직정밀도 저하율(높이)
　㉤ Relative DOP : 상대정밀도 저하율
　㉥ Time DOP : 시간정밀도 저하율
② DOP의 특징
　㉠ 수치가 작을수록 정확하다.
　㉡ 지표의 가장 좋은 배치상태를 1로 한다.
　㉢ 5까지는 실용상 지장이 없으나 10 이상인 경우 좋지 않다.
　㉣ 수신기를 중심으로 4개 이상의 위성이 정사면체를 이룰 때 최적의 체적이 되며 GDOP, PDOP가 최소가 된다.
③ 시통성(Visibility) : 양호한 GDOP라 하더라도 산, 건물 등으로 인해 위성의 전파경로 시계확보가 되지 않는 경우 좋은 측량 결과를 얻을 수 없는데, 이처럼 위성의 시계 확보와 관련된 문제를 시통성이라 한다.

24. GPS에서 DOP에 대한 설명으로 옳은 것은?

㉮ 도플러 이용
㉯ 위성궤도의 결정
㉰ 특정한 순간의 위성배치에 대한 기하학적 강도
㉱ 위성시계와 수신기 시계의 조합으로부터 계산되는 시간오차와 표준편차

해설 GPS에서 DOP
　GPS 관측지역의 상공을 지나는 위성의 기하학적 배치상태에 따라 측위의 정확도가 달라지는데 이를 DOP라 한다. 즉, 정밀도 저하율을 뜻한다.

25. GPS에서 사용되는 L_1과 L_2 신호의 주파수로 옳은 것은?

㉮ 150MHz와 400MHz
㉯ 420.9MHz와 585.53MHz
㉰ 1575.42MHz와 1227.60MHz
㉱ 1832.12MHz와 3236.94MHz

해설 반송파 신호
① L_1, L_2 신호는 위성의 위치계산을 위한 Keplerian 요소와 형식화된 자료신호를 포함
② Keplerian 요소(궤도의 6요소)
③ 종류
　L_1 = 주파수 − 1575.42MHz, 파장 − 19cm
　L_2 = 주파수 − 1227.60MHz, 파장 − 24cm

26. 다음 중 GPS측량에서 의사거리(Pseudo-range)에 대한 설명으로 옳지 않은 것은?

㉮ 인공위성과 지상수신기 사이의 거리 측정값이다.
㉯ 대류권과 이온층의 신호지연으로 인한 오차의 영향력이 제거된 관측값이다.
㉰ 기하학적인 실제 거리와 달리 의사거리라 부른다.
㉱ 인공위성에서 송신되어 수신기로 도착된 신호의 송신시간을 PRN 인식코드로 비교하여 측정한다.

해설 단독측위에서는 4개의 위성거리를 관측한다. 거리는 전파가 위성을 출발한 시각과 수신기에 도착한 시각의 차를 구함으로써 알 수 있는데, 1차적으로 수신기 시계에 포함된 오차, 대기의 영향 오차 등을 포함하고 있으며, 이와 같은 오차들이 위성과 수신기 사이의 거리에 포함되므로 이를 의사거리라 한다.

27. 위성측량에서 GPS의 의사거리(Pseudo range)에 대한 설명으로 옳은 것은?

㉮ 시간 오차 등 각종 오차를 포함하고 있는 거리이다.
㉯ 모든 오차가 제거된 최종 확정된 거리이다.
㉰ 수신기와 가상의 기준국 간에 실제 거리이다.
㉱ 측정된 위성과 수신기 간의 거리에서 시간 오차가 보정된 거리이다.

해설 26번 문제 해설 참조

28. 단일 주파수 수신기와 비교할 때, 이중 주파수 수신기의 특징에 대한 설명으로 옳은 것은?

㉮ 전리층 지연에 의한 오차를 제거할 수 있다.
㉯ 단일 주파수 수신기보다 일반적으로 가격이 싸다.
㉰ 이중 주파수 수신기는 C/A코드를 사용하고 단일 주파수 수신기는 P코드를 사용한다.
㉱ 장기선 이상에서는 별로 이점이 없다.

해설 L_1, L_2 두 개의 주파수를 사용하는 것은 전리층의 전파지연이 주파수의 2승에 역비례함을 이용하여 그 전파지연을 교정하기 위함이다.

29. GPS 측량의 정확도에 영향을 미치는 요소와 거리가 먼 것은?

㉮ 기지점의 정확도
㉯ 관측 시의 온도 측정 정확도
㉰ 안테나의 높이 측정 정확도
㉱ 위성 정밀력의 정확도

해설 GPS 측량은 위성을 이용하여 측량을 하므로 날씨와 야간관측에 영향을 받지 않는 것이 특징이다.

예상 및 기출문제

30. GPS 측량에서 지적기준점 측량과 같이 높은 정밀도를 필요로 할 때 사용하는 관측방법은?

㉮ 스태틱(Static) 관측
㉯ 키네마틱(Kinematic) 관측
㉰ 실시간 키네마틱(Realtime kinematic) 관측
㉱ 1점 측위관측

해설 2개 이상의 수신기를 각 측점에 고정하고 양 측점에서 동시에 4개 이상의 위성으로부터 신호를 30분 이상 수신하는 방식으로 주로, 기준점 측량에서 사용하며 정지 측량이라고도 한다.

31. GPS 위성신호에 대한 설명으로 옳지 않은 것은?

㉮ L_1 반송파에 C/A코드와 P코드가 실려 전달된다.
㉯ L_2 반송파에 P코드가 실려 전달된다.
㉰ P코드는 10.23MHz의 주파수를 가진다.
㉱ C/A코드는 P코드의 1/100의 주파수를 가진다.

해설 GPS 위선의 코드형태와 항법 메시지 정리

구분 \ 코드	C/A	P(Y)	항법데이터
전송률	1.023Mbps	10.23Mbps	50bps
펄스당 길이	293m	29.3m	5,950km
반복	1ms	1주	N/A
코드의 형태	Gold	Pseudo random	N/A
반송파	L_1	L_1, L_2	L_1, L_2
특징	포착하기가 용이함	정확한 위치추적, 고장률이 적음	시간, 위치 추산표

32. 다음 중 삼각점의 신설을 위한 가장 적합한 GPS 측량방법은?

㉮ 정지측량방식(Static)
㉯ DGPS(Differential GPS)
㉰ Stop & Go 방식
㉱ RTK(Real Time Kinematic)

해설
• 정지측량방식(Static) : 지적삼각측량방법에 많이 이용
• RTK(Real Time Kinematic) : 일필지 확정측량에 많이 이용

33. GPS 측량에서 의사거리 결정에 영향을 주는 오차의 원인으로 거리가 먼 것은?

㉮ 대기굴절에 의한 오차
㉯ 위성의 시계오차
㉰ 수신 위치의 기온 변화에 의한 오차
㉱ 위성의 기하학적 위치에 따른 오차

해설 위성 측량은 기후와 상관없다.
수신기의 기온 변화는 오차의 원인이 아니다.

해답 30. ㉮ 31. ㉱ 32. ㉮ 33. ㉰

34. 위성측량에서 GPS에 의하여 위치를 결정하는 기하학적인 원리는?

㉮ 위성에 의한 평균계산법
㉯ 위성기점 무선항법에 의한 후방교회법
㉰ 수신기에 의하여 처리하는 자료해석법
㉱ GPS에 의한 폐합 도선법

해설 GPS 위성에 의한 후방교회법

35. GPS 위성의 신호 구성요소가 아닌 것은?

㉮ P 코드   ㉯ C/A 코드   ㉰ RINEX   ㉱ 항법 메시지

해설 GPS 위성의 코드형태와 항법 메시지 정리

구분 \ 코드	C/A	P(Y)	항법데이터
전송률	1.023Mbps	10.23Mbps	50bps
펄스당 길이	293m	29.3m	5,950km
반복	1ms	1주	N/A
코드의 형태	Gold	Pseudo random	N/A
반송파	L_1	L_1, L_2	L_1, L_2
특징	포착하기가 용이함	정확한 위치추적, 고장률이 적음	시간, 위치 추산표

36. GPS 위성궤도면의 수는?

㉮ 4개   ㉯ 6개   ㉰ 8개   ㉱ 10개

해설 우주부문
① 궤도 : 원궤도
② 궤도면수 : 6궤도
③ 위성수 : 6×4 = 24개, 보조위성 : 7개
④ 고도 : 약 20187km
⑤ 궤도각 : 55°
⑥ 주기 : 약 11시간 58분

37. GPS에서 PDOP와 가장 밀접한 관계가 있는 것은?

㉮ 위성의 배치   ㉯ 지상 수신기   ㉰ 선택적 이용성   ㉱ 전리층 영향

해설 DOP
GPS에서 위성의 배치상태, 즉 정밀도 저하율을 나타내는 것으로서 PDOP는 위치정밀도 저하율을 나타낸다.

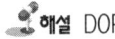

38. 다음 중 라디오 모뎀이 필요한 측량방식은?

㉮ Static 방법에 의한 상대측위 방법 ㉯ 후처리 DGPS 방법
㉰ RTK 방법 ㉱ Pseudo-Kinematic 방법

해설 RTK 방법은 실시간으로 좌표의 결과값을 알 수 있는 방법으로 라디오 모뎀이 필요하다.

39. DGPS(Differential GPS)를 이용한 측위에 대한 설명으로 틀린 것은?

㉮ 기본 GPS에 비해 정밀도가 떨어져 배나 비행기의 항법, 자동차 등에 응용될 수 없는 한계가 있다.
㉯ 제2의 장치가 수신기 근처에 존재하여 지금 현재 수신받는 자료가 얼마만큼 빗나간 양이라는 것을 수신기에게 알려줌으로써 위치결정의 오차를 극소화시킬 수 있는데, 바로 이 방법이 DGPS라고 불리는 기술이다.
㉰ DGPS는 두 개의 GPS 수신기를 필요로 하는데, 하나의 수신기는 정지해 있고(Stationary) 다른 하나는 이동(Roving)하면서 위치측정을 시행한다.
㉱ 정지한 수신기가 DGPS 개념의 핵심이 되는 것으로 정지 수신기는 실제 위성을 이용한 측정값과 이미 정밀하게 결정된 실제 값과의 차이를 계산한다.

해설 DGPS(Differential GPS)는 상대측위 방식의 GPS 측량기법으로 이미 알고 있는 기지점 좌표를 이용하여 오차를 최대한 줄여서 이용하기 위한 위치결정 방식이다. 이 방식은 기점에서 기준국용 GPS 수신기를 설치하여 위성을 관측하여 각 위성의 의사거리 보정값을 구한 뒤 이를 이용하여 이동국용 GPS 수신기의 위치 및 정오차를 개선하는 위치결정 형태이다.

40. DOP의 종류로 옳게 짝지어지지 않은 것은?

㉮ HDOP - 기하학적 정밀도 저하율 ㉯ PDOP - 위치 정밀도 저하율
㉰ RDOP - 상대 정밀도 저하율 ㉱ VDOP - 수직 정밀도 저하율

해설 1. DOP의 종류
① GDOP : 기하학적 정밀도 저하율
② PDOP : 위치 정밀도 저하율(3차원 위치), 3~5 정도 적당
③ HDOP : 수평 정밀도 저하율(수평위치), 2.5 이하 적당
④ VDOP : 수직 정밀도 저하율(높이)
⑤ RDOP : 상대 정밀도 저하율
⑥ TDOP : 시간 정밀도 저하율

2. DOP의 특징
① 수치가 작을수록 정확하다.
② 지표에서 가장 좋은 배치 상태일 때를 1로 한다. (10 이상이면 사용 불가)
③ 수신기를 가운데 두고 4개의 위성이 정사면체를 이룰 때, 즉 최대체적일 때 GDOP, PDOP 등이 최소이다.

해답 38. ㉰ 39. ㉮ 40. ㉮

41. GPS의 거리 관측 방법은 무엇인가?
- ㉮ 전파의 도달시간 이용
- ㉯ 전파의 샤임플러그 효과
- ㉰ 공면 조건의 원리
- ㉱ 라이다 측위 원리

해설 GPS 측량 원리
GPS의 관측방법에는 코드신호(의사거리, Pseudo Range) 측정방식과 반송파신호(반송파위상, Carrier Phase) 측정방식이 있다.
1. 코드신호(의사거리) 측정방식
   - 기본원리 : 의사거리(Pseudo Range)는 위성으로부터 전송된 코드신호가 GPS 수신기에 도달하는 동안 대류권과 전리층 등을 지나면서 발생하는 신호지연으로 기하학적 실제거리와 달라 이를 부르는 말이며 Code 측정방식은 의사거리를 이용한 위치결정방식이다.
2. 반송파신호(반송파위상) 측정방식
   - 기본원리 : 위성에서 송신된 코드신호를 운반하는 반송파의 위상변화를 이용하는 방법이다. 즉, 위상차를 관측하여 위성과 수신기 간의 거리를 측정한다.

42. GPS 측량 시 유사거리에 영향을 주는 오차와 거리가 먼 것은?
- ㉮ 위성시계의 오차
- ㉯ 위성궤도의 오차
- ㉰ 전리층의 굴절 오차
- ㉱ 지오이드의 변화 오차

해설 GPS의 측위오차는 거리오차와 DOP(정밀도 저하율)의 곱으로 표시가 되며 크게 구조적 요인에 의한 거리오차, 위성의 배치상황에 따른 오차, SA, Cycle Slip 등으로 구분할 수 있다.
1. 구조적 요인에 의한 거리 오차
   ① 위성에서 발생하는 오차
      - 위성시계오차
      - 위성궤도의 오차(약 5m)
   ② 대기권 전파 지연 오차
      - 위성 신호의 전리층 통과 시 전파 지연 오차(약 2m)
   ③ 수신기에서 발생하는 오차
      - 수신기 자체의 전자파적 잡음에 의한 오차(약 1~10m)
      - 안테나의 구심 오차, 높이 오차 등
      - 전파의 다중경로(Multipath)에 의한 오차
2. 위성의 배치상황에 따른 오차
   ① GPS 관측 지역의 상공을 지나는 위성의 기하학적 배치상태에 따라 측위의 정확도가 달라지는데 이를 DOP(Dilution of Precision)라 한다.
   ② 3차원 위치의 정확도는 PDOP에 따라 달라지는데, PDOP은 4개의 관측위성들이 이루는 사면체의 체적이 최대일 때 가장 정확도가 좋으며, 이때는 관측자의 머리 위에 다른 세 개의 위성이 각각 120°를 이룰 때이다.
   ③ DOP(정밀도저하율) : 후방교회법에 있어서 기준점의 배치가 정확도에 영향을 주는 것과 마찬가지로 GPS의 오차는 수신기와 위성들 간의 기하학적 배치에 따라 영향을 받는데, 이때 측위 정확도의 영향을 표시하는 계수로 DOP(정밀도저하율)가 사용된다.
3. 선택적 가용성(SA : Selective Avaiability)
   ① SA(Selective Availability : 선택적 가용성)은 미 국방성이 정책적 판단에 의하여 고의로 오차를 증가시키는 것을 말한다.

② 주로 전체 위치표에 의한 자료와 위성시계자료를 조작하여 위성과 수신기 간에 거리오차를 유발시킨다.
③ SA 작동 중에 발생하는 단독 측위의 오차는 약 100m 이상이지만 2000년 5월 1일부로 작동 해제되어 지금은 SA에 대한 오차가 발생되지 않는다.
4. 주파 단절(Cycle Slip)/수신기 시계오차
5. 주파수 모호성(Cycle ambiguity)

43. GPS 측량의 Cycle Slip에 대한 설명으로 옳지 않은 것은?

㉮ GPS 반송파 위상추적회로에서 반송파 위상차 값의 순간적인 차단으로 인한 오차이다.
㉯ GPS 안테나 주위의 지형·지물에 의한 신호단절 현상이다.
㉰ 높은 위성 고도각과 낮은 신호 잡음이 원인이 된다.
㉱ Static 측량에서 비교적 작게 나타난다.

해설 1. GPS 안테나 주위의 지형지물에 의한 신호의 차단으로 발생
2. 비행기의 커브 회전 시 동체에 의한 위성시야의 차단으로 발생
3. 관측된 신호의 잡음이 높을 경우에 발생
4. 위성의 위치가 좋지 않거나 낮은 수신 고도각 불량으로 발생
5. 이동 측량에서 많이 발생
6. 신호잡음, 수신각이나 수신기 위상, 중심 신호전파의 성능에 의해 발생

44. 위성과 지상관측점 사이의 거리를 측정할 수 있는 원리로 옳은 것은?

㉮ 세차운동　　㉯ 음향관측법　　㉰ 카메론효과　　㉱ 도플러효과

해설 GPS 위치측정 원리는 2가지 형태로 의사거리와 반송파위상을 이용하는 방법이 있다. 반송파위상은 높은 정밀도의 측위에 이용되며, 관측 데이터에는 반송파위상, 위성의 위치를 나타내는 방송궤도요소, 도플러효과, 데이터 취득시각 등이 기록되고 있다.

45. WGS 84 좌표계는 다음 중 어디에 해당하는가?

㉮ 측지좌표계　　㉯ 극좌표계　　㉰ 적도좌표계　　㉱ 지심좌표계

해설 WGS-84(World Geodetic System 1984)는 미 국방성에서 지구 중심을 기준으로 하여 GPS위성을 활용하여 범세계적으로 통용될 수 있는 기준 좌표계를 만들기 위해 채택된 3차원 지심좌표계를 말한다.

46. GPS측량의 반송파 위상측정에서 일반적으로 고려하지 않는 사항은?

㉮ 측정에서의 시계오차　　㉯ 위상시계의 오차
㉰ 대류권과 이온층에서의 신호전파의 영향　　㉱ 측점에서의 기상조건

해설 GPS측량의 반송파 위상측정 시 측점에서의 시계오차, 위성시계의 오차, 위성궤도의 오차, 대류권과 이온층에서의 신호 전파의 영향, 수신기에서 발생하는 오차 등을 고려해야 한다.

47. GPS위성의 주기는 얼마인가?
  ㉮ 0.25항성일 ㉯ 1항성일 ㉰ 0.5항성일 ㉱ 18시간

  해설 GPS위성은 공전주기를 11시간 58분(0.5항성일)으로 하여 위성이 하루에 지구를 두 번씩 돌도록 하며, 고도 5° 이상의 지구상 어디서나 4개 이상의 위성을 관측할 수 있도록 궤도를 구성한다.

48. GPS측량 중 1점 측위의 방법으로 시간 오차가 제거된 3차원 위치를 결정할 때, 동시 관측이 요구되는 최소 위성수는?
  ㉮ 2대 ㉯ 4대 ㉰ 6대 ㉱ 8대

  해설 GPS측량 중 1점 측위의 방법으로 시간오차가 제거된 3차원 위치를 결정할 때, 동시 관측이 요구되는 최소 위성수는 4대이다. 4개 이상의 위성을 관측하여 원하는 수신기의 위치와 시각동기오차를 결정하고 항법, 근사적인 위치결정, 실시간 위치결정 등에 이용된다.

49. GPS를 이용한 측지작업에 사용되는 캐리어관측법(Carrier Phase Measurement)과 관계가 먼 것은?
  ㉮ 연속위상관측(Continuous Phase Observable)
  ㉯ 신호제곱처리(Signal Squaring) 방법
  ㉰ 헤테로다인 수신(Heterodyning) 방법
  ㉱ 교차상관관계(Cross Correlation) 방법

  해설 GPS위성에서 오는 반송파(Carrier)는 L_1, L_2의 주파수 파장으로 전달하는 정보에는 단독위치결정에 필요한 C/A코드, P코드와 궤도정보 등을 알리는 항법메시지가 있다. 여기에서 L_1반송파는 주로 위치결정용 전파이며 L_2반송파는 지구대기로 인한 신호지연의 계산에 주로 활용한다. 교차상관관계 방법과는 거리가 멀다.

50. 다음 중 인공위성의 궤도요소에 포함되지 않는 것은?
  ㉮ 승교점의 적경   ㉯ 궤도 경사각
  ㉰ 관측점의 위도   ㉱ 궤도의 이심률

  해설 인공위성의 궤도요소
  궤도의 경사각, 궤도의 장반경, 승교점의 적경, 궤도의 주기, 궤도의 이심률, 근지점의 독립변수

51. GPS(Global Positioning System)의 구성요소가 아닌 것은?
  ㉮ 위성에 대한 우주부문
  ㉯ 지상 관제소에서의 제어부문
  ㉰ 경영 활동을 위한 영업부문
  ㉱ 측량자가 사용하는 수신기 등에 대한 사용자부문

해설 GPS 구성요소로는 인공위성으로 구성된 우주부문(Space Segment), 제어국으로 구성된 제어부문(Control Segment), 수신기 등의 사용자부문(User Segment)으로 구성된다.

52. GPS에서 발생하는 오차가 아닌 것은?
㉮ 위성시계 오차 ㉯ 위성궤도 오차
㉰ 대기권 굴절 오차 ㉱ 시차(視差)

해설 GPS측량의 오차에는 크게 구조적 요인에 의한 오차, 위성의 배치 상황에 따른 오차(DOP), 선택적 가용성에 의한 오차(SA), 주파단절(Cycle Slip)이 있다. 다시 구조적 요인에 의한 거리오차에는 위성시계 오차, 위성궤도 오차, 전리층과 대류권에 의한 전파지연, 전파적 잡음, 다중경로 오차가 있다. 시차는 사진측량에서 카메라의 광축과 각 사진의 노출지점이 동일 평면 내에 있지 않을 때, 두 장의 연속된 사진에서 발생하는 동일지점의 사진상의 변위를 말한다.

53. GPS 위성의 신호인 L_1과 L_2는 두 개의 PRNs(Pseudo-Random Noise codes)에 의해 변조된다. 이 코드의 명칭은?
㉮ f_0 코드, f_1 코드 ㉯ Ψ 코드, Δ 코드
㉰ P 코드, C/A 코드 ㉱ IDOT 코드, IODE 코드

해설 GPS 반송파는 P코드와 C/A코드로 구분된다.
1. P코드
   ① 반복주기가 7일인 PRN code(Pseudo-Random Noise codes)이다.
   ② 주파수가 10.23MHz이며 파장은 30m이다.
   ③ AS mode로 동작하기 위해 Y-code로 암호화되어 PPS 사용자에게 제공된다.
   ④ PPS(Precise Positioning Service : 정밀측위서비스) - 군사용
2. C/A코드
   ① 1ms(milli-scond)인 PPN code
   ② 주파수는 1.023MHz이며 파장은 300m이다.
   ③ L_1 반송파에 변조되어 SPS 사용자에게 제공
   ④ SPS(Standard Positioning Service : 표준측위서비스) - 민간용

54. GPS 측량의 오차에 관한 설명 중 틀린 것은?
㉮ 전리층 통과 시 전파의 운반지연량은 기온, 기압, 습도 등의 기상 측정에 의해 보정될 수 있다.
㉯ 기선해석에서 고정점의 좌표 정확도는 신점의 위치정확도에 영향을 미친다.
㉰ 일중차의 해석 처리만으로는 GPS 위성과 GPS 수신기 모두의 시계오차가 소거되지 않는다.
㉱ 동 기종의 GPS 안테나는 동일방향을 향하도록 설치함으로써 전파 입사각에 의한 위상의 엇갈림에 대한 영향을 줄일 수 있다.

해설 전리층과 대류권에 의한 전파지연오차는 수신기 2대를 이용한 차분기법으로 보정할 수 있다.

해답 52. ㉱ 53. ㉰ 54. ㉮

55. 단독측위, DGPS, RTK-GPS 등에 관한 설명으로 옳지 않은 것은?

㉮ 단독측위 시 많은 수의 위성을 동시에 관측할 때 위성의 궤도정보에 대한 오차는 측위결과에 영향이 없다.
㉯ DGPS는 신점과 기지점에서 동시에 관측을 실시하여 양 점에서 관측한 정보를 모두 해석함으로써 신점의 위치를 결정한다.
㉰ RTK-GPS는 위성신호 중 반송파 신호를 해석하기 때문에 코드신호를 해석하여 사용하는 DGPS보다 정확도가 높다.
㉱ RTK-GPS는 공공측량 시 3, 4급 기준점측량에 적용할 수 있다.

해설 구조적인 요인에 의한 거리오차에는 위성 시계오차, 위성 궤도오차, 전리층과 대류권에 의한 전파 지연, 전파적 잡음, 다중경로오차가 있다.
- 실시간 이동측량(RTK ; Realtime Kinematic Surveying)
  ① 2대 이상의 GPS수신기를 이용하여 한 대는 고정점에, 다른 한 대는 이동국인 미지점에 동시에 수신기를 설치하여 관측하는 기법이다.
  ② 이동국에서 위성에 의한 관측치와 기준국으로부터의 위치보정량을 실시간으로 계산하여 관측장소에서 바로 위치값을 결정한다.
  ③ 허용오차를 수 cm 정도를 얻을 수 있다.

56. DOP(Dilution of Precision)에 대한 설명으로 적당하지 않은 것은?

㉮ 높은 DOP는 위성의 기하학적인 배치 상태가 나쁘다는 것을 의미한다.
㉯ 수신기를 가운데 두고 4개의 위성이 정사면체를 이룰 때, 즉 최대 체적일 때 GDOP, PDOP 등이 최소가 된다.
㉰ DOP 상태가 좋지 않을 때는 정밀 측량을 피하는 것이 좋다.
㉱ DOP 수치가 클 때는 DGPS 방법을 이용하여 관측하여야 한다.

해설 기하학적(위성의 배치상황) 원인에 의한 오차
후방교회법에 있어서 기준점의 배치가 정확도에 영향을 주는 것과 마찬가지로 GPS의 오차는 수신기, 위성들 간의 기하학적 배치에 따라 영향을 받는다. 이때 측량정확도의 영향을 표시하는 계수로 DOP(Dilution of precision ; 정밀도 저하율)가 사용된다.
1. DOP의 종류
   ① Geometric DOP : 기하학적 정밀도 저하율
   ② Positon DOP : 위치 정밀도 저하율(위도, 경도, 높이)
   ③ Horizontal DOP : 수평정밀도 저하율(위도, 경도)
   ④ Vertical DOP : 수직 정밀도 저하율(높이)
   ⑤ Relative DOP : 상대 정밀도 저하율
   ⑥ Time DOP : 시간
2. DOP의 특징
   ① 수치가 작을수록 정확하다
   ② 지표 가장 좋은 배치상태 1로 한다.
   ③ 5까지는 실용상 지장이 없으나 10 이상의 경우 좋지 않다

해답 55. ㉮ 56. ㉱

④ 수신기를 중심으로 4개 이상의 위성이 정사면체 이룰 때 최적의 체적이 되며 GBOP, PDOP가 최소가 된다.

3. 시통성(Visibility)

양호한 GDOP라 하더라도 산, 건물 등으로 인해 위성의 전파경로 시계 확보가 되지 않는 경우 좋은 측량 결과를 얻을 수 없다. 이처럼 위성의 시계 확보와 관련된 문제를 시통성이라 한다.

57. 다음의 RTK-GPS에 의한 지형측량 방법의 설명 중 옳지 않은 것은?

㉮ RTK-GPS에 의한 지형측량 시 기준점과 관측점 간의 시통이 양호한 경우에는 상공시계의 확보가 필요 없다.
㉯ RTK-GPS에 의한 지형측량 시 기준점과 관측점 간에는 관측데이터를 전송하기 위한 통신 장치가 필요하다.
㉰ RTK-GPS에 의한 지형측량 시 관측점의 위치가 즉시 결정되기 때문에 현장에서 휴대용 PC 상에 측정결과를 표기하여 확인하는 것이 가능하다.
㉱ RTK-GPS에 의한 지형측량 시 RTK-GPS로 구한 타원체고에 대하여는 지오이드고를 정하여 지오이드면으로부터의 높이로 변환하는 것이 필요하다.

해설 RTK-GPS관측

기준이 되는 관측점(이하 고정점이라 한다.)과 구점(求點)이 되는 관측점(이하 이동점이라고 한다.)에 설치한 GPS측량기로 동시에 GPS위성으로부터의 신호를 수신하고, 고정점에서 취득한 신호를 무선장치 등을 이용해 이동점에 전송하여, 이동점에서 즉시 기선해석을 실시함으로써 위치를 결정하는 측량이다.
GPS관측에 있어 상공시계 확보는 필수적 요소이다. 관측점 간의 시통은 위치결정에 영향을 주지 않는다.

58. GPS 관측오차들 중에서 수신기의 시계오차만을 제거하려면 다음 중 무엇을 이용해야 하는가?

㉮ 단일차분　　　　　　　　　　㉯ 이중차분
㉰ 삼중차분　　　　　　　　　　㉱ 차분되지 않은 자료

해설 1. 단일차(일중차)

위성 한 개와 수신기 두 대를 이용한 위성과 수신기 간의 거리 측정차이다.
동일 위성의 측정차이이므로 위성 간의 궤도오차와 원자시계에 의한 오차가 없다.

2. 이중차

두 개의 위성과 두 대의 수신기를 이용한 각각의 위성에 대한 수신기 간 1중차끼리의 차이값 이다.

3. 삼중차

한 개의 위성에 대하여 어떤 시각의 위상적산치와 다음 시간의 위상적산치 차이값으로 적분 위상차라고도 한다.

해답 57. ㉮　58. ㉮

59. GPS의 주요구성 중 궤도와 시각 결정을 위한 위성 추적을 담당하는 부문은?

㉮ 우주부문 ㉯ 제어부문
㉰ 사용자부문 ㉱ 위성부문

해설 1. 우주부문(Space Segment)
① GPS의 우주부문은 모두 24개의 위성으로 구성되는데, 이 중 21개가 항법에 사용되며 3개의 위성은 예비용으로 배치되었다.
② 모든 위성은 고도 약 20,200km 상공에서 12시간을 주기로 지구 주위를 돌고 있으며, 궤도면은 지구의 적도면과 55°의 각도를 이루고 있다.
③ 모두 6개의 궤도는 60°씩 떨어져 있고 한 궤도면에는 4개의 위성이 위치한다.
④ GPS위성을 지구 궤도상에 배치하는 것은 지구상 어느 지점에서나 동시에 4개에서 최대 6개까지 위성을 볼 수 있게 되어 있다.
⑤ 각 위성의 무게는 900kg 정도로 태양 전지판을 완전히 펼쳤을 경우 폭이 약 5m이다.
⑥ 각각의 GPS위성에서 송신되는 위성데이터는 각 위성 번호에 따라 특수하게 설계된 PRN코드를 포함한다.
⑦ 코드다중분할방식(CDMA)으로 GPS위성데이터가 사용자에게 전송되므로 GPS수신기에서는 각 위성에 해당하는 항법 데이터를 명확하게 수신할 수 있다.
⑧ 인공위성에서 생성된 시간은 두 개의 리듐과 두 개의 세슘 원자시계를 근거로 한다.

2. 제어부문(Control Segment)
① 전리층 및 대류층의 주기적 모형화
② 궤도와 시각 결정을 위한 위성의 추적
③ 위성으로의 자료전송
④ 위성시간의 동일화

3. 사용자부문(User Segment)
① GPS위성 신호를 수신하여 위치를 계산하는 GPS수신기 및 이를 응용하여 각각의 특정한 목적을 달성하기 위해 개발된 다양한 장치로 구성된다.
② GPS수신기는 위성으로부터 수신한 항법 데이터를 사용하여 사용자의 위치 및 속도를 계산한다.
③ GPS수신기는 두 개의 신호로 전송하며 L_1대는 1,575.42MHz의 주파수, L_2대는 1,227.60MHz의 주파수가 있고 L_2대 신호는 P코드에 의해 변조되며 CA코드는 민간부분의 수신기에 사용되고 P코드는 군사용과 정밀측지측량용에 이용된다.
④ GPS위성 신호를 수신하여 계산한 위치 및 속도 정보는 기본적으로 이동체의 항법 및 추적에 이용되며 정확하게 계산된 수신기의 시계 오차는 이동통신 분야에 있어서 매우 중요한 시각 동기화를 위한 정보로 유용하게 사용된다.

60. GPS에서는 어떻게 위성과 수신기 사이의 거리를 측정하는가?

㉮ 신호의 전달시간을 관측 ㉯ 신호의 형태를 관측
㉰ 신호의 세기를 관측 ㉱ 신호대 잡음비를 관측

해설 GPS(Global Positioning System)에서는 인공위성과 수신기 사이의 거리를 의사거리라고 한다. 의사거리는 인공위성에서 송신되어 수신기로 도착된 송신시간을 PRNC인식코드로 비교하여 측정한다.

61. 범세계위치결정체계(GPS)에 대한 설명으로 틀린 것은?

㉮ 관측점의 위치는 정확한 위치를 알고 있는 위성에서 발사한 전파의 소요시간을 관측함으로써 결정한다.
㉯ GPS위성은 약 20,000km의 고도에서 24시간 주기로 운행한다.
㉰ 구성은 우주부문, 제어부문, 사용자부문으로 이루어진다.
㉱ GPS의 측위용 반송파는 L_1과 L_2 두 개가 있다.

해설 GPS위성에 궤도주기는 약 12시간이다.

62. 인공위성 위치 결정 시스템(GNSS)이 아닌 것은?

㉮ GLONASS ㉯ Galileo ㉰ NAROHO ㉱ GPS

해설 위성항법시스템 구축 현황

소유국	시스템 명	목적	운용 연도	운용궤도	위성수
미국	GPS	전지구위성항법	1995	중궤도	31기 운용중
러시아	GLONASS	전지구위성항법	2011	중궤도	24
EU	Galileo	전지구위성항법	2012	중궤도	30
중국	COMPASS (Beidou)	전지구위성항법 (중국 지역위성항법)	2011	중궤도 정지궤도	30 5
일본	QZSS	일본주변 지역위성항법	2010	고타원궤도	3
인도	IRNSS	인도주변 지역위성항법	2010	정지궤도 고타원궤도	3 4

63. GPS시스템 오차 중 위성 시계 오차의 대략적인 범위로 옳은 것은?

㉮ 0~1.5m ㉯ 5~10m ㉰ 10~30m ㉱ 50~70m

해설

GPS시스템 오차	범위(m)	GPS시스템 오차	범위(m)
위성 시계 오차	0~1.5	대류권 굴절 오차	0~30
위성 궤도 오차	1~5	선택적 이용성	0~70
전리층 굴절 오차	0~30		

해답 61. ㉯ 62. ㉰ 63. ㉮

64. GPS 위성측량에 관한 다음의 설명 중 잘못된 것은?

㉮ SA 방법의 해제로 절대측위의 정확도가 향상되었다.
㉯ 위성시계의 오차가 없다면 3대의 위성신호를 사용하여도 위치결정이 가능하다.
㉰ GPS 위성은 위성마다 각각 자기의 코드 신호를 전송한다.
㉱ 위성과 수신기 간의 거리측정의 정확도는 C/A 코드를 사용하거나 L_1 반송파를 사용하거나 차이가 없다.

해설 코드관측 방식에 의한 위치결정은 4개 이상의 위성을 관측하여 원하는 수신기의 위치와 시각동기오차를 결정하며 항법으로 근사적인 위치결정, 실시간 위치결정에 이용된다.
반송파 관측방식에 의한 위치결정은 불명확 상수의 정확한 결정이 GPS 정확도를 좌우하는데 정밀 위치결정을 위한 상대위치 결정 등 대부분의 측지위치결정 등에서는 반송파 관측방식을 많이 이용한다.

PART 2 실기

CHAPTER 01 수준측량
CHAPTER 02 토털스테이션 측량

CHAPTER 01 수준측량

1.1 개요

수준측량(Leveling)이란 지표면 위에 있는 여러 점들 사이의 고저차를 측정하여 지도 제작, 설계 및 시공에 필요한 자료를 제공하는 중요한 측량이다. 측량 및 지형공간정보기사와 산업기사가 동일한 방법으로 문제가 출제되며 기고식 야장기입법을 사용한다. 단, 기사 시험에서는 4번과 7번 수준척(staff)을 거꾸로 뒤집어서 설치한다. 외업 시험에 응시하기 위해서는 계산기, 연필, 지우개, 볼펜을 준비하여야 한다.

1.2 관측 장비 소개

레벨(Level)은 기포관(氣泡管)에 의해 시준선(視準線)을 수평으로 하고 각 측점에 세운 수준척(staff)을 시준하여 수준척의 읽음값 차이로 고저를 측정하는 기계로 수준의(水準儀)라고도 한다. 수평으로 설치한 망원경에 의해서 수평면을 시준(視準)하여 이것을 기준면으로 해서 높낮이차를 측량한다. Y레벨, 덤핑 레벨, 가역 레벨, 틸팅 레벨, 자동 레벨, 핸드 레벨 등이 있다. 최근에는 틸팅 레벨, 자동 레벨이 널리 쓰이고 있다. 자동레벨은 관형기포관은 없고 원형기포관만으로 대략 기계를 수평으로 세우면 망원경 속에 장치된 프리즘이 자동적으로 시준선을 수평으로 되게 하는 레벨이다.

1.2.1 레벨(Level)의 구조 및 주요명칭

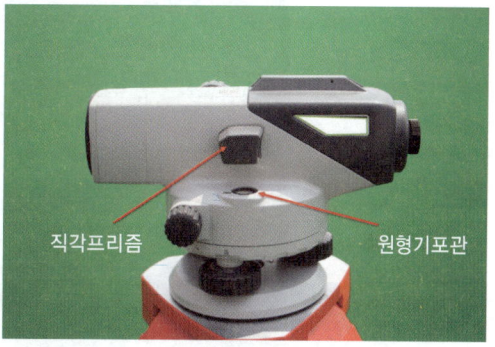

1.3 측량 순서도

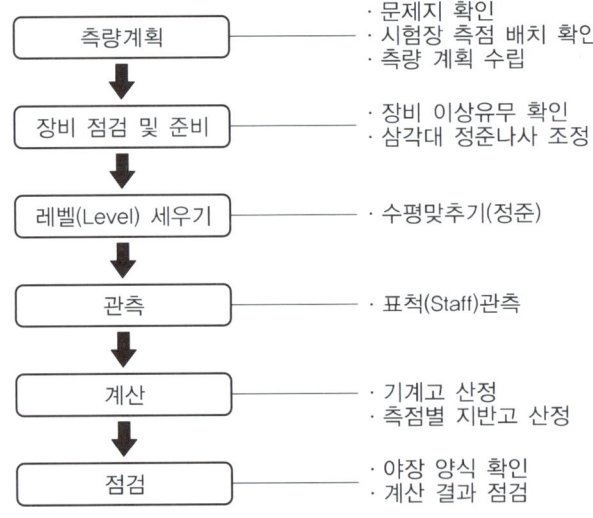

1.4 세부 작업 요령

1.4.1 계획 및 준비

수준측량 외업 시험시 대기석에서 시험장 측점 배치상태를 확인한 후 측량계획을 수립한다. 문제지를 받는 즉시 측량 계획을 점검하고 기계의 이상 유무를 확인한다. 이상이 없으면 측량에 용이하도록 삼각대와 정준나사를 조정한다.

1.4.2 레벨(Level) 세우기

최근 실기시험에서는 자동레벨을 많이 사용하고 있는 추세이다. 레벨은 구심을 맞출 필요가 없어서 토털스테이션보다 세우기 쉬운 편이지만 제한된 시간 안에 측량을 수행해야 하므로 반복적인 연습을 통하여 시간을 단축하여야 한다. 삼각대를 이용하여 대략적인 수평을 맞추고 원형기포관을 보면서 정준나사를 사용하여 정확한 수평을 맞춘다.

가. 기계세우기

감독위원의 지시에 따라 수험번호를 배정받고 기계가 지급되면 이상 유무를 확인한 후 이상이 없으면 그림과 같이 측량에 용이 하도록 키에 맞추어 삼각대의 높이를 조절한다. 가슴까지 삼각대를 빼올린 후 고정나사를 조인다.

시험이 시작되면 기계를 첫 번째 관측점으로 이동하여 삼각대 다리중 하나를 앞쪽에 고정하고 두개의 다리는 양손으로 잡고 몸쪽으로 당기면서 지면에 내려놓는다.

그림과 같이 삼각대와 레벨 사이에 편심이 있는 경우 고정나사를 풀어서 레벨이 삼각대의 중앙에 오도록 조정한다.

나. 원형기포관을 이용한 수평 맞추기

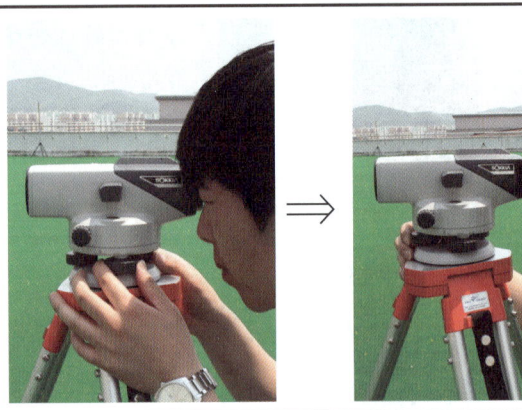

직각프리즘을 통해 원형기포관을 보면서 정준대의 정준나사를 사용하여 수평을 맞춘다.
기포가 중앙에 있는 원안에 들어오면 수평맞추기가 끝난다.

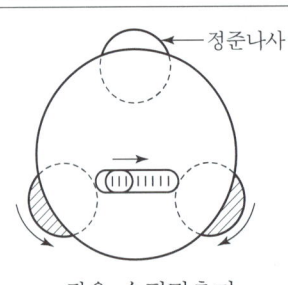
좌우 수평맞추기

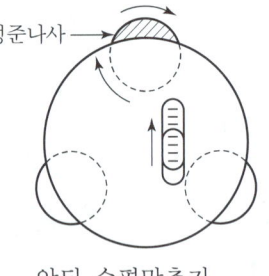
앞뒤 수평맞추기

수평기포관은 감도가 민감하기 때문에 정준나사를 천천히 회전시킨다.
수평을 맞춘 후에는 데오도라이트를 회전시키면서 다시한번 수평을 확인한다.

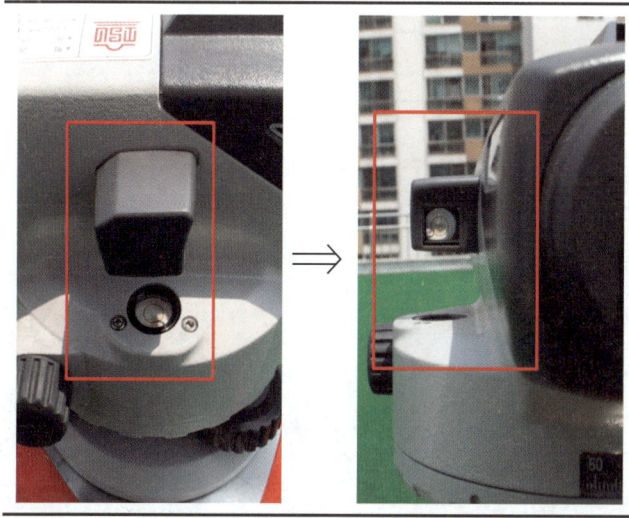

원형기포관의 위치와 직각프리즘을 통해 본 원형기포관

다. 수평확인하기

수평 맞추기가 끝나면 기계를 180도 회전시켜서 다시 수평을 확인한다. 이때 수평이 맞지 않으면 원형기포관에 이상이 있으므로 감독관에게 기계교체를 요구한다.

1.4.3 관측

가. 수준척 시준

조준경을 사용하여 No.0번 측점의 수준척을 시준한다.	조준경의 삼각형 상단 끝지점에 수준척(표척)의 중앙이 오도록 시준한다.

나. 십자선 선명도 조정

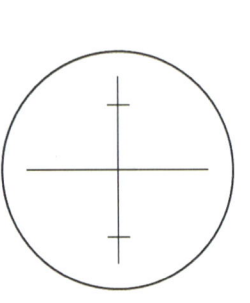

접안 렌즈를 사용하여 십자선의 선명도를 맞춘다.	조정 전	조정 후

다. 대물렌즈 초점 조정

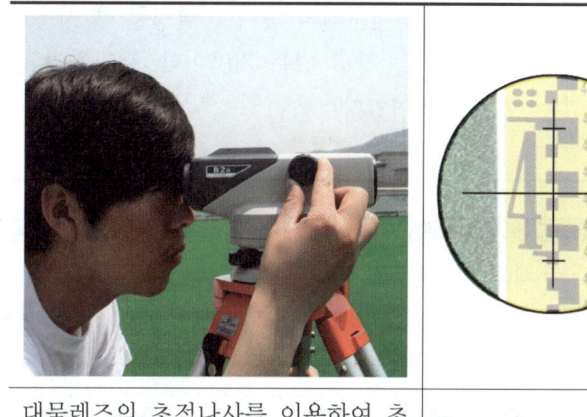	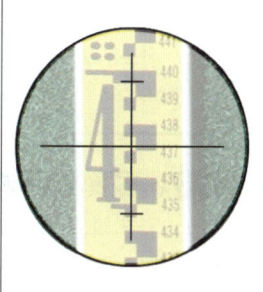	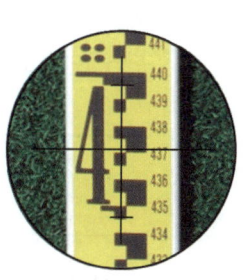
대물렌즈의 초점나사를 이용하여 초점을 맞춘다.	조정 전	조정 후

라. 수평방향 맞추기

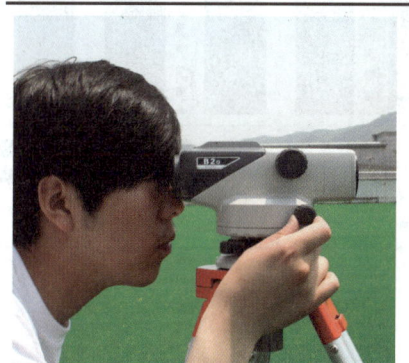	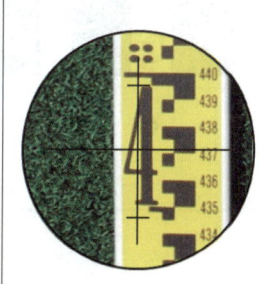	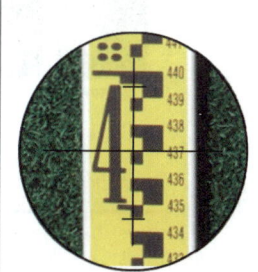
미동나사를 사용하여 십자선의 수평위치를 조정한다.	조정 전	조정 후

마. 수준척(staff)읽기

수준척은 표척이라고도 하며 수준측량시 시준선의 높이를 결정할 때 사용하는 것으로 눈금이 새겨진 판형이나 상자형의 단면을 갖고 있는 기구이다. 운반하기 쉽게 보통 2단~5단으로 뽑아낼 수 있는 구조로 되어있다.

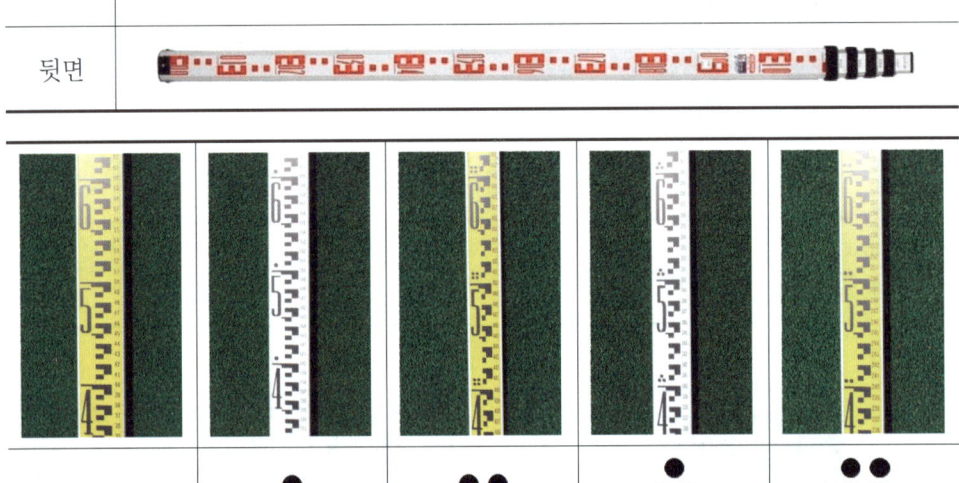

수준측량에서 수준척은 보통 5단을 주로 사용하며 시험장의 여건에 따라서 설치하는 위치가 달라 질 수 있다. 1단은 노란색으로 0.000~1.000m까지의 높이를 표시하며 ●이 표시되어 있지 않다. 2단에서 5단까지는 관측자의 착오를 예방하기 위하여 각각의 숫자위에 ●, ●●, ●●●, ●●●● 표시가 되어있다.

실제 시험장에서는 5단을 모두 뽑아서 설치하는 것이 아니라 각각의 단을 분리하여 설치하기도 한다. 수검자는 레벨을 사용하여 정확한 수준척의 눈금을 읽어야 한다.

제1장 수준측량

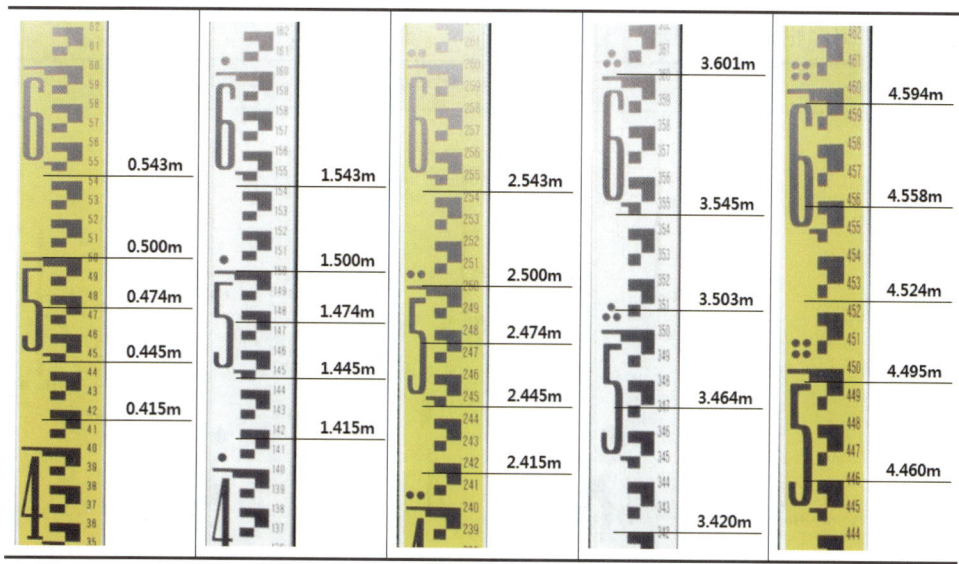

바. 관측점 이동

수준측량은 기계를 총 3회 이상 이동하여야 하므로 시험 시작 전에 기계를 설치할 지점을 미리 파악하는 것도 도움이 된다. 관측이 끝난 후 주의하면서 삼각대를 접는다. 기계를 수직방향으로 몸쪽에 붙여서 천천히 다음 측점으로 이동한다.

사. 고저관측(왕복측량)

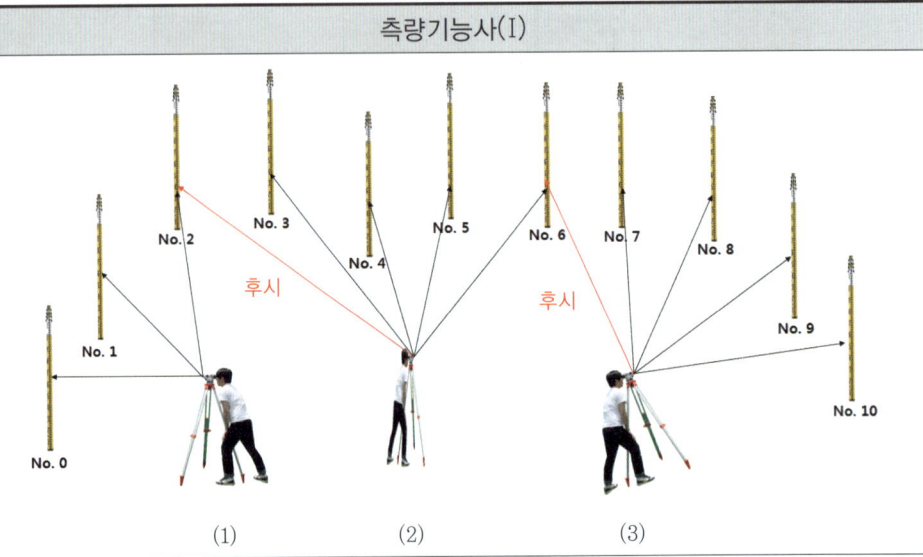

다음 측점으로 이동 후 앞 측점과 동일한 방법으로 기계를 측설하고 신속하게 관측한다. 기계를 옮긴 관측점에서는 반드시 후시를 관측해야 한다. 3회 이상 기계를 설치 하여야 하므로 최적의 위치를 선정하는 것이 중요하다

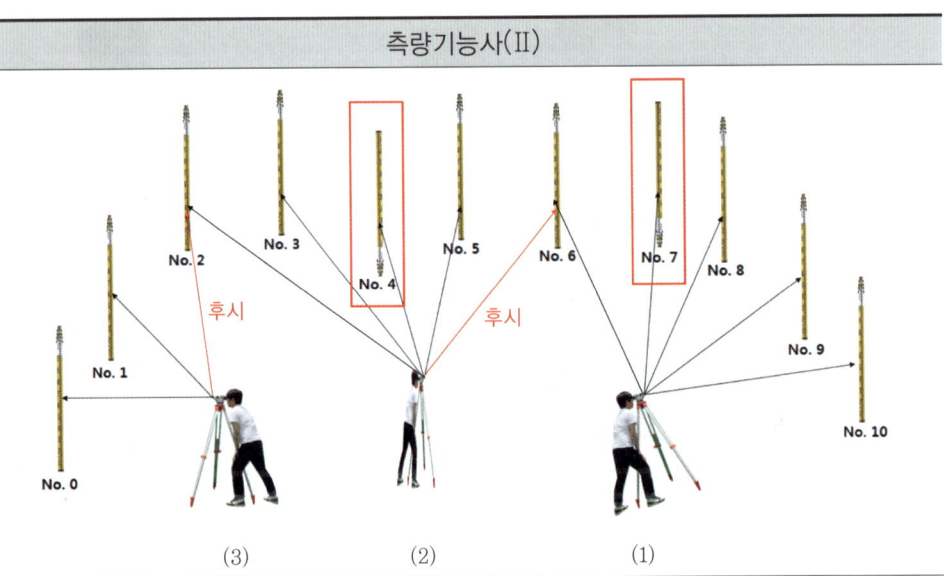

No. 10에서 왕복전환할 때 반드시 기계를 재설치하고 왕복 각 3회(총 6회) 이상 거치해야 한다.

제1장 수준측량

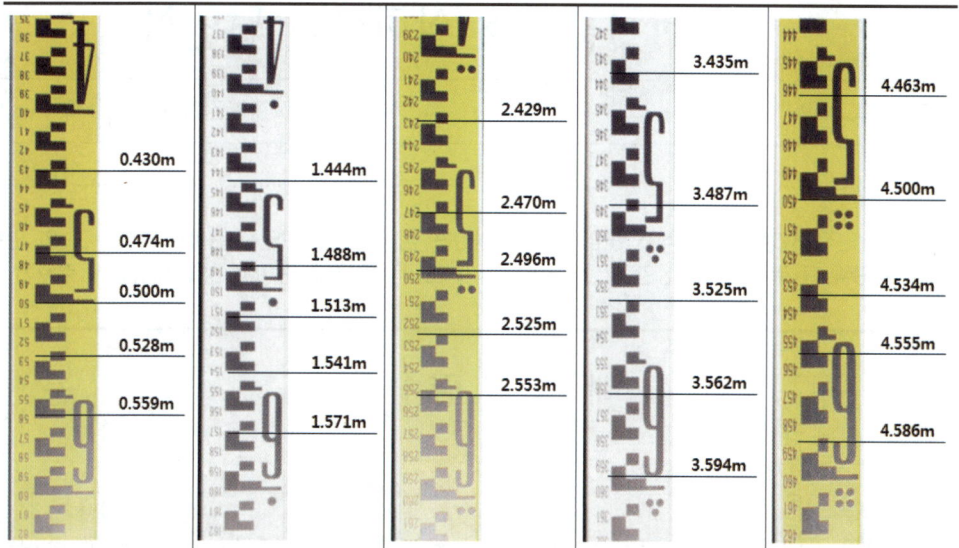

뒤집어진 수준척은 시준선에 표시된 값을 그대로 읽고 야장에 기입할 때 앞에 마이너스 (-)를 붙인다. 계산 할 때도 (-)를 그대로 적용하여 계산하여야 한다.

제2편 실기

국가기술자격 실기시험 답안지

자격종목	측량기능사	비번호		감독확인	

※ 수험자 인적 사항 및 계산식을 포함한 답안 작성은 검은색 필기구만 사용해야 하며, 그 외 연필류, 빨간색, 파란색 등 필기구로 작성한 답항은 0점 처리되오니 불이익을 당하지 않도록 유의해 주시기 바랍니다.

레 벨 측 량 [1]

※ 거리는 소수 3자리까지 기입하시오. [단위 : m]

측점	후시	전시 이기점	전시 중간점	기계고	지반고
No. 0					
No. 1					
No. 2					
No. 3					
No. 4					
No. 5					
No. 6					
No. 7					
No. 8					
No. 9					
No. 10					
계					

[연습란]

※ 표 중 굵은 선 박스는 지정 값을 사용하고, * 표시란은 수험자가 기재하지 않습니다.

채점란

제1장 수준측량

국가기술자격 실기시험 답안지

자격종목	측량기능사	비번호		감독확인	

※ 수험자 인적 사항 및 계산식을 포함한 답안 작성은 검은색 필기구만 사용해야 하며, 그 외 연필류, 빨간색, 파란색 등 필기구로 작성한 답항은 0점 처리되오니 불이익을 당하지 않도록 유의해 주시기 바랍니다.

레 벨 측 량 [2]

채점란

득점

※ 거리는 소수 3자리까지 기입하시오. [단위 : m]

측점	후시	전시		기계고	지반고
		이기점	중간점		
No. 10					
No. 9					
No. 8					
No. 7					
No. 6					
No. 5					
No. 4					
No. 3					
No. 2					
No. 1					
No. 0					
계					

[레벨측량 최종 결과]

측점	No. 1	No. 2	No. 3	No. 4	No. 5	No. 6	No. 7	No. 8	No. 9	No. 10
최확값										
*오차										
*득점										

※ 표 중 굵은 선 박스는 지정 값을 사용하고, * 표시란은 수험자가 기재하지 않습니다.

국가기술 자격검정 실기시험

자격종목	측량기능사	비번호	

레 벨 측 량 [1]

※ 거리는 소수 3자리까지 기입하시오. [단위 : m]

기계거치 : 왕복 각 3회(총 6회) 이상, No.0의 지반고는 15.000~30.000m의 범위

측점	후시 (B·S)	전시(F·S) 이기점(T·P)	전시(F·S) 중간점(I·P)	기계고	지반고
No. 0	3.887			19.137	15.250
No. 1			0.999		18.138
No. 2			2.794		16.343
No. 3	1.064	0.996		19.205	18.141
No. 4			−3.915		23.120
No. 5			2.884		16.321
No. 6			1.220		17.985
No. 7			−2.891		22.096
No. 8	2.884	3.046		19.043	16.159
No. 9			4.128		14.915
No. 10		1.007			18.036
계	7.835	5.049	차 2.786		

[연습란]

지반고차 $= \sum B \cdot S - \sum F \cdot S(T \cdot P) = 7.835 - 5.049 = 2.786$
$\Delta H =$ 출발점지반고 − 도착점지반고 $= 18.036 - 15.250 = 2.786$

국가기술 자격검정 실기시험

자격종목	측량기능사	비번호	

레벨측량 [2]

※ 거리는 소수 3자리까지 기입하시오. [단위 : m]

기계거치 : 왕복 각 3회(총 6회) 이상, No.0의 지반고는 15.000~30.000m의 범위

측점	후시 (B·S)	전시(F·S)		기계고	지반고
		이기점(T·P)	중간점(I·P)		
No. 10	1.015			19.051	18.036
No. 9			4.136		14.915
No. 8			2.892		16.159
No. 7			−3.045		22.096
No. 6	1.220	1.066		19.205	17.985
No. 5			2.884		16.321
No. 4			−3.915		23.120
No. 3	0.902	1.064		19.043	18.141
No. 2			2.700		16.343
No. 1			0.095		18.138
No. 0		3.793			15.250
계	3.137	5.923		차 2.786	

측점	No. 1	No. 2	No. 3	No. 4	No. 5	No. 6	No. 7	No. 8	No. 9	No. 10
최확값	18.138	16.343	18.141	23.120	16.321	17.985	22.096	16.159	14.915	18.036

CHAPTER 02 토털스테이션 측량

2.1 개요

토털스테이션(Total Station)은 거리뿐만 아니라 수평 및 연직각을 관측할 수 있는 측량기계로써 관측된 Data가 자동적으로 저장되며 현장 데이터수집으로부터 지도의 작성까지 가능한 측량장비이다. GPS 및 레벨(Level)과 함께 현장에서 가장 많이 사용하는 장비로써 특히 3차원 좌표 측량에 많이 활용되고 있다. 측량및지형공간정보기사와 산업기사가 동일한 방법으로 문제가 출제되며 답안 작성시 좌표와 방위각, 거리를 구하여야 한다. 좌표는 X, Y값만 관측하고 Z값은 관측하지 않는다.

※ 토털스테이션은 시험자의 장비나 개인이 지참할 경우 개인장비(정밀도 5″ 이하)를 사용할 수 있다. 시험장의 장비는 시험장의 여건에 따라 상이하고 변경될 수 있으며 구체적인 장비(제작사, 모델)는 실기시험 접수시 확인하여야 한다.

2.2 관측 장비 소개

토털스테이션은 거리, 연직각, 수평각, 방위각, 좌표(x, y, z) 등을 측량 할 수 있는 다목적 측량장비이다. 토털스테이션은 망원경의 상하 이동으로 생기는 연직각을 측정하는 연직각 측정부와 본체의 좌우 회전으로 생기는 수평각을 측정하는 수평각 측정부, 본체의 중심부에서 프리즘까지의 거리를 측정하는 거리 측정부, 본체의 수평을 측정하고 보정하는 틸팅 센서의 4가지 구조로 되어 있다. 최근에는 한글지원이 가능하고 블루투스와 GPS기능이 결합된 제품이 출시되기도 한다. 미리 입력된 기계고, 프리즘고 및 기계점 좌표에서 목표점까지의 사거리, 수평각(방위각), 고도각을 측정하여 목표점의 3차원 좌표를 결정 할 수 있다. 토털스테이션은 초기 세팅과 장비 설치가 다른 측량 기기에 비하여 어려울 수 있으므로 반드시 시험전에 충분한 사용방법의 숙지와 연습이 필요하다.

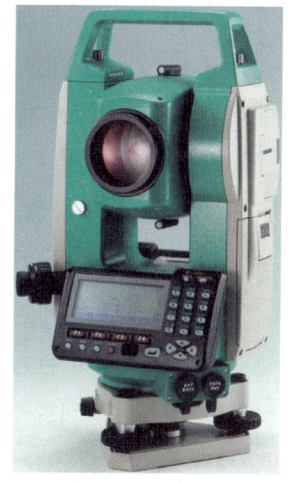
[소끼아(SOKKIA) SET 20K]

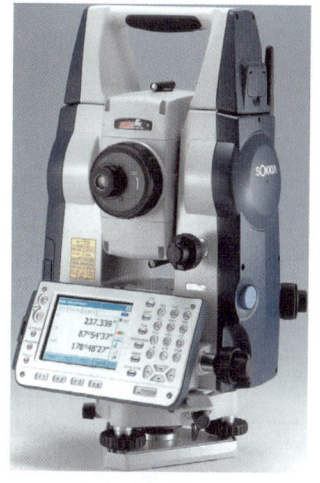
[소끼아(SOKKIA) SET X]

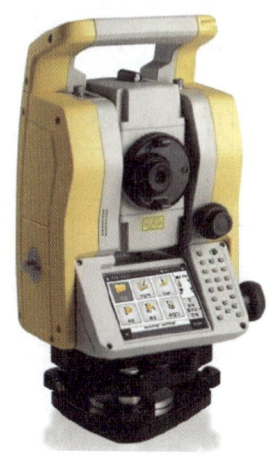
[트림블(Trimble) M3]

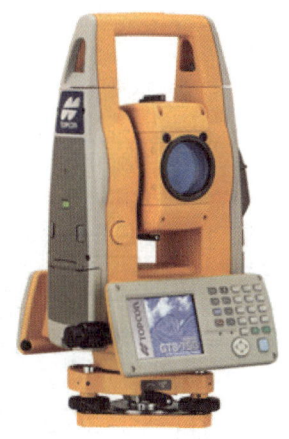
[톱콘(TOPCON) GTS-752]

2.2.1 토털스테이션(Totalstation)의 구조 및 주요명칭

토털스테이션은 제작사 및 모델에 따라서 다양한 종류의 제품이 있으며 구조 및 사용법 또한 조금씩 차이가 난다. 최근에는 한글지원이 보편화 되었으며 장비의 기능 또한 평준화 되는 추세에 있다. 각 시험장의 상황에 따라서 장비의 종류는 달라질 수 있다. 하지만 어떠한 장비를 사용하여도 자격검정 시험의 결과값을 얻는 데는 무리가 없을 것이다. 장비의 회사와 종류보다는 수험생이 가장 많이 사용한 즉 평소 연습한 장비로 시험을 치르는 것이 가장 좋다고 할 수 있다.

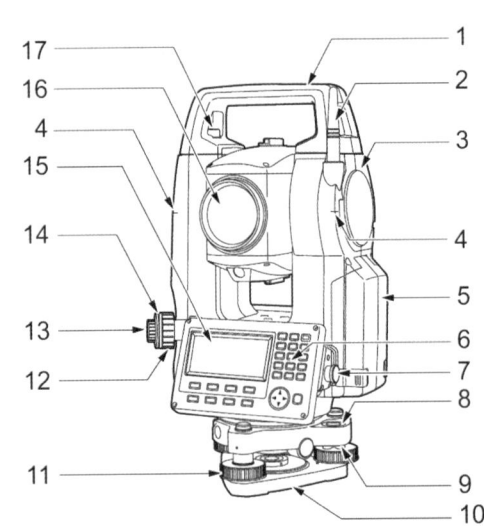

1. 운반손잡이
2. 블루투스 안테나
3. 인터페이스 장치 덮개(USB포트)
4. 기계고 표시 마크
5. 배터리 커버
6. 조작 키보드
7. 데이터 입출력 포트, 외부전원포트
8. 원형기포
9. 원형기포 조정 나사
10. 베이스 플레이트
11. 수평나사
12. 구심초점나사
13. 구심접안
14. 구심조정카바
15. 디스플레이
16. 대물렌즈
17. 운반손잡이 고정 나사

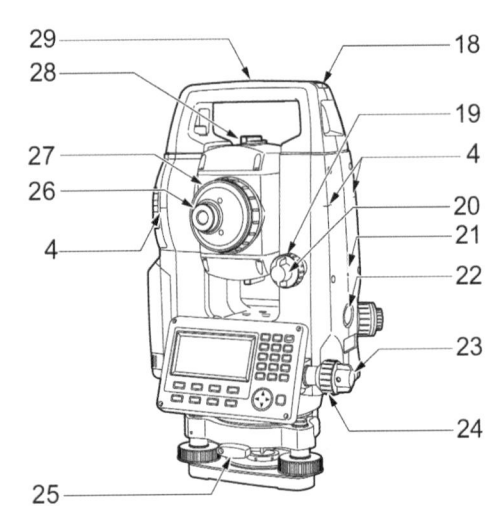

18. 나침판슬롯
19. 수직미동나사
20. 수직고정나사
21. 스피커
22. 트리거키
23. 수평고정나사
24. 수평미동나사
25. 트리브리지 클램프
26. 접안렌즈
27. 접안초점나사
28. 시준경
29. 기계중심마크

※ 장비의 구조 및 명칭은 제작사와 모델에 따라서 다를 수 있음

2.3 측량 순서도

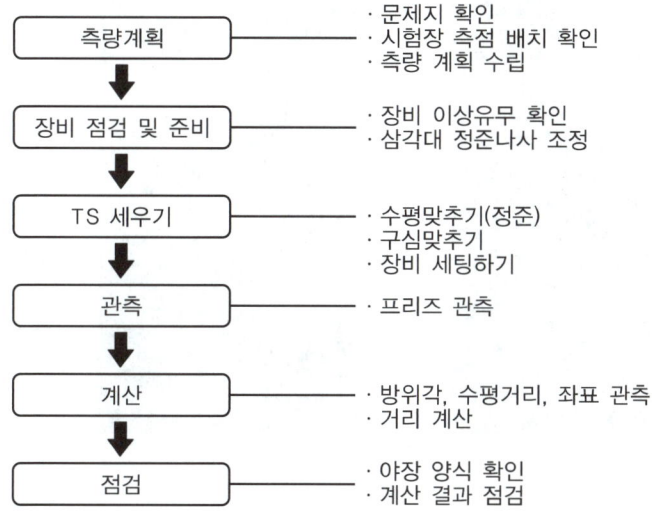

2.4 세부 작업 요령

2.4.1 계획 및 준비

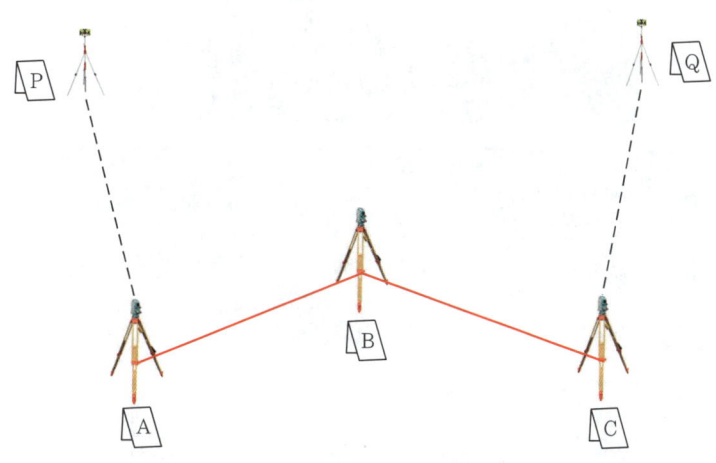

 	감독위원의 지시에 따라 수험번호를 배정받고 기계가 지급되면 이상유무를 확인한 후 이상이 없으면 그림과 같이 측량에 용이하도록 자신의 키에 맞추어 삼각대의 높이를 조절한다.
	삼각대와 TS 사이에 편심이 있는 경우 고정나사를 풀어서 TS가 삼각대의 중앙에 오도록 조정한다.
 	정준나사 3개를 중앙 표시 눈금에 오도록 조정한다.
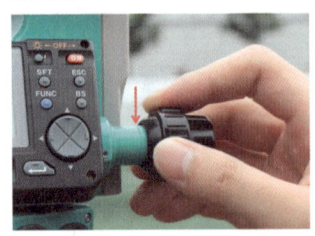 	수평, 수직 나사를 중앙 표시눈금에 오도록 조정한다. 나사가 한쪽으로 많이 돌아가 있으면 필요시 나사를 돌릴 수가 없다.

시험이 시작되면 기계를 첫 번째 측점으로 이동하여 삼각대 다리 중 하나를 측점 앞쪽에 고정하고 두 개의 다리는 구심망원경을 보면서 구심을 고려하여 지면에 내려놓는다.
이때 측점 가까이 발을 위치시켜 구심망원경으로 측점을 찾기 용이하도록 한다.

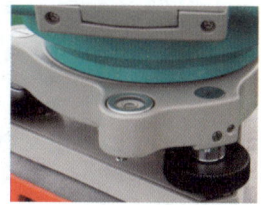

원형 기포관을 보면서 삼각대의 높이 조절나사를 사용하여 수평을 맞춘다.
원형 기포관은 정준대에 있으며 기포가 중앙에 있는 원 안에 들어오면 1차 수평맞추기가 끝난다.

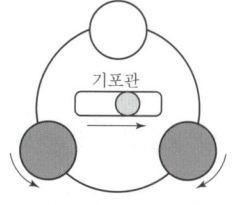
좌우 수평맞추기

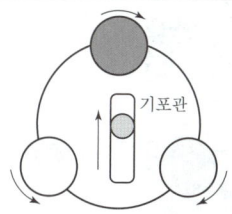
앞뒤 수평맞추기

수평기포관은 감도가 민감하기 때문에 정준나사를 천천히 회전시킨다.
수평을 맞춘 후에는 TS를 회전시켜 다시 한 번 수평을 확인한다.

  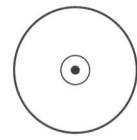

구심망원경을 보면서 삼각대의 고정나사를 살짝 풀어서 구심을 맞춘다.

 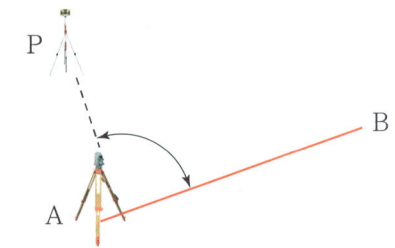

측점 A에서 P점을 시준하고 AP의 거리 관측 후 P점을 0점 세트한 후 측점 B의 각을 관측한다.

 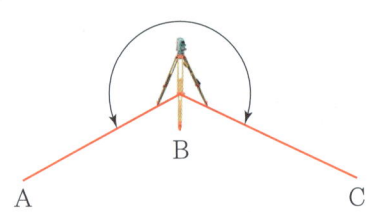

B점에 기계를 세팅하고 A를 시준한 후 0세트하며 C점을 관측한다.

 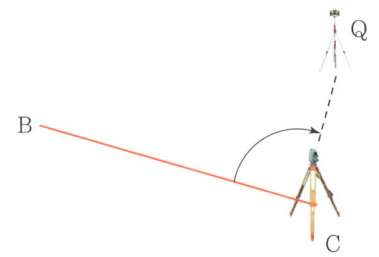

C점에 기계를 세팅하고 B를 시준한 후 0세트하며 Q점을 관측한다.
CQ점의 거리를 관측한다.

2.4.2 프리즘 상수 입력

TS측량의 관측은 측점을 직접 측량하는 것이 아니라 측점 위에 세워진 프리즘을 관측하는 것이다. 다양한 프리즘이 있으며 프리즘에 따라 프리즘 상수값이 다르다. 프리즘 상수는 시험전 감독위원이 알려준다. 감독위원이 알려준 프리즘 상수를 기계에 입력 한다.

2.4.3 관측점 이동

관측이 끝난 후 측점을 건드리지 않도록 주의하면서 삼각대를 접는다. 기계를 수직방향으로 몸쪽에 붙여서 천천히 다음 측점으로 이동한다. 이동시 측점을 발 또는 기계로 건드리지 않도록 각별히 주의한다.

국가기술자격 실기시험 답안지

자격종목	측량기능사	비번호		감독확인	

※ 수험자 인적 사항 및 계산식을 포함한 답안 작성은 검은색 필기구만 사용해야 하며, 그 외 연필류, 빨간색, 파란색 등 필기구로 작성한 답항은 0점 처리되오니 불이익을 당하지 않도록 유의해 주시기 바랍니다.

토털스테이션측량

※ 거리는 소수 3자리까지, 각은 초 단위까지 기입하시오.

AP의 방위각 = 125°15′30″

코스 번호:

측점	교각	측선	방위각	*방위각오차	*득점
A		$\overline{AB}$			
B		$\overline{BC}$			
C		$\overline{CQ}$			

측선	거리	위거	경거	측점	합위거	합경거	*합위거오차	*합경거오차	*득점
$\overline{AB}$				A	500.000	100.000			
$\overline{BC}$				B					
$\overline{CQ}$				C					
계				Q					

구분	좌표	*X오차	*Y오차	*득점
P의 좌표(X, Y)	(,)			
Q의 좌표(X, Y)	(,)			

PQ의 거리
○ 계산과정 :

*Y오차	*득점

○ 답 :

※ 표 중 굵은 선 박스는 지정 값을 사용하고, * 표시란은 수험자가 기재하지 않습니다.

채점란

득점

국가기술자격 실기시험문제

자격종목	측량기능사	과제명	토털스테이션측량, 레벨측량
비번호		시험일시		시험장명	

※ 시험 시간 : 1시간 30분
  - 과제1 : 토털스테이션측량   : 50분
  - 과제2 : 레벨측량   : 40분

1. 요구사항

※ 지급된 재료 및 시설을 사용하여 아래 작업을 완성하시오.

가. 토털스테이션측량

측점 A의 좌표가 (500.000m, 100.000m)이고, $\overline{AP}$의 방위각이 125°15′30″라 할 때, 측점 A, B, C에 기계를 설치하고 관측하여 답안지를 완성하시오.

※ 관측은 방위각 또는 교각 모두 가능하나 관측 또는 계산을 통하여 답안지의 교각과 방위각을 모두 기입하고, 프리즘 상수와 측선 AB, BC의 거리는 감독위원의 지시에 따르시오.(단, 프리즘의 중앙을 시준하고, 거리와 좌표는 m 단위로 소수 3자리까지, 각은 초(″) 단위까지 구하시오.)

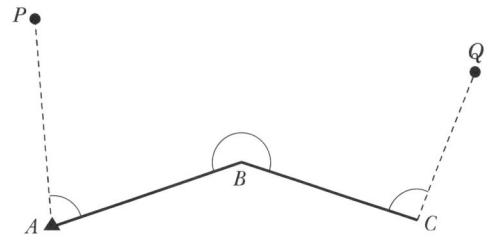

나. 레벨측량

시험장에 설치된 No.0~No.10 측점을 왕복측량하여 답안지를 완성하시오.

※ No.0의 지반고는 15.000~30.000m의 범위 내에서 시험위원이 임의로 제시하며, 기계는 왕복 각 3회(총 6회) 이상 거치(No.10에서 왕복 전환할 때 반드시 기계를 재설치)하고 각 측점 간의 거리는 동일한 것으로 가정하시오.(단, No.4, No.7 측점은 왕복 모두 천장에 있으며 답안은 m 단위로 소수 3자리까지 구하시오.)

2. 수험자 유의사항

※ 다음 유의사항을 고려하여 요구사항을 완성하시오.
※ 항목별 배점은 토털스테이션측량 60점, 레벨측량 40점입니다.

1) 수험자 인적사항 및 계산과정을 포함한 답안작성은 흑색 필기구만 사용해야 하며, 그 외 연필류, 빨간색, 청색 등의 필기구로 작성한 답항은 0점 처리되오니 불이익을 당하지 않도록 유의해 주시기 바랍니다.
2) 답안 정정 시에는 정정하고자 하는 단어(곳)에 두 줄(=)을 긋고 다시 작성하거나 수정테이프(수정액 제외)를 사용하여 정정하시기 바랍니다.
3) 측점에 충격이 없도록 기계를 세우고 관측합니다.
4) 측량기계는 안전에 유의하여 조심스럽게 다루고 측량이 끝나면 제자리에 놓습니다.
5) 시험 중 수험자는 반드시 안전수칙을 준수해야 하며, 작업복장 상태, 안전사항 등은 채점대상이 됩니다.(작업에 적합한 복장을 착용하여야 합니다.)
6) 시험시간이 경과하면 작성된 상태까지를 제출하여야 하며, 제출하지 않을 경우 아래의 기권으로 처리됩니다.
7) 다음 사항에 대해서는 채점대상에서 제외하니 특히 유의하시기 바랍니다.
    가) 기권
        (1) 수험자 본인이 수험 도중 시험에 대한 포기 의사를 표기하는 경우
    나) 실격
        (1) 시험 중 시설·장비의 조작이 미숙하여 파손 및 고장을 발생시킨 것으로 시험위원 전원이 합의하여 판단되는 경우
        (2) <u>토털스테이션측량, 레벨측량 2 과제 중 1개의 과제라도 0점인 경우</u>
        (3) 레벨측량에서 왕복측량을 시행하지 않은 경우

제2장 토털스테이션 측량

국가기술자격 실기시험 답안지

자격종목	측량기능사	비번호		감독확인	

※ 수험자 인적 사항 및 계산식을 포함한 답안 작성은 검은색 필기구만 사용해야 하며, 그 외 연필류, 빨간색, 파란색 등 필기구로 작성한 답항은 0점 처리되오니 불이익을 당하지 않도록 유의해 주시기 바랍니다.

토털스테이션측량

※ 거리는 소수 3자리까지, 각은 초 단위까지 기입하시오.

AP의 방위각=125°15′30″

코스 번호 :

측점	교각	측선	방위각	*방위각오차	*득점
A		$\overline{AB}$			
B		$\overline{BC}$			
C		$\overline{CQ}$			

측선	거리	위거	경거	측점	합위거	합경거	*합위거오차	*합경거오차	*득점
$\overline{AB}$				A	500.000	100.000			
$\overline{BC}$				B					
$\overline{CQ}$				C					
계				Q					

구분	좌표	*X오차	*Y오차	*득점
P의 좌표(X, Y)	(,)			
Q의 좌표(X, Y)	(,)			

PQ의 거리
○ 계산과정 :

	*Y오차	*득점

○ 답 :

※ 표 중 굵은 선 박스는 지정 값을 사용하고, * 표시란은 수험자가 기재하지 않습니다.

채점란

득점

국가기술자격 실기시험 답안지

자격종목	측량기능사	비번호		감독확인	

※ 수험자 인적 사항 및 계산식을 포함한 답안 작성은 흑색 필기구만 사용해야 하며, 그 외 연필류, 빨간색, 청색 등 필기구로 작성한 답항은 0점 처리되오니 불이익을 당하지 않도록 유의해 주시기 바랍니다.

레벨측량 [1]

※ 거리는 소수 3자리까지 기입하시오. [단위 : m]

측점	후시	전시		기계고	지반고
		이기점	중간점		
No. 0					
No. 1					
No. 2					
No. 3					
No. 4					
No. 5					
No. 6					
No. 7					
No. 8					
No. 9					
No. 10					
계					

[연습란]

국가기술자격 실기시험 답안지

자격종목	측량기능사	비번호		감독확인	

※ 수험자 인적 사항 및 계산식을 포함한 답안 작성은 흑색 필기구만 사용해야 하며, 그 외 연필류, 빨간색, 청색 등 필기구로 작성한 답항은 0점 처리되오니 불이익을 당하지 않도록 유의해 주시기 바랍니다.

레 벨 측 량 [2]

※ 거리는 소수 3자리까지 기입하시오. [단위 : m]

측점	후시	전시 이기점	전시 중간점	기계고	지반고
No. 10					
No. 9					
No. 8					
No. 7					
No. 6					
No. 5					
No. 4					
No. 3					
No. 2					
No. 1					
No. 0					
계					

채점란

득점

[레벨측량 최종 결과]

측점	No. 1	No. 2	No. 3	No. 4	No. 5	No. 6	No. 7	No. 8	No. 9	No. 10
최확값										
*오차										
*득점										

*란은 수험생이 기재하지 않습니다.

PART

3

필기 기출문제

- 2013년 1회
- 2013년 4회
- 2013년 5회
- 2014년 1회
- 2014년 4회
- 2014년 5회
- 2015년 1회
- 2015년 4회
- 2015년 5회
- 2016년 1회
- 2016년 4회

2013년 1회

01 전자파 거리 측정기 등을 이용한 높은 정확도로 중·장거리를 정확히 관측하여 삼각점의 위치를 결정하는 측량 방법은?
① 삼각측량
② 삼변측량
③ 삼각수준측량
④ 수준측량

 해설

삼각측량	삼각측량은 삼각형의 변과 각을 측정하여 삼각법의 이론에 의하여 제점의 평면위치를 결정하는 측량이다. 삼각측량은 다각, 지형측량 등의 골격이 되는 기준점인 삼각점의 위치를 정현 비례법칙(sin 법칙)으로 정밀하게 결정하기 위한 측량방법이며 높은 정확도를 기대할 수 있다.
삼변측량	삼변측량은 전자파거리측정기를 이용한 정밀한 장거리 측정으로 변장을 측정해서 삼각점의 위치를 결정하는 측량방법이다.

02 외심거리가 3cm인 앨리데이드로, 축척 1:300인 평판측량을 하였을 때 도면상에 생기는 외심오차는?
① 0.1mm
② 0.2mm
③ 0.3mm
④ 0.4mm

해설 기계오차

앨리데이드의 외심오차	$q = \dfrac{e}{M}$
앨리데이드의 시준오차	$q = \dfrac{\sqrt{d^2+t^2}}{2l} \cdot L$
자침오차	$q = \dfrac{0.2}{S} \cdot L$

여기서, q : 도상(제도)허용오차
M : 축척분모수
e : 외심오차
t : 시준사의 지름
d : 시준공의 지름
l : 양 시준판의 간격
L : 방향선(도상)의 길이
S : 자침의 중심에서 첨단까지의 길이

$$외심오차 = \frac{외심거리}{축척의 분모수} = \frac{30mm}{300} = 0.1mm$$

03 수준측량 방법 중 간접수준측량에 해당되지 않는 것은?
① 트랜싯에 의한 삼각고저측량법
② 스타디아 측량에 의한 고저측량법
③ 레벨과 수준척에 의한 고저측량법
④ 두 점 간의 기압차에 의한 고저측량법

해설 측량방법에 의한 분류

	직접수준측량 (Direct leveling)	Level을 사용하여 두 점에 세운 표척의 눈금차로부터 직접고저차를 구하는 측량
간접수준측량 (Indirect leveling)	삼각수준측량 (Trigonometrical leveling)	두 점 간의 연직각과 수평거리 또는 경사거리를 측정하여 삼각법에 의하여 고저차를 구하는 측량
	스타디아 수준측량 (Stadia leveling)	스타디아 측량으로 고저차를 구하는 방법
	기압수준측량 (Barometric leveling)	기압계나 그 외의 물리적 방법으로 기압차에 따라 고저차를 구하는 방법

Answer 1. ② 2. ① 3. ③

간접수준측량 (Indirect leveling)	공중사진수준측량 (Aerial photographic leveling)	공중사진의 실체시에 의하여 고저차를 구하는 방법
	교호수준측량 (Reciprocal leveling)	하천이나 장애물 등이 있을 때 두 점 간의 고저차를 직접 또는 간접으로 구하는 방법
	약수준측량 (Approximate leveling)	간단한 기구로서 고저차를 구하는 방법

04 20m 강철 테이프를 사용하여 2,000m를 측정하였다. 이때 예상 되는 오차는?(단, 이 테이프는 20m에 ±3mm의 오차가 생긴다.)

① ±25mm ② ±30mm
③ ±35mm ④ ±45mm

해설 측정횟수$(n) = \dfrac{2,000}{20} = 100$회

우연오차$(E_2) = \pm e\sqrt{n} = \pm 3\sqrt{100}$
$= \pm 30\text{mm}$

05 교호수준측량에 대한 설명 중 옳은 것은?
① 두 점 간의 연직각과 수평거리도 삼각법에 의해 구한다.
② 넓은 하천 또는 계곡을 건너서 두 점 사이의 고저차를 구한다.
③ 스타디아법으로 고저차를 구한다.
④ 기압차로 고저차를 구한다.

해설 교호수준측량(Reciprocal leveling)
측선 중에 하천이나 계곡 등 장애물 등이 있으면 측선의 중앙에 레벨을 세우지 못하므로 정밀도를 높이기 위해(굴절오차와 시준오차를 소거하기 위해) 양 측점에서 측량하여 두 점의 표고차를 2회 산출하여 두 점 간의 고저차를 직접 또는 간접으로 구하는 방법

06 관측자의 부주의로 인하여 발생하는 오차는?
① 착오 ② 부정오차
③ 우연오차 ④ 정오차

해설 1. 정오차 또는 누차(Constant Error : 누적오차, 누차, 고정오차)
  ㉠ 오차 발생 원인이 확실하여 일정한 크기와 일정한 방향으로 생기는 오차로서 부호는 항상 같다.
  ㉡ 측량 후 조정이 가능하다.
  ㉢ 정오차는 측정횟수에 비례한다.
    $E_1 = n \cdot \delta$
    여기서, E_1 : 정오차
      δ : 1회 측정 시 누적오차
      n : 측정(관측)횟수

2. 우연오차(Accidental Error : 부정오차, 상차, 우차)
  ㉠ 오차의 발생 원인이 명확하지 않아 소거 방법도 어렵다.
  ㉡ 최소제곱법의 원리로 오차를 배분하며 오차론에서 다루는 오차를 우연오차라 한다.
  ㉢ 우연오차는 측정 횟수의 제곱근에 비례한다.
    $E_2 = \pm \delta\sqrt{n}$
    여기서, E_2 : 우연오차
      δ : 우연오차
      n : 측정(관측)횟수

3. 착오(Mistake : 과실)
  ㉠ 관측자의 부주의에 의해서 발생하는 오차
  ㉡ 예 : 기록 및 계산의 착오, 눈금 읽기의 잘못, 숙련부족 등

07 총 길이 2km인 폐합트래버스 측량을 하여 위거의 오차 60cm, 경거의 오차가 80cm가 발생하였다면 폐합비는?

① $\dfrac{1}{1,000}$ ② $\dfrac{1}{2,000}$
③ $\dfrac{1}{2,500}$ ④ $\dfrac{1}{3,333}$

해설 폐합오차(E)

다각측량에서 거리와 각을 관측하여 출발점에 돌아왔을 때 거리와 각의 오차로 위거의 대수합(ΣL)과 경거의 대수합(ΣD)이 0이 안 된다. 이때 오차를 말한다.

폐합오차	$E = \sqrt{(\Delta L)^2 + (\Delta D)^2}$
폐합비 (정도)	$\dfrac{1}{M} = \dfrac{폐합오차}{총길이} = \dfrac{\sqrt{(\Delta L)^2 + (\Delta D)^2}}{\Sigma l}$ 여기서, Δl : 위거오차 ΔD : 경거오차

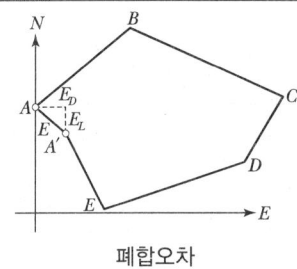

폐합오차

$$폐합비(정도) = \dfrac{\sqrt{(\Delta l)^2 + (\Delta d)^2}}{\Sigma l}$$
$$= \dfrac{\sqrt{(0.6)^2 + 0.8^2}}{2,000} = \dfrac{1}{2,000}$$

	교각	전 측선과 그 측선이 이루는 각
	편각	각 측선이 그 앞 측선의 연장선과 이루는 각
	방향각	도북방향을 기준으로 어느 측선까지 시계방향으로 잰 각
수평각	방위각	㉠ 자오선을 기준으로 어느 측선까지 시계방향으로 잰 각 ㉡ 방위각도 일종의 방향각 ㉢ 자북방위각, 역방위각
	진북방향각 (자오선수차)	㉠ 도북을 기준으로 한 도북과 자북의 사이각 ㉡ 진북방향각은 삼각점의 원점으로부터 동쪽에 위치시 (−), 서쪽에 위치시 (+)를 나타낸다. ㉢ 좌표원점에서 동서로 멀어질수록 진북방향각이 커진다. ㉣ 방향각, 방위각, 진북방향각의 관계 방향각(α) = 방향각(T) − 자오선수차($\pm \Delta \alpha$)
	천정각	연직선 위쪽을 기준으로 목표점까지 내려 잰 각
연직각	고저각	수평선을 기준으로 목표점까지 올려서 잰 각을 상향각(양각), 내려 잰 각을 하향각(부각) : 천문측량의 지평좌표계
	천저각	연직선 아래쪽을 기준으로 목표점까지 올려서 잰 각 : 항공사진측량

08 다음 각의 종류에 대한 설명이 옳지 않은 것은?

① 방향각 : 임의의 기준선으로부터 어느 측선까지 시계방향으로 잰 수평각
② 방위각 : 자오선을 기준으로 하여 어느 측선까지 시계방향으로 잰 수평각
③ 고저각 : 수평선을 기준으로 목표에 대한 시준선과 이루는 각
④ 천정각 : 수평선을 기준으로 90°까지를 잰 시준각

해설 평면각

중력방향과 직교하는 수평면 내에서 관측되는 수평각과 중력방향면 내에서 관측되는 연직각으로 구분된다.

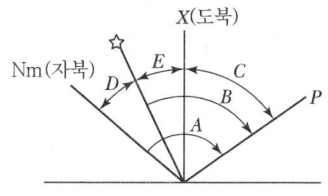

A : 자북방위각
B : (진북)방위각
C : 방향각
D : 자침편차
E : 진북방향차 (자오선수차)

수평각의 종류

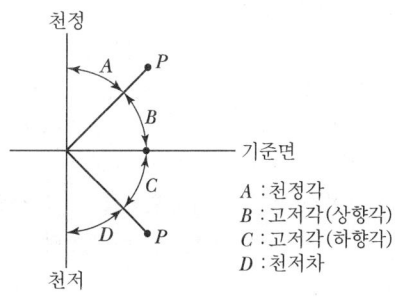

A : 천정각
B : 고저각(상향각)
C : 고저각(하향각)
D : 천저차

연직각

Answer 8. ④

09 수준측량에서 시점의 지반고가 215m이고 전시의 총합($\sum F.S$)이 120.4m, 후시의 총합($\sum B.S$)이 90.5m일 때 종점의 지반고는?
① 185.1m ② 244.9m
③ 355.4m ④ 425.9m

해설 $(H_B) = (H_A) + (\sum B.S - \sum F.S)$
$= 215 + (90.5 - 120.4) = 185.1m$

10 트래버스 측량의 순서로 가장 적합한 것은?
① 계획 및 답사 - 표지 설치 관측 - 선점 - 계산
② 선점 - 계획 및 답사 - 관측 - 표지 설치 - 계산
③ 선점 - 계획 및 답사 - 표지 설치 - 관측 - 계산
④ 계획 및 답사 - 선점 - 표지 설치 - 관측 - 계산

해설 계획 - 답사 - 선점 - 조표 - 관측 - 계산

11 표준 길이보다 3cm가 짧은 30m의 테이프로 거리를 측정하니 180m이었다. 이 거리의 정확한 값은?
① 178.21m ② 179.03m
③ 179.82m ④ 179.99m

해설 실제길이 = $\frac{부정길이}{표준길이} \times 관측길이$
$= \frac{30 - 0.03}{30} \times 180 = 179.82m$
부정길이는 표준길이 보다 길 때에는 (+), 짧을 때는 (-)이다.

12 트래버스 측량의 폐합오차 조정에 대한 설명 중 옳은 것은?
① 컴퍼스 법칙은 각 관측의 정확도가 거리 관측의 정확도보다 좋은 경우에 사용된다.
② 트랜싯 법칙은 각 관측과 거리 관측의 정밀도가 서로 비슷한 경우에 사용된다.
③ 컴퍼스 법칙은 폐합오차를 각 측선의 길의 크기에 반비례하여 배분한다.
④ 트랜싯 법칙은 위거 및 경거의 폐합오차를 각 측선의 위거 및 경거의 크기에 비례 배분하여 조정하는 방법이다.

해설 트래버스 측량의 폐합오차 조정

컴퍼스 법칙	각관측과 거리관측의 정밀도가 같을 때 조정하는 방법으로 각측선 길이에 비례하여 폐합오차를 배분한다. 위거조정량 = $\frac{그\ 측선거리}{전\ 측선거리} \times 위거오차$ $= \frac{L}{\sum L} \times E_L$ 경거조정량 = $\frac{그\ 측선거리}{전\ 측선거리} \times 경거오차$ $= \frac{L}{\sum L} \times E_D$
트랜싯 법칙	각관측의 정밀도가 거리관측의 정밀도 보다 높을 때 조정하는 방법으로 위거, 경거의 크기에 비례하여 폐합오차를 배분한다. 위거조정량 = $\frac{그\ 측선의\ 위거}{|위거절대치의\ 합|} \times 위거오차$ $= \frac{L}{\sum |L|} \times E_L$ 경거조정량 = $\frac{그\ 측선의\ 경거}{|경거절대치의\ 합|} \times 경거오차$ $= \frac{D}{\sum |D|} \times E_D$

13 다음 중 거리 측량을 실시할 수 없는 측량장비는?
① 토털스테이션
② 레이저 레벨
③ VLBI
④ GPS

해설

토털스테이션 (Total Station)	Total Station은 관측된 데이터를 직접 휴대용 컴퓨터기기(전자평판)에 저장하고 처리할 수 있으며 3차원 지형정보 획득 및 데이터 베이스의 구축 및 지형도 제작까지 일괄적으로 처리할 수 있는 측량기계이다.

VLBI(Very Long Base Interferometer, 초장기선 간섭계)	지구상에서 1,000~10,000km 정도 떨어진 1조의 전파간섭계를 설치하여 전파원으로부터 나온 전파를 수신하여 2개의 간섭계에 도달한 시간차를 관측하여 거리를 측정한다. 시간차로 인한 오차는 30cm 이하이며, 10,000km 긴 기선의 경우는 관측소의 위치로 인한 오차 15cm 이내가 가능하다.
GPS(Global Positioning System, 범지구적 위치결정체계)	인공위성을 이용하여 정확하게 위치를 알고 있는 위성에서 발사한 전파를 수신하여 관측점까지의 소요시간을 관측함으로써 정확한 위치를 결정하는 위치결정 시스템이다.
레이저 레벨	레이저광선을 주사하는 레벨로서, 원거리에 레벨을 두고 레이저를 감지하는 표척으로 레벨이 조성하는 수평면을 확인할 수 있게 함으로써 기계 수가 없어도 고저측량이 가능하다.

14 삼변을 측정하여 값 a, b, c를 구했다. a변의 대응각 A를 반각공식으로 구하여야 할 때 $\sin\frac{A}{2}$의 값은?

① $\sqrt{\frac{(S-b)(S-c)}{bc}}$

② $\sqrt{\frac{(S-b)(S-c)}{S(S-a)}}$

③ $\sqrt{\frac{S(S-A)}{bc}}$

④ $\sqrt{S(S-a)(S-b)(S-c)}$

해설 수평각의 계산

코사인 제2법칙	$\cos A = \frac{b^2 + C^2 - a^2}{2bc}$ $\cos B = \frac{c^2 - a^2 - b^2}{2ca}$ $\cos C = \frac{a^2 + b^2 + c^2}{2ab}$
반각공식	$\sin\frac{A}{2} = \sqrt{\frac{(s-b)(s-c)}{bc}}$ $\cos\frac{A}{2} = \sqrt{\frac{s(s-a)}{bc}}$ $\tan\frac{A}{2} = \sqrt{\frac{(s-b)(s-c)}{s(s-a)}}$

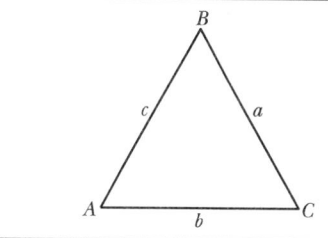

15 각관측 방법에 대한 설명으로 옳지 않은 것은?

① 조합각 관측법은 관측할 여러 개의 방향선 사이의 각을 차례로 방향각법으로 관측하여 최소제곱법에 의하여 각각의 최확값을 구한다.

② 단측법은 높은 정확도를 요구하지 않는 경우에 사용하며 정·반위 관측하여 평균을 구한다.

③ 배각법은 반복 관측으로 한 측점에서 한 개의 각을 높은 정밀도로 측정할 때 사용한다.

④ 방향각법은 수평각 관측법 중 가장 정확한 값을 얻을 수 있는 방법으로 1등삼각측량에서 주로 이용된다.

해설

방향각법	어떤 시준방향을 기준으로 하여 각 시준방향에 이르는 각을 차례로 관측하는 방법으로, 배각법에 비해 시간이 절약되고 3등삼각측량에 이용된다. 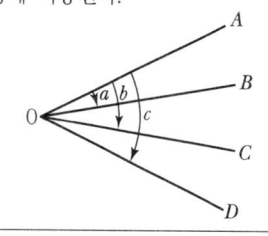

Answer 14. ① 15. ④

조합각 관측법	수평각 관측방법 중 가장 정확한 방법으로, 1등삼각측량에 이용된다. ㉠ 측각 총수 $= \frac{1}{2}N(N-1)$ ㉡ 조건식 총수 $= \frac{1}{2}(N-1)(N-2)$ 여기서, N : 방향수 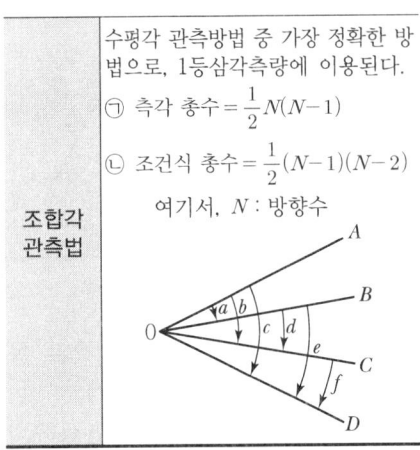

16 다음 중 평판측량의 방사법에서 측점 간의 지상 거리로 가장 적당한 것은?

① 50~60m ② 200~250m
③ 500~600m ④ 1~2km

해설 측량이 가능한 범위는 한 방향선의 길이가 도상에서 10cm 이하, 측점으로부터 지상 거리는 50~60m 이내가 적당하다.

17 평판을 세우는 3가지 조건이 아닌 것은?

① 중심맞추기
② 방향맞추기
③ 수평맞추기
④ 축척맞추기

해설 평판측량의 3요소

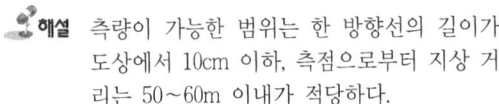

정준 (Leveling up)	평판을 수평으로 맞추는 작업(수평 맞추기)
구심 (Centering)	평판 상의 측점과 지상의 측점을 일치시키는 작업(중심 맞추기)
표정 (Orientation)	평판을 일정한 방향으로 고정시키는 작업으로 평판측량의 오차 중 가장 크다.(방향 맞추기)

18 조건식의 수가 가장 많기 때문에 가장 높은 정확도를 얻을 수 있는 삼각망은?

① 단열삼각망
② 유심삼각망
③ 사변형삼각망
④ 단삼각망

해설 삼각망의 종류

단열 삼각쇄(망) (single chain of trangles)	• 폭이 좁고 길이가 긴 지역에 적합하다. • 노선·하천·터널 측량 등에 이용한다. • 거리에 비해 관측수가 적다. • 측량이 신속하고 경비가 적게 든다. • 조건식의 수가 적어 정도가 낮다.
유심 삼각쇄(망) (chain of central points)	• 동일 측점에 비해 포함면적이 가장 넓다. • 넓은 지역에 적합하다. • 농지측량 및 평탄한 지역에 사용된다. • 정도는 단열삼각망보다 좋으나 사변형보다 적다.
사변형 삼각쇄(망) (chain of quadrilater-als)	• 조건식의 수가 가장 많아 정밀도가 가장 높다. • 기선삼각망에 이용된다. • 삼각점 수가 많아 측량시간이 많이 걸리며 계산과 조정이 복잡하다.

19 수준측량 시 시준할 때에 발생되는 오차(시준 오차)에 대한 설명으로 옳지 않은 것은?

① 시준할 순간에 기포가 중앙에 없을 때
② 조준이 온전하지 못할 때
③ 기계의 조정이 잘 안 되었을 때
④ 표척이 침하되었거나 혹은 경사지게 세웠을 때

Answer 16. ① 17. ④ 18. ③ 19. ③

해설

기계적 원인	• 기포의 감도가 낮다. • 기포관 곡률이 균일하지 못하다. • 레벨의 조정이 불완전하다. • 표척 눈금이 불완전하다. • 표척 이음매 부분이 정확하지 않다. • 표척 바닥의 0 눈금이 맞지 않다.
개인적 원인	• 조준의 불완전, 즉 시차가 있다. • 표척을 정확히 수직으로 세우지 않았다. • 시준할 때 기포가 정중앙에 있지 않았다.

기계의 조정이 잘 안되었을 때는 기계적인 오차이다.

20 삼각수준측량에서 A, B, 두 점 간의 거리가 10km이고 굴절계수가 0.14일 때 양차는? (단, 지구 반지름=6,370km)

① 4.32m ② 5.38m
③ 6.75m ④ 7.05m

 해설

구차 (h_1)	지구의 곡률에 의한 오차이며 이 오차만큼 높게 조정을 한다.
기차 (h_2)	지표면에 가까울수록 대기의 밀도가 커지므로 생기는 오차(굴절오차)를 말하며, 이 오차만큼 낮게 조정한다.
양차	구차와 기차의 합을 말하며 연직각 관측값에서 이 양차를 보정하여 연직각을 구한다.

여기서, R : 지구의 곡률반경 S : 수평거리
K : 굴절계구(0.12~0.14)

양차(구차+기차) $= \dfrac{S^2}{2R}(1-K)$

$= \dfrac{10^2}{2 \times 6370} \times (1-0.14)$

$= 0.0067\text{km}$

$= 6.75\text{m}$

21 1 : 1,000,000의 허용 정밀도로 측량한 경우 측지측량과 평면측량의 한계는?

① 반지름 11km ② 반지름 15km
③ 반지름 20km ④ 반지름 25km

해설 평면측량의 한계

정도	$\dfrac{d-D}{D} = \dfrac{1}{12}(\dfrac{D}{R})^2 = \dfrac{1}{m} = M$
거리오차	$d-D = \dfrac{D^3}{12R^2}$
평면거리	$D = \sqrt{\dfrac{12R^2}{m}}$

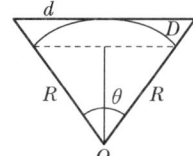

여기서, d : 지평선
D : 수평선
R : 지구의 반경
$\dfrac{1}{M}$: 정밀도

허용정밀도 $= \dfrac{1}{m} = \dfrac{d-D}{D} = \dfrac{1}{12} \cdot \dfrac{D^2}{R^2}$

$= \dfrac{1}{1,000,000} = \dfrac{1}{12} \times \dfrac{D^2}{6,370^2}$

지름 $D = \sqrt{\dfrac{12 \times 6,370^2}{1,000,000}} = 22\text{km}$

지름이 22km이므로 반지름은 11km이다.

22 1회 관측의 우연오차를 ±0.01m라고 하면 9회 연속 관측 시 전체 오차는?

① ±0.01m ② ±0.03m
③ ±0.09m ④ ±0.10m

해설 우연오차 $= \pm \delta \sqrt{n} = \pm 0.01\text{mm} \sqrt{9}$
$= \pm 0.03\text{mm}$

여기서, n : 측정횟수, δ : 1회 측정오차

23 전자파 거리 측정기(EDM ; Electronic Distance Measurement Devices)에서 발생하는 오차 중 반사 프리즘의 실제적인 중심이 이론적인 중심과 일치하지 않아 발생하는 오차는 무엇인가?

① 정오차 ② 부정오차
③ 착오 ④ 개인오차

Answer 20. ③ 21. ① 22. ② 23. ①

해설 1 정오차 또는 누차(Constant Error : 누적오차, 누차, 고정오차)
  ㉠ 오차 발생 원인이 확실하여 일정한 크기와 일정한 방향으로 생기는 오차로서 부호는 항상 같다.
  ㉡ 측량 후 조정이 가능하다.
  ㉢ 정오차는 측정횟수에 비례한다.
   $E_1 = n \cdot \delta$
   여기서, E_1 : 정오차
        δ : 1회 측정시 누적오차
        n : 측정(관측)횟수

2. 우연오차(Accidental Error : 부정오차, 상차, 우차)
  ㉠ 오차의 발생 원인이 명확하지 않아 소거 방법도 어렵다.
  ㉡ 최소제곱법의 원리로 오차를 배분하며 오차론에서 다루는 오차를 우연오차라 한다.
  ㉢ 우연오차는 측정횟수의 제곱근에 비례한다.
   $E_2 = \pm \delta \sqrt{n}$
   여기서, E_2 : 우연오차
        δ : 우연오차
        n : 측정(관측)횟수

3. 착오(Mistake : 과실)
  ㉠ 관측자의 부주의에 의해서 발생하는 오차
  ㉡ 예 : 기록 및 계산의 착오, 눈금 읽기의 잘못, 숙련부족 등

24 평판측량에 대한 설명으로 옳지 않은 것은?
  ① 현장에서 직접 대상물의 위치를 관측하여 축척에 맞게 평면도를 그리는 측량이다.
  ② 대단위 지역의 지형도 측량에 많이 사용한다.
  ③ 복잡한 지형이나 시가지, 농지 등의 세부측량에 이용할 수 있다.
  ④ 현장에서 측량이 잘못된 곳을 발견하기 쉽다.

해설 평판측량의 장단점

장점	㉠ 현장에서 직접 측량결과를 제도함으로써 필요한 사항을 결측하는 일이 없다. ㉡ 내업이 적으므로 작업을 빠르게 할 수 있다. ㉢ 측량기구가 간단하여 측량방법 및 취급이 간단하다. ㉣ 오측시 현장에서 발견이 용이하다.
단점	㉠ 외업이 많으므로 기후(비, 눈, 바람 등)의 영향을 많이 받는다. ㉡ 기계의 부품이 많아 휴대하기 곤란하고 분실하기 쉽다. ㉢ 도지에 신축이 생기므로 정밀도에 영향을 준다. ㉣ 높은 정도를 기대할 수 없다.

※ 대단위 지역의 지형도 측량에는 사진 측량 방법이 이용된다.

25 그림에서 $\angle A$ 관측값의 오차 조정량으로 옳은 것은?(단, 동일 조건에서 $\angle A, \angle B, \angle C$와 전체 각을 관측하였다.)

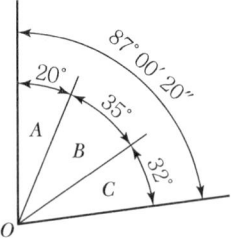

① $+5''$ ② $+6''$
③ $+8''$ ④ $+10''$

해설 오차 $= 87°00'20'' - (\angle A + \angle B + \angle C)$
  $= 87°00'20'' - (20° + 35° + 32°)$
  $= 20''$

조정량 $= \dfrac{20}{4} = 5''$

$\angle A + \angle B + \angle C$의 합이 작으므로 $+5''$씩 보정 전체 각은 크므로 $-5''$ 보정한다.

26 방위각 180°~270°는 몇 상한에 해당하는가?
① 제1상한   ② 제2상한
③ 제3상한   ④ 제4상한

해설 위거 및 경거 계산

위거 (Latitude)	측선에서 NS선의 차이 $L_{AB} = l \cdot \cos\theta$	
경거 (Departure)	측선에서 EW선의 차이 $D_{AB} = l \cdot \sin\theta$	
AB의 거리	$AB = \sqrt{(X_B - X_A)^2 + (Y_B - Y_A)^2}$	
방위	$\tan\theta = \dfrac{\Delta Y}{\Delta X} = \dfrac{Y_B - Y_A}{X_B - X_A}$ $\theta = \tan^{-1}\dfrac{\Delta Y}{\Delta X}$ (상환)	
방위각	1상한	$a = \theta_1$
	2상한	$a = 180° - \theta_2$
	3상한	$a = 180° + \theta_3$
	4상한	$a = 360° - \theta_4$

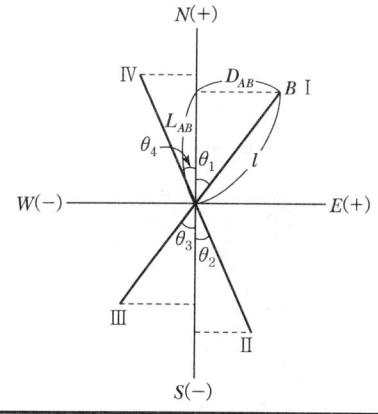

27 평면직각좌표계상에서 점 A의 좌표가 X=1,500m, Y=1,500m이며 점 A에서 점 B까지의 평면거리 450m, 방위각이 120°일 때 점 B의 좌표는?
① X=-500m,   Y=1,433m
② X=1,275m,   Y=1,433m
③ X=1,275m,   Y=1,890m
④ X=-250m,   Y=1,933m

해설 AB의 위거 $= L\cos\theta = 450 \times \cos 120°$
$\times \cos 120° = -225$m
$\therefore X_B = 1,500 - 225 = 1,275$m

AB의 경거 $= L\sin\theta = 450 \times \sin 120°$
$= 390$m
$\therefore Y_B = 1,500 + 390 = 1,890$m

28 측선 AB의 거리가 87.61m이고 방위각이 219°40′38″일 때 이 측선의 위거는?
① 67.429m
② 55.936m
③ -55.936m
④ -67.429m

해설 위거 $= L\cos\theta = 87.61 \times \cos 219°40′38″$
$= -67.429$m

29 두 점 간의 거리를 측정하니 최확값이 100m이고 평균 제곱근 오차가 각각 4mm이었다면 정밀도는?
① $\dfrac{1}{1,000}$ ② $\dfrac{1}{2,000}$
③ $\dfrac{1}{25,000}$ ④ $\dfrac{1}{50,000}$

해설 정(밀)도 $= \dfrac{1}{m} = \dfrac{오차}{측정량} = \dfrac{0.004}{100} = \dfrac{1}{25,000}$

30 어느 측점에서 20.5km 떨어진 두 점 간의 거리가 2.05m일 때, 두 점 사이의 각은?
① 7.81″   ② 10.31″
③ 15.62″   ④ 20.63″

해설 $\dfrac{\theta''}{\rho''} = \dfrac{\Delta l}{l}$ 에서

$\theta'' = \dfrac{h}{D} \times \rho''$
$= \dfrac{2.05\text{m}}{20,500\text{m}} \times 206265'' = 20.63''$

Answer 26. ③ 27. ③ 28. ④ 29. ③ 30. ④

31 기준점측량과 관련이 가장 먼 것은?
① 위도 결정
② 고저 측량
③ 정지 측위(static GPS)
④ 도면 작성

해설 ㉠ 기준점측량 : 삼각측량, 삼변측량, 다각측량, 수준측량, GPS 측량 등
㉡ 세부측량 : 평판측량, 사진측량, 스타디아 측량

32 트래버스 측량에 대한 설명으로 옳지 않은 것은?
① 트래버스 측량은 측선의 거리와 그 측선들이 만나서 이루는 수평각을 측정하여 각 측선의 위거와 경거를 계산하고 각 측점의 좌표를 구한다.
② 개방 트래버스 측량은 종점이 시점으로 돌아오지 않는 형태의 측량으로, 높은 정확도를 요구하는 측량에는 사용되지 않는다.
③ 폐합트래버스 측량은 종점이 시점으로 되돌아와 합치하여 하나의 다각형을 형성하는 측량으로, 트래버스 측량 중에 정확도가 가장 높다.
④ 결합트래버스 측량은 기지점에서 출발하여 다른 기지점으로 연결하는 측량으로, 높은 정확도를 요구하는 대규모 지역의 측량에 이용된다.

해설 트래버스의 종류

결합 트래버스	기지점에서 출발하여 다른 기지점으로 결합시키는 방법으로 대규모 지역의 정확성을 요하는 측량에 이용한다.

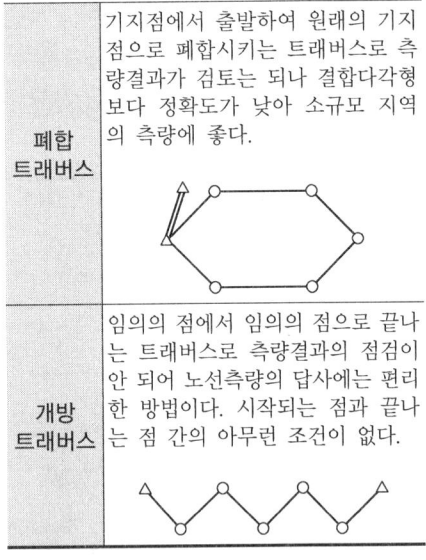

폐합 트래버스	기지점에서 출발하여 원래의 기지점으로 폐합시키는 트래버스로 측량결과가 검토는 되나 결합다각형보다 정확도가 낮아 소규모 지역의 측량에 좋다.
개방 트래버스	임의의 점에서 임의의 점으로 끝나는 트래버스로 측량결과의 점검이 안 되어 노선측량의 답사에는 편리한 방법이다. 시작되는 점과 끝나는 점 간의 아무런 조건이 없다.

33 서로 이웃하는 두 개의 측선이 만나 이루는 각을 무엇이라 하는가?
① 교각
② 복각
③ 배각
④ 방향각

해설 1. 수평각

교각	전 측선과 그 측선이 이루는 각을 관측하는 방법으로 요구하는 정확도에 따라 단측법, 배각법으로 관측할 수 있다.
편각	각 측선이 그 앞 측선의 연장선과 이루는 각
방향각	도북방향을 기준으로 어느 측선까지 시계방향으로 잰 각

2. 지자기의 3요소

편각 (Declination)	수평분력 H가 진북과 이루는 각
복각 (Inclination)	전자장 F 와 수평분력 H 가 이루는 각
수평분력 (Horizontal Intensity)	㉠ 전자장 F 의 수평분력 ㉡ 전자장F로부터 수평분력 H 와 연직분력 Z로 나누어진다. ㉢ 수평분력은 진북방향성분X와 동서방향성분 Y로 나누어진다.

Answer 31. ④ 32. ③ 33. ①

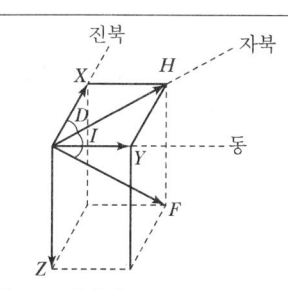

여기서, F : 전자장
H : 수평분력
(X : 진북방향성분, Y : 동서방향성분)
Z : 연직분력, D : 편각, I : 복각

34 삼각점의 선점 시 주의사항으로 옳지 않은 것은?

① 측점 수가 적고 세부측량 등에 이용가치가 큰 점이어야 한다.
② 삼각형은 될 수 있는 대로 정삼각형으로 한다.
③ 지반이 견고하고 이동, 침하 및 동결 지반은 피한다.
④ 삼각망의 한 내각의 크기는 90°~130°로 해야 한다.

해설 기선 및 삼각점 선점 시 유의사항

기선	㉠ 되도록 평탄할 것 ㉡ 기선의 양끝이 서로 잘 보이고 기선 위의 모든 점이 잘 보일 것 ㉢ 부근의 삼각점에 연결하는 데 편리할 것 ㉣ 기선의 길이는 삼각망의 변장과 거의 같아야 하므로 만일 이러한 길이를 쉽게 얻을 수 없는 경우에는 기선을 증대시키는 데 적당할 것
삼각점	㉠ 각 점이 서로 잘 보일 것 ㉡ 삼각형의 내각은 60°에 가깝게 하는 것이 좋으나 1개의 내각은 30°~120° 이내로 한다. ㉢ 표지와 기계가 움직이지 않을 견고한 지점일 것 ㉣ 가능한 측점 수가 적고 세부측량에 이용가치가 클 것 ㉤ 벌목을 많이 하거나 높은 시준탑을 세우지 않아도 관측할 수 있는 점일 것

35 수준점을 가장 올바르게 설명한 것은?

① 어떤 점에서 중력방향에 직각인 점
② 어떤 점에서 지구의 중심방향에 수직인 점
③ 어떤 면상의 각 점에서 중력의 방향에 수직한 곡면
④ 기준면에서부터 어떤 점까지의 연직거리를 정확히 측정하여 표시한 점

해설 수준점은 기준면(평균해수면)에서부터 어떤 점까지의 연직거리를 정확히 측정하여 표시한 점이다.

36 GPS 시스템 오차 중 위성시계 오차의 대략적인 범위로 옳은 것은?

① 0~1.5m   ② 5~10m
③ 10~30m   ④ 50~70m

해설

GPS 시스템 오차	범위(m)	GPS 시스템 오차	범위(m)
위성시계 오차	0~1.5	대류권 굴절 오차	0~30
위성궤도 오차	1~5	선택적 이용성	0~70
전리층 굴절 오차	0~30		

37 곡선 설치에서 교점(I.P)까지의 추가 거리가 150.80m이고, 곡선 반지름(R)이 200m, 교각(I)이 56°32′이었을 때, 곡선 종점(E.C)까지의 추가거리는?

① 107.54m   ② 197.34m
③ 240.60m   ④ 275.36m

해설
$T.L = R \cdot \tan\frac{I}{2} = 200 \times \tan\frac{56°32′}{2}$
$= 107.54$
B.C 거리 = I.P 거리 − T.L = 150.80 − 107.54
       = 43.26m
CL = 0.0174533RI
   = 0.0174533 × 200 × 56°32′
   = 197.34m

Answer 34. ④ 35. ④ 36. ① 37. ③

E.C 거리 = B.C 거리 + CL = 43.26 + 197.34
= 240.60m

38 인공위성을 이용한 범세계적 위치 결정의 체계로 정확히 위치를 알고 있는 위성에서 발사한 전파를 수신하여 관측점까지의 소요시간을 측정함으로써 관측점의 3차원 위치를 구하는 측량은?

① 전자파거리측량
② 광파거리측량
③ GPS 측량
④ 육분의 측량

 해설

광파거리 측량	측점에서 세운 기계로부터 빛을 발사하여 이것을 목표점의 반사경에 반사하여 돌아오는 반사파의 위상을 이용하여 거리를 구하는 측량
전파거리 측량	측점에 세운 주국에서 극초단파를 발사하고 목표점의 종국에서는 이를 수신하여 변조고주파로 반사하여 각각의 위상차로 거리를 구하는 측량
GPS 측량	인공위성을 이용한 범세계적 위치 결정의 체계로 정확히 위치를 알고 있는 위성에서 발사한 전파를 수신하여 관측점까지의 소요시간을 측정함으로써 관측점의 3차원 위치를 구하는 측량
육분의 측량	손에 들고 2점 간의 수평각이나 연직각을 간단하고 신속하게 측정할 수 있는 휴대용 측량기이다. 선박에서의 각도 측정에 적합하기 때문에 하천이나 항만공사에서 배의 위치를 결정하는 경우에 사용되었으나 측량기기의 발달과 더불어 지금은 거의 쓰지 않는다. 바다 위에서의 선박의 위치를 결정하기 위한 천문측량에도 사용되었다. 육분의는 각도가 표시된 원호와 원의 중심에 축이 있는 움직일 수 있는 방사상 팔로 이루어져 있다. 이 육분의에 고정시킨 망원경은 지평선과 평행하게 놓는다.

39 반지름이 서로 다른 2개의 원곡선이 그 접속점에서 공통 접선을 이루고, 그들의 중심이 공통 접선에 대하여 같은 방향에 있는 곡선은?

① 반향곡선
② 복심곡선
③ 단곡선
④ 클로소이드 곡선

 해설

복심곡선 (Compound curve)	반경이 다른 2개의 원곡선이 1개의 공통접선을 갖고 접선의 같은 쪽에서 연결하는 곡선을 말한다. 복심곡선을 사용하면 그 접속점에서 곡률이 급격히 변화하므로 될 수 있는 한 피하는 것이 좋다.
반향곡선 (Reverse curve)	반경이 같지 않은 2개의 원곡선이 1개의 공통접선의 양쪽에 서로 곡선중심을 가지고 연결된 곡선이다. 반향곡선을 사용하면 접속점에서 핸들의 급격한 회전이 생기므로 가급적 피하는 것이 좋다.
배향곡선 (Hairpin curve)	반향곡선을 연속시켜 머리핀 같은 형태의 곡선으로 된 것을 말한다. 산지에서 기울기를 낮추기 위해 쓰이므로 철도에서 Switch Back에 적합하여 산허리를 누비듯이 나아가는 노선에 적용한다.

40 지물과 지모의 평면적 위치 관계 또는 고저 관계를 측량하여 약속된 기호의 도식에 의하여 표현하는 측량은?

① 기준측량
② 지형측량
③ 노선측량
④ 조사측량

 해설

노선측량	도로, 철도, 운하 등의 교통로의 측량, 수력발전의 도수로측량, 상하수도의 도수관의 부설에 따른 측량 등 폭이 좁고 길이가 긴 구역의 측량을 말한다.
지형측량	지물(하천, 호수, 도로, 철도, 건축물 등의 자연적, 인위적 물체)과 지모(능선, 계곡, 언덕 등의 기복 상태)를 측정하여 지표의 기복 상태를 표시하는 지형도를 만들기 위한 측량이다.

Answer 38. ③ 39. ② 40. ②

41 측점 A에서의 횡단면적이 32m², 측점 B에서의 횡단면적이 48m²이고, 측점 AB 간 거리가 10m일 때의 토공량은?

① 400m² ② 500m²
③ 600m² ④ 700m²

해설 $V = \dfrac{A_1 + A_2}{2} \times L = \dfrac{32 + 48}{2} \times 10 = 400\text{m}^2$

42 세 변의 길이가 3m, 4m, 5m인 삼각형의 면적은?

① 6m² ② 8m²
③ 10m² ④ 12m²

해설 삼변법에 의한 면적
$s = \dfrac{1}{2}(a+b+c) = \dfrac{1}{2} \times (3+4+5) = 6$
$A = \sqrt{s(s-a)(s-b)(s-c)}$
$= \sqrt{6(6-3)(6-4)(6-5)} = 6\text{m}^2$

43 단곡선에서 외할(E)을 구하는 공식은?(단, R : 곡선반지름, I : 교각)

① $R(\sec\dfrac{I}{2} - 1)$ ② $R(1 - \cos\dfrac{I}{2})$
③ $R(\tan\dfrac{I}{2} - 1)$ ④ $2R\sin\dfrac{I}{2}$

해설

접선장 (Tangent length)	$TL = R \cdot \tan\dfrac{I}{2}$
곡선시점	$B.C = I.P - T.L$
곡선장 (Curve length)	$CL = \dfrac{\pi}{180°} \cdot R \cdot I = 0.01745 RI$
곡선종점	$E.C = B.C + C.L$
외할 (External secant)	$E = R(\sec\dfrac{I}{2} - 1)$
호길이(L)와 현길이(l)의 차	$l = L - \dfrac{L^3}{24R^2}$ $L - l = \dfrac{L^3}{24R^2}$
중앙종거 (Middle ordinate)	$M = R(1 - \cos\dfrac{I}{2})$
중앙종거와 곡률반경의 관계	$R = \dfrac{L^2}{8M} + \dfrac{M}{2}$ 여기서, $\dfrac{M}{2}$은 미세하여 무시하여도 됨
현장 (Long chord)	$C = 2R \cdot \sin\dfrac{I}{2}$
편각 (Deflection angle)	$\delta = \dfrac{l}{2R} \times \dfrac{180°}{\pi} = \dfrac{l}{R} \times \dfrac{90°}{\pi}$
시단현	$l_1 = B.C$ 점부터 $B.C$ 다음 말뚝까지의 거리
종단현	$l_2 = E.C$ 점부터 $E.C$ 앞 말뚝까지의 거리

44 GPS의 기본구성에서 3부문으로 나눌 때 이에 해당되지 않는 것은?

① 제어부문 ② 우주부문
③ 응용부문 ④ 사용자부문

해설 GPS의 구성요소
1. 우주부문(Space Segment)
   ㉠ 연속적 다중위치 결정체계
   ㉡ GPS는 55° 궤도 경사각, 위도 60°의 6개 궤도
   ㉢ 고도 20,183km와 약 12시간 주기로 운행
   ㉣ 3차원 후방 교회법으로 위치 결정
2. 제어부문(Control Segment)
   ㉠ 궤도와 시각 결정을 위한 위성의 추척
   ㉡ 전리층 및 대류층의 주기적 모형화(방송궤도력)
   ㉢ 위성시간의 동일화
   ㉣ 위성으로의 자료 전송
3. 사용자부문(User Segment)
   위성으로부터 보내진 전파를 수신해 원하는 위치 또는 두 점사이의 거리를 계산

Answer 41. ① 42. ① 43. ① 44. ③

45 노선측량의 작업 순서 중 노선의 기울기, 곡선, 토공량, 터널과 같은 구조물의 위치와 크기, 공사비 등을 고려하여 가장 바람직한 노선을 결정하는 단계는?

① 도상 계획 ② 도상 선정
③ 공사 측량 ④ 실측

해설 1. 노선측량 작업순서

도상계획	지형도상에서 한두 개의 계획노선을 선정한다.
현장답사	도상계획노선에 따라 현장 답사를 한다.
예측	답사에 의하여 유망한 노선이 결정되면 그 노선을 더욱 자세히 조사하기 위하여 트래버스 측량과 주변에 대한 측량을 실시한다.
도상선정	예측이 끝나면 노선의 기울기, 곡선, 토공량, 터널과 같은 구조물의 위치와 크기, 공사비 등을 고려하여 가장 바람직한 노선을 지형도 위에 기입하는 단계이다.
현장실측	도상에서 선정된 최적 노선을 지상에 측설하는 것이다.

2. 노선조건
   ㉠ 가능한 직선으로 할 것
   ㉡ 가능한 한 경사가 완만할 것
   ㉢ 토공량이 적고 절토와 성토가 짧은 구간에서 균형을 이룰 것
   ㉣ 절토의 운반거리가 짧을 것
   ㉤ 배수가 완전할 것

46 길이가 10m인 각주의 양단면적이 4.2m², 5.6m²이고 중앙단면적이 4.9m²일 때 이 각주의 체적은?

① 47m² ② 48m²
③ 49m² ④ 50m²

해설

양단면 평균법 (End area formula)	$V = \frac{1}{2}(A_1 + A_2) \cdot l$ 여기서, $A_1 \cdot A_2$: 양끝단면적 A_m: 중앙단면적 l: A_1에서 A_2까지의 길이
중앙단면법 (Middle area formula)	$V = A_m \cdot l$
각주공식 (Prismoidal formula)	$V = \frac{l}{6}(A_1 + 4A_m + A_2)$

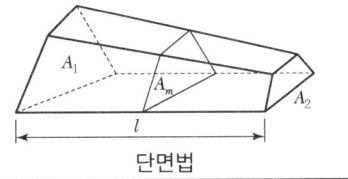

단면법

$V = \frac{L}{6}(A_1 + 4A_m + A_2)$
$= \frac{10}{6} \times (4.2 + 4 \times 4.9 + 5.6) = 49\text{m}^2$

47 지형측량의 단계를 측량 계획 작성, 골조측량, 세부측량, 측량 원도 작성으로 구분할 때, 세부측량에 해당되는 것은?

① 자료 수집
② 등고선 작도
③ 트래버스 측량
④ 지물측량

해설 지형측량의 작업순서

측량계획	측량범위, 축척, 도식 등을 결정한다.
답사 및 선점	지형도 작성을 위해서 가능한 자료를 수집한다.
기준점 (골조) 측량	삼각측량, 트래버스측량, 고저측량
세부측량	지물측량
측량원도 (지형도) 제작	등고선 작도
지도편집	

측량계획, 답사 및 선점 시 유의사항
㉠ 측량범위, 축척, 도식 등을 결정한다.
㉡ 지형도 작성을 위해서 가능한 자료를 수집한다.

ⓒ 작업의 용이성, 시간, 비용, 정밀도 등을 고려하여 선점한다.
ⓔ 날씨 등의 외적 조건의 변화를 고려하여 여유 있는 작업일지를 취한다.
ⓜ 측량의 순서, 측량 지역의 배분 및 연결방법 등에 대해 작업원 상호의 사전조정을 한다.
ⓗ 가능한 한 초기에 오차를 발견할 수 있는 작업방법과 계산방법을 택한다.

48 축척 1 : 50,000의 지형도에서 주곡선의 간격은?
① 5m   ② 10m
③ 15m   ④ 20m

해설 등고선의 간격

등고선 종류	기호	축척			
		1/5,000	1/10,000	1/25,000	1/50,000
주곡선	가는 실선	5	5	10	20
간곡선	가는 파선	2.5	2.5	5	10
조곡선 (보조곡선)	가는 점선	1.25	1.25	2.5	5
계곡선	굵은 실선	25	25	50	100

49 노선을 선정할 때 유의해야 할 사항으로 옳지 않은 것은?
① 노선은 가능한 직선으로 하고 경사를 완만하게 한다.
② 토공량이 적고 절토와 성토가 균형을 이루게 한다.
③ 절토 및 성토의 운반 거리를 가급적 길게 한다.
④ 배수가 잘 되는 곳이어야 한다.

해설 노선조건
ⓐ 가능한 직선으로 할 것
ⓑ 가능한 한 경사가 완만할 것
ⓒ 토공량이 적고 절토와 성토가 짧은 구간에서 균형을 이룰 것
ⓓ 절토의 운반거리가 짧을 것
ⓔ 배수가 완전할 것

50 다음 중 체적을 계산하는 방법이 아닌 것은?
① 단면법   ② 점고법
③ 등고선법   ④ 도해 계산법

해설 1. 단면법
ⓐ 양단면평균법(End area formula)
ⓑ 중앙단면법(Middle area formula)
ⓒ 각주공식(Prismoidal formula)

2. 점고법
ⓐ 직사각형으로 분할하는 경우
• 토량
$$V = \frac{A}{4}(\sum h_1 + 2\sum h_2 + 3\sum h_3 + 4\sum h_4) \ (단, A = a \times b)$$
• 계획고
$$h = \frac{V_0}{nA} (단, n : 사각형의 분할개수)$$
ⓑ 삼각형으로 분할하는 경우
• 토량
$$V_0 = \frac{A}{3}(\sum h_1 + 2\sum h_2 + 3\sum h_3 + 4\sum h_4 + 5\sum h_5 + 6\sum h_6 + 7\sum h_7 + 8\sum h_8)$$
$$(단, A = \frac{1}{2}a \times b)$$
• 계획고 $h = \frac{V_0}{nA}$

3. 등고선법
ⓐ 토량 산정, Dam · 저수지의 저수량 산정
$$V_0 = \frac{h}{3}\{A_0 + A_n + 4(A_1 + A_3) + 2(A_2 + A_4)\}$$
여기서, $A_0, A_1, A_2 \cdots$: 각 등고선 높이에 따른 면적
n : 등고선 간격

Answer 48. ④ 49. ③ 50. ④

4. 도해 계산법
주로 곡선으로 둘러싸인 면적을 구하려고 할 때 사용하는 방법 → 모눈종이법, 횡선법(스트립법), 지거법

51 등고선 간격에 대한 설명으로 가장 적합한 것은?

① 등고선 간의 지표의 거리
② 등고선 간의 경사방향의 거리
③ 등고선 간의 수평방향의 거리
④ 등고선 간의 수직방향의 거리

해설 등고선 간격은 등고선 간의 수직 방향의 거리를 말한다.

52 노선 경계와 면적을 산출하여 보상 문제의 자료로 이용되는 측량은?

① 용지측량   ② 종·횡단측량
③ 시공측량   ④ 평면측량

해설 노선 경계와 면적을 산출하여 보상 문제의 자료로 이용되는 측량은 용지측량이다.

53 등고선을 측정하기 위해 어느 한 곳에 레벨을 세우고 표고 20m 지점의 표척 읽음값이 1.8m이었다. 21m 등고선을 구하려면 시준선의 표척 읽음값을 얼마로 하여야 하는가?

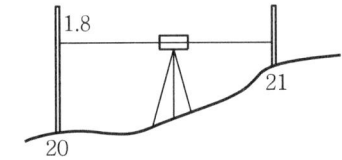

① 0.2m   ② 0.8m
③ 1.8m   ④ 2.9m

해설 $H_B = H_A + $ 표척 읽음값 $- h$에서
$h = H_A + $ 표척 읽음값 $- H_B$
$= 20 + 1.8 - 21 = 0.8m$

54 지형의 표시방법에서 하천, 호수 및 항만 등의 수심을 측정하여 표고를 도상에 숫자로 나타내는 방법은?

① 채색법   ② 점고법
③ 우모법   ④ 등고선법

해설 지형도에 의한 지형표시법

자연적 도법	영선법 (우모법, Hachuring)	"게바"라 하는 단선상(短線上)의 선으로 지표의 기복을 나타내는 것으로 게바의 사이, 굵기, 방향 등에 의하여 지표를 표시하는 방법
	음영법 (명암법, Shading)	태양광선이 서북쪽에서 45°로 비친다고 가정하여 지표의 기복을 도상에서 2~3색 이상으로 채색하여 지형을 표시하는 방법으로 지형의 입체감이 가장 잘 나타남
부호적 도법	점고법 (Spot height system)	지표면상의 표고 또는 수심에 대한 숫자에 의하여 지표를 나타내는 방법으로 하천, 항만, 해양 등에 주로 이용
	등고선법 (Contour System)	동일 표고의 점을 연결하여 등고선에 의하여 지표를 표시하는 방법으로 토목공사용으로 가장 널리 사용
	채색법 (Layer System)	같은 등고선의 지대를 같은 색으로 채색하여 높을수록 진하게 낮을수록 연하게 칠하여 높이의 변화를 나타내며 지리관계의 지도에 주로 사용

55 단곡선 설치법에서 곡선 시점에서 접선과 현이 이루는 각을 이용하여 곡선을 설치하는 방법으로 정확도가 비교적 높은 방법은?

① 지거법   ② 중앙종거법
③ 편거법   ④ 편각법

지거법	양접선에 지거를 내려 곡선을 설치하는 방법으로 터널 내의 곡선 설치와 산림지에서 벌채량을 줄일 경우에 적당한 방법이다
중앙종거법	곡선반경이 작은 도심지 곡선설치에 유리하며 기설곡선의 검사나 정정에 편리하다. 일반적으로 1/4법이라고도 한다
접선편거 및 현편거법	트랜싯을 사용하지 못할 때 폴(Pole)과 테이프로 설치하는 방법으로 지방도로에 이용되며 정밀도는 다른 방법에 비해 낮다.
편각법	노선측량의 단곡선 설치에서 많이 사용되는 방법으로 접선과 현이 이루는 각을 재고 테이프로 거리를 재어 곡선을 설치하는 방법으로 정밀도가 가장 높아 많이 이용된다.

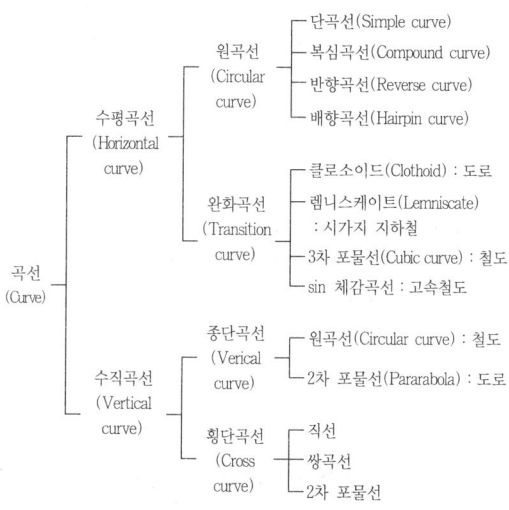

56 그림과 같은 △ABC의 넓이는?(단, AB=4m, AC=5m)

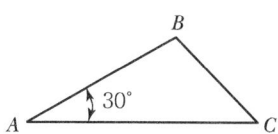

① 5m²   ② 10m²
③ 15m²   ④ 20m²

해설 이변법(협각법)에 의한 면적계산

$A = \frac{1}{2}ab\sin\alpha = \frac{1}{2} \times 4 \times 5 \times \sin30°$

$= 5\text{m}^2$

57 다음 중 완화 곡선의 종류가 아닌 것은?

① 램니스케이트 곡선
② 클로소이드 곡선
③ 3차 포물선
④ 단곡선

58 아래 그림과 같이 지거 간격 3m로 각 지거 ($y^1 \sim y^7$)를 측정하였다. 사다리꼴 공식에 의한 면적은?(단, $y_1 = 1.5$m, $y_2 = 1.2$m, $y_3 = 2.5$m, $y_4 = 3.5$m, $y_5 = 3.0$m, $y_6 = 2.8$m, $y_7 = 2.5$m)

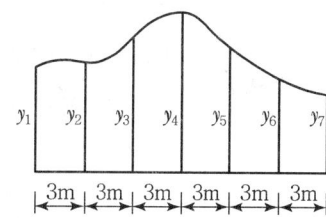

① 43m²   ② 44m²
③ 45m²   ④ 46m²

해설 사다리꼴 공식에 의한 면적

$= d\left(\frac{y_1+y_n}{2} + y_2 + ... + y_{n-1}\right)$

$= 3 \times \left(\frac{1.5+2.5}{2} + 1.2 + 2.5 + 3.5 + 3.0 + 2.8\right)$

$= 45\text{m}^2$

Answer 56. ① 57. ④ 58. ③

59 도로의 기점으로부터 곡선시점까지 추가거리가 500m이고 곡선 반지름이 200m, 교각이 90일 때 곡선의 중간점까지의 추가거리는?

① 600m   ② 657m
③ 700m   ④ 814m

해설 B.C거리 = 500m
C.L = 0.0174533RI
     = 0.0174533 × 200 × 90 = 314m
곡선 중간점까지의 추가거리
= B.C거리 + $\dfrac{C.L}{2}$ = 500 + $\dfrac{314}{2}$ = 657m

60 축척 1 : 600 도면에서 도상면적이 25cm²일 때 실제 면적은?

① 500m²   ② 700m²
③ 900m²   ④ 1,200m²

해설 실제거리, 도상거리, 축척, 면적과의 관계

축척과 거리의 관계	$\dfrac{1}{M} = \dfrac{도상거리}{실제거리}$ 또는 $\dfrac{1}{M} = \dfrac{1}{L}$
축척과 면적의 관계	$\left(\dfrac{1}{m}\right)^2 = \left(\dfrac{도상거리}{실제거리}\right)^2$ $= \dfrac{도상면적}{실제면적}$ ∴ 도상면적 = $\dfrac{실제면적}{m^2}$ ∴ 실제면적 = 도상면적 × m^2
부정길이로 측정한 면적과 실제면적과의 관계	실제면적 = $\dfrac{(부정면적)^2}{(표준길이)^2}$ × 부정면적 $A_0 = \dfrac{(L+\Delta l)^2}{L^2} \times A$

실제 면적 = 도상면적 × M^2
            = 25 × 600² = 9,000,000cm²
            = 900m²

2013년 4회

01 폐합트래버스 측량을 실시한 후 폐합오차를 계산하기 위하여 모든 측선의 위거·경거의 합을 계산한 결과, 각각 −0.02m, −0.043m 일 때 폐합오차는?

① 0.035m ② 0.041m
③ 0.047m ④ 0.049m

해설 폐합오차 = $\sqrt{(E_L)^2+(E_D)^2}$
= $\sqrt{(-0.02)^2+(-0.043)^2}$
= 0.047m

02 수준측량의 야장기입법이 아닌 것은?

① 기고식 ② 종단식
③ 고차식 ④ 승강식

해설 야장기입방법

고차식	가장 간단한 방법으로 B.S와 F.S만 있으면 된다.
기고식	가장 많이 사용하며, 중간점이 많을 경우 편리하나 완전한 검산을 할 수 없는 것이 결점이다.
승강식	완전한 검사로 정밀 측량에 적당하나, 중간점이 많으면 계산이 복잡하고, 시간과 비용이 많이 소요된다.

03 직각좌표에 있어서 두 점 A(2.0m, 4.0m), B(−3.0m, −1.0m) 간의 거리는?

① 7.07m ② 7.48m
③ 8.08m ④ 9.04m

해설 $\overline{AB} = \sqrt{(-3.0-2.0)^2+(-1.0-4.0)^2}$
= 7.07m

04 수평각 측정방법 중 가장 정확한 값을 얻을 수 있는 방법으로 1등삼각측량에서 주로 이용되는 것은?

① 조합각 관측법 ② 방향각 관측법
③ 배각법 ④ 단측법

해설

방향각법	어떤 시준방향을 기준으로 하여 각 시준방향에 이르는 각을 차례로 관측하는 방법으로, 배각법에 비해 시간이 절약되고 3등삼각측량에 이용된다. 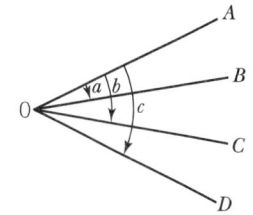
조합각 관측법	수평각 관측방법 중 가장 정확한 방법으로, 1등삼각측량에 이용된다. ㉠ 측각 총수 = $\frac{1}{2}N(N-1)$ ㉡ 조건식 총수 = $\frac{1}{2}(N-1)(N-2)$ 여기서, N : 방향수 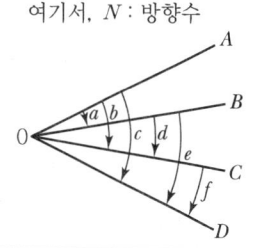

05 시작점과 종점의 각각의 좌표를 알고 있는 상태에서 측점들의 위치를 결정하는 트래버스는?

① 폐합트래버스 ② 결합트래버스
③ 개방트래버스 ④ 트래버스망

Answer 1. ③ 2. ② 3. ① 4. ① 5. ②

해설

결합 트래버스	기지점에서 출발하여 다른 기지점으로 결합시키는 방법으로 대규모 지역의 정확성을 요하는 측량에 이용한다.
폐합 트래버스	기지점에서 출발하여 원래의 기지점으로 폐합시키는 트래버스로 측량결과가 검토는 되나 결합다각형보다 정확도가 낮아 소규모 지역의 측량에 좋다.
개방 트래버스	임의의 점에서 임의의 점으로 끝나는 트래버스로 측량결과의 점검이 안 되어 노선측량의 답사에는 편리한 방법이다. 시작되는 점과 끝나는 점 간의 아무런 조건이 없다.

06 삼각망의 조정에 대한 설명으로 옳지 않은 것은?

① 한 측점에서 여러 방향의 협각을 관측했을 때 여러 각 사이의 관계를 표시하는 조건을 측점조건이라 한다.
② 삼각형 내각의 합은 180°라는 각 조건을 만족하여야 한다.
③ 삼각형 중의 한 변의 길이는 계산 순서에 따라 달라질 수 있다.
④ 한 측점의 둘레에 있는 모든 각의 합은 360°이다.

해설 관측각의 조정

각조건	삼각형의 내각의 합은 180°가 되어야 한다. 즉, 다각형의 내각의 합은 180°(n-2)이어야 한다.
점조건	한 측점 주위에 있는 모든 각의 합은 반드시 360°가 되어야 한다.
변조건	삼각망 중에서 임의의 한 변의 길이는 계산 순서에 관계없이 항상 일정하여야 한다.

07 토털스테이션의 사용상 주의사항이 아닌 것은?

① 이동 시에는 기계를 삼각대에서 분리시켜 이동한다.
② 기계는 지면에 직접 닿도록 내려놓는다.
③ 전원 스위치를 내린 후 배터리를 본체로부터 분리한다.
④ 커다란 진동이나 충격으로부터 기계를 보호한다.

해설
기계 본체가 지면에 직접 닿지 않도록 주의한다. 흙이나 먼지는 본체 바닥의 나사 구멍을 손상시킨다.

08 다음 중 축척이 가장 큰 것은?

① 1/500 ② 1/1,000
③ 1/3,000 ④ 1/5,000

해설
축척(M) = $\dfrac{1}{500}$

∴ 축척이 가장 큰 값이다.

09 트래버스 측량에서 어떤 두 점의 위치관계를 구하기 위해 일반적으로 사용되는 좌표는?

① 구면좌표 ② 극좌표
③ UTM좌표 ④ 평면직각좌표

해설
많은 점들의 평면상 위치관계를 결정하기 위하여 우리나라에서는 평면직각 좌표의 원점을 정하고 있다.

10 폐합트래버스 측량을 하여 허용 오차 범위 이내로 폐합오차가 생겼을 경우 컴퍼스 법칙에 의한 오차 처리는?

① 각 측선의 위거 및 경거의 크기에 비례 배분하여 조정한다.
② 각 측선의 위거 및 경거의 크기에 반비례 배분하여 조정한다.
③ 각 측선의 길이에 비례하여 조정한다.
④ 각 측선의 길이에 반비례하여 조정한다.

해설

컴퍼스 법칙	각관측과 거리관측의 정밀도가 같을 때 조정하는 방법으로 각측선 길이에 비례하여 폐합오차를 배분한다. 위거조정량 $= \dfrac{\text{그 측선거리}}{\text{전 측선거리}} \times \text{위거오차}$ $= \dfrac{L}{\sum L} \times E_L$ 경거조정량 $= \dfrac{\text{그 측선거리}}{\text{전 측선거리}} \times \text{경거오차}$ $= \dfrac{L}{\sum L} \times E_D$
트랜싯 법칙	각관측의 정밀도가 거리관측의 정밀도보다 높을 때 조정하는 방법으로 위거, 경거의 크기에 비례하여 폐합오차를 배분한다. 위거조정량 $= \dfrac{\text{그 측선의 위거}}{|\text{위거절대치의 합}|} \times \text{위거오차}$ $= \dfrac{L}{\sum |L|} \times E_D$
트랜싯 법칙	경거조정량 $= \dfrac{\text{그 측선의 경거}}{|\text{경거절대치의 합}|} \times \text{경거오차}$ $= \dfrac{D}{\sum |D|} \times E_D$

11 임의의 기준선으로부터 어느 측선까지 시계 방향으로 잰 수평각을 무엇이라 하는가?

① 방향각 ② 방위각
③ 연직각 ④ 천정각

해설

방향각	도북방향(임의의 기준선)을 기준으로 어느 측선까지 시계방향으로 잰 각
방위각	㉠ 자오선을 기준으로 어느 측선까지 시계방향으로 잰 각 ㉡ 방위각도 일종의 방향각 ㉢ 자북방위각, 역방위각

12 삼각측량을 위한 삼각점 선점을 위하여 고려하여야 할 사항으로 가장 거리가 먼 것은?

① 삼각형은 되도록 정삼각형에 가까울 것
② 다음 측량을 하기에 편리한 위치일 것
③ 삼각점의 보존이 용이한 곳일 것
④ 직접 수준측량이 용이한 곳일 것

해설 삼각점의 선점

㉠ 각 점이 서로 잘 보일 것
㉡ 삼각형의 내각은 60°에 가깝게 하는 것이 좋으나 1개의 내각은 30~120° 이내로 한다.
㉢ 표지와 기계가 움직이지 않을 견고한 지점일 것
㉣ 가능한 측점 수가 적고 세부측량에 대한 이용가치가 클 것
㉤ 벌목을 많이 하거나 높은 시준탑을 세우지 않아도 관측할 수 있는 점일 것

13 다음 측량의 오차 중 기계적 원인의 오차에 해당되는 것은?

① 광선의 굴절
② 조작의 불량
③ 부주의 및 과오
④ 기계의 조정 불완전

해설 기계적 오차

측량기계·기구의 구조적 결함이나 조정 상태의 불완전 등에 의한 오차이다.

14 측점 O에서 $X_1 = 30°$, $X_2 = 45°$, $X_3 = 77°$의 각 관측값을 얻었다. X_1의 조정된 값은?

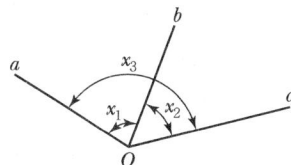

① 30°40′   ② 30°20′
③ 29°40′   ④ 29°20′

해설

각오차 $= 77° - (30° + 45°) = 1°$

보정량 $= \dfrac{2 \times 60'}{3} = 40'$

X_1과 X_2에 $(+40')$, X_3에 $(-40')$ 조정

∴ $X_1 = 30°40'$

Answer 11. ① 12. ④ 13. ④ 14. ①

15 측점 수가 7개인 폐합트래버스의 외각을 측정하는 경우 외각의 총합은?

① 1,260° ② 1,440°
③ 1,620° ④ 1,800°

해설 외각의 합 = 180(n+2) = 180°(7+2) = 180°×9
= 1,620°

16 그림과 같은 삼각측량 결과에서 방위각 T_{CB}는?

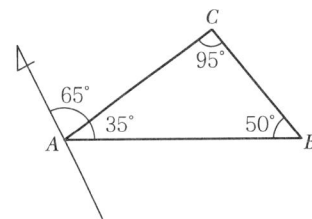

① 150° ② 180°
③ 245° ④ 250°

해설 $T_{CB} = 65° + 180° - 95° = 150°$

17 다음은 삼각측량방법의 순서이다. ( ) 안에 적당한 것은?

도상 계획 → ( ) → 조표 → 기선측량
→ … → 삼각망의 조정

① 수직각 관측 ② 수평각 관측
③ 삼각망 계산 ④ 답사 및 선점

해설 도상 계획→답사→선점→조표→기선 및 검기선 측량→각 관측→수평각 관측, 수직각 관측→삼각망의 조정→변 길이와 삼각점의 좌표 계산→성과표 작성

18 다음 두 점(A, B)의 좌표에서 AB의 방위각은?

측점	X(m)	Y(m)
A	15	5
B	20	10

① 5°26′06″ ② 10°10′10″
③ 18°26′06″ ④ 45°00′00″

해설 $\tan\theta = \dfrac{\Delta y}{\Delta x}$ 에서

$\theta = \tan^{-1}\dfrac{10-5}{20-15} = 45°$ (1 상한)

∴ 방위각 = 45°

19 평판측량에서 평판을 세울 때 발생되는 오차로 측량 결과에 가장 큰 영향을 주므로 주의해야 할 오차는?

① 지상 측점과 도상 측점의 불일치에서 오는 오차
② 평판의 방향맞추기가 불완전하여 생기는 오차
③ 폴(pole)대의 경사에서 오는 오차
④ 거리 관측의 오차

해설 평판측량의 3요소

정준 (Leveling up)	평판을 수평으로 맞추는 작업(수평 맞추기)
구심 (Centering)	평판 상의 측점과 지상의 측점을 일치시키는 작업(중심 맞추기)
표정 (Orientation)	평판을 일정한 방향으로 고정시키는 작업으로 평판측량의 오차 중 가장 크다.(방향 맞추기)

20 단열삼각망의 특징에 대한 설명으로 틀린 것은?

① 노선, 하천, 터널 등과 같이 폭이 좁고 거리가 먼 지역에 적합하다.
② 조건식의 수가 많아 삼각측량이나 기선삼각망 등에 주로 사용한다.
③ 거리에 비하여 측점 수가 적으므로 측량이 신속하다.
④ 다른 삼각망에 비해 정확도가 낮다.

Answer 15. ③ 16. ① 17. ④ 18. ④ 19. ② 20. ②

해설

단열 삼각쇄(망) (single chain of trangles)	• 폭이 좁고 길이가 긴 지역에 적합하다. • 노선·하천·터널측량 등에 이용된다. • 거리에 비해 관측 수가 적다. • 측량이 신속하고 경비가 적게 든다. • 조건식의 수가 적어 정도가 낮다.
유심 삼각쇄(망) (chain of central points)	• 동일 측점에 비해 포함면적이 가장 넓다. • 넓은 지역에 적합하다. • 농지측량 및 평탄한 지역에 사용된다. • 정도는 단열삼각망보다 좋으나 사변형보다 적다.
사변형 삼각쇄(망) (chain of quadrilaterals)	• 조건식의 수가 가장 많아 정밀도가 가장 높다. • 기선삼각망에 이용된다. • 삼각점 수가 많아 측량시간이 많이 소요되며 계산과 조정이 복잡하다.

21 관측값의 신뢰도를 나타내는 경중률(weight)에 대한 설명 중 틀린 것은?

① 표준편차의 제곱에 반비례한다.
② 관측거리에 반비례한다.
③ 관측횟수에 비례한다.
④ 잔차에 비례한다.

해설 경중률
㉠ 관측횟수에 비례한다.
㉡ 관측거리에 반비례한다.
㉢ 표준편차의 제곱에 반비례한다.

22 어느 거리를 동일 조건으로 6회 관측한 결과로 잔차의 제곱의 합(Σv^2)을 ±0.02686을 얻었다면 표준오차는?

① ±0.014m   ② ±0.024m
③ ±0.030m   ④ ±0.044m

해설
표준오차(σ_m) = $\pm\sqrt{\dfrac{\Sigma v^2}{n(n-1)}}$

$= \pm\sqrt{\dfrac{0.02686}{6(6-1)}} = \pm 0.030 \text{m}$

23 기선 양단의 고저차 h=45cm, 기선을 관측한 거리가 320m일 때 경사보정량은?

① -0.0003m   ② -0.0005m
③ -0.0007m   ④ -0.0008m

해설
경사보정 $C_h = -\dfrac{h^2}{2L} = -\dfrac{0.45^2}{2\times 320}$
$= -0.0003$

24 평판측량에서 폐합비가 허용오차 이내일 경우 오차의 처리방법으로 옳은 것은?

① 출발점으로부터 측점까지의 거리에 비례하여 배분한다.
② 각 측선의 길이에 비례하여 배분한다.
③ 각 측선의 길이에 반비례하여 배분한다.
④ 출발점으로부터 측점까지의 거리에 반비례하여 배분한다.

해설
평판측량에서 허용오차 이내일 때는 변의 크기에 비례하여 조정하고, 허용오차 이상일 경우는 재측량한다.

25 폐합트래버스의 거리 및 수평각 관측에 대한 설명으로 옳지 않은 것은?

① 폐합트래버스를 구성하는 측점간 거리는 가능하면 등간격으로 하고 현저하게 짧은 측선은 피하도록 한다.
② 교각법은 측정 순서에 관계없이 측정할 수 있으며 오측이 발견될 때에는 그 각만을 재측하여 점검하기 쉽다.
③ 방위각법은 교각법에 비해 작업이 신속하나 한 번 오차가 발생하면 끝까지 영향을 미치므로 주의하여야 한다.
④ 수평각오차가 크더라도 거리오차를 작게 할 경우 측점의 위치 오차는 현저하게 감소시킬 수 있다.

Answer 21. ④ 22. ③ 23. ① 24. ① 25. ④

해설 일반적으로 각 관측과 거리 관측의 정확도를 균형있게 유지하는 것이 원칙이다. 따라서 각 관측의 정확도에 따라 거리 관측의 정확도를 고려하여야 한다.

26 평판측량의 특징에 대한 설명으로 틀린 것은?
① 간단한 기계 조작과 방법으로 측량 결과를 도면으로 얻을 수 있다.
② 현장에서 직접 도면이 그려지므로 잘못된 곳을 찾아 수정하기 쉽다.
③ 사용하는 부품이 많아 분실의 염려가 있다.
④ 다른 측량 방법에 비하여 비교적 정확도가 높다.

해설 평판측량의 장단점

장점	㉠ 현장에서 직접 측량결과를 제도함으로서 필요한 사항을 결측하는 일이 없다. ㉡ 내업이 적으므로 작업을 빠르게 할 수 있다. ㉢ 측량기구가 간단하여 측량방법 및 취급이 간단하다. ㉣ 오측시 현장에서 발견이 용이하다.
단점	㉠ 외업이 많으므로 기후(비, 눈, 바람 등)의 영향을 많이 받는다. ㉡ 기계의 부품이 많아 휴대하기 곤란하고 분실하기 쉽다. ㉢ 도지에 신축이 생기므로 정밀도에 영향이 크다. ㉣ 높은 정도를 기대할 수 없다.

27 50m 테이프로 어떤 거리를 측정하였더니 175m이었다. 이 50m의 테이프를 표준척과 비교해보니 3cm가 짧았다면 실제의 길이는?
① 173.950m ② 174.895m
③ 175.105m ④ 176.050m

해설 $L_0 = L\left(1 \pm \dfrac{e}{s}\right) = 175\left(1 - \dfrac{0.03}{50}\right)$
$= 174.895\mathrm{m}$

[별해]
실제길이 $= \dfrac{부정길이}{표준길이} \times 관측길이$
$= \dfrac{50 - 0.03}{50} \times 175 = 174.895\mathrm{m}$

28 평판측량에서 기지점을 2점 이상 취하고 기준점으로부터 미지점을 시준하여 방향선을 교차시켜 도면상에서 미지점의 위치를 결정하는 방법은?
① 방사법 ② 교회법
③ 전진법 ④ 편각법

해설

방사법 (Method of Radiation, 사출법)		측량 구역 안에 장애물이 없고 비교적 좁은 구역에 적합하며 한 측점에 평판을 세워 그점 주위에 목표점의 방향과 거리를 측정하는 방법(60m 이내)
전진법 (Method of Traversing, 도선법, 절측법)		측량구역에 장애물이 중앙에 있어 시준이 곤란할 때 사용하는 방법으로 측량구역이 길고 좁을 때 측점마다 평판을 세워가며 측량하는 방법
교회법 (Method of intersection)	전방 교회법	전방에 장애물이 있어 직접 거리를 측정할 수 없을 때 편리하며, 알고 있는 기지점에 평판을 세워서 미지점을 구하는 방법
	측방 교회법	기지의 두 점을 이용하여 미지의 한 점을 구하는 방법으로 도로 및 하천변의 여러 점의 위치를 측정할 때 편리하다.
	후방 교회법	도면상에 기재되어 있지 않은 미지점에 평판을 세워 기지의 2점 또는 3점을 이용하여 현재 평판이 세워져 있는 평판의 위치(미지점)를 도면상에서 구하는 방법

Answer 26. ④ 27. ② 28. ②

29 하천 또는 계곡 등에 있어서 두 점 중간에 기계를 세울 수 없는 경우에 고저차를 구하는 방법으로 가장 적합한 것은?

① 삼각수준측량   ② 스타디아 측량
③ 교호수준측량   ④ 기압수준측량

해설 교호수준측량
두 점 사이에 강, 호수, 하천 또는 계곡 등이 있어 그 두 점 중간에 기계를 세울 수 없는 경우에 강의 기슭 양안에서 측량하여 두 점의 표고차를 평균하여 측량하는 방법

30 직접수준측량에서 발생하는 오차의 원인 중 정오차는?

① 시차에 의한 오차
② 표척 읽음 오차
③ 표척눈금 부정에 의한 오차
④ 불규칙한 기상변화에 의한 오차

해설

정오차	㉠ 표척눈금 부정에 의한 오차 ㉡ 지구곡률에 의한 오차(구차) ㉢ 광선굴절에 의한 오차(기차) ㉣ 레벨 및 표척의 침하에 의한 오차 ㉤ 표척의 영눈금(0점) 오차 ㉥ 온도 변화에 대한 표척의 신축에 따른 오차 ㉦ 표척의 기울기에 의한 오차
부정오차	㉠ 레벨 조정 불완전에 의한 오차 　(표척의 읽음 오차) ㉡ 시차에 의한 오차 ㉢ 기상 변화에 의한 오차 ㉣ 기포관의 둔감에 의한 오차 ㉤ 기포관 곡률의 부등에 의한 오차 ㉥ 진동, 지진에 의한 오차 ㉦ 대물경의 출입에 의한 오차

31 트래버스 측량을 위한 선점상의 주의사항으로 옳지 않은 것은?

① 후속측량, 특히 세부측량에 편리하여야 한다.
② 측선거리는 될 수 있는 대로 짧게 하여 측점 수를 많게 하는 것이 좋다.
③ 측선거리는 가능하면 동일하게 하고 고저차가 크지 않아야 한다.
④ 찾기 쉽고 안전하게 보존될 수 있는 장소로 한다.

해설 선점 시 주의사항
㉠ 시준이 편리하고 지반이 견고할 것
㉡ 세부측량에 편리할 것
㉢ 측선거리는 되도록 동일하게 하고 큰 고저차가 없을 것
㉣ 측선의 거리는 될 수 있는 대로 길게 하고 측점 수는 적게 할 것
㉤ 측선의 거리는 30~200m 정도로 할 것
㉥ 측점은 찾기 쉽고 안전하게 보존될 수 있는 장소로 할 것

32 수평각 측정에서 그림과 같이 1점 주위에 여러 개의 각을 측정할 때 한 점을 기준으로 순차적으로 시준하여 측정값을 기록하고 그 차로 각각의 각을 얻는 방법은?

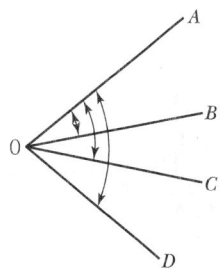

① 배각법   ② 조합각 관측법
③ 단측법   ④ 방향각법

해설

방향각법	어떤 시준방향을 기준으로 하여 각 시준방향에 이르는 각을 차례로 관측하는 방법으로, 배각법에 비해 시간이 절약되고 3등삼각측량에 이용된다.

Answer 29. ③   30. ③   31. ②   32. ④

조합각 관측법	수평각 관측방법 중 가장 정확한 방법으로, 1등삼각측량에 이용된다. ㉠ 측각 총수 $=\frac{1}{2}N(N-1)$ ㉡ 조건식 총수 $=\frac{1}{2}(N-1)(N-2)$ 여기서, N : 방향수

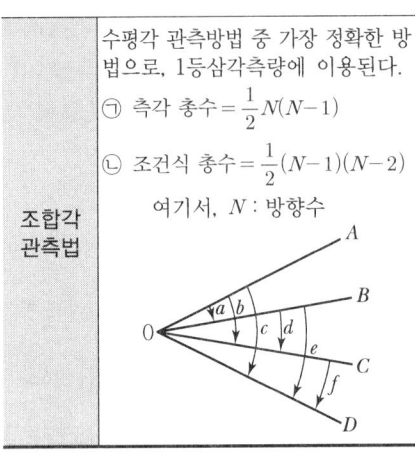

33 직접수준측량에서 표고를 측정하기 위하여 I점에 레벨을 세우고 B점에 세운 표척을 시준하여 관측하였다. A점에 설치한 표척의 읽음값(i_a)을 구하는 식으로 옳은 것은?

(단, $i_b = B$의 표척읽음값, $A_h = A$의 표고, $B_h = B$의 표고)

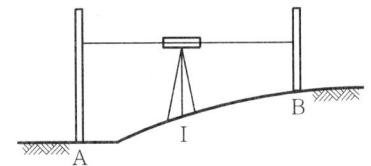

① $i_a = B_h + i_b + A_h$
② $i_a = B_h - i_b + A_h$
③ $i_a = B_h - i_b - A_h$
④ $i_a = B_h + i_b - A_h$

해설 $i_a = B_h + i_b - A_h$

34 우리나라 수준원점의 표고로 옳은 것은?
① 28.6871m ② 26.6871m
③ 27.6871m ④ 25.6871m

해설 우리나라 수준원점은 인천광역시 남구인하로 100에 설치되어 있으며, 그 표고는 26.6871m이다.

35 내각을 관측하여 육각형 폐합트래버스 측량한 결과 719°59′12″일 때 각 측점의 조정량은?
① 2″ ② -2″
③ 8″ ④ -8″

해설 $E = 180(n-2) = 180°(6-2) = 720°$
$\triangle a = 720° - 719°59′12″ = 48″$
∴ 각 측점의 조정량 $= \dfrac{48″}{6} = 8″$

측각오차(Δa) $= 180°(n-2) - [a]$
$= 180°(6-2) - 719°59′12″$
$= 48″$

∴ 각 측점의 조정량 $= \dfrac{48″}{6} = 8″$

36 노선을 선정할 때 유의해야 할 사항으로 틀린 것은?
① 토공량이 적고, 절토와 성토가 균형을 이루게 한다.
② 절토 및 성토의 운반 거리를 가급적 짧게 한다.
③ 배수가 잘 되는 곳이어야 한다.
④ 선형은 가능한 곡선으로 한다.

해설 노선조건
㉠ 가능한 직선으로 할 것
㉡ 가능한 한 경사가 완만할 것
㉢ 토공량이 적고 절토와 성토가 짧은 구간에서 균형을 이룰 것
㉣ 절토의 운반거리가 짧을 것
㉤ 배수가 완전할 것

37 단곡선에서 중앙 외할(E)을 구하는 공식은?
(단, I : 교각, R : 곡선반지름)
① $R\tan\dfrac{I}{2}$ ② $R\left(1-\cos\dfrac{I}{2}\right)$
③ $R\left(\sec\dfrac{I}{2}-1\right)$ ④ $0.0174533RI$

해설

㉠ 접선장 $T \cdot L = R \cdot \tan \dfrac{I}{2}$

㉡ 중앙종거 $M = R\left(1 - \cos \dfrac{I}{2}\right)$

㉢ 외할 $E = R\left(\sec \dfrac{I}{2} - 1\right)$

㉣ 곡선장 C.L = 0.01745RI

38 GPS 측량의 시스템 오차에 해당되지 않는 것은?

① 위성 시준 오차
② 위성 궤도 오차
③ 전리층 굴절 오차
④ 위성 시계 오차

해설

위성시계 오차	GPS 위성에 내장되어 있는 시계의 부정확성으로 인해 발생
위성궤도 오차	위성궤도정보의 부정확성으로 인해 발생
대기권 전파지연	위성신호의 전리층, 대류권 통과 시 전파지연 오차(약 2m)
전파적 잡음	수신기 자체에서 발생하며 PRN 코드 잡음과 수신기 잡음이 합쳐져 발생
다중경로 (Multipath)	다중경로오차는 GPS 위성으로 직접 수신된 전파 이외에 부가적으로 주위의 지형, 지물에 의해 반사된 전파로 인해 발생하는 오차로서 측위에 영향을 미친다. ㉠ 다중경로는 금속제건물, 구조물과 같은 커다란 반사적 표면이 있을 때 일어난다. ㉡ 다중경로의 결과로서 수신된 GPS 신호는 처리될 때 GPS 위치의 부정확성을 제공한다. ㉢ 다중경로가 일어나는 경우를 최소화하기 위하여 미션설정, 수신기·안테나 설계 시에 고려한다면 다중경로의 영향을 최소화할 수 있다. ㉣ GPS 신호시간의 기간을 평균하는 것도 다중경로의 영향을 감소시킨다. ㉤ 가장 이상적인 방법은 다중경로의 원인이 되는 장애물에서 멀리 떨어져서 관측하는 방법이다.

39 지형도에서 등경사지인 A점인 표고는 100m이고, B점의 표고는 180m이다. AB의 수평거리가 1,000m일 때 A로부터 120m인 등고선의 수평거리는?

① 250m ② 500m
③ 750m ④ 1,000m

해설

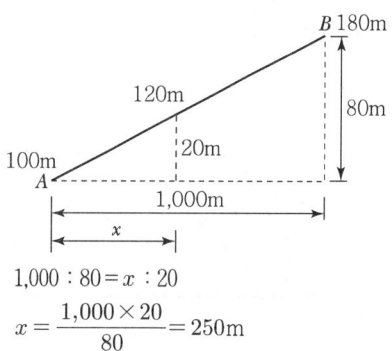

$1,000 : 80 = x : 20$

$x = \dfrac{1,000 \times 20}{80} = 250\text{m}$

40 A, B 두 점 간의 수평거리가 200m인 도로에서 높이차가 7m라고 하면 경사각은?

① 약 2° ② 약 3°
③ 약 4° ④ 약 5°

해설

$\tan \alpha = \dfrac{7}{200}$

경사각 $\alpha = \tan^{-1} \dfrac{7}{200} = 2°$

Answer 38. ① 39. ① 40. ①

41 단곡선에서 교각 I=60°, 반지름 R=60m일 때 접선장은?

① 30.46m ② 32.56m
③ 34.64m ④ 36.68m

 해설
$$T \cdot L = R\tan\frac{I°}{2}$$
$$= 60 \times \tan\left(\frac{60°}{2}\right) = 34.64\text{m}$$

42 철도의 곡선부에 설치되는 내·외측 레일 사이의 높이차를 무엇이라 하는가?

① 확폭(slack) ② 완화 곡선
③ 캔트(cant) ④ 레일 간격

 해설

캔트	곡선부를 통과하는 차량에 원심력이 발생하여 접선 방향으로 탈선하려는 것을 방지하기 위해 바깥쪽 노면을 안쪽노면보다 높이는 정도를 말하며, '편경사'라고 한다.
슬랙	차량과 레일이 꼭 끼어서 서로 힘을 입게 되면 때로는 탈선의 위험도 생긴다. 이러한 위험을 막기 위해서 레일 안쪽을 움직여 곡선부에서는 궤간을 넓힐 필요가 있다. 이 넓인 치수를 말하며, '확폭'이라고도 한다.

43 10m 간격의 등고선으로 표시되어 있는 구릉지에서 디지털구적기로 면적을 구하여 $A_0=100\text{m}^2$, $A_1=570\text{m}^2$, $A_2=1,480\text{m}^2$, $A_3=4,320\text{m}^2$, $A_4=8,350\text{m}^2$일 때 체적은?

① 95,323m³ ② 96,323m³
③ 98,233m³ ④ 103,233m³

해설
$$V = \frac{h}{3}(A_0 + A_n + 4(A_1+A_3) + 2(A_2))$$
$$= \frac{10}{3}(100+8,350+4(570+4,320)$$
$$+2(1,480) = 103,233\text{m}^3$$
$$= 103,233\text{m}^3$$

44 곡선의 시점에서 접선과 이루는 각으로 단곡선을 설치하는 방법은?

① 배각법 ② 편각법
③ 방향각법 ④ 교각법

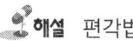 해설 편각법
단곡선 설치에서 접선과 현이 이루는 각을 이용하여 곡선을 설치하는 방법으로 정확도가 비교적 높아 많이 이용되는 방법

45 각 지점의 지거가 $y_0=3.2\text{m}$, $y_1=9.5\text{m}$, $y_2=11.4\text{m}$, $y_3=11.5\text{m}$, $y_4=6.2\text{m}$이고 지거간격이 6m일 때 사다리꼴 공식에 의한 면적은?

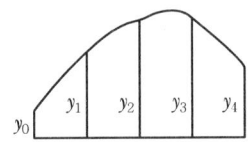

① 222.6m²
② 246.6m²
③ 266.6m²
④ 288.6m²

해설
$$A_1 = \frac{3.2+9.5}{2} \times 6 = 38.1\text{m}^2$$
$$A_2 = \frac{9.5+11.4}{2} \times 6 = 62.7\text{m}^2$$
$$A_3 = \frac{11.4+11.5}{2} \times 6 = 68.7\text{m}^2$$
$$A_4 = \frac{11.5+6.2}{2} \times 6 = 53.1\text{m}^2$$
$$\therefore \sum A = 38.1+62.7+68.7+53.1 = 222.6\text{m}^2$$
∴ 별해
$$A = d\left(\frac{y_0+y_n}{2}\right) + y_1 + y_2 + y_3 \cdots y_{n-1})$$
$$= 6\left(\frac{3.2+6.2}{2} + 9.5 + 11.4 + 11.5\right)$$
$$= 222.6\text{m}^2$$

46 토량과 같은 체적을 구하기 위한 방법이 아닌 것은?

① 각주공식   ② 중앙 단면법
③ 양단면 평균법   ④ 심프슨 공식

🔍해설 면적을 산정하기 위한 방법에는 수치를 이용한 지거법(심프슨 법칙) 등이 있다.

47 GPS의 특성에 대해 설명한 것으로 틀린 것은?

① 기상에 관계없이 위치결정이 가능하다
② 지구 지표면 상의 어느 곳에서나 이용할 수 있다.
③ GPS에 의해 직접 관측되는 성과는 정표고이다.
④ GPS 측량 정확도는 측량기법에 따라 수 mm부터 수 m에까지 다양하다.

🔍해설 GPS의 특징
㉠ 기상에 관계없이 위치결정이 가능하다.
㉡ 지구 지표면 상의 어느 곳에서나 이용할 수 있다.
㉢ GPS에 의해 직접 관측되는 성과는 타원체고이다.
㉣ GPS 측량 정확도는 측량기법에 따라 수 mm부터 수 m에까지 다양하다.
㉤ GPS를 이용하게 되면 짧은 시간 내에 3차원 위치 결정이 가능하다.

48 도로 수평 곡선의 약호 중 접선 길이를 나타내는 것은?

① B.C   ② E.C
③ T.L   ④ C.L

🔍해설

B.C	곡선시점(Biginning of Curve)
E.C	곡선종점(End of Curve)
S.P	곡선중점(Secant Point)
I.P	교점(Intersection Point)
I	교각(Intersection Angle)
∠AOB	중심각(Central Angle) : I
R	곡선반경(Radius of Curve)
$\widehat{AB}$	곡선장(Curve Length) : C.L
AB	현장(Long Chord) : C
T.L	접선장(Tangent Length) : AD, BD
M	중앙종거(Middle Ordinate)
E	외할(External Secant)
δ	편각(Deflection Angle) : ∠VAG

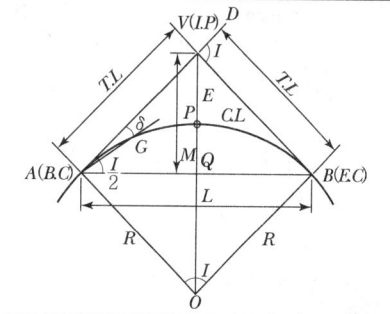

49 다음 중 복심 곡선의 설명으로 가장 적합한 것은?

① 노선의 비탈이 변화하는 곳에 1개의 원호로 된 곡선
② 2개 이상의 다른 반지름의 원곡선이 1개의 공통접선의 같은 쪽에서 연속하는 곡선
③ 직선부와 원곡선부, 곡선부와 원곡선 사이에 넣는 특수곡선
④ 2개의 원곡선이 1개의 공통접선의 양쪽에 서로 곡선 중심을 가지고 연속된 곡선

Answer 46. ④ 47. ③ 48. ③ 49. ②

복심곡선 (Compound curve)	반경이 다른 2개의 원곡선이 1개의 공통접선을 갖고 접선의 같은 쪽에서 연결하는 곡선을 말한다. 복심곡선을 사용하면 그 접속점에서 곡률이 급격히 변화하므로 될 수 있는 한 피하는 것이 좋다.
반향곡선 (Reverse curve)	반경이 같지 않은 2개의 원곡선이 1개의 공통접선의 양쪽에서 서로 곡선 중심을 가지고 연결된 곡선이다. 반향곡선을 사용하면 접속점에서 핸들의 급격한 회전이 생기므로 가급적 피하는 것이 좋다.
배향곡선 (Hairpin curve)	반향곡선을 연속시켜 머리핀 같은 형태의 곡선으로 된 것을 말한다. 산지에서 기울기를 낮추기 위해 쓰이므로 철도에서 Switch Back에 적합하여 산허리를 누비듯이 나아가는 노선에 적용한다.

50 곡선 설치 시 완화곡선과 거리가 먼 것은?

① 3차 포물선
② 원곡선
③ 렘니스케이트 곡선
④ 클로소이드 곡선

해설

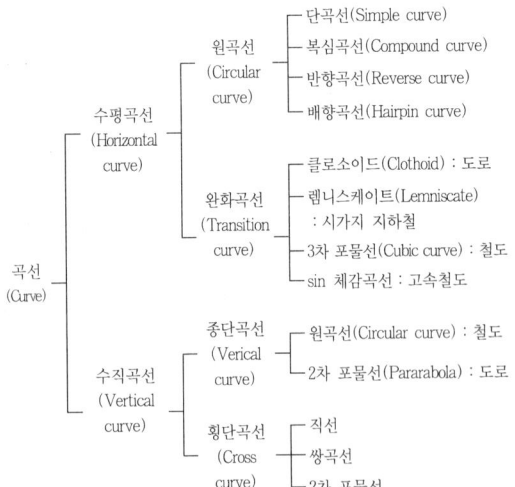

51 등고선의 성질에 대한 설명으로 옳지 않은 것은?

① 등고선의 경사가 급할수록 간격이 좁다.
② 등고선은 능선이나 계곡선과 직교한다.
③ 등고선은 도면 내 또는 도면 외에서 반드시 폐합한다.
④ 등고선은 절대로 교차하지 않는다.

해설 등고선의 성질
- 동일 등고선 상에 있는 모든 점은 같은 높이이다.
- 등고선은 반드시 도면 안이나 밖에서 서로가 폐합한다.
- 지도의 도면 내에서 폐합되면 가장 가운데 부분은 산꼭대기(산정) 또는 凹지(요지)가 된다.
- 등고선은 도중에 없어지거나, 엇갈리거나, 합쳐지거나 갈라지지 않는다.
- 높이가 다른 두 등고선은 동굴이나 절벽의 지형이 아닌 곳에서는 교차하지 않는다.
- 등고선은 경사가 급한 곳에서는 간격이 좁고 완만한 경사에서는 넓다.
- 최대경사의 방향은 등고선과 직각으로 교차한다.
- 분수선(능선)과 곡선(유하선)은 등고선과 직각으로 만난다.
- 2쌍의 등고선의 볼록부가 상대할 때는 볼록부를 나타낸다.
- 동등한 경사의 지표에서 양 등고선의 수평거리는 같다.
- 같은 경사의 평면일 때는 나란한 직선이 된다.
- 등고선이 능선을 직각방향으로 횡단한 다음 능선 다른 쪽을 따라 거슬러 올라간다.
- 등고선의 수평거리는 산꼭대기 및 산밑에서는 크고 산중턱에서는 작다.

52 GPS 시간오차를 제거한 3차원 위치결정을 위해 필요한 최소 위성의 수는?

① 1대　　　② 2대
③ 3대　　　④ 4대

해설 위성의 위치를 구하기 위하여 필요한 위성 대수는 시계오차까지 고려하여 4개의 방정식이 필요하여 최소한 4대가 된다.

53 양 단면의 면적이 $A_1 = 65m^2$, $A_2 = 27m^2$, 정중앙의 단면적이 $A_m = 45m^2$이고 길이 $L = 30m$일 때 각주공식에 의한 체적은?

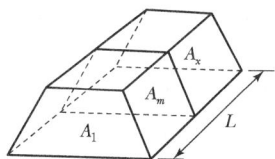

① 1,060m³ ② 1,260m³
③ 1,360m³ ④ 2,040m³

해설
$$V = \frac{L}{6}(A_1 + 4A_m + A_2)$$
$$= \frac{30}{6}(65 + 4 \times 45 + 27) = 1,360m^3$$

54 그림과 같은 지역을 삼분법에 의하여 구한 토공량은?(단, 각 분할된 구역의 크기는 동일하다.)

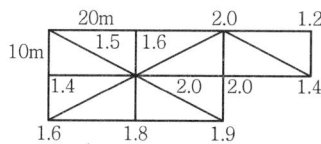

① 1,787m³ ② 2,453m³
③ 1,087m³ ④ 2,653m³

해설
$V = \frac{A}{3}(\sum h_1 + 2\sum h_2 + 3\sum h_3 + 4\sum h_4 \cdots)$

$= \frac{\frac{10 \times 20}{2}}{3}(1.2 + 22.4 + 6 + 8 + 16) = 1,787m^3$

$\sum h_1 = 1.2$
$2\sum h_2 = 2(1.5 + 1.6 + 1.4 + 1.9 + 1.8 + 1.6 + 1.4) = 22.4$
$3\sum h_3 = 3(2.0) = 6$
$4\sum h_4 = 4(2.0) = 8$
$8\sum h_8 = 8(2.0) = 16$

55 곡선 설치에서 곡선 반지름 $R = 600m$일 때, 현의 길이 $L = 20m$에 대한 편각은?
① 0°42′58″   ② 0°57′18″
③ 1°08′45″   ④ 1°25′571″

해설 $\delta = 1718.87' \dfrac{l}{R}$
$= 1718.87' \times \dfrac{20}{600} = 0°57'18''$

56 임의 점의 표고를 숫자로 도상에 나타내는 지형표시방법은?
① 점고법   ② 우모법
③ 채색법   ④ 음영법

해설

자연적 도법	영선법 (우모법, Hachuring)	'게바'라 하는 단선상(短線上)의 선으로 지표의 기본을 나타내는 것으로 게바의 사이, 굵기, 방향 등에 의하여 지표를 표시하는 방법
	음영법 (명암법, Shading)	태양광선이 서북쪽에서 45°로 비친다고 가정하여 지표의 기복을 도상에서 2~3색 이상으로 채색하여 지형을 표시하는 방법으로 지형의 입체감이 가장 잘 나타남
부호적 도법	점고법 (Spot height system)	지표면 상의 표고 또는 수심에 대한 숫자에 의하여 지표를 나타내는 방법으로 하천, 항만, 해양 등에 주로 이용
	등고선법 (Contour System)	동일표고의 점을 연결하여 등고선에 의하여 지표를 표시하는 방법으로 토목공사용으로 가장 널리 사용
	채색법 (Layer System)	같은 등고선의 지대를 같은 색으로 채색하여 높을수록 진하게 낮을수록 연하게 칠하여 높이의 변화를 나타내며 지리관계의 지도에 주로 사용

Answer 53. ③ 54. ① 55. ② 56. ①

57 2개 이상의 관측점에 수신기를 설치하고 동시에 위성신호를 수신하여 위치를 관측하는 방법으로 주로 기준점 측량에 이용되는 것은?

① 단독 GPS
② 이동식 GPS 방법
③ 실시간 이동식 GPS
④ 정지식 GPS 방법

해설 ㉠ 정지식 GPS 방법 : 주로 기준점 측량에 이용
㉡ 이동식 GPS 방법 : 지형 측량에 이용

58 기본지형도의 등고선 표시방법으로 옳은 것은?

① 주곡선은 가는 실선이고, 간곡선은 가는 긴 파선이다.
② 간곡선은 가는 실선이고, 조곡선은 일점쇄선이다.
③ 조곡선은 이점쇄선이고, 계곡선은 실선이다.
④ 계곡선은 가는 실선이고, 주곡선은 파선이다.

해설

주곡선	지형을 표시하는 데 가장 기본이 되는 곡선으로 가는 실선으로 표시
간곡선	주곡선 간격의 $\frac{1}{2}$ 간격으로 그리는 곡선으로 완경사지나 주곡선만으로 지모를 명시하기 곤란한 장소에 가는 파선으로 표시
조곡선	간곡선 간격의 $\frac{1}{2}$ 간격으로 그리는 곡선으로 불규칙한 지형을 표시(주곡선 간격의 $\frac{1}{4}$ 간격으로 그리는 곡선)
계곡선	주곡선 5개마다 1개씩 그리는 곡선으로 표고의 읽음을 쉽게 하고 지모의 상태를 명시하기 위해 굵은 실선으로 표시

59 다음 중 등고선의 측정방법이 아닌 것은?

① 직접법
② 영선법
③ 기준점법
④ 사각형 분할법

해설 영선법
게버라고 하는 짧은 선으로 지표의 기복을 나타내는 것으로서 우모법이라고도 한다. 경사가 급하면 선을 굵고 짧게, 경사가 완만하면 가늘고 길게 새털의 깃 모양으로 표시한다.

60 삼각형의 세 변의 길이가 5m, 8m, 11m인 삼각형의 면적은?

① 12.12m²
② 18.33m²
③ 28.66m²
④ 32.32m²

해설
㉠ $s = \frac{1}{2}(a+b+c)$
$= \frac{1}{2} \times (5+8+11) = 12m$
㉡ $A = \sqrt{s(s-a)(s-b)(s-c)}$
$= \sqrt{12(12-5)(12-8)(12-11)}$
$= 18.33m^2$

2013년 5회

01 A, B 두 점 간에 거리를 왕복 관측한 결과가 164.30m, 164.46m일 때, 거리 정확도는?

① $\dfrac{1}{1,027.38}$ ② $\dfrac{1}{328.96}$
③ $\dfrac{1}{4112}$ ④ $\dfrac{1}{8224}$

해설 최확값(평균거리) $= \dfrac{거리의합}{횟수} = \dfrac{\Sigma l}{n}$
$= \dfrac{328.76}{2} = 164.38$

정확도 $= \dfrac{오차}{최확값} = \dfrac{(164.3 - 164.46)}{164.38}$
$= \dfrac{0.16}{164.38} = \dfrac{1}{1,027.375}$

02 동일한 각을 측정횟수를 다르게 하여 아래와 같은 값을 얻었다면 최확값은?(단, 47°37′38″(1회 측정값), 47°37′21″(4회 측정 평균값), 47°37′30″(9회 측정 평균값))

① 47°37′30″ ② 47°37′36″
③ 47°37′28″ ④ 47°37′32″

해설 관측횟수를 다르게 했을 때 경중률은 관측횟수에 비례한다.

$L_0 = \dfrac{P_1 l_1 + P_2 l_2 + P_3 l_3}{P_1 + P_2 + P_3}$
$= 47°37′ + \dfrac{1 \times 38 + 4 \times 21 + 9 \times 30}{1 + 4 + 9}$
$= 47°37′28″$

03 측점 A의 지반고가 100.000m이고 측점 B와의 (후시 − 전시)가 +1.000m이었다. 측점 B의 지반고는?

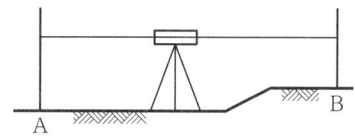

① 99.000m ② 100.000m
③ 100.001m ④ 101.000m

해설 $H_B = H_A + 전시 - 후시 = 100 + 1 = 101m$

04 수준측량에서 사용하는 용어에 대한 설명으로 틀린 것은?

① 표고를 이미 알고 있는 점에 세운 수준척 눈금의 읽음을 후시라 한다.
② 표고를 알고자 하는 곳에 세운 수준척 눈금의 읽음을 전시라 한다.
③ 측량 도중 레벨을 옮겨 세우기 위하여 한 측점에서 전시와 후시를 동시에 읽을 때 그 측점을 중간점이라 한다.
④ 망원경 시준선의 표고를 기계고라 한다.

해설

표고 (Elevation)	국가 수준기준면으로부터 그 점까지의 연직거리
전시 (Fore sight)	표고를 알고자 하는 점(미지점)에 세운 표척의 읽음 값
후시 (Back sight)	표고를 알고 있는 점(기지점)에 세운 표척의 읽음 값
기계고 (Instrument height)	기준면에서 망원경 시준선까지의 높이
이기점 (Turning point)	기계를 옮길 때 한 점에서 전시와 후시를 함께 취하는 점
중간점 (Intermediate point)	표척을 세운 점의 표고만을 구하고자 전시만 취하는 점

Answer 1. ① 2. ③ 3. ④ 4. ③

05 삼각측량의 삼각망 구성에 있어서 삼각형의 모양으로 가장 이상적인 것은?

① 직각 삼각형 ② 정삼각형
③ 이등변 삼각형 ④ 임의의 삼각형

해설 삼각측량의 삼각망 구성에 있어서 삼각형의 모양은 60°(정삼각형)에 가깝게 하는 것이 가장 이상적이다

06 '삼각망 중의 임의의 한 변의 길이는 계산해 가는 순서와는 관계없이 같은 값을 갖는다.'는 것은 삼각망의 기하학적 조건 중 어느 것에 해당하는가?

① 각조건 ② 변조건
③ 측점조건 ④ 다항조건

해설 관측각의 조정

각조건	삼각형의 내각의 합은 180°가 되어야 한다. 즉, 다각형의 내각의 합은 180°(n-2)이어야 한다.
점조건	한 측점 주위에 있는 모든 각의 합은 반드시 360°가 되어야 한다.
변조건	삼각망 중에서 임의의 한 변의 길이는 계산 순서에 관계없이 항상 일정하여야 한다.

07 평판측량에서 앨리데이드의 주요 용도와 거리가 먼 것은?

① 평판을 정준한다.
② 목표물을 시준한다.
③ 시준선을 도상에 표시한다.
④ 측점을 동일 연직선 상에 있게 한다.

해설 평판측량의 3요소

정준 (Leveling up)	평판을 수평으로 맞추는 작업(수평 맞추기)
구심 (Centering)	평판 상의 측점과 지상의 측점을 일치시키는 작업(중심 맞추기)
표정 (Orientation)	평판을 일정한 방향으로 고정시키는 작업으로 평판측량의 오차 중 가장 크다.(방향 맞추기)

08 평면직각좌표계 상에서 점 A의 좌표가 X=1500, Y=500m이며 점 A에서 점 B까지의 평면거리 500m, 방위각이 120°일 때 점 B의 좌표는?

① X=-250m,   Y=933m
② X=1,275m,   Y=433m
③ X=1,275m,   Y=890m
④ X=1,250m,   Y=933m

해설 $X = 1500 + 500 \times \cos 120° = 1,250m$
$Y = 500 + 500 \times \sin 120° = 933m$

09 발생 원인이 확실하지 않으며 여러 번 반복 측정할 때 부분적으로 서로 상쇄되어 없어지기도 하는 오차는?

① 우연오차 ② 착오
③ 정오차 ④ 누적오차

해설 오차의 종류
1. 정오차 또는 누차(Constant Error : 누적오차, 누차, 고정오차)
   ㉠ 오차 발생 원인이 확실하여 일정한 크기와 일정한 방향으로 생기는 오차로서 부호는 항상 같다.
   ㉡ 측량 후 조정이 가능하다.
   ㉢ 정오차는 측정횟수에 비례한다.
   $E_1 = n \cdot \delta$
   여기서, E_1 : 정오차
   δ : 1회 측정 시 누적오차
   n : 측정(관측)횟수
2. 우연오차(Accidental Error : 부정오차, 상차, 우차)
   ㉠ 오차의 발생 원인이 명확하지 않아 소거 방법도 어렵다.
   ㉡ 최소제곱법의 원리로 오차를 배분하며 오차론에서 다루는 오차를 우연오차라 한다.

© 우연오차는 측정횟수의 제곱근에 비례한다.

$$E_2 = \pm \delta \sqrt{n}$$

여기서, E_2 : 우연오차
δ : 우연오차
n : 측정(관측)횟수

3. 착오(Mistake : 과실)
 ㉠ 관측자의 부주의에 의해서 발생하는 오차
 ㉡ 예 : 기록 및 계산의 착오, 눈금 읽기의 잘못, 숙련부족 등

10 그림과 같이 각을 관측하는 방법은?

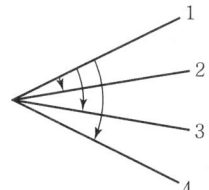

① 단측법   ② 배각법
③ 각관측법 ④ 방향각법

방향각법	어떤 시준방향을 기준으로 하여 각 시준방향에 이르는 각을 차례로 관측하는 방법으로, 배각법에 비해 시간이 절약되고 3등삼각측량에 이용된다. 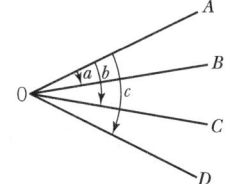
조합각 관측법	수평각 관측방법 중 가장 정확한 방법으로, 1등삼각측량에 이용된다. ㉠ 측각 총수 $= \frac{1}{2}N(N-1)$ ㉡ 조건식 총수 $= \frac{1}{2}(N-1)(N-2)$ 여기서, N : 방향수 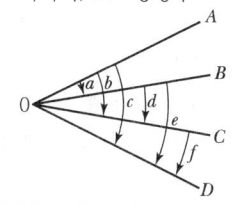

11 동일 전파원으로부터 발사된 전파를 멀리 떨어진 2점에서 동시에 수신하여 도달하는 시간차를 정확히 관측하여 2점 간의 거리를 구하는 장치는?

① 위성 거리 측량기
② GPS(Global Positioning System)
③ 토털 스테이션(Total Station)
④ VLBI(Very Long Baseline Interferometry)

해설 1. VLBI(Very Long Base Interferometer, 초장기선간섭계)
지구상에서 1,000~10,000km 정도 떨어진 1조의 전파간섭계를 설치하여 전파원으로부터 나온 전파를 수신하여 2개의 간섭계에 도달한 시간차를 관측하여 거리를 측정한다. 시간차로 인한 오차는 30cm 이하이며, 10,000km 긴 기선의 경우는 관측소의 위치로 인한 오차 15cm 이내가 가능하다.

2. Total Station
Total Station은 관측된 데이터를 직접 휴대용 컴퓨터기기(전자평판)에 저장하고 처리할수 있으며 3차원 지형정보 획득 및 데이터 베이스의 구축, 지형도 제작까지 일괄적으로 처리할 수 있는 측량기계이다.

3. GPS(Global Positioning System, 범지구적 위치결정체계)
인공위성을 이용하여 정확하게 위치를 알고 있는 위성에서 발사한 전파를 수신하여 관측점까지의 소요시간을 관측함으로써 정확한 위치를 결정하는 위치결정 시스템이다.

12 평판측량의 방법에 대한 설명 중 옳지 않은 것은?

① 교회법에서는 미지점까지의 거리관측이 필요하지 않다.
② 전진법은 평판을 옮겨 차례로 전진하면서 최종 측점에 도착하거나 출발점으로 다시 돌아오게 된다.
③ 방사법은 골목길이 많은 주택지의 세부측량에 적합하다.

Answer 10. ④ 11. ④ 12. ③

④ 현장에서는 방사법, 전진법, 교회법 중 몇 가지를 병행하여 작업하는 것이 능률적이다.

해설

방사법 (Method of Radiation, 사출법)		측량 구역 안에 장애물이 없고 비교적 좁은 구역에 적합하며 한 측점에 평판을 세워 그점 주위에 목표점의 방향과 거리를 측정하는 방법(60m 이내)
전진법 (Method of Traversing, 도선법, 절측법)		측량구역에 장애물이 중앙에 있어 시준이 곤란할 때 사용하는 방법으로 측량구역이 길고 좁을 때 측점마다 평판을 세워가며 측량하는 방법
교회법 (Method of intersec-tion)	전방 교회법	전방에 장애물이 있어 직접 거리를 측정할 수 없을 때 편리하며, 알고 있는 기지점에 평판을 세워서 미지점을 구하는 방법
	측방 교회법	기지의 두 점을 이용하여 미지의 한 점을 구하는 방법으로 도로 및 하천변의 여러 점의 위치를 측정할 때 편리하다.
	후방 교회법	도면상에 기재되어 있지 않은 미지점에 평판을 세워 기지의 2점 또는 3점을 이용하여 현재 평판이 세워져 있는 평판의 위치(미지점)를 도면상에서 구하는 방법

13 그림과 같이 출발점 A 및 종점 B에서 다른 기지의 삼각점 L 및 M이 시준되며, a_1, a_2, ... a_n을 관측한 경우 편각을 측정 했을 때의 각관측 오차(Δa)를 구하는 식은? (단, $[a]$는 관측각의 총합)

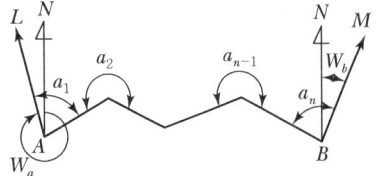

① $\Delta a = W_a + [a] - 180°(n-1) - W_b$
② $\Delta a = W_a + [a] - 180°(n-3) - W_b$
③ $\Delta a = W_a + [a] - 180°(n+1) - W_b$
④ $\Delta a = W_a + [a] - 180°(n+3) - W_b$

해설 1. $E = W_a - W_b + [a] - 180°(n+1)$

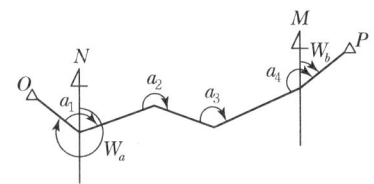

2. $E = W_a - W_b + [a] - 180°(n-1)$

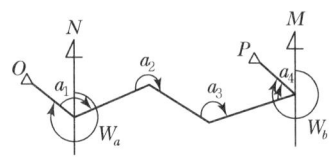

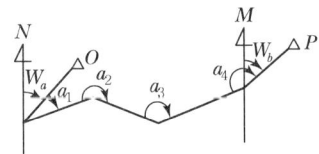

3. $E = W_a - W_b + [a] - 180°(n-3)$

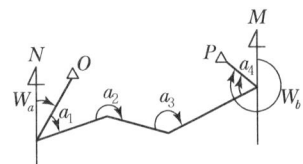

14 삼각측량에 대한 설명으로 틀린 것은?
① 삼각법에 의해 삼각점의 높이를 결정한다.
② 각 측점을 연결하여 다수의 삼각형을 만든다.
③ 삼각망을 구성하는 삼각형의 내각을 관측한다.
④ 삼각망의 한 변의 길이를 정확하게 관측하여 기선을 정한다.

Answer 13. ③ 14. ①

삼각측량은 측량지역을 삼각형으로 된 망의 형태로 만들고 삼각형의 꼭짓점에서 내각과 한변의 길이를 정밀하게 측정하여 나머지 변의 길이는 삼각함수(sin법칙)에 의하여 계산하고 각 점의 위치를 정하게 된다. 이때 삼각형의 꼭짓점을 삼각점(triangulation station), 삼각형들로 만들어진 형태를 삼각망(triangulation net), 직접측정한 변을 기선(base line), 삼각형의 길이를 계산해 나가다가 그 계산값이 실제의 길이와 일치하는가를 검사하기 위하여 보통 15~20개의 삼각형마다 그중 한 변을 실측하는데 이 변을 검기선(check base)이라 한다.

15 트래버스의 종류 중에서 측량 결과에 대한 점검이 되지 않기 때문에 노선측량의 답사 등에 주로 이용되는 트래버스는?

① 트래버스 망 ② 폐합 트래버스
③ 개방 트래버스 ④ 결합 트래버스

결합 트래버스	기지점에서 출발하여 다른 기지점으로 결합시키는 방법으로 대규모 지역의 정확성을 요하는 측량에 이용한다.
폐합 트래버스	기지점에서 출발하여 원래의 기지점으로 폐합시키는 트래버스로 측량결과가 검토는 되나 결합다각형보다 정확도가 낮아 소규모 지역의 측량에 좋다.
개방 트래버스	임의의 점에서 임의의 점으로 끝나는 트래버스로 측량결과의 점검이 안 되어 노선측량의 답사에는 편리한 방법이다. 시작되는 점과 끝나는 점 간에 아무런 조건이 없다.

16 폐합오차가 0.006m이고 측선 전체의 길이가 1260m일 때 폐합비는?

① $\dfrac{1}{21,000}$ ② $\dfrac{1}{210,000}$
③ $\dfrac{1}{315,000}$ ④ $\dfrac{1}{3,150,000}$

 폐합비 = $\dfrac{오차}{전 측선 길이}$ = $\dfrac{0.006}{1,260}$ = $\dfrac{1}{210,000}$

17 평판측량에서 평판을 세울 때 발생하는 오차로, 다른 오차에 비하여 그 영향이 매우 큰 오차는?

① 거리 오차
② 방향 맞추기 오차
③ 중심 맞추기 오차
④ 기울기 오차

 평판측량의 3요소

정준 (Leveling up)	평판을 수평으로 맞추는 작업(수평 맞추기)
구심 (Centering)	평판 상의 측점과 지상의 측점을 일치시키는 작업(중심 맞추기)
표정 (Orientation)	평판을 일정한 방향으로 고정시키는 작업으로 평판측량의 오차 중 가장 크다.(방향 맞추기)

18 A~D까지의 수준측량 결과에 대한 기고식 야장의 일부가 아래 표와 같을 때 중간점은?

측점	후시(B.S)	전시(F.S)
A	1.158	
B	1.158	1.158
C		1.158
D		1.158

① A ② B
③ C ④ D

측점	후시(B.S.)	전시(F.S.)	
		이기점(TP)	중간점(IP)
A	1.158		
B	1.158	1.158	
C			1.158
D		1.158	

Answer 15. ③ 16. ② 17. ② 18. ③

19 두 점 간의 거리를 측정하여 표준오차(σ_m)가 ±6mm일 때 확률오차(r_m)는?

① ±4mm ② ±6mm
③ ±8mm ④ ±10mm

해설 확률오차 = ±0.6745 × 표준오차
= ±0.6745 × 6 = ±4.4mm

20 트래버스 측량에서 측점의 선점 시 주의할 사항에 대한 설명으로 옳지 않은 것은?

① 측선의 거리는 짧게 하여 정확도를 확보한다.
② 시준하기 좋고, 지반이 견고한 장소이어야 한다.
③ 후속측량, 특히 세부측량에 편리하여야 한다.
④ 측선 간의 고저 차는 크지 않게 한다.

해설 선점 시 주의사항
㉠ 시준이 편리하고 지반이 견고할 것
㉡ 세부측량에 편리할 것
㉢ 측선거리는 되도록 동일하게 하고 큰 고저차가 없을 것
㉣ 측선의 거리는 될 수 있는 대로 길게 하고 측점 수는 적게 할 것
㉤ 측선의 거리는 30~200m 정도로 할 것
㉥ 측점은 찾기 쉽고 안전하게 보존될 수 있는 장소로 할 것

21 수준측량의 야장기입방법 중 가장 간단한 방법으로 단지 두 점 사이의 고저차를 구하는 것이 주목적일 때 사용되는 것은?

① 승강식 ② 고차식
③ 기차식 ④ 교호식

해설 야장기입방법

고차식	가장 간단한 방법으로 B.S와 F.S만 있으면 된다.
기고식	가장 많이 사용하며, 중간점이 많을 경우 편리하나 완전한 검산을 할 수 없는 것이 결점이다.
승강식	완전한 검사로 정밀 측량에 적당하나, 중간점이 많으면 계산이 복잡하고, 시간과 비용이 많이 소요된다.

22 평판측량을 전진법으로 실시한 결과, 폐합비가 허용범위 이내일 때 각 측점의 오차 보정 방법은?

① 각 측선의 거리에 반비례하여 보정한다.
② 각 측선의 거리에 비례하여 보정한다.
③ 측선의 길이에 상관없이 각 측선에 동일하게 보정한다.
④ 출발점으로부터 측점까지의 거리에 비례하여 보정한다.

해설 폐합오차의 조정
㉠ 허용 정도 이내일 경우에는 거리에 비례하여 분배한다.
㉡ 허용 정도 이상일 경우에는 재측량을 한다.
㉢ 조정량(d) = $\dfrac{\text{폐합오차}(E)}{\text{측선길이의 총합}(\Sigma L)}$ × 출발점에서 조정할 측점까지의 거리(l)
= $\dfrac{E}{\Sigma L} \cdot l$

23 어떤 측선의 방위각이 250°30′일 때 방위는?

① N19°30′E ② S70°30′E
③ S70°30′W ④ N19°30′W

해설 방위계산

상환	방위	방위각	위거	경거
I	$N\,\theta_1\,E$	$a = \theta_1$	+	+
II	$S\,\theta_2\,E$	$a = 180° - \theta_2$	−	+
III	$S\,\theta_3\,W$	$a = 180° + \theta_3$	−	−
IV	$N\,\theta_4\,W$	$a = 360° - \theta_4$	+	−

Answer 19. ① 20. ① 21. ② 22. ④ 23. ③

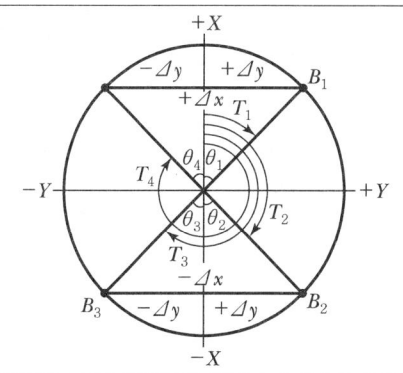

24 표에서 측점의 좌표를 이용하여 폐합트래버스의 면적을 계산한 것은?(단, 단위는 m이다.)

측점	X좌표	Y좌표
A	0	0
B	5	5
C	1	5

① 30.0m² ② 15.0m²
③ 10.0m² ④ 5.0m²

	A	B	C	A
X	0	5	1	0
Y	0	5	5	0

$(0\times5)+(5\times5)+(1\times0)=25$
$(5\times0)+(1\times5)+(0\times5)=5$
배면적 $=25-5=20$
면적 $=\dfrac{20}{2}=10m^2$

25 트래버스 측량의 수평각 관측법 중 서로 이웃하는 두 개의 측선이 이루는 각을 관측해 나가는 방법은?

① 방위각법 ② 교각법
③ 편각법 ④ 고저각법

교각법	어떤 측선이 그 앞의 측선과 이루는 각을 관측하는 방법
편각법	각 측선이 그 앞 측선의 연장과 이루는 각을 관측하는 방법
방위각법	각 측선이 일정한 기준선인 자오선과 이루는 각을 우회로 관측하는 방법

26 삼각측량의 경우 내각의 크기를 보통 30°~120°로 하는 이유는?

① 조정계산의 편리를 위하여
② 각 관측 오차를 제거하기 위하여
③ 변 길이 계산에 영향을 줄이기 위하여
④ 기계 오차를 없애기 위하여

삼각측량은 측량지역을 삼각형으로 된 망의 형태로 만들고 삼각형의 꼭짓점에서 내각과 한 변의 길이를 정밀하게 측정하여 나머지 변의 길이는 삼각함수(sin법칙)에 의하여 계산하고 각점의 위치를 정하게 된다. 삼각형의 내각은 60°에 가깝게 하는 것이 좋으나 1개의 내각은 30~120° 이내로 한다.

27 삼각망의 조정을 위한 조건 중 "삼각형 내각의 합은 180°이다."의 설명과 관계가 깊은 것은?

① 측점 조건 ② 각 조건
③ 변 조건 ④ 기선 조건

관측각의 조정

각 조건	삼각형의 내각의 합은 180°가 되어야 한다. 즉, 다각형의 내각의 합은 180°(n-2)이어야 한다.
점 조건	한 측점 주위에 있는 모든 각의 합은 반드시 360°가 되어야 한다.
변 조건	삼각망 중에서 임의의 한 변의 길이는 계산 순서에 관계없이 항상 일정하여야 한다.

Answer 24. ③ 25. ② 26. ③ 27. ②

28 수준측량의 오차 중 기계적 원인이 아닌 것은?

① 레벨 조정의 불완전
② 레벨기포관의 둔감
③ 망원경 조준 시의 시차
④ 기포관 곡률의 불균일

해설 원인에 의한 분류

기계적 원인	• 기포의 감도가 낮다. • 기포관 곡률이 균일하지 못하다. • 레벨의 조정이 불완전하다. • 표척 눈금이 불완전하다. • 표척 이음매 부분이 정확하지 않다. • 표척 바닥의 0 눈금이 맞지 않는다.
개인적 원인	• 조준의 불완전, 즉 시차가 있다. • 표척을 정확히 수직으로 세우지 않았다. • 시준할 때 기포가 정중앙에 있지 않았다.
자연적 원인	• 지구곡률 오차가 있다(구차). • 지구굴절 오차가 있다(기차). • 기상변화에 의한 오차가 있다. • 관측 중 레벨과 표척이 침하하였다.
착오	• 표척을 정확히 빼 올리지 않았다. • 표척의 밑바닥에 흙이 붙어 있었다. • 측정값의 오독이 있었다. • 기입사항을 누락 및 오기하였다. • 야장기입란을 바꾸어 기입하였다. • 십자선으로 읽지 않고 스타디아선으로 표척값을 읽었다.

29 삼각측량에서 기선 a=450m일 때 변 b의 길이는?(단, $\angle A = 60°15'28''$, $\angle B = 59°27'32''$)

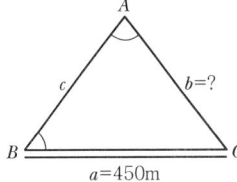

① 432.558m ② 446.371m
③ 468.229m ④ 563.988m

해설 $\dfrac{450}{\sin 60°15'25''} = \dfrac{b}{\sin 59°27'32''}$ 에서

$b = \dfrac{\sin 59°27'32''}{\sin 60°15'28''} \times 450 = 446.371\text{m}$

30 트래버스 측량에 대한 설명 중 옳지 않은 것은?

① 수평각 측정법에는 교각법, 편각법, 방위각법 등이 있다.
② 트래버스 측량은 도로, 수로 등과 같은 좁고 긴 곳의 측량에 편리하다.
③ 트래버스의 형태에서 정확도가 가장 높은 것은 폐합트래버스이다.
④ 트래버스 측량은 일반적으로 각 관측과 거리 관측의 정확도를 균형 있게 유지하는 것이 원칙이다.

해설

결합 트래버스	기지점에서 출발하여 다른 기지점으로 결합시키는 방법으로 대규모 지역의 정확성을 요하는 측량에 이용한다.
폐합 트래버스	기지점에서 출발하여 원래의 기지점으로 폐합시키는 트래버스로 측량결과가 검토는 되나 결합다각형보다 정확도가 낮아 소규모 지역의 측량에 좋다.
개방 트래버스	임의의 점에서 임의의 점으로 끝나는 트래버스로 측량결과의 점검이 안 되어 노선측량의 답사에는 편리한 방법이다. 시작되는 점과 끝나는 점 간의 아무런 조건이 없다.

31 표준길이보다 4cm가 짧은 50m 테이프로 1200m를 측정했을 때 정확한 거리는?

① 1199.04m ② 1199.96m
③ 1200.04m ④ 1200.96m

해설 정확한 거리 $= \dfrac{부정길이}{실제거리} \times 관측거리$

$= \dfrac{50 - 0.04}{50} \times 1,200$

$= 1,199.04\text{m}$

32 어느 측점에 데오드라이트를 설치하여 A, B 두 지점을 2배각으로 관측한 결과 정위 126°12'36'', 반위 126°12'24''를 얻었다면 두 지점의 내각은?

① 63°06'06'' ② 63°06'12''
③ 63°06'15'' ④ 63°06'30''

해설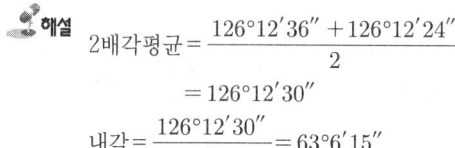

$$2배각평균 = \frac{126°12'36'' + 126°12'24''}{2}$$
$$= 126°12'30''$$
$$내각 = \frac{126°12'30''}{2} = 63°6'15''$$

33 두 점 사이에 강, 호수, 하천 또는 계곡 등이 있어 그 두 점 중간에 기계를 세울 수 없는 경우에 강의 기슭 양안에서 측량하여 두 점의 표고차를 평균하여 측량하는 방법은?
① 직접수준측량 ② 왕복수준측량
③ 횡단수준측량 ④ 교호수준측량

해설 **교호수준측량**
전시와 후시를 같게 취하는 것이 원칙이나 2점 간에 강·호수·하천 등이 있으면 중앙에 기계를 세울 수 없을 때 양 지점에 세운 표척을 읽어 고저차를 2회 산출하여 평균하며 높은 정밀도를 필요로 할 경우에 이용된다.

교호수준측량을 할 경우 소거되는 오차
㉠ 레벨의 기계오차(시준축오차)
㉡ 관측자의 읽기오차
㉢ 지구의 곡률에 의한 오차(구차)
㉣ 광선의 굴절에 의한 오차(기차)

34 지구상의 임의의 점에 대한 절대적 위치를 표시하는 데 일반적으로 널리 사용되는 좌표계는?
① 평면 직각 좌표계
② 경·위도 좌표계
③ 3차원 직각 좌표계
④ UTM 좌표계

해설

경·위도 좌표	① 지구상 절대적 위치를 표시하는 데 가장 널리 쓰인다. ② 경도(λ)와 위도(ϕ)에 의한 좌표(λ, ϕ)로 수평위치를 나타낸다. ③ 3차원 위치표시를 위해서는 타원체면으로부터의 높이, 즉 표고를 이용한다. ④ 경도는 동·서쪽으로 0~180°로 관측하며 천문경도와 측지경도로 구분한다. ⑤ 위도는 남·북쪽으로 0~90° 관측하며 천문위도, 측지위도, 지심위도, 화성위도로 구분된다. ⑥ 경도 1°에 대한 적도상 거리는 약 111km, 1′는 1.85km, 1″는 0.88m가 된다.
평면직교 좌표	① 측량범위가 크지 않은 일반측량에 사용된다. ② 직교좌표값(x, y)으로 표시된다. ③ 자오선을 X축, 동서방향을 Y축으로 한다. ④ 원점에서 동서로 멀어질수록 자오선과 원점을 지나는 Xn(진북)과 평행한 Xn(도북)이 서로 일치하지 않아 자오선수차(r)가 발생한다.
UTM 좌표	UTM 좌표는 국제횡메르카토르투영법에 의하여 표현되는 좌표계이다. 적도를 횡축, 자오선을 종축으로 한다. 투영방식, 좌표변환식은 TM과 동일하나 원점에서 축척계수를 0.9996으로 하여 적용범위를 넓혔다.

35 망원경의 정위, 반위로 얻은 값을 평균하여도 소거되지 않는 오차는?
① 시준축 오차 ② 연직축 오차
③ 수평축 오차 ④ 시준선의 편심오차

해설 **오차의 종류별 원인 및 처리방법**

오차의 종류	원인	처리방법
시준축 오차	시준축과 수평축이 직교하지 않기 때문에 생기는 오차	망원경을 정·반위로 관측하여 평균을 취한다.
수평축 오차	수평축이 연직축에 직교하지 않기 때문에 생기는 오차	망원경을 정·반위로 관측하여 평균을 취한다.
연직축 오차	연직축이 연직이 되지 않기 때문에 생기는 오차	소거 불능

Answer 33. ④ 34. ② 35. ②

36 노선측량에서 단곡선을 설치하려 한다. 곡선반지름이 500m이고, 교점의 교각이 60°일 때 외할(E)은?

① 66.99m ② 77.35m
③ 154.72m ④ 500.00m

해설
$$E = R(\sec\frac{I}{2} - 1)$$
$$= 500 \times (\sec\frac{60}{2} - 1)$$
$$= 500 \times (\frac{1}{\cos 30} - 1) = 77.35m$$

37 GPS 신호가 위성으로부터 수신기까지 도달한 시간이 0.6초라 할 때 위성과 수신기 사이의 거리는?(단, 빛의 속도는 300,000,000m/sec로 가정한다.)

① 180,000km ② 210,000km
③ 300,000km ④ 430,000km

해설 위성과 수신기 사이의 거리
  = 전파의속도 × 전송시간
  = 300,000km × 0.6초 = 180,000km

38 편각에 의한 곡선 설치에서 곡선 시점의 추가거리가 143.248m이고, 곡선장이 42.255m일 때 종단현의 길이는?(단, 중심말뚝 간격은 20m)

① 10.752m ② 5.503m
③ 4.752m ④ 3.248m

해설 $EC = BC + CL = 143.248 + 42.255$
  $= 185.503$
  종단현 길이 = 185.503 ÷ 20 = No.9 + 5.503

39 인공위성 위치 결정 시스템(GNSS)이 아닌 것은?

① GLONASS ② Galileo
③ NAROHO ④ GPS

해설 위성항법시스템 구축 현황

소유국	시스템 명	목적	운용연도	운용궤도	위성수
미국	GPS	전지구위성항법	1995	중궤도	31
러시아	GLONASS	전지구위성항법	2011	중궤도	24
EU	Galileo	전지구위성항법	2012	중궤도	30
중국	COMPASS (Beidou)	전지구위성항법 (중국 지역 위성항법)	2011	중궤도	30
				정지궤도	5
일본	QZSS	일본주변 지역위성항법	2010	고타원궤도	3
인도	IRNSS	인도주변 지역위성항법	2010	정지궤도	3
				고타원궤도	4

40 1 : 50,000 지형도에서 산 정상과 산 밑의 도상거리가 40mm이고 산정상의 표고가 442m, 산 밑의 표고가 42m일 때 이 비탈면의 경사는?

① $\frac{1}{2}$ ② $\frac{1}{3}$
③ $\frac{1}{4}$ ④ $\frac{1}{5}$

해설 실제거리 = 50,000 × 0.04 = 2,000m
경사 = $\frac{H}{D} = \frac{442-42}{2,000} = \frac{400}{2,000} = \frac{1}{5}$

41 노선측량에서 단곡선을 설치할 때 R(곡선반지름) = 300m, I(교각) = 30°라고 하면, TL(접선길이)은?

① 40.2m ② 60.8m
③ 80.4m ④ 160.8m

해설 $TL = R\tan\frac{I}{2} = 300 \times \tan\frac{30}{2} = 80.38m$

42 도면에서 면적을 측정하기 위한 장비는?

① 디지털구적기 ② 디바이더
③ 플로터 ④ 디지타이저

해설 구적기(Planimeter)
등고선과 같이 경계선이 매우 불규칙한 도형의 면적을 신속하고, 간단하게 구할 수 있어 건설공사에 매우 활용도가 높으며 극식과 무극식이 있다.

43 다음 중 체적계산의 방법에 해당되지 않는 것은?

① 단면법 ② 등고선법
③ 점고법 ④ 방사법

해설

단면법	㉠ 양단면평균법 (End area formula) ㉡ 중앙단면법 (Middle area formula) ㉢ 각주공식(Prismoidal formula)
점고법	㉠ 직사각형으로 분할하는 경우 ㉡ 삼각형으로 분할하는 경우
등고선법	토량 산정, Dam, 저수지의 저수량 산정

44 지형의 표시방법 중 지상에 있는 임의 점의 표고를 숫자로 도상에 나타내는 방법은?

① 채색법 ② 우모법
③ 점고법 ④ 등고선법

해설 지형도에 의한 지형표시법

자연적 도법	영선법 (우모법, Hachuring)	'게바'라 하는 단선상(短線上)의 선으로 지표의 기본을 나타내는 것으로 게바의 사이, 굵기, 방향 등에 의하여 지표를 표시하는 방법
	음영법 (명암법, Shading)	태양광선이 서북쪽에서 45°로 비친다고 가정하여 지표의 기복을 도상에서 2~3색 이상으로 채색하여 지형을 표시하는 방법으로 지형의 입체감이 가장 잘 나타남
부호적 도법	점고법 (Spot height system)	지표면 상의 표고 또는 수심에 대한 숫자에 의하여 지표를 나타내는 방법으로 하천, 항만, 해양 등에 주로 이용
	등고선법 (Contour System)	동일 표고의 점을 연결하여 등고선에 의하여 지표를 표시하는 방법으로 토목공사용으로 가장 널리 사용
	채색법 (Layer System)	같은 등고선의 지대를 같은 색으로 채색하여 높을수록 진하게 낮을수록 연하게 칠하여 높이의 변화를 나타내며 지리관계의 지도에 주로 사용

45 세 변의 길이가 6.3m, 10.5m, 8.2m인 지형의 면적은?

① 25.8m² ② 26.8m²
③ 27.8m² ④ 28.8m²

해설
$A = \sqrt{s(s-a)(s-b)(s-c)}$
$= \sqrt{12.5(12.5-6.3)(12.5-10.5)(12.5-8.2)}$
$= 25.8\text{m}^2$

여기서, $s = \dfrac{a+b+c}{2} = \dfrac{6.3+10.5+8.2}{2} = 12.5$

46 GPS 측량의 관측에서 GPS의 오차를 분류할 때 이에 속하지 않는 것은?

① 위성의 배치 상태에 따른 오차
② 정보 분석에 대한 프로그램 오차
③ 시스템 오차
④ 수신기 오차

해설 GPS의 오차
1. 구조적인 오차
   위성시계오차, 위성궤도오차, 대기권전파지연, 전파적잡음, 다중경로(Multipath)
2. 위성의 배치상태에 따른 오차
   ① GDOP : 기하학적 정밀도 저하율

② PDOP : 위치 정밀도 저하율
③ HDOP : 수평 정밀도 저하율
④ VDOP : 수직 정밀도 저하율
⑤ RDOP : 상대 정밀도 저하율
⑥ TDOP : 시간 정밀도 저하율

3. 선택적 가용성에 따른 오차(SA(Selective Abailability)/AS(Anti-Spoofing))
미국방성의 정책적 판단에 의해 인위적으로 GPS 측량의 정확도를 저하시키기 위한 조치로 위성의 시각정보 및 궤도정보 등에 임의의 오차를 부여하거나 송신, 신호형태를 임의 변경하는 것을 SA라 하며, 군사적 목적으로 P코드를 암호하는 것을 AS라 한다.

4. Cycle Slip
사이클 슬립은 GPS 반송파위상 추적회로에서 반송파위상치의 값을 순간적으로 놓침으로 인해 발생하는 오차, 사이클 슬립은 반송파 위상데이터를 사용하는 정밀위치측정분야에서는 매우 큰 영향을 미칠 수 있으므로 사이클 슬립의 검출은 매우 중요하다.

47 등고선의 성질을 설명한 것 중 틀린 것은?

① 같은 등고선 위에 있는 모든 점은 높이가 같다.
② 등고선은 경사가 급한 곳은 간격이 넓고 경사가 완만한 곳은 좁다.
③ 등고선은 도면 안 또는 밖에서 반드시 폐합하며 도중에 소실되지 않는다.
④ 등고선 간의 최단거리의 방향은 그 지표면의 최대 경사의 방향을 가리키며 최대 경사의 방향은 등고선에 수직한 방향이다.

해설 등고선의 성질
- 동일 등고선 상에 있는 모든 점은 같은 높이이다.
- 등고선은 반드시 도면 안이나 밖에서 서로가 폐합한다.
- 지도의 도면 내에서 폐합되면 가장 가운데 부분은 산꼭대기(산정) 또는 凹지(요지)가 된다.

- 등고선은 도중에 없어지거나, 엇갈리거나 합쳐지거나 갈라지지 않는다.
- 높이가 다른 두 등고선은 동굴이나 절벽의 지형이 아닌 곳에서는 교차하지 않는다.
- 등고선은 경사가 급한 곳에서는 간격이 좁고 완만한 경사에서는 넓다.
- 최대경사의 방향은 등고선과 직각으로 교차한다.
- 분수선(능선)과 곡선(유하선)은 등고선과 직각으로 만난다.
- 2쌍의 등고선의 볼록부가 상대할 때는 볼록부를 나타낸다.
- 동등한 경사의 지표에서 양 등고선의 수평거리는 같다.
- 같은 경사의 평면일 때는 나란한 직선이 된다.
- 등고선이 능선을 직각방향으로 횡단한 다음 능선 다른 쪽을 따라 거슬러 올라간다.
- 등고선의 수평거리는 산꼭대기 및 산밑에서는 크고 산중턱에서는 작다.

48 등고선의 종류 중 굵은 실선으로 표시되는 곡선은?

① 계곡선   ② 조곡선
③ 간곡선   ④ 주곡선

해설 등고선의 간격

등고선 종류	기호	축척			
		1/5,000	1/10,000	1/25,000	1/50,000
주곡선	가는 실선	5	5	10	20
간곡선	가는 파선	2.5	2.5	5	10
조곡선 (보조곡선)	가는 점선	1.25	1.25	2.5	5
계곡선	굵은 실선	25	25	50	100

Answer 47. ② 48. ①

49 지형측량의 순서로 옳은 것은?
① 세부측량→측량계획 작성→골조측량 → 측량 원도 작성
② 측량계획 작성→세부측량→골조측량 → 측량 원도 작성
③ 세부측량→골조측량→측량계획 작성 → 측량 원도 작성
④ 측량계획 작성→골조측량→세부측량 → 측량 원도 작성

해설 지형측량의 순서
계획 – 답사 – 골조측량 – 세부측량 – 지형도 작성

50 단곡선을 설치할 때 교각 $I=70°$, 곡선반지름 $R=150m$일 때 곡선장(C.L)은?
① 146.59m　② 167.18m
③ 183.26m　④ 198.64m

해설 $C.L = 0.01745RI = 0.01745 \times 150 \times 70 = 183.225m$

51 완화곡선의 성질에 대한 설명으로 옳은 것은?
① 완화곡선의 접선은 시점에서 원호에 접한다.
② 완화곡선의 반지름은 시점에서 원곡선이 된다.
③ 완화곡선의 시점에서 슬랙은 원곡선의 슬랙과 같다.
④ 완화곡선에 연한 곡선 반지름의 감소율은 캔트의 증가율과 같다.

해설 완화곡선의 특징
㉠ 곡선반경은 완화곡선의 시점에서 무한대, 종점에서 원곡선 R로 된다.
㉡ 완화곡선의 접선은 시점에서 직선에, 종점에서 원호에 접한다.
㉢ 완화곡선에 연한 곡선반경의 감소율은 캔트의 증가율과 같다.
㉣ 완화곡선의 종점의 캔트와 원곡선 시점의 캔트는 같다.
㉤ 완화곡선은 이정의 중앙을 통과한다.

52 고속도로 건설에 주로 사용되는 완화곡선은?
① 3차 포물선
② 클로소이드(clothoid) 곡선
③ 반파장 sine 체감곡선
④ 렘니스케이트(lemniscate) 곡선

해설
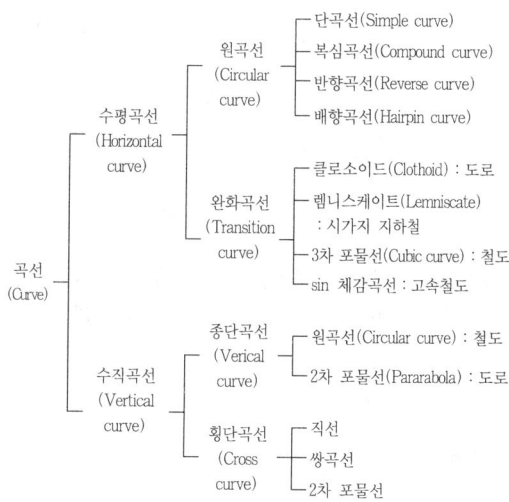

53 전체 면적이 300m², 전토량이 2,040m²일 때 절토량과 성토량이 같은 기준면상의 높이는?
① 5.2m　② 5.7m
③ 6.3m　④ 6.8m

해설 기준면 상의 높이
$= \dfrac{전토량}{전체면적} = \dfrac{2,040}{300} = 6.8m$

54 도로공사에서 단면도를 이용하여 토공량을 계산하고자 한다. 두 단면의 면적이 각각 30m², 40m²이고, 두 단면 사이의 거리가 20m일 때 양단면 평균법을 이용한 체적은?
① 500m³　② 600m³
③ 700m³　④ 800m³

Answer　49. ④　50. ③　51. ④　52. ②　53. ④　54. ③

해설

양단면 평균법 (End area formula)	$V = \frac{1}{2}(A_1 + A_2) \cdot l$ 여기서, $A_1 \cdot A_2$: 양끝단면적 A_m : 중앙단면적 l : A_1에서 A_2까지의 길이
중앙단면법 (Middle area formula)	$V = A_m \cdot l$
각주공식 (Prismoidal formula)	$V = \frac{l}{6}(A_1 + 4A_m + A_2)$

$V = \dfrac{A_1 + A_2}{2} \times l = \dfrac{30 + 40}{2} \times 20 = 700\mathrm{m}^3$

55 노선측량에서 도상계획을 할 때 사용되는 국가 기본도의 축척으로 가장 알맞은 것은?

① 1 : 1,000　　② 1 : 2,500
③ 1 : 5,000　　④ 1 : 25,000

 해설 노선 선정

도상선정	국토지리정보원 발행의 1/50,000 지형도(또는 1/25,000 지형도, 필요에 따라 1/200,000 지형도)를 사용하여, 생각하는 노선은 전부 취하여 검토하고, 여러 개의 노선을 선정한다.
종단면도 작성	도상 선정의 노선에 관하여 지형도에서부터 종단면도(축척 종 1/2,000, 횡단 1/25,000)를 작성한다.
현지답사	이상의 노선에 대하여 현지답사를 하여 수정할 개소는 수정하고 비교 검토하여 개략의 노선(route)을 결정한다.

56 등고선을 측정하기 위하여 어느 한 곳에 레벨을 세우고 표고 20m 지점의 표척 읽음값 (A)이 1.6m이었다. 21m 등고선을 구하려면 시준선의 표척 읽음값을 얼마로 하여야 하는가?

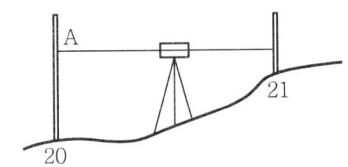

① 0.2m　　② 0.4m
③ 0.6m　　④ 1.6m

 해설 $H_B = H_A + 전시 - 후시$
∴ 후시 $= H_A + 전시 - H_B = 20 + 1.6 - 21$
$= 0.6\mathrm{m}$

57 노선측량의 단곡선 설치에서 사용되는 방법으로 접선과 현이 이루는 각과 거리를 관측하여 곡선을 설치하는 방법은?

① 편각설치법　　② 접전설치법
③ 종거설치법　　④ 지거설치법

 해설

편각 설치법	편각은 단곡선에서 접선과 현이 이루는 각으로 철도, 도로 등의 곡선 설치에 가장 일반적인 방법이며, 다른 방법에 비해 정확하나 반경이 작을 때 오차가 많이 발생한다.
중앙종거법	곡선반경이 작은 도심지 곡선설치에 유리하며 기설곡선의 검사나 정정에 편리하다. 일반적으로 1/4법이라고도 한다.
접선편거 및 현편거법	트랜싯을 사용하지 못할 때 폴(Pole)과 테이프로 설치하는 방법으로 지방도로에 이용되며 정밀도는 다른 방법에 비해 낮다.
접선에서 지거를 이용하는 방법	양접선에 지거를 내려 곡선을 설치하는 방법으로 터널 내의 곡선설치와 산림지에서 벌채량을 줄일 경우에 적당한 방법이다.

58 토공량, 저수지나 댐의 저수용량 및 콘크리트량 등의 체적을 구하기 위한 방법이 아닌 것은?

① 단면법　　② 점고법
③ 등고선법　　④ 우모법

1. 단면법
   ㉠ 양단면평균법(End area formula)
   $$V = \frac{1}{2}(A_1 + A_2) \cdot l$$
   여기서, A_1, A_2 : 양끝단면적
   A_m : 중앙단면적
   l : A_1에서 A_2까지의 길이
   ㉡ 중앙단면법(Middle area formula)
   $$V = A_m \cdot l$$
   ㉢ 각주공식(Prismoidal formula)
   $$V = \frac{l}{6}(A_1 + 4A_m + A_2)$$

2. 점고법
   ㉠ 직사각형으로 분할하는 경우
   • 토량
   $$V = \frac{A}{4}(\Sigma h_1 + 2\Sigma h_2 + 3\Sigma h_3 + 4\Sigma h_4) \quad (단, A = a \times b)$$
   • 계획고
   $$h = \frac{V_0}{nA} \text{(단, n : 사각형의 분할개수)}$$
   ㉡ 삼각형으로 분할하는 경우
   • 토량
   $$V_0 = \frac{A}{3}(\Sigma h_1 + 2\Sigma h_2 + 3\Sigma h_3 + 4\Sigma h_4 + 5\Sigma h_5 + 6\Sigma h_6 + 7\Sigma h_7 + 8\Sigma h_8)$$
   $$(단, A = \frac{1}{2}a \times b)$$
   • 계획고 $h = \frac{V_0}{nA}$

3. 등고선법
   ㉠ 토량 산정, Dam, 저수지의 저수량 산정
   $$V_0 = \frac{h}{3}\{A_0 + A_n + 4(A_1 + A_3) + 2(A_2 + A_4)\}$$
   여기서, A_0, A_1, A_2 ⋯ : 각 등고선 높이에 따른 면적
   n : 등고선 간격

59 GPS의 우주부분에 대한 설명으로 틀린 것은?
① 인공위성의 고도는 약 20,200km이다.
② 인공위성의 공전주기는 1항성일이다.
③ GPS 위성의 궤도면은 6개이다.
④ 우주부분은 GPS 위성으로 구성되어 있다.

해설 우주부문

구성	31개의 GPS위성
기능	측위용 전파 상시 방송, 위성궤도정보, 시각신호등 측위계산에 필요한 정보 방송 ① 궤도형상 : 원궤도 ② 궤도면수 : 6개면 ③ 위성수 : 1궤도면에 4개 위성(24개 + 보조위성 7개) = 31개 ④ 궤도경사각 : 55° ⑤ 궤도고도 : 20,183km ⑥ 사용좌표계 : WGS84 ⑦ 회전주기 : 11시간 58분(0.5 항성일) : 1항성일은 23시간 56분 4초 ⑧ 궤도간이격 : 60도 ⑨ 기준발진기 : 10.23MHz • 세슘원자시계 2대 • 류비듐원자시계 2대

• 1태양일 : 지구가 태양을 중심으로 한 번 자전하는 시간(24시간)
• 1항성일 : 지구가 항성을 중심으로 한 번 자전하는 시간(23시간56분4초)

60 철도의 곡선도로 진입 시 원심력에 의한 탈선을 방지하기 위해 안쪽과 바깥쪽 레일 사이에 주는 높이차는?
① 차트   ② 캔트
③ 실트   ④ 확폭

해설

캔트	곡선부를 통과하는 차량에 원심력이 발생하여 접선 방향으로 탈선하려는 것을 방지하기 위해 바깥쪽 노면을 안쪽노면보다 높이는 정도를 말하며, '편경사'라고 한다.
슬랙	차량과 레일이 꼭 끼어서 서로 힘을 입게 되면 때로는 탈선의 위험도 생긴다. 이러한 위험을 막기 위해서 레일 안쪽을 움직여 곡선부에서는 궤간을 넓힐 필요가 있다. 이 넓인 치수를 말하며, '확폭'이라고도 한다.

Answer 59. ② 60. ②

2014년 1회

01 어떤 기선을 측정하여 다음 표와 같은 결과를 얻었을 때 최확값은?

측정군	측정값	측정횟수
I	80.186m	1
II	80.249m	2
III	80.223m	3

① 80.186m ② 80.210m
③ 80.226m ④ 80.249m

해설 $P_1 : P_2 : P_3 = 1 : 2 : 3$

$$L_0 = \frac{P_1 l_1 + P_2 l_2 + P_3 l_3}{P_1 + P_2 + P_3}$$
$$= 80 + \frac{1 \times 0.186 + 2 \times 0.249 + 3 \times 0.223}{1+2+3}$$
$$= 80.2255 \text{m}$$

02 하천 양안의 고저차를 측정할 때 교호수준측량을 이용하는 주요 이유는?

① 기계오차와 광선굴절오차 제거
② 연직축오차 제거
③ 수평각오차 제거
④ 기포관측오차 제거

해설 교호수준측량
전시와 후시를 같게 취하는 것이 원칙이나 2점 간에 강·호수·하천 등이 있으면 중앙에 기계를 세울 수 없을 때 양 지점에 세운 표척을 읽어 고저차를 2회 산출하여 평균하며 높은 정밀도를 필요로 할 경우에 이용된다.

교호수준측량을 할 경우 소거되는 오차
㉠ 레벨의 기계오차(시준축오차)
㉡ 관측자의 읽기오차
㉢ 지구의 곡률에 의한 오차(구차)
㉣ 광선의 굴절에 의한 오차(기차)

03 수평각 관측방법 중 가장 정확한 값을 얻을 수 있는 관측방법은?

① 방향각 관측법 ② 조합각 관측법
③ 배각 관측법   ④ 단각 관측법

해설

단측법	1개의 각을 1회 관측하는 방법으로 수평각측정법 중 가장 간단하며 관측결과가 좋지 않다.
배각법	하나의 각을 2회 이상 반복 관측하여 누적된 값을 평균하는 방법으로 이중축을 가진 트랜싯의 연직축오차를 소거하는 데 좋고 아들자의 최소눈금 이하로 정밀하게 읽을 수 있다. • 방법 : 1개의 각을 2회 이상 관측하여 관측횟수로 나누어 구한다.
방향각법	어떤 시준방향을 기준으로 하여 각 시준방향에 이르는 각을 차례로 관측하는 방법, 배각법에 비해 시간이 절약되고 3등삼각측량에 이용된다. • 1점에서 많은 각을 잴 때 이용한다.
조합각 관측법	수평각 관측방법 중 가장 정확한 방법으로 1등삼각측량에 이용된다. 여러 개의 방향선의 각을 차례로 방향각법으로 관측하여 얻어진 여러 개의 각을 최소제곱법에 의해 최확값을 결정한다.

04 평판측량에 대한 설명 중 옳지 않은 것은?

① 기후의 영향을 많이 받는다.
② 현장에서 결측을 발견하기 쉽다.
③ 다른 측량에 비해 정확도가 낮다.
④ 외업 시간에 비해 내업 시간이 길다.

	해설	
장점		⊙ 현장에서 직접 측량결과를 제도함으로써 필요한 사항을 결측하는 일이 없다. ⓒ 내업이 적으므로 작업을 빠르게 할 수 있다. ⓒ 측량기구가 간단하여 측량방법 및 취급하기가 편리하다. ⓔ 오측 시 현장에서 발견이 용이하다.
단점		⊙ 외업이 많으므로 기후(비, 눈, 바람 등)의 영향을 많이 받는다. ⓒ 기계의 부품이 많아 휴대하기 곤란하고 분실하기 쉽다. ⓒ 도지에 신축이 생기므로 정밀도에 영향이 크다. ⓔ 높은 정도를 기대할 수 없다.

05 측선 AB의 방위각과 거리가 그림과 같을 때, 측점 B의 좌표 계산으로 괄호 안에 알맞은 것은?

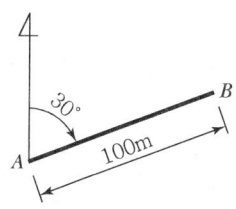

$$B_X = A_X + 100 \times (\;\unicode{x24D8}\;)$$
$$B_Y = A_Y + 100 \times (\;\unicode{x24D2}\;)$$

① ⊙ cos30° ⓒ sin30°
② ⊙ cos30° ⓒ tan30°
③ ⊙ sin30° ⓒ tan30°
④ ⊙ tan30° ⓒ cos30°

해설 $B_X = A_X + 거리 \times \cos$ 방위각
$B_Y = A_Y + 거리 \times \sin$ 방위각

06 우리나라 측량의 평면 직각 좌표원점 중 서부원점의 위치는?

① 동경 125° 북위 38°
② 동경 127° 북위 38°
③ 동경 129° 북위 38°
④ 동경 131° 북위 38°

해설 직각좌표계 원점

명칭	원점의 경위도	투영원점의 가산(加算)수치	원점 축척 계수	적용 구역
서부 좌표계	경도 : 동경 125° 00′ 위도 : 북위 38° 00′	X(N) 600,000m Y(E) 200,000m	1.0000	동경 124° ~126°
중부 좌표계	경도 : 동경 127° 00′ 위도 : 북위 38° 00′	X(N) 600,000m Y(E) 200,000m	1.0000	동경 126° ~128°
동부 좌표계	경도 : 동경 129° 00′ 위도 : 북위 38° 00′	X(N) 600,000m Y(E) 200,000m	1.0000	동경 128° ~130°
동해 좌표계	경도 : 동경 131° 00′ 위도 : 북위 38° 00′	X(N) 600,000m Y(E) 200,000m	1.0000	동경 130° ~132°

07 트래버스 측량에서 선점할 때의 유의사항에 대한 설명으로 틀린 것은?

① 지반이 견고한 장소이어야 한다.
② 세부측량에 편리해야 한다.
③ 측점 수는 많게 하는 것이 좋다.
④ 측선의 거리는 가능한 길게 한다.

해설 선점 시 주의사항
⊙ 시준이 편리하고 지반이 견고할 것
ⓒ 세부측량에 편리할 것
ⓒ 측선거리는 되도록 동일하게 하고 큰 고저차가 없을 것
ⓔ 측선의 거리는 될 수 있는 대로 길게 하고 측점 수는 적게 하는 것이 좋다.
ⓜ 측선의 거리는 30~200m 정도로 한다.
ⓗ 측점은 찾기 쉽고 안전하게 보존될 수 있는 장소로 한다.

08 그림에서 BE=20m, CE=6m, CD=12m인 경우에 AB의 거리는?

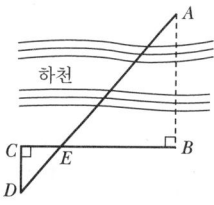

① 10m   ② 26m
③ 36m   ④ 40m

Answer 5. ① 6. ① 7. ③ 8. ④

해설 EB : BA = EC : CD 에서
$$AB = \frac{EB}{EC} \times CD = \frac{20 \times 12}{6} = 40m$$

09 트래버스 측량에서 어느 측선의 방위각이 160°라고 할 때 이 측선의 방위는?
① N 160° E ② S 160° W
③ S 20° E   ④ N 20° W

해설 측선의 방위각이 160°이면 2상환이므로 SE
$\theta = 180° - 160° = 20°$ ∴ S 20° E

10 방위 N70°W의 역방위각은 얼마인가?
① 290°   ② 160°
③ 110°   ④ 70°

해설 방위각 = 360° - 70° = 290°
역방위각 = 290 - 180 = 110°

11 50m에 대해 5mm가 긴 테이프로 토지를 측량하였더니 그 넓이가 10.000m²이었다면 실제 넓이는?
① 9.998m²   ② 9.999m²
③ 10.001m² ④ 10.002m²

해설
$$실제면적 = \left(\frac{부정길이}{표준길이}\right)^2 \times 관측면적$$
$$= \left(\frac{50+0.005}{50}\right)^2 \times 10.000$$
$$= 10.002m^2$$

12 테이프를 이용하여 기울기가 20°인 경사거리를 관측하여 20m를 얻었다. 이 테이프의 길이는 50m이고 표준길이보다 2cm가 짧다면 수평거리는?
① 17.314m   ② 18.786m
③ 19.265m   ④ 20.621m

해설 $50 : 0.02 = 20 : x$

$x = \frac{0.02 \times 20}{50} = 0.008$, 20m에 대한 오차
$20 \times \cos 20 = 18.794$
18.794에서 20m에 대한 오차(0.008)를 빼면
$18.794 - 0.008 = 18.786m$

13 세부측량에 사용할 기준점의 좌표를 결정하기 위하여 각 변의 방향과 거리를 측정하여 측점의 좌표를 결정하는 측량은?
① 트래버스 측량   ② 스타디아 측량
③ 수준측량   ④ GPS 측량

해설 여러 개의 측점을 연결하여 생긴 다각형의 각 변의 길이와 방위각을 순차로 측정하고, 그 결과에서 각 변의 위거, 경거를 계산하여 이 점들의 좌표를 결정하여 도상 기준점의 위치를 결정하는 측량을 말한다.

14 평판을 세울 때의 오차에 해당하지 않는 사항은?
① 수평 맞추기 오차 ② 시준 맞추기 오차
③ 중심 맞추기 오차 ④ 방향 맞추기 오차

해설 평판측량의 3요소

정준 (Leveling up)	평판을 수평으로 맞추는 작업(수평 맞추기)
구심 (Centering)	평판 상의 측점과 지상의 측점을 일치시키는 작업(중심 맞추기)
표정 (Orientation)	평판을 일정한 방향으로 고정시키는 작업으로 평판측량의 오차 중 가장 크다.(방향 맞추기)

15 실제 두 점 간의 거리 50m를 도상에서 2mm로 표시하는 경우 축척은?
① 1 : 1,000   ② 1 : 2,500
③ 1 : 25,000   ④ 1 : 50,000

해설 $\frac{1}{m} = \frac{l}{L} = \frac{0.002}{50} = \frac{1}{25,000}$

Answer 9. ③ 10. ③ 11. ④ 12. ② 13. ① 14. ② 15. ③

16 5각형 폐합트래버스의 내각을 측정하고자 한다. 각관측 오차가 다른 각에 영향을 주지 않는 각관측 방법은?
① 방향각법   ② 방위각법
③ 편각법   ④ 교각법

해설

교각법	어떤 측선이 그 앞의 측선과 이루는 각을 관측하는 방법
편각법	각 측선이 그 앞 측선의 연장과 이루는 각을 관측하는 방법
방위각법	각 측선이 일정한 기준선인 자오선과 이루는 각을 우회로 관측하는 방법으로 각관측 및 관측값 계산이 가장 신속한 방법

17 관측자의 미숙과 부주의에 의해 주로 발생되며 관측 시 주의를 기울이면 방지할 수 있는 오차는?
① 부정오차   ② 정오차
③ 참오차   ④ 착오

해설 1. 정오차 또는 누차(Constant Error : 누적오차, 고정오차)
  ㉠ 오차 발생 원인이 확실하여 일정한 크기와 일정한 방향으로 생기는 오차로서 부호는 항상 같다.
  ㉡ 측량 후 조정이 가능하다.
  ㉢ 정오차는 측정횟수에 비례한다.
    $E_1 = n \cdot \delta$
    여기서, E_1 : 정오차
         δ : 1회 측정 시 누적오차
         n : 측정(관측)횟수
2. 우연오차(Accidental Error : 부정오차, 상차, 우차)
  ㉠ 오차의 발생 원인이 명확하지 않아 소거 방법도 어렵다.
  ㉡ 최소제곱법의 원리로 오차를 배분하며 오차론에서 다루는 오차를 우연오차라 한다.
  ㉢ 우연오차는 측정횟수의 제곱근에 비례한다.
    $E_2 = \pm \delta \sqrt{n}$

    여기서, E_2 : 우연오차
         δ : 우연오차
         n : 측정(관측)횟수
3. 착오(Mistake : 과실)
  ㉠ 관측자의 부주의에 의해서 발생하는 오차
  ㉡ 예 : 기록 및 계산의 착오, 눈금 읽기의 잘못, 숙련부족 등

18 임의의 기준선으로부터 어느 측선까지 시계방향으로 잰 수평각을 무엇이라고 하는가?
① 방위각   ② 방향각
③ 천정각   ④ 천저각

해설

방향각	도북방향을 기준으로 어느 측선까지 시계방향으로 잰 각
방위각	㉠ 자오선을 기준으로 어느 측선까지 시계방향으로 잰 각 ㉡ 방위각도 일종의 방향각 ㉢ 자북방위각, 역방위각

19 수준측량의 야장 기입방법 중 기계고(I.H)를 계산하는 난이 있는 방법은?
① 고차식   ② 기고식
③ 승강식   ④ 종단식

해설 야장 기입방법

고차식	가장 간단한 방법으로 B.S와 F.S만 있으면 된다.
기고식	가장 많이 사용하며, 중간점이 많을 경우 편리하나 완전한 검산을 할 수 없는 것이 결점이다.
승강식	완전한 검사로 정밀 측량에 적당하나, 중간점이 많으면 계산이 복잡하고, 시간과 비용이 많이 소요된다.

20 평판측량의 오차 중 앨리데이드 구조상 시준하는 선과 도상의 방향선 위치(앨리데이드 자의 가장자리선)가 다르기 때문에 생기는 오차는?
① 시준오차   ② 외심오차
③ 구심오차   ④ 편심오차

해설

앨리데이드의 외심오차	$q = \dfrac{e}{M}$
앨리데이드의 시준오차	$q = \dfrac{\sqrt{d^2+t^2}}{2l} \cdot L$
자침오차	$q = \dfrac{0.2}{S} \cdot L$

여기서, q : 도상(제도)허용오차
M : 축척분모수
e : 외심오차
t : 시준사의 지름
d : 시준공의 지름
l : 양 시준판의 간격
L : 방향선(도상)의 길이
S : 자침의 중심에서 첨단까지의 길이

21 국제 타원체로서 1979년 IUGG총회에서 결정하여 발표한 세계측지계로 우리나라의 측량 기준인 것은?

① 베셀   ② 클라크
③ GRS80   ④ WGS84

해설 1979년 IUGG 총회에서 결정하여 발표한 세계측지계로 우리나라의 측량기준은 GRS80 타원체이다.

22 삼각망의 변조정 계산에서 sin 법칙에 의한 계산식 $a = b\dfrac{\sin A}{\sin B}$에 대수를 취한 것으로 옳은 것은?

① $\log a = \log b + \log \sin A - \log \sin B$
② $\log a = \log b - \log \sin A + \log \sin B$
③ $\log a = \log b + \log \sin A + \log \sin B$
④ $\log a = \log b - \log \sin A - \log \sin B$

해설 $\dfrac{a}{\sin \alpha} = \dfrac{b}{\sin \beta} = \dfrac{c}{\sin \gamma}$
$b = \dfrac{\sin \beta}{\sin \alpha} \cdot a$
$c = \dfrac{\sin \gamma}{\sin \alpha} \cdot a$
$\log b = \log a + \log \sin \beta - \log \sin \alpha$
$\quad\quad = \log a + \log \sin \beta + \text{colog} \sin \alpha$

23 삼각망의 한 종류로서 농지 측량 등 방대한 지역의 측량에 적합하고 측점 수에 비하여 포함면적이 가장 넓은 것은?

① 유심 삼각망   ② 사변형 삼각망
③ 단열 삼각망   ④ 팔각형 삼각망

해설

단열 삼각쇄(망) (single chain of trangles)	• 폭이 좁고 길이가 긴 지역에 적합하다. • 노선·하천·터널측량 등에 이용한다. • 거리에 비해 관측 수가 적다. • 측량이 신속하고 경비가 적게 든다. • 조건식의 수가 적어 정도가 낮다.
유심 삼각쇄(망) (chain of central points)	• 동일 측점에 비해 포함면적이 가장 넓다. • 넓은 지역에 적합하다. • 농지측량 및 평탄한 지역에 사용된다. • 정도는 단열삼각망보다 좋으나 사변형보다 적다.
사변형 삼각쇄(망) (chain of quadrilaterals)	• 조건식의 수가 가장 많아 정밀도가 가장 높다. • 기선삼각망에 이용된다. • 삼각점 수가 많아 측량시간이 많이 소요되며, 계산과 조정이 복잡하다.

24 거리가 2km 떨어진 두 점의 각 관측에서 측각 오차가 3″일 때 발생되는 거리오차는 몇 cm인가?

① 2.9cm   ② 3.6cm
③ 5.9cm   ④ 6.5cm

해설 $\Delta l = \dfrac{\theta''}{\rho''} \times L = \dfrac{3''}{206265''} \times 2,000$
$\quad\quad = 0.029\text{m} = 2.9\text{cm}$

25 삼각측량의 특징에 대한 설명으로 옳지 않은 것은?

① 넓은 면적 측량에 적합하다.
② 단계별 정확도를 점검할 수 있다.
③ 넓은 지역에 같은 정확도로 기준점을 배치하는 데 편리하다.

④ 계산을 위한 조건식이 적어 계산 및 조정 방법이 단순하다.

해설 삼각 및 삼변측량의 특징

삼각 측량	• 넓은 지역에 동일한 정확도로 기준 점을 배치하는 것이 편리하다. • 삼각측량은 넓은 지역의 측량에 적합하다. • 삼각점은 서로 시통이 잘되어야 한다. • 조건식이 많아 계산 및 조정방법이 복잡하다. • 각 단계에서 정밀도를 점검할 수 있다.
삼변 측량	• 삼변을 측정해서 삼각점의 위치를 결정한다 • 기선장을 실측하므로 기선확대가 필요없다. • 관측값에 비하여 조건식이 적은 것이 단점이다. • 좌표계산이 편리하다 • 조정방법은 조건방정식에 의한 조정과 관측방정식에 의한 조정이 있다.

26 수준측량의 용어 중, 기준면으로부터 측점까지의 연직거리를 의미하는 것은?

① 기계고　　② 지반고
③ 후시　　　④ 전시

해설

표고 (Elevation)	국가 수준 기준면으로부터 그 점까지의 연직거리
전시 (Fore sight)	표고를 알고자 하는 점(미지점)에 세운 표척의 읽음 값
후시 (Back sight)	표고를 알고 있는 점(기지점)에 세운 표척의 읽음 값
기계고 (Instrument height)	기준면에서 망원경 시준선까지의 높이
이기점 (Turning point)	기계를 옮길 때 한 점에서 전시와 후시를 함께 취하는 점
중간점 (Intermediate point)	표척을 세운 점의 표고만을 구하고자 전시만 취하는 점

27 수준측량 결과 발생하는 고저의 오차는 거리와 어떤 관계를 갖는가?

① 거리에 비례한다.
② 거리에 반비례한다.
③ 거리의 제곱근에 비례한다.
④ 거리의 제곱근에 반비례한다.

해설 직접수준측량에서 오차는 거리의 제곱근에 비례한다.
$$E = C\sqrt{L}$$
여기서, C : 1km당 발생 오차
　　　　L : 전 측선 거리(km)

28 후시(B.S.)가 1.550m, 전시(F.S.)가 1.445m일 때 미지점의 지반고가 100.000m였다면 기지점의 높이는?

① 97.005m　　② 98.450m
③ 99.895m　　④ 100.695m

해설 $H_B = x + 1.55 - 1.445 = 100$
∴ $x = 100 - 1.55 + 1.445 = 99.895$m

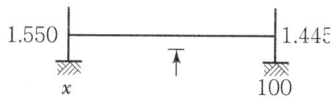

29 그림과 같은 사변형 삼각망의 조정에서 성립되는 각 조건식으로 옳은 것은?(단, 1, 2, …, 8은 표시된 각을 의미한다.)

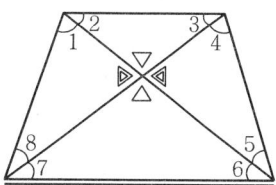

① ∠2+∠3 = ∠6+∠7
② ∠1+∠2 = ∠5+∠6
③ ∠1+∠8+∠4+∠5
　= ∠2+∠3+∠6+∠7
④ ∠1+∠3+∠5+∠7
　= ∠2+∠4+∠6+∠8

Answer 26. ② 27. ③ 28. ③ 29. ①

해설 각도방정식
1. 삼각규약(마주보는 삼각형 내각)
   ㉠ ∠2+∠3=∠6+∠7
   ㉡ ∠1+∠8=∠4+∠5
2. 망규약
   1+2+3+4+5+6+7+8=360°

30 폐합 트래버스에서 폐합오차의 배분방법으로 옳은 것은?(단, 각의 정확도가 같고, 오차가 허용한도 내에 있는 경우)
① 각의 크기에 비례하여 배분한다.
② 각의 크기에 반비례하여 배분한다.
③ 다시 측량하여 오차가 없도록 한다.
④ 각의 크기에 관계없이 같게 배분한다.

해설 오차처리
㉠ 각 측정의 정확도가 같을 때에는 오차를 각의 크기에 관계없이 동일하게 배분한다.
㉡ 각 측정의 경중률이 다를 경우에는 오차를 경중률에 반비례하여 각각 배분한다.
㉢ 변 길이의 역수에 비례하여 각 각에 배분한다.

31 삼각형의 내각을 측정하였더니 ∠A= 68° 01′ 10″, ∠B=51° 59′ 06″, ∠C=60° 00′ 05″ 이었다면, 각 보정 후의 ∠B는?
① 51° 58′ 50″
② 51° 58′ 59″
③ 51° 59′ 00″
④ 51° 59′ 05″

해설 각오차=180° - (68° 01′ 10″+51° 59′ 06″+ 60° 00′ 05″) = -0°00′21″
각 조정량 = $\frac{0°00′21″}{3}$ = 7″ (180°보다 크므로 각 각에서 - 한다.)
∴ ∠B = 51°59′06″ - 7″ = 51°58′59″

32 폐합 트래버스에서 내각의 총합을 구하는 식은?(단, n : 폐합 트래버스의 변의 수)
① 180°(n+2)
② 180°(n-2)
③ 360°(n-2)
④ 360°(n+2)

해설

내각 측정시	다각형의 내각의 합은 180°(n-2) 이므로 ∴ $E=[a]-180(n-2)$
외각 측정시	다각형에서 외각은(360° - 내각)이므로 외각의 합은 (360°×n - 내각의 합) 즉 360°×n-180°(n-2)=180°(n+2)이 된다. ∴ $E=[a]-180(n+2)$
편각 측정시	편각은 (180° - 내각)이므로 편각의 합은 180°×n-180°(n-2)=360° ∴ $E=[a]-360°$ 여기서, E : 폐합트래버스오차 $[a]$: 각의 총합 n : 각의 수

33 각의 관측에 사용할 수 없는 기계는?
① 토털스테이션
② 트랜싯
③ 세오돌라이트
④ 레이버 레벨

해설 수준측량(Leveling)이란 지구상에 있는 여러 점들 사이의 고저차를 관측하는 것으로 고저측량이라고도 한다.

34 그림과 같은 결합 다각측량의 측각 오차는?
(단, A_1=40° 20′ 20″, A_n=252° 06′ 35″, a_1=30° 23′ 40″, a_2=120° 15′ 20″, a_3=260° 18′ 30″, a_4=115° 18′ 15″, a_5=45° 30′ 20″)

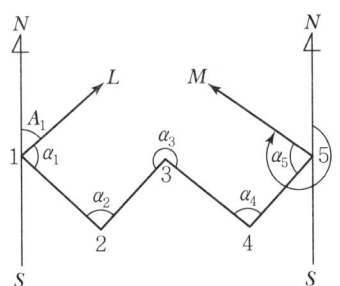

Answer 30. ④ 31. ② 32. ② 33. ④ 34. ①

① -10″ ② -20″
③ -30″ ④ -40″

해설 $E = W_a - W_b + [a] - 180°(n-3) = 40°20'20'' - 252°06'35'' + 571°46'05'' - 180(5-3) = -10''$

35 A, B, C 세 점으로부터 수준측량을 한 결과 P점의 관측값이 각각 P_1, P_2, P_3이었다면 P점의 최확값을 구하는 식으로 옳은 것은? (단, A, B, C로부터 P점까지의 거리 비 A : B : C = 2 : 1 : 2이다.)

① $\dfrac{P_1 \times 1 + P_2 \times 2 + P_3 \times 1}{1+2+1}$

② $\dfrac{P_1 \times 2 + P_2 \times 1 + P_3 \times 2}{2+1+2}$

③ $\dfrac{P_1 + P_2 + P_3}{3}$

④ $\dfrac{P_1 \times P_2 \times P_3}{3^2}$

해설 직접수준측량에서 경중률은 노선거리에 반비례한다.

$P_1 : P_2 : P_3 = \dfrac{1}{2} : \dfrac{1}{1} : \dfrac{1}{2} = 2 : 4 : 2 = 1 : 2 : 1$

$L_0 = \dfrac{P_1 \times l_1 + P_2 \times l_2 + P_3 \times l_3}{P_1 + P_2 + P_3}$

$= \dfrac{P_1 \times 1 + P_2 \times 2 + P_3 \times 1}{1+2+1}$

36 노선측량에서 교점이 기점에서부터 130.4m의 위치에 있고 곡선반지름이 60m, 교각이 50°20′일 때 접선의 길이는?

① 8.79mm ② 28.19m
③ 51.11m ④ 102.21m

해설 $TL = R \tan\dfrac{I}{2} = 60 \times \tan\dfrac{50°20'}{2}$
$= 28.19m$

37 완화곡선에서 원심력에 의한 낙차를 고려하여 바깥 레일을 안쪽보다 높게 만드는 것으로 도로에서는 편경사라 하는 것은?

① 확폭(slack) ② 캔트(cant)
③ 경사(slope) ④ 길어깨(shoulder)

해설

캔트	곡선부를 통과하는 차량에 원심력이 발생하여 접선 방향으로 탈선하려는 것을 방지하기 위해 바깥쪽 노면을 안쪽노면보다 높이는 정도를 말하며, '편경사'라고 한다.
슬랙	차량과 레일이 꼭 끼어서 서로 힘을 입게 되면 때로는 탈선의 위험도 생긴다. 이러한 위험을 막기 위해서 레일 안쪽을 움직여 곡선부에서는 궤간을 넓힐 필요가 있다. 이 넓인 치수를 말하며, '확폭'이라고도 한다.

38 원곡선 기호에서 I.P가 표시하는 것은?

① 시점 ② 종점
③ 교점 ④ 곡선중점

해설

B.C	곡선시점(Biginning of Curve)
E.C	곡선종점(End of Curve)
S.P	곡선중점(Secant Point)
I.P	교점(Intersection Point)
I	교각(Intersection Angle)
∠AOB	중심각(Central Angle) : I
R	곡선반경(Radius of Curve)
$\widehat{AB}$	곡선장(Curve Length) : C.L
AB	현장(Long Chord) : C
T.L	접선장(Tangent Length) : AD, BD
M	중앙종거(Middle Ordinate)
E	외할(External Secant)
δ	편각(Deflection Angle) : ∠VAG

Answer 35. ① 36. ② 37. ② 38. ③

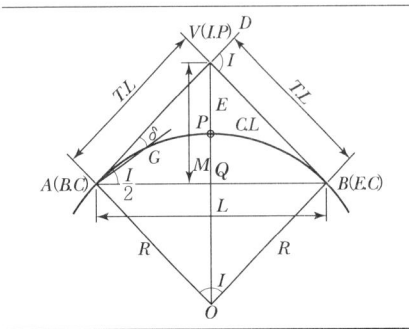

39 지형도(종이지도)의 이용에 대한 설명으로 옳지 않은 것은?

① 확대지도(대축척지도) 편집
② 하천의 유역면적 결정
③ 노선의 도면상 선정
④ 저수량의 결정

해설 지형도의 이용
1. 방향 결정
2. 위치 결정
3. 경사 결정(구배 계산)
   ㉠ 경사$(i) = \dfrac{H}{D} \times 100 (\%)$
   ㉡ 경사각$(\theta) = \tan^{-1} \dfrac{H}{D}$
4. 거리 결정
5. 단면도 제작
6. 면적 계산
7. 체적 계산(토공량 산정)

40 인공위성을 이용한 범세계적 위치 결정의 체계로 정확히 위치를 알고 있는 위성에서 발사한 전파를 수신하여 관측점까지의 소요시간을 측정함으로써 관측점의 3차원 위치를 구하는 측량은?

① 전자파 거리 측량
② 스타디아 측량
③ 원격탐측
④ GPS 측량

해설 GPS는 인공위성을 이용한 범세계적 위치결정체계로 정확한 위치를 알고 있는 위성에서 발사한 전파를 수신하여 관측점까지의 소요시간을 관측함으로써 관측점의 위치를 구하는 체계이다. 즉, GPS 측량은 위치가 알려진 다수의 위성을 기지점으로 하여 수신기를 설치한 미지점의 위치를 결정하는 후방교회법(Resection methoid)에 의한 측량방법이다.

41 단곡선 설치에서 교각이 60°, 중앙종거가 6.54m일 때 반지름(R)은?

① 18.96m
② 26.15m
③ 32.96m
④ 48.82m

해설 $M = R\left(1 - \cos \dfrac{I}{2}\right)$에서
$R = \dfrac{M}{1 - \cos \dfrac{I}{2}} = \dfrac{6.54}{1 - \cos 30°} = 48.815\text{m}$

42 체적 산정방법 중 단면법에 대한 설명은?

① 사각형 분할법과 삼각형 분할법이 있다.
② 등고선으로 둘러싸인 면적을 구적기를 이용하여 계산한다.
③ 철도, 도로, 수로 등과 같이 긴 노선의 성토, 절토량 산정 시 이용한다.
④ 넓은 지역의 택지, 운동장 등의 정지 작업을 위해 토공량 산정 시 이용한다.

해설 단면법
도로, 철도, 수로 등과 같이 긴 노선의 성토, 절토량을 계산할 경우에 이용되는 방법으로 양단면평균법, 중앙단면법, 각주공식에 의한 방법 등이 있다.

43 축척 1:50,000 지형도에서 200m 등고선 상의 A점과 300m 등고선 상의 B점 간의 도상의 거리가 15cm였다면 AB점 간의 경사도는?

① $\dfrac{1}{5}$
② $\dfrac{1}{25}$
③ $\dfrac{1}{50}$
④ $\dfrac{1}{75}$

해설 AB점 간의 실제거리 = 0.15 × 50,000 = 7,500

경사도 = $\dfrac{표고차}{수평거리} = \dfrac{300-200}{7,500} = \dfrac{1}{75}$

44 GPS 측량의 특징에 대한 설명으로 옳지 않은 것은?

① 3차원 측량을 동시에 할 수 있다.
② 극 지방을 제외한 전 지역에서 이용할 수 있다.
③ 하루 24시간 어느 시간에서나 이용이 가능하다.
④ 측량 거리에 비하여 상대적으로 높은 정확도를 가지고 있다.

45 총길이 L = 24m인 각주의 양 단면적 A_1 = 3m², A_2 = 2m², 중앙 단면적 A_3 = 2.5m²일 때 이 각주의 체적은?(단, 각주 공식을 사용한다.)

① 15m³　　② 30m³
③ 45m³　　④ 60m³

해설 $V = \dfrac{l}{6}(A_1 + 4A_m + A_2)$

$= \dfrac{24}{6}(3 + 4 \times 2.5 + 2) = 60\text{m}^3$

46 편각법에 의한 단곡선 설치에서 종단현이 10m였다면 종단현에 대한 편각은?(단, 곡선 반지름은 200m)

① 1° 25′ 57″　　② 2° 51′ 53″
③ 5° 43′ 46″　　④ 171° 53′ 14″

해설 $\delta = 1718.87′ \times \dfrac{l}{R}$

$= 1718.87′ \times \dfrac{10}{200} = 1°25′56.61″$

47 토지의 형상을 삼각형으로 구분하여 측정하는 방법이 아닌 것은?

① 배횡거법　　② 삼사법
③ 협각법　　　④ 삼변법

해설 • 삼각형법 : 삼사법, 협각법, 삼변법
• 수치계산법 : 삼각형법, 좌표법, 배횡거법

48 축척 1 : 600 도면에서 구한 면적이 60cm²일 때, 실제 면적은?

① 1,800m²　　② 2,160m²
③ 3,500m²　　④ 3,000m²

해설 $= \left(\dfrac{도상거리}{실제거리}\right)^2 = \dfrac{도상면적}{실제면적}$ 에서

실제면적 = 도상면적 × m² = 60 × 600²
= 21,600,000cm² = 2,160m²

49 지형도의 표시법을 설명한 것 중 틀린 것은?

① 음영법은 어느 특정한 곳에서 일정한 방향을 평행광선을 비칠 때 생기는 그림자를 바로 위에서 본 상태로 기복의 모양을 표시하는 방법이다.
② 우모법은 짧고 거의 평행한 선을 이용하여 이 선의 간격, 굵기, 길이, 방향 등에 의하여 지형의 기복을 알 수 있도록 표시하는 방법이다.
③ 우모법은 경사가 급하면 가늘고 길게, 완만하면 굵고 짧게 지면의 최급 경사방향으로 그린다.
④ 점고법은 하천, 항만, 해양측량 등에서 수심을 나타낼 때 측점에 숫자를 기입하여 수상 등을 나타내는 방법이다.

해설

자연적도법	영선법 (우모법, Hachuring)	'게바'라 하는 단선상(短線上)의 선으로 지표의 기본을 나타내는 것으로 게바의 사이, 굵기, 방향 등에 의하여 지표를 표시하는 방법

Answer　44. ②　45. ④　46. ①　47. ①　48. ②　49. ③

자연적 도법	음영법 (명암법, Shading)	태양광선이 서북쪽에서 45°로 비친다고 가정하여 지표의 기복을 도상에서 2~3색 이상으로 채색하여 지형을 표시하는 방법으로 지형의 입체감이 가장 잘 나타남
부호적 도법	점고법 (Spot height system)	지표면 상의 표고 또는 수심에 대한 숫자에 의하여 지표를 나타내는 방법으로 하천, 항만, 해양 등에 주로 이용
	등고선법 (Contour System)	동일 표고의 점을 연결하여 등고선에 의하여 지표를 표시하는 방법으로 토목공사용으로 가장 널리 사용
	채색법 (Layer System)	같은 등고선의 지대를 같은 색으로 채색하여 높을수록 진하게, 낮을수록 연하게 칠하여 높이의 변화를 나타내며 지리관계의 지도에 주로 사용

조곡선	간곡선 간격의 $\frac{1}{2}$ 간격으로 그리는 곡선으로 불규칙한 지형을 표시(주곡선 간격의 $\frac{1}{4}$ 간격으로 그리는 곡선)
계곡선	주곡선 5개마다 1개씩 그리는 곡선으로 표고의 읽음을 쉽게 하고 지모의 상태를 명시하기 위해 굵은 실선으로 표시

50 노선측량에서 중심선 설치 시 중심 말뚝의 일반적인 간격은 몇 m인가?

① 5m ② 20m
③ 50m ④ 100m

해설 중심 말뚝의 일반적인 간격은 보통 20m를 기준으로 한다.

51 주곡선의 1/2 간격으로 그리는 등고선은?

① 변곡선 ② 계곡선
③ 간곡선 ④ 조곡선

해설

주곡선	지형을 표시하는 데 가장 기본이 되는 곡선으로 가는 실선으로 표시
간곡선	주곡선 간격의 $\frac{1}{2}$ 간격으로 그리는 곡선으로 완경사지나 주곡선만으로 지모를 명시하기 곤란한 장소에 가는 파선으로 표시

52 노선 설계 시 직선부와 곡선부 사이에 편경사와 확폭을 갑자기 설치하면 차량통행에 불편을 주므로 곡선 반지름을 무한대에서 일정 값까지 점차 감소시키는 곡선을 설치하게 되는데 이를 무엇이라 하는가?

① 완화곡선 ② 단곡선
③ 수직선 ④ 편곡선

해설 완화곡선(Transition Curve)은 차량의 급격한 회전 시 원심력에 의한 횡방향 힘의 작용으로 인해 발생하는 차량 운행의 불안정과 승객의 불쾌감을 줄이는 목적으로 곡률을 0에서 조금씩 증가시켜 일정한 값에 이르게 하기 위해 직선부와 곡선부 사이에 넣는 매끄러운 곡선을 말한다.

53 그림과 같은 토지의 면적은 얼마인가?

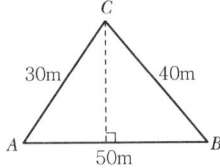

① 300m² ② 400m²
③ 500m² ④ 600m²

해설 $S = \frac{a+b+c}{2} = \frac{30+40+50}{2} = 60$
$A = \sqrt{s(s-a)(s-b)(s-c)}$
$= \sqrt{60(60-30)(60-40)(60-50)}$
$= 600\,m^2$

Answer 50. ② 51. ③ 52. ① 53. ④

54 GPS 측량 방법 중 상대위치 결정방법이 아닌 것은?

① 실시간 DGPS
② 1점 측위
③ 후처리 DGPS
④ 실시간 이동측량(RTK)

해설
• 절대관측 : 1점 측위
• 상대관측 : 정지측량, 이동측량, RTK 측량, DGPS 측량

55 그림과 같은 지형의 수준측량 결과를 이용하여 계획고 5m로 평탄 작업을 하기 위한 성(절)토량은?(단, 토량의 변화율을 고려하지 않고, 각 격자의 크기는 같다.)

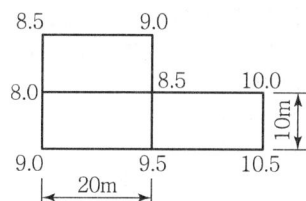

① 성토량=2,375m³
② 성토량=2,575m³
③ 절토량=2,375m³
④ 절토량=2,575m³

해설
$V = \dfrac{A}{4}(\sum h_1 + 2\sum h_2 + 3\sum h_3)$

$= \dfrac{20 \times 10}{4}(47 + 35 + 25.5) = 5,375 \text{m}^3$

계획고 5m일 때 토량
$h = \dfrac{V}{nA}$ 에서
$V_0 = n \cdot A \cdot h = 3 \times (20 \times 10) \times 5$
$= 3,000 \text{m}^3$
∴ $5,375 - 3,000 = 2,375 \text{m}^3$ (절토량)

56 노선을 설정할 때 유의해야 할 사항으로 틀린 것은?

① 절토 및 성토의 운반거리는 가급적 길게 한다.
② 배수가 잘되는 곳이어야 한다.
③ 노선은 가능한 직선으로 한다.
④ 경사를 완만하게 한다.

해설 노선조건
㉠ 가능한 직선으로 할 것
㉡ 가능한 한 경사가 완만할 것
㉢ 토공량이 적고 절토와 성토가 짧은 구간에서 균형을 이룰 것
㉣ 절토의 운반거리가 짧을 것
㉤ 배수가 완전할 것

57 등경사 지형에서 표고가 각각 100m, 130m 인 두 점의 수평거리가 200m일 때, 표고 100m 지점으로부터 표고 120m인 지점까지의 거리는?

① 66.667m   ② 100.000m
③ 133.333m ④ 166.667m

해설
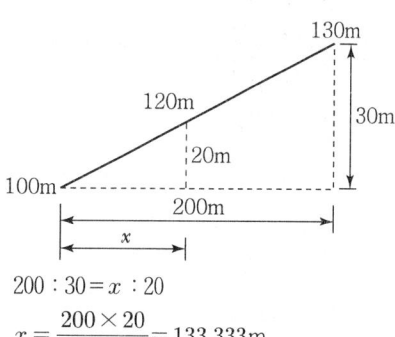

$200 : 30 = x : 20$
$x = \dfrac{200 \times 20}{30} = 133.333 \text{m}$

58 GPS 신호가 위성으로부터 수신기까지 도달한 시간이 0.5초라 할 때 위성과 수신기 사이의 거리는?(단, 빛의 속도 300,000km/sec 로 가정한다.)

① 150,000km   ② 200,000km
③ 300,000km   ④ 600,000km

Answer 54. ② 55. ③ 56. ① 57. ③ 58. ①

위성과 수신기 사이의 거리
= 전파의 속도 × 전송시간
= 300,000 × 0.5 = 150,000km

59 원곡선에서 외선길이(E)를 구하는 공식으로 옳은 것은?(단, R : 곡선의 반지름, I : 교각)

① $R(\sec\frac{I}{2}-1)$

② $2R\sin\frac{I}{2}$

③ $0.0174533 \cdot R \cdot I$

④ $R\tan\frac{I}{2}$

접선장 (Tangent length)	$TL = R \cdot \tan\frac{I}{2}$
곡선시점	$B.C = I.P - T.L$
곡선장 (Curve length)	$CL = \frac{\pi}{180°} \cdot R \cdot I = 0.01745RI$
곡선종점	$E.C = B.C + C.L$
외할 (External secant)	$E = R\left(\sec\frac{I}{2}-1\right)$
호길이(L)와 현길이(l)의 차	$l = L - \frac{L^3}{24R^2}$ $L - l = \frac{L^3}{24R^2}$
중앙종거 (Middle ordinate)	$M = R\left(1-\cos\frac{I}{2}\right)$
중앙종거와 곡률반경의 관계	$R = \frac{L^2}{8M} + \frac{M}{2}$ 여기서, $\frac{M}{2}$은 미세하여 무시하여도 됨
현장 (Long chord)	$C = 2R \cdot \sin\frac{I}{2}$
편각 (Deflection angle)	$\delta = \frac{l}{2R} \times \frac{180°}{\pi} = \frac{l}{R} \times \frac{90°}{\pi}$

시단현	l_1 = B.C점부터 B.C 다음 말뚝까지의 거리
종단현	l_2 = E.C점부터 E.C 다음 말뚝까지의 거리

60 등고선의 성질에 대한 설명으로 틀린 것은?
① 같은 등고선 위의 모든 점은 높이가 같다.
② 경사가 급한 곳에서는 등고선의 간격이 좁다.
③ 한 등고선은 도면 안 또는 밖에서 반드시 서로 폐합된다.
④ 높이가 다른 두 등고선은 어떠한 경우라도 서로 교차하지 않는다.

 등고선의 성질
- 동일 등고선 상에 있는 모든 점은 같은 높이이다.
- 등고선은 반드시 도면 안이나 밖에서 서로가 폐합한다.
- 지도의 도면 내에서 폐합되면 가장 가운데 부분은 산꼭대기(산정) 또는 凹지(요지)기 된다.
- 등고선은 도중에 없어지거나, 엇갈리거나, 합쳐지거나 갈라지지 않는다.
- 높이가 다른 두 등고선은 동굴이나 절벽의 지형이 아닌 곳에서는 교차하지 않는다.
- 등고선은 경사가 급한 곳에서는 간격이 좁고 완만한 경사에서는 넓다.
- 최대경사의 방향은 등고선과 직각으로 교차한다.
- 분수선(능선)과 곡선(유하선)은 등고선과 직각으로 만난다.
- 2쌍의 등고선의 볼록부가 상대할 때는 볼록부를 나타낸다.
- 동등한 경사의 지표에서 양 등고선의 수평거리는 같다.
- 같은 경사의 평면일 때는 나란한 직선이 된다.
- 등고선이 능선을 직각방향으로 횡단한 다음 능선 다른 쪽을 따라 거슬러 올라간다.
- 등고선의 수평거리는 산꼭대기 및 산밑에서는 크고 산중턱에서는 작다.

2014년 4회

01 어느 거리를 관측하여 48.18m, 48.12m, 48.15m, 48.25m의 관측값을 얻었고 이들의 경중률이 각각 1, 2, 3, 4라고 할 때 최확값은?

① 48.123m
② 48.187m
③ 48.250m
④ 48.246m

해설 경중률은 관측횟수(n)에 비례한다.
$$P_1 : P_2 : P_3 : P_4 = n_1 : n_2 : n_3 : n_4$$
$$= 1 : 2 : 3 : 4$$
$$L = \frac{P_1 l_1 + P_2 l_2 + P_3 l_3 + P_4 l_4}{P_1 + P_2 + P_3 + P_4}$$
$$= 48 + \frac{0.18 \times 1 + 0.12 \times 2 + 0.15 \times 3 + 0.25 \times 4}{1+2+3+4}$$
$$= 48.187\text{m}$$

02 거리 10km 떨어진 곳에 대한 양차로 옳은 것은?(단, 지구의 반지름은 6,370km이고 굴절계수는 0.12로 한다.)

① 9.6m
② 7.4m
③ 6.9m
④ 4.7m

해설 양차 $= \frac{S^2}{2R} + \left(-\frac{KS^2}{2R}\right) = \frac{S^2}{2R}(1-K)$
$$= \frac{10,000^2}{2 \times 6,370,000} \times (1-0.12)$$
$$= 6.9\text{m}$$

03 삼각망의 조정계산에 필요한 3가지 조건이 아닌 것은?

① 각 조건
② 변 조건
③ 지형 조건
④ 측점 조건

해설 관측각의 조정

각조건	삼각형의 내각의 합은 180°가 되어야 한다. 즉 다각형의 내각의 합은 180°(n−2)이어야 한다.
측점 조건	한 측점 주위에 있는 모든 각의 합은 반드시 360°가 되어야 한다.
변조건	삼각망 중에서 임의의 한 변의 길이는 계산 순서에 관계없이 항상 일정하여야 한다.

04 어느 측점에서 20.5km 떨어진 두 지점의 점간 거리가 2m일 때, 두 점 사이의 각은?

① 7.81″
② 10.31″
③ 15.62″
④ 20.12″

해설 $\theta'' = \frac{l}{S}\rho''$
$$= \frac{2}{20,500} \times 206265'' = 20.12''$$

05 단열삼각망에서 삼각형의 내각이 ∠A=92° 21′ 20″, ∠B=52° 30′ 20″, ∠C=35° 8′ 29″이라면 각 오차의 배분방법으로 옳은 것은? (단, 관측의 경중률은 동일하다.)

① 각 관측각에 −3″를 보정한다.
② 각 관측각에 +3″를 보정한다.
③ 각 관측각에 −2″를 보정한다.
④ 각 관측각에 +2″를 보정한다.

해설 삼각형 내각의 합
92° 21′ 20″+52°30′ 20″+35°8′ 29″=180°00′ 09″
$$\frac{9}{3} = 3''$$
∴ 각 관측각에 −3″를 보정한다.

Answer 1. ② 2. ③ 3. ③ 4. ④ 5. ①

06 트래버스 측량에서 선점할 때의 주의할 사항으로 틀린 것은?
① 기계를 세우기 좋고 시준하기 좋을 것
② 지반이 견고한 장소일 것
③ 측점의 거리는 가능한 짧게 하여 측점수를 많게 할 것
④ 측점 간 거리는 가능한 같고 고저차가 적을 것

해설 선점 시 주의사항
㉠ 시준이 편리하고 지반이 견고할 것
㉡ 세부측량에 편리할 것
㉢ 측선거리는 되도록 동일하게 하고 큰 고저차가 없을 것
㉣ 측선의 거리는 될 수 있는 대로 길게 하고 측점 수는 적게 하는 것이 좋다.
㉤ 측선의 거리는 30~200m 정도로 한다.
㉥ 측점은 찾기 쉽고 안전하게 보존될 수 있는 장소로 한다.

07 교호수준측량에 의해 제거될 수 있는 오차는?
① 빛의 굴절에 의한 오차와 시준오차
② 관측자의 원인에 의한 오차
③ 기포 감도에 의한 오차
④ 표척의 연결부 오차

해설 교호수준측량을 할 경우 소거되는 오차
㉠ 레벨의 기계오차(시준축 오차)
㉡ 관측자의 읽기오차
㉢ 지구의 곡률에 의한 오차(구차)
㉣ 광선의 굴절에 의한 오차(기차)

08 각측량에서 기계오차에 해당되지 않는 것은?
① 수평축 오차
② 편심 오차
③ 시준 오차
④ 연직축 오차

해설 기계의 구조상 결점에 따른 오차

오차의 종류	원인
회전축의 편심오차 (내심오차)	기계의 수평회전축과 수평분도언의 중심이 불일치
시준선의 편심오차 (외심오차)	시준선이 기계의 중심을 통과하지 않기 때문에 생기는 오차
분도원의 눈금오차	눈금 간격이 균일하지 않기 때문에 생기는 오차

09 평면 삼각형 ABC에서 ∠A, ∠B와 변의 길이 a를 알고 있을 때 변의 길이 b를 구할 수 있는 식은?

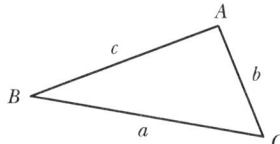

① $b = \dfrac{a}{\sin \angle A} \sin \angle B$

② $b = \dfrac{a}{\cos \angle A} \cos \angle B$

③ $b = \dfrac{a}{\cos \angle B} \sin \angle A$

④ $b = \dfrac{a}{\sin \angle A} \sin \angle A$

해설 소구변장 = $\dfrac{\text{사인소구변대각}}{\text{사인기지변대각}} \times$ 기지변장

$b = \dfrac{\sin \angle B}{\sin \angle A} \times a$

10 트래버스 측량에서 경거 및 위거의 용도가 아닌것은?
① 오차 및 정도의 계산
② 실측도의 좌표계산
③ 오차의 합리적 배분
④ 측점의 표고계산

해설 측점의 표고계산은 수준측량에서 행한다.

11 1등 삼각측량을 할 때 수평각 측정 시 사용하는 수평각 관측방법은?

① 단측법
② 배각법
③ 방향각법
④ 조합각 관측법

해설 조합각 관측법은 수평각 관측방법 중 가장 정확한 방법으로 1등삼각측량에 이용된다.

12 트래버스 측량에서 좌표 원점으로부터 △X(N)=150.25m, △Y(E)=−50.48m인 점의 방위는?

① N18°34′W
② N18°34′E
③ N71°26′W
④ N71°26′E

해설
$$\theta = \tan^{-1}\frac{\triangle y}{\triangle x}$$
$$= \tan^{-1}\frac{50.48}{150.25}$$
$$= 18°34′15.52″$$
4상환이므로 N18°34′15.52″W

13 트래버스 측량에서 총거리가 240m이고 위거오차 −0.004m, 경기오차 0.003m일 때 폐합비는?

① 1/24,000
② 1/48,000
③ 1/60,000
④ 1/80,000

해설
$$\frac{1}{m} = \frac{폐합오차}{총길이} = \frac{\sqrt{(\triangle L)^2 + (\triangle D)^2}}{\sum l}$$
폐합비 : $\frac{\sqrt{0.004^2 + 0.003^2}}{240} = \frac{1}{48,000}$

14 어느 거리를 관측하여 100.6m, 100.3m, 100.2m 의 관측값을 얻었고, 이들의 관측 횟수가 각각 2회, 3회, 5회라고 할 때 최확값은?

① 100.11m
② 100.31m
③ 100.37m
④ 100.43m

해설 경중률은 관측횟수(n)에 비례한다.
$P_1 : P_2 : P_3 = n_1 : n_2 : n_3 = 2 : 3 : 5$
$$L = \frac{P_1 l_1 + P_2 l_2 + P_3 l_3}{P_1 + P_2 + P_3}$$
$$= 100 + \frac{0.6 \times 2 + 0.3 \times 3 + 0.2 \times 5}{2+3+5}$$
$$= 100.31m$$

15 삼각망의 한 종류로서 조건식의 수가 많아 정확도가 가장 높은 것은?

① 단열삼각망   ② 사변형망
③ 유심다각망   ④ 육각형망

해설

단열 삼각쇄(망) (single chain of trangles)	• 폭이 좁고 길이가 긴 지역에 적합하다. • 노선 · 하천 · 터널측량 등에 이용한다. • 거리에 비해 관측 수가 적다. • 측량이 신속하고 경비가 적게 든다. • 조건식의 수가 적어 정도가 낮다.
유심 삼각쇄(망) (chain of central points)	• 동일 측점에 비해 포함면적이 가장 넓다. • 넓은 지역에 적합하다. • 농지측량 및 평탄한 지역에 사용된다. • 정도는 단열삼각망보다 좋으나 사변형보다 적다.
사변형 삼각쇄(망) (chain of quadrilaterals)	• 조건식의 수가 가장 많아 정밀도가 가장 높다. • 기선삼각망에 이용된다. • 삼각점 수가 많아 측량시간이 많이 소요되며 계산과 조정이 복잡하다.

16 그림과 같이 AB 측선의 방위각이 328° 30′, BC 측선의 방위각이 50°00′ 일 때 B점의 내각(∠ABC)은?

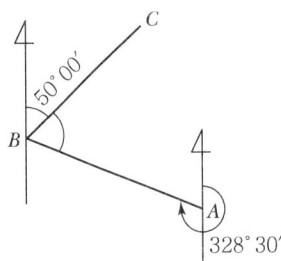

① 85° 00′ ② 87° 30′
③ 86° 00′ ④ 98° 30′

 $V_B^A = V_A^B + 180°$
$= 328°30′ + 180° = 148°30′$
∴ $\angle ABC = 148°30′ - 50° = 98°30′$

17 트래버스 측량에서 수평각 관측법 중 서로 이웃하는 두 개의 측선이 이루는 각을 관측해 나가는 방법은?

① 교각법 ② 편각법
③ 방위각법 ④ 부전법

교각법	어떤 측선이 그 앞의 측선과 이루는 각을 관측하는 것을 교각법이라 한다.
편각법	각 측선이 그 앞 측선의 연장과 이루는 각을 관측하는 방법
방위각법	각 측선이 일정한 기준선인 자오선과 이루는 각을 우회로 관측하는 방법

18 A점과 B점의 거리를 왕복하여 측량한 결과 88.53m와 88.59m를 얻었다면, 정밀도는?

① 1/8,856 ② 1/3,326
③ 1/2,952 ④ 1/1,478

 정밀도 = $\dfrac{오차}{\sum 길이} = \dfrac{88.53 - 88.59}{88.53 + 88.59}$
$= \dfrac{1}{2,952}$

19 평판측량에 관한 설명으로 옳은 것은?
① 간단한 장비로 기후의 영향을 거의 받지 않고 측량할 수 있다.
② 앨리데이드는 평판측량에서 가장 중요한 기구의 하나로 구심에 사용된다.
③ 도면상에 측점을 전개하여 대규모 지역의 기준점 측량에 효율적이다.
④ 현지에서 평면도를 작성할 수 있지만 높은 정밀도는 기대할 수 없다.

장점	㉠ 현장에서 직접 측량결과를 제도함으로써 필요한 사항을 결측하는 일이 없다.
	㉡ 내업이 적으므로 작업을 빠르게 할 수 있다.
	㉢ 측량기구가 간단하여 측량방법 및 취급하기가 편리하다.
	㉣ 오측 시 현장에서 발견이 용이하다.
단점	㉠ 외업이 많으므로 기후(비, 눈, 바람 등)의 영향을 많이 받는다.
	㉡ 기계의 부품이 많아 휴대하기 곤란하고 분실하기 쉽다.
	㉢ 도지에 신축이 생기므로 정밀도에 영향이 크다.
	㉣ 높은 정도를 기대할 수 없다.

20 측량을 측량목적에 따라 분류할 때 이에 속하지 않는 것은?
① 지형측량
② 지적측량
③ 터널측량
④ GPS측량

해설 1. 측량목적에 따른 분류
지형측량, 노선측량, 하해측량, 지적측량, 터널측량, 건축측량, 천문측량
2. 측량기계에 따른 분류
거리측량, 평판측량, 컴퍼스측량, 트랜싯측량, 레벨측량, 사진측량, GPS측량

21 다음 중 수평각 관측에서 트랜싯의 조정 불완전에서 오는 오차를 소거하는 방법으로 가장 적합한 것은?
① 관측거리를 멀리한다.
② 방향각법으로 관측한다.
③ 관측자를 교체하여 관측하고 평균을 취한다.
④ 망원경 정·반위 위치에서 관측하여 그 평균을 취한다.

해설 조정이 완전하지 않기 때문에 생기는 오차

오차의 종류	원인	처리방법
시준축 오차	시준축과 수평축이 직교하지 않기 때문에 생기는 오차	망원경을 정·반위로 관측하여 평균을 취한다.
수평축 오차	수평축이 연직축에 직교하지 않기 때문에 생기는 오차	망원경을 정·반위로 관측하여 평균을 취한다.
연직축 오차	연직축이 연직이 되지 않기 때문에 생기는 오차	소거불능

22 교호수준측량을 실시하여 다음과 같은 결과를 얻었다. A점의 표고가 100.256m이면 B점의 지반고는?(여기서, a=1.876m, b=1.246m, c=0.746m, d=0.076m)

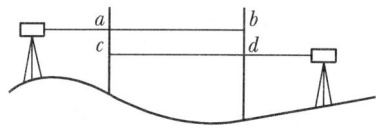

① 99.606m ② 100.906m
③ 101.006m ④ 101.556m

해설 $h = \dfrac{(1.878+0.746)-(1.246+0.076)}{2}$
$= 0.651$
$H_B = 100.256 + 0.651$
$= 100.907\text{m}$

23 지상의 측점과 이에 대응하는 평판 위의 점을 동일연직선의 위에 있게 하는 작업은?
① 중심 맞추기 ② 수평 맞추기
③ 방향 맞추기 ④ 조정

해설

정준 (Leveling Up)	평판을 수평으로 맞추는 작업 (수평 맞추기)
구심 (Centering)	평판상의 측점과 지상의 측점을 일치시키는 작업(중심 맞추기)
표정 (Orientation)	평판을 일정한 방향으로 고정시키는 작업으로 평판측량의 오차 중 가장 크다(방향 맞추기).

24 표준길의 50m보다 5mm 짧은 강철테이프로 어느 구간의 거리를 측정한 결과 600m를 얻었다면 이 구간의 정확한 거리는?
① 599.06m ② 599.94m
③ 600.06m ④ 600.94m

해설 정확한 거리 $= \dfrac{\text{부정거리}}{\text{표준거리}} \times \text{관측거리}$
$= \dfrac{49.995}{50} \times 600$
$= 599.94\text{m}$

25 트래버스 측량에서 어느 측선의 방위가 S 40° E이라고 할 때 이 측선의 방위각은?
① 140° ② 130°
③ 220° ④ 320°

해설

상환	방위	방위각	위거	경거
I	$N\theta_1 E$	$a = \theta_1$	+	+
II	$S\theta_2 E$	$a = 180° - \theta_2$	−	+
III	$S\theta_3 W$	$a = 180° + \theta_3$	−	−
IV	$N\theta_4 W$	$a = 360° - \theta_4$	+	−

2상환이므로 a=180°-40°=140°

Answer 21. ④ 22. ② 23. ① 24. ② 25. ①

26 전진법에 의해 평판측량을 실시하여 측선 길이의 총계가 630m이고 폐합오차가 30cm 이었다면 폐합비는?

① 1/1,200 ② 1/2,100
③ 1/2,500 ④ 1/50,000

해설 $\dfrac{1}{m} = \dfrac{폐합오차}{총길이} = \dfrac{0.3}{630} = \dfrac{1}{2,100}$

27 측점 A, B의 좌표에서 AB 측선에 대한 상한별 방위는 θ로 표시할 수 있다. 측점 A, B가 제1상한에 있기 위한 방위각 α는?

① $\alpha = \theta$ ② $\alpha = 180° - \theta$
③ $\alpha = 180° + \theta$ ④ $\alpha = 360° - \theta$

해설

상환	방위	방위각	위거	경거
I	$N\theta_1 E$	$a = \theta_1$	+	+
II	$S\theta_2 E$	$a = 180° - \theta_2$	−	+
III	$S\theta_3 W$	$a = 180° + \theta_3$	−	−
IV	$N\theta_4 W$	$a = 360° - \theta_4$	+	−

28 평판을 세울 때의 오차 중 측량결과에 가장 큰 영향을 주는 것은?

① 수평맞추기 오차(정준)
② 중심맞추기 오차(구심)
③ 방향맞추기 오차(표정)
④ 온도에 의한 오차

해설

정준 (leveling up)	평판을 수평으로 맞추는 작업 (수평 맞추기)
구심 (centering)	평판상의 측점과 지상의 측점을 일치시키는 작업(중심 맞추기)
표정 (orientation)	평판을 일정한 방향으로 고정시키는 작업으로 평판측량의 오차 중 가장 크다(방향 맞추기).

29 수준측량의 야장에 관한 내용 중 옳지 않은 것은?

① 기계고는 레벨이 세워진 지면으로부터 망원경 시준선까지의 연직거리를 말한다.
② 고차식 야장 기입법은 두 점 사이의 고저차를 구하는 것이 주목적이다.
③ 승강식 야장 기입법은 중간점이 많을 때 계산이 복잡해진다.
④ 기고식 야장 기입법은 중간점이 많을 때 적합하다.

해설

고차식	가장 간단한 방법으로 B.S와 F.S만 있으면 된다.
기고식	가장 많이 사용하며, 중간점이 많을 경우 편리하나 완전한 검산을 할 수 없는 것이 결점이다.
승강식	완전한 검사로 정밀 측량에 적당하나, 중간점이 많으면 계산이 복잡하고, 시간과 비용이 많이 소요된다.

30 레벨의 불완전 조정에 의한 오차를 제거하기 위하여 가장 유의하여야 할 점은?

① 관측시 기포가 항상 중앙에 오게 한다.
② 시준선 거리를 될 수 있는 한 짧게 한다.
③ 표척을 수직으로 세운다.
④ 전시와 후시의 거리를 같게 한다.

해설 직접수준측량의 주의사항

1. 수준측량은 반드시 왕복측량을 원칙으로 하며, 노선은 다르게 한다.
2. 정확도를 높이기 위하여 전시와 후시의 거리는 같게 한다.
3. 이기점(T. P)은 1mm까지 그 밖의 점에서는 5mm 또는 1cm 단위까지 읽는 것이 보통이다.
4. 직접수준측량의 시준거리
   ㉠ 적당한 시준거리 : 40~60m(60m가 표준)
   ㉡ 최단거리는 3m이며, 최장거리 100~180m 정도이다.
5. 눈금오차(영점오차) 발생시 소거방법
   ㉠ 기계를 세운 표척이 짝수가 되도록 한다.
   ㉡ 이기점(T. P)이 홀수가 되도록 한다.
   ㉢ 출발점에 세운 표척을 도착점에 세운다.

31 트래버스 측량의 순서로 옳은 것은?
  ① 답사 - 조표 - 선점 - 관측 - 방위각 계산
  ② 선점 - 답사 - 조표 - 방위각 계산 - 관측
  ③ 답사 - 선점 - 조표 - 관측 - 방위각 계산
  ④ 선점 - 조표 - 답사 - 관측 - 방위각 계산

해설 트래버스 측량의 순서
  계획 - 답사 - 선점 - 조표 - 관측 - 계산

32 삼각측량에서 가장 이상적인 삼각망의 형태는?
  ① 이등변 삼각형   ② 정삼각형
  ③ 직각삼각형   ④ 둔각삼각형

해설 삼각측량에서 가장 이상적인 삼각망의 형태는 정삼각형이다.

33 다음 수준측량 결과에 의한 측점 5의 지반고는? (단위 : m)

측점	B.S	F.S T.P	F.S I.P	I.H	G.H
1	1.428				4.374
2			1.231		
3	1.032	1.572			
4			1.017		
5		1.762			

  ① 3.230m   ② 3.500m
  ③ 4.245m   ④ 4.571m

해설

측점	I.H	G.H
1	4.374+1.428=5.802	4.374
2		5.802-1.231=4.571
3	4.230+1.032=5.262	5.802-1.572=4.230
4		5.262-1.017=4.245
5		5.262-1.762=3.500

34 그림과 같은 수준측량에서 A와 B의 표고차는?

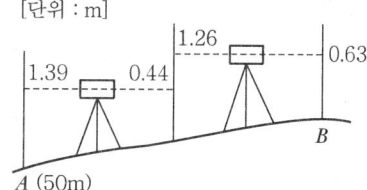

  ① 1.78m   ② 1.65m
  ③ 1.44m   ④ 1.58m

해설 $H_B = 50 + 1.39 - 0.44 + 1.26 - 0.63$
  $= 51.58m$
  $h = H_B - H_A = 51.58 - 50.00 = 1.58m$

35 어떤 관측량에서 가장 높은 확률로 가지는 값을 무엇이라 하는가?
  ① 잔차   ② 경중률
  ③ 최확값   ④ 표차

해설 어떤 관측량에서 가장 높은 확률로 가지는 값을 최확값이라 한다.

36 축척 1:5,000 지형도를 축소하여 동일한 크기의 축척 1:25,000 지형도를 편집하려고 할 때, 필요한 1:5,000 지형도의 수는?
  ① 5장   ② 15장
  ③ 25장   ④ 50장

해설
$$\left(\frac{1}{5,000}\right)^2 : \left(\frac{1}{25,000}\right)^2 = \frac{\left(\frac{1}{5,000}\right)^2}{\left(\frac{1}{25,000}\right)^2}$$
$$= \frac{25,000^2}{5,000^2} = 25$$

37 삼각형 형태의 지형에 대하여 각 지점 간의 거리를 측정한 결과 a=40m, b=35m, c=50m 이었다면 삼각형의 면적은?
  ① 395.269m²   ② 459.269m²
  ③ 595.269m²   ④ 695.269m²

Answer 31. ③ 32. ② 33. ② 34. ④ 35. ③ 36. ③ 37. ④

해설
$A = \sqrt{S(S-a)(S-b)(S-c)}$
$= \sqrt{62.5(62.5-40)(62.5-35)(62.5-50)}$
$= 695.269 m^2$

$S = \dfrac{1}{2}(a+b+c) = \dfrac{40+35+50}{2} = 62.5$

38 GPS 위성에서 사용되는 RPN 코드끼리 짝지어진 것은?

① C/A code, P code
② C/A code, A code
③ Z/X code, P code
④ Z/X code, A code

 해설

반송파 (Carrier)	L1
	L2
코드 (Code)	P code
	C/A code

39 면적측량 방법으로 삼각형법에 해당하지 않는 것은?

① 삼변법 ② 협각법
③ 삼사법 ④ 좌표법

해설

삼사법	밑변과 높이를 관측하여 면적을 구하는 방법
이변법	두 변의 길이와 그 사잇각(협각)을 관측하여 면적을 구하는 방법
삼변법	삼각변의 3변 a, b, c를 관측하여 면적을 구하는 방법

40 곡선의 종류 중 완화곡선이 아닌 것은?

① 반향 곡선
② 3차 포물선
③ 클로소이드 곡선
④ 렘니스케이트 곡선

해설 완화곡선(Transition curve)의 종류
㉠ 클로소이드(idCloth) : 도로
㉡ 렘니스케이트(Lemniscate) : 시가지 지하철
㉢ 3차 포물선(Cubic curve) : 철도
㉣ 사인체감곡선 : 고속철도

41 등경사 지형에서 A, B 두 점의 표고가 각각 43.6m, 77.0m, AB 사이의 수평거리 D=120m 일 때 A에서부터 50m 등고선이 지나는 점까지의 수평거리는?

① 23.0m   ② 15.3m
③ 11.5m   ④ 5.8m

 해설

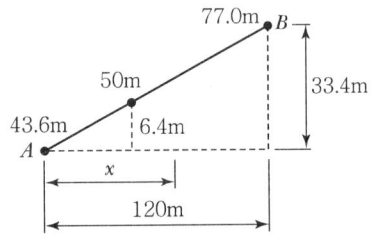

42 등고선의 성질에 대한 설명으로 틀린 것은?

① 등고선은 반드시 폐합한다.
② 등고선은 능선 또는 계곡선과 직각으로 만난다.
③ 경사가 급한 곳에서는 등고선의 간격이 넓어진다.
④ 동일 등고선 위에 있는 각 점은 모두 같은 높이이다.

해설 등고선의 성질
㉠ 동일 등고선상에 있는 모든 점은 같은 높이이다.
㉡ 등고선은 반드시 도면 안이나 밖에서 서로가 폐합한다.
㉢ 지도의 도면 내에서 폐합되면 가장 가운데 부분은 산꼭대기(산정) 또는 凹지(요지)가 된다.
㉣ 등고선은 도중에 없어지거나 엇갈리거나 합쳐지거나 갈라지지 않는다.

ⓒ 높이가 다른 두 등고선은 동굴이나 절벽의 지형이 아닌 곳에서는 교차하지 않는다.
ⓑ 등고선은 경사가 급한 곳에서는 간격이 좁고 완만한 경사에서는 넓다.
ⓐ 최대경사의 방향은 등고선과 직각으로 교차한다.
ⓞ 분수선(능선)과 곡선(유하선)은 등고선과 직각으로 만난다.
ⓩ 2쌍의 등고선의 볼록부가 상대할 때는 볼록부를 나타낸다.
ⓚ 동등한 경사의 지표에서 양 등고선의 수평거리는 같다.
ⓡ 같은 경사의 평면일 때는 나란한 직선이 된다.
ⓔ 등고선이 능선을 직각방향으로 횡단한 다음 능선 다른 쪽을 따라 거슬러 올라간다.
ⓗ 등고선의 수평거리는 산꼭대기 및 산밑에서는 크고 산중턱에서는 작다.

43 $\frac{1}{4}$법이라고도 하며, 시가지의 곡선설치, 보도설치 및 도로, 철도 등의 기설곡선의 검사 또는 수정에 주로 사용되는 단곡선 설치법은?

① 편각법에 의한 설치법
② 중앙종거에 의한 설치법
③ 접선편거에 의한 설치법
④ 지거에 의한 설치법

 중앙종거법
곡선반경이 작은 도심지 곡선 설치에 유리하며 기설곡선의 검사나 정정에 편리하다. 일반적으로 1/4법이라고도 한다.

44 원곡선의 접선길이를 구하는 식은?(여기서, R : 곡선반지름, I : 교각, l : 현의 길이)

① $R\tan\frac{I}{2}$
② $0.01745RI$
③ $1,718.87' \times \frac{l}{R}$
④ $R(1-\cos\frac{I}{2})$

접선장 (Tangent length)	$TL = R \cdot \tan\frac{I}{2}$
곡선장 (Curve length)	$CL = \frac{\pi}{180°} \cdot R \cdot I = 0.01745RI$
외할 (External secant)	$E = R(\sec\frac{I}{2} - 1)$
중앙종거 (Middle ordinate)	$M = R(1-\cos\frac{I}{2})$

45 지거의 간격이 3m이고, 각 지거의 길이가 $y_1=3.0m$, $y_2=10.1m$, $y_3=12.4m$, $y_4=11.0m$, $y_5=4.2m$일 때 심프슨 제1법칙에 의한 면적은?

① 95.4m²
② 100.4m²
③ 116.4m²
④ 126.4m²

해설 면적
$= \frac{d}{3}[y_0+y_n+4(y_1+y_3+...+y_{n-1})+2(y_2+y_4+...+y_{n-2})]$
$= \frac{d}{3}[y_0+y_n+4(\Sigma_y 홀수)+2(\Sigma_y 짝수)]$
$= \frac{d}{3}[y_1+y_n+4(\Sigma_y 짝수)+2(\Sigma_y 홀수)]$
$= \frac{3}{3}[3.0+4.2+4(10.1+11.0)+2(12.4)]$
$= 116.4m^2$

46 그림에서 등고선 간격이 10m이고 $A_2=30m^2$, $A_3=45m^2$이다. 양단면 평균법으로 토량을 계산한 값은?

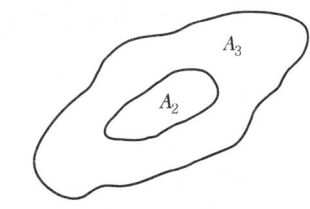

① 375m³
② 750m³
③ 3,750m³
④ 7,500m³

해설

$$V = \frac{1}{2}(A_1 + A_2) \cdot l$$
$$= \frac{30+45}{2} \times 10$$
$$= 375 \text{m}^2$$

47 단곡선 설치에서 중앙 종거 M=32.94m, 교각 I=54°12′ 일 때 곡선반지름 R은?

① 100m
② 200m
③ 300m
④ 400m

해설

$M = R\left(1 - \cos\dfrac{I}{2}\right)$ 에서

$$R = \frac{M}{1-\cos\dfrac{I}{2}} = \frac{32.94}{1-\cos\dfrac{54°12'}{2}} = 300\text{m}$$

48 등고선 간격이 10m이고 경사가 5%일 때 등고선 간의 수평거리는?

① 100m
② 150m
③ 200m
④ 250m

해설

경사$(i) = \dfrac{h}{D} \times 100$ 에서

$$D = \frac{h}{i} \times 100 = \frac{10}{5} \times 100$$
$$= 200\text{m}$$

49 지형도 축척에 따른 주곡선 간격으로 옳은 것은?

① 1 : 50,000 − 25m
② 1 : 25,000 − 10m
③ 1 : 10,000 − 4m
④ 1 : 5,000 − 2m

해설

등고선 종류	기호	축척			
		1/5,000	1/10,000	1/25,000	1/50,000
주곡선	가는 실선	5	5	10	20
간곡선	가는 파선	2.5	2.5	5	10
조곡선 (보조곡선)	가는 점선	1.25	1.25	2.5	5
계곡선	굵은 실선	25	25	50	100

50 체적을 구하는 방법에 대한 각각의 특징을 설명한 것이 순서(가~다)대로 바르게 짝지어진 것은?

> 가. 비교적 넓은 지역인 택지, 운동장 등의 정지작업을 위하여 토공량을 계산 하는 데 사용된다.
> 나. 체적을 근사적으로 구하는 경우에 편리하며, 대지의 땅고르기 작업에서 토량 산정 또는 저수지의 용량을 측정하는 데 이용된다.
> 다. 철도, 도로, 수로 등과 같이 긴 노선의 성토, 절토량을 산정할 경우에 이용되는 방법이다.

① 등고선법 − 점고법 − 단면법
② 점고법 − 등고선법 − 단면법
③ 단면법 − 점고법 − 등고선법
④ 등고선법 − 단면법 − 점고법

해설 1. 단면법
철도, 도로, 수로 등과 같이 긴 노선의 성토량, 절토량을 계산할 경우에 이용되는 방법으로 양단면평균법, 중앙단면법, 각주공식에 의한 방법 등이 있다.
2. 점고법
넓은 지역이나 택지조성 등의 정지작업을 위한 토공량을 계산하는 데 사용되는 방법으로 전 구역을 직사각형이나 삼각형으로 나누어서 토량을 계산하는 방법이다.

Answer 47. ③ 48. ③ 49. ② 50. ②

3. 등고선법
부지의 정지작업에 필요한 토량 산정, Dam, 저수지의 저수량을 산정하는 데 이용되는 방법으로 체적을 근사적으로 구하는 경우에 편리한 방법이다.

51 지형의 표시방법 중 임의점의 표고를 숫자로 도상에 나타내는 방법은?

① 점고법
② 우모법
③ 등고법
④ 채색법

 해설

자연적도법	영선법 (우모법) (Hachuring)	"게바"라 하는 단선상(短線上)의 선으로 지표의 기본을 나타내는 것으로 게바의 사이, 굵기, 방향 등에 의하여 지표를 표시하는 방법
	음영법 (명암법) (Shading)	태양광선이 서북 쪽에서 45°로 비친다고 가정하여 지표의 기복을 도상에서 2~3색 이상으로 채색하여 지형을 표시하는 방법으로 지형의 입체감이 가장 잘 나타나는 방법
부호적도법	점고법 (Spot height system)	지표면상의 표고 또는 수심을 숫자에 의하여 지표를 나타내는 방법으로 하천, 항만, 해양 등에 주로 이용
	등고선법 (Contour System)	동일 표고의 점을 연결한 것으로 등고선에 의하여 지표를 표시하는 방법으로 토목공사용으로 가장 널리 사용
	채색법 (Layer System)	같은 등고선의 지대를 같은 색으로 채색하여 높을수록 진하게 낮을수록 연하게 칠하여 높이의 변화를 나타내며 지리관계의 지도에 주로 사용

52 GPS의 특징으로 옳은 것은?

① 낮 시간에만 사용할 수 있다.
② 측점 간 시통이 이루어져야 한다.
③ 측량거리에 비해 정확도가 낮다.
④ 지구 어느 곳에서나 사용할 수 있다.

해설 GPS의 특징
㉠ 지구상 어느 곳에서나 이용할 수 있다.
㉡ 기상에 관계없이 위치결정이 가능하다.
㉢ 측량기법에 따라 수 mm~수십 m까지 다양한 정확도를 가지고 있다.
㉣ 측량거리에 비하여 상대적으로 높은 정확도를 지니고 있다.
㉤ 하루 24시간 어느 시간에서나 이용이 가능하다.
㉥ 사용자가 무제한 사용할 수 있으며 신호 사용에 따른 부담이 없다.
㉦ 다양한 측량기법이 제공되어 목적에 따라 적당한 기법을 선택할 수 있으므로 경제적이다.
㉧ 3차원측량을 동시에 할 수 있다.
㉨ 기선 결정의 경우 두 측점 간의 시통에 관계가 없다.
㉩ 세계측지기준계(WGS84) 좌표계를 사용하므로 지역기준계를 사용할 시에는 다소 번거로움이 있다.

53 노선을 선정할 때 유의해야 할 사항이 아닌 것은?

① 토공량이 많고 절토 및 성토의 운반거리를 길게 한다.
② 노선은 가능한 직선으로 하고 경사를 완만하게 한다.
③ 절토량과 성토량의 균형을 이루게 한다.
④ 배수가 잘되는 곳이어야 한다.

해설 노선조건
㉠ 가능한 직선으로 할 것
㉡ 가능한 한 경사가 완만할 것
㉢ 토공량이 적고 절토와 성토가 짧은 구간에서 균형을 이룰 것
㉣ 절토의 운반거리가 짧을 것
㉤ 배수가 완전할 것

Answer 51. ① 52. ④ 53. ①

54 캔트(Cant)에 대한 설명으로 틀린 것은?
① 레일 간격에 비례한다.
② 중력 가속도에 비례한다.
③ 곡선 반지름에 반비례한다.
④ 설계속도의 제곱에 비례한다.

 해설 ㉠ 캔트
곡선부를 통과하는 차량이 원심력이 발생하여 접선방향으로 탈선하려는 것을 방지하기 위해 바깥쪽 노면을 안쪽노면보다 높이는 정도를 말하며 편경사라고 한다.
㉡ 슬랙
차량과 레일이 꼭 끼어서 서로 힘을 입게 되면 때로는 탈선의 위험도 생긴다. 이러한 위험을 막기 위해서 레일 안쪽을 움직여 곡선부에서는 궤간을 넓힐 필요가 있는데, 이 넓힌 치수를 말한다. 확폭이라고도 한다.

캔트 : $C = \dfrac{SV^2}{Rg}$

여기서, C : 캔트
S : 궤간
V : 차량속도
R : 곡선반경
g : 중력가속도

슬랙 : $\varepsilon = \dfrac{L^2}{2R}$

여기서, ε : 확폭
L : 차량 앞바퀴에서 뒷바퀴까지의 거리
R : 차선중심선의 반경

55 단곡선의 각부 명칭에서, 곡선 종점을 의미하는 것은?
① B.C
② E.C
③ I.A
④ I.P

해설

B.C	곡선시점(Biginning of curve)
E.C	곡선종점(End of curve)
S.P	곡선중점(Secant Point)
I.P	교점(Intersection Point)
I	교각(Intersection angle)
∠AOB	중심각(Central angl)I
R	곡선반경(Radius of curve)
$\overset{\frown}{AB}$	곡선장(Curve length) : C.L
$\overline{AB}$	현장(Long chord) : C
T.L	접선장(Tangent length) : AD, BD
M	중앙종거(Middle ordinate)
E	외할(External secant)
δ	편각(Deflection angle) : ∠VAG

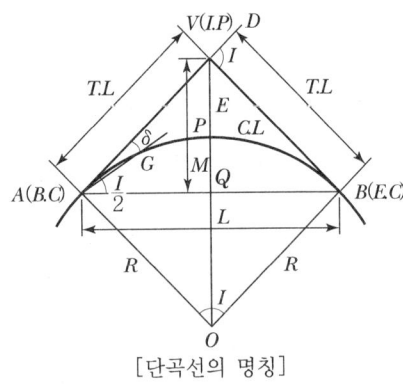

[단곡선의 명칭]

56 GPS 수신기 오차에서 수신기 채널 잡음의 해결방법으로 가장 알맞은 것은?
① 배터리를 교체한다.
② 높은 건물에 근접하여 관측한다.
③ 수신 위성의 수를 1대로 최소화한다.
④ 검증과정을 통해 보정하거나 수신기의 노후에 의한 것일 때는 교체한다.

종류	특징
위성시계 오차	GPS위성에 내장되어 있는 시계의 부정확성으로 인해 발생
위성궤도 오차	위성궤도 정보의 부정확성으로 인해 발생
대기권 전파지연	위성신호의 전리층, 대류권 통과 시 전파지연오차(약 2m)
전파적 잡음	수신기 자체에서 발생하며 PRN 코드 잡음과 수신기 잡음이 합쳐져서 발생
다중경로 (Multi path)	다중경로오차는 GPS 위성으로 직접 수신된 전파 이외에 부가적으로 주위의 지형, 지물에 의한 반사된 전파로 인해 발생하는 오차로서 측위에 영향을 미친다. ㉠ 다중경로는 금속제 건물, 구조물과 같은 커다란 반사적 표면이 있을 때 일어난다. ㉡ 다중경로의 결과로서 수신된 GPS 신호는 처리될 때 GPS 위치의 부정확성을 제공 ㉢ 다중경로가 일어나는 경우를 최소화하기 위하여 미션 설정, 수신기, 안테나 설계 시에 고려한다면 다중경로의 영향을 최소화할 수 있다. ㉣ GPS 신호시간의 기간을 평균하는 것도 다중경로의 영향을 감소시킨다. ㉤ 가장 이상적인 방법은 다중경로의 원인이 되는 장애물에서 멀리 떨어져서 관측하는 것이다.

57 각주의 체적을 구하는 공식이 아래와 같을 때 (□)에 들어갈 숫자는?(단, A_1: 하단의 면적, A_2: 상단의 면적, A_m: 중앙단면의 면적, L: A_1과 A_2 간의 거리)

$$V = \frac{L}{6}(A_1 + \square + A_2)$$

① 2   ② 4
③ 5   ④ 6

 해설 $V = \frac{l}{6}(A_1 + 4A_m + A_2)$

58 두 직선 사이에 한 개의 원곡선을 삽입하는 단곡선의 설치방법이 아닌 것은?

① 편각법   ② 중앙 종거법
③ 지거법   ④ 3차 포물선법

 해설 ㉠ 편각 설치법
철도, 도로 등의 곡선 설치에 가장 일반적인 방법이며, 다른 방법에 비해 정확하나 반경이 작을 때 오차가 많이 발생한다.
㉡ 중앙 종거법
곡선반경이 작은 도심지 곡선설치에 유리하며 기설곡선의 검사나 정정에 편리하다. 일반적으로 1/4법이라고도 한다.
㉢ 접선편거 및 현편거법
트랜싯을 사용하지 못할 때 폴과 테이프로 설치하는 방법으로 지방도로에 이용되며 정밀도는 다른 방법에 비해 낮다.
㉣ 접선에서 지거를 이용하는 방법
양접선에 지거를 내려 곡선을 설치하는 방법으로 터널 내의 곡선설치와 산림지에서 벌채량을 줄일 경우에 적당한 방법이다.

59 노선측량의 일반적인 작업순서로 옳은 것은?

① 도상계획 – 예측 – 공사측량 – 실측
② 예측 – 도상계획 – 실측 – 공사측량
③ 예측 – 실측 – 도상계획 – 공사측량
④ 도상계획 – 예측 – 실측 – 공사측량

도상 계획	지형도상에서 한두 개의 계획노선을 선정한다.
현장 답사	도상계획노선에 따라 현장답사를 한다.
예측	답사에 의하여 유망한 노선이 결정되면 그 노선을 더욱 자세히 조사하기 위하여 트래버스측량과 주변에 대한 측량을 실시한다.
도상 선정	예측이 끝나면 노선의 기울기, 곡선, 토공량, 터널과 같은 구조물의 위치와 크기, 공사비 등을 고려하여 가장 바람직한 노선을 지형도 위에 기입하는 단계이다.
현장 실측	도상에서 선정된 최적노선을 지상에 측설하는 것이다.

Answer 57. ② 58. ④ 59. ④

60 수신기 1대는 기지점에 설치하고 다른 한 대는 미지점에 고정 설치하여 측량하는 GPS 측량방법은?

① 1점측위
② 정적측량
③ 동적측량
④ 부적측량

해설 1. 정지측량
GPS 측량기를 사용하여 기초측량 또는 세부측량을 하고자 하는 때에는 정지측량(Static) 방법에 의한다.
정지측량방법은 2개 이상의 수신기를 각 측점에 고정하고 양측점에서 동시에 4개 이상의 위성으로부터 신호를 30분 이상 수신하는 방식이다.

2. 이동측량
GPS 측량기를 사용하여 이동측량(Kine-matic) 방법에 의하여 지적도근측량 또는 세부측량을 하고자 하는 경우의 관측은 다음의 기준에 의한다.
㉠ 기지점(지적측량기준점)에 기준국을 설치하고 측량성과를 구하고자 하는 지적도근점 등에 GPS 측량기를 순차적으로 이동하며 관측을 실시할 것
㉡ 이동 및 관측은 GPS 측량기의 초기화 작업을 한 후 실시하며, 이동 중에 전파수신의 단절 등이 된 때에는 다시 초기화 작업을 한 후 실시할 것

2014년 5회

01 그림과 같은 삼각망에서 측선 CD의 거리는?

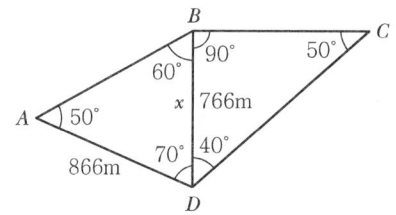

① 776m   ② 866m
③ 1,000m ④ 1,562m

해설 $\overline{BD} = \dfrac{\sin 50}{\sin 60} \times 866 = 766\text{m}$

$\overline{CD} = \dfrac{\sin 90}{\sin 50} \times 766 = 999.9\text{m}$

02 거리 측량에서 1회 관측에 ±4mm의 우연오차가 있었다면 9회 관측에 의한 우연오차는?

① ±3mm
② ±6mm
③ ±9mm
④ ±12mm

해설 $E_2 = \pm \delta \sqrt{n} = \pm 4\sqrt{9} = \pm 12\text{mm}$

03 수준측량의 용어에 대한 설명으로 옳은 것은?

① 후시 : 높이를 알고 있는 점에 세운 표척의 눈금의 읽음 값
② 지반고 : 기계를 수평으로 설치하였을 때 기준면으로부터 망원경의 시준선까지의 높이
③ 중간점 : 전후의 측량을 연결하기 위하여 전시와 후시를 함께 취하는 점
④ 이기점 : 전시만 관측하는 점으로 다른 측점에 영향을 주지 않는 점

해설

전시 (Fore sight)	표고를 알고자 하는 점(미지점)에 세운 표척의 읽음 값
후시 (Back sight)	표고를 알고 있는 점(기지점)에 세운 표척의 읽음 값
기계고 (Instrument height)	기준면에서 망원경 시준선까지의 높이
지반고 (Ground height)	기준면으로부터 기준점까지의 높이(표고)
이기점 (Turning point)	기계를 옮길 때 한 점에서 전시와 후시를 함께 취하는 점
중간점 (Intermediate point)	표척을 세운 점의 표고만을 구하고자 전시만 취하는 점

04 표준길이보다 3cm가 긴 30m의 테이프로 거리를 관측하니 300m이었다면 이 거리의 정확한 값은?

① 297.0m
② 299.7m
③ 300.3m
④ 303.0m

해설 정확한 길이 = $\dfrac{\text{부정길이}}{\text{표준길이}} \times \text{관측길이}$

$= \dfrac{30.03}{30} \times 300$

$= 300.3\text{m}$

Answer 1. ③ 2. ④ 3. ① 4. ③

05 트래버스에서 제1측선의 배횡거와 같은 값을 갖는 것은?

① 제1측선의 경거 ② 제1측선의 위거
③ 제2측선의 경거 ④ 제2측선의 위거

해설 배횡거
면적을 계산할 때 횡거를 그대로 사용하면 분수가 생겨서 불편하므로 계산의 편리상 횡거를 2배하는데 이를 배횡거라 한다.

제1측선의 배횡거	그 측선의 경거
임의 측선의 배횡거	앞 측선의 배횡거+앞 측선의 경거+그 측선의 경거
마지막 측선의 배횡거	그 측선의 경거(부호는 반대)

06 그림과 같이 연직방향을 기준으로 한 경사각이 60°, AB의 경사거리가 57.735m일 때 수평거리 D는?

① 30m
② 50m
③ 60m
④ 70m

해설 $D = \cos 30° \times 57.735 = 49.999$m

07 수준측량에서 우연오차에 해당되는 것은?

① 구차에 의한 오차
② 시준할 때 기포가 중앙에 있지 않음에 의한 오차
③ 수시로 발생되는 기상변화에 의한 오차
④ 표척이음매 부분의 마모에 의한 오차

해설

정오차	㉠ 표척눈금 부정에 의한 오차 ㉡ 지구곡률에 의한 오차(구차) ㉢ 광선굴절에 의한 오차(기차) ㉣ 레벨 및 표척의 침하에 의한 오차 ㉤ 표척의 영눈금(0점) 오차 ㉥ 온도 변화에 대한 표척의 신축 ㉦ 표척의 기울기에 의한 오차
부정오차	㉠ 레벨 조정 불완전(표척의 읽음 오차) ㉡ 시차에 의한 오차 ㉢ 기상 변화에 의한 오차 ㉣ 기포관의 둔감 ㉤ 기포관의 곡률의 부등 ㉥ 진동, 지진에 의한 오차 ㉦ 대물경의 출입에 의한 오차

08 트래버스측량에서 교각법의 특징으로 옳지 않은 것은?

① 각 측점마다 독립하여 관측을 할 수 있다.
② 반복법을 사용하여 각 관측의 정밀도를 높일 수 있다.
③ 각 관측에 오차가 있어도 다른 각에 영향을 주지 않는다.
④ 각 관측 및 관측값 계산이 가장 신속하다.

해설

교각법	어떤 측선이 그 앞의 측선과 이루는 각을 관측하는 것을 교각법이라 한다. 각 각이 독립적으로 관측되므로 잘못을 발견하였을 경우에도 다른 각에 관계없이 재측할 수 있다.
편각법	각 측선이 그 앞 측선의 연장과 이루는 각을 관측하는 방법
방위각법	㉠ 각 측선이 일정한 기준선인 자오선과 이루는 각을 우회로 관측하는 방법 ㉡ 한번 오차가 생기면 끝까지 영향을 끼친다. ㉢ 측선을 따라 진행하면서 관측하므로 각 관측값이 계산과 제도가 편리하고 신속히 관측할 수 있다.

09 평판측량을 하기 위하여 평판을 설치할 때 요구되는 조건이 아닌 것은?

① 평판을 수평으로 한다.
② 평판 상의 점과 지상의 측점을 동일 연직선 상에 있도록 한다.
③ 평판을 일정한 방향으로 고정한다.
④ 경사지에서는 평판을 지형경사를 따라 경사지게 설치한다.

Answer 5. ① 6. ② 7. ③ 8. ④ 9. ④

해설 평판측량의 3요소

정준 (Leveling up)	평판을 수평으로 맞추는 작업 (수평 맞추기)
구심 (Centering)	평판상의 측점과 지상의 측점을 일치시키는 작업(중심 맞추기)
표정 (Orientation)	평판을 일정한 방향으로 고정시키는 작업으로 평판측량의 오차 중 가장 크다(방향 맞추기).

10 교호수준측량을 하여 다음과 같은 결과를 얻었다. 이때 A점의 표고가 50m라면 B점의 표고는?(단, a=1.85m, b+1.22m, c=0.72m, d=0.05m)

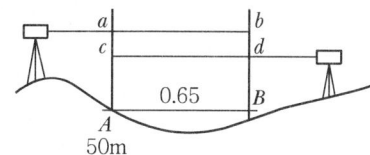

① 48.35m   ② 50.65m
③ 51.65m   ④ 52.75m

해설
$$h = \frac{(1.85+0.72)-(1.22+0.05)}{2} = 0.65$$
$$\therefore H_B = 50 + 0.65 = 50.65m$$

11 P점의 지반고를 구하기 위하여 P점에서 각각 2km, 3km, 4km 떨어진 A, B, C점으로부터 수준측량을 하였다. 이때 관측값에 대한 경중률의 비는?

① Pa : Pb : Pc = 2 : 3 : 4
② Pa : Pb : Pc = 6 : 4 : 3
③ Pa : Pb : Pc = 4 : 3 : 2
④ Pa : Pb : Pc = 3 : 4 : 6

해설 경중률(P)은 거리에 반비례한다.
$$P_1 : P_2 : P_3 = \frac{1}{S_1} : \frac{1}{S_2} : \frac{1}{S_3} = \frac{1}{2} : \frac{1}{3} : \frac{1}{4}$$
$$= 6 : 4 : 3$$

12 그림과 같은 폐다각형에서 4각을 관측한 결과가 다음과 같다. DC 측선의 방위각은?

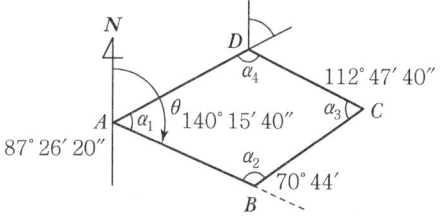

① 47° 42′ 00″   ② 89° 52′ 40″
③ 143° 47′ 20″   ④ 233° 21′ 00″

해설
$V_B^C = 140°15′40″ + 180° + 70°44′$
$\quad = 30°59′40″$
$V_C^D = 30°59′40″ + 180° + 112°47′40″$
$\quad = 323°47′20″$
$V_D^C = 323°47′20″ + 180° = 143°47′20″$

13 30°는 몇 라디안(rad)인가?

① 0.52rad   ② 0.57rad
③ 0.79rad   ④ 1.42rad

해설
$1° = \frac{\pi}{180}\text{rad} = 1.74532925 \times 10^{-2}\text{rad}$
$\therefore 30° \times 0.01745 = 0.523\text{rad}$

14 수학적 또는 물리적인 법칙에 따라 일정하게 발생하며, 원인과 상태를 알면 일정한 법칙에 따라 보정할 수 있는 오차를 무엇이라 하는가?

① 정오차   ② 우연오차
③ 상차   ④ 착오

해설
1. 정오차 또는 누차(Constant Error : 누적오차, 누차, 고정오차)
   ㉠ 오차 발생 원인이 확실하여 일정한 크기와 일정한 방향으로 생기는 오차
   ㉡ 측량 후 조정이 가능하다.
   ㉢ 정오차는 측정횟수에 비례한다.
2. 우연오차(Accidental Error : 부정오차, 상차, 우차)

㉠ 오차의 발생 원인이 명확하지 않아 소거 방법도 어렵다.
㉡ 최소제곱법의 원리로 오차를 배분하며 오차론에서 다루는 오차를 우연오차라 한다.
㉢ 우연오차는 측정 횟수의 제곱근에 비례한다.

3. 착오(Mistake : 과실)
㉠ 관측자의 부주의에 의해서 발생하는 오차
㉡ 예 : 기록 및 계산의 착오, 눈금 읽기의 잘못, 숙련 부족 등

15 진북을 기준으로 어느 측선까지 시계방향(우회전)으로 측정하는 각 관측방법은?

① 교각법
② 편각법
③ 방위각법
④ 부전법

 해설

교각	전 측선과 그 측선이 이루는 각
편각	각 측선이 그 앞 측선의 연장선과 이루는 각
방향각	도북방향을 기준으로 어느 측선까지 시계방향으로 잰 각
방위각	㉠ 자오선을 기준으로 어느 측선까지 시계방향으로 잰 각 ㉡ 방위각도 일종의 방향각 ㉢ 자북방위각, 역방위각

16 트래버스에 대한 설명으로 옳은 것은?

① 개방트래버스는 노선측량의 답사 등에 이용되며 정확도가 높다.
② 폐합트래버스는 출발점에서 시작하여 다시 시작점으로 되돌아오는 방법이다.
③ 결합트래버스는 높은 정확도의 측량보다 소규모 측량에 이용된다.
④ 트래버스의 종류는 형태만 차이가 있을 뿐 정확도에는 차이가 없다.

 해설

결합 트래버스	기지점에서 출발하여 다른 기지점으로 결합시키는 방법으로 대규모 지역의 정확성을 요하는 측량에 이용한다.
폐합 트래버스	기지점에서 출발하여 원래의 기지점으로 폐합시키는 트래버스로 측량결과가 검토는 되나 결합다각형보다 정확도가 낮아 소규모 지역의 측량에 좋다.
개방 트래버스	임의의 점에서 임의의 점으로 끝나는 트래버스로 측량결과의 점검이 안 되어 노선측량의 답사에는 편리한 방법이다. 시작되는 점과 끝나는 점 간의 아무런 조건이 없다.

17 변 길이 계산에서 대수를 취한 조건의 식과 같은 것은?

$$\log c = \log b + \log \sin C - \log \sin B$$

① $c = b\dfrac{\sin C}{\sin B}$
② $c = b\dfrac{\sin B}{\sin C}$
③ $c = b\dfrac{\log C}{\log B}$
④ $c = b\dfrac{\log C}{\log B}$

해설 $c = \dfrac{\sin C}{\sin B} \times b$ 를 대수로 취하면
$\log c = \log \sin C + \log b - \log \sin B$

18 평판측량의 특징에 대한 설명으로 옳지 않은 것은?

① 현장에서 측량이 잘못된 곳을 발견하기 쉽다.
② 부속품이 많아서 정확도가 높다.
③ 기계조작과 측량방법이 간단하다.
④ 야장이 필요 없다.

Answer 15. ③ 16. ② 17. ① 18. ②

장점	㉠ 현장에서 직접 측량결과를 제도함으로써 필요한 사항을 결측하는 일이 없다. ㉡ 내업이 적으므로 작업을 빠르게 할 수 있다. ㉢ 측량기구가 간단하여 측량방법 및 취급하기가 편리하다. ㉣ 오측 시 현장에서 발견이 용이하다.
단점	㉠ 외업이 많으므로 기후(비, 눈, 바람 등)의 영향을 많이 받는다. ㉡ 기계의 부품이 많아 휴대하기 곤란하고 분실하기 쉽다. ㉢ 도지에 신축이 생기므로 정밀도에 영향이 크다. ㉣ 높은 정도를 기대할 수 없다.

19 하천조사 측량의 골조측량에 주로 사용되는 삼각망의 형태는?

① 단열삼각망　② 유심다각망
③ 사변형망　　④ 육각형삼각망

단열 삼각쇄(망) (Single chain of trangles)	• 폭이 좁고 길이가 긴 지역에 적합하다. • 노선·하천·터널측량 등에 이용한다. • 거리에 비해 관측 수가 적다. • 측량이 신속하고 경비가 적게 든다. • 조건식의 수가 적어 정도가 낮다.
유심 삼각쇄(망) (Chain of central points)	• 동일 측점에 비해 포함면적이 가장 넓다. • 넓은 지역에 적합하다. • 농지측량 및 평탄한 지역에 사용된다. • 정도는 단열삼각망보다 좋으나 사변형보다 적다.
사변형 삼각쇄(망) (Chain of quadrilater als)	• 조건식의 수가 가장 많아 정밀도가 가장 높다. • 기선삼각망에 이용된다. • 삼각점 수가 많아 측량시간이 많이 소요되며 계산과 조정이 복잡하다.

20 삼각망 조정에서 「삼각형의 내각의 합은 180°이다」라는 조건은 어느 조건에 해당되는가?

① 측점조건　② 각조건
③ 수렴조건　④ 변조건

각조건	삼각형의 내각의 합은 180°가 되어야 한다. 즉 다각형의 내각의 합은 $180°(n-2)$이어야 한다.
측점 조건	한 측점 주위에 있는 모든 각의 합은 반드시 360°가 되어야 한다.
변조건	삼각망 중에서 임의의 한 변의 길이는 계산 순서에 관계없이 항상 일정하여야 한다.

21 A로부터 B에 이르는 수준측량의 결과가 표와 같을 때 B의 표고는?

코스	측정값	거리
1	32.42m	2km
2	32.43m	4km
3	32.40m	5km

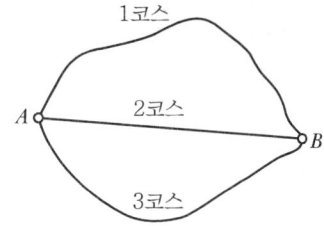

① 32.418m　② 32.420m
③ 32.432m　④ 32.440m

$$P_1 : P_2 : P_3 = \frac{1}{2} : \frac{1}{4} : \frac{1}{5} = 10 : 5 : 4$$

$$L_0 = 32 + \frac{0.42 \times 10 + 0.43 \times 5 + 0.40 \times 4}{10 + 5 + 4}$$

$$= 32.418\text{m}$$

22 기지점 2~3개를 기초로 하여 거리 측정 없이 각각의 측점으로부터 방향선에 의해 새로운 측점을 도상에 결정하는 방법은?

① 방사법
② 교회법
③ 전진법
④ 편각법

 해설

방사법 (Method of Radiation, 사출법)	측량구역 안에 장애물이 없고 비교적 좁은 구역에 적합하며 한 측점에 평판을 세워 그점 주위에 목표점의 방향과 거리를 측정하는 방법(60m 이내)
전진법 (Method of Traversing, 도선법, 절측법)	측량구역에 장애물이 중앙에 있어 시준이 곤란할 때 사용하는 방법으로 측량구역이 길고 좁을 때 측점마다 평판을 세워가며 측량하는 방법
교회법 (Method of intersection) 전방교회법	전방에 장애물이 있어 직접 거리를 측정할 수 없을 때 편리하며, 알고 있는 기지점에 평판을 세워서 미지점을 구하는 방법
측방교회법	기지의 두 점을 이용하여 미지의 한 점을 구하는 방법으로 도로 및 하천변의 여러 점의 위치를 측정할 때 편리하다.
후방교회법	도면상에 기재되어 있지 않은 미지점에 평판을 세워 기지의 2점 또는 3점을 이용하여 현재 평판이 세워져 있는 평판의 위치(미지점)를 도면상에서 구하는 방법

23 수준측량 야장에서 측점 3의 지반고는?(단, 단위는 m이고, 측점1의 지반고는 10.00m이다.)

측점	B.S	F.S		비고
		T.P	I.P	
1	0.85			
2			1.08	
3	0.96	0.27		
4			1.32	
5		2.44		

① 10.48m ② 10.58m
③ 10.06m ④ 9.67m

 해설

측점	기계고	지반고
1	10+0.85=10.85	10
2		10.85−1.08=9.77
3	10.58+0.96=11.54	10.85−0.27=10.58
4		11.54−1.32=10.22
5		11.54−2.44=9.10

24 〈보기〉의 삼각점 선점에 대한 설명 중 ( ) 안에 알맞은 것은?

〈보기〉
삼각점의 선점은 측량의 목적, 정확도 등을 고려하여 결정한다. 삼각형은 정삼각형에 가까울수록 각 관측 오차가 변 길이 계산에 끼치는 영향이 적으므로 정삼각형이 되게 하고 지형에 따라 부득이할 때에는 한 내각의 크기는 ( ) 내에 있도록 해야 한다.

① 10~70   ② 20~80
③ 30~120 ④ 40~150

해설 삼각점 선점
㉠ 각 점이 서로 잘 보일 것
㉡ 삼각형의 내각은 60°에 가깝게 하는 것이 좋으나 1개의 내각은 30~120° 이내로 한다.

Answer 22. ② 23. ② 24. ③

ⓒ 표지와 기계가 움직이지 않을 견고한 지점일 것
ⓔ 가능한 측점수가 적고 세부측량에 이용가치가 커야 한다.
ⓕ 벌목을 많이 하거나 높은 시준탑을 세우지 않아도 관측할 수 있는 점일 것

천정각	연직선 위쪽을 기준으로 목표점까지 내려 잰 각
고저각	수평선을 기준으로 목표점까지 올려서 잰 각을 상향각(앙각), 내려 잰 각을 하향각(부각) – 천문측량의 지평좌표계
천저각	연직선 아래쪽을 기준으로 목표점까지 올려서 잰 각 – 항공사진측량

25 측량의 대상물은 지표면, 지하, 수중 및 해양, 우주공간 등 인간 활동이 미칠 수 있는 모든 영역에 대한 정량적 해석과 정성적 해석으로 크게 나누어진다. 다음 중 정성적 해석에 속하는 것은?

① 특성해석
② 형상결정
③ 위치결정
④ 크기해석

해설 사진측량(Photogrammetry)은 사진영상을 이용하여 피사체에 대한 정량적(위치, 형상, 크기 등의 결정) 및 정성적(자원과 환경현상의 특성 조사 및 분석) 해석을 하는 학문이다.
ⓐ 정량적 해석 : 위치, 형상, 크기 등의 결정
ⓑ 정성적 해석 : 자원과 환경현상의 특성 조사 및 분석

26 수직각 중 연직선 아래쪽 방향을 기준으로 목표물에 대하여 시준선까지 올려서 잰 각을 무엇이라 하는가?

① 방향각
② 고저각
③ 천정각
④ 천저각

해설
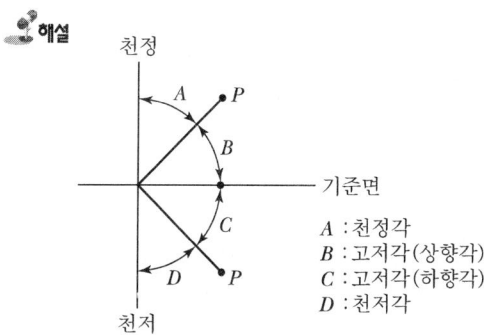

27 각 관측에서 망원경을 정·반으로 관측하여 평균하여 소거되지 않는 오차는?

① 시준축과 수평축이 직교하지 않아 발생되는 오차
② 수평축과 연진축이 직교하지 않아 발생되는 오차
③ 연직축이 정확히 연직선에 있지 않아 발생되는 오차
④ 회전축에 대하여 망원경의 위치가 편심되어 발생되는 오차

해설

오차의 종류	원인	처리방법
시준축 오차	시준축과 수평축이 직교하지 않기 때문에 생기는 오차	망원경을 정·반 위로 관측하여 평균을 취한다.
수평축 오차	수평축이 연직축에 직교하지 않기 때문에 생기는 오차	망원경을 정·반 위로 관측하여 평균을 취한다.
연직축 오차	연직축이 연직이 되지 않기 때문에 생기는 오차	소거불능

28 GPS(Global Positioning System)를 이용한 위치 측정에서 사용되는 좌표계는?

① 평면 직각 좌표계
② 세계측지계(WGS84)
③ UPS좌표계
④ UTM좌표계

해설

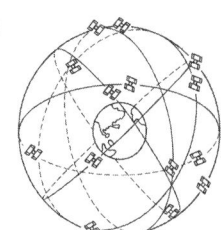

- 궤도 : 대략 원궤도
- 궤도 수 : 6개
- 위성 수 : 24개
- 궤도경사각 : 56°
- 높이 : 20,000cm
- 사용좌표계 : WGS-84

29 측선 AB의 방위각은 210°이다. 이 측선의 역방위는?

① S30° W ② N60° E
③ N30° E ④ S60° W

상환	방위	방위각	위거	경거
Ⅰ	$N\ \theta_1\ E$	$a = \theta_1$	+	+
Ⅱ	$S\ \theta_2\ E$	$a = 180° - \theta_2$	−	+
Ⅲ	$S\ \theta_3\ W$	$a = 180° + \theta_3$	−	−
Ⅳ	$N\ \theta_4\ W$	$a = 360° - \theta_4$	+	−

$V_A^{\ B} = 210°$

$V_B^{\ A} = 210° + 180° = 30°$

∴ $N30°E$ (1′상환)

30 각관측기의 망원경 배율에 대한 설명으로 옳은 것은?

① 대물렌즈의 초점거리(F)와 접안렌즈의 초점거리(f)와의 비($\frac{F}{f}$)를 말한다.

② 접안렌즈의 초점거리(f)와 대물렌즈의 초점거리(F)와의 비($\frac{f}{F}$)를 말한다.

③ 접안렌즈로부터 기계중심까지의 거리(c)와 기계중심에서 대물렌즈까지의 거리(C)와의 비($\frac{c}{C}$)를 말한다.

④ 대물렌즈로부터 기계중심까지의 거리(C)와 기계중심에서 접안렌즈까지의 거리(c)와의 비($\frac{C}{c}$)를 말한다.

해설

망원경배율(확대율)

$= \dfrac{\text{대물렌즈의 초점거리}}{\text{접안렌즈의 초점거리}}$

(망원경의 배율은 20~30배)

31 삼각망 조정에서 기하학적 조건에 대한 설명으로 틀린 것은?

① 삼각형 내각의 합은 180°이다.
② 한 측점 둘레에 있는 모든 각의 합은 360°이다.
③ 삼각망 중에 한 변의 길이는 계산순서에 따라 다르게 나타나므로 시계방향으로 계산하여야 한다.
④ 한 측점에서 측정한 여러 각의 합은 그 전체를 한 각으로 관측한 각과 같다.

해설

각조건	삼각형의 내각의 합은 180°가 되어야 한다. 즉 다각형의 내각의 합은 180°(n−2)이어야 한다.
측점 조건	한 측점 주위에 있는 모든 각의 합은 반드시 360°가 되어야 한다.
변조건	삼각망 중에서 임의의 한 변의 길이는 계산 순서에 관계없이 항상 일정하여야 한다.

32 전측선 길이의 총합이 200m, 위거오차가 +0.04m일 때 길이 50m인 측선의 컴퍼스법칙에 의한 위거 보정량은?

① +0.01m ② −0.01m
③ +0.02m ④ −0.02m

해설

위거조정량 $= \dfrac{\text{그 측선거리}}{\text{전 측선거리}} \times$ 위거오차

$= \dfrac{L}{\sum L} \times E_L$

경거조정량 $= \dfrac{\text{그 측선거리}}{\text{전 측선거리}} \times$ 경거오차

$= \dfrac{L}{\sum L} \times E_D$

∴ 위거보정량 $= \dfrac{50}{200} \times 0.04 = -0.01\text{m}$

33 평판을 세울 때 측량 결과에 가장 큰 영향을 주는 오차는?

① 수평맞추기 오차
② 이심맞추기 오차
③ 중심맞추기 오차
④ 방향맞추기 오차

해설

정준 (Leveling up)	평판을 수평으로 맞추는 작업 (수평 맞추기)
구심 (Centering)	평판상의 측점과 지상의 측점을 일치시키는 작업(중심맞추기)
표정 (Orientation)	평판을 일정한 방향으로 고정시키는 작업으로 평판측량의 오차 중 가장 크다(방향맞추기).

34 수준측량용 장비 중 컴펜세이터(Compensator)에 의한 시준선이 수평이 되도록 만들어 주는 레벨은?

① 디지털레벨
② 미동레벨
③ 핸드레벨
④ 자동레벨

해설
1. 경독레벨(傾讀, Tilting level)
   경독레벨은 미동레벨이라고도 부른다. 경독레벨은 경독나사(Tilting screw)에 의하여 연직축과는 독립적으로 경사를 조정할 수 있도록 되어 있다.
2. 자동레벨
   덤피레벨과 경독레벨은 시준선의 방향맞추기에서 기포관을 사용하지만 자동레벨은 자동 콤펜세이트(Compensater)를 사용한다.
3. 디지털레벨
   디지털레벨(Electronic digital level)은 수준척의 읽음이 보통레벨에서와 같이 직접 눈으로 읽는 것이 아니라 레벨에 내장된 컴퓨터 영상분석장치(映像分析裝置)에 의하여 수준척의 눈금이 읽어지도록 고안되었다.

4. 레이저레벨
   레이저(Laser)는 전자파의 방사각(퍼짐각)이 매우 좁아 강력한 전자파의 강도를 잃지 않고 직선으로 멀리 도달할 수 있는 특징이 있어 거리 측정 등에 많이 이용된다.
   ㉠ 단일 빔 레이저(Single beam laser)
      레이저가 하나의 선을 따라 방출되며 방출된 레이저는 목표물 또는 반사경에 반사되어 쉽게 관측할 수 있다.
   ㉡ 회전 빔 레이저(Rotating beam laser)
      광학장치에 의하여 단일 빔 레이저를 360° 회전시키는 것이다.
5. 핸드레벨과 클로니미터
   핸드레벨은 아주 간단한 수준측량 기구로서 휴대하기가 간편하고 사용하기가 편리하여 현장답사에 많이 사용된다.
   클로니미터는 핸드레벨과 똑같은 형태로서 기포관이 위치하는 곳에 연직분도원이 장치되어 있어 경사각을 측정할 수 있도록 고안되었다.

35 방위각이 300°일 경우, 상한과 위거, 경거의 부호로 맞는 것은?(단, 부호의 순서는 위거, 경거의 순으로 표시)

① 제3상한(−, +) ② 제3상한(+, −)
③ 제4상한(+, −) ④ 제4상한(−, +)

해설
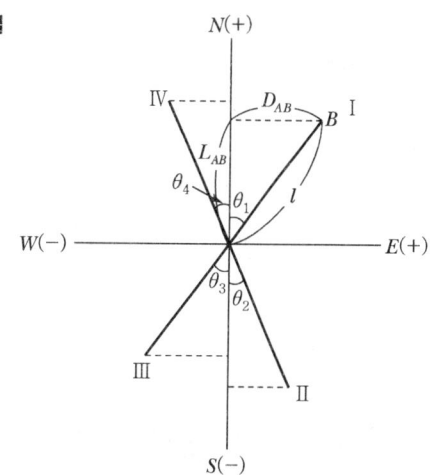

Answer 33. ④ 34. ④ 35. ③

36 삼각형의 세 변의 길이가 각각 25m, 12m, 33m일 때 면적을 구한 값은?

① 86.26m²
② 100.15m²
③ 111.46m²
④ 126.89m²

해설 $A = \sqrt{S(S-a)(S-b)(S-c)}$
$= \sqrt{35(35-25)(35-12)(35-33)}$
$= 126.885 \text{m}^2$
$S = \frac{1}{2}(a+b+c) = \frac{25+12+33}{2} = 35$

37 땅 고르기 작업을 마친 지역의 전면적이 300m², 토량이 1,680m³일 때 기준면으로부터 높이는?

① 1.6m   ② 3.0m
③ 4.3m   ④ 5.6m

해설 $h = \frac{V_0}{nA} = \frac{1,680}{300} = 5.6\text{m}$

38 GPS의 3대 구성으로 틀린 것은?

① 우주부분
② 지구부분
③ 제어부분
④ 사용자부분

해설

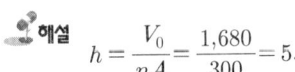

우주부문 (Space Segment)	— 연속적 다중위치 결정체계 — GPS는 55° 궤도 경사각, 위도 60°의 6개 궤도 — 20,183km 고도와 약 12시간 주기로 운행 — 3차원 후방 교회법으로 위치 결정
제어부문 (Control Segment)	— 궤도와 시각 결정을 위한 위성의 추적 — 전리층 및 대류층의 주기적 모형화(방송궤도력) — 위성시간의 동일화 — 위성으로의 자료 전송
사용자부문 (User Segment)	— 위성으로부터 보내진 전파를 수신해 원하는 위치 — 또는 두 점 사이의 거리를 계산

39 지형측량을 해야 할 범위가 정해지고 적당한 지형도나 항공사진을 참고로 하여 도상계획을 세운 직후에 하여야 할 작업은?

① 측량 원도 작성
② 현지 답사
③ 측량기계, 기구결정
④ 측점의 위치결정

해설 계획 – 답사 – 선점 – 조표 – 관측 – 계산

40 체적계산방법에 대한 설명으로 틀린 것은?

① 철도, 도로 등과 같이 긴 노선의 절·성토량을 구하기 위해 주로 단면법을 이용한다.
② 택지조성 등이 정지작업을 위한 토공량을 계산하기 위해 주로 점고법을 이용한다.
③ 저수지의 저수용량을 구하기 위해 주로 점고법을 이용한다.
④ 산지의 토공량을 구하기 위하여 주로 등고선법을 이용한다.

해설

단면법	철도, 도로, 수로 등과 같이 긴 노선의 성토량, 절토량을 계산할 경우에 이용되는 방법으로 양단면평균법, 중앙단면법, 각주공식에 의한 방법 등이 있다.
점고법	넓은 지역이나 택지조성 등의 정지작업을 위한 토공량을 계산하는 데 사용되는 방법으로 전 구역을 직사각형이나 삼각형으로 나누어서 토량을 계산하는 방법이다.
등고선법	부지의 정지작업에 필요한 토량 산정, Dam, 저수지의 저수량 산정하는 데 이용되는 방법으로 체적을 근사적으로 구하는 경우에 편리한 방법이다.

41 단곡선에서 외선길이(외할 : ㉠), 중앙종거 (㉡)를 구하는 공식이 모두 옳은 것은?(단, R : 곡선반지름, I : 교각)

① ㉠ $2R\sin\frac{I}{2}$ ㉡ $R(1-\cos\frac{I}{2})$

② ㉠ $R(1-\cos\frac{I}{2})$ ㉡ $R\tan\frac{I}{2}$

③ ㉠ $R(1-\cos\frac{I}{2})$ ㉡ $2R\sin\frac{I}{2}$

④ ㉠ $R(\sec\frac{I}{2}-1)$ ㉡ $(1-\cos\frac{I}{2})$

 해설

접선장 (Tangent length)	$TL = R \cdot \tan\frac{I}{2}$
곡선장 (Curve length)	$CL = \frac{\pi}{180°} \cdot R \cdot I$ $= 0.01745RI$
외할 (External secant)	$E = R(\sec\frac{I}{2}-1)$
중앙종거 (Middle ordinate)	$M = R(1-\cos\frac{I}{2})$

42 단곡선의 구성 명칭에 대한 설명으로 옳지 않은 것은?

① T.L=접선장
② C.L=곡선의 시작점
③ M=중앙 종거
④ E=외할

 해설

B.C	곡선시점(Biginning of curve)
E.C	곡선종점(End of curve)
S.P	곡선중점(Secant Point)
I.P	교점(Intersection Point)
I	교각(Intersection angle)
∠AOB	중심각(Central angl)I
R	곡선반경(Radius of curve)
$\widehat{AB}$	곡선장(Curve length) : C.L
AB	현장(Long chord) : C

T.L	접선장(Tangent length) : AD, BD
M	중앙종거(Middle ordinate)
E	외할(External secant)
δ	편각(Deflection angle) : ∠VAG

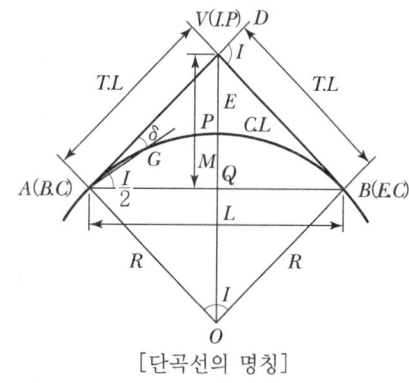

[단곡선의 명칭]

43 국가에서 발행하는 국가기본도(1/50,000, 1/25,000,1/5,000)의 지형도 표현방법으로 옳은 것은?

① 단채법
② 점고법
③ 음영법
④ 등고선법

 해설

점고법 (Spot height system)	지표면 상의 표고 또는 수심을 숫자에 의하여 지표를 나타내는 방법으로 하천, 항만, 해양 등에 주로 이용
등고선법 (Contour System)	동일표고의 점을 연결한 것으로 등고선에 의하여 지표를 표시하는 방법으로 토목공사용으로 가장 널리 사용
채색법 (Layer System)	같은 등고선의 지대를 같은 색으로 채색하여 높을수록 진하게, 낮을수록 연하게 칠하여 높이의 변화를 나타내며 지리 관계의 지도에 주로 사용

Answer 41. ④ 42. ② 43. ④

44 위치를 알고 있는 위성에서 발사한 전파가 지상의 수신기까지 도달하는 소요시간을 관측하여 미지점의 위치를 구하는 측량은?

① 원격탐사
② GPS측량
③ 사진측량
④ 위성사진측량

해설 GPS의 정의
GPS는 인공위성을 이용한 범세계적 위치결정체계로 정확한 위치를 알고 있는 위성에서 발사한 전파를 수신하여 관측점까지의 소요시간을 관측함으로써 관측점의 위치를 구하는 체계이다. 즉, GPS 측량은 위치가 알려진 다수의 위성을 기지점으로 하여 수신기를 설치한 미지점의 위치를 결정하는 후방교회법(Resection methoid)에 의한 측량방법이다.

45 $A_1=250\text{m}^2$, $A_2=350\text{m}^2$, $L=20\text{m}$인 그림과 같은 모양의 체적은?(단, 양단면 평균법을 사용)

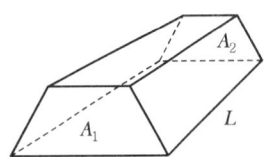

① 6,000m³ ② 4,500m³
③ 3,000m³ ④ 1,500m³

해설 $V=\dfrac{1}{2}(A_1+A_2)\cdot l = \dfrac{250+350}{2}\times 20$
$= 6{,}000\text{m}^3$

46 클로소이드 곡선에서 곡선반지름 $R=121\text{m}$, 곡선길이 $L=36\text{m}$일 때 클로소이드 매개변수 A의 값은?

① 56m ② 60m
③ 66m ④ 70m

해설 $A=\sqrt{RL}=\sqrt{121\times 36}=66\text{m}$

47 캔트(cant)의 계산에 있어서 속도와 반지름을 모두 2배로 하면 캔트(cant)는 몇 배가 되는가?

① 2배 ② 4배
③ 6배 ④ 8배

해설 $C=\dfrac{SV^2}{Rg}$에서 $C=\dfrac{2^2}{2}=2$배

48 2변의 길이가 각각 45.5m, 35.5m이고 그 사이 각이 119°19′인 삼각형의 면적은?

① 704.19m²
② 754.50m²
③ 793.22m²
④ 807.63m²

해설 $A=\dfrac{1}{2}ab\sin a$
$=\dfrac{45.5\times 35.5}{2}\times \sin 119°19′$
$=704.189\text{m}^2$

49 단곡선에서 곡선반지름 $R=150\text{m}$, 교각 $I=60°$이고 시단현의 길이 $l_1=17.34\text{m}$일 때, 시단현의 편각 δ_1은?

① 2°29′02″
② 2°42′02″
③ 3°18′42″
④ 3°42′25″

해설 $\delta_1 = 1{,}718.87′\dfrac{l}{R}$
$= 1{,}718.87′\times \dfrac{17.34}{150}$
$= 3°18′42.08″$

50 다음 중 한 파장의 길이가 가장 짧은 GPS 신호는?

① L1 ② L2
③ C/A ④ P

Answer 44. ② 45. ① 46. ③ 47. ① 48. ① 49. ③ 50. ①

해설

신호	구분	내용
반송파 (Carrier)	L₁	• 주파수 1,575.42MHz(154×10.23MHz), 파장 19cm • C/A code와 P code 변조 가능
	L₂	• 주파수 1,227.60MHz(120×10.23MHz), 파장 24cm • P code만 변조 가능
코드 (Code)	P code	• 반복주기 7일인 PRN code(Pseudo Random Noise code) • 주파수 10.23MHz, 파장 30m(29.3m)
	C/A code	• 반복주기 : 1ms(milli-second)로 1.023Mbps로 구성된 PPN code • 주파수 1.023MHz, 파장 300m(293m)

51 노선측량에서 곡선의 종류 중 원곡선에 해당되는 것은?

① 3차 포물선　　② 클로소이드 곡선
③ 렘니스케이트 곡선　④ 복심 곡선

해설 원곡선의 종류
㉠ 단곡선(Simple curve)
㉡ 복심곡선(Compound curve)
㉢ 반향곡선(Reverse curve)
㉣ 배향곡선(Hairpin curve)

52 A점과 B점의 수평거리가 300m이고 A점의 표고가 45m, B점의 표고가 63m일 때 AB 사이에 표고 55m인 C점까지의 A점으로부터의 수평거리 $\overline{AC}$는?

① 167m　　② 175m
③ 191m　　④ 215m

해설

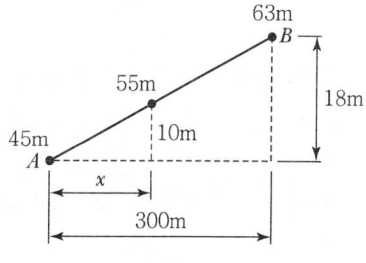

$300 : 18 = x : 10$

$x = \dfrac{300 \times 10}{18} = 166.7\text{m}$

53 지형도의 이용으로 틀린 것은?

① 신설 노선에 대하여 단면도를 작성할 수 있다.
② 저수 용량 및 유역 면적을 결정할 수 있다.
③ 성토 및 절토의 범위를 결정할 수 있다.
④ 지하시설물의 3차원 해석을 할 수 있다.

해설 지형도의 이용
1. 방향결정
2. 위치결정
3. 경사결정(구배계산)
　㉠ 경사$(i) = \dfrac{H}{D} \times 100(\%)$
　㉡ 경사각$(\theta) = \tan^{-1}\dfrac{H}{D}$
4. 거리결정
5. 단면도 제작
6. 면적계산
7. 체적계산(토공량 산정)

54 단곡선 설치에서 접선과 현이 이루는 각을 이용하여 곡선을 설치하는 방법으로 비교적 정밀도가 높은 곡선 설치법은?

① 지거법　　② 편각법
③ 중앙 종거법　④ 종거 설치법

해설
(1) 편각 설치법
　　철도, 도로 등의 곡선 설치에 가장 일반적인 방법이며, 다른 방법에 비해 정확하나 반경이 작을 때 오차가 많이 발생한다.
(2) 중앙 종거법
　　곡선반경이 작은 도심지 곡선설치에 유리하며 기설곡선의 검사나 정정에 편리하다. 일반적으로 1/4법이라고도 한다.
(3) 접선편거 및 현편거법
　　트랜싯을 사용하지 못할 때 폴과 테이프로 설치하는 방법으로 지방도로에 이용되며 정밀도는 다른 방법에 비해 낮다.

(4) 접선에서 지거를 이용하는 방법
양접선에 지거를 내려 곡선을 설치하는 방법으로 터널 내의 곡선설치와 산림지에서 벌채량을 줄일 경우에 적당한 방법이다.

55 지형을 표시하는 데 가장 기준이 되는 등고선은?

① 간곡선　　② 주곡선
③ 조곡선　　④ 계곡선

해설

주곡선	지형을 표시하는 데 가장 기본이 되는 곡선으로 가는 실선으로 표시
간곡선	주곡선 간격의 $\frac{1}{2}$ 간격으로 그리는 곡선으로 완경사지나 주곡선만으로 지모를 명시하기 곤란한 장소에 가는 파선으로 표시
조곡선	간곡선 간격의 $\frac{1}{2}$ 간격으로 그리는 곡선으로 불규칙한 지형을 표시 (주곡선 간격의 $\frac{1}{4}$ 간격으로 그리는 곡선)
계곡선	주곡선 5개마다 1개씩 그리는 곡선으로 표고의 읽음을 쉽게 하고 지모의 상태를 명시하기 위해 굵은 실선으로 표시

56 도로의 기점으로부터 교점까지 추가거리가 483.26m이고 교각이 36°18′일 때 종단현의 길이는?(단, 곡선반지름은 200m 중심말뚝 간격은 20m이다.)

① 4.41m　　② 5.64m
③ 6.23m　　④ 7.85m

해설
$TL = R\tan\frac{I}{2} = 200 \times \tan\frac{36°18′}{2}$
$\qquad = 65.56\text{m}$
$BC = 483.26 - 65.56 = 417.7\text{m}$
$CL = 0.01745RI$
$\qquad = 0.01745 \times 200 \times 36°18′ = 126.7\text{m}$

$EC = 417.7 + 126.7 = 544.40\text{m}$
$\therefore \text{N}0.27 + 4.40\text{m}$

57 면적 산정방법 중 심프슨 제1법칙에 대한 설명으로 옳은 것은?

① 경계선을 직선으로 보고 사다리꼴로 면적을 구하는 방법이다.
② 경계선을 3차 포물선으로 보고 면적을 구하는 방법이다.
③ 지거는 3구간을 1조로 하여 면적을 구하는 방법이다.
④ 구간 수가 홀수인 경우 짝수까지 구한 면적에 마지막 구간을 사다리꼴 공식으로 계산하여 더한다.

해설 심프슨 제1법칙
㉠ 지거간격을 2개씩 1개 조로 하여 경계선을 2차 포물선으로 간주
㉡ A = 사다리꼴(ABCD) + 포물선(BCD)
$A = \frac{d}{3}[y_0 + y_n + 4(\Sigma_y\text{홀수}) + 2(\Sigma_y\text{짝수})]$
$\quad = \frac{d}{3}[y_1 + y_n + 4(\Sigma_y\text{짝수}) + 2(\Sigma_y\text{홀수})]$
㉢ n(지거의 수)은 짝수이어야 하며, 홀수인 경우 끝의 것은 사다리꼴 공식으로 계산하여 합산

58 노선측량에서 일반적으로 중심말뚝을 노선의 중심선을 따라 몇 m마다 설치하는가?

① 5m　　② 10m
③ 20m　　④ 50m

해설 노선측량에서 일반적으로 중심말뚝을 노선의 중심선을 따라 20m마다 설치한다.

59 등고선에 대한 설명으로 틀린 것은?

① 동일 등고선 상에 있는 모든 점은 같은 높이이다.
② 높이가 다른 두 등고선은 절대 교차하지 않는다.
③ 등고선은 도면 내외에서 반드시 폐합한다.

④ 최대 경사방향은 등고선과 직각으로 교차한다.

해설 등고선의 성질
- 동일 등고선 상에 있는 모든 점은 같은 높이이다.
- 등고선은 반드시 도면 안이나 밖에서 서로가 폐합한다.
- 지도의 도면 내에서 폐합되면 가장 가운데 부분은 산꼭대기(산정) 또는 凹지(요지)가 된다.
- 등고선은 도중에 없어지거나 엇갈리거나 합쳐지거나 갈라지지 않는다.
- 높이가 다른 두 등고선은 동굴이나 절벽의 지형이 아닌 곳에서는 교차하지 않는다.
- 등고선은 경사가 급한 곳에서는 간격이 좁고 완만한 경사에서는 넓다.
- 최대경사의 방향은 등고선과 직각으로 교차한다.
- 분수선(능선)과 곡선(유하선)은 등고선과 직각으로 만난다.
- 2쌍의 등고선의 볼록부가 상대할 때는 볼록부를 나타낸다.
- 동등한 경사의 지표에서 양 등고선의 수평거리는 같다.
- 같은 경사의 평면일 때는 나란한 직선이 된다.
- 등고선이 능선을 직각방향으로 횡단한 다음 능선의 다른 쪽을 따라 거슬러 올라간다.
- 등고선의 수평거리는 산꼭대기와 산밑에서는 크고 산중턱에서는 작다.

60 GPS의 오차에 대하여 설명한 것 중 틀린 것은?
① 위성시계의 오차 : 위성시계 정밀도에 대한 오차
② 대기굴절오차 : 지구의 전리층과 대기권에 의한 오차
③ 다중 전파경로에 의한 오차 : 반송파가 지상의 수신기를 향하여 송신될 때 인위적인 오차를 삽입하여 발생되는 오차
④ 위성의 기하학적 위치에 따른 오차 : 위성의 기하학적 분포에 따라 발생하는 오차

해설

종류	특징
위성시계 오차	GPS 위성에 내장되어 있는 시계의 부정확성으로 인해 발생
위성궤도 오차	위성궤도 정보의 부정확성으로 인해 발생
대기권 전파지연	위성신호의 전리층, 대류권 통과 시 전파지연오차(약 2m)
전파적 잡음	수신기 자체에서 발생하며 PRN 코드 잡음과 수신기 잡음이 합쳐져서 발생
다중경로 (Multi path)	다중경로오차는 GPS 위성으로 직접 수신된 전파 이외에 부가적으로 주위의 지형, 지물에 의한 반사된 전파로 인해 발생하는 오차로서 측위에 영향을 미친다. ㉠ 다중경로는 금속제 건물, 구조물과 같은 커다란 반사적 표면이 있을 때 일어난다. ㉡ 다중경로의 결과로서 수신된 GPS 신호는 처리될 때 GPS 위치의 부정확성을 제공한다. ㉢ 다중경로가 일어나는 경우를 최소화하기 위하여 미션 설정, 수신기, 안테나 설계 시에 고려한다면 다중경로의 영향을 최소화할 수 있다. ㉣ GPS 신호시간의 기간을 평균하는 것도 다중경로의 영향을 감소시킨다. ㉤ 가장 이상적인 방법은 다중경로의 원인이 되는 장애물에서 멀리 떨어져서 관측하는 방법이다.

Answer 60. ③

2015년 1회

01 시작되는 측점과 끝나는 측점 간에 아무런 조건이 없으며 노선측량이나 답사 등에 편리한 트래버스는?
① 폐합 트래버스   ② 결합 트래버스
③ 개방 트래버스   ④ 트래버스 망

 해설

결합 트래버스	기지점에서 출발하여 다른 기지점으로 결합시키는 방법으로 대규모 지역의 정확성을 요하는 측량에 이용한다.
폐합 트래버스	기지점에서 출발하여 원래의 기지점으로 폐합시키는 트래버스로 측량결과가 검토는 되나 결합다각형보다 정확도가 낮아 소규모 지역의 측량에 좋다.
개방 트래버스	임의의 점에서 임의의 점으로 끝나는 트래버스로 측량결과의 점검이 안 되어 노선측량의 답사에는 편리한 방법이다. 시작되는 점과 끝나는 점 간의 아무런 조건이 없다.

02 제3상한에 해당되는 방위를 $S\theta°W$로 표현할 수 있다면 방위각(α)을 계산하는 식은?
① $\alpha = \theta°$
② $\alpha = 360° - \theta°$
③ $\alpha = 180° - \theta$
④ $\alpha = 180° + \theta$

 해설

상환	방위	방위각	위거	경거
I	$N\,\theta_1\,E$	$a = \theta_1$	+	+
II	$S\,\theta_2\,E$	$a = 180° - \theta_2$	−	+
III	$S\,\theta_3\,W$	$a = 180° + \theta_3$	−	−
IV	$N\,\theta_4\,W$	$a = 360° - \theta_4$	+	−

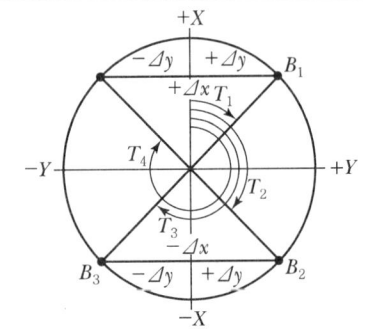

03 수평각을 관측할 경우 망원경을 정·반위 상태로 관측하여 평균값을 취해도 소거되지 않는 오차는?
① 연직축 오차   ② 시준축 오차
③ 수평축 오차   ④ 편심오차

 해설

오차의 종류	원인	처리방법
시준축 오차	시준축과 수평축이 직교하지 않기 때문에 생기는 오차	망원경을 정·반위로 관측하여 평균을 취한다.
수평축 오차	수평축이 연직축에 직교하지 않기 때문에 생기는 오차	망원경을 정·반위로 관측하여 평균을 취한다.
연직축 오차	연직축이 연직이 되지 않기 때문에 생기는 오차	소거 불능

Answer 1. ③ 2. ④ 3. ①

04 어느 거리를 세 구간으로 나누어 관측한 결과 구간별 오차가 각각 ±0.004m, ±0.009m, ±0.007m라면 전체 거리에 대한 오차는?

① ±0.007m
② ±0.012m
③ ±0.016m
④ ±0.019m

해설 $M = \pm\sqrt{0.004^2 + 0.009^2 + 0.007^2}$
$= \pm 0.012m$

05 그림과 같은 사변형 삼각망 조정에서 조건식의 총수는?

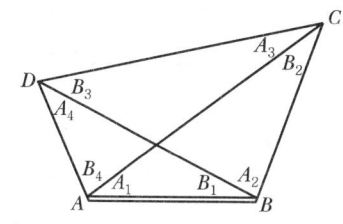

① 4개
② 5개
③ 6개
④ 7개

해설

각 조건식	$S-P+1$
변 조건식	$B-S-2P+2$
점 조건식	$w-l+1$
조건식의 총수	$B+a-2P+3$

여기서, w : 한 점 주위의 각 수
l : 한 측점에서 나간 변의 수
a : 관측각의 총수
B : 기선 수
S : 변의 총수
P : 삼각점의 수

∴ 조건식의 총수
$B + a - 2P + 3 = 1 + 8 - 2 \times 4 + 3 = 4$

06 하천 양안에서 교호수준측량을 실시하여 그림과 같은 결과를 얻었다. A점의 지반고가 100.250m일 때 B점의 지반고는?

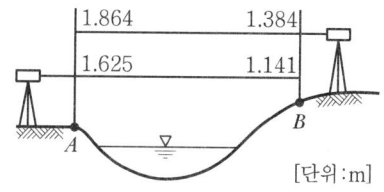

[단위 : m]

① 99.286m ② 99.768m
③ 100.732m ④ 101.214m

해설 $h = \dfrac{(1.864 + 1.625) - (1.384 + 1.141)}{2}$
$= 0.482$
$H_B = 100.25 + 0.482 = 100.732m$

07 트래버스의 계산에 대한 설명으로 옳은 것은?

① 폐합 트래버스의 편각의 총합은 720°이다.
② 방위각이 92°인 측선의 역방위각은 272°이다.
③ 폐합 트래버스인 n다각형의 내각의 합은 $(n-3) \times 180°$이다.
④ 방위각 계산에서 (−)각이 생기면 180°를 더해 주어야 한다.

해설 폐합트래버스 측각오차의 조정

내각 측정 시	다각형의 내각의 합은 $180°(n-2)$이므로 ∴ $E = [a] - 180(n-2)$
외각 측정 시	다각형에서 외각은 (360° − 내각)이므로 외각의 합은 (360°×n − 내각의 합)이다. 즉 $360° \times n - 180°(n-2) = 180°(n+2)$이 된다. ∴ $E = [a] - 180(n+2)$
편각 측정 시	편각은 (180° − 내각)이므로 편각의 합은 $180° \times n - 180°(n-2) = 360°$ ∴ $E = [a] - 360°$ 여기서, E : 폐합트래버스오차 $[a]$: 각의 총합 n : 각의 수

08 기계에서 30m 떨어진 곳에 표척을 세워 기포가 4눈금 이동되었을 때 표척의 읽음값 차가 0.024m이었다면 수준기의 감도는?

① 21″
② 31″
③ 41″
④ 51″

해설
$$\theta'' = \frac{l}{nD}\rho'' = \frac{0.024}{4 \times 30} \times 206265''$$
$$= 41.25''$$

09 다음 ( ) 안에 알맞은 용어는?

> 어느 측선의 ( ) = 전 측선의 조정경거 + 전 측선의 배횡거 + 그 측선의 조정경거

① 배면적
② 배횡거
③ 합위거
④ 합경거

해설 배횡거
면적을 계산할 때 횡거를 그대로 사용하면 분수가 생겨서 불편하므로 계산의 편리상 횡거를 2배 하는데 이를 배횡거라 한다.

제1측선의 배횡거	그 측선의 경거
임의 측선의 배횡거	앞 측선의 배횡거 + 앞 측선의 경거 + 그 측선의 경거
마지막 측선의 배횡거	그 측선의 경거(부호는 반대)

10 삼각측량의 특징에 대한 설명으로 옳지 않은 것은?

① 넓은 면적의 측량에 적합하다.
② 높은 정확도를 기대할 수 있다.
③ 다른 기준점 측량과 비교하여 조건식이 많아 계산 및 조정방법이 복잡하다.
④ 평야지대나 삼림지대에서는 작업이 매우 간단하여 유용하다.

해설

삼각 측량	• 넓은 지역에 동일한 정확도로 기준점을 배치하는 것이 편리하다. • 삼각측량은 넓은 지역의 측량에 적합하다. • 삼각점은 서로 시통이 잘되어야 한다. • 조건식이 많아 계산 및 조정방법이 복잡하다. • 각 단계에서 정밀도를 점검할 수 있다.
삼변 측량	• 삼변을 측정해서 삼각점의 위치를 결정한다. • 기선장을 실측하므로 기선 확대가 필요 없다. • 관측값에 비하여 조건식이 적은 것이 단점이다. • 좌표계산이 편리하다. • 조정방법은 조건방정식에 의한 조정과 관측방정식에 의한 조정이 있다.

11 1점을 중심으로 6개의 삼각형으로 구성된 유심 삼각망의 조건식에 대한 설명으로 틀린 것은?

① 관측각의 수는 18개이다.
② 중심각의 수는 6개이다.
③ 변의 수는 12개이다.
④ 삼각점의 수는 6개이다.

해설 삼각점의 수는 7개이다.

12 수준측량에서 기계적 및 자연적 원인에 의한 오차를 대부분 소거시킬 수 있는 가장 좋은 방법은?

① 간접수준측량을 실시한다.
② 표척의 최댓값을 읽어 취한다.
③ 전시와 후시의 거리를 동일하게 한다.
④ 관측거리를 짧게 하여 관측횟수를 많게 한다.

해설 전시와 후시의 거리를 같게 함으로써 제거되는 오차
㉠ 레벨의 조정이 불완전(시준선이 기포관축과 평행하지 않을 때)할 때(시준축오차 : 오차가 가장 크다.)
㉡ 지구의 곡률오차(구차)와 빛의 굴절오차

Answer 8. ③ 9. ② 10. ④ 11. ④ 12. ③

(기차)를 제거한다.
ⓒ 초점나사를 움직이는 오차가 없으므로 그로 인해 생기는 오차를 제거한다.

13 표준길이보다 2cm가 짧은 20m 줄자로 테니스장의 면적을 관측하였더니 600m²가 되었다. 이 테니스장을 표준자로 관측한다면 몇 m²가 되겠는가?

① 598.8m² ② 599.4m²
③ 600.4m² ④ 601.2m²

해설 실제면적 $= \left(\dfrac{부정길이}{표준길이}\right)^2 \times 관측면적$
$= \left(\dfrac{19.98}{20}\right)^2 \times 600 = 598.8\text{m}^2$

14 평판측량 방법 중에서 기준점으로부터 미지점을 시준하여 방향선을 교차시켜 도면 상에서 미지점의 위치를 결정하는 방법으로 거리를 측정할 필요가 없는 것은?

① 방사법 ② 전진법
③ 교회법 ④ 기고법

해설

교회법 (Method of intersection)	전방 교회법	전방에 장애물이 있어 직접 거리를 측정할 수 없을 때 편리하며, 알고 있는 기지점에 평판을 세워서 미지점을 구하는 방법
	측방 교회법	기지의 두 점을 이용하여 미지의 한 점을 구하는 방법으로 도로 및 하천변의 여러 점의 위치를 측정할 때 편리하다.
	후방 교회법	도면 상에 기재되어 있지 않은 미지점에 평판을 세워 기지의 2점 또는 3점을 이용하여 현재 평판이 세워져 있는 평판의 위치(미지점)를 도면 상에서 구하는 방법

15 측선 AB의 길이가 80m, 그 측선의 방위각이 150°일 때 위거 및 경거는?

① 위거 −69.3m, 경거 +40.0m
② 위거 +69.3m, 경거 −40.0m
③ 위거 −40.0m, 경거 +69.3m
④ 위거 +40.0m, 경거 −69.3m

해설 ㉠ 위거 = 거리 × cos V = 80 × cos150°
         = −69.3m
     ㉡ 경거 = 거리 × sin V = 80 × sin150°
         = 40m

16 그림에서 AC = b의 거리를 구하기 위하여 log를 취했을 때 옳은 식은?

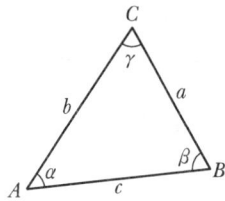

① log b = log sin α + log a + log sin β
② log b = log sin α + log a − log sin β
③ log b = log sin β − log a − log sin α
④ log b = log sin β + log a − log sin α

해설 $\dfrac{a}{\sin\alpha} = \dfrac{b}{\sin\beta} = \dfrac{c}{\sin\gamma}$
$b = \dfrac{\sin\beta}{\sin\alpha}a$
양변에 log를 곱하면
log b = log sin β + log a − log sin α

17 수준측량에 사용되는 용어에 대한 설명으로 틀린 것은?

① 수준면(Level Surface) : 연직선에 직교하는 모든 점을 잇는 곡면
② 수준선(Level Line) : 수준면과 지구의 중심을 포함한 평면이 교차하는 선
③ 기준면(Datum Plane) : 지반의 높이를 비교할 때 기준이 되는 면

Answer 13.① 14.③ 15.① 16.④ 17.④

④ 특별 기준면(Special Datum Plane) : 연 직선에 직교하는 평면으로 어떤 점에서 수준면과 접하는 평면

해설 특별 기준면(Special Datum Plane)
한 나라에서도 멀리 떨어져 있는 섬에는 본국의 기준면을 직접 연결할 수 없으므로 그 섬 특유의 기준면을 사용한다. 또한 하천 및 항만공사에서는 전국의 기준면을 사용하는 것보다 그 하천 및 항만의 계획에 편리하도록 각자의 기준면을 가진 것도 있다. 이것을 특별 기준면이라 한다.

18 평판측량에서 축척은 1 : 200이고 외심거리 e=24cm일 때 앨리데이드에 의한 외심오차는?

① 0.2mm ② 0.4mm
③ 0.8mm ④ 1.2mm

해설 $q = \dfrac{e}{M} = \dfrac{240}{200} = 1.2\text{mm}$

19 1개의 각 관측 오차가 ±5″인 기계를 이용하여 1점에서 9개의 각측량을 실시하였을 때 각 오차의 총합은?

① ±15″ ② ±20″
③ ±30″ ④ ±45″

해설 $M = \pm E\sqrt{n} = \pm 5\sqrt{9} = \pm 15″$

20 수준측량 야장 기입법 중 고차식에 대한 설명으로 옳은 것은?

① 전시의 합과 후시의 합의 차로서 고저차를 구하는 방법
② 임의의 점의 시준고를 구한 다음, 여기에 임의의 점의 지반고에 그 후시를 더하여 기계고를 얻고 이것에서 다른 점의 전시를 빼서 그 점의 지반고를 얻는 방법
③ 전시값이 후시값보다 적을 때는 그 차를 승란에, 클 때는 강란에 기입하는 방법
④ 노선측량의 종단측량이나 횡단측량에 많이 쓰이며 중간시가 많을 때 정당한 방법

해설 야장기입방법

고차식	가장 간단한 방법으로 B.S와 F.S만 있으면 된다.
기고식	가장 많이 사용하며, 중간점이 많을 경우 편리하나 완전한 검산을 할 수 없는 것이 결점이다.
승강식	완전한 검사로 정밀 측량에 적당하나, 중간점이 많으면 계산이 복잡하고, 시간과 비용이 많이 소요된다.

21 평판을 세울 때 갖추어야 할 조건이 아닌 것은?

① 정준
② 수준
③ 구심
④ 표정

해설 평판측량의 3요소

정준(Leveling up)	평판을 수평으로 맞추는 작업 (수평 맞추기)
구심(Centering)	평판 상의 측점과 지상의 측점을 일치시키는 작업(중심 맞추기)
표정(Orientation)	평판을 일정한 방향으로 고정시키는 작업으로 평판측량의 오차 중 가장 큼(방향 맞추기)

22 EDM을 이용하여 1km의 거리를 ±0.004m의 오차로 측정하였다. 동일한 오차가 얻어지도록 같은 조건으로 25km의 거리를 측정한 경우 연속 측정값에 대한 오차는?

① ±0.05m
② ±0.04m
③ ±0.03m
④ ±0.02m

해설 $0.004 : \sqrt{2} = x : \sqrt{50}$

$x = \dfrac{\sqrt{50}}{\sqrt{2}} \times 0.004 = \pm 0.02\text{m}$

Answer 18. ④ 19. ① 20. ① 21. ② 22. ④

23 그림과 같은 수준측량에서 A점의 지반고는?
(단, C점의 지반고는 13m이다.)

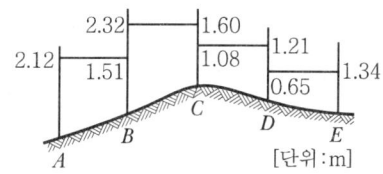

① 9.67m ② 10.67m
③ 11.67m ④ 12.67m

해설 $H_A = 13 + 1.60 - 2.32 + 1.51 - 2.12$
$= 11.67\text{m}$

24 수준측량에서 후시(B.S)의 정의로 옳은 것은?
① 높이를 알고 있는 점의 표척의 읽음 값
② 높이를 구하고자 하는 점의 표척의 읽음 값
③ 측량 진행 방향에서 기계 뒤에 있는 표척의 읽음 값
④ 그 점의 높이만 구하고자 하는 점의 표척의 읽음 값

해설

수준점 (Bench Mark ; BM)	수준원점을 기점으로 하여 전국 주요지점에 수준표석을 설치한 점 ① 1등 수준점 : 4km마다 설치 ② 2등 수준점 : 2km마다 설치
표고 (Elevation)	국가 수준기준면으로부터 그 점까지의 연직거리
전시 (Fore sight)	표고를 알고자 하는 점(미지점)에 세운 표척의 읽음 값
후시 (Back sight)	표고를 알고 있는 점(기지점)에 세운 표척의 읽음 값
기계고 (Instrument height)	기준면에서 망원경 시준선까지의 높이
지반고	기준면으로부터 측점까지의 연직 거리
이기점 (Turningpoint)	기계를 옮길 때 한 점에서 전시와 후시를 함께 취하는 점
중간점(Intermediate point)	표척을 세운점의 표고만을 구하고자 전시만 취하는 점

25 그림에서 AC=5m, CE=4m, DE=8m일 때 AB의 거리는?(단, AB와 DE는 평행하다.)

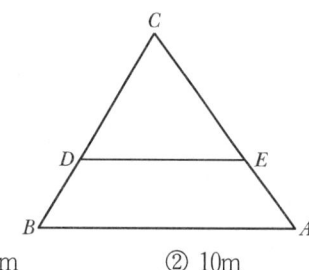

① 12m ② 10m
③ 8m ④ 6m

해설 $AB : AC = DE : EC$
$AB = \dfrac{AC}{EC} \times DE$
$= \dfrac{5}{4} \times 8 = 10\text{m}$

26 높은 정확도를 요구하는 대규모 지역의 측량에 이용되는 트래버스는?
① 개방 트래버스
② 폐합 트래버스
③ 결합 트래버스
④ 수렴 트래버스

해설

결합 트래버스	기지점에서 출발하여 다른 기지점으로 결합시키는 방법으로 대규모 지역의 정확성을 요하는 측량에 이용한다.
폐합 트래버스	기지점에서 출발하여 원래의 기지점으로 폐합시키는 트래버스로 측량결과가 검토는 되나 결합다각형보다 정확도가 낮아 소규모 지역의 측량에 좋다.
개방 트래버스	임의의 점에서 임의의 점으로 끝나는 트래버스로 측량결과의 점검이 안 되어 노선측량의 답사에는 편리한 방법이다. 시작되는 점과 끝나는 점 간의 아무런 조건이 없다.

27 사용 기계의 종류에 따른 측량의 분류에 해당하는 것은?

① 노선 측량　② 골조 측량
③ 토털스테이션 측량　④ 터널 측량

 측량 기계에 따른 분류

평판 측량	평판을 이용하여 지형의 평면도를 작성하는 측량
트랜싯 측량	트랜싯을 이용하여 주로 각과 거리를 결정하는 측량
레벨 측량	레벨을 이용하여 고저차를 결정하는 측량
스타디아 측량	망원경 내의 스타디아선을 이용하여 간접법으로 두 점 간의 거리와 고저차를 결정하는 측량
테이프 측량	체인이나 테이프를 가지고 거리를 구하는 측량
전자파 거리 측량	전파나 광파에 의해 두 점 간의 거리를 간접적으로 구하는 측량
육분의 측량	육분의를 이용하여 움직이면서 각을 관측하거나 움직이는 목표의 각을 관측하여 위치를 결정하는 측량으로 하천, 항만측량
토털스테이션 측량	토털스테이션은 관측된 데이터를 직접 저장하고 처리할 수 있으므로 3차원 지형정보 획득으로부터 데이터베이스 구축 및 지형도 제작까지 일괄적으로 처리할 수 있는 최신측량기계로 결정하는 측량
사진 측량	촬영한 사진에 의해 대상물의 정량적·정성적 해석을 하는 측량
GPS 측량	인공위성을 이용한 범세계적 위치결정체계로 정확히 위치를 알고 있는 위성에서 발사한 전파를 수신하여 관측점까지의 소요 시간에 따른 거리를 관측함으로써 관측점의 3차원 위치를 구하는 측량

28 방위각 105° 39′ 42″에 대한 방위는?

① N 15° 39′ 12″ W　② S 15° 39′ 42″ E
③ S 74° 20′ 18″ E　④ N 74° 20′ 18″ E

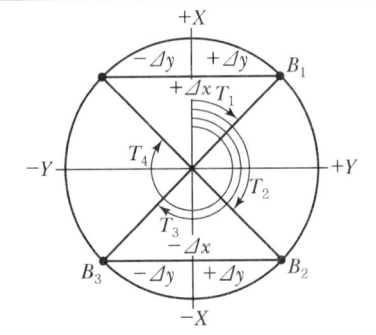

상환	방위	방위각	위거	경거
I	$N\ \theta_1\ E$	$a = \theta_1$	+	+
II	$S\ \theta_2\ E$	$a = 180° - \theta_2$	−	+
III	$S\ \theta_3\ W$	$a = 180° + \theta_3$	−	−
IV	$N\ \theta_4\ W$	$a = 360° - \theta_4$	+	−

방위각 105° 39′ 42″는 2상환이므로
180° − 105° 39′ 42″ = 74° 20′ 18″
∴ S 74° 20′ 18″ E

29 데오돌라이트(세오돌라이트)의 세우기와 시준 시 유의사항에 대한 설명으로 옳지 않은 것은?

① 정확한 관측을 위해 한쪽 눈을 감고 시준한다.
② 망원경의 높이는 눈의 높이보다 약간 낮게 한다.
③ 삼각대는 대체로 정삼각형을 이루게 하여 세운다.
④ 기계 조작 시 몸이나 옷이 기계에 닿지 않도록 주의한다.

데오돌라이트(세오돌라이트)의 시준 시 정확한 관측을 위해 두 눈을 뜨고 시준한다.

Answer 27. ③　28. ③　29. ①

30 수평각 관측법 중 1측점에서 1개의 각을 높은 정밀도로 측정할 때 사용하는 방법으로 같은 각을 여러 번 관측하여 시준할 때의 오차를 줄일 수 있고 최소 눈금 미만의 정밀한 관측값을 얻을 수 있는 방법은?

① 단각법　　② 배각법
③ 방향각법　　④ 조합각 관측법

해설

단측법	1개의 각을 1회 관측하는 방법으로 수평각측정법 중 가장 간단하며 관측결과가 좋지 않다. 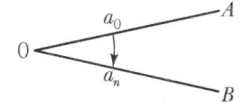
배각법	하나의 각을 2회 이상 반복 관측하여 누적된 값을 평균하는 방법으로 이중축을 가진 트랜싯의 연직축오차를 소거하는 데 좋고 아들자의 최소눈금 이하로 정밀하게 읽을 수 있다. • 방법 : 1개의 각을 2회 이상 관측하여 관측횟수로 나누어 구한다. 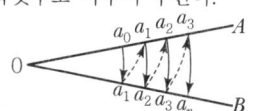
방향각법	어떤 시준방향을 기준으로 하여 각 시준방향에 이르는 각을 차례로 관측하는 방법, 배각법에 비해 시간이 절약되고 3등삼각측량에 이용된다. • 1점에서 많은 각을 잴 때 이용한다. 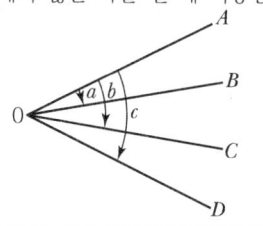
조합각 관측법	수평각 관측방법 중 가장 정확한 방법으로 1등삼각측량에 이용된다. • 방법 : 여러 개의 방향선의 각을 차례로 방향각법으로 관측하여 얻어진 여러 개의 각으로 최소제곱법에 의해 최확값을 결정한다. • 측각 총수, 조건식 총수 ① 측각 총수 $= \frac{1}{2}N(N-1)$ ② 조건식 총수 $= \frac{1}{2}(N-1)(N-2)$ 　여기서, N : 방향 수 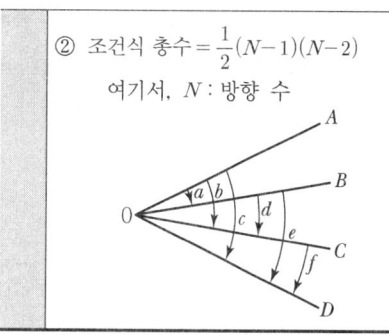

31 관측자의 미숙과 부주의에 의해 발생되는 오차는?

① 착오　　② 정오차
③ 부정오차　　④ 수준오차

 오차의 종류

1. 정오차 또는 누차(Constant Error : 누적오차, 누차, 고정오차)
   ㉠ 오차 발생 원인이 확실하여 일정한 크기와 일정한 방향으로 생기는 오차
   ㉡ 측량 후 조정이 가능하다.
   ㉢ 정오차는 측정횟수에 비례한다.
   　$E_1 = n \cdot \delta$
   　여기서, E_1 : 정오차
   　　　　δ : 1회 측정 시 누적오차
   　　　　n : 측정(관측)횟수

2. 우연오차(Accidental Error : 부정오차, 상차, 우차)
   ㉠ 오차의 발생 원인이 명확하지 않아 소거 방법도 어렵다.
   ㉡ 최소제곱법의 원리로 오차를 배분하며 오차론에서 다루는 오차를 우연오차라 한다.
   ㉢ 우연오차는 측정 횟수의 제곱근에 비례한다.
   　$E_2 = \pm \delta \sqrt{n}$
   　여기서, E_2 : 우연오차
   　　　　δ : 우연오차
   　　　　n : 측정(관측)횟수

3. 착오(Mistake : 과실)
   ㉠ 관측자의 부주의에 의해서 발생하는 오차
   ㉡ 예 : 기록 및 계산의 착오, 눈금 읽기의 잘못, 숙련부족 등

Answer　30. ②　31. ①

32 평판측량의 특징에 대한 설명으로 틀린 것은?

① 현장에서 잘못된 곳을 발견하기 쉽다.
② 부속품이 많아서 분실하기 쉽다.
③ 기후의 영향을 많이 받는다.
④ 전체적으로 정확도가 높다.

해설 평판측량의 장단점

장점	㉠ 현장에서 직접 측량결과를 제도함으로써 필요한 사항을 결측하는 일이 없다. ㉡ 내업이 적으므로 작업을 빠르게 할 수 있다. ㉢ 측량기구가 간단하여 측량방법 및 취급이 간단하다. ㉣ 오측 시 현장에서 발견이 용이하다.
단점	㉠ 외업이 많으므로 기후(비, 눈, 바람 등)의 영향을 많이 받는다. ㉡ 기계의 부품이 많아 휴대하기 곤란하고 분실하기 쉽다. ㉢ 도지에 신축이 생기므로 정밀도의 영향이 크다. ㉣ 높은 정확도를 기대할 수 없다.

33 그림과 같이 A점에서 B점이 보이지 않아 P점을 관측하여 P점의 방위각 T'=59°를 관측하였다. 이때 AB 측선의 방위각 T는?(단, 선분 AB=150m, e=3m, p의 외각 $\phi=300°$)

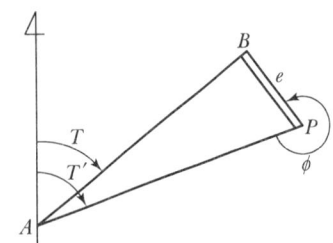

① 55° 18′ 17″　② 57° 17′ 12″
③ 58° 00′ 27″　④ 59° 00′ 00″

 해설 $\dfrac{150}{\sin 60°} = \dfrac{3}{\sin x°}$

$x° = \sin^{-1}\dfrac{3}{150} \times \sin 60° = 0°59′32.79″$

$T = T' - x° = 59° - 0°59′32.79″$
$= 58°0′27.21″$

34 고저차가 0.35m인 두 점을 스틸 테이프로 경사거리를 관측하여 30m를 얻었다. 수평거리로 보정할 때 보정값은?

① −1mm　② −2mm
③ −3mm　④ −4mm

해설 경사 보정$(C_g) = -\dfrac{h^2}{2L} = -\dfrac{0.35^2}{2 \times 30}$
$= -0.002\text{m}$
$= -2\text{mm}$

35 측선 길이의 합이 640m인 폐합 트래버스 측량에서 위거의 오차가 0.05m이고, 경거의 오차가 0.04m일 때 폐합비는?

① 1/5,000　② 1/10,000
③ 1/15,000　④ 1/20,000

해설 폐합비 $= \dfrac{E}{\sum L} = \dfrac{\sqrt{(\Delta l)^2 + (\Delta d)^2}}{\sum L}$
$= \dfrac{\sqrt{0.05^2 + 0.04^2}}{640} = \dfrac{1}{10,000}$

36 그림과 같은 측량결과가 얻어졌다면 이 지역의 토량은?

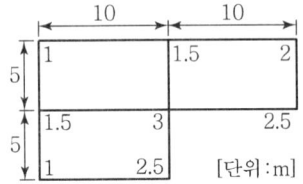

① 252.0m³　② 262.0m³
③ 272.0m³　④ 300.0m³

해설 $V = \dfrac{A}{4}(\sum h_1 + 2\sum h_2 + 3\sum h_3)$
$= \dfrac{10 \times 5}{4}(9 + 6 + 9) = 300\text{m}^3$

여기서, $\sum h_1 = 1 + 2 + 2.5 + 2.5 + 1 = 9$
$2\sum h_2 = 2(1.5 + 1.5) = 6$
$3\sum h_3 = 3(3) = 9$

37 그림과 같은 삼각형의 면적은?

① 300m²
② 350m²
③ 400m²
④ 450m²

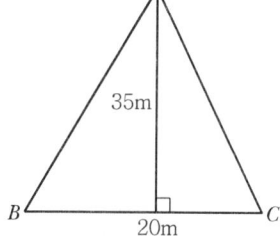

해설 $A = \dfrac{20 \times 35}{2} = 350\text{m}^2$

38 지형의 표시방법 중 짧은 선으로 지표의 기복을 표시하는 방법은?

① 채색법   ② 우모법
③ 점고법   ④ 등고선법

해설

자연적 도법	영선법 (우모법, Hachuring)	'게바'라 하는 단선상(短線上)의 선으로 지표의 기본을 나타내는 것으로 게바의 사이, 굵기, 방향 등에 의하여 지표를 표시하는 방법
	음영법 (명암법, Shading)	태양광선이 서북 쪽에서 45°로 비친다고 가정하여 지표의 기복을 도상에서 2~3색 이상으로 채색하여 지형을 표시하는 방법으로 지형의 입체감이 가장 잘 나타남
부호적 도법	점고법 (Spot height system)	지표면 상의 표고 또는 수심을 숫자에 의하여 지표를 나타내는 방법으로 하천, 항만, 해양 등에 주로 이용
	등고선법 (Contour System)	동일 표고의 점을 연결하여 등고선에 의하여 지표를 표시하는 방법으로 토목공사용으로 가장 널리 사용
	채색법 (Layer System)	같은 등고선의 지대를 같은 색으로 채색하여 높을수록 진하게, 낮을수록 연하게 칠하여 높이의 변화를 나타내며 지리관계의 지도에 주로 사용

39 노선측량에서 완화 곡선에 대한 설명으로 옳지 않은 것은?

① 완화 곡선에 연한 곡선 반지름의 감소율은 캔트의 증가율과 같다.
② 완화 곡선의 반지름은 종점에서 원곡선의 반지름과 같다.
③ 완화 곡선의 접선은 종점에서 원호에 접한다.
④ 곡률이 곡선 길이에 반비례하는 곡선을 클로소이드라 한다.

해설 완화 곡선의 특징

㉠ 곡선반경은 완화 곡선의 시점에서 무한대, 종점에서 원곡선 R로 된다.
㉡ 완화 곡선의 접선은 시점에서 직선에, 종점에서 원호에 접한다.
㉢ 완화 곡선에 연한 곡선반경의 감소율은 캔트의 증가율과 같다.
㉣ 완화 곡선의 종점의 캔트와 원곡선 시점의 캔트는 같다.
㉤ 완화곡선은 이정의 중앙을 통과한다.

클로소이드(clothoid) 곡선
곡률이 곡선장에 비례하는 곡선을 클로소이드 곡선이라 한다.

40 노선측량에서 단곡선을 설치하려 한다. 곡선 반지름(R)이 500m이고 교점의 교각이 90°일 때 곡선의 길이는?

① 292.7m
② 392.7m
③ 592.4m
④ 785.4m

해설 $CL = 0.01745RI$
   $= 0.01745 \times 500 \times 90°$
   $= 785.25\text{m}$

Answer 37. ② 38. ② 39. ④ 40. ④

41 GPS 측량의 일반적 특성이 아닌 것은?
① 측량 거리에 비하여 상대적으로 높은 정확도를 가지고 있다.
② 지구상 어느 곳에서나 이용이 가능하다.
③ 위치 결정에 기상의 영향을 많이 받는다.
④ 하루 24시간 중 어느 시간에나 이용이 가능하다.

 GPS의 특징
㉠ 지구상 어느 곳에서나 이용할 수 있다.
㉡ 기상에 관계없이 위치결정이 가능하다
㉢ 측량기법에 따라 수 mm~수십 m까지 다양한 정확도를 가지고 있다.
㉣ 측량거리에 비하여 상대적으로 높은 정확도를 지니고 있다.
㉤ 하루 24시간 중 어느 시간에나 이용이 가능하다.
㉥ 사용자가 무제한 사용할 수 있으며 신호 사용에 따른 부담이 없다.
㉦ 다양한 측량기법이 제공되어 목적에 따라 적당한 기법을 선택할 수 있으므로 경제적이다.
㉧ 3차원 측량을 동시에 할 수 있다.
㉨ 기선 결정의 경우 두 측점 간의 시통에 관계가 없다.
㉩ 세계측지기준계(WGS84) 좌표계를 사용하므로 지역기준계를 사용할 시에는 다소 번거로움이 있다.

42 단곡선에 관한 기본식 중 틀린 것은?
(단, R : 곡선 반지름, I° : 교각)
① 중앙종거 M=R(1−cos I°/2)
② 곡선길이 C.L=(π/180°)RI°
③ 외할 E=R(sec I°/2−1)
④ 접설길이 T.L=Rsin I°/2

해설

접선장(Tangent length)	$TL = R \cdot \tan \frac{I}{2}$
곡선장 (Curve length)	$CL = \frac{\pi}{180°} \cdot R \cdot I$ $= 0.01745RI$
외할(External secant)	$E = R(\sec \frac{I}{2} - 1)$
중앙종거(Middle ordinate)	$M = R(1 - \cos \frac{I}{2})$
현장(Long chord)	$C = 2R \cdot \sin \frac{I}{2}$
편각 (Deflection angle)	$\delta = \frac{l}{2R} \times \frac{180°}{\pi}$ $= \frac{l}{R} \times \frac{90°}{\pi}$
곡선시점	$B.C = I.P - T.L$
곡선종점	$E.C = B.C + C.L$
시단현	$l_1 =$ B.C점부터 B.C 다음 말뚝까지의 거리
종단현	$l_2 =$ E.C점부터 E.C 바로 앞 말뚝까지의 거리
호길이(L)와 현길이(l)의 차	$l = L - \frac{L^3}{24R^2}$ $L - l = \frac{L^3}{24R^2}$
중앙종거와 곡률반경의 관계	$R^2 - (\frac{L}{2})^2 = (R-M)^2$ $R = \frac{L^2}{8M} + \frac{M}{2}$ 여기서, $\frac{M}{2}$은 미세하여 무시해도 됨

43 측점 A에서의 횡단면적이 32m², 측점 B에서의 횡단면적이 48m²이고, 측점 AB 간 거리가 15m일 때의 토공량은?
① 400m³ ② 500m³
③ 600m³ ④ 700m³

Answer 41. ③ 42. ④ 43. ③

해설 토공량 = $\frac{32+48}{2} \times 15 = 600\text{m}^3$

44 등고선의 성질에 대한 설명으로 틀린 것은?
① 한 등고선은 도면 내외에서 반드시 폐합된다.
② 등고선은 능선 또는 계곡선과 직각으로 만난다.
③ 경사가 급하면 간격이 좁고, 완만하면 간격이 넓다.
④ 높이가 다른 두 등고선은 절대 교차하거나 만나지 않는다.

해설 등고선의 성질
㉠ 동일 등고선 상에 있는 모든 점은 같은 높이이다.
㉡ 등고선은 반드시 도면 안이나 밖에서 서로가 폐합한다.
㉢ 지도의 도면 내에서 폐합되면 가장 가운데 부분은 산꼭대기(산정) 또는 凹지(요지)가 된다.
㉣ 등고선은 도중에 없어지거나 엇갈리거나 합쳐지거나 갈라지지 않는다.
㉤ 높이가 다른 두 등고선은 동굴이나 절벽의 지형이 아닌 곳에서는 교차하지 않는다.
㉥ 등고선은 경사가 급한 곳에서는 간격이 좁고 완만한 경사에서는 넓다.
㉦ 최대경사의 방향은 등고선과 직각으로 교차한다.
㉧ 분수선(능선)과 곡선(유하선)은 등고선과 직각으로 만난다.
㉨ 2쌍의 등고선의 볼록부가 상대할 때는 볼록부를 나타낸다.
㉩ 동등한 경사의 지표에서 양 등고선의 수평거리는 같다.
㉪ 같은 경사의 평면일 때는 나란한 직선이 된다.
㉫ 등고선이 능선을 직각방향으로 횡단한 다음 능선 다른 쪽을 따라 거슬러 올라간다.
㉬ 등고선의 수평거리는 산꼭대기 및 산밑에서는 크고 산중턱에서는 작다.

45 편각에 의한 단곡선 설치에서 곡선반지름 R=120m일 때 20m에 대한 편각은?
① 4° 43′ 46″ ② 4° 46′ 29″
③ 4° 48′ 46″ ④ 4° 52′ 43″

해설
$\delta = 1718.87' \times \frac{l}{R}$
$= 1718.87' \times \frac{20}{120}$
$= 4°46'28.7''$

46 그림과 같이 토지의 한 변 BC와 평행하게 m : n = 1 : 4의 면적비율로 분할할 때 AB=45m 이면 AX의 길이는?

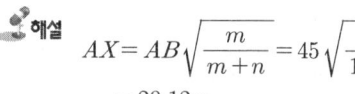

① 22.5m ② 20.1m
③ 17.5m ④ 15.6m

해설 $AX = AB\sqrt{\frac{m}{m+n}} = 45\sqrt{\frac{1}{1+4}}$
$= 20.12\text{m}$

47 축척 1 : 25,000의 지형도에서 120m 등고선 상의 A점과 140m 등고선 상의 B점 사이의 경사도는?(단, AB의 도상 거리는 40mm이다.)
① 1% ② 2%
③ 3% ④ 4%

해설 경사$(i) = \frac{h}{D}$
$= \frac{140-120}{0.04 \times 25,000} \times 100(\%)$
$= \frac{20}{1,000} \times 100 = 2\%$

$M = \frac{1}{m} = \frac{l(도상거리)}{L(실제거리)}$
$L = m \cdot l = 25,000 \times 0.04 = 1,000\text{m}$

Answer 44. ④ 45. ② 46. ② 47. ②

48 원곡선 설치에서 반지름 R=120m, 교각 I=60° 30′일 때 접선 길이(T.L)는?

① 212m
② 106m
③ 70m
④ 50m

해설
$$T.L = R\tan\frac{I}{2} = 120 \times \tan\frac{60°30'}{2}$$
$$= 69.98m \fallingdotseq 70m$$

49 GPS의 구성 중 사용자 부분에 대하여 설명한 것으로 틀린 것은?

① 사용자 부분은 응용장비와 자료 처리 소프트웨어가 포함된다.
② 측량기법에 따라 정확도가 다르다.
③ GPS 안테나의 모양에 따라 정확도가 크게 좌우된다.
④ 응용 분야에 따른 사용자 부분은 측지, 군사 및 레저 분야에까지 다양하다.

해설 사용자 부문
㉠ 구성 : GPS 수신기 및 자료처리 S/W
㉡ 기능 : 위성으로부터 전파를 수신하여 수신점의 좌표나 수신점 간의 상대적인 위치관계를 구한다.
사용자부문은 위성으로부터 전송되는 신호정보를 수신할 수 있는 GPS 수신기와 자료처리를 위한 소프트웨어로서 위성으로부터 전송되는 시간과 위치정보를 처리하여 정확한 위치와 속도를 구한다.
• GPS 수신기
위성으로부터 수신한 항법데이터를 사용하여 사용자 위치 및 속도를 계산한다
• 수신기에 연결되는 GPS 안테나
GPS 위성신호를 추적하며 하나의 위성신호만 추적하고 그위성으로부터 다른 위성들의 상대적인 위치에 관한 정보를 얻을 수 있다.

50 구역을 사각형의 규칙적인 형상으로 분할하여 각 교점의 표고를 구하고 각 교점 간에 등고선이 지나가는 점을 비례식으로 산출하여 등고선을 그리는 방법은?

① 사각형 분할법(좌표점법)
② 기준점법(종단점법)
③ 횡단점법
④ 점고법

해설

목측에 의한 방법	현장에서 목측에 의해 점의 위치를 대충 결정하여 그리는 방법으로 1/10,000 이하의 소축척의 지형 측량에 이용되며 많은 경험이 필요하다.
방안법 (좌표점고법)	각교점의 표고를 측정하고 그 결과로부터 등고선을 그리는 방법으로 지형이 복잡한 곳에 이용한다.
종단점법	지형상 중요한 지성선 위의 여러 개의 측선에 대하여 거리와 표고를 측정하여 등고선을 그리는 방법으로 비교적 소축척의 산지 등의 측량에 이용
횡단점법	노선측량의 평면도에 등고선을 삽입할 경우에 이용되며 횡단측량의 결과를 이용하여 등고선을 그리는 방법이다.

51 노선의 선정에 있어서 유의해야 할 사항이 아닌 것은?

① 노선은 가능한 직선으로 하고, 경사를 완만하게 하는 것이 좋다.
② 절토 및 성토의 운반거리를 가급적 길게 한다.
③ 배수가 잘 되도록 충분히 고려한다.
④ 토공량이 적고, 절토와 성토가 균형을 이루게 한다.

해설 노선조건
• 가능한 직선으로 할 것
• 가능한 한 경사가 완만할 것

- 토공량이 적고 절토와 성토가 짧은 구간에서 균형을 이룰 것
- 절토의 운반거리가 짧을 것
- 배수가 완전 할 것

52 노선을 건설할 때 실시하는 측량의 순서로 옳은 것은?

① 지형측량 – 종·횡단측량 – 공사측량 – 준공측량
② 종·횡단측량 – 지형측량 – 공사측량 – 준공측량
③ 공사측량 – 준공측량 – 종·횡단측량 – 지형측량
④ 지형측량 – 공사측량 – 준공측량 – 종·횡단측량

해설 노선을 건설할 때 실시하는 측량의 순서
지형측량 – 종단측량 – 횡단측량 – 공사측량 – 준공측량

53 그림과 같이 반지름이 다른 2개의 단곡선이 그 접속점에서 공통 접선의 반대쪽에 곡선의 중심을 가지고 연결된 곡선을 무엇이라고 하는가?

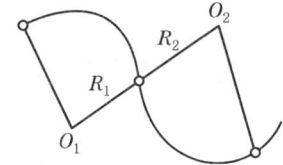

① 반향곡선
② 원곡선
③ 복곡선
④ 완화곡선

해설

복심곡선 (Compound curve)	반경이 다른 2개의 원곡선이 1개의 공통접선을 갖고 접선의 같은 쪽에서 연결하는 곡선을 말한다. 복심곡선을 사용하면 그 접속점에서 곡률이 급격히 변화하므로 될 수 있는 한 피하는 것이 좋다.
반향곡선 (Reverse curve)	반경이 같지 않은 2개의 원곡선이 1개의 공통접선의 양쪽에 서로 곡선 중심을 가지고 연결한 곡선이다. 반향곡선을 사용하면 접속점에서 핸들의 급격한 회전이 생기므로 가급적 피하는 것이 좋다.
배향곡선 (Hairpin curve)	반향곡선을 연속시켜 머리핀 같은 형태의 곡선으로 된 것을 말한다. 산지에서 기울기를 낮추기 위해 쓰이므로 철도에서 Switch Back에 적합하여 산허리를 누비듯이 나아가는 노선에 적용한다.

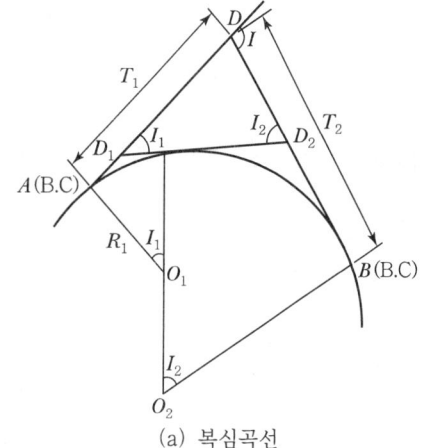

(a) 복심곡선

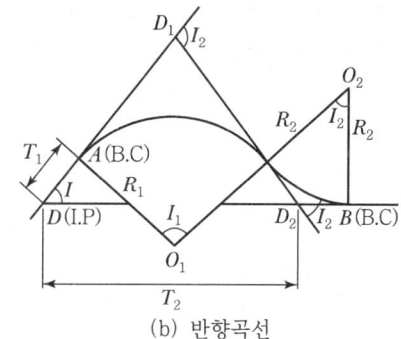

(b) 반향곡선

Answer 52. ① 53. ①

54 노선측량에서 기지점으로부터 노선시점(B.C) 까지의 거리가 1,590m이고 접선길이(T.L)가 200m, 곡선길이(C.L)가 550m이면 노선 종점 (E.C)까지의 거리는?

① 1,390m ② 1,790m
③ 2,140m ④ 2,340m

해설 E.C = B.C + C.L = 1,590 + 550 = 2,140m

55 지형측량의 순서로 옳은 것은?
① 측량계획 작성–세부측량–골조측량–측량원도 작성
② 측량계획 작성–측량원도 작성–골조측량–세부측량
③ 측량계획 작성–측량원도 작성–세부측량–골조측량
④ 측량계획 작성–골조측량–세부측량–측량원도 작성

해설 지형측량의 순서
계획–답사–골조측량–세부측량–지형도 작성

56 택지조성 등 넓은 지역의 땅고르기 작업을 위하여 토공량을 계산하는 데 사용하는 방법으로 전 구역을 직사각형이나 삼각형으로 나누어서 계산하는 방법은?
① 단면법 ② 점고법
③ 등고선법 ④ 각주공식

해설
1. 단면법
도로, 철도, 수로 등과 같이 긴 노선의 성토, 절토량을 계산할 경우에 이용되는 방법으로 양단면평균법, 중앙단면법, 각주공식에 의한 방법 등이 있다.
2. 점고법
넓은 지역이나 택지 조성 등의 정지작업을 위한 토공량을 계산하는 데 사용되는 방법으로 전 구역을 직사각형이나 삼각형으로 나누어서 토량을 계산하는 방법이다.
3. 등고선법
체적을 근사적으로 구하는 경우에 편리하며 부지의 정지작업에 필요한 토량 산정 또는 Dam과 저수지의 저수량 산정 등을 측정하는 데 이용된다.

57 삼각형의 세 변 a, b, c를 측정했을 때 면적 A를 구하는 식으로 옳은 것은?
(단, s = a + b + c/2)
① $A = \sqrt{s(s-a)(s-b)(s-c)}$
② $A = \sqrt{s(s+a)(s+b)(s+c)}$
③ $A = \sqrt{(s-a)(s-b)(s-c)}$
④ $A = \sqrt{(s+a)(s+b)(s+c)}$

해설 $A = \sqrt{s(s-a)(s-b)(s-c)}$
(단, $s = \frac{1}{2}(a+b+c)$)

58 GPS 위성으로부터 직접 수신된 전파 이외에 부가적으로 주위의 지형지물에 의하여 반사된 전파 때문에 발생하는 오차를 무엇이라 하는가?
① 위성 궤도 오차
② 대류권 굴절 오차
③ 다중 경로 오차
④ 사이클 슬립

해설 구조적인 오차의 종류

종류	특징
위성시계 오차	GPS 위성에 내장되어 있는 시계의 부정확성으로 인해 발생
위성궤도 오차	위성궤도 정보의 부정확성으로 인해 발생
대기권 전파지연 오차	위성신호의 전리층, 대류권 통과 시 전파지연오차(약 2m)
전파적 잡음	수신기 자체에서 발생하며 PRN 코드잡음과 수신기 잡음이 합쳐져서 발생
다중경로 (Multipath)	다중경로오차는 GPS 위성으로 직접 수신된 전파 이외에 부가적으로 주위의 지형, 지물에 의한 반사된 전파로 인해

Answer 54. ③ 55. ④ 56. ② 57. ① 58. ③

발생하는 오차로서 측위에 영향을 미침
- 다중경로는 금속제 건물, 구조물과 같은 커다란 반사적 표면이 있을 때 일어난다.
- 다중경로의 결과로서 수신된 GPS 신호는 처리될 때 GPS 위치의 부정확성을 제공한다.
- 다중경로가 일어나는 경우를 최소화하기 위하여 미션설정, 수신기, 안테나 설계 시에 고려한다면 다중경로의 영향을 최소화할 수 있다.
- GPS 신호시간의 기간을 평균하는 것도 다중경로의 영향을 감소시킨다.
- 가장 이상적인 방법은 다중경로의 원인이 되는 장애물에서 멀리 떨어져서 관측하는 것이다.

59 주곡선만으로는 지모의 상태를 상세하게 표시할 수 없는 곳에 주곡선 간격의 1/2마다 가는 긴 파선으로 나타내는 등곡선은?

① 간곡선 ② 계곡선
③ 조곡선 ④ 편곡선

주곡선	지형을 표시하는 데 가장 기본이 되는 곡선으로 가는 실선으로 표시
간곡선	주곡선 간격의 $\frac{1}{2}$ 간격으로 그리는 곡선으로 완경사지나 주곡선만으로 지모를 명시하기 곤란한 장소에 가는 파선으로 표시
조곡선	간곡선 간격의 $\frac{1}{2}$ 간격으로 그리는 곡선으로 불규칙한 지형을 표시 (주곡선 간격의 $\frac{1}{4}$ 간격으로 그리는 곡선)
계곡선	주곡선 5개마다 1개씩 그리는 곡선으로 표고의 읽음을 쉽게 하고 지모의 상태를 명시하기 위해 굵은 실선으로 표시

60 GPS에 의해 결정한 위치오차를 줄이는 기술로, 이미 알고 있는 기지점의 좌표를 이용하여 오차를 최대한 소거시켜 관측점의 위치 정확도를 높이기 위한 위치 결정방식은?

① DGPS(Differential GPS)
② RTK(Real-Time Kinematic)
③ 정지측위(Static Survey)
④ 이동측위(Kinematic Survey)

① DGPS(Differential Global Position System)
DGPS 측량은 상대측량방식의 GPS 측량기법으로 좌표값을 알고 있는 기지점을 이용하여 미지점의 좌표결정 시 위치오차를 최대한 줄이는 측량 형태이다. 기지점에 기준국용 GPS 수신기를 설치하며 위성을 관측하여 각 위성의 의사거리 보정값을 구한 뒤 이를 이용하여 이동국용 GPS 수신기의 위치결정오차를 개선하는 위치결정형태이다.

② RTK(Realtime Kinematic Surveying)
RTK 측량은 위치의 정밀도가 확보된 기준점을 고정점으로 이용하여 위치보정데이터를 실시간으로 이동국에 송수신하여 사용자가 수 cm의 정밀도를 유지하는 관측치를 얻을 수 있게 하는 것이다. 2대 이상의 GPS 수신기를 이용하는데 한 대는 고정점에, 다른 한 대는 이동국인 미지점에 동시에 수신기를 설치하여 관측하는 기법이다.

③ 정지측량(Static Surveying)
정지측량은 2대 이상의 GPS 수신기를 이용하여 한 대는 고정점에 다른 한 대는 미지점에 동시에 수신기를 설치하여 관측하는 기법이다.

④ 이동측량(Kinematic Surveying)
이동측량은 2대 이상의 GPS 수신기를 이용하여 한 대는 고정점에, 다른 한 대는 미지점을 옮겨가며 방사형으로 관측하는 기법이며 Stop And Go 방식이라고도 한다.

2015년 4회

01 다음 중 평판측량 방법이 아닌 것은?
① 방사법 ② 전진법
③ 교회법 ④ 삼사법

해설 평판측량방법

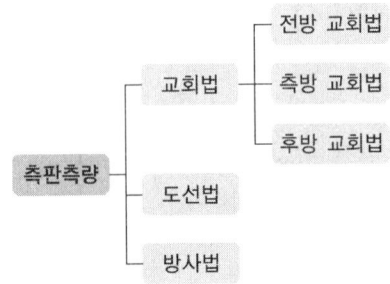

02 평판을 세울 때 갖추어야 할 조건이 아닌 것은?
① 평판은 수평이 되어야 한다.
② 평판 위의 측점과 지상의 측점이 동일 연직선 상에 있어야 한다.
③ 평판은 항상 일정한 방향을 유지하여야 한다.
④ 시준축과 수평축이 평행하여야 한다.

해설

측판의 3요소	내용
정준(수평)	앨리데이드의 기포관을 이용하여 평판을 수평으로 하는 작업
구심(치심)	지상점과 도상점을 일치시키는 작업
표정(방향)	방향선에 따라 평판의 위치를 고정시키는 작업으로, 표정의 오차가 측판측량에 가장 큰 영향을 미친다.

03 삼각형의 내각이 각각 ∠A=90°, ∠B=30°, ∠C=60°일 때, 측선 AC(b)의 길이는?

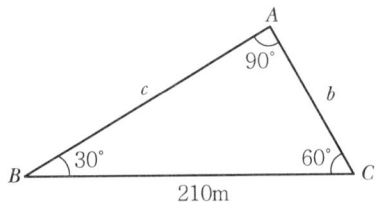

① 100.0m ② 105.0m
③ 173.2m ④ 200.0m

해설 $\dfrac{b}{\sin 30°} = \dfrac{210}{\sin 90°}$ 에서

$b = \dfrac{\sin 30°}{\sin 90°} \times 210 = 105\text{m}$

04 평판측량방법 중 세부 측량에 가장 많이 이용되는 방법으로 평판을 한번 세워 여러 점을 측정할 수 있는 것은?
① 전진법 ② 교회법
③ 방사법 ④ 삼사법

해설 교회법은 방향선의 교회로서 점의 위치를 결정하는 방법으로 전방교회법, 측방교회법, 후방교회법으로 구분한다. 여기서 다시 전방교회법은 방향선법과 원호교회법으로, 원호교회법은 지상원호교회법과 도상원호교회법으로 나눈다.

교회법	전방교회법 (기지점)	장애물이 있어 직접거리측량이 곤란할 때 2개 이상의 기지점을 측점으로 하여 미지점의 위치를 결정하는 방법이다.

Answer 1.④ 2.④ 3.② 4.③

교회법	후방교회법 (미지점)	지상의 기지점 3개를 구하고자 하는 임의의 점에 평판을 세우고 도상의 점에 각각 측침을 꽂아 앨리데이드로 시준하여 2개 이상의 방향선이 교차되는 도상의 점을 구하는 방법이다.
	측방교회법 (기지+미지점)	측방교회법은 전방교회법과 후방교회법을 병용한 방법으로 기지점 2점 중 한 점에 접근하기 곤란한 기지의 2점을 이용하여 미지점을 구하는 방법이다.
도선법(전진법)		측량하고자 하는 구역 내에 장애물이 많아서 방사법으로 불가능할 때 사용하는 방법이며 정확히 성과와 오차를 발견할 수 있으나 많은 시간과 노력이 필요하다. 도선법에는 기지점에서 출발하여 다른 기지점에 폐색하는 결합도선과 출발 기지점에 복귀시키는 회기 도선이 있는데, 모두 다각선을 경유하여 각 변의 방향과 거리로서 순차로 점의 위치를 결정하는 방법이다.
방사법(광선법)		방사법은 간단하고 정확한 방법이나 한 측점으로부터 많은 점을 시준할 수 있어야 하고 점들까지의 거리를 직접 측정하여야 하기 때문에 시준이 잘 되는 기지점을 측판점으로 하여 그 근방에 있는 점의 위치를 결정하는 방법으로 측판점으로부터 방향선 상에 직접 거리를 표시한다.

05 각 점들이 중력 방향에 직각으로 이루어진 곡면으로 지오이드 면과 평행한 곡면을 무엇이라 하는가?

① 연직면(Plumb Plane)
② 수준면(Level Surface)
③ 기준면(Datum Plane)
④ 표고(Elevation)

 해설
- 수준면(Level Surface) : 각 점들이 중력방향에 직각으로 이루어진 곡면(지오이드면, 정수면)으로서 일반적으로 구면, 회전타원체면으로 가정하나 소규모 측량에서는 평면으로 가정한다.
- 수준선(Level Line) : 지구중심을 포함한 평면과 수준면이 교차하는 선
- 지평면 : 1점에서 수준면에 접하는 평면
- 지평선 : 1점에서 수준선에 접하는 직선

06 트래버스 측량에서 선점 시 유의해야 할 사항으로 옳지 않은 것은?

① 측선의 거리는 될 수 있는 대로 짧게 하고, 측점 수는 많게 하는 것이 좋다.
② 측선 거리는 될 수 있는 대로 동일하게 하고, 고저차가 크지 않게 한다.
③ 기계를 세우거나 시준하기 좋고, 지반이 견고한 장소이어야 한다.
④ 후속 측량, 특히 세부 측량에 편리하여야 한다.

해설 트래버스 측량 선점 시 주의사항
㉠ 시준이 편리하고 지반이 견고할 것
㉡ 세부 측량에 편리할 것
㉢ 측선거리는 되도록 동일하게 하고 큰 고저차가 없을 것
㉣ 측선의 거리는 될 수 있는 대로 길게 하고 측점 수는 적게 하는 것이 좋다.
㉤ 측선의 거리는 30~200m 정도로 한다.
㉥ 측점은 찾기 쉽고 안전하게 보존될 수 있는 장소로 한다.

07 각 측량의 기계적 오차 중 정위, 반위로 각을 측정하여 평균하여도 소거되지 않는 오차는?

① 시준축 오차   ② 수평축 오차
③ 연직축 오차   ④ 편심 오차

해설

오차의 종류	원인	처리방법
시준축 오차	시준축과 수평축이 직교하지 않기 때문에 생기는 오차	망원경을 정·반위로 관측하여 평균을 취한다.
수평축 오차	수평축이 연직축에 직교하지 않기 때문에 생기는 오차	망원경을 정·반위로 관측하여 평균을 취한다.
연직축 오차	연직축이 연직되지 않기 때문에 생기는 오차	소거 불능

08 트래버스 측량에서 서로 이웃하는 2개의 측선이 만드는 각을 측정해 나가는 방법은?
① 편각법   ② 방위각법
③ 교각법   ④ 전원법

해설

교각법	어떤 측선이 그 앞의 측선과 이루는 각을 관측하는 것을 교각법이라 한다. • 각 각이 독립적으로 관측되므로 잘못을 발견하였을 경우에도 다른 각에 관계없이 재측할 수 있다. • 요구하는 정확도에 따라 방향각법, 배각법으로 각 관측을 할 수 있다. • 폐합 및 폐다각형에 적합하며 측점 수는 일반적으로 20점 이내가 효과적이다.
편각법	각 측선이 그 앞 측선의 연장과 이루는 각을 관측하는 방법으로 도로, 수로, 철도 등 선로의 중심선측량에 유리하다.
방위각법	• 각 측선이 일정한 기준선인 자오선과 이루는 각을 우회로 관측하는 방법 • 오차가 생기면 끝까지 영향을 끼친다. • 측선을 따라 진행하면서 관측하므로 각 관측값의 계산과 제도가 편리하고 신속히 관측할 수 있다.

09 방위각 175°는 몇 상한에 위치하는가?
① 제1상한
② 제2상한
③ 제3상한
④ 제4상한

해설 방위계산

상한	방위	방위각	위거	경거
I	$N\ \theta_1\ E$	$a=\theta_1$	+	+
II	$S\ \theta_2\ E$	$a=180°-\theta_2$	−	+
III	$S\ \theta_3\ W$	$a=180°+\theta_3$	−	−
IV	$N\ \theta_4\ W$	$a=360°-\theta_4$	+	−

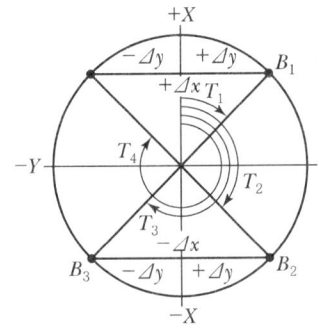

10 삼각측량에서 삼각법(사인법칙)에 의해 변 a의 길이를 구하는 식으로 옳은 것은?(단, b는 기선)

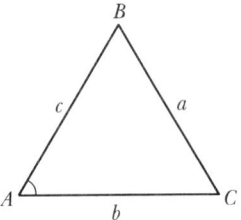

① $\log a = \log b + \log \sin A + \log \sin B$
② $\log a = \log b + \log \sin A - \log \sin B$
③ $\log a = \log b - \log \sin A - \log \sin B$
④ $\log a = \log b - \log \sin A + \log \sin B$

해설 $\dfrac{b}{\sin B} = \dfrac{a}{\sin A}$ 에서

$a = \dfrac{\sin A}{\sin B} \cdot b$

$\log a = \log b + \log \sin A - \log \sin B$
$\quad\ \ = \log b + \log \sin A + \text{colog} \sin B$

11 임의 측선의 방위각 계산에서 진행방향 오른쪽 교각을 측정했을 때의 방위각 계산은?
① 전 측선 방위각 + 180° − 그 측점의 교각
② 전 측선 방위각 × 180° + 그 측점의 교각
③ 전 측선 방위각 × 180° − 그 측점의 교각
④ 전 측선 방위각 − 180° + 그 측점의 교각

해설 방위각 계산

교각을 시계방향으로 측정할 때 (진행방향의 우측각)	방위각=하나 앞 측선의 방위각+ $180°$ - 그 측선의 교각 ∴ $V = \alpha + 180° - a_2$
교각을 반시계방향으로 측정할 때 (진행방향의 좌측각)	방위각=하나 앞 측선의 방위각+ $180°$ + 그 측선의 교각 ∴ $V = \alpha + 180° + a_2$

유심삼각쇄(망) (Chain Of Central Points)	• 동일 측점에 비해 포함면적이 가장 넓다. • 넓은 지역에 적합하다. • 농지측량 및 평탄한 지역에 사용된다. • 정도는 단열삼각망보다 좋으나 사변형보다 적다.
사변형삼각쇄(망) (Chain Of Quadrilaterals)	• 조건식의 수가 가장 많아 정밀도가 가장 높다. • 기선삼각망에 이용된다. • 삼각점 수가 많아 측량시간이 많이 소요되며 계산과 조정이 복잡하다.

12 어느 측점의 지반고(G.H)가 32.126m이고 이 측점의 후시값(B.S)이 1.412m이면 이 측점의 기계고는?

① 33.538m ② 34.538m
③ 46.064m ④ 63.223m

해설 기계고 = 지반고 + 후시
= 32.126 + 1.412 = 33.538m

13 삼각망의 종류에 대한 설명으로 옳지 않은 것은?

① 단열삼각망 : 하천, 도로, 터널측량 등 좁고 긴 지역에 적합하며 경제적이다.
② 사변형삼각망 : 가장 정도가 낮으며, 피복면적이 작아 비경제적이다.
③ 유심삼각망 : 측점 수에 비해 피복면적이 가장 넓다.
④ 사변형삼각망 : 조건식이 많아서 가장 정도가 높으므로 기선삼각망에 사용된다.

해설

단열삼각쇄(망) (Single Chain Of Tringles)	• 폭이 좁고 길이가 긴 지역에 적합하다. • 노선·하천·터널 측량 등에 이용한다. • 거리에 비해 관측 수가 적다. • 측량이 신속하고 경비가 적게 든다. • 조건식의 수가 적어 정도가 낮다.

14 평판측량에 사용되는 기계, 기구가 아닌 것은?

① 측침 ② 클로니미터
③ 자침함 ④ 앨리데이드

해설 평판측량에 사용되는 기계
앨리데이드, 구심기와 추, 자침함, 측침

15 다음은 횡단수준측량을 한 결과이다. d점의 지반고는?(단, No.4의 지반고는 15m이다.)

왼쪽			측점	오른쪽	
$-\dfrac{1.20}{15.00}$	$-\dfrac{2.00}{12.00}$	$-\dfrac{0.90}{4.00}$	(No.4) 	$-\dfrac{2.00}{8.00}$	$+\dfrac{2.75}{15.00}$
a	b	c		d	e

① 14.30m ② 8.30m
③ 13.00m ④ 8.00m

해설 H_d의 지반고
= No.4의 지반고 + No.4의 측점 - H_d의 측점
= 15 + 1.3 - 2.0 = 14.3m

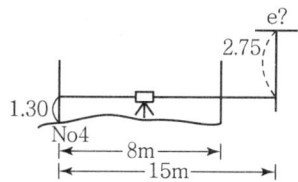

16 트래버스 측량에서 폐합비의 일반적인 허용 범위로 옳지 않은 것은?

① 시가지 : 1/5,000~1/10,000
② 산림, 임야 : 1/500~1/1,000
③ 산악지 : 1/3,000~1/5,000
④ 논, 밭, 대지 등의 평지 : 1/1,000~1/2,000

해설 트래버스 측량 폐합비의 허용 범위

시가지	$\frac{1}{5,000} \sim \frac{1}{10,000}$
평지	$\frac{1}{1,000} \sim \frac{1}{2,000}$
산지 및 임야지	$\frac{1}{500} \sim \frac{1}{1,000}$
산악지 및 복잡한 지형	$\frac{1}{300} \sim \frac{1}{1,000}$

17 4km 거리를 20m 줄자로 관측하여 20m마다 ±3mm의 우연오차가 발생하였다면 전체 우연오차는?

① ±32.33mm ② ±42.43mm
③ ±346.41mm ④ ±600.00mm

해설 우연오차는 측정횟수의 제곱근에 비례한다.
$E = \pm \delta \sqrt{n}$
$= \pm 0.003 \sqrt{\frac{4,000}{20}}$
$= \pm 0.042426\text{m}$
$= \pm 42.43\text{mm}$

18 수준측량에서 발생할 수 있는 오차의 원인 중 기계적 원인에 의한 오차가 아닌 것은?

① 표척 눈금이 불완전하다.
② 레벨의 조정이 불완전하다.
③ 표척 이음매 부분이 정확하지 않다.
④ 표척을 정확히 수직으로 세우지 않았다.

해설

기계적 원인	• 기포의 감도가 낮다. • 기포관 곡률이 균일하지 못하다. • 레벨의 조정이 불완전하다. • 표척 눈금이 불완전하다. • 표척 이음매 부분이 정확하지 않다. • 표척 바닥의 0 눈금이 맞지 않는다.
개인적 원인	• 조준의 불완전, 즉 시차가 있다. • 표척을 정확히 수직으로 세우지 않았다. • 시준할 때 기포가 정중앙에 있지 않았다.

19 삼각점의 선점은 측량의 목적, 정확도 등을 고려하여 실시하여야 한다. 이때 주의하여야 할 사항에 대한 설명으로 옳지 않은 것은?

① 삼각점은 될 수 있는 한 정확한 측량을 위해 점수를 늘려 많게 한다.
② 삼각점은 지반이 견고해야 하며, 이동, 침하 및 동결 지반이 아니어야 한다.
③ 삼각점 위치는 트래버스 측량, 세부 측량 등의 후속 측량이 편리한 곳에 설치하여야 한다.
④ 삼각형은 가능한 한 정삼각형의 형태로 하는 것이 관측의 정확도를 높이는 데 유리하다.

해설 삼각점 선점 시 주의사항
• 각 점이 서로 잘 보일 것
• 삼각형의 내각은 60°에 가깝게 하는 것이 좋으나 1개의 내각은 30~120° 이내로 한다.
• 표지와 기계가 움직이지 않을 견고한 지점이어야 한다.
• 가능한 한 측점 수가 적고 세부 측량에 이용가치가 커야 한다.
• 벌목을 많이 하거나 높은 시준탑을 세우지 않아도 관측할 수 있는 점이어야 한다.

20 경중률에 대한 설명으로 옳은 것은?

① 오차의 제곱에 비례한다.
② 표준편차의 제곱에 비례한다.
③ 직접수준측량에서는 거리에 반비례한다.
④ 같은 정도로 측정했을 때에는 측정 횟수에 반비례한다.

해설 경중률(무게, P)

경중률이란 관측값의 신뢰정도를 표시하는 값으로 관측방법, 관측 횟수, 관측거리 등에 따른 가중치를 말한다.

㉠ 경중률은 관측 횟수(n)에 비례한다.
  ($P_1 : P_2 : P_3 = n_1 : n_2 : n_3$)
㉡ 경중률은 평균제곱오차(m)의 제곱에 반비례한다.
  $\left(P_1 : P_2 : P_3 = \dfrac{1}{m_1^2} : \dfrac{1}{m_2^2} : \dfrac{1}{m_3^2}\right)$
㉢ 경중률은 정밀도(R)의 제곱에 비례한다.
  ($P_1 : P_2 : P_3 = R_1^2 : R_2^2 : R_3^2$)
㉣ 직접수준측량에서 오차는 노선거리(S)의 제곱근($\sqrt{S}$)에 비례한다.
  ($m_1 : m_2 : m_3 = \sqrt{S_1} : \sqrt{S_2} : \sqrt{S_3}$)
㉤ 직접수준측량에서 경중률은 노선거리(S)에 반비례한다.
  ($P_1 : P_2 : P_3 = \dfrac{1}{S_1} : \dfrac{1}{S_2} : \dfrac{1}{S_3}$)
㉥ 간접수준측량에서 오차는 노선거리(S)에 비례한다.
  ($m_1 : m_2 : m_3 = S_1 : S_2 : S_3$)
㉦ 간접수준측량에서 경중률은 노선거리(S)의 제곱에 반비례한다.
  ($P_1 : P_2 : P_3 = \dfrac{1}{S_1^2} : \dfrac{1}{S_2^2} : \dfrac{1}{S_3^2}$)

21 방위각의 기준에 대한 설명으로 옳은 것은?
① 임의의 방향을 기준으로 한다.
② 적도를 기준으로 한다.
③ 지북을 기준으로 한다.
④ 자오선의 북쪽을 기준으로 한다.

해설

방향각	도북방향을 기준으로 어느 측선까지 시계방향으로 측정한 각
방위각	• 자오선을 기준으로 어느 측선까지 시계방향으로 측정한 각 • 방위각도 일종의 방향각 • 자북방위각, 역방위각

22 평면 위치 결정을 위한 측량방법과 거리가 먼 것은?
① 수준측량 ② 거리측량
③ 트래버스 측량 ④ 삼변측량

해설 수준측량(Leveling)이란 지구상에 있는 여러 점들 사이의 고저차를 관측하는 것으로 고저측량이라고도 한다.

23 각 관측방법에 대한 설명으로 옳지 않은 것은?
① 조합각 관측법은 관측할 여러 개의 방향선 사이의 각을 차례로 방향각법으로 관측하여 최소제곱법에 의하여 각각의 최확값을 구한다.
② 단측법은 높은 정확도를 요구하지 않을 경우에 사용하며 정 반위 관측하여 평균을 한다.
③ 배각법은 반복 관측으로 한 측점에서 한 개의 각을 높은 정밀도로 측정할 때 사용한다.
④ 방향각법은 수평각 관측법 중 가장 정확한 값을 얻을 수 있는 방법으로 1등 삼각측량에서 주로 이용된다.

해설

배각법	하나의 각을 2회 이상 반복 관측하여 누적된 값을 평균하는 방법으로 이중축을 가진 트랜싯의 연직축오차를 소거하는 데 좋고 아들자의 최소눈금 이하로 정밀하게 읽을 수 있다.
방향각법	• 어떤 시준방향을 기준으로 하여 각 시준방향에 이르는 각을 차례로 관측하는 방법이다. • 배각법에 비해 시간이 절약되고 3등 삼각측량에 이용된다. • 1점에서 많은 각을 잴 때 이용한다.
조합각 관측법	수평각 관측방법 중 가장 정확한 방법으로 1등 삼각측량에 이용된다. ① 방법 　여러 방향선의 각을 방향각법으로 차례로 관측한 후 측정된 여러 개의 각을 최소제곱법에 의해 최확값을 결정한다. ② 측각 총수, 조건식 총수 　• 측각 총수 $= \dfrac{1}{2}N(N-1)$ 　• 조건식 총수 $= \dfrac{1}{2}(N-1)(N-2)$ 　　여기서, N : 방향수

Answer 21. ④ 22. ① 23. ④

24 높이 260.05m의 수준점(BM_0)으로부터 6km의 수준환에서 수준측량을 행하여 표와 같은 결과를 얻었다. 이때 BM_1의 최확값은? (단, 관측의 경중률은 모두 동일하다.)

수준점		측점의
BM_0	0	260.05
BM_1	2	250.24
BM_2	4	257.46
BM_0	6	260.35

① 250.34m ② 250.14m
③ 250.10m ④ 250.05m

해설

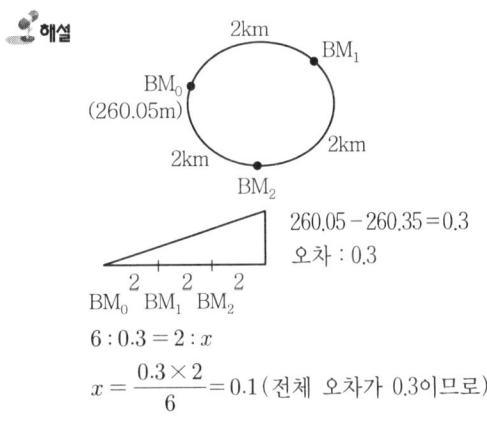

$260.05 - 260.35 = 0.3$
오차 : 0.3
$6 : 0.3 = 2 : x$
$x = \dfrac{0.3 \times 2}{6} = 0.1$ (전체 오차가 0.3이므로)
∴ $BM_1 = 250.24 - 0.1 = 250.14$
오차보정량은 $-$값이다.

25 줄자를 이용하여 기울기 30°, 경사거리 20m를 관측하였을 때 수평거리는?

① 10.00m   ② 11.55m
③ 17.32m   ④ 18.32m

해설 수평거리(D) $= \cos 30° \times 20 = 17.32$m

26 각 측량에서 망원경을 정위, 반위로 측정하여 평균값을 취해도 해결되지 않는 기계적 오차는?

① 시준축과 수평축이 직교하지 않는다.
② 수평축이 연직축에 직교하지 않는다.
③ 연직축이 정확히 연직선에 있지 않다.
④ 회전축에 대하여 망원경의 위치가 편심되어 있다.

해설

오차의 종류	원인	처리방법
시준축 오차	시준축과 수평축이 직교하지 않기 때문에 생기는 오차	망원경을 정·반위로 관측하여 평균을 취한다.
수평축 오차	수평축이 연직축에 직교하지 않기 때문에 생기는 오차	망원경을 정·반위로 관측하여 평균을 취한다.
연직축 오차	연직축이 연직되지 않기 때문에 생기는 오차	소거 불능

27 트래버스 측량에서 다음 결과를 얻었을 때 측선 EA의 거리는?

측선	위거 (+)	위거 (−)	경거 (+)	경거 (−)
AB		56.6	43.2	
BC		29.7		26.8
CD		25.9		96.6
DE	53.5			49.7

① 142.547m
② 149.628m
③ 153.532m
④ 156.315m

해설 AE의 위거(Δl)
$= 53.5 - (56.6 + 29.7 + 25.9)$
$= -58.7$

AE의 경거(Δd)
$= 43.2 - (26.8 + 96.6 + 49.7)$
$= -129.9$

∴ $\overline{AE} = \sqrt{(\Delta l)^2 + (\Delta d)^2}$
$= \sqrt{58.7^2 + 129.9^2}$
$= 142.547$m

Answer 24. ② 25. ③ 26. ③ 27. ①

28 표준자보다 1.5cm가 긴 20m 줄자로 거리를 관측한 결과 180m였다면 실제 거리는?

① 179.865m
② 180.135m
③ 180.215m
④ 180.531m

 해설
$$실제거리 = \frac{부정거리}{표준거리} \times 관측거리$$
$$= \frac{20.015}{20} \times 180$$
$$= 180.135m$$

29 삼각형 세 변이 각각 a=43m, b=46m, c=39m로 주어질 때 각 β는?

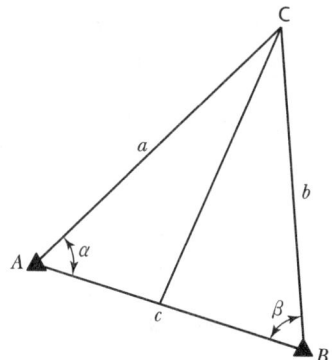

① 51°50′41″
② 60°06′38″
③ 68°02′41″
④ 72°00′26″

 해설
$$a = \cos^{-1}\frac{b^2 + c^2 - a^2}{2bc}$$
$$= \cos^{-1}\frac{46^2 + 39^2 - 43^2}{2 \times 46 \times 39}$$
$$= 60°06′38.06″$$

30 트래버스 측량의 수평각 관측에서 그림과 같이 진북을 기준으로 어느 측선까지의 각을 시계방향으로 각 관측하는 방법은?

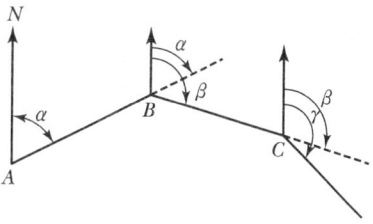

① 교각법
② 편각법
③ 방향각법
④ 방위각법

해설 방위각법
- 각 측선이 일정한 기준선인 자오선과 이루는 각을 우회로 관측하는 방법
- 한번 오차가 생기면 끝까지 영향을 끼친다.
- 측선을 따라 진행하면서 관측하므로 각 관측값의 계산과 제도가 편리하고 신속히 관측할 수 있다.

31 사변형 삼각망 변조정에서 $\Sigma \log \sin A = 39.2434474$, $\Sigma \log \sin B = 39.2433974$이고, 표차 총합이 199.4일 때 변조정량의 크기는?

① 1.42″
② 1.93″
③ 2.51″
④ 3.62″

해설
$$조정량 = \frac{\Sigma \log \sin A - \Sigma \log \sin B}{표차의 합}$$
$$= \frac{39.2434474 - 39.2433974}{199.4}$$
$$= \frac{5 \times 10^{-5}}{199.4} = \frac{500″}{199.4}$$
$$= 2.508″ ≒ 2.51″$$
(대수를 소수점 7째 자리까지 구할 때)

32 좌표를 알고 있는 기지점으로부터 출발하여 다른 기지점에 연결하는 측량방법으로 높은 정확도를 요구하는 대규모 지역의 측량에 이용되는 트래버스는?

① 폐합 트래버스
② 개방 트래버스
③ 결합 트래버스
④ 트래버스 망

Answer 28. ② 29. ② 30. ④ 31. ③ 32. ③

결합 트래 버스	기지점에서 출발하여 다른 기지점으로 결합시키는 방법으로 대규모 지역의 정확성을 요하는 측량에 이용한다.
폐합 트래 버스	기지점에서 출발하여 원래의 기지점으로 폐합시키는 트래버스로 측량결과가 검토는 되나 결합다각형보다 정확도가 낮아 소규모 지역의 측량에 좋다.
개방 트래 버스	임의의 점에서 임의의 점으로 끝나는 트래버스로 측량결과 점검이 안 되어 노선측량 답사에 편리한 방법이다. 시작되는 점과 끝나는 점 간의 아무런 조건이 없다.

33 평판을 세울 때 결과에 미치는 영향이 가장 큰 오차는?

① 방향맞추기 오차 ② 수평맞추기 오차
③ 중심맞추기 오차 ④ 치심 오차

해설

정준(수평)	앨리데이드의 기포관을 이용하여 평판을 수평으로 하는 작업
구심(치심)	지상점과 도상점을 일치시키는 작업
표정(방향)	방향선에 따라 평판의 위치를 고정시키는 작업으로, 표정의 오차가 측판측량에 가장 큰 영향을 미친다.

34 트래버스 측량에 대한 설명으로 옳지 않은 것은?

① 세부 측량에 사용할 기준점의 좌표를 결정한다.
② 각 변의 방향과 거리를 측정하여 수평위치를 결정한다.
③ 외업의 성과로부터 방위각, 위거, 경거를 계산하고 조정하여 각 측점의 좌표를 얻는다.
④ 트래버스 종류 중 가장 정확도가 높은 것은 폐합 트래버스이다.

해설

결합 트래 버스	기지점에서 출발하여 다른 기지점으로 결합시키는 방법으로 대규모 지역의 정확성을 요하는 측량에 이용한다.

35 레벨을 세우는 횟수를 짝수로 하면 없앨 수 있는 오차는?

① 구가에 의한 오차
② 기차에 의한 오차
③ 표척의 이음매에 의한 오차
④ 표척의 눈금 오차

해설 직접수준측량의 주의사항
(1) 수준측량은 반드시 왕복측량을 원칙으로 하며, 노선은 다르게 한다.
(2) 정확도를 높이기 위하여 전시와 후시의 거리는 같게 한다.
(3) 이기점(T. P)은 1mm까지, 그 밖의 점에서는 5mm 또는 1cm 단위까지 읽는 것이 보통이다.
(4) 직접수준측량의 시준거리
 ㉠ 적당한 시준거리 : 40~60m (60m가 표준)
 ㉡ 최단거리는 3m이며, 최장거리는 100~180m 정도이다.
(5) 눈금오차(영점오차) 발생 시 소거방법
 ㉠ 기계를 세운 표척이 짝수가 되도록 한다.
 ㉡ 이기점(T. P)이 홀수가 되도록 한다.
 ㉢ 출발점에 세운 표척을 도착점에 세운다.

36 두 직선 사이에 교각(I)이 80°인 원곡선을 설치하고자 한다. 외할(E)을 25m로 할 때 곡선 반지름(R)은?

① 80.9m ② 81.9m
③ 83.9m ④ 85.9m

Answer 33. ① 34. ④ 35. ④ 36. ②

해설 $E = R\left(\sec\dfrac{I}{2} - 1\right)$에서

$$R = \dfrac{E}{\sec\dfrac{I}{2} - 1} = \dfrac{25}{\dfrac{1}{\cos 40°} - 1} = 81.86\text{m}$$

37 위 면적=11m², 아래 면적=29m², 높이=8m인 4각 뿔대의 토량을 양단면 평균법으로 구한 값은?

① 80m³ ② 120m³
③ 160m³ ④ 600m³

해설 $V = \left(\dfrac{A_1 + A_2}{2}\right) \times L$

$\quad = \dfrac{11 + 29}{2} \times 8 = 160\text{m}^3$

38 GPS위성의 신호 중 C/A코드 및 P코드에 의하여 변조되며 항법메시지를 가지고 있는 신호는 무엇인가?

① L₁ 신호 ② L₂ 신호
③ L₃ 신호 ④ L₄ 신호

해설

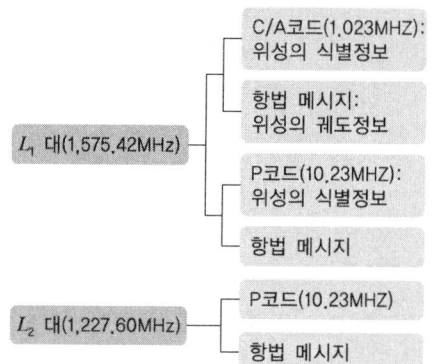

39 지구를 둘러싸는 6대의 GPS 위성 궤도는 각 궤도 간 몇 도의 간격을 유지하는가?

① 30° ② 60°
③ 90° ④ 120°

해설

우주부문	구성	31개의 GPS 위성
	기능	측위용 전파 상시 방송, 위성궤도정보, 시각신호등 측위계산에 필요한 정보 방송 • 궤도형상 : 원궤도 • 궤도면수 : 6개면 • 위성수 : 1궤도면에 4개 위성(24개+보조위성 7개)=31개 • 궤도경사각 : 55° • 궤도고도 : 20,183km • 사용좌표계 : WGS84 • 회전주기 : 11시간 58분(0.5항성일) : 1항성일은 23시간 56분 4초 • 궤도 간 이격 : 60도 • 기준발진기 : 10.23MHz(세슘원자시계 2대, 류비듐원자시계 2대)

40 축척 1:600 도면에서 도상면적이 35cm²일 때 실제면적은?

① 500m² ② 735m²
③ 900m² ④ 1,260m²

해설 $\left(\dfrac{1}{m}\right)^2 = \dfrac{\text{도상면적}}{\text{실제면적}}$에서

실제면적=도상면적×m²=35×600²
$\quad = 12{,}600{,}000\text{cm}^2$
$\quad = 1{,}260\text{m}^2$

41 A,B 두 점 간의 수평거리가 120m, 높이차가 4.8m일 때 A,B의 경사도는?

① 0.4% ② 2.5%
③ 4.0% ④ 25.0%

해설 경사도$(i) = \dfrac{h}{D} \times 100\%$

$\quad = \dfrac{4.8}{120} \times 100\% = 4.0\%$

42 중앙종거에 의한 단곡선설치에서 최초 중앙종거 M_1은?(단, 곡선반지름 $R=300$m, 교각 $I=120°$)

① 40m ② 80m
③ 150m ④ 300m

Answer 37. ③ 38. ① 39. ② 40. ④ 41. ③ 42. ③

해설
$$M = R\left(1 - \cos\frac{I}{2}\right)$$
$$= 300\left(1 - \cos\frac{120°}{2}\right)$$
$$= 150\text{m}$$

43 노선 선정 시 고려사항에 대한 설명 중 틀린 것은?
① 가능한 한 곡선으로 한다.
② 경사가 완만해야 한다.
③ 배수가 잘 되어야 한다.
④ 토공량이 적고 절토와 성토가 균형을 이루어야 한다.

해설 노선 조건
- 가능한 한 직선으로 할 것
- 가능한 한 경사가 완만할 것
- 토공량이 적고 절토와 성토가 짧은 구간에서 균형을 이룰 것
- 절토의 운반거리가 짧을 것
- 배수가 완전할 것

44 수신기 1대를 이용하여 위치를 결정할 수 있는 GPS 측량방법인 1점 측위는 시간 오차까지 보정하기 위해서는 최소 몇 대 이상의 위성으로부터 수신하여야 하는가?
① 1대   ② 2대
③ 3대   ④ 4대

해설 GPS 측량 중 1점 측위방법으로 시간오차까지 보정하기 위해서는 최소 4대 이상의 위성으로부터 수신하여 원하는 수신기의 위치와 시각동기오차를 결정해야 하며, 이는 항법, 근사적인 위치결정, 실시간위치결정 등에 이용된다.

45 교각 $I=62°30'$, 반지름 $R=200$m인 원곡선을 설치할 때 곡선길이(C.L.)는?
① 79.25m   ② 217.47m
③ 218.17m   ④ 318.52m

해설 $CL = 0.0174533RI$
$= 0.0174533 \times 200 \times 62°30'$
$= 218.166$m

46 곡선을 포함되는 위치에 따라 구분할 때, 수평면 내에 위치하는 곡선을 무엇이라 하는가?
① 평면곡선   ② 수직곡선
③ 횡단곡선   ④ 종단곡선

해설 곡선의 분류
- 수평선 내에 있으면 수평곡선(평면곡선, Horizontal Curve)
- 수직면 내에 있으면 수직곡선(Vertical Curve)으로 종단곡선과 횡단곡선이 있다.

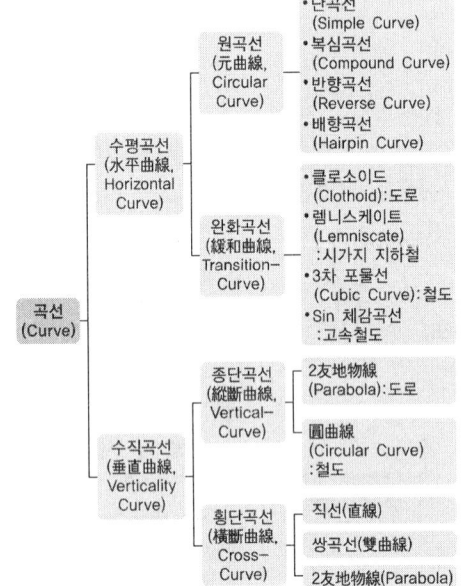

47 노선측량작업 중 도상 및 현지에 중심선을 설치하는 작업단계는?
① 도상계획   ② 예측
③ 실측   ④ 공사측량

Answer 43. ① 44. ④ 45. ③ 46. ① 47. ③

도상계획	지형도 상에서 한두 개의 계획노선을 선정한다.
현장답사	도상계획노선에 따라 현장 답사를 한다.
예측	답사로 유망한 노선이 결정되면 그 노선을 더욱 자세히 조사하기 위하여 트래버스 측량과 주변 측량을 실시한다.
도상선정	예측이 끝나면 노선의 기울기, 곡선, 토공량, 터널과 같은 구조물의 위치와 크기, 공사비 등을 고려하여 가장 바람직한 노선을 지형도 위에 기입한다.
현장실측	도상에서 선정된 최적노선을 지상에 측설한다.

48 삼각형 세 변의 거리가 $a=17m$, $b=10m$, $c=14m$일 때 삼변법에 의하여 계산된 면적은?

① 54m²　　② 64m²
③ 70m²　　④ 84m²

해설 $A = \sqrt{s(s-a)(s-b)(s-c)}$
$s = \frac{1}{2}(a+b+c) = \frac{17+10+14}{2} = 20.5$
$= \sqrt{20.5(20.5-17)(20.5-10)(20.5-14)}$
$= 69.98 ≒ 70m^2$

49 경계선을 3차 포물선으로 보고, 지거의 세 구간을 한 조로 하여 면적을 구하는 방법은?

① 심프슨 제1법칙
② 심프슨 제2법칙
③ 심프슨 제3법칙
④ 심프슨 제4법칙

심프슨 제1법칙	• 지거간격을 2개씩 1개 조로 하여 경계선을 2차 포물선으로 간주 • A = 사다리꼴(ABCD) + 포물선(BCD) $= \frac{d}{3}[y_0 + y_n + 4(y_1+y_3+...+y_{n-1}) + 2(y_2+y_4+...+y_{n-2})]$ $= \frac{d}{3}[y_0 + y_n + 4(\Sigma_y 홀수) + 2(\Sigma_y 짝수)]$ $= \frac{d}{3}[y_1 + y_n + 4(\Sigma_y 짝수) + 2(\Sigma_y 홀수)]$ • n(지거의 수)은 짝수이어야 하며, 홀수인 경우 끝의 것은 사다리꼴 공식으로 계산하여 합산
심프슨 제2법칙	• 지거 간격을 3개씩 1개 조로 하여 경계선을 3차 포물선으로 간주 • $A = \frac{3}{8}d[y_0 + y_n + 3(y_1+y_2+y_4+y_5+...+y_{n-2}+y_{n-1}) + 2(y_3+y_6+...+y_{n-3})]$ • $n-1$이 3배수여야 하며, 3배수를 넘을 때에는 나머지는 사다리꼴 공식으로 계산하여 합산

50 GPS 측량의 제어(관계)부문에 대한 설명으로 틀린 것은?

① 제어부분은 위성들을 매일같이 관리하기 위한 역할을 한다.
② 위성을 추적하여 각 위성의 상태를 체크한다.
③ 위성의 각종 정보를 갱신하거나 예측하는 업무를 담당한다.
④ GPS 수신기와 안테나, 자료 처리 소프트웨어 및 측량 기법들로 구성되어 있다.

Answer 48. ③　49. ②　50. ④

해설 GPS 측량의 제어부문

구성	1개의 주제어국, 5개의 추적국 및 3개의지상안테나(Up Link 안테나 : 전송국)
기능	• 주제어국 : 추적국에서 전송된 정보를 사용하여 궤도요소를 분석한 후 신규 궤도요소, 시계보정, 항법메시지 및 컨트롤명령정보, 전리층 및 대류층의 주기적모형화 등을 지상 안테나를 통해 위성으로 전송함 • 추적국 : GPS 위성의 신호를 수신하고 위성의 추적 및 작동상태를 감독하여 위성에 대한 정보를 주제어국으로 전송함 • 전송국 : 주관제소에서 계산된 결과치로서 시각보정값, 궤도보정치를 사용자에게 전달할 메시지 등을 위성에 송신하는 역할

㉠ 주제어국 : 콜로라도 스프링스(Colorad Springs) - 미국 콜로라도 주
㉡ 추적국
  • 어세션(Ascension Is) - 대서양
  • 디에고 가르시아(Diego Garcia) - 인도양
  • 쿠에제린(Kwajalein Is) - 태평양
  • 하와이 (Hawaii) - 태평양
㉢ 3개의 지상안테나(전송국) : 갱신자료 송신

51 가로 10m, 세로 10m의 정사각형 토지에 기준면으로부터 각 꼭짓점의 높이의 측정 결과가 그림과 같을 때 전토량은?

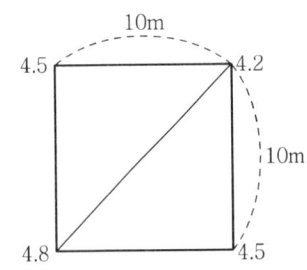

① 225m³
② 450m³
③ 900m³
④ 1,250m³

해설
$V = \dfrac{A}{3}(\sum h_1 + 2\sum h_2)$
$= \dfrac{10 \times 10}{3}[4.5+4.5+2(4.2+4.8)]$
$= \dfrac{10 \times 10}{6}(9+18) = 450\text{m}^3$

52 노선의 곡선반지름 $R=200$m, 곡선길이 $L=40$m일 때 클로소이드의 매개변수 A는?

① 80.44m
② 81.44m
③ 88.44m
④ 89.44m

해설 $A = \sqrt{RL} = \sqrt{200 \times 40} = 89.44\text{m}$

53 등고선을 간접적으로 측량하는 방법 중 일정한 중심선이나 지상선 방향으로 여러 개의 측선을 따라 기준점으로부터 필요한 점까지의 거리와 높이를 관측하여 등고선을 그리는 방법은?

① 횡단점법
② 후방 교회법
③ 정방형 분할법
④ 기준점법(종단점법)

해설

방안법 (좌표점고법)	각 교점의 표고를 측정하고 그 결과로부터 등고선을 그리는 방법으로 지형이 복잡한 곳에 이용한다.
종단점법 (기준점법)	지형상 중요한 지성선 위의 여러 개의 측선에 대하여 거리와 표고를 측정하여 등고선을 그리는 방법으로 비교적 소축척의 산지 등의 측량에 이용
횡단점법	노선측량의 평면도에 등고선을 삽입할 경우에 이용되며 횡단측량의 결과를 이용하여 등고선을 그리는 방법이다.

54 지형도 표시법 중 하천, 항만, 해양 등의 수심을 나타내는 경우 도상에 숫자를 기입하여 표시하는 방법은?

① 점고법
② 우모법
③ 음영법
④ 등고선법

Answer 51. ② 52. ④ 53. ④ 54. ①

해설

부호적 도법	점고법 (Spot Height System)	지표면 상의 표고 또는 수심을 숫자에 의하여 지표를 나타내는 방법으로 하천, 항만, 해양 등에 주로 이용
	등고선법 (Contour System)	동일 표고의 점을 연결한 것으로 등고선에 의하여 지표를 표시하는 방법으로 토목공사용으로 가장 널리 사용
	채색법 (Layer System)	같은 등고선의 지대를 같은색으로 채색하여 높을수록 진하게 낮을수록 연하게 칠하여 높이의 변화를 나타내며 지리관계의 지도에 주로 사용

55 레벨로 등고선 측량을 할 때, A점의 표고가 28.35m이고, A점의 표척읽음값이 2.65m이다. B점이 30m 표고의 등고선이 되기 위하여 시준하여야 할 표척의 높이는?

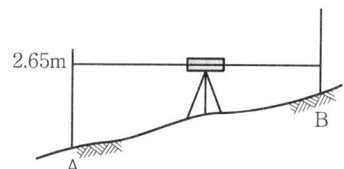

① 0.50m ② 1.00m
③ 1.15m ④ 1.50m

해설 $H_B = H_A +$ 후시 $-$ 전시
$30 = 28.35 + 2.65 -$ 전시
∴ 전시 $= 28.35 + 2.65 - 30 = 1.0$m

56 등고선의 성질에 대한 설명으로 틀린 것은?
① 동일 등고선 상의 모든 점들은 높이가 같다.
② 등고선은 도면 내, 외에서 폐합한다.
③ 높이가 다른 두 등고선은 동굴이나 절벽이 아닌 곳에서 교차한다.
④ 도면 내에서 등고선이 폐합하면 등고선의 내부에 분지나 산정이 있다.

해설 등고선의 성질
• 동일 등고선 상에 있는 모든 점은 같은 높이이다.
• 등고선은 반드시 도면 안이나 밖에서 서로 폐합한다.
• 지도의 도면 내에서 폐합되면 가장 가운데 부분이 산꼭대기(산정) 또는 凹지(요지)가 된다.
• 등고선은 도중에 없어지거나, 엇갈리거나 합쳐지거나 갈라지지 않는다.
• 높이가 다른 두 등고선은 동굴이나 절벽의 지형이 아닌 곳에서는 교차하지 않는다.
• 등고선은 경사가 급한 곳에서는 간격이 좁고 완만한 경사에서는 넓다.
• 최대경사의 방향은 등고선과 직각으로 교차한다.
• 분수선(능선)과 곡선(유하선)은 등고선과 직각으로 만난다.
• 2쌍의 등고선의 볼록부가 상대할 때는 볼록부를 나타낸다.
• 동등한 경사의 지표에서 양 등고선의 수평거리는 같다.
• 같은 경사의 평면일 때는 나란한 직선이 된다.

57 축척 1 : 25,000 지형도에서 주곡선의 간격은?
① 5m ② 10m
③ 25m ④ 50m

해설

축척 등고선 종류	기호	1/5,000	1/10,000	1/25,000	1/50,000
주곡선	가는 실선	5	5	10	20
간곡선	가는 파선	2.5	2.5	5	10
조곡선 (보조곡선)	가는 점선	1.25	1.25	2.5	5
계곡선	굵은 실선	25	25	50	100

Answer 55. ② 56. ③ 57. ②

58 체적계산방법 중 전체 구역을 직사각형이나 삼각형으로 나누어서 토량을 계산하는 방법은?

① 점고법　　② 단면법
③ 좌표법　　④ 배횡거법

해설 체적산정방법
- 단면법 : 철도, 도로, 수로 등과 같이 긴 노선의 성토량, 절토량을 계산 할 경우에 이용되는 방법으로 양단면평균법, 중앙단면법, 각주공식에 의한 방법 등이 있다.
- 점고법 : 넓은 지역이나 택지조성 등의 정지작업을 위한 토공량을 계산하는 데 사용되는 방법으로 전 구역을 직사각형이나 삼각형으로 나누어서 토량을 계산하는 방법이다.
- 등고선법 : 부지의 정지작업에 필요한 토량 산정, Dam, 저수지의 저수량을 산정하는 데 이용되는 방법으로 체적을 근사적으로 구하는 경우에 편리하다.

59 곡선 반지름 $R=100m$, 교각 $I=30°$일 때 접선길이(TL)는?

① 36.79m　　② 32.79m
③ 29.78m　　④ 26.79m

해설
$$TL = R \cdot \tan\frac{I}{2} = 100 \times \tan\frac{30°}{2}$$
$$= 26.79m$$

60 곡선 반지름 $R=250m$의 원곡선 설치에서 $L=15m$에 대한 편각은?

① 2°51′53″　　② 1°43′08″
③ 1°06′24″　　④ 1°57′30″

해설
$$\delta = 1718.87' \times \frac{l}{R} = 1718.87' \times \frac{15}{250}$$
$$= 1°43'7.93''$$

Answer 58. ① 59. ④ 60. ②

2015년 5회

01 삼각측량의 작업 순서가 옳은 것은?
① 도상계획 > 답사 및 선점 > 조표 > 각 관측 > 삼각망의 조정 > 좌표 계산
② 도상계획 > 답사 및 선점 > 조표 > 각 관측 > 좌표 계산 > 삼각망의 조정
③ 답사 및 선점 > 조표 > 도상 계획 > 각 관측 > 삼각망의 조정 > 좌표 계산
④ 답사 및 선점 > 조표 > 도상 계획 > 각 관측 > 좌표 계산 > 삼각망의 조정

해설 계획 및 준비 → 답사 → 선점 → 조표 → 관측 → 삼각망의 조정 → 계산

02 교호수준측량 결과가 각각 A점에서 $a_1 = 1.5m$, $a_2 = 2.4m$, B점에서 $b_1 = 1.1m$, $b_2 = 2.2m$일 때 B점의 표고는?(단, A점의 표고는 25.0m)

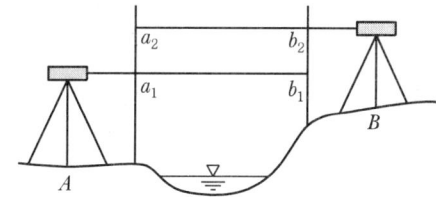

① 25.3m ② 26.3m
③ 30.3m ④ 31.3m

 해설
$$h = \frac{1}{2}(a_1 + a_2) - (b_1 + b_2)$$
$$= \frac{1}{2}(1.5 + 2.4) - (1.1 + 2.2)$$
$$= 0.3$$
$$H_B = H_A + h = 25 + 0.3 = 25.3m$$

03 트래버스 측량의 결합오차 조정에 대한 설명 중 옳은 것은?
① 컴퍼스법칙은 각관측의 정확도가 거리관측의 정확도보다 좋은 경우에 사용된다.
② 트랜싯법칙은 각관측과 거리관측의 정밀도가 서로 비슷한 경우에 사용된다.
③ 컴퍼스법칙은 결합오차를 각 측선의 길이의 크기에 반비례하여 배분한다.
④ 트랜싯법칙은 위거 및 경거의 결합오차를 각 측선의 위거 및 경거의 크기에 비례 배분하여 조정하는 방법이다.

해설

컴퍼스 법칙	각관측과 거리관측의 정밀도가 같을 때 조정하는 방법으로 각측선 길이에 비례하여 폐합오차를 배분한다.
트랜싯 법칙	각관측의 정밀도가 거리관측의 정밀도보다 높을 때 조정하는 방법으로 위거, 경거의 크기에 비례하여 폐합오차를 배분한다.

04 다음 중 지구상의 위치를 표시하는 데 주로 사용하는 좌표계가 아닌 것은?
① 평면 직각 좌표계
② 경위도 좌표계
③ 4차원 직각 좌표계
④ UTM 좌표계

Answer 1. ① 2. ① 3. ④ 4. ③

05 그림에서 CD 측선의 방위는?

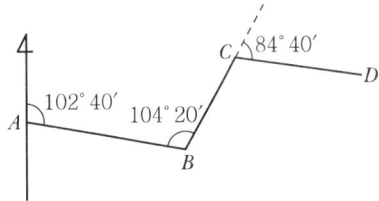

① N 27°40′ W   ② S 68°20′ E
③ N 36°40′ E   ④ S 27°30′ W

 $V_B^C = 102°40′ + 180° + 104°20′ = 27°$
$V_C^D = 27° + 84°40′ = 111°40′$
∴ CD 측선의 방위는
$180° - 111°40′ = 68°20′$ (2상한)
$S\,68°20′E$

06 기준점 측량으로 볼 수 없는 것은?
① 삼각 측량   ② 삼변 측량
③ 스타디아 측량 ④ 수준 측량

 스타디아 측량은 각측량으로서 기준점 측량은 아니다.

07 평판측량의 방법에 해당되지 않는 것은?
① 지거법   ② 방사법
③ 전진법   ④ 교회법

08 트래버스 측량의 내업 순서로 옳은 것은?

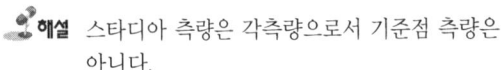

① ㉡ > ㉠ > ㉢ > ㉣
② ㉠ > ㉢ > ㉡ > ㉣
③ ㉡ > ㉠ > ㉣ > ㉢
④ ㉠ > ㉢ > ㉣ > ㉡

 트래버스 측량의 순서
• 외업
계획 → 답사 → 선점 → 조표 → 거리관측
→ 각관측 → 거리와 각관측 정확도의 균형
→ 계산 및 측점의 전개
• 내업
방위각 계산 → 위거 및 경거 계산 → 결합오차 조정 → 좌표 계산

09 다음 표에서 A, B측점의 높이차는?(단, 단위는 m임)

측점	BS	FS TP	FS IP	GH
A	2.568			
1			2.325	
2	1.663	2.532		
3			1.125	
4			0.977	
B		3.623		

① −0.196m   ② 0.196m
③ −1.924m   ④ 1.924m

 $\sum BC = 2.568 + 1.663 = 4.231$
$\sum TP = 2.532 + 3.623 = 6.155$
∴ $\sum BS - \sum TP = 4.231 - 6.155$
$= -1.924m$

10 표준길이보다 2cm 짧은 25m 테이프로 관측한 거리가 353.28m일 때 실제 거리는?
① 353.56m
② 353.42m
③ 353.14m
④ 353.00m

 실제거리 = $\dfrac{부정거리}{표준거리} \times$ 관측거리
$= \dfrac{24.98}{25} \times 353.28 = 353m$

Answer 5. ② 6. ③ 7. ① 8. ④ 9. ③ 10. ④

11 수준측량의 고저차를 확인하기 위한 검산식으로 옳은 것은?

① $\Sigma BS - \Sigma TP$
② $\Sigma FS - \Sigma TP$
③ $\Sigma IH - \Sigma FS$
④ $\Sigma IH - \Sigma BS$

12 트래버스 측량의 용도와 가장 거리가 먼 것은?

① 경계측량   ② 노선측량
③ 지적측량   ④ 종횡단 수준측량

해설 종횡단 수준측량은 고저측량이다.

13 측점 O에서 $X_1 = 30°$, $X_2 = 45°$, $X_3 = 77°$의 각 관측값을 얻었다. X_1의 조정된 값은?(단, 각 각의 관측 조건은 동일하다.)

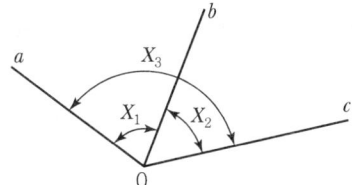

① 30°40′   ② 30°20′
③ 29°40′   ④ 29°20′

해설 $X_1 + X_2 = X_3$

각오차 $= 30° + 45° - 77° = -2°$

조정량 $= \dfrac{120'}{3} = 40'$

큰 각은 (-), 작은 각은 (+)

$X_1 = 30°40'$

14 18각형 외각의 합계는 몇 도인가?

① 2,880°
② 2,900°
③ 3,240°
④ 3,600°

해설 다각형의 외각의 합
$= 180°(n+2) = 180°(18+2) = 3,600°$

15 최확값과 경중률에 관한 설명으로 옳지 않은 것은?

① 관측값들의 경중률이 다르면 최확값을 구할 때 경중률을 고려하여야 한다.
② 최확값은 어떤 관측값에서 가장 높은 확률을 가지는 값이다.
③ 경중률은 표준 편차의 제곱에 반비례한다.
④ 경중률은 관측거리의 제곱에 비례한다.

해설 경중률(무게, P)

경중률이란 관측값의 신뢰 정도를 표시하는 값으로 관측방법, 관측 횟수, 관측거리 등에 따른 가중치를 말한다.

• 경중률은 관측횟수(n)에 비례한다.
$(P_1 : P_2 : P_3 = n_1 : n_2 : n_3)$

• 경중률은 평균제곱오차(m)의 제곱에 반비례한다.
$(P_1 : P_2 : P_3 = \dfrac{1}{m_1^2} : \dfrac{1}{m_2^2} : \dfrac{1}{m_3^2})$

• 경중률은 정밀도(R)의 제곱에 비례한다.
$(P_1 : P_2 : P_3 = R_1^2 : R_2^2 : R_3^2)$

• 직접수준측량에서 오차는 노선거리(S)의 제곱근($\sqrt{S}$)에 비례한다.
$(m_1 : m_2 : m_3 = \sqrt{S_1} : \sqrt{S_2} : \sqrt{S_3})$

• 직접수준측량에서 경중률은 노선거리(S)에 반비례한다.
$(P_1 : P_2 : P_3 = \dfrac{1}{S_1} : \dfrac{1}{S_2} : \dfrac{1}{S_3})$

• 간접수준측량에서 오차는 노선거리(S)에 비례한다.
$(m_1 : m_2 : m_3 = S_1 : S_2 : S_3)$

• 간접수준측량에서 경중률은 노선거리(S)의 제곱에 반비례한다.
$(P_1 : P_2 : P_3 = \dfrac{1}{S_1^2} : \dfrac{1}{S_2^2} : \dfrac{1}{S_3^2})$

Answer 11. ① 12. ④ 13. ① 14. ④ 15. ④

16 다음 삼각형에서 AB의 거리는?(단, ∠A=61° 25′30″, ∠B=59°38′26″, ∠C=58°56′04″이며 BC의 거리는 287.58m이다.)

① 296.69m
② 285.48m
③ 282.56m
④ 280.50m

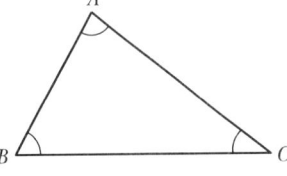

해설 소구변거리
$= \dfrac{\sin \text{소구변의 대각}}{\sin \text{기지변의 대각}} \times \text{기지변장}$

$\overline{AB} = \dfrac{\sin 58°56'04''}{\sin 61°25'30''} \times 287.58 = 280.50\text{m}$

17 오차론에 의해서 처리할 수 있는 오차는?

① 누차   ② 착오
③ 정오차 ④ 우연오차

해설 오차의 종류
1. 정오차 또는 누차(Constant Error, 누적오차, 누차, 고정오차)
   ㉠ 오차 발생 원인이 확실하여 일정한 크기와 일정한 방향으로 생기는 오차이다.
   ㉡ 측량 후 조정이 가능하다.
   ㉢ 정오차는 측정 횟수에 비례한다.
   $E_1 = n \cdot \delta$
   여기서, E_1 : 정오차
   δ : 1회 측정 시 누적오차
   n : 측정(관측)횟수

2. 우연오차(Accidental Error, 부정오차, 상차, 우차)
   ㉠ 오차의 발생 원인이 명확하지 않아 소거 방법도 어렵다.
   ㉡ 최소제곱법의 원리로 오차를 배분하며 오차론에서 다루는 오차를 우연오차라 한다.
   ㉢ 우연오차는 측정 횟수의 제곱근에 비례한다.
   $E_2 = \pm \delta \sqrt{n}$

여기서, E_2 : 우연오차
δ : 우연오차
n : 측정(관측)횟수

3. 착오(Mistake, 과실)
   ㉠ 관측자의 부주의로 발생하는 오차
   ㉡ 예 : 기록 및 계산의 착오, 잘못된 눈금 읽기, 숙련 부족 등

18 어느 측선의 방위가 S40°E이고 측선 길이가 80m일 때, 이 측선의 위거는?

① −51.423m   ② −61.284m
③ 51.423m   ④ 61.284m

해설 위거=거리× cos 방위각
$= 80 \times \cos 140° = -61.284\text{m}$

경거=거리× sin 방위각
$= 80 \times \sin 140° = 51.423\text{m}$

19 삼각망의 조정에서 제2조정각 54°56′15″에 대한 표차값은?

① 11.54   ② 12.81
③ 13.45   ④ 14.78

해설 1표차(대수를 소수점 7째 자리까지 구할 때)
$\log \sin 54°56'15'' - \log \sin 54°56'14''$
$= 0.000001478$
∴ 표차=14.78″

또는 $\dfrac{1}{\tan \theta} \times 21.055$
$= \dfrac{1}{\tan 54°56'15''} \times 21.055 = 14.78''$

20 레벨의 감도가 한 눈금에 40″일 때 80m 떨어진 표척을 읽은 후 2눈금 이동하였다면 이때 생긴 오차량은?

① 0.02m   ② 0.03m
③ 0.04m   ④ 0.05m

해설 감도 $\theta'' = \dfrac{l}{nD}\rho''$ 에서

$l = \dfrac{\theta''}{\rho''}nD = \dfrac{40''}{206,265''} \times 2 \times 80 = 0.031\text{m}$

Answer 16. ④ 17. ④ 18. ② 19. ④ 20. ②

21 거리측량에서 발생할 수 있는 오차의 종류와 예가 올바르게 연결된 것은?

① 정오차 - 눈금을 잘못 읽었다.
② 부정오차 - 테이프의 길이가 표준 길이보다 길거나 짧았다.
③ 정오차 - 측정할 때 온도가 표준 온도와 다르다.
④ 부정오차 - 측량할 때 수평이 되지 않았다.

해설 오차의 종류
1. 정오차 또는 누차(Constant Error, 누적오차, 누차, 고정오차)
   ㉠ 오차 발생 원인이 확실하여 일정한 크기와 일정한 방향으로 생기는 오차이다.
   ㉡ 측량 후 조정이 가능하다.
   ㉢ 정오차는 측정 횟수에 비례한다.
   $$E_1 = n \cdot \delta$$
   여기서, E_1 : 정오차
   δ : 1회 측정 시 누적오차
   n : 측정(관측)횟수

2. 우연오차(Accidental Error, 부정오차, 상차, 우차)
   ㉠ 오차의 발생 원인이 명확하지 않아 소거 방법도 어렵다.
   ㉡ 최소제곱법의 원리로 오차를 배분하며 오차론에서 다루는 오차를 우연오차라 한다.
   ㉢ 우연오차는 측정 횟수의 제곱근에 비례한다.
   $$E_2 = \pm \delta \sqrt{n}$$
   여기서, E_2 : 우연오차
   δ : 우연오차
   n : 측정(관측)횟수

3. 착오(Mistake, 과실)
   ㉠ 관측자의 부주의로 발생하는 오차
   ㉡ 예 : 기록 및 계산의 착오, 잘못된 눈금 읽기, 숙련 부족 등

22 45°는 약 몇 라디안인가?

① 0.174rad   ② 0.571rad
③ 0.785rad   ④ 1.571rad

해설
$$1° = \frac{\pi}{180} \text{rad} = 1.74532925 \times 10^{-2} \text{rad}$$
($\pi = 3.1415926535 \cdots$)
$$45° \times \frac{\pi}{180} = 0.785 \text{rad}$$

23 축척과 정확도에 대한 설명으로 틀린 것은?

① 축척의 분모수가 작은 것이 대축척이다.
② 축척의 분모수가 큰 것이 정확도가 높다.
③ 도상거리와 실제거리의 비가 축척이다.
④ 정확도는 참값과 관측값의 편차를 나타낸다.

해설 축척의 분모수가 큰 것은 소축척으로 정확도는 대축척보다 낮다.

24 수준측량에서 사용되는 용어의 설명으로 틀린 것은?

① 그 점의 표고만을 구하고자 표척을 세워 전시만 취하는 점을 중간점이라 한다.
② 기준면으로부터 측점까지의 연직거리를 지반고라 한다.
③ 기준면으로부터 기계 시준선까지의 거리를 기계고라 한다.
④ 기지점에 세운 표척의 읽음을 전시라 한다.

해설

표고(Elevation)	국가 수준기준면으로부터 그 점까지의 연직거리
전시 (Fore Sight)	표고를 알고자 하는 점(미지점)에 세운 표척의 읽음값
후시 (Back Sight)	표고를 알고 있는 점(기지점)에 세운 표척의 읽음값
기계고 (Instrument Height)	기준면에서 망원경 시준선까지의 높이

Answer 21. ③ 22. ③ 23. ② 24. ④

지반고	기준면으로부터 측점까지의 연직 거리
이기점 (Turning Point)	기계를 옮길 때 한 점에서 전시와 후시를 함께 취하는 점
중간점 (Intermediate Point)	표척을 세운점의 표고만을 구하고자 전시만 취하는 점

25 A, B 두 점 간의 고저차를 구하기 위해 3개의 노선을 직접수준측량하여 다음 표와 같은 결과를 얻었다면 B점의 표고는?

구분	고저차(m)	노선거리(km)
노선 1	12.235	1
노선 2	12.249	3
노선 3	12.250	2

① 12.242m   ② 12.245m
③ 12.247m   ④ 12.250m

해설 직접수준측량에서 경중률은 노선거리에 반비례한다.

$P_1 : P_2 : P_3 = \frac{1}{1} : \frac{1}{3} : \frac{1}{2} = 6 : 2 : 3$

$H_B = \frac{P_1 h_1 + P_2 h_2 + P_3 h_3}{P_1 + P_2 + P_3}$

$= 12 + \frac{6 \times 0.235 + 2 \times 0.249 + 3 \times 0.250}{6 + 2 + 3}$

$= 12 + 0.242 = 12.242m$

26 삼변측량에 대한 설명으로 옳지 않은 것은?

① 삼각측량에서 수평각을 관측하는 대신에 삼 변의 길이를 관측하여 삼각점의 위치를 정확히 구하는 측량이다.
② 삼 변측량에서는 변장 측정값에는 오차가 따르지 않는다고 가정한다.
③ 전파나 강파를 이용한 거리측량기가 발달하여 높은 정밀도로 장거리를 측량할 수 있게 됨으로써 삼변측량방법이 발전되었다.
④ 토털스테이션을 사용하여 삼변측량을 할 경우, 삼각측량과 같이 삼각점 간의 시준이 필요하다.

해설 삼변측량(Trilateration)
삼각측량은 삼각형의 세 각을 측정하고 측정된 각을 사용하여 세 변의 길이를 구하지만 삼변측량은 세 변을 먼저 측정하고 세 각은 코사인 제2법칙 또는 반각법칙에 의해 삼각점의 위치를 결정하는 측량방법이다. 삼변측량에서는 변을 관측하여 각을 구하기 때문에 변에도 오차가 포함된다.

27 평면직각좌표에서 삼각점의 좌표가 (−4325.68m, 585.25m)라 하면 이 삼각점은 좌표 원점을 중심으로 몇 상한에 있는가?

① 제1상한   ② 제2상한
③ 제3상한   ④ 제4상한

해설

상한	방위	방위각	위거	경거
I	$N\ \theta_1\ E$	$a = \theta_1$	+	+
II	$S\ \theta_2\ E$	$a = 180° - \theta_2$	−	+
III	$S\ \theta_3\ W$	$a = 180° + \theta_3$	−	−
IV	$N\ \theta_4\ W$	$a = 360° - \theta_4$	+	−

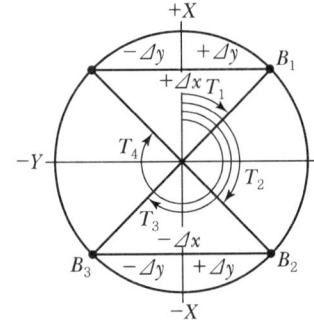

28 나무의 높이를 알아보기 위하여 간이측량을 실시하였다. 관측 결과가 그림과 같을 때 나무의 대략적인 높이(h)는?(단, 팔의 길이 60cm, 막대 길이 20cm이다.)

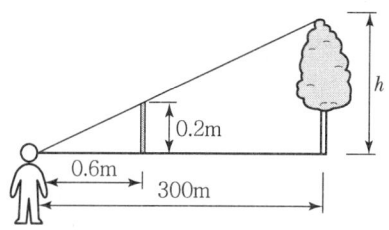

① 75m   ② 80m
③ 100m   ④ 150m

해설 $300 : h = 0.6 : 0.2$
$h = \dfrac{0.2}{0.6} \times 300 = 100\text{m}$

29 자오선의 북을 기준으로 어느 측선까지 시계방향으로 측정한 각은?

① 방향각   ② 방위각
③ 고저각   ④ 천정각

해설
도북방위각	도북방향을 기준으로 어느 측선까지 시계방향으로 측정한 각
진북방위각	자오선을 기준으로 어느 측선까지 시계방향으로 측정한 각
자북방위각	자북을 기준으로 어느 측선까지 시계방향으로 측정한 각

30 어느 측선의 방위각이 330°이고, 측선길이가 120m라 하면 그 측선의 경거는?

① -60.000m   ② 36.002m
③ 95.472m   ④ 103.923m

해설 위거=거리×cos 방위각
    $= 120 \times \cos 330° = 103.923\text{m}$
경거=거리×sin 방위각
    $= 120 \times \sin 330° = -60.000\text{m}$

31 트래버스 측량을 실시하여 출발점으로 돌아왔을 경우 출발점과 정확하게 일치되지 않을 때, 이 오차를 무엇이라 하는가?

① 폐합오차   ② 시준오차
③ 허용오차   ④ 기계오차

해설 폐합트래버스
폐합오차(E)는 다각측량에서 거리와 각을 관측하여 출발점에 돌아왔을 때 거리와 각의 오차로 위거의 대수합(ΣL)과 경거의 대수합(ΣD)이 0이 안 된다. 이때 오차를 말한다.

폐합오차	$E = \sqrt{(\Delta L)^2 + (\Delta D)^2}$
폐합비 (정도)	$\dfrac{1}{M} = \dfrac{\text{폐합오차}}{\text{총길이}}$ $= \dfrac{\sqrt{(\Delta L)^2 + (\Delta D)^2}}{\Sigma l}$

여기서, Δl : 위거오차
       ΔD : 경거오차

32 평판을 세울 때의 오차가 아닌 것은?

① 정준 오차   ② 구심 오차
③ 표정 오차   ④ 외심 오차

해설
정준 (Leveling Up)	평판을 수평으로 맞추는 작업(수평 맞추기)
구심 (Centering)	평판상의 측점과 지상의 측점을 일치시키는 작업(중심 맞추기)
표정 (Orientation)	평판을 일정한 방향으로 고정시키는 작업으로 평판측량의 오차 중 가장 크다(방향 맞추기)

33 외심거리가 1.5cm인 앨리데이드로, 축척 1:300인 평판측량을 하였을 때 도면 상에 발생되는 외심오차는?

① 0.01mm   ② 0.02mm
③ 0.05mm   ④ 0.1mm

해설 $q = \dfrac{e}{M} = \dfrac{15}{300} = 0.05\text{mm}$

Answer 28. ③ 29. ② 30. ① 31. ① 32. ④ 33. ③

34 거리가 4km 떨어진 두 점의 각 관측에서 관측오차가 15″ 발생했을 때 위치오차는?

① 284mm
② 291mm
③ 296mm
④ 310mm

해설 각오차$(a'') = \dfrac{위치오차(l)}{수평거리(S)} \times \rho''$

$l = \dfrac{a''}{\rho''} \times S$

$= \dfrac{15''}{206,265''} \times 4,000,000$

$= 290.89\text{mm}$

35 수준측량에서 거리 7km에 대하여 왕복 오차의 제한이 ±25mm일 때 거리 2km에 대한 왕복 오차의 제한값은?

① ±7mm   ② ±13mm
③ ±15mm ④ ±17mm

해설 오차는 노선거리의 제곱근에 비례한다.
$\sqrt{7\text{km}} : 25\text{mm} = \sqrt{2\text{km}} : x$에서
$x = \dfrac{\sqrt{2}}{\sqrt{7}} \times 25 = \pm 13\text{mm}$

36 GPS 측량의 일반적인 특징으로 틀린 것은?

① 극지방에서는 이용할 수 없다.
② 두 측점 간의 시통에 관계가 없다.
③ 3차원 측량을 동시에 할 수 있다.
④ WGS84 좌표계를 사용한다.

해설 GPS 측량은 극지방에서도 할 수 있다.

37 등고선 측정방법 중 직접법에 해당하는 것은?

① 사각형 분할(좌표점법)
② 레벨에 의한 방법
③ 기준점법(종단점법)
④ 횡단점법

해설 ㉠ 간접법
- 방안법(좌표점고법) : 각 교점의 표고를 측정하고 그 결과로부터 등고선을 그리는 방법으로 지형이 복잡한 곳에 이용한다.
- 종단점법(기준점법) : 지형상 중요한 지성선 위의 여러 개의 측선에 대하여 거리와 표고를 측정하여 등고선을 그리는 방법으로 비교적 소축척의 산지 등의 측량에 이용
- 횡단점법 : 노선측량의 평면도에 등고선을 삽입할 경우에 이용되며 횡단측량의 결과를 이용하여 등고선을 그리는 방법이다.

㉡ 직접법 : 레벨에 의한 방법

38 지형도에서 지형의 표시방법과 거리가 먼 것은?

① 투시법   ② 음영법
③ 점고법   ④ 등고선법

해설

자연적 도법	영선법 (우모법, Hachuring)	"게바"라 하는 단선상(短線上)의 선으로 지표의 기본을 나타내는 것으로 게바의 사이, 굵기, 방향 등에 의하여 지표를 표시하는 방법
	음영법 (명암법, Shading)	태양광선이 서북쪽에서 45°로 비친다는 가정하에 지표의 기복을 도상에서 2~3색 이상으로 채색하여 지형을 표시하는 방법으로 지형의 입체감이 가장 잘 나타나는 방법
부호적 도법	점고법 (Spot Height System)	지표면 상의 표고 또는 수심의 지표를 숫자로 나타내는 방법으로 하천, 항만, 해양 등에 주로 이용
	등고선법 (Contour System)	동일 표고의 점을 연결한 등고선으로 지표를 표시하는 방법으로 토목공사용으로 가장 널리 사용

| 부호적 도법 | 채색법 (Layer System) | 같은 등고선의 지대를 같은 색으로 채색하여 (높을수록 진하게 낮을수록 연하게 칠하여) 높이의 변화를 나타내며 지리관계의 지도에 주로 사용 |

39 노선측량에서 절토 단면적과 성토 단면적, 토공량을 구하기 위해 실시하는 측량은?

① 중심선측량
② 횡단측량
③ 용지측량
④ 평면측량

해설 횡단측량은 중심말뚝이 설치되어 있는 지점에서 중심선의 접선에 대하여 직각방향(법선방향)의 지표면을 절단한 면을 얻어야 하는데, 이때 중심말뚝을 기준으로 하여 좌우의 지반고가 변화하고 있는 점의 고저 및 중심말뚝에서의 거리를 관측하는 측량이 횡단측량이다.

40 단곡선의 중앙종거 M_1이 50m이면 M_2의 거리는?

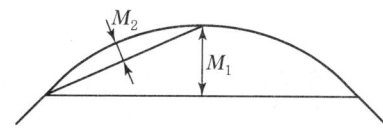

① 9.5m
② 11.0m
③ 12.5m
④ 16.7m

해설
$M_1 = R\left(1 - \cos\dfrac{I}{2}\right)$
$M_2 = R\left(1 - \cos\dfrac{I}{4}\right)$
∴ $M_1 = 4M_2$
$M_2 = \dfrac{M_1}{4} = \dfrac{50}{4} = 12.5\text{m}$

41 다음 중 등고선의 종류에 해당하지 않는 것은?

① 주곡선
② 계곡선
③ 간곡선
④ 완화곡선

해설 등고선의 종류

주곡선	지형을 표시하는 데 가장 기본이 되는 곡선으로 가는 실선으로 표시
간곡선	주곡선 간격의 $\dfrac{1}{2}$ 간격으로 그리는 곡선으로 완경사지나 주곡선만으로 지모를 명시하기 곤란한 장소에 가는 파선으로 표시
조곡선	간곡선 간격의 $\dfrac{1}{2}$ 간격으로 그리는 곡선으로 불규칙한 지형을 표시 (주곡선 간격의 $\dfrac{1}{4}$ 간격으로 그리는 곡선)
계곡선	주곡선 5개마다 1개씩 그리는 곡선으로 표고의 읽음을 쉽게 하고 지모의 상태를 명시하기 위해 굵은 실선으로 표시

42 다음 중 단곡선 설치 과정에서 가장 먼저 결정하여야 할 사항은?

① 곡선반지름
② 시단현
③ 접선장
④ 중심말뚝의 위치

해설 단곡선 설치 과정은 방법에 따라 차이가 있으나 전반적인 설치과정을 서술하면 다음과 같다.
• 단곡선의 반경, 접선(2방향), 교선점(D), 교각(I)
• 단곡선의 반경(R)과 교각(I)으로부터 접선길이(TL), 곡선길이(CL), 외할(E) 등을 계산하여 단곡선시점(BC), 곡선중점(SP)의 위치를 결정한다.
• 시단현과 종단현의 길이를 구하고 중심말뚝의 위치를 정한다.
이상의 순서에 따라 계산하여 교선점(IP)말뚝, 역말뚝, 중심말뚝을 설치하면 된다.

43 기점으로부터 교점까지 추가거리가 432.4m이고, 교각이 54°12′일 때 외할(E)은?(단, 곡선반지름은 320m이다.)

① 30.5m
② 35.2m
③ 39.5m
④ 41.0m

Answer 39. ② 40. ③ 41. ④ 42. ① 43. ③

해설
$$E = R\left(\sec\frac{I}{2} - 1\right)$$
$$= 320 \times \left(\sec\frac{54°12'}{2} - 1\right)$$
$$= 320 \times \left(\frac{1}{\cos 27°6'} - 1\right)$$
$$= 39.5\text{m}$$

44 노선측량에서 노선 선정 시 유의해야 할 사항으로 틀린 것은?
① 노선은 가능한 한 직선으로 하고 경사를 완만하게 한다.
② 절토 및 성토의 운반거리를 가급적 짧게 한다.
③ 토공량과 성토가 많도록 한다.
④ 배수가 잘 되는 곳이어야 한다.

해설 노선 조건
- 가능한 한 직선으로 할 것
- 가능한 한 경사가 완만할 것
- 토공량이 적고 절토와 성토가 짧은 구간에서 균형을 이룰 것
- 절토의 운반거리가 짧을 것
- 배수가 완전할 것

45 원곡선 설치를 위해 접선장의 길이가 20m이고, 교각이 21°30′일 때의 반지름은?
① 105.34m ② 91.40m
③ 72.63m   ④ 63.83m

해설 $TL = R\tan\frac{I}{2}$ 에서
$$R = \frac{TL}{\tan\frac{I}{2}} = \frac{20}{\tan\frac{21°30'}{2}} = 105.34\text{m}$$

46 다음 중 체적을 계산하는 방법이 아닌 것은?
① 단면법 ② 점고법
③ 등고선법 ④ 도해 계산법

해설

단면법	철도, 도로, 수로 등과 같이 긴 노선의 성토량, 절토량을 계산할 경우에 이용되는 방법으로 양단면 평균법, 중앙 단면법, 각주공식에 의한 방법 등이 있다.
점고법	넓은 지역이나 택지조성 등의 정지작업을 위한 토공량을 계산하는데 사용되는 방법으로 전 구역을 직사각형이나 삼각형으로 나누어서 토량을 계산하는 방법이다.
등고선법	부지의 정지작업에 필요한 토량 산정, Dam, 저수지의 저수량 산정에 이용되는 방법으로 체적을 근사적으로 구하는 경우에 편리하다.

47 GPS 측량의 정확도에 영향을 미치는 요소와 거리가 먼 것은?
① 기지점의 정확도
② 관측 시의 온도 측정 정확도
③ 안테나의 높이 측정 정확도
④ 위성 정밀력의 정확도

해설 GPS 측량은 기온, 온도, 습도 등의 기상조건에 영향을 받지 않는다.

48 넓은 지역이나 택지 조성 등의 정지작업을 위한 토공량 계산에 사용하는 방법으로, 전 구역을 직사각형이나 삼각형으로 나누어서 토량을 계산하는 방법은?
① 단면법 ② 점고법
③ 좌표법 ④ 등고선법

해설

단면법	철도, 도로, 수로 등과 같이 긴 노선의 성토량, 절토량을 계산할 경우에 이용되는 방법으로 양단면 평균법, 중앙 단면법, 각주공식에 의한 방법 등이 있다.
점고법	넓은 지역이나 택지조성 등의 정지작업을 위한 토공량을 계산하는데 사용되는 방법으로 전 구역을 직사각형이나 삼각형으로 나누어서 토량을 계산한다.

| 등고선법 | 부지의 정지작업에 필요한 토량 산정, Dam, 저수지의 저수량 산정에 이용되는 방법으로 체적을 근사적으로 구하는 경우에 편리하다. |

49 노선측량에서 원곡선의 종류가 아닌 것은?

① 단곡선　　② 3차 포물선
③ 반향 곡선　④ 복심 곡선

해설

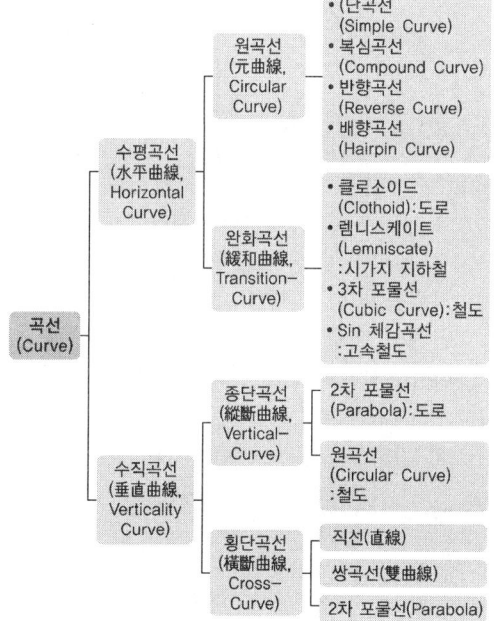

50 GPS 측량에서 사용되는 반송파는?

① A_1, A_2 반송파　② L_1, L_2 반송파
③ D_1, D_2 반송파　④ Z_1, Z_2 반송파

해설

반송파 (Carrier)	L_1	• 주파수 1,575.42MHz (154×10.23MHz), 파장 19cm • C/A code와 P code 변조 가능
	L_2	• 주파수 1,227.60MHz (120×10.23MHz), 파장 24cm • P code만 변조 가능
코드 (Code)	P code	• 반복주기 7일인 PRN code (Pseudo Random Noise code) • 주파수 10.23MHz, 파장 30m(29.3m)
	C/A code	• 반복주기 : 1ms(milli-second)로 1.023Mbps로 구성된 PPN code • 주파수 1.023MHz, 파장 300m(293m)

51 축척 1 : 50,000 지형도에서 표고가 각각 185m, 125m인 두 지점의 수평거리가 30mm 일 때 경사 기울기는?

① 2.0%　　② 2.5%
③ 3.0%　　④ 4.0%

해설 $\dfrac{1}{m} = \dfrac{도상거리}{실제거리}$

실제거리 $= 30 \times 50,000 = 1,500,000$mm
$h = 185 - 125 = 60$m $= 60,000$mm
기울기 $(i) = \dfrac{h}{D} \times 100\%$
$= \dfrac{60,000}{1,500,000} \times 100$
$= 4\%$

52 그림과 같은 삼각형의 면적은 얼마인가?

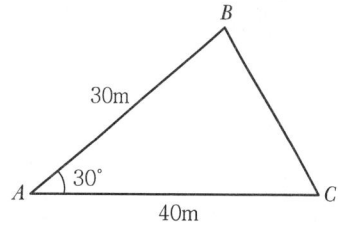

① 262.5m²　② 272.5m²
③ 300.0m²　④ 332.5m²

해설 $A = \dfrac{1}{2}ab\sin a$
$= \dfrac{1}{2} \times 30 \times 40 \times \sin 30°$
$= 300.0$m²

Answer　49. ②　50. ②　51. ④　52. ③

53 단곡선 설치에서 교각 60°, 반지름 100m, 곡선시점의 추가거리가 140.65m일 때 곡선종점의 거리는?

① 104.70m ② 140.65m
③ 240.65m ④ 245.37m

해설 $CL = 0.01745RI = 0.01745 \times 100 \times 60°$
$= 104.7m$
$EC = BC + CL = 140.65 + 104.7$
$= 245.35m$

54 전리층 오차를 보정할 수 있는 방법으로 가장 적합한 것은?

① 2주파 수신기를 사용한다.
② 고층 빌딩을 피하여 설치한다.
③ 안테나고를 높인다.
④ 위성 수신각을 높인다.

해설 GPS 측량에서는 L_1, L_2파의 선형조합을 통해 전리층 지연오차 등을 산정하여 보정할 수 있다.

55 노선측량의 단곡선 설치에 사용되는 기호에 대한 명칭의 연결이 옳은 것은?

① BC=곡선의 종점
② EC=곡선의 시점
③ IP=교점
④ CL=접선의 길이

해설 단곡선의 각부 명칭

기호	명칭
BC	곡선시점(Biginning of Curve)
EC	곡선종점(End of Curve)
SP	곡선중점(Secant Point)
IP	교점(Intersection Point)
I	교각(Intersetion Angle)
∠AOB	중심각(Central Angl) : I
R	곡선반경(Radius of Curve)
$\widehat{AB}$	곡선장(Curve Length) : C.L
AB	현장(Long Chord) : C

TL	접선장(Tangent Length) : AD, BD
M	중앙종거(Middle Ordinate)
E	외할(External Secant)
δ	편각(Deflection Angle) : ∠VAG

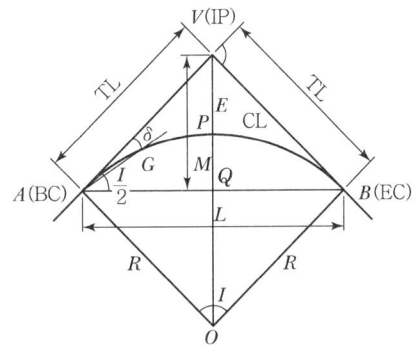

[단곡선의 명칭]

56 도로공사 중 A단면의 성토 면적이 24m², B단면의 성토 면적이 12m²일 때 성토량은? (단, A, B 두 단면 간의 거리는 30m이다.)

① 120m³ ② 240m³
③ 360m³ ④ 540m³

해설 $V = \frac{1}{2}(A_1 + A_2) \cdot l$
$= \frac{1}{2}(24+12) \times 30 = 540m^3$

57 삼변법에 의한 면적계산방법인 헤론의 공식으로 옳은 것은?(단, a, b, c는 삼각형 3변의 길이, s는 3변 길이의 총합을 1/2한 길이임)

① $A = \sqrt{(s-a)(s-b)(s-c)}$
② $A = \sqrt{(s+a)(s+b)(s+c)}$
③ $A = \sqrt{s(s+a)(s+b)(s+c)}$
④ $A = \sqrt{s(s-a)(s-b)(s-c)}$

해설 $A = \sqrt{s(s-a)(s-b)(s-c)}$
$s = \frac{1}{2}(a+b+c)$

Answer 53. ④ 54. ① 55. ③ 56. ④ 57. ④

58 경사변환선에 대한 설명으로 옳은 것은?

① 동일 방향의 경사면에서 경사의 크기가 다른 두 면의 접합선
② 지표면이 높은 곳의 꼭대기점을 연결한 선
③ 지표면이 낮거나 움푹 패인 점을 연결한 선
④ 경사가 최대로 되는 방향을 표시한 선

해설 지성선(Topographical Line)
지표는 많은 凸선, 凹선, 경사변환선, 최대경사선으로 이루어졌다고 생각할 때 이 평면의 접합부, 즉 접선을 말하며 지세선이라고도 한다.

능선(凸선), 분수선	지표면의 높은 곳을 연결한 선으로 빗물이 이것을 경계로 좌우로 흐르게 되므로 분수선 또는 능선이라 한다.
계곡선(凹선), 합수선	지표면이 낮거나 움푹 패인 점을 연결한 선으로 합수선 또는 합곡선이라 한다.
경사변환선	동일 방향의 경사면에서 경사의 크기가 다른 두 면의 접합선이다.(등고선 수평간격이 뚜렷하게 달라지는 경계선)
최대경사선	지표의 임의의 한 점에 있어서 그 경사가 최대로 되는 방향을 표시한 선으로 등고선에 직각으로 교차하며 물이 흐르는 방향이라는 의미에서 유하선이라고도 한다.

59 $\overline{AB}$는 등경사의 지형으로, A의 표고는 37.65m, B의 표고는 53.26m이다. A, B를 도상에 옮긴 a, b 간의 길이가 68.5mm일 때, $\overline{ab}$ 선상에 표고 40.00m 지점은 a에서 몇 mm 떨어진 곳에 위치하는가?

① 2.0mm ② 7.9mm
③ 10.3mm ④ 15.6mm

해설

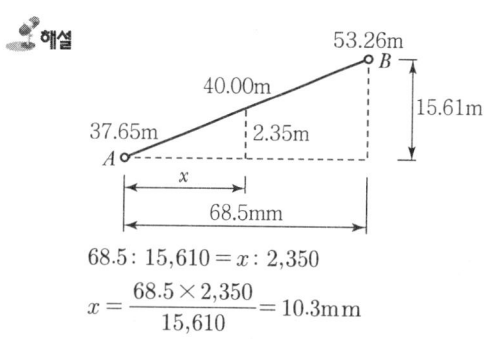

$68.5 : 15,610 = x : 2,350$

$x = \dfrac{68.5 \times 2,350}{15,610} = 10.3\,\text{mm}$

60 그림과 같은 측량결과에 의한 이 지형의 토공량은?

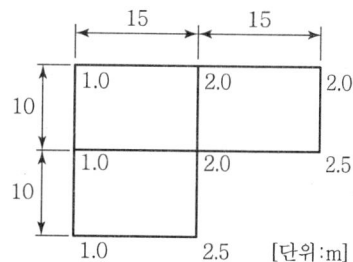

① 525.5m³ ② 787.5m³
③ 1,050.5m³ ④ 1,525.5m³

해설
$V = \dfrac{A}{4}(\sum h_1 + 2\sum h_2 + 3\sum h_3)$
$= \dfrac{10 \times 15}{4}(9 + 6 + 6) = 787.5\,\text{m}^3$

$\sum h_1 = 1.0 + 2.0 + 2.5 + 2.5 + 1.0 = 9$
$2\sum h_2 = 2(2.0 + 1.0) = 6$
$3\sum h_3 = 3(2.0) = 6$

2016년 1회

01 광파기를 이용하여 50m 거리를 ±0.0001m의 오차로 관측하였다. 이와 동일한 조건으로 5km의 거리를 나누어 관측할 경우, 연속 관측값에 대한 오차는?

① ±0.001m
② ±0.007m
③ ±0.0001m
④ ±0.0007m

해설 50m에 ±0.0001m의 오차이므로
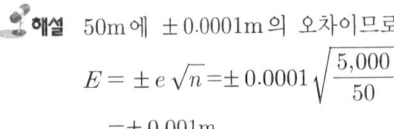
$$E = \pm e\sqrt{n} = \pm 0.0001\sqrt{\frac{5,000}{50}}$$
$$= \pm 0.001\text{m}$$

02 편심관측에서 요구되는 편심요소로서 옳게 짝지어진 것은?

① 중심각, 표고
② 편심점, 중심각
③ 편심거리, 표고
④ 편심각, 편심거리

해설 편심요소
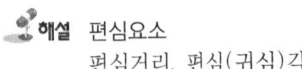
편심거리, 편심(귀심)각

03 평판측량에서 측량 구역의 중앙부에 장애물이 많고 측량 지역이 좁고 긴 경우에 적합한 방법은?

① 방사법
② 대각선법
③ 전진법
④ 수선법

해설 평판측량 방법

방사법 (Method of Radiation, 사출법)	측량 구역 안에 장애물이 없고 비교적 좁은 구역에 적합하며 한 측점에 평판을 세워 그 점 주위 목표점의 방향과 거리를 측정하는 방법(60m 이내)
전진법 (Method of Traversing, 도선법, 절측법)	측량구역 중앙에 장애물이 있어 시준이 곤란할 때 사용하는 방법으로 측량구역이 길고 좁을 때 측점마다 평판을 세워가며 측량하는 방법
교회법 (Method of Intersection)	전방 교회법	전방에 장애물이 있어 직접 거리를 측정할 수 없을 때 편리하며, 알고 있는 기지점에 평판을 세워서 미지점을 구하는 방법
	측방 교회법	기지의 두 점을 이용하여 미지의 한 점을 구하는 방법으로 도로 및 하천변의 여러 점의 위치를 측정할 때 편리한 방법
	후방 교회법	도면상에 기재되어 있지 않은 미지점에 평판을 세워 기지의 2점 또는 3점을 이용하여 현재 평판이 세워져 있는 위치(미지점)를 도면상에서 구하는 방법

Answer 1. ① 2. ④ 3. ③

04 기고식 야장에서 다음 ㉮, ㉯의 값은 각각 얼마인가?(단, 수준점 A의 표고는 30.000m 이다.)

[단위 : m]

측점	추가거리	후시(BS)	기계고(IH)	전시(FS) 이기점(TP)	전시(FS) 중간점(IP)	지반고(GH)
A	0	㉮	33.512			30.000
B	50	2.654	㉯	1.238		
C	100				1.852	

① ㉮ 63.512, ㉯ 34.928
② ㉮ 63.512, ㉯ 36.166
③ ㉮ 3.512, ㉯ 34.928
④ ㉮ 3.512, ㉯ 36.166

해설

후시(BS)	기계고(IH)	전시(FS) 이기점(TP)	전시(FS) 중간점(IP)	지반고(GH)
㉮ 3.512	33.512			30.000
2.654	㉯ 34.928	1.238		33.512 − 1.238 = 32.274
			1.852	34.928 − 1.852 = 33.076

㉮ 기계고 = 지반고 + 후시에서
  후시 = 33.512 − 30.000 = 3.512
㉯ 지반고 = 기계고 − 전시에서
  기계고 = 지반고 + 후시 = 32.274 + 2.645 = 34.928

05 하나의 측점에서 5개의 방향선이 구성되어 있을 때 조합각 관측법(각 관측법)으로 관측할 경우 관측하여야 할 각의 수는?

① 7개 ② 8개
③ 9개 ④ 10개

해설 조합각 관측법
수평각 관측방법 중 가장 정확한 방법으로 1등삼각측량에 이용된다.
(1) 방법
  여러 개의 방향선의 각을 차례로 방향각법으로 관측하여 얻어진 여러개의 각을 최소제곱법에 의해 최확값을 결정한다.
(2) 측각 총수, 조건식 총수
  • 측각 총수 = $\frac{1}{2}N(N-1)$
  • 조건식 총수
    = $\frac{1}{2}(N-1)(N-2)$
  여기서, N : 방향 수

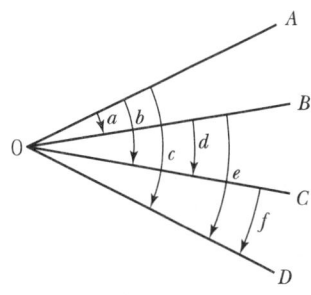

[각 관측법]

측각 총수 = $\frac{1}{2}N(N-1)$
      = $\frac{1}{2}5(5-1) = 10$개

06 다음 중 지오이드면에 대한 설명으로 옳은 것은?

① 평균 해수면으로 지구 전체를 덮었다고 생각하는 가상의 곡면
② 반지름을 6,370km로 본 구면
③ 지구의 회전타원체로 본 표면
④ GPS 측량의 기준이 되는 면

Answer 4. ③ 5. ④ 6. ①

해설 지구의 형상은 물리적 지표면, 구, 타원체, 지오이드, 수학적 형상으로 대별되며 타원체는 회전, 지구, 준거, 국제타원체로 분류된다.
- 타원체 : 타원체는 지구를 표현하는 수학적 방법으로서 타원체 면의 장축 또는 단축을 중심축으로 회전시켜 얻을 수 있는 모형이며, 좌표를 표현하는 데 있어서 수학적 기준이 되는 모델이다.
- 지오이드(Geoid) : 정지된 해수면을 육지까지 연장하여 지구 전체를 둘러쌌다고 가상한 곡면을 지오이드라 한다. 지구타원체는 기하학적으로 정의한 데 비하여 지오이드는 중력장 이론에 따라 물리학적으로 정의한다.

07 그림에서 DE 측선의 방위는 얼마인가?

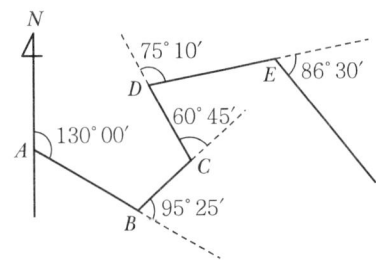

① N 34°35′ E
② N 26°10′ W
③ S 44°30′ E
④ N 49°00′ E

 해설
$V_b^c = 130° + 180° + 84°35′$
$= 34°35′$
(혹은 $V_b^c = 130° - 180° + (180° - 95°25′)$
$= 34°35′$)
$V_c^d = 34°35′ - 180° + 119°15′$
$= 26°10′$
$V_d^e = 26°10′ - 180° + 104°50′$
$= 49°00′ (1상환)$
∴ DE의 방위 = N49°00′E

08 수준측량을 할 때 전·후의 시준거리를 같게 취하고자 하는 중요한 이유는?
① 표척의 영점 오차를 없애기 위하여
② 표척 눈금의 부정확으로 생긴 오차를 없애기 위하여
③ 표척이 기울어져서 생긴 오차를 없애기 위하여
④ 구차 및 기차를 없애기 위하여

해설 전시와 후시의 거리를 같게 함으로써 제거되는 오차
- 레벨의 조정이 불완전(시준선이 기포관축과 평행하지 않을 때)할 때(시준축오차 : 오차가 가장 크다.)
- 지구의 곡률오차(구차)와 빛의 굴절오차(기차)를 제거한다.
- 초점나사를 움직이는 오차가 없으므로 그로 인해 생기는 오차를 제거한다.

09 오차의 종류 중 관측자의 부주의로 인하여 발생하는 오차는?
① 착오
② 부정오차
③ 우연오차
④ 정오차

해설 (1) 정오차 또는 누차(Constant Error, 누적오차, 누차, 고정오차)
  ㉠ 오차 발생 원인이 확실하여 일정한 크기와 일정한 방향으로 생기는 오차
  ㉡ 측량 후 조정이 가능하다.
  ㉢ 정오차는 측정횟수에 비례한다.
  $E_1 = n \cdot \delta$
  여기서, E_1 : 정오차
  δ : 1회 측정 시 누적오차
  n : 측정(관측)횟수
(2) 우연오차(Accidental Error, 부정오차, 상차, 우차)

㉠ 오차의 발생 원인이 명확하지 않아 소거 방법도 어렵다.
㉡ 최소제곱법의 원리로 오차를 배분하며 오차론에서 다루는 오차를 우연오차라 한다.
㉢ 우연오차는 측정횟수의 제곱근에 비례한다.

$$E_2 = \pm \delta \sqrt{n}$$

여기서, E_2 : 우연오차
δ : 우연오차
n : 측정(관측)횟수

(3) 착오(Mistake, 과실)
㉠ 관측자의 부주의에 의해서 발생하는 오차
㉡ 예 : 기록 및 계산의 착오, 잘못된 눈금 읽기, 숙련부족 등

10 우리나라 측량의 평면 직각 좌표계의 기본 원점 중 동부 원점의 위치는?

① 125°E, 38°N
② 129°E, 38°N
③ 38°E, 125°N
④ 38°E, 129°N

해설 직각좌표의 기준(제7조 제3항 관련)
1. 직각좌표계 원점

명칭	원점의 경위도	투영원점의 가산(加算) 수치
서부 좌표계	경도 : 동경 125° 00′ 위도 : 북위 38° 00′	X(N) 600,000m Y(E) 200,000m
중부 좌표계	경도 : 동경 127° 00′ 위도 : 북위 38° 00′	X(N) 600,000m Y(E) 200,000m
동부 좌표계	경도 : 동경 129° 00′ 위도 : 북위 38° 00′	X(N) 600,000m Y(E) 200,000m
동해 좌표계	경도 : 동경 131° 00′ 위도 : 북위 38° 00′	X(N) 600,000m Y(E) 200,000m

명칭	원점축척계수	적용 구역
서부 좌표계	1.0000	동경 124°~126°
중부 좌표계	1.0000	동경 126°~128°
동부 좌표계	1.0000	동경 128°~130°
동해 좌표계	1.0000	동경 130°~132°

비고
가. 각 좌표계에서의 직각좌표는 다음의 조건에 따라 TM(Transverse Mercator, 횡단 머케이터) 방법으로 표시한다.
  1) X축은 좌표계 원점의 자오선에 일치하여야 하고, 진북방향을 정(+)으로 표시하며, Y축은 X축에 직교하는 축으로서 진동방향을 정(+)으로 한다.
  2) 세계측지계에 따르지 아니하는 지적측량의 경우에는 가우스상사이중투영법으로 표시하되, 직각좌표계 투영원점의 가산(加算)수치를 각각 X(N) 500,000m(제주도지역 550,000m), Y(E) 200,000m로 하여 사용할 수 있다.
나. 국토교통부장관은 지리정보의 위치측정을 위하여 필요하다고 인정할 때에는 직각좌표의 기준을 따로 정할 수 있다. 이 경우 국토교통부장관은 그 내용을 고시하여야 한다.

11 방위각 247°20′40″를 방위로 표시한 것으로 옳은 것은?

① N 67°20′40″ W
② S 20°39′20″ W
③ S 67°20′40″ W
④ N 22°39′20″ W

해설 방위각 247°20′40″(3상환)
  방위 = 247°20′40″ − 180° = 67°20′40″
  ∴ S 67°20′40″ W

Answer 10. ② 11. ③

12 다음 삼각망에서 $\overline{BD}$의 거리는 얼마인가?

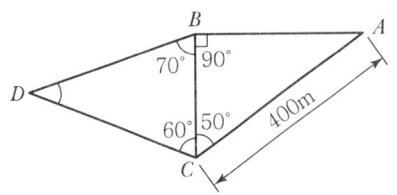

① 257.115m   ② 290.673m
③ 314.358m   ④ 343.274m

해설 $\overline{BC} = \dfrac{\sin 40°}{\sin 90°} \times 400 = 257.115$

$\overline{BD} = \dfrac{\sin 60°}{\sin 50°} \times 257.115 = 290.673$

13 두 점 간의 거리를 4회 관측한 결과 525.36m를 얻었고, 다시 2회 관측하여 525.63m를 얻었다. 이때 두 점 간의 거리에 대한 최확값은?

① 525.40m   ② 525.45m
③ 525.50m   ④ 525.55m

해설 경중률은 관측횟수에 비례하므로

$P_1 : P_2 = n_1 : n_2 = 4 : 2$

$L_0 = \dfrac{P_1 l_1 + P_2 l_2}{P_1 + P_2}$

$= 525 + \dfrac{0.36 \times 4 + 0.63 \times 2}{4 + 2}$

$= 525 + 0.45 = 525.45\text{m}$

14 각 오차 30″와 같은 정밀도의 100m에 대한 거리 오차는?

① 0.0145m   ② 0.0454m
③ 0.1454m   ④ 0.2931m

해설 $\theta'' = \dfrac{l}{L} \rho''$ 에서

$l = \dfrac{\theta''}{\rho''} \times L$

$= \dfrac{30''}{206,265''} \times 100$

$= 0.0145\text{m}$

15 평판 설치의 3요소에 의해 발생하는 오차가 아닌 것은?

① 평판이 수평이 아닐 때 방향 및 높이에 생기는 오차
② 거리를 측정하여 도상에 방향선을 그릴 때 생기는 오차
③ 방향 맞추기가 불완전하여 생기는 오차
④ 지상점과 도상점이 편위되어 생기는 오차

해설 평판측량의 3요소

정준 (Leveling Up)	평판을 수평으로 맞추는 작업 (수평 맞추기)
구심 (Centering)	평판상의 측점과 지상의 측점을 일치시키는 작업(중심 맞추기)
표정 (Orientation)	평판을 일정한 방향으로 고정시키는 작업으로 평판측량의 오차 중 가장 큼 (방향 맞추기)

16 측량을 측량 구역의 넓이에 따라 분류할 때 지구의 곡률을 고려하여 실시하는 측량은?

① 측지측량   ② 평면측량
③ 세부측량   ④ 공공측량

해설 측량구역의 면적에 따른 측량의 분류

측지측량 (Geodetic Surveying)	지구의 곡률을 고려하여 지표면을 곡면으로 보고 행하는 측량이며 범위는 100만분의 1의 허용 정밀도를 측량한 경우 반경 11km 이상 또는 면적 약 400km² 이상의 넓은 지역에 해당하는 정밀측량으로서 대지측량(Large Area Surveying)이라고도 한다.
평면측량 (Plane Surveying)	지구의 곡률을 고려하지 않는 측량으로 거리측량의 허용 정밀도가 100만분의 1 이하일 경우 반경 11km 이내의 지역을 평면으로 취급하여 소지측량(Small Area Surveying)이라고도 한다.

Answer 12. ②   13. ②   14. ①   15. ②   16. ①

17 표의 ㉠, ㉡에 들어갈 배횡거로 옳게 짝지어진 것은? (단, 단위는 m임)

측선	위거(L)	경거(D)	배횡거(M)
1-2	30	-30	㉠
2-3	30	30	-30
3-4	-30	30	㉡
4-5	-30	-30	30

① ㉠ 0, ㉡ 0
② ㉠ 30, ㉡ -30
③ ㉠ -30, ㉡ 30
④ ㉠ -30, ㉡ -30

해설

위거(L)	경거(D)	배횡거(M)
30	-30	㉠ -30-30+30=-30
30	30	-30
-30	30	㉡ -30+30+30=30
-30	-30	30

배횡거
면적을 계산할 때 횡거를 그대로 사용하면 분수가 생겨서 불편하므로 계산의 편리상 횡거를 2배하는데 이를 배횡거라 한다.

제1측선의 배횡거	그 측선의 경거
임의 측선의 배횡거	앞 측선의 배횡거+앞 측선의 경거+그 측선의 경거
마지막 측선의 배횡거	그 측선의 경거 (부호는 반대)

18 평판측량의 특징으로 옳지 않은 것은?
① 외업에 많은 시간이 소요된다.
② 기계의 조작이 비교적 간단하다.
③ 다른 측량에 비해 정확도가 높다.
④ 현장에서 측량이 잘못된 곳을 발견하기 쉽다.

해설 평판측량의 장단점
㉠ 장점
• 현장에서 직접 측량결과를 제도함으로써 필요한 사항을 제측하는 일이 없다.
• 내업이 적으므로 작업을 빠르게 할 수 있다.
• 측량기구가 간단하여 측량방법 및 취급이 편리하다.
• 오측 시 현장에서 발견이 용이하다.
㉡ 단점
• 외업이 많으므로 기후(비, 눈, 바람 등)의 영향을 많이 받는다.
• 기계의 부품이 많아 휴대하기 곤란하고 분실하기 쉽다.
• 도지에 신축이 생기므로 정밀도에 영향이 크다.
• 높은 정도를 기대할 수 없다.

19 그림과 같이 P점의 높이를 직접 수준측량에 의해 구했을 때 P점의 최확값은?
(단, $A \to P = 21.542m$, $B \to P = 21.539m$, $C \to P = 21.534m$이다.)

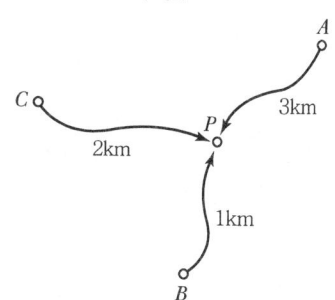

① 21.540m ② 21.538m
③ 21.536m ④ 21.537m

해설 ㉠ 경중률(P)은 거리에 반비례한다.
$P_1 : P_2 : P_3$
$= \dfrac{1}{S_1} : \dfrac{1}{S_2} : \dfrac{1}{S_3} = \dfrac{1}{3} : \dfrac{1}{1} : \dfrac{1}{2}$
$= 2 : 6 : 3$

ⓒ P점 표고의 최확값

$$L_o = \frac{P_1H_1 + P_2H_2 + P_3H_3}{P_1 + P_2 + P_3}$$
$$= 21 + \frac{2 \times 0.542 + 6 \times 0.539 + 3 \times 0.534}{2 + 6 + 3}$$
$$= 21 + 0.538$$
$$= 21.538\text{m}$$

20 트래버스 측량 시 각 관측에서 오차가 발생하였을 때, 관측각의 오차 배분 조정방법으로 틀린 것은?

① 각 관측의 경중률이 다를 경우 오차를 경중률에 반비례하여 배분한다.
② 변의 길이 역수에 비례하여 배분한다.
③ 각 관측의 정확도가 같을 경우 각의 크기에 비례하여 배분한다.
④ 오차가 허용범위를 초과할 경우 측량을 다시 하여야 한다.

해설 각 관측값의 오차 배분
각 관측 결과 기하학적 조건과 비교하여 허용오차 이내일 경우 다음과 같이 오차를 배분한다.
- 각 관측의 정확도가 같을 때는 오차를 각의 대소(大小)에 관계없이 등분하여 배분한다.
- 각 관측의 경중률(輕重率)이 다를 경우에는 그 오차를 경중률에 비례하여 그 각각의 각에 배분한다.
- 변 길이의 역수에 비례하여 각(各, 각角)에 배분한다.
- 각 관측값의 오차가 허용범위 이내인 경우에는 기하학적인 조건에 만족되도록 그 오차를 조정한다.
- 오차가 허용오차보다 클 경우에는 다시 각 관측을 하여야 한다.

21 트래버스 측량에서 선점 시 주의사항으로 옳은 것은?

① 시준이 잘되는 굴뚝이나 바위 등이 좋다.
② 기계를 세울 때 삼각대가 잘 꽂히는 늪지대 같은 곳이 좋다.
③ 기계를 세우거나 시준하기 좋고 지반이 튼튼한 곳이 좋다.
④ 변의 길이는 될 수 있는 대로 짧고 측점 수는 많게 하는 것이 좋다.

해설 트래버스 측량
1. 특징
   - 삼각점이 멀리 배치되어 있어 좁은 지역에 세부측량의 기준이 되는 점을 추가 설치할 경우에 편리하다.
   - 복잡한 시가지나 지형의 기복이 심하여 시준이 어려운 지역의 측량에 적합하다.
   - 선로(도로, 하천, 철도)와 같이 좁고 긴 곳의 측량에 적합하다.
   - 거리와 각을 관측하여 도식해법에 의하여 모든 점의 위치를 결정할 경우 편리하다.
   - 삼각측량과 같이 높은 정도를 요구하지 않는 골조측량에 이용한다.

2. 선점 시 주의사항
   - 시준이 편리하고 지반이 견고할 것
   - 세부측량에 편리할 것
   - 측선거리는 되도록 동일하게 하고 큰 고저차가 없을 것
   - 측선의 거리는 될 수 있는 대로 길게 하고 측점 수는 적게 할 것
   - 측선의 거리는 30~200m 정도로 할 것
   - 측점은 찾기 쉽고 안전하게 보존될 수 있는 장소로 할 것

22 A점의 좌표가 $X_A = 50\text{m}$, $Y_A = 100\text{m}$이고 AB의 거리가 1,000m, AB의 방위각이 60°일 때 B점의 좌표는?

① $X_B = 550\text{m}$, $Y_B = 966\text{m}$
② $X_B = 966\text{m}$, $Y_B = 550\text{m}$
③ $X_B = 916\text{m}$, $Y_B = 600\text{m}$
④ $X_B = 600\text{m}$, $Y_B = 916\text{m}$

해설 ⓐ $X_B = X_A + l \times \cos V$
$= 50 + 1,000 \times \cos 60° = 550\text{m}$
ⓑ $Y_B = Y_A + l \times \sin V$
$= 100 + 1,000 \times \sin 60° = 966\text{m}$

23 어느 측선의 방위가 S 45°20′ W이고 측선의 길이가 64.210m일 때 이 측선의 위거는?

① +45.403m   ② -45.403m
③ +45.138m   ④ -45.138m

 방위 : S 45°20′ W는(3상한 이므로)
방위각 : 180° + 45°20′ = 225°20′
위거 = 거리 × $\cos V$ = 64.210 × $\cos 225°20′$
     = -45.138m
경거 = 거리 × $\sin V$ = 64.210 × $\sin 225°20′$
     = -45.667m

24 트래버스 측량의 조정방법에 대한 설명으로 틀린 것은?

① 컴퍼스 법칙은 각측량과 거리측량의 정밀도가 대략 같은 경우에 사용한다.
② 트랜싯 법칙은 각 측선의 길이에 비례하여 조정한다.
③ 컴퍼스 법칙은 각 측선의 길이에 비례하여 조정한다.
④ 트랜싯 법칙은 거리측량보다 각측량 정밀도가 높을 때 사용한다.

해설 폐합오차의 조정
폐합오차를 합리적으로 배분하여 트래버스가 폐합하도록 하는데, 오차의 배분방법은 다음의 두 가지가 있다.
• 컴퍼스 법칙 : 각관측과 거리관측의 정밀도가 같을 때 조정하는 방법으로 각측선 길이에 비례하여 폐합오차를 배분한다.
• 트랜싯 법칙 : 각관측의 정밀도가 거리관측의 정밀도보다 높을 때 조정하는 방법으로 위거, 경거의 크기에 비례하여 폐합오차를 배분한다.

25 두 점 간의 경사거리가 50m이고, 고저차가 1.5m일 때 경사보정량은?

① -0.015m
② -0.023m
③ -0.033m
④ -0.045m

해설 경사보정량
$$C_i = -\frac{h^2}{2L} = -\frac{1.5^2}{2 \times 50}$$
$$= -0.0225 = -0.023\text{m}$$

26 수준측량 시의 오차 원인 중에서 자연적 원인에 의한 오차라고 볼 수 없는 것은?

① 관측 중 레벨과 표척의 침하에 의한 오차
② 지구 곡률 오차
③ 기상 변화에 의한 오차
④ 레벨 조정 불완전에 의한 오차

해설 오차의 원인 분류

기계적 원인	• 기포의 감도가 낮다. • 기포관 곡률이 균일하지 못하다. • 레벨의 조정이 불완전하다. • 표척 눈금이 불완전하다. • 표척 이음매 부분이 정확하지 않다. • 표척 바닥의 0 눈금이 맞지 않는다.
개인적 원인	• 조준의 불완전, 즉 시차가 있다. • 표척을 정확히 수직으로 세우지 않았다. • 시준할 때 기포가 정중앙에 있지 않았다.
자연적 원인	• 지구곡률 오차가 있다.(구차) • 지구굴절 오차가 있다.(기차) • 기상 변화에 의한 오차가 있다. • 관측 중 레벨과 표척이 침하하였다.

27 삼각망의 종류에서 조건식의 수는 많으나 가장 높은 정확도로 측량할 수 있는 방법은?

① 유심 삼각망
② 복합 삼각망
③ 단열 삼각망
④ 사변형 삼각망

해설 삼각망의 종류

단열삼각쇄(망) (Single Chain of Triangle)	• 폭이 좁고 길이가 긴 지역에 적합하다. • 노선·하천·터널 측량 등에 이용한다. • 거리에 비해 관측수가 적다. • 측량이 신속하고 경비가 적게 든다. • 조건식의 수가 적어 정도가 낮다.
유심삼각쇄(망) (Chain of Central Points)	• 동일 측점에 비해 포함면적이 가장 넓다. • 넓은 지역에 적합하다. • 농지측량 및 평탄한 지역에 사용된다. • 정도는 단열삼각망보다 좋으나 사변형보다 낮다.
사변형삼각쇄(망) (Chain of Quadrilaterals)	• 조건식의 수가 가장 많아 정밀도가 가장 높다. • 기선삼각망에 이용된다. • 삼각점 수가 많아 측량시간이 많이 소요되며 계산과 조정이 복잡하다.

28 수준측량에서 중간점이 많은 경우에 편리한 야장 기입 방법은?

① 기고식 ② 승강식
③ 고차식 ④ 약식

해설 야장 기입 방법

고차식	가장 간단한 방법으로 BS와 FS만 있으면 된다.
기고식	가장 많이 사용하며, 중간점이 많을 경우 편리하나 완전한 검산을 할 수 없는 것이 결점이다.
승강식	완전한 검사로 정밀 측량에 적당하나, 중간점이 많으면 계산이 복잡하고, 시간과 비용이 많이 소요된다.

29 사변형삼각망에서 변조건 조정을 하기 위하여 ∑log sin A=39.2961535, ∑log sin B=39.2962211이고 표차의 합이 198.45일 때 변 조건 조정량은?

① 3.4″ ② 4.6″
③ 5.2″ ④ 6.4″

 변 조정량

$$= \frac{\sum \log \sin (\text{홀수}) - \sum \log \sin (\text{짝수})}{\sum \text{표차}}$$

$$= \frac{1,535 - 2,211}{198.45} = 3.4''$$

30 수준측량의 용어에 대한 설명으로 옳지 않은 것은?

① 알고 있는 점에 세운 표척의 눈금을 읽는 것을 후시라 한다.
② 표고를 구하려고 하는 점의 표척의 눈금을 읽는 것을 전시라 한다.
③ 기계를 고정시켰을 때 기준면에서 망원경 시준선까지의 높이를 기계고라 한다.
④ 전시만 취하는 점으로, 표고를 관측할 점을 이기점(Turning Point)이라 한다.

해설

수준점 (BM ; Bench Mark)	수준원점을 기점으로 하여 전국 주요지점에 수준표석을 설치한 점 • 1등 수준점 : 4km마다 설치 • 2등 수준점 : 2km마다 설치
표고(Elevation)	국가 수준기준면으로부터 그 점까지의 연직거리
전시(Fore Sight)	표고를 알고자 하는 점(미지점)에 세운 표척의 읽음 값
후시(Back Sight)	표고를 알고 있는 점(기지점)에 세운 표척의 읽음 값
기계고 (Instrument Height)	기준면에서 망원경 시준선까지의 높이
지반고	기준면으로부터 측점까지의 연직거리
이기점 (Turning Point)	기계를 옮길 때 한 점에서 전시와 후시를 함께 취하는 점
중간점 (Intermediate Point)	표척을 세운점의 표고만을 구하고자 전시만 취하는 점

31 수평각 관측법 중에서 가장 정확한 값을 얻을 수 있는 방법은?

① 조합각 관측법(각 관측법)
② 방향각법(방향 관측법)
③ 배각법(반복법)
④ 단측법(단각법)

해설 수평각 관측법의 종류

단측법	1개의 각을 1회 관측하는 방법으로 수평각 측정법 중 가장 간단하며 관측결과가 좋지 않다.
배각법	하나의 각을 2회 이상 반복 관측하여 누적된 값을 평균하는 방법으로 이중 축을 가진 트랜싯의 연직축 오차를 소거하는 데 좋고 아들자의 최소눈금 이하로 정밀하게 읽을 수 있다.
방향각법	어떤 시준방향을 기준으로 하여 각 시준방향에 이르는 각을 차례로 관측하는 방법으로 배각법에 비해 시간이 절약되고 3등삼각측량에 이용된다.
조합각 관측법	수평각 관측방법 중 가장 정확한 방법으로 1등삼각측량에 이용된다. (1) 방법 여러 개의 방향선의 각을 차례로 방향각법으로 관측하여 얻어진 여러 개의 각을 최소제곱법에 의해 최확값을 결정한다. (2) 측각 총수, 조건식 총수 ㉠ 측각 총수= $\frac{1}{2}N(N-1)$ ㉡ 조건식 총수= $\frac{1}{2}(N-1)(N-2)$ 여기서, N: 방향 수

32 수준측량에 기준이 되는 점으로 기준면으로부터 정확한 높이를 측정하여 정해 놓은 점은?

① 수준 원점
② 시준점
③ 수평점
④ 특별 기준점

해설 수준 원점
㉠ 높이의 기준으로 평균 해수면을 알기 위하여 토지조사 당시 검조장 설치(1911년)
㉡ 검조장 설치위치 : 청진, 원산, 목포, 진남포, 인천(5개소)
㉢ 1963년 일등수준점을 신설하여 현재 사용
• 위치 : 인천광역시 남구 용현동 253번지 (인하대학교 교정)
• 표고 : 인천만의 평균해수면으로부터 26.6871m

33 1회 각 관측의 우연오차를 ±0.01m라고 할 때 9회 연속 관측 시 전체 오차는?

① ±0.01m
② ±0.03m
③ ±0.09m
④ ±0.10m

해설 우연오차는 측정 횟수의 제곱근에 비례한다.
$E = \pm \delta \sqrt{n}$
$= \pm 0.01\sqrt{9}$
$= \pm 0.03m$

34 삼각측량의 작업순서로 옳은 것은?

① 조표 – 선점 – 각 관측 – 계산 – 성과표 작성 – 기선측량 – 삼각망도 작성
② 선점 – 조표 – 기선측량 – 각 관측 – 계산 – 성과표 작성 – 삼각망 작성
③ 선점 – 조표 – 각 관측 – 계산 – 기선측량 – 성과표 작성 – 삼각망도 작성
④ 조표 – 선점 – 기선측량 – 각 관측 – 성과표 작성 – 계산 – 삼각망도 작성

해설 삼각측량의 과정
계획 및 준비 → 답사 → 선점 → 조표 → 기선측량 → 각 관측 → 계산 → 성과표 작성 → 삼각망도 작성

35 다음 수준측량 중 간접수준측량이 아닌 것은?

① 스타디아 수준측량
② 기압수준측량
③ 항공사진측량
④ 핸드 레벨 수준측량

해설 측량방법에 의한 수준측량의 분류

직접수준량 (Direct Leveling)		Level을 사용하여 두 점에 세운 표척의 눈금차로부터 직접고저차를 구하는 측량
간접 수준 측량 (Indirect Leveling)	삼각 수준측량 (Trigonometrical Leveling)	두 점 간의 연직각과 수평거리 또는 경사거리를 측정하여 삼각법에 의하여 고저차를 구하는 측량
	스타디아 수준측량 (Stadia Leveling)	스타디아 측량으로 고저차를 구하는 방법
	기압수준측량 (Barometric Leveling)	기압계나 그 외의 물리적 방법으로 기압차에 따라 고저차를 구하는 방법
	공중사진수준측량 (Aerial Photographic Leveling)	공중사진의 실체시에 의하여 고저차를 구하는 방법
교호수준측량 (Reciprocal Leveling)		하천이나 장애물 등이 있을 때 두 점 간의 고저차를 직접 또는 간접으로 구하는 방법
약수준측량 (Approximate Leveling)		간단한 기구로서 고저차를 구하는 방법

36 인공위성을 이용한 범세계적 위치 결정의 체계로 정확히 위치를 알고 있는 위성에서 발사한 전파를 수신하여 관측점까지의 소요시간을 측정함으로써 관측점의 3차원 위치를 구하는 측량은?

① 전자파 거리 측량
② 광파 거리 측량
③ GNSS 측량
④ 육분의 측량

해설 위성항법시스템의 종류

1. 전지구위성항법시스템(GNSS ; Global Navigation Satellite System)
   • 지구 전체를 서비스 대상 범위로 하는 위성항법시스템
   • 중궤도(2만 km 내외)를 선회하는 20~30기의 항법 위성이 필요
   ㉠ 미국의 GPS(Global Positioning System)
   ㉡ EU의 Galileo
   ㉢ 러시아의 GLONASS(GLObal Navigation Satellite System)

2. 지역위성항법시스템(RNSS ; Regional Navigation Satellite System)
   특정 지역을 서비스 대상으로 하는 위성항법시스템
   ㉠ 중국의 북두(COMPASS/Beidou)
   ㉡ 일본의 준춘정위성(QZSS ; Quasi-Zenith Satellite System)
   ㉢ 인도의 IRNSS(Indian Regional Navigation Satellite System)

37 토공량을 구하기 위하여 측량을 실시한 후 그림과 같은 결과를 얻었다. 이 지역의 전체 토공량은?

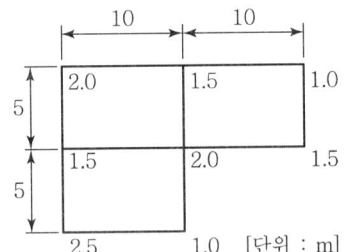

① 230m³
② 250m³
③ 270m³
④ 290m³

해설

$$V = \frac{a \times b}{4}(\sum h_1 + 2\sum h_2 + 3\sum h_3)$$
$$= \frac{5 \times 10}{4}(8.0 + (2 \times 3) + (3 \times 2))$$
$$= 250 \text{m}^3$$

$\sum h_1 = 2.0 + 1.0 + 1.5 + 1.0 + 2.5 = 8.0$
$\sum h_2 = 1.5 + 1.5 = 3.0$
$\sum h_3 = 2.0$

38 그림과 같은 횡단면의 면적은?(단, 단위 : m)

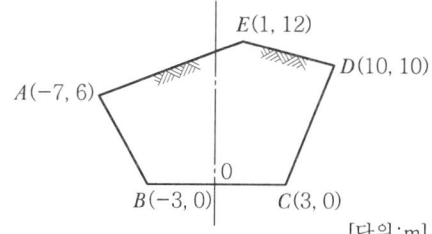

① 75m²
② 105m²
③ 124m²
④ 210m²

해설

합위거 (x)	합경거 (y)	$(X_{i+1} - x_{i-1}) \times y$
		배면적
$X_1(-7)$	$Y_1(6)$	$(x_2 - x_5) \times y_1$
		$(1-(-3)) \times 6 = 24$
$X_2(1)$	$Y_2(12)$	$(x_3 - x_1) \times y_2$
		$(10-(-7)) \times 12 = 204$
$X_3(10)$	$Y_3(10)$	$(x_4 - x_2) \times y_3$
		$(3-1) \times 10 = 20$
$X_4(3)$	$Y_4(0)$	$(x_5 - x_3) \times y_4$
		$(-3-3) \times 0 = 0$
$X_5(-3)$	$Y_5(0)$	$(x_1 - x_4) \times y_5$
		$(-7-3) \times 0 = 0$
		배면적 = 248
		면적 = $\dfrac{248}{2} = 124 \text{m}^2$

39 지형의 표현방법 중 지형이 높아질수록 색을 진하게, 낮아질수록 연하게 하여 농도로 지표면의 고저를 나타내는 방법은?

① 채색법
② 우모법
③ 등고선법
④ 음영법

해설 지형도에 의한 지형표시법

자연적 도법	영선법 (우모법) (Hachuring)	"게바"라 하는 단선상(短線上)의 선으로 지표의 기본을 나타내는 것으로 게바의 사이, 굵기, 방향 등에 의하여 지표를 표시하는 방법
	음영법 (명암법) (Shading)	태양광선이 서북쪽에서 45°로 비친다고 가정하여 지표의 기복을 도상에서 2~3색 이상으로 채색하여 지형을 표시하는 방법으로 지형의 입체감이 가장 잘 나타나는 방법
부호적 도법	점고법 (Spot Height System)	지표면 상의 표고 또는 수심을 숫자에 의하여 지표를 나타내는 방법으로 하천, 항만, 해양 등에 주로 이용
	등고선법 (Contour System)	동일 표고의 점을 연결한 것으로 등고선에 의하여 지표를 표시하는 방법으로 토목공사용으로 가장 널리 사용
	채색법 (Layer System)	같은 등고선의 지대를 같은 색으로 채색하여 높을수록 진하게 낮을수록 연하게 칠하여 높이의 변화를 나타내며 지리관계의 지도에 주로 사용

40 반지름이 서로 다른 2개의 원곡선이 그 접속점에서 공통 접선을 이루고, 그들의 중심이 공통 접선에 대하여 같은 방향에 있는 곡선은?

① 반향곡선
② 복심곡선
③ 단곡선
④ 클로소이드 곡선

해설 곡선의 종류

복심곡선 (Compound Curve)	반경이 다른 2개의 원곡선이 1개의 공통접선을 갖고 접선의 같은 쪽에서 연결하는 곡선을 말한다. 복심곡선을 사용하면 그 접속점에서 곡률이 급격히 변화하므로 될 수 있는 한 피하는 것이 좋다.

Answer 38. ③ 39. ① 40. ②

반향곡선 (Reverse Curve)	반경이 같지 않은 2개의 원곡선이 1개의 공통접선의 양쪽에 서로 곡선 중심을 가지고 연결된 곡선이다. 반향곡선을 사용하면 접속점에서 핸들의 급격한 회전이 생기므로 가급적 피하는 것이 좋다.
배향곡선 (Hairpin Curve)	반향곡선을 연속시켜 머리핀 같은 형태의 곡선으로 된 것을 말한다. 산지에서 기울기를 낮추기 위해 쓰이므로 철도에서 Switch Back에 적합하여 산허리를 누비듯이 나아가는 노선에 적용한다.

41 3개의 연속된 단면에서 양 끝단의 단면적이 각각 $A_1=40\text{m}^2$, $A_2=60\text{m}^2$이고 두 단면 사이의 중앙에 있는 단면의 면적 $A_m=50\text{m}^2$일 때 각주공식에 의한 체적은?(이때, 양 끝단의 거리는 20m이다.)

① 750m³   ② 1,000m³
③ 1,250m³ ④ 1,500m³

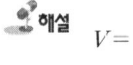 해설
$$V = \frac{l}{6}(A_1 + 4A_m + A_2)$$
$$= \frac{20}{6}(40 + 4 \times 50 + 60) = 1,000\text{m}^3$$

42 GPS에 대한 설명으로 옳지 않은 것은?
① 인공위성의 고도는 약 20,200km이다.
② 인공위성의 공전 주기는 1항성일이다.
③ GPS 위성의 궤도면은 6개이다.
④ 우주부분은 GPS 위성으로 구성되어 있다.

 해설 GPS 우주부문

구성	31개의 GPS위성
기능	측위용 전파 상시 방송, 위성궤도정보, 시각 신호 등 측위계산에 필요한 정보 방송 • 궤도형상 : 원궤도 • 궤도면 수 : 6개 면 • 위성 수 : 1궤도면에 4개 위성(24개) + 보조위성 7개=31개 • 궤도경사각 : 55° • 궤도고도 : 20,183km

• 사용좌표계 : WGS84
• 회전주기 : 11시간 58분(0.5항성일)
  ※ 1항성일은 23시간 56분 4초
• 궤도간이격 : 60도
• 기준발진기 : 10.23MHz
  − 세슘원자시계 2대
  − 류비듐원자시계 2대

43 노선측량에서 완화곡선의 종류가 아닌 것은?
① 클로소이드 곡선   ② 렘니스케이트 곡선
③ 3차 포물선   ④ 2차 포물선

 해설 완화곡선의 종류
• 클로소이드 : 고속도로에 사용
• 렘니스케이트 : 시가지 철도에 사용
• 3차 포물선 : 철도에 사용
• sine 체감곡선 : 고속철도

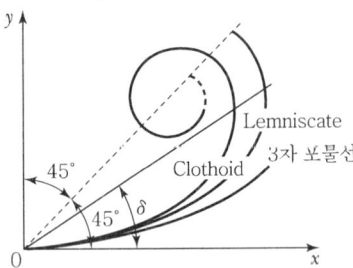

[완화곡선의 종류]

44 지형측량의 순서로 옳은 것은?
① 세부측량→측량계획 작성→골조측량→측량원도 작성
② 측량계획 작성→세부측량→골조측량→측량원도 작성
③ 세부측량→골조측량→측량계획 작성→측량원도 작성
④ 측량계획 작성→골조측량→세부측량→측량원도 작성

해설 지형측량의 작업 순서
측량계획 → 답사 및 선점 → 기준점(골조)측량 → 세부측량 → 측량원도 작성 → 지도편집

Answer 41. ② 42. ② 43. ④ 44. ④

45 노선을 선정할 때 유의해야 할 사항으로 틀린 것은?

① 노선은 곡선을 많이 적용하여 지루함이 없도록 한다.
② 토공량이 적고, 절토와 성토가 균형을 이루게 한다.
③ 절토 및 성토의 운반거리가 짧아야 한다.
④ 배수가 잘되는 곳이어야 한다.

해설 노선 조건
- 가능한 직선으로 할 것
- 가능한 한 경사가 완만할 것
- 토공량이 적고 절토와 성토가 짧은 구간에서 균형을 이룰 것
- 절토의 운반거리가 짧을 것
- 배수가 완전할 것

46 단곡선을 설치할 때 교각(I)이 38°20′, 반지름(R)이 300m이면 중앙종거(M_1)는?

① 16.630m　② 4.187m
③ 1.049m　④ 0.262m

해설
$$M_1 = R\left(1 - \cos\frac{I}{2}\right)$$
$$= 300\left(1 - \cos\frac{38°20′}{2}\right)$$
$$= 16.630m$$

47 축척 1 : 50,000 지형도에서 A, B점의 도상 수평거리가 2cm이고, A점 및 B점의 표고가 각각 220m, 320m일 때 두 점 사이의 경사도는?

① 0.1%　② 10%
③ 20%　④ 30%

해설
$$\frac{1}{m} = \frac{\text{도상거리}}{\text{실제거리}}$$
수평거리 $= m \times$ 도상거리
$= 50,000 \times 0.02 = 1,000m$
경사도 $= \dfrac{\text{수직거리}}{\text{수평거리}}$
$= \dfrac{(320-220)}{1,000} = \dfrac{1}{10}$

48 GPS 측량의 시스템 오차에 해당되지 않는 것은?

① 위성시준오차
② 위성궤도오차
③ 전리층 굴절오차
④ 위성시계오차

해설 GPS의 구조적인 오차

위성시계오차	GPS 위성에 내장되어 있는 시계의 부정확성으로 인해 발생
위성궤도오차	위성궤도 정보의 부정확성으로 인해 발생
대기권전파지연	위성신호의 전리층, 대류권 통과 시 전파지연오차(약 2m)
전파적잡음	수신기 자체에서 발생하며 PRN코드잡음과 수신기 잡음이 합쳐져서 발생
다중경로 (Multipath)	다중경로오차는 GPS 위성으로 직접 수신된 전파 이외에 부가적으로 주위의 지형, 지물에 의한 반사된 전파로 인해 발생하는 오차로서 측위에 영향을 미친다. • 다중경로는 금속제 건물, 구조물과 같은 커다란 반사적 표면이 있을 때 일어난다. • 다중경로의 결과로서 수신된 GPS 신호는 처리될 때 GPS 위치의 부정확성을 제공한다. • 다중경로가 일어나는 경우를 최소화하기 위하여 미션 설정, 수신기, 안테나 설계 시에 고려한다면 다중경로의 영향을 최소화할 수 있다. • GPS 신호시간의 기간을 평균하는 것도 다중경로의 영향을 감소시킨다. • 가장 이상적인 방법은 다중경로의 원인이 되는 장애물에서 멀리 떨어져서 관측하는 것이다.

49 등고선의 종류 중 계곡선을 표시하는 방법으로 알맞은 것은?

① 가는 실선　② 굵은 실선
③ 가는 긴 파선　④ 가는 짧은 파선

Answer 45. ① 46. ① 47. ② 48. ① 49. ②

해설 등고선의 간격

축척 등고선 종류	기호	1/5,000	1/10,000	1/25,000	1/50,000
주곡선	가는 실선	5	5	10	20
간곡선	가는 파선	2.5	2.5	5	10
조곡선 (보조곡선)	가는 점선	1.25	1.25	2.5	5
계곡선	굵은 실선	25	25	50	100

50 세 변의 길이가 각각 4m, 6m, 8m인 삼각형의 면적은?

① 6.4m² ② 8.9m²
③ 11.6m² ④ 12.3m²

해설
$$S = \frac{1}{2}(a+b+c)$$
$$= \frac{1}{2}(4+6+8) = 9$$
$$A = \sqrt{S(S-a)(S-b)(S-c)}$$
$$= \sqrt{9(9-4)(9-6)(9-8)} = 11.6 \text{m}^2$$

51 토지를 삼각형으로 분할하여 각 교점의 지반고가 그림과 같을 때 전체 체적은?

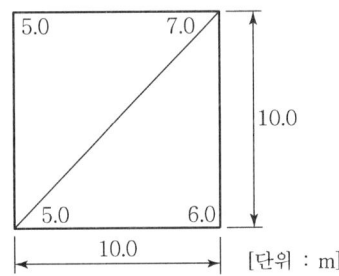

[단위 : m]

① 340.4m³ ② 475.5m³
③ 583.3m³ ④ 630.5m³

해설
$$V = \frac{A}{3}(\sum h_1 + 2\sum h_2)$$
$$= \frac{\frac{10 \times 10}{2}}{3}(11 + (2 \times 12)) = 583.3 \text{m}^3$$

52 등고선의 성질에 대한 설명으로 옳지 않은 것은?

① 등고선의 경사가 급할수록 간격이 좁다.
② 등고선은 능선이나 계곡선과 직교한다.
③ 등고선은 도면 내 또는 도면 외에서 반드시 폐합한다.
④ 등고선은 절대로 교차하지 않는다.

해설 등고선의 성질
- 동일 등고선 상에 있는 모든 점은 같은 높이이다.
- 등고선은 반드시 도면 안이나 밖에서 서로가 폐합한다.
- 지도의 도면 내에서 폐합되면 가장 가운데 부분은 산꼭대기(산정) 또는 凹지(요지)가 된다.
- 등고선은 도중에 없어지거나 엇갈리거나 합쳐지거나 갈라지지 않는다.
- 높이가 다른 두 등고선은 동굴이나 절벽의 지형이 아닌 곳에서는 교차하지 않는다.
- 등고선은 경사가 급한 곳에서는 간격이 좁고 완만한 경사에서는 넓다.
- 최대경사의 방향은 등고선과 직각으로 교차한다.
- 분수선(능선)과 곡선(유하선)은 등고선과 직각으로 만난다.
- 2쌍의 등고선 볼록부가 상대(相對)하고 있고 다른 한 쌍의 등고선의 바깥쪽으로 향하여 내려 갈 때 그 곳은 고개이다.
- 동등한 경사의 지표에서 양 등고선의 수평거리는 같다.
- 같은 경사의 평면일 때는 나란한 직선이 된다.
- 등고선이 능선을 직각방향으로 횡단한 다음 능선 다른 쪽을 따라 거슬러 올라간다.
- 등고선의 수평거리는 산꼭대기 및 산 밑에서는 크고 산중턱에서는 작다.

Answer 50. ③ 51. ③ 52. ④

53 그림과 같은 삼각형의 면적은?

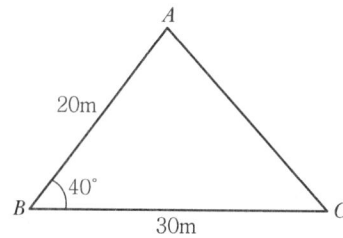

① 115.3m² ② 192.8m²
③ 229.8m² ④ 385.6m²

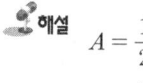 해설
$$A = \frac{1}{2}ab\sin a$$
$$= \frac{1}{2} \times 20 \times 30 \times \sin 40°$$
$$= 192.8m^2$$

54 등고선의 측정방법 중 측량구역을 정사각형 또는 직사각형으로 분할하고, 각 교점의 표고를 구하여 교점 간에 등고선이 지나가는 점을 비례식으로 산출하는 방법은?
① 기준점법 ② 횡단점법
③ 종단점법 ④ 좌표점법

해설 등고선의 측정방법
기지점의 표고를 이용한 계산법은 다음과 같다.

목측에 의한 방법	현장에서 목측에 의해 점의 위치를 대충 결정하여 그리는 방법으로 1/10,000 이하의 소축척의 지형 측량에 이용되며 많은 경험이 필요하다.
방안법 (좌표 점고법)	각 교점의 표고를 측정하고 그 결과로부터 등고선을 그리는 방법으로 지형이 복잡한 곳에 이용한다.
종단점법	지형상 중요한 지성선 위의 여러 개의 측선에 대하여 거리와 표고를 측정하여 등고선을 그리는 방법으로 비교적 소축척의 산지 등의 측량에 이용한다.
횡단점법	노선측량의 평면도에 등고선을 삽입할 경우에 이용되며 횡단측량의 결과를 이용하여 등고선을 그리는 방법이다.

55 단곡선을 설치할 때 도로기점에서 교점(IP)까지의 거리가 494.25m이고 교각이 84°, 곡선반지름이 250m일 때 도로기점으로부터 곡선종점까지의 거리는?
① 599.35m ② 619.35m
③ 635.67m ④ 653.94m

해설
$$TL = R\tan\frac{I}{2}$$
$$= 250 \times \tan\frac{84°}{2}$$
$$= 225.10m$$
$$CL = 0.01745RI$$
$$= 0.01745 \times 250 \times 84°$$
$$= 366.45m$$
$$BC = IP - TL = 494.25 - 225.1 = 269.15$$
$$EC = BC + CL$$
$$= 269.15 + 366.45 = 635.60m$$

56 노선측량에 있어서 중심선에 설치된 중심 말뚝 및 추가 말뚝의 지반고를 측량하는 방법은?
① 횡단측량 ② 용지측량
③ 평면측량 ④ 종단측량

해설
1. 종단측량
   종단측량은 중심선에 설치된 관측점 및 변화점에 박은 중심말뚝, 추가말뚝 및 보조말뚝을 기준으로 하여 준심선의 지반고를 측량하고 연직으로 토지를 절단하여 종단면도를 만드는 측량이다.

2. 횡단측량
   횡단측량에서는 중심말뚝이 설치되어 있는 지점에서 중심선의 접선에 대하여 직각방향(법선방향)으로 지표면을 절단한 면을 얻어야 하는데 이때 중심말뚝을 기준으로 하여 좌우의 지반고가 변화하고 있는 점의 고저 및 중심말뚝에서의 거리를 관측하는 측량이 횡단측량이다.

Answer 53. ② 54. ④ 55. ③ 56. ④

57 차량이 도로의 곡선부를 달리게 되면 원심력이 생겨 도로 바깥쪽으로 밀리려 한다. 이것을 방지하기 위하여 도로 안쪽보다 바깥쪽을 높여주는 것을 무엇이라 하는가?

① 레일(R)
② 플랜지(F)
③ 슬랙(S)
④ 캔트(C)

해설 1. 캔트(Cant)
곡선부를 통과하는 차량이 원심력이 발생하여 접선 방향으로 탈선하려는 것을 방지하기 위해 바깥쪽 노면을 안쪽 노면보다 높이는 정도를 말하며 편경사라고 한다.

캔트 : $C = \dfrac{SV^2}{Rg}$

여기서, C : 캔트
S : 궤간
V : 차량속도
R : 곡선반경
g : 중력가속도

2. 슬랙(Slack)
차량이 곡선부를 주행하는 경우 뒷바퀴는 앞바퀴보다 항상 안쪽을 지나므로 곡선부의 내측을 직선부에 비해 넓게 하는데 이를 슬랙(확폭)이라 한다.

슬랙 : $\varepsilon = \dfrac{L^2}{2R}$

여기서, ε : 슬랙량
L : 차량 앞바퀴에서 뒷바퀴까지의 거리
R : 차선 중심선의 반경

58 용지측량을 위하여 필요한 도면은?

① 현황도
② 지적도
③ 국가기본도
④ 도시계획도

해설 용지측량(用地測量)
횡단면도에 계획단면을 기입하여 용지 폭을 정하고, 축척 1/500 또는 1/600로 용지도를 작성한다. 그러므로 용지측량을 위하여 필요한 도면은 지적도이다.

59 단곡선 설치에 있어서 접선과 현이 이루는 각을 이용하여 설치하는 방법은?

① 편각 설치법
② 중앙 종거법
③ 지거 설치법
④ 종거에 의한 설치법

해설
- 편각 설치법 : 편각은 단곡선에서 접선과 현이 이루는 각을 이용하는 방법으로 철도, 도로 등의 곡선 설치에 가장 일반적이다. 다른 방법에 비해 정확하나 반경이 작을 때 오차가 많이 발생한다.
- 중앙종거법 : 곡선반경이 작은 도심지 곡선 설치에 유리하며 기설곡선의 검사나 정정에 편리하다. 일반적으로 1/4법이라고도 한다.
- 접선편거 및 현편거법 : 트랜싯을 사용하지 못할 때 폴과 테이프로 설치하는 방법으로 지방도로에 이용되며 정밀도는 다른 방법에 비해 낮다.
- 접선에서 지거를 이용하는 방법 : 양 접선에 지거를 내려 곡선을 설치하는 방법으로 터널 내의 곡선 설치와 산림지에서 벌채량을 줄일 경우에 적당한 방법이다.

60 각국의 위성측위시스템(GNSS)의 연결이 틀린 것은?

① GPS : 미국
② Galileo : 유럽연합
③ GLONASS : 러시아
④ QZSS : 인도

해설 전 세계 위성항법시스템 구축 현황

소유국	시스템 명	목적	운용연도	운용궤도	위성 수
미국	GPS	전지구위성항법	1995	중궤도	31
러시아	GLONASS	전지구위성항법	2011	중궤도	24
EU	Galileo	전지구위성항법	2012	중궤도	30
중국	COMPASS (Beidou)	전지구위성항법 (중국지역위성항법)	2011	중궤도	30
				정지궤도	5
일본	QZSS	일본주변지역위성항법	2010	고타원궤도	3
인도	IRNSS	인도주변지역위성항법	2010	정지궤도	3
				고타원궤도	4

Answer 60. ④

2016년 4회

01 시준선이 수평축에 직교되지 않기 때문에 발생하는 오차는?

① 시준축오차　② 구심오차
③ 연직축오차　④ 눈금오차

해설 트랜싯의 조정 조건
1. 기포관축과 연직축은 직교해야 한다. (L⊥V)
2. 시준선과 수평축은 직교해야 한다. (C⊥H)
3. 수평축과 연직축은 직교해야 한다. (H⊥V)
※ 트랜싯의 3축 : 연직축, 수평축, 시준축

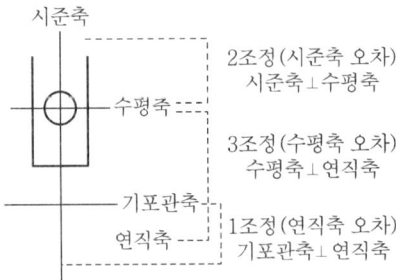

02 광파 거리 측정기와 전파 거리 측정기에 대한 설명으로 틀린 것은?

① 광파 거리 측정기는 적외선, 레이저광, 가시광선 등을 이용한다.
② 전파 거리 측정기는 주로 중·단거리 관측용으로 가볍고 조작이 간편하다.
③ 전파 거리 측정기는 안개나 구름과 같은 기상 조건에 비교적 영향을 받지 않는다.
④ 일반 건설현장에서는 광파 거리 측정기가 많이 사용된다.

해설

구분	광파 거리 측량기	전파 거리 측량기
정의	측점에서 세운 기계로부터 빛을 발사하여 이것을 목표점의 반사경에 반사하여 돌아오는 반사파의 위상을 이용하여 거리를 구하는 기계	측점에 세운 주국에서 극초단파를 발사하고 목표점의 종국에서는 이를 수신하여 변조고주파로 반사하여 각각의 위상차이로 거리를 구하는 기계
정확도	±(5mm+5ppm)	±(15mm+5ppm)
대표 기종	Geodimeter	Tellurometer
장점	• 정확도가 높다. • 데오돌라이트나 트랜시트에 부착하여 사용 가능하며, 무게가 가볍고 조작이 간편하고 신속하다. • 움직이는 장애물의 영향을 받지 않는다.	• 안개, 비, 눈 등의 기상조건에 대한 영향을 받지 않는다. • 장거리 측정에 적합하다.
단점	안개, 비, 눈 등의 기상 조건에 영향을 받는다.	• 단거리 관측 시 정확도가 비교적 낮다. • 움직이는 장애물, 지면의 반사파 등의 영향을 받는다.
최소 조작 인원	1명 (목표점에 반사경 설치 했을 경우)	2명 (주국, 종국 각 1명)
관측 가능 거리	• 단거리용 : 5km 이내 • 중거리용 : 60km 이내	장거리용 : 30~150km
조작 시간	한 변 10~20분	한 변 20~30분

Answer 1. ① 2. ②

03 수준측량의 야장기입방법 중 기고식에 대한 설명으로 옳은 것은?

① 기계고를 구하여 이 기계고에서 표고를 알고자 하는 점의 전시를 빼 주어 표고를 얻는 방법이다.
② 후시에서 전시를 빼어 그 값의 (+), (−)를 승, 강의 칸에 기입하는 방법이다.
③ 가장 간단한 방법으로 두 점 사이의 표고차만을 구하는 것이 주목적이다.
④ 중간점이 많은 수준측량의 경우에는 계산이 복잡해지는 단점이 있다.

해설 야장기입방법

고차식	가장 간단한 방법으로 BS와 FS만 있으면 된다.
기고식	가장 많이 사용하며, 중간점이 많을 경우 편리하나 완전한 검산을 할 수 없는 것이 결점이다.
승강식	완전한 검사로 정밀 측량에 적당하나, 중간점이 많으면 계산이 복잡하고, 시간과 비용이 많이 소요된다.

04 지구 표면의 곡률을 고려하여 실시하는 측량을 무엇이라 하는가?

① 평면측량   ② 측지측량
③ 수준측량   ④ 평판측량

해설 측량구역의 면적에 따른 분류

측지측량 (Geodetic Surveying)	지구의 곡률을 고려하여 지표면을 곡면으로 보고 행하는 측량이며 범위는 100만분의 1의 허용 정밀도를 측량한 경우 반경 11km 이상 또는 면적 약 400km² 이상의 넓은 지역에 해당하는 정밀측량으로서 대지측량(Large Area Surveying)이라고도 한다.
평면측량 (Plane Surveying)	지구의 곡률을 고려하지 않는 측량으로 거리측량의 허용 정밀도가 100만분의 1 이하일 경우 반경 11km 이내의 지역을 평면으로 취급하여 소지측량(Small Area Surveying)이라고도 한다.

05 축척 1 : 1,200의 도면에서 도면 상의 1cm의 실제 거리는?

① 1.2m   ② 12m
③ 120m   ④ 1,200m

해설 $\dfrac{1}{m} = \dfrac{l}{L}$ 에서

$L = ml = 1,200 \times 0.01 = 12\text{m}$

06 수평각 관측방법 중 가장 정확한 값을 얻을 수 있는 관측방법은?

① 배각 관측법   ② 단각 관측법
③ 조합각 관측법   ④ 방향각 관측법

해설

배각법	하나의 각을 2회 이상 반복 관측하여 누적된 값을 평균하는 방법으로 이중축을 가진 트랜싯의 연직축오차를 소거하는 데 좋고 아들자의 최소눈금 이하로 정밀하게 읽을 수 있다. • 방법 : 1개의 각을 2회 이상 관측하여 관측횟수로 나누어 구한다. 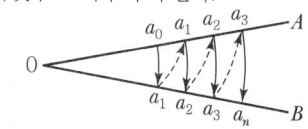 [배각(반복)법]
방향각법	어떤 시준방향을 기준으로 하여 각 시준방향에 이르는 각을 차례로 관측하는 방법, 배각법에 비해 시간이 절약되고 3등삼각측량에 이용된다. • 1점에서 많은 각을 잴 때 이용한다. 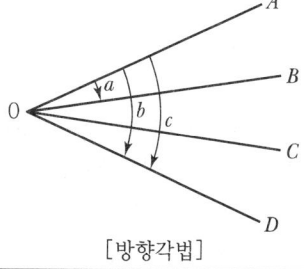 [방향각법]

Answer 3. ① 4. ② 5. ② 6. ③

조합각 관측법	수평각 관측방법 중 가장 정확한 방법으로 1등 삼각측량에 이용된다. (1) 방법 　여러 개의 방향선의 각을 차례로 방향각법으로 관측하여 얻어진 여러 개의 각을 최소제곱법에 의해 최확값을 결정한다. (2) 측각 총수, 조건식 총수 　① 측각 총수 $=\frac{1}{2}N(N-1)$ 　② 조건식 총수 $=\frac{1}{2}(N-1)(N-2)$ 　여기서, N : 방향수 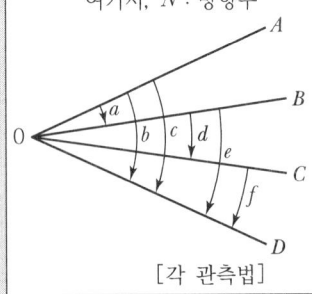 [각 관측법]

07 축척 1 : 5,000의 평판측량에서 도상의 오차를 ±0.2mm까지 허용할 때, 측점의 편심량인 구심오차는?

① ±10cm　　② ±20cm
③ ±50cm　　④ ±80cm

해설 $q=\frac{2e}{M}$ 에서

$$e = \frac{qM}{2} = \frac{\pm 0.2 \times 5,000}{2} = \pm 500\text{mm}$$
$$= \pm 50\text{cm}$$

08 2점 사이의 연직각과 수평거리 또는 경사거리를 측정하고 삼각법에 의하여 고저차를 구하는 수준측량은?

① 스타디아 측량
② 삼각 수준측량
③ 교호 수준측량
④ 정밀 수준측량

해설 삼각 수준측량
1. 두 점 사이의 연직각과 거리를 측정하고 계산에 의하여 고저차를 구하는 간접수준측량이다.
2. 고저차가 심해서 수준측량이 어려울 때 이용되는 방법이다.
3. 직접수준측량에 비하면 작업은 간단하나 정확도는 낮다.

09 관측값의 신뢰도를 표시하는 값에서 경중률에 대한 설명으로 틀린 것은?

① 경중률은 관측 횟수에 비례한다.
② 경중률은 관측 거리에 반비례한다.
③ 경중률은 표준 편차의 제곱에 반비례한다.
④ 경중률은 관측 오차에 비례한다.

해설 경중률(무게 : P)
경중률이란 관측값의 신뢰 정도를 표시하는 값으로 관측 방법, 관측 횟수, 관측거리 등에 따른 가중치를 말한다.
1. 경중률은 관측횟수(n)에 비례한다.
　$(P_1 : P_2 : P_3 = n_1 : n_2 : n_3)$
2. 경중률은 평균제곱오차(m)의 제곱에 반비례한다.
$$\left(P_1 : P_2 : P_3 = \frac{1}{m_1^2} : \frac{1}{m_2^2} : \frac{1}{m_3^2}\right)$$
3. 경중률은 정밀도(R)의 제곱에 비례한다.
　$(P_1 : P_2 : P_3 = R_1^2 : R_2^2 : R_3^2)$
4. 직접수준측량에서 오차는 노선거리(S)의 제곱근($\sqrt{S}$)에 비례한다.
　$(m_1 : m_2 : m_3 = \sqrt{S_1} : \sqrt{S_2} : \sqrt{S_3})$
5. 직접수준측량에서 경중률은 노선거리(S)에 반비례한다.
$$\left(P_1 : P_2 : P_3 = \frac{1}{S_1} : \frac{1}{S_2} : \frac{1}{S_3}\right)$$
6. 간접수준측량에서 오차는 노선거리(S)에 비례한다.
　$(m_1 : m_2 : m_3 = S_1 : S_2 : S_3)$
7. 간접수준측량에서 경중률은 노선거리(S)의 제곱에 반비례한다.
$$\left(P_1 : P_2 : P_3 = \frac{1}{S_1^2} : \frac{1}{S_2^2} : \frac{1}{S_3^2}\right)$$

10 실제거리 750m를 30m 줄자로 측정하였다. 줄자에 의한 거리 측정의 오차가 30m에 대해 ±3mm라면 전체 길이에 대한 거리 측정 오차는?

① ±5mm ② ±15mm
③ ±50mm ④ ±75mm

 해설

측정횟수$(n) = \dfrac{750}{30} = 25$회

우연오차 $= \pm \delta \sqrt{n} = \pm 3\sqrt{25} = \pm 15\text{mm}$

11 토털스테이션의 사용상 주의사항으로 틀린 것은?

① 측량작업 전에는 항상 기계의 이상 여부를 점검한다.
② 이동 시 기계와 삼각대는 결합하여 운반한다.
③ 큰 진동이나 충격으로부터 기계를 보호한다.
④ 전원 스위치를 내린 후 배터리를 본체로부터 분리시킨다.

해설 토털스테이션의 사용상 주의사항
1. 측량작업 전에는 항상 기계의 이상 여부를 점검한다.
2. 이동 시 기계와 삼각대는 항상 분리하여 운반한다.
3. 큰 진동이나 충격으로 기계를 보호한다
4. 전원 스위치를 내린 후 배터리를 본체로부터 분리시킨다.
5. 기계 본체가 지면에 직접 닿지 않도록 주의한다.
6. 망원경이 태양을 향하지 않도록 한다.
7. 우산 등을 이용하여 직사광선이나 비, 습기로부터 보호하여야 한다.

12 내륙에서 멀리 떨어져 있는 섬에서는 내륙의 기준면을 직접 연결할 수 없어 하천이나 항만공사 등에서 필요에 따라 편리한 기준면을 정하는 경우가 있는데 이것을 무엇이라 하는가?

① 수준면 ② 기준면
③ 수준 원점 ④ 특별 기준면

해설 특별 기준면(特別 基準面)
육지에서 멀리 떨어져 있는 섬에는 기준면을 연결할 수 없으므로 그 섬 특유의 기준면을 사용한다. 또 하천 및 항만공사는 전국의 기준면을 사용하는 것보다 그 하천 및 항만의 계획에 편리하도록 각자의 기준면을 가진 것도 있다. 이것을 특별 기준면이라 한다.

13 직접수준측량으로 표고를 측정하기 위하여 I점에 레벨을 세우고 B점에 세운 표척을 시준하여 관측하였다. A점에 설치한 표척의 읽음값(i_a)을 구하는 식으로 옳은 것은?(단, $i_b = B$의 표척 읽음값, $A_h = A$의 표고, $B_h = B$의 표고)

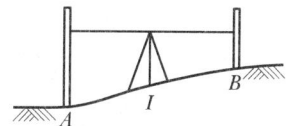

① $i_a = B_h + i_b + A_h$
② $i_a = B_h - i_b + A_h$
③ $i_a = B_h - i_b - A_h$
④ $i_a = B_h + i_b - A_h$

14 그림과 같이 수준측량을 실시하여 다음의 결과를 얻었다. A점 지반고가 32.578m일 때 B점의 지반고는?(단, $a_1 = 2.065$m, $a_2 = 1.573$m, $b_1 = 3465$m, $b_2 = 2.159$m)

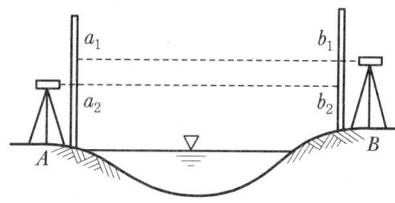

① 31.585m
② 31.858m
③ 33.478m
④ 33.748m

해설
$$h = \frac{1}{2}[(a_1+a_2)-(b_1+b_2)]$$
$$= \frac{1}{2}[(2.065+1.573)-(3.465+2.159)]$$
$$= -0.993$$
$$H_B = H_A + h = 32.578 - 0.993$$
$$= 31.585m$$

15 한 지점에 평판을 세우고 여러 측점을 시준하여 방향과 거리를 측정하여 도면을 만드는 방법으로 시준이 잘 되고 협소한 지역에 적당한 평판측량 방법은?

① 방사법 ② 전진법
③ 전방교회법 ④ 후방교회법

방사법 (Method of Radiation : 사출법)	측량 구역 안에 장애물이 없고 비교적 좁은 구역에 적합하며 한 측점에 평판을 세워 그 점 주위에 목표점의 방향과 거리를 측정하는 방법(60m 이내)
전진법 (Method of Traversing : 도선법, 절측법)	측량구역에 장애물이 중앙에 있어 시준이 곤란할 때 사용하는 방법으로 측량구역이 길고 좁을 때 측점마다 평판을 세워가며 측량하는 방법
교회법 (Method of Intersection)	전방 교회법	전방에 장애물이 있어 직접 거리를 측정할 수 없을 때 편리하며, 알고 있는 기지점에 평판을 세워서 미지점을 구하는 방법
	측방 교회법	기지의 두 점을 이용하여 미지의 한 점을 구하는 방법으로 도로 및 하천변의 여러 점의 위치를 측정할 때 편리한 방법
	후방 교회법	도면 상에 기재되어 있지 않는 미지점에 평판을 세워 기지의 2점 또는 3점을 이용하여 현재 평판이 세워져 있는 평판의 위치(미지점)를 도면 상에서 구하는 방법

16 두 점의 거리 관측을 실시하여 3회 관측의 평균이 530.5m, 2회 관측의 평균이 531.0m, 5회 관측의 평균이 530.3m였다면 이 거리의 최확값은?

① 530.3m ② 530.4m
③ 530.5m ④ 530.6m

해설 경중률은 관측횟수에 비례한다.
$$P_1 : P_2 : P_3 = 3 : 2 : 5$$
$$L_0 = \frac{P_1l_1 + P_2l_2 + P_3l_3}{P_1 + P_2 + P_3}$$
$$= 530 + \frac{3 \times 0.5 + 2 \times 1 + 5 \times 0.3}{3+2+5}$$
$$= 530 + 0.5 = 530.5m$$

17 직접 수준측량의 오차 원인 중 우연오차에 해당하는 것은?

① 표척의 0(零)점 오차
② 표척눈금 부정에 의한 오차
③ 구차에 의한 오차
④ 기상변화에 의한 오차

해설 1. 착오
① 표척을 정확히 빼 올리지 않았다.
② 표척의 밑바닥에 흙이 붙어 있었다.
③ 측정값의 오독이 있었다.
④ 기입사항을 누락 및 오기하였다.
⑤ 야장기입란을 바꾸어 기입하였다.
⑥ 십자선으로 읽지 않고 스타디아선으로 표척의 값을 읽었다.

2. 정오차
① 표척눈금부정에 의한 오차
② 지구곡률에 의한 오차(구차)
③ 광선굴절에 의한 오차(기차)
④ 레벨 및 표척의 침하에 의한 오차
⑤ 표척의 영눈금(0점) 오차
⑥ 온도 변화에 대한 표척의 신축
⑦ 표척의 기울기에 의한 오차

3. 부정 오차
① 레벨 조정 불완전(표척의 읽음 오차)
② 시차에 의한 오차

③ 기상 변화에 의한 오차
④ 기포관의 둔감
⑤ 기포관의 곡률의 부등
⑥ 진동, 지진에 의한 오차
⑦ 대물경의 출입에 의한 오차

18 하천 또는 계곡 등에 있어서 두 점 중간에 기계를 세울 수 없는 경우에 고저차를 구하는 방법으로 가장 적합한 것은?
① 삼각 수준측량
② 스타디아 측량
③ 교호 수준측량
④ 기압 수준측량

 교호 수준측량
전시와 후시를 같게 취하는 것이 원칙이나 2점 간에 강·호수·하천 등이 있으면 중앙에 기계를 세울 수 없을 때 양지점에 세운 표척을 읽어 고저차를 2회 산출하여 평균하며 높은 정밀도를 필요로 할 경우에 이용된다.

교호 수준측량을 할 경우 소거되는 오차
• 레벨의 기계오차(시준축 오차)
• 관측자의 읽기오차
• 지구의 곡률에 의한 오차(구차)
• 광선의 굴절에 의한 오차(기차)

19 두 점 사이의 경사거리를 측정한 결과 50m, 고저차가 0.6m일 때 경사 보정량은?
① -2.2mm ② -3.6mm
③ -4.8mm ④ -5.2mm

해설
$$C_g = -\frac{h^2}{2L} = -\frac{0.6^2}{2 \times 50}$$
$$= -0.0036m = -3.6mm$$

20 종단 수준측량에 대한 설명으로 틀린 것은?
① 철도, 도로, 하천 등과 같은 노선을 따라 각 측점의 고저차를 측정하는 측량을 말한다.
② 종단 수준측량은 종단면도를 작성하기 위한 측량이다.
③ 종단 수준측량은 중간점이 많아 기고식으로 작성하는 것이 편리하다.
④ 각 측점에서 중심선에 직각방향으로 지표면의 고저차를 측정하는 측량을 말한다.

해설 1. 종단 수준측량
① 철도, 도로, 하천 등과 같은 노선을 따라 각 측점의 고저차를 측정하는 측량을 말한다.
② 종단 수준측량은 종단면도를 작성하기 위한 측량이다.
③ 종단 수준측량은 중간점이 많아 기고식으로 작성하는 것이 편리하다.
④ 측량방법은 노선을 따라 20m마다 중심 말뚝을 박고, 각 중심 말뚝 사이에 경사의 변환점이 있을 때에는 추가말뚝을 설치하여 고저차를 측정한다.
⑤ 부근에 BM(수준점)이 있으면 그 점과 출발점(No.0)사이를 수준측량하여 표고를 얻는다.
⑥ 종단 수준측량은 정확하게 해야 하므로 최종측점도 수준점에 연결하여 측량의 오차를 검토할 수 있도록 한다.

2. 횡단 수준측량
횡단 수준측량은 종단 수준측량의 중심말뚝 및 추가 말뚝의 지점에서 중심선에 직각 방향으로 지표면의 고저를 결정하는 측량이다.

횡단 수준측량의 방법
• 레벨 또는 핸드레벨에 의한 측량 방법
• 테이프와 폴에 의한 측량 방법
• 폴에 의한 방법

21 그림과 같은 다각형을 교각법으로 측정한 결과 CD측선의 방위각은?

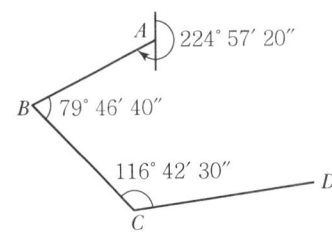

① 61°26′30″　② 61°27′30″
③ 60°26′27″　④ 60°27′27″

 해설　$V_b^c = V_a^b - 180° + \angle B$
　　$= 224°57′20″ - 180° + 79°46′40″$
　　$= 124°44′00″$

　　$V_c^d = V_b^c - 180° + 116°42′30″$
　　$= 124°44′ - 180° + 116°42′30″$
　　$= 61°26′30″$

22 트래버스 측량에서 선점 및 표지 설치 시의 주의사항으로 틀린 것은?

① 시준하기 좋고 지반이 견고한 장소일 것
② 후속되는 측량, 특히 세부측량에 편리할 것
③ 측점 간의 거리는 가능한 한 비슷하고 고저차가 크지 않을 것
④ 측선의 거리는 될 수 있는 대로 짧게 할 것

해설　1. 트래버스 측량의 특징
　　① 삼각점이 멀리 배치되어 있어 좁은 지역에 세부측량의 기준이 되는 점을 추가 설치할 경우에 편리하다.
　　② 복잡한 시가지나 지형의 기복이 심하여 시준이 어려운 지역의 측량에 적합하다.
　　③ 선로(도로, 하천, 철도)와 같이 좁고 긴 곳의 측량에 적합하다.
　　④ 거리와 각을 관측하여 도식해법에 의하여 모든 점의 위치를 결정할 경우 편리하다.
　　⑤ 삼각측량과 같이 높은 정도를 요구하지 않는 골조측량에 이용한다.

2. 선점 시 주의사항
　① 시준이 편리하고 지반이 견고할 것
　② 세부측량에 편리할 것
　③ 측선거리는 되도록 동일하게 하고 큰 고저차가 없을 것
　④ 측선거리는 될 수 있는 대로 길게 하고 측점 수는 적게 할 것
　⑤ 측선거리는 30~200m 정도로 할 것
　⑥ 측점은 찾기 쉽고 안전하게 보존될 수 있는 장소로 할 것

23 삼각망 조정을 위한 기하학적 조건에 대한 설명으로 옳지 않은 것은?

① 삼각형 내각의 오차는 각의 크기에 비례하여 배분한다.
② 삼각형 내각의 합은 180°이다.
③ 삼각망 중 한 변의 길이는 계산 순서에 관계없이 일정하다.
④ 한 측점의 둘레에 있는 모든 각의 합은 360°이다.

해설　관측각의 조정

각조건	삼각형의 내각의 합은 180°가 되어야 한다. 즉 다각형의 내각의 합은 $180°(n-2)$이어야 한다.
점조건	한 측점 주위에 있는 모든 각의 합은 반드시 360°가 되어야 한다.
변조건	삼각망 중에서 임의의 한 변의 길이는 계산 순서에 관계없이 항상 일정하여야 한다.

24 그림에서 CD의 방위각이 144°00′이고 DA의 방위각이 225°30′일 때 D점의 내각은?

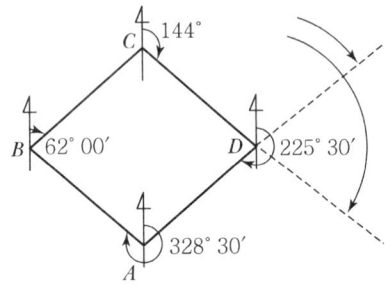

Answer　21. ①　22. ④　23. ①　24. ①

① 98°30′ ② 98°00′
③ 86°30′ ④ 77°00′

해설
$$\angle D = V_c^d - (V_d^a - 180°)$$
$$= 144° - (225°30′ - 180°)$$
$$= 98°30′$$

25 삼각 수준측량에 관한 설명으로 틀린 것은?
① 주로 두 점 사이의 거리가 가까운 정밀 수준측량에 이용한다.
② 두 점 사이의 연직각과 거리를 측정하고 계산에 의하여 고저차를 구한다.
③ 고저차가 심해서 수준측량이 어려울 때 이용되는 방법이다.
④ 간접 수준측량이다.

해설 삼각 수준측량
1. 두 점 사이의 연직각과 거리를 측정하고 계산에 의하여 고저차를 구하는 간접 수준측량이다.
2. 고저차가 심해서 수준측량이 어려울 때 이용되는 방법이다.
3. 직접 수준측량에 비하면 작업은 간단하나 정확도는 낮다.

26 그림과 같은 사변형에서 각조건식의 수는?

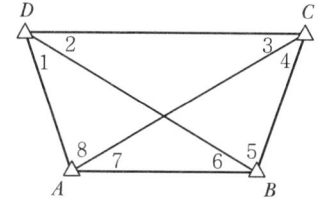

① 2 ② 3
③ 4 ④ 5

해설
1. 각 조건식 : $S - P + 1$
2. 변 조건식 : $B - S - 2P + 2$
3. 점 조건식 : $w - l + 1$
4. 조건식의 총 수 : $B + a - 2P + 3$
   여기서, w : 한 점 주위의 각수
   l : 한 측점에서 나간 변의 수
   a : 관측각의 총수

B : 기선 수
S : 변의 총 수
P : 삼각점의 수
각 조건식 : $S - P + 1 = 6 - 4 + 1 = 3$

27 트래버스 측량에서 어느 측선의 방위각이 160°라고 할 때 이 측선의 방위는?
① N 160°E ② S 160°W
③ S 20°E   ④ N 20°W

해설 $S\,20°E$

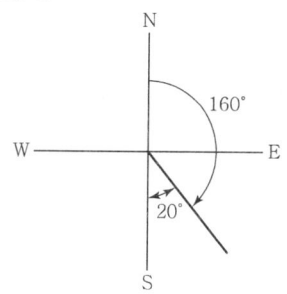

28 삼각망 중에서 정밀도가 가장 높은 것은?
① 단삼각망 ② 유심삼각망
③ 단열삼각망 ④ 사변형 삼각망

해설
1. 단열삼각쇄(망)(Single Chain of Tringles)
   ① 폭이 좁고 길이가 긴 지역에 적합하다.
   ② 노선·하천·터널 측량 등에 이용한다.
   ③ 거리에 비해 관측수가 적다.
   ④ 측량이 신속하고 경비가 적게 든다.
   ⑤ 조건식의 수가 적어 정도가 낮다.

2. 유심삼각쇄(망)(Chain of Central Points)
   ① 동일 측점에 비해 포함면적이 가장 넓다.
   ② 넓은 지역에 적합하다.
   ③ 농지측량 및 평탄한 지역에 사용된다.
   ④ 정도는 단열삼각망보다 좋으나 사변형보다 적다.

3. 사변형삼각쇄(망)(Chain of Quadrilaterals)
   ① 조건식의 수가 가장 많아 정밀도가 가장 높다.
   ② 기선삼각망에 이용된다.
   ③ 삼각점 수가 많아 측량시간이 많이 걸리며 계산과 조정이 복잡하다.

Answer 25. ① 26. ② 27. ③ 28. ④

29 평탄지에서 9변을 트래버스 측량하여 1′10″의 측각 오차가 있었다면 이 오차의 처리 방법은?(단, 허용오차=0.5′ $\sqrt{n}$, n: 측량한 변의 수이다.)

① 오차가 너무 크므로 재측한다.
② 오차를 각각 등분해 배분한다.
③ 변의 크기에 비례하여 배분한다.
④ 각의 크기에 비례하여 배분한다.

해설 각관측값의 오차배분
각관측 결과 기하학적 조건과 비교하여 허용오차 이내일 경우 다음과 같이 오차를 배분한다.
1. 각관측의 정확도가 같을 때는 오차를 각의 대소(大小)에 관계없이 등분하여 배분한다.
2. 각관측의 경중률(輕重率)이 다를 경우에는 그 오차를 경중률에 비례하여 그 각각의 각에 배분한다.
3. 변길이의 역수에 비례하여 각각(各角)에 배분한다.
4. 각관측값의 오차가 허용범위 이내인 경우에는 기하학적인 조건에 만족되도록 그 오차를 조정한다.
5. 오차가 허용오차보다 클 경우에는 다시 각 관측을 하여야 한다.

30 삼각망에서 기지점의 좌표(X_a, Y_a)로부터 변의 길이(L)와 방위각(α)을 이용하여 미지점의 좌표(X_b, Y_b)를 구하기 위한 식으로 옳은 것은?

① $X_b = X_a + L\sec\alpha$, $Y_b = Y_a + L\cos\alpha$
② $X_b = X_a + L\cos\alpha$, $Y_b = Y_a + L\sin\alpha$
③ $X_b = X_a + L\sin\alpha$, $Y_b = Y_a + L\cos\alpha$
④ $X_b = X_a + L\sin\alpha$, $Y_b = Y_a + L\sec\alpha$

해설 $X_b = X_a + L\cos\alpha$
$Y_b = Y_a + L\sin\alpha$

31 측점 A, B의 좌표가 각각 $A(10, 20)$, $B(20, 40)$일 때 AB의 수평거리?(단, 좌표의 단위는 m이다.)

① 20.45m ② 22.36m
③ 23.57m ④ 25.69m

해설 AB의 수평거리
$= \sqrt{\Delta x^2 + \Delta y^2}$
$= \sqrt{(20-10)^2 + (40-20)^2}$
$= 22.36\text{m}$

32 총 거리가 500m인 트래버스 측량을 하여 폐합 오차가 0.01m였다. 이 때의 폐합비는?

① 1/500 ② 1/5,000
③ 1/25,000 ④ 1/50,000

해설 폐합비(정밀도)
$R = \dfrac{\text{폐합오차}(e)}{\text{측선전체의 길이}(\Sigma l)}$
$= \dfrac{0.01}{500} = \dfrac{1}{50,000}$

33 삼각측량의 작업순서로 옳은 것은?

① 답사 및 선점 - 관측 - 조표 - 계산 - 성과표 작성
② 조표 - 성과표 작성 - 답사 및 선점 - 관측 - 계산
③ 조표 - 관측 - 답사 및 선점 - 성과표 작성 - 계산
④ 답사 및 선점 - 조표 - 관측 - 계산 - 성과표 작성

해설 삼각측량의 순서

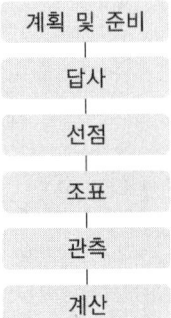

34 트래버스의 종류 중에서 측량 결과에 대한 점검이 되지 않기 때문에 노선 측량의 답사 등에 주로 이용되는 트래버스는?

① 트래버스 망
② 폐합 트래버스
③ 개방 트래버스
④ 결합 트래버스

해설

결합 트래버스	기지점에서 출발하여 다른 기지점으로 결합시키는 방법으로 대규모 지역의 정확성을 요하는 측량에 이용한다.
폐합 트래버스	기지점에서 출발하여 원래의 기지점으로 폐합시키는 트래버스로 측량결과가 검토는 되나 결합다각형보다 정확도가 낮아 소규모 지역의 측량에 좋다.
개방 트래버스	임의의 점에서 임의의 점으로 끝나는 트래버스로 측량결과의 점검이 안 되어 노선측량의 답사에는 편리한 방법이다. 시작되는 점과 끝나는 점 간의 아무런 조건이 없다.

35 트래버스 측량의 순서로 옳은 것은?

a. 답사 및 선점   b. 조표
c. 계획 및 준비   d. 계산 및 제도
e. 관측

① c→b→e→a→d
② c→a→b→e→d
③ c→e→b→d→a
④ c→a→d→b→e

해설
계획→답사→선점→조표→거리관측→각 관측→거리와 각 관측 정확도의 균형→계산 및 측점의 전개

36 지표의 같은 높이의 점을 연결한 곡선으로 지표면의 형태를 표시하는 방법은?

① 채색법   ② 점고법
③ 등고선법 ④ 음영법

해설 지형도에 의한 지형표시법

자연적 도법	영선법 (우모법, Hachuring)	"게바"라 하는 단선상(短線上)의 선으로 지표의 기본을 나타내는 것으로 게바의 사이, 굵기, 방향 등에 의하여 지표를 표시하는 방법
	음영법 (명암법, Shading)	태양광선이 서북쪽에서 45°로 비친다고 가정하여 지표의 기복을 도상에서 2~3색 이상으로 채색하여 지형을 표시하는 방법으로 지형의 입체감이 가장 잘 나타나는 방법
부호적 도법	점고법 (Spot Height System)	지표면 상의 표고 또는 수심을 숫자에 의하여 지표를 나타내는 방법으로 하천, 항만, 해양 등에 주로 이용
	등고선법 (Contour System)	동일 표고의 점을 연결하여 등고선에 의하여 지표를 표시하는 방법으로 토목공사용으로 가장 널리 사용
	채색법 (Layer System)	같은 등고선의 지대를 같은 색으로 채색하여 높을수록 진하게 낮을수록 연하게 칠하여 높이의 변화를 나타내며 지리관계의 지도에 주로 사용

37 노선을 설정할 때 유의해야 할 사항으로 틀린 것은?

① 절토 및 성토의 운반거리는 가급적 길게 한다.
② 배수가 잘 되는 곳이어야 한다.
③ 노선은 가능한 한 직선으로 한다.
④ 경사를 완만하게 한다.

해설 노선조건
1. 가능한 한 직선으로 할 것
2. 가능한 한 경사가 완만할 것
3. 토공량이 적고 절토와 성토가 짧은 구간에서 균형을 이룰 것
4. 절토의 운반거리가 짧을 것
5. 배수가 완전할 것

38 전면적이 200m², 전토량이 1,080m³일 때 기준면으로부터의 평균 높이는?

① 5.0m   ② 5.1m
③ 5.2m   ④ 5.4m

해설

계획고$(h) = \dfrac{V}{nA} = \dfrac{1,080}{200} = 5.4m$

39 공통접선의 반대쪽에 중심이 있고 반지름이 같거나 서로 다른 원호인 곡선은?

① 배향곡선   ② 반향곡선
③ 복심곡선   ④ 단곡선

해설

복심곡선 (Compound Curve)	반경이 다른 2개의 원곡선이 1개의 공통접선을 갖고 접선의 같은 쪽에서 연결하는 곡선을 말한다. 복심곡선을 사용하면 그 접속점에서 곡률이 급격히 변화하므로 될 수 있는 한 피하는 것이 좋다.
반향곡선 (Reverse Curve)	반경이 같지 않은 2개의 원곡선이 1개의 공통접선의 양쪽에 서로 곡선중심을 가지고 연결한 곡선이다. 반향곡선을 사용하면 접속점에서 핸들의 급격한 회전이 생기므로 가급적 피하는 것이 좋다.
배향곡선 (Hairpin Curve)	반향곡선을 연속시켜 머리핀 같은 형태의 곡선으로 된 것을 말한다. 산지에서 기울기를 낮추기 위해 쓰이므로 철도에서 Switch Back에 적합하여 산허리를 누비듯이 나아가는 노선에 적용한다.

40 면적 산정 방법 중 심프슨 제2법칙에 대한 설명으로 옳은 것은?

① 지거의 2구간을 1조로 하여 면적을 구하는 방법이다.
② 지거의 3구간을 1조로 하여 면적을 구하는 방법이다.
③ 경계선을 2차 포물선으로 보고 면적을 구하는 방법이다.
④ 경계선을 직선으로 보고 면적을 구하는 방법이다.

해설

심프슨 제1법칙	① 지거간격을 2개씩 1개조로 하여 경계선을 2차 포물선으로 간주 ② $A = $ 사다리꼴$(ABCD) + $포물선 (BCD) $= \dfrac{d}{3}{y_0 + y_n + 4(y_1 + y_3 + ... + y_{n-1})}$ $+ 2(y_2 + y_4 + ... + y_{n-2})$ $= \dfrac{d}{3}{y_0 + y_n + 4(\sum_y 홀수)}$ $+ 2(\sum_y 짝수)$ $= \dfrac{d}{3}{y_1 + y_n + 4(\sum_y 짝수)}$ $+ 2(\sum_y 홀수)$ ③ n(지거의 수)은 짝수이어야 하며, 홀수인 경우 끝의 것은 사다리꼴 공식으로 계산하여 합산
심프슨 제2법칙	① 지거 간격을 3개씩 1개조로 하여 경계선을 3차 포물선으로 간주 ② $A = \dfrac{3}{8}dy_0 + y_n + 3(y_1 + y_2 + y_4 + y_5 + ...$ $+ y_{n-2} + y_{n-1}) + 2(y_3 + y_6 + ... + y_{n-3})$ ③ $n-1$이 3배수여야 하며, 3배수를 넘을 때에는 나머지는 사다리꼴 공식으로 계산하여 합산
지거법	① 경계선을 직선으로 간주 $A = d_1\left(\dfrac{y_1 + y_2}{2}\right) + d_2\left(\dfrac{y_2 + y_3}{2}\right) + ... + d_{n-1}$ $\left(\dfrac{y_{n-1} + y_n}{2}\right)$ $\therefore A = d\left[\dfrac{y_0 + y_n}{2} + y_1 + y_2 + y_3 + ... + y_{n-1}\right]$

41 사각형 $ABCD$의 면적은?(단, 좌표의 단위는 m이다.)

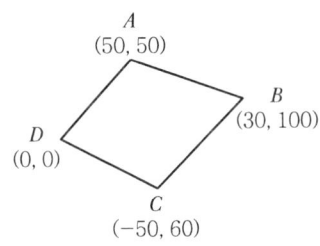

① 4,950m²   ② 5,050m²
③ 5,150m²   ④ 5,250m²

Answer 38. ④ 39. ② 40. ② 41. ③

해설

합위거 (x)	합경거 (y)	$(X_{i+1}-x_{i-1})\times y$	배면적
X_1 (50)	Y_1 (50)	$(x_2-x_4)\times y_1$	$(30-(0))\times 50 = 1,500$
X_2 (30)	Y_2 (100)	$(x_3-x_1)\times y_2$	$(-50-(50))\times 100$ $= -10,000$
X_3 (-50)	Y_3 (60)	$(x_4-x_2)\times y_3$	$(0-30)\times 60 = -1,800$
X_4 (0)	Y_4 (0)	$(x_1-x_3)\times y_4$	$(50-(-50))\times 0 = 0$
			배면적 = 10,300
			면적 = $\dfrac{10,300}{2}$ $= 5,150 \text{m}^2$

42 지형측량 시 지상에 있는 임의 점의 표고를 숫자로 도상에 나타내는 방법으로 주로 해도, 하천, 호수, 항만의 수심을 나타내는 경우에 사용되는 방법은?

① 채색법
② 점고법
③ 등고선법
④ 우모법

해설 문제 36번 해설 참조

43 도면의 경계선이 불규칙한 곡선으로 둘러싸인 경우 사용되는 면적측정 기기는?

① 레벨
② 스케일
③ 구적기
④ 앨리데이드

해설 도면의 경계선이 불규칙한 곡선으로 둘러싸인 경우 구적기로 측정한다.

44 토공량, 저수지나 댐의 저수용량 및 콘크리트량 등의 체적을 구하기 위한 방법이 아닌 것은?

① 단면법
② 점고법
③ 등고선법
④ 우모법

해설 문제 36번 해설 참조

45 도로 수평 곡선의 약호 중 접선 길이를 나타내는 것은?

① BC
② EC
③ TL
④ CL

해설 단곡선의 각부 명칭

BC	곡선시점(Biginning of Curve)
EC	곡선종점(End of Curve)
SP	곡선중점(Secant Point)
IP	교점(Intersection Point)
I	교각(Intersetion Angle)
∠AOB	중심각(Central Angl) : I
R	곡선반경(Radius of Curve)
$\widehat{AB}$	곡선장(Curve Length) : CL
AB	현장(Long Chord) : C
TL	접선장(Tangent Length) : AD, BD
M	중앙종거(Middle Ordinate)
E	외할(External Secant)
δ	편각(Deflection Angle) : ∠VAG

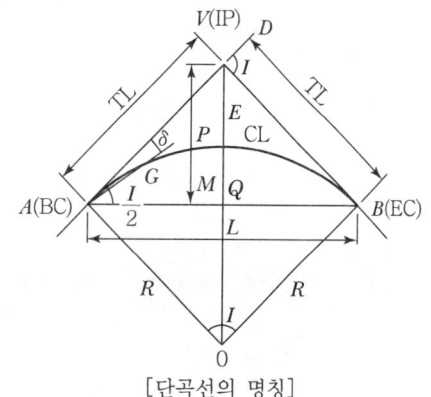

[단곡선의 명칭]

Answer 42. ② 43. ③ 44. ④ 45. ③

46 기점으로부터 교점까지 추가거리가 483.26m이고, 교각 36°18′일 때 접선장의 길이는?(단, 곡선 반지름은 200m, 중심말뚝 간격은 20m이다.)

① 55.56m ② 65.56m
③ 75.56m ④ 85.56m

해설 $TL = R\tan\dfrac{I}{2} = 200 \times \tan\dfrac{36°18′}{2}$
$= 65.56\text{m}$

47 지형도(종이지도)의 이용에 대한 설명으로 옳지 않은 것은?

① 확대 지도(대축척 지도) 편집
② 하천의 유역면적 결정
③ 노선의 도면상 선정
④ 저수량의 결정

해설 지형도의 이용
1. 방향결정
2. 위치결정
3. 경사결정(구배계산)
   ① 경사$(i) = \dfrac{H}{D} \times 100(\%)$
   ② 경사각$(\theta) = \tan^{-1}\dfrac{H}{D}$
4. 거리결정
5. 단면도제작
6. 면적 계산
7. 체적계산(토공량산정)

48 GPS 시간오차를 제거한 3차원 위치결정을 위해 필요한 최소 위성의 수는?

① 1대 ② 2대
③ 3대 ④ 4대

해설 GPS 측량 중 1점 측위의 방법으로 시간오차가 제거된 3차원 위치를 결정할 때 동시관측이 요구되는 최소 위성수는 4대이다.
4개 이상의 위성을 관측하여 원하는 수신기의 위치와 시각동기오차를 결정하고 항법, 근사적인 위치결정, 실시간위치결정 등에 이용된다.

49 GPS가 채택하고 있는 세계측지계는?

① WGS-84 ② WGS-72
③ ITRF-92 ④ GRS-2000

해설 우주부문

구성	31개의 GPS 위성
기능	측위용전파 상시 방송, 위성궤도정보, 시각신호등 측위계산에 필요한 정보 방송 ① 궤도형상 : 원궤도 ② 궤도면수 : 6개면 ③ 위성수 : 1궤도면에 4개 위성(24개+보조위성 7개)=31개 ④ 궤도경사각 : 55° ⑤ 궤도고도 : 20,183km ⑥ 사용좌표계와 세계측지계 : WGS84 ⑦ 회전주기 : 11시간 58분(0.5 항성일) : 1항성일은 23시간 56분 4초 ⑧ 궤도간이격 : 60도 ⑨ 기준발진기 : 10.23MHz : 세슘원자시계 2대 : 류비듐원자시계 2대

50 GPS 측량의 특징에 대한 설명으로 옳지 않은 것은?

① 3차원 측량을 동시에 할 수 있다.
② 극 지방을 제외한 전 지역에서 이용할 수 있다.
③ 하루 24시간 어느 시간에서나 이용이 가능하다.
④ 측량 거리에 비하여 상대적으로 높은 정확도를 가지고 있다.

해설 1. GPS
GPS는 인공위성을 이용한 범세계적 위치결정체계로 정확한 위치를 알고있는 위성에서 발사한 전파를 수신하여 관측점까지의 소요시간을 관측함으로써 관측점의 위치를 구하는 체계이다. 즉, GPS 측량은 위치가 알려진 다수의 위성을 기지점으로 하여 수신기를 설치한 미지점의 위치를 결정하는 후방교회법(Resection Methoid)에 의한 측량방법이다.

2. GPS의 특징
① 지구상 어느 곳에서나 이용할 수 있다.
② 기상에 관계없이 위치결정이 가능하다.
③ 측량기법에 따라 수mm~수십 m까지 다양한 정확도를 가지고 있다.
④ 측량거리에 비하여 상대적으로 높은 정확도를 지니고 있다.
⑤ 하루 24시간 어느 시간에서나 이용이 가능하다.
⑥ 사용자가 무제한 사용할 수 있으며 신호 사용에 따른 부담이 없다.
⑦ 다양한 측량기법이 제공되어 목적에 따라 적당한 기법을 선택할 수 있으므로 경제적이다.
⑧ 3차원 측량을 동시에 할 수 있다.
⑨ 기선 결정의 경우 두 측점 간의 시통에 관계가 없다.
⑩ 세계측지기준계(WGS84)좌표계를 사용하므로 지역기준계를 사용할 때에는 다소 번거로움이 있다.

51 그림과 같은 1 : 50,000 지형도에서 $\overline{AB}$의 거리를 측정하니 3.2cm이었다. B점에서의 경사각은?

① 1°16′
② 1°26′
③ 1°36′
④ 1°46′

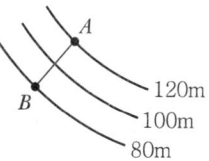

$\dfrac{1}{m} = \dfrac{l}{L}$ 에서
$L = ml = 50,000 \times 0.032 = 1,600\text{m}$
경사각
$\sin\theta = \dfrac{\text{고저차}}{\text{경사거리}} = \dfrac{(120-80)}{1,600}$
$\theta = \sin^{-1}\dfrac{40}{1,600} = 1°25′57.16″$
$= 1°26′$

52 GPS의 구성 요소(부분)가 아닌 것은?
① 위성에 대한 우주 부분
② 지상 관제소에서의 제어 부분
③ 측량자가 사용하는 수신기에 대한 사용자 부분
④ 수신된 정보를 분석하여 재송신하는 해석 부분

	구성	31개의 GPS 위성
우주부문	기능	측위용전파 상시 방송, 위성궤도정보, 시각신호등 측위계산에 필요한 정보 방송 ① 궤도형상 : 원궤도 ② 궤도면수 : 6개면 ③ 위성수 : 1궤도면에 4개 위성(24개+보조위성 7개)=31개 ④ 궤도경사각 : 55° ⑤ 궤도고도 : 20,183km ⑥ 사용좌표계 : WGS84 ⑦ 회전주기 : 11시간 58분(0.5 항성일) 　　　　 : 1항성일은 23시간 56분 4초 ⑧ 궤도간이격 : 60도 ⑨ 기준발진기 : 10.23MHz 　　　　 : 세슘원자시계 2대 　　　　 : 류비듐원자시계 2대
제어부문	구성	1개의 주제어국, 5개의 추적국 및 3개의 지상안테나(Up Link 안테나 : 전송국)
	기능	• 주제어국 : 추적국에서 전송된 정보를 사용하여 궤도요소를 분석한 후 신규궤도요소, 시계보정, 항법메시지 및 컨트롤 명령정보, 전리층 및 대류층의 주기적 모형화 등을 지상안테나를 통해 위성으로 전송함 • 추적국 : GPS위성의 신호를 수신하고 위성의 추적 및 작동상태를 감독하여 위성에 대한 정보를 주제어국으로 전송함 • 전송국 : 주관제소에서 계산된 결과치로서 시각보정값, 궤도보정치를 사용자에게 전달할 메시지 등을 위성에 송신하는 역할

Answer 51. ② 52. ④

제어부문	기능	① 주제어국 : 콜로라도 스프링스 (Colorad Springs) – 미국 콜로라도주 ② 추적국 • 어세션(Ascension Is) – 대서양 • 디에고 가르시아(Diego Garcia) – 인도양 • 쿠에제린(Kwajalein Is) – 태평양 • 하와이(Hawaii) – 태평양 ③ 3개의 지상안테나(전송국) : 갱신자료 송신
사용자부문	구성	GPS수신기 및 자료처리 S/W
	기능	위성으로부터 전파를 수신하여 수신점의 좌표나 수신점 간의 상대적인 위치관계를 구한다. 사용자부문은 위성으로부터 전송되는 신호정보를 수신할 수 있는 GPS 수신기와 자료처리를 위한 소프트웨어로서 위성으로부터 전송되는 시간과 위치정보를 처리하여 정확한 위치와 속도를 구한다. ① GPS 수신기 : 위성으로부터 수신한 항법데이터를 사용하여 사용자 위치/속도를 계산한다. ② 수신기에 연결되는 GPS 안테나 : GPS 위성신호를 추적하며 하나의 위성신호만 추적하고 그 위성으로부터 다른 위성들의 상대적인 위치에 관한 정보를 얻을 수 있다.

53 노선설계 시 직선부와 곡선부 사이에 원심력을 줄이기 위해 곡선 반지름을 무한대에서 일정 간까지 점차 감소시키는 곡선을 무엇이라 하는가?

① 완화곡선 ② 단곡선
③ 수직곡선 ④ 편곡선

해설 완화곡선(Transition Curve)
1. 내용
완화곡선(Transition Curve)은 차량의 급격한 회전 시 원심력에 의한 횡방향 힘의 작용으로 인해 발생하는 차량운행의 불안정과 승객의 불쾌감을 줄이는 목적으로 곡률을 0에서 조금씩 증가시켜 일정한 값에 이르게 하기 위해 직선부와 곡선부 사이에 넣는 매끄러운 곡선을 말한다.

2. 특징
① 곡선반경은 완화곡선의 시점에서 무한대, 종점에서 원곡선 R로 된다.
② 완화곡선의 접선은 시점에서 직선에, 종점에서 원호에 접한다.
③ 완화곡선에 연한 곡선반경의 감소율은 캔트와 같다.
④ 완화곡선 종점의 캔트와 원곡선 시점의 캔트는 같다.
⑤ 완화곡선은 이정의 중앙을 통과한다.

54 반지름이 100m, 교각(I)이 56°20′인 단곡선의 곡선길이는?

① 98.32m ② 198.32m
③ 298.32m ④ 398.32m

해설 $CL = 0.01745RI$
$= 0.0174533 \times 100 \times 56°20′$
$= 98.32$m

55 단곡선 설치에 사용되는 방법이 아닌 것은?

① 접선 편거와 현 편거법
② 중앙종거법
③ 수직곡선법
④ 지거법

해설 단곡선(Simple Curve) 설치방법

편각 설치법	철도, 도로 등의 곡선 설치에 가장 일반적인 방법이며, 다른 방법에 비해 정확하나 반경이 적을 때 오차가 많이 발생한다.
중앙 종거법	곡선반경이 작은 도심지 곡선설치에 유리하며 기설곡선의 검사나 정정에 편리하다. 일반적으로 1/4법이라고도 한다.
접선편거 및 현편거법	트랜싯을 사용하지 못할 때 폴과 테이프로 설치하는 방법으로 지방도로에 이용되며 정밀도는 다른 방법에 비해 낮다.
접선에서 지거를 이용하는 방법	양접선에 지거를 내려 곡선을 설치하는 방법으로 터널 내의 곡선설치와 산림지에서 벌채량을 줄일 경우에 적당한 방법이다.

56 편각법에 의한 단곡선 설치에서 곡선 반지름 200m일 때 중심말뚝 간격 20m에 대한 편각은?

① 1°25′59″ ② 2°51′53″
③ 4°38′16″ ④ 5°43′56″

 해설
$$\delta = 1718.87′ \times \frac{l}{R}$$
$$= 1718.87′ \times \frac{20}{200}$$
$$= 2°51′53.22″$$

57 A, B 두 점의 표고가 각각 110m, 160m이고 수평거리가 200m인 등경사일 때 A점에서 $\overline{AB}$ 위에 있는 표고 120m 지점까지의 수평거리는?

① 40m ② 70m
③ 80m ④ 100m

 해설 $200 : 50 = x : 10$
$$x = \frac{200 \times 10}{50} = 40\text{m}$$

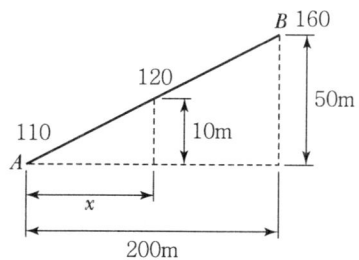

58 삼각형 3변의 길이가 다음과 같을 때 면적을 구한 값은?(단, 3변의 길이는 $a = 32$m, $b = 16$m, $c = 20$m이다.)

① 2,016m² ② 1,309m²
③ 201.6m² ④ 130.9m²

 해설
$$S = \frac{1}{2}(a+b+c) = \frac{32+16+20}{2}$$
$$= 34$$
$$A = \sqrt{S(S-a)(S-b)(S-c)}$$
$$= \sqrt{34(34-32)(34-16)(34-20)}$$
$$= 130.9\text{m}^2$$

59 다음 중 등고선의 종류가 아닌 것은?

① 주곡선 ② 간곡선
③ 계곡선 ④ 단곡선

해설 등고선의 간격

등고선 종류	기호	축척 1/5,000	1/10,000	1/25,000	1/50,000
주곡선	가는 실선	5	5	10	20
간곡선	가는 파선	2.5	2.5	5	10
조곡선 (보조곡선)	가는 점선	1.25	1.25	2.5	5
계곡선	굵은 실선	25	25	50	100

60 단곡선에서 곡선시점의 추가거리가 350.45m이고 곡선길이가 64.28m일 때 종단현의 길이는?

① 15.24m ② 14.73m
③ 5.27m   ④ 7.28m

해설 $EC = BC + CL$
$$= 350.45 + 64.28$$
$$= 414.73$$
$$\therefore l_2 = 414.73 - 400 = 14.73\text{m}$$

Answer 56. ② 57. ① 58. ④ 59. ④ 60. ②

PART 4

필기 CBT 모의고사

- 모의고사 1회
- 모의고사 2회
- 모의고사 3회
- 모의고사 4회
- 모의고사 5회
- 모의고사 6회
- 모의고사 7회
- 모의고사 8회
- 모의고사 9회
- 모의고사 10회

모의고사 1회

01 축척 1:1,000에서 면적을 측정하였더니 도상면적이 3cm²였다. 그런데 이 도면 전체가 가로, 세로 모두 1%씩 수축되어 있었다면 실제면적은 얼마인가?
① 306m² ② 294m²
③ 30.6m² ④ 29.4m²

02 지구를 둘러싸는 6개의 GPS위성 궤도는 각 궤도각 몇 도의 간격을 유지하는가?
① 30° ② 60°
③ 90° ④ 120°

03 삼각형 ABC에서 기선 a를 알고 b변을 구하는 식으로 옳은 것은?

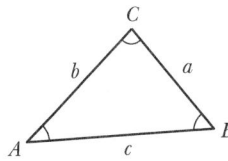

① logb=loga+log sinB-log sinA
② logb=loga+log sinA-log sinB
③ logb=loga+log sinB-log sinC
④ logb=loga+log sinA-log sinC

04 측선 AB의 거리가 65m이고 방위가 S80°E이다. 이 측선의 위거와 경거는?
① 위거=-64.013m, 경거=11.287m
② 위거=11.287m, 경거=-64.013m
③ 위거=64.013m, 경거=-11.287m
④ 위거=-11.287m, 경거=64.013m

05 축척 1:50,000 지형도에서 200m 등고선상의 A점과 300m 등고선 상의 B점 간의 도상의 거리가 10cm이었다면 AB점 간의 경사도는?
① $\frac{1}{5}$ ② $\frac{1}{10}$
③ $\frac{1}{50}$ ④ $\frac{1}{100}$

06 하천 양안에서 교호수준측량을 실시하여 그림과 같은 결과를 얻었다. A점의 지반고가 100.250m일 때 B점의 지반고는?

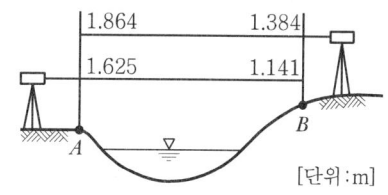

[단위:m]

① 99.286m ② 99.768m
③ 100.732m ④ 101.214m

07 그림과 같이 각을 측정한 결과가 다음과 같다. ∠C와 ∠D의 보정값으로 옳은 것은?

- ∠A = 20°15′30″
- ∠B = 40°15′20″
- ∠C = 10°30′10″
- ∠D = 71°01′12″

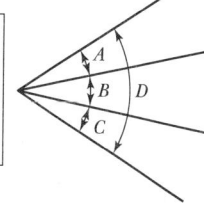

① ∠C=10°30′10″, ∠D=71°01′00″
② ∠C=10°30′14″, ∠D=71°01′08″
③ ∠C=10°30′07″, ∠D=71°01′10″
④ ∠C=10°30′13″, ∠D=71°01′09″

08 그림과 같은 측량의 결과가 얻어졌다. 절토량과 성토량이 같은 기준면상의 높이는 얼마인가?(단, 직사각형 구역의 크기는 모두 동일하다.)
① 1.55m
② 1.65m
③ 1.75m
④ 1.85m

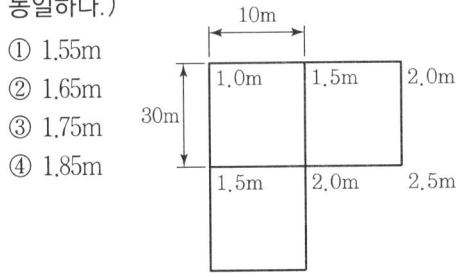

09 트래버스 측량에서 다음 결과를 얻었을 때 측선 EA의 거리는?(단, 폐합이며 오차는 없음)

측선	위거(m)		경거(m)	
	(+)	(−)	(+)	(−)
AB		56.6	41.2	
BC		29.7		26.8
CD		25.9		96.6
DE	55.5			49.7

① 134.6m
② 143.6m
③ 154.4m
④ 153.5m

10 다음 중 한 파장의 길이가 가장 짧은 GPS 신호는?
① L_1
② L_2
③ C/A
④ P

11 어느 측점에 데오돌라이트를 설치하여 A, B 두 지점을 3배각으로 관측한 결과 정위 126°12′36″, 반위 126°12′12″를 얻었다면 두 지점의 내각은 얼마인가?
① 126°12′24″
② 63°06′12″
③ 42°04′08″
④ 31°33′06″

12 1:50,000 지형도에서 A, B 두 지점의 표고가 각각 186m, 102m일 때 A, B 사이에 표시되는 주곡선의 수는?
① 1개
② 2개
③ 3개
④ 4개

13 그림과 같은 등고선에서 A, B의 수평거리가 50m일 때 AB의 경사는?

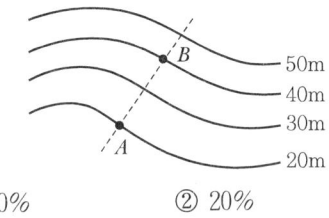

① 10%
② 20%
③ 30%
④ 40%

14 거리 500m에서 구차를 구한 값으로 옳은 것은?
① 1.96mm
② 9.8mm
③ 19.6mm
④ 39.2mm

15 외심거리가 3cm인 앨리데이드로, 축척 1:300인 평판측량을 하였을 때 도면상에 생기는 외심오차는?
① 0.1mm
② 0.2mm
③ 0.3mm
④ 0.4mm

16 다음 두 점(A, B)의 좌표에서 AB의 방위각은?

측점	X(m)	Y(m)
A	15	5
B	20	10

① 5°26′06″
② 10°10′10″
③ 18°26′06″
④ 45°00′00″

17 다음 그림과 같은 트래버스에서 각 측점의 좌표를 보고 좌표법으로 구한 면적은?(단, 단위는 m임)

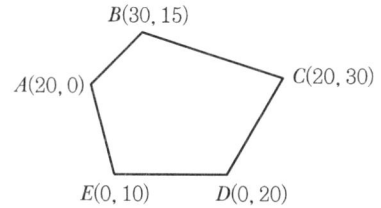

① 330m² ② 550m²
③ 660m² ④ 1,100m²

18 기고식 야장에서 다음 ㉮, ㉯의 값은 각각 얼마인가?(단, 수준점 A의 표고는 30.000m이다.)

[단위 : m]

측점	추가거리	후시(BS)	기계고(IH)	전시(FS) 이기점(TP)	전시(FS) 중간점(IP)	지반고(GH)
A	0	㉮	33.512			30.000
B	50	2.654	㉯	1.238		
C	100				1.852	

① ㉮ 63.512, ㉯ 34.928
② ㉮ 63.512, ㉯ 36.166
③ ㉮ 3.512, ㉯ 34.928
④ ㉮ 3.512, ㉯ 36.166

19 사변형 삼각망 변조정에서 $\Sigma \log \sin A$ = 39.2434474, $\Sigma \log \sin B$ = 39.2433974이고, 표차 총합이 199.4일 때 변조정량의 크기는?

① 1.42″ ② 1.93″
③ 2.51″ ④ 3.62″

20 어느 측선의 방위각이 330°이고, 측선길이가 120m라 하면 그 측선의 경거는?

① −60.000m ② 36.002m
③ 95.472m ④ 103.923m

21 그림과 같이 토지의 한 변 BC에 평행하게 $m : n = 1 : 3$의 면적비율로 분할할 때 AX의 길이는?(단, AB는 30m)

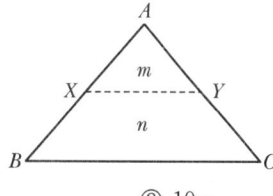

① 5m ② 10m
③ 15m ④ 20m

22 양단면의 면적이 $A_1 = 100m^2$, $A_2 = 50m^2$일 때 체적은?(단, 단면 A_1에서 단면 A_2까지의 거리는 15m이다.)

① 800m² ② 930m²
③ 1,125m² ④ 1,265m²

23 다음 조건에서 장현(L)의 길이는?
(단, R = 200m, I = 60°20′)

① 154m ② 175m
③ 201m ④ 216m

24 트래버스(Traverse)측량에서 어느 임의의 측선에 대한 방위각이 160°라고 할 때 이 측선의 방위는?

① N160°E
② S160°W
③ S20°E
④ N20°W

25 A점의 합위거 및 합경거는 각각 0m이고, B점의 합위거는 50m, 합경거는 40m라면 이때 AB측선의 길이는?

① 48.190m ② 55.421m
③ 64.031m ④ 67.082m

26 어느 측점에 데오돌라이트를 설치하여 A, B 두 지점을 3배각으로 관측한 결과, 정위 126°12′36″, 반위 126°12′12″를 얻었다면 두 지점의 내각은 얼마인가?
① 126°12′24″ ② 63°06′12″
③ 42°04′08″ ④ 31°33′06″

27 지형측량에서 일반적으로 사용되는 지형의 표시방법이 아닌 것은?
① 음영법 ② 우모법
③ 점고법 ④ 단선법

28 위 면적=11m², 아래 면적=29m², 높이=8m 인 4각 뿔대의 토량을 양단면 평균법으로 구한 값은?
① 80m³ ② 120m³
③ 160m³ ④ 600m³

29 GPS 측량에서 위성궤도의 고도는 약 몇 km인가?
① 40,400km ② 30,300km
③ 20,200km ④ 10,100km

30 광파거리 측량기에 대한 설명으로 옳지 않은 것은?
① 작업속도가 신속하다.
② 목표점에 반사경이 있는 경우에 최소 조작 인원 1명이면 작업이 가능하다.
③ 일반 건설현장에서 많이 사용된다.
④ 기상의 영향을 받지 않는다.

31 트래버스의 종류 중에서 측량 결과에 대한 점검이 되지 않기 때문에 노선측량의 답사 등에 주로 이용되는 트래버스는?
① 트래버스 망 ② 폐합 트래버스
③ 개방 트래버스 ④ 결합 트래버스

32 클로소이드 곡선에서 곡선반지름 R=121m, 곡선길이 L=36m일 때 클로소이드 매개변수 A의 값은?
① 56m ② 60m
③ 66m ④ 70m

33 노선측량의 작업 순서 중 노선의 기울기, 곡선, 토공량, 터널과 같은 구조물의 위치와 크기, 공사비 등을 고려하여 가장 바람직한 노선을 결정하는 단계는?
① 도상계획
② 도상선정
③ 공사측량
④ 실측

34 A, B 두 점 간의 고저차를 구하기 위해 3개의 노선을 직접수준측량하여 다음 표와 같은 결과를 얻었다면 B점의 표고는?

구분	고저차(m)	노선거리(km)
노선 1	12.235	1
노선 2	12.249	3
노선 3	12.250	2

① 12.242m ② 12.245m
③ 12.247m ④ 12.250m

35 평판측량에서 축척은 1:200이고 외심거리 e=24cm일 때 앨리데이드에 의한 외심오차는?
① 0.2mm ② 0.4mm
③ 0.8mm ④ 1.2mm

36 다음 중 지성선의 종류에 속하지 않는 것은?
① 합수선 ② 분수선
③ 수평선 ④ 경사변환선

37 지형의 표시 방법에 관한 설명으로 틀린 것은?

① 등고선법 : 등고선에 의하여 지표면의 형태를 표시하며 건설공사용으로 사용된다.
② 음영법 : 도면에 채색하여 기복의 모양을 표시하며 고저차가 작고 경사가 완만한 곳에 사용된다.
③ 우모법 : 게버의 간격, 굵기, 길이 및 방향 등으로 지형을 표시하며 경사가 급하면 선을 굵고 짧게 나타낸다.
④ 점고법 : 지상에 있는 임의 점의 표고를 숫자로 도상에 표시하며 하천, 호수, 항만의 수심을 나타내는 경우에 사용된다.

38 고속도로 건설에 주로 사용되는 완화곡선은?

① 3차 포물선
② 클로소이드(clothoid) 곡선
③ 반파장 sine 체감곡선
④ 렘니스케이트(lemniscate) 곡선

39 초점거리 210mm의 사진기로 지상고도 1,050m에서 촬영한 사진의 축척은?

① 1 : 3,500
② 1 : 4,000
③ 1 : 4,500
④ 1 : 5,000

40 인공위성을 이용한 범세계적 위치 결정의 체계로 정확히 위치를 알고 있는 위성에서 발사한 전파를 수신하여 관측점까지의 소요 시간을 측정함으로써 관측점의 3차원 위치를 구하는 측량은?

① 전자파 거리 측량
② 광파 거리 측량
③ GPS 측량
④ 육분의 측량

41 평면직각 좌표에서 삼각점의 좌표가 $X=-4,325.68m$, $Y=585.25m$라 하면 이 삼각점은 좌표 원점을 중심으로 몇 상한에 있는가?

① 제1상한
② 제2상한
③ 제3상한
④ 제4상한

42 평판측량의 방법에 대한 설명 중 옳지 않은 것은?

① 방사법은 골목길이 많은 주택지의 세부측량에 적합하다.
② 전진법은 평판을 옮겨 차례로 전진하면서 최종 측점에 도착하거나 출발점으로 다시 돌아오게 된다.
③ 교회법에서는 미지점까지의 거리관측이 필요하지 않다.
④ 현장에서는 방사법, 전진법, 교회법 중 몇 가지를 병용하여 작업하는 것이 능률적이다.

43 수준 측량할 때 측정자의 주의사항으로 옳은 것은?

① 표척을 전·후로 기울여 관측할 때에는 최대 읽음값을 취해야 한다.
② 표척과 기계와의 거리는 6m 내외를 표준으로 한다.
③ 표척을 읽을 때에는 최상단 또는 최하단을 읽는다.
④ 표척의 눈금은 이기점에서는 1mm까지 읽는다.

44 다음 수준측량의 기고식 야장이다. 빈칸에 들어갈 항목이 맞게 짝지어진 것은?

측점	추가거리	㉠	㉡	㉢	㉣	비고
1						
2						

① ㉠-지반고, ㉡-기계고, ㉢-전시, ㉣-후시
② ㉠-후시, ㉡-지반고, ㉢-전시, ㉣-기계고
③ ㉠-후시, ㉡-기계고, ㉢-전시, ㉣-지반고
④ ㉠-기계고, ㉡-전시, ㉢-지반고, ㉣-후시

45 다음 중 지오이드(geoid)에 대한 설명으로 맞는 것은?
① 정지된 평균 해수면을 육지 내부까지 연장한 가상곡선
② 연평균 최고 해수면을 육지 수준원점까지 연장한 곡면
③ 지구를 타원체로 한 기준 해수면에서 원점까지 거리
④ 지구의 곡률을 고려하지 않고 지표면을 평면으로 한 가상곡선

46 등고선의 종류 중 조곡선을 표시하는 선의 종류로 옳은 것은?
① 가는 실선
② 가는 짧은 파선
③ 굵은 파선
④ 굵은 실선

47 두 점 A, B의 표고가 각각 251m, 128m이고 수평거리가 300m인 등경사 지형에서 표고가 200m인 측점을 C라 할 때 A점으로부터 C점까지의 수평 거리는?
① 86.43m ② 105.38m
③ 124.39m ④ 175.61m

48 지형을 지모와 지물로 구분할 때 지물로만 짝지어진 것은?
① 도로, 하천, 시가지
② 산정, 구릉, 평야
③ 철도, 평야, 경지
④ 촌락, 계곡, 경지

49 단곡선에서 곡선 반지름 $R=500$m, 교각 $I=50°$일 때, 곡선 길이($C.L$)는 몇 m인가?
① 159.6m ② 244.6m
③ 336.4m ④ 436.3m

50 측지측량에 대한 설명으로 옳은 것은?
① 지구표면의 일부를 평면으로 간주하는 측량
② 지구의 곡률을 고려해서 하는 측량
③ 좁은 지역의 대축척 측량
④ 측량기기를 이용하여 지표의 높이를 관측하는 측량

51 P의 자북방위각이 $80°09'22''$, 자오선수차가 $01'40''$, 자침편차가 $5°$일 때 P점의 방향각은?

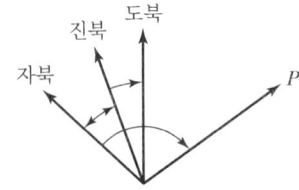

① $75°07'42''$
② $75°11'02''$
③ $85°07'42''$
④ $85°11'02''$

52 총 길이 2km인 폐합트래버스 측량을 하여 위거의 오차 60cm, 경거의 오차가 80cm가 발생하였다면 폐합비는?
① $\dfrac{1}{1,000}$ ② $\dfrac{1}{2,000}$
③ $\dfrac{1}{2,500}$ ④ $\dfrac{1}{3,333}$

53 등고선의 종류 중 조곡선을 표시하는 선의 종류로 옳은 것은?
① 가는 실선
② 가는 짧은 파선
③ 굵은 파선
④ 굵은 실선

54 GPS 측량 방법을 설명한 것 중 틀린 것은?
① 1점 측위는 상대측위에 비해 정확도가 떨어진다.
② 동적측위(이동측위)는 비교적 높은 정확도가 필요하지 않은 지형측량 등에 사용된다.
③ 정적측위는 수 초의 짧은 관측시간으로도 높은 정밀도를 얻을 수 있는 측위 방법이다.
④ 반송파를 이용하는 경우가 코드 신호를 이용하는 것보다 정확도가 우수하다.

55 측선 AB의 방위각과 거리가 그림과 같을 때, 측점 B의 좌표 계산으로 괄호 안에 알맞은 것은?

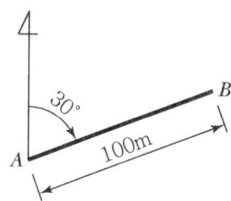

$$B_X = A_X + 100 \times (\ \bigcirc\ )$$
$$B_Y = A_Y + 100 \times (\ \bigcirc\ )$$

① ㉠ cos30°   ㉡ sin30°
② ㉠ cos30°   ㉡ tan30°
③ ㉠ sin30°   ㉡ tan30°
④ ㉠ tan30°   ㉡ cos30°

56 동일 전파원으로부터 발사된 전파를 멀리 떨어진 2점에서 동시에 수신하여 도달하는 시간차를 정확히 관측하여 2점 간의 거리를 구하는 장치는?
① 위성 거리 측량기
② GPS(Global Positioning System)
③ 토털 스테이션(Total Station)
④ VLBI(Very Long Baseline Interferometry)

57 평판을 세울 때의 오차 중 측량결과에 가장 큰 영향을 주는 것은?
① 수평 맞추기 오차(정준)
② 중심 맞추기 오차(구심)
③ 방향 맞추기 오차(표정)
④ 온도에 의한 오차

58 지거의 간격이 3m이고, 각 지거의 길이가 $y_1 = 3.0m$, $y_2 = 10.1m$, $y_3 = 12.4m$, $y_4 = 11.0m$, $y_5 = 4.2m$일 때 심프슨 제1법칙에 의한 면적은?
① 95.4m²   ② 100.4m²
③ 116.4m²   ④ 126.4m²

59 각관측기의 망원경 배율에 대한 설명으로 옳은 것은?
① 대물렌즈의 초점거리(F)와 접안렌즈의 초점거리(f)와의 비 ($\frac{F}{f}$)를 말한다.
② 접안렌즈의 초점거리(f)와 대물렌즈의 초점거리(F)와의 비 ($\frac{f}{F}$)를 말한다.
③ 접안렌즈로부터 기계중심까지의 거리(c)와 기계중심에서 대물렌즈까지의 거리(C)와의 비 ($\frac{c}{C}$)를 말한다.
④ 대물렌즈로부터 기계중심까지의 거리(C)와 기계중심에서 접안렌즈까지의 거리(c)와의 비 ($\frac{C}{c}$)를 말한다.

60 각의 측정에서 한 측점에서 관측해야 할 방향(측점)의 수가 6개일 경우, 각관측법(조합각 관측법)에 의해서 측정되어야 할 각의 총수는?
① 12개   ② 15개
③ 18개   ④ 21개

모의고사 1회 정답 및 해설

01 정답 ▶ ①

$\left(\dfrac{1}{m}\right)^2 = \dfrac{도상면적}{실제면적}$ 이므로

실제면적 = 도상면적 × m^2 = 3 × $1,000^2$
= 3,000,000 = 300m^2

가로세로 1%씩 수축되어 있으므로
$A_0 = A(1+\varepsilon)^2 = 300(1+0.01)^2 = 306m^2$

02 정답 ▶ ②

우주부문

구성	31개의 GPS위성
기능	측위용 전파 상시 방송, 위성궤도정보, 시각신호 등 측위계산에 필요한 정보 방송 ① 궤도형상 : 원궤도 ② 궤도면수 : 6개면 ③ 위성수 : 1궤도면에 4개 위성(24개+보조위성 7개) = 31개 ④ 궤도경사각 : 55° ⑤ 궤도고도 : 20,183km ⑥ 사용좌표계 : WGS84 ⑦ 회전주기 : 11시간 58분(0.5 항성일) : 1항성일은 23시간 56분 4초 ⑧ 궤도 간 이격 : 60도 ⑨ 기준발진기 : 10.23MHz • 세슘원자시계 2대 • 루비듐원자시계 2대

03 정답 ▶ ①

$\dfrac{a}{\sin A} = \dfrac{b}{\sin B}$ 에서

$b = \dfrac{\sin B}{\sin A} \times a$에 대수를 취하면

$\log b = \log \sin B + \log a - \log \sin A$

04 정답 ▶ ④

방위를 방위각으로 환산
방위각 = S80°E → 180° - 80° = 100°
위거 = 거리 × $\cos\theta$ = 65m × cos100° = -11.287m
경거 = 거리 × $\sin\theta$ = 65m × sin100° = 64.013m

방위로 계산하여 N은 (+), S는 (-), E는 (+), W는 (-)부호를 붙인다.

05 정답 ▶ ③

수평거리 = 0.1m × 50,000 = 5,000m
표고차 = 300m - 200m = 100m
경사기울기 = $\dfrac{표고차}{수평거리} = \dfrac{100}{5,000} = \dfrac{1}{50}$

06 정답 ▶ ③

$h = \dfrac{(1.864+1.625)-(1.384+1.141)}{2}$
$= 0.482$
$H_B = 100.25 + 0.482 = 100.732$m

07 정답 ▶ ④

1. 각오차 = 71°01′12″ - (20°15′30″ + 40°15′20″ + 10°30′10″)
= 12″

보정량 = $\dfrac{12}{4} = 3″$

2. ∠A, ∠B, ∠C에 (+3″)씩,
∠D에 (-3″) 조정
∴ ∠C = 10°30′10″ + 3″ = 10°30′13″
∠D = 71°01′12″ - 3″ = 71°01′09″

08 정답 ▶ ③

$V = \dfrac{a \times b}{4}(\Sigma h_1 + 2\Sigma h_2 + 3\Sigma h_3)$
$= \dfrac{30 \times 10}{4}(9+6+6) = 1,575m^3$

계획고(h) = $\dfrac{V}{nA} = \dfrac{1,575}{3 \times (30 \times 10)} = 1.75$m

09 정답 ▶ ②

측선 EA의 거리
$= \sqrt{(위거의 총합)^2 + (경거의 총합)^2}$
$= \sqrt{(55.5-112.2)^2 + (41.2-173.1)^2}$
$= 143.6\text{m}$

10 정답 ▶ ①

신호	구분	내용
반송파 (Carrier)	L₁	• 주파수 1,575.42MHz(154×10.23MHz), 파장 19cm • C/A code와 P code 변조 가능
	L₂	• 주파수 1,227.60MHz(120×10.23MHz), 파장 24cm • P code만 변조 가능
코드 (Code)	P code	• 반복주기 7일인 PRN code(Pseudo Random Noise code) • 주파수 10.23MHz, 파장 30m(29.3m)
	C/A code	• 반복주기 : 1ms(milli-second)로 1.023Mbps로 구성된 PPN code • 주파수 1.023MHz, 파장 300m(293m)

11 정답 ▶ ③

정위각 $= \dfrac{126°12'36''}{3} = 42°04'24''$

반위각 $= \dfrac{126°12'12''}{3} = 42°04'04''$

최확값 $= \dfrac{42°04'12'' + 42°04'04''}{2}$
$= 42°04'08''$

12 정답 ▶ ④

등고선 종류	기호	축척			
		$\dfrac{1}{5,000}$	$\dfrac{1}{10,000}$	$\dfrac{1}{25,000}$	$\dfrac{1}{50,000}$
주곡선	가는 실선	5	5	10	20
간곡선	가는 파선	2.5	2.5	5	10
조곡선 (보조곡선)	가는 점선	1.25	1.25	2.5	5
계곡선	굵은 실선	25	25	50	100

20m마다 주곡선을 1개씩 넣어야 하고 마지막 점은 그려 넣지 않으므로 4개이다.

주곡선 $= \dfrac{180-120}{20} + 1 = 4$개

13 정답 ▶ ④

1) AB의 수평거리 = 50m
2) AB의 연직거리 = 40 − 20 = 20m

경사(구배) $= \dfrac{연직거리}{수평거리} \times 100\%$
$= \dfrac{20}{50} \times 100 = 40\%$

14 정답 ▶ ③

구차
지구의 곡률에 의한 오차이며 이 오차만큼 높게 조정을 한다.

구차 $= \dfrac{\ell^2}{2R} = \dfrac{0.5^2}{2 \times 6370} = 0.0000196\text{km}$
$= 0.0196\text{m} = 1.96\text{cm} = 19.6\text{mm}$

15 정답 ▶ ①

기계오차

앨리데이드의 외심오차	$q = \dfrac{e}{M}$
앨리데이드의 시준오차	$q = \dfrac{\sqrt{d^2+t^2}}{2l} \cdot L$
자침오차	$q = \dfrac{0.2}{S} \cdot L$

여기서, q : 도상(제도)허용오차
M : 축척분모수
e : 외심오차
t : 시준사의 지름
d : 시준공의 지름
l : 양 시준판의 간격
L : 방향선(도상)의 길이
S : 자침의 중심에서 첨단까지의 길이

외심오차 $= \dfrac{외심거리}{축척의 분모수}$
$= \dfrac{30\text{mm}}{300} = 0.1\text{mm}$

16 정답 ▶ ④

$\tan\theta = \dfrac{\Delta y}{\Delta x}$ 에서

$\theta = \tan^{-1}\dfrac{10-5}{20-15} = 45°$ (1상한)

∴ 방위각 = 45°

17 정답 ▶ ②

측점	X(m)	Y(m)	$(X_{i-1} - X_{i+1}) \times Y$
A	20	0	$(0-30) \times 0 = 0$
B	30	15	$(20-20) \times 15 = 0$
C	20	30	$(30-0) \times 30 = 900$
D	0	20	$(20-0) \times 20 = 400$
E	0	10	$(0-20) \times 10 = -200$
배면적(m²)			$2A = 1,100$
면적(m²)			550

[별해]

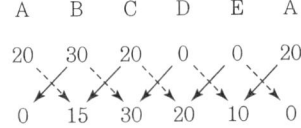

$\sum \searrow$ (20×15) + (30×30) + (20×20) + (0×10) + (0×0) = 1,600

$\sum \swarrow$ (30×0) + (20×15) + (0×30) + (0×20) + (20×10) = 500

∴ 1,600 - 500 = 1,100

$A = \dfrac{1,100}{2} = 550\text{m}^2$

18 정답 ▶ ③

후시 (BS)	기계고 (IH)	전시(FS)		지반고 (GH)
		이기점 (TP)	중간점 (IP)	
㉮ 3.512	33.512			30.000
2.654	㉯ 34.928	1.238		33.512 - 1.238 = 32.274
			1.852	34.928 - 1.852 = 33.076

㉮ 기계고 = 지반고 + 후시에서
후시 = 33.512 - 30.000 = 3.512

㉯ 지반고 = 기계고 - 전시에서
기계고 = 지반고 + 후시 = 32.274 + 2.645 = 34.928

19 정답 ▶ ③

조정량 = $\dfrac{\sum \log \sin A - \sum \log \sin B}{\text{표차의 합}}$

$= \dfrac{39.2434474 - 39.2433974}{199.4}$

$= \dfrac{5 \times 10^{-5}}{199.4} = \dfrac{500''}{199.4}$

$= 2.508'' \fallingdotseq 2.51''$

(대수를 소수 일곱째 자리까지 구할 때)

20 정답 ▶ ①

위거 = 거리 × cos 방위각
= 120 × cos 330° = 103.923m

경거 = 거리 × sin 방위각
= 120 × sin 330° = -60.000m

21 정답 ▶ ③

$\overline{AX} = \overline{AB}\sqrt{\dfrac{m}{m+n}} = 30\sqrt{\dfrac{1}{1+3}} = 15\text{m}$

22 정답 ▶ ③

$V = \dfrac{A_1 + A_2}{2} \times L = \dfrac{100+50}{2} \times 15 = 1,125\text{m}^2$

23 정답 ▶ ③

장현(L) = $2R \sin \dfrac{I°}{2}$

$= 2 \times 200 \times \sin \dfrac{60°20'}{2}$

$= 201\text{m}$

24 정답 ▶ ③

2상한에 있으므로 180° - 160° = 20°이므로 S20°E

25 정답 ▶ ③

AB측선의 길이
$= \sqrt{(X_B - X_A)^2 + (Y_B - Y_A)^2}$
$= \sqrt{(50-0)^2 + (40-0)^2}$
$= 64.031\text{m}$

26 정답 ▶ ③

1) 정위각 126°12'36''/3 = 42°04'12''
2) 반위각 126°12'12''/3 = 42°04'04''
3) 관측각 42°04'12'' + 42°04'04''/2 = 42°04'08''

27 정답 ▶ ④

지형의 표시방법

자연적 도법	영선법 (우모법, Hachuring)	"게바"라 하는 단선상(短線上)의 선으로 지표의 기본을 나타내는 것으로 게바의 사이, 굵기, 방향 등에 의하여 지표를 표시하는 방법
	음영법 (명암법, Shading)	태양광선이 서북쪽에서 45°로 비친다고 가정하여 지표의 기복을 도상에서 2~3색 이상으로 채색하여 지형을 표시하는 방법으로 지형의 입체감이 가장 잘 나타나는 방법이다.
부호적 도법	점고법 (Spot Height System)	지표면상의 표고 또는 수심을 숫자에 의하여 지표를 나타내는 방법으로 하천, 항만, 해양 등에 주로 이용
	등고선법 (Contour System)	동일표고의 점을 연결한 것으로 등고선에 의하여 지표를 표시하는 방법으로 토목공사용으로 가장 널리 사용
	채색법 (Layer System)	같은 등고선의 지대를 같은 색으로 채색하여 높을수록 진하게 낮을수록 연하게 칠하여 높이의 변화를 나타내며 지리관계의 지도에 주로 사용

28 정답 ▶ ③

$$V = \left(\frac{A_1 + A_2}{2}\right) \times L$$
$$= \frac{11+29}{2} \times 8 = 160\,\text{m}^3$$

29 정답 ▶ ③

우주부문	측위용 전파 상시 방송, 위성궤도정보, 시각신호 등 측위계산에 필요한 정보 방송
기능	① 궤도형상 : 원궤도 ② 궤도면수 : 6개면 ③ 위성수 : 1궤도면에 4개 　위성(24개+보조위성 7개)=31개 ④ 궤도경사각 : 55° ⑤ 궤도고도 : 20,183km 　(지구 지름의 약 1.5배) ⑥ 사용좌표계 : WGS84 ⑦ 회전주기 : 11시간 58분(0.5 항성일) 　 : 1항성일은 23시간 56분 4초 ⑧ 궤도 간 이격 : 60도 ⑨ 기준발진기 : 10.23MHz 　• 세슘원자시계 2대 　• 루비듐원자시계 2대

30 정답 ▶ ④

Geodimeter와 Tellurometer의 비교

구분	광파거리 측량기	전파거리 측량기
정의	측점에서 세운 기계로부터 빛을 발사하여 이것을 목표점의 반사경에 반사하여 돌아오는 반사파의 위상을 이용하여 거리를 구하는 기계	측점에 세운 주국에서 극초단파를 발사하고 목표점의 종국에서는 이를 수신하여 변조고주파로 반사하여 각각의 위상 차이로 거리를 구하는 기계
정확도	±(5mm+5ppm)	±(15mm+5ppm)
대표기종	Geodimeter	Tellurometer
장점	• 정확도가 높다. • 데오돌라이트나 트랜싯에 부착하여 사용 가능하며, 무게가 가볍고 조작이 간편하고 신속하다. • 움직이는 장애물의 영향을 받지 않는다.	• 안개, 비, 눈 등의 기상조건에 대한 영향을 받지 않는다. • 장거리 측정에 적합하다.
단점	안개, 비, 눈 등의 기상조건에 대한 영향을 받는다.	• 단거리 관측 시 정확도가 비교적 낮다. • 움직이는 장애물, 지면의 반사파 등의 영향을 받는다.
최소 조작 인원	1명 (목표점에 반사경을 설치했을 경우)	2명 (주국, 종국 각 1명)
관측 가능 거리	단거리용 : 5km 이내 중거리용 : 60km 이내	장거리용 : 30~150km
조작 시간	한 변 10~20분	한 변 20~30분

31 정답 ▶ ③

결합 트래버스	기지점에서 출발하여 다른 기지점으로 결합시키는 방법으로 대규모 지역의 정확성을 요하는 측량에 이용한다.
폐합 트래버스	기지점에서 출발하여 원래의 기지점으로 폐합시키는 트래버스로 측량결과가 검토는 되나 결합다각형보다 정확도가 낮아 소규모 지역의 측량에 좋다.
개방 트래버스	임의의 점에서 임의의 점으로 끝나는 트래버스로 측량결과의 점검이 안 되어 노선측량의 답사에는 편리한 방법이다. 시작되는 점과 끝나는 점 간의 아무런 조건이 없다.

32 정답 ▶ ③

$A = \sqrt{RL} = \sqrt{121 \times 36} = 66\text{m}$

클로소이드는 완화 곡선으로 수평 곡선이며, 종곡선(수직 곡선)으로는 2차 포물선이 주로 사용된다. 매개 변수 A값이 크면 곡선이 점차 완만해져 자동차의 고속 주행에 적합하다.

33 정답 ▶ ②

1. 노선측량 작업순서

도상계획	지형도상에서 한두 개의 계획노선을 선정한다.
현장답사	도상계획노선에 따라 현장 답사를 한다.
예측	답사에 의하여 유망한 노선이 결정되면 그 노선을 더욱 자세히 조사하기 위하여 트래버스 측량과 주변에 대한 측량을 실시한다.
도상선정	예측이 끝나면 노선의 기울기, 곡선, 토공량, 터널과 같은 구조물의 위치와 크기, 공사비 등을 고려하여 가장 바람직한 노선을 지형도 위에 기입하는 단계이다.
현장실측	도상에서 선정된 최적 노선을 지상에 측설하는 것이다.

2. 노선조건
   ㉠ 가능한 한 직선으로 할 것
   ㉡ 가능한 한 경사가 완만할 것
   ㉢ 토공량이 적고 절토와 성토가 짧은 구간에서 균형을 이룰 것
   ㉣ 절토의 운반거리가 짧을 것
   ㉤ 배수가 완전할 것

34 정답 ▶ ①

직접수준측량에서 경중률은 노선거리에 반비례한다.

$P_1 : P_2 : P_3 = \dfrac{1}{1} : \dfrac{1}{3} : \dfrac{1}{2} = 6 : 2 : 3$

$H_B = \dfrac{P_1 h_1 + P_2 h_2 + P_3 h_3}{P_1 + P_2 + P_3}$

$= 12 + \dfrac{6 \times 0.235 + 2 \times 0.249 + 3 \times 0.250}{6 + 2 + 3}$

$= 12 + 0.242 = 12.242\text{m}$

35 정답 ▶ ④

$q = \dfrac{e}{M} = \dfrac{240}{200} = 1.2\text{mm}$

36 정답 ▶ ③

지성선(Topographical Line)
지표가 많은 凸선, 凹선, 경사변환선, 최대경사선으로 이루어졌다고 할 때 이 평면의 접합부, 즉 접선을 지성선 또는 지세선이라고도 한다.

능선(凸선), 분수선	지표면의 높은 곳을 연결한 선으로 빗물이 이것을 경계로 좌우로 흐르게 되므로 분수선 또는 능선이라 한다.
계곡선(凹선), 합수선	지표면이 낮거나 움푹 패인 점을 연결한 선으로 합수선 또는 합곡선이라 한다.
경사변환선	동일 방향의 경사면에서 경사의 크기가 다른 두 면의 접합선(등고선 수평간격이 뚜렷하게 달라지는 경계선)
최대경사선	지표의 임의의 한 점에 있어서 그 경사가 최대로 되는 방향을 표시한 선으로 등고선에 직각으로 교차하며 물이 흐르는 방향이라는 의미에서 유하선이라고도 한다.

37 정답 ▶ ②

지형도에 의한 지형표시법

자연적 도법	영선법 (우모법, Hachuring)	"게바"라 하는 단선상(短線上)의 선으로 지표의 기본을 나타내는 것으로 게바의 사이, 굵기, 방향 등에 의하여 지표를 표시하는 방법
	음영법 (명암법, Shading)	태양광선이 서북쪽에서 45°로 비친다고 가정하여 지표의 기복을 도상에서 2~3색 이상으로 채색하여 지형을 표시하는 방법으로 지형의 입체감이 가장 잘 나타나는 방법
부호적 도법	점고법 (Spot Height System)	지표면상의 표고 또는 수심을 숫자에 의하여 지표를 나타내는 방법으로 하천, 항만, 해양 등에 주로 이용
	등고선법 (Contour System)	동일 표고의 점을 연결한 것으로 등고선에 의하여 지표를 표시하는 방법으로 토목공사용으로 가장 널리 사용
	채색법 (Layer System)	같은 등고선의 지대를 같은 색으로 채색하여 높을수록 진하게 낮을수록 연하게 칠하여 높이의 변화를 나타내며 지리관계의 지도에 주로 사용

38 정답 ▶ ②

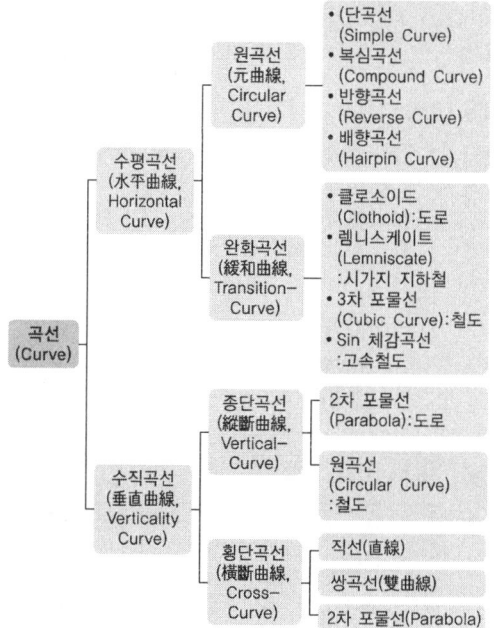

39 정답 ▶ ④

$M = \dfrac{1}{m} = \dfrac{f}{H} = \dfrac{l}{L}$ 에서

$\therefore \dfrac{1}{m} = \dfrac{f}{H} = \dfrac{0.21}{1,050} = \dfrac{1}{5,000}$

40 정답 ▶ ③

GPS 측량

GPS는 인공위성을 이용한 범세계적 위치결정체계로 정확한 위치를 알고 있는 위성에서 발사한 전파를 수신하여 관측점까지의 소요시간을 관측함으로써 관측점의 위치를 구하는 체계이다. 즉, GPS 측량은 위치가 알려진 다수의 위성을 기지점으로 하여 수신기를 설치한 미지점의 위치를 결정하는 후방교회법(Resection method)에 의한 측량방법이다.

41 정답 ▶ ②

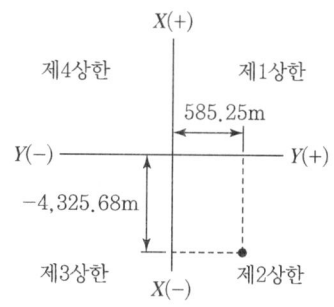

42 정답 ▶ ①

방사법 (Method of Radiation, 사출법)		측량구역 안에 장애물이 없고 비교적 좁은 구역에 적합하며 한 측점에 평판을 세워 그 점 주위에 목표점의 방향과 거리를 측정하는 방법(60m 이내)
전진법 (Method of Traversing, 도선법, 절측법)		측량구역에 장애물이 중앙에 있어 시준이 곤란할 때 사용하는 방법으로 측량구역이 길고 좁을 때 측점마다 평판을 세워가며 측량하는 방법
교회법 (Method of Intersection)	전방 교회법	전방에 장애물이 있어 직접 거리를 측정할 수 없을 때 편리하며, 알고 있는 기지점에 평판을 세워서 미지점을 구하는 방법
	측방 교회법	기지의 두 점을 이용하여 미지의 한 점을 구하는 방법으로 도로 및 하천변의 여러 점의 위치를 측정할 때 편리한 방법
	후방 교회법	도면상에 기재되어 있지 않은 미지점에 평판을 세워 기지의 2점 또는 3점을 이용하여 현재 평판이 세워져 있는 평판의 위치(미지점)를 도면상에서 구하는 방법

43 정답 ▶ ④

직접수준측량의 주의사항
(1) 수준측량은 반드시 왕복측량을 원칙으로 하며, 노선은 다르게 한다.
(2) 정확도를 높이기 위하여 전시와 후시의 거리는 같게 한다.
(3) 이기점(T. P)은 1mm까지 그 밖의 점에서는 5mm 또는 1cm 단위까지 읽는 것이 보통이다.
(4) 직접수준측량의 시준거리
 ① 적당한 시준거리 : 40~60m(60m가 표준)
 ② 최단거리는 3m이며, 최장거리 100~180m 정도이다.

(5) 눈금오차(영점오차) 발생 시 소거방법
 ① 기계를 세운 표척이 짝수가 되도록 한다.
 ② 이기점(T.P)이 홀수가 되도록 한다.
 ③ 출발점에 세운 표척을 도착점에 세운다.
(6) 표척을 전·후로 기울여 관측할 때에는 최소 읽음값을 취해야 한다.
(7) 표척을 읽을 때에는 최상단 또는 최하단을 피한다.

44 정답 ▶ ③
㉠-후시, ㉡-기계고, ㉢-전시, ㉣-지반고

45 정답 ▶ ①
지오이드(geoid)
정지된 해수면을 육지까지 연장하여 지구 전체를 둘러쌌다고 가상한 곡면을 지오이드(geoid)라 한다. 지구타원체는 기하학적으로 정의한 데 비하여 지오이드는 중력장 이론에 따라 물리학적으로 정의한다.

46 정답 ▶ ②

등고선 종류	기호	축척			
		$\frac{1}{5,000}$	$\frac{1}{10,000}$	$\frac{1}{25,000}$	$\frac{1}{50,000}$
주곡선	가는 실선	5	5	10	20
간곡선	가는 파선	2.5	2.5	5	10
조곡선 (보조곡선)	가는 점선 (짧은 파선)	1.25	1.25	2.5	5
계곡선	굵은 실선	25	25	50	100

47 정답 ▶ ③

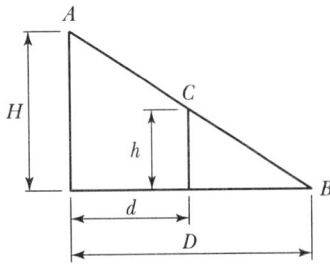

$H = 251 - 128 = 123\text{m}$
$h = 251 - 200 = 51\text{m}$

$H : D = h : d$에서
$d = \dfrac{D}{H} \times h = \dfrac{300}{123} \times 51 = 124.39\text{m}$

48 정답 ▶ ①
• 지물 : 하천, 호수, 도로, 철도, 건축물 등의 자연적, 인위적 물체
• 지모 : 능선, 계곡, 언덕 등의 기복 상태

49 정답 ▶ ④
$C.L = 0.0174533 RI$
$= 0.0174533 \times 500 \times 50°$
$= 436.3\text{m}$

50 정답 ▶ ②

측지측량 (Geodetic Surveying)	지구의 곡률을 고려하여 지표면을 곡면으로 보고 행하는 측량이며 범위는 100만분의 1의 허용 정밀도를 측량한 경우 반경 11km 이상 또는 면적 약 400km² 이상의 넓은 지역에 해당하는 정밀측량으로서 대지측량(Large Area Surveying)이라고도 한다.
평면측량 (Plane Surveying)	지구의 곡률을 고려하지 않는 측량으로 거리측량의 허용 정밀도가 100만분의 1 이하일 경우 반경 11km 이내의 지역을 평면으로 취급하여 소지측량(Small Area Surveying)이라고도 한다.

51 정답 ▶ ①
• 자오선수차 : 진북과 도북의 차이
• 자침편차 : 진북과 자북의 차이
• P점의 방향각
 =자북방위각-자침편차-자오선수차
 $= 80°09'22'' - 5° - 01'40''$
 $= 75°07'42''$

52 정답 ▶ ②
폐합오차(E)
다각측량에서 거리와 각을 관측하여 출발점에 돌아왔을 때 거리와 각의 오차로 위거의 대수합($\sum L$)과 경거의 대수합($\sum D$)이 0이 안 된다. 이때 오차를 말한다.

폐합오차	$E = \sqrt{(\Delta L)^2 + (\Delta D)^2}$
폐합비 (정도)	$\dfrac{1}{M} = \dfrac{폐합오차}{총길이}$ $= \dfrac{\sqrt{(\Delta L)^2 + (\Delta D)^2}}{\Sigma l}$ 여기서, Δl : 위거오차 ΔD : 경거오차

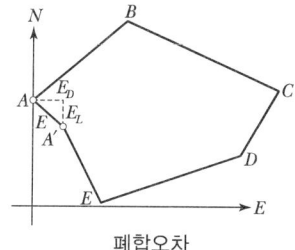

폐합오차

$$폐합비(정도) = \dfrac{\sqrt{(\Delta l)^2 + (\Delta d)^2}}{\Sigma l}$$
$$= \dfrac{\sqrt{(0.6)^2 + 0.8^2}}{2,000} = \dfrac{1}{2,000}$$

53 정답 ▶ ②

등고선 종류	기호	축척			
		$\dfrac{1}{5,000}$	$\dfrac{1}{10,000}$	$\dfrac{1}{25,000}$	$\dfrac{1}{50,000}$
주곡선	가는 실선	5	5	10	20
간곡선	가는 파선	2.5	2.5	5	10
조곡선 (보조곡선)	가는 점선 (짧은 파선)	1.25	1.25	2.5	5
계곡선	굵은 실선	25	25	50	100

54 정답 ▶ ③

정적측위는 수신기를 장시간 고정한 채로 관측하는 방법이다.

55 정답 ▶ ①

$B_X = A_X + 거리 \times \cos$ 방위각
$B_Y = A_Y + 거리 \times \sin$ 방위각

56 정답 ▶ ④

1. VLBI(Very Long Baseline Interferometry, 초장기선간섭계)
   지구상에서 1,000~10,000km 정도 떨어진 1조의 전파간섭계를 설치하여 전파원으로부터 나온 전파를 수신하여 2개의 간섭계에 도달한 시간차를 관측하여 거리를 측정한다. 시간차로 인한 오차는 30cm 이하이며, 10,000km 긴 기선의 경우는 관측소의 위치로 인한 오차 15cm 이내가 가능하다.
2. Total Station
   Total Station은 관측된 데이터를 직접 휴대용 컴퓨터기기(전자평판)에 저장하고 처리할수 있으며 3차원 지형정보 획득 및 데이터 베이스의 구축, 지형도 제작까지 일괄적으로 처리할 수 있는 측량기계이다.
3. GPS(Global Positioning System, 범지구적 위치결정체계)
   인공위성을 이용하여 정확하게 위치를 알고 있는 위성에서 발사한 전파를 수신하여 관측점까지의 소요시간을 관측함으로써 정확한 위치를 결정하는 위치결정 시스템이다.

57 정답 ▶ ③

정준 (leveling up)	평판을 수평으로 맞추는 작업(수평 맞추기)
구심 (centering)	평판상의 측점과 지상의 측점을 일치시키는 작업(중심 맞추기)
표정 (orientation)	평판을 일정한 방향으로 고정시키는 작업으로 평판측량의 오차 중 가장 크다(방향 맞추기).

58 정답 ▶ ③

$$면적 = \dfrac{d}{3}[y_0 + y_n + 4(y_1 + y_3 + \dots + y_{n-1})$$
$$+ 2(y_2 + y_4 + \dots + y_{n-2})]$$
$$= \dfrac{d}{3}[y_0 + y_n + 4(\Sigma_y 홀수) + 2(\Sigma_y 짝수)]$$
$$= \dfrac{d}{3}[y_1 + y_n + 4(\Sigma_y 짝수) + 2(\Sigma_y 홀수)]$$
$$= \dfrac{3}{3}[3.0 + 4.2 + 4(10.1 + 11.0) + 2(12.4)]$$
$$= 116.4 \text{m}^2$$

59 정답 ▶ ①

망원경배율(확대율) = $\dfrac{\text{대물렌즈의 초점거리}}{\text{접안렌즈의 초점거리}}$

(망원경의 배율은 20~30배)

60 정답 ▶ ②

측정할 각의 총수 = $\dfrac{N(N-1)}{2} = \dfrac{6 \times (6-1)}{2}$
$= 15$

여기서, N : 측선수

모의고사 2회

01 트래버스 측량의 수평각 관측에서 그림과 같이 진북을 기준으로 어느 측선까지의 각을 시계방향으로 각 관측하는 방법은?

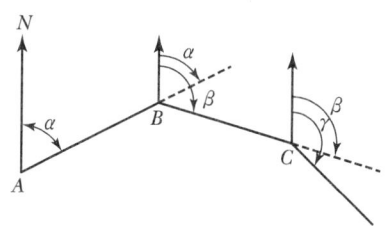

① 교각법   ② 편각법
③ 방향각법 ④ 방위각법

02 평면직각좌표계상에서 점 A의 좌표가 X=1,500m, Y=1,500m이며 점 A에서 점 B까지의 평면거리 450m, 방위각이 120°일 때 점 B의 좌표는?

① X=-500m,   Y=1,433m
② X=1,275m,   Y=1,433m
③ X=1,275m,   Y=1,890m
④ X=-250m,   Y=1,933m

03 그림에서 등고선 간격이 10m이고 $A_2=30m^2$, $A_3=45m^2$이다. 양단면 평균법으로 토량을 계산한 값은?

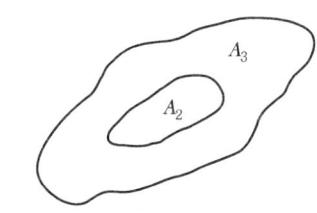

① 375m³   ② 750m³
③ 3,750m³   ④ 7,500m³

04 지구상의 임의의 점에 대한 절대적 위치를 표시하는 데 일반적으로 널리 사용되는 좌표계는?

① 평면 직각 좌표계
② 경·위도 좌표계
③ 3차원 직각 좌표계
④ UTM 좌표계

05 수준측량에서 후시(B.S)의 정의로 가장 적당한 것은?

① 측량 진행방향에서 기계 뒤에 있는 표척의 읽음값
② 높이를 구하고자 하는 점의 표척의 읽음값
③ 높이를 알고 있는 점의 표척의 읽음값
④ 그 점의 높이만 구하고자 하는 점의 표척의 읽음값

06 어느 거리를 동일 조건으로 6회 관측한 결과로 잔차의 제곱의 합(Σv^2)을 ±0.02686을 얻었다면 표준오차는?

① ±0.014m   ② ±0.024m
③ ±0.030m   ④ ±0.044m

07 도로 수평 곡선의 약호 중 접선 길이를 나타내는 것은?

① B.C   ② E.C
③ T.L   ④ C.L

08 임의 점의 표고를 숫자로 도상에 나타내는 지형표시방법은?

① 점고법   ② 우모법
③ 채색법   ④ 음영법

09 그림과 같은 폐다각형에서 4각을 관측한 결과가 다음과 같다. DC 측선의 방위각은?

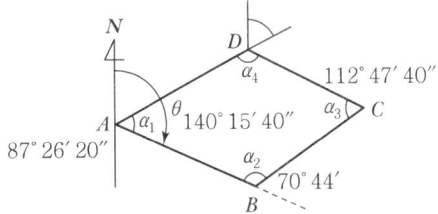

① 47° 42′ 00″
② 89° 52′ 40″
③ 143° 47′ 20″
④ 233° 21′ 00″

10 삼각형의 세 변의 길이가 각각 25m, 12m, 33m일 때 면적을 구한 값은?

① 86.26m²
② 100.15m²
③ 111.46m²
④ 126.89m²

11 삼각망의 변조정 계산에서 sin 법칙에 의한 계산식 $a = b\dfrac{\sin A}{\sin B}$에 대수를 취한 것으로 옳은 것은?

① $\log a = \log b + \log \sin A - \log \sin B$
② $\log a = \log b - \log \sin A + \log \sin B$
③ $\log a = \log b + \log \sin A + \log \sin B$
④ $\log a = \log b - \log \sin A - \log \sin B$

12 노선측량에서 원곡선의 종류가 아닌 것은?

① 단곡선
② 3차 포물선
③ 반향곡선
④ 복심곡선

13 1 : 50,000 지형도에서 A, B 두 지점의 표고가 각각 186m, 102m일 때 A, B 사이에 표시되는 주곡선의 수는?

① 1개
② 2개
③ 3개
④ 4개

14 곡선 반지름 $R = 100$m, 교각 $I = 30°$일 때 접선길이(TL)는?

① 36.79m
② 32.79m
③ 29.78m
④ 26.79m

15 그림과 같이 AB 측선의 방위각이 328° 30′, BC 측선의 방위각이 50°00′일 때 B점의 내각(∠ABC)은?

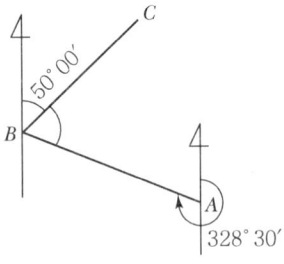

① 85° 00′
② 87° 30′
③ 86° 00′
④ 98° 30′

16 트래버스 측량에서 서로 이웃하는 2개의 측선이 만드는 각을 측정해 나가는 방법은?

① 편각법
② 방위각법
③ 교각법
④ 전원법

17 경중률에 대한 설명으로 옳은 것은?

① 오차의 제곱에 비례한다.
② 표준편차의 제곱에 비례한다.
③ 직접수준측량에서는 거리에 반비례한다.
④ 같은 정도로 측정했을 때에는 측정 횟수에 반비례한다.

18 평판측량에서 측량구역의 중앙부에 장애물이 많고 측량지역이 좁고 긴 경우에 적합한 방법은?

① 방사법
② 대각선법
③ 전진법
④ 수선법

19 수평각 관측법 중에서 가장 정확한 값을 얻을 수 있는 방법은?
① 조합각 관측법(각 관측법)
② 방향각법(방향 관측법)
③ 배각법(반복법)
④ 단측법(단각법)

20 축척 1:3,000인 도면의 면적을 측정하였더니 3cm²이었다. 이때 도면은 종횡으로 1%씩 수축되어 가고 있다면 이 토지의 실제 면적은 약 얼마인가?
① 2,700m²
② 2,727m²
③ 2,754m²
④ 2,785m²

21 등고선 간격이 5m이고 제한경사가 5%일 때 각 등고선의 수평거리는?
① 100m   ② 150m
③ 200m   ④ 250m

22 길이가 10m인 각주의 양단면적이 4.2m², 5.6m²이고 중앙단면적이 4.9m²일 때 이 각주의 체적은?
① 47m²
② 48m²
③ 49m²
④ 50m²

23 측선 AB의 거리가 65m이고 방위가 S80°E이다. 이 측선의 위거와 경거는?
① 위거=-64.013m, 경거=11.287m
② 위거=11.287m, 경거=-64.013m
③ 위거=64.013m, 경거=-11.287m
④ 위거=-11.287m, 경거=64.013m

24 평판측량에서 기지점을 2점 이상 취하고 기준점으로부터 미지점을 시준하여 방향선을 교차시켜 도면상에서 미지점의 위치를 결정하는 방법은?
① 방사법   ② 교회법
③ 전진법   ④ 편각법

25 왕복수준측량에서 편도 4km 측량 시 허용오차가 ±5mm일 때 편도 5km에 대한 허용오차는?
① ±4.0mm   ② ±5.0mm
③ ±5.6mm   ④ ±7.9mm

26 광파 거리 측정기와 전파 거리 측정기에 대한 설명으로 틀린 것은?
① 광파 거리 측정기는 적외선, 레이저광, 가시광선 등을 이용한다.
② 전파 거리 측정기는 주로 중·단거리 관측용으로 가볍고 조작이 간편하다.
③ 전파 거리 측정기는 안개나 구름과 같은 기상 조건에 비교적 영향을 받지 않는다.
④ 일반 건설현장에서는 광파 거리 측정기가 많이 사용된다.

27 하천 양안에서 교호수준측량을 실시하여 그림과 같은 결과를 얻었다. A점의 지반고가 100.250m일 때 B점의 지반고는?

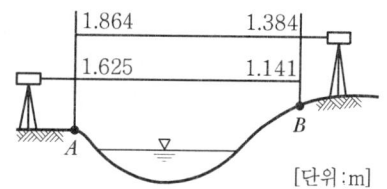

[단위:m]

① 99.286m
② 99.768m
③ 100.732m
④ 101.214m

28 다음 각의 종류에 대한 설명이 옳지 않은 것은?
① 방향각 : 임의의 기준선으로부터 어느 측선까지 시계방향으로 잰 수평각
② 방위각 : 자오선을 기준으로 하여 어느 측선까지 시계방향으로 잰 수평각
③ 고저각 : 수평선을 기준으로 목표에 대한 시준선과 이루는 각
④ 천정각 : 수평선을 기준으로 90°까지를 잰 시준각

29 전리층 오차를 보정할 수 있는 방법으로 가장 적합한 것은?
① 2주파 수신기를 사용한다.
② 고층 빌딩을 피하여 설치한다.
③ 안테나 고를 높인다.
④ 위성 수신각을 높인다.

30 아래 그림과 같이 지거 간격 3m로 각 지거 ($y_1 \sim y_7$)를 측정하였다. 사다리꼴 공식에 의한 면적은?(단, $y_1 = 1.5$m, $y_2 = 1.2$m, $y_3 = 2.5$m, $y_4 = 3.5$m, $y_5 = 3.0$m, $y_6 = 2.8$m, $y_7 = 2.5$m)

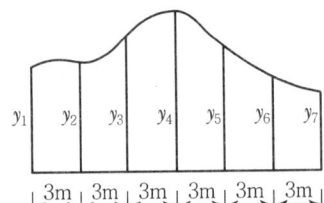

① 43m²
② 44m²
③ 45m²
④ 46m²

31 등고선을 측정하기 위해 어느 한 곳에 레벨을 세우고 표고 20m 지점의 표척 읽음값이 1.8m이었다. 21m 등고선을 구하려면 시준선의 표척 읽음값을 얼마로 하여야 하는가?

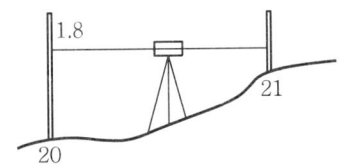

① 0.2m
② 0.8m
③ 1.8m
④ 2.9m

32 경사가 일정한 A, B 두 점 간을 측정하여 경사거리 150m를 얻었다. A, B 간의 고저차가 20m이었다면 수평거리는?
① 116.4m
② 120.5m
③ 131.6m
④ 148.7m

33 측량하려는 두 점 사이에 강, 호수, 하천 또는 계곡이 있어 그 두 점 중간에 기계를 세울 수 없는 경우 교호수준 측량을 실시한다. 이 측량에서 양안 기슭에 표척을 세워 시준하는 이유는?
① 굴절오차와 시준축 오차를 소거하기 위해
② 양안 경사거리를 쉽게 측량하기 위해
③ 양안의 표척과 기계 사이의 거리를 다르게 하기 위해
④ 표고차를 4회 평균하여 산출하기 위해

34 삼각측량을 할 때 한 내각의 크기로 허용되는 일반적인 범위로 옳은 것은?
① 20°~60°
② 30°~120°
③ 90°~130°
④ 60°~180°

35 다음 그림과 같이 AB 측선의 방위각이 328° 30′, BC측선의 방위각이 50°00′일 때 B점의 내각은?

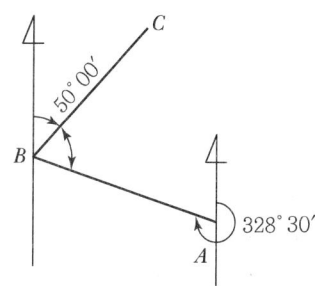

① 86°30′ ② 98°00′
③ 98°30′ ④ 77°00′

36 방위각 45°20′의 역방위는 얼마인가?
① N45°20′E ② S45°20′E
③ S45°20′W ④ N45°20′W

37 건설공사에서 지형도를 이용한 예로 거리가 먼 것은?
① 폐합비 산출
② 횡단면도의 작성
③ 유역면적의 결정
④ 저수용량의 결정

38 임의의 기준선으로부터 어느 측선까지 시계 방향으로 잰 각을 무엇이라 하는가?
① 방향각 ② 방위각
③ 연직각 ④ 천정각

39 클로소이드 곡선 종점에서의 곡률 반지름 (R)이 300m일 때 원곡선과 클로소이드 곡선이 조화되는 선형이 되도록 하기 위한 클로소이드의 매개 변수(A)의 최솟값은?
① 200m ② 150m
③ 100m ④ 75m

40 GPS에서 사용하고 있는 좌표계로 옳은 것은?
① WGS 72 ② WGS 84
③ PZ 30 ④ ITRF 96

41 그림에서 ∠A 관측값의 오차 조정량으로 옳은 것은?(단, 동일 조건에서 ∠A, ∠B, ∠C와 전체 각을 관측하였다.)

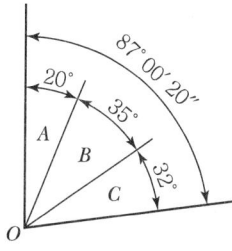

① +5″ ② +6″
③ +8″ ④ +10″

42 30°는 몇 라디안(rad)인가?
① 0.52rad ② 0.57rad
③ 0.79rad ④ 1.42rad

43 어느 측선의 방위각이 330°이고, 측선 길이가 120m라 하면 그 측선의 경거는?
① −60.000m ② 36.002m
③ 95.472m ④ 103.923m

44 1회 측정할 때마다 ±3mm의 우연오차가 생겼다면 5회 측정할 때 생기는 오차의 크기는?
① ±15.0mm ② ±12.0mm
③ ±9.3mm ④ ±6.7mm

45 수준측량의 고저차를 확인하기 위한 검산식으로 옳은 것은?
① ΣBS−ΣTP
② ΣFS−ΣTP
③ ΣIH−ΣFS
④ ΣIH−ΣBS

46 지형도에서 등경사지인 A점인 표고는 100m이고, B점의 표고는 180m이다. AB의 수평거리가 1,000m일 때 A로부터 120m인 등고선의 수평거리는?

① 250m ② 500m
③ 750m ④ 1,000m

47 트래버스 측량으로 면적을 구하고자 할 때 사용되는 식으로 옳은 것은?

① (배횡거×조정위거)의 합
② (배횡거×조정위거)의 합÷2
③ (배횡거×조정경거)의 합÷2
④ (조정경거×조정위거)의 합

48 그림과 같이 반지름이 다른 2개의 단곡선이 그 접속점에서 공통 접선의 반대쪽에 곡선의 중심을 가지고 연결된 곡선을 무엇이라고 하는가?

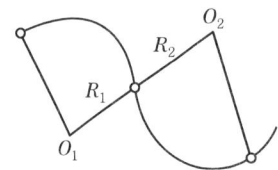

① 반향곡선 ② 원곡선
③ 복곡선   ④ 완화곡선

49 세 변의 길이가 각각 4m, 6m, 8m인 삼각형의 면적은?

① 6.4m²   ② 8.9m²
③ 11.6m² ④ 12.3m²

50 축척 1:50,000 지형도에서 표고가 각각 185m, 125m인 두 지점의 수평거리가 30mm일 때 경사 기울기는?

① 2.0% ② 2.5%
③ 3.0% ④ 4.0%

51 지구를 둘러싸는 6개의 GPS위성 궤도는 각 궤도각 몇 도의 간격을 유지하는가?

① 30°   ② 60°
③ 90°   ④ 120°

52 사용 기계의 종류에 따른 측량의 분류에 해당하는 것은?

① 노선 측량
② 골조 측량
③ 토털스테이션 측량
④ 터널 측량

53 결합 트래버스 측량 결과 위거 오차 +0.016m, 경거 오차 0.012m이었다. 전 측선의 길이가 1,760m일 때 폐합비는?

① $\dfrac{1}{176,000}$ ② $\dfrac{1}{146,000}$
③ $\dfrac{1}{118,000}$ ④ $\dfrac{1}{88,000}$

54 단열삼각망의 특징에 대한 설명으로 틀린 것은?

① 노선, 하천, 터널 등과 같이 폭이 좁고 거리가 먼 지역에 적합하다.
② 조건식의 수가 많아 삼각측량이나 기선 삼각망 등에 주로 사용한다.
③ 거리에 비하여 측점 수가 적으므로 측량이 신속하다.
④ 다른 삼각망에 비해 정확도가 낮다.

55 다음 중 한 파장의 길이가 가장 긴 GPS 신호는?

① L_1 ② L_2
③ C/A   ④ P

56 그림과 같이 토지의 한 변 BC와 평행하게 m : n = 1 : 4의 면적비율로 분할할 때 AB = 45m이면 AX의 길이는?

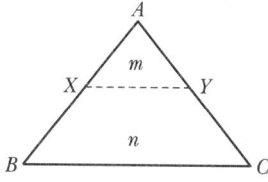

① 22.5m ② 20.1m
③ 17.5m ④ 15.6m

57 두 점 간의 경사거리가 50m이고, 고저차가 1.5m일 때 경사보정량은?

① -0.015m ② -0.023m
③ -0.033m ④ -0.045m

58 하천 양안에서 교호수준측량을 실시하여 그림과 같은 결과를 얻었다. A점의 지반고가 50.250m일 때 B점의 지반고는?

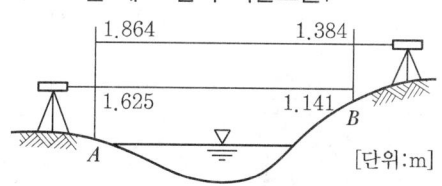

① 49.768m ② 50.250m
③ 50.732m ④ 51.082m

59 GPS 위성으로부터 직접 수신된 전파 이외에 부가적으로 주위의 지형지물에 의하여 반사된 전파 때문에 발생하는 오차를 무엇이라 하는가?

① 위성궤도오차
② 대류권 굴절오차
③ 다중경로오차
④ 사이클 슬립

60 수준측량 야장에서 측점 3의 지반고는?(단, 단위는 m이고, 측점 1의 지반고는 10.00m이다.)

측점	B.S	F.S		비고
		T.P	I.P	
1	0.75			
2			1.08	
3	0.96	0.27		
4			1.32	
5		2.44		

① 10.48m ② 10.36m
③ 10.06m ④ 9.67m

모의고사 2회 정답 및 해설

01 정답 ▶ ④

방위각법
- 각 측선이 일정한 기준선인 자오선과 이루는 각을 우회로 관측하는 방법
- 한번 오차가 생기면 끝까지 영향을 끼친다.
- 측선을 따라 진행하면서 관측하므로 각 관측값의 계산과 제도가 편리하고 신속히 관측할 수 있다.

02 정답 ▶ ③

AB의 위거 $= L\cos\theta = 450 \times \cos 120° \times \cos 120°$
$= -225\text{m}$

$\therefore X_B = 1,500 - 225 = 1,275\text{m}$

AB의 경거 $= L\sin\theta = 450 \times \sin 120°$
$= 390\text{m}$

$\therefore Y_B = 1,500 + 390 = 1,890\text{m}$

03 정답 ▶ ①

$V = \dfrac{1}{2}(A_1 + A_2) \times L$

$= \dfrac{30+45}{2} \times 10$

$= 375\text{m}^2$

04 정답 ▶ ②

경·위도 좌표	① 지구상 절대적 위치를 표시하는 데 가장 널리 쓰인다. ② 경도(λ)와 위도(ϕ)에 의한 좌표(λ, ϕ)로 수평위치를 나타낸다. ③ 3차원 위치표시를 위해서는 타원체면으로부터의 높이, 즉 표고를 이용한다. ④ 경도는 동·서쪽으로 0~180°로 관측하며 천문경도와 측지경도로 구분한다. ⑤ 위도는 남·북쪽으로 0~90° 관측하며 천문위도, 측지위도, 지심위도, 화성위도로 구분된다. ⑥ 경도 1°에 대한 적도상 거리는 약 111km, 1′는 1.85km, 1″는 0.88m가 된다.
평면직교 좌표	① 측량범위가 크지 않은 일반측량에 사용된다. ② 직교좌표값(x, y)으로 표시된다. ③ 자오선을 X축, 동서방향을 Y축으로 한다. ④ 원점에서 동서로 멀어질수록 자오선과 원점을 지나는 Xn(진북)과 평행한 Xn(도북)이 서로 일치하지 않아 자오선수차(r)가 발생한다.
UTM 좌표	UTM 좌표는 국제횡메르카토르 투영법에 의하여 표현되는 좌표계이다. 적도를 횡축, 자오선을 종축으로 한다. 투영방식, 좌표변환식은 TM과 동일하나 원점에서 축척계수를 0.9996으로 하여 적용범위를 넓혔다.

05 정답 ▶ ③

표고 (elevation)	국가 수준기준면으로부터 그 점까지의 연직거리
전시 (fore sight)	표고를 알고자 하는 점(미지점)에 세운 표척의 읽음값
후시 (back sight)	표고를 알고 있는 점(기지점)에 세운 표척의 읽음값
기계고 (instrument height)	기준면에서 망원경 시준선까지의 높이
이기점 (turning point)	기계를 옮길 때 한 점에서 전시와 후시를 함께 취하는 점
중간점 (intermediate point)	표척을 세운 점의 표고만을 구하고자 전시만 취하는 점

06 정답 ▶ ③

표준오차$(\sigma_m) = \pm \sqrt{\dfrac{\sum v^2}{n(n-1)}}$

$= \pm \sqrt{\dfrac{0.02686}{6(6-1)}}$

$= \pm 0.030\text{m}$

07 정답 ▶ ③

B.C	곡선시점(Biginning of Curve)
E.C	곡선종점(End of Curve)
S.P	곡선중점(Secant Point)
I.P	교점(Intersection Point)
I	교각(Intersection Angle)
∠AOB	중심각(Central Angle) : I
R	곡선반경(Radius of Curve)
$\widehat{AB}$	곡선장(Curve Length) : C.L
AB	현장(Long Chord) : C
T.L	접선장(Tangent Length) : AD, BD
M	중앙종거(Middle Ordinate)
E	외할(External Secant)
δ	편각(Deflection Angle) : ∠VAG

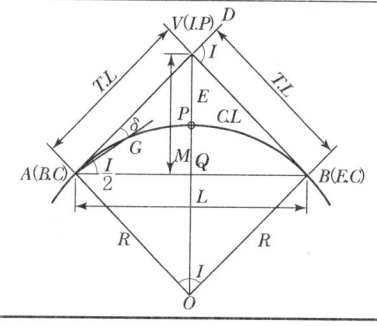

08 정답 ▶ ①

자연적 도법	영선법 (우모법, Hachuring)	"게바"라 하는 단선상(短線上)의 선으로 지표의 기본을 나타내는 것으로 게바의 사이, 굵기, 방향 등에 의하여 지표를 표시하는 방법
	음영법 (명암법, Shading)	태양광선이 서북쪽에서 45°로 비친다고 가정하여 지표의 기복을 도상에서 2~3색 이상으로 채색하여 지형을 표시하는 방법으로 지형의 입체감이 가장 잘 나타나는 방법이다.
부호적 도법	점고법 (Spot Height System)	지표면상의 표고 또는 수심을 숫자에 의하여 지표를 나타내는 방법으로 하천, 항만, 해양 등에 주로 이용
	등고선법 (Contour System)	동일표고의 점을 연결한 것으로 등고선에 의하여 지표를 표시하는 방법으로 토목공사용으로 가장 널리 사용
	채색법 (Layer System)	같은 등고선의 지대를 같은 색으로 채색하여 높을수록 진하게 낮을수록 연하게 칠하여 높이의 변화를 나타내며 지리관계의 지도에 주로 사용

09 정답 ▶ ③

$V_B^C = 140°15'40'' + 180° + 70°44' = 30°59'40''$

$V_C^D = 30°59'40'' + 180° + 112°47'40''$
$\quad = 323°47'20''$

$V_D^C = 323°47'20'' + 180° = 143°47'20''$

10 정답 ▶ ④

$A = \sqrt{S(S-a)(S-b)(S-c)}$
$\quad = \sqrt{35(35-25)(35-12)(35-33)}$
$\quad = 126.885 \text{m}^2$

$S = \frac{1}{2}(a+b+c) = \frac{25+12+33}{2} = 35$

11 정답 ▶ ①

$\frac{a}{\sin\alpha} = \frac{b}{\sin\beta} = \frac{c}{\sin\gamma}$

$b = \frac{\sin\beta}{\sin\alpha} \cdot a$

$c = \frac{\sin\gamma}{\sin\alpha} \cdot a$

$\log b = \log a + \log \sin\beta - \log \sin\alpha$
$\quad = \log a + \log \sin\beta + \text{colog} \sin\alpha$

12 정답 ▶ ②

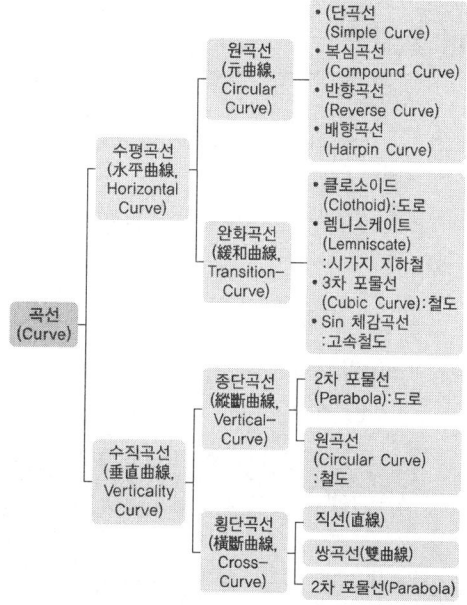

13 정답 ▶ ④

등고선 종류	기호	축척			
		$\frac{1}{5,000}$	$\frac{1}{10,000}$	$\frac{1}{25,000}$	$\frac{1}{50,000}$
주곡선	가는 실선	5	5	10	20
간곡선	가는 파선	2.5	2.5	5	10
조곡선 (보조곡선)	가는 점선	1.25	1.25	2.5	5
계곡선	굵은 실선	25	25	50	100

20m마다 주곡선을 1개씩 넣어야 하고 마지막 점은 그려 넣지 않으므로 4개이다.

주곡선 $= \frac{180-120}{20} + 1 = 4$ 개

14 정답 ▶ ④

$TL = R \tan \frac{I}{2}$

$= 100 \times \tan \frac{30}{2} = 26.79\text{m}$

15 정답 ▶ ④

$V_B^A = V_A^B + 180°$
$= 328°30' + 180° = 148°30'$
$\therefore \angle ABC = 148°30' - 50° = 98°30'$

16 정답 ▶ ③

교각법	• 어떤 측선이 그 앞의 측선과 이루는 각을 관측하는 것을 교각법이라 한다. • 각 각이 독립적으로 관측되므로 잘못을 발견하였을 경우에도 다른 각에 관계없이 재측할 수 있다. • 요구하는 정확도에 따라 방향각법, 배각법으로 각 관측을 할 수 있다. • 폐합 및 폐다각형에 적합하며 측점 수는 일반적으로 20점 이내가 효과적이다.
편각법	각 측선이 그 앞 측선의 연장과 이루는 각을 관측하는 방법으로 도로, 수로, 철도 등 선로의 중심선측량에 유리하다.
방위각법	• 각 측선이 일정한 기준선인 자오선과 이루는 각을 우회로 관측하는 방법 • 오차가 생기면 끝까지 영향을 끼친다. • 측선을 따라 진행하면서 관측하므로 각 관측값의 계산과 제도가 편리하고 신속히 관측할 수 있다.

17 정답 ▶ ③

경중률(무게, P)

경중률이란 관측값의 신뢰정도를 표시하는 값으로 관측방법, 관측 횟수, 관측거리 등에 따른 가중치를 말한다.

㉠ 경중률은 관측 횟수(n)에 비례한다.
  ($P_1 : P_2 : P_3 = n_1 : n_2 : n_3$)

㉡ 경중률은 평균제곱오차(m)의 제곱에 반비례한다.
  $\left(P_1 : P_2 : P_3 = \frac{1}{m_1^2} : \frac{1}{m_2^2} : \frac{1}{m_3^2}\right)$

㉢ 경중률은 정밀도(R)의 제곱에 비례한다.
  ($P_1 : P_2 : P_3 = R_1^2 : R_2^2 : R_3^2$)

㉣ 직접수준측량에서 오차는 노선거리(S)의 제곱근($\sqrt{S}$)에 비례한다.
  ($m_1 : m_2 : m_3 = \sqrt{S_1} : \sqrt{S_2} : \sqrt{S_3}$)

㉤ 직접수준측량에서 경중률은 노선거리(S)에 반비례한다.
  $\left(P_1 : P_2 : P_3 = \frac{1}{S_1} : \frac{1}{S_2} : \frac{1}{S_3}\right)$

㉥ 간접수준측량에서 오차는 노선거리(S)에 비례한다.
  ($m_1 : m_2 : m_3 = S_1 : S_2 : S_3$)

㉦ 간접수준측량에서 경중률은 노선거리(S)의 제곱에 반비례한다.
  $\left(P_1 : P_2 : P_3 = \frac{1}{S_1^2} : \frac{1}{S_2^2} : \frac{1}{S_3^2}\right)$

18 정답 ▶ ③

평판측량 방법

방사법 (Method of Radiation, 사출법)		측량구역 안에 장애물이 없고 비교적 좁은 구역에 적합하며 한 측점에 평판을 세워 그 점 주위에 목표점의 방향과 거리를 측정하는 방법(60m 이내)
전진법 (Method of Traversing, 도선법, 절측법)		측량구역에 장애물이 중앙에 있어 시준이 곤란할 때 사용하는 방법으로 측량구역이 길고 좁을 때 측점마다 평판을 세워가며 측량하는 방법
교회법 (Method of Intersection)	전방 교회법	전방에 장애물이 있어 직접 거리를 측정할 수 없을 때 편리하며, 알고 있는 기지점에 평판을 세워서 미지점을 구하는 방법

교회법 (Method of Intersection)	측방 교회법	기지의 두 점을 이용하여 미지의 한 점을 구하는 방법으로 도로 및 하천변의 여러 점의 위치를 측정할 때 편리한 방법
	후방 교회법	도면상에 기재되어 있지 않은 미지점에 평판을 세워 기지의 2점 또는 3점을 이용하여 현재 평판이 세워져 있는 평판의 위치(미지점)를 도면상에서 구하는 방법

19 정답 ▶ ①

수평각 관측법의 종류

단측법	1개의 각을 1회 관측하는 방법으로 수평각 측정법 중 가장 간단하며 관측결과가 좋지 않다.
배각법	하나의 각을 2회 이상 반복 관측하여 누적된 값을 평균하는 방법으로 이중 축을 가진 트랜싯의 연직축 오차를 소거하는 데 좋고 아들자의 최소눈금 이하로 정밀하게 읽을 수 있다.
방향각법	어떤 시준방향을 기준으로 하여 각 시준방향에 이르는 각을 차례로 관측하는 방법으로 배각법에 비해 시간이 절약되고 3등삼각측량에 이용된다.

조합각 관측법	수평각 관측방법 중 가장 정확한 방법으로 1등삼각측량에 이용된다.
	(1) 방법
	   여러 개의 방향선의 각을 차례로 방향각법으로 관측하여 얻어진 여러 개의 각을 최소제곱법에 의해 최확값을 결정한다.
	(2) 측각 총수, 조건식 총수
	   ㉠ 측각 총수 $= \frac{1}{2}N(N-1)$
	   ㉡ 조건식 총수 $= \frac{1}{2}(N-1)(N-2)$
	   여기서, N : 방향 수

20 정답 ▶ ③

면적이 줄었을 때	실제면적 = 측정면적 $\times (1+\varepsilon)^2$ 여기서, ε : 신축된 양
면적이 늘었을 때	실제면적 = 측정면적 $\times (1-\varepsilon)^2$

실제면적 = 관측면적 $\times (1+\varepsilon)^2$
= (도상면적 $\times M^2$) $\times (1+\varepsilon)^2$
= $(3 \times 3{,}000^2) \times (1+0.01)^2$
= $27{,}542{,}700 \text{cm}^2 = 2{,}754 \text{m}^2$

21 정답 ▶ ①

경사$(i) = \frac{H}{D} \times 100$에서

5%의 구배가 되려면 수평거리 100m에 고저차(높이)가 5m 되는 곳을 말한다. 등고선 간격이 5m이므로

$100 : 5 = D : 5\text{m}$

$\therefore D = \frac{100}{5} \times 5 = 100\text{m}$

22 정답 ▶ ③

양단면 평균법 (End area formula)	$V = \frac{1}{2}(A_1 + A_2) \cdot l$ 여기서, $A_1 \cdot A_2$: 양끝단면적 A_m : 중앙단면적 $l : A_1$에서 A_2까지의 길이
중앙단면법 (Middle area formula)	$V = A_m \cdot l$
각주공식 (Prismoidal formula)	$V = \frac{l}{6}(A_1 + 4A_m + A_2)$

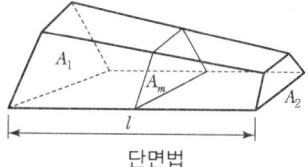

단면법

$V = \frac{L}{6}(A_1 + 4A_m + A_2)$
$= \frac{10}{6} \times (4.2 + 4 \times 4.9 + 5.6) = 49\text{m}^2$

23 정답 ▶ ④

방위를 방위각으로 환산
- 방위각 = S80°E → 180° - 80° = 100°
- 위거 = 거리 $\times \cos\theta = 65\text{m} \times \cos 100° = -11.287\text{m}$
- 경거 = 거리 $\times \sin\theta = 65\text{m} \times \sin 100° = 64.013\text{m}$
- 방위로 계산하여 N은 (+), S는 (-), E는 (+), W는 (-)부호를 붙인다.

24 정답 ▶ ②

방사법 (Method of Radiation, 사출법)		측량구역 안에 장애물이 없고 비교적 좁은 구역에 적합하며 한 측점에 평판을 세워 그 주위에 목표점의 방향과 거리를 측정하는 방법(60m 이내)
전진법 (Method of Traversing, 도선법, 절측법)		측량구역에 장애물이 중앙에 있어 시준이 곤란할 때 사용하는 방법으로 측량구역이 길고 좁을 때 측점마다 평판을 세워가며 측량하는 방법
교회법 (Method of Intersection)	전방 교회법	전방에 장애물이 있어 직접 거리를 측정할 수 없을 때 편리하며, 알고 있는 기지점에 평판을 세워서 미지점을 구하는 방법
	측방 교회법	기지의 두 점을 이용하여 미지의 한 점을 구하는 방법으로 도로 및 하천변의 여러 점의 위치를 측정할 때 편리한 방법
	후방 교회법	도면상에 기재되어 있지 않은 미지점에 평판을 세워 기지의 2점 또는 3점을 이용하여 현재 평판이 세워져 있는 평판의 위치(미지점)를 도면상에서 구하는 방법

25 정답 ▶ ③

오차는 노선거리의 제곱근에 비례한다.
$\sqrt{8} : \pm 5 = \sqrt{10} : x$
$\therefore x = \pm \dfrac{\sqrt{10}}{\sqrt{8}} \times 5 = \pm 5.59 \text{mm}$

26 정답 ▶ ②

구분	광파거리 측량기	전파거리 측량기
정의	측점에서 세운 기계로부터 빛을 발사하여 이것을 목표점의 반사경에 반사하여 돌아오는 반사파의 위상을 이용하여 거리를 구하는 기계	측점에 세운 주국에서 극초단파를 발사하고 목표점의 종국에서는 이를 수신하여 변조고주파로 반사하여 각각의 위상 차이로 거리를 구하는 기계
정확도	±(5mm+5ppm)	±(15mm+5ppm)
대표 기종	Geodimeter	Tellurometer
장점	• 정확도가 높다. • 데오돌라이트나 트랜싯에 부착하여 사용 가능하며, 무게가 가볍고 조작이 간편하고 신속하다. • 움직이는 장애물의 영향을 받지 않는다.	• 안개, 비, 눈 등의 기상 조건에 대한 영향을 받지 않는다. • 장거리 측정에 적합하다.
단점	안개, 비, 눈 등의 기상조건에 대한 영향을 받는다.	• 단거리 관측 시 정확도가 비교적 낮다. • 움직이는 장애물, 지면의 반사파 등의 영향을 받는다.
최소 조작 인원	1명 (목표점에 반사경을 설치했을 경우)	2명 (주국, 종국 각 1명)
관측 가능 거리	단거리용 : 5km 이내 중거리용 : 60km 이내	장거리용 : 30~150km
조작 시간	한 변 10~20분	한 변 20~30분

27 정답 ▶ ③

$h = \dfrac{(1.864+1.625)-(1.384+1.141)}{2} = 0.482$

$H_B = 100.25 + 0.482 = 100.732 \text{m}$

28 정답 ▶ ④

평면각
중력방향과 직교하는 수평면 내에서 관측되는 수평각과 중력방향면 내에서 관측되는 연직각으로 구분된다.

	교각	전 측선과 그 측선이 이루는 각
수 평 각	편각	각 측선이 그 앞 측선의 연장선과 이루는 각
	방향각	도북방향을 기준으로 어느 측선까지 시계방향으로 잰 각
	방위각	㉠ 자오선을 기준으로 어느 측선까지 시계방향으로 잰 각 ㉡ 방위각도 일종의 방향각 ㉢ 자북방위각, 역방위각
수 평 각	진북 방향각 (자오선 수차)	㉠ 도북을 기준으로 한 도북과 자북의 사이각 ㉡ 진북방향각은 삼각점의 원점으로부터 동쪽에 위치 시 (−), 서쪽에 위치 시 (+)를 나타낸다. ㉢ 좌표원점에서 동서로 멀어질수록 진북방향각이 커진다. ㉣ 방향각, 방위각, 진북방향각의 관계 방위각(α) =방향각(T)−자오선수차($\pm\Delta\alpha$)
연 직 각	천정각	연직선 위쪽을 기준으로 목표점까지 내려 잰 각
	고저각	수평선을 기준으로 목표점까지 올려서 잰 각을 상향각(앙각), 내려 잰 각을 하향각(부각) : 천문측량의 지평좌표계
	천저각	연직선 아래쪽을 기준으로 목표점까지 올려서 잰 각 : 항공사진측량

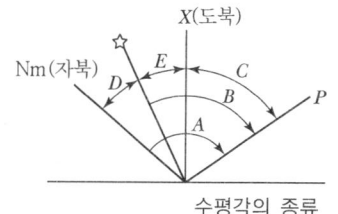

수평각의 종류

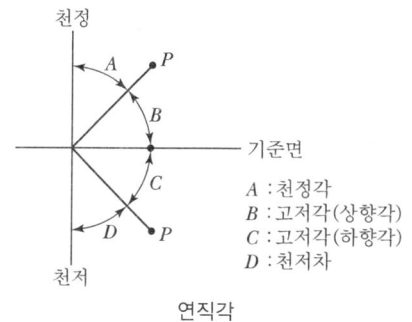

연직각

29 정답 ▶ ①
GPS 측량에서는 L_1, L_2파의 선형조합을 통해 전리층 지연오차 등을 산정하여 보정할 수 있다.

30 정답 ▶ ③
사다리꼴 공식에 의한 면적
$$= d\left(\frac{y_1 + y_n}{2} + y_2 + \dots + y_{n-1}\right)$$
$$= 3 \times \left(\frac{1.5 + 2.5}{2} + 1.2 + 2.5 + 3.5 + 3.0 + 2.8\right)$$
$$= 45 \text{m}^2$$

31 정답 ▶ ②
$H_B = H_A + $ 표척 읽음값 $- h$에서
$h = H_A + $ 표척 읽음값 $- H_B$
$= 20 + 1.8 - 21 = 0.8\text{m}$

32 정답 ▶ ④
$D = \sqrt{l^2 - (\Delta h)^2} = \sqrt{150^2 - 20^2} = 148.7\text{m}$

33 정답 ▶ ①
교호 수준측량을 할 경우 소거되는 오차
- 레벨의 기계오차(시준축 오차)
- 관측자의 읽기오차
- 지구의 곡률에 의한 오차(구차)
- 광선의 굴절에 의한 오차(기차)

34 정답 ▶ ②
삼각형은 정삼각형에 가깝게 하고, 부득이할 때는 한 내각의 크기를 30°~120° 범위로 한다.

35 정답 ▶ ③
㉠ BA 방위각 = AB 역방위각
$\quad = 328°30' - 180° = 148°30'$
㉡ B점의 내각 = BA 방위각 $- BC$ 방위각
$\quad = 148°30' - 50°00' = 98°30'$

36 정답 ▶ ③
역방위각 = 방위각 + 180°
$\quad = 45°20' + 180° = 225°20'$
3상한에 있으므로 225°20' - 180° = 45°20'
∴ 45°20'의 역방위는 S45°20'W이다.

37 정답 ▶ ①
지형도의 이용
1. 방향결정
2. 위치결정
3. 경사결정(구배계산)
   ㉠ 경사$(i) = \dfrac{H}{D} \times 100(\%)$
   ㉡ 경사각$(\theta) = \tan^{-1}\dfrac{H}{D}$
4. 거리결정
5. 단면도 제작
6. 면적계산
7. 체적계산(토공량 산정)

38 정답 ▶ ①

	교각	전 측선과 그 측선이 이루는 각
	편각	각 측선이 그 앞 측선의 연장선과 이루는 각
수평각	방향각	도북방향을 기준으로 어느 측선까지 시계방향으로 잰 각
	방위각	㉠ 자오선을 기준으로 어느 측선까지 시계방향으로 잰 각 ㉡ 방위각도 일종의 방향각 ㉢ 자북방위각, 역방위각

수평각	진북방향각(자오선수차)	㉠ 도북을 기준으로 한 도북과 자북의 사이각 ㉡ 진북방향각은 삼각점의 원점으로부터 동쪽에 위치 시 (-), 서쪽에 위치 시 (+)를 나타낸다. ㉢ 좌표원점에서 동서로 멀어질수록 진북방향각이 커진다. ㉣ 방향각, 방위각, 진북방향각의 관계 방위각(α) =방향각(T)－자오선수차($\pm\Delta\alpha$)
연직각	천정각	연직선 위쪽을 기준으로 목표점까지 내려 잰 각
	고저각	수평선을 기준으로 목표점까지 올려서 잰 각을 상향각(앙각), 내려 잰 각을 하향각(부각) : 천문측량의 지평좌표계
	천저각	연직선 아래쪽을 기준으로 목표점까지 올려서 잰 각 : 항공사진측량

39 정답 ▶ ③

원곡선과 클로소이드 곡선이 서로 조화되는 선형이 되도록 하기 위해서는 $R \geq A \geq \dfrac{R}{3}$ 이 되도록 해야 한다.

∴ 매개 변수(A)의 최솟값 $= \dfrac{300}{3} = 100\text{m}$

40 정답 ▶ ②

세계측지계(WGS 84)
GPS(Global Positioning System)를 이용한 위치측정에서 사용되는 좌표계

41 정답 ▶ ①

오차 $= 87°00'20'' - (\angle A + \angle B + \angle C)$
$= 87°00'20'' - (20° + 35° + 32°) = 20''$

조정량 $= \dfrac{20}{4} = 5''$

$\angle A + \angle B + \angle C$의 합이 작으므로 +5″씩 보정, 전체 각은 크므로 −5″ 보정한다.

42 정답 ▶ ①

$1° = \dfrac{\pi}{180}\text{rad} = 1.74532925 \times 10^{-2}\text{rad}$

∴ $30° \times 0.01745 = 0.523\text{rad}$

43 정답 ▶ ①

$\triangle x = 120 \times \cos 330° = 103.923\text{m}$
$\triangle y = 120 \times \sin 330° = -60.000\text{m}$

44 정답 ▶ ④

우연오차는 측량횟수의 제곱근에 비례.
$E = \pm \delta\sqrt{n} = \pm 3\sqrt{5} = \pm 6.71\text{mm}$

45 정답 ▶ ①

수준측량 방법

기계고(IH)	IH = GH + BS
지반고(GH)	GH = IH − FS
고저차(H)	고차식	$H = \sum BS - \sum FS$
	기고식 승강식	$H = \sum BS - \sum TP$

46 정답 ▶ ①

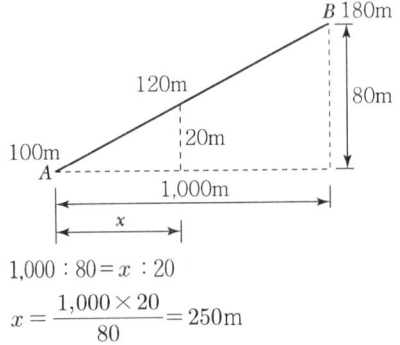

$1,000 : 80 = x : 20$

$x = \dfrac{1,000 \times 20}{80} = 250\text{m}$

47 정답 ▶ ②

면적계산

배면적(2A)	배횡거×조정위거
면적(A)	$\dfrac{\sum(배횡거 \times 조정위거)}{2}$

계산된 배면적을 다 더한 후 절댓값을 취해 면적을 계산한다.

48 정답 ▶ ①

복심곡선 (Compound curve)	반경이 다른 2개의 원곡선이 1개의 공통접선을 갖고 접선의 같은 쪽에서 연결하는 곡선을 말한다. 복심곡선을 사용하면 그 접속점에서 곡률이 급격히 변화하므로 될 수 있는 한 피하는 것이 좋다.
반향곡선 (Reverse curve)	반경이 같지 않은 2개의 원곡선이 1개의 공통접선의 양쪽에 서로 곡선 중심을 가지고 연결한 곡선이다. 반향곡선을 사용하면 접속점에서 핸들의 급격한 회전이 생기므로 가급적 피하는 것이 좋다.

배향곡선 (Hairpin curve)	반향곡선을 연속시켜 머리핀 같은 형태의 곡선으로 된 것을 말한다. 산지에서 기울기를 낮추기 위해 쓰이므로 철도에서 Switch Back에 적합하여 산허리를 누비듯이 나아가는 노선에 적용한다.

49 정답 ▶ ③

$$S = \frac{1}{2}(a+b+c)$$
$$= \frac{1}{2}(4+6+8) = 9$$
$$A = \sqrt{S(S-a)(S-b)(S-c)}$$
$$= \sqrt{9(9-4)(9-6)(9-8)} = 11.6\text{m}^2$$

50 정답 ▶ ④

$$\frac{1}{m} = \frac{\text{도상거리}}{\text{실제거리}}$$

실제거리 $= 30 \times 50,000 = 1,500,000\text{mm}$
$h = 185 - 125 = 60\text{m} = 60,000\text{mm}$

$$\text{기울기}(i) = \frac{h}{D} \times 100\%$$
$$= \frac{60,000}{1,500,000} \times 100$$
$$= 4\%$$

51 정답 ▶ ②

우주부문

구성	31개의 GPS위성

기능	측위용 전파 상시 방송, 위성궤도정보, 시각신호 등 측위계산에 필요한 정보 방송
	① 궤도형상 : 원궤도
	② 궤도면수 : 6개면
	③ 위성수 : 1궤도면에 4개
	  위성(24개+보조위성 7개)=31개
	④ 궤도경사각 : 55°
	⑤ 궤도고도 : 20,183km
	⑥ 사용좌표계 : WGS84
	⑦ 회전주기 : 11시간 58분(0.5 항성일) : 1항성일은 23시간 56분 4초
	⑧ 궤도 간 이격 : 60도
	⑨ 기준발진기 : 10.23MHz
	  • 세슘원자시계 2대
	  • 루비듐원자시계 2대

52 정답 ▶ ③

측량 기계에 따른 분류

평판 측량	평판을 이용하여 지형의 평면도를 작성하는 측량
트랜싯 측량	트랜싯을 이용하여 주로 각과 거리를 결정하는 측량
레벨 측량	레벨을 이용하여 고저차를 결정하는 측량
스타디아 측량	망원경 내의 스타디아선을 이용하여 간접법으로 두 점간의 거리와 고저차를 결정하는 측량
테이프 측량	체인이나 테이프를 가지고 거리를 구하는 측량
전자파 거리 측량	전파나 광파에 의해 두 점 간의 거리를 간접적으로 구하는 측량
육분의 측량	육분의를 이용하여 움직이면서 각을 관측하거나 움직이는 목표의 각을 관측하여 위치를 결정하는 측량으로 하천, 항만측량
토털스테이션 측량	토털스테이션은 관측된 데이터를 직접 저장하고 처리할 수 있으므로 3차원 지형정보 획득으로부터 데이터베이스 구축 및 지형도 제작까지 일괄적으로 처리할 수 있는 최신측량기계로 결정하는 측량
사진 측량	촬영한 사진에 의해 대상물의 정량적·정성적 해석을 하는 측량
GPS 측량	인공위성을 이용한 범세계적 위치결정체계로 정확히 위치를 알고 있는 위성에서 발사한 전파를 수신하여 관측점까지의 소요 시간에 따른 거리를 관측함으로써 관측점의 3차원 위치를 구하는 측량

53 정답 ▶ ④

폐합오차	$E = \sqrt{(\Delta L)^2 + (\Delta D)^2}$
폐합비 (정도)	$\frac{1}{M} = \frac{\text{폐합오차}}{\text{총길이}}$ $= \frac{\sqrt{(\Delta L)^2 + (\Delta D)^2}}{\Sigma l}$ 여기서, Δl : 위거오차 ΔD : 경거오차

$$\text{폐합비} = \frac{1}{M} = \frac{\text{폐합오차}}{\text{총길이}}$$
$$= \frac{\sqrt{(\Delta L)^2 + (\Delta D)^2}}{\Sigma l}$$

$$= \frac{\sqrt{(+0.016)^2 + (-0.012)^2}}{1,760}$$
$$= \frac{0.020}{1,760} = \frac{1}{88,000}$$

54 정답 ▶ ②

단열 삼각쇄(망) (single chain of trangles)	• 폭이 좁고 길이가 긴 지역에 적합하다. • 노선·하천·터널측량 등에 이용한다. • 거리에 비해 관측 수가 적다. • 측량이 신속하고 경비가 적게 든다. • 조건식의 수가 적어 정도가 낮다.
유심 삼각쇄(망) (chain of central points)	• 동일 측점에 비해 포함면적이 가장 넓다. • 넓은 지역에 적합하다. • 농지측량 및 평탄한 지역에 사용된다. • 정도는 단열삼각망보다 좋으나 사변형보다 적다.
사변형 삼각쇄(망) (chain of quadrilaterals)	• 조건식의 수가 가장 많아 정밀도가 가장 높다. • 기선삼각망에 이용된다. • 삼각점 수가 많아 측량시간이 많이 소요되며 계산과 조정이 복잡하다.

55 정답 ▶ ③

신호	구분	내용
반송파 (Carrier)	L₁	• 주파수 1,575.42MHz(154×10.23MHz), 파장 19cm • C/A code와 P code 변조 가능
	L₂	• 주파수 1,227.60MHz(120×10.23MHz), 파장 24cm • P code만 변조 가능
코드 (Code)	P code	• 반복주기 7일인 PRN code(Pseudo Random Noise code) • 주파수 10.23MHz, 파장 30m(29.3m)
	C/A code	• 반복주기 : 1ms(milli-second)로 1.023Mbps로 구성된 PPN code • 주파수 1.023MHz, 파장 300m(293m)

56 정답 ▶ ②

$$AX = AB\sqrt{\frac{m}{m+n}} = 45\sqrt{\frac{1}{1+4}}$$
$$= 20.12\text{m}$$

57 정답 ▶ ②

경사보정량

$$C_i = -\frac{h^2}{2L} = -\frac{1.5^2}{2 \times 50}$$
$$= -0.0225 = -0.023\text{m}$$

58 정답 ▶ ③

고저차

$$\Delta h = \frac{(a_1 + a_2) - (b_1 + b_2)}{2}$$
$$= \frac{(1.864 + 1.625) - (1.384 + 1.141)}{2}$$
$$= 0.482\text{m}$$
$$H_B = H_A + \Delta h = 50.250 + 0.482$$
$$= 50.732\text{m}$$

59 정답 ▶ ③

구조적인 오차의 종류

종류	특징
위성시계 오차	GPS 위성에 내장되어 있는 시계의 부정확성으로 인해 발생
위성궤도 오차	위성궤도 정보의 부정확성으로 인해 발생
대기권 전파지연 오차	위성신호의 전리층, 대류권 통과 시 전파지연오차(약 2m)
전파적 잡음	수신기 자체에서 발생하며 PRN 코드잡음과 수신기 잡음이 합쳐져서 발생
다중경로 (Multipath)	다중경로오차는 GPS 위성으로 직접 수신된 전파 이외에 부가적으로 주위의 지형, 지물에 의한 반사된 전파로 인해 발생하는 오차로서 측위에 영향을 미침 • 다중경로는 금속제 건물, 구조물과 같은 커다란 반사적 표면이 있을 때 일어난다. • 다중경로의 결과로서 수신된 GPS 신호는 처리될 때 GPS 위치의 부정확성을 제공한다. • 다중경로가 일어나는 경우를 최소화하기 위하여 미션설정, 수신기, 안테나 설계 시 고려한다면 다중경로의 영향을 최소화할 수 있다. • GPS 신호시간의 기간을 평균하는 것도 다중경로의 영향을 감소시킨다. • 가장 이상적인 방법은 다중경로의 원인이 되는 장애물에서 멀리 떨어져서 관측하는 것이다.

60 정답 ▶ ①
- 측점 1의 기계고 $= 10.00 + 0.75 = 10.75 \text{m}$
- 측점 2의 지반고 $= 10.75 - 1.08 = 9.67 \text{m}$
- 측점 3의 지반고 $= 10.75 - 0.27 = 10.48 \text{m}$

모의고사 3회

01 그림 A, C 사이에 연속된 담장이 가로막혔을 때의 수준측량 시 C점의 지반고는?(단, A점의 지반고 10m이다.)

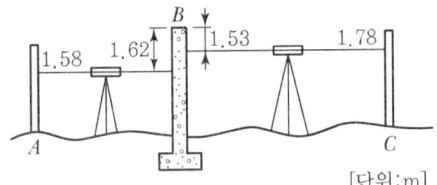

[단위:m]

① 9.89m   ② 10.62m
③ 11.86m   ④ 12.54m

02 그림과 같이 P점의 높이를 직접 수준측량에 의해 구했을 때 P점의 최확값은?
(단, $A \rightarrow P = 21.542$m, $B \rightarrow P = 21.539$m, $C \rightarrow P = 21.534$m이다.)

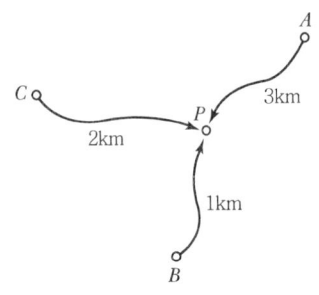

① 21.540m   ② 21.538m
③ 21.536m   ④ 21.537m

03 단곡선을 설치할 때 도로기점에서 교점(IP)까지의 거리가 494.25m이고 교각이 84°, 곡선반지름이 250m일 때 도로기점으로부터 곡선종점까지의 거리는?

① 599.35m   ② 619.35m
③ 635.67m   ④ 653.94m

04 거리가 3km 떨어진 두 점의 각 관측에서 측각오차가 5″ 발생했을 때 위도 오차는 몇 cm인가?

① 0.0727cm   ② 0.727cm
③ 7.27cm   ④ 72.7cm

05 등고선의 종류 중 표고의 읽음을 쉽게 하기 위해서 곡선 5개마다 1개의 굵은 실선으로 표시하는 등고선은?

① 간곡선   ② 주곡선
③ 조곡선   ④ 계곡선

06 평판 측량에서 폐합오차의 허용범위는 도면 위에서 어느 정도까지 허용되는가?(단, n은 트래버스의 변수이다.)

① $\pm 0.1 \sqrt{n}$ mm
② $\pm 0.3 \sqrt{n}$ mm
③ $\pm 2.0 \sqrt{n}$ mm
④ $\pm 4.0 \sqrt{n}$ mm

07 5각형 폐합트래버스의 내각을 측정하고자 한다. 각관측 오차가 다른 각에 영향을 주지 않는 각관측 방법은?

① 방향각법   ② 방위각법
③ 편각법   ④ 교각법

08 곡선을 포함되는 위치에 따라 구분할 때, 수평면 내에 위치하는 곡선을 무엇이라 하는가?

① 평면곡선   ② 수직곡선
③ 횡단곡선   ④ 종단곡선

09 관측값의 신뢰도를 표시하는 값에서 경중률에 대한 설명으로 틀린 것은?

① 경중률은 관측 횟수에 비례한다.
② 경중률은 관측 거리에 반비례한다.
③ 경중률은 표준 편차의 제곱에 반비례한다.
④ 경중률은 관측 오차에 비례한다.

10 그림과 같이 각을 측정한 결과가 다음과 같다. ∠C와 ∠D의 보정값으로 옳은 것은?

- ∠A = 20°15′30″
- ∠B = 40°15′20″
- ∠C = 10°30′10″
- ∠D = 71°01′12″

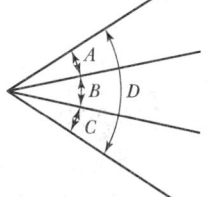

① ∠C = 10°30′10″, ∠D = 71°01′00″
② ∠C = 10°30′14″, ∠D = 71°01′08″
③ ∠C = 10°30′07″, ∠D = 71°01′10″
④ ∠C = 10°30′13″, ∠D = 71°01′09″

11 노선 측량에서 원곡선의 곡선 반지름 R = 350m, 중앙 종거 M = 50m일 때 이 원곡선의 교각은 약 얼마인가?

① 62°   ② 58°
③ 52°   ④ 48°

12 우리나라 측량의 평면 직각 좌표원점 중 서부원점의 위치는?

① 동경 125°, 북위 38°
② 동경 127°, 북위 38°
③ 동경 129°, 북위 38°
④ 동경 131°, 북위 38°

13 1 : 1,000,000의 허용 정밀도로 측량한 경우 측지측량과 평면측량의 한계는?

① 반지름 11km   ② 반지름 15km
③ 반지름 20km   ④ 반지름 25km

14 수평각 측정에서 그림과 같이 1점 주위에 여러 개의 각을 측정할 때 한 점을 기준으로 순차적으로 시준하여 측정값을 기록하고 그 차로 각각의 각을 얻는 방법은?

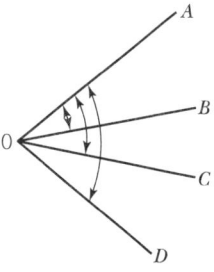

① 배각법   ② 조합각 관측법
③ 단측법   ④ 방향각법

15 표준자보다 1.5cm가 긴 20m 줄자로 거리를 관측한 결과 180m였다면 실제 거리는?

① 179.865m   ② 180.135m
③ 180.215m   ④ 180.531m

16 삼변을 측정하여 값 a, b, c를 구했다. a변의 대응각 A를 반각공식으로 구하여야 할 때 $\sin\dfrac{A}{2}$의 값은?

① $\sqrt{\dfrac{(S-b)(S-c)}{bc}}$

② $\sqrt{\dfrac{(S-b)(S-c)}{S(S-a)}}$

③ $\sqrt{\dfrac{S(S-A)}{bc}}$

④ $\sqrt{S(S-a)(S-b)(S-c)}$

17 삼각수준측량에서 A, B, 두 점 간의 거리가 10km이고 굴절계수가 0.14일 때 양차는?
(단, 지구 반지름 = 6,370km)

① 4.32m   ② 5.38m
③ 6.75m   ④ 7.05m

18 삼각측량에서 삼각법(사인법칙)에 의해 변 a의 길이를 구하는 식으로 옳은 것은?(단, b는 기선)

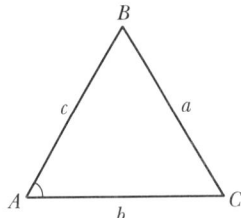

① $\log a = \log b + \log \sin A + \log \sin B$
② $\log a = \log b + \log \sin A - \log \sin B$
③ $\log a = \log b - \log \sin A - \log \sin B$
④ $\log a = \log b - \log \sin A + \log \sin B$

19 높이가 다른 두 등고선이 교차하는 지형으로 짝지어진 것은?
① 동굴-분지
② 동굴-절벽
③ 산정-계곡
④ 계곡-분지

20 곡선 반지름 $R=100$m, 교각 $I=30°$일 때 접선길이(TL)는?
① 36.79m
② 32.79m
③ 29.78m
④ 26.79m

21 건설공사에서 지형도를 이용한 예로 거리가 먼 것은?
① 폐합비 산출
② 횡단면도의 작성
③ 유역면적의 결정
④ 저수용량의 결정

22 20m 강철 테이프를 사용하여 2,000m를 측정하였다. 이때 예상 되는 오차는?(단, 이 테이프는 20m에 ±3mm의 오차가 생긴다.)
① ±25mm
② ±30mm
③ ±35mm
④ ±45mm

23 다음 AB 측선의 방위각이 27°36′50″라면 BA 측선의 방위각은?

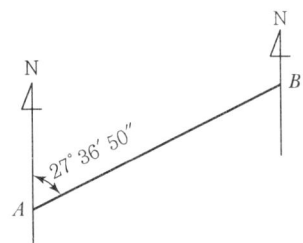

① 152°23′10″
② 207°36′50″
③ 242°23′10″
④ 62°23′50″

24 높은 정확도를 요구하는 대규모 지역의 측량에 이용되는 트래버스는?
① 개방 트래버스
② 폐합 트래버스
③ 결합 트래버스
④ 수렴 트래버스

25 다음 그림에서 측선 $\overline{CD}$의 방위가 옳은 것은?

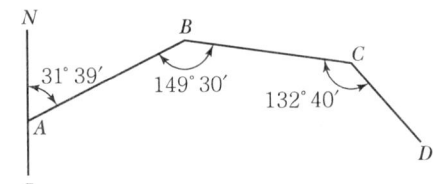

① E70°19′S
② S70°31′E
③ N30°19′W
④ W70°41′N

26 트래버스 측량의 조정방법에 대한 설명으로 틀린 것은?
① 컴퍼스 법칙은 각측량과 거리측량의 정밀도가 대략 같은 경우에 사용한다.
② 트랜싯 법칙은 각 측선의 길이에 비례하여 조정한다.
③ 컴퍼스 법칙은 각 측선의 길이에 비례하여 조정한다.
④ 트랜싯 법칙은 거리측량보다 각측량 정밀도가 높을 때 사용한다.

27 삼각망의 한 종류로서 조건식의 수가 많아 정확도가 가장 높은 것은?
① 단열삼각망 ② 사변형망
③ 유심다각망 ④ 육각형망

28 우리나라 수준원점의 표고로 옳은 것은?
① 28.6871m
② 26.6871m
③ 27.6871m
④ 25.6871m

29 절대 표정에서 실시하는 작업으로 옳은 것은?
① 축척과 경사를 바로잡는다.
② 도화기의 촬영 중심에 일치시킨다.
③ 초점거리를 도화기의 눈금에 맞춘다.
④ 종시차를 소거한다.

30 노선 측량에서 원곡선의 곡선 반지름 $R=350$m, 중앙 종거 $M=50$m일 때 이 원곡선의 교각은 약 얼마인가?
① 62° ② 58°
③ 52° ④ 48°

31 어느 측점의 지반고 값이 42.821m이었다면 이 점의 후시값이 3.243m가 되었을 때 이 점의 기계고는 얼마인가?
① 13.204m ② 39.578m
③ 46.064m ④ 63.223m

32 거리가 3km 떨어진 두 점의 각 관측에서 측각오차가 5″ 발생했을 때 위도 오차는 몇 cm인가?
① 0.0727cm ② 0.727cm
③ 7.27cm   ④ 72.7cm

33 삼각수준측량에서 A, B 두 점 간의 거리가 8km이고 굴절계수가 0.14일 때 양차는?(단, 지구 반지름=6,370km이다.)
① 4.32m ② 5.38m
③ 6.93m ④ 7.05m

34 P의 자북방위각이 80°09′22″, 자오선수차가 01′40″, 자침편차가 5°일 때 P점의 방향각은?

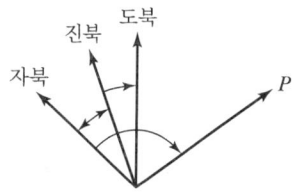

① 75°07′42″ ② 75°11′02″
③ 85°07′42″ ④ 85°11′02″

35 어느 측점에 데오돌라이트를 설치하여 A, B 두 지점을 3배각으로 관측한 결과 정위 126°12′36″, 반위 126°12′12″를 얻었다면 두 지점의 내각은 얼마인가?
① 126°12′24″ ② 63°06′12″
③ 42°04′08″   ④ 31°33′06″

36 트래버스 측량에서 외업을 실시한 결과, 측선의 방위각이 339°54″일 때 방위는?
① N339°54′W ② N69°54′E
③ N20°06′W   ④ N159°54′E

37 시작하는 측점과 끝나는 측점이 폐합되지 않아 그 정확도가 낮은 트래버스 측량은 무엇인가?
① 폐합트래버스
② 결합트래버스
③ 트래버스망
④ 개방트래버스

38 GPS 신호가 위성으로부터 수신기까지 도달한 시간이 0.7초라 할 때 위성과 수신기 사이의 거리는 얼마인가?(단, 빛의 속도는 300,000,000m/sec로 가정한다.)

① 200,000km
② 210,000km
③ 300,000km
④ 430,000km

39 그림과 같은 지역의 토량을 점고법(삼각형 분할법)으로 구한 값은?

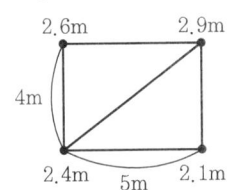

① 33m²
② 51m²
③ 76m²
④ 90m²

40 우리나라 측량의 평면 직각 좌표원점 중 서부원점의 위치는?

① 동경 125°, 북위 38°
② 동경 127°, 북위 38°
③ 동경 129°, 북위 38°
④ 동경 131°, 북위 38°

41 트래버스측량의 수평각 관측법 중에서 반전법, 부전법이 있으며 한 번 오차가 생기면 그 영향이 끝까지 미치므로 주의를 요하는 방법은?

① 편각법
② 교각법
③ 방향각법
④ 방위각법

42 트래버스 측량에 대한 설명으로 옳지 않은 것은?

① 트래버스 측량은 측선의 거리와 그 측선들이 만나서 이루는 수평각을 측정하여 각 측선의 위거와 경거를 계산하고 각 측점의 좌표를 구한다.
② 개방 트래버스 측량은 종점이 시점으로 돌아오지 않는 형태의 측량으로, 높은 정확도를 요구하는 측량에는 사용되지 않는다.
③ 폐합트래버스 측량은 종점이 시점으로 되돌아와 합치하여 하나의 다각형을 형성하는 측량으로, 트래버스 측량 중에 정확도가 가장 높다.
④ 결합트래버스 측량은 기지점에서 출발하여 다른 기지점으로 연결하는 측량으로, 높은 정확도를 요구하는 대규모 지역의 측량에 이용된다.

43 삼각망 중에서 정밀도가 가장 높은 것은?

① 단삼각망
② 유심삼각망
③ 단열삼각망
④ 사변형 삼각망

44 수준측량의 야장기입법이 아닌 것은?

① 기고식
② 종단식
③ 고차식
④ 승강식

45 망원경의 정위, 반위로 얻은 값을 평균하여도 소거되지 않는 오차는?

① 시준축 오차
② 연직축 오차
③ 수평축 오차
④ 시준선의 편심오차

46 두 점의 거리 관측을 실시하여 3회 관측의 평균이 530.5m, 2회 관측의 평균이 531.0m, 5회 관측의 평균이 530.3m였다면 이 거리의 최확값은?

① 530.3m
② 530.4m
③ 530.5m
④ 530.6m

47 평탄지에서 9변을 트래버스 측량하여 1′10″의 측각 오차가 있었다면 이 오차의 처리 방법은?(단, 허용오차=0.5′$\sqrt{n}$, n : 측량한 변의 수이다.)

① 오차가 너무 크므로 재측한다.
② 오차를 각각 등분해 배분한다.
③ 변의 크기에 비례하여 배분한다.
④ 각의 크기에 비례하여 배분한다.

48 수준 측량할 때 측정자의 주의사항으로 옳은 것은?

① 표척을 전·후로 기울여 관측할 때에는 최대 읽음값을 취해야 한다.
② 표척과 기계와의 거리는 6m 내외를 표준으로 한다.
③ 표척을 읽을 때에는 최상단 또는 최하단을 읽는다.
④ 표척의 눈금은 이기점에서는 1mm까지 읽는다.

49 수준측량 야장에서 측점 3의 지반고는?(단, 단위는 m이고, 측점 1의 지반고는 10.00m이다.)

측점	B.S	F.S		비고
		T.P	I.P	
1	0.75			
2			1.08	
3	0.96	0.27		
4			1.32	
5		2.44		

① 10.48m
② 10.36m
③ 10.06m
④ 9.67m

50 삼각형 세 변이 각각 $a=43$m, $b=46$m, $c=39$m로 주어질 때 각 α는?

① 51°50′41″
② 60°06′38″
③ 68°02′41″
④ 72°00′26″

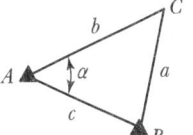

51 EDM을 이용하여 1km의 거리를 ±0.007m의 확률오차로 측정하였다. 동일한 확률오차가 얻어지도록 똑같은 기술로 100km의 거리를 측정한 경우 연속 측정값에 대한오차는 얼마인가?

① ±0.007m
② ±0.07m
③ ±0.7m
④ ±7.0m

52 어떤 기선을 측정하여 다음 표와 같은 결과를 얻었을 때 최확값은?

측정군	측정값	측정횟수
Ⅰ	80.186m	2
Ⅱ	80.249m	3
Ⅲ	80.223m	4

① 80.186m
② 80.219m
③ 80.223m
④ 80.249m

53 두 점의 좌표가 아래와 같을 때 방위각 V_A^B의 크기는 얼마인가?

점명	종선좌표(m)	횡선좌표(m)
A	395674.32	192899.25
B	397845.01	190256.39

① 50°36′08″
② 61°36′08″
③ 309°23′52″
④ 328°23′52″

54 양단면의 면적이 $A_1=100m^2$, $A_2=50m^2$일 때 체적은?(단, 단면 A_1에서 단면 A_2까지의 거리는 15m이다.)

① 800m² ② 930m²
③ 1,125m² ④ 1,265m²

55 단곡선에서 교각 $I=96°28'$, 곡선반지름 $R=200m$일 때 두 번째 중앙종거 M_2는?

① 16.46m ② 17.46m
③ 18.46m ④ 19.46m

56 그림과 같은 지형의 수준측량 결과를 이용하여 계획고 9m로 평탄 작업을 하기 위한 성(절)토량은?(단, 토량의 변화율을 고려하지 않고, 각 격자의 크기는 같다.)

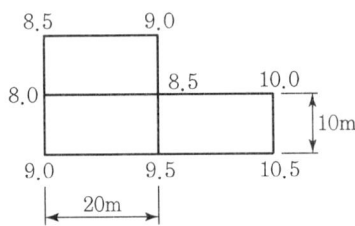

① 성토량=50m²
② 성토량=25m²
③ 절토량=50m²
④ 절토량=25m²

57 기계에서 30m 떨어진 곳에 표척을 세워 기포가 4눈금 이동되었을 때 표척의 읽음값 차가 0.024m이었다면 수준기의 감도는?

① 21″ ② 31″
③ 41″ ④ 51″

58 18각형 외각의 합계는 몇 도인가?

① 2,880° ② 2,900°
③ 3,240° ④ 3,600°

59 두 점 간의 거리를 5회 측정하여 최확값이 28.182m이고 잔차의 제곱을 합한 값이 720일 때 평균 제곱근 오차는?(단, 경중률은 일정하고 잔차의 단위는 mm이다.)

① ±2mm ② ±4mm
③ ±6mm ④ ±8mm

60 GPS 측량의 제어(관계)부문에 대한 설명으로 틀린 것은?

① 제어부문은 위성들을 매일같이 관리하기 위한 역할을 한다.
② 위성을 추적하여 각 위성의 상태를 체크한다.
③ 위성의 각종 정보를 갱신하거나 예측하는 업무를 담당한다.
④ GPS 수신기와 안테나, 자료 처리 소프트웨어 및 측량 기법들로 구성되어 있다.

모의고사 3회 정답 및 해설

01 정답 ▶ ①

$H_C = H_A + (\Sigma B.S - \Sigma F.S)$
$= 10 + 1.58 + 1.62 - 1.53 - 1.78$
$= 9.89m$

02 정답 ▶ ②

㉠ 경중률(P)은 거리에 반비례한다.

$P_1 : P_2 : P_3 = \dfrac{1}{S_1} : \dfrac{1}{S_2} : \dfrac{1}{S_3}$
$= \dfrac{1}{3} : \dfrac{1}{1} : \dfrac{1}{2} = 2 : 6 : 3$

㉡ 최확값 $= 21 + \dfrac{2 \times 0.542 + 6 \times 0.539 + 3 \times 0.534}{2+6+3}$
$= 21 + 0.538$
$= 21.538$

03 정답 ▶ ③

$TL = R \tan \dfrac{I}{2}$
$= 250 \times \tan \dfrac{84°}{2}$
$= 225.10m$

$CL = 0.01745 RI$
$= 0.01745 \times 250 \times 84°$
$= 366.45m$

$BC = IP - TL = 494.25 - 225.1 = 269.15$
$EC = BC + CL$
$= 269.15 + 366.45 = 635.60m$

04 정답 ▶ ③

$\dfrac{\theta''}{\rho''} = \dfrac{\Delta h}{D}$

$\Delta h = \dfrac{D \theta''}{\rho''} = \dfrac{300,000cm \times 5''}{206,265''}$
$= 7.27cm$

05 정답 ▶ ④

등고선의 종류

주곡선	지형을 표시하는 데 가장 기본이 되는 곡선으로 가는 실선으로 표시
간곡선	주곡선 간격의 $\dfrac{1}{2}$ 간격으로 그리는 곡선으로 완경사지나 주곡선만으로 지모를 명시하기 곤란한 장소에 가는 파선으로 표시
조곡선	간곡선 간격의 $\dfrac{1}{2}$ 간격으로 그리는 곡선으로 불규칙한 지형을 표시(주곡선 간격의 $\dfrac{1}{4}$ 간격으로 그리는 곡선)
계곡선	주곡선 5개마다 1개씩 그리는 곡선으로 표고의 읽음을 쉽게 하고 지모의 상태를 명시하기 위해 굵은 실선으로 표시

06 정답 ▶ ②

전진법의 폐합오차
$E = \pm 0.3 \sqrt{n}$
여기서, n : 변수

07 정답 ▶ ④

교각법	어떤 측선이 그 앞의 측선과 이루는 각을 관측하는 방법
편각법	각 측선이 그 앞 측선의 연장과 이루는 각을 관측하는 방법
방위각법	각 측선이 일정한 기준선인 자오선과 이루는 각을 우회로 관측하는 방법으로 각관측 및 관측값 계산이 가장 신속한 방법

08 정답 ▶ ①

곡선의 분류
- 수평선 내에 있으면 수평곡선(평면곡선, Horizontal Curve)
- 수직면 내에 있으면 수직곡선(Vertical Curve)으로 종단곡선과 횡단곡선이 있다.

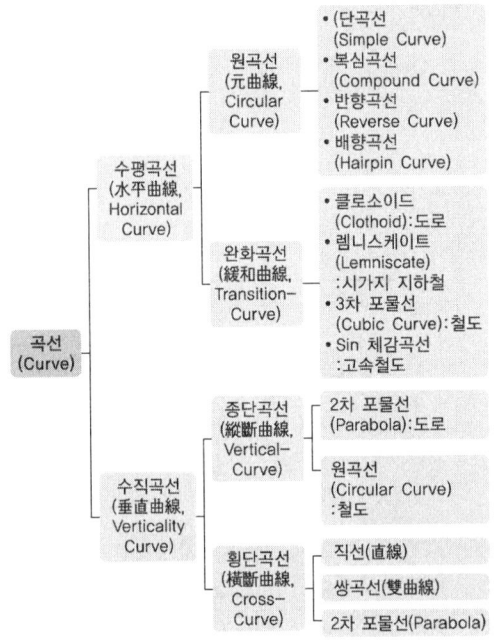

09 정답 ▶ ④

경중률(무게, P)

경중률이란 관측값의 신뢰 정도를 표시하는 값으로 관측 방법, 관측 횟수, 관측거리 등에 따른 가중치를 말한다

1. 경중률은 관측횟수(n)에 비례한다.
   ($P_1 : P_2 : P_3 = n_1 : n_2 : n_3$)
2. 경중률은 평균제곱오차(m)의 제곱에 반비례한다.
   $\left(P_1 : P_2 : P_3 = \dfrac{1}{m_1^2} : \dfrac{1}{m_2^2} : \dfrac{1}{m_3^2}\right)$
3. 경중률은 정밀도(R)의 제곱에 비례한다.
   ($P_1 : P_2 : P_3 = R_1^2 : R_2^2 : R_3^2$)
4. 직접수준측량에서 오차는 노선거리(S)의 제곱근($\sqrt{S}$)에 비례한다.
   ($m_1 : m_2 : m_3 = \sqrt{S_1} : \sqrt{S_2} : \sqrt{S_3}$)
5. 직접수준측량에서 경중률은 노선거리(S)에 반비례한다.
   $\left(P_1 : P_2 : P_3 = \dfrac{1}{S_1} : \dfrac{1}{S_2} : \dfrac{1}{S_3}\right)$
6. 간접수준측량에서 오차는 노선거리(S)에 비례한다.
   ($m_1 : m_2 : m_3 = S_1 : S_2 : S_3$)
7. 간접수준측량에서 경중률은 노선거리(S)의 제곱에 반비례한다.
   $\left(P_1 : P_2 : P_3 = \dfrac{1}{S_1^2} : \dfrac{1}{S_2^2} : \dfrac{1}{S_3^2}\right)$

10 정답 ▶ ④

1. 각오차 $= 71°01'12'' - (20°15'30'' + 40°15'20'' + 10°30'10'')$
   $= 12''$
   보정량 $= \dfrac{12}{4} = 3''$
2. $\angle A$, $\angle B$, $\angle C$에 $(+3'')$씩, $\angle D$에 $(-3'')$ 조정
   $\therefore \angle C = 10°30'10'' + 3'' = 10°30'13''$
   $\angle D = 71°01'12'' - 3'' = 71°01'09''$

11 정답 ▶ ①

중앙 종거 $M = R\left(1 - \cos\dfrac{I}{2}\right)$에서

$50 = 350\left(1 - \cos\dfrac{I}{2}\right)$

$\therefore$ 교각 $I = 62°$

12 정답 ▶ ①

명칭	원점의 경위도	투영원점의 가산(加算) 수치	원점 축척 계수	적용 구역
서부 좌표계	• 경도 : 동경 125°00' • 위도 : 북위 38°00'	X(N) 600,000m Y(E) 200,000m	1.0000	동경 124°~126°
중부 좌표계	• 경도 : 동경 127°00' • 위도 : 북위 38°00'	X(N) 600,000m Y(E) 200,000m	1.0000	동경 126°~128°
동부 좌표계	• 경도 : 동경 129°00' • 위도 : 북위 38°00'	X(N) 600,000m Y(E) 200,000m	1.0000	동경 128°~130°
동해 좌표계	• 경도 : 동경 131°00' • 위도 : 북위 38°00'	X(N) 600,000m Y(E) 200,000m	1.0000	동경 130°~132°

13 정답 ▶ ①

평면측량의 한계

정도	$\dfrac{d-D}{D} = \dfrac{1}{12}\left(\dfrac{D}{R}\right)^2 = \dfrac{1}{m} = M$
거리오차	$d-D = \dfrac{D^3}{12R^2}$
평면거리	$D = \sqrt{\dfrac{12R^2}{m}}$

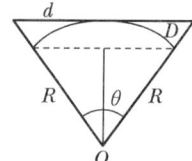

여기서, d : 지평선
D : 수평선
R : 지구의 반경
$\dfrac{1}{M}$: 정밀도

허용정밀도 $= \dfrac{1}{m} = \dfrac{d-D}{D} = \dfrac{1}{12} \cdot \dfrac{D^2}{R^2}$

$= \dfrac{1}{1,000,000} = \dfrac{1}{12} \times \dfrac{D^2}{6,370^2}$

지름 $D = \sqrt{\dfrac{12 \times 6,370^2}{1,000,000}} = 22\text{km}$

지름이 22km이므로 반지름은 11km이다.

14 정답 ▶ ④

방향각법	어떤 시준방향을 기준으로 하여 각 시준방향에 이르는 각을 차례로 관측하는 방법으로, 배각법에 비해 시간이 절약되고 3등삼각측량에 이용된다.
조합각 관측법	수평각 관측방법 중 가장 정확한 방법으로, 1등삼각측량에 이용된다. ㉠ 측각 총수 $= \dfrac{1}{2}N(N-1)$ ㉡ 조건식 총수 $= \dfrac{1}{2}(N-1)(N-2)$ 여기서, N : 방향수

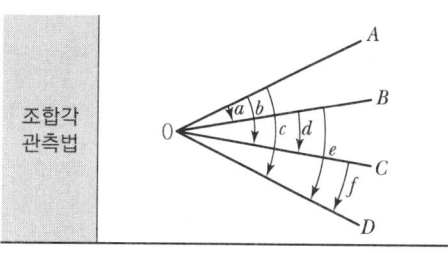

15 정답 ▶ ②

실제거리 $= \dfrac{\text{부정거리}}{\text{표준거리}} \times \text{관측거리}$

$= \dfrac{20.015}{20} \times 180$

$= 180.135\text{m}$

16 정답 ▶ ①

수평각의 계산

코사인 제2법칙	$\cos A = \dfrac{b^2 + C^2 - a^2}{2bc}$ $\cos B = \dfrac{c^2 - a^2 - b^2}{2ca}$ $\cos C = \dfrac{a^2 + b^2 + c^2}{2ab}$
반각공식	$\sin \dfrac{A}{2} = \sqrt{\dfrac{(s-b)(s-c)}{bc}}$ $\cos \dfrac{A}{2} = \sqrt{\dfrac{s(s-a)}{bc}}$ $\tan \dfrac{A}{2} = \sqrt{\dfrac{(s-b)(s-c)}{s(s-a)}}$

17 정답 ▶ ③

구차 (h_1)	지구의 곡률에 의한 오차이며 이 오차만큼 높게 조정을 한다.
기차 (h_2)	지표면에 가까울수록 대기의 밀도가 커지므로 생기는 오차(굴절오차)를 말하며, 이 오차만큼 낮게 조정한다.
양차	구차와 기차의 합을 말하며 연직각 관측값에서 이 양차를 보정하여 연직각을 구한다.

여기서, R : 지구의 곡률반경
S : 수평거리
K : 굴절계수(0.12~0.14)

$$양차(구차+기차) = \frac{S^2}{2R}(1-K)$$
$$= \frac{10^2}{2 \times 6370} \times (1-0.14)$$
$$= 0.0067\text{km} = 6.75\text{m}$$

18 정답 ▶ ②

$\dfrac{b}{\sin B} = \dfrac{a}{\sin A}$ 에서

$a = \dfrac{\sin A}{\sin B} \cdot b$

$\log a = \log b + \log \sin A - \log \sin B$
$\quad\ \ = \log b + \log \sin A + \text{colog} \sin B$

19 정답 ▶ ②

등고선의 성질
(1) 동일 등고선상에 있는 모든 점은 같은 높이이다.
(2) 등고선은 반드시 도면 안이나 밖에서 서로가 폐합한다.
(3) 지도의 도면 내에서 폐합되면 가장 가운데 부분을 산꼭대기(산정) 또는 凹지(요지)가 된다.
(4) 등고선은 도중에 없어지거나, 엇갈리거나 합쳐지거나 갈라지지 않는다.
(5) 높이가 다른 두 등고선은 동굴이나 절벽의 지형이 아닌 곳에서는 교차하지 않는다.
(6) 등고선은 경사가 급한 곳에서는 간격이 좁고 완만한 경사에서는 넓다.
(7) 최대경사의 방향은 등고선과 직각으로 교차한다.
(8) 분수선(능선)과 곡선(유하선)은 등고선과 직각으로 만난다.
(9) 2쌍의 등고선의 볼록부가 상대할 때는 볼록부를 나타낸다.
(10) 동등한 경사의 지표에서 양 등고선의 수평거리는 같다.
(11) 같은 경사의 평면일 때는 나란한 직선이 된다.
(12) 등고선이 능선을 직각방향으로 횡단한 다음 능선 다른 쪽을 따라 거슬러 올라간다.
(13) 등고선의 수평거리는 산꼭대기 및 산밑에서는 크고 산중턱에서는 작다.

20 정답 ▶ ④

$$TL = R \tan \frac{I}{2}$$
$$= 100 \times \tan \frac{30}{2} = 26.79\text{m}$$

21 정답 ▶ ①

지형도의 이용
1. 방향결정
2. 위치결정
3. 경사결정(구배계산)
   ㉠ 경사$(i) = \dfrac{H}{D} \times 100(\%)$
   ㉡ 경사각$(\theta) = \tan^{-1}\dfrac{H}{D}$
4. 거리결정
5. 단면도 제작
6. 면적계산
7. 체적계산(토공량 산정)

22 정답 ▶ ②

측정횟수$(n) = \dfrac{2,000}{20} = 100$회

우연오차$(E_2) = \pm e\sqrt{n} = \pm 3\sqrt{100}$
$\qquad\qquad\ \ = \pm 30\text{mm}$

23 정답 ▶ ②

BA측선의 방위각 $= AB$측선의 방위각 $+ 180°$
$\qquad\qquad\qquad\quad = 27°36'50'' + 180°$
$\qquad\qquad\qquad\quad = 207°36'50''$

24 정답 ▶ ③

결합 트래버스	기지점에서 출발하여 다른 기지점으로 결합시키는 방법으로 대규모 지역의 정확성을 요하는 측량에 이용한다.
폐합 트래버스	기지점에서 출발하여 원래의 기지점으로 폐합시키는 트래버스로 측량결과가 검토는 되나 결합다각형보다 정확도가 낮아 소규모 지역의 측량에 좋다.
개방 트래버스	임의의 점에서 임의의 점으로 끝나는 트래버스로 측량결과의 점검이 안 되어 노선측량의 답사에는 편리한 방법이다. 시작되는 점과 끝나는 점 간의 아무런 조건이 없다.

25 정답 ▶ ②

AB 방위각 $= 31°19'$
BC 방위각 $= 31°19' + 180° - 149°30' = 62°09'$
CD 방위각 $= 62°09' + 180° - 132°40' = 109°29'$
따라서 $180° - 109°29' = S70°31'E$

26 정답 ▶ ②

폐합오차의 조정
폐합오차를 합리적으로 배분하여 트래버스가 폐합하도록 하는데, 오차의 배분방법은 다음의 두 가지가 있다.
- 컴퍼스 법칙 : 각관측과 거리관측의 정밀도가 같을 때 조정하는 방법으로 각측선 길이에 비례하여 폐합오차를 배분한다.
- 트랜싯 법칙 : 각관측의 정밀도가 거리관측의 정밀도보다 높을 때 조정하는 방법으로 위거, 경거의 크기에 비례하여 폐합오차를 배분한다.

27 정답 ▶ ②

단열 삼각쇄(망) (single chain of triangles)	• 폭이 좁고 길이가 긴 지역에 적합하다. • 노선·하천·터널측량 등에 이용한다. • 거리에 비해 관측 수가 적다. • 측량이 신속하고 경비가 적게 든다. • 조건식의 수가 적어 정도가 낮다.
유심 삼각쇄(망) (chain of central points)	• 동일 측점에 비해 포함면적이 가장 넓다. • 넓은 지역에 적합하다. • 농지측량 및 평탄한 지역에 사용된다. • 정도는 단열삼각망보다 좋으나 사변형보다 적다.
사변형 삼각쇄(망) (chain of quadrilaterals)	• 조건식의 수가 가장 많아 정밀도가 가장 높다. • 기선삼각망에 이용된다. • 삼각점 수가 많아 측량시간이 많이 소요되며 계산과 조정이 복잡하다.

28 정답 ▶ ②

우리나라 수준원점은 인천광역시 남구인하로 100에 설치되어 있으며, 그 표고는 26.6871m이다.

29 정답 ▶ ①

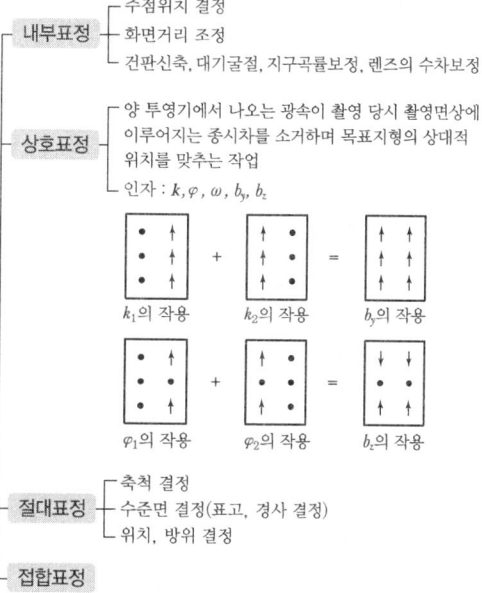

30 정답 ▶ ①

중앙 종거 $M = R\left(1 - \cos\dfrac{I}{2}\right)$에서

$50 = 350\left(1 - \cos\dfrac{I}{2}\right)$

$\therefore$ 교각 $I = 62°$

31 정답 ▶ ③

기계고 = 지반고 + 후시
$= 42.821 + 3.243 = 46.064\text{m}$

32 정답 ▶ ③

$\dfrac{\theta''}{\rho''} = \dfrac{\Delta h}{D}$

$\Delta h = \dfrac{D\theta''}{\rho''} = \dfrac{300,000\text{cm} \times 5''}{206,265''} = 7.27\text{cm}$

33 정답 ▶ ①

양차(구차 + 기차) $= \dfrac{(1-K)S^2}{2R}$

$= \dfrac{(1-0.14) \times 8^2}{2 \times 6,370} = 4.32\text{m}$

34 정답 ▶ ①

- 자오선수차 : 진북과 도북의 차이
- 자침편차 : 진북과 자북의 차이
- P점의 방향각
  = 자북방위각 - 자침편차 - 자오선수차
  = $80°09'22'' - 5° - 01'40''$
  = $75°07'42''$

35 정답 ▶ ③

$$\text{정위각} = \frac{126°12'36''}{3} = 42°04'24''$$

$$\text{반위각} = \frac{126°12'12''}{3} = 42°04'04''$$

$$\text{최확값} = \frac{42°04'12'' + 42°04'04''}{2} = 42°04'08''$$

36 정답 ▶ ③

$339°54''$는 4상한에 있으므로
$360° - 339°54' = 20°06'$
∴ N20°06'W

37 정답 ▶ ④

결합 트래버스	기지점에서 출발하여 다른 기지점으로 결합시키는 방법으로 대규모 지역의 정확성을 요하는 측량에 이용한다.
폐합 트래버스	기지점에서 출발하여 원래의 기지점으로 폐합시키는 트래버스로 측량결과가 검토는 되나 결합다각형보다 정확도가 낮아 소규모 지역의 측량에 좋다.
개방 트래버스	임의의 점에서 임의의 점으로 끝나는 트래버스로 측량결과의 점검이 안 되어 노선측량의 답사에는 편리한 방법이다. 시작되는 점과 끝나는 점 간의 아무런 조건이 없다.

38 정답 ▶ ②

위성과 수신기 사이의 거리
= 전파(빛)의 속도 × 전송시간
= $300,000,000\text{m/sec} \times 0.7\text{sec}$
= $210,000,000\text{m}$
= $210,000\text{km}$

39 정답 ▶ ②

$A = 4 \times 5 \div 2 = 10\text{m}^2$
$\sum h_1 = 2.6 + 2.1 = 4.7$
$\sum h_2 = 2.9 + 2.4 = 5.3$
$V = \frac{A}{3}(\sum h_1 + 2\sum h_2) = \frac{10}{3}(4.7 + 2 \times 5.3)$
$= 51\text{m}^2$

40 정답 ▶ ①

직각좌표계 원점

명칭	원점의 경위도	투영원점의 가산(加算) 수치	원점 축척 계수	적용 구역

서부
좌표계
	• 경도
	  : 동경 125°00'
	• 위도
	  : 북위 38°00'
		X(N)
		600,000m
		Y(E)
		200,000m
			1.0000	동경
				124°~126°

중부
좌표계
	• 경도
	  : 동경 127°00'
	• 위도
	  : 북위 38°00'
		X(N)
		600,000m
		Y(E)
		200,000m
			1.0000	동경
				126°~128°

동부
좌표계
	• 경도
	  : 동경 129°00'
	• 위도
	  : 북위 38°00'
		X(N)
		600,000m
		Y(E)
		200,000m
			1.0000	동경
				128°~130°

동해
좌표계
	• 경도
	  : 동경 131°00'
	• 위도
	  : 북위 38°00'
		X(N)
		600,000m
		Y(E)
		200,000m
			1.0000	동경
				130°~132°

41 정답 ▶ ④

교각법	어떤 측선이 그 앞의 측선과 이루는 각을 관측하는 것을 교각법이라 한다.
편각법	각 측선이 그 앞 측선의 연장과 이루는 각을 관측하는 방법이다.
방위각법	각 측선이 일정한 기준선인 자오선과 이루는 각을 우회로 관측하는 방법으로 한 번 오차가 생기면 끝까지 영향을 미치며, 험준하고 복잡한 지형은 부적합하다.

42 정답 ▶ ③

트래버스의 종류

결합 트래버스	기지점에서 출발하여 다른 기지점으로 결합시키는 방법으로 대규모 지역의 정확성을 요하는 측량에 이용한다.
폐합 트래버스	기지점에서 출발하여 원래의 기지점으로 폐합시키는 트래버스로 측량결과가 검토는 되나 결합다각형보다 정확도가 낮아 소규모 지역의 측량에 좋다.
개방 트래버스	임의의 점에서 임의의 점으로 끝나는 트래버스로 측량결과의 점검이 안 되어 노선측량의 답사에는 편리한 방법이다. 시작되는 점과 끝나는 점 간의 아무런 조건이 없다.

43 정답 ▶ ④

1. 단열삼각쇄(망)(Single Chain of Tringles)
   ① 폭이 좁고 길이가 긴 지역에 적합하다.
   ② 노선·하천·터널 측량 등에 이용된다.
   ③ 거리에 비해 관측수가 적다.
   ④ 측량이 신속하고 경비가 적게 든다.
   ⑤ 조건식의 수가 적어 정도가 낮다.

2. 유심삼각쇄(망)(Chain of Central Points)
   ① 동일 측점에 비해 포함면적이 가장 넓다.
   ② 넓은 지역에 적합하다.
   ③ 농지측량 및 평탄한 지역에 사용된다.
   ④ 정도는 단열삼각망보다 좋으나 사변형보다 적다.

3. 사변형삼각쇄(망)(Chain of Quadrilaterals)
   ① 조건식의 수가 가장 많아 정밀도가 가장 높다.
   ② 기선삼각망에 이용된다.
   ③ 삼각점 수가 많아 측량시간이 많이 걸리며 계산과 조정이 복잡하다.

44 정답 ▶ ②

야장기입방법

고차식	가장 간단한 방법으로 B.S와 F.S만 있으면 된다.
기고식	가장 많이 사용하며, 중간점이 많을 경우 편리하나 완전한 검산을 할 수 없는 것이 결점이다.
승강식	완전한 검사로 정밀 측량에 적당하나, 중간점이 많으면 계산이 복잡하고, 시간과 비용이 많이 소요된다.

45 정답 ▶ ②

오차의 종류별 원인 및 처리방법

오차의 종류	원인	처리방법
시준축 오차	시준축과 수평축이 직교하지 않기 때문에 생기는 오차	망원경을 정·반위로 관측하여 평균을 취한다.
수평축 오차	수평축이 연직축에 직교하지 않기 때문에 생기는 오차	망원경을 정·반위로 관측하여 평균을 취한다.
연직축 오차	연직축이 연직이 되지 않기 때문에 생기는 오차	소거 불능

46 정답 ▶ ③

경중률은 관측횟수에 비례한다.
$P_1 : P_2 : P_3 = 3 : 2 : 5$

$$L_0 = \frac{P_1 l_1 + P_2 l_2 + P_3 l_3}{P_1 + P_2 + P_3}$$

$$= 530 + \frac{3 \times 0.5 + 2 \times 1 + 5 \times 0.3}{3 + 2 + 5}$$

$$= 530 + 0.5 = 530.5 \text{m}$$

47 정답 ▶ ②

각관측값의 오차배분
각관측 결과 기하학적 조건과 비교하여 허용오차 이내일 경우 다음과 같이 오차를 배분한다.
1. 각관측의 정확도가 같을 때는 오차를 각의 대소(大小)에 관계없이 등분하여 배분한다.
2. 각관측의 경중률(輕重率)이 다를 경우에는 그 오차를 경중률에 비례하여 그 각각의 각에 배분한다.
3. 변길이의 역수에 비례하여 각각(各角)에 배분한다.

4. 각관측값의 오차가 허용범위 이내인 경우에는 기하학적인 조건에 만족되도록 그 오차를 조정한다.
5. 오차가 허용오차보다 클 경우에는 다시 각관측을 하여야 한다.

48 정답 ▶ ④

직접수준측량의 주의사항
(1) 수준측량은 반드시 왕복측량을 원칙으로 하며, 노선은 다르게 한다.
(2) 정확도를 높이기 위하여 전시와 후시의 거리는 같게 한다.
(3) 이기점(T. P)은 1mm까지 그 밖의 점에서는 5mm 또는 1cm 단위까지 읽는 것이 보통이다.
(4) 직접수준측량의 시준거리
  ① 적당한 시준거리 : 40~60m(60m가 표준)
  ② 최단거리는 3m이며, 최장거리 100~180m 정도이다.
(5) 눈금오차(영점오차) 발생 시 소거방법
  ① 기계를 세운 표척이 짝수가 되도록 한다.
  ② 이기점(T.P)이 홀수가 되도록 한다.
  ③ 출발점에 세운 표척을 도착점에 세운다.
(6) 표척을 전·후로 기울여 관측할 때에는 최소 읽음값을 취해야 한다.
(7) 표척을 읽을 때에는 최상단 또는 최하단을 피한다.

49 정답 ▶ ①

- 측점 1의 기계고 = 10.00 + 0.75 = 10.75m
- 측점 2의 지반고 = 10.75 - 1.08 = 9.67m
- 측점 3의 지반고 = 10.75 - 0.27 = 10.48m

50 정답 ▶ ②

$$\cos\alpha = \frac{b^2 + c^2 - a^2}{2bc} = \frac{46^2 + 39^2 - 43^2}{2 \times 46 \times 39}$$
$$= 0.498327759$$
$$\alpha = \cos^{-1} 0.498327759$$
$$= 60°06'38''$$

51 정답 ▶ ②

EDM : 전자파 거리 측량기 오차
$= \pm \delta\sqrt{n} = \pm 0.007\sqrt{100} = \pm 0.07\text{m}$

여기서, δ : 1회 측정오차 = 0.007m
n : 측정횟수 = 100km ÷ 1km = 100

52 정답 ▶ ③

$$L_0 = \frac{P_1 l_1 + P_2 l_2 + P_3 l_3}{P_1 + P_2 + P_3}$$
$$= \frac{80.186 \times 2 + 80.249 \times 3 + 80.223 \times 4}{2 + 3 + 4}$$
$$= 80.223\text{m}$$

53 정답 ▶ ③

종선차($\Delta X = X_b - X_a$),
횡선차($\Delta Y = Y_b - Y_a$)
종선차 397845.01 - 395674.32 = 2170.69
횡선차 190256.39 - 192899.25 = -2642.86
거리계산 : $\sqrt{\Delta X^2 + \Delta Y^2} = 3420.029833$
방위 : $\tan^{-1}\Delta Y/\Delta X = 50°36'8.37''$
방위각 : 4상한이므로 360° - 50°36'8.37''
= 309°23'51.6''

54 정답 ▶ ③

$$V = \frac{A_1 + A_2}{2} \times L$$
$$= \frac{100 + 50}{2} \times 15$$
$$= 1,125\text{m}^2$$

55 정답 ▶ ②

$$M_1 = R\left(1 - \cos\frac{I}{2}\right)$$
$$= 200 \times \left(1 - \cos\frac{96°28'}{2}\right)$$
$$= 66.78\text{m}$$
$$M_2 = R\left(1 - \cos\frac{I}{4}\right)$$
$$= 200 \times \left(1 - \cos\frac{96°28'}{4}\right)$$
$$= 17.46\text{m}$$

56 정답 ▶ ②

토량
$\sum h_1 = 8.5 + 9 + 10 + 10.5 + 9 = 47\text{m}$
$2\sum h_2 = 2 \times (8 + 9.5) = 35\text{m}$
$3\sum h_3 = 3 \times 8.5 = 25.5\text{m}$
$V = \dfrac{A}{4}(1\sum h_1 + 2\sum h_2 + 3\sum h_3 + 4\sum h_4)$
$\quad = \dfrac{20 \times 10}{4}(47 + 35 + 25.5) = 5,375\text{m}^2$

계획고 9m일 때의 토량
$V = A \times h = (20 \times 10 \times 3\text{개}) \times 9 = 5,400\text{m}^2$
계획토량 − 토량 = 5,400 − 5,375 = 25m²
(부족토량 → 성토량)

57 정답 ▶ ③

$\theta'' = \dfrac{l}{nD}\rho'' = \dfrac{0.024}{4 \times 30} \times 206265''$
$\quad = 41.25''$

58 정답 ▶ ④

다각형 외각의 합
$= 180°(n+2) = 180°(18+2) = 3,600°$

59 정답 ▶ ③

$m_0 = \pm\sqrt{\dfrac{vv}{n(n-1)}} = \sqrt{\dfrac{720}{5(5-1)}}$
$\quad = \pm 6\text{mm}$

60 정답 ▶ ④

GPS 측량의 제어부문

구성	1개의 주제어국, 5개의 추적국 및 3개의 지상안테나 (Up Link 안테나 : 전송국)
기능	• 주제어국 : 추적국에서 전송된 정보를 사용하여 궤도요소를 분석한 후 신규 궤도요소, 시계보정, 항법메시지 및 컨트롤 명령정보, 전리층 및 대류층의 주기적 모형화 등을 지상안테나를 통해 위성으로 전송함 • 추적국 : GPS 위성의 신호를 수신하고 위성의 추적 및 작동상태를 감독하여 위성에 대한 정보를 주제어국으로 전송함 • 전송국 : 주관제소에서 계산된 결과치로서 시각보정값, 궤도보정치를 사용자에게 전달할 메시지 등을 위성에 송신하는 역할

㉠ 주제어국 : 콜로라도 스프링스(Colorado Springs) − 미국 콜로라도 주
㉡ 추적국
 • 어센션(Ascension Is) − 대서양
 • 디에고 가르시아(Diego Garcia) − 인도양
 • 쿠에제린(Kwajalein Is) − 태평양
 • 하와이(Hawaii) − 태평양
㉢ 3개의 지상안테나(전송국) : 갱신자료 송신

모의고사 4회

01 좌표를 알고 있는 기지점으로부터 출발하여 다른 기지점에 연결하는 측량방법으로 높은 정확도를 요구하는 대규모 지역의 측량에 이용되는 트래버스는?
① 폐합 트래버스
② 결합 트래버스
③ 개방 트래버스
④ 트래버스 망

02 우리나라 평면 직각 좌표계의 명칭과 투영점의 위치(동경)가 옳지 않은 것은?
① 명칭 : 서부좌표계, 투영점의 위치(동경) : 125°
② 명칭 : 중부좌표계, 투영점의 위치(동경) : 127°
③ 명칭 : 동부좌표계, 투영점의 위치(동경) : 129°
④ 명칭 : 제주좌표계, 투영점의 위치(동경) : 131°

03 각도와 거리를 동시에 관측할 수 있는 장비로, 기계 내부의 프로그램에 의해 자동적으로 수평거리 및 연직거리가 계산되어 디지털(digital)로 표시되는 장비는?
① 토털 스테이션
② GPS
③ 데오돌라이트
④ 위성 거리 측량기

04 삼각측량을 하기 위해서는 적어도 한 개 이상의 변장을 정확히 실측해야 하는데, 이를 무슨 측량이라 하는가?
① 거리측량
② 삼변측량
③ 기선측량
④ 망측량

05 지구상의 임의의 점에 대한 절대적 위치를 표시하는 데 일반적으로 널리 사용되는 좌표계는?
① 평면 직각 좌표계
② 경·위도 좌표계
③ 3차원 직각 좌표계
④ UTM 좌표계

06 다각측량의 각 곽측에서 각 측선이 그 앞 측선의 연장선과 이루는 각을 관측하는 방법을 무엇이라고 하는가?
① 교각법
② 편각법
③ 방위각법
④ 교회법

07 평균제곱근오차(표준편차)를 a, 확률오차를 r이라 할 때 a와 r 사이의 관계식은?
① $r = \pm 0.6745a$
② $r = \pm 0.6745/a$
③ $r = \pm 0.5a$
④ $r = \pm a/0.5$

08 거리 500m에서 구차를 구한 값으로 옳은 것은?
① 1.96mm
② 9.8mm
③ 19.6mm
④ 39.2mm

09 다음 〈설명〉은 삼각점의 선점에 대한 내용이다. ( ) 안에 알맞은 것은?

〈설명〉
삼각점의 선점은 측량의 목적, 정확도 등을 고려하여 결정한다. 삼각형은 정삼각형에 가까울수록 오차가 변길이 계산에 끼치는 영향이 적으므로 정삼각형이 되게 하고 지형에 따라 부득이할 때에는 한 내각의 크기를 ( )° 내에 있도록 해야 한다.

① 10~70 ② 20~80
③ 30~120 ④ 40~150

10 평판측량에서 지상측선 방향과 도상측선 방향을 일치시키는 작업은?
① 표정 ② 정준
③ 구심 ④ 시준

11 완화곡선의 종류에 해당되지 않는 것은?
① 3차 포물선
② 클로소이드 곡선
③ 2차 포물선
④ 렘니스케이트 곡선

12 원곡선을 설치하는 데 접선장의 길이가 18m이고, 교각이 21°30′일 때의 반지름 R은?
① 94.81m ② 91.40m
③ 72.63m ④ 63.83m

13 양단면의 면적이 $A_1=100m^2$, $A_2=50m^2$일 때 체적은?(단, 단면 A_1에서 단면 A_2까지의 거리는 15m이다.)
① 800m^2 ② 930m^2
③ 1,125m^2 ④ 1,265m^2

14 축척 1:50,000 지형도에서 표고가 각각 170m, 125m인 두 지점의 수평거리가 30mm일 때 경사 기울기는?

① 2.0% ② 2.5%
③ 3.0% ④ 3.5%

15 가로 10m, 세로 10m의 정사각형 토지에 기준면으로부터 각 꼭짓점의 높이 측정결과가 그림과 같을 때 절토량은?

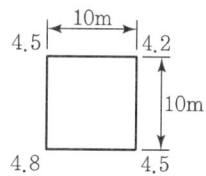

① 225m^2 ② 450m^2
③ 900m^2 ④ 1,250m^2

16 철도에서 차량이 곡선 위를 달릴 때 뒷바퀴가 앞바퀴보다 항상 안쪽을 지나게 되므로 직선부보다 넓은 돌 폭이 필요하게 되는데 이 크기를 무엇이라 하는가?
① 플랜지(flange) ② 슬랙(slack)
③ 캔트(cant) ④ 편물매

17 GPS 위성의 신호에 대하여 설명한 것 중 틀린 것은?
① L_1과 L_2의 반송파가 있다.
② 변조된 코드 신호가 존재한다.
③ L_1 신호의 주파수가 L_2 신호의 주파수보다 작다.
④ 위성의 위치정보가 들어 있는 신호는 방송궤도력이다.

18 GPS 오차를 구분할 때 시스템 오차에 속하지 않는 것은?
① 위성 시계 오차
② 전리층 굴절 오차
③ 수신기 오차
④ 위성 궤도 오차

19 그림에서 등고선 간격이 5m이고 $A_2 = 30m^2$, $A_3 = 45m^2$이다. 양단면 평균법으로 토량을 계산한 값은?

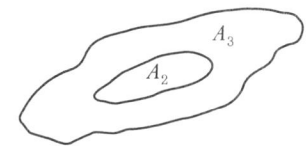

① 196.8m² ② 187.5m²
③ 1875m² ④ 1968m²

20 장애물이 없고 비교적 좁은 지역에서 대축척으로 세부측량을 할 경우 효율적인 평판측량 방법은?

① 방사법 ② 전진법
③ 교회법 ④ 투사지법

21 그림에서 측선 BC의 방위각(α)은?(단, $\angle A = 120°10'50''$, $\angle B = 240°30'10''$)

① 239°40'40''
② 59°40'40''
③ 0°41'00''
④ 180°41'00''

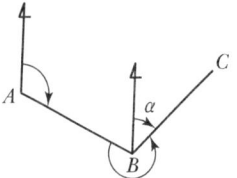

22 지구 반지름 $R = 6,370km$라 하고 거리의 허용 정밀도가 10^{-7}일 때, 평면으로 간주할 수 있는 지름은?

① 7km ② 10km
③ 12km ④ 15km

23 전파거리 측량기와 비교한 광파거리 측량기에 대한 설명이 아닌 것은?

① 안개나 비 등의 기후에 영향을 받지 않는다.
② 비교적 단거리 측정에 이용된다.
③ 작업 인원이 적고, 작업 속도가 신속하다.
④ 일반 건설 현장에서 많이 사용된다.

24 사용기계의 종류에 따른 측량의 분류에 해당하는 것은?

① 노선 측량
② 골조 측량
③ 스타디아 측량
④ 터널 측량

25 줄자를 이용하여 기울기 30°, 경사 거리 20m를 관측하였을 때 수평거리는 얼마인가?

① 10.00m ② 11.55m
③ 17.32m ④ 18.32m

26 수준측량에서 표척을 세울 때 주의사항으로 옳지 않은 것은?

① 표척을 세우는 장소는 지반이 견고하여야 한다.
② 표척은 수직으로 세운다.
③ 표척은 노출방지를 위해 복잡한 지역에 세운다.
④ 표척은 가능한 레벨로부터 두 점 사이의 거리가 같도록 세운다.

27 평판측량의 장점이 아닌 것은?

① 잘못 측량을 하였을 경우, 현장에서 쉽게 발견하여 보완할 수 있다.
② 도지를 현장에서 직접 사용하므로 신축으로 인한 오차가 발생하지 않는다.
③ 내업 시간이 절약된다.
④ 특별한 경우를 제외하고는 야장이 불필요하므로 다른 측량에 비하여 그만큼 시간을 절약할 수 있다.

28 수평선을 기준으로 목표에 대한 시준선과 이루는 각을 무엇이라 하는가?

① 방향각 ② 천저각
③ 고저각 ④ 천정각

29 그림 A, C 사이에 연속된 담장이 가로막혔을 때의 수준 측량 시 C점의 지반고는?(단, A점의 지반고 10m)

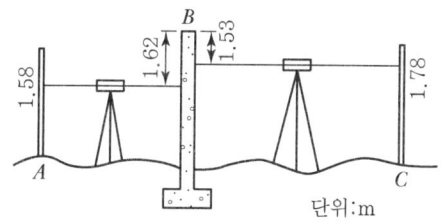

① 9.89m ② 10.62m
③ 11.86m ④ 12.54m

30 대지측량을 가장 바르게 설명한 것은?
① 지구표면의 일부를 평면으로 간주하는 측량
② 지구의 곡률을 고려해서 하는 측량
③ 넓은 지역의 측량
④ 공공측량

31 측량하려는 두 점 사이에 강, 호수, 하천 또는 계곡이 있어 그 두 점 중간에 기계를 세울 수 없는 경우 교호수준측량을 실시한다. 이 측량에서 양안 기슭에 표척을 세워 시준하는 이유는?
① 굴절오차와 시준축 오차를 소거하기 위해
② 양안 경사거리를 쉽게 측량하기 위해
③ 양안의 포척과 기계 사이의 거리를 다르게 하기 위해
④ 표고차를 4회 평균하여 산출하기 위해

32 외심거리가 3cm인 앨리데이드로, 축척 1:300인 평판측량을 하였을 때 도면상에 생기는 외심오차는 얼마인가?
① 0.1mm ② 0.2mm
③ 0.3mm ④ 0.4mm

33 삼각측량의 작업순서로 옳은 것은?
① 답사 및 선점 - 조표 - 관측 - 계산 - 성과표 작성
② 조표 - 성과표 작성 - 답사 및 선점 - 관측 - 계산
③ 조표 - 관측 - 답사 및 선점 - 성과표 작성 - 계산
④ 답사 및 선점 - 관측 - 조표 - 계산 - 성과표 작성

34 평판측량에서 사용되는 앨리데이드에 관한 설명으로 틀린 것은?
① 지름 0.2mm의 시준사와 3개의 시준공으로 되어 있다.
② 축척자는 방향선을 긋고 시준점을 표시할 때 사용된다.
③ 기포관에서 기포관의 곡률 반지름은 15~20m로 평판을 세울 때 구심을 맞추기 위해 사용된다.
④ 정준간은 측량 도중 수평이 틀렸을 때 앨리데이드의 수평을 교정하는 데 사용된다.

35 표에서 합위거, 합경거를 이용하여 폐합 트래버스의 면적을 계산한 것은?(단, 단위는 m이다.)

측점	합위거	합경거
A	0	0
B	4	5
C	1	5

① 30.5m²
② 15.5m²
③ 7.5m²
④ 4.0m²

36 경사변환선에 대한 설명으로 옳은 것은?
① 지표면이 높은 곳의 꼭대기 점을 연결한 선
② 동일 방향의 경사면에서 경사의 크기가 다른 두 면의 접합선
③ 경사가 최대가 되는 방향을 표시한 선
④ 지표면이 낮거나 움푹 패인 점을 연결한 선

37 등고선의 측정방법 중 간접측정법이 아닌 것은?
① 3점법
② 횡단점법
③ 기준점법(종단점법)
④ 사각형 분할법(좌표점법)

38 노선측량에서 일반적으로 노선의 중심선을 따라 몇 m 간격으로 중심 말뚝을 설치하는가?
① 10m
② 15m
③ 20m
④ 25m

39 지형도에서 지형의 표시방법과 거리가 먼 것은?
① 등고선법
② 음영법
③ 점고법
④ 투시법

40 GPS가 사용하는 좌표계의 종류는?
① 지구중심좌표계
② 지구적도좌표계
③ 지구극좌표계
④ 지구준거좌표계

41 임의 측선의 방위각 계산에서 진행방향 오른쪽 교각을 측정했을 때의 방위각 계산은?
① 전 측선 방위각+180°-그 측점의 교각
② 전 측선 방위각×180°+그 측점의 교각
③ 전 측선 방위각×180°-그 측점의 교각
④ 전 측선 방위각-180°+그 측점의 교각

42 평탄지에서 측점의 수 9개인 트래버스 측량을 한 결과 측각오차가 30″ 발생하였다면 오차의 처리방법으로 가장 적합한 것은?(단, 각 관측의 정밀도는 같다.)
① 다시 측량을 실시한다.
② 각의 크기에 비례하여 오차를 조정한다.
③ 각 각에 등배분하여 오차를 조정한다.
④ 변의 크기에 비례하여 오차를 조정한다.

43 수평각 측정에서 배각법의 특징에 대한 설명으로 옳지 않은 것은?
① 배각법은 방향각법과 비교하여 읽기오차의 영향을 적게 받는다.
② 눈금의 부정에 의한 오차를 최소로 하기 위하여 n회의 반복결과 630°에 가깝게 하는 것이 좋다.
③ 눈금을 직접 측정할 수 없는 미량의 값을 누적하여 반복회수로 나누면 세밀한 값을 읽을 수 있다.
④ 배각법은 수평각 관측법 중 가장 정밀한 방법이다.

44 각 관측에서 망원경을 정, 반으로 관측 평균하여도 소거되지 않는 오차는?
① 시준축과 수평축이 직교하지 않아 발생되는 오차
② 수평축과 연직축이 직교하지 않아 발생되는 오차
③ 연직축이 정확히 연직선에 있지 않아 발생되는 오차
④ 회전축에 대하여 망원경의 위치가 편심되어 발생되는 오차

45 평판측량에서 앨리데이드의 외심거리가 30mm, 제도의 허용오차를 0.3mm라 하면 축척은 어느 정도까지 측량이 가능한가?
① 1 : 100 ② 1 : 200
③ 1 : 300 ④ 1 : 500

46 트래버스 측량에서 교각법의 특징이 아닌 것은?
① 각 측점마다 독립하여 관측을 할 수 있다.
② 각 관측이 배각법을 이용할 수 있다.
③ 각 관측 오차가 있어도 다른 각에 영향을 주지 않는다.
④ 각 관측 및 관측값 계산이 가장 신속하다.

47 트래버스(Traverse)측량에서 어느 임의의 측선에 대한 방위각이 160°라고 할 때 이 측선의 방위는?
① N160°E ② S160°W
③ S20°E   ④ N20°W

48 아래 그림에서 DC측선의 방위각을 계산한 값은?

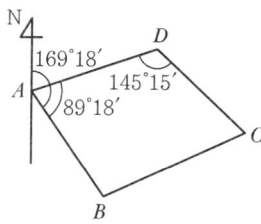

① 114°45′ ② 145°15′
③ 294°45′ ④ 325°15′

49 실제 두 점간의 거리 50m를 도상에서 2mm로 표시하는 경우 축척은?
① 1/1,000   ② 1/2,500
③ 1/25,000 ④ 1/50,000

50 교호수준측량을 하는 주된 원인은?
① 안개에 의한 오차를 소거하기 위하여
② 관측자의 원인에 의한 오차를 소거하기 위하여
③ 굴절오차 및 시준축 오차를 소거하기 위하여
④ 표척 이음부의 오차를 소거하기 위하여

51 평판측량의 오차 중 앨리데이드 구조상 시준하는 선과 도상의 방향선 위치(앨리데이드 자의 가장자리선)가 다르기 때문에 생기는 오차는?
① 외심 오차 ② 시준 오차
③ 구심 오차 ④ 편심 오차

52 수준측량에 관한 설명으로 잘못된 것은?
① 수준측량은 토지의 현황을 표현하는 지도를 제작하는 자료로 활용된다.
② 수준측량에 있어서 진행방향에 대한 시준값을 후시라 한다.
③ 수준면은 연직선에 직교하는 모든 점을 있는 곡면이다.
④ 중간점은 전시만 취하는 점으로 그 점의 지반고를 구할 경우에만 사용한다.

53 레벨의 감도가 한 눈금에 40초일 때 80m 떨어진 표척을 읽은 후 2눈금 이동하였다면 이때 생긴 오차량은?
① 0.02m ② 0.03m
③ 0.04m ④ 0.05m

54 다음 중 오차를 줄일 수 있는 수준측량의 주의사항으로 옳지 않은 것은?
① 견고한 곳에 기계를 설치할 것
② 측정순간의 기포는 항상 중앙에 있을 것
③ 레벨을 세우는 횟수를 홀수로 할 것
④ 이기점의 전시와 후시의 거리를 같게 할 것

55 트래버스 선점 시 유의사항으로 틀린 것은?
① 후속 측량이 편리하도록 한다.
② 측선의 거리는 가능한 짧게 한다.
③ 지반이 견고한 장소에 설치한다.
④ 측점 수는 될 수 있는 대로 적게 한다.

56 그림과 같은 트래버스를 측정하여 다음과 같은 성과를 얻었다. 이때 CD측선의 방위각은?

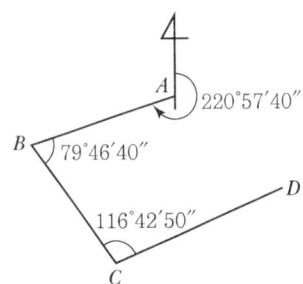

① 57°27′10″   ② 59°27′10″
③ 60°42′50″   ④ 77°24′40″

57 1각을 측정 횟수를 다르게 측정하여 다음의 값을 얻었을 때 최확값은?

49°59′58″(1회 측정), 50°00′00″(2회 측정),
50°00′02″(5회 측정)

① 49°59′59″   ② 50°00′00″
③ 50°00′01″   ④ 50°00′02″

58 수준측량 시 한 측점에서 동시에 전시와 후시를 모두 취하는 점을 무엇이라 하는가?
① 전시점   ② 후시점
③ 중간점   ④ 이기점

59 삼각망의 제2조정각 54°56′15″에 대한 표차값은?
① 11.54   ② 12.81
③ 13.45   ④ 14.77

60 다음 중 $\overline{AB}$의 관측거리가 100m일 때, B점의 X(N) 좌표값이 가장 큰 것은?(단, A의 좌표 $X_A = 0$m, $Y_A = 0$m)
① $\overline{AB}$의 방위각(a) = 30°
② $\overline{AB}$의 방위각(a) = 60°
③ $\overline{AB}$의 방위각(a) = 90°
④ $\overline{AB}$의 방위각(a) = 120°

모의고사 4회 정답 및 해설

01 정답 ▶ ②

결합 트래버스	기지점에서 출발하여 다른 기지점으로 결합시키는 방법으로 대규모 지역의 정확성을 요하는 측량에 이용한다.
폐합 트래버스	기지점에서 출발하여 원래의 기지점으로 폐합시키는 트래버스로 측량결과가 검토는 되나 결합다각형보다 정확도가 낮아 소규모 지역의 측량에 좋다.
개방 트래버스	임의의 점에서 임의의 점으로 끝나는 트래버스로 측량결과의 점검이 안 되어 노선측량의 답사에는 편리한 방법이다. 시작되는 점과 끝나는 점 간의 아무런 조건이 없다.

02 정답 ▶ ④

명칭	원점의 경위도	투영원점의 가산(加算) 수치	원점 축척 계수	적용 구역
서부 좌표계	• 경도 : 동경 125°00′ • 위도 : 북위 38°00′	X(N) 600,000m Y(E) 200,000m	1.0000	동경 124°~126°
중부 좌표계	• 경도 : 동경 127°00′ • 위도 : 북위 38°00′	X(N) 600,000m Y(E) 200,000m	1.0000	동경 126°~128°
동부 좌표계	• 경도 : 동경 129°00′ • 위도 : 북위 38°00′	X(N) 600,000m Y(E) 200,000m	1.0000	동경 128°~130°
동해 좌표계	• 경도 : 동경 131°00′ • 위도 : 북위 38°00′	X(N) 600,000m Y(E) 200,000m	1.0000	동경 130°~132°

03 정답 ▶ ①

토털 스테이션
각도와 거리를 동시에 관측할 수 있는 장비로, 기계 내부의 프로그램에 의해 자동적으로 수평거리 및 연직거리가 계산되어 디지털(digital)로 표시되는 장비다.

04 정답 ▶ ③

기선측량
삼각측량에서 기초가 되는 기선의 길이를 측량하는 일로, 기본이 되는 선분(線分)의 길이와 방위각을 정확히 측정하여 이것을 모든 측량의 기초로 삼는다.

05 정답 ▶ ②

경·위도 좌표	① 지구상 절대적 위치를 표시하는 데 가장 널리 쓰인다. ② 경도(λ)와 위도(ϕ)에 의한 좌표(λ, ϕ)로 수평위치를 나타낸다. ③ 3차원 위치표시를 위해서는 타원체면으로부터의 높이, 즉 표고를 이용한다. ④ 경도는 동·서쪽으로 0~180°로 관측하며 천문경도와 측지경도로 구분된다. ⑤ 위도는 남·북쪽으로 0~90° 관측하며 천문위도, 측지위도, 지심위도, 화성위도로 구분된다. ⑥ 경도 1°에 대한 적도상 거리는 약 111km, 1′는 1.85km, 1″는 0.88m가 된다.
평면직교 좌표	① 측량범위가 크지 않은 일반측량에 사용된다. ② 직교좌푯값(x, y)으로 표시된다. ③ 자오선을 X축, 동서방향을 Y축으로 한다. ④ 원점에서 동서로 멀어질수록 자오선과 원점을 지나는 Xn(진북)과 평행한 Xn(도북)이 서로 일치하지 않아 자오선수차(r)가 발생한다.
UTM 좌표	UTM 좌표는 국제횡메르카토르 투영법에 의하여 표현되는 좌표계이다. 적도를 횡축, 자오선을 종축으로 한다. 투영방식, 좌표변환식은 TM과 동일하나 원점에서 축척계수를 0.9996으로 하여 적용범위를 넓혔다.

06 정답 ▶ ②

편각법
어떤 측선이 그 앞 측선의 연장선과 이루는 각을 측정하는 방법으로 선로의 중심선 측량에 적당하다.

교각	전 측선과 그 측선이 이루는 각
편각	각 측선이 그 앞 측선의 연장선과 이루는 각

방향각	도북방향을 기준으로 어느 측선까지 시계방향으로 잰 각
방위각	① 자오선을 기준으로 어느 측선까지 시계방향으로 잰 각 ② 방위각도 일종의 방향각 ③ 자북방위각, 역방위각

07 정답 ▶ ①

평균제곱근 오차, 중등(표준) 오차(m_0)	① 1회 관측(개개의 관측값)에 대한 $m_0 = \pm \sqrt{\dfrac{VV}{n-1}}$ ② n개의 관측값(최확값)에 대한 $m_0 = \pm \sqrt{\dfrac{VV}{n(n-1)}}$
확률오차 (r_0)	① 1회 관측(개개의 관측값)에 대한 $r_0 = \pm 0.6745 \cdot m_0$ ② n개의 관측값(최확값)에 대한 $r_0 = \pm 0.6745 \cdot m_0$

08 정답 ▶ ③

구차
지구의 곡률에 의한 오차이며 이 오차만큼 높게 조정을 한다.

구차 $= \dfrac{\ell^2}{2R} = \dfrac{0.5^2}{2 \times 6370} = 0.0000196 \text{km}$
$= 0.0196 \text{m} = 1.96 \text{cm} = 19.6 \text{mm}$

09 정답 ▶ ③

기선 및 삼각점 선점 시 유의사항

기선	① 되도록 평탄할 것 ② 기선의 양 끝이 서로 잘 보이고 기선 위의 모든 점이 잘 보일 것 ③ 부근의 삼각점에 연결하는 데 편리할 것 ④ 기선의 길이는 삼각망의 변장과 거의 같아야 하므로 이러한 길이를 쉽게 얻을 수 없는 경우는 기선을 증대시키는 데 적당할 것
삼각점	① 각 점이 서로 잘 보일 것 ② 삼각형의 내각은 60°에 가깝게 하는 것이 좋으나 1개의 내각은 30~120° 이내로 할 것 ③ 표지와 기계가 움직이지 않을 견고한 지점일 것 ④ 가능한 한 측점수가 적고 세부측량에 이용가치가 커야 할 것 ⑤ 벌목을 많이 하거나 높은 시준탑을 세우지 않아도 관측할 수 있는 점일 것

10 정답 ▶ ①

평판측량의 3요소

정준 (leveling up)	평판을 수평으로 맞추는 작업(수평 맞추기)
구심 (centering)	평판상의 측점과 지상의 측점을 일치시키는 작업(중심 맞추기)
표정 (orientation)	평판을 일정한 방향으로 고정시키는 작업으로 평판측량의 오차 중 가장 큼(방향 맞추기)

11 정답 ▶ ③

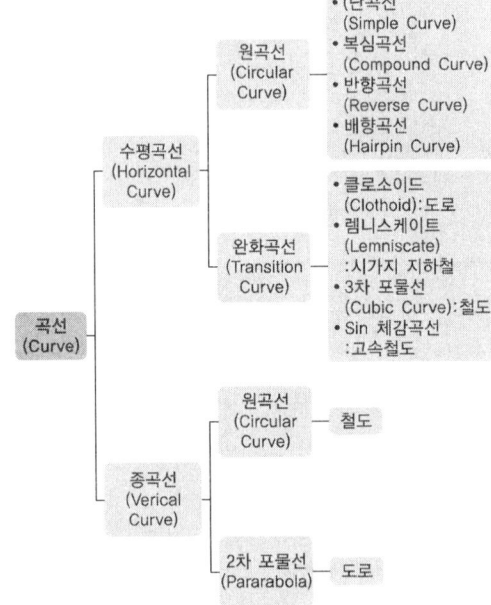

12 정답 ▶ ①

$T.L = R \tan \dfrac{I}{2}$ 에서

$R = \dfrac{TL}{\tan \dfrac{I}{2}} = \dfrac{18}{\tan \dfrac{21°30'}{2}} = 94.81 \text{m}$

13 정답 ▶ ③

$V = \dfrac{A_1 + A_2}{2} \times L = \dfrac{100 + 50}{2} \times 15 = 1,125 \text{m}^2$

14 정답 ▶ ③

- 수평거리 = 30mm × 50,000 = 1,500,000mm
  = 1,500m
- 표고차 = 170m − 125m = 45m
- 경사기울기 = $\dfrac{\text{표고차}}{\text{수평거리}} \times 100$
  = $\dfrac{45}{1,500} \times 100 = 3\%$

15 정답 ▶ ②

절토량 = $\dfrac{A}{4}(1\sum h_1 + 2\sum h_2 + 3\sum h_3 + 4\sum h_4)$
= $\dfrac{10 \times 10}{4}(4.5 + 4.2 + 4.5 + 4.8)$
= 450m^2

16 정답 ▶ ②

캔트 (Cant)	곡선부를 통과하는 차량이 원심력이 발생하여 접선방향으로 탈선하려는 것을 방지하기 위해 바깥쪽 노면을 안쪽 노면보다 높이는 정도를 말하며 편경사라고 한다.
확폭 (Slack)	차량과 레일이 꼭 끼어서 서로 힘을 입게 되면 때로는 탈선의 위험도 생긴다. 이러한 위험을 막기 위해서 레일 안쪽을 움직여 곡선부에서는 궤간을 넓힐 필요가 있다. 이 넓인 치수를 슬랙이라고 하며 확폭이라고도 한다. 이 확폭의 크기를 도로에서는 확폭량, 철도에서는 확도(slack)라 한다.

17 정답 ▶ ③

신호	구분	내용
반송파 (Carrier)	L₁	• 주파수 1,575.42MHz(154×10.23MHz), 파장 19cm • C/A code와 P code 변조 가능
	L₂	• 주파수 1,227.60MHz(120×10.23MHz), 파장 24cm • P code만 변조 가능
코드 (Code)	P code	• 반복주기 7일인 PRN code(Pseudo Random Noise code) • 주파수 10.23MHz, 파장 30m(29.3m)
	C/A code	• 반복주기 : 1ms(milli-second)로 1.023Mbps로 구성된 PPN code • 주파수 1.023MHz, 파장 300m(293m)

L₁신호의 주파수(1575.42MHz)가 L₂ 신호의 주파수(1227.60MHz)보다 크다.

18 정답 ▶ ③

GPS 시스템 오차(구조적 오차)
위성 시계 오차, 위성 궤도 오차, 전리층 굴절 오차, 대류권 굴절 오차 및 선택적 이용성에 의한 오차

19 정답 ▶ ②

$V = \dfrac{A_1 + A_2}{2} \times L = \dfrac{30 + 45}{2} \times 5 = 187.5\,\text{m}^2$

20 정답 ▶ ①

방사법 (Method of Radiation, 사출법)		측량구역 안에 장애물이 없고 비교적 좁은 구역에 적합하며 한 측점에 평판을 세워 그 점 주위에 목표점의 방향과 거리를 측정하는 방법(60m 이내)
전진법 (Method of Traversing, 도선법, 절측법)		측량구역의 중앙에 장애물이 있어 시준이 곤란할 때 사용하는 방법으로 측량구역이 길고 좁을 때 측점마다 평판을 세워 가며 측량하는 방법
교회법 (Method of Intersection)	전방 교회법	전방에 장애물이 있어 직접 거리를 측정할 수 없을 때 편리하며, 알고 있는 기지점에 평판을 세워서 미지점을 구하는 방법
	측방 교회법	기지의 두 점을 이용하여 미지의 한 점을 구하는 방법으로 도로 및 하천변의 여러 점의 위치를 측정할 때 편리한 방법
	후방 교회법	도면상에 기재되어 있지 않은 미지점에 평판을 세워 기지의 2점 또는 3점을 이용하여 현재 평판이 세워져 있는 평판의 위치(미지점)를 도면상에서 구하는 방법

21 정답 ▶ ②

- AB 측선의 방위각 = 120°10′50″
- BC 측선의 방위각
  = AB 측선의 방위각 + 180° − 교각
  = 120°10′50″ + 180° − 240°30′10″
  = 59°40′40″

22 정답 ▶ ①

허용 정밀도 = $\dfrac{l^2}{12R^2} = \dfrac{1}{10^7}$

$l = \sqrt{\dfrac{12 \times 6370^2}{1,000,000}} \fallingdotseq 7\text{km}$

23 정답 ▶ ①

구분	광파거리 측량기	전파거리 측량기
정의	측점에서 세운 기계로부터 빛을 발사하여 이것을 목표점의 반사경에 반사하여 돌아오는 반사파의 위상을 이용하여 거리를 구하는 기계	측점에 세운 주국에서 극초단파를 발사하고 목표점의 종국에서는 이를 수신하여 변조고주파로 반사하여 각각의 위상 차이로 거리를 구하는 기계
정확도	±(5mm+5ppm)	±(15mm+5ppm)
대표 기종	Geodimeter	Tellurometer
장점	• 정확도가 높다. • 데오돌라이트나 트랜싯에 부착하여 사용 가능하며, 무게가 가볍고 조작이 간편하고 신속하다. • 움직이는 장애물의 영향을 받지 않는다.	• 안개, 비, 눈 등의 기상조건에 대한 영향을 받지 않는다. • 장거리 측정에 적합하다.
단점	안개, 비, 눈 등의 기상조건에 대한 영향을 받는다.	• 단거리 관측 시 정확도가 비교적 낮다. • 움직이는 장애물, 지면의 반사파 등의 영향을 받는다.
최소 조작 인원	1명 (목표점에 반사경을 설치했을 경우)	2명 (주국, 종국 각 1명)
관측 가능 거리	단거리용 : 5km 이내 중거리용 : 60km 이내	장거리용 : 30~150km
조작 시간	한 변 10~20분	한 변 20~30분

24 정답 ▶ ③

측량기계에 따른 분류
테이프 측량, 평판 측량, 데오돌라이트 측량, 레벨측량, 스타디아 측량, 육분의 측량, 사진 측량, GPS 측량, 전자파 거리 측량, 토털스테이션 측량

25 정답 ▶ ③

수평거리 = $20m \times \cos 30° = 17.32m$

26 정답 ▶ ③

표척은 시준하기 좋은 곳에 세운다.

27 정답 ▶ ②

평판측량의 장·단점

장점	단점
① 현장에서 직접 측량결과를 제도함으로서 필요한 사항을 결측하는 일이 없다. ② 내업이 적으므로 작업을 빠르게 할 수 있다. ③ 측량기구가 간단하여 측량방법 및 취급하기가 편리하다. ④ 오측 시 현장에서 발견이 용이하다.	① 외업이 많으므로 기후(비, 눈, 바람 등)의 영향을 많이 받는다. ② 기계의 부품이 많아 휴대하기 곤란하고 분실하기 쉽다. ③ 도지에 신축이 생기므로 정밀도에 영향이 크다. ④ 높은 정도를 기대할 수 없다.

28 정답 ▶ ③

	천정각	연직선 위쪽을 기준으로 목표점까지 내려 잰 각
연직각	고저각	수평선을 기준으로 목표점까지 올려서 잰 각을 상향각(앙각), 내려서 잰 각을 하향각(부각) • 천문측량의 지평좌표계
	천저각	연직선 아래쪽을 기준으로 목표점까지 올려서 잰 각 • 항공사진측량

29 정답 ▶ ①

$Hc = H_A + (\sum B.S - \sum F.S)$
$= 10 + (1.58 - 1.53) - (-1.62 + 1.78)$
$= 9.89m$

30 정답 ▶ ②

측량구역의 면적에 따른 분류

측지측량 (Geodetic Surveying)	지구의 곡률을 고려하여 지표면을 곡면으로 보고 행하는 측량이며 범위는 100만분의 1의 허용 정밀도를 측량한 경우 반경 11km 이상 또는 면적 약 400km² 이상의 넓은 지역에 해당하는 정밀측량으로서 대지측량(Large Area Surveying)이라고도 한다.
평면측량 (Plane Surveying)	지구의 곡률을 고려하지 않는 측량으로 거리측량의 허용 정밀도가 100만분의 1 이하일 경우 반경 11km 이내의 지역을 평면으로 취급하여 소지측량(Small Area Surveying)이라고도 한다.

31 정답 ▶ ①

교호수준측량
전시와 후시를 같게 취하는 것이 원칙이나 2점간에 강·호수·하천 등이 있으면 중앙에 기계를 세울 수 없을 때 양지점에 세운 표척을 읽어 고저차를 2회 산출하여 평균하며 높은 정밀도를 필요로 할 경우에 이용된다.

교호수준측량을 할 경우 소거되는 오차	① 레벨의 기계오차(시준축 오차) ② 관측자의 읽기오차 ③ 지구의 곡률에 의한 오차(구차) ④ 광선의 굴절에 의한 오차(기차)

32 정답 ▶ ①

외심오차 = $\dfrac{외심거리}{축척의 분모수}$ = $\dfrac{30mm}{300}$
= 0.1mm

33 정답 ▶ ①

삼각측량의 순서
계획 – 답사 – 선점 – 조표 – 관측 – 계산 – 성과

34 정답 ▶ ③

보통 앨리데이드
① 기포관의 곡률 반지름 : 1.0~1.5m로 평판을 수평으로 세울 때 사용된다.
② 전시준판 : 직경 0.2mm의 말총 시준사
③ 후시준판 : 직경 0.5mm의 시준공 상, 중, 하 3개
④ 전 시준판에는 시준판 가격의 $\dfrac{1}{100}$로 눈금이 새겨져 있다.

35 정답 ▶ ③

좌표법에 의한 면적계산
$A = \dfrac{1}{2}\{y_1(x_n - x_2) + y_2(x_1 - x_3) + y_3(x_2 - x_4) + \cdots y_n(x_{n-1} - x_1)\}$
$= \dfrac{1}{2}\{y_n(x_{n-1} - x_{n+1})\}$
$= \dfrac{1}{2} \times [(4 \times 5) - (1 \times 5)] = 7.5m^2$

[별해]

	A	B	C	A
합위거(X)	0	4	1	0
합경거(Y)	0	5	5	0

$(0 \times 5) + (4 \times 5) + (1 \times 0) = 20$
$(4 \times 0) + (1 \times 5) + (0 \times 5) = 5$
$20 - 5 = 15m^2$ (배면적)
∴ 면적 = $\dfrac{15}{2} = 7.5m^2$

36 정답 ▶ ②

지성선(Topographical Line)
지표는 많은 凸선, 凹선, 경사변환선, 최대경사선으로 이루어졌다고 생각할 때 이 평면의 접합부, 즉 접선을 말하며 지세선이라고도 한다.

능선(凸선), 분수선	지표면의 높은 곳을 연결한 선으로 빗물이 이것을 경계로 좌우로 흐르게 되므로 분수선 또는 능선이라 한다.
계곡선(凹선), 합수선	지표면이 낮거나 움푹 패인 점을 연결한 선으로 합수선 또는 합곡선이라 한다.
경사변환선	동일 방향의 경사면에서 경사의 크기가 다른 두 면의 접합선(등고선 수평간격이 뚜렷하게 달라지는 경계선)
최대경사선	지표의 임의의 한 점에 있어서 그 경사가 최대로 되는 방향을 표시한 선으로 등고선에 직각으로 교차하며 물이 흐르는 방향이라는 의미에서 유하선이라고도 한다.

37 정답 ▶ ①

등고선의 간접측정법
횡단점법, 기준점법(종단점법), 사각형 분할법(좌표점법)

38 정답 ▶ ③

노선측량에서는 일반적으로 중심말뚝을 노선의 중심선을 따라 20m마다 설치한다.

39 정답 ▶ ④

지형의 표시방법

자연적 도법	영선법 (우모법, Hachuring)	"게바"라 하는 단선상(短線上)의 선으로 지표의 기본을 나타내는 것으로 게바의 사이, 굵기, 방향 등에 의하여 지표를 표시하는 방법
	음영법 (명암법, Shading)	태양광선이 서북쪽에서 45°로 비친다고 가정하여 지표의 기복을 도상에서 2~3색 이상으로 채색하여 지형을 표시하는 방법으로 지형의 입체감이 가장 잘 나타남
부호적 도법	점고법 (Spot Height System)	지표면상의 표고 또는 수심을 숫자에 의하여 지표를 나타내는 방법으로 하천, 항만, 해양 등에 주로 이용
	등고선법 (Contour System)	동일표고의 점을 연결한 것으로 등고선에 의하여 지표를 표시하는 방법으로 토목공사용으로 가장 널리 사용
	채색법 (Layer System)	같은 등고선의 지대를 같은 색으로 채색하여 높을수록 진하게 낮을수록 연하게 칠하여 높이의 변화를 나타내며 지리관계의 지도에 주로 사용

40 정답 ▶ ①

GPS가 사용하는 좌표계는 세계측지계(WGS84)가 GPS를 이용한 위치측정에서 사용되는 좌표계(지구중심좌표계)이다.

41 정답 ▶ ①

방위각=전 측선 방위각+180°±교각
※ 오른쪽 교각 측정 : -교각
※ 왼쪽 교각 측정 : +교각

42 정답 ▶ ③

평탄지에서 오차의 허용 범위
$30''\sqrt{n} \sim 60''\sqrt{n} = 30''\sqrt{9} \sim 60''\sqrt{9}$
$= 90'' \sim 180''$
허용 범위 안이므로 각의 크기에 관계없이 등분배한다.

43 정답 ▶ ④

단측법	1개의 각을 1회 관측하는 방법으로 수평각 측정법 중 가장 간단하지만 관측결과가 좋지 않다.
배각법	하나의 각을 2회 이상 반복 관측하여 누적된 값을 평균하는 방법으로 이중축을 가진 트랜싯의 연직축 오차를 소거하는 데 좋고 아들자의 최소눈금 이하로 정밀하게 읽을 수 있다.
방향각법	어떤 시준방향을 기준으로 하여 각 시준방향에 이르는 각을 차례로 관측하는 방법으로 배각법에 비해 시간이 절약되고 3등삼각측량에 이용된다.
조합각 관측법	수평각 관측방법 중 가장 정확한 방법으로 1등삼각측량에 이용된다. (1) 방법 여러 개의 방향선의 각을 차례로 방향각법으로 관측하여 얻어진 여러 개의 각을 최소제곱법에 의해 최확값을 결정한다. (2) 측각 총수, 조건식 총수 ㉠ 측각 총수 $= \frac{1}{2}N(N-1)$ ㉡ 조건식 총수 $= \frac{1}{2}(N-1)(N-2)$ 여기서, N : 방향 수

44 정답 ▶ ③

오차의 종류	원인	처리방법
시준축 오차	시준축과 수평축이 직교하지 않기 때문에 생기는 오차	망원경을 정·반위로 관측하여 평균을 취한다.
수평축 오차	수평축이 연직축에 직교하지 않기 때문에 생기는 오차	망원경을 정·반위로 관측하여 평균을 취한다.
연직축 오차	연직축이 연직이 되지 않기 때문에 생기는 오차	소거 불능

45 정답 ▶ ①

외심 오차 $= \dfrac{\text{외심 거리}}{\text{축척의 분모수}}$ 에서

축척의 분모수 $= \dfrac{\text{외심 거리}}{\text{외심 오차}} = \dfrac{30\text{mm}}{0.3\text{mm}} = 100$

축척 = 1 : 100

46 정답 ▶ ④

교각법	어떤 측선이 그 앞의 측선과 이루는 각을 관측하는 것을 교각법이라 한다.
편각법	각 측선이 그 앞 측선의 연장과 이루는 각을 관측하는 방법이다.
방위각법	각 측선이 일정한 기준선인 자오선과 이루는 각을 우회로 관측하는 방법으로 각 관측 및 관측값 계산이 가장 신속한 방법이다.

47 정답 ▶ ③

2상한에 있으므로 180°−160°=20°이므로 S20°E

48 정답 ▶ ①

- AD측선의 방위각=169°18′−89°18′=80°0′
- DC측선의 방위각=AD측선의 방위각+180°
  −교각
  =80°0′+180°−145°15′
  =114°45′

49 정답 ▶ ③

축척 = $\dfrac{1}{M}$ = $\dfrac{도상의\ 길이}{실제거리}$

= $\dfrac{2}{50,000}$ = $\dfrac{1}{25,000}$

50 정답 ▶ ③

교호수준측량

측선 중에 계곡, 하천 등이 있으면 측선의 중앙에 레벨을 세우지 못하므로 정밀도를 높이기 위해 (굴절오차와 시준오차를 소거하기 위해) 양 측점에서 측량하여 두 점의 표고차를 2회 산출하여 평균하는 방법

51 정답 ▶ ①

외심 오차

① 앨리데이드 구조상 시준하는 선과 도상의 방향선 위치(앨리데이드 자의 가장자리선)가 다르기 때문에 생기는 오차이다.
② 축척 1 : 125 이하의 측량에서는 외심 오차가 끼치는 영향이 거의 없어 보통 측량에서는 이 오차를 무시한다.

52 정답 ▶ ②

표고 (Elevation)	국가 수준기준면으로부터 그 점까지의 연직거리
전시 (Fore Sight)	표고를 알고자 하는 점(미지점)에 세운 표척의 읽음 값
후시 (Back Sight)	표고를 알고 있는 점(기지점)에 세운 표척의 읽음 값
기계고 (Instrument Height)	기준면에서 망원경 시준선까지의 높이
이기점 (Turning Point)	기계를 옮길 때 한 점에서 전시와 후시를 함께 취하는 점
중간점 (Intermediate Point)	표척을 세운 점의 표고만을 구하고자 전시만 취하는 점

53 정답 ▶ ②

$$l = \dfrac{\theta'' nD}{\rho''}$$

$$l = \dfrac{40'' \times 2 \times 80}{206,265''} = 0.03\text{m}$$

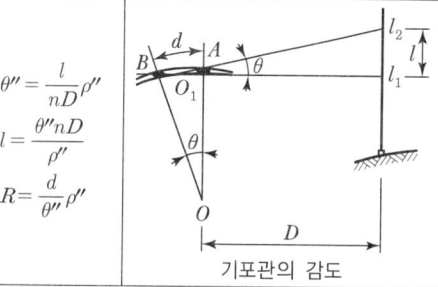

기포관의 감도

여기서, D : 수평거리
d : 기포 한 눈금의 크기(2mm)
R : 기포관의 곡률반경
ρ'' : 1라디안초수(206265″)
θ'' : 감도(측각오차)
l : 위치오차($l_2 - l_1$)
n : 기포의 이동눈금수
m : 축척의 분모수

54 정답 ▶ ③

직접수준측량의 주의사항

(1) 수준측량은 반드시 왕복측량을 원칙으로 하며, 노선은 다르게 한다.
(2) 정확도를 높이기 위하여 전시와 후시의 거리는 같게 한다.
(3) 이기점(T. P)은 1mm까지 그 밖의 점에서는 5mm 또는 1cm 단위까지 읽는 것이 보통이다.
(4) 직접수준측량의 시준거리
  ① 적당한 시준거리 : 40~60m(60m가 표준)
  ② 최단거리는 3m이며, 최장거리는 100~180m 정도이다.
(5) 눈금오차(영점오차) 발생 시 소거방법
  ① 기계를 세운 표척이 짝수가 되도록 한다.
  ② 이기점(T. P)이 홀수가 되도록 한다.
  ③ 출발점에 세운 표척을 도착점에 세운다.

55 정답 ▶ ②

측선의 거리는 될 수 있는 대로 길게 하고, 측점 수는 적게 하는 것이 좋으며, 일반적으로 측선의 거리는 30~200m 정도로 한다.

56 정답 ▶ ①

- AB 방위각 = 220°57′40″
- BC 방위각 = 220°57′40″ − 180° + 79°46′40″
  = 120°44′20″
- CD 방위각 = 120°44′20″ − 180° + 116°48′50″
  = 57°27′10″

57 정답 ▶ ③

경중률은 횟수에 비례하므로
$P_1 : P_2 : P_3 = 1 : 2 : 5$

$$\text{최확치} = \frac{P_1 l_1 + P_2 l_2 + P_3 l_3}{P_1 + P_2 + P_3}$$
$$= \frac{(1 \times 49°59′58″) + (2 \times 50°00′00″) + (5 \times 50°00′02″)}{1+2+5}$$
$$= 50°00′01″$$

58 정답 ▶ ④

용어의 설명

수준점 (Bench Mark, BM)	수준원점을 기점으로 하여 전국 주요지점에 수준표석을 설치한 점 • 1등 수준점 : 4km마다 설치 • 2등 수준점 : 2km마다 설치
표고 (Elevation)	국가 수준기준면으로부터 그 점까지의 연직거리
전시 (Fore Sight)	표고를 알고자 하는 점(미지점)에 세운 표척의 읽음 값
후시 (Back Sight)	표고를 알고 있는 점(기지점)에 세운 표척의 읽음 값
기계고 (Instrument Height)	기준면에서 망원경 시준선까지의 높이
이기점 (Turning Point)	기계를 옮길 때 한 점에서 전시와 후시를 함께 취하는 점
중간점 (Intermediate Point)	표척을 세운 점의 표고만을 구하고자 전시만 취하는 점

59 정답 ▶ ④

$$\text{표차} = \frac{1}{\tan\theta} \times 21.055$$
$$= \frac{21.055}{\tan 54°56′15″} = 14.777$$

60 정답 ▶ ①

① $X_B = 100 \times \cos 30° = +86.6\text{m}$
② $X_B = 100 \times \cos 60° = +50\text{m}$
③ $X_B = 100 \times \cos 90° = 0\text{m}$
④ $X_B = 100 \times \cos 120° = -50\text{m}$

∴ $a = 30°$일 때 X_B가 가장 큰 값을 갖는다.

모의고사 5회

01 수준측량의 오차 중 기계적인 원인이 아닌 것은?
① 레벨조정의 불완전
② 레벨 기포관의 둔감
③ 망원경 조준시의 시차
④ 기포관 곡률의 불균일

02 트래버스 측량에서 서로 이웃하는 2개의 측선이 만드는 각을 측정해 나가는 방법은?
① 편각법　　② 방위각법
③ 교각법　　④ 전원법

03 어느 측선의 배횡거를 구하고자 할 때 계산 방법으로 옳은 것은?
① 해당 측선 경거+해당 측선 위거
② 전 측선의 배횡거+전 측선 경거+해당 측선 위거
③ 전 측선의 배횡거+전 측선 경거+해당 측선 경거
④ 전 측선의 배횡거+전 측선 경거+전 측선 위거

04 표준자보다 1.5cm가 긴 20m 줄자로 거리를 잰 결과 180m였다. 실제 거리는 얼마인가?
① 179.865m　　② 180.135m
③ 180.215m　　④ 180.531m

05 A점의 합위거 및 합경거는 각각 0m이고, B점의 합위거는 50m, 합경거는 40m라면 이때 AB측선의 길이는?
① 48.190m　　② 55.421m
③ 64.031m　　④ 67.082m

06 트래버스 측량의 용도와 가장 거리가 먼 것은?
① 경계 측량
② 노선 측량
③ 종-횡단 수준 측량
④ 지적 측량

07 다음 표는 어떤 두 점 간의 거리를 같은 거리 측정기로 3회 측정한 결과를 나타낸 것이다. 이에 대한 표준오차(σ_m)는?

구분	측정값(m)
1	$L_1 = 154.4$
2	$L_2 = 154.7$
3	$L_3 = 154.1$

① ±0.173m　　② ±0.254m
③ ±0.347m　　④ ±0.452m

08 다음 중 교호수준측량에 의해 제거될 수 있는 오차는?
① 빛의 굴절에 의한 오차와 시준오차
② 관측자의 원인에 의한 오차
③ 기포 감도에 의한 오차
④ 표척의 연결부 오차

09 변 길이 계산에서 대수를 취한 식이 조건과 같을 때 다음 중 맞는 식은?

[조건]
$\log c = \log b + \log \sin C - \log \sin B$

① $c = b \dfrac{\sin B}{\sin C}$　　② $c = b \dfrac{\sin C}{\sin B}$
③ $c = b \dfrac{\log B}{\log C}$　　④ $c = b \dfrac{\log C}{\log B}$

10 삼각망의 조정에서 어느 각이 62°43′44″일 때 이에 대한 표차는?

① 24.81 ② 22.86
③ 14.77 ④ 10.85

11 두 점 사이의 거리를 같은 조건으로 5회 측정한 값이 150.38m, 150.56m, 150.48m, 150.30m, 150.33m이었다면 최확값은 얼마인가?

① 150.41m ② 150.31m
③ 150.21m ④ 150.11m

12 동일한 각을 측정횟수를 다르게 측정하여 다음의 값을 얻었을 때 최확치를 구한 값은?

| 47°37′38″(1회 측정치) |
| 47°37′21″(4회 측정 평균치) |
| 47°37′30″(9회 측정 평균치) |

① 47°37′30″ ② 47°37′36″
③ 47°37′28″ ④ 47°37′32″

13 어느 측선의 방위가 S30°E이고 측선 길이가 80m이다. 이 측선의 위거는?

① −40m ② +40m
③ −67.282m ④ +67.282m

14 전 측선 길이의 총합이 200m, 위거오차가 +0.04m일 때 길이 50m인 측선의 컴퍼스법칙에 의한 위거 보정량은?

① +0.01m ② −0.01m
③ +0.02m ④ −0.02m

15 N45°37′E의 역방위는?

① S44°23′E ② S44°23′W
③ S45°37′W ④ S45°37′E

16 삼각망 가운데 내각이 작은 것이 있으면 좋지 않은 이유에 대한 설명으로 옳은 것은?

① 삼각형의 내각 중 작은 각이 있으면 반드시 큰 각이 있고 큰 각에는 관측오차가 커지므로
② 삼각형의 내각 중 작은 각이 있으면 내각의 폐합차를 삼등분하여 3내각에 보정하는 것이 불합리하므로
③ 한 기지변으로부터 다른 변을 정현 비례로 구하는 경우에 작은 각이 있으면 오차가 커지므로
④ 경위도 또는 좌표 계산하기가 불편해지므로

17 250m의 거리를 50m 줄자로 측정하였다. 그러나 50m 측정에 우연오차가 ±1cm 발생하였다면 전체 길이에 대한 우연오차는 얼마인가?

① ±5cm ② ±4cm
③ ±3.5cm ④ ±2.2cm

18 교호수준측량을 하여 그림과 같은 성과를 얻었다. 이때 A점과 B점의 표고차는?(단, a_1 = 1.745m, a_2 = 2.452m, b_1 = 1.423m, b_2 = 2.118m)

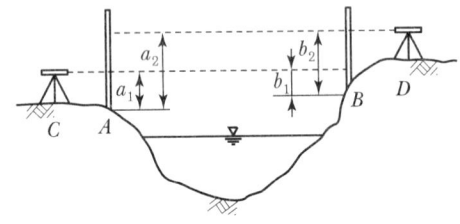

① 0.251m ② 0.289m
③ 0.328m ④ 0.354m

19 두 점 간의 거리를 A가 3회 측정하여 30.4m, B가 2회 측정하여 28.4m를 얻었다. 이 거리의 최확값은?

① 28.6m ② 29.4m
③ 29.6m ④ 30.2m

20 두 개의 수준점 A점과 B점에서 C점의 높이를 구하기 위하여 직접수준측량을 하여 A점으로부터 높이 75.363m(거리 2km), B점으로부터 높이 75.377m(거리 5km)의 결과를 얻었을 때 C점의 보정된 높이는 얼마인가?

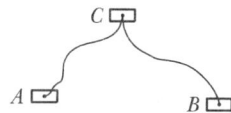

① 75.364m ② 75.367m
③ 75.370m ④ 75.373m

21 경중률에 대한 일반적인 설명으로 틀린 것은?
① 경중률은 관측 횟수에 비례한다.
② 서로 다른 조건으로 관측했을 때 경중률은 다르다.
③ 경중률은 관측거리에 반비례한다.
④ 경중률은 표준편차에 반비례한다.

22 그림에서 삼변측량에 적용하는 코사인 제2법칙에서 $\cos B$를 구하는 식은?

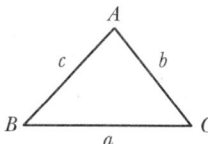

① $\dfrac{a^2+c^2-b^2}{ac}$ ② $\dfrac{a^2+c^2-b^2}{2ac}$
③ $\dfrac{a^2+b^2-c^2}{ab}$ ④ $\dfrac{a^2+b^2-c^2}{2ab}$

23 삼각측량을 위한 삼각점 선점을 위하여 고려하여야 할 사항으로 가장 거리가 먼 것은?
① 삼각형은 되도록 정삼각형에 가까울 것
② 다음 측량을 하기에 편리한 위치일 것
③ 삼각점의 보존이 용이한 곳일 것
④ 직접수준측량이 용이한 곳일 것

24 교호수준측량에 관한 설명 중 옳지 않은 것은?
① 두 측점 사이에 강, 호수, 하천 등이 있어 중간에 기계를 세울 수 없을 때 사용한다.
② 양쪽 안에서 측량하고 두 점의 표고차를 2회 산출하여 평균한다.
③ 양쪽 안에 설치된 레벨과 바로 앞 표척 간의 거리는 서로 다른 거리를 취하여야 한다.
④ 지면과 수면 위의 공기의 밀도차에 대한 보정과 시준축 오차를 소거하기 위하여 교호수준측량을 한다.

25 트래버스 측량에서 평탄지일 경우에 각 관측 오차의 일반적인 허용범위로 가장 적합한 것은?(단, n : 트래버스 측점의 수)
① $5''\sqrt{n} \sim 10''\sqrt{n}$
② $0.5'\sqrt{n} \sim 1'\sqrt{n}$
③ $20'\sqrt{n} \sim 30'\sqrt{n}$
④ $0.5°\sqrt{n} \sim 1°\sqrt{n}$

26 우리나라 수준원점의 높이는 얼마인가?
① 26.1768m ② 26.6871m
③ 27.7168m ④ 27.8617m

27 다음 중 정밀도가 가장 높은 축척은?
① $\dfrac{1}{10,000}$ ② $\dfrac{1}{5,000}$
③ $\dfrac{1}{1,000}$ ④ $\dfrac{1}{500}$

28 수준측량에서 자연적인 오차가 아닌 것은?
① 구차
② 관측 동안의 기상변화
③ 기차
④ 기포의 낮은 감도

29 다음 중 평판을 세울 때의 오차로 측량 결과에 가장 큰 영향을 주는 오차는?
① 수평 맞추기 오차
② 중심 맞추기 오차
③ 표준 오차
④ 방향 맞추기 오차

30 다음 각측량에서 기계오차에 해당되지 않는 것은?
① 수평축 오차   ② 편심 오차
③ 시준 오차   ④ 눈금 오차

31 수준측량에서 왕복측량의 허용오차가 편도 거리 2km에 대하여 ±20mm일 때 1km에 대한 허용오차는?
① ±20mm   ② ±14mm
③ ±10mm   ④ ±7mm

32 다음 그림은 ①, ②, ③노선을 지나 A, B점 간을 직접수준측량한 결과표이다. B점의 최확값은?

직접 수준측량 결과표
①노선(3km) = 16.726m
②노선(2km) = 16.728m
③노선(4km) = 16.734m

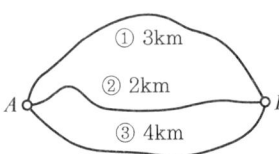

① 16.725m   ② 16.727m
③ 16.729m   ④ 16.735m

33 측점수가 16개인 폐합 트래버스의 내각 관측 시 총합은?
① 2,880°   ② 2,520°
③ 2,160°   ④ 3,240°

34 50m 줄자를 사용하여 480.7m의 거리를 측정하였다. 이때 이 줄자를 표준길이와 비교한 결과 5mm 늘어나 있었다면 정확한 실제거리는 얼마인가?
① 481.181m   ② 480.748m
③ 480.652m   ④ 480.219m

35 기고식 야장결과로 측점 4의 지반고를 계산한 값은?(단, 관측값의 단위는 m이다.)

측점	B.S.	F.S. T.P.	F.S. I.P.	I.H.	G.H.
1	1.428				4.374
2			1.231		
3	1.032	1.572			
4			1.017		
5		1.762			

① 3.500m   ② 4.230m
③ 4.245m   ④ 4.571m

36 A로부터 B에 이르는 수준측량의 결과가 표와 같을 때 B의 표고는?

코스	측정결과	거리
1코스	32.42m	5km
2코스	32.43m	2km
3코스	32.40m	4km

① 32.417m   ② 32.420m
③ 32.432m   ④ 32.440m

37 다음 중 측량 목적에 따른 분류와 거리가 먼 것은?
① GPS 측량   ② 지형 측량
③ 노선 측량   ④ 항만 측량

38 축척 1 : 100으로 평판측량을 할 때, 앨리데이드의 외심거리 $e=20$mm에 의해 생기는 허용오차는?

① 0.2mm ② 0.4mm
③ 0.6mm ④ 0.7mm

39 수준측량의 결과로 발생하는 고저의 오차는 거리와 어떤 관계를 갖는가?

① 거리에 비례한다.
② 거리에 반비례한다.
③ 거리의 제곱근에 비례한다.
④ 거리의 제곱근에 반비례한다.

40 우리나라의 기본 수준측량의 1등 수준측량에 대한 수준점은 보통 얼마마다 설치되어 있는가?

① 100~500m ② 2~4km
③ 10~15km ④ 50~60km

41 평판측량방법 중 어느 한 점에서 출발하여 측점의 방향과 거리를 측정하고 다음 측점으로 평판을 옮겨 차례로 측정하여 최종 측점에 도착하는 측량방법은?

① 교회법 ② 방사법
③ 편각법 ④ 전진법

42 구차와 기차를 합친 양차의 값은 얼마 정도인가?(단, $R=6,370$km, $K=0.14$, $L=$수평거리[km])

① $4.45L^2$[cm] ② $5.65L^2$[cm]
③ $6.75L^2$[cm] ④ $8.24L^2$[cm]

43 임의 측선의 방위각 N30°20′20″W일 때 방위각은 얼마인가?

① 30°20′20″ ② 210°20′20″
③ 329°39′40″ ④ 120°20′20″

44 평판측량의 특징에 대한 설명으로 잘못된 것은?

① 현장에서 잘못된 곳을 발견하기 쉽다.
② 부속품이 많아서 분실하기 쉽다.
③ 기후의 영향을 많이 받는다.
④ 전체적으로 정확도가 높다.

45 수준측량에 사용되는 용어에 대한 설명으로 틀린 것은?

① 수준면(Level Surface) : 연직선에 직교하는 모든 점을 있는 곡면
② 수준선(Level Line) : 수준면과 지구의 중심을 포함한 평면이 교차하는 선
③ 기준면(Datum Plane) : 지반의 높이를 비교할 때 기준이 되는 면
④ 특별 기준면(Special Datum Plane) : 연직선에 직교하는 평면으로 어떤 점에서 수준면과 접하는 평면

46 트랜싯 세우기와 시준 시 안전 및 유의사항에 대한 설명으로 틀린 것은?

① 삼각대는 대체로 정삼각형을 이루게 하여 세운다.
② 망원경의 높이는 눈의 높이보다 약간 낮게 한다.
③ 기계 조작 시 몸이나 옷이 기계에 닿지 않도록 주의한다.
④ 정확한 관측을 위해 한쪽 눈을 감고 시준한다.

47 평판 세우기의 조건 중 평판을 수평이 되도록 조정하여야 하는 것을 무엇이라 하는가?

① 구심 ② 정준
③ 치심 ④ 표정

48 다음 그림에서 a변의 길이는 얼마인가?

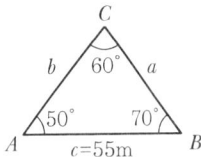

① 40.760m   ② 48.650m
③ 56.526m   ④ 61.334m

49 삼각측량의 기선 선점 시 주의사항으로 옳지 않은 것은?
① 1회의 기선 확대는 기선 길이의 3배 이내로 한다.
② 기선의 설정위치는 평탄한 곳이 좋다.
③ 검기선은 기선 길이의 40배 정도의 간격으로 설치한다.
④ 평탄한 곳이 없을 때에는 경사가 1 : 25 이하의 지형에 기선을 설치한다.

50 하천측량, 터널측량과 같이 나비가 좁고 길이가 긴 지역의 측량에 적당한 것은?
① 유심 삼각망   ② 사변형 삼각망
③ 격자 삼각망   ④ 단열 삼각망

51 트래버스 측량의 내업 순서를 옳게 나타낸 것은?

| a. 위거, 경거 계산 |
| b. 관측각 조정 |
| c. 방위, 방위각 계산 |
| d. 폐합오차 및 폐합비 계산 |

① a → c → b → d
② b → c → d → a
③ b → c → a → d
④ c → d → a → b

52 다음 중 거리측량을 실시할 수 없는 측량장비는?
① 토털스테이션(Total Station)
② GPS
③ VLBI
④ 덤피레벨(Dumpy Level)

53 트래버스 측량의 결과로 배면적을 구하고자 할 때 사용되는 식으로 옳은 것은?
① Σ(횡거×조정위거)
② Σ(배횡거×조정위거)
③ Σ(배횡거×조정경거)
④ Σ(조정경거×조정위거)

54 사변형 삼각망 변조정에서 $\Sigma \log \sin A$ = 39.2434474, $\Sigma \log \sin B$ = 39.2433974이고, 표차 총합이 199.7일 때 변조정량은?
① 1.9″   ② 2.5″
③ 3.1″   ④ 3.5″

55 원형 기포관을 이용하여 대략 수평으로 세우면 망원경 속에 장치된 컴펜세이터(Compensator)에 의해 시준선이 자동적으로 수평상태로 되는 레벨은 어느 것인가?
① 덤피레벨   ② 핸드레벨
③ Y레벨   ④ 자동레벨

56 평판측량에서 기지점으로부터 미지점 또는 미지점으로부터 기지점의 방향을 앨리데이드로 시준하여 방향선을 교차시켜 도상에서 미지점의 위치를 도해적으로 구하는 방법은?
① 방사법   ② 교회법
③ 전진법   ④ 편각법

57 우리나라 측량의 평면직각좌표계의 기본 원점 중 동부원점의 위치는?
① 동경 125° 북위 38°
② 동경 129° 북위 38°
③ 동경 38° 북위 128°
④ 동경 38° 북위 129°

58 트래버스 측량의 측각법 중 교각법에 대한 설명으로 옳은 것은?
① 앞 측선의 연장선과 다음 측선이 이루는 각을 측정하는 방법이다.
② 자북을 기준으로 시계방향으로 측정한 수평각을 측정하는 방법이다.
③ 서로 이웃하는 두 개의 측선이 만드는 각을 측정하는 방법이다.
④ 남북을 기준으로 좌우측으로 각각 측정하는 방법이다.

59 다음 중 트래버스 측량에 관한 설명 중 옳은 것은?
① 컴퍼스 법칙은 각과 거리측량의 정도가 같은 경우에 이용된다.
② 위거=거리×($\sin\theta$)(여기서, θ=방위각)
③ N36°W인 측선의 경거는 (+)이다.
④ 방위각은 90° 이상의 각이 있을 수 없다.

60 다음 중 축척이 가장 큰 것은?
① 1/500　　② 1/1,000
③ 1/3,000　　④ 1/5,000

모의고사 5회 정답 및 해설

01 정답 ▶ ③

기계적 원인	① 기포의 감도가 낮다. ② 기포관 곡률이 균일하지 못하다. ③ 레벨의 조정이 불완전하다. ④ 표척 눈금이 불완전하다. ⑤ 표척 이음매 부분이 정확하지 못하다. ⑥ 표척 바닥의 0 눈금이 맞지 않는다.
개인적 원인	① 조준의 불완전, 즉 시차가 있다. ② 표척을 정확히 수직으로 세우지 않았다. ③ 시준할 때 기포가 정중앙에 있지 않았다.
자연적 원인	① 지구곡률 오차가 있다(구차). ② 지구굴절 오차가 있다(기차). ③ 기상변화에 의한 오차가 있다. ④ 관측 중 레벨과 표척이 침하하였다.
착오	① 표척을 정확히 빼 올리지 않았다. ② 표척의 밑바닥에 흙이 붙어 있었다. ③ 측정값의 오독이 있었다. ④ 기입사항을 누락 및 오기를 하였다. ⑤ 야장기입란을 바꾸어 기입하였다. ⑥ 십자선으로 읽지 않고 스타디아선으로 표척의 값을 읽었다.

02 정답 ▶ ③

교각법	어떤 측선이 그 앞의 측선과 이루는 각을 관측하는 것을 교각법이라 한다.
편각법	각 측선이 그 앞 측선의 연장과 이루는 각을 관측하는 방법
방위각법	각 측선이 일정한 기준선인 자오선과 이루는 각을 우회로 관측하는 방법

03 정답 ▶ ③

어느 측선의 배횡거
＝전 측선의 배횡거＋전 측선 경거
＋해당 측선 경거

04 정답 ▶ ②

실제 거리＝관측 길이 × $\dfrac{부정 길이}{표준 길이}$

$= 180 \times \dfrac{20+0.015}{20} = 180.135\text{m}$

※ 표준길이보다 길면(＋), 짧으면(－)

05 정답 ▶ ③

AB측선의 길이 $= \sqrt{(X_B-X_A)^2 + (Y_B-Y_A)^2}$
$= \sqrt{(50-0)^2 + (40-0)^2}$
$= 64.031\text{m}$

06 정답 ▶ ③

트래버스 측량의 용도
① 경계선 측량
② 선형이 좁고 긴 지역(도로, 하천, 철도)의 장거리 노선 측량이 필요한 경우
③ 조밀한 간격의 보조기준점을 만들 경우
④ 지적 측량등의 골조 측량

07 정답 ▶ ①

측정값	최확값	잔차 (측정값－최확값)	잔차^2
154.4	154.4	0	0
154.7	154.4	0.3	0.09
154.1	154.4	－0.3	0.09

최확값 $= (154.4+154.7+154.1) \div 3 = 154.4$
$[W] = [잔차^2] = 0.09+0.09 = 0.18$
표준오차$(\delta_m) = \sqrt{\dfrac{[W]}{n(n-1)}} = \sqrt{\dfrac{0.18}{3\times(3-1)}}$
$= \pm 0.173\text{m}$

08 정답 ▶ ①

교호수준측량을 할 경우 소거되는 오차	① 레벨의 기계오차(시준축 오차) ② 관측자의 읽기 오차 ③ 지구의 곡률에 의한 오차(구차) ④ 광선의 굴절에 의한 오차(기차)

09 정답 ▶ ④

$c = b\dfrac{\sin C}{\sin B}$

10 정답 ▶ ④

표차 $= \dfrac{1}{\tan\theta} \times 21.055 = \dfrac{21.055}{\tan 62°43'44''} = 10.85$

11 정답 ▶ ①

최확값 $= \dfrac{[l]}{n} = \dfrac{150.38 + 150.56 + 150.48 + 150.30 + 150.33}{5}$

$= \dfrac{752.05}{5} = 150.41\text{m}$

12 정답 ▶ ③

경중률은 횟수에 비례 1 : 4 : 9

최확치 $= 47°37' + \dfrac{P_1 l_1 + P_2 l_2 + P_3 l_3}{P_1 + P_2 + P_3}$

$= 47°37' + \dfrac{(1 \times 38'') + (4 \times 21'') + (9 \times 30'')}{1 + 4 + 9}$

$= 47°37'28''$

13 정답 ▶ ③

방위가 S30°E면 방위각은 150°이다.
위거 $=$ 거리$\times \cos\theta$
$= 80\text{m} \times \cos 150° = -67.282\text{m}$

14 정답 ▶ ②

위거 조정량
$= \dfrac{\text{해당 측선의 길이}}{\text{측선 길이의 총합}} \times$ 위거 오차량
$= \dfrac{50}{200} \times (-0.04) = -0.01\text{m}$

15 정답 ▶ ③

N45°37'E의 방위각이 45°37'이므로 역방위각은 45°37' + 180° = 225°37'이고 3상한에 있으므로 225°37' − 180° = 45°37'
따라서, N45°37'E의 역방위는 S45°37'W이다.

16 정답 ▶ ③

삼각형은 정삼각형에 가깝고, 내각을 30~120° 범위로 한다(각이 지니는 오차가 변에 미치는 영향을 최소화하기 위함). 각 자체의 대소는 관계가 없으나 변장은 sin법칙을 사용하므로 각도에 대한 대수 6자리의 변화가 0° 및 180°에 가까울수록 커진다. 따라서 각 오차가 같을 때 변장에 미치는 영향은 적을수록 커진다.

17 정답 ▶ ④

우연오차는 측정 횟수의 제곱근에 비례한다.
측정횟수 $= 250 \div 50\text{m} = 5$회
$E_2 = \pm \delta \sqrt{n} = \pm 1\sqrt{5} = \pm 2.2\text{cm}$
여기서, E_2 : 우연오차
δ : 1회 관측 시 오차
n : 측정(관측)횟수

18 정답 ▶ ③

$\Delta h = \dfrac{(a_1 + a_2) - (b_1 + b_2)}{2}$

$= \dfrac{(1.745 + 2.452) - (1.423 + 2.118)}{2}$

$= 0.328\text{m}$

19 정답 ▶ ③

최확값 $= \dfrac{P_1 l_1 + P_2 l_2}{P_1 + P_2}$

$= \dfrac{(30.4 \times 3) + (28.4 \times 2)}{3 + 2} = 29.6\text{m}$

20 정답 ▶ ②

경중률은 거리에 반비례하므로,
$P_1 : P_2 = \dfrac{1}{2} : \dfrac{1}{5} = 5 : 2$

최확치 $= \dfrac{P_1 l_1 + P_2 l_2}{P_1 + P_2}$

$= \dfrac{(5 \times 75.363) + (2 \times 75.377)}{5 + 2}$

$= 75.367\text{m}$

21 정답 ▶ ④

경중률(무게 : P)
경중률이란 관측값의 신뢰 정도를 표시하는 값으로 관측방법, 관측횟수, 관측거리 등에 따른 가중치를 말한다.

1. 경중률은 관측횟수(n)에 비례한다.
   $(P_1 : P_2 : P_3 = n_1 : n_2 : n_3)$
2. 경중률은 평균제곱오차(m)의 제곱에 반비례한다.
   $\left(P_1 : P_2 : P_3 = \dfrac{1}{m_1^2} : \dfrac{1}{m_2^2} : \dfrac{1}{m_3^2}\right)$
3. 경중률은 정밀도(R)의 제곱에 비례한다.
   $(P_1 : P_2 : P_3 = R_1^2 : R_2^2 : R_3^2)$
4. 직접수준측량에서 오차는 노선거리(S)의 제곱근($\sqrt{S}$)에 비례한다.
   $(m_1 : m_2 : m_3 = \sqrt{S_1} : \sqrt{S_2} : \sqrt{S_3})$
5. 직접수준측량에서 경중률은 노선거리(S)에 반비례한다.
   $\left(P_1 : P_2 : P_3 = \dfrac{1}{S_1} : \dfrac{1}{S_2} : \dfrac{1}{S_3}\right)$
6. 간접수준측량에서 오차는 노선거리(S)에 비례한다.
   $(m_1 : m_2 : m_3 = S_1 : S_2 : S_3)$
7. 간접수준측량에서 경중률은 노선거리(S)의 제곱에 반비례한다.
   $\left(P_1 : P_2 : P_3 = \dfrac{1}{S_1^2} : \dfrac{1}{S_2^2} : \dfrac{1}{S_3^2}\right)$

22 정답 ▶ ②

$\cos A = \dfrac{b^2 + c^2 - a^2}{2bc}$

$\cos B = \dfrac{a^2 + c^2 - b^2}{2ac}$

$\cos C = \dfrac{a^2 + b^2 - c^2}{2ab}$

23 정답 ▶ ④

삼각점 선점	① 각 점이 서로 잘 보일 것 ② 삼각형의 내각은 60°에 가깝게 하는 것이 좋으나 1개의 내각은 30~120° 이내로 할 것 ③ 표지와 기계가 움직이지 않을 견고한 지점일 것 ④ 가능한 한 측점수가 적고 세부측량에 이용가치가 클 것 ⑤ 벌목을 많이 하거나 높은 시준탑을 세우지 않아도 관측할 수 있는 점일 것

24 정답 ▶ ③

양쪽 안에서 표척과 기계 간의 거리는 같게 한다.

25 정답 ▶ ②

측각오차의 허용범위(n : 트래버스의 변의 수)

임야 또는 복잡한 경사지	$1.5'\sqrt{n}$ (분) $= 90''\sqrt{n}$ (초)
완만한 경사지 또는 평탄지	$0.5'\sqrt{n} \sim 1'\sqrt{n}$ (분) $= 30''\sqrt{n} \sim 60''\sqrt{n}$ (초)
시가지	$0.3'\sqrt{n} \sim 0.5'\sqrt{n}$ (분) $= 20''\sqrt{n} \sim 30''\sqrt{n}$ (초)

26 정답 ▶ ②

- 1963년 인천광역시 남구 용현동 253번지(인하공업전문대학 내)에 설치
- 인천만의 평균 해수면으로부터 26.6871m
- 이 수준원점을 중심으로 국도를 따라 1, 2등 수준점을 설치하여 사용하고 있음

27 정답 ▶ ④

분모값이 작을수록 큰 축척이며 정밀도가 높다.

28 정답 ▶ ④

기계적 원인	① 기포의 감도가 낮다. ② 기포관 곡률이 균일하지 못하다. ③ 레벨의 조정이 불완전하다. ④ 표척 눈금이 불완전하다. ⑤ 표척 이음매 부분이 정확하지 않다. ⑥ 표척 바닥의 0 눈금이 맞지 않는다.
개인적 원인	① 조준의 불완전, 즉 시차가 있다. ② 표척을 정확히 수직으로 세우지 않았다. ③ 시준할 때 기포가 정중앙에 있지 않았다.
자연적 원인	① 지구곡률 오차가 있다(구차). ② 지구굴절 오차가 있다(기차). ③ 기상변화에 의한 오차가 있다. ④ 관측 중 레벨과 표척이 침하하였다.
착오	① 표척을 정확히 빼 올리지 않았다. ② 표척의 밑바닥에 흙이 붙어 있었다. ③ 측정값의 오독이 있었다. ④ 기입사항을 누락 및 오기를 하였다. ⑤ 야장기입란을 바꾸어 기입하였다. ⑥ 십자선으로 읽지 않고 스타디아선으로 표척의 값을 읽었다.

29 정답 ▶ ④

평판측량의 3요소

정준 (Leveling Up)	평판을 수평으로 맞추는 작업(수평 맞추기)
구심 (Centering)	평판상의 측점과 지상의 측점을 일치시키는 작업(중심 맞추기)
표정 (Orientation)	평판을 일정한 방향으로 고정시키는 작업으로 평판측량의 오차 중 가장 크다(방향 맞추기).

30 정답 ▶ ③

- 수평축 오차 : 망원경을 정위, 반위로 측정하여 평균값을 취한다.
- 편심 오차 : 망원경을 정위, 반위로 측정하여 평균값을 취한다.
- 눈금 오차 : n회의 반복결과가 360°에 가깝게 해야 한다.

31 정답 ▶ ②

오차는 거리의 제곱근에 비례하므로
$\sqrt{2} : 20 = \sqrt{1} : \chi$ 에서 $\chi = 14.14$mm

32 정답 ▶ ③

경중률은 거리에 반비례하므로
$P_1 : P_2 : P_3 = \dfrac{1}{3} : \dfrac{1}{2} : \dfrac{1}{4} = 4 : 6 : 3$

최확치 = $\dfrac{(4 \times 16.726) + (6 \times 16.728) + (3 \times 16.734)}{4 + 6 + 3}$
= 16.729m

33 정답 ▶ ②

내각의 합 = $180°(n-2) = 180° \times (16-2) = 2,520°$

34 정답 ▶ ②

실제 길이 = 관측 길이 × $\dfrac{\text{부정 길이}}{\text{표준 길이}}$
= $480.7 \times \dfrac{50 + 0.005}{50}$ = 480.748m

(표준길이보다 길 때에는 +, 짧을 때에는 −)

35 정답 ▶ ③

측점	B.S.	F.S. T.P.	F.S. I.P.	I.H.	G.H.
1	1.428			4.374 + 1.428 = 5.802	4.374
2			1.231		5.802 − 1.231 = 4.571
3	1.032	1.572		4.230 + 1.032 = 5.262	5.802 − 1.572 = 4.230
4			1.017		5.262 − 1.017 = 4.245
5		1.762			5.262 − 1.762 = 3.500

기계고(IH) = 지반고(GH) + 후시(BS)
지반고(GH) = 기계고(IH) − 전시(IP)

36 정답 ▶ ②

경중률은 거리에 반비례하므로
$P_1 : P_2 : P_3 = \dfrac{1}{5} : \dfrac{1}{2} : \dfrac{1}{4} = 4 : 10 : 5$

최확치 = $\dfrac{(4 \times 32.42) + (10 \times 32.43) + (5 \times 32.40)}{4 + 10 + 5}$
= 32.420m

37 정답 ▶ ①

측량의 분류

측량지역의 대소	① 측지측량 ② 평면측량
측량장소	① 지표면측량 ② 지하측량 ③ 공간측량 ④ 하해측량
작업순서	① 기준점측량 ② 세부측량
사용기구	① 체인측량 ② 트랜싯측량 ③ 수준측량 ④ 평판측량 ⑤ 스타디아측량 ⑥ 트래버스측량 ⑦ 삼각측량 ⑧ 사진측량 ⑨ GPS 측량
측량목적	① 지적측량 ② 노선측량 ③ 하해측량 ④ 시가지측량 ⑤ 광산측량 ⑥ 터널측량 ⑦ 농지측량 ⑧ 산림측량 ⑨ 건축측량 ⑩ 지형측량 ⑪ 천문측량
측량·수로 조사 및 지적에 관한 법	① 기본측량 ② 공공측량 ③ 지적측량 ④ 수로측량 ⑤ 일반측량

38 정답 ▶ ①

외심오차 = $\dfrac{\text{외심거리}}{\text{축척의 분모수}} = \dfrac{20\text{mm}}{100}$
$= 0.2\text{mm}$

39 정답 ▶ ③

정밀도
오차는 노선거리의 제곱근에 비례한다.
$E = C\sqrt{L}$
$C = \dfrac{E}{\sqrt{L}}$

여기서, E : 수준측량 오차의 합
C : 1km에 대한 오차
L : 노선거리(km)

40 정답 ▶ ②

수준점은 수준기표라고도 한다. 우리나라에서는 국립지리원이 전국의 국도를 따라 약 4km마다 1등 수준점, 이를 기준으로 다시 2등 수준점을 설치하고 있다. 현재 우리나라의 수준원점은 경기도 인천시 용현동 253번지에 설치해 놓고 있으며, 표고는 26.6871m로 확정하여 전국에 1등 수준점의 신설을 확대시키고 있다.

41 정답 ▶ ④

방사법 (Method of Radiation, 사출법)		측량구역 안에 장애물이 없고 비교적 좁은 구역에 적합하며 한 측점에 평판을 세워 그 점 주위에 목표점의 방향과 거리를 측정하는 방법(60m 이내)
전진법 (Method of Traversing, 도선법, 절측법)		측량구역에 장애물이 중앙에 있어 시준이 곤란할 때 사용하는 방법으로 측량구역이 길고 좁을 때 측점마다 평판을 세워가며 측량하는 방법
교회법 (Method of Intersection)	전방 교회법	전방에 장애물이 있어 직접 거리를 측정할 수 없을 때 편리하며, 알고 있는 기지점에 평판을 세워서 미지점을 구하는 방법
	측방 교회법	기지의 두 점을 이용하여 미지의 한 점을 구하는 방법으로 도로 및 하천변의 여러 점의 위치를 측정할 때 편리한 방법
	후방 교회법	도면상에 기재되어 있지 않은 미지점에 평판을 세워 기지의 2점 또는 3점을 이용하여 현재 평판이 세워져 있는 평판의 위치(미지점)를 도면상에서 구하는 방법

42 정답 ▶ ③

양차 $= \dfrac{(1-K)L^2}{2R} = \dfrac{(1-0.14)L^2}{2 \times 6{,}370}$
$= 0.0000675 L^2 [\text{km}] = 6.75 L^2 \text{cm}$

43 정답 ▶ ③

4상한에 있으므로 $360° - 30°20'20'' = 329°39'40''$

44 정답 ▶ ④

평판측량의 장·단점

장점	단점
① 현장에서 직접 측량결과를 제도함으로써 필요한 사항을 결측하는 일이 없다.	① 외업이 많으므로 기후(비, 눈, 바람 등)의 영향을 많이 받는다.
② 내업이 적으므로 작업을 빠르게 할 수 있다.	② 기계의 부품이 많아 휴대하기 곤란하고 분실하기 쉽다.
③ 측량기구가 간단하여 측량방법 및 취급하기가 편리하다.	③ 도지에 신축이 생기므로 정밀도에 영향이 크다.
④ 오측 시 현장에서 발견이 용이하다.	④ 높은 정도를 기대할 수 없다.

45 정답 ▶ ④

특별 기준면
하천의 감조부(밀물과 썰물의 영향이 미치는 구역)나 항만 또는 해안 공사에서 해저 표고의 불편함으로 인해 필요에 따라 편리한 기준면을 정하는 경우가 있는데, 이를 특별 기준면이라 한다.

46 정답 ▶ ④

정확한 관측을 위해 양쪽 눈을 뜨고 시준한다.

47 정답 ▶ ②

평판측량의 3요소

정준 (Leveling Up)	평판을 수평으로 맞추는 작업(수평 맞추기)
구심 (Centering)	평판상의 측점과 지상의 측점을 일치시키는 작업(중심 맞추기)
표정 (Orientation)	평판을 일정한 방향으로 고정시키는 작업으로 평판측량의 오차 중 가장 크다(방향 맞추기).

48 정답 ▶ ②

$$\frac{a}{\sin A} = \frac{b}{\sin B} = \frac{c}{\sin C}$$

$$a = c \times \frac{\sin A}{\sin C} = 55 \times \frac{\sin 50°}{\sin 60°} = 48.650\text{m}$$

49 정답 ▶ ③

삼각측량은 측량지역을 삼각형으로 된 망의 형태로 만들고 삼각형의 꼭짓점에서 내각과 한 변의 길이를 정밀하게 측정하여 나머지 변의 길이는 삼각함수(sin법칙)에 의하여 계산하고 각 점의 위치를 정하게 된다. 이때 삼각형의 꼭짓점을 삼각점(Triangulation Station), 삼각형들로 만들어진 형태를 삼각망(Triangulation Net), 직접측정한 변을 기선(Base Line), 삼각형의 길이를 계산해 나가다가 그 계산값이 실제의 길이와 일치하는지를 검사하기 위하여 보통 15~20개의 삼각형마다 그중 한 변을 실측하는데 이 변을 검기선(Check Base)이라 한다.

	기선 및 삼각점 선점 시 유의사항
기선	① 되도록 평탄한 장소를 택할 것 그렇지 않으면 경사가 $\frac{1}{25}$ 이하이어야 한다. ② 기선의 양끝이 서로 잘 보이고 기선 위의 모든 점이 잘 보일 것 ③ 부근의 삼각점에 연결하는 데 편리할 것 ④ 기선장은 평균 변장의 $\frac{1}{10}$ 정도로 한다. ⑤ 기선의 길이는 삼각망의 변장과 거의 같아야 하므로 만일 이러한 길이를 쉽게 얻을 수 없는 경우는 기선을 증대시키는 데 적당할 것 ⑥ 기선의 1회 확대는 기선길이의 3배 이내, 2회는 8배 이내이고 10배 이상 되지 않도록 하여 확대횟수도 3회 이내로 한다. ⑦ 오차를 검사하기 위하여 삼각망의 다른 끝이나 삼각형 수의 15~20개마다 기선을 설치하며, 이것을 검기선이라 한다. ⑧ 우리나라는 1등 삼각망의 검기선을 200km마다 설치한다(기선 길이의 20배 정도의 간격으로 검기선 설치).

50 정답 ▶ ④

단열 삼각쇄(망) (Single Chain of Triangles)	① 폭이 좁고 길이가 긴 지역에 적합하다. ② 노선·하천·터널 측량 등에 이용한다. ③ 거리에 비해 관측수가 적다. ④ 측량이 신속하고 경비가 적게 든다. ⑤ 조건식의 수가 적어 정도가 낮다.
유심 삼각쇄(망) (Chain of Central Points)	① 동일 측점에 비해 포함면적이 가장 넓다. ② 넓은 지역에 적합하다. ③ 농지측량 및 평탄한 지역에 사용된다. ④ 정도는 단열 삼각망보다 좋으나 사변형보다 적다.
사변형 삼각쇄(망) (Chain of Quadrilaterals)	① 조건식의 수가 가장 많아 정밀도가 가장 높다. ② 기선 삼각망에 이용된다. ③ 삼각점 수가 많아 측량시간이 많이 걸리며 계산과 조정이 복잡하다.

51 정답 ▶ ③

트래버스 측량의 내업 순서
① 관측각 조정
② 방위, 방위각 계산
③ 위거, 경거 계산
④ 폐합오차 및 폐합비 계산
⑤ 좌표 및 면적 계산

52 정답 ▶ ④

덤피레벨
레벨은 높이를 측정하는 장비로 거리측량을 할 수 없다.

53 정답 ▶ ②

배면적 = $\sum$(배횡거 × 조정위거)

면적 = $\dfrac{배면적}{2}$

54 정답 ▶ ②

조정량 = $\dfrac{\sum \log \sin A - \sum \log \sin B}{표차의 합}$

$= \dfrac{39.2434474 - 39.2433974}{199.7} = \dfrac{500}{199.7}$

$= 2.5''$

※ 대수는 보통 소수 7자리까지 취한다.
 (0.0000500 → 500으로 계산한다.)

55 정답 ▶ ④

자동레벨
원형 기포관을 이용하여 대략 수평으로 세우면 망원경 속에 장치된 컴펜세이터(Compensator, 보정기)에 의해 자동적으로 정준이 되는 레벨

56 정답 ▶ ②

방사법 (Method of Radiation, 사출법)	측량구역 안에 장애물이 없고 비교적 좁은 구역에 적합하며 한 측점에 평판을 세워 그 점 주위에 목표점의 방향과 거리를 측정하는 방법(60m 이내)
전진법 (Method of Traversing, 도선법, 절측법)	측량구역에 장애물이 중앙에 있어 시준이 곤란할 때 사용하는 방법으로 측량구역이 길고 좁을 때 측점마다 평판을 세워가며 측량하는 방법
교회법 (Method of Intersection)	(전방교회법) 전방에 장애물이 있어 직접 거리를 측정할 수 없을 때 편리하며, 알고 있는 기지점에 평판을 세워서 미지점을 구하는 방법 / (측방교회법) 기지의 두 점을 이용하여 미지의 한 점을 구하는 방법으로 도로 및 하천변의 여러 점의 위치를 측정할 때 편리한 방법 / (후방교회법) 도면상에 기재되어 있지 않은 미지점에 평판을 세워 기지의 2점 또는 3점을 이용하여 현재 평판이 세워져 있는 평판의 위치(미지점)를 도면상에서 구하는 방법

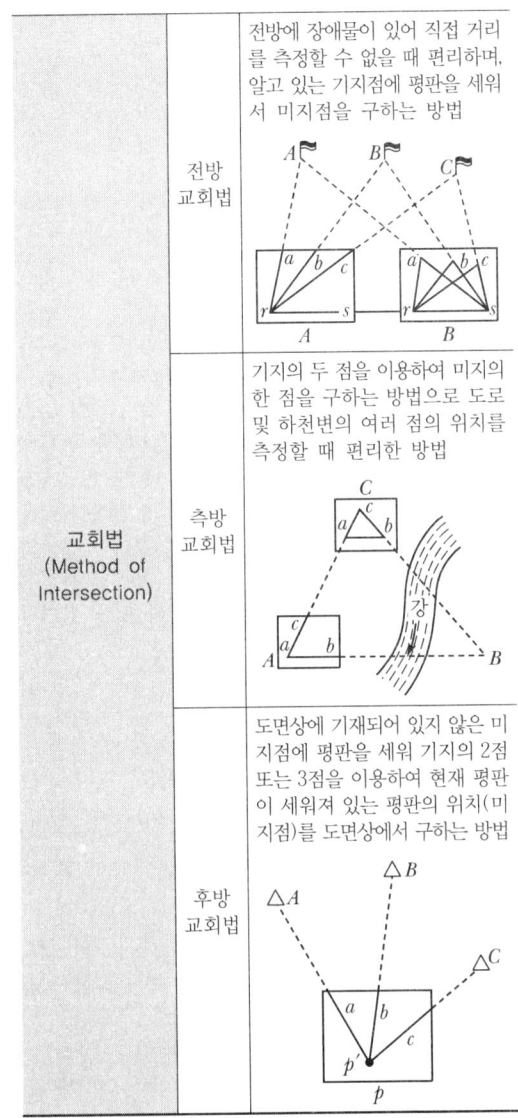

57 정답 ▶ ②

평면직각좌표원점
① 지도상 제점 간의 위치관계를 용이하게 결정
② 모든 삼각점 (x, y) 좌표의 기준
③ 원점은 1910년의 토지조사령에 의거하여 실시한 토지조사사업에 의하여 설정된 것으로 실제 존재하지 않는 가상의 원점이다. 원점은 동해, 동부, 중부, 서부원점이 있으며 그 위치는 다음과 같다.

[별표 2]
직각좌표의 기준(제7조제3항 관련)
1. 직각좌표계 원점

명칭	원점의 경위도	투영원점의 가산(加算) 수치	원점 축척 계수	적용 구역
서부 좌표계	• 경도 : 동경 125°00′ • 위도 : 북위 38°00′	X(N) 600,000m Y(E) 200,000m	1.0000	동경 124°~126°
중부 좌표계	• 경도 : 동경 127°00′ • 위도 : 북위 38°00′	X(N) 600,000m Y(E) 200,000m	1.0000	동경 126°~128°
동부 좌표계	• 경도 : 동경 129°00′ • 위도 : 북위 38°00′	X(N) 600,000m Y(E) 200,000m	1.0000	동경 128°~130°
동해 좌표계	• 경도 : 동경 131°00′ • 위도 : 북위 38°00′	X(N) 600,000m Y(E) 200,000m	1.0000	동경 130°~132°

비고
가. 각 좌표계에서의 직각좌표는 다음의 조건에 따라 T·M(Transverse Mercator, 횡단 머케이터) 방법으로 표시한다.
  1) X축은 좌표계 원점의 자오선에 일치하여야 하고, 진북방향을 정(+)으로 표시하며, Y축은 X축에 직교하는 축으로서 진동방향을 정(+)으로 한다.
  2) 세계측지계에 따르지 아니하는 지적측량의 경우에는 가우스상사 이중투영법으로 표시하되, 직각좌표계 투영원점의 가산(加算)수치를 각각 X(N) 500,000미터(제주도 지역 550,000미터), Y(E) 200,000m로 하여 사용할 수 있다.
나. 국토해양부장관은 지리정보의 위치측정을 위하여 필요하다고 인정할 때에는 직각좌표의 기준을 따로 정할 수 있다. 이 경우 국토해양부장관은 그 내용을 고시하여야 한다.

58 정답 ▶ ③

트래버스 측량의 측각법

교각법	어떤 측선이 그 앞의 측선과 이루는 각을 관측하는 방법
편각법	각 측선이 그 앞 측선의 연장과 이루는 각을 관측하는 방법
방위각법	각 측선이 일정한 기준선인 자오선과 이루는 각을 우회로 관측하는 방법

59 정답 ▶ ①

컴퍼스 법칙
각관측과 거리관측의 정밀도가 같을 때 조정하는 방법으로 각 측선길이에 비례하여 폐합오차를 배분한다.

트랜싯 법칙
각관측의 정밀도가 거리관측의 정밀도보다 높을 때 조정하는 방법으로 위거, 경거의 크기에 비례하여 폐합오차를 배분한다.

② 위거=거리×$(\cos\theta)$
③ N36°W인 측선의 경거는 (-)이다.
④ 방위각은 90° 이상의 각이 있다.

60 정답 ▶ ①

축척은 분모값이 작을수록 대축척이다.

모의고사 6회

01. 다음 중 측량의 오차에서 개인오차가 아닌 것은?
① 시각 및 습성
② 조작의 불량
③ 부주의 및 과오
④ 광선의 굴절

02. 삼각측량에서 삼각법(사인법칙)에 의해 변 a의 길이를 구하는 식으로 옳은 것은?(단, b는 기선이다.)

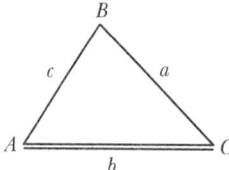

① $\log a = \log b + \log \sin A + \log \sin B$
② $\log a = \log b + \log \sin A - \log \sin B$
③ $\log a = \log b - \log \sin A - \log \sin B$
④ $\log a = \log b - \log \sin A + \log \sin B$

03. 다음 수평각 관측방법 중 가장 정확한 값을 구할 수 있는 것은?
① 방향각 관측법
② 배각 관측법
③ 조합각 관측법
④ 단각 관측법

04. 평판측량에서 폐합비가 허용오차 이내일 경우 어떻게 처리하는가?
① 출발점으로부터 측점까지의 거리에 비례하여 배분
② 각 측선의 길이에 비례하여 배분
③ 각 측선의 길이에 반비례하여 배분
④ 출발점으로부터 측점까지의 거리에 반비례하여 배분

05. 최확값과 경중률에 관한 설명으로 옳지 않은 것은?
① 관측값들의 경중률이 다르면 최확값은 경중률을 고려해서 구해야 한다.
② 경중률은 관측거리의 제곱에 비례한다.
③ 최확값은 어떤 관측량에서 가장 높은 확률을 가지는 값이다.
④ 경중률은 관측횟수에 비례한다.

06. 그림과 같은 모양으로 토지를 분할하여 각 교점의 지반고를 측정하였을 때, 기준면 위의 전체 단면에 대한 체적은?(단, 각 분할면의 크기는 같다.)

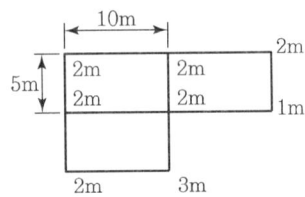

① 125m²
② 180m²
③ 300m²
④ 450m²

07. 어떤 각을 배각법으로 3번 반복하여 관측한 정위 및 반위각의 관측 결과값이 각각 150°15′30″ 및 150°30′30″이었다면 이 각의 최확값은?
① 150°23′30″
② 150°15′20″
③ 50°07′40″
④ 50°00′00″

08 배횡거를 이용한 면적 계산에 관한 설명 중 옳지 않은 것은?

① 각 측선의 중점에서부터 자오선에 투영한 수선의 길이를 횡거라 한다.
② 어느 측선의 배횡거는 하나 앞 측선의 배횡거에 하나 앞 측선의 경거와 그 측선의 경거를 더한 값이다.
③ 실제의 면적은 배면적을 2로 나눈 값이다.
④ 배면적은 각 측선의 경거에 각 측선의 배횡거를 곱하여 합산한 값이다.

09 300m의 기선을 50m 줄자로 6회로 나누어 측정할 때 줄자 1회 측정의 확률오차가 ±0.02m라면 이 측정의 확률오차는 약 얼마인가?

① ±0.03m
② ±0.05m
③ ±0.08m
④ ±0.12m

10 수준측량을 할 때 전, 후시의 시준거리를 같게 취하고자 하는 중요한 이유는?

① 표척의 영점오차를 없애기 위하여
② 표척 눈금의 부정확으로 생긴 오차를 없애기 위하여
③ 표척이 기울어져서 생긴 오차를 없애기 위하여
④ 구차 및 기차를 없애기 위하여

11 트래버스 측량에서 어느 측정의 방위가 $S40°E$이라고 한다. 이 측선의 방위각은?

① 120°
② 140°
③ 180°
④ 220°

12 아래 그림에서 $BE=20m$, $CE=6m$, $CD=12m$인 경우 AB의 거리는?

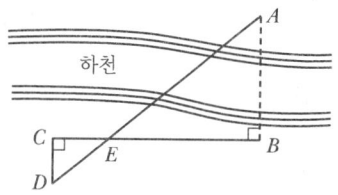

① 10m
② 26m
③ 36m
④ 40m

13 평판측량에서 폐합비가 허용오차 이내일 경우 어떻게 처리하는가?

① 출발점으로부터 측점까지의 거리에 비례하여 배분
② 각 측점의 각 크기에 비례하여 배분
③ 각 측점의 각 크기에 반비례하여 배분
④ 출발점으로부터 측점까지의 거리에 반비례하여 배분

14 트래버스 측량의 수평각 관측에서 그림과 같이 진북을 기준으로 어느 측선까지의 각을 시계방향으로 각 관측하는 방법은?

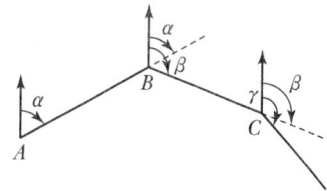

① 교각법
② 편각법
③ 방위각법
④ 방향각법

15 토털스테이션(TS)에 대한 설명으로 옳지 않은 것은?
① 인공위성을 이용하므로 정확하다.
② 사용자가 필요에 따라 정보를 입력할 수 있다.
③ 레코드 모듈(Record Module)에 성과값을 저장, 기록할 수 있다.
④ 컴퓨터와 카드 리더(Card Reader)를 이용할 수 있다.

16 일반적으로 측량에서 사용하는 거리를 의미하는 것은?
① 수직거리 ② 경사거리
③ 수평거리 ④ 간접거리

17 삼각형의 내각을 측정하였더니 ∠A=68°01′20″, ∠B=51°59′10″, ∠C=60°00′15″가 되었다. 보정 후의 ∠B는?
① 51°59′25″
② 51°58′25″
③ 51°58′55″
④ 51°59′35″

18 트래버스 측량에서 경거 및 위거의 용도가 아닌 것은?
① 오차 및 정도의 계산
② 실측도의 좌표 계산
③ 오차의 합리적 배분
④ 측점의 표고 계산

19 직각좌표에 있어서 두 점 A점(2.0m, 4.0m), B점(-3.0m, -1.0m) 간의 거리는?
① 7.07m ② 7.48m
③ 8.08m ④ 9.04m

20 그림과 같은 수준측량에서 A와 B의 표고차는?

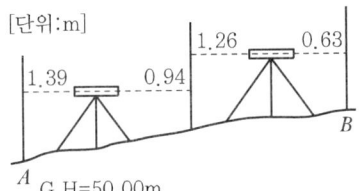

① 1.78m ② 1.65m
③ 1.44m ④ 1.08m

21 그림과 같은 유심 삼각망에서 측점 방정식의 수는?

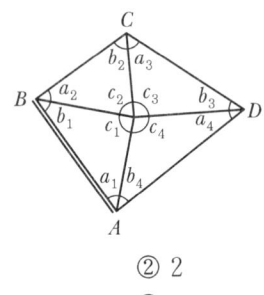

① 3 ② 2
③ 1 ④ 0

22 도로를 설치할 때, 종단수준측량에 대한 설명으로 틀린 것은?
① 노선을 따라 지표면의 고저를 측량하여 종단면도를 만드는 작업을 종단수준측량이라 한다.
② 야장은 주로 고차식 야장법을 많이 이용한다.
③ 노선을 따라 보통 20m마다 중심말뚝을 설치한다.
④ 경사의 변환점이 있을 때에는 추가 말뚝을 설치하여 고저차를 측정한다.

23 측량의 3요소와 거리가 먼 것은?
① 각 측량 ② 고저차 측량
③ 골조 측량 ④ 거리 측량

24 수준측량의 성과의 일부 중에서 No.3 측점의 지반고는?(단, B.M의 지반고 = 50,000m, 단위는 m)

측점	거리	후시	전시 T.P	전시 I.P
B.M.	0	3.520		
No.1	20			1.700
No.2	20			2.520
No.3	20	3.450	3.250	

① 50.270m   ② 51.820m
③ 53.720m   ④ 85.280m

25 직접수준측량으로 표고를 측정하기 위하여 I점에 레벨을 세우고 B점에 세운 표척을 시준하여 관측하였다. A점(표고를 알고 있는 점)에 설치한 표척의 읽음값(ia)을 구하는 식으로 옳은 것은?(단, $ib = B$의 표척 읽음값, $Ah = A$의 표고, $Bh = B$의 표고)

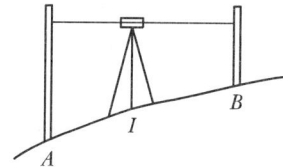

① $ia = Bh + ib + Ah$
② $ia = Bh - ib + Ah$
③ $ia = Bh + ib - Ah$
④ $ia = Bh - ib - Ah$

26 다음 중 횡단수준측량에 대한 설명으로 틀린 것은?
① 중심선에 직각 방향으로 지표면의 고저를 측량하는 것을 말한다.
② 높은 정확도를 요하지 않을 경우에는 간접측량방법을 사용할 수 있다.
③ 토공량 산정에 활용된다.
④ 관측 결과로 측점의 3차원 위치를 정확하게 얻는 것을 목적으로 한다.

27 다음 중 삼변측량에 대한 설명으로 틀린 것은?
① 삼각측량에서와 같은 기선 삼각망 확대가 필요하다.
② 변 길이만을 측량해서 삼각망을 구성할 수 있다.
③ 삼각형의 내각을 구하기 위하여 코사인 제 2법칙, 반각 공식 등이 사용된다.
④ 변의 길이 측정에는 DEM, 광파기와 같은 장비가 사용된다.

28 A, B, C 세 점으로부터 수준측량을 한 결과 P점의 관측값이 각각 P_1, P_2, P_3였다면 P점의 최확값을 구하는 식으로 옳은 것은? (여기서, A, B, C로부터 P점까지의 거리비 $A : B : C = 2 : 1 : 2$이다.)

① $\dfrac{P_1 \times 1 + P_2 \times 2 + P_3 \times 1}{1+2+1}$

② $\dfrac{P_1 \times 2 + P_2 \times 1 + P_3 \times 2}{2+1+2}$

③ $\dfrac{P_1 + P_2 + P_3}{3}$

④ $\dfrac{P_1 + P_2 + P_3}{3^2}$

29 삼각측량에서 가장 이상적인 삼각망의 형태는?
① 이등변삼각형   ② 정삼각형
③ 직각삼각형   ④ 둔각삼각형

30 토털스테이션의 장점에 대한 설명으로 틀린 것은?
① 현장에서 복잡한 측량작업을 연속적으로 쉽게 해결할 수 있다.
② 평판측량에 비하여 초기 투자비용이 저렴하다.
③ 사용자가 필요에 따라 자유롭게 정보를 입력할 수 있다.
④ 측량결과를 수치적으로 도면화하기에 편리하다.

31 어느 측선의 방위각이 30°이고, 측선 길이가 120m라 하면 그 측선의 위거는 얼마인가?
① 60.000m
② 95.472m
③ 36.002m
④ 103.923m

32 배횡거에 조정 위거를 곱하여 구한 배면적이 $-11,610.459m^2$일 때 면적은?
① $1,451.308m^2$
② $2,902.645m^2$
③ $4,353.923m^2$
④ $5,805.230m^2$

33 수평각을 측정하는 다음의 방법 중 정밀도가 가장 높은 방법은?
① 단측법
② 배각법
③ 방향각법
④ 조합각 관측법(각 관측법)

34 수준측량의 오차 중 기계적 원인이 아닌 것은?
① 레벨 조정의 불완전
② 레벨 기포관의 둔감
③ 망원경 조준시의 시차
④ 기포관 곡률의 불균일

35 그림에서 B점의 좌표(X_B, Y_B)로 옳은 것은?

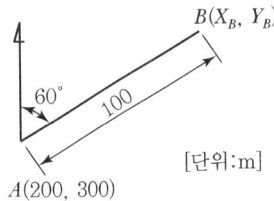

① $X_B=250m$, $Y_B=387m$
② $X_B=300m$, $Y_B=200m$
③ $X_B=200m$, $Y_B=300m$
④ $X_B=387m$, $Y_B=250m$

36 삼각측량에서 가장 정확도가 높은 삼각망은?
① 단열 삼각망
② 유심 삼각망
③ 사변형 삼각망
④ 육각형 삼각망

37 그림과 같은 결합 트래버스에서 AC와 BD의 방위각이 W_a, W_b이고 A에서 순서대로 교각이 $a_1, a_2, \cdots, a_n$이면 측각오차를 구하는 식으로 맞는 것은?

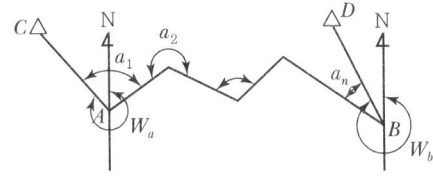

① $\Delta a = W_a + \sum a - (n+1)180° - W_b$
② $\Delta a = W_a + \sum a - (n-1)180° - W_b$
③ $\Delta a = W_a + \sum a - (n-2)180° - W_b$
④ $\Delta a = W_a + \sum a - (n-3)180° - W_b$

38 트래버스 측량에서 좌표원점을 중심으로 X(N)=150.25m, Y(E)=−50.48m일 때의 방위는?
① N71°25′W
② N18°34′W
③ N71°25′E
④ N18°34′E

39 수평각 측정에서 배각법의 특징에 대한 설명으로 옳지 않은 것은?
① 배각법은 방향각법과 비교하여 읽기오차의 영향을 적게 받는다.
② 눈금의 부정에 의한 오차를 최소로 하기 위하여 n회의 반복결과가 360°에 가깝게 해야 한다.
③ 눈금을 직접 측정할 수 없는 미량의 값을 누적하여 반복횟수로 나누면 세밀한 값을 읽을 수 있다.
④ 배각법은 수평각 관측법 중 가장 정밀한 방법이다.

40 광파거리 측량기를 전파거리 측량기와 비교할 때 특징이 아닌 것은?
① 안개나 비 등의 기후에 영향을 받지 않는다.
② 비교적 단거리 측정에 이용된다.
③ 작업 인원이 적고, 작업 속도가 신속하다.
④ 일반 건설현장에서 많이 사용된다.

41 어느 측선의 방위가 S45°20′W이고 측선의 길이가 64.210m일 때 이 측선의 위거는?
① +45.403m
② −45.403m
③ +45.138m
④ −45.138m

42 삼각측량에 대한 설명으로 틀린 것은?
① 삼각법에 의해 삼각점의 높이를 결정한다.
② 각 측점을 연결하여 다수의 삼각형을 만든다.
③ 삼각망을 구성하는 삼각형의 내각을 관측한다.
④ 삼각망의 한 변의 길이를 정확하게 관측하여 기선을 정한다.

43 GPS 측량에서 위성궤도의 고도는 약 몇 km인가?
① 40,400km
② 30,300km
③ 20,200km
④ 10,100km

44 평면곡선으로서 원곡선의 종류가 아닌 것은?
① 단곡선
② 복심 곡선
③ 반향 곡선
④ 렘니스케이트 곡선

45 다음 그림과 같은 사변형 삼각망의 조정에서 성립되는 각 조건식으로 옳은 것은?(여기서, 1, 2, …, 8은 표시된 각을 의미한다.)

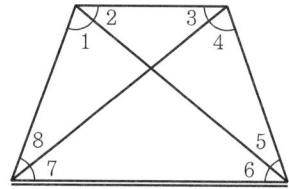

① $\angle 1 + \angle 2 = \angle 5 + \angle 6$
② $\angle 1 + \angle 8 + \angle 4 + \angle 5$
  $= \angle 2 + \angle 3 + \angle 6 + \angle 7$
③ $\angle 2 + \angle 3 = \angle 6 + \angle 7$
④ $\angle 1 + \angle 3 + \angle 5 + \angle 7$
  $= \angle 2 + \angle 4 + \angle 6 + \angle 8$

46 그림과 같이 각을 측정한 결과 ∠A=20°15′30″, ∠B=40°15′20″, ∠C=10°30′10″, ∠D=71°01′12″이었다면 ∠C와 ∠D의 보정값으로 옳은 것은?

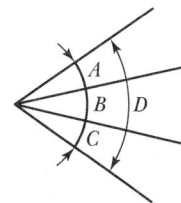

① ∠C=10°30′10″, ∠D=71°01′00″
② ∠C=10°30′14″, ∠D=71°01′08″
③ ∠C=10°30′06″, ∠D=71°01′00″
④ ∠C=10°30′13″, ∠D=71°01′09″

47 다음 중 지형의 일반적인 표시법이 아닌 것은?
① 음영법 ② 묘사법
③ 우모법 ④ 채색법

48 지표면상의 지형 간 상호위치관계를 관측하여 얻은 결과를 일정한 축척과 도식으로 도지 위에 나타낸 것을 무엇이라 하는가?
① 단면도 ② 상세도
③ 지형도 ④ 채색법

49 측점이 5개인 폐합 트래버스 내각을 측정한 결과 538°58′50″이었다. 측각오차는 얼마인가?
① 0°58′50″ ② 1°1′10″
③ 1°10′10″ ④ 1°58′50″

50 방위각 250°는 몇 상한에 위치하는가?
① 제1상한 ② 제2상한
③ 제3상한 ④ 제4상한

51 경계선을 3차 포물선으로 보고, 지거의 세 구간을 한 조로 하여 면적을 구하는 방법은?
① 심프슨 제1법칙
② 심프슨 제2법칙
③ 심프슨 제3법칙
④ 심프슨 제4법칙

52 일정한 중심선이나 지정선 방향으로 여러 개의 측선을 따라 기준점으로부터 필요한 점까지의 거리와 높이를 관측하여 등고선을 그려 가는 방법은?
① 망원경 앨리데이드에 의한 방법
② 사각형 분할법(좌표점법)
③ 종단점법(기준점법)
④ 횡단점법

53 삼각망의 조정을 위한 조건 중 "삼각형 내각의 합은 180°이다."의 설명과 관계가 깊은 것은?
① 측점 조건 ② 각 조건
③ 변 조건 ④ 기선 조건

54 GPS를 이용한 위치측정에서 사용되는 좌표계는?
① 평면직각좌표계
② 세계측지계
③ UPS좌표계
④ UTM좌표계

55 게바라고 하는 짧은 선으로 지표의 기복을 나타내는 지형의 표시방법은 어느 것인가?
① 음영법
② 우모법
③ 채색법
④ 점고법

56 다음 중 원곡선 설치 시 철도나 도로 등에 가장 일반적으로 이용되는 방법은?
① 지거설치법
② 장현에 대한 종거에 의한 설치법
③ 접선에 대한 지거에 의한 설치법
④ 편각설치법

57 측량한 측선의 길이가 586m이고 정밀도가 1/600이었다면 이때 오차는 몇 cm인가?
① 95.57cm
② 96.57cm
③ 97.67cm
④ 98.67cm

58 임의의 기준선으로부터 어느 측선까지 시계방향으로 잰 각을 무엇이라 하는가?
① 방향각
② 방위각
③ 연직각
④ 친정각

59 다음 중앙종거법에 의한 곡선 설치방법에서 M_3의 값은?(단, 곡선반지름 $R=300m$, 교각 $I=70°$)

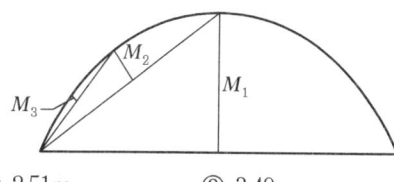

① 2.51m   ② 3.49m
③ 5.02m   ④ 6.98m

60 등고선의 성질에 대한 설명으로 틀린 것은?
① 같은 등고선 위의 모든 점은 높이가 같다.
② 한 등고선은 도면 안 또는 밖에서 반드시 서로 폐합된다.
③ 높이가 다른 두 등고선은 동굴이나 절벽에서 반드시 한 점에 교차한다.
④ 경사가 급한 곳에서는 등고선의 간격이 좁다.

모의고사 6회 정답 및 해설

01 정답 ▶ ④

광선의 굴절은 자연적인 원인에 속한다.

02 정답 ▶ ②

$\dfrac{a}{\sin A} = \dfrac{b}{\sin B}$ 에서

$a = b \times \dfrac{\sin A}{\sin B}$ 에 대수를 취하면

$\log a = \log b + \log \sin A - \log \sin B$

03 정답 ▶ ③

단측법	1개의 각을 1회 관측하는 방법으로 수평각 측정법 중 가장 간단하지만 관측결과가 좋지 않다.
배각법	하나의 각을 2회 이상 반복 관측하여 누적된 값을 평균하는 방법으로 이중축을 가진 트랜싯의 연직축 오차를 소거하는 데 좋고 아들자의 최소눈금 이하로 정밀하게 읽을 수 있다.
방향각법	어떤 시준방향을 기준으로 하여 각 시준방향에 이르는 각을 차례로 관측하는 방법으로 배각법에 비해 시간이 절약되고 3등 삼각측량에 이용된다.
조합각 관측법	수평각 관측방법 중 가장 정확한 방법으로 1등 삼각측량에 이용된다. (1) 방법 　여러 개의 방향선의 각을 차례로 방향각법으로 관측하여 얻어진 여러 개의 각을 최소제곱법에 의해 최확값을 결정한다. (2) 측각 총수, 조건식 총수 　㉠ 측각 총수 $= \dfrac{1}{2}N(N-1)$ 　㉡ 조건식 총수 $= \dfrac{1}{2}(N-1)(N-2)$ 　여기서, N : 방향 수

04 정답 ▶ ①

출발점으로부터 측점까지의 거리에 비례하여 배분

05 정답 ▶ ②

경중률(무게, P)

경중률이란 관측값의 신뢰정도를 표시하는 값으로 관측방법, 관측횟수, 관측거리 등에 따른 가중치를 말한다.

㉠ 경중률은 관측횟수(n)에 비례한다.
　$(P_1 : P_2 : P_3 = n_1 : n_2 : n_3)$

㉡ 경중률은 평균제곱오차(m)의 제곱에 반비례한다.
　$\left(P_1 : P_2 : P_3 = \dfrac{1}{m_1^{\,2}} : \dfrac{1}{m_2^{\,2}} : \dfrac{1}{m_3^{\,2}}\right)$

㉢ 경중률은 정밀도(R)의 제곱에 비례한다.
　$(P_1 : P_2 : P_3 = R_1^{\,2} : R_2^{\,2} : R_3^{\,2})$

㉣ 직접수준측량에서 오차는 노선거리(S)의 제곱근($\sqrt{S}$)에 비례한다.
　$(m_1 : m_2 : m_3 = \sqrt{S_1} : \sqrt{S_2} : \sqrt{S_3})$

㉤ 직접수준측량에서 경중률은 노선거리(S)에 반비례한다.
　$\left(P_1 : P_2 : P_3 = \dfrac{1}{S_1} : \dfrac{1}{S_2} : \dfrac{1}{S_3}\right)$

㉥ 간접수준측량에서 오차는 노선거리(S)에 비례한다.
　$(m_1 : m_2 : m_3 = S_1 : S_2 : S_3)$

㉦ 간접수준측량에서 경중률은 노선거리(S)의 제곱에 반비례한다.
　$\left(P_1 : P_2 : P_3 = \dfrac{1}{S_1^{\,2}} : \dfrac{1}{S_2^{\,2}} : \dfrac{1}{S_3^{\,2}}\right)$

06 정답 ▶ ③

$A = 5 \times 10 = 50\text{m}^2$

$\sum h_1 = 2+2+1+3+2 = 10$

$\sum h_2 = 2+2 = 4$

$\sum h_3 = 2$

$V = \dfrac{A}{4}(\sum h_1 + 2\sum h_2 + 3\sum h_3 + 4\sum h_4)$

$\quad = \dfrac{50}{4} \times (10 + 2 \times 4 + 3 \times 2) = 300\text{m}^2$

07 정답 ▶ ③

정위각 = $\dfrac{150°15'30''}{3}$ = 50°05'10''

변위각 = $\dfrac{150°30'30''}{3}$ = 50°10'10''

최확값 = $\dfrac{50°05'10'' + 50°10'10''}{2}$ = 50°07'40''

08 정답 ▶ ④

배면적은 각 측선의 조정 위거에 각 측선의 배횡거를 곱하여 합산한 값이다.

09 정답 ▶ ②

확률오차 = $\delta\sqrt{n}$ = ±0.02$\sqrt{6}$ = ±0.05m
여기서, n : 측정횟수, b : 1회 측정오차

10 정답 ▶ ④

전시와 후시의 거리를 같게 함으로써 제거되는 오차
- 레벨의 조정이 불완전(시준선이 기포관축과 평행하지 않을 때)할 때
  (시준축오차 : 오차가 가장 크다.)
- 지구의 곡률오차(구차)와 빛의 굴절오차(기차)를 제거한다.
- 초점나사를 움직이는 오차가 없으므로 그로 인해 생기는 오차를 제거한다.

11 정답 ▶ ②

상한	방위	방위각	위거	경거
Ⅰ	$N\ \theta_1\ E$	$a = \theta_1$	+	+
Ⅱ	$S\ \theta_2\ E$	$a = 180° - \theta_2$	−	+
Ⅲ	$S\ \theta_3\ W$	$a = 180° + \theta_3$	−	−
Ⅳ	$N\ \theta_4\ W$	$a = 360° - \theta_4$	+	−

2상한에 있으므로 180° − 40° = 140°

12 정답 ▶ ④

△ABC와 △CDE는 닮은 삼각형이므로
$AB : CD = BE : CE$
$AB : 12 = 20 : 6$에서
$AB = \dfrac{12 \times 20}{6}$ = 40m

13 정답 ▶ ①

폐합오차의 조정
① 허용 정도 이내일 경우에는 거리에 비례하여 분배한다.
② 허용 정도 이상일 경우에는 재측량을 한다.

14 정답 ▶ ③

방위각법
각 측선이 진북 방향과 이루는 각을 시계방향으로 관측하는 방법으로 직접 방위각이 관측되어 편리하다.

15 정답 ▶ ①

토털스테이션(TS)
① 각도와 거리를 동시에 관측할 수 있는 장비로, 기계 내부의 프로그램에 의해 자동적으로 수평 거리 및 연직 거리가 계산되어 디지털로 표시되는 장비이다.
② 사용자가 필요에 따라 정보를 입력할 수 있다.
③ 레코드 모듈(Record Module)에 성과값을 저장, 기록할 수 있다.
④ 컴퓨터와 카드 리더(Card Reader)를 이용할 수 있다.

16 정답 ▶ ③

거리측량의 정의
거리측량은 두 점 간의 거리를 직접 또는 간접으로 측량하는 것을 말한다. 측량에서 사용되는 거리는 수평거리(D), 연직거리(H), 경사거리(L)로 구분된다. 일반적으로 측량에서 관측한 거리는 수평거리이므로 기준면(평균표고)에 대한 수평거리로 환산하여 사용한다.

17 정답 ▶ ③

측각오차
= 180° − (68°01'20'' + 51°59'10'' + 60°00'15'')
= 00°00'45''

보정량 = $\dfrac{45}{3}$ = 15''

(그러므로 각 각에서 15''씩 빼준다.)
∠B = 51°59'10'' − 15'' = 51°58'55''

18 정답 ▶ ④
측점의 표고 계산은 수준측량이다.

19 정답 ▶ ①
AB의 거리 $= \sqrt{(X_B - X_A)^2 + (Y_B - Y_A)^2}$
$= \sqrt{(-3-2)^2 + (-1-4)^2}$
$= 7.07\text{m}$

20 정답 ▶ ④
표고차 $= \Sigma\text{B.S} - \Sigma\text{F.S}$
$= (1.39 + 1.26) - (0.94 + 0.63) = 1.08\text{m}$

21 정답 ▶ ③
측점 조건
① 한 측점에서 측정한 여러 각의 합은 그 전체를 한 각으로 측정한 각과 같다.
② 한 측점의 둘레에 있는 모든 각을 합하면 360°이다.
③ $c_1 + c_2 + c_3 + c_4 = 360°$
④ 조건식의 수
= 한 측점에서 관측한 각의 총수
  − (한 측점에서 나간 변의 수 −1)
∴ $4 - (4-1) = 1$

22 정답 ▶ ②
일반적으로 종단수준측량 야장은 기고식을 사용한다.

23 정답 ▶ ③
측량이란 수평거리, 방향 및 고저차를 측정하여 지구표면상에 있는 여러 점들의 상호 간의 위치를 결정하여 지도나 도면을 만들어 설계와 시공에 사용되는 모든 작업을 말한다.

24 정답 ▶ ①
B.M의 기계고 = B.M의 지반고 + B.M의 후시
$= 50.000 + 3.520 = 53.520\text{m}$
No.3의 지반고 = B.M의 기계고 − No.3의 전시(TP)
$= 53.520 - 3.250 = 50.270\text{m}$

25 정답 ▶ ③
$ia = Bh + ib - Ah$

26 정답 ▶ ④

고저수준측량 (Differential Leveling)	두 점 간의 표고차를 직접수준측량에 의하여 구한다.
종단수준측량 (Profile Leveling)	도로, 철도 등의 중심선 측량과 같이 노선의 중심에 따라 각 측점의 표고차를 측정하여 종단면에 대한 지형의 형태를 알고자 하는 측량
횡단수준측량 (Cross Leveling)	종단 측량을 마친 후 종단선의 직각 방향으로 고저차를 측량하여 횡단면도를 작성하기 위한 측량

27 정답 ▶ ①
대삼각망의 기선장을 직접 관측하기 때문에 삼각측량에서와 같은 기선 삼각망의 확대가 불필요하다.

28 정답 ▶ ①
경중률은 거리에 반비례하므로
$P_1 : P_2 : P_3 = \dfrac{1}{2} : \dfrac{1}{1} : \dfrac{1}{2} = 1 : 2 : 1$
최확값 $= \dfrac{P_1 \times 1 + P_2 \times 2 + P_3 \times 1}{1+2+1}$

29 정답 ▶ ②
삼각형은 정삼각형에 가깝게 하고, 부득이할 때는 한 내각의 크기를 30°~120° 범위로 한다.

30 정답 ▶ ②
토털스테이션(Total Station)
토털스테이션은 관측된 데이터를 직접 휴대용 컴퓨터기기(전자평판)에 저장하고 처리할 수 있으며 3차원 지형정보 획득, 데이터베이스의 구축, 지형도 제작까지 일괄적으로 처리할 수 있는 측량기계이다.

토털스테이션의 특징
① 거리, 수평각 및 연직각을 동시에 관측할 수 있다.
② 관측된 데이터가 전자평판에 자동 저장되고 직접처리가 가능하다.

③ 시간과 비용을 줄일 수 있고 정확도를 높일 수 있다.
④ 지형도 제작이 가능하다.
⑤ 수치데이터를 얻을 수 있으므로 관측자료 계산 및 다양한 분야에 활용할 수 있다.

31 정답 ▶ ④

위거 $= l \times \cos\theta = 120 \times \cos 30° = 103.923\text{m}$

32 정답 ▶ ④

면적 $= \left|\dfrac{\text{배면적}}{2}\right| = \left|\dfrac{-11,610.459}{2}\right|$
$= 5,805.230\text{m}^2$

33 정답 ▶ ④

수평각 측정방법
- 단측법 : 1개의 각을 1회 관측하는 방법으로 수평각 측정법 중 가장 간단하며 관측결과가 좋지 않다.
- 배각법 : 하나의 각을 2회 이상 반복 관측하여 누적된 값을 평균하는 방법으로 이중축을 가진 트랜싯의 연직축 오차를 소거하는 데 좋고 아들자의 최소눈금 이하로 정밀하게 읽을 수 있다.
- 방향각법 : 어떤 시준방향을 기준으로 하여 각 시준방향에 이르는 각을 차례로 관측하는 방법, 배각법에 비해 시간이 절약되고 3등 삼각측량에 이용된다.
- 조합각 관측법 : 수평각 관측방법 중 가장 정확한 방법으로 1등 삼각측량에 이용된다.

34 정답 ▶ ③

① 기계적 오차 : 관측에 사용되는 기계의 불안전성 때문에 생기는 오차
② 물리적 오차 : 관측 중 온도변화, 광선굴절 등 자연현상에 의해 생기는 오차
③ 개인적 오차 : 관측자 개인의 시각, 청각, 습관 등에 생기는 오차

35 정답 ▶ ①

AB의 위거 $= l\cos\theta = 100 \times \cos 60° = 50\text{m}$
∴ $X_B = 200 + 50 = 250\text{m}$
AB의 경거 $= l\sin\theta = 100 \times \sin 60° = 87\text{m}$
∴ $Y_B = 300 + 87 = 387\text{m}$

36 정답 ▶ ③

삼각망의 종류

단열 삼각쇄(망) (Single Chain of Triangles)	① 폭이 좁고 길이가 긴 지역에 적합하다. ② 노선·하천·터널 측량 등에 이용한다. ③ 거리에 비해 관측수가 적다. ④ 측량이 신속하고 경비가 적게 든다. ⑤ 조건식의 수가 적어 정도가 낮다.
유심 삼각쇄(망) (Chain of Central Points)	① 동일 측점에 비해 포함면적이 가장 넓다. ② 넓은 지역에 적합하다. ③ 농지측량 및 평탄한 지역에 사용된다. ④ 정도는 단열 삼각망보다 좋으나 사변형보다 적다.
사변형 삼각쇄(망) (Chain of Quadrilaterals)	① 조건식의 수가 가장 많아 정밀도가 가장 높다. ② 기선 삼각망에 이용된다. ③ 삼각점 수가 많아 측량시간이 오래 걸리며 계산과 조정이 복잡하다.

37 정답 ▶ ②

$$E = W_a - W_b + [a] - 180°(n+1)$$

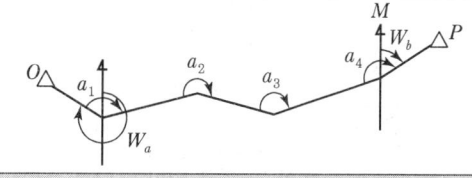

$$E = W_a - W_b + [a] - 180°(n-1)$$

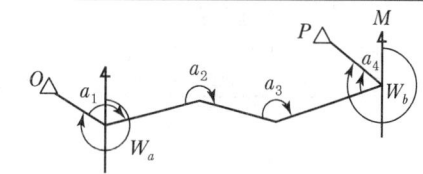

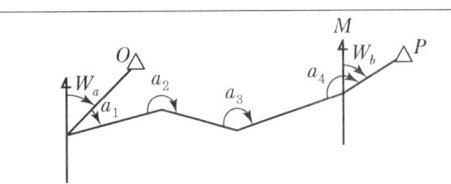

$$E = W_a - W_b + [a] - 180°(n-3)$$

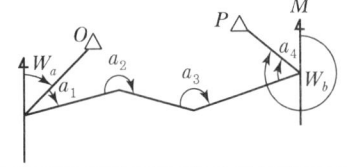

38 정답 ▶ ②

$$\theta = \tan^{-1}\frac{\Delta Y}{\Delta X} = \tan^{-1}\left(\frac{-50.48}{150.25}\right)$$
$$= 18°34'15.52''$$

방위는 4상한이므로 N 18°34'15.52''W

상한	방위	방위각	위거	경거
I	N θ_1 E	$a = \theta_1$	+	+
II	S θ_2 E	$a = 180° - \theta_2$	−	+
III	S θ_3 W	$a = 180° + \theta_3$	−	−
IV	N θ_4 W	$a = 360° - \theta_4$	+	−

39 정답 ▶ ④

수평각 측정방법

단측법	1개의 각을 1회 관측하는 방법으로 수평각 측정법 중 가장 간단하며 관측결과가 좋지 않다.
배각법	하나의 각을 2회 이상 반복 관측하여 누적된 값을 평균하는 방법으로 이중축을 가진 트랜싯의 연직축 오차를 소거하는 데 좋고 아들자의 최소눈금 이하로 정밀하게 읽을 수 있다.
방향각법	어떤 시준방향을 기준으로 하여 각 시준방향에 이르는 각을 차례로 관측하는 방법, 배각법에 비해 시간이 절약되고 3등 삼각측량에 이용된다.
조합각 관측법	수평각 관측방법 중 가장 정확한 방법으로 1등 삼각측량에 이용된다.

40 정답 ▶ ①

광파거리 측량기와 전파거리 측량기의 비교

구분	광파거리 측량기	전파거리 측량기
정의	측점에서 세운 기계로부터 빛을 발사하여 이것을 목표점의 반사경에 반사하여 돌아오는 반사파의 위상을 이용하여 거리를 구하는 기계	측점에 세운 주국에서 극초단파를 발사하고 목표점의 종국에서는 이를 수신하여 변조고주파로 반사하여 각각의 위상 차이로 거리를 구하는 기계
정확도	±(5mm+5ppm)	±(15mm+5ppm)
대표 기종	Geodimeter	Tellurometer
장점	• 정확도가 높다. • 데오돌라이트나 트랜싯에 부착하여 사용 가능하며, 무게가 가볍고 조작이 간편하고 신속하다. • 움직이는 장애물의 영향을 받지 않는다.	• 안개, 비, 눈 등의 기상 조건에 대한 영향을 받지 않는다. • 장거리 측정에 적합하다.
단점	안개, 비, 눈 등의 기상조건에 대한 영향을 받는다.	• 단거리 관측 시 정확도가 비교적 낮다. • 움직이는 장애물, 지면의 반사파 등의 영향을 받는다.
최소 조작 인원	1명 (목표점에 반사경을 설치했을 경우)	2명 (주국, 종국 각 1명)
관측 가능 거리	단거리용 : 5km 이내 중거리용 : 60km 이내	장거리용 : 30~150km
조작 시간	한 변 10~20분	한 변 20~30분

41 정답 ▶ ④

방위각 = 180° + 45°20′ = 225°20′
위거 = $l \times \cos\theta$ = 64.210 × cos 225°20′
     = −45.138m

42 정답 ▶ ①

삼각법에 의해 각 변의 길이를 차례로 계산한 다음, 조건식에 의해 조정하여 삼각점들의 수평위치(X, Y)를 결정하는 방법이다.

43 정답 ▶ ③

우주부문

구성	31개의 GPS위성
기능	측위용 전파 상시 방송, 위성궤도정보, 시각신호 등 측위계산에 필요한 정보 방송 ① 궤도형상 : 원궤도 ② 궤도면수 : 6개면 ③ 위성수 : 1궤도면에 4개 　위성(24개＋보조위성 7개)＝31개 ④ 궤도경사각 : 55° ⑤ 궤도고도 : 20,183km ⑥ 사용좌표계 : WGS84 ⑦ 회전주기 : 11시간 58분(0.5항성일) 　• 1항성일은 23시간 56분 4초 ⑧ 궤도 간 이격 : 60도 ⑨ 기준발진기 : 10.23MHz 　• 세슘원자시계 2대 　• 루비듐원자시계 2대

44 정답 ▶ ④

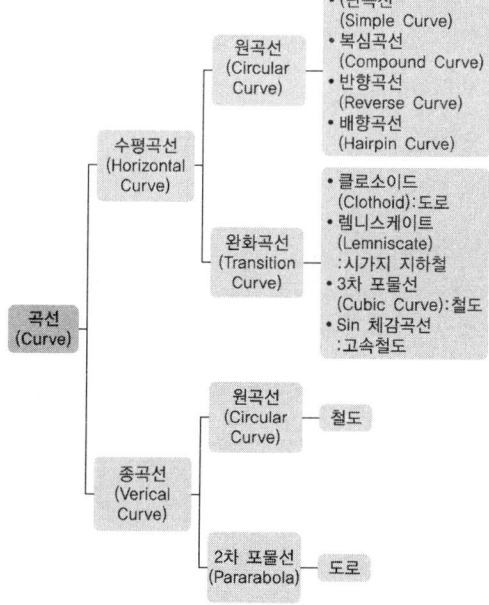

45 정답 ▶ ③

㉠ $\angle 1+\angle 2+\angle 3+\angle 4+\angle 5+\angle 6+\angle 7+\angle 8=360°$

㉡ $\angle 1+\angle 8=\angle 4+\angle 5$

㉢ $\angle 2+\angle 3=\angle 6+\angle 7$

46 정답 ▶ ④

조건식은 $\angle D=\angle A+\angle B+\angle C$이다.

$\angle A+\angle B+\angle C$
$=20°15'30''+40°15'20''+10°30'10''$
$=71°01'00''$

오차＝$\angle D-(\angle A+\angle B+\angle C)$
$=71°01'12''-71°01'00''=12''$

조정량＝$12''\div 4=3''$

$\angle A$, $\angle B$, $\angle C$의 합이 작으므로 ＋3″씩, $\angle D$는 크므로 －3″ 보정한다.

47 정답 ▶ ②

자연적 도법	영선법 (우모법, Hachuring)	"게바"라 하는 단선상(短線上)의 선으로 지표의 기복을 나타내는 것으로 게바의 사이, 굵기, 방향 등에 의하여 지표를 표시하는 방법
	음영법 (명암법, Shading)	태양광선이 서북쪽에서 45°로 비친다고 가정하여 지표의 기복을 도상에서 2～3색 이상으로 채색하여 지형을 표시하는 방법으로 지형의 입체감이 가장 잘 나타나는 방법
부호적 도법	점고법 (Spot Height System)	지표면상의 표고 또는 수심을 숫자에 의하여 지표를 나타내는 방법으로 하천, 항만, 해양 등에 주로 이용
	등고선법 (Contour System)	동일표고의 점을 연결한 것으로 등고선에 의하여 지표를 표시하는 방법으로 토목공사용으로 가장 널리 사용
	채색법 (Layer System)	같은 등고선의 지대를 같은 색으로 채색하여 높을수록 진하게 낮을수록 연하게 칠하여 높이의 변화를 나타내며 지리관계의 지도에 주로 사용

48 정답 ▶ ③

지형도
지표면상의 지형 간 상호위치관계를 관측하여 얻은 결과를 일정한 축척과 도식으로 도지 위에 나타낸 것

49 정답 ▶ ②

내각의 합＝$180°(n-2)$
　　　　　＝$180°\times(5-2)=540°$

∴ 측각오차＝$540°-538°58'50''=1°1'10''$

50 정답 ▶ ③

상한	방위각
제1상한	$0° \sim 90°$
제2상한	$90° \sim 180°$
제3상한	$180° \sim 270°$
제4상한	$270° \sim 360°$

51 정답 ▶ ②

| 심프슨 제1법칙 | ① 지거 간격을 2개씩 1개조로 하여 경계선을 2차 포물선으로 간주
② $A = $ 사다리꼴$(ABCD) + $ 포물선(BCD)
$\quad = \dfrac{d}{3} y_0 + y_n + 4(y_1 + y_3 + \cdots + y_{n-1})$
$\quad\quad + 2(y_2 + y_4 + \cdots + y_{n-2})$
$\quad = \dfrac{d}{3} y_0 + y_n + 4(\sum_y \text{홀수}) + 2(\sum_y \text{짝수})$
$\quad = \dfrac{d}{3} y_1 + y_n + 4(\sum_y \text{짝수}) + 2(\sum_y \text{홀수})$
③ n(지거의 수)은 짝수이어야 하며, 홀수인 경우 끝의 것은 사다리꼴 공식으로 계산하여 합산
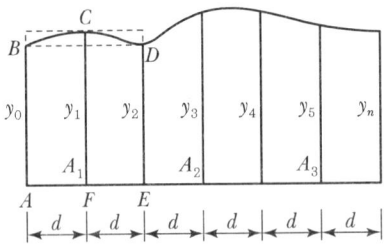 |
| 심프슨 제2법칙 | ① 지거 간격을 3개씩 1개조로 하여 경계선을 3차 포물선으로 간주
② $A = \dfrac{3}{8} d y_0 + y_n + 3(y_1 + y_2 + y_4 + y_5 + \cdots$
$\quad\quad + y_{n-2} + y_{n-1}) + 2(y_3 + y_6 + \cdots$
$\quad\quad + y_{n-3})$
③ $n-1$이 3배수여야 하며, 3배수를 넘을 때에는 나머지는 사다리꼴 공식으로 계산하여 합산
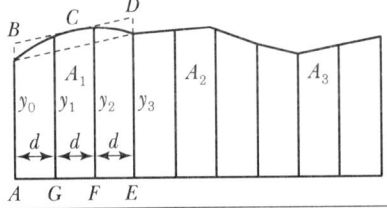 |

| 지거법 | ① 경계선을 직선으로 간주
$A = d_1 \left(\dfrac{y_1 + y_2}{2} \right) + d_2 \left(\dfrac{y_2 + y_3}{2} \right) + \cdots$
$\quad\quad + d_{n-1} \left(\dfrac{y_{n-1} + y_n}{2} \right)$
$\therefore A = d \left[\dfrac{y_0 + y_n}{2} + y_1 + y_2 + y_3 + \cdots + y_{n-1} \right]$
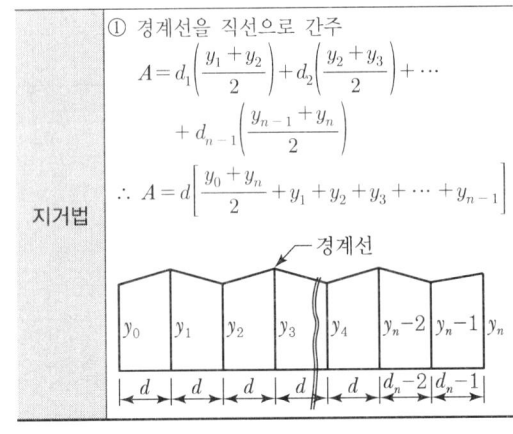 |

52 정답 ▶ ③

기지점의 표고를 이용한 계산법	$D : H = d_1 : h_1 \quad \therefore d_1 = \dfrac{D}{H} \times h_1$ $D : H = d_2 : h_2 \quad \therefore d_2 = \dfrac{D}{H} \times h_2$ $D : H = d_3 : h_3 \quad \therefore d_3 = \dfrac{D}{H} \times h_3$ 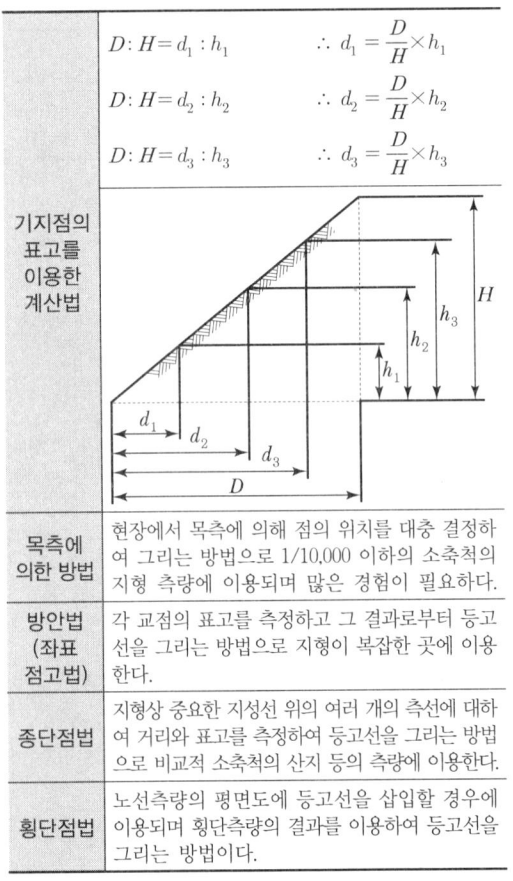
목측에 의한 방법	현장에서 목측에 의해 점의 위치를 대충 결정하여 그리는 방법으로 1/10,000 이하의 소축척의 지형 측량에 이용되며 많은 경험이 필요하다.
방안법 (좌표 점고법)	각 교점의 표고를 측정하고 그 결과로부터 등고선을 그리는 방법으로 지형이 복잡한 곳에 이용한다.
종단점법	지형상 중요한 지성선 위의 여러 개의 측선에 대하여 거리와 표고를 측정하여 등고선을 그리는 방법으로 비교적 소축척의 산지 등의 측량에 이용한다.
횡단점법	노선측량의 평면도에 등고선을 삽입할 경우에 이용되며 횡단측량의 결과를 이용하여 등고선을 그리는 방법이다.

53 정답 ▶ ②

관측각의 조정

각 조건	삼각형의 내각의 합은 180°가 되어야 한다. 즉, 다각형의 내각의 합은 $180°(n-2)$이어야 한다.
점 조건	한 측점 주위에 있는 모든 각의 합이 반드시 360°가 되어야 한다.
변 조건	삼각망 중에서 임의의 한 변의 길이는 계산 순서에 관계없이 항상 일정하여야 한다.

54 정답 ▶ ②

세계측지계
GPS를 이용한 위치측정에서 사용되는 좌표계

55 정답 ▶ ②

지형도에 의한 지형표시법

자연적 도법	영선법 (우모법, Hachuring)	"게바"라 하는 단선상(短線上)의 선으로 지표의 기본을 나타내는 것으로 게바의 사이, 굵기, 방향 등에 의하여 지표를 표시하는 방법
	음영법 (명암법, Shading)	태양광선이 서북쪽에서 45°로 비친다고 가정하여 지표의 기복을 도상에서 2~3색 이상으로 채색하여 지형을 표시하는 방법으로 지형의 입체감이 가장 잘 나타나는 방법
부호적 도법	점고법 (Spot Height System)	지표면상의 표고 또는 수심을 숫자에 의하여 지표를 나타내는 방법으로 하천, 항만, 해양 등에 주로 이용
	등고선법 (Contour System)	동일표고의 점을 연결한 것으로 등고선에 의하여 지표를 표시하는 방법으로 토목공사용으로 가장 널리 사용
	채색법 (Layer System)	같은 등고선의 지대를 같은 색으로 채색하여 높을수록 진하게 낮을수록 연하게 칠하여 높이의 변화를 나타내며 지리관계의 지도에 주로 사용

56 정답 ▶ ④

단곡선(Simple Curve) 설치방법

편각설치법	철도, 도로 등의 곡선 설치에 가장 일반적인 방법이며, 다른 방법에 비해 정확하나 반경이 적을 때 오차가 많이 발생한다.
중앙종거법	곡선반경이 작은 도심지 곡선설치에 유리하며 기설곡선의 검사나 정정에 편리하다. 일반적으로 1/4법이라고도 한다.
접선편거 및 현편거법	트랜싯을 사용하지 못할 때 폴과 테이프로 설치하는 방법으로 지방도로에 이용되며 정밀도는 다른 방법에 비해 낮다.
접선에서 지거를 이용하는 방법	양접선에 지거를 내려 곡선을 설치하는 방법으로 터널 내의 곡선설치와 산림지에서 벌채량을 줄일 경우에 적당한 방법이다.

57 정답 ▶ ③

$$\text{정밀도} = \frac{\text{오차}}{\text{측정량}} = \frac{1}{600}$$

$$\therefore \text{오차} = \frac{\text{측정량}}{600} = \frac{58,600\text{cm}}{600} = 97.67\text{cm}$$

58 정답 ▶ ①

평면각
중력방향과 직교하는 수평면 내에서 관측되는 수평각과 중력방향면 내에서 관측되는 연직각으로 구분된다.

	교각	전 측선과 그 측선이 이루는 각
수평각	편각	각 측선이 그 앞 측선의 연장선과 이루는 각
	방향각	도북방향을 기준으로 어느 측선까지 시계방향으로 잰 각
	방위각	㉠ 자오선을 기준으로 어느 측선까지 시계방향으로 잰 각 ㉡ 방위각도 일종의 방향각 ㉢ 자북방위각, 역방위각
	진북 방향각 (자오선 수차)	㉠ 도북을 기준으로 한 도북과 자북의 사이 ㉡ 진북방향각은 삼각점의 원점으로부터 동쪽에 위치 시 (−), 서쪽에 위치 시 (+)를 나타낸다. ㉢ 좌표원점에서 동서로 멀어질수록 진북방향각이 커진다. ㉣ 방향각, 방위각, 진북방향각의 관계 방위각 (α) = 방향각(T) − 자오선수차$(\pm\Delta\alpha)$
연직각	천정각	연직선 위쪽을 기준으로 목표점까지 내려 잰 각
	고저각	수평선을 기준으로 목표점까지 올려 잰 각을 상향각(앙각), 내려 잰 각을 하향각(부각) • 천문측량의 지평좌표계
	천저각	연직선 아래쪽을 기준으로 목표점까지 올려서 잰 각 • 항공사진측량

59 정답 ▶ ②

$M_1 = R\left(1 - \cos\dfrac{I°}{2}\right)$

$M_2 = R\left(1 - \cos\dfrac{I°}{4}\right)$

$M_3 = R\left(1 - \cos\dfrac{I°}{8}\right)$

$\quad = 300 \times \left(1 - \cos\dfrac{70°}{8}\right) = 3.49\text{m}$

60 정답 ▶ ③

등고선의 성질
(1) 동일 등고선상에 있는 모든 점은 같은 높이이다.
(2) 등고선은 반드시 도면 안이나 밖에서 서로가 폐합한다.
(3) 지도의 도면 내에서 폐합되면 가장 가운데 부분은 산꼭대기(산정) 또는 凹지(요지)가 된다.
(4) 등고선은 도중에 없어지거나, 엇갈리거나, 합쳐지거나, 갈라지지 않는다.
(5) 높이가 다른 두 등고선은 동굴이나 절벽의 지형이 아닌 곳에서는 교차하지 않는다.
(6) 등고선은 경사가 급한 곳에서는 간격이 좁고 완만한 경사에서는 넓다.
(7) 최대경사의 방향은 등고선과 직각으로 교차한다.
(8) 분수선(능선)과 곡선(유하선)은 등고선과 직각으로 만난다.
(9) 2쌍의 등고선의 볼록부가 상대할 때는 볼록부를 나타낸다.
(10) 동등한 경사의 지표에서 양 등고선의 수평거리는 같다.
(11) 같은 경사의 평면일 때는 나란한 직선이 된다.
(12) 등고선이 능선을 직각방향으로 횡단한 다음 능선 다른 쪽을 따라 거슬러 올라간다.
(13) 등고선의 수평거리는 산꼭대기 및 산 밑에서는 크고 산중턱에서는 작다.

모의고사 7회

01 어느 측점의 지반고 값이 42.821m이었다. 이 때 이 점의 후시값이 3.243m가 되면 이 점의 기계고는 얼마인가?
① 13.204m   ② 39.578m
③ 46.064m   ④ 63.223m

02 우리나라 측량의 평면 직각 좌표원점 중 서부원점의 위치는?
① 동경 125°, 북위 38°
② 동경 127°, 북위 38°
③ 동경 129°, 북위 38°
④ 동경 131°, 북위 38°

03 삼각측량의 특징이 아닌 것은?
① 삼각점 간의 거리를 비교적 길게 취할 수 있다.
② 넓은 지역에 같은 정확도로 기준점을 배치하는 데 편리하다.
③ 각 단계에서 정확도를 점검할 수 있다.
④ 조건식이 적어 계산 및 조정이 간단하다.

04 트래버스 측량의 수평각 관측법 중에서 반전법, 부전법이 있으며 한번 오차가 생기면 그 영향이 끝까지 미치므로 주의를 요하는 방법은?
① 편각법
② 교각법
③ 방향각법
④ 방위각법

05 평판측량에 대한 설명으로 옳지 않은 것은?
① 측량 방법이 비교적 간단하다.
② 특별한 경우를 제외하고 야장이 불필요하다.
③ 잘못 측량하였을 때 현장에서 쉽게 발견하여 보완할 수 잇다.
④ 도면의 축척 변경이 용이하다.

06 평판측량의 방법에 대한 설명 중 옳지 않은 것은?
① 방사법은 골목길이 많은 주택지의 세부측량에 적합하다.
② 전진법은 평판을 옮겨 차례로 전진하면서 최종 측점에 도착하거나 출발점으로 다시 돌아오게 된다.
③ 교회법에서는 미지점까지의 거리관측이 필요하지 않다.
④ 현장에서는 방사법, 전진법, 교회법 중 몇 가지를 병용하여 작업하는 것이 능률적이다.

07 트래버스 측량에 관한 설명 중 옳은 것은? (단, θ : 방위각)
① 위거=측선거리×$\sin\theta$
② 경거=측선거리×$\cos\theta$
③ N30°W인 측선의 경거는 (+)이다.
④ 캠퍼스 법칙은 각과 거리 측량의 정도가 대략 같은 경우에 사용한다.

08 방위각 247°20′40″를 방위로 표시한 것으로 옳은 것은?
① N67°20′40″W
② S22°39′20″W
③ S67°20′40″W
④ N22°39′20″W

09 측량하려는 두 점 사이에 강, 호수, 하천 또는 계곡이 있어 그 두 점 중간에 기계를 세울 수 없는 경우 교호수준측량을 실시한다. 이 측량에서 양안 기슭에 표척을 세워 시준하는 이유는?
① 굴절오차와 시준축 오차를 소거하기 위해
② 양안 경사거리를 쉽게 측량하기 위해
③ 양안의 표척과 기계 사이의 거리를 다르게 하기 위해
④ 표고차를 4회 평균하여 산출하기 위해

10 삼각망의 조정에서 어느 각이 62°43′44″일 때 이에 대한 표차는?
① 24.81   ② 22.86
③ 14.77   ④ 10.85

11 수준측량 방법에 따른 분류 중 간접수준측량에 해당되지 않는 것은?
① 기압수준측량
② 삼각수준측량
③ 교호수준측량
④ 항공사진측량

12 표준길이보다 2cm가 긴 30m 테이프로 A, B 두 점 간의 거리를 측정한 결과 1,000m이었다면 A, B 간의 정확한 거리는?
① 999.00m   ② 999.33m
③ 1,000.00m   ④ 1,000.67m

13 30°는 몇 라디안인가?
① 0.52rad   ② 1.57rad
③ 0.79rad   ④ 0.42rad

14 그림과 같은 폐다각형에서 네 각을 측정한 결과가 다음과 같다. DC측선의 방위각은? (단, $\alpha_1=87°26′20″$, $\alpha_2=70°44′00″$, $\alpha_3=112°47′40″$, $\alpha_4=87°02′00″$, $\theta_1=40°15′40″$)

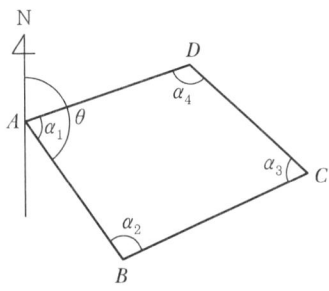

① 47°42′00″   ② 89°52′40″
③ 143°47′20″   ④ 233°21′00″

15 삼각측량을 할 때 한 내각의 크기로 허용되는 일반적인 범위로 옳은 것은?
① 20°~60°   ② 30°~120°
③ 90°~130°   ④ 60°~180°

16 다음 그림과 같이 AB 측선의 방위각이 328°30′, BC측선의 방위각이 50°00′일 때 B점의 내각은?

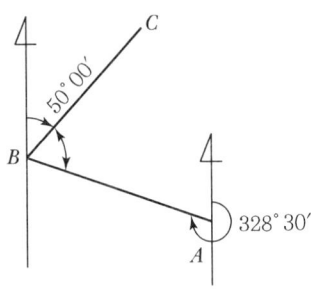

① 86°30′   ② 98°00′
③ 98°30′   ④ 77°00′

17 임의의 기준선으로부터 어느 측선까지 시계방향으로 잰 각을 무엇이라 하는가?
① 방향각　② 방위각
③ 연직각　④ 천정각

18 다음 중 평판측량의 단점이 아닌 것은?
① 현장에서 측량이 잘못된 곳을 발견하기 어렵다.
② 날씨의 영향을 많이 받는다.
③ 부속품이 많아 관리에 불편하다.
④ 전체적으로 정밀도가 낮다.

19 종단수준측량 시 추가말뚝에 대한 설명 중 틀린 것은?
① 도로, 철도 등 노선의 중심선 위에 20m마다 중심말뚝을 박고 경사나 방향이 변하는 곳에 설치한다.
② 추가말뚝의 표시는 전 측점 번호에 추가거리를 +로써 나타낸다.
③ 추가말뚝은 1체인(Chain)에 있어 지형의 기복에 따라 2개 이상이라도 설치할 수 있다.
④ 추가말뚝은 노선의 중심선과 관계없이 기복이 가장 심한 곳에 설치해야 한다.

20 시작되는 측점과 끝나는 측점 간에 아무런 조건이 없으며 노선측량이나 답사 등에 편리한 트래버스는?
① 폐합 트래버스
② 결합 트래버스
③ 개방 트래버스
④ 트래버스 망

21 수준측량에서 후시(B.S)의 정의로 가장 적당한 것은?
① 측량 진행 방향에서 기계 뒤에 있는 표척의 읽음값
② 높이를 구하고자 하는 점의 표척의 읽음값
③ 높이를 알고 있는 점의 표척의 읽음값
④ 그 점의 높이만 구하고자 하는 점의 표척의 읽음값

22 수평각을 관측할 경우 망원경을 정·반위 상태로 관측하여 평균값을 취해서 소거되지 않는 오차는?
① 연직축 오차
② 시준축 오차
③ 수평축 오차
④ 편심 오차

23 두 점의 거리 관측을 실시하여 3회 관측의 평균이 530.5m, 2회 관측의 평균이 531.0m, 5회 관측의 평균이 530.3m이었다면 이 거리의 최확값은?
① 530.3m　② 530.4m
③ 530.5m　④ 530.6m

24 그림과 같이 토지를 구획정리하고자 한다. 계획고를 0.0m로 할 경우 토량은?

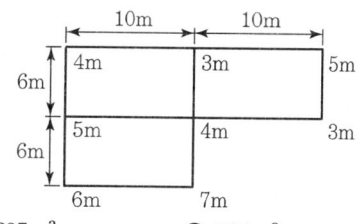

① 695m³　② 795m³
③ 895m³　④ 995m³

25 철도, 도로의 종단에 직각방향으로 횡단면도를 얻기 위해 실시하는 고저측량은?
① 종단고저측량
② 횡단고저측량
③ 삼각고저측량
④ 교호고저측량

26 기지점에서 출발하여 다른 기지점으로 결합시키는 방법으로 대규모 지역의 정확성을 요하는 측량은 무엇인가?
① 폐합 트래버스
② 결합 트래버스
③ 트래버스 망
④ 개방 트래버스

27 수준측량에서 기계적 및 자연적 원인에 의한 오차를 대부분 소거시킬 수 있는 가장 좋은 방법은?
① 간접수준측량을 실시한다.
② 전시와 후시의 거리를 동일하게 한다.
③ 표척의 최댓값을 읽어 취한다.
④ 관측거리를 짧게 하여 관측횟수를 최대로 한다.

28 단곡선 설치에서 트랜싯을 곡선시점에 세워 접선과 현이 이루는 각을 재고 테이프로 거리를 재어 곡선을 설치하는 방법은?
① 현설치법
② 중앙종거법
③ 종·횡거법
④ 편각법

29 단곡선 설치에 필요한 명칭과 기호로 짝지어진 것 중 잘못된 것은?
① 접선길이=T.L
② 곡선길이=C.L
③ 곡선시점=R.C
④ 곡선종점=E.C

30 지형표시 방법으로 지상에 있는 임의 점의 표고를 숫자로 도상에 나타내는 방법은?
① 점고법
② 음영법
③ 채색법
④ 등고선법

31 다음 조건에서 장현(L)의 길이는?(단, R =200m, I=60°20′)
① 154m   ② 175m
③ 201m   ④ 216m

32 곡선에 둘러싸인 면적에 적합한 도해 계산법이 아닌 것은?
① 좌표에 의한 방법
② 모눈종이법
③ 횡선(Strip)법
④ 지거법

33 그림과 같은 지역의 토량을 점고법(삼각형 분할법)으로 구한 값은?

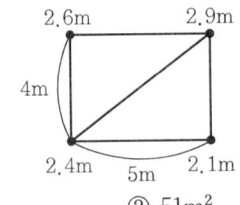

① 33m²   ② 51m²
③ 76m²   ④ 90m²

34 산악지의 트래버스 측량에서 폐합비의 일반적인 허용 범위로 가장 적합한 것은?
① 1/300~1/1,000
② 1/1,000~1/1,200
③ 1/2,000~1/5,000
④ 1/5,000~1/10,000

35 1 : 50,000 지형도에서 A, B 두 지점의 표고가 각각 186m, 102m일 때 A, B 사이에 표시되는 주곡선의 수는?
① 1개 ② 2개
③ 3개 ④ 4개

36 노선측량의 단곡선 설치에서 곡선길이(CL)를 구하는 식은?(단, I : 교각[°], R : 곡선반지름)
① $R\tan\dfrac{I}{2}$ ② $\dfrac{\pi \cdot R \cdot I}{180°}$
③ $R\left(\sec\dfrac{I}{2}-1\right)$ ④ $R\left(1-\cos\dfrac{I}{2}\right)$

37 두 점 A, B의 표고가 각각 251m, 128m이고 수평거리가 300m인 등경사 지형에서 표고가 200m인 측점을 C라 할 때 A점으로부터 C점까지의 수평거리는?
① 86.43m ② 105.38m
③ 124.39m ④ 175.61m

38 최확값 산정에서 경중률의 성질에 대한 설명으로 옳지 않은 것은?
① 경중률은 관측횟수에 비례한다.
② 경중률은 표준편차의 제곱에 반비례한다.
③ 경중률은 노선거리에 반비례한다.
④ 경중률은 관측값의 크기에 반비례한다.

39 GPS 신호가 위성으로부터 수신기까지 도달한 시간이 0.7초라 할 때 위성과 수신기 사이의 거리는 얼마인가?(단, 빛의 속도는 300,000,000m/sec로 가정한다.)
① 200,000km ② 210,000km
③ 300,000km ④ 430,000km

40 GPS 측량의 특징으로 틀린 것은?
① 실시간 측량이 가능하다.
② 높은 정확도의 위치 결정이 가능하다.
③ 여러 사용자들이 동시에 사용할 수 있다.
④ 위성 간의 거리가 멀어 기상에 영향을 많이 받는다.

41 수준측량의 고저차를 확인하기 위한 검산식으로 옳은 것은?
① $\sum F.S - \sum T.P$
② $\sum B.S - \sum T.P$
③ $\sum I.H - \sum F.S$
④ $\sum I.H - \sum B.S$

42 클로소이드 곡선 종점에서의 곡률 반지름(R)이 300m일 때 원곡선과 클로소이드 곡선이 조화되는 선형이 되도록 하기 위한 클로소이드의 매개변수(A)의 최솟값은?
① 200m ② 150m
③ 100m ④ 75m

43 등고선 측정방법 중 직접법에 해당하는 것은?
① 레벨에 의한 방법
② 횡단점법
③ 사각형 분할법(좌표점법)
④ 기준점법(종단점법)

44 GPS에서 사용하고 있는 좌표계로 옳은 것은?
① WGS72
② WGS84
③ PZ30
④ ITRF96

45 그림과 같은 지형을 토량의 변화 없이 평탄지로 만들기 위하여 정지작업을 할 때 평균계획고는?

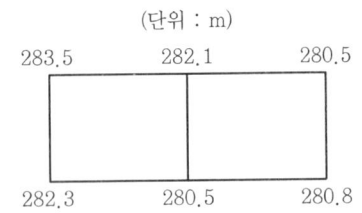

① 280.5m ② 281.5m
③ 282.5m ④ 283.5m

46 지형측량에서 일반적으로 사용되는 지형의 표시 방법이 아닌 것은?
① 음영법 ② 우모법
③ 점고법 ④ 단선법

47 완화곡선의 종류에 해당되지 않는 것은?
① 3차 포물선
② 클로소이드 곡선
③ 2차 포물선
④ 렘니스케이트 곡선

48 노선측량에서는 일반적으로 중심말뚝을 노선의 중심선을 따라 몇 m마다 설치하는가?
① 5m ② 10m
③ 20m ④ 50m

49 지구상의 임의의 점에 대한 절대적 위치를 표시하는 데 일반적으로 널리 사용되는 좌표계는?
① 평면 직각 좌표계
② 경위도 좌표계
③ 3차원 직각 좌표계
④ UTM 좌표계

50 다음 중 GPS 구성요소가 아닌 것은?
① 사용자 부분 ② 우주부분
③ 제어부분   ④ 천문부분

51 체적계산 방법 중 단면법에 해당하지 않는 것은?
① 양단면평균법
② 중앙단면법
③ 점고법
④ 각주 공식에 의한 방법

52 그림 A, C 사이에 연속된 담장이 가로막혔을 때의 수준측량 시 C점의 지반고는?(단, A점의 지반고는 10m)

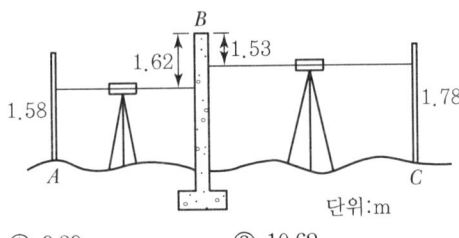

① 9.89m   ② 10.62m
③ 11.86m ④ 12.54m

53 A, B 두 측점 간 거리를 측정할 때 장애물이 있어 그림과 같이 간접거리측량을 실시하였다. $\angle BAA' = \angle BCC' = 90°$이고, $\overline{AA'} = 14m$, $\overline{AC} = 12m$, $\overline{CC'} = 21m$일 때, $\overline{AB}$의 거리(m)는?

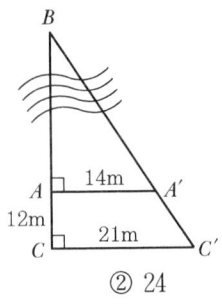

① 18 ② 24
③ 36 ④ 48

54 그림과 같은 단면에서의 면적은 얼마인가?

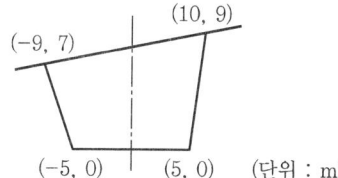

① 29.0m² ② 115.5m²
③ 231.0m² ④ 377.5m²

55 동일한 각을 측정횟수를 다르게 측정하여 다음의 값을 얻었다. 최확치를 구한 값은?

| 47° 37′38″ (1회 측정치) |
| 47° 37′21″ (4회 측정 평균치) |
| 47° 37′30″ (9회 측정 평균치) |

① 47°37′30″ ② 47°37′36″
③ 47°37′28″ ④ 47°37′32″

56 트래버스 측량의 내업 순서를 옳게 나타낸 것은?

| a. 위거, 경거 계산 |
| b. 관측각 조정 |
| c. 방위, 방위각 계산 |
| d. 폐합오차 및 폐합비 계산 |

① a → c → b → d
② b → c → d → a
③ b → c → a → d
④ c → d → a → b

57 300m의 기선을 50m의 줄자로 6회로 나누어 측정할 때 줄자 1회 측정의 확률오차가 ±0.02m라면 이 측정의 확률오차는 약 얼마인가?

① ±0.03m ② ±0.05m
③ ±0.08m ④ ±0.12m

58 아래 그림에서 $BE=20m$, $CE=6m$, $CD=12m$인 경우 AB의 거리는?

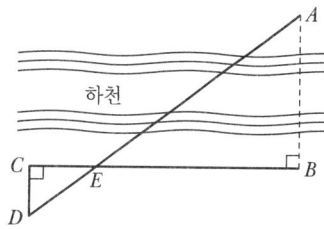

① 10m ② 26m
③ 36m ④ 40m

59 어느 측선의 방위각이 30°이고, 측선길이가 120m라 하면 그 측선의 위거는 얼마인가?

① 60.000m ② 95.472m
③ 36.002m ④ 103.923m

60 방위각 250°는 몇 상한에 위치하는가?

① 제1상한 ② 제2상한
③ 제3상한 ④ 제4상한

모의고사 7회 정답 및 해설

01 정답 ▶ ③

기계고 = 지반고 + 후시 = 42.821 + 3.243 = 46.064m

02 정답 ▶ ①

명칭	원점의 경위도	투영원점의 가산(加算) 수치	원점 축척 계수	적용 구역
서부 좌표계	• 경도: 동경 125°00′ • 위도: 북위 38°00′	X(N) 600,000m Y(E) 200,000m	1.0000	동경 124° ~126°
중부 좌표계	• 경도: 동경 127°00′ • 위도: 북위 38°00′	X(N) 600,000m Y(E) 200,000m	1.0000	동경 126° ~128°
동부 좌표계	• 경도: 동경 129°00′ • 위도: 북위 38°00′	X(N) 600,000m Y(E) 200,000m	1.0000	동경 128° ~130°
동해 좌표계	• 경도: 동경 131°00′ • 위도: 북위 38°00′	X(N) 600,000m Y(E) 200,000m	1.0000	동경 130° ~132°

03 정답 ▶ ④

삼각측량은 계산 및 조정이 복잡하다.

04 정답 ▶ ④

교각법	어떤 측선이 그 앞의 측선과 이루는 각을 관측하는 것을 교각법이라 한다.
편각법	각 측선이 그 앞 측선의 연장과 이루는 각을 관측하는 방법이다.
방위각법	각 측선이 일정한 기준선인 자오선과 이루는 각을 우회로 관측하는 방법으로 한번 오차가 생기면 끝까지 영향을 미치며, 험준하고 복잡한 지형은 부적합하다.

05 정답 ▶ ④

평판측량의 장단점

장점	단점
• 현장에서 직접 측량결과를 제도하므로 필요한 사항을 결측하는 일이 없다. • 내업이 적으므로 작업을 빠르게 할 수 있다. • 측량기구가 간단하여 측량방법 및 취급하기가 편리하다. • 오측 시 현장에서 발견이 용이하다.	• 외업이 많으므로 기후(비, 눈, 바람 등)의 영향을 많이 받는다. • 기계의 부품이 많아 휴대하기 곤란하고 분실하기 쉽다. • 도지에 신축이 생기므로 정밀도에 영향이 크다. • 높은 정도를 기대할 수 없다. • 도면의 축척 변경이 어렵다.

06 정답 ▶ ①

방사법 (Method of Radiation, 사출법)	측량구역 안에 장애물이 없고 비교적 좁은 구역에 적합하며 한 측점에 평판을 세워 그 점 주위에 목표점의 방향과 거리를 측정하는 방법(60m 이내)
전진법 (Method of Traversing, 도선법, 절측법)	측량구역에 장애물이 중앙에 있어 시준이 곤란할 때 사용하는 방법으로 측량구역이 길고 좁을 때 측점마다 평판을 세워가며 측량하는 방법
교회법 (Method of Intersection)	전방 교회법	전방에 장애물이 있어 직접 거리를 측정할 수 없을 때 편리하며, 알고 있는 기지점에 평판을 세워서 미지점을 구하는 방법
	측방 교회법	기지의 두 점을 이용하여 미지의 한 점을 구하는 방법으로 도로 및 하천변의 여러 점의 위치를 측정할 때 편리한 방법이다.
	후방 교회법	도면상에 기재되어 있지 않는 미지점에 평판을 세워 기지의 2점 또는 3점을 이용하여 현재 평판이 세워져 있는 평판의 위치(미지점)를 도면상에서 구하는 방법

07 정답 ▶ ④

위거 = 측선거리 × $\cos\theta$
경거 = 측선거리 × $\sin\theta$
N30°W인 측선의 경거는 (−)

08 정답 ▶ ③

247°20′40″는 3상한에 있으므로
247°20′40″ − 180° = 67°20′40″
∴ S67°20′40″W

09 정답 ▶ ①

교호수준측량을 할 경우 소거되는 오차
- 레벨의 기계오차(시준축 오차)
- 관측자의 읽기오차
- 지구의 곡률에 의한 오차(구차)
- 광선의 굴절에 의한 오차(기차)

10 정답 ▶ ④

$$표차 = \frac{1}{\tan\theta} \times 21.055$$
$$= \frac{21.055}{\tan 62°43′44″}$$
$$= 10.85$$

11 정답 ▶ ③

교호수준측량
두 점 사이에 강, 호수 또는 계곡 등이 있어서 그 두 점 중간에 기계를 세울 수 없어, 기슭에서 양쪽에 세운 표척을 동시에 읽어 두 점의 표고차를 2회 산술평균하는 측량

12 정답 ▶ ④

$$실제\ 길이 = 관측\ 길이 \times \frac{부정\ 길이}{표준\ 길이}$$
$$= 1,000 \times \frac{30+0.02}{30}$$
$$= 1,000.67\text{m}$$

13 정답 ▶ ①

360° : 2π rad = 30° : χ 에서
$$\chi = \frac{30° \times 2\pi}{360°} = 0.52\text{rad}$$

14 정답 ▶ ③

- AD측선의 방위각
  = AB측선의 방위각 − α_1
  = 140°15′40″ − 87°26′20″ = 52°49′20″
- DC측선의 방위각
  = 전측선의 방위각 + 180° − 교각
  = 52°49′20″ + 180° − 89°02′00″ = 143°47′20″

15 정답 ▶ ②

삼각형은 정삼각형에 가깝게 하고, 부득이할 때는 한 내각의 크기를 30°~120° 범위로 한다.

16 정답 ▶ ③

- BA 방위각
  = AB 역방위각
  = 328°30′ − 180° = 148°30′
- B점의 내각
  = BA 방위각 − BC 방위각
  = 148°30′ − 50°00′ = 98°30′

17 정답 ▶ ①

	교각	전 측선과 그 측선이 이루는 각
	편각	각 측선이 그 앞 측선의 연장선과 이루는 각
	방향각	도북방향을 기준으로 어느 측선까지 시계방향으로 잰 각
수평각	방위각	• 자오선을 기준으로 어느 측선까지 시계방향으로 잰 각 • 방위각도 일종의 방향각 • 자북방위각, 역방위각
	진북방향각(자오선수차)	• 도북을 기준으로 한 도북과 자북의 사이각 • 진북방향각은 삼각점의 원점으로부터 동쪽에 위치 시 (−), 서쪽에 위치 시 (+)를 나타낸다. • 좌표원점에서 동서로 멀어질수록 진북방향각이 커진다. • 방향각, 방위각, 진북방향각의 관계 방위각(α) = 방향각(T) − 자오선수차($\pm\Delta\alpha$)
연직각	천정각	연직선 위쪽을 기준으로 목표점까지 내려 잰 각
	고저각	수평선을 기준으로 목표점까지 올려서 잰 각을 상향각(앙각), 내려 잰 각을 하향각(부각) : 천문측량의 지평좌표계
	천저각	연직선 아래쪽을 기준으로 목표점까지 올려서 잰 각 : 항공사진측량

18 정답 ▶ ①

평판측량의 장단점

장점	단점
• 현장에서 직접 측량결과를 제도하므로 필요한 사항을 결측하는 일이 없다. • 내업이 적으므로 작업을 빠르게 할 수 있다. • 측량기구가 간단하여 측량방법 및 취급하기가 편리하다. • 오측 시 현장에서 발견이 용이하다.	• 외업이 많으므로 기후(비, 눈, 바람 등)의 영향을 많이 받는다. • 기계의 부품이 많아 휴대하기 곤란하고 분실하기 쉽다. • 도지에 신축이 생기므로 정밀도에 영향이 크다. • 높은 정도를 기대할 수 없다.

19 정답 ▶ ④

도로, 철도 등 노선의 중심선 위에 20m마다 중심말뚝을 박고 경사나 방향이 변하는 곳에 설치한다.

20 정답 ▶ ③

결합 트래버스	기지점에서 출발하여 다른 기지점으로 결합시키는 방법으로 대규모 지역의 정확성을 요하는 측량에 이용한다.
폐합 트래버스	기지점에서 출발하여 원래의 기지점으로 폐합시키는 트래버스로 측량결과가 검토는 되나 결합다각형보다 정확도가 낮아 소규모 지역의 측량에 좋다.
개방 트래버스	임의의 점에서 임의의 점으로 끝나는 트래버스로 측량결과의 점검이 안 되어 노선측량의 답사에는 편리한 방법이다. 시작되는 점과 끝나는 점 간의 아무런 조건이 없다.

21 정답 ▶ ③

표고 (Elevation)	국가 수준기준면으로부터 그 점까지의 연직거리
전시 (Fore Sight)	표고를 알고자 하는 점(미지점)에 세운 표척의 읽음값
후시 (Back Sight)	표고를 알고 있는 점(기지점)에 세운 표척의 읽음값
기계고 (Instrument Height)	기준면에서 망원경 시준선까지의 높이
이기점 (Turning Point)	기계를 옮길 때 한 점에서 전시와 후시를 함께 취하는 점
중간점 (Intermediate Point)	표척을 세운 점의 표고만을 구하고자 전시만 취하는 점

22 정답 ▶ ①

오차의 종류	원인	처리 방법
시준축 오차	시준축과 수평축이 직교하지 않기 때문에 생기는 오차	망원경을 정·반위로 관측하여 평균을 취한다.
수평축 오차	수평축이 연직축에 직교하지 않기 때문에 생기는 오차	망원경을 정·반위로 관측하여 평균을 취한다.
연직축 오차	연직축이 연직이 되지 않기 때문에 생기는 오차	연직축이 정확히 연직선에 있지 않아서 생기며 망원경을 정위, 반위로 측정하여 관측값을 평균하여도 제거되지 않는 오차로서 소거불능이다.

23 정답 ▶ ③

$$L_o = \frac{P_1 l_1 + P_2 l_2 + P_3 l_3}{P_1 + P_2 + P_3}$$
$$= \frac{530.5 \times 3 + 531 \times 2 + 530.3 \times 5}{3 + 2 + 5}$$
$$= 530.5\text{m}$$

24 정답 ▶ ②

$$V = \frac{ab}{4}(\Sigma h_1 + 2\Sigma h_2 + 3\Sigma h_3)$$
$$= \frac{6 \times 10}{4}\{(4+5+3+7+6) + 2(3+5) + 3(4)\}$$
$$= 795\text{m}^3$$

25 정답 ▶ ②

목적에 의한 분류

고저수준측량 (Differential Leveling)	두 점 간의 표고차를 직접 수준측량에 의하여 구한다.
종단수준측량 (Profile Leveling)	도로, 철도 등의 중심선 측량과 같이 노선의 중심에 따라 각 측점의 표고차를 측정하여 종단면에 대한 지형의 형태를 알고자 하는 측량
횡단수준측량 (Cross Leveling)	종단선의 직각 방향으로 고저차를 측량하여 횡단면도를 작성하기 위한 측량

26 정답 ▶ ②

결합 트래버스	기지점에서 출발하여 다른 기지점으로 결합시키는 방법으로 대규모 지역의 정확성을 요하는 측량에 이용한다.
폐합 트래버스	기지점에서 출발하여 원래의 기지점으로 폐합시키는 트래버스로 측량결과가 검토는 되나 결합다각형보다 정확도가 낮아 소규모 지역의 측량에 좋다.
개방 트래버스	임의의 점에서 임의의 점으로 끝나는 트래버스로 측량결과의 점검이 안 되어 노선측량의 답사에는 편리한 방법이다. 시작되는 점과 끝나는 점 간의 아무런 조건이 없다.

27 정답 ▶ ②

전시와 후시의 거리를 같게 함으로써 제거되는 오차
- 레벨의 조정이 불완전할 때(시준선이 기포관축과 평행하지 않을 때) 생기는 시준축 오차(오차가 가장 크다)를 제거한다.
- 지구의 곡률오차(구차)와 빛의 굴절오차(기차)를 제거한다.
- 초점나사를 움직이는 오차가 없으므로 그로 인해 생기는 오차를 제거한다.

28 정답 ▶ ④

편각법
노선측량의 단곡선 설치에서 많이 사용되는 방법으로 접선과 현이 이루는 각을 재고 테이프로 거리를 재어 곡선을 설치하는 방법으로 정밀도가 가장 높아 많이 이용된다.

29 정답 ▶ ③

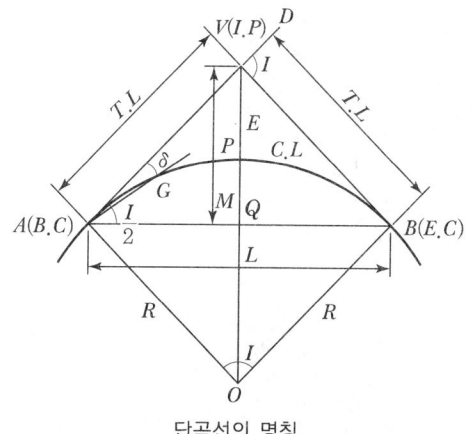

단곡선의 명칭

B.C	곡선시점(Beginning of Curve)
E.C	곡선종점(End of Curve)
S.P	곡선중점(Secant Point)
I.P	교점(Intersection Point)
I	교각(Intersetion Angle)
∠AOB	중심각(Central Angle) : I
R	곡선반경(Radius of Curve)
$\widehat{AB}$	곡선장(Curve Length) : C.L
$\overline{AB}$	현장(Long Chord) : C
T.L	접선장(Tangent Length) : AD, BD
M	중앙종거(Middle Ordinate)
E	외할(External Secant)
δ	편각(Deflection Angle) : ∠VAG

30 정답 ▶ ①

지형도에 의한 지형표시법

자연적 도법	영선법 (우모법, Hachuring)	"게바"라 하는 단선상(短線上)의 선으로 지표의 기본을 나타내는 것으로 게바의 사이, 굵기, 방향 등에 의하여 지표를 표시하는 방법
	음영법 (명암법, Shading)	태양광선이 서북쪽에서 45°로 비친다고 가정하여 지표의 기복을 도상에서 2~3색 이상으로 채색하여 지형을 표시하는 방법으로 지형의 입체감이 가장 잘 나타나는 방법
부호적 도법	점고법 (Spot Height System)	지표면상의 표고 또는 수심을 숫자에 의하여 지표를 나타내는 방법으로 하천, 항만, 해양 등에 주로 이용
	등고선법 (Contour System)	동일표고의 점을 연결한 것으로 등고선에 의하여 지표를 표시하는 방법으로 토목공사용으로 가장 널리 사용
	채색법 (Layer System)	같은 등고선의 지대를 같은 색으로 채색하여 높을수록 진하게 낮을수록 연하게 칠하여 높이의 변화를 나타내며 지리관계의 지도에 주로 사용

31 정답 ▶ ③

$$\text{장현}(L) = 2R\sin\frac{I°}{2} = 2 \times 200 \times \sin\frac{60°20'}{2}$$
$$= 201\text{m}$$

32 정답 ▶ ①

도해 계산법
모눈종이법, 횡선법(스트립법), 지거법

33 정답 ▶ ②

$A = 4 \times 5 \div 2 = 10\text{m}^2$
$\sum h_1 = 2.6 + 2.1 = 4.7$
$\sum h_2 = 2.9 + 2.4 = 5.3$
$V = \frac{A}{3}(\sum h_1 + 2\sum h_2) = \frac{10}{3}(4.7 + 2 \times 5.3)$
$= 51\text{m}^2$

34 정답 ▶ ①

폐합비의 허용범위

시가지	$\frac{1}{5,000} \sim \frac{1}{10,000}$
논, 밭, 대지 등의 평지	$\frac{1}{1,000} \sim \frac{1}{2,000}$
산지 및 임야지	$\frac{1}{500} \sim \frac{1}{1,000}$
산악지 및 복잡한 지형	$\frac{1}{300} \sim \frac{1}{1,000}$

35 정답 ▶ ④

축척 등고선 종류	기호	$\frac{1}{5,000}$	$\frac{1}{10,000}$	$\frac{1}{25,000}$	$\frac{1}{50,000}$
주곡선	가는 실선	5	5	10	20
간곡선	가는 파선	2.5	2.5	5	10
조곡선 (보조곡선)	가는 점선	1.25	1.25	2.5	5
계곡선	굵은 실선	25	25	50	100

20m마다 주곡선을 1개씩 넣어야 하고 마지막 점은 그려 넣지 않으므로 4개이다.

$$\text{주곡선} = \frac{180 - 120}{20} + 1 = 4\text{개}$$

36 정답 ▶ ②

접선장 (Tangent Length)	$TL = R \cdot \tan\frac{I}{2}$
곡선장 (Curve Length)	$CL = \frac{\pi}{180°} \cdot R \cdot I = 0.01745RI$
외할 (External Secant)	$E = R(\sec\frac{I}{2} - 1)$
중앙종거 (Middle Ordinate)	$M = R(1 - \cos\frac{I}{2})$
현장 (Long Chord)	$C = 2R \cdot \sin\frac{I}{2}$
편각 (Deflection Angle)	$\delta = \frac{l}{2R} \times \frac{180°}{\pi} = \frac{l}{R} \times \frac{90°}{\pi}$

37 정답 ▶ ③

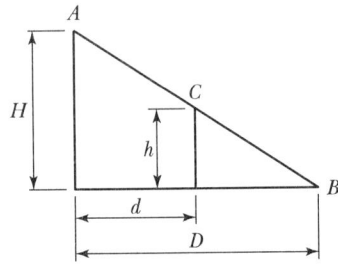

$H = 251 - 128 = 123\text{m}$
$h = 251 - 200 = 51\text{m}$
$H : D = h : d$에서
$d = \frac{D}{H} \times h = \frac{300}{123} \times 51 = 124.39\text{m}$

38 정답 ▶ ④

경중률

관측값의 신뢰도를 표시하는 값
- 같은 정도로 측정했을 때 : 측정횟수에 비례한다.
- 정밀도의 제곱에 비례한다.
- 오차의 제곱에 반비례한다.
- 표준편차의 제곱에 반비례한다.
- 직접수준측량 : 거리에 반비례한다.
- 간접수준측량 : 거리의 제곱에 반비례한다.

39 정답 ▶ ②

위성과 수신기 사이의 거리
= 전파(빛)의 속도 × 전송시간
= 300,000,000m/sec × 0.7sec
= 210,000,000m = 210,000km

40 정답 ▶ ④

GPS 측량
- 기상에 관계없이 위치 결정이 가능하다.
- 기선 결정 시 두 측점 간의 시통에 관계없다.

41 정답 ▶ ②

$\sum B.S - \sum T.P$ = 마지막 지반고 - 처음 지반고

42 정답 ▶ ③

원곡선과 클로소이드 곡선이 서로 조화되는 선형이 되기 위해서는 $R \geq A \geq \dfrac{R}{3}$ 이 되도록 해야 한다.

∴ 매개변수(A)의 최솟값 = $\dfrac{300}{3} = 100$m

43 정답 ▶ ①

간접법
- 사각형 분할법(좌표점법)
- 횡단점법
- 기준점법(종단점법)

44 정답 ▶ ②

세계측지계(WGS84)

GPS(Global Positioning System)를 이용한 위치측정에서 사용되는 좌표계

45 정답 ▶ ②

$\sum h_1 = 283.5 + 280.5 + 280.8 + 282.3 = 1,127.1$
$\sum h_1 = 283.5 + 280.5 + 280.8 + 282.3 = 1,127.1$
$2\sum h_2 = 2 \times (282.1 + 280.5) = 1,125.2$

토량(V) = $\dfrac{A}{4}(\sum h_1 + 2\sum h_2) = \dfrac{A}{4}(2,252.3)$

계획고(h) = $\dfrac{V}{nA} = \dfrac{A \times 2,252.3}{2 \times A \times 4} = 281.5$m

46 정답 ▶ ④

지형의 표시 방법

자연적 도법	영선법 (우모법, Hachuring)	"게바"라 하는 단선상(短線上)의 선으로 지표의 기본을 나타내는 것으로 게바의 사이, 굵기, 방향 등에 의하여 지표를 표시하는 방법
	음영법 (명암법, Shading)	태양광선이 서북쪽에서 45°로 비친다고 가정하여 지표의 기복을 도상에서 2~3색 이상으로 채색하여 지형을 표시하는 방법으로 지형의 입체감이 가장 잘 나타나는 방법
부호적 도법	점고법 (Spot Height System)	지표면상의 표고 또는 수심을 숫자에 의하여 지표를 나타내는 방법으로 하천, 항만, 해양 등에 주로 이용
	등고선법 (Contour System)	동일표고의 점을 연결한 것으로 등고선에 의하여 지표를 표시하는 방법으로 토목공사용으로 가장 널리 사용
	채색법 (Layer System)	같은 등고선의 지대를 같은 색으로 채색하여 높을수록 진하게 낮을수록 연하게 칠하여 높이의 변화를 나타내며 지리관계의 지도에 주로 사용

47 정답 ▶ ③

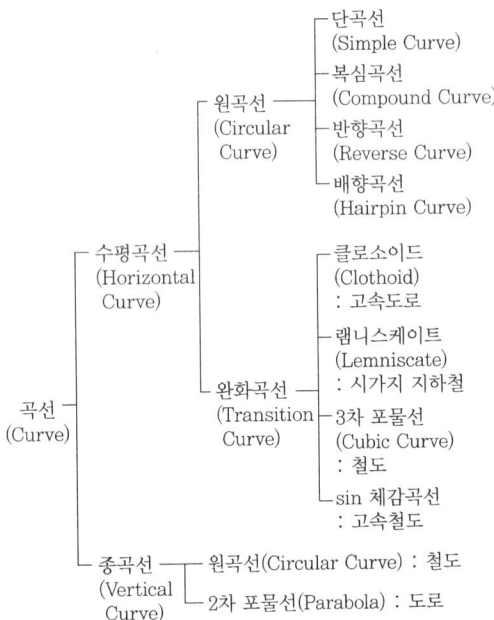

48 정답 ▶ ③

노선측량에서는 일반적으로 중심말뚝을 노선의 중심선을 따라 20m마다 설치한다.

49 정답 ▶ ②

㉠ 경위도 좌표
- 지구상 절대적 위치를 표시하는 데 가장 널리 쓰인다.
- 경도(λ)와 위도(ϕ)에 의한 좌표(λ, ϕ)로 수평위치를 나타낸다.
- 3차원 위치 표시를 위해서는 타원체면으로부터의 높이, 즉 표고를 이용한다.
- 경도는 동·서쪽으로 0~180°로 관측하며 천문경도와 측지경도로 구분한다.
- 위도는 남·북쪽으로 0~90°로 관측하며 천문위도, 측지위도, 지심위도, 화성위도로 구분된다.
- 경도 1°에 대한 적도상 거리는 약 111km, 1′는 1.85km, 1″는 0.88m가 된다.

㉡ 평면직교좌표
- 측량범위가 크지 않은 일반측량에 사용된다.
- 직교좌표값(x, y)으로 표시된다.
- 자오선을 X축, 동서방향을 Y축으로 한다.

- 원점에서 동서로 멀어질수록 자오선과 원점을 지나는 X_n(진북)과 평행한 X_n(도북)이 서로 일치하지 않아 자오선수차(r)가 발생한다.

㉢ UTM 좌표 : 국제횡메르카토르 투영법에 의하여 표현되는 좌표계이다. 적도를 횡축, 자오선을 종축으로 한다. 투영방식, 좌표변환식은 TM과 동일하나 원점에서 축척계수를 0.9996으로 하여 적용범위를 넓혔다.

50 정답 ▶ ④

GPS의 구성 요소
우주부분, 제어부분, 사용자 부분

51 정답 ▶ ③

단면법
양단면평균법, 중앙단면법, 각주 공식에 의한 방법

52 정답 ▶ ①

$$H_c = H_A + (\sum B.S - \sum F.S)$$
$$= 10 + (1.58 - 1.53) - (-1.62 + 1.78)$$
$$= 9.89\text{m}$$

53 정답 ▶ ②

$\overline{AB} : 14 = 12 : (21-14)$

$\overline{AB} = \dfrac{14 \times 12}{7} = 24\text{m}$

54 정답 ▶ ②

좌표법으로 계산

측점	X	Y	$(X_{n-1} - X_{n+1})Y_n$
A	-5	0	$(-9-5) \times 0 = 0$
B	5	0	$(-5-10) \times 0 = 0$
C	10	9	$\{5-(-9)\} \times 9 = 126$
D	-9	7	$\{10-(-5)\} \times 7 = 105$
계			배면적=231

$\therefore$ 면적(A) = $\dfrac{\text{배면적}}{2} = \dfrac{231}{2} = 115.5\text{m}^2$

55 정답 ▶ ③

경중률은 횟수에 비례 1 : 4 : 9

최확치 $= 47°37' + \dfrac{P_1 l_1 + P_2 l_2 + P_3 l_3}{P_1 + P_2 + P_3}$

$= 47°37' + \dfrac{(1 \times 38'') + (4 \times 21'') + (9 \times 30'')}{1 + 4 + 9}$

$= 47°37'28''$

56 정답 ▶ ③

트래버스 측량의 내업 순서
① 관측각 조정
② 방위, 방위각 계산
③ 위거, 경거 계산
④ 폐합오차 및 폐합비 계산
⑤ 좌표 및 면적 계산

57 정답 ▶ ②

확률오차 $= \delta \sqrt{n} = \pm 0.02 \sqrt{6} = \pm 0.05\text{m}$
여기서, n : 측정횟수
b : 1회 측정 오차

58 정답 ▶ ④

$\triangle ABC$와 $\triangle CDE$는 닮은꼴이므로
$AB : CD = BE : CE$
$AB : 12 = 20 : 6$에서
$AB = \dfrac{12 \times 20}{6} = 40\text{m}$

59 정답 ▶ ④

위거 $= l \times \cos\theta = 120 \times \cos 30° = 103.923\text{m}$

60 정답 ▶ ③

상한	방위각
제1상한	0° ~ 90°
제2상한	90° ~ 180°
제3상한	180° ~ 270°
제4상한	270° ~ 360°

모의고사 8회

01 측지측량에 대한 설명으로 옳은 것은?
① 지구표면의 일부를 평면으로 간주하는 측량
② 지구의 곡률을 고려해서 하는 측량
③ 좁은 지역의 대축척 측량
④ 측량기기를 이용하여 지표의 높이를 관측하는 측량

02 경사가 일정한 A, B 두 점 간을 측정하여 경사거리 150m를 얻었다. A, B 간의 고저차가 20m이었다면 수평거리는?
① 116.4m
② 120.5m
③ 131.6m
④ 148.7m

03 전파나 광파를 이용한 전자파 거리측정기로 변 길이만을 측량하여 수평위치를 결정하는 측량은?
① 수준측량
② 삼각측량
③ 삼변측량
④ 삼각수준측량

04 평면직각좌표에서 삼각점의 좌표가 $X = -4325.68m$, $Y = 585.25m$라 하면 이 삼각점은 좌표 원점을 중심으로 몇 상한에 있는가?
① 제1상한
② 제2상한
③ 제3상한
④ 제4상한

05 그림에서 $\angle A$ 관측값의 오차 조정량으로 옳은 것은?(단, 동일 조건에서 $\angle A$, $\angle B$, $\angle C$와 전체 각을 측정하였다.)

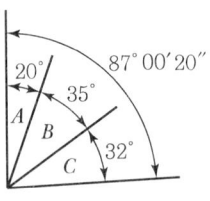

① +5″
② +6″
③ +8″
④ +10″

06 거리가 3km 떨어진 두 점의 각관측에서 측각오차가 5″ 발생했을 때 위도 오차는 몇 cm인가?
① 0.0727cm
② 0.727cm
③ 7.27cm
④ 72.7cm

07 다음 중 거리측정 기구가 아닌 것은?
① 광파 거리 측정기
② 전파 거리 측정기
③ 보수계(步數計)
④ 경사계(傾斜計)

08 자오선수차에 대한 설명으로 옳은 것은?
① 각 측선이 그 앞 측선의 연장선과 이루는 각
② 평면직교좌표를 기준으로 한 도북과 진북의 사이각
③ 도북방향을 기준으로 어느 측선까지 시계방향으로 잰 각
④ 자오선을 기준으로 어느 측선까지 시계방향으로 잰 각

09 삼각수준측량에서 A, B 두 점 간의 거리가 8km이고 굴절계수가 0.14일 때 양차는?(단, 지구 반지름 =6,370km이다.)

① 4.32m ② 5.38m
③ 6.93m ④ 7.05m

10 수준측량할 때 측정자의 주의사항으로 옳은 것은?

① 표척을 전·후로 기울여 관측할 때에는 최대 읽음값을 취해야 한다.
② 표척과 기계와의 거리는 6m 내외를 표준으로 한다.
③ 표척을 읽을 때에는 최상단 또는 최하단을 읽는다.
④ 표척의 눈금은 이기점에서는 1mm까지 읽는다.

11 장애물이 없고 비교적 좁은 지역에서 대축척으로 세부측량을 할 경우 효율적인 평판측량 방법은?

① 방사법 ② 전진법
③ 교회법 ④ 투사지법

12 다음 측량의 분류 중 평면측량과 측지측량에 대한 설명으로 틀린 것은?

① 거리 허용 오차를 10^{-6}까지 허용할 경우, 반지름 11km까지를 평면으로 간주한다.
② 지구 표면의 곡률을 고려하여 실시하는 측량을 측지측량이라 한다.
③ 지구를 평면으로 보고 측량을 하여도 오차가 극히 작게 되는 범위의 측량을 평면측량이라 한다.
④ 토목공사 등에 이용되는 측량은 보통 측지측량이다.

13 기선 삼각망 선정 시 주의사항으로 옳지 않은 것은?

① 삼각망이 길게 될 때에는 기선 길이 50배 정도의 간격으로 기선을 설치한다.
② 기선의 설정 위치는 경사가 1 : 25 이하로 하는 것이 바람직하다.
③ 1회의 기선확대는 기선길이의 3배 이내로 하는 것이 적당하다.
④ 기선은 여러 번 확대하는 경우에도 기선 길이의 10배 이내가 되도록 한다.

14 다각측량에서 아래와 같은 결과를 얻었을 때 측선 8의 배횡거는?

측선	위거(m)	경거(m)	배횡거(m)
6	123.50	6.144	134.440
7	−118.66	66.380	
8	−34.21	−51.260	

① 205.034m ② 189.914m
③ 206.680m ④ 222.084m

15 수준측량의 야장기입법이 아닌 것은?

① 기고식
② 종단식
③ 고차식
④ 승강식

16 일반적으로 측량에서 사용하는 거리를 의미하는 것은?

① 수직거리
② 경사거리
③ 수평거리
④ 간접거리

17 P의 자북방위각이 80°09′22″, 자오선수차가 01°40″, 자침편차가 5°일 때 P점의 방향각은?

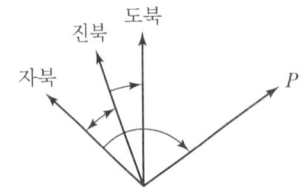

① 75°07′42″ ② 75°11′02″
③ 85°07′42″ ④ 85°11′02″

18 다음은 수준측량의 기고식 야장이다. 빈칸에 들어갈 항목이 맞게 짝지어진 것은?

측점	추가거리	㉠	㉡	㉢	㉣	비고
1						
2						

① ㉠-지반고, ㉡-기계고, ㉢-전시, ㉣-후시
② ㉠-후시, ㉡-지반고, ㉢-전시, ㉣-기계고
③ ㉠-후시, ㉡-기계고, ㉢-전시, ㉣-지반고
④ ㉠-기계고, ㉡-전시, ㉢-지반고, ㉣-후시

19 광파거리 측량기에 대한 설명으로 옳지 않은 것은?

① 작업속도가 신속하다.
② 목표점에 반사경이 있는 경우에 최소 조작 인원 1명이면 작업이 가능하다.
③ 일반 건설 현장에서 많이 사용된다.
④ 기상의 영향을 받지 않는다.

20 방위각 45°20′의 역방위는 얼마인가?

① N45°20′E ② S45°20′E
③ S45°20′W ④ N45°20′W

21 어느 측점에 데오돌라이트를 설치하여 A, B 두 지점을 3배각으로 관측한 결과 정위 126°12′36″, 반위 126°12′12″를 얻었다면 두 지점의 내각은 얼마인가?

① 126°12′24″ ② 63°06′12″
③ 42°04′08″ ④ 31°33′06″

22 트래버스 측량에서 외업을 실시한 결과, 측선의 방위각이 339°54′일 때 방위는?

① N338°54′W ② N69°54′E
③ N20°06′W ④ N159°54′E

23 폐합 트래버스 측량의 결과에서 위거의 오차가 0.12m, 경거의 오차가 0.09m일 때 폐합비는 얼마인가?(단, 거리의 총합은 300m임)

① $\dfrac{1}{2,000}$ ② $\dfrac{1}{2,550}$
③ $\dfrac{1}{2,730}$ ④ $\dfrac{1}{3,450}$

24 1회 측정할 때마다 ±3mm의 우연오차가 생겼다면 5회 측정할 때 생기는 오차의 크기는?

① ±15.0mm ② ±12.0mm
③ ±9.3mm ④ ±6.7mm

25 다음 중 배횡거법과 배면적에 관한 설명으로 틀린 것은?

① 횡거는 각 측선의 중점에서부터 자오선에 투영한 수선의 길이를 말한다.
② 면적을 계산할 때 사용된다.
③ 폐합 트래버스 조정이 끝난 후 조정된 경거와 위거를 이용한다.
④ 어느 측선의 배횡거를 계산할 때는 앞 측선의 배경거를 이용한다.

26 방위각이 145°00′인 측선의 역방위는?
① N35°00′E
② N35°00′W
③ S35°00′E
④ S35°00′W

27 두 점 사이의 거리를 같은 조건으로 5회 측정한 값이 150.38m, 150.56m, 150m48m, 150.30m, 150.33m이었다면 최확값은 얼마인가?
① 150.41m
② 150.31m
③ 150.21m
④ 150.11m

28 다음 중 지오이드(Geoid)에 대한 설명으로 맞는 것은?
① 정지된 평균 해수면을 육지 내부까지 연장한 가상 곡선
② 연평균 최고 해수면을 육지 수준원점까지 연장한 곡면
③ 지구를 타원체로 한 기준 해수면에서 원점까지 거리
④ 지구의 곡률을 고려하지 않고 지표면을 평면으로 한 가상 곡선

29 평판을 세울 때 발생되는 오차가 아닌 것은?
① 중심 맞추기 오차
② 방향 맞추기 오차
③ 방사 맞추기 오차
④ 수평 맞추기 오차

30 트래버스 측량 시 방위각은 무엇을 기준으로 하여 시계방향으로 측정된 각인가?
① 진북 자오선
② 도북선
③ 앞 측선
④ 후 측선

31 등고선의 종류 중 조곡선을 표시하는 선의 종류로 옳은 것은?
① 가는 실선
② 가는 짧은 파선
③ 굵은 파선
④ 굵은 실선

32 축척 1 : 3,000인 도면의 면적을 측정하였더니 3cm²이었다. 이때 도면은 종횡으로 1%씩 수축되어 가고 있다면 이 토지의 실제 면적은 약 얼마인가?
① 2,700m²
② 2,727m²
③ 2,754m²
④ 2,785m²

33 건설 공사에서 지형도를 이용한 예로 거리가 먼 것은?
① 폐합비 산출
② 횡단면도의 작성
③ 유역면적의 결정
④ 저수용량의 결정

34 두 점 사이에 강, 호수, 하천 또는 계곡 등이 있어 그 두 점 중간에 기계를 세울 수 없는 경우에 강의 기슭 양안에서 측량하여 두 점의 표고차를 평균하여 측량하는 방법은?
① 직접수준측량
② 왕복수준측량
③ 횡단수준측량
④ 교호수준측량

35 그림과 같은 지역의 토량을 점고법(삼각형 분할법)으로 구한 값은?

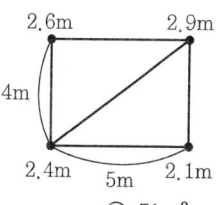

① 33m²
② 51m²
③ 76m²
④ 90m²

36 수평선을 기준으로 목표에 대한 시준선과 이루는 각을 무엇이라 하는가?
① 방향각 ② 천저각
③ 고저각 ④ 천정각

37 곡선에 둘러싸인 면적에 적합한 도해 계산법이 아닌 것은?
① 좌표에 의한 방법 ② 모눈종이법
③ 횡선(Strip)법 ④ 지거법

38 등고선의 종류에 관한 설명 중 틀린 것은?
① 주곡선은 지형을 표시하는 데 기준이 되는 선으로 굵은 점선으로 표시한다.
② 계곡선은 표고의 읽음을 쉽게 하기 위하여 주곡선 5개마다 1개씩 굵은 실선을 넣어서 표시한다.
③ 간곡선은 주곡선만으로는 지모의 상태를 상세하게 나타낼 수 없을 경우에 표시하며 가는 파선으로 나타낸다.
④ 조곡선은 간곡선 간격의 1/2 간격으로 가는 짧은 파선으로 표시한다.

39 단곡선에서 곡선 반지름 R = 500m, 교각 I = 50°일 때, 곡선 길이($C.L$)는 몇 m인가?
① 159.6m ② 244.6m
③ 336.4m ④ 436.3m

40 GPS 측량 방법을 설명한 것 중 틀린 것은?
① 1점 측위는 상대측위에 비해 정확도가 떨어진다.
② 동적 측위(이동측위)는 비교적 높은 정확도가 필요하지 않은 지형측량 등에 사용된다.
③ 정적 측위는 수 초의 짧은 관측시간으로도 높은 정밀도를 얻을 수 있는 측위 방법이다.
④ 반송파를 이용하는 경우가 코드 신호를 이용하는 것보다 정확도가 우수하다.

41 노선측량의 순서로 알맞은 것은?
① 예측 → 도상계획 → 실측 → 공사측량
② 도상계획 → 실측 → 예측 → 공사측량
③ 도상계획 → 예측 → 실측 → 공사측량
④ 실측 → 도상계획 → 예측 → 공사측량

42 다음 중 단곡선에서 가장 먼저 결정하여야 하는 중요 요소는?
① T.L(접선길이)
② C.L(곡선길이)
③ R(곡선 반지름)
④ M(중앙종거)

43 도로의 평면 곡선 중 원곡선의 종류에 속하지 않는 것은?
① 단곡선
② 복심 곡선
③ 반향 곡선
④ 클로소이드 곡선

44 교각 I = 90°, 곡선반경 R = 200m일 때 접선길이($T.L$)는?
① 100m ② 120m
③ 150m ④ 200m

45 다각측량의 각 관측에서 각 측선이 그 앞 측선의 연장선과 이루는 각을 관측하는 방법을 무엇이라고 하는가?
① 교각법 ② 편각법
③ 방위각법 ④ 교회법

46 실제 두 점간의 거리 50m를 도상에서 2mm로 표시하는 경우 축척은?
① 1/1,000 ② 1/2,500
③ 1/25,000 ④ 1/50,000

47 다음 그림에서 $\overrightarrow{ED}$의 방위각은?

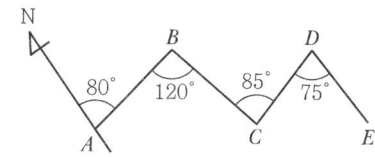

① 0° ② 150°
③ 180° ④ 330°

48 다음 각측량에서 기계오차에 해당되지 않는 것은?

① 수평축오차 ② 편심오차
③ 시준오차 ④ 눈금오차

49 수준측량에서 왕복측량의 허용오차가 편도 거리 2km에 대하여 ±20mm일 때 1km에 대한 허용 오차는?

① ±20mm ② ±14mm
③ ±10mm ④ ±7mm

50 O점에서 동일한 관측 장비로 각측량을 하여 다음과 같은 값을 얻었다. 이때 측정값과 측정횟수를 고려한 ∠AOB의 최확값은?

관측자	측정값	측정횟수
갑	40°25′20″	2
을	40°25′23″	5
병	40°25′25″	3

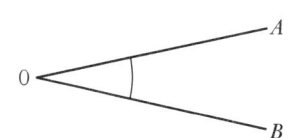

① 40°25′21″ ② 40°25′22″
③ 40°25′23″ ④ 40°25′24″

51 트레버스 측량에서 어느 측선의 방위가 S40°E 이라고 한다. 이 측선의 방위각은?

① 120° ② 140°
③ 180° ④ 220°

52 배횡거에 조정위거를 곱하여 구한 배면적이 −11,610.459m²일 때 면적은?

① 1,451.308m²
② 2,902.645m²
③ 4,353.923m²
④ 5,805.230m²

53 측점이 5개인 폐합 트래버스 내각을 측정한 결과 538°58′50″이었다. 측각오차는 얼마인가?

① 0°58′50″ ② 1°1′10″
③ 1°10′10″ ④ 1°58′50″

54 경계선을 3차 포물선으로 보고, 지거의 세 구간을 한 조로 하여 면적을 구하는 방법은?

① 심프슨 제1법칙
② 심프슨 제2법칙
③ 심프슨 제3법칙
④ 심프슨 제4법칙

55 그림과 같은 토지의 밑변 BC에 평행하게 면적을 $m:n=1:3$의 비율로 분할하고자 할 경우 AX의 길이는?(단, $AB=60$m)

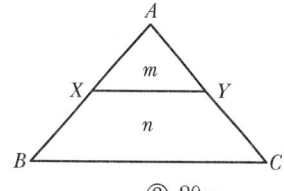

① 15m ② 20m
③ 25m ④ 30m

56 표고의 읽음을 쉽게 하고, 지모의 상태를 명시하기 위해서 주곡선 5개마다 1개씩의 굵은 실선을 넣어서 표시하는 곡선을 무엇이라 하는가?
① 주곡선　② 계곡선
③ 간곡선　④ 조곡선

57 양단면의 면적이 $A_1 = 60m^2$, $A_2 = 30m^2$, 중간단면적이 $A_m = 40m^2$일 때 양단면(A_1, A_2) 간의 거리가 $L = 10m$이면 체적은?
① $315.7m^2$　② $416.7m^2$
③ $532.9m^2$　④ $613.9m^2$

58 GPS를 직접 활용할 수 있는 분야로 거리가 먼 것은?
① 지상 기준점 측량
② 터널 내 측점 설치
③ 항공기 운항
④ 해상구조물 측량

59 다음 중 지형도의 대상을 지물과 지모로 구분할 때 지물에 해당되는 것은?
① 산정　② 평야
③ 도로　④ 구릉

60 노선 설계 시 직선부와 곡선부 사이에 편경사와 확폭을 갑자기 설치하면 차량 통행에 불편을 주므로 곡선 반지름을 무한대에서 일정 값까지 점차 감소시키는 곡선을 설치하게 되는데 이 곡선을 무엇이라 하는가?
① 단곡선
② 완화곡선
③ 수직선
④ 편곡선

모의고사 8회 정답 및 해설

01 정답 ▶ ②

측지측량 (Geodetic Surveying)	지구의 곡률을 고려하여 지표면을 곡면으로 보고 행하는 측량이며 범위는 100만분의 1의 허용 정밀도를 측량한 경우 반경 11km 이상 또는 면적 약 400km² 이상의 넓은 지역에 해당하는 정밀측량으로서 대지측량(Large Area Surveying)이라고도 한다.
평면측량 (Plane Surveying)	지구의 곡률을 고려하지 않는 측량으로 거리측량의 허용 정밀도가 100만분의 1 이하일 경우 반경 11km 이내의 지역을 평면으로 취급하여 소지측량(Small Area Surveying)이라고도 한다.

02 정답 ▶ ④

$D = \sqrt{l^2 - (\Delta h)^2} = \sqrt{150^2 - 20^2} = 148.7\text{m}$

03 정답 ▶ ③

삼변측량
전자파 거리측정기를 이용한 정밀한 장거리 측정으로 변장을 측정해서 삼각점의 위치를 결정하는 측량방법이다.

04 정답 ▶ ②

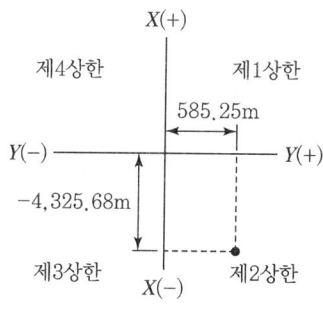

05 정답 ▶ ①

전체 각 = 87°00′20″
$(\angle A + \angle B + \angle C) = 20° + 35° + 32° = 87°$

오차 = 전체 각 − $(\angle A + \angle B + \angle C)$
     = 87°00′20″ − 87° = 20″
조정량 = 20″ ÷ 4 = 5″
$\angle A$, $\angle B$, $\angle C$의 합이 작으므로 +5″씩, 전체 각은 크므로 −5″ 보정한다.

06 정답 ▶ ③

$\dfrac{\theta''}{\rho''} = \dfrac{\Delta h}{D}$

$\Delta h = \dfrac{D\theta''}{\rho''} = \dfrac{300,000\text{cm} \times 5''}{206,265''} = 7.27\text{cm}$

07 정답 ▶ ④

경사계
어느 기준면에 대한 경사를 측정

08 정답 ▶ ②

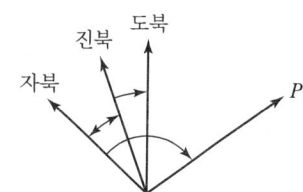

- 자오선수차 : 진북과 도북의 차이
- 자침편차 : 진북과 자북의 차이
- P점의 방향각
  = 자북방위각 − 자침편차 − 자오선수차

09 정답 ▶ ①

양차(구차+기차) = $\dfrac{(1-K)S^2}{2R}$

$= \dfrac{(1-0.14) \times 8^2}{2 \times 6,370}$

$= 4.32\text{m}$

10 정답 ▶ ④

직접수준측량의 주의사항

㉠ 수준측량은 반드시 왕복측량을 원칙으로 하며, 노선은 다르게 한다.
㉡ 정확도를 높이기 위하여 전시와 후시의 거리는 같게 한다.
㉢ 이기점(T.P)은 1mm까지, 그 밖의 점에서는 5mm 또는 1cm 단위까지 읽는 것이 보통이다.
㉣ 직접수준측량의 시준거리
  • 적당한 시준거리: 40~60m(60m가 표준)
  • 최단거리는 3m이며, 최장거리 100~180m 정도이다.
㉤ 눈금오차(영점오차) 발생 시 소거방법
  • 기계를 세운 표척이 짝수가 되도록 한다.
  • 이기점(T.P)이 홀수가 되도록 한다.
  • 출발점에 세운 표척을 도착점에 세운다.
㉥ 표척을 전, 후로 기울여 관측할 때에는 최소 읽음값을 취해야 한다.
㉦ 표척을 읽을 때에는 최상단 또는 최하단을 피한다.

11 정답 ▶ ①

방사법 (Method of Radiation, 사출법)	측량구역 안에 장애물이 없고 비교적 좁은 구역에 적합하며 한 측점에 평판을 세워 그 점 주위에 목표점의 방향과 거리를 측정하는 방법(60m 이내)
전진법 (Method of Traversing, 도선법, 절측법)	측량구역에 장애물이 중앙에 있어 시준이 곤란할 때 사용하는 방법으로 측량구역이 길고 좁을 때 측점마다 평판을 세워가며 측량하는 방법
교회법 (Method of Intersection)	전방 교회법	전방에 장애물이 있어 직접 거리를 측정할 수 없을 때 편리하며, 알고 있는 기지점에 평판을 세워서 미지점을 구하는 방법
	측방 교회법	기지의 두 점을 이용하여 미지의 한 점을 구하는 방법으로 도로 및 하천변의 여러 점의 위치를 측정할 때 편리한 방법
	후방 교회법	도면상에 기재되어 있지 않는 미지점에 평판을 세워 기지의 2점 또는 3점을 이용하여 현재 평판이 세워져 있는 평판의 위치(미지점)를 도면상에서 구하는 방법

12 정답 ▶ ④

측지측량 (Geodetic Surveying)	지구의 곡률을 고려하여 지표면을 곡면으로 보고 행하는 측량이며 범위는 100만분의 1의 허용 정밀도를 측량한 경우 반경 11km 이상 또는 면적 약 400km² 이상의 넓은 지역에 해당하는 정밀측량으로서 대지측량(Large Area Surveying)이라고도 한다.
평면측량 (Plane Surveying)	지구의 곡률을 고려하지 않는 측량으로 거리측량의 허용 정밀도가 100만분의 1 이하일 경우 반경 11km 이내의 지역을 평면으로 취급하여 소지측량(Small Area Surveying)이라고도 한다.

토목공사 등에 이용되는 측량은 보통 평면측량이다.

13 정답 ▶ ①

기선
• 되도록 평탄한 장소를 택할 것, 그렇지 않으면 경사가 $\frac{1}{25}$ 이하이어야 한다.
• 기선의 양끝이 서로 잘 보이고 기선 위의 모든 점이 잘 보일 것
• 부근의 삼각점에 연결하는 데 편리할 것
• 기선장은 평균 변장의 $\frac{1}{10}$ 정도로 한다.
• 기선의 길이는 삼각망의 변장과 거의 같아야 하므로 만일 이러한 길이를 쉽게 얻을 수 없는 경우는 기선을 증대시키는 데 적당할 것
• 기선의 1회 확대는 기선길이의 3배 이내, 2회는 8배 이내이고 10배 이상 되지 않도록 하여 확대 횟수도 3회 이내로 한다.
• 오차를 검사하기 위하여 삼각망의 다른 끝이나 삼각형 수의 15~20개마다 기선을 설치한다. 이것을 검기선이라 한다.
• 우리나라는 1등 삼각망의 검기선을 200km마다 설치한다(기선길이의 20배 정도 검기선 설치).

14 정답 ▶ ④

• 7측선의 배횡거
  = 134.440 + 6.144 + 66.380
  = 206.964
• 8측선의 배횡거
  = 206.964 + 66.380 + (−51.260)
  = 222.084m

15 정답 ▶ ②

야장기입방법

고차식	가장 간단한 방법으로 B.S와 F.S만 있으면 된다.
기고식	가장 많이 사용하며, 중간점이 많을 경우 편리하나 완전한 검산을 할 수 없는 것이 결점이다.
승강식	완전한 검사로 정밀 측량에 적당하나, 중간점이 많으면 계산이 복잡하고, 시간과 비용이 많이 소요된다.

16 정답 ▶ ③

수평거리, 경사거리, 수직거리의 세 가지로 구분되며, 보통 측량에서 거리라고 하면 수평거리를 의미한다.

17 정답 ▶ ①

- 자오선수차 : 진북과 도북의 차이
- 자침편차 : 진북과 자북의 차이
- P점의 방향각
  =자북방위각－자침편차－자오선수차
  $= 80°09'22'' - 5° - 01'40''$
  $= 75°07'42''$

18 정답 ▶ ③

㉠ : 후시   ㉡ : 기계고
㉢ : 전시   ㉣ : 지반고

19 정답 ▶ ④

Geodimeter와 Tellurrometer의 비교

구분	광파거리 측량기	전파거리 측량기
정의	측점에서 세운 기계로부터 빛을 발사하여 이것을 목표점의 반사경에 반사하여 돌아오는 반사파의 위상을 이용하여 거리를 구하는 기계	측점에 세운 주국에서 극초단파를 발사하고 목표점의 종국에서는 이를 수신하여 변조고주파로 반사하여 각각의 위상차이로 거리를 구하는 기계
정확도	±(5mm+5ppm)	±(15mm+5ppm)
대표 기종	Geodimeter	Tellurometer

구분	광파거리 측량기	전파거리 측량기
장점	• 정확도가 높음 • 데오돌라이트나 트랜싯에 부착하여 사용 가능하며, 무게가 가볍고 조작이 간편하고 신속 • 움직이는 장애물의 영향을 받지 않음	• 안개, 비, 눈 등의 기상조건에 대한 영향을 받지 않음 • 장거리 측정에 적합
단점	안개, 비, 눈 등의 기상조건에 대한 영향을 받음	• 단거리 관측 시 정확도가 비교적 낮음 • 움직이는 장애물, 지면의 반사파 등의 영향을 받음
최소 조작 인원	1명(목표점에 반사경 설치했을 경우)	2명(주국, 종국 각 1명)
관측 가능 거리	• 단거리용 : 5km 이내 • 중거리용 : 60km 이내	장거리용 : 30~150km
조작 시간	한 변 10~20분	한 변 20~30분

20 정답 ▶ ③

역방위각＝방위각＋180°
　　　　＝45°20'＋180°＝225°20'
3상한에 있으므로 225°20'－180°＝45°20'
∴ 45°20'의 역방위는 S45°20'W 이다.

21 정답 ▶ ③

- 정위각 $= \dfrac{126°12'36''}{3} = 42°04'24''$

- 반위각 $= \dfrac{126°12'12''}{3} = 42°04'04''$

- 최확값 $= \dfrac{42°04'12'' + 42°04'04''}{2}$
  $= 42°04'08''$

22 정답 ▶ ③

339°54''는 4상한에 있으므로
360° － 339°54' ＝ 20°06'
∴ N 20°06'W

23 정답 ▶ ①

$$폐합비 = \frac{폐합오차}{측선거리의 총합}$$
$$= \frac{\sqrt{E_L^2 + E_D^2}}{\sum l} = \frac{\sqrt{0.12^2 + 0.09^2}}{300}$$
$$= \frac{0.15}{300} = \frac{1}{2,000}$$

24 정답 ▶ ④

오차는 거리와 측량횟수의 제곱근에 비례하므로
오차 $= \pm 3\text{mm} \times \sqrt{5} = \pm 6.71\text{mm}$

25 정답 ▶ ④

어느 측선의 배횡거
=전 측선의 배횡거+전 측선의 경거+해당 측선 경거

26 정답 ▶ ②

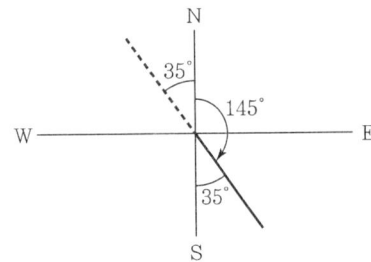

27 정답 ▶ ①

$[l] = 150.38 + 150.48 + 150.30 + 150.33 = 752.05$
$n = 5$회
최확값$= \dfrac{[l]}{n} = \dfrac{752.05}{5} = 150.41\text{m}$

28 정답 ▶ ①

지오이드(Geoid)
정지된 해수면을 육지까지 연장하여 지구 전체를 둘러쌌다고 가상한 곡면을 지오이드(Geoid)라 한다. 지구타원체는 기하학적으로 정의한 데 비하여 지오이드는 중력장 이론에 따라 물리학적으로 정의한다.

29 정답 ▶ ③

평판측량의 3요소

정준 (Leveling Up)	평판을 수평으로 맞추는 작업(수평 맞추기)
구심 (Centering)	평판상의 측점과 지상의 측점을 일치시키는 작업(중심 맞추기)
표정 (Orientation)	평판을 일정한 방향으로 고정시키는 작업으로 평판측량의 오차 중 가장 크다(방향 맞추기).

30 정답 ▶ ①

방위각
- 자오선을 기준으로 어느 측선까지 시계방향으로 잰 각
- 방위각도 일종의 방향각
- 자북방위각, 역방위각

31 정답 ▶ ②

등고선 종류	기호	$\dfrac{1}{5,000}$	$\dfrac{1}{10,000}$	$\dfrac{1}{25,000}$	$\dfrac{1}{50,000}$
주곡선	가는 실선	5	5	10	20
간곡선	가는 파선	2.5	2.5	5	10
조곡선 (보조곡선)	가는 점선	1.25	1.25	2.5	5
계곡선	굵은 실선	25	25	50	100

32 정답 ▶ ③

면적이 줄었을 때	실제면적=측정면적$\times (1+\varepsilon)^2$ 여기서, ε : 신축된 양
면적이 늘었을 때	실제면적=측정면적$\times (1-\varepsilon)^2$

실제면적$=$관측면적$\times (1+\varepsilon)^2$
$= (도상면적 \times M^2) \times (1+\varepsilon)^2$
$= (3 \times 3,000^2) \times (1+0.01)^2$
$= 27,542,700\text{cm}^2$
$= 2,754\text{m}^2$

33 정답 ▶ ①

지형도의 이용
㉠ 방향 결정
㉡ 위치 결정
㉢ 경사 결정(구배 계산)
- 경사$(i) = \dfrac{H}{D} \times 100\,(\%)$
- 경사각$(\theta) = \tan^{-1}\dfrac{H}{D}$

㉣ 거리 결정
㉤ 단면도 제작
㉥ 면적 계산
㉦ 체적 계산(토공량 산정)

34 정답 ▶ ④

	직접수준측량 (Direct Leveling)	Level을 사용하여 두 점에 세운 표척의 눈금차로부터 직접 고저차를 구하는 측량
간접 수준측량 (Indirect Leveling)	삼각수준측량 (Trigonometrical Leveling)	두 점 간의 연직각과 수평거리 또는 경사거리를 측정하여 삼각법에 의하여 고저차를 구하는 측량
	스타디아 수준측량 (Stadia Leveling)	스타디아 측량으로 고저차를 구하는 방법
	기압수준측량 (Barometric Leveling)	기압계나 그 외의 물리적 방법으로 기압차에 따라 고저차를 구하는 방법
	공중사진 수준측량 (Aerial Photographic Leveling)	공중사진의 실체시에 의하여 고저차를 구하는 방법
	교호수준측량 (Reciprocal Leveling)	하천이나 장애물 등이 있을 때 두 점 간의 고저차를 직접 또는 간접으로 구하는 방법
	약수준측량 (Approximate Leveling)	간단한 기구로서 고저차를 구하는 방법

35 정답 ▶ ②

$A = 4 \times 5 \div 2 = 10\text{m}^2$
$\sum h_1 = 2.6 + 2.1 = 4.7$
$\sum h_2 = 2.9 + 2.4 = 5.3$

$V = \dfrac{A}{3}(\sum h_1 + 2\sum h_2)$
$= \dfrac{10}{3}(4.7 + 2 \times 5.3)$
$= 51\text{m}^2$

36 정답 ▶ ③

연직각

천정각	연직선 위쪽을 기준으로 목표점까지 내려 잰 각
고저각	수평선을 기준으로 목표점까지 올려서 잰 각을 상향각(앙각), 내려 잰 각을 하향각(부각) : 천문측량의 지평좌표계
천저각	연직선 아래쪽을 기준으로 목표점까지 올려서 잰 각 : 항공사진측량

37 정답 ▶ ①

도해 계산법
모눈종이법, 횡선법(스트립법), 지거법

38 정답 ▶ ①

등고선 종류	기호	$\dfrac{1}{5,000}$	$\dfrac{1}{10,000}$	$\dfrac{1}{25,000}$	$\dfrac{1}{50,000}$
주곡선	가는 실선	5	5	10	20
간곡선	가는 파선	2.5	2.5	5	10
조곡선 (보조곡선)	가는 점선	1.25	1.25	2.5	5
계곡선	굵은 실선	25	25	50	100

39 정답 ▶ ④

$C.L = 0.0174533 RI$
$= 0.0174533 \times 500 \times 50°$
$= 436.3\text{m}$

40 정답 ▶ ③

정적 측위는 수신기를 장시간 고정한 채로 관측하는 방법이다.

41 정답 ▶ ③

노선측량의 순서
도상계획 → 예측 → 실측 → 공사측량

42 정답 ▶ ③

교점(I.P) 설치 → 교점 결정 → 곡선 반지름(R) 결정 → 곡선의 시점 및 종점 결정 → 시단현 및 종단현 길이 계산

43 정답 ▶ ④

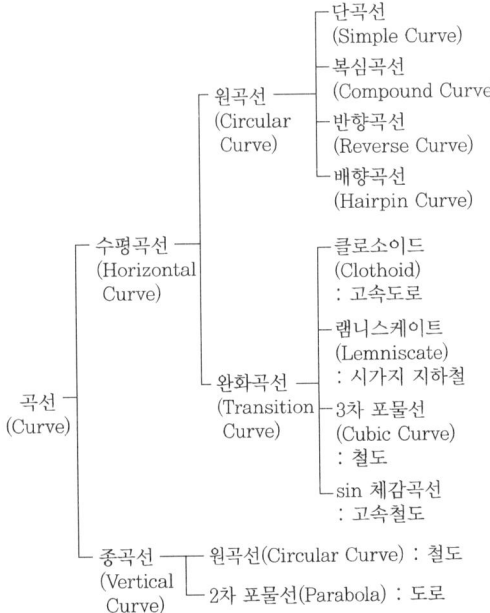

44 정답 ▶ ④

$T.L = R \times \tan\dfrac{1}{2} = 200 \times \tan\dfrac{90°}{2} = 200\text{m}$

45 정답 ▶ ②

편각법
어떤 측선이 그 앞 측선의 연장선과 이루는 각을 측정하는 방법으로 선로의 중심선 측량에 적당하다.

교각	전 측선과 그 측선이 이루는 각
편각	각 측선이 그 앞 측선의 연장선과 이루는 각
방향각	도북방향을 기준으로 어느 측선까지 시계방향으로 잰 각
방위각	• 자오선을 기준으로 어느 측선까지 시계방향으로 잰 각 • 방위각도 일종의 방향각 • 자북방위각, 역방위각

46 정답 ▶ ③

$\text{축척} = \dfrac{1}{M} = \dfrac{\text{도상의 길이}}{\text{실제거리}}$

$= \dfrac{2}{50,000} = \dfrac{1}{25,000}$

47 정답 ▶ ④

$V_b^c = 80° + 60° = 140°$
$V_c^d = 140° - 180° + 85° = 45°$
$V_d^e = 45° + 180° - 75° = 150°$
$V_e^d = 150° + 180° = 330°$

48 정답 ▶ ③

- 수평축오차 : 망원경을 정위, 반위로 측정하여 평균값을 취한다.
- 편심오차 : 망원경을 정위, 반위로 측정하여 평균값을 취한다.
- 눈금오차 : n회의 반복 결과가 360°에 가깝게 해야 한다.

49 정답 ▶ ②

오차는 거리의 제곱근에 비례하므로
$\sqrt{2} : 20 = \sqrt{1} : \chi$에서 $\chi = 14.14\text{mm}$

50 정답 ▶ ③

- 경중률 계산 : 경중률은 관측횟수에 비례한다.
  ($P \propto n$)
  $\therefore P_1 : P_2 : P_3 = n_1 : n_2 : n_3 = 2 : 5 : 3$
- 최확치 계산
  $L_0 = \dfrac{P_1 a_1 + P_2 a_2 + P_3 a_3}{P_1 + P_2 + P_3}$
  $= 40°25' + \dfrac{2 \times 20'' + 5 \times 23'' + 3 \times 25''}{2+5+3}$
  $= 40°25'23''$

51 정답 ▶ ②

상한	방위	방위각	위거	경거
I	N θ_1 E	$a = \theta_1$	+	+
II	S θ_2 E	$a = 180° - \theta_2$	−	+
III	S θ_3 W	$a = 180° + \theta_3$	−	−
IV	N θ_4 W	$a = 360° - \theta_4$	+	−

2상한에 있으므로 $180° - 40° = 140°$

52 정답 ▶ ④

면적 $= \left| \dfrac{\text{배면적}}{2} \right| = \left| \dfrac{-11,610.459}{2} \right|$

$= 5,805.230\text{m}^2$

53 정답 ▶ ②

내각의 합 $= 180° \times (n-2)$
$= 180° \times (5-2) = 540°$

∴ 측각오차 $= 540° - 538°58'50'' = 1°1'10''$

54 정답 ▶ ②

| 심프슨 제1법칙 | • 지거 간격을 2개씩 1개조로 하여 경계선을 2차 포물선으로 간주
• $A = $ 사다리꼴$(ABCD) + $ 포물선(BCD)
$\quad = \dfrac{d}{3}\{y_0 + y_n + 4(y_1 + y_3 + \cdots + y_{n-1})$
$\quad\quad + 2(y_2 + y_4 + \cdots + y_{n-2})\}$
$\quad = \dfrac{d}{3}\{y_0 + y_n + 4(\sum y \text{홀수}) + 2(\sum y \text{짝수})\}$
$\quad = \dfrac{d}{3}\{y_1 + y_n + 4(\sum y \text{짝수}) + 2(\sum y \text{홀수})\}$
• n(지거의 수)은 짝수이어야 하며, 홀수인 경우 끝의 것은 사다리꼴 공식으로 계산하여 합산
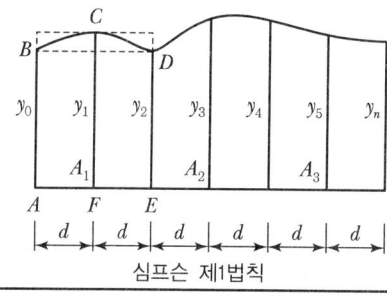
심프슨 제1법칙 |

| 심프슨 제2법칙 | • 지거 간격을 3개씩 1개조로 하여 경계선을 3차 포물선으로 간주
• $= \dfrac{3}{8}\{dy_0 + y_n + 3(y_1 + y_2 + y_4 + y_5 + \cdots$
$\quad + y_{n-2} + y_{n-1}) + 2(y_3 + y_6 + \cdots + y_{n-3})\}$
• $n-1$이 3배수여야 하며, 3배수를 넘을 때에는 나머지는 사다리꼴 공식으로 계산하여 합산
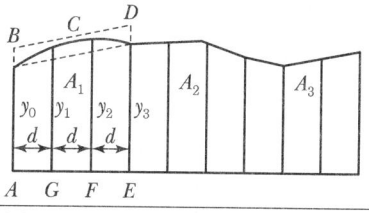 |

| 지거법 | 경계선을 직선으로 간주
$A = d_1\left(\dfrac{y_1 + y_2}{2}\right) + d_2\left(\dfrac{y_2 + y_3}{2}\right) + \cdots$
$\quad + d_{n-1}\left(\dfrac{y_{n-1} + y_n}{2}\right)$
∴ $A = d\left[\dfrac{y_0 + y_n}{2} + y_1 + y_2 + y_3 + \cdots + y_{n-1}\right]$ |

55 정답 ▶ ④

$\triangle ABC : \triangle AXY = AB^2 : AX^2$
$\qquad\qquad\qquad\quad = (m+n) : m$

$AX = AB\sqrt{\dfrac{m}{m+n}}$

$\quad = 60 \times \sqrt{\dfrac{1}{1+3}}$

$\quad = 30\text{m}$

56 정답 ▶ ②

등고선의 종류

주곡선	지형을 표시하는 데 가장 기본이 되는 곡선으로 가는 실선으로 표시
간곡선	주곡선 간격의 $\frac{1}{2}$ 간격으로 그리는 곡선으로 완경사지나 주곡선만으로 지모를 명시하기 곤란한 장소에 가는 파선으로 표시
조곡선	간곡선 간격의 $\frac{1}{2}$ 간격으로 그리는 곡선으로 불규칙한 지형을 표시 (주곡선 간격의 $\frac{1}{4}$ 간격으로 그리는 곡선)
계곡선	주곡선 5개마다 1개씩 그리는 곡선으로 표고의 읽음을 쉽게 하고 지모의 상태를 명시하기 위해 굵은 실선으로 표시

57 정답 ▶ ②

$$V = \frac{L}{6}(A_1 + 4A_m + A_2)$$
$$= \frac{10}{6} \times 60 + (4 \times 40) + 30$$
$$= 416.7 \text{m}^2$$

58 정답 ▶ ②

GPS의 활용
- 측지측량 분야
- 해상측량 분야
- 교통 분야
- 지도제작 분야(GPS-VAN)
- 항공 분야
- 우주 분야
- 레저 스포츠 분야
- 군사용
- GSIS의 DB 구축
- 기타 : 구조물 변위 계측, GPS를 시각동기장치로 이용 등

59 정답 ▶ ③

지형의 구분

지물(地物)	지표면 위의 인공적인 시설물. 즉 교량, 도로, 철도, 하천, 호수, 건축물 등
지모(地貌)	지표면 위의 자연적인 토지의 기복상태. 즉 산정, 구릉, 계곡, 평야 등

60 정답 ▶ ②

완화곡선(Transition Curve)
차량의 급격한 회전 시 원심력에 의한 횡방향 힘의 작용으로 인해 발생하는 차량 운행의 불안정과 승객의 불쾌감을 줄이는 목적으로 곡률을 0에서 조금씩 증가시켜 일정한 값에 이르게 하기 위해 직선부와 곡선부 사이에 넣는 매끄러운 곡선을 말한다.

모의고사 9회

01 두 점 간의 경사거리가 30m이고, 고저차가 30cm일 때 경사보정량은?
① -0.0015m   ② -0.0035m
③ -0.0045m   ④ -0.0065m

02 수준측량 오차에서 기계적 원인에 의한 오차가 아닌 것은?
① 시준이 불완전하다.
② 레벨의 조정이 불완전하다.
③ 기포가 둔감하다.
④ 기포관 곡률이 균일하지 않다.

03 평판측량의 교회법에 관한 설명으로 옳지 않은 것은?
① 측량구역 내에서 적당한 기준점을 두 점 이상 취한다.
② 기지점으로부터 미지점을 시준하여 방향선을 교차시켜 도면상에서 미지점의 위치를 결정한다.
③ 미지점까지의 거리측정이 필요하고, 평판 설치횟수가 많아 시간이 많이 소요된다.
④ 복잡한 지형에서는 도상에 많은 방향선을 긋게 되므로 부적당하다.

04 수준측량의 용어에 대한 설명으로 옳지 않은 것은?
① 알고 있는 점에 세운 표척의 눈금을 읽는 것을 '후시'라 한다.
② 표고를 구하려고 하는 점의 표척의 눈금을 읽는 것을 '전시'라 한다.
③ 기계를 고정시켰을 때 기준면에서 망원경 시준선까지의 높이를 '기계고'라 한다.
④ 전시만 취하는 점으로 표고를 관측할 점을 '이기점(Turning Point)'이라 한다.

05 종단수준측량에 대한 설명으로 틀린 것은?
① 철도, 도로, 하천 등과 같은 노선을 따라 각 측점의 고저차를 측정하는 측량을 말한다.
② 종단수준측량은 종단면도를 작성하기 위한 측량이다.
③ 종단수준측량은 중간점이 많아 기고식으로 작성하는 것이 편리하다.
④ 각 측점에서 중심선에 직각방향으로 지표면의 고저차를 측정하는 측량을 말한다.

06 광파기를 이용하여 100m 거리를 ± 0.0001m의 오차로 측정하였다면, 동일한 조건으로 10km의 거리를 측정할 경우, 연속 측정값에 대한 오차는 얼마인가?
① ± 0.01m   ② ± 0.001m
③ ± 0.0001m   ④ ± 0.00001m

07 측선 AB의 거리가 65m이고 방위가 S 80°E이다. 이 측선의 위거와 경거는?
① 위거$=-64.013$m, 경거$=11.287$m
② 위거$=11.287$m, 경거$=-64.013$m
③ 위거$=64.013$m, 경거$=-11.287$m
④ 위거$=-11.287$m, 경거$=64.013$m

08 삼각형의 내각을 측정하였더니 ∠A=68°01′10″, ∠B=51°59′00″, ∠C=60°00′05″가 되었다. 각 보정 후의 ∠B는?
① 51°58′50″ ② 51°58′55″
③ 51°59′00″ ④ 51°59′05″

09 다음 중 삼각측량의 특징으로 틀린 것은?
① 넓은 면적의 측량에 적합하다.
② 넓은 지역에 동일한 정밀도로 기준점을 배치하기에 적당하다.
③ 삼각점은 서로 시통이 잘되고 후속측량에 이용이 편리하도록 전망이 좋은 곳에 설치한다.
④ 조건식이 적어 계산 및 조정이 간단하다.

10 하천 양안에서 교호수준측량을 실시하여 그림과 같은 결과를 얻었다. A점의 지반고가 50.250m일 때 B점의 지반고는?

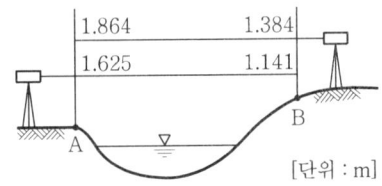

① 49.768m ② 50.250m
③ 50.732m ④ 51.082m

11 한 지점에 평판을 세운 후 여러 측점을 시준하고 방향과 거리를 측정하여 도면을 만드는 방법으로, 시준이 잘 되고 협소한 지역에 적당한 평판측량 방법은?
① 방사법 ② 전진법
③ 전방교회법 ④ 후방교회법

12 거리 1km에서 각도 오차가 1분이라면 위치 오차는?
① 0.1m ② 0.2m
③ 0.3m ④ 0.4m

13 삼각형 ABC에서 기선 a를 알고 b변을 구하는 식으로 옳은 것은?

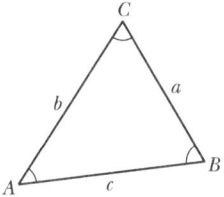

① $\log b = \log a + \log \sin B - \log \sin A$
② $\log b = \log a + \log \sin A - \log \sin B$
③ $\log b = \log a + \log \sin B - \log \sin C$
④ $\log b = \log a + \log \sin A - \log \sin C$

14 트래버스 측량의 수평각 관측방법 중 서로 이웃하는 두 개의 측선이 이루는 각을 관측해 나가는 방법으로 트래버스 측량에서 주로 사용되는 방법은?
① 교각법 ② 편각법
③ 방위각법 ④ 폐합법

15 여러 가지 좌표계 중 영국 그리니치 천문대를 지나는 본초 자오선과 적도의 교점을 원점으로 지구상의 어떤 점의 절대적 위치를 표시하는 데 일반적으로 사용되는 좌표계는?
① 수평 직각 좌표계
② 평면 직각 좌표계
③ 3차원 직각 좌표계
④ 경·위도 좌표계

16 각의 측정에서 한 측점에서 관측해야 할 방향(측점)의 수가 6개일 경우, 각관측법(조합각 관측법)에 의해서 측정되어야 할 각의 총수는?
① 12개 ② 15개
③ 18개 ④ 21개

17 배횡거를 이용한 면적 계산에 관한 설명 중 옳지 않은 것은?
① 각 측선의 중점에서부터 자오선에 투영한 수선의 길이를 횡거라 한다.
② 어느 측선의 배횡거는 하나 앞 측선의 배횡거에 하나 앞 측선의 경거와 그 측선의 경거를 더한 값이다.
③ 실제의 면적은 배면적을 2로 나눈 값이다.
④ 배면적은 각 측선의 경거에 각 측선의 배횡거를 곱하여 합산한 값이다.

18 트래버스 측량의 내업 순서로 옳은 것은?

┌─────────────────┐
│ ㉠ 방위각 계산   │
│ ㉡ 좌표 계산   │
│ ㉢ 위거 및 경거의 계산 │
│ ㉣ 폐합오차 조정   │
└─────────────────┘

① ㉡→㉠→㉢→㉣
② ㉠→㉢→㉡→㉣
③ ㉡→㉠→㉣→㉢
④ ㉠→㉢→㉣→㉡

19 표준자보다 2.5cm가 긴 50m 줄자로 거리를 잰 결과가 205m이었다면 실제 거리는 몇 m인가?
① 204.898m ② 204.975m
③ 205.000m ④ 205.103m

20 트래버스 측량에서 제2상한의 방위각을 방위로 계산하는 방법으로 옳은 것은?
① SaE
② S(180°−a)E
③ N(a−180°)W
④ N(360°−a)W

21 삼각망의 조정에 대한 설명 중 옳은 것은?
① 삼각망을 구성하는 각각의 삼각형 내각의 합은 180°가 되어야 한다.
② 하나의 측점 주위에 있는 모든 각의 합은 540°가 되어야 한다.
③ 삼각망 중에서 임의 한 변의 길이는 계산 순서에 따라 달라진다.
④ 삼각망의 조건식에는 자유조건식, 구속조건식, 평균조건식이 있다.

22 측량을 넓이에 따라 분류할 때, 지구의 곡률을 고려하여 실시하는 측량을 무엇이라 하는가?
① 공공측량   ② 기본측량
③ 측지측량   ④ 평면측량

23 두 개의 수준점 A점과 B점에서 C점의 높이를 구하기 위하여 직접 수준측량을 하여 A점으로부터 높이 75.363m(거리 2km), B점으로부터 높이 75.377m(거리 5km)의 결과를 얻었을 때 C점의 보정된 높이는?

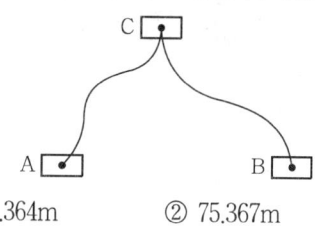

① 75.364m   ② 75.367m
③ 75.370m   ④ 75.373m

24 삼각망 중에서 정밀도가 가장 높은 것은?
① 단 삼각망
② 유심 삼각망
③ 단열 삼각망
④ 사변형 삼각망

25 트래버스 측량에서 편각으로부터 방위각을 구하는 계산공식으로 옳은 것은?(단, 우편각을 (+), 좌편각을 (-)로 한다.)

① (어느 측선의 방위각)=(하나 앞의 측선의 방위각)+180°-(그 측점의 편각)
② (어느 측선의 방위각)=(하나 앞의 측선의 방위각)+180°+(그 측점의 편각)
③ (어느 측선의 방위각)=(하나 앞의 측선의 방위각)+(그 측점의 편각)
④ (어느 측선의 방위각)=(하나 앞의 측선의 방위각)-180°-(그 측점의 편각)

26 수준측량 시 전·후시 거리를 같게 취해도 제거되지 않는 오차는?

① 레벨의 조정이 불완전하여 시준선이 기포관축과 평행하지 않아 발생하는 오차
② 지구의 곡률오차
③ 표척의 침하에 의한 오차
④ 빛의 굴절오차

27 높은 정확도를 요구하는 대규모 지역의 측량에 이용되는 트래버스는?

① 개방 트래버스
② 폐합 트래버스
③ 결합 트래버스
④ 수렴 트래버스

28 세오돌라이트(Theodolite)의 세우기와 시준 시 유의사항에 대한 설명으로 옳지 않은 것은?

① 삼각대는 대체로 정삼각형을 이루게 하여 세운다.
② 망원경의 높이는 눈의 높이보다 약간 낮게 한다.
③ 기계 조작 시 몸이나 옷이 기계에 닿지 않도록 주의한다.
④ 정확한 관측을 위해 한쪽 눈을 감고 시준한다.

29 삼각점의 선점에 필요한 조건으로 옳지 않은 것은?

① 삼각점 상호 간에 시준이 잘 되는 곳
② 위치는 견고한 지반으로 계속되는 작업에 편리한 곳
③ 되도록 측점 수가 적고 세부측량 등의 후속되는 측량에 이로운 곳
④ 삼각점에 의하여 형성되는 삼각형의 한 내각이 20° 이내인 곳

30 트래버스 측량의 폐합비 허용범위는 목적과 조건에 따라 다르다. 일반적으로 시가지에 적용되는 허용범위는?

① 1/5,000~1/10,000
② 1/1,000~1/2,000
③ 1/500~1/1,000
④ 1/300~1/1,000

31 평판측량의 특징으로 옳지 않은 것은?

① 기계의 조작이 비교적 간단하다.
② 다른 측량에 비해 정확도가 높다.
③ 현장에서 측량이 잘못된 곳을 발견하기 쉽다.
④ 외업에 많은 시간이 소요된다.

32 그림 A, C 사이를 연속된 담장이 가로막았을 때의 수준측량 시 C점의 지반고는?(단, A점의 지반고 10m이다.)

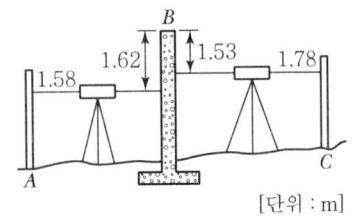

① 9.89m
② 10.62m
③ 11.86m
④ 12.54m

33 삼각측량의 작업순서로 옳은 것은?
① 답사 및 선점 - 조표 - 관측 - 계산 - 성과표 작성
② 조표 - 성과표 작성 - 답사 및 선점 - 관측 - 계산
③ 조표 - 관측 - 답사 및 선점 - 성과표 작성 - 계산
④ 답사 및 선점 - 관측 - 조표 - 계산 - 성과표 작성

34 평판을 세울 때의 오차가 아닌 것은?
① 정준 오차
② 구심 오차
③ 표정 오차
④ 외심 오차

35 기준면으로부터 표고를 결정하여 놓은 측표는?
① 수준점
② 시준점
③ 수평점
④ 지평점

36 노선측량에서 교각(I)=60°20′, 곡선반지름(R)=100m일 때 외할(E)은?
① 13.25m
② 15.66m
③ 17.45m
④ 19.26m

37 A, B점의 표고가 각각 84.5m, 120.5m이고 두 점 간 수평거리가 72m일 때 A점으로부터 수평거리 60m 떨어진 지점의 표고는?
① 114.5m
② 116.5m
③ 120.7m
④ 127.7m

38 지형의 표시방법 중 짧은 선으로 지표의 기복을 표시하는 방법은?
① 채색법
② 우모법
③ 점고법
④ 등고선법

39 그림의 면적을 심프슨(Simpson) 제1법칙으로 구한 값은?

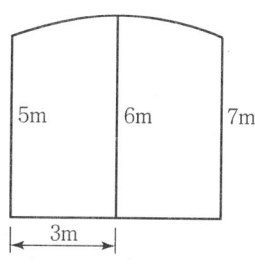

① 12m²
② 24m²
③ 36m²
④ 48m²

40 노선측량에서 노선이 통과하는 평면 위치의 중심에 보통 몇 m 간격으로 중심말뚝을 설치하는가?
① 5m
② 20m
③ 40m
④ 100m

41 등고선의 간격을 결정할 때의 고려사항과 거리가 먼 것은?
① 지형
② 측량의 목적
③ 수평거리
④ 축척

42 정확한 위치를 알고 있는 인공위성에서 발사된 전파를 수신하여, 지상의 미지점에 대한 3차원 위치를 구하는 측량을 무엇이라 하는가?
① VLBI 측량
② EDM 측량
③ GIS 측량
④ GPS 측량

43 지형을 표시하는 데 기준이 되는 등고선의 명칭과 표시방법으로 옳은 것은?
① 계곡선 - 긴 파선
② 주곡선 - 일점 쇄선
③ 계곡선 - 가는 실선
④ 주곡선 - 가는 실선

44 노선을 선정할 때 유의해야 할 사항 중 틀린 것은?
① 노선은 될 수 있는 대로 직선으로 한다.
② 배수가 잘 되는 곳이어야 한다.
③ 절토 및 성토의 운반거리가 길어야 한다.
④ 토공량이 적고, 절토와 성토가 균형을 이루게 한다.

45 주로 곡선으로 둘러싸인 면적을 구하려고 할 때 사용하는 면적계산법과 거리가 먼 것은?
① 좌표에 의한 항법
② 모눈종이법
③ 횡선법(Strip)
④ 지거법

46 가로 10m, 세로 10m의 정사각형 토지에 기준면으로부터 각 꼭짓점 높이의 측정 결과가 그림과 같을 때 절토량은?

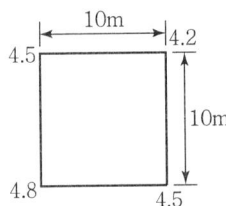

① 225m²
② 450m²
③ 900m²
④ 1,250m²

47 철도에서 차량이 곡선 위를 달릴 때 뒷바퀴가 앞바퀴보다 항상 안쪽을 지나게 되므로 직선부보다 넓은 돌 폭이 필요하게 되는데, 이 크기를 무엇이라 하는가?
① 플랜지(Flange)
② 슬랙(Slack)
③ 캔트(Cant)
④ 편물매

48 GPS 위성의 신호에 대하여 설명한 것 중 틀린 것은?
① L_1과 L_2의 반송파가 있다.
② 변조된 코드 신호가 존재한다.
③ L_1 신호의 주파수가 L_2 신호의 주파수보다 작다.
④ 위성의 위치정보가 들어 있는 신호는 방송궤도력이다.

49 축척 1 : 50,000 지형도의 도면에서 표고 395m와 205m 사이에 주곡선 간격의 등고선은 몇 개가 들어가는가?
① 9개
② 10개
③ 19개
④ 20개

50 완화 곡선의 설치에 대한 설명으로 잘못된 것은?
① 원심력에 의한 탈선을 방지한다.
② 곡선부와 직선부 사이에 위치한다.
③ 직선부보다 도로 폭을 넓혀 준다.
④ 도로 바깥쪽을 낮추어 준다.

51 GPS 위성 궤도의 고도는 약 얼마인가?
① 12,200km
② 16,400km
③ 20,200km
④ 24,000km

52 GPS의 일반적인 특징에 대한 설명으로 틀린 것은?
① 3차원 측량을 동시에 할 수 있다.
② 지구상 어느 곳에서나 이용할 수 있다.
③ 하루 24시간 어느 시간에서나 이용이 가능하다.
④ 두 측점 간의 시통에 어려움이 있으면 기선 결정에 영향을 받는다.

53 편각법에 의한 단곡선에서 곡선반지름 R = 200m, 교각 I = 60°이고 시단현의 길이 l_1 = 17.34m일 때, 시단현의 편각 δ_1은?

① 2°29′02″ ② 2°42′02″
③ 3°29′25″ ④ 3°42′25″

54 단곡선 설치 시 I.P까지의 추가 거리가 200.38m, C.L = 150.14m, T.L = 100.38m일 때, E.C까지의 추가 거리는?

① 100.00m ② 150.62m
③ 250.14m ④ 350.28m

55 곡선을 포함되는 위치에 따라 구분할 때, 수평면 내에 위치하는 곡선을 무엇이라 하는가?

① 평면곡선 ② 수직곡선
③ 횡단곡선 ④ 종단곡선

56 축척 1 : 50,000 지형도에서 200m 등고선상의 A점과 300m 등고선상의 B점 간의 도상의 거리가 10cm이었다면 AB점 간의 경사도는?

① $\dfrac{1}{5}$ ② $\dfrac{1}{10}$
③ $\dfrac{1}{50}$ ④ $\dfrac{1}{100}$

57 체적 계산에서 넓은 지역이나 택지 조성 등의 정지 작업을 위한 토공량을 계산하는 데 주로 사용하는 방법으로 전 구역을 직사각형이나 삼각형으로 나누어서 토량을 계산하는 방법은?

① 단면법 ② 점고법
③ 지거법 ④ 횡거법

58 그림과 같은 △ABC의 두 변과 협각을 측정하였다. △ABC의 넓이는?

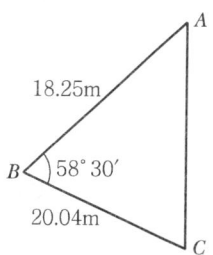

① 128.688m² ② 155.918m²
③ 158.865m² ④ 182.865m²

59 단곡선 설치에서 곡선 시점(B.C)에서 종점(E.C)까지의 직선거리를 구하는 식은?(단, R = 곡선 반지름, I = 교각)

① $R \times \tan \dfrac{I}{2}$

② $R \times (\sec \dfrac{I}{2} - 1)$

③ $R \times (1 - \cos \dfrac{I}{2})$

④ $2R \times \sin \dfrac{I}{2}$

60 도로공사 중 A단면의 성토면적이 24m², B단면의 성토면적이 12m²일 때 성토량은?(단, A, B 두 단면 간의 거리는 20m이다.)

① 120m³ ② 240m³
③ 360m³ ④ 480m³

모의고사 9회 정답 및 해설

01 정답 ▶ ①

경사보정량 $= -\dfrac{h^2}{2L} = -\dfrac{0.3^2}{2 \times 30} = -0.0015\text{m}$

02 정답 ▶ ①

원인에 의한 오차의 분류

기계적 원인	• 기포의 감도가 낮다. • 기포관 곡률이 균일하지 못하다. • 레벨의 조정이 불완전하다. • 표척 눈금이 불완전하다. • 표척 이음매 부분이 정확하지 않다. • 표척 바닥의 0 눈금이 맞지 않다.
개인적 원인	• 조준의 불완전, 즉 시차가 있다. • 표척을 정확히 수직으로 세우지 않았다. • 시준할 때 기포가 정중앙에 있지 않았다.
자연적 원인	• 지구곡률 오차가 있다(구차). • 지구굴절 오차가 있다(기차). • 기상변화에 의한 오차가 있다. • 관측 중 레벨과 표척이 침하하였다.
착오	• 표척을 정확히 빼 올리지 않았다. • 표척의 밑바닥에 흙이 붙어 있었다. • 측정값의 오독이 있었다. • 기입사항을 누락 및 오기하였다. • 야장기입란을 바꾸어 기입하였다. • 십자선으로 읽지 않고 스타디아선으로 표척의 값을 읽었다.

※ 시준이 불완전한 것은 관측자의 개인적 오차이다.

03 정답 ▶ ③

교회법의 구분

전방 교회법	전방에 장애물이 있어 직접 거리를 측정할 수 없을 때 편리하며, 알고 있는 기지점에 평판을 세워서 미지점을 구하는 방법
측방 교회법	기지의 두 점을 이용하여 미지의 한 점을 구하는 방법으로, 도로 및 하천변의 여러 점의 위치를 측정할 때 편리하다.
후방 교회법	도면상에 기재되어 있지 않은 미지점에 평판을 세워 기지의 2점 또는 3점을 이용하여 현재 평판이 세워져 있는 평판의 위치(미지점)를 도면상에서 구하는 방법

※ 교회법에서는 미지점까지의 거리측정이 필요하지 않다.

04 정답 ▶ ④

표고 (Elevation)	국가 수준기준면으로부터 그 점까지의 연직거리
전시 (Fore Sight)	표고를 알고자 하는 점(미지점)에 세운 표척의 읽음 값
후시 (Back Sight)	표고를 알고 있는 점(기지점)에 세운 표척의 읽음 값
기계고 (Instrument Height)	기준면에서 망원경 시준선까지의 높이
이기점 (Turning Point)	기계를 옮길 때 한 점에서 전시와 후시를 함께 취하는 점
중간점 (Intermediate Point)	표척을 세운 점의 표고만을 구하고자 전시만 취하는 점

05 정답 ▶ ④

각 측점에서 중심선에 직각방향으로 지표면의 고저차를 측정하는 측량은 횡단수준측량이다.

06 정답 ▶ ②

오차 $= \pm \delta\sqrt{n}$
$\quad\;\; = \pm 0.0001\sqrt{100} = \pm 0.001\text{m}$

여기서, δ : 1회 측정 오차 $= \pm 0.0001\text{m}$
$\quad\quad\;\; n$: 측정횟수 $= 10\text{km} \div 0.1\text{km} = 100$

07 정답 ▶ ④

방위를 방위각으로 환산
방위각 $= S\;80°E \rightarrow 180° - 80° = 100°$
위거 $=$ 거리 $\times \cos\theta = 65\text{m} \times \cos 100°$
$\quad\;\;\; = -11.287\text{m}$
경거 $=$ 거리 $\times \sin\theta = 65\text{m} \times \sin 100°$
$\quad\;\;\; = 64.013\text{m}$
방위로 계산하여 N은 (+), S는 (−), E는 (+), W는 (−) 부호를 붙인다.

08 정답 ▶ ②

∠A + ∠B + ∠C
= 68°01′10″ + 51°59′00″ + 60°00′05″
= 180°00′15″

보정량 = $\frac{15″}{3}$ = 5″

∠B = 51°59′00″ − 5″ = 51°58′55″

09 정답 ▶ ④

삼각측량은 계산 및 조정이 복잡하다.

10 정답 ▶ ③

고저차

$$\triangle h = \frac{(a_1 + a_2) - (b_1 + b_2)}{2}$$

$$= \frac{(1.864 + 1.625) - (1.384 + 1.141)}{2}$$

$$= 0.482 \text{m}$$

$H_B = H_A + \triangle h = 50.250 + 0.482$
$= 50.732 \text{m}$

11 정답 ▶ ①

방사법 (Method of Radiation, 사출법)	측량 구역 안에 장애물이 없고 비교적 좁은 구역에 적합하며 한 측점에 평판을 세워 그 점 주위의 목표점의 방향과 거리를 측정하는 방법(60m 이내)
전진법 (Method of Traversing, 도선법, 절측법)	측량구역에 장애물이 중앙에 있어 시준이 곤란할 때 사용하는 방법으로, 측량구역이 길고 좁을 때 측점마다 평판을 세워가며 측량하는 방법

12 정답 ▶ ③

$\frac{\theta″}{\rho″} = \frac{\triangle h}{D}$ 에서

$\triangle h = \frac{\triangle \theta″}{\rho″} \times D = \frac{1,000 \times 60″}{206265″} = 0.29$

$= 0.3 \text{m}$

13 정답 ▶ ①

$\frac{a}{\sin A} = \frac{b}{\sin B}$ 에서

$b = \frac{\sin B}{\sin A} \times a$ 에 대수를 취하면

$\log b = \log \sin B + \log a - \log \sin A$

14 정답 ▶ ①

교각법	어떤 측선이 그 앞의 측선과 이루는 각을 관측하는 방법
편각법	각 측선이 그 앞 측선의 연장과 이루는 각을 관측하는 방법
방위각법	각 측선이 일정한 기준선인 자오선과 이루는 각을 우회로 관측하는 방법

15 정답 ▶ ④

경·위도 좌표계
㉠ 측량 범위가 넓은 지구상의 절대적 위치를 표시하는 데 사용되는 좌표계이다.
㉡ 본초자오선(영국 그리니치 천문대를 지나는 자오선)과 적도의 교점을 원점(경·위도원점)으로 삼는다.(위도 0°, 경도 0°)

16 정답 ▶ ②

측정할 각의 총수
$= \frac{N(N-1)}{2} = \frac{6 \times (6-1)}{2} = 15$

여기서, N: 측선 수

17 정답 ▶ ④

배면적은 각 측선의 조정 위거에 각 측선의 배횡거를 곱하여 합산한 값이다.

18 정답 ▶ ④

트래버스 측량의 내업 순서
① 관측각 조정
② 방위, 방위각 계산
③ 위거, 경거 계산
④ 폐합오차 및 폐합비 계산
⑤ 좌표 및 면적 계산

19 정답 ▶ ④

실제 거리 = $\dfrac{부정길이}{표준길이} \times 관측길이$

$= \dfrac{50+0.025}{50} \times 205 = 205.103\text{m}$

표준길이보다 길면 (+), 짧으면 (−)

20 정답 ▶ ②

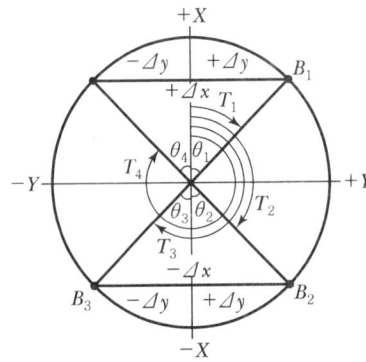

상한	방위	방위각	위거	경거
I	$N\ \theta_1\ E$	$a = \theta_1$	+	+
II	$S\ \theta_2\ E$	$a = 180° - \theta_2$	−	+
III	$S\ \theta_3\ W$	$a = 180° + \theta_3$	−	−
IV	$N\ \theta_4\ W$	$a = 360° - \theta_4$	+	−

21 정답 ▶ ①

삼각망의 조정

각조건	삼각형의 내각의 합은 180°가 되어야 한다. 즉, 다각형의 내각의 합은 180°(n−2)이어야 한다.
점조건	한 측점 주위에 있는 모든 각의 합은 반드시 360°가 되어야 한다.
변조건	삼각망 중에서 임의의 한 변의 길이는 계산 순서에 관계없이 항상 일정하여야 한다.

22 정답 ▶ ③

측량구역의 면적에 따른 측량의 분류

측지측량 (Geodetic Surveying)	지구의 곡률을 고려하여 지표면을 곡면으로 보고 행하는 측량이며 범위는 100만분의 1의 허용 정밀도를 측량한 경우 반경 11km 이상 또는 면적 약 400km² 이상의 넓은 지역에 해당하는 정밀측량으로서 대지측량(Large Area Surveying)이라고도 한다.
평면측량 (Plane Surveying)	지구의 곡률을 고려하지 않는 측량으로 거리측량의 허용 정밀도가 100만분의 1 이하일 경우 반경 11km 이내의 지역을 평면으로 취급하여 소지측량(Small Area Surveying)이라고도 한다.

23 정답 ▶ ②

경중률은 거리에 반비례하므로,

$P_1 : P_2 = \dfrac{1}{2} : \dfrac{1}{5} = 5 : 2$

최확치

$= \dfrac{(5 \times 75.363) + (2 \times 75.377)}{5+2}$

$= 75.367\text{m}$

24 정답 ▶ ④

단열 삼각쇄(망) (Single Chain of Trangles)	• 폭이 좁고 길이가 긴 지역에 적합하다. • 노선·하천·터널측량 등에 이용한다. • 거리에 비해 관측수가 적다. • 측량이 신속하고 경비가 적게 든다. • 조건식의 수가 적어 정도가 낮다.
유심 삼각쇄(망) (Chain of Central Points)	• 동일 측점에 비해 포함면적이 가장 넓다. • 넓은 지역에 적합하다. • 농지측량 및 평탄한 지역에 사용된다. • 정도는 단열삼각망보다 좋으나 사변형보다 적다.
사변형 삼각쇄(망) (Chain of Quadrilater-als)	• 조건식의 수가 가장 많아 정밀도가 가장 높다. • 기선삼각망에 이용된다. • 삼각점 수가 많아 측량시간이 많이 소요되며 계산과 조정이 복잡하다.

25 정답 ▶ ③

㉠ 진행방향의 우측 편각을 측정한 경우(+편각) :
(어느 측선의 방위각) = (전 측선의 방위각) + (그 측점의 편각)

ⓒ 진행방향의 좌측 편각을 측정한 경우(-편각):
(어느 측선의 방위각)=(전 측선의 방위각)-
(그 측점의 편각)

26 정답 ▶ ③

전시와 후시의 거리를 같게 함으로써 제거되는 오차
㉠ 레벨의 조정이 불완전(시준선이 기포관축과 평행하지 않을 때)할 때
 (시준축오차 : 오차가 가장 크다.)
㉡ 지구의 곡률오차(구차)와 빛의 굴절오차(기차)를 제거한다.
㉢ 초점나사를 움직이는 오차가 없으므로 그로 인해 생기는 오차를 제거한다.

27 정답 ▶ ③

결합 트래버스	기지점에서 출발하여 다른 기지점으로 결합시키는 방법으로, 대규모 지역의 정확성을 요하는 측량에 이용한다.
폐합 트래버스	기지점에서 출발하여 원래의 기지점으로 폐합시키는 트래버스로, 측량결과가 검토는 되나 결합다각형보다 정확도가 낮아 소규모 지역의 측량에 좋다.
개방 트래버스	임의의 점에서 임의의 점으로 끝나는 트래버스로 측량결과의 점검이 안 되어 노선측량의 답사에는 편리한 방법이다. 시작되는 점과 끝나는 점 간의 아무런 조건이 없다.

28 정답 ▶ ④

정확한 관측을 위해 두 눈을 뜨고 시준한다.

29 정답 ▶ ④

삼각점
㉠ 각 점이 서로 잘 보일 것
㉡ 삼각형의 내각은 60°에 가깝게 하는 것이 좋으나 1개의 내각은 30~120° 이내로 한다.
㉢ 표지와 기계가 움직이지 않을 견고한 지점일 것
㉣ 가능한 측점 수가 적고 세부측량에 대한 이용가치가 클 것
㉤ 벌목을 많이 하거나 높은 시준탑을 세우지 않아도 관측할 수 있는 점일 것

30 정답 ▶ ①

폐합비의 허용범위

시가지	$\frac{1}{5,000} \sim \frac{1}{10,000}$
논·밭, 대지 등의 평지	$\frac{1}{1,000} \sim \frac{1}{2,000}$
산지 및 임야지	$\frac{1}{500} \sim \frac{1}{1,000}$
산악지 및 복잡한 지형	$\frac{1}{300} \sim \frac{1}{1,000}$

31 정답 ▶ ②

평판측량의 장단점

장점	㉠ 현장에서 직접 측량결과를 제도함으로써 필요한 사항을 결측하는 일이 없다. ㉡ 내업이 적으므로 작업을 빠르게 할 수 있다. ㉢ 측량기구가 간단하여 측량방법 및 취급이 간단하다. ㉣ 오측 시 현장에서 발견이 용이하다.
단점	㉠ 외업이 많으므로 기후(비, 눈, 바람 등)의 영향을 많이 받는다. ㉡ 기계의 부품이 많아 휴대하기 곤란하고 분실하기 쉽다. ㉢ 도지에 신축이 생기므로 정밀도의 영향이 크다. ㉣ 높은 정확도를 기대할 수 없다.

32 정답 ▶ ①

$H_C = H_A + (\sum B.S - \sum F.S)$
$= 10 + (1.58 - 1.53) - (-1.62 + 1.78)$
$= 9.89$m

33 정답 ▶ ①

삼각측량의 작업순서
계획 → 답사 → 선점 → 조표 → 관측 → 계산 → 성과표 작성

34 정답 ▶ ④

평판측량의 3요소

정준 (Leveling up)	평판을 수평으로 맞추는 작업(수평 맞추기)
구심 (Centering)	평판상의 측점과 지상의 측점을 일치시키는 작업(중심 맞추기)
표정 (Orientation)	평판을 일정한 방향으로 고정시키는 작업으로 평판측량의 오차 중 가장 크다.(방향 맞추기)

35 정답 ▶ ①

수준원점 (Original Bench Mark ; OBM)	수준측량의 기준이 되는 기준면으로부터 정확한 높이를 측정하여 기준이 되는 점
수준점 (Bench Mark ; BM)	수준원점을 기점으로 하여 전국 주요 지점에 수표석을 설치한 점 • 1등 수준점 : 4km마다 설치 • 2등 수준점 : 2km마다 설치
표고 (Elevation)	국가 수준기준면으로부터 그 점까지의 연직거리

36 정답 ▶ ②

$$E = R\left(\sec\frac{I°}{2} - 1\right)$$
$$= 100 \times \left(\frac{1}{\cos\frac{60°20'}{2}} - 1\right) = 15.66\text{m}$$

37 정답 ▶ ①

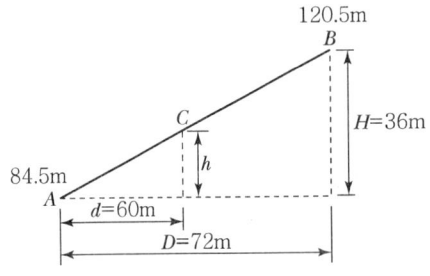

$D : H = d : h$ 에서
$h = \frac{H}{D} \times d = \frac{36}{72} \times 60 = 30\text{m}$
$\therefore H_C = H_A + h = 84.5 + 30 = 114.5\text{m}$

38 정답 ▶ ②

지형의 표시방법

자연적 도법	영선법 (우모법, Hachuring)	'게바'라 하는 단선상(短線上)의 선으로 지표의 기본을 나타내는 것으로 게바의 사이, 굵기, 방향 등에 의하여 지표를 표시하는 방법
	음영법 (명암법, Shading)	태양광선이 서북쪽에서 45°로 비친다고 가정하여 지표의 기복을 도상에서 2~3색 이상으로 채색하여 지형을 표시하는 방법으로 지형의 입체감이 가장 잘 나타남
부호적 도법	점고법 (Spot Height System)	지표면상의 표고 또는 수심에 대한 숫자에 의하여 지표를 나타내는 방법으로 하천, 항만, 해양 등에 주로 이용
	등고선법 (Contour System)	동일 표고의 점을 연결한 것으로 등고선에 의하여 지표를 표시하는 방법으로 토목공사용으로 가장 널리 사용
	채색법 (Layer System)	같은 등고선의 지대를 같은 색으로 채색하여 높을수록 진하게, 낮을수록 연하게 칠하여 높이의 변화를 나타내며 지리관계의 지도에 주로 사용

39 정답 ▶ ③

심프슨 제1법칙
경계선을 2차 포물선으로 보고, 지거의 두 구간을 한 조로 하여 면적을 구하는 방법이다.

$$A = \frac{d}{3}\{(y_1 + y_n + 4(y_2 + y_4 + \ldots + y_{n-1})$$
$$+ 2(y_3 + y_5 + \ldots + y_{n-1})\}$$

$$A = \frac{d}{3}\{y_1 + y_n + 4(y_2)\}$$
$$= \frac{3}{3}(5 + 7 + 4 \times 6)$$
$$= 36\text{m}^2$$

40 정답 ▶ ②

노선측량에서는 일반적으로 중심말뚝을 노선의 중심선을 따라 20m마다 설치한다.

41 정답 ▶ ③

등고선의 간격 결정 시 지도축척, 사용목적, 지형상태, 측량경비 등 종합적인 사항을 고려하여야 한다.

42 정답 ▶ ④

GPS 측량
인공위성을 이용한 범세계적 위치 결정의 체계로 정확히 위치를 알고 있는 위성에서 발사한 전파를 수신하여 관측점까지의 소요시간을 측정함으로써 관측점의 3차원 위치를 구하는 측량이다.

43 정답 ▶ ④

등고선의 간격

등고선 종류	기호	축척			
		1/5,000	1/10,000	1/25,000	1/50,000
주곡선	가는 실선	5	5	10	20
간곡선	가는 파선	2.5	2.5	5	10
조곡선 (보조곡선)	가는 점선	1.25	1.25	2.5	5
계곡선	굵은 실선	25	25	50	100

44 정답 ▶ ③

노선조건
㉠ 가능한 직선으로 할 것
㉡ 가능한 한 경사가 완만할 것
㉢ 토공량이 적고 절토와 성토가 짧은 구간에서 균형을 이룰 것
㉣ 절토의 운반거리가 짧을 것
㉤ 배수가 완전할 것

45 정답 ▶ ①

도해 계산법
주로 곡선으로 둘러싸인 면적을 구하려고 할 때 사용하는 방법 → 모눈종이법, 횡선법(스트립법), 지거법

46 정답 ▶ ②

절토량
$$= \frac{A}{4}(1\sum h_1 + 2\sum h_2 + 3\sum h_3 + 4\sum h_4)$$
$$= \frac{10 \times 10}{4}(4.5 + 4.2 + 4.5 + 4.8) = 450m^2$$

47 정답 ▶ ②

캔트(Cant)와 슬랙(Slack)

캔트 (Cant)	곡선부를 통과하는 차량이 원심력이 발생하여 접선 방향으로 탈선하려는 것을 방지하기 위해 바깥쪽 노면을 안쪽 노면보다 높이는 정도를 말하며 편경사라고 한다.
슬랙 (Slack)	차량과 레일이 꼭 끼어서 서로 힘을 입게 되면 때로는 탈선의 위험도 생긴다. 이러한 위험을 막기 위해서 레일 안쪽을 움직여 곡선부에서는 궤간을 넓힐 필요가 있다. 이 넓인 치수를 말하며, 확폭이라고도 한다. 이 확폭의 크기를 도로에서는 확폭량, 철도에서는 확도(Slack)라 한다.

48 정답 ▶ ③

GPS 위성의 신호

신호		구분	내용
반송파 (Carrier)	L_1		• 주파수 1,575.42MHz(154×10.23MHz), 파장 19cm • C/A code와 P code 변조 가능
	L_2		• 주파수 1,227.60MHz(120×10.23MHz), 파장 24cm • P code만 변조 가능
코드 (Code)		P code	• 반복주기 7일인 PRN code(Pseudo Random Noise code) • 주파수 10.23MHz, 파장 30m(29.3m)
코드 (Code)		C/A code	• 반복주기 : 1ms(milli−second)로 1.023Mbps로 구성된 PPN code • 주파수 1.023MHz, 파장 300m(293m)

※ L_1 신호의 주파수(1575.42MHz)가 L_2 신호의 주파수(1227.60MHz)보다 크다.

49 정답 ▶ ①

43번 문제 해설 참조
• 1 : 50,000의 지형도에서 주곡선 간격은 20m이므로 9개
• 20의 배수인 220~380m의 높이에 주곡선을 가는 실선으로 넣는다.
계산 : {(380 − 220) ÷ 20} + 1 = 9

50 정답 ▶ ④

차량이 도로의 곡선부를 달리게 되면 원심력이 생겨 도로 바깥쪽으로 밀리려 한다. 이것을 방지하기 위하여 도로 안쪽보다 바깥쪽을 높여 준다.

51 정답 ▶ ③

우주 부문

구성	31개의 GPS 위성
기능	측위용 전파 상시 방송, 위성궤도정보, 시각신호 등 측위계산에 필요한 정보 방송 ① 궤도형상 : 원궤도 ② 궤도면수 : 6개면 ③ 위성수 : 1궤도면에 4개 위성(24개 + 보조위성 7개) = 31개 ④ 궤도경사각 : 55° ⑤ 궤도고도 : 20,183km ⑥ 사용좌표계 : WGS84 ⑦ 회전주기 : 11시간 58분(0.5 항성일) : 1항성일은 23시간 56분 4초 ⑧ 궤도 간 이격 : 60° ⑨ 기준발진기 : 10.23MHz • 세슘원자시계 2대 • 루비듐원자시계 2대

52 정답 ▶ ④

GPS 측량은 기선 결정의 경우 두 측점 간의 시통에는 관계가 없다.

53 정답 ▶ ①

$$편각(\delta) = \frac{l}{R} \times \frac{90°}{\pi} = \frac{17.34}{200} \times \frac{90°}{\pi}$$
$$= 2°29'02''$$

54 정답 ▶ ③

B.C 거리 = I.P 거리 − T.L = 200.38 − 100.38
= 100m
C.L = 150.14m
E.C 거리 = B.C 거리 + C.L = 100 + 150.14
= 250.14m

55 정답 ▶ ①

곡선을 포함되는 위치에 따라 구분할 때, 수평면 내에 위치하는 곡선은 평면곡선이다.

56 정답 ▶ ③

수평거리 = 0.1m × 50,000 = 5,000m
표고차 = 300m − 200m = 100m
$$경사기울기 = \frac{표고차}{수평거리} = \frac{100}{5,000} = \frac{1}{50}$$

57 정답 ▶ ②

1. 단면법
   ㉠ 양단면평균법(End area formula)
   $$V = \frac{1}{2}(A_1 + A_2) \cdot l$$
   여기서, A_1, A_2 : 양끝단면적
   l : A_1에서 A_2까지의 길이
   ㉡ 중앙단면법
   $$V = A_m \cdot l$$
   여기서, A_m : 중앙단면적
   ㉢ 각주공식
   $$V = \frac{l}{6}(A_1 + 4A_m + A_2)$$

2. 점고법
   ㉠ 직사각형으로 분할하는 경우
   • 토량
   $$V = \frac{A}{4}(\sum h_1 + 2\sum h_2 + 3\sum h_3 + 4\sum h_4)$$
   (단, $A = a \times b$)
   • 계획고
   $$h = \frac{V_0}{nA}$$ (단, n : 사각형의 분할개수)
   ㉡ 삼각형으로 분할하는 경우
   • 토량
   $$V_0 = \frac{A}{3}(\sum h_1 + 2\sum h_2 + 3\sum h_3$$
   $$+ 4\sum h_4 + 5\sum h_5 + 6\sum h_6$$
   $$+ 7\sum h_7 + 8\sum h_8)$$
   (단, $A = \frac{1}{2}a \times b$)
   • 계획고 $h = \frac{V_0}{nA}$

3. 등고선법
   토량 산정, Dam, 저수지의 저수량 산정
   $$V_0 = \frac{h}{3}\{A_0 + A_n + 4(A_1 + A_3)$$
   $$+ 2(A_2 + A_4)\}$$
   여기서, A_0, A_1, A_2 ⋯ : 각 등고선 높이에 따른 면적
   n : 등고선 간격

※ 점고법 : 체적 계산에서 넓은 지역이나 택지 조성 등의 정지 작업을 위한 토공량을 계산하는 데

주로 사용하는 방법으로, 전구역을 직사각형이나 삼각형으로 나누어서 토량을 계산하는 방법

58 정답 ▶ ②

$$A = \frac{1}{2}ab\sin\alpha$$
$$= \frac{1}{2} \times 18.25 \times 20.04 \times \sin58°30'$$
$$= 155.918\text{m}^2$$

59 정답 ▶ ④

장현
곡선 시점(B.C)에서 종점(E.C)까지의 직선거리
$$= 2R \times \sin\frac{I}{2}$$

60 정답 ▶ ③

$$\text{성토량} = \frac{A_1 + A_2}{2} \times L$$
$$= \frac{24 + 12}{2} \times 20 = 360\text{m}^3$$

모의고사 10회

01 그림과 같은 유심다각형에서 조건식의 총 수는?

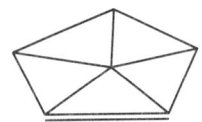

① 1개 ② 3개
③ 5개 ④ 7개

02 수준측량의 기고식 야장이 다음 표와 같을 때 중간점은?

측점	후시(B. S.)	전시(F. S.)
A	1.158	
B	1.158	1.158
C		1.158
D		1.158

① A ② B
③ C ④ D

03 측선 AB의 방위각과 거리가 그림과 같을 때, 측점 B의 좌표계산으로 괄호 안에 알맞은 것은?

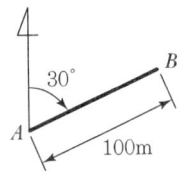

$$B_X = A_X + 100 \times (\, \bigcirc \,)$$
$$B_Y = A_Y + 100 \times (\, \bigcirc \,)$$

① ㉠ cos30° ㉡ sin30°
② ㉠ sin30° ㉡ cos30°
③ ㉠ cos30° ㉡ tan30°
④ ㉠ tan30° ㉡ cos30°

04 절대 표정에서 실시하는 작업으로 옳은 것은?
① 축척과 경사를 바로잡는다.
② 도화기의 촬영 중심에 일치시킨다.
③ 초점거리를 도화기의 눈금에 맞춘다.
④ 종시차를 소거한다.

05 다음 중 지성선의 종류에 속하지 않는 것은?
① 합수선 ② 분수선
③ 수평선 ④ 경사 변환선

06 평판 세우기의 조건 중 평판을 수평이 되도록 조정하여야 하는 것을 무엇이라 하는가?
① 구심 ② 정준
③ 치심 ④ 표정

07 초점거리 210mm의 사진기로 지상고도 1,050m에서 촬영한 사진의 축척은?
① 1 : 3,500 ② 1 : 4,000
③ 1 : 4,500 ④ 1 : 5,000

08 우리나라 측량의 평면 직각 좌표원점 중 서부원점의 위치는?
① 동경 125°, 북위 38°
② 동경 127°, 북위 38°
③ 동경 129°, 북위 38°
④ 동경 131°, 북위 38°

09 어느 측점의 지반고 값이 42.821m이었다면 이 점의 후시값이 3.243m가 되었을 때 이 점의 기계고는 얼마인가?
① 13.204m　　② 39.578m
③ 46.064m　　④ 63.223m

10 경사가 일정한 A, B 두 점 간을 측정하여 경사거리 150m를 얻었다. A, B 간의 고저차가 20m이었다면 수평거리는?
① 116.4m　　② 120.5m
③ 131.6m　　④ 148.7m

11 그림과 같은 수준 측량 결과에서 No.3의 지반고는 얼마인가?(단, 단위는 m이다.)

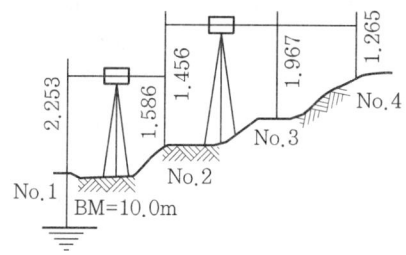

① 9.456m　　② 10.156m
③ 10.858m　　④ 11.234m

12 수준측량의 측선 중에 하천, 계곡 등이 있으면 레벨로 측점의 중간에서 관측할 수 없으므로 전시와 후시 사이에 시준 거리의 차가 심하여 기계 오차나 표척 읽기의 오차가 증가하게 되는데, 이때 이 오차를 소거하기 위하여 후시 및 전시 위치 부근에서 중복하여 수준측량을 실시하는 방법은?
① 삼각 수준측량
② 기압 수준측량
③ 교호 수준측량
④ 앨리데이드에 의한 수준측량

13 노선 측량에서 원곡선의 곡선 반지름 $R=350$m, 중앙 종거 $M=50$m일 때 이 원곡선의 교각은 약 얼마인가?
① 62°　　② 58°
③ 52°　　④ 48°

14 인공위성을 이용한 범세계적 위치 결정의 체계로 정확히 위치를 알고 있는 위성에서 발사한 전파를 수신하여 관측점까지의 소요 시간을 측정함으로써 관측점의 3차원 위치를 구하는 측량은?
① 전자파 거리 측량
② 광파 거리 측량
③ GPS 측량
④ 육분의 측량

15 평면직각 좌표에서 삼각점의 좌표가 $X=-4,325.68$m, $Y=585.25$m라 하면 이 삼각점은 좌표 원점을 중심으로 몇 상한에 있는가?
① 제1상한　　② 제2상한
③ 제3상한　　④ 제4상한

16 전파나 광파를 이용한 전자파 거리측정기로 변 길이만을 측량하여 수평위치를 결정하는 측량은?
① 수준측량　　② 삼각측량
③ 삼변측량　　④ 삼각수준측량

17 측지측량에 대한 설명으로 옳은 것은?
① 지구표면의 일부를 평면으로 간주하는 측량
② 지구의 곡률을 고려해서 하는 측량
③ 좁은 지역의 대축척 측량
④ 측량기기를 이용하여 지표의 높이를 관측하는 측량

18 삼각측량의 특징이 아닌 것은?
① 삼각점 간의 거리를 비교적 길게 취할 수 있다.
② 넓은 지역에 같은 정확도로 기준점을 배치하는 데 편리하다.
③ 각 단계에서 정확도를 점검할 수 있다.
④ 조건식이 적어 계산 및 조정이 간단하다.

19 다각 측량의 종류 중 어느 측점에서 시작하여 차례로 측량을 함으로써 최후의 다시 출발점으로 되돌아오는 형태는?
① 개방 트래버스 ② 결합 트래버스
③ 폐합 트래버스 ④ 트래버스망

20 등고선을 측정하기 위해 어느 한 곳에 레벨을 세우고 표고 20m 지점의 표척 읽음값이 1.8m이었다. 21m 등고선을 구하려면 시준선의 표척 읽음값을 얼마로 하여야 하는가?(단, 단위는 m)

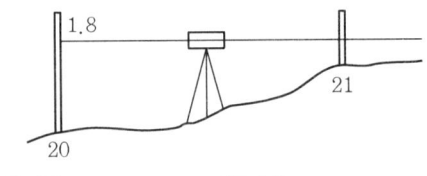

① 0.2m ② 0.8m
③ 1.8m ④ 2.9m

21 위거 및 경거에 대한 설명 중 옳은 것은?
① 위거는 임의 측선을 동서선 위에 정사투영한 거리이다.
② 경거는 임의 측선을 남북 자오선에 정사투영한 거리이다.
③ 위거는 측선의 길이에 방위각이나 방위의 cos 값을 곱한 것이다.
④ 경거가 동쪽으로 향하면 그 부호는 (-)이다.

22 단곡선을 설치할 때 교각 $I=60°$, 곡선반지름 $R=100$m일 때 곡선장(CL)은?
① 102.60m ② 104.72m
③ 106.68m ④ 108.75m

23 기차와 구차를 합한 오차를 양차라 한다. 양차 공식은?(단, R : 지구 반경, D : 거리, K : 굴절률)
① $\dfrac{KD^2}{2R}$ ② $\dfrac{(1-K)}{2R}D^2$
③ $\dfrac{D^2}{2R}$ ④ $\dfrac{(1+K)}{2R}D^2$

24 측량하려는 두 점 사이에 강, 호수, 하천 또는 계곡이 있어 그 두 점 중간에 기계를 세울 수 없는 경우 교호 수준측량을 실시한다. 이 측량에서 양안 기슭에 표척을 세워 시준하는 이유는?
① 굴절오차와 시준축 오차를 소거하기 위해
② 양안 경사거리를 쉽게 측량하기 위해
③ 양안의 표척과 기계 사이의 거리를 다르게 하기 위해
④ 표고차를 4회 평균하여 산출하기 위해

25 거리가 3km 떨어진 두 점의 각 관측에서 측각오차가 5″ 발생했을 때 위도 오차는 몇 cm인가?
① 0.0727cm ② 0.727cm
③ 7.27cm ④ 72.7cm

26 다음 중 거리측정 기구가 아닌 것은?
① 광파 거리 측정기
② 전파 거리 측정기
③ 보수계(步數計)
④ 경사계(傾斜計)

27 트래버스측량의 수평각 관측법 중에서 반전법, 부전법이 있으며 한 번 오차가 생기면 그 영향이 끝까지 미치므로 주의를 요하는 방법은?

① 편각법 ② 교각법
③ 방향각법 ④ 방위각법

28 삼각수준측량에서 A, B 두 점 간의 거리가 8km이고 굴절계수가 0.14일 때 양차는?(단, 지구 반지름=6,370km이다.)

① 4.32m ② 5.38m
③ 6.93m ④ 7.05m

29 평판측량의 방법에 대한 설명 중 옳지 않은 것은?

① 방사법은 골목길이 많은 주택지의 세부측량에 적합하다.
② 전진법은 평판을 옮겨 차례로 전진하면서 최종 측점에 도착하거나 출발점으로 다시 돌아오게 된다.
③ 교회법에서는 미지점까지의 거리관측이 필요하지 않다.
④ 현장에서는 방사법, 전진법, 교회법 중 몇 가지를 병용하여 작업하는 것이 능률적이다.

30 삼각측량방법은 (도상 계획) → ( ) → (조표) → (기선측량) → … → (삼각망의 조정)순으로 실시한다. 괄호 안에 적당한 것은?

① 수직각 관측 ② 수평각 관측
③ 삼각망 계산 ④ 답사 및 선점

31 다음 측량의 분류 중 평면측량과 측지측량에 대한 설명으로 틀린 것은?

① 거리 허용오차를 10^{-6}까지 허용할 경우, 반지름 11km까지를 평면으로 간주한다.
② 지구 표면의 곡률을 고려하여 실시하는 측량을 측지측량이라 한다.
③ 지구를 평면으로 보고 측량을 하여도 오차가 극히 작게 되는 범위의 측량을 평면측량이라 한다.
④ 토목공사 등에 이용되는 측량은 보통 측지측량이다.

32 방위각 247°20′40″를 방위로 표시한 것으로 옳은 것은?

① N67°20′40″W ② S22°39′20″W
③ S67°20′40″W ④ N22°39′20″W

33 삼각형 세 변이 각각 $a=43m$, $b=46m$, $c=39m$로 주어질 때 각 α는?

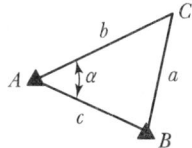

① 51°50′41″ ② 60°06′38″
③ 68°02′41″ ④ 72°00′26″

34 수준측량할 때 측정자의 주의사항으로 옳은 것은?

① 표척을 전·후로 기울여 관측할 때에는 최대 읽음값을 취해야 한다.
② 표척과 기계와의 거리는 6m 내외를 표준으로 한다.
③ 표척을 읽을 때에는 최상단 또는 최하단을 읽는다.
④ 표척의 눈금은 이기점에서는 1mm까지 읽는다.

35 표준길이보다 2cm가 긴 30m 테이프로 A, B 두 점 간의 거리를 측정한 결과 1,000m이었다면 A, B 간의 정확한 거리는?

① 999.00m ② 999.33m
③ 1,000.00m ④ 1,000.67m

36 각 관측에서 망원경을 정·반으로 관측하여 평균하여도 소거되지 않는 오차는?
① 시준축과 수평축이 직교하지 않아 발생되는 오차
② 수평축과 연직축이 직교하지 않아 발생되는 오차
③ 연직축이 정확히 연직선에 있지 않아 발생되는 오차
④ 회전축에 대하여 망원경의 위치가 편심되어 발생되는 오차

37 일반적으로 측량에서 사용하는 거리를 의미하는 것은?
① 수직거리   ② 경사거리
③ 수평거리   ④ 간접거리

38 EDM을 이용하여 1km의 거리를 ±0.007m의 확률오차로 측정하였다. 동일한 확률오차가 얻어지도록 똑같은 기술로 100km의 거리를 측정한 경우 연속 측정값에 대한 오차는 얼마인가?
① ±0.007m   ② ±0.07m
③ ±0.7m   ④ ±7.0m

39 장애물이 없고 비교적 좁은 지역에서 대축척으로 세부측량을 할 경우 효율적인 평판측량 방법은?
① 방사법   ② 전진법
③ 교회법   ④ 투사지법

40 삼각측량을 할 때 한 내각의 크기로 허용되는 일반적인 범위로 옳은 것은?
① 20°~60°   ② 30°~120°
③ 90°~130°   ④ 60°~180°

41 트래버스 측량으로 면적을 구하고자 할 때 사용되는 식으로 옳은 것은?
① (배횡거×조정위거)의 합
② (배횡거×조정위거)의 합÷2
③ (배횡거×조정경거)의 합÷2
④ (조정경거×조정위거)의 합

42 트래버스 측량의 내업(계산 및 조정) 순서를 옳게 나타낸 것은?

   a. 위거, 경거 계산
   b. 각 측량값의 오차 점검 및 배분
   c. 방위각 및 방위 계산
   d. 폐합오차 및 폐합비 계산과 조정
   e. 좌표 및 면적 계산

① a → c → b → d → e
② b → c → d → a → e
③ b → c → a → d → e
④ c → b → a → d → e

43 측량의 종류 중 법률에 따라 분류할 때 모든 측량의 기초가 되는 측량은?
① 공공측량   ② 기본측량
③ 평면측량   ④ 대지측량

44 P의 자북방위각이 80°09′22″, 자오선수차가 01′40″, 자침편차가 5°일 때 P점의 방향각은?

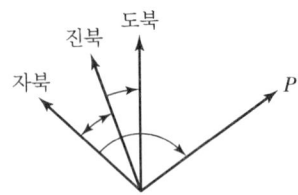

① 75°07′42″   ② 75°11′02″
③ 85°07′42″   ④ 85°11′02″

45 다음 수준측량의 기고식 야장이다. 빈칸에 들어갈 항목이 맞게 짝지어진 것은?

측점	추가거리	㉠	㉡	㉢	㉣	비고
1						
2						

① ㉠-지반고, ㉡-기계고,
　㉢-전시, ㉣-후시
② ㉠-후시, ㉡-지반고,
　㉢-전시, ㉣-기계고
③ ㉠-후시, ㉡-기계고,
　㉢-전시, ㉣-지반고
④ ㉠-기계고, ㉡-전시,
　㉢-지반고, ㉣-후시

46 광파거리 측량기에 대한 설명으로 옳지 않은 것은?
① 작업속도가 신속하다.
② 목표점에 반사경이 있는 경우에 최소 조작 인원 1명이면 작업이 가능하다.
③ 일반 건설현장에서 많이 사용된다.
④ 기상의 영향을 받지 않는다.

47 다음 그림과 같이 AB 측선의 방위각이 328°30′, BC측선의 방위각이 50°00′일 때 B점의 내각은?

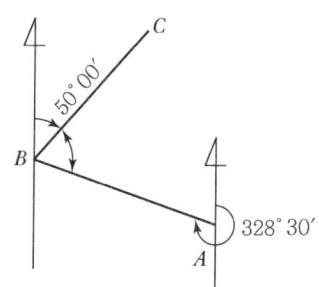

① 86°30′　② 98°00′
③ 98°30　　④ 77°00′

48 임의의 기준선으로부터 어느 측선까지 시계 방향으로 잰 각을 무엇이라 하는가?
① 방향각　② 방위각
③ 연직각　④ 천정각

49 평판을 세울 때의 오차 중 측량결과에 가장 큰 영향을 주는 것은?
① 수평맞추기 오차(정준)
② 중심맞추기 오차(구심)
③ 방향맞추기 오차(표정)
④ 온도에 의한 오차

50 수평각을 관측할 경우 망원경을 정·반위 상태로 관측하여 평균값을 취해서 소거되지 않는 오차는?
① 연직축 오차　② 시준축 오차
③ 수평축 오차　④ 편심 오차

51 평판을 세울 때 발생되는 오차가 아닌 것은?
① 중심맞추기 오차
② 방향맞추기 오차
③ 방사맞추기 오차
④ 수평맞추기 오차

52 다음 중 평판측량의 단점이 아닌 것은?
① 현장에서 측량이 잘못된 곳을 발견하기 어렵다.
② 날씨의 영향을 많이 받는다.
③ 부속품이 많아 관리에 불편하다.
④ 전체적으로 정밀도가 낮다.

53 방위 S50°40′W의 역방위는?
① N50°40′E　② N36°20′W
③ S53°40′E　④ S36°20′W

54 어떤 기선을 측정하여 다음 표와 같은 결과를 얻었을 때 최확값은?

측정군	측정값	측정횟수
I	80.186m	2
II	80.249m	3
III	80.223m	4

① 80.186m ② 80.219m
③ 80.223m ④ 80.249m

55 다음 AB 측선의 방위각이 27°36′50″라면 BA측선의 방위각은?

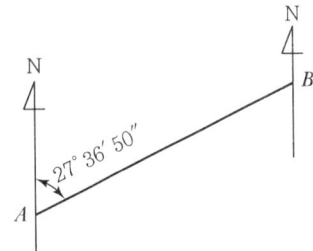

① 152°23′10″ ② 207°36′50″
③ 242°23′10″ ④ 62°23′50″

56 철도, 도로의 종단에 직각방향으로 횡단면도를 얻기 위해 실시하는 고저측량은?
① 종단고저측량
② 횡단고저측량
③ 삼각고저측량
④ 교호고저측량

57 전자파 거리 측정기를 이용한 정밀한 장거리 측정으로 변장을 측정해서 삼각점의 위치를 결정하는 측량방법은?
① 삼변측량 ② 삼각측량
③ 삼각수준측량 ④ 수준측량

58 A, B점의 ㉠, ㉡, ㉢ 노선을 따라 직접 수준측량한 표고차가 표와 같을 때 A, B점의 표고차에 대한 최확값은?

직접 수준 측량 결과표
㉠ 노선(3km)=16.726m
㉡ 노선(2km)=16.728m
㉢ 노선(4km)=16.734m

① 16.727m ② 16.729m
③ 16.731m ④ 16.734m

59 수준측량 방법 중 직접 수준측량에 해당되는 것은?
① 트랜싯에 의한 삼각 고저 측량법
② 레벨과 수준척에 의한 고저 측량법
③ 스타디아 측량에 의한 고저 측량법
④ 두 점 간의 기압차에 의한 고저 측량법

60 어느 측점에 데오돌라이트를 설치하여 A, B 두 지점을 3배각으로 관측한 결과 정위 126°12′36″, 반위 126°12′12″를 얻었다면 두 지점의 내각은 얼마인가?
① 126°12′24″ ② 63°06′12″
③ 42°04′08″ ④ 31°33′06″

모의고사 10회 정답 및 해설

01 정답 ▶ ④

조건식의 총수
$= B + A - 2P + 3 = 1 + 15 - 2 \times 6 + 3 = 7$

여기서, B : 기선의 수 $=1$
　　　　A : 관측각의 수 $=3n=3\times5=15$
　　　　n : 삼각형의 수 $=5$
　　　　P : 삼각점의 수 $=n+1$

02 정답 ▶ ③

중간점(I.P ; Intermediate Point)
전시만 관측하는 점으로 다른 측점에 영향을 주지 않는 점

03 정답 ▶ ①

AB의 위거 $= l\cos30°$
AB의 경거 $= l\sin30°$

04 정답 ▶ ①

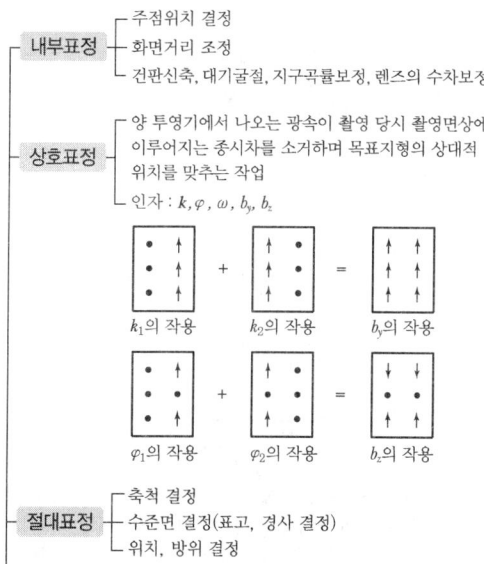

05 정답 ▶ ③

지성선(Topographical Line)
지표가 많은 凸선, 凹선, 경사변환선, 최대경사선으로 이루어졌다고 할 때 이 평면의 접합부, 즉 접선을 지성선 또는 지세선이라고도 한다.

능선(凸선), 분수선	지표면의 높은 곳을 연결한 선으로 빗물이 이것을 경계로 좌우로 흐르게 되므로 분수선 또는 능선이라 한다.
계곡선(凹선), 합수선	지표면이 낮거나 움푹 패인 점을 연결한 선으로 합수선 또는 합곡선이라 한다.
경사변환선	동일 방향의 경사면에서 경사의 크기가 다른 두 면의 접합선(등고선 수평간격이 뚜렷하게 달라지는 경계선)
최대경사선	지표의 임의의 한 점에 있어서 그 경사가 최대로 되는 방향을 표시한 선으로 등고선에 직각으로 교차하며 물이 흐르는 방향이라는 의미에서 유하선이라고도 한다.

06 정답 ▶ ②

평판측량의 3요소

정준 (leveling up)	평판을 수평으로 맞추는 작업 (수평 맞추기)
구심 (centering)	평판상의 측점과 지상의 측점을 일치시키는 작업(중심 맞추기)
표정 (orientation)	평판을 일정한 방향으로 고정시키는 작업으로 평판측량의 오차 중 가장 크다.(방향 맞추기)

07 정답 ▶ ④

$M = \dfrac{1}{m} = \dfrac{f}{H} = \dfrac{l}{L}$ 에서

$\therefore \dfrac{1}{m} = \dfrac{f}{H} = \dfrac{0.21}{1,050} = \dfrac{1}{5,000}$

Surveying 673

08 정답 ▶ ①

명칭	원점의 경위도	투영원점의 가산(加算) 수치	원점 축척 계수	적용 구역
서부 좌표계	• 경도 : 동경 125°00′ • 위도 : 북위 38°00′	X(N) 600,000m Y(E) 200,000m	1.0000	동경 124°~126°
중부 좌표계	• 경도 : 동경 127°00′ • 위도 : 북위 38°00′	X(N) 600,000m Y(E) 200,000m	1.0000	동경 126°~128°
동부 좌표계	• 경도 : 동경 129°00′ • 위도 : 북위 38°00′	X(N) 600,000m Y(E) 200,000m	1.0000	동경 128°~130°
동해 좌표계	• 경도 : 동경 131°00′ • 위도 : 북위 38°00′	X(N) 600,000m Y(E) 200,000m	1.0000	동경 130°~132°

09 정답 ▶ ③

기계고 = 지반고 + 후시
= 42.821 + 3.243
= 46.064m

10 정답 ▶ ④

$D = \sqrt{l^2 - (\Delta h)^2} = \sqrt{150^2 - 20^2} = 148.7\text{m}$

11 정답 ▶ ②

$H_B = H_A + (\sum B.S - \sum F.S)$
$= 10 + \{(2.253 + 1.456)$
$- (1.586 + 1.967)\}$
$= 10.156\text{m}$

12 정답 ▶ ③

교호 수준측량
지면과 수면 위의 공기 밀도차로 굴절 오차가 발생하므로 이 오차와 시준 오차를 소거하기 위하여 양안에서 측량하여 두 점의 표고차를 2회 산출하여 평균한다.

13 정답 ▶ ①

중앙 종거 $M = R\left(1 - \cos\dfrac{I}{2}\right)$ 에서

$50 = 350\left(1 - \cos\dfrac{I}{2}\right)$

∴ 교각 $I = 62°$

14 정답 ▶ ③

GPS 측량
GPS는 인공위성을 이용한 범세계적 위치결정체계로 정확한 위치를 알고 있는 위성에서 발사한 전파를 수신하여 관측점까지의 소요시간을 관측함으로써 관측점의 위치를 구하는 체계이다. 즉, GPS 측량은 위치가 알려진 다수의 위성을 기지점으로 하여 수신기를 설치한 미지점의 위치를 결정하는 후방교회법(Resection methoid)에 의한 측량방법이다.

15 정답 ▶ ②

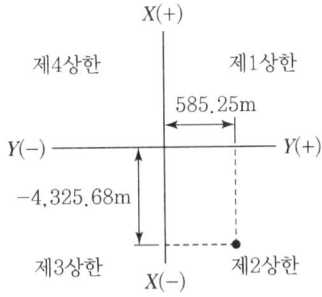

16 정답 ▶ ③

삼변측량
전자파거리 측정기를 이용한 정밀한 장거리 측정으로 변장을 측정해서 삼각점의 위치를 결정하는 측량방법이다.

17 정답 ▶ ②

측지측량 (Geodetic Surveying)	지구의 곡률을 고려하여 지표면을 곡면으로 보고 행하는 측량이며 범위는 100만분의 1의 허용 정밀도를 측량한 경우 반경 11km 이상 또는 면적 약 400km² 이상의 넓은 지역에 해당하는 정밀측량으로서 대지측량(Large Area Surveying)이라고도 한다.

평면측량 (Plane Surveying)	지구의 곡률을 고려하지 않는 측량으로 거리측량의 허용 정밀도가 100만분의 1 이하일 경우 반경 11km 이내의 지역을 평면으로 취급하여 소지측량(Small Area Surveying)이라고도 한다.

18 정답 ▶ ④

삼각측량은 계산 및 조정이 복잡하다.

19 정답 ▶ ③

결합 트래 버스	기지점에서 출발하여 다른 기지점으로 결합시키는 방법으로 대규모 지역의 정확성을 요하는 측량에 이용한다.
폐합 트래 버스	기지점에서 출발하여 원래의 기지점으로 폐합시키는 트래버스로 측량결과가 검토는 되나 결합다각형보다 정확도가 낮아 소규모 지역의 측량에 좋다.
개방 트래 버스	임의의 점에서 임의의 점으로 끝나는 트래버스로 측량결과의 점검이 안 되어 노선측량의 답사에는 편리한 방법이다. 시작되는 점과 끝나는 점 간의 아무런 조건이 없다.

20 정답 ▶ ②

$G.H + I.H -$ 전시값$= 21$
전시값 $= 20 + 1.8 - 21 = 0.8$m

21 정답 ▶ ③

① 위거는 임의 측선을 남북자오선 위에 정사투영한 거리이다.
② 경거는 임의 측선을 동서선에 정사투영한 거리이다.
④ 경거가 동쪽으로 향하면 그 부호는 (+)이다.

22 정답 ▶ ②

$CL = 0.01745RI = 0.01745 \times 100 \times 60°$
$= 104.7$m

23 정답 ▶ ②

양차 $= \dfrac{(1-K)}{2R} \times D^2$

24 정답 ▶ ①

교호 수준측량을 할 경우 소거되는 오차
• 레벨의 기계오차(시준축 오차)
• 관측자의 읽기오차
• 지구의 곡률에 의한 오차(구차)
• 광선의 굴절에 의한 오차(기차)

25 정답 ▶ ③

$\dfrac{\theta''}{\rho''} = \dfrac{\triangle h}{D}$

$\triangle h = \dfrac{D\theta''}{\rho''} = \dfrac{300{,}000\text{cm} \times 5''}{206{,}265''} = 7.27$cm

26 정답 ▶ ④

경사계
어느 기준면에 대한 경사를 측정

27 정답 ▶ ④

교각법	어떤 측선이 그 앞의 측선과 이루는 각을 관측하는 것을 교각법이라 한다.
편각법	각 측선이 그 앞 측선의 연장과 이루는 각을 관측하는 방법이다.
방위각법	각 측선이 일정한 기준선인 자오선과 이루는 각을 우회로 관측하는 방법으로 한 번 오차가 생기면 끝까지 영향을 미치며, 험준하고 복잡한 지형은 부적합하다.

28 정답 ▶ ①

양차(구차+기차) $= \dfrac{(1-K)S^2}{2R}$
$= \dfrac{(1-0.14) \times 8^2}{2 \times 6{,}370}$
$= 4.32$m

29 정답 ▶ ①

방사법 (Method of Radiation : 사출법)	측량구역 안에 장애물이 없고 비교적 좁은 구역에 적합하며 한 측점에 평판을 세워 그 점 주위에 목표점의 방향과 거리를 측정하는 방법(60m 이내)

전진법 (Method of Traversing : 도선법, 절측법)		측량구역에 장애물이 중앙에 있어 시준이 곤란할 때 사용하는 방법으로 측량구역이 길고 좁을 때 측점마다 평판을 세워가며 측량하는 방법
교회법 (Method of intersec-tion)	전방 교회법	전방에 장애물이 있어 직접 거리를 측정할 수 없을 때 편리하며, 알고 있는 기지점에 평판을 세워서 미지점을 구하는 방법
	측방 교회법	기지의 두 점을 이용하여 미지의 한 점을 구하는 방법으로 도로 및 하천변의 여러 점의 위치를 측정할 때 편리한 방법
	후방 교회법	도면상에 기재되어 있지 않은 미지점에 평판을 세워 기지의 2점 또는 3점을 이용하여 현재 평판이 세워져 있는 평판의 위치(미지점)를 도면상에서 구하는 방법

30 정답 ▶ ④

삼각측량의 순서
도상 계획 → 답사 및 선점 → 조표 → 측정 → 계산

31 정답 ▶ ④

측지측량 (Geodetic Surveying)	지구의 곡률을 고려하여 지표면을 곡면으로 보고 행하는 측량이며 범위는 100만분의 1의 허용 정밀도를 측량한 경우 반경 11km 이상 또는 면적 약 400km² 이상의 넓은 지역에 해당하는 정밀측량으로서 대지측량(Large Area Surveying)이라고도 한다.
평면측량 (Plane Surveying)	지구의 곡률을 고려하지 않는 측량으로 거리측량의 허용 정밀도가 100만분의 1 이하일 경우 반경 11km 이내의 지역을 평면으로 취급하여 소지측량(Small Area Surveying)이라고도 한다.

32 정답 ▶ ③

247°20′40″는 3상한에 있으므로
247°20′40″ − 180° = 67°20′40″
∴ S67°20′40″W

33 정답 ▶ ②

$$\cos\alpha = \frac{b^2 + c^2 - a^2}{2bc} = \frac{46^2 + 39^2 - 43^2}{2 \times 46 \times 39}$$
$$= 0.498327759$$
$$\alpha = \cos^{-1} 0.498327759 = 60°06′38″$$

34 정답 ▶ ④

직접수준측량의 주의사항
(1) 수준측량은 반드시 왕복측량을 원칙으로 하며, 노선은 다르게 한다.
(2) 정확도를 높이기 위하여 전시와 후시의 거리는 같게 한다.
(3) 이기점(T. P)은 1mm까지, 그 밖의 점에서는 5mm 또는 1cm 단위까지 읽는 것이 보통이다.
(4) 직접수준측량의 시준거리
 ① 적당한 시준거리 : 40~60m(60m가 표준)
 ② 최단거리는 3m이며, 최장거리 100~180m 정도이다.
(5) 눈금오차(영점오차) 발생 시 소거방법
 ① 기계를 세운 표척이 짝수가 되도록 한다.
 ② 이기점(T.P)이 홀수가 되도록 한다.
 ③ 출발점에 세운 표척을 도착점에 세운다.
(6) 표척을 전·후로 기울여 관측할 때에는 최소 읽음값을 취해야 한다.
(7) 표척을 읽을 때에는 최상단 또는 최하단을 피한다.

35 정답 ▶ ④

$$실제\ 길이 = 관측\ 길이 \times \frac{부정\ 길이}{표준\ 길이}$$
$$= 1{,}000 \times \frac{30 + 0.02}{30} = 1{,}000.67\text{m}$$

36 정답 ▶ ③

오차의 종류	원인	처리방법
시준축 오차	시준축과 수평축이 직교하지 않기 때문에 생기는 오차	망원경을 정·반위로 관측하여 평균을 취한다.
수평축 오차	수평축이 연직축에 직교하지 않기 때문에 생기는 오차	망원경을 정·반위로 관측하여 평균을 취한다.
연직축 오차	연직축이 연직이 되지 않기 때문에 생기는 오차	소거 불능

37 정답 ▶ ③

수평거리, 경사거리, 수직거리의 세 가지로 구분되며, 보통 측량에서 거리라고 하면 수평거리를 의미한다.

38 정답 ▶ ②

EDM : 전자파 거리 측량기 오차
$= \pm \delta \sqrt{n} = \pm 0.007 \sqrt{100} = \pm 0.07\text{m}$
여기서, δ : 1회 측정오차 = 0.007m
n : 측정횟수 = 100km ÷ 1km = 100

39 정답 ▶ ①

방사법 (Method of Radiation : 사출법)		측량구역 안에 장애물이 없고 비교적 좁은 구역에 적합하며 한 측점에 평판을 세워 그 점 주위에 목표점의 방향과 거리를 측정하는 방법(60m 이내)
전진법 (Method of Traversing : 도선법, 절측법)		측량구역에 장애물이 중앙에 있어 시준이 곤란할 때 사용하는 방법으로 측량구역이 길고 좁을 때 측점마다 평판을 세워가며 측량하는 방법
교회법 (Method of intersec -tion)	전방 교회법	전방에 장애물이 있어 직접 거리를 측정할 수 없을 때 편리하며, 알고 있는 기지점에 평판을 세워서 미지점을 구하는 방법
	측방 교회법	기지의 두 점을 이용하여 미지의 한 점을 구하는 방법으로 도로 및 하천변의 여러 점의 위치를 측정할 때 편리한 방법
	후방 교회법	도면상에 기재되어 있지 않은 미지점에 평판을 세워 기지의 2점 또는 3점을 이용하여 현재 평판이 세워져 있는 평판의 위치(미지점)를 도면상에서 구하는 방법

40 정답 ▶ ②

삼각형은 정삼각형에 가깝게 하고, 부득이 할 때는 한 내각의 크기를 30°~120° 범위로 한다.

41 정답 ▶ ②

면적계산

배면적(2A)	배횡거×조정위거
면적(A)	$\dfrac{\Sigma(\text{배횡거} \times \text{조정위거})}{2}$

계산된 배면적을 다 더한 후 절댓값을 취해 면적을 계산한다.

42 정답 ▶ ③

트래버스 측량의 내업 순서
① 관측각 조정
② 방위, 방위각 계산
③ 위거, 경거 계산
④ 폐합오차 및 폐합비 계산
⑤ 좌표 및 면적 계산

43 정답 ▶ ②

공간정보의 구축 및 관리 등에 관한 법의 분류

공공 측량	가. 국가, 지방자치단체, 그 밖의 대통령령으로 정하는 기관이 관계 법령에 따른 사업 등을 시행하기 위하여 기본측량을 기초로 실시하는 측량 나. 가목 외의 자가 시행하는 측량 중 공공의 이해 또는 안전과 밀접한 관련이 있는 측량으로서 대통령령으로 정하는 측량
지적 측량	"지적측량"이란 토지를 지적공부에 등록하거나 지적공부에 등록된 경계점을 지상에 복원하기 위하여 제21호에 따른 필지의 경계 또는 좌표와 면적을 정하는 측량을 말한다.
수로 측량	"수로측량"이란 해양의 수심·지구자기(地球磁氣)·중력·지형·지질의 측량과 해안선 및 이에 딸린 토지의 측량을 말한다.
일반 측량	"일반측량"이란 기본측량, 공공측량, 지적측량 및 수로측량 외의 측량을 말한다.

44 정답 ▶ ①

• 자오선수차 : 진북과 도북의 차이
• 자침편차 : 진북과 자북의 차이
• P점의 방향각
 = 자북방위각 − 자침편차 − 자오선수차
 = 80°09′22″ − 5° − 01′40″
 = 75°07′42″

45 정답 ▶ ③

㉠-후시, ㉡-기계고, ㉢-전시, ㉣-지반고

46 정답 ▶ ④

Geodimeter와 Tellurrometer의 비교

구분	광파거리 측량기	전파거리 측량기
정의	측점에서 세운 기계로부터 빛을 발사하여 이것을 목표점의 반사경에 반사하여 돌아오는 반사파의 위상을 이용하여 거리를 구하는 기계	측점에 세운 주국에서 극초단파를 발사하고 목표점의 종국에서는 이를 수신하여 변조고주파로 반사하여 각각의 위상 차이로 거리를 구하는 기계
정확도	±(5mm+5ppm)	±(15mm+5ppm)
대표 기종	Geodimeter	Tellurometer
장점	㉠ 정확도가 높다. ㉡ 데오돌라이트나 트랜싯에 부착하여 사용 가능하며, 무게가 가볍고 조작이 간편하고 신속하다. ㉢ 움직이는 장애물의 영향을 받지 않는다.	㉠ 안개, 비, 눈 등의 기상조건에 대한 영향을 받지 않는다. ㉡ 장거리 측정에 적합하다.
단점	안개, 비, 눈 등의 기상조건에 대한 영향을 받는다.	㉠ 단거리 관측 시 정확도가 비교적 낮다. ㉡ 움직이는 장애물, 지면의 반사파 등의 영향을 받는다.
최소 조작 인원	1명 (목표점에 반사경 설치했을 경우)	2명 (주국, 종국 각 1명)
관측 가능 거리	단거리용 : 5km 이내 중거리용 : 60km 이내	장거리용 : 30~150km
조작 시간	한 변 10~20분	한 변 20~30분

47 정답 ▶ ③

① BA 방위각 = AB 역방위각
$\qquad = 328°30' - 180°$
$\qquad = 148°30'$

② B점의 내각 = BA 방위각 - BC 방위각
$\qquad = 148°30' - 50°00'$
$\qquad = 98°30'$

48 정답 ▶ ①

	교각	전 측선과 그 측선이 이루는 각
	편각	각 측선이 그 앞 측선의 연장선과 이루는 각
수평각	방향각	도북방향을 기준으로 어느 측선까지 시계방향으로 잰 각
	방위각	㉠ 자오선을 기준으로 어느 측선까지 시계방향으로 잰 각 ㉡ 방위각도 일종의 방향각 ㉢ 자북방위각, 역방위각
	진북 방향각 (자오선 수차)	㉠ 도북을 기준으로 한 도북과 자북의 사이각 ㉡ 진북방향각은 삼각점의 원점으로부터 동쪽에 위치 시 (-), 서쪽에 위치 시 (+)를 나타낸다. ㉢ 좌표원점에서 동서로 멀어질수록 진북방향각이 커진다. ㉣ 방향각, 방위각, 진북방향각의 관계 방위각(α) = 방향각(T) - 자오선수차($\pm\Delta\alpha$)
연직각	천정각	연직선 위쪽을 기준으로 목표점까지 내려 잰 각
	고저각	수평선을 기준으로 목표점까지 올려서 잰 각을 상향각(앙각), 내려 잰 각을 하향각(부각) : 천문측량의 지평좌표계
	천저각	연직선 아래쪽을 기준으로 목표점까지 올려서 잰 각 : 항공사진측량

49 정답 ▶ ③

평판측량의 3요소

정준 (leveling up)	평판을 수평으로 맞추는 작업 (수평 맞추기)
구심 (centering)	평판상의 측점과 지상의 측점을 일치시키는 작업(중심 맞추기)
표정 (orientation)	평판을 일정한 방향으로 고정시키는 작업으로 평판측량의 오차 중 가장 크다.(방향 맞추기)

50 정답 ▶ ①

오차의 종류	원인	처리방법
시준축 오차	시준축과 수평축이 직교하지 않기 때문에 생기는 오차	망원경을 정·반위로 관측하여 평균을 취한다.
수평축 오차	수평축이 연직축에 직교하지 않기 때문에 생기는 오차	망원경을 정·반위로 관측하여 평균을 취한다.
연직축 오차	연직축이 연직이 되지 않기 때문에 생기는 오차	소거 불능

51 정답 ▶ ③

평판측량의 3요소

정준 (leveling up)	평판을 수평으로 맞추는 작업 (수평 맞추기)
구심 (centering)	평판상의 측점과 지상의 측점을 일치시키는 작업(중심 맞추기)
표정 (orientation)	평판을 일정한 방향으로 고정시키는 작업으로 평판측량의 오차 중 가장 크다.(방향 맞추기)

52 정답 ▶ ①

평판측량의 장단점

장점	⊙ 현장에서 직접 측량결과를 제도함으로써 필요한 사항을 결측하는 일이 없다. ⓒ 내업이 적으므로 작업을 빠르게 할 수 있다. ⓒ 측량기구가 간단하여 측량방법 및 취급이 간단하다. ⓔ 오측 시 현장에서 발견이 용이하다.
단점	⊙ 외업이 많으므로 기후(비, 눈, 바람 등)의 영향을 많이 받는다. ⓒ 기계의 부품이 많아 휴대하기 곤란하고 분실하기 쉽다. ⓒ 도지에 신축이 생기므로 정밀도에 영향이 크다. ⓔ 높은 정도를 기대할 수 없다.

53 정답 ▶ ①

① SW의 역방위는 NE이다.
∴ N50°40′E이다.

54 정답 ▶ ③

$$L_o = \frac{P_1 l_1 + P_2 l_2 + P_3 l_3}{P_1 + P_2 + P_3}$$
$$= \frac{80.186 \times 2 + 80.249 \times 3 + 80.223 \times 4}{2 + 3 + 4}$$
$$= 80.223 \text{m}$$

55 정답 ▶ ②

BA측선의 방위각 = AB측선의 방위각 + 180°
= 27°36′50″ + 180°
= 207°36′50″

56 정답 ▶ ②

목적에 의한 분류

고저수준측량 (Differential leveling)	두 점 간의 표고차를 직접 수준측량에 의하여 구한다.
종단수준측량 (Profile leveling)	도로, 철도 등의 중심선 측량과 같이 노선의 중심에 따라 각 측점의 표고차를 측정하여 종단면에 대한 지형의 형태를 알고자 하는 측량
횡단수준측량 (cross leveling)	종단선의 직각방향으로 고저차를 측량하여 횡단면도를 작성하기 위한 측량

57 정답 ▶ ①

근래에 전자파 거리 측정기가 발달함에 따라 높은 정확도로 중장거리를 정확히 관측하여 수평위치를 관측할 수 있는 삼변측량이 널리 이용되고 있다.

58 정답 ▶ ②

경중률은 거리에 반비례하므로
$$P_1 : P_2 : P_3 = \frac{1}{3} : \frac{1}{2} : \frac{1}{4} = 4 : 6 : 3$$

최확치
$$= \frac{(4 \times 16.726) + (6 \times 16.728) + (3 \times 16.734)}{4 + 6 + 3}$$
$$= 16.729 \text{m}$$

59 정답 ▶ ②

직접 수준측량
일반적으로 레벨을 사용하여 측점 간의 고저차를 직접 구하는 측량이다.

60 정답 ▶ ③

$$정위각 = \frac{126°12'36''}{3} = 42°04'24''$$

$$반위각 = \frac{126°12'12''}{3} = 42°04'04''$$

$$최확값 = \frac{42°04'12'' + 42°04'04''}{2}$$
$$= 42°04'08''$$

저자약력

寅山 이영수

[약력]
- 공학박사
- 지적기술사
- 측량 및 지형공간정보기술사
- (전)대구과학대학교 측지정보과 교수
- (전)신한대학 겸임교수
- (전)한국국토정보공사 근무
- (현)공단기 지적직 공무원 지적측량, 지적전산학, 지적법, 지적학 강의
- (현)주경야독 인터넷 동영상 강의
- (현)지적기술사 동영상 강의
- (현)측량 및 지형공간정보기술사 동영상 강의
- (현)지적기사(산업기사) 이론 및 실기 동영상 강의
- (현)측량 및 지형공간정보기사(산업기사) 이론 및 실기 동영상 강의
- (현)(지적직 공무원) 지적전산학, 지적측량 동영상 강의
- (현)(한국국토정보공사) 지적법 해설, 지적학 해설, 지적측량 동영상 강의
- (현)(특성화고 토목직 공무원) 측량학 동영상 강의
- (현)측량학, 응용측량, 측량기능사, 지적기능사 동영상 강의
- (현)군무원 지도직 측지학, 지리정보학 강의

[저서]

공무원, 군무원(지도직), 한국국토정보공사 분야
- 지적직 공무원 지적측량 기초입문
- 지적직 공무원 지적측량 기본서
- 지적직 공무원 지적측량 단원별 기출
- 지적직 공무원 지적측량 합격모의고사
- 지적직 공무원 지적측량 1200제
- 지적직 공무원 지적전산학 기초입문
- 지적직 공무원 지적전산학 기본서
- 지적직 공무원 지적전산학 단원별 기출
- 지적직 공무원 지적전산학 합격모의고사
- 지적직 공무원 지적전산학 1200제
- 지적직 공무원 지적법 해설
- 지적직 공무원 지적법 합격모의고사
- 지적직 공무원 지적법 800제
- 지적직 공무원 지적학 해설
- 지적직 공무원 지적학 합격모의고사
- 지적직 공무원 지적학 800제
- 지적직 공무원 지적측량 필다나
- 지적직 공무원 지적전산학 필다나
- 군무원 지도직 측지학
- 군무원 지도직 지리정보학

지적 / 측량 및 지형공간정보 분야
- 지적기술사 해설
- 지적기술사 과년도 기출문제 해설
- 지적기사 이론 및 문제해설
- 지적산업기사 이론 및 문제해설
- 지적기사 과년도 문제해설
- 지적산업기사 과년도 문제해설
- 지적기사/산업기사 실기 문제해설
- 지적측량실무
- 지적기능사 해설
- 측량 및 지형공간정보기술사
- 측량 및 지형공간정보기술사 기출문제 해설
- 측량 및 지형공간정보기사 이론 및 문제해설
- 측량 및 지형공간정보산업기사 이론 및 문제해설
- 측량 및 지형공간정보기사 과년도 문제해설
- 측량 및 지형공간정보산업기사 과년도 문제해설
- 측량 및 지형공간정보 실무
- 공간정보 및 지적 관련 법령집
- 측량학
- 응용측량
- 사진측량 해설
- 측량기능사

김문기

[약력]
- 경북대학교 토목공학과 공학박사
- 금오공과대학교 토목, 환경 및 건축공학과 공학석사
- 측량 및 지형공간정보 특급기술자
- 한국엔지니어링 협회 특급기술자
- 한국건설기술인 협회 특급기술자
- 건설사업관리(감리) 특급기술자
- (현)티엘엔지니어링(주) 대표이사
- (현)대구과학대학교 측지정보과 겸임교수
- (현)한국생태공학회 이사
- (현)송전선로 전력영향평가선정 위원

[저서]
- 측량 및 지형공간정보기술사(예문사)
- 지적측량(세진사)
- 측량기능사(예문사)
- 측지학(예문사)
- 지리정보학(예문사)

오건호

[약력]
- 지적기사 · 측량 및 지형공간정보기사
- 항공사진기능사 · 지도제작기능사
- 경북대학교 지리학과 졸업(학사)
- (전)달서구청 토지정보과 근무
- (현)대구도시개발공사 근무

[저서]
- 지적기사 필기(세진사)
- 지적산업기사 필기(세진사)
- 측량 및 지형공간정보기사(구민사)
- 측량 및 지형공간정보산업기사(구민사)
- 측량기능사(예문사)

측량기능사 필기+실기
한권 완성

발행일	2014. 4. 20	초판 발행
	2015. 3. 30	개정 1판1쇄
	2016. 3. 30	개정 2판1쇄
	2017. 1. 20	개정 3판1쇄
	2018. 1. 10	개정 4판1쇄
	2019. 1. 15	개정 5판1쇄
	2019. 4. 10	개정 5판2쇄
	2020. 2. 10	개정 6판1쇄
	2021. 2. 10	개정 7판1쇄
	2022. 1. 10	개정 8판1쇄
	2022. 8. 10	개정 9판1쇄
	2023. 6. 10	개정 10판1쇄
	2025. 1. 10	개정 11판1쇄
	2026. 1. 20	개정 12판1쇄

저　자 | 寅山 이영수·김문기·오건호
발행인 | 정용수
발행처 | 예문사

주　소 | 경기도 파주시 직지길 460(출판도시) 도서출판 예문사
T E L | 031) 955－0550
F A X | 031) 955－0660
등록번호 | 11－76호

• 이 책의 어느 부분도 저작권자나 발행인의 승인 없이 무단 복제
　하여 이용할 수 없습니다.
• 파본 및 낙장은 구입하신 서점에서 교환하여 드립니다.
• 예문사 홈페이지 http : //www.yeamoonsa.com

정가 : 28,000원
ISBN 978-89-274-6046-6　13530